中国科学院战略性先导科技专项
热带西太平洋海洋系统物质能量交换及其影响

黄东海
物理、化学与生态环境调查图集

于　非　任　强　于仁成
李新正　宋秀贤　张　芳　编著

科 学 出 版 社
北　京

内容简介

本图集是中国科学院海洋研究所2014年至2017年4年间在黄东海执行17个航次科学考察的成果。考察覆盖整个中国黄东海区域及春夏秋冬四季，书中按照时间顺序展示了不同断面和层面的温度、盐度、海水密度等物理要素调查数据，溶解氧、多种营养盐等化学要素调查数据，以及叶绿素a、有害藻华、浮游动物、底栖动物等生态要素调查数据。

本图集可供物理海洋学、海洋化学、海洋生态学、海洋生物学等领域的研究生、教师和科研人员阅读。

图书在版编目（CIP）数据

黄东海物理、化学与生态环境调查图集/于非等编著. —北京：科学出版社，2020.1

ISBN 978-7-03-062827-5

Ⅰ.①黄… Ⅱ.①于… Ⅲ.①黄海-生态环境-环境生态评价-图集 ②东海-生态环境-环境生态评价-图集 Ⅳ.①X821.203-64

中国版本图书馆CIP数据核字（2019）第240018号

责任编辑：王海光 / 责任校对：郑金红

责任印制：吴兆东 / 封面设计：北京图阅盛世文化传媒有限公司

科学出版社出版

北京东黄城根北街16号

邮政编码：100717

http://www.sciencep.com

北京虎彩文化传播有限公司 印刷

科学出版社发行 各地新华书店经销

*

2020年1月第 一 版 开本：889×1194 1/16

2020年1月第一次印刷 印张：30 3/4

字数：993 000

定价：420.00元

（如有印装质量问题，我社负责调换）

序

海洋一直处于变化之中，人们对变化中的海洋知之甚少，这其中一个非常重要的原因就是缺乏对海洋的长期观测数据。目前，大数据已越来越受到各方面的重视，海洋大数据由于关系到海洋安全、海洋资源开发利用和海洋环境保护等各个领域，更是推动海洋科学发展的关键，而海洋大数据的核心就是海洋观测数据，没有对海洋的实际观测就不可能真正了解海洋、保护海洋、利用海洋。

海洋观测成本高昂，观测设备繁多、复杂，加之海上作业环境异常艰辛，且各项目、各单位获取的第一手资料短时间内并不对外开放，这些原因导致海洋观测数据的获取非常难，建立海洋大数据具有很大的挑战性。

中国科学院战略性先导科技专项（A 类）“热带西太平洋海洋系统物质能量交换及其影响”于 2013 年启动，项目部署了大量海洋观测工作，观测范围从渤海、黄东海、长江口及其邻近海域、黑潮流经海域一直到西太平洋暖池区域，观测内容涉及物理、化学、生物、生态、地质等各个学科，力求在这条大断面上进行长期、综合、立体观测，实现浮标、潜标长期观测与基于科学考察船的综合观测相结合。项目历时 5 年，获取了大量海洋地质地貌、海洋动力环境、海洋化学要素、海洋物理要素和海洋生态要素的数据资料，将成为海洋大数据的重要组成部分。

项目获取的观测资料有些已用于相关研究，并取得了一批有影响力的科研成果，但大部分数据还有待在未来的工作中加以分析利用。鉴于此，我们将获得的深海地形、深海生物、海水各理化生态要素的观测结果编制成图集、图谱、图鉴出版，以展示深海的高分辨率地形图、高清海山生物原位形态和生境照片，以及海水各理化生态要素的时间、空间变化趋势，供海洋科学的研究人员，相关部门的管理人员，以及关注海洋、热爱海洋的大众阅读参考。

希望这些著作的出版能够对认知、开发利用和保护海洋有所贡献。

中国科学院战略性先导科技专项

“热带西太平洋海洋系统物质能量交换及其影响” 首席科学家

前言

热带西太平洋对中国近海海洋系统的变化具有重要的调控作用。而黑潮作为西太平洋边界流直接影响中国近海系统，传递着大洋对中国近海环境的影响。因此，黑潮及其分支作为我国近海环流的主要驱动因子，对近海水团结构与环流格局具有重要影响。已有研究认为18°N以北的中国近海环流系统直接受黑潮驱动，黑潮分支沿陆架海底抬升是浙江沿岸上升流的主要成因。黑潮近岸分支的北上是触发东海赤潮的重要环境驱动因子之一。黑潮与长江冲淡水相互作用控制着东海陆架区生态系统的生物生产过程。黑潮次表层水输入的营养盐，特别是磷酸盐，大于黄河和长江的输入量，因而被认为是东海陆架区最主要的营养盐输入源。但是，关于黑潮入侵我国近海的路径和影响范围存在很多不确定性，外海大洋通过黑潮的营养盐输入对我国近海生物地球化学循环、生态系统结构与功能的影响程度也难以预测。究其原因，主要是对我国近海的邻近大洋关键区缺乏系统观测，难以开展大洋和近海协同物理生物地球化学过程耦合的数值模拟研究，因此不能深入认识近海生态系统动力学规律。

近海生态系统在人类活动与全球变化共同影响下的演变是当前海洋科学研究的热点之一。受过度捕捞、富营养化、生境改变、温度上升、海水酸化等环境压力驱动，我国近海生态系统已表现出生物多样性下降、生态格局更替、资源衰退、灾害频发等问题，尤其是黄东海生态系统近年来的波动较为剧烈，是研究近海生态系统演变的重要区域。

2014年至2017年中国科学院海洋研究所开始对黄东海进行系统观测，共进行了大面航次17个，覆盖整个中国黄东海春夏秋冬四季。观测区域为北黄海（北黄海冷水团及其锋面区、辽南沿岸流、鸭绿江冲淡水等区域）、南黄海（黄海冷水团及其锋面区、青岛外海冷水团、苏北浅滩等区域）、东海（长江口与闽浙沿岸冷水团及其锋面区）。从邻近大洋与中国近海协同研究的视角出发，项目组将黑潮主干区和中国近海黑潮影响区作为一个整体研究区域组织实施调查，对物理、化学和生态学要素进行观测，分析黑潮向中国近海的物质输送通量，以及中国近海生态系统在黑潮影响下的变化过程与演变趋势。

希望本图集的研究工作可使黄东海生态系统与欧洲北海和北美加州近海一样，能够成为国际上海洋生态系统演变研究的典范区域，能为进一步了解黑潮影响下我国近海水文物理过程及其变化机制和我国近海生态系统演变过程提供资料基础。

本图集制图及编制人员如下：物理调查部分由任强完成；化学调查部分由宋秀贤统筹，袁涌铨、池连宝、王文涛和周鹏等完成；生态调查的叶绿素a部分由于仁成统筹，孔凡洲、赵越、赵佳雨、王锦秀、蔡佳宸等完成；生态调查的浮游动物部分由张芳完成，生态调查的底栖生物部分由李新正统筹，徐勇、刘清河、闫嘉完成。全书由于非、任强统稿。

本图集是中国科学院战略性先导科技专项（A类）“热带西太平洋海洋系统物质能量交换及其影响”（XDA11020602，XDA11020601）和“近海与海岸带信息集成与决策支持系统”（XDA19060200）的研究成果，项目组专家对航次的设计和执行提供了指导意见，图集的出版得到了专项的资助，特此表示感谢。

海洋调查是海洋科学研究的基础工作，很多海洋科学家都是从海上科考开启的海洋研究之路。虽然海上作业往往任务繁重，极易受恶劣天气的影响，作业环境异常艰辛，但项目组的一线科研人员从未退缩！特别感谢中国科学院海洋研究所的“科学三号”考察船的全体工作人员、航次组织协调人员、参与海上作业的科考队员，以及后期参与数据处理与样品分析的研究人员，本图集是他们集体智慧的结晶。

限于著者水平，书中难免有不足和疏漏之处，恳请读者指正，也敬请各位专家、学者多提宝贵意见。

于　非

2019年8月

目 录

第一部分

物 理 调 查

1.1　2014 年 5 月黄海

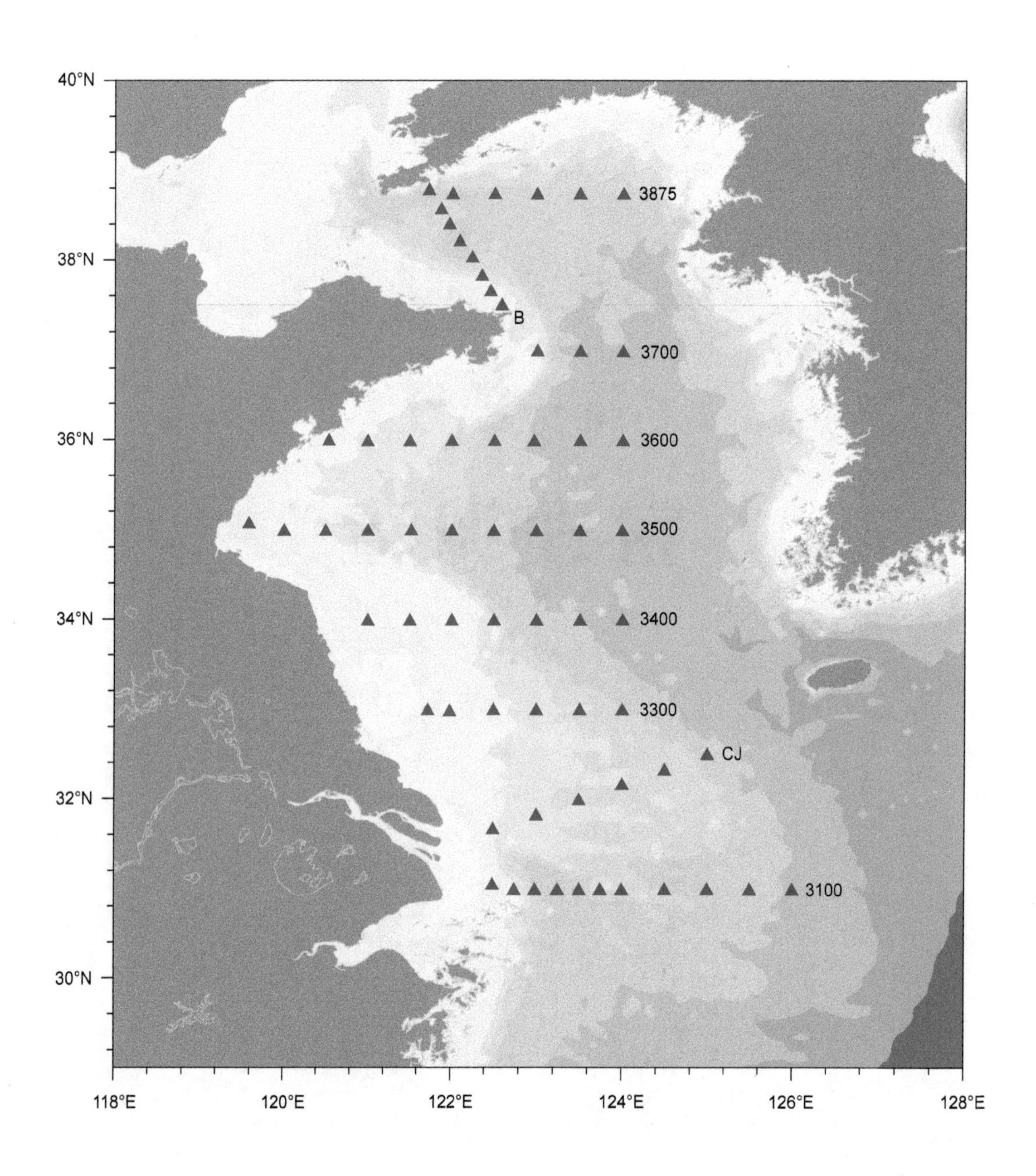

图 1.1　2014 年 5 月黄海调查站位图

（2014 年 5 月 26 日 -2014 年 6 月 10 日）

3100 断面纬度为 31°00'N，3300 断面纬度为 33°00'N，3400 断面纬度为 34°00'N，3500 断面纬度为 35°00'N，3600 断面纬度为 36°00'N，3700 断面纬度为 37°00'N，3875 断面纬度为 38°75'N，下同

1.1.1 断面图

(1) 3100 断面

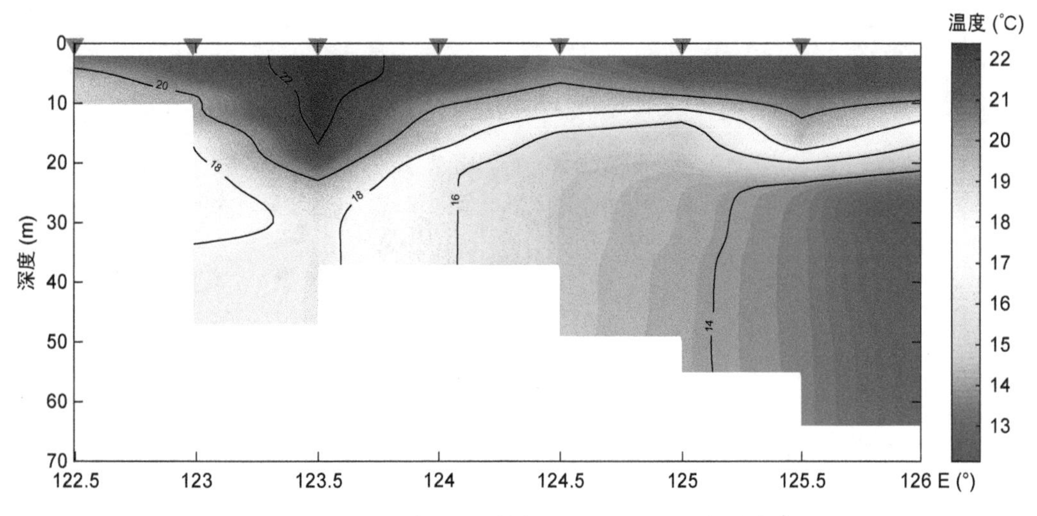

图 1.2 2014 年 5 月黄海 3100 断面温度分布图

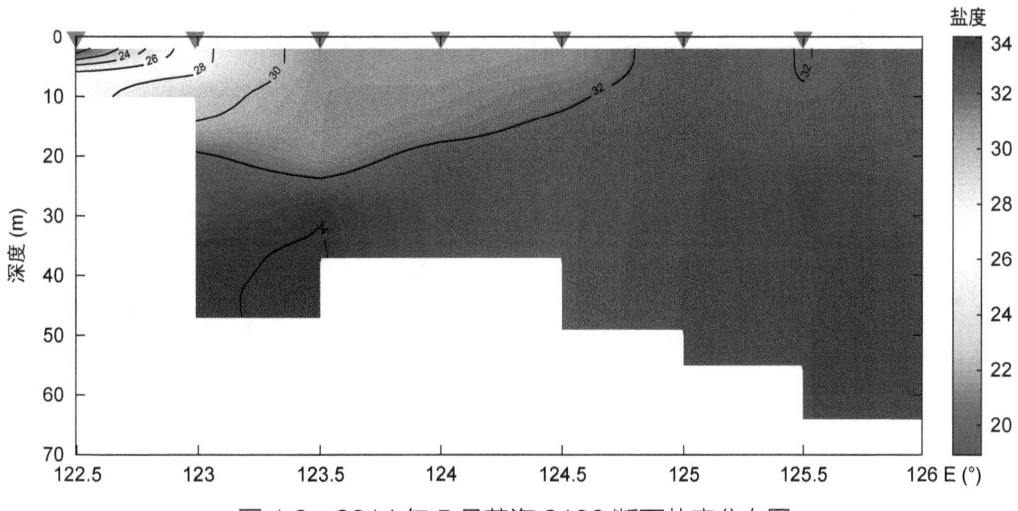

图 1.3 2014 年 5 月黄海 3100 断面盐度分布图

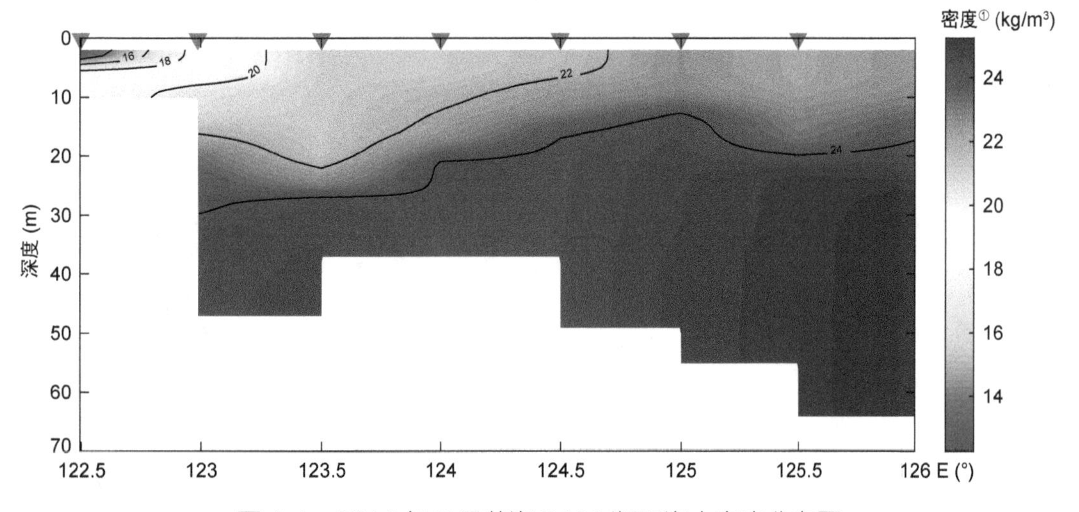

图 1.4 2014 年 5 月黄海 3100 断面海水密度分布图

① 用密度增量代表密度，计算公式为：$\sigma(S, t, p)=\rho(S, t, p)-1000$
式中，$\sigma(S, t, p)$ 为密度增量（单位 kg/m³），$\rho(S, t, p)$ 为海水密度（单位 kg/m³），S 为海水盐度，t 为温度，p 为压力。

(2) 3300 断面

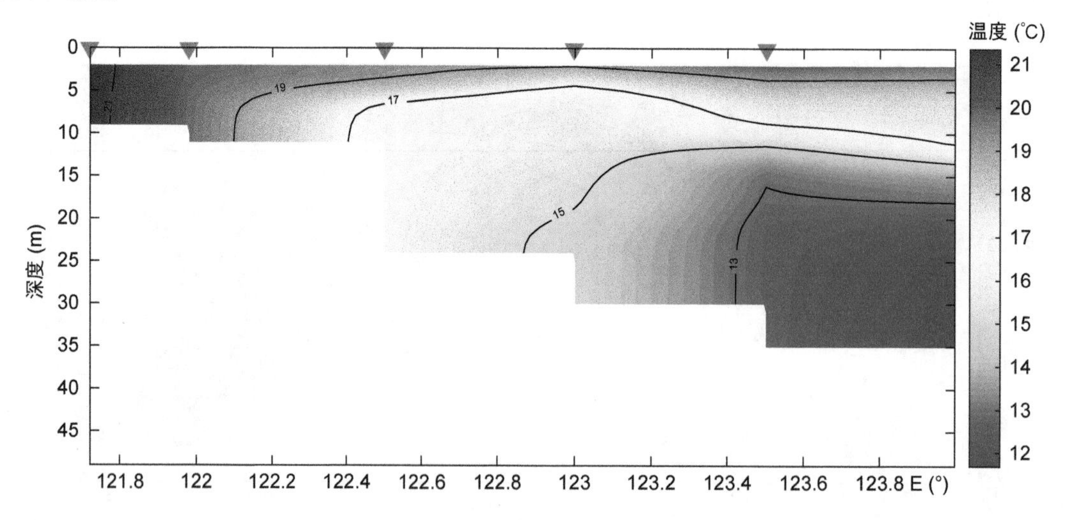

图 1.5　2014 年 5 月黄海 3300 断面温度分布图

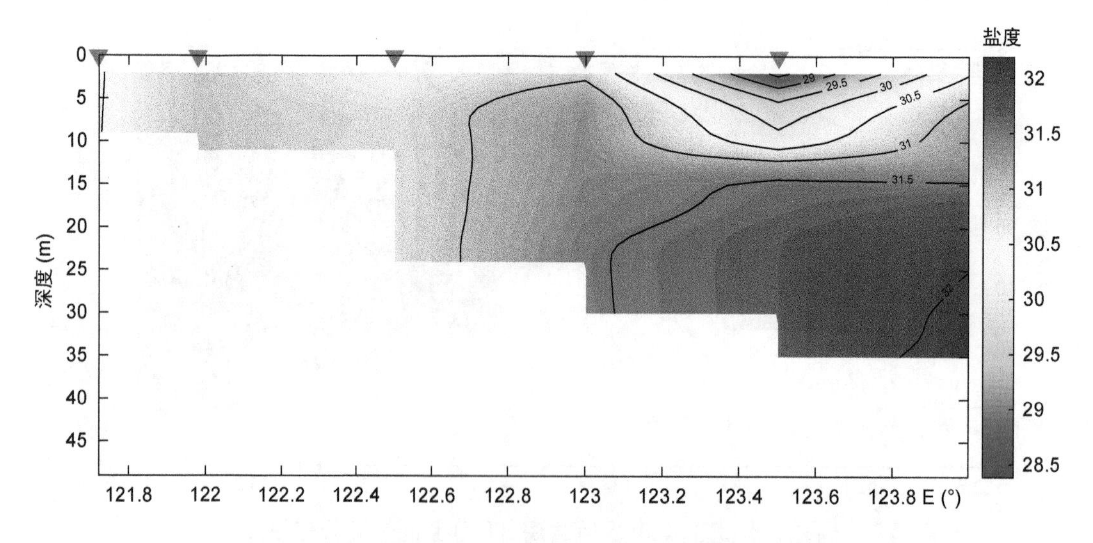

图 1.6　2014 年 5 月黄海 3300 断面盐度分布图

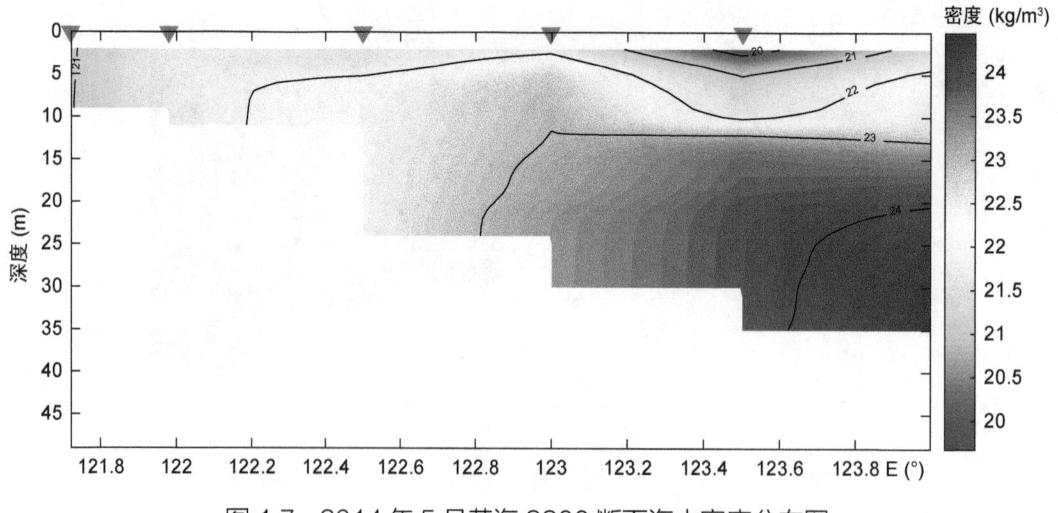

图 1.7　2014 年 5 月黄海 3300 断面海水密度分布图

(3) 3400 断面

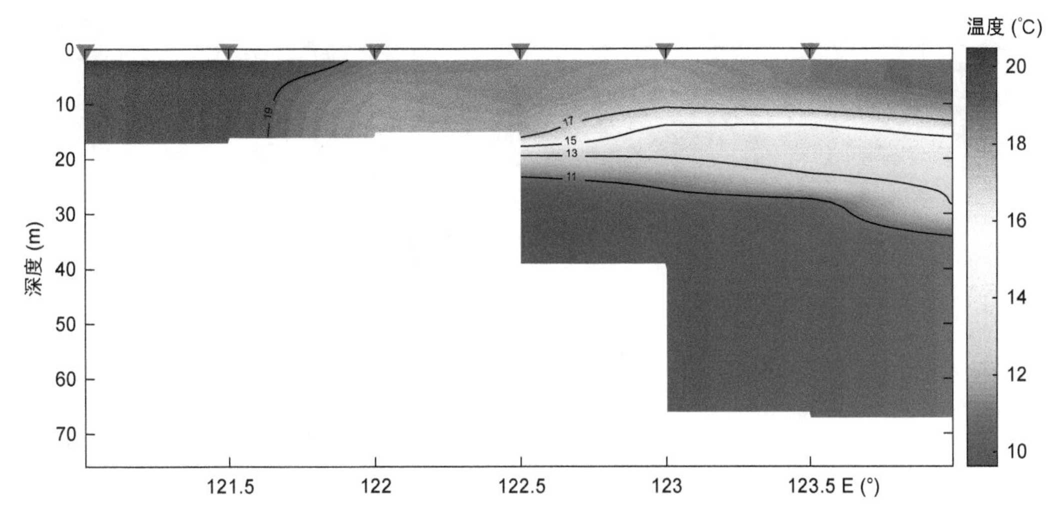

图 1.8　2014 年 5 月黄海 3400 断面温度分布图

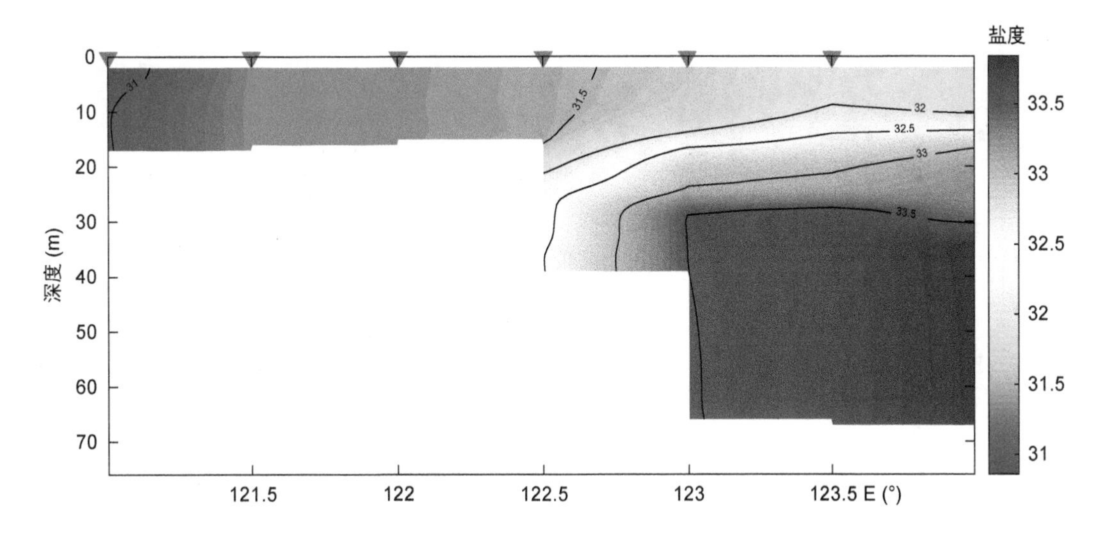

图 1.9　2014 年 5 月黄海 3400 断面盐度分布图

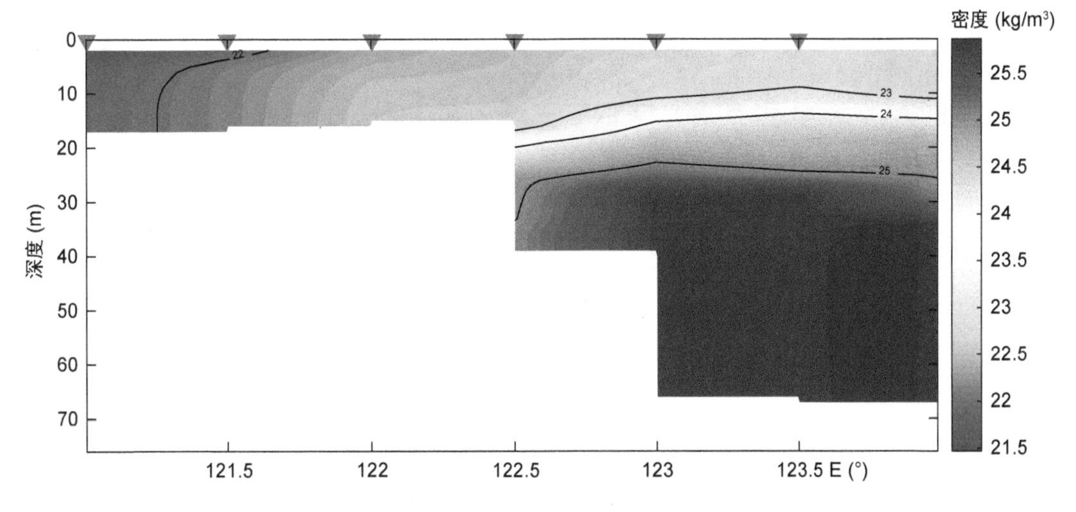

图 1.10　2014 年 5 月黄海 3400 断面海水密度分布图

(4) 3500 断面

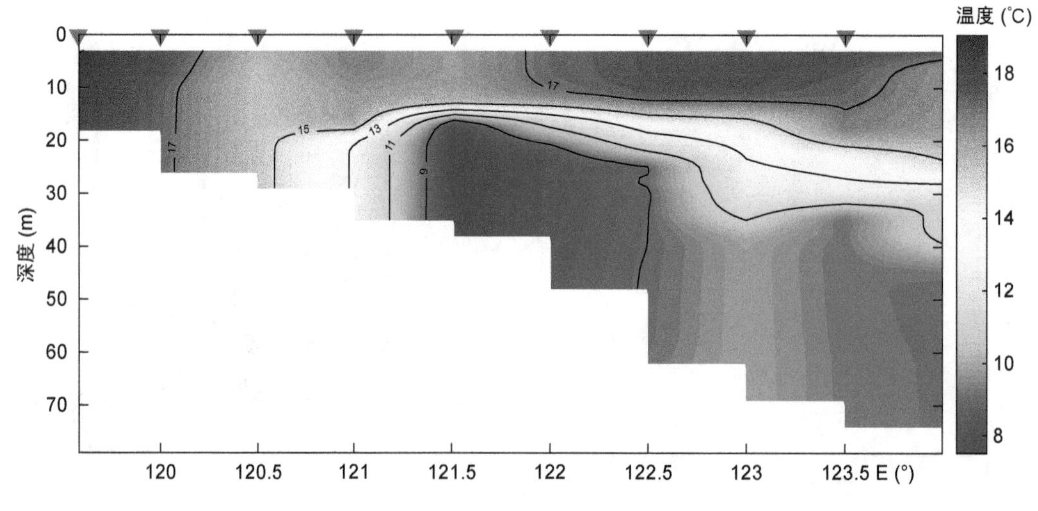

图 1.11　2014 年 5 月黄海 3500 断面温度分布图

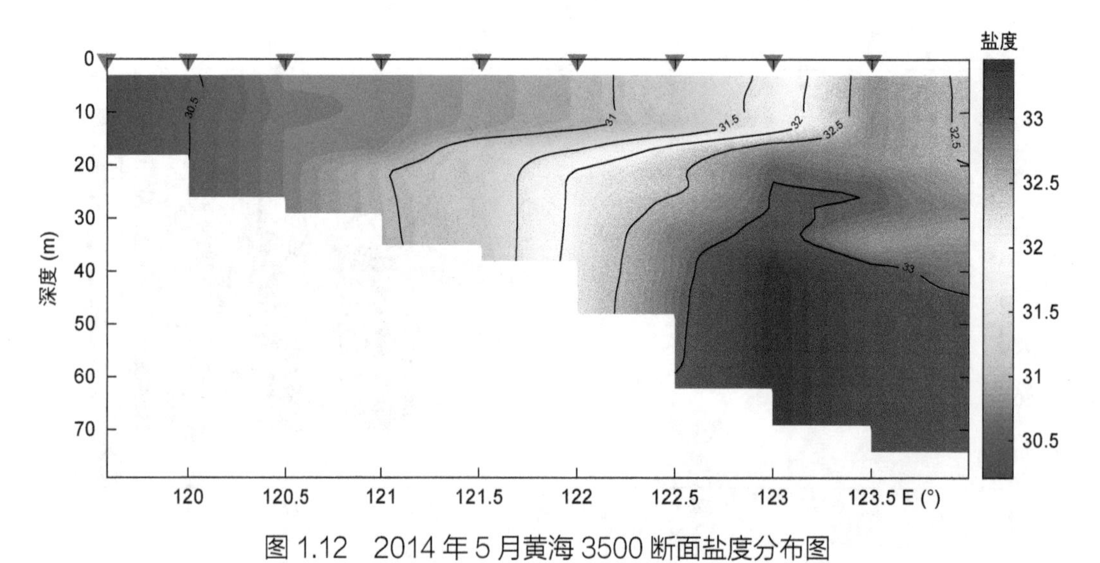

图 1.12　2014 年 5 月黄海 3500 断面盐度分布图

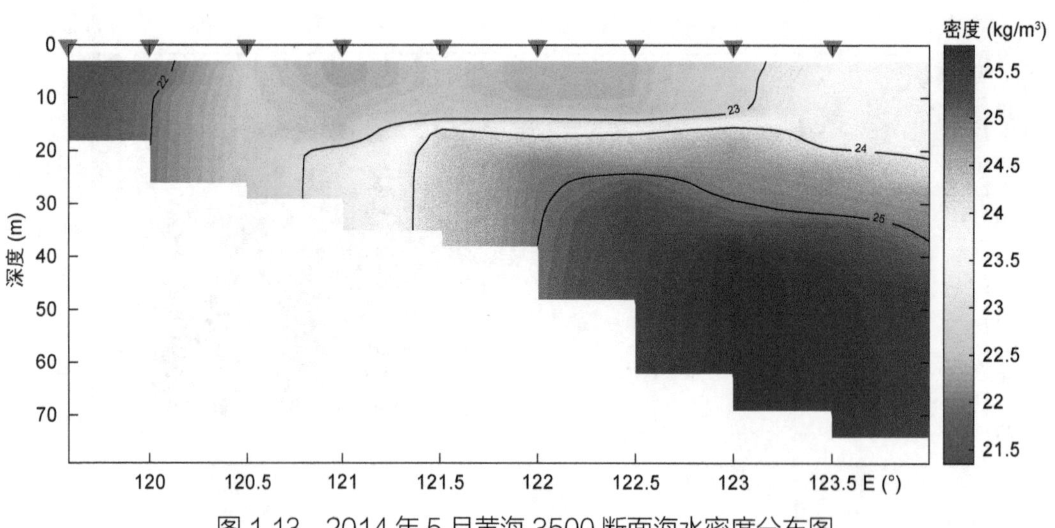

图 1.13　2014 年 5 月黄海 3500 断面海水密度分布图

(5) 3600 断面

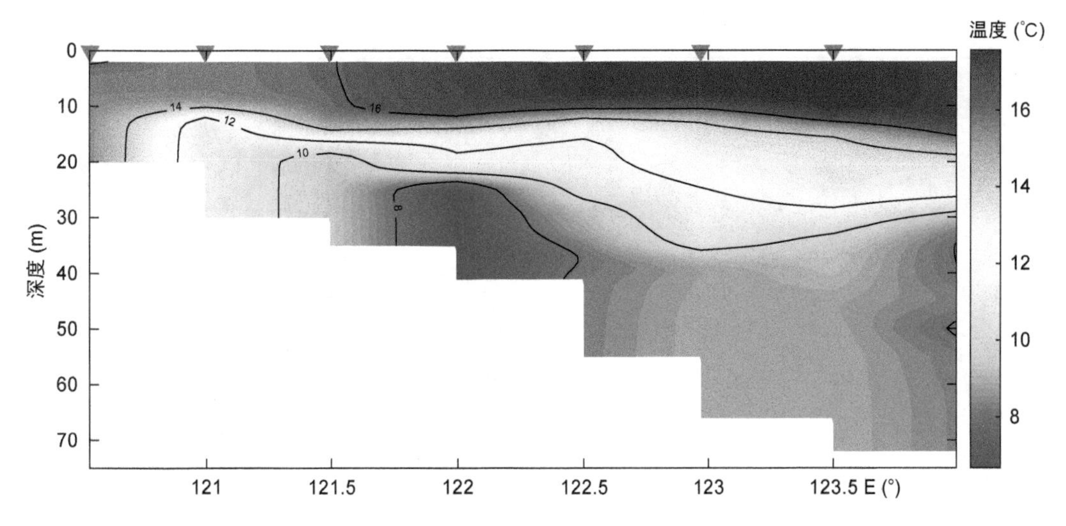

图 1.14 2014 年 5 月黄海 3600 断面温度分布图

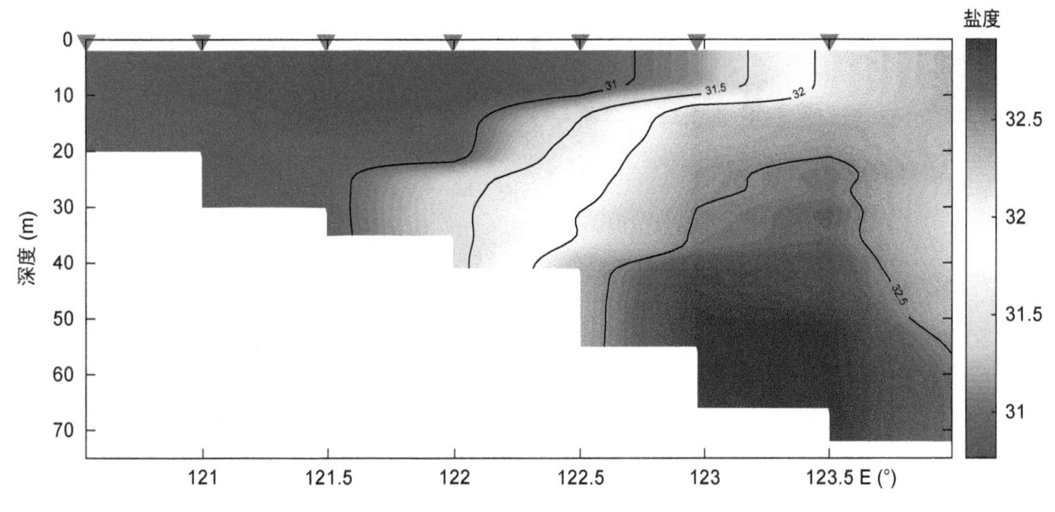

图 1.15 2014 年 5 月黄海 3600 断面盐度分布图

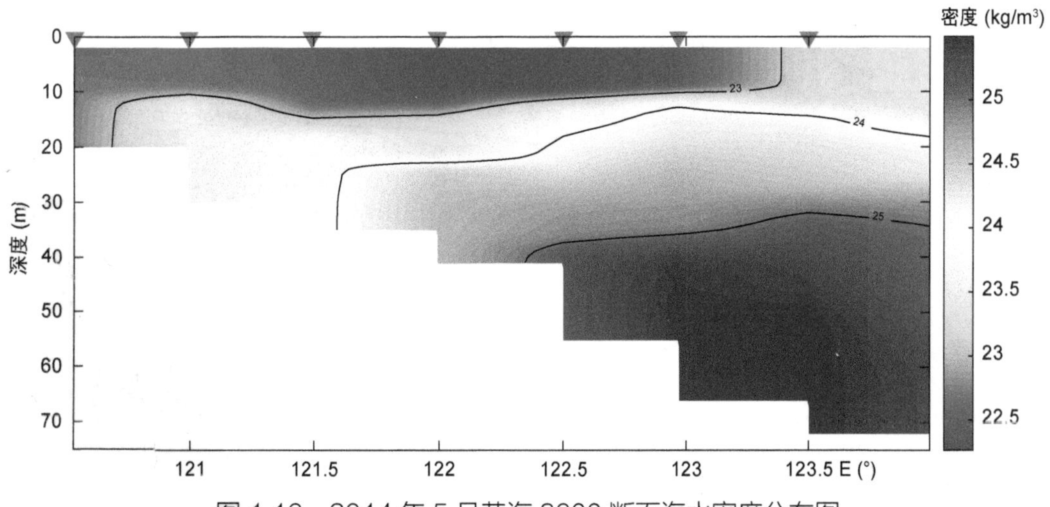

图 1.16 2014 年 5 月黄海 3600 断面海水密度分布图

(6) 3700 断面

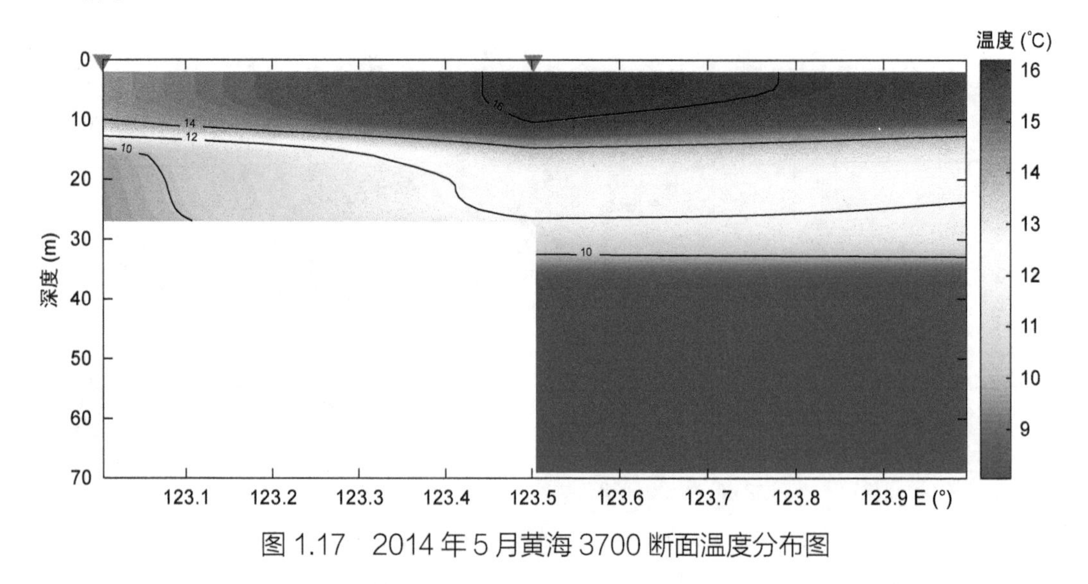

图 1.17　2014 年 5 月黄海 3700 断面温度分布图

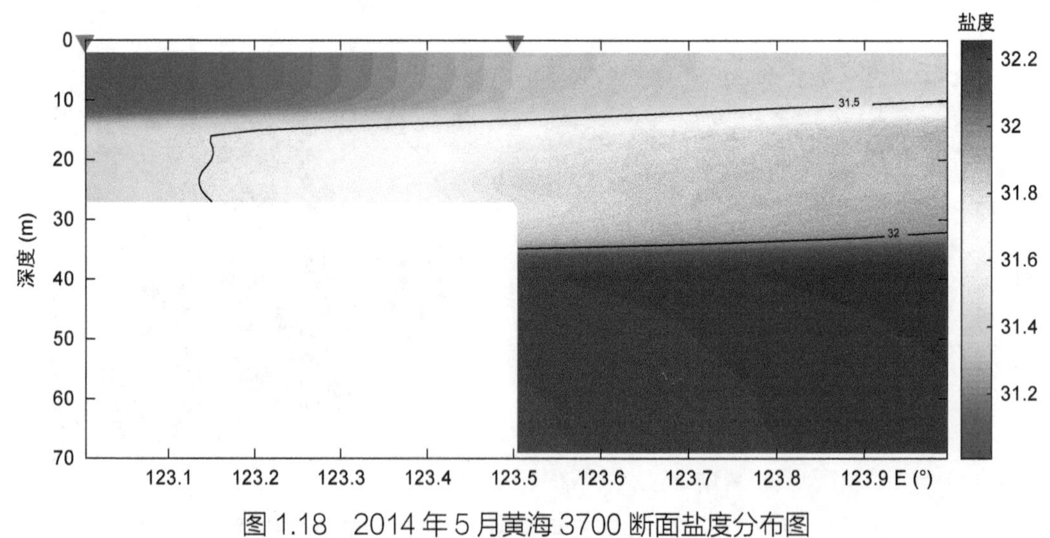

图 1.18　2014 年 5 月黄海 3700 断面盐度分布图

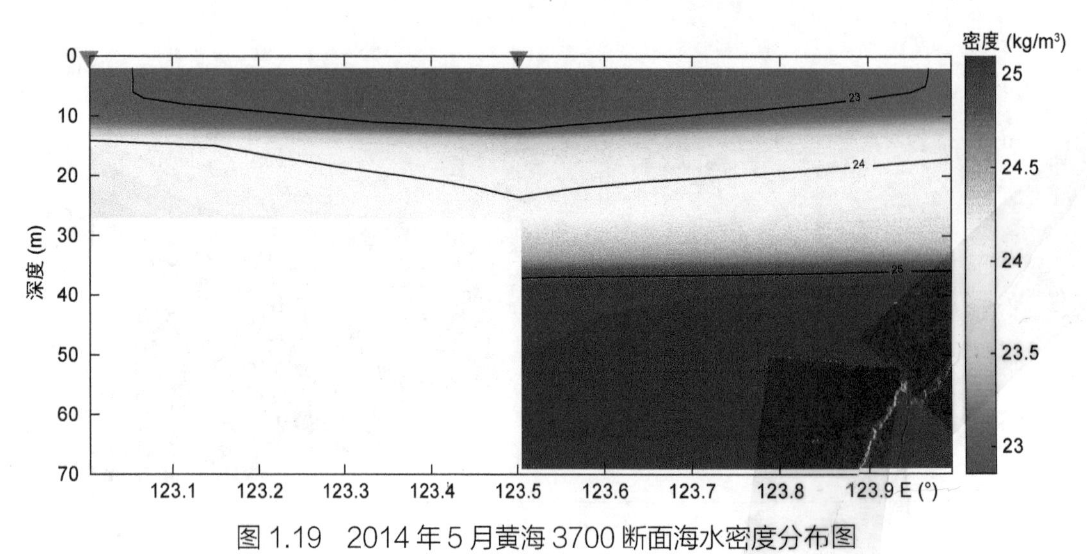

图 1.19　2014 年 5 月黄海 3700 断面海水密度分布图

(7) 3875 断面

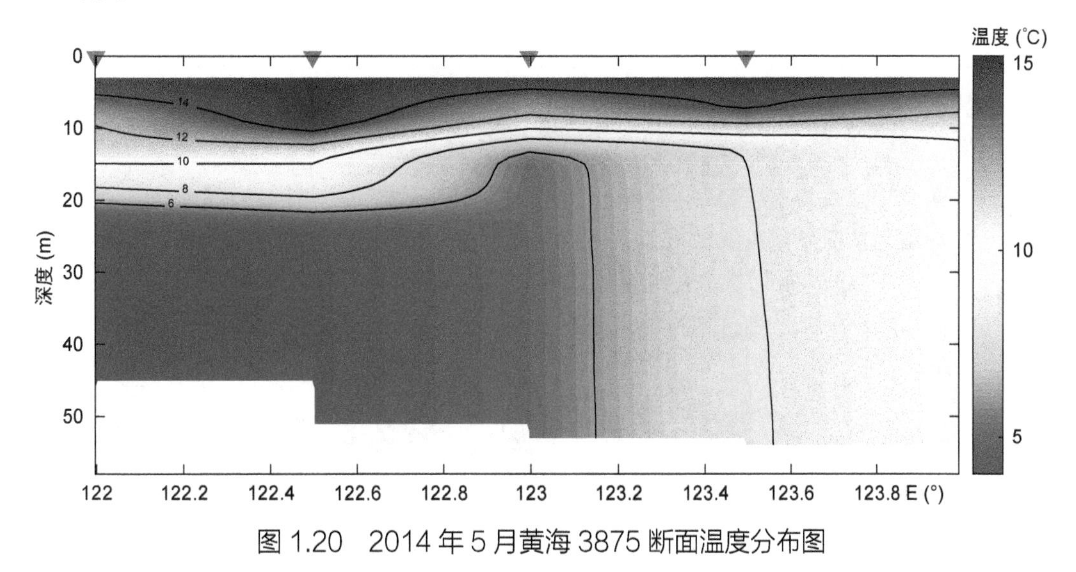

图 1.20　2014 年 5 月黄海 3875 断面温度分布图

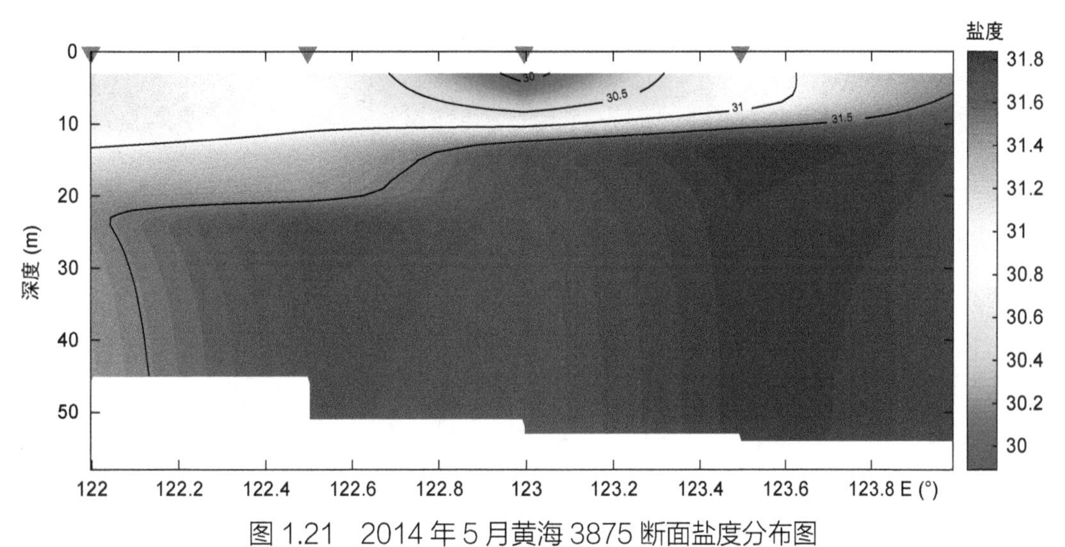

图 1.21　2014 年 5 月黄海 3875 断面盐度分布图

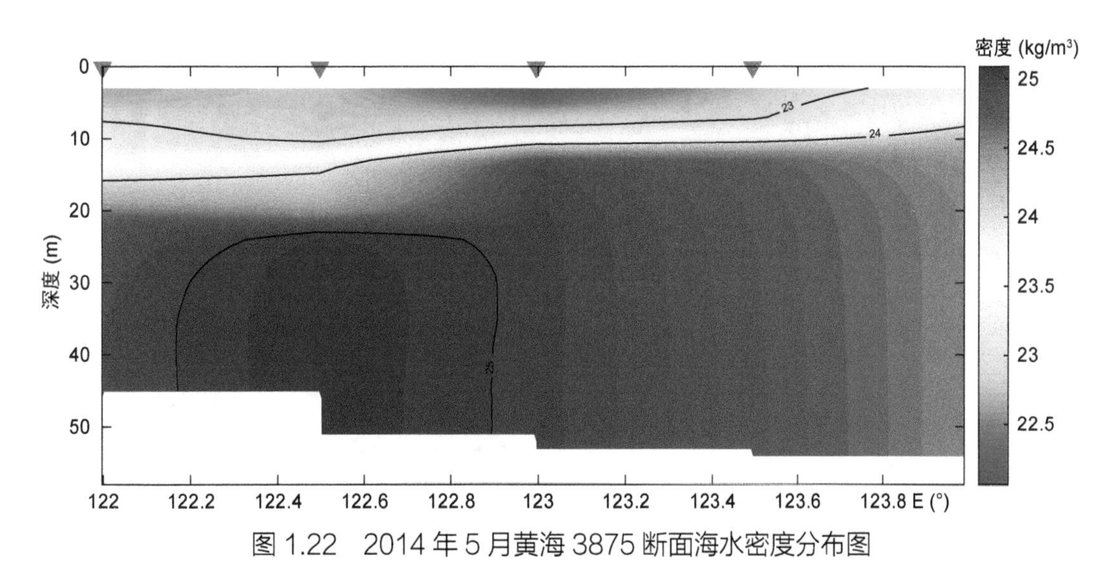

图 1.22　2014 年 5 月黄海 3875 断面海水密度分布图

(8) B 断面

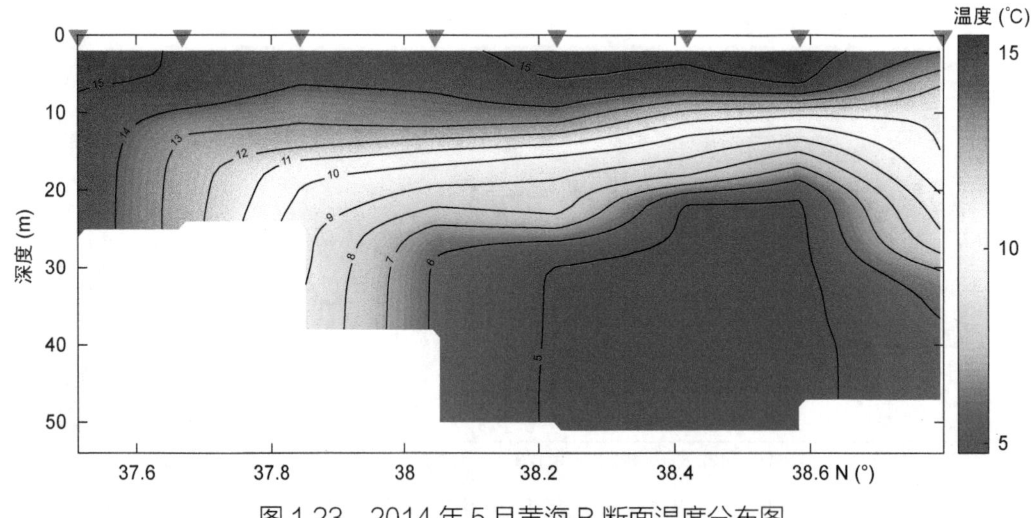

图 1.23　2014 年 5 月黄海 B 断面温度分布图

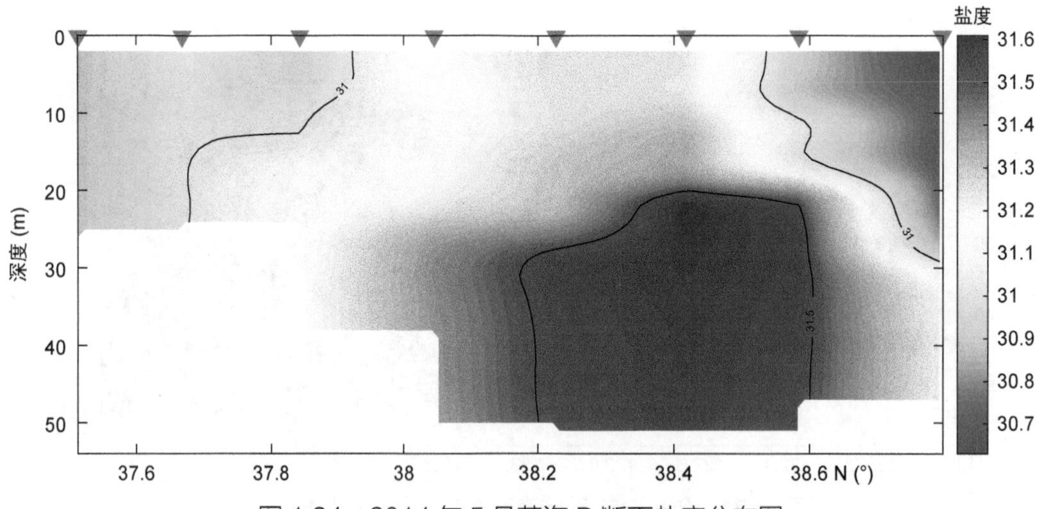

图 1.24　2014 年 5 月黄海 B 断面盐度分布图

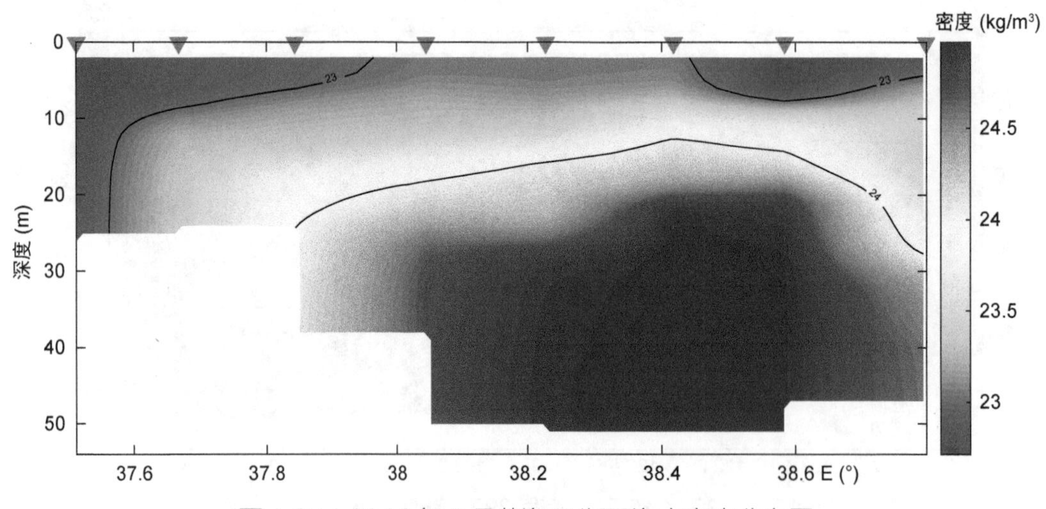

图 1.25　2014 年 5 月黄海 B 断面海水密度分布图

(9) CJ 断面

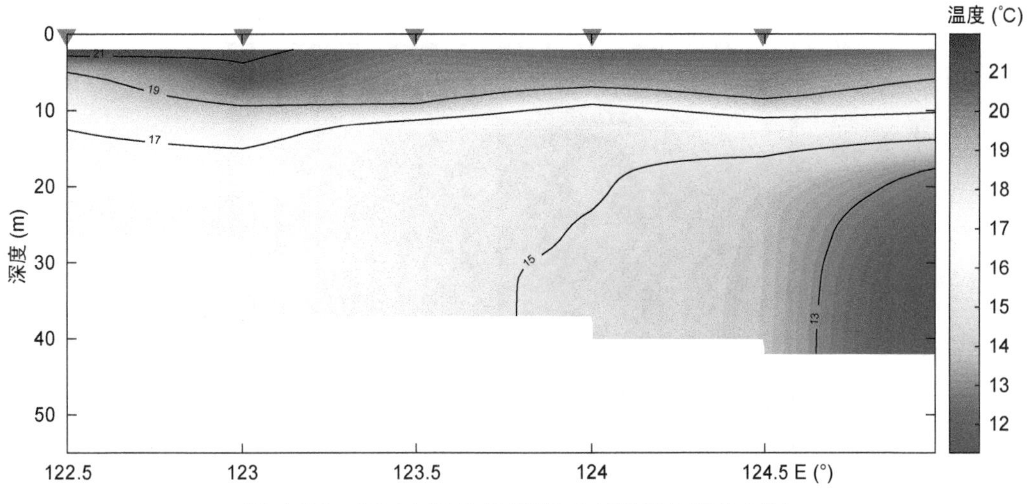

图 1.26　2014 年 5 月黄海 CJ 断面温度分布图

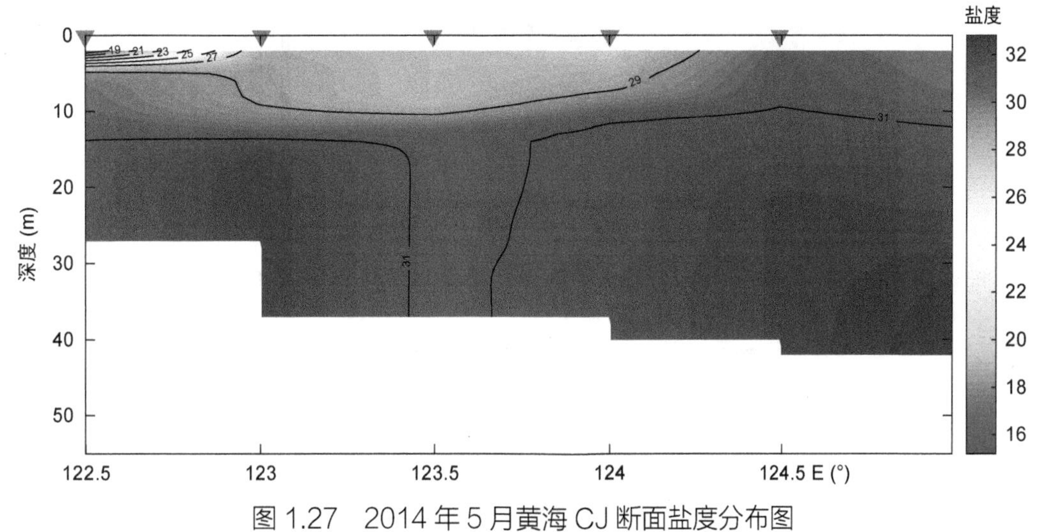

图 1.27　2014 年 5 月黄海 CJ 断面盐度分布图

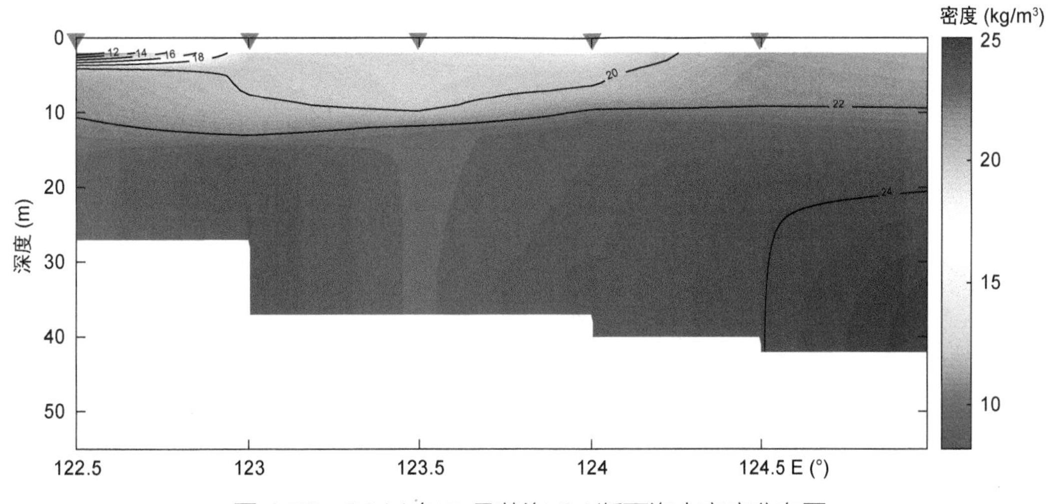

图 1.28　2014 年 5 月黄海 CJ 断面海水密度分布图

1.1.2 平面图

(1) 表层

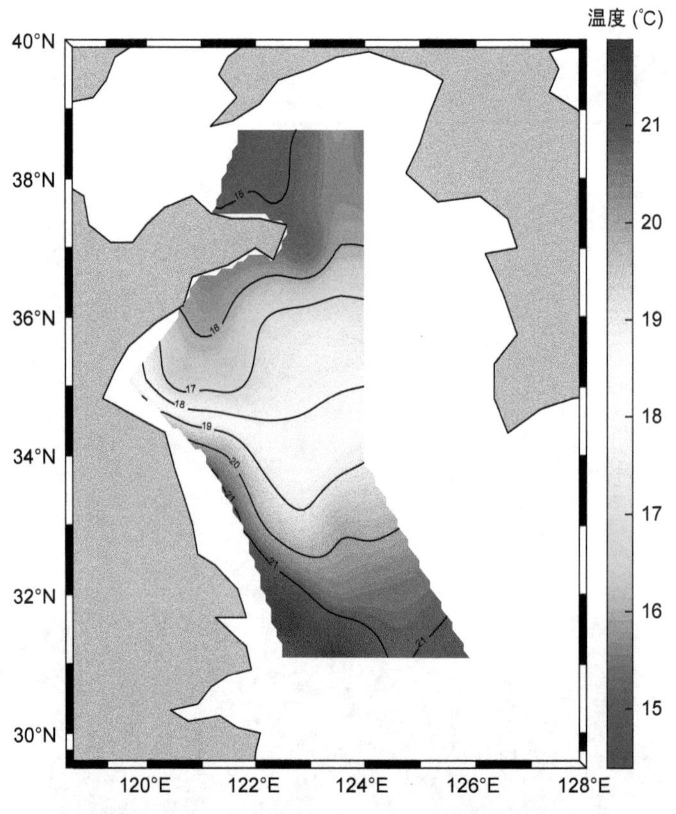

图 1.29 2014 年 5 月黄海表层温度平面图

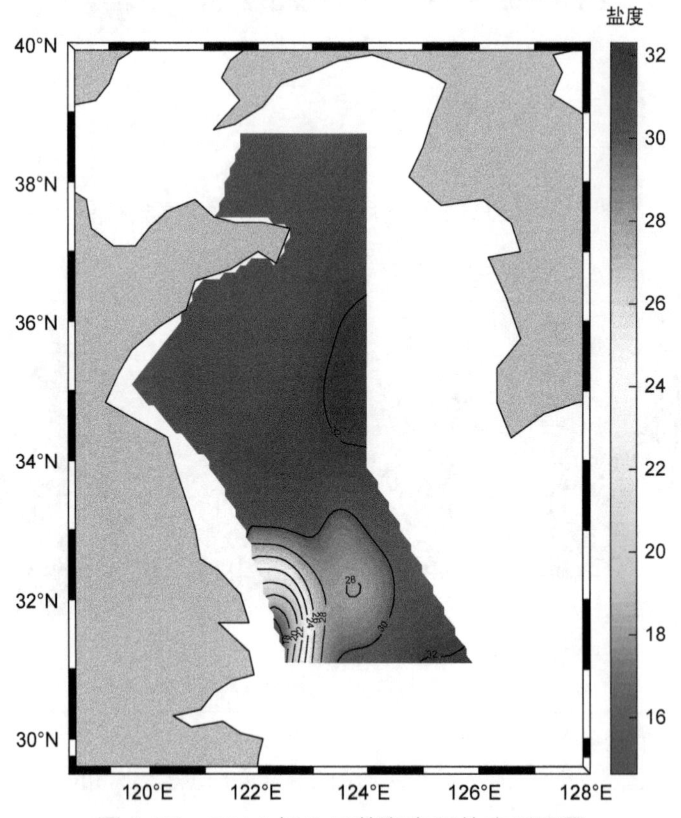

图 1.30 2014 年 5 月黄海表层盐度平面图

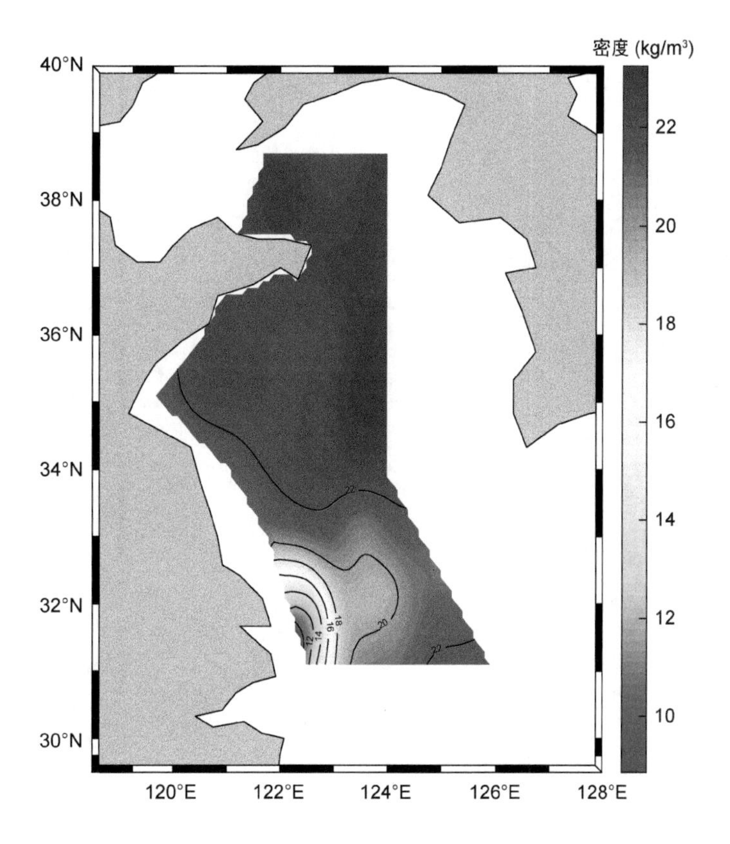

图 1.31 2014 年 5 月黄海表层密度平面图

(2) 20m

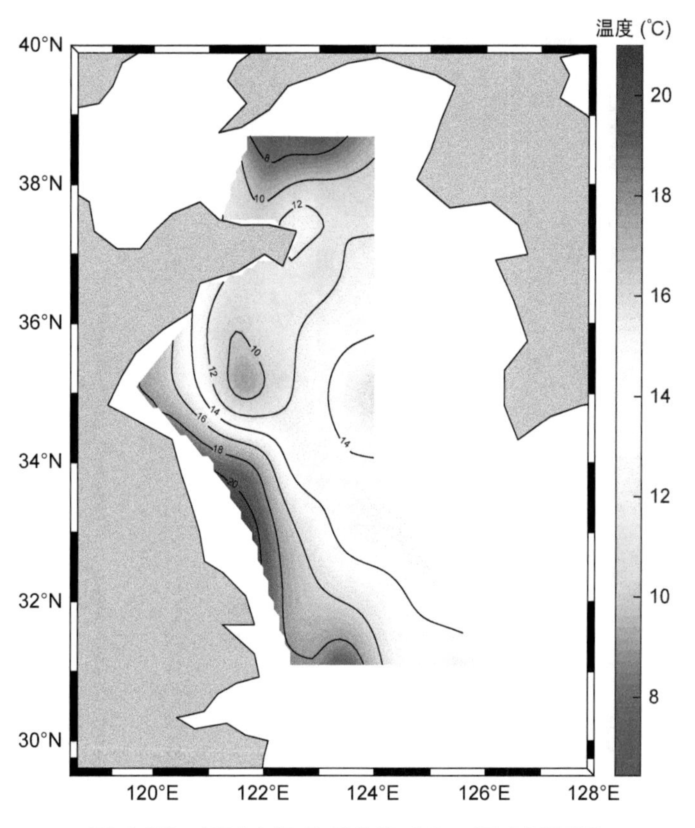

图 1.32 2014 年 5 月黄海 20m 温度平面图

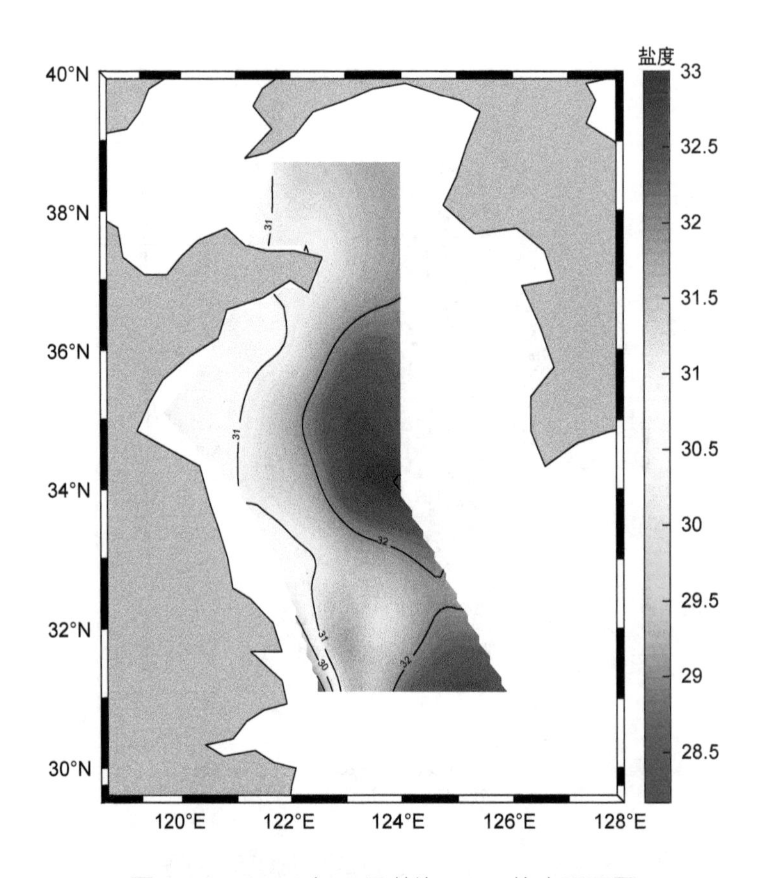

图 1.33　2014 年 5 月黄海 20m 盐度平面图

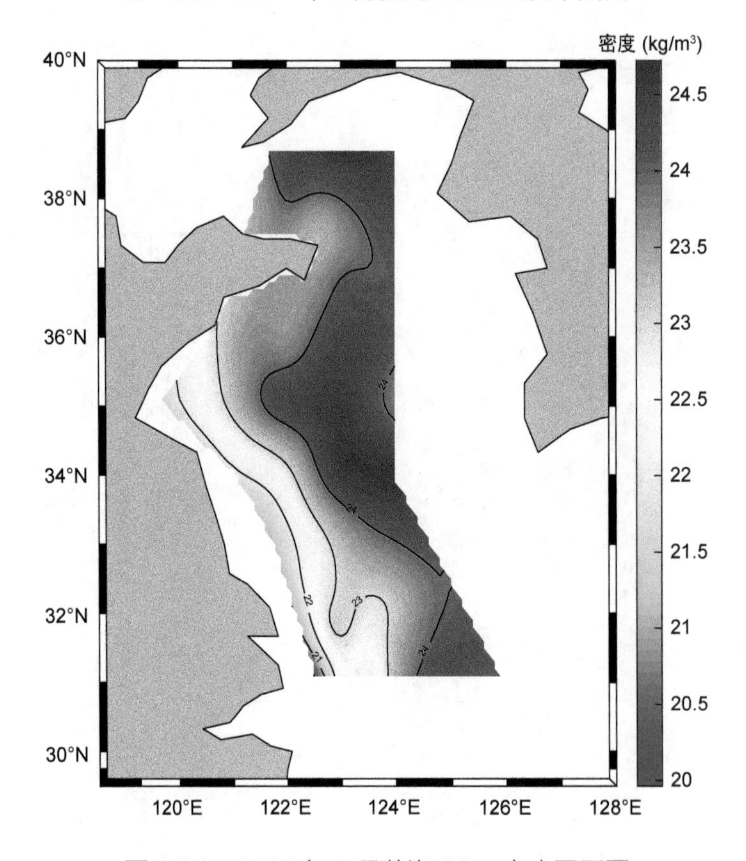

图 1.34　2014 年 5 月黄海 20m 密度平面图

(3) 底层

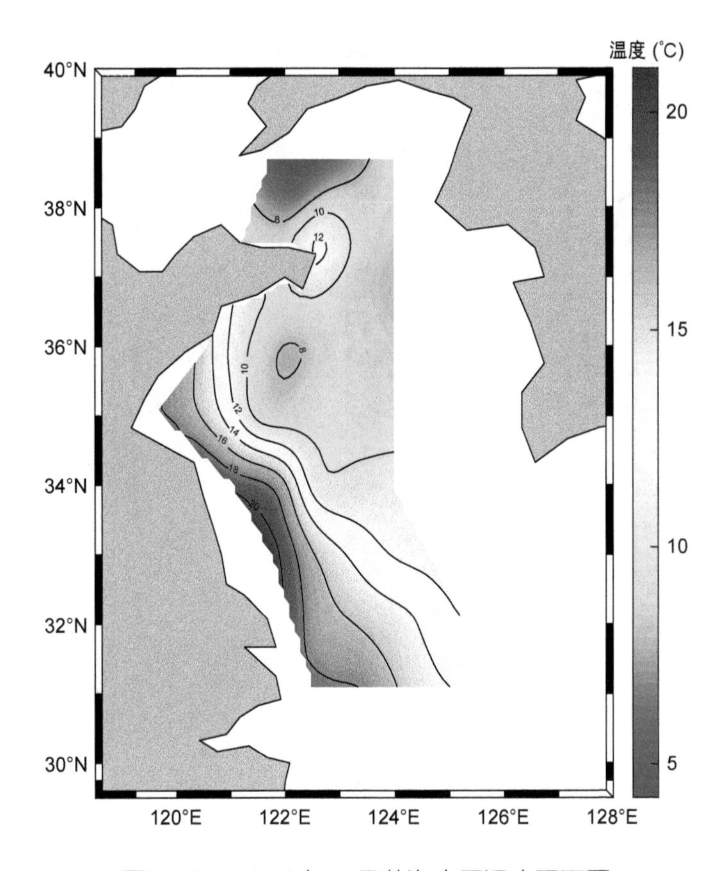

图 1.35 2014 年 5 月黄海底层温度平面图

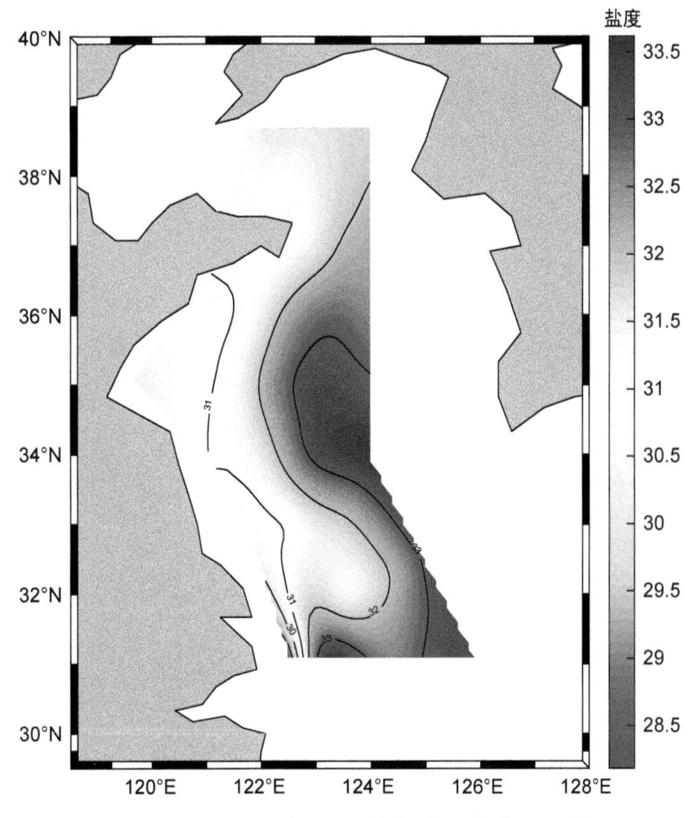

图 1.36 2014 年 5 月黄海底层盐度平面图

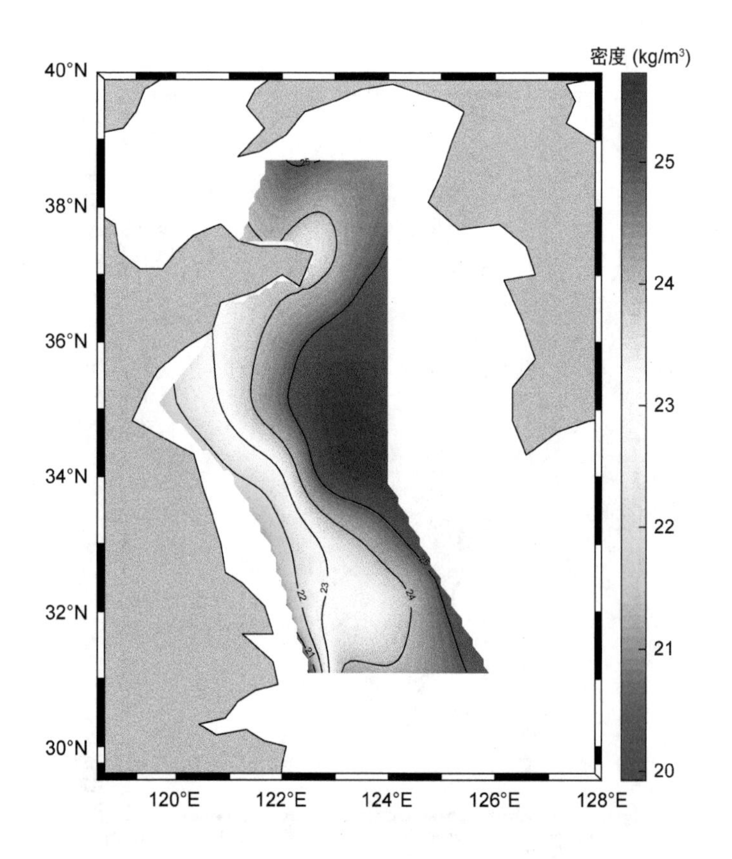

图 1.37　2014 年 5 月黄海底层密度平面图

1.2　2014 年 5 月东海

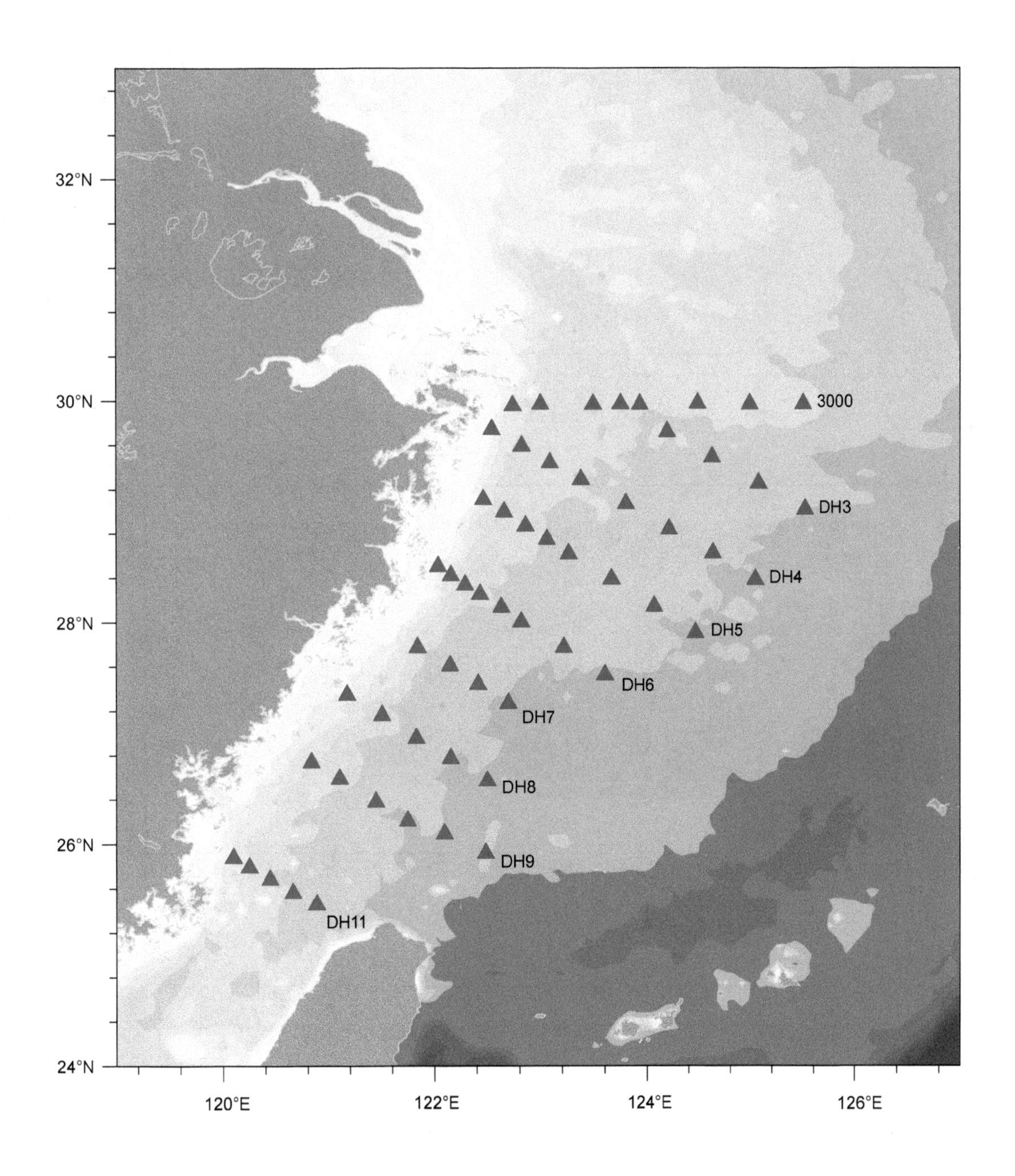

图 1.38　2014 年 5 月东海调查站位图
（2014 年 5 月 25 日 -2014 年 6 月 11 日）

1.2.1 断面图

(1) 3000 断面

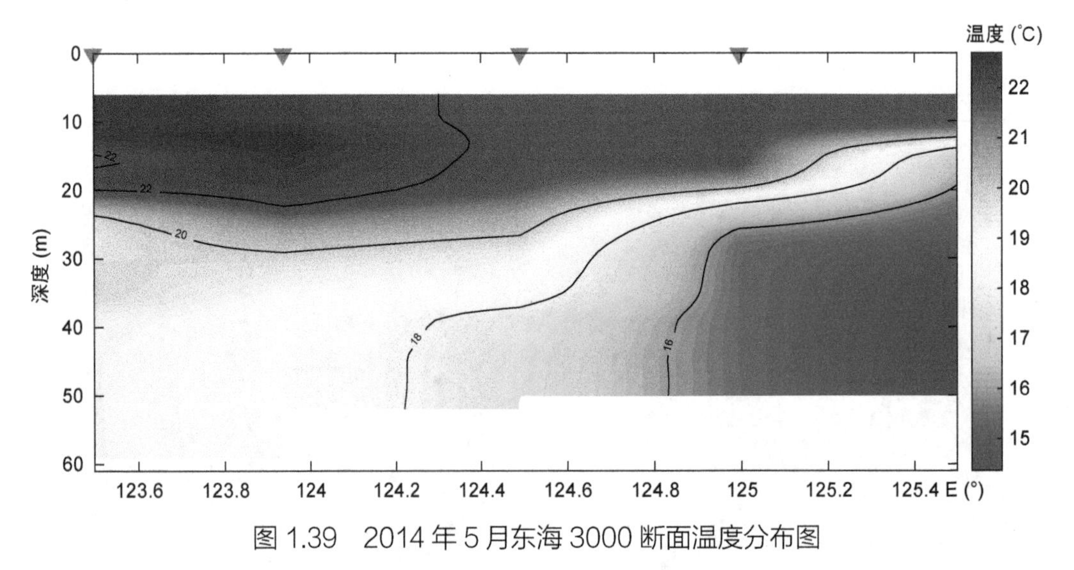

图 1.39 2014 年 5 月东海 3000 断面温度分布图

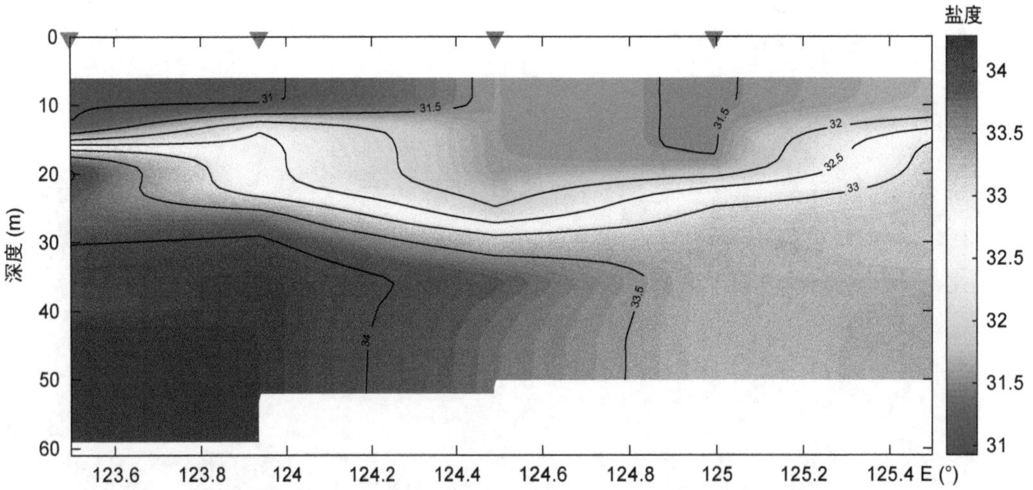

图 1.40 2014 年 5 月东海 3000 断面盐度分布图

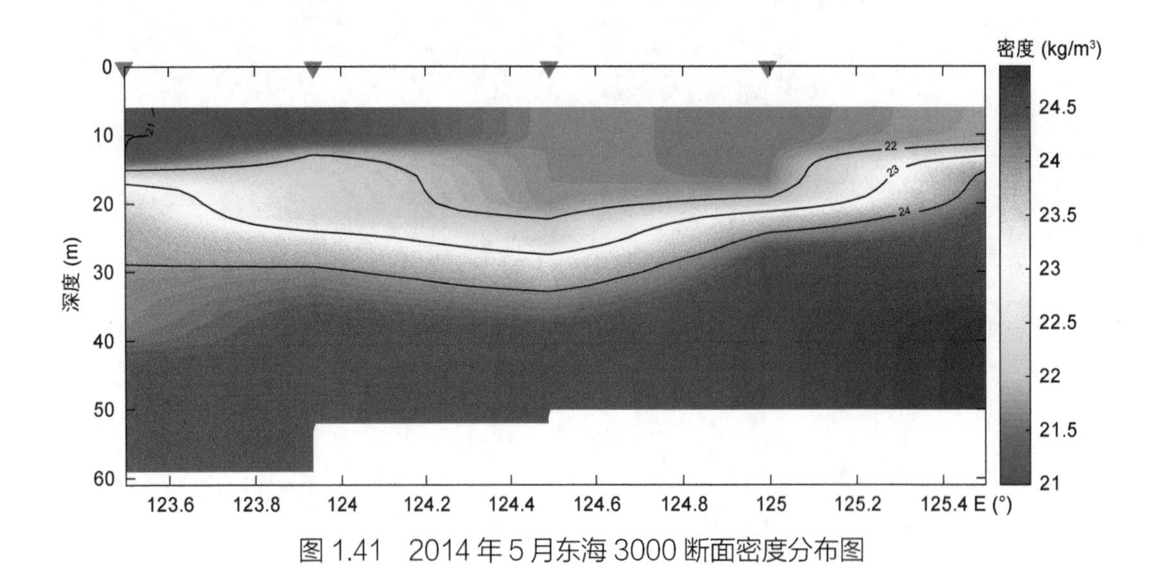

图 1.41 2014 年 5 月东海 3000 断面密度分布图

(2) DH3 断面

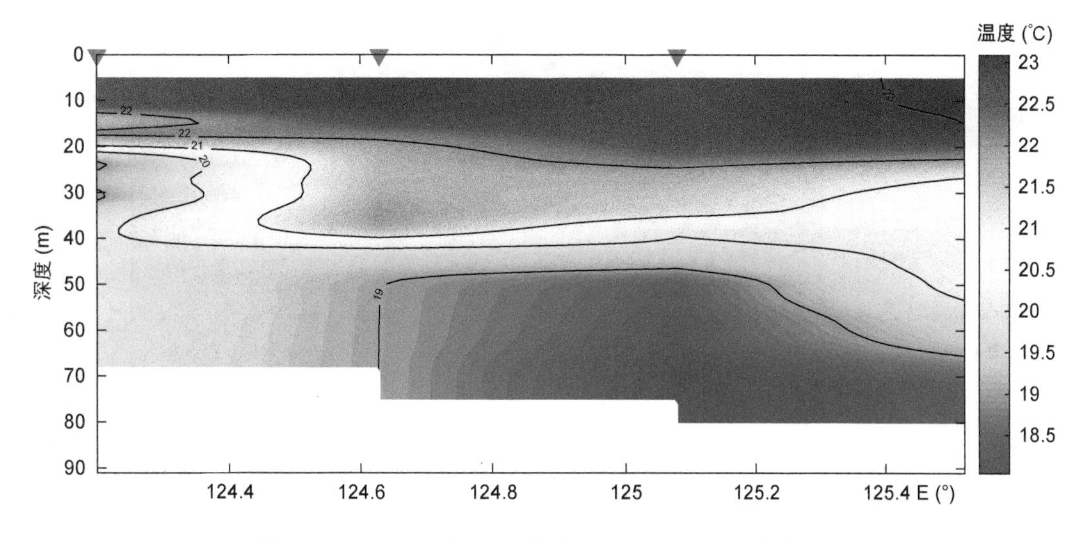

图 1.42 2014 年 5 月东海 DH3 断面温度分布图

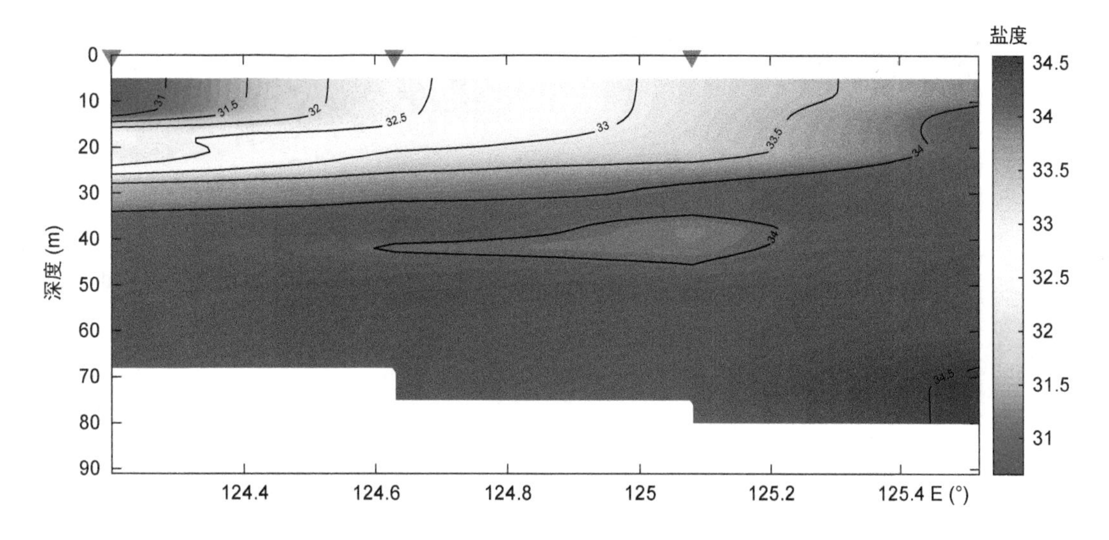

图 1.43 2014 年 5 月东海 DH3 断面盐度分布图

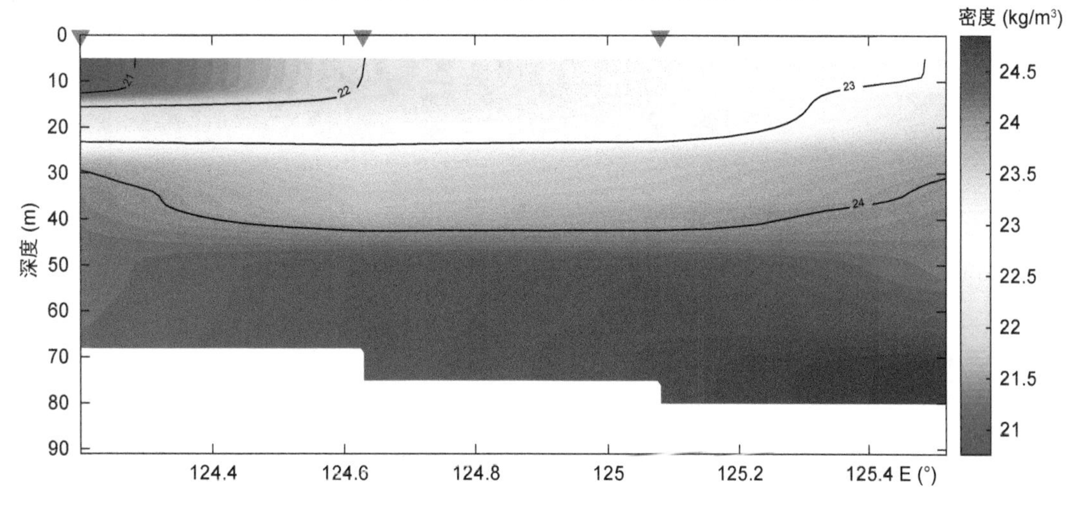

图 1.44 2014 年 5 月东海 DH3 断面密度分布图

(3) DH4 断面

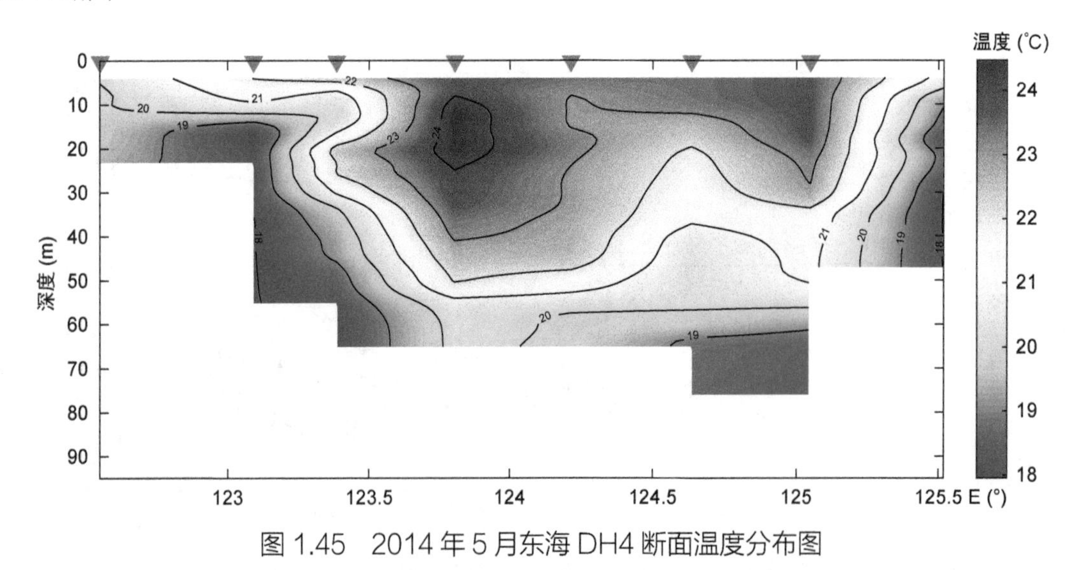

图 1.45　2014 年 5 月东海 DH4 断面温度分布图

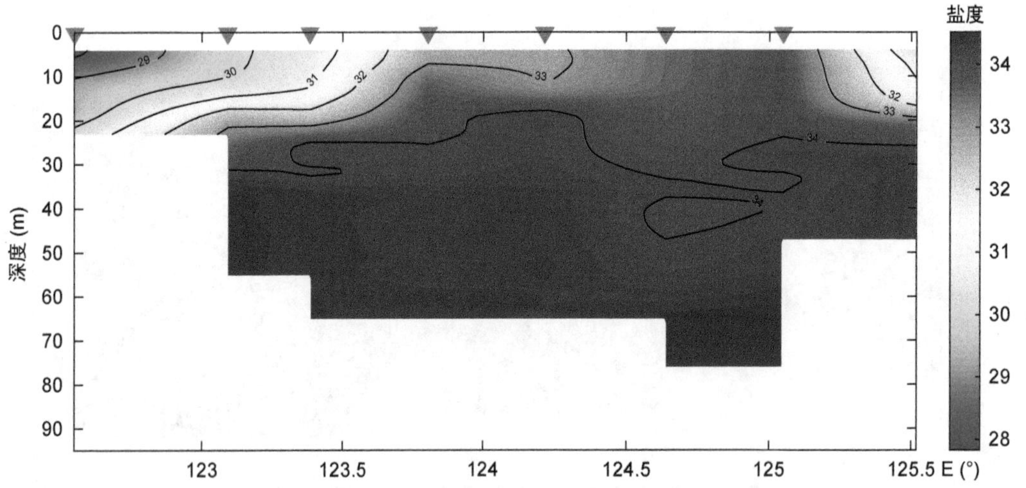

图 1.46　2014 年 5 月东海 DH4 断面盐度分布图

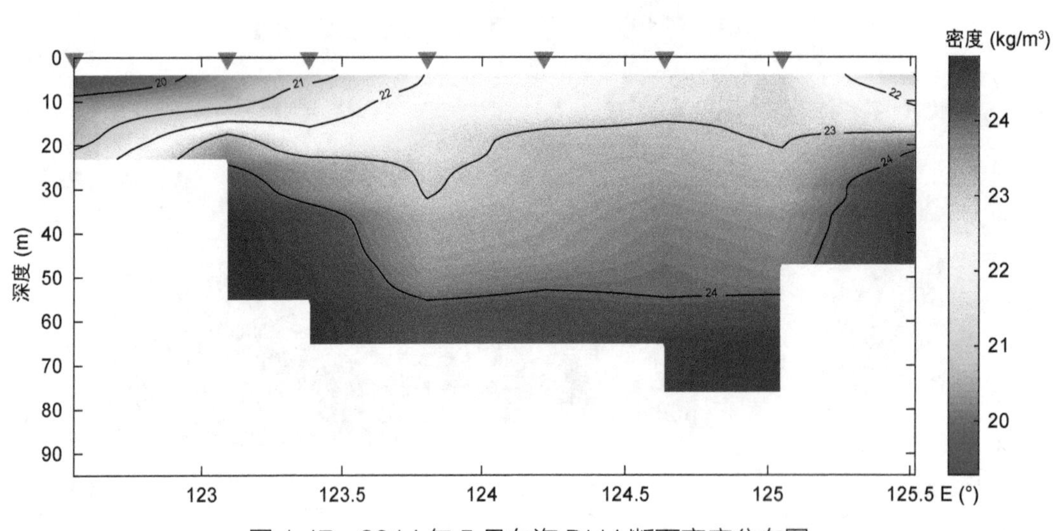

图 1.47　2014 年 5 月东海 DH4 断面密度分布图

(4) DH5 断面

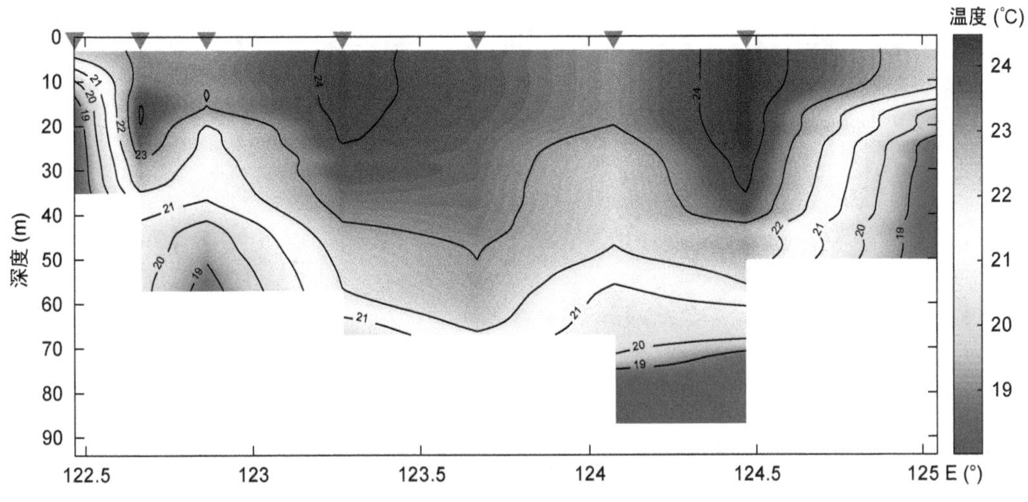

图 1.48　2014 年 5 月东海 DH5 断面温度分布图

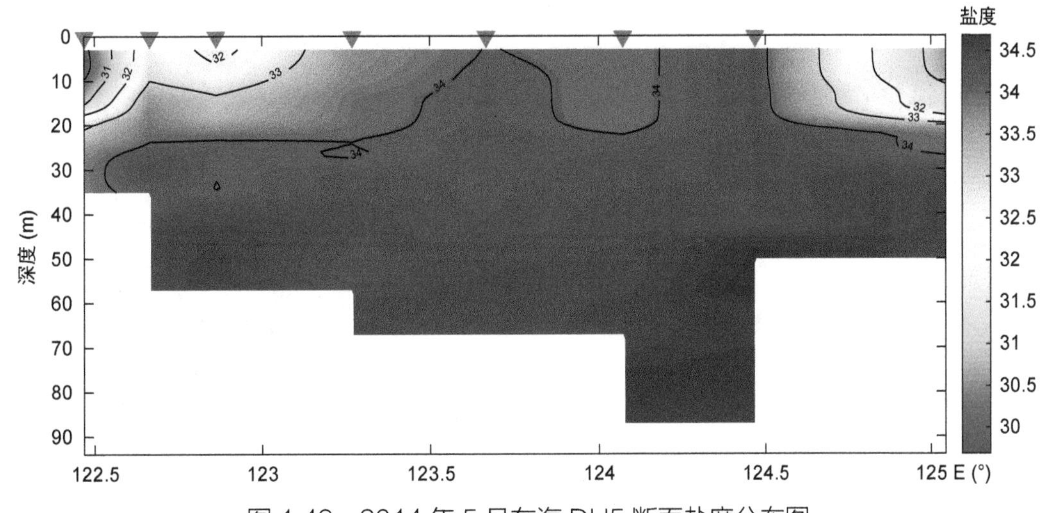

图 1.49　2014 年 5 月东海 DH5 断面盐度分布图

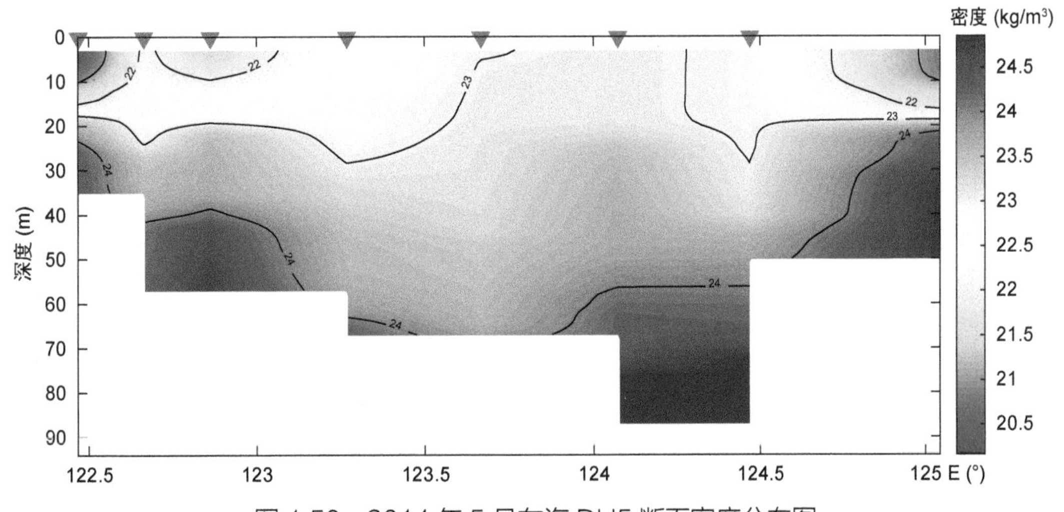

图 1.50　2014 年 5 月东海 DH5 断面密度分布图

(5) DH6 断面

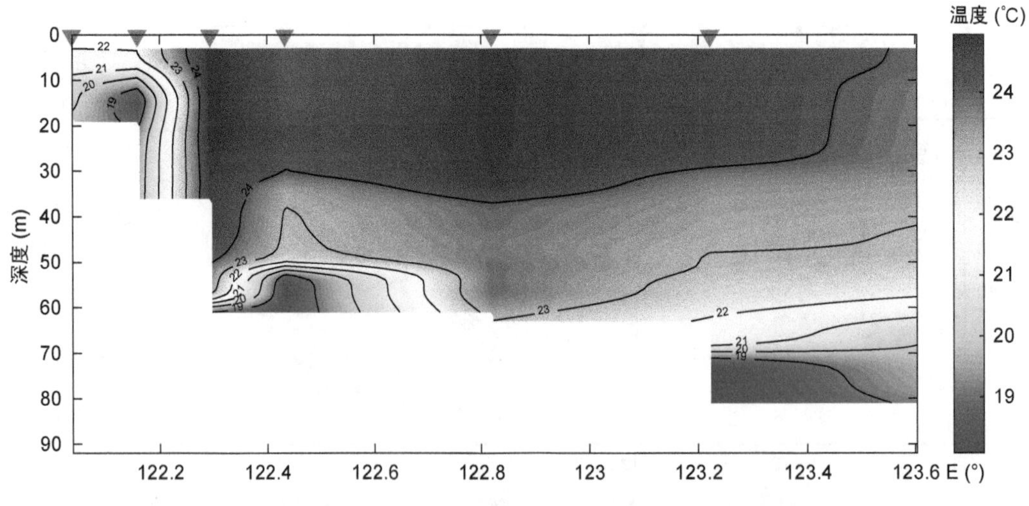

图 1.51　2014 年 5 月东海 DH6 断面温度分布图

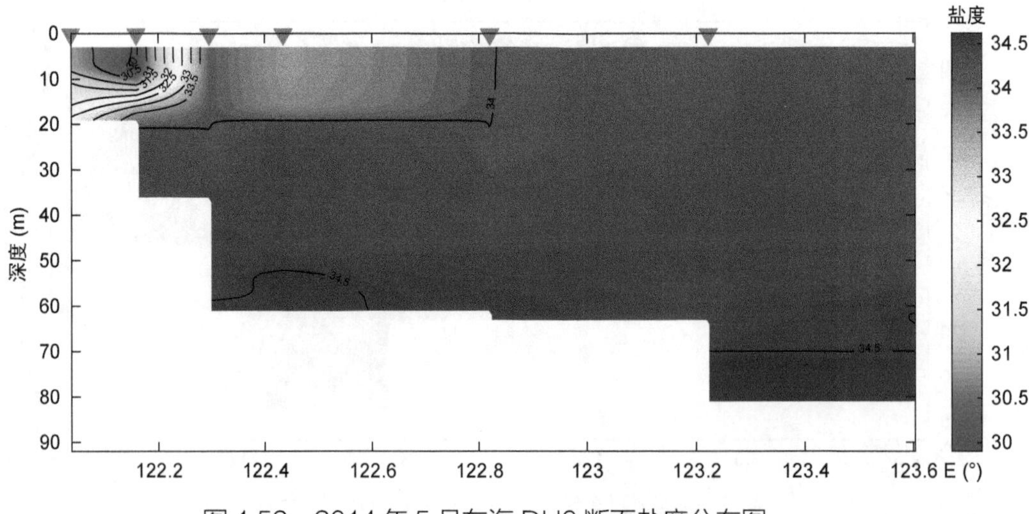

图 1.52　2014 年 5 月东海 DH6 断面盐度分布图

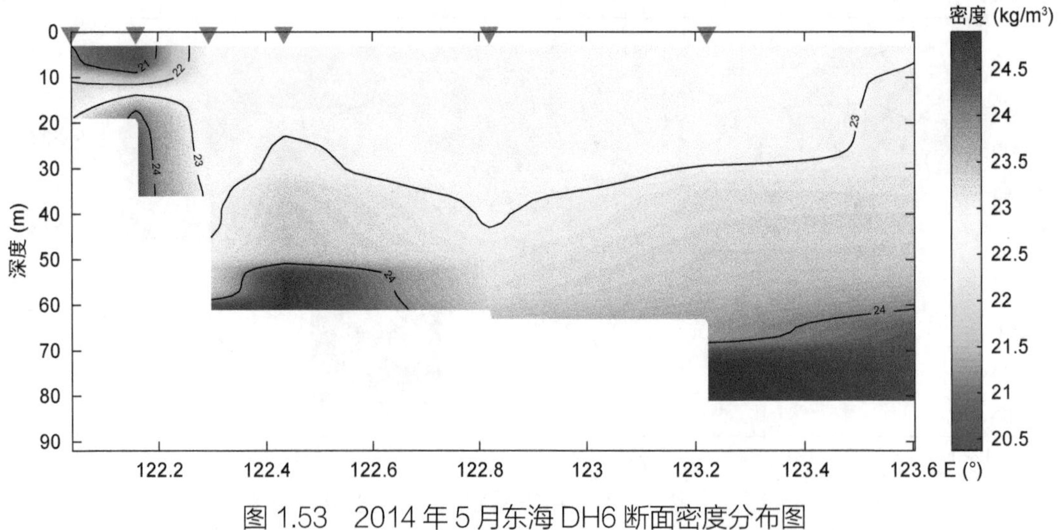

图 1.53　2014 年 5 月东海 DH6 断面密度分布图

(6) DH7 断面

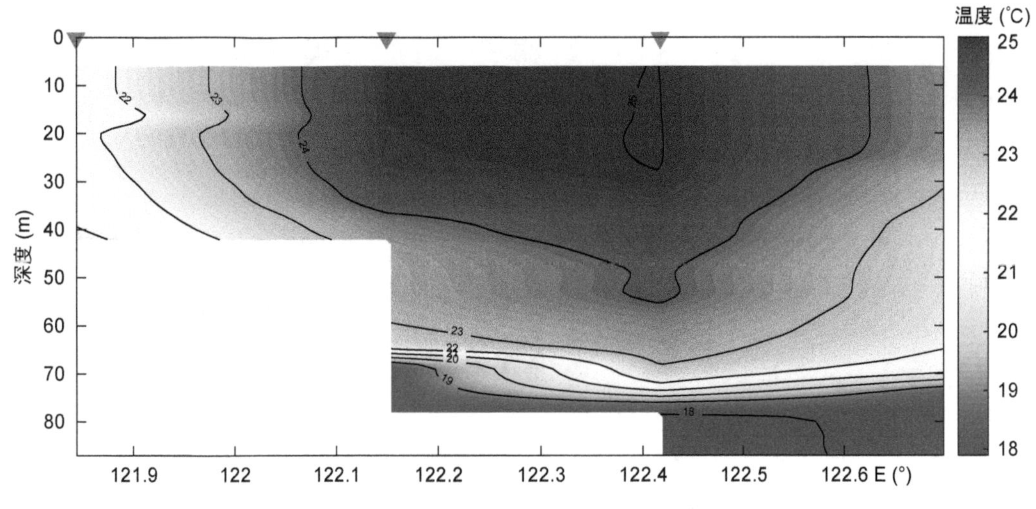

图 1.54 2014 年 5 月东海 DH7 断面温度分布图

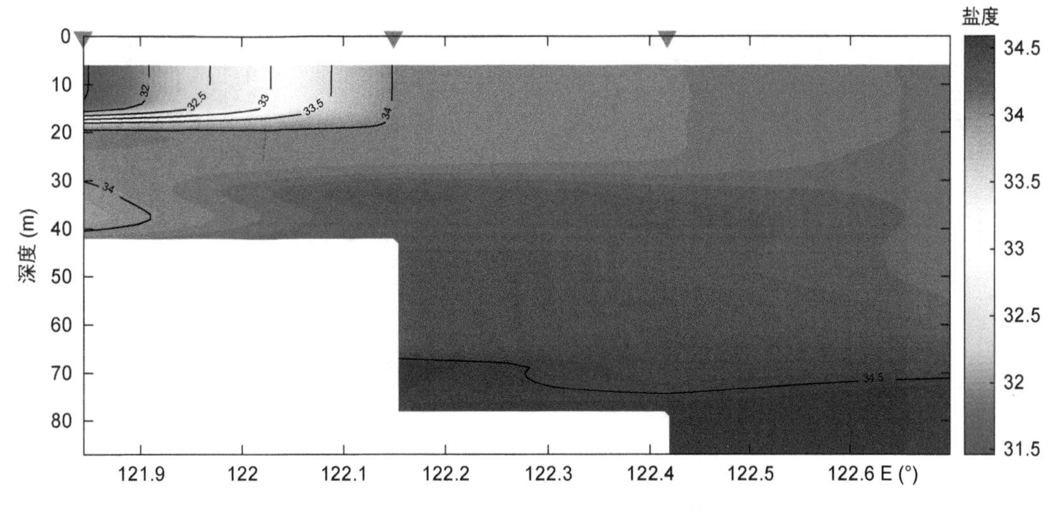

图 1.55 2014 年 5 月东海 DH7 断面盐度分布图

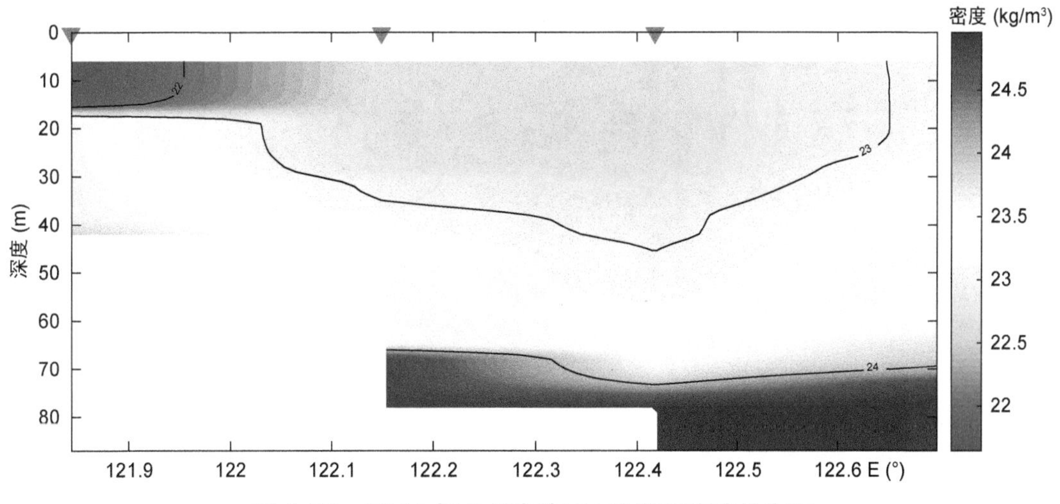

图 1.56 2014 年 5 月东海 DH7 断面密度分布图

(7) DH8 断面

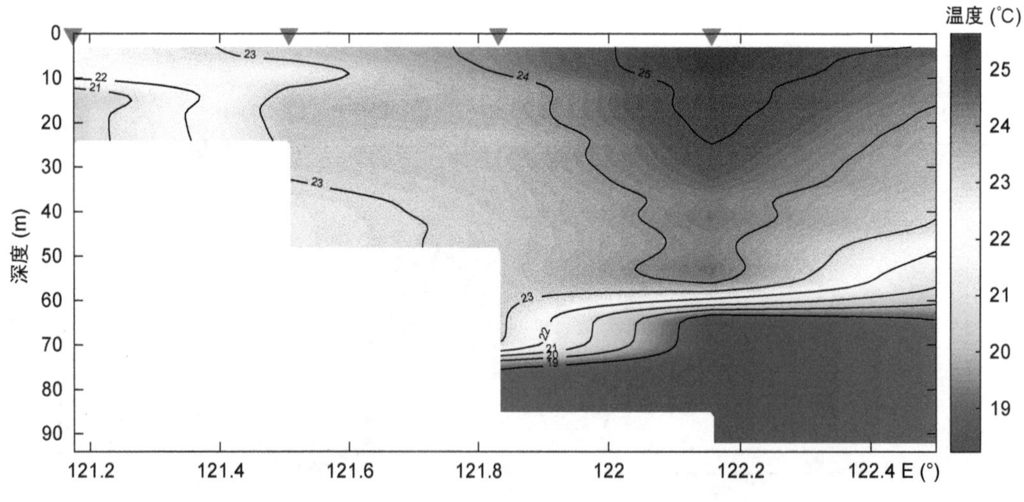

图 1.57　2014 年 5 月东海 DH8 断面温度分布图

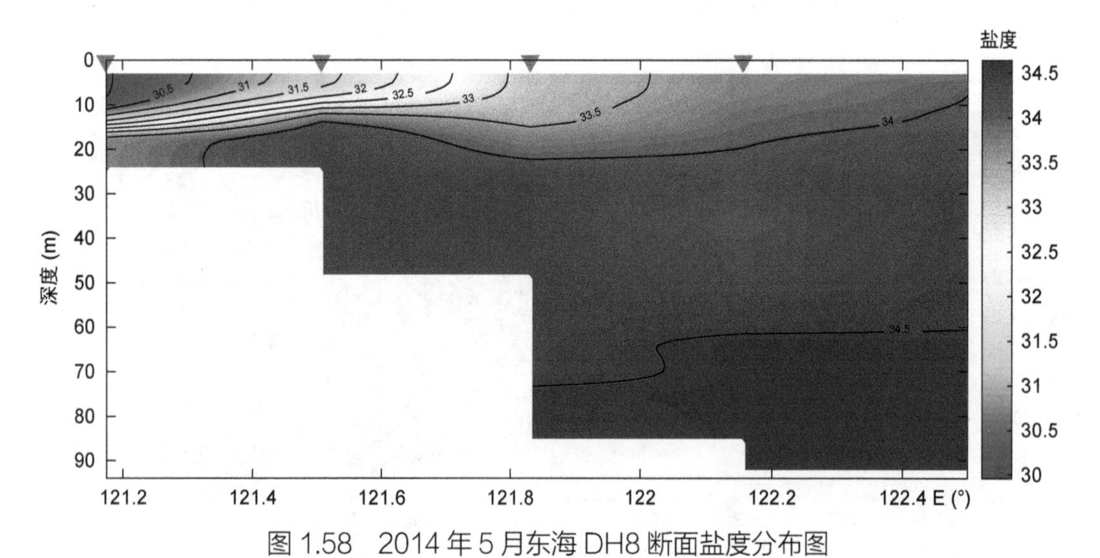

图 1.58　2014 年 5 月东海 DH8 断面盐度分布图

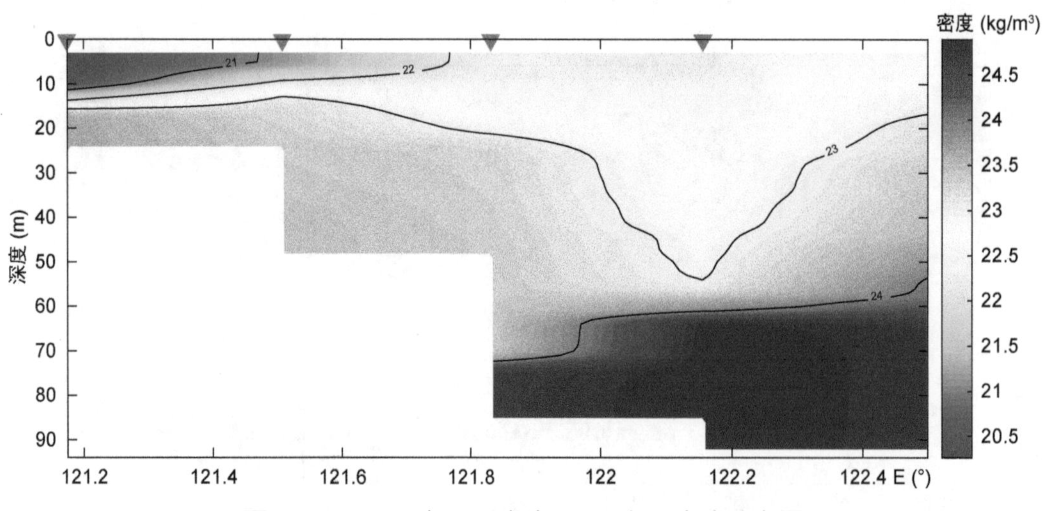

图 1.59　2014 年 5 月东海 DH8 断面密度分布图

(8) DH9断面

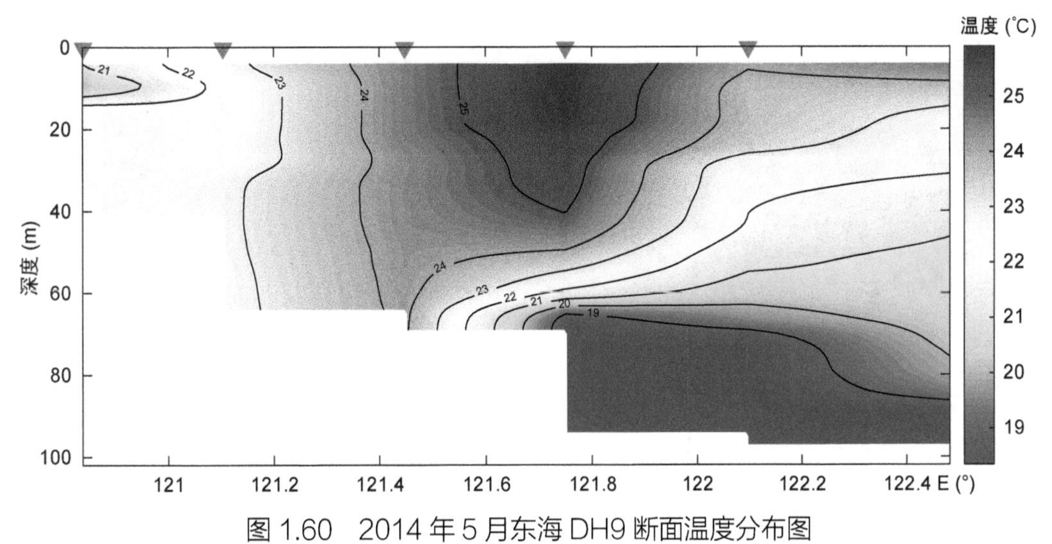

图 1.60　2014 年 5 月东海 DH9 断面温度分布图

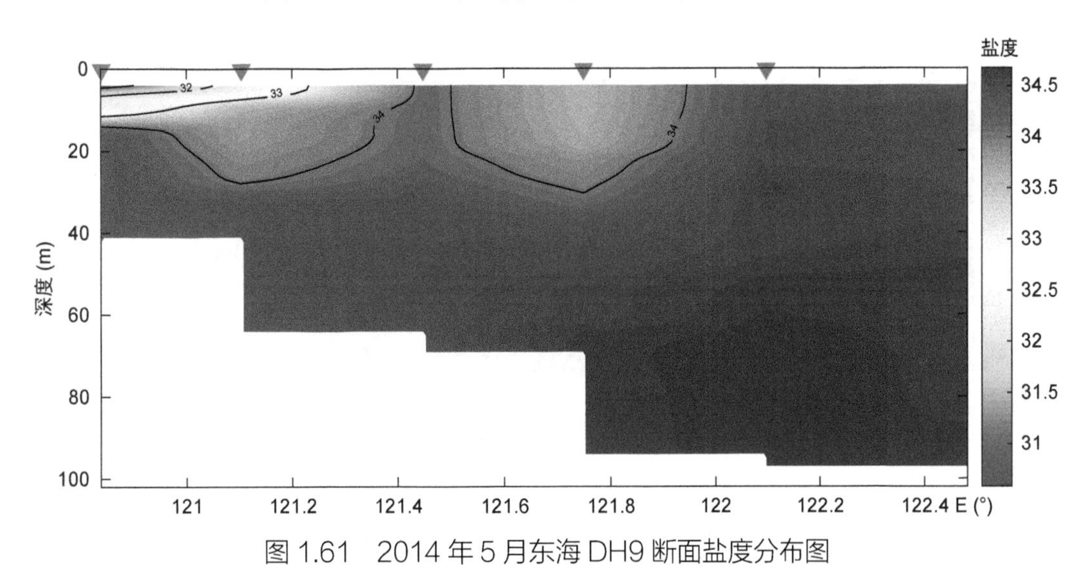

图 1.61　2014 年 5 月东海 DH9 断面盐度分布图

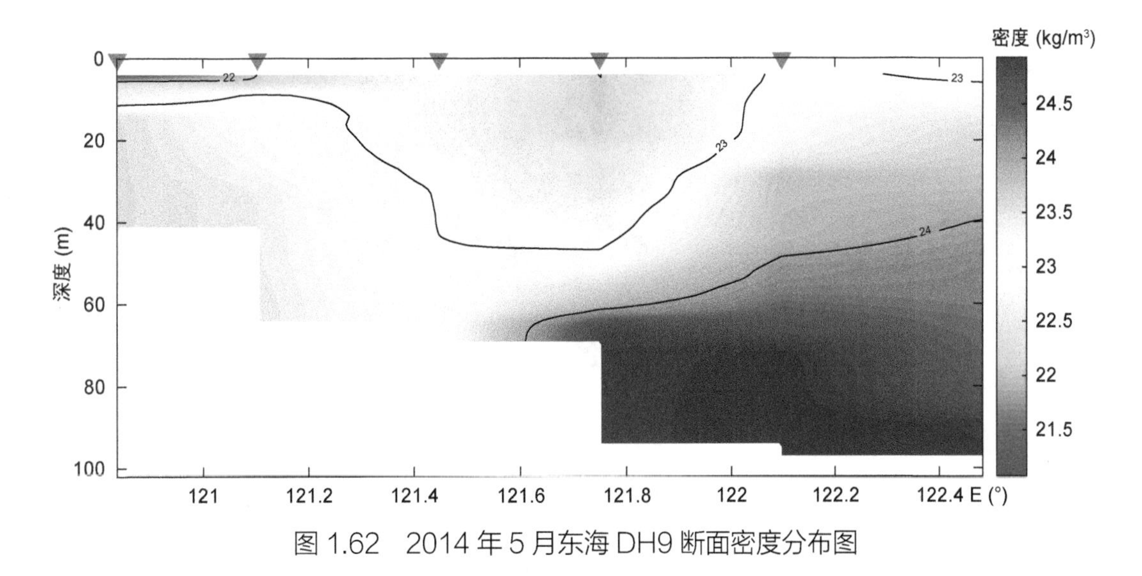

图 1.62　2014 年 5 月东海 DH9 断面密度分布图

(9) DH11 断面

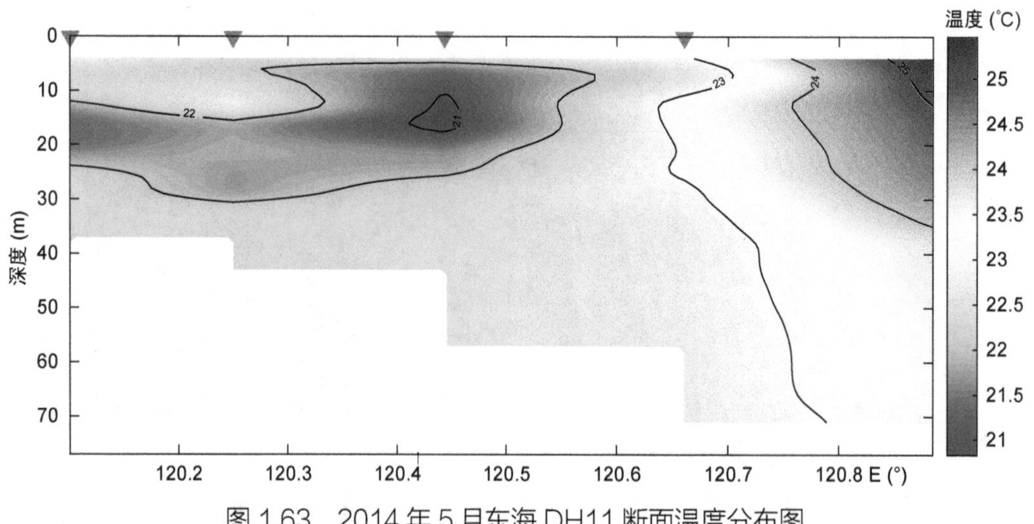

图 1.63　2014 年 5 月东海 DH11 断面温度分布图

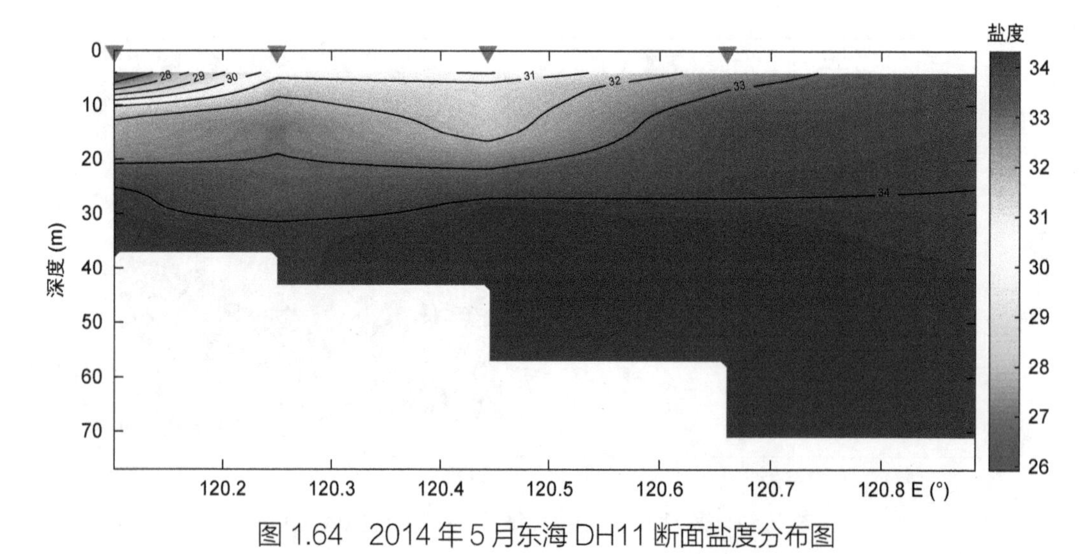

图 1.64　2014 年 5 月东海 DH11 断面盐度分布图

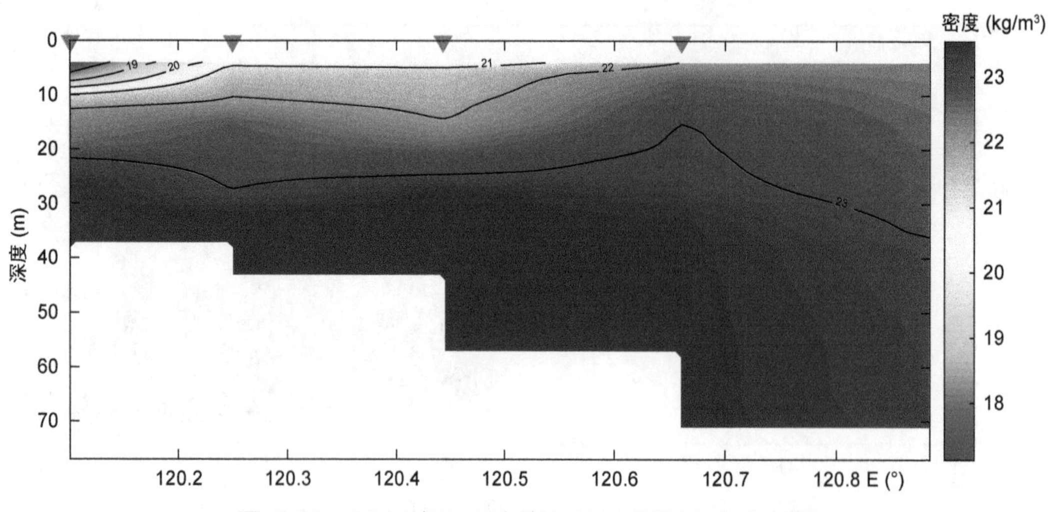

图 1.65　2014 年 5 月东海 DH11 断面密度分布图

1.2.2 平面图

(1) 表层

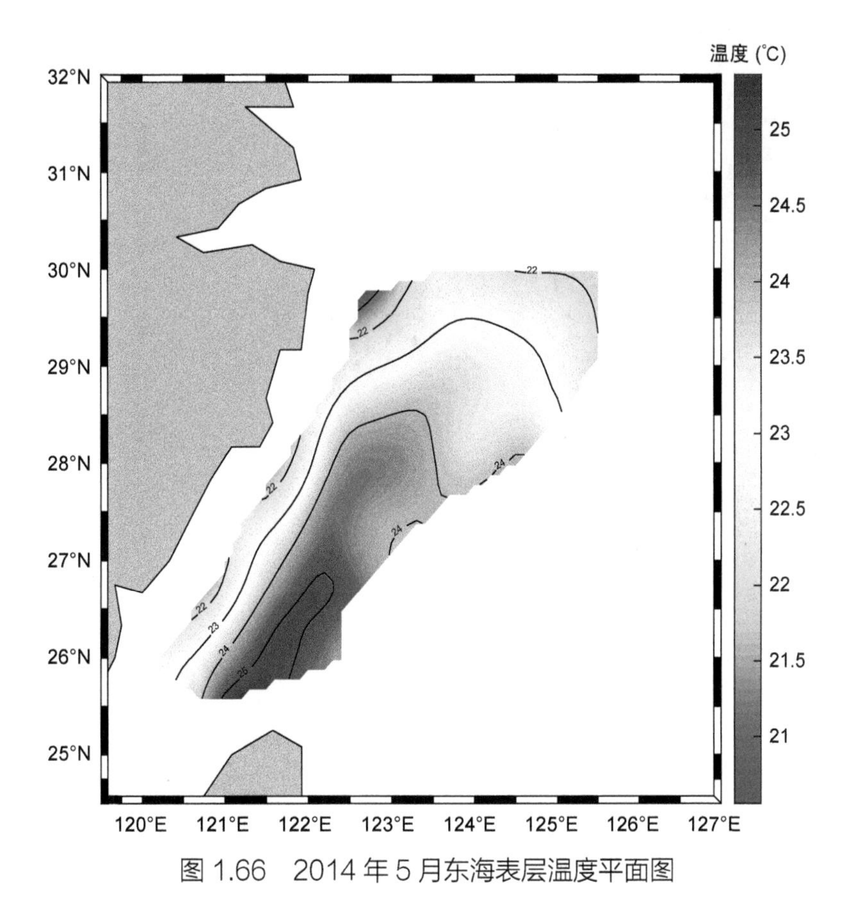

图 1.66 2014 年 5 月东海表层温度平面图

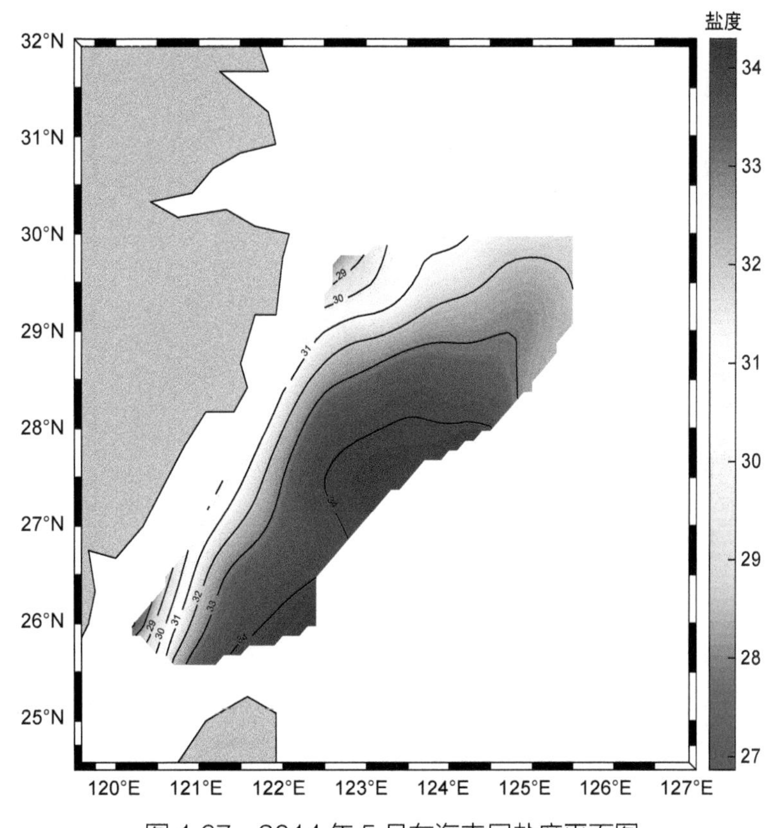

图 1.67 2014 年 5 月东海表层盐度平面图

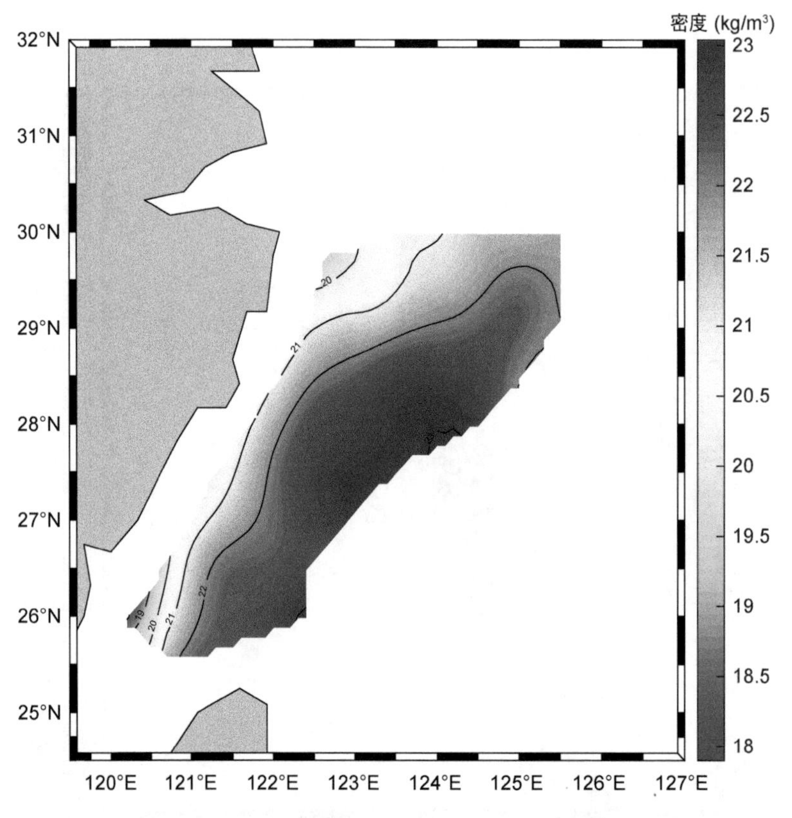

图 1.68　2014 年 5 月东海表层密度平面图

(2) 20m 层

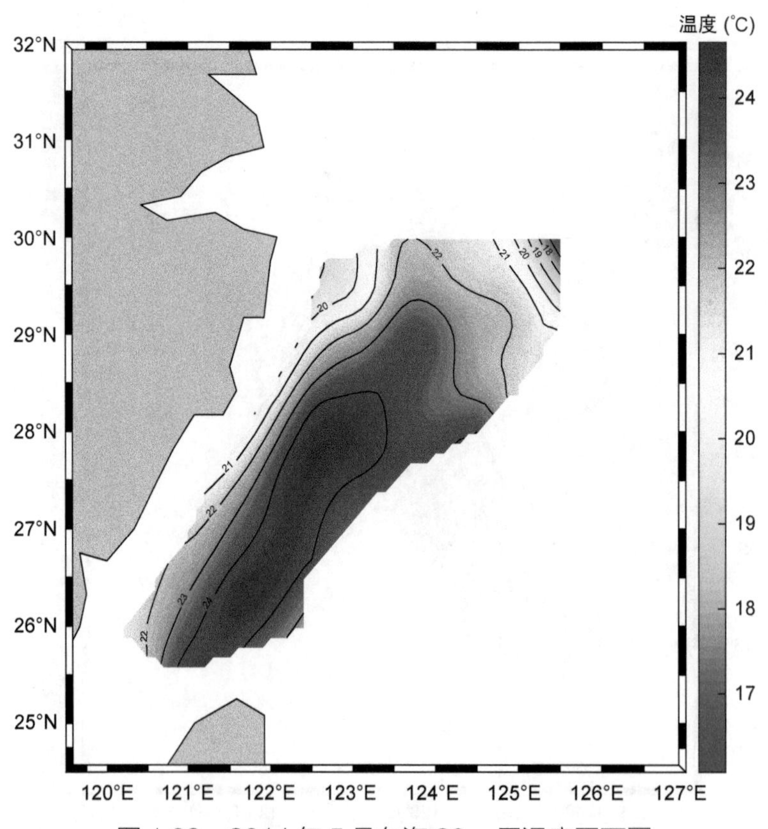

图 1.69　2014 年 5 月东海 20m 层温度平面图

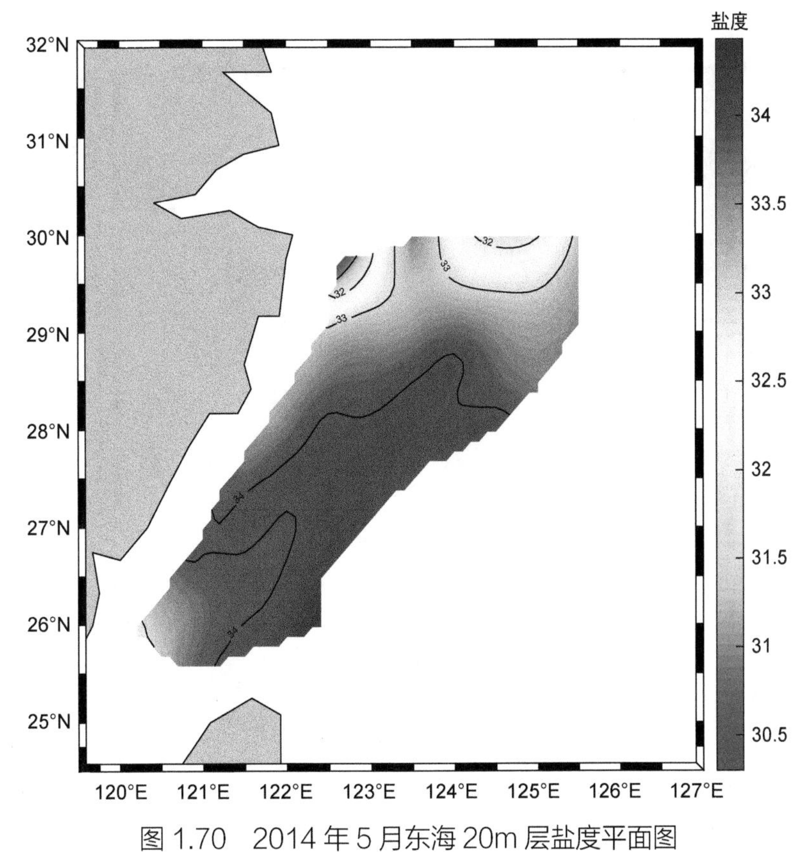

图 1.70　2014 年 5 月东海 20m 层盐度平面图

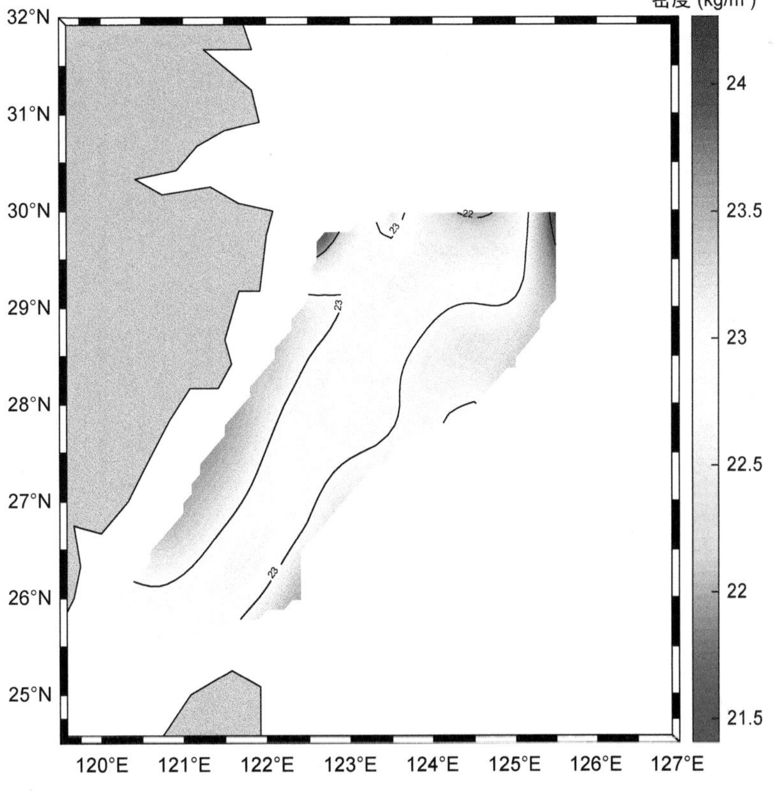

图 1.71　2014 年 5 月东海 20m 层密度平面图

(3) 底层

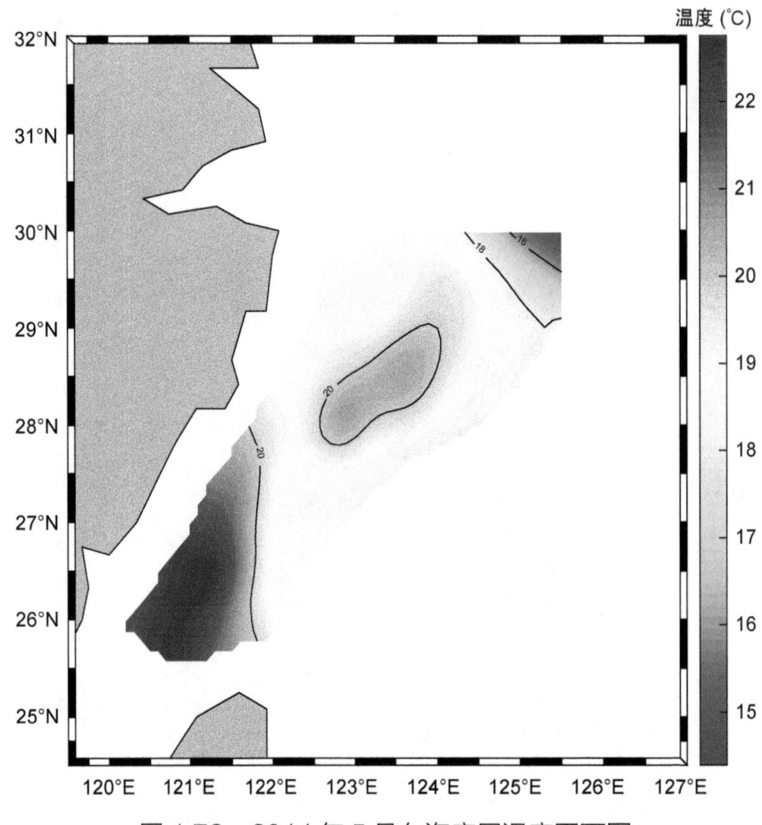

图 1.72 2014 年 5 月东海底层温度平面图

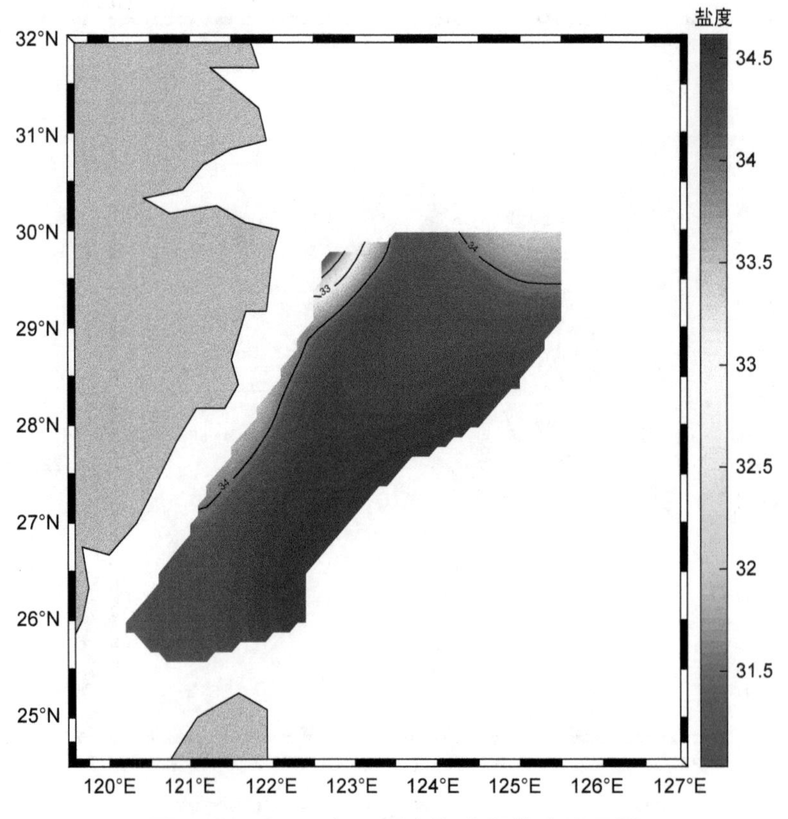

图 1.73 2014 年 5 月东海底层盐度平面图

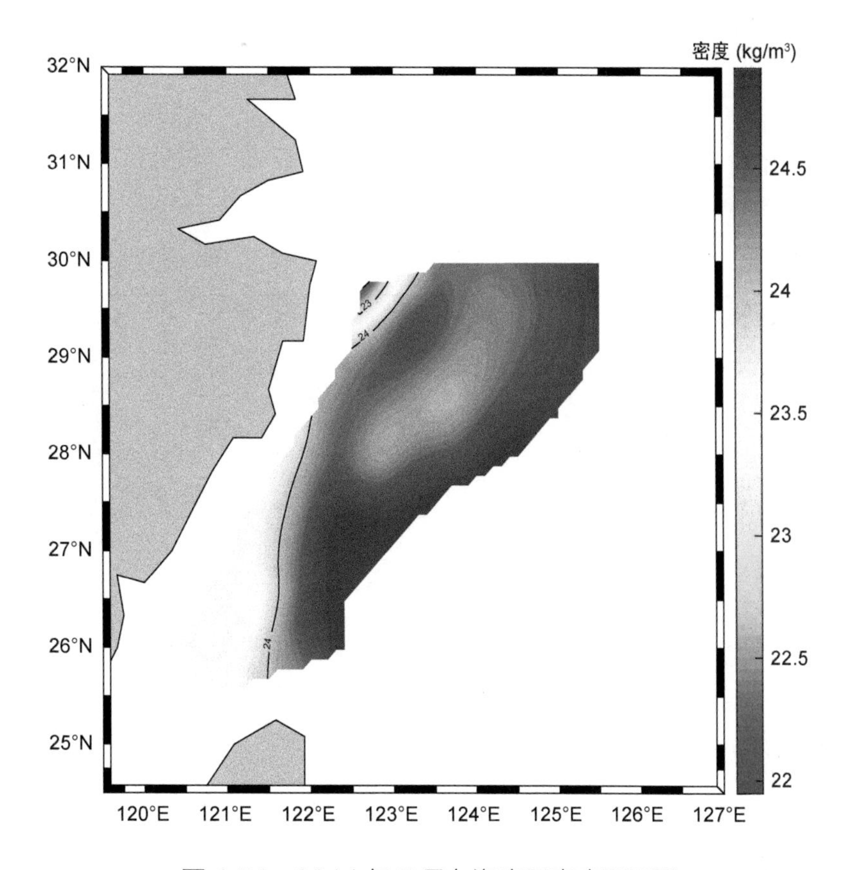

图 1.74 2014 年 5 月东海底层密度平面图

1.3 2014 年 10 月黄海

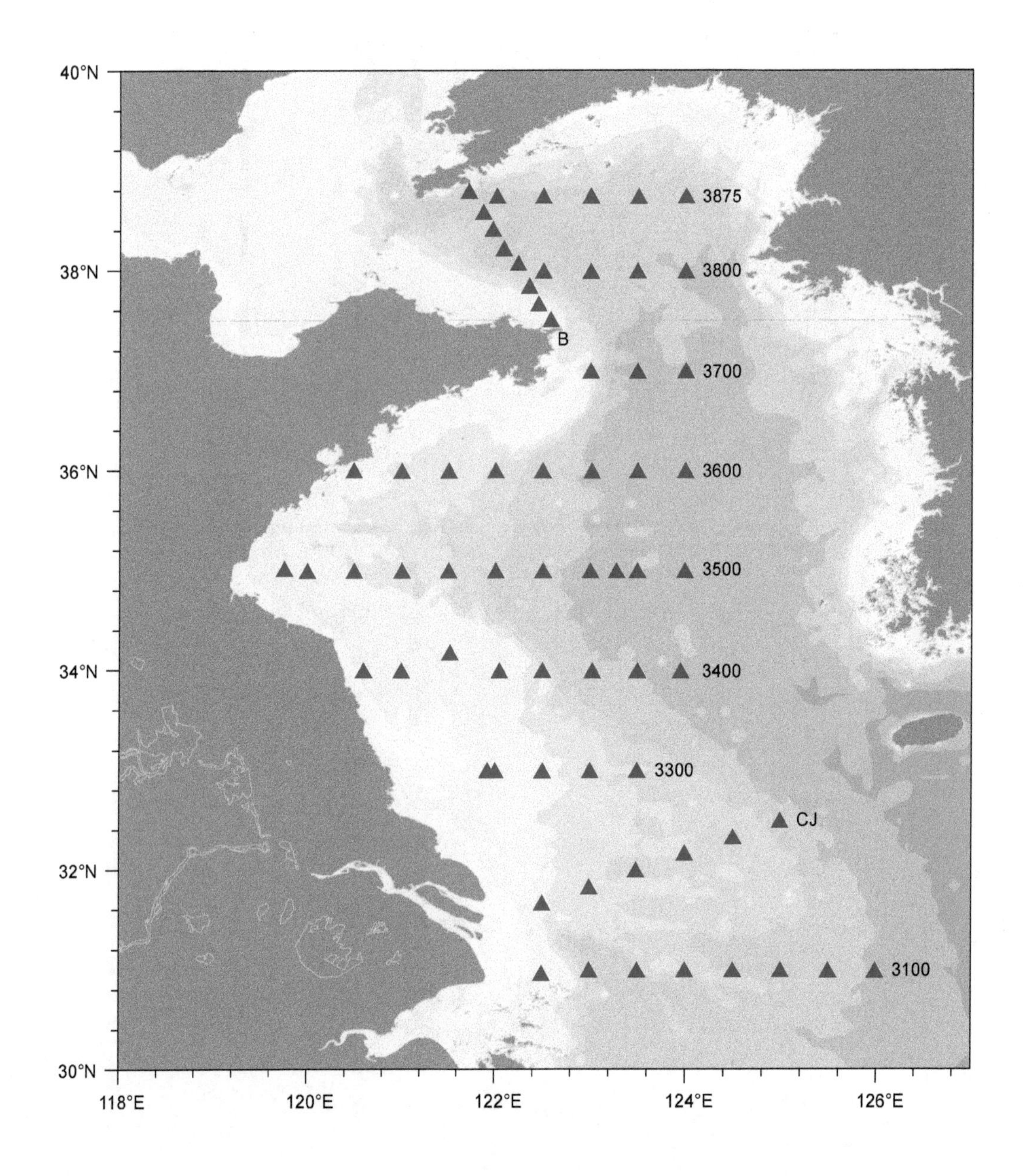

图 1.75 2014 年 10 月黄海调查站位图
（2014 年 10 月 17 日 -2014 年 11 月 9 日）

1.3.1 断面图

(1) 3100 断面

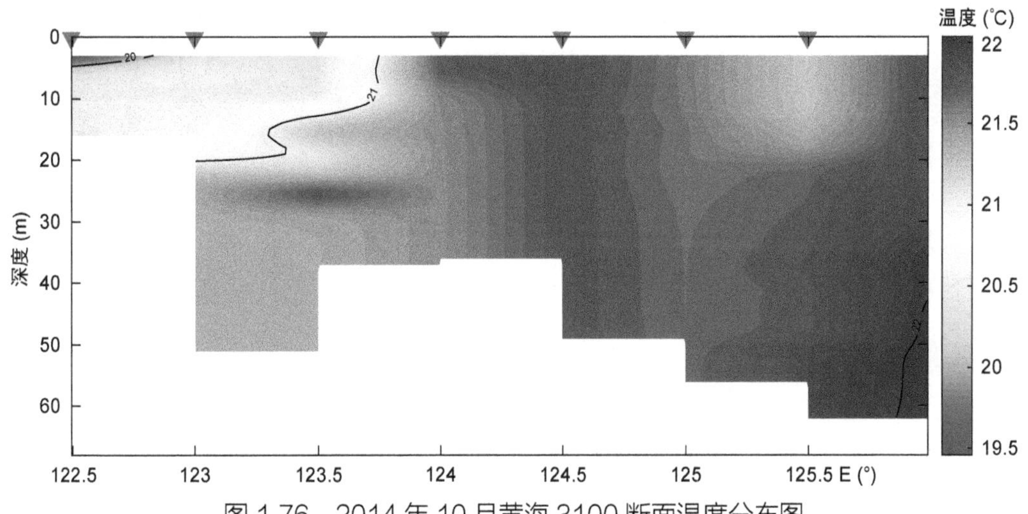

图 1.76 2014 年 10 月黄海 3100 断面温度分布图

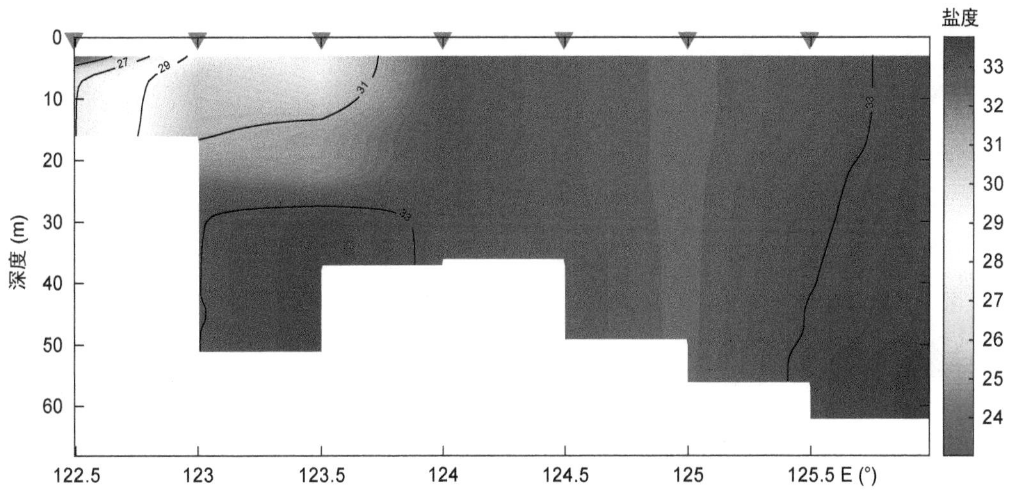

图 1.77 2014 年 10 月黄海 3100 断面盐度分布图

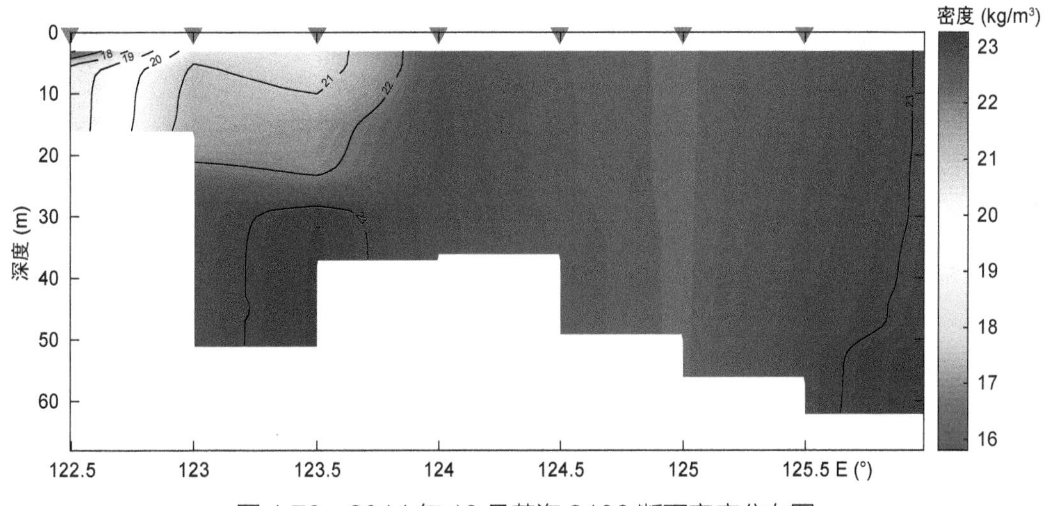

图 1.78 2014 年 10 月黄海 3100 断面密度分布图

(2) 3300 断面

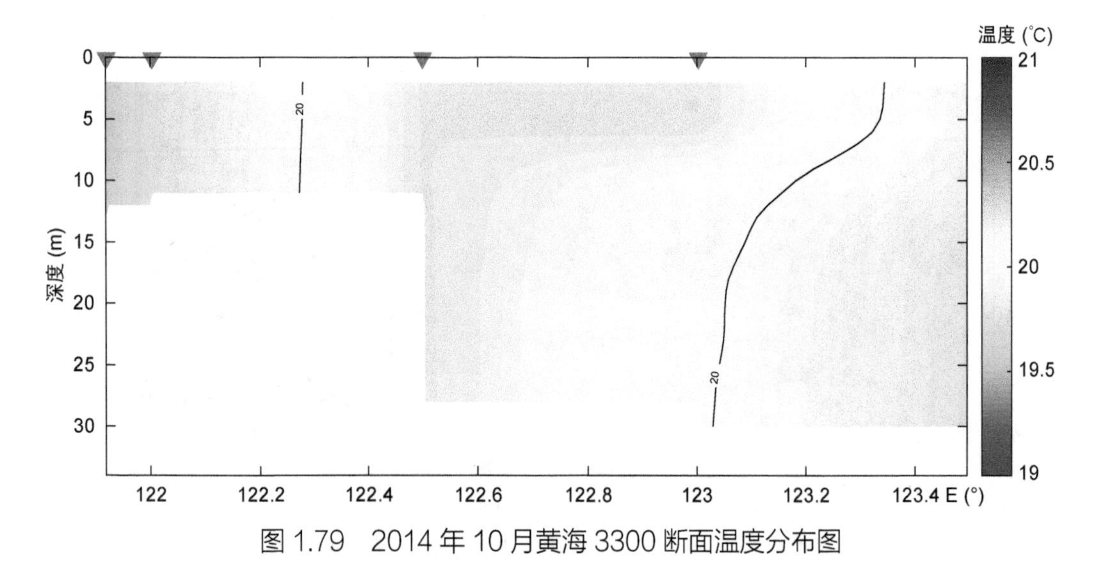

图 1.79　2014 年 10 月黄海 3300 断面温度分布图

图 1.80　2014 年 10 月黄海 3300 断面盐度分布图

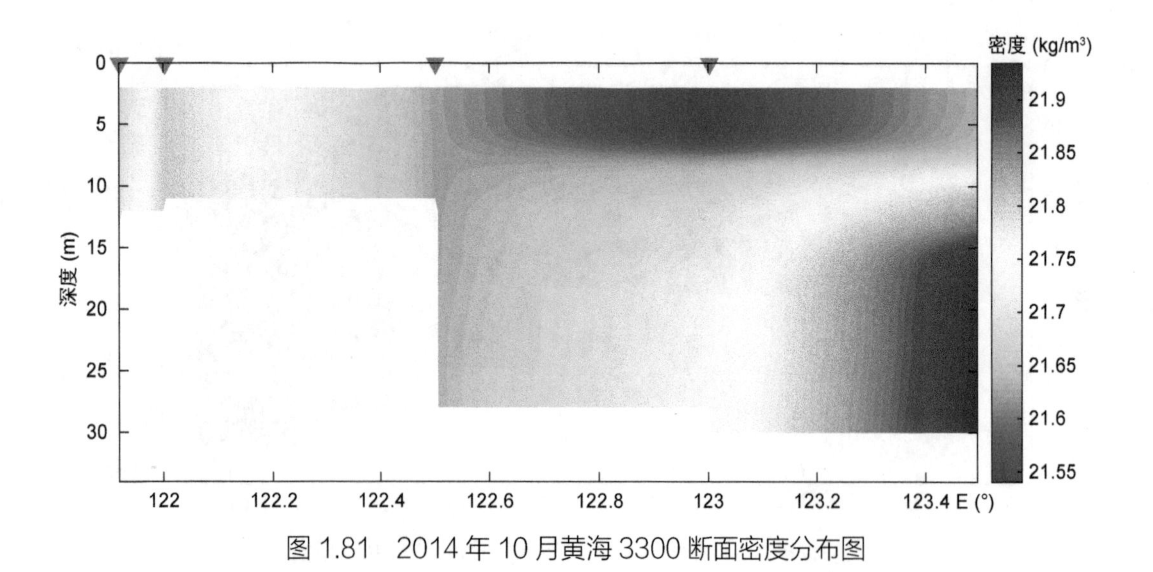

图 1.81　2014 年 10 月黄海 3300 断面密度分布图

(3) 3400 断面

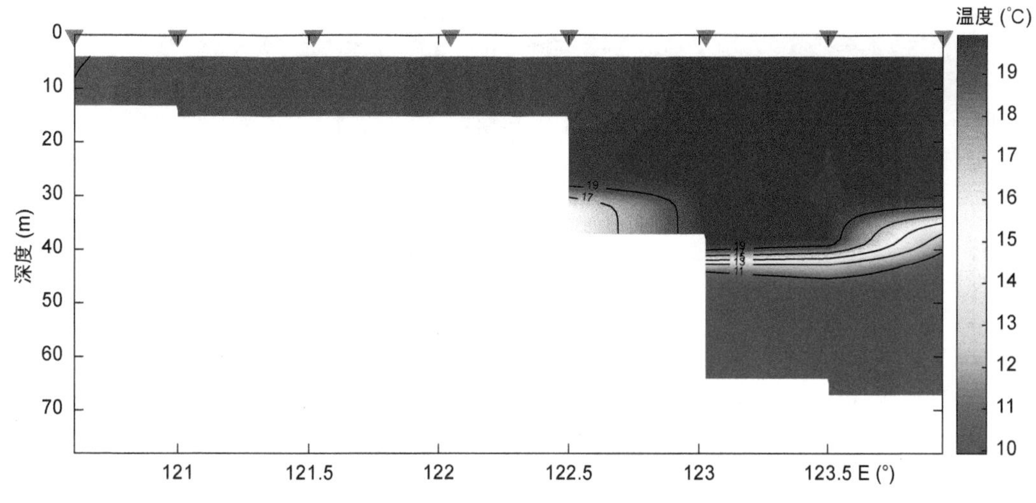

图 1.82　2014 年 10 月黄海 3400 断面温度分布图

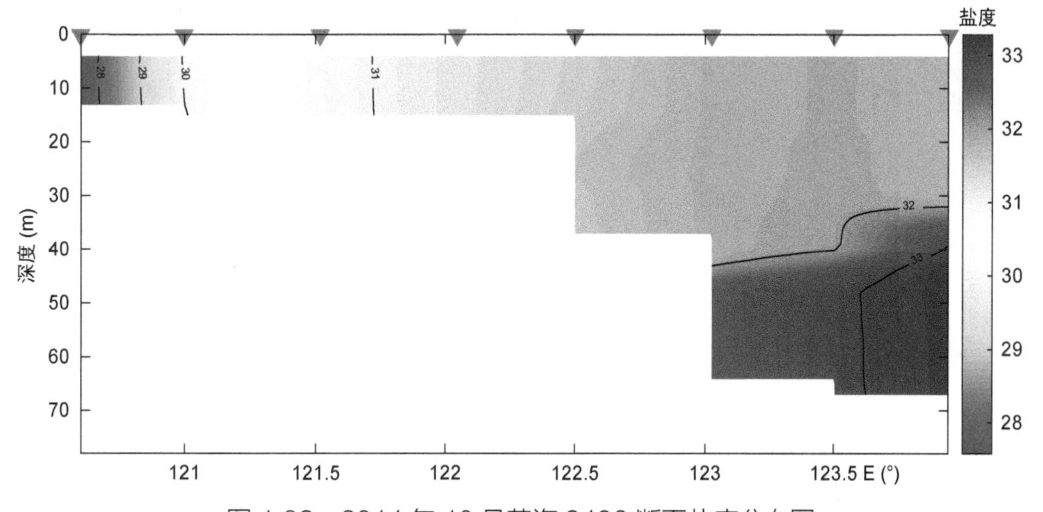

图 1.83　2014 年 10 月黄海 3400 断面盐度分布图

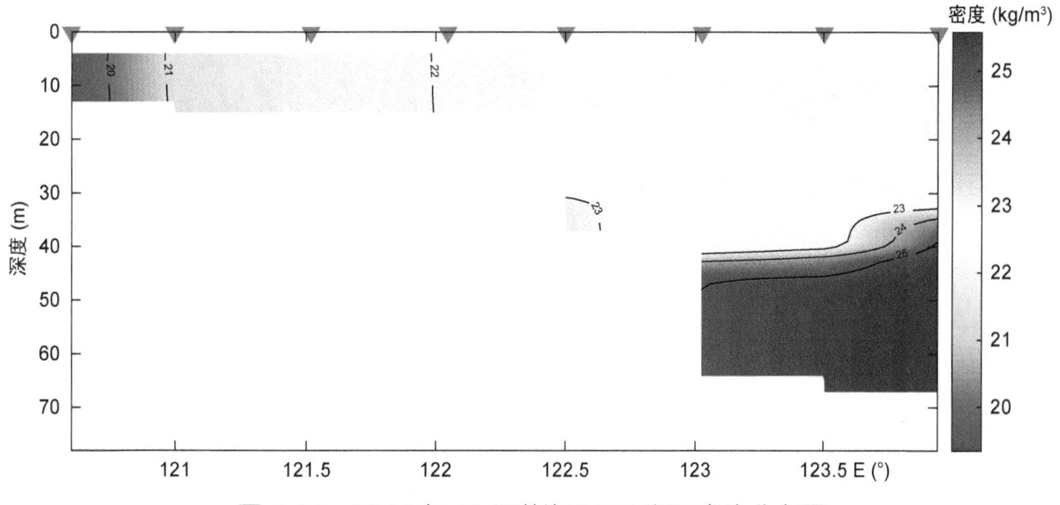

图 1.84　2014 年 10 月黄海 3400 断面密度分布图

(4) 3500 断面

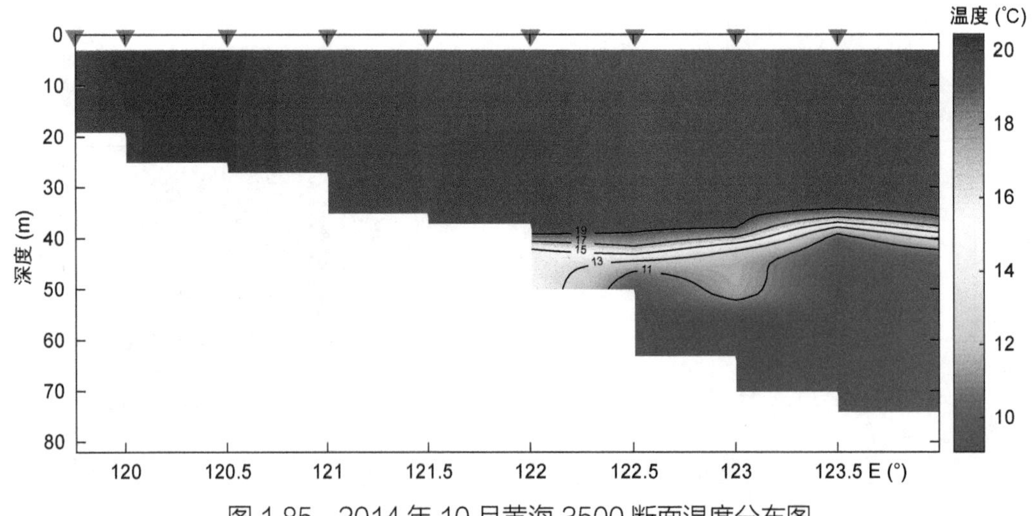

图 1.85　2014 年 10 月黄海 3500 断面温度分布图

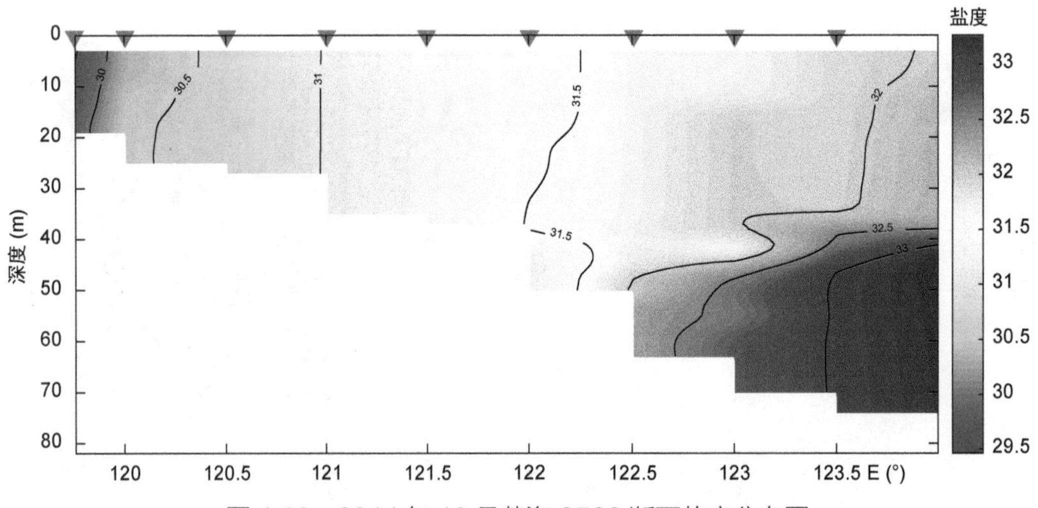

图 1.86　2014 年 10 月黄海 3500 断面盐度分布图

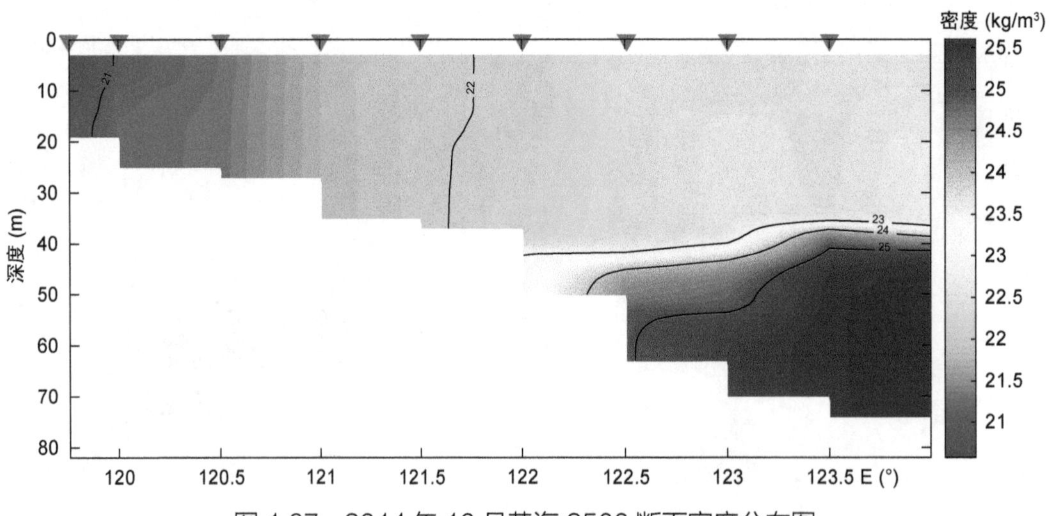

图 1.87　2014 年 10 月黄海 3500 断面密度分布图

(5) 3600 断面

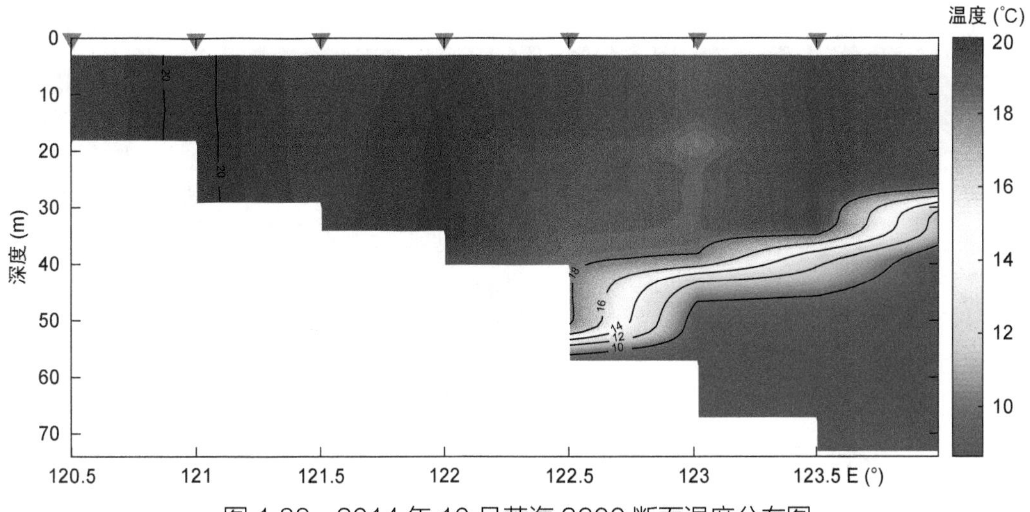

图 1.88　2014 年 10 月黄海 3600 断面温度分布图

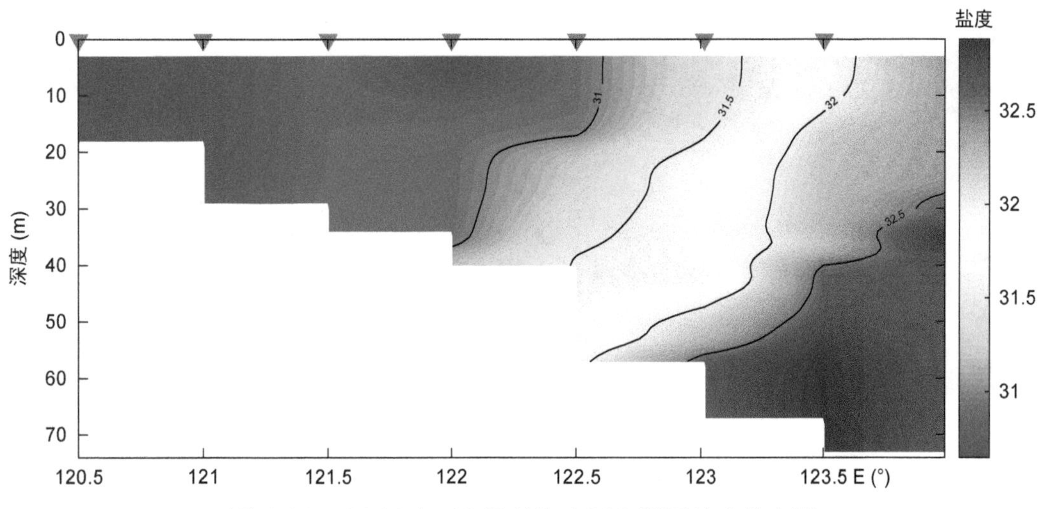

图 1.89　2014 年 10 月黄海 3600 断面盐度分布图

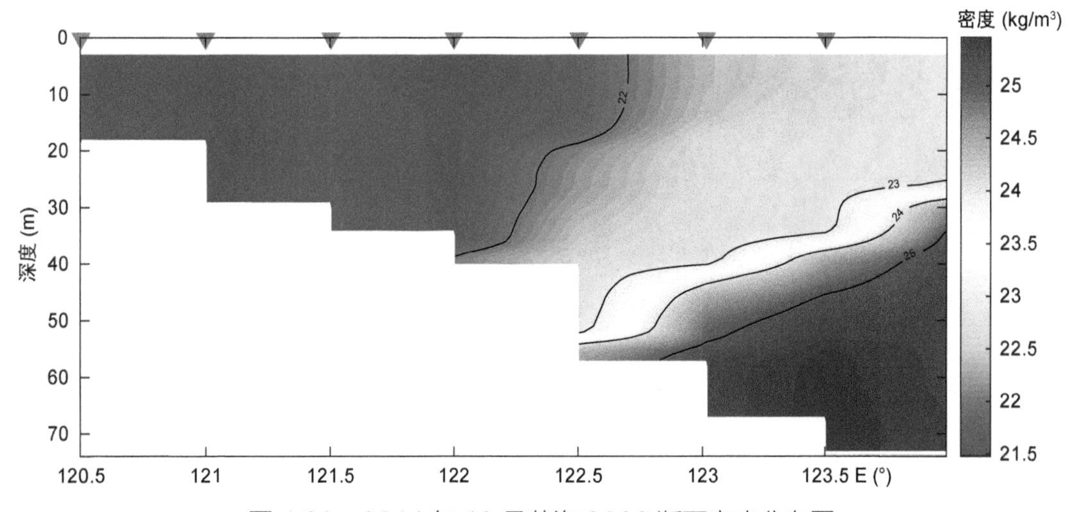

图 1.90　2014 年 10 月黄海 3600 断面密度分布图

(6) 3700 断面

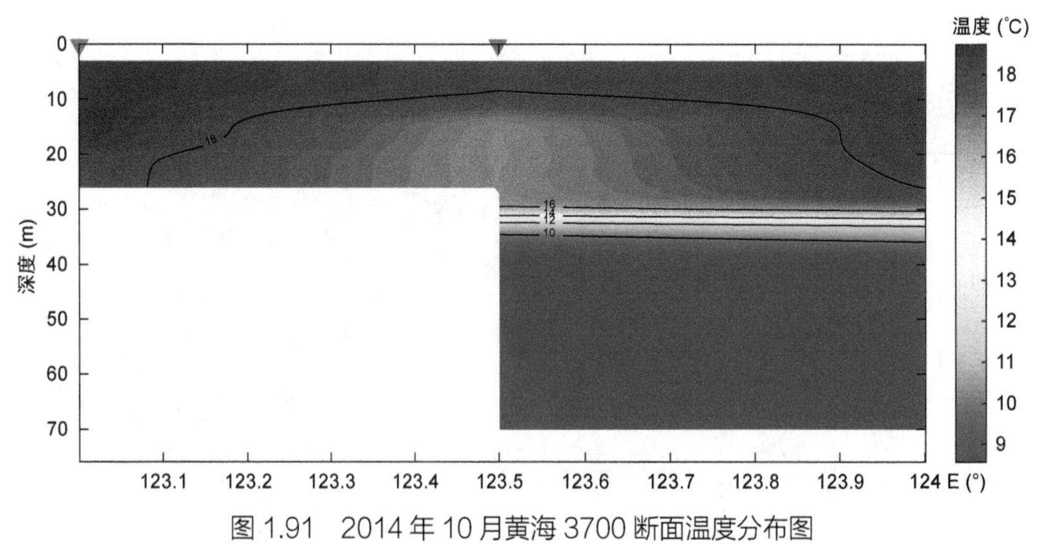

图 1.91　2014 年 10 月黄海 3700 断面温度分布图

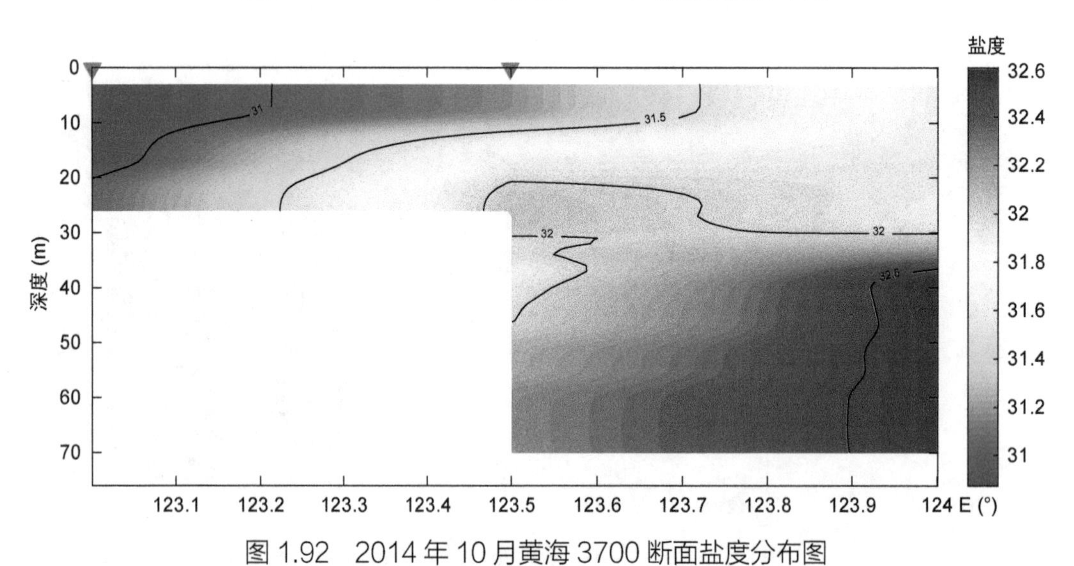

图 1.92　2014 年 10 月黄海 3700 断面盐度分布图

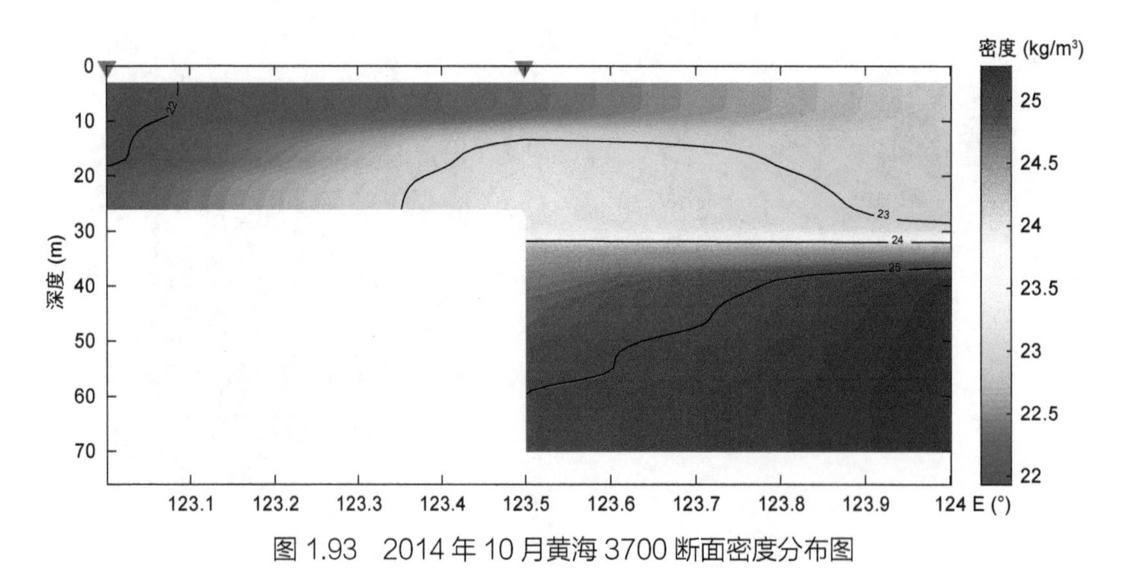

图 1.93　2014 年 10 月黄海 3700 断面密度分布图

(7) 3800 断面

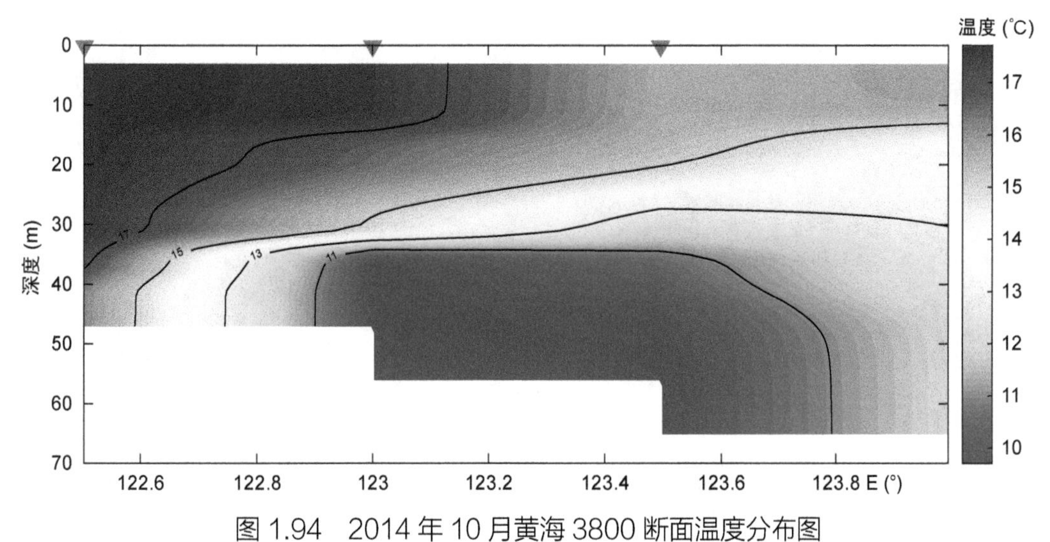

图 1.94 2014 年 10 月黄海 3800 断面温度分布图

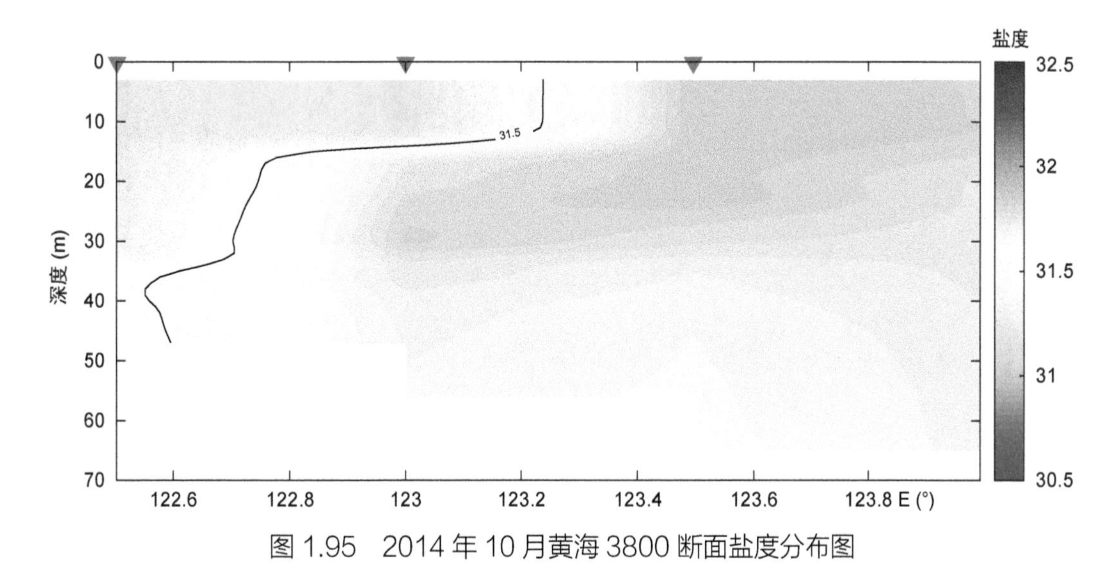

图 1.95 2014 年 10 月黄海 3800 断面盐度分布图

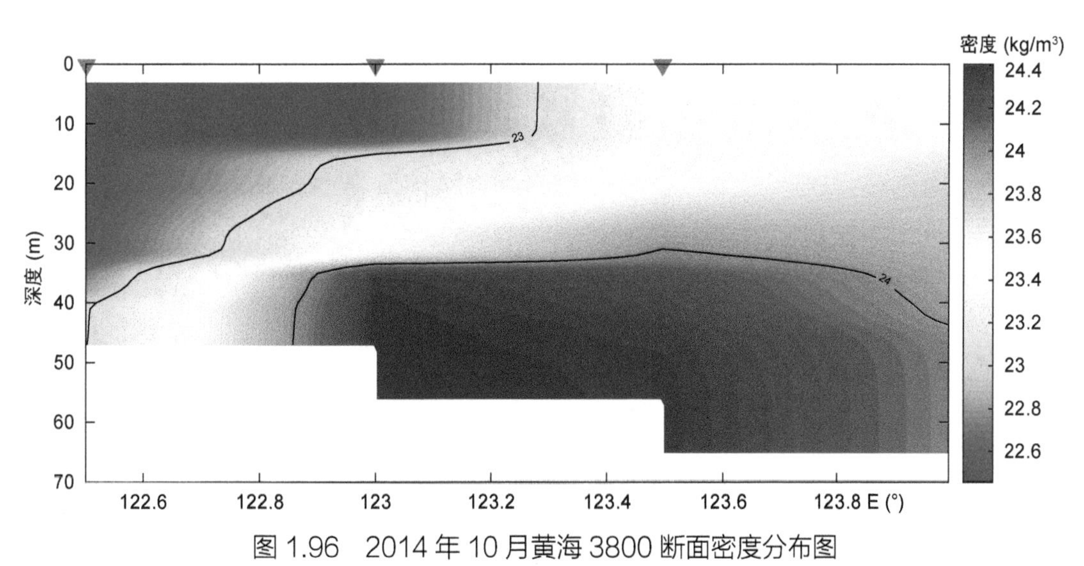

图 1.96 2014 年 10 月黄海 3800 断面密度分布图

(8) 3875 断面

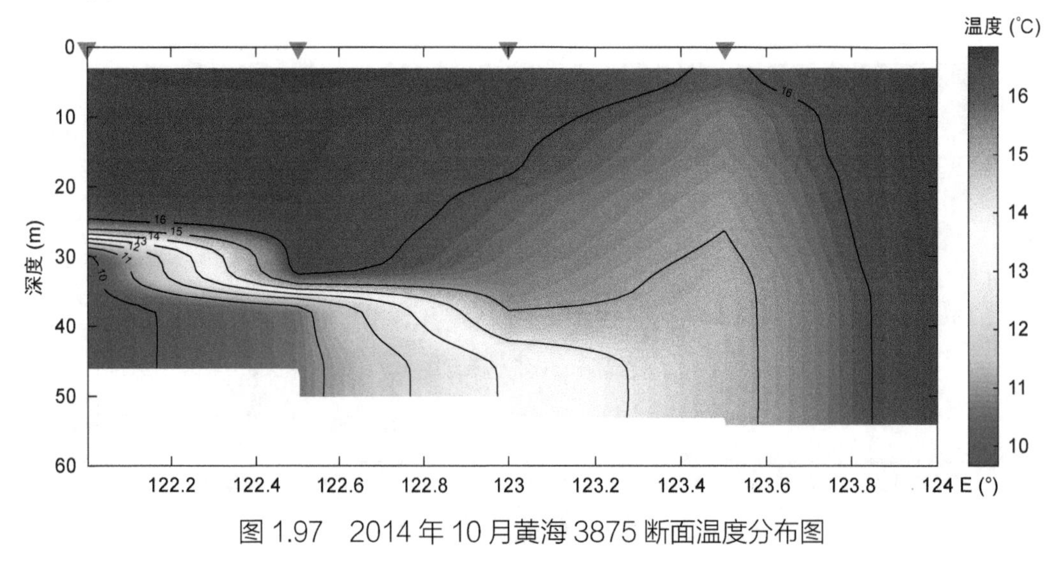

图 1.97 2014 年 10 月黄海 3875 断面温度分布图

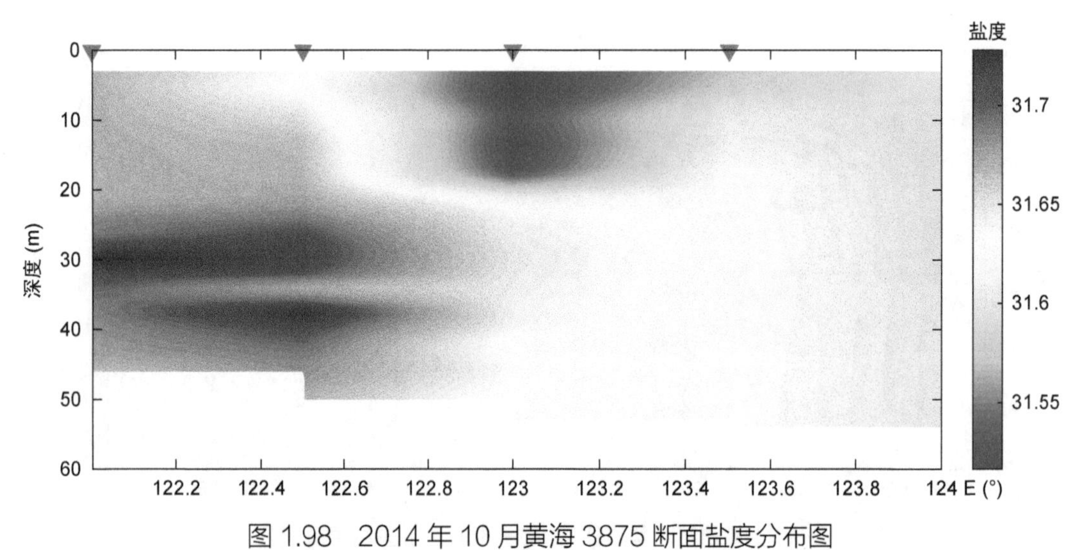

图 1.98 2014 年 10 月黄海 3875 断面盐度分布图

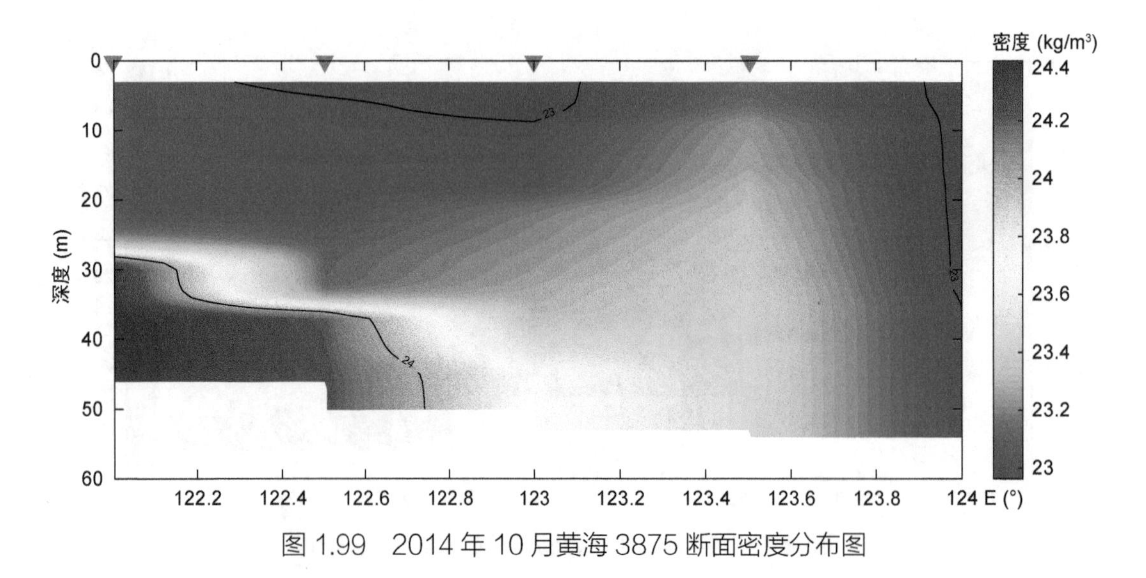

图 1.99 2014 年 10 月黄海 3875 断面密度分布图

(9) B 断面

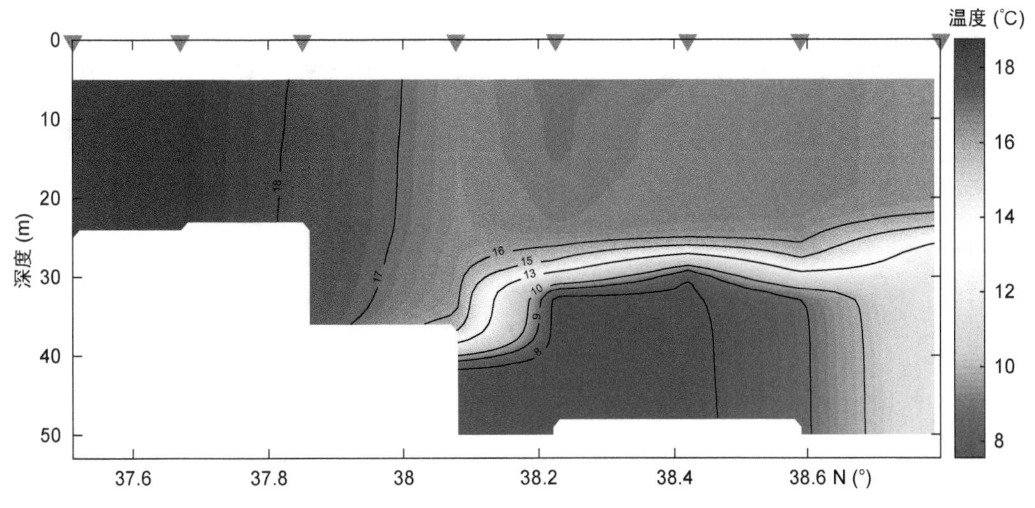

图 1.100　2014 年 10 月黄海 B 断面温度分布图

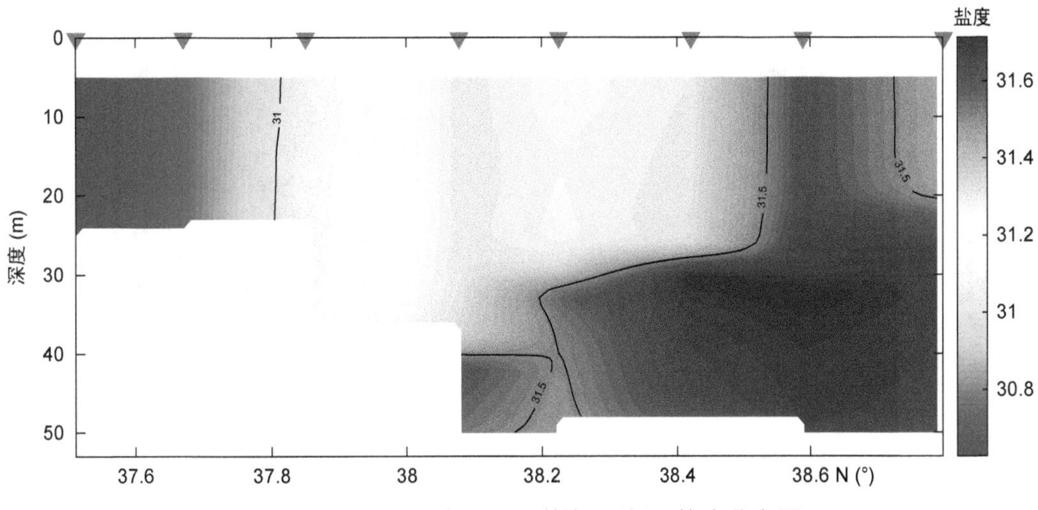

图 1.101　2014 年 10 月黄海 B 断面盐度分布图

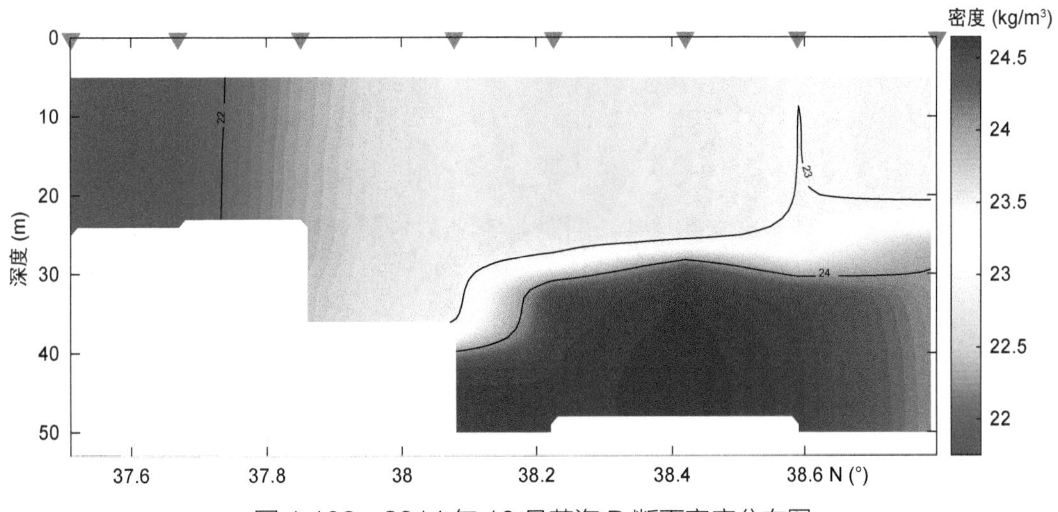

图 1.102　2014 年 10 月黄海 B 断面密度分布图

(10) CJ 断面

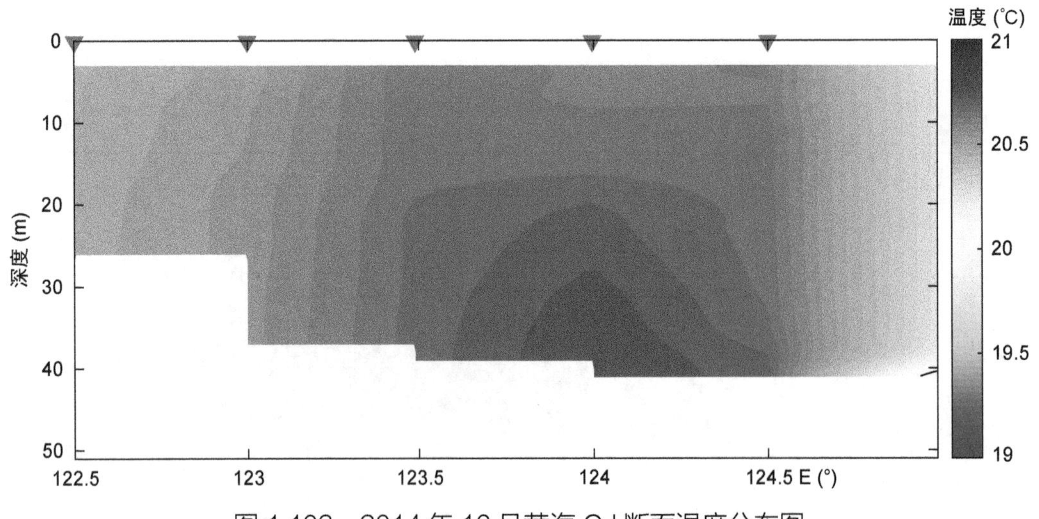

图 1.103 2014 年 10 月黄海 CJ 断面温度分布图

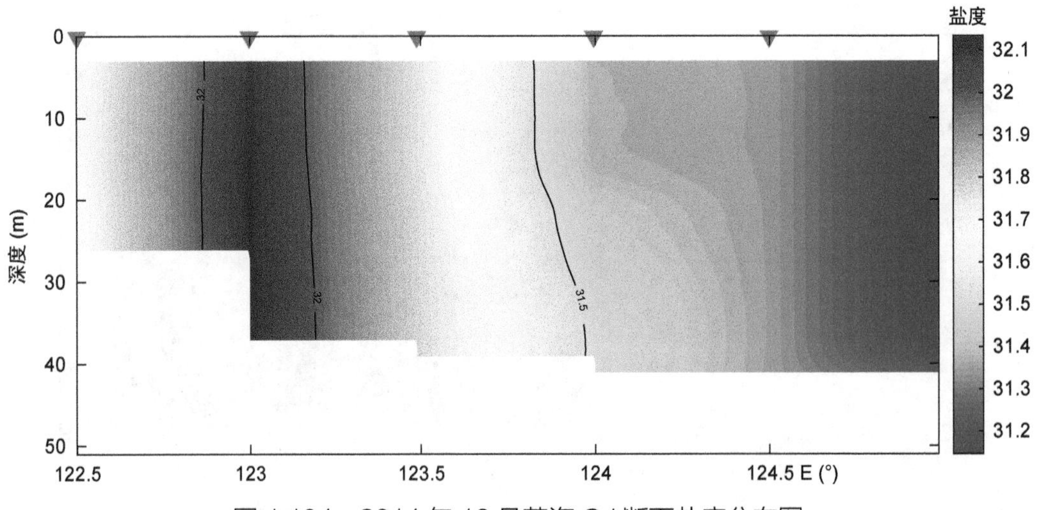

图 1.104 2014 年 10 月黄海 CJ 断面盐度分布图

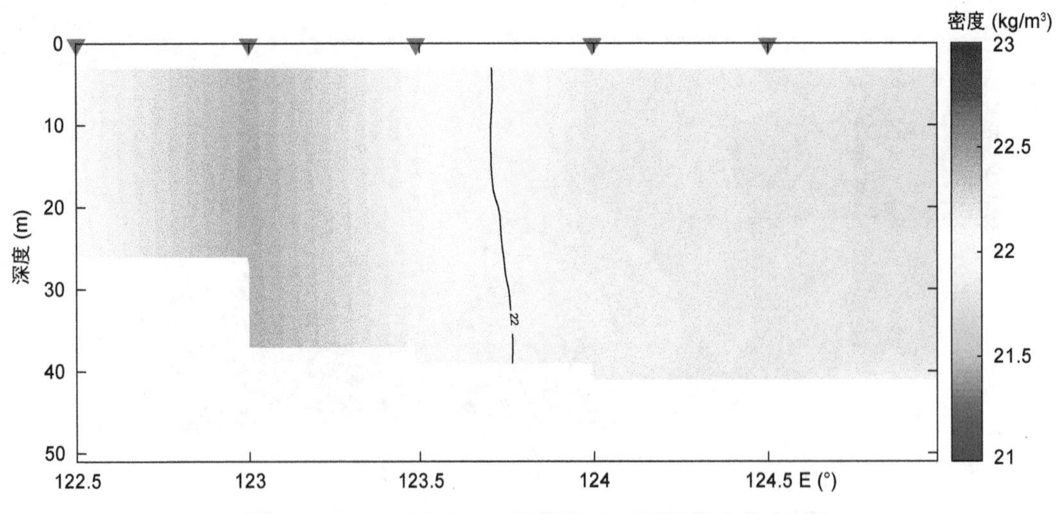

图 1.105 2014 年 10 月黄海 CJ 断面密度分布图

1.3.2 平面图

(1) 表层

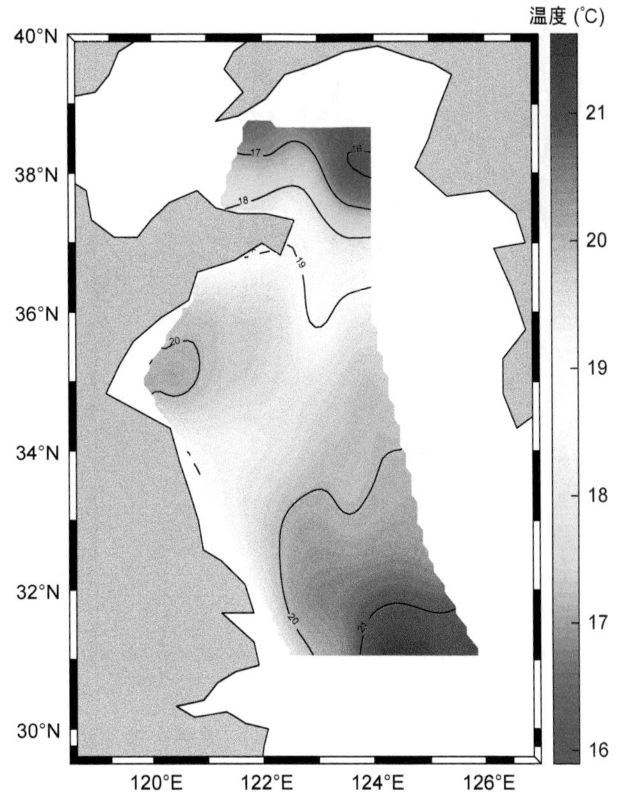

图 1.106 2014 年 10 月黄海表层温度平面图

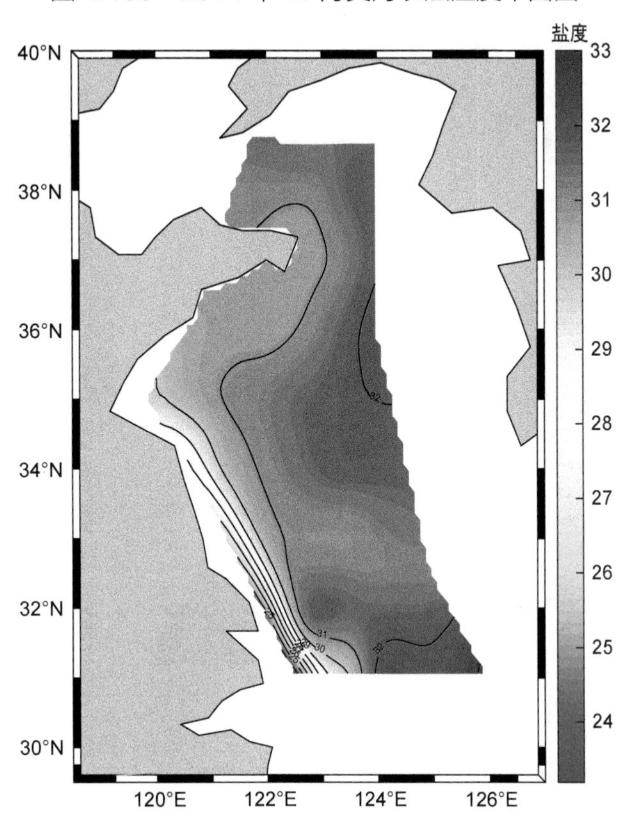

图 1.107 2014 年 10 月黄海表层盐度平面图

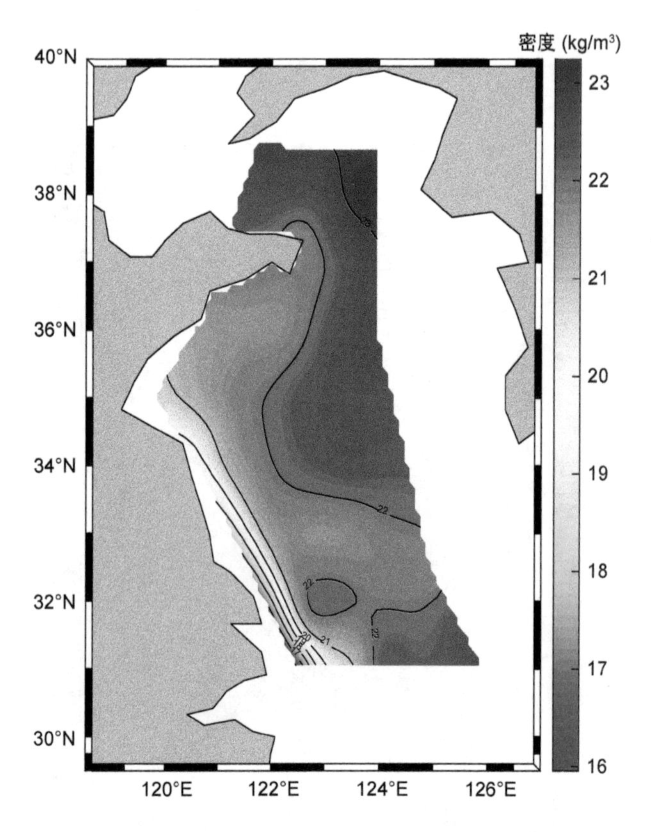

图 1.108　2014 年 10 月黄海表层密度平面图

(2) 20m 层

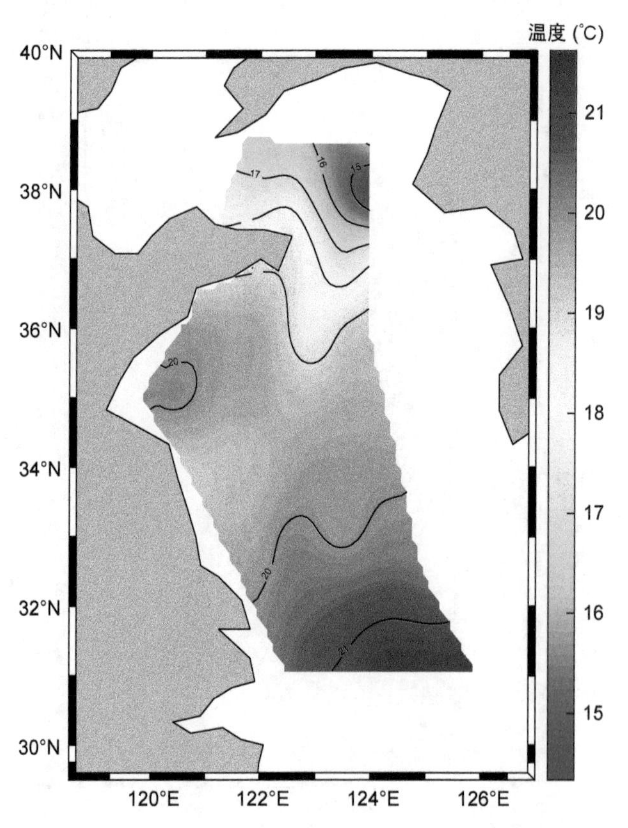

图 1.109　2014 年 10 月黄海 20m 层温度平面图

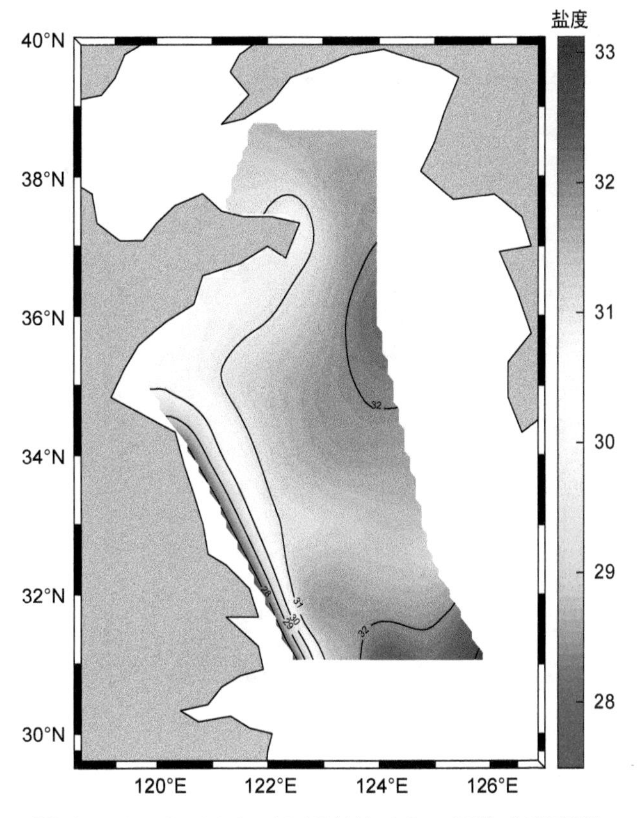

图 1.110 2014 年 10 月黄海 20m 层盐度平面图

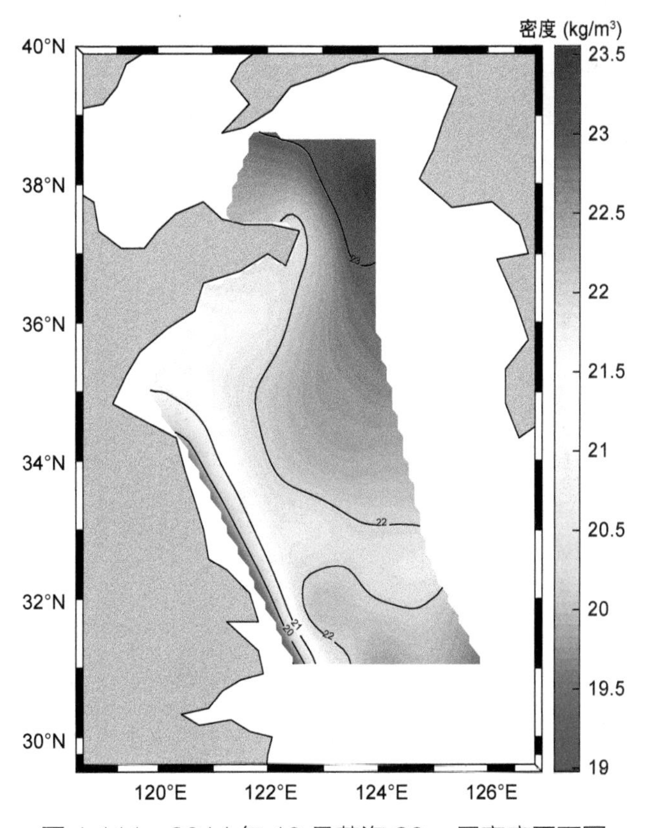

图 1.111 2014 年 10 月黄海 20m 层密度平面图

(3) 底层

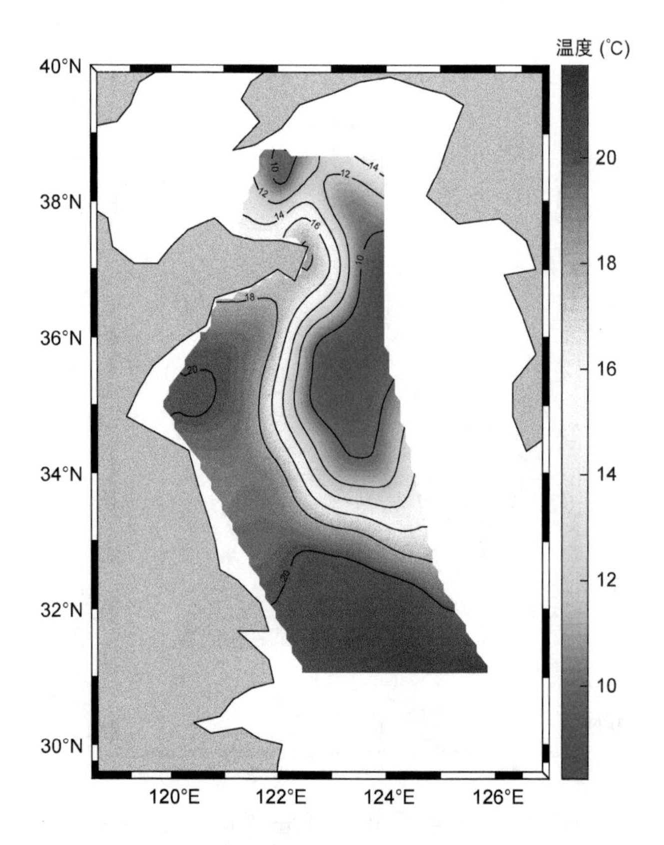

图 1.112　2014 年 10 月黄海底层温度平面图

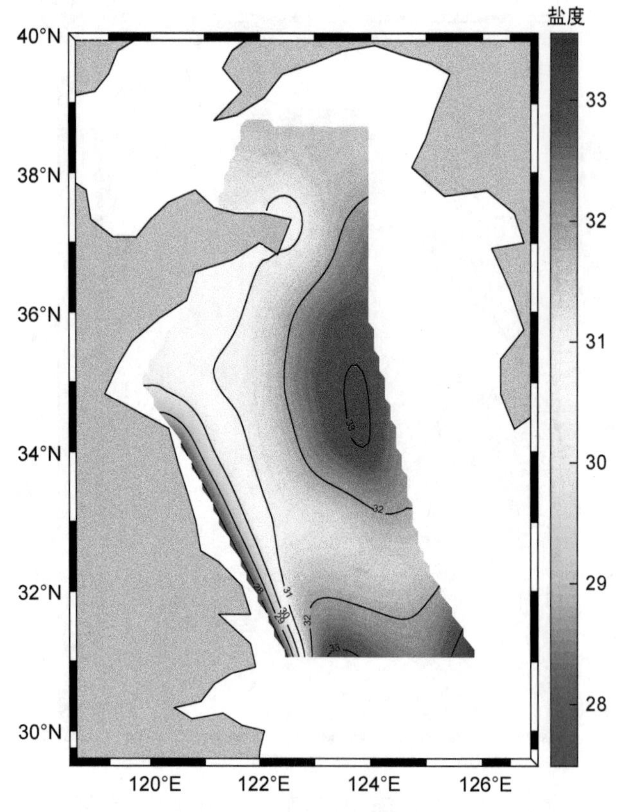

图 1.113　2014 年 10 月黄海底层盐度平面图

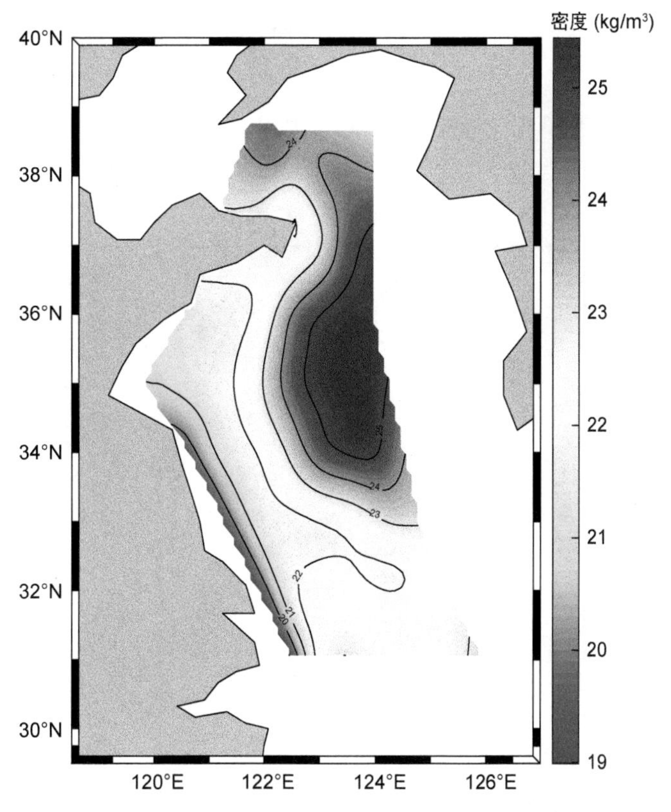

图 1.114 2014 年 10 月黄海底层密度平面图

1.4 2014 年 10 月东海

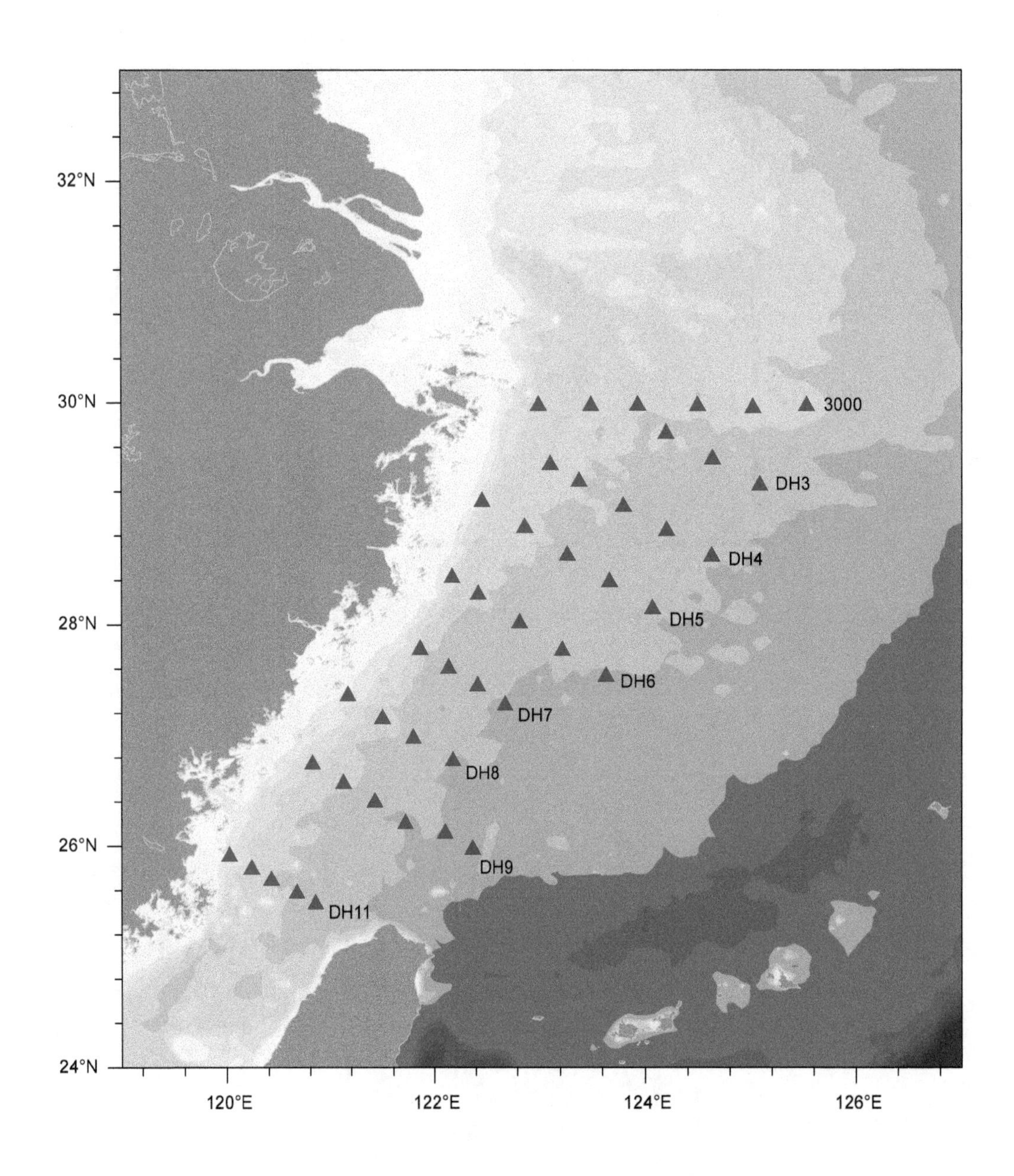

图 1.115 2014 年 10 月东海调查站位图
（2014 年 10 月 18 日 -2014 年 11 月 1 日）

1.4.1 断面图

(1) 3000 断面

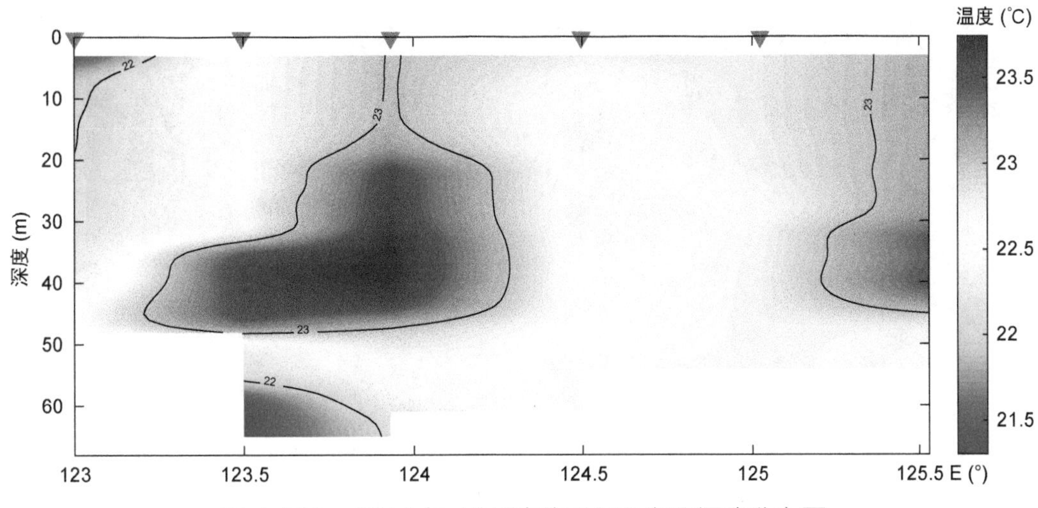

图 1.116　2014 年 10 月东海 3000 断面温度分布图

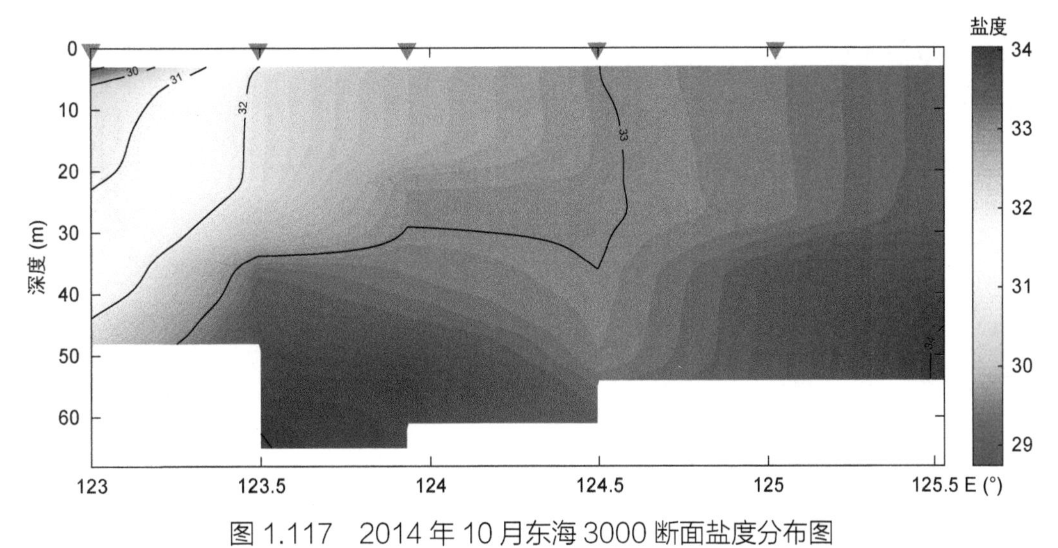

图 1.117　2014 年 10 月东海 3000 断面盐度分布图

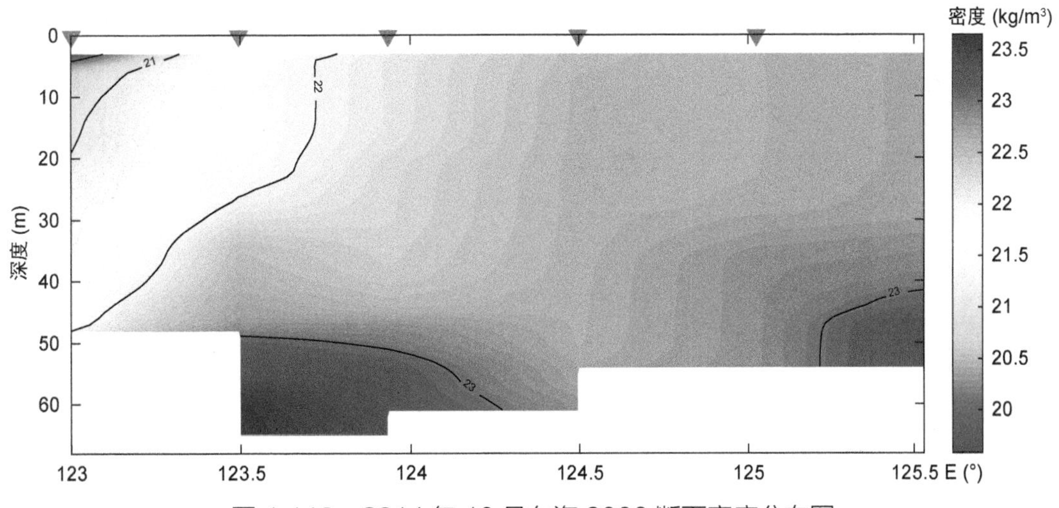

图 1.118　2014 年 10 月东海 3000 断面密度分布图

(2) DH3 断面

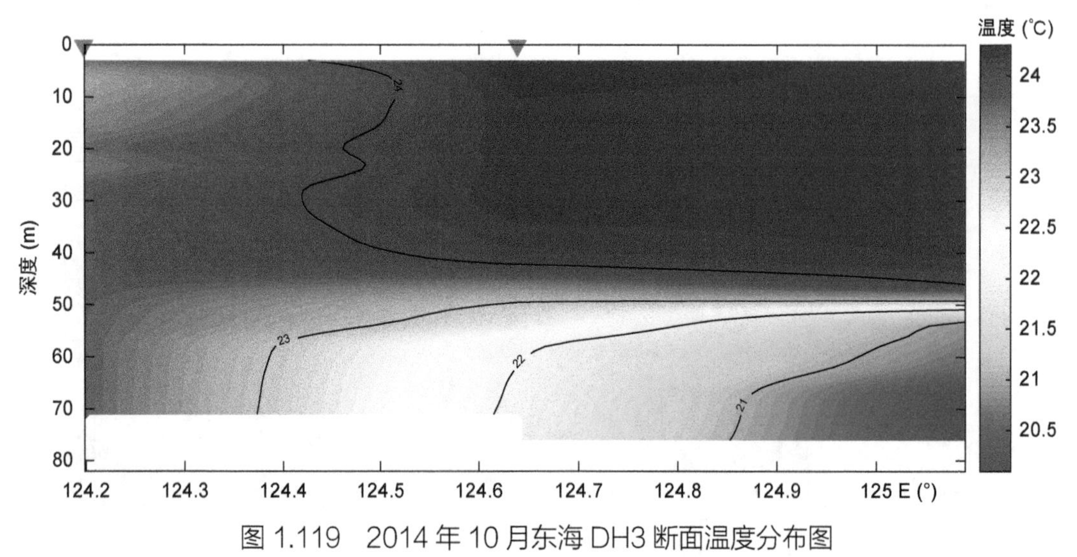

图 1.119　2014 年 10 月东海 DH3 断面温度分布图

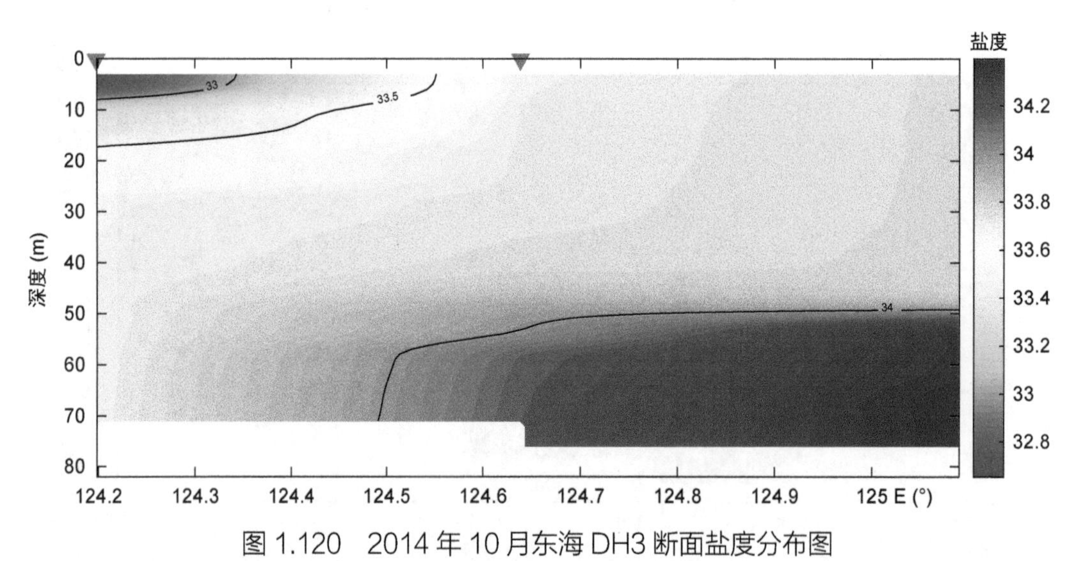

图 1.120　2014 年 10 月东海 DH3 断面盐度分布图

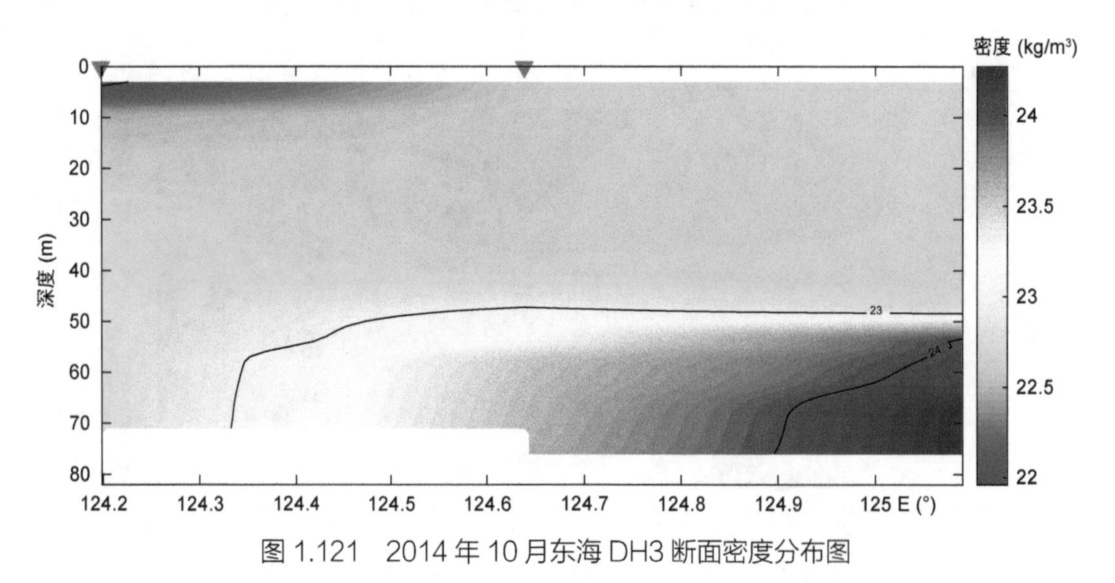

图 1.121　2014 年 10 月东海 DH3 断面密度分布图

(3) DH4 断面

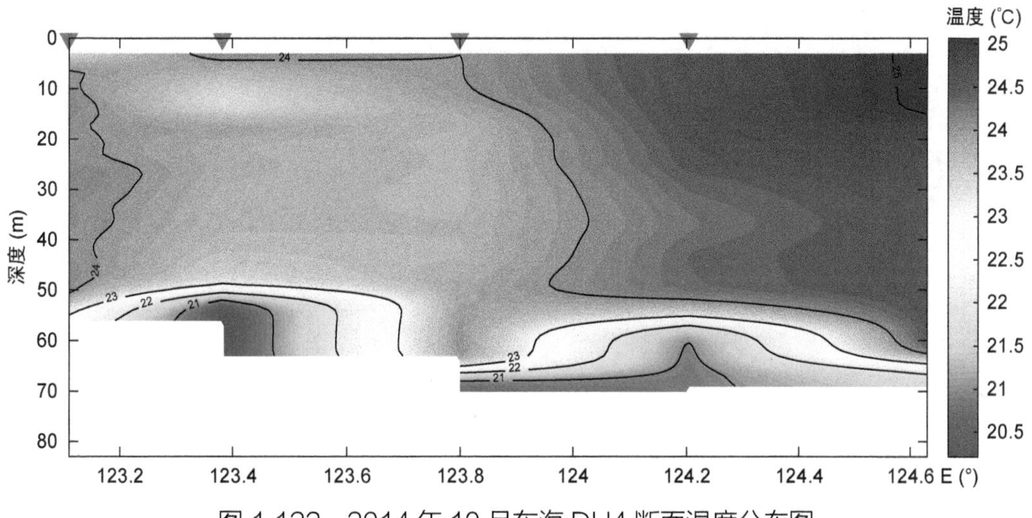

图 1.122 2014 年 10 月东海 DH4 断面温度分布图

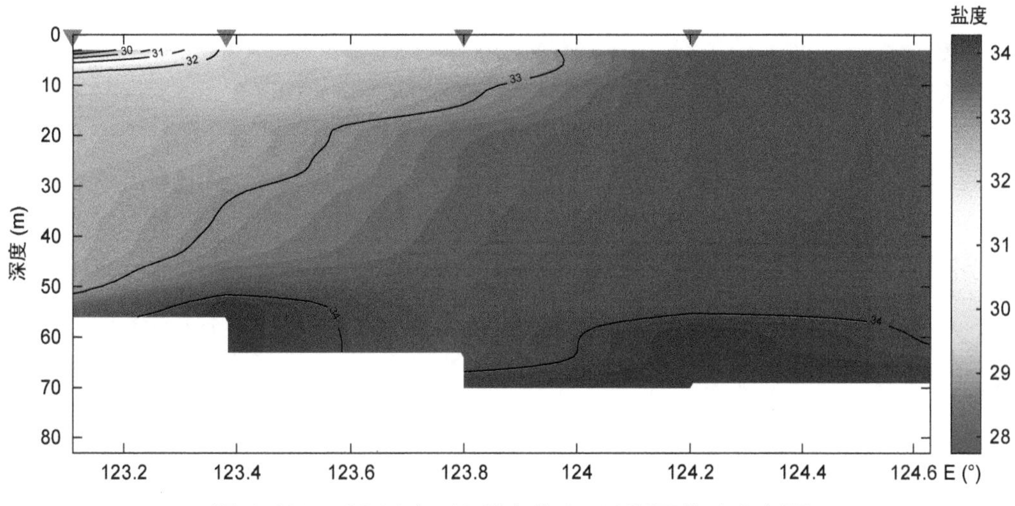

图 1.123 2014 年 10 月东海 DH4 断面盐度分布图

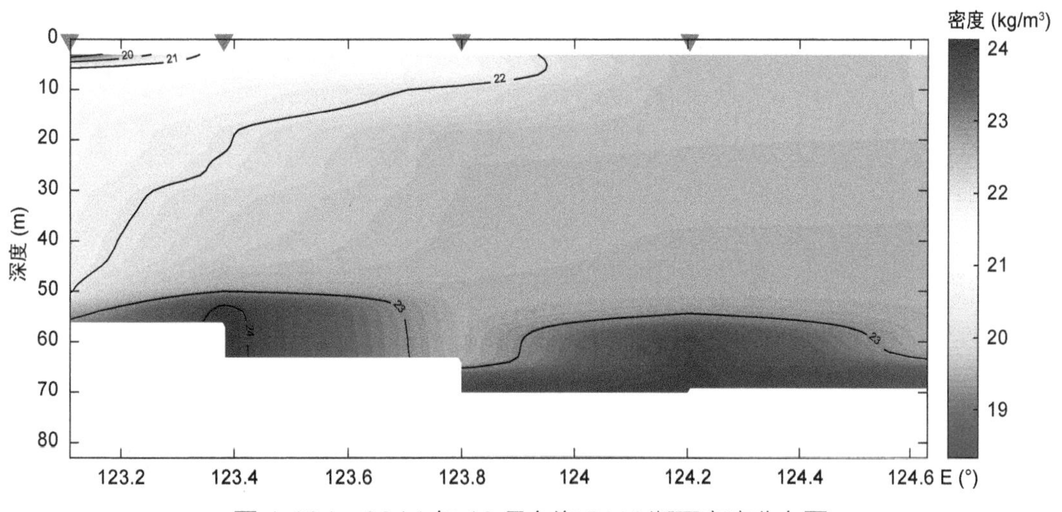

图 1.124 2014 年 10 月东海 DH4 断面密度分布图

(4) DH5 断面

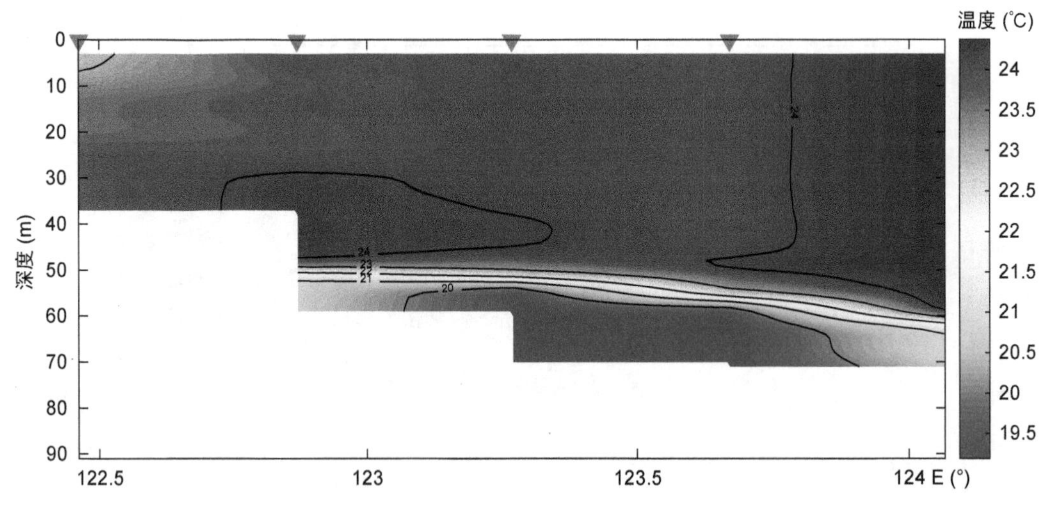

图 1.125 2014 年 10 月东海 DH5 断面温度分布图

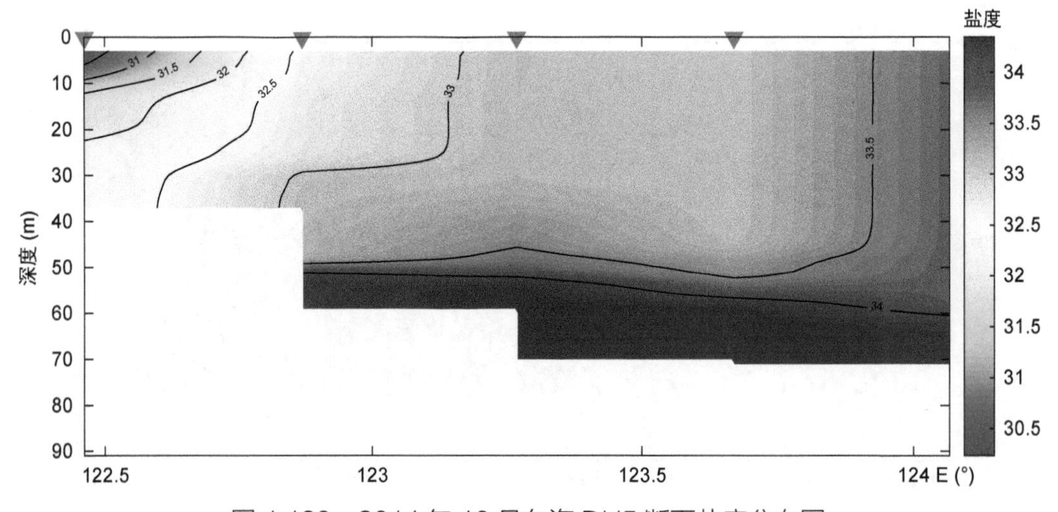

图 1.126 2014 年 10 月东海 DH5 断面盐度分布图

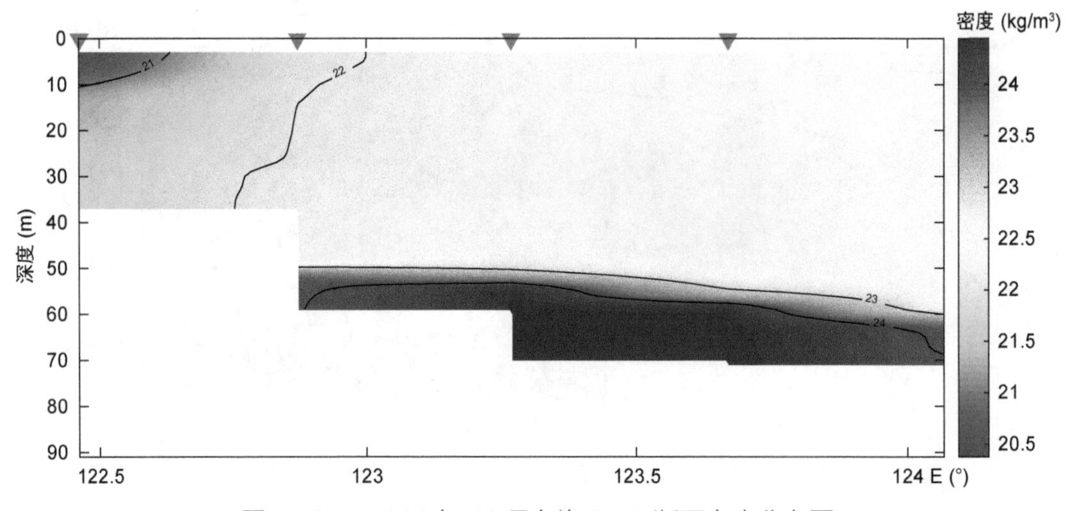

图 1.127 2014 年 10 月东海 DH5 断面密度分布图

(5) DH6 断面

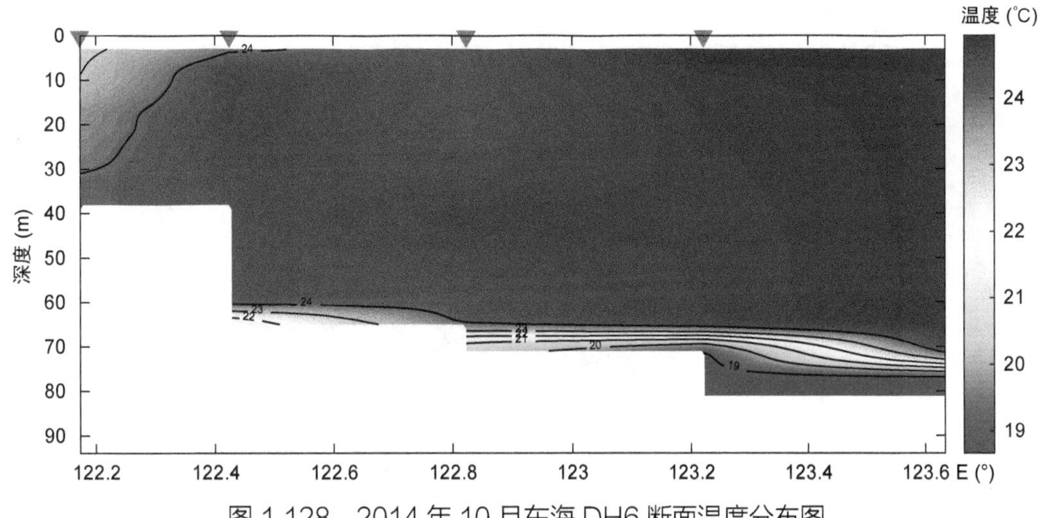

图 1.128　2014 年 10 月东海 DH6 断面温度分布图

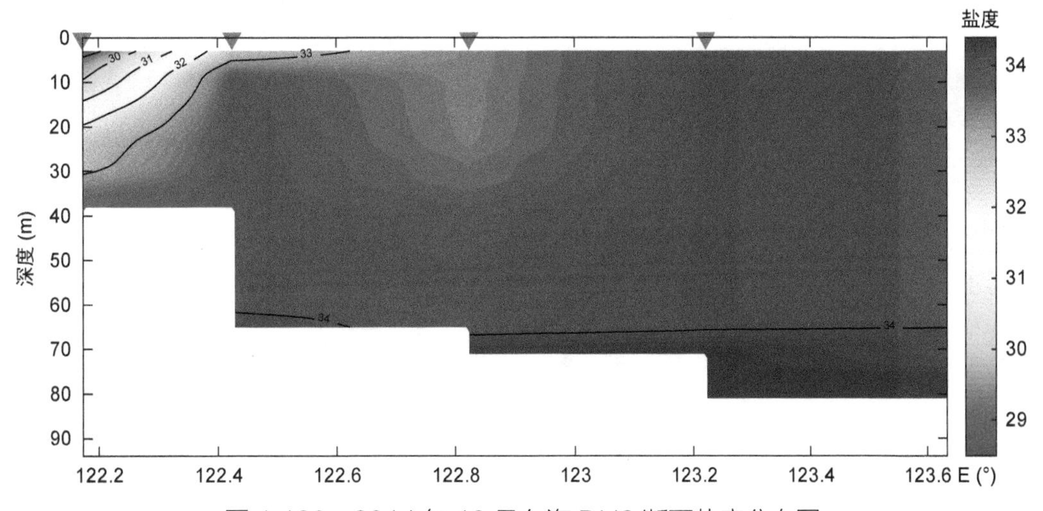

图 1.129　2014 年 10 月东海 DH6 断面盐度分布图

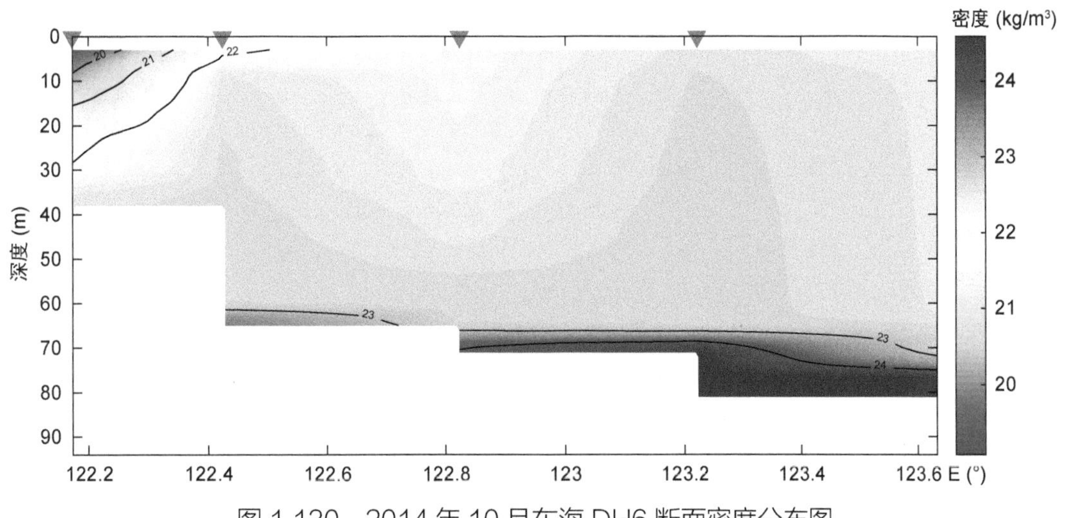

图 1.130　2014 年 10 月东海 DH6 断面密度分布图

(6) DH7 断面

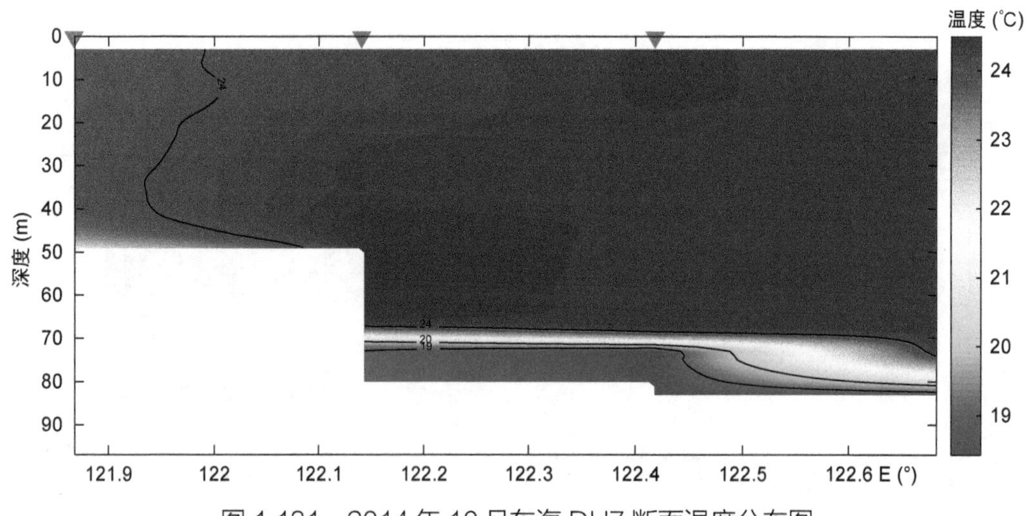

图 1.131　2014 年 10 月东海 DH7 断面温度分布图

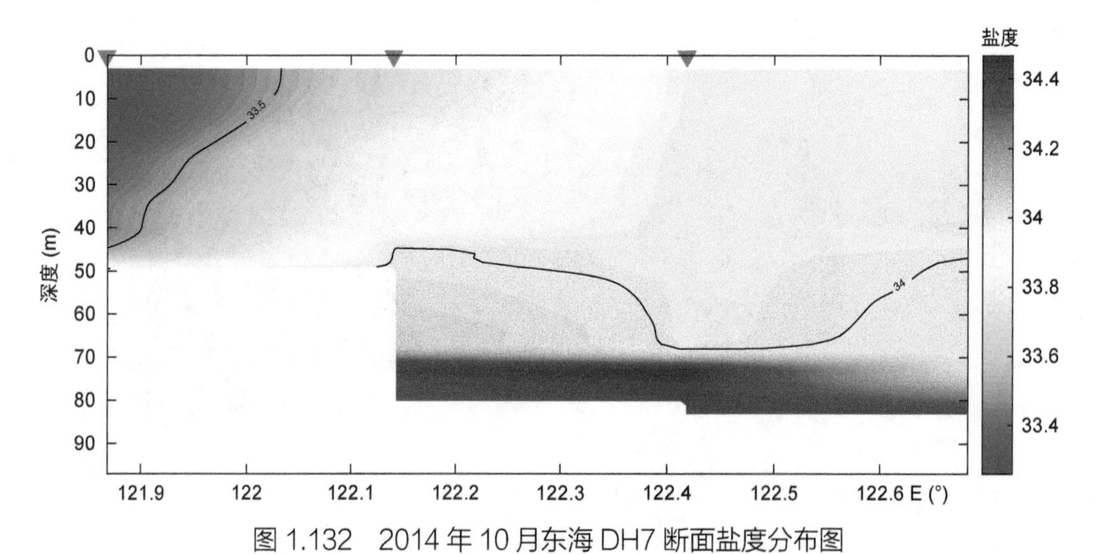

图 1.132　2014 年 10 月东海 DH7 断面盐度分布图

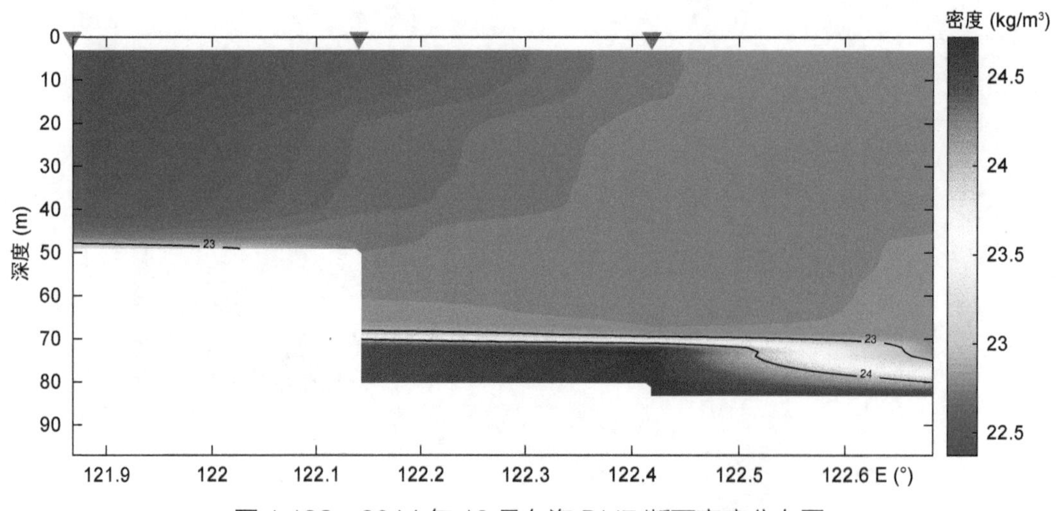

图 1.133　2014 年 10 月东海 DH7 断面密度分布图

(7) DH8 断面

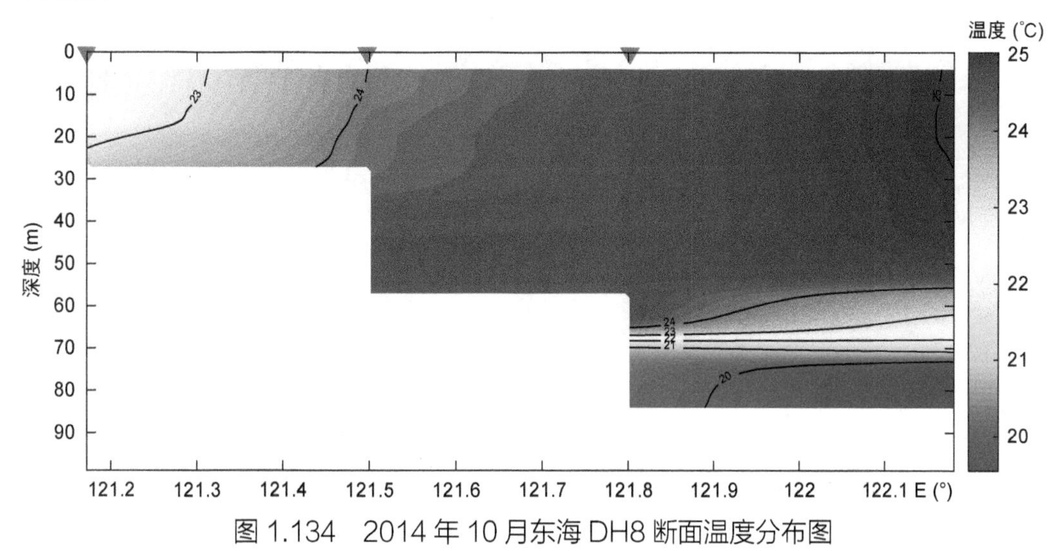

图 1.134 2014 年 10 月东海 DH8 断面温度分布图

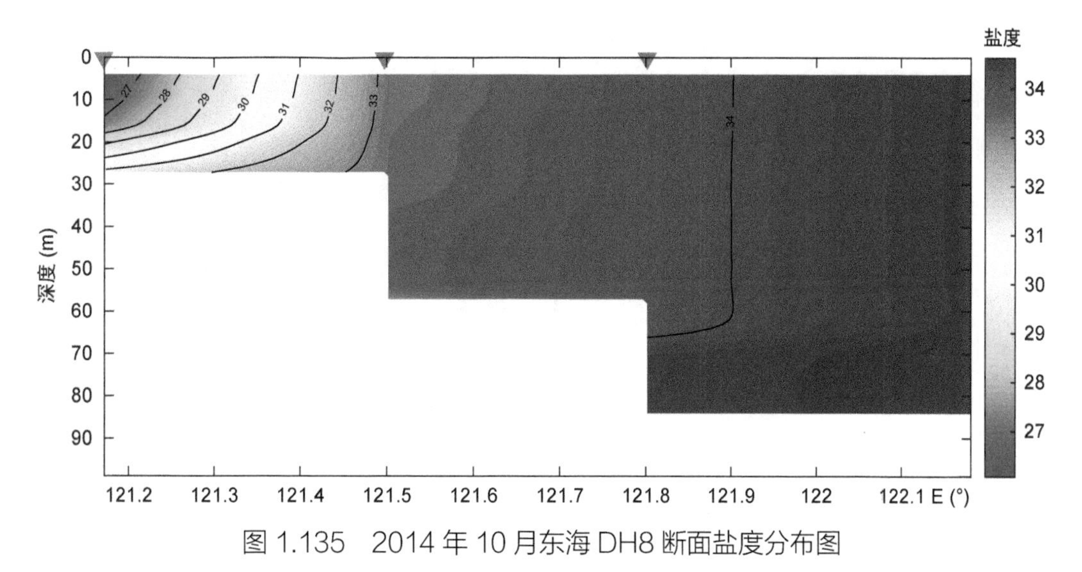

图 1.135 2014 年 10 月东海 DH8 断面盐度分布图

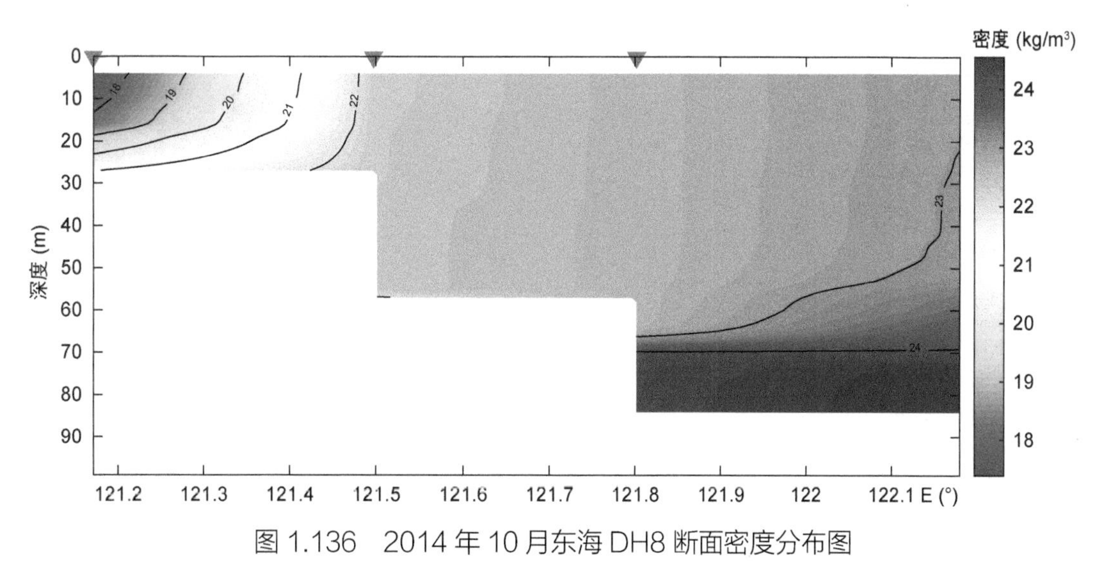

图 1.136 2014 年 10 月东海 DH8 断面密度分布图

(8) DH9 断面

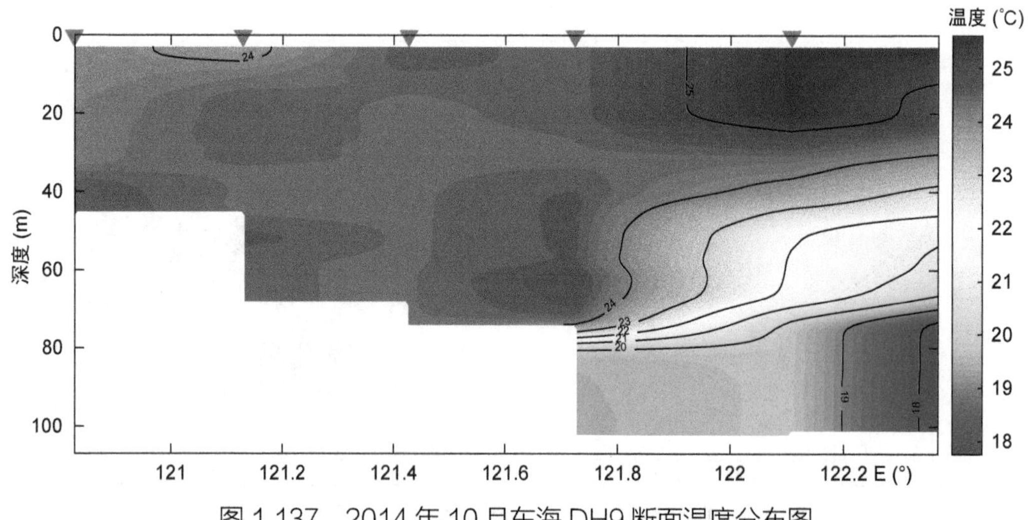

图 1.137　2014 年 10 月东海 DH9 断面温度分布图

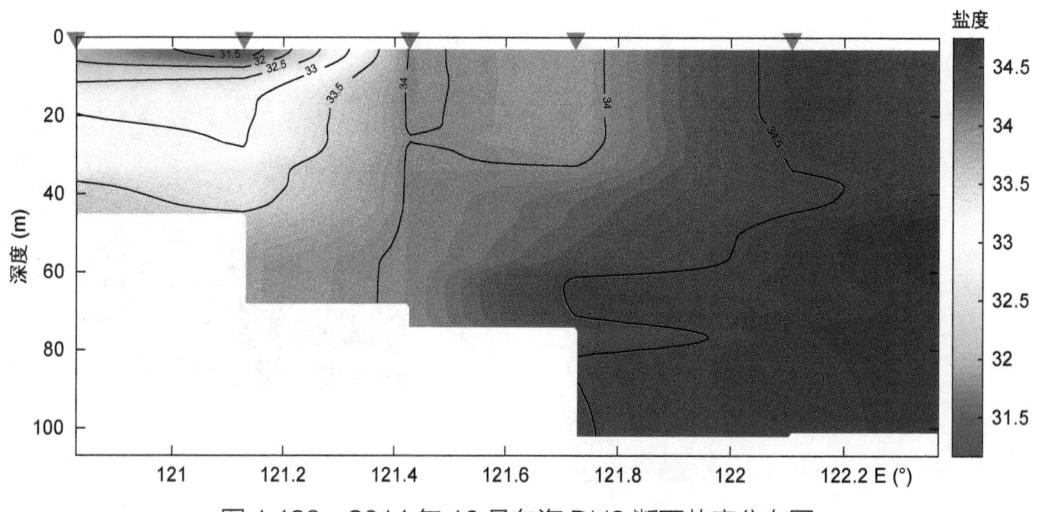

图 1.138　2014 年 10 月东海 DH9 断面盐度分布图

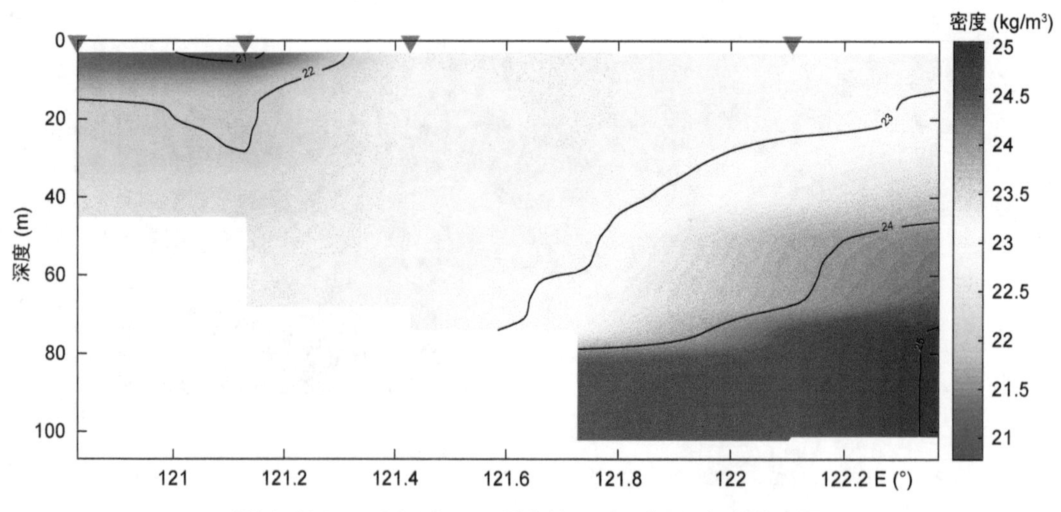

图 1.139　2014 年 10 月东海 DH9 断面密度分布图

(9) DH11 断面

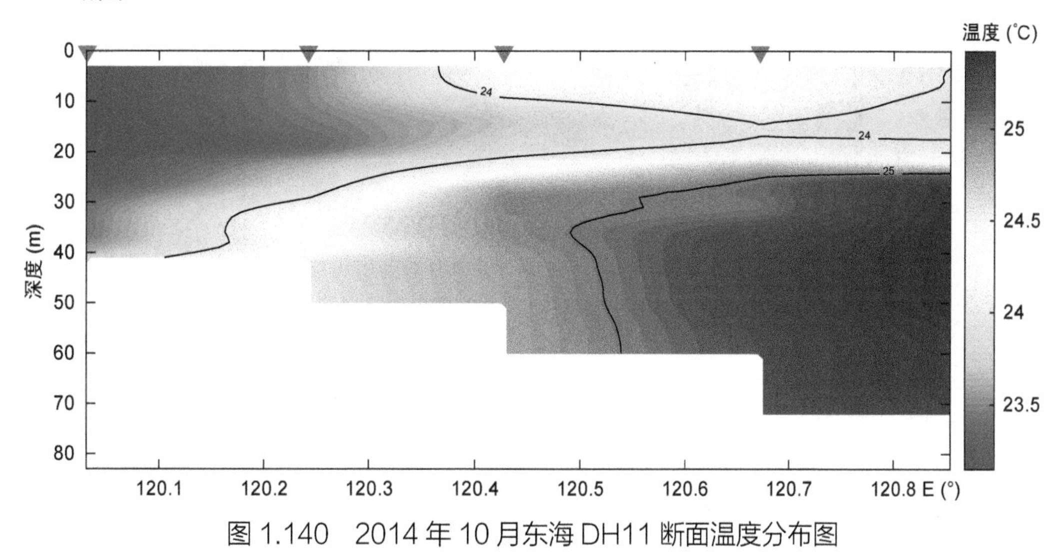

图 1.140 2014 年 10 月东海 DH11 断面温度分布图

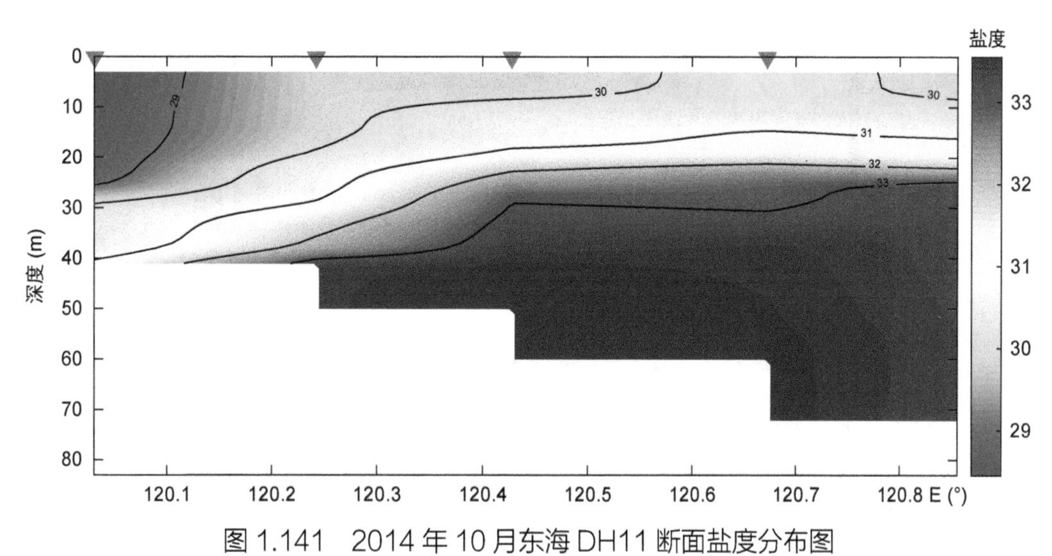

图 1.141 2014 年 10 月东海 DH11 断面盐度分布图

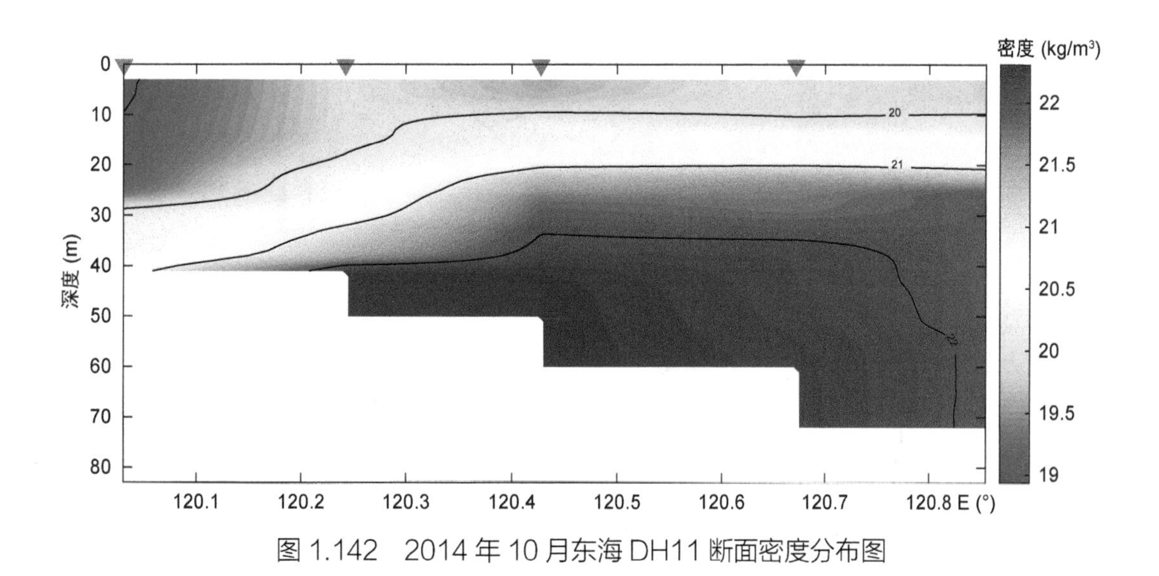

图 1.142 2014 年 10 月东海 DH11 断面密度分布图

1.4.2 平面图

(1) 表层

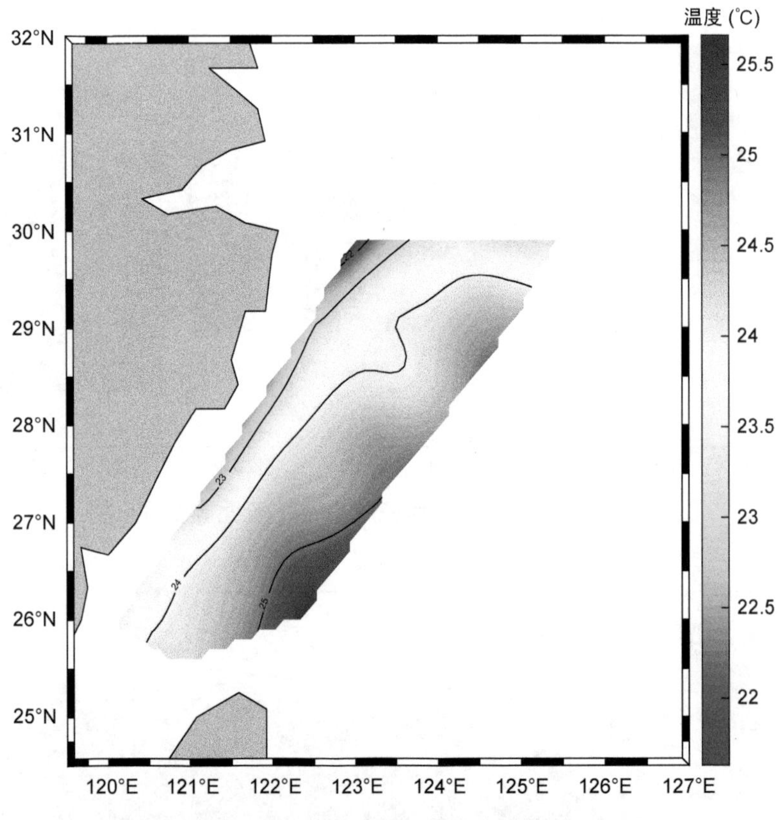

图 1.143 2014 年 10 月东海表层温度平面图

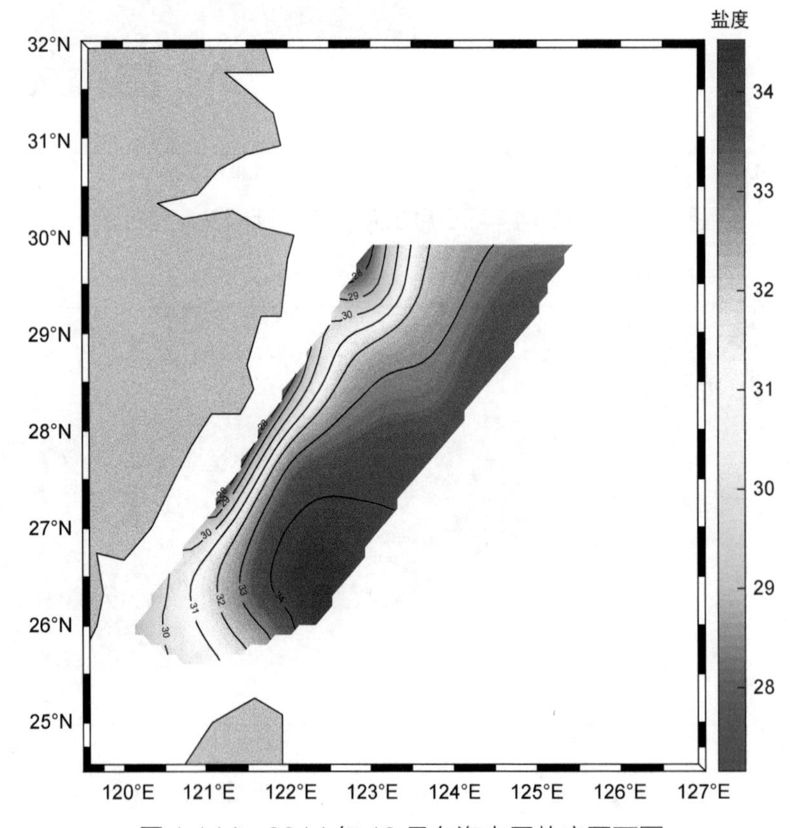

图 1.144 2014 年 10 月东海表层盐度平面图

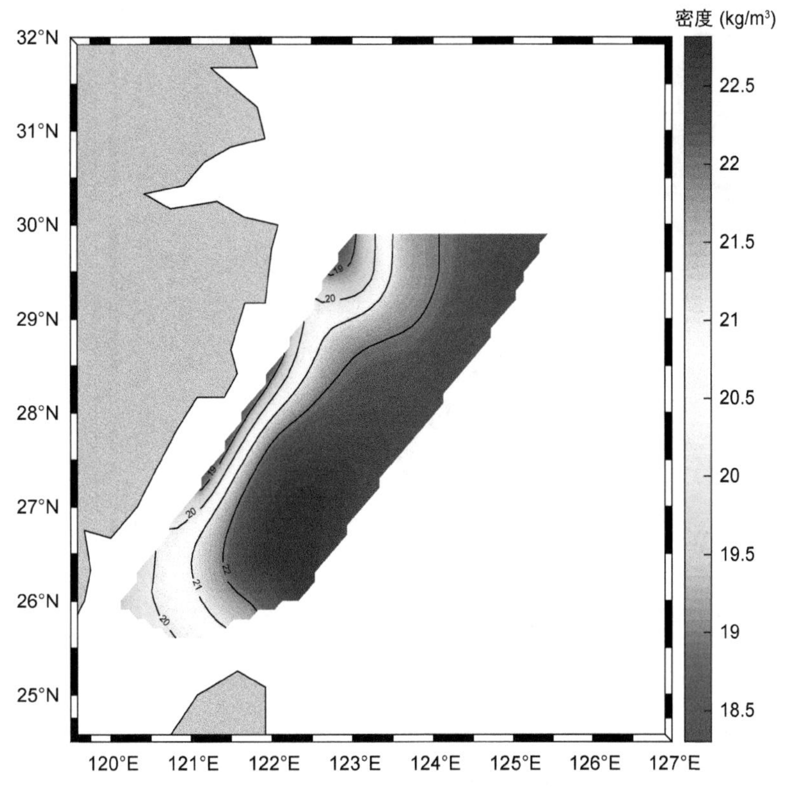

图 1.145　2014 年 10 月东海表层密度平面图

(2) 20m 层

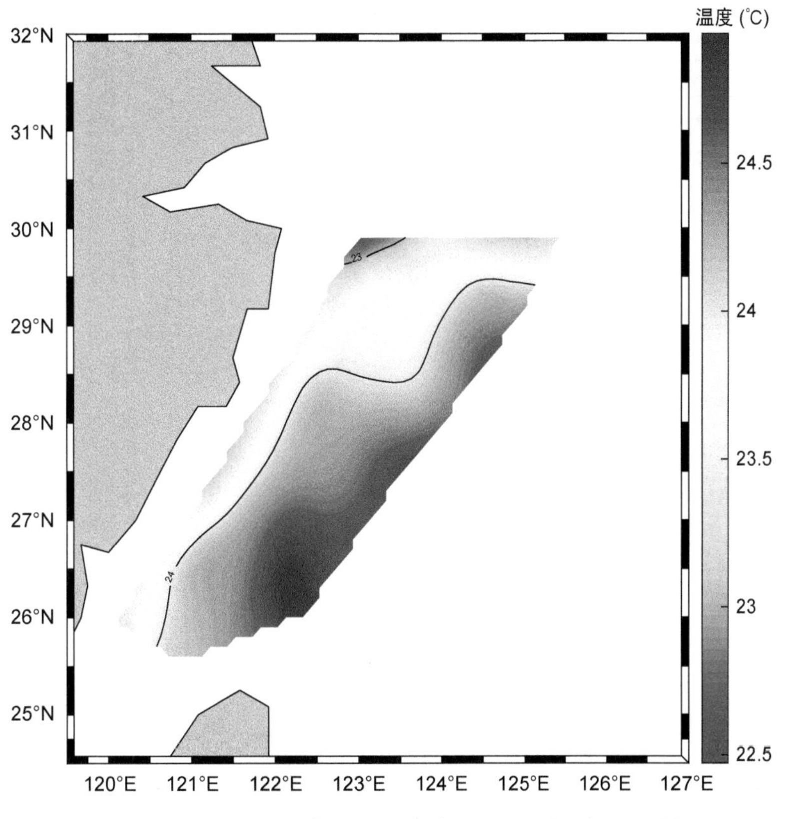

图 1.146　2014 年 10 月东海 20m 层温度平面图

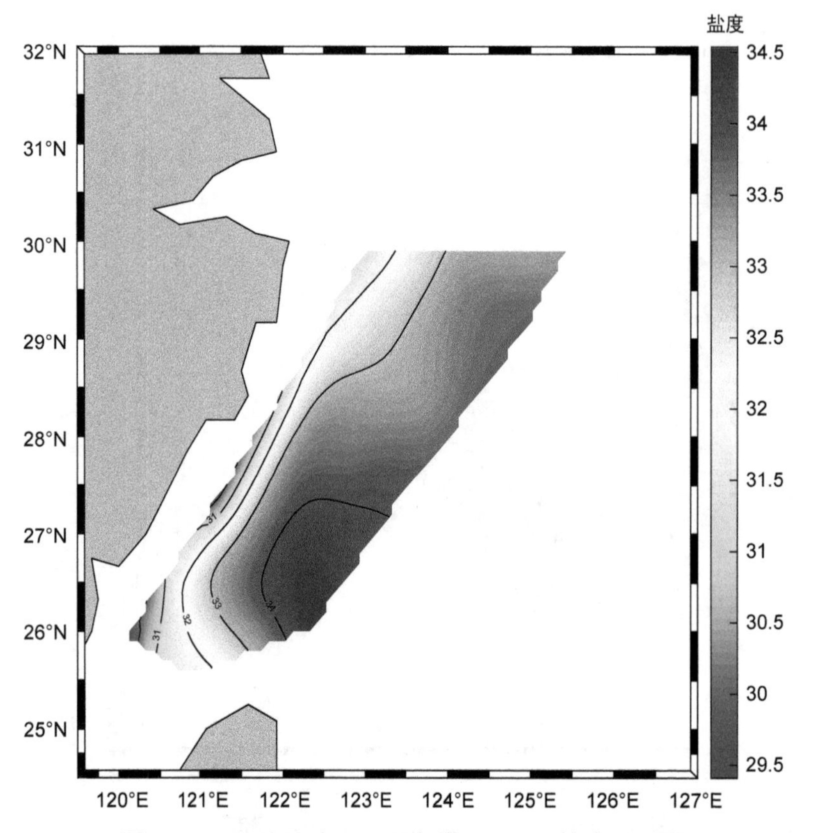

图 1.147 2014 年 10 月东海 20m 层盐度平面图

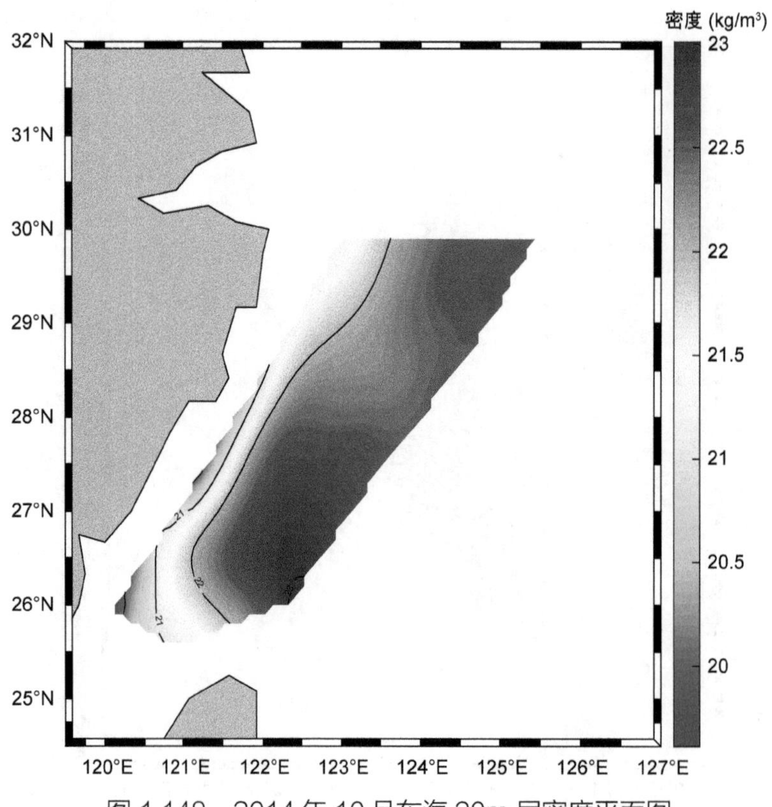

图 1.148 2014 年 10 月东海 20m 层密度平面图

(3) 底层

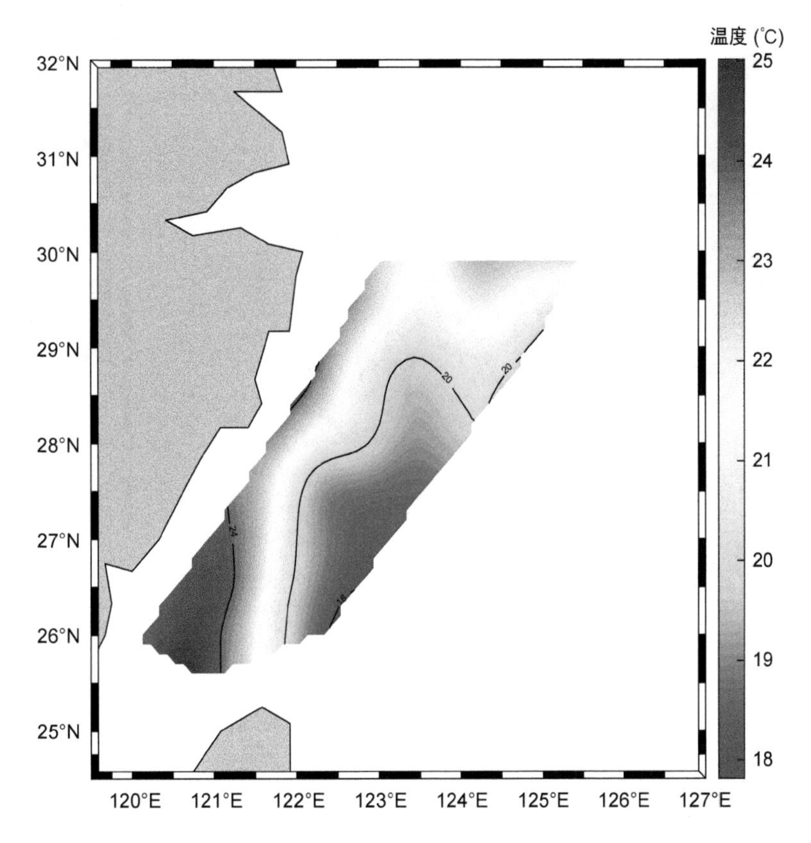

图 1.149 2014 年 10 月东海底层温度平面图

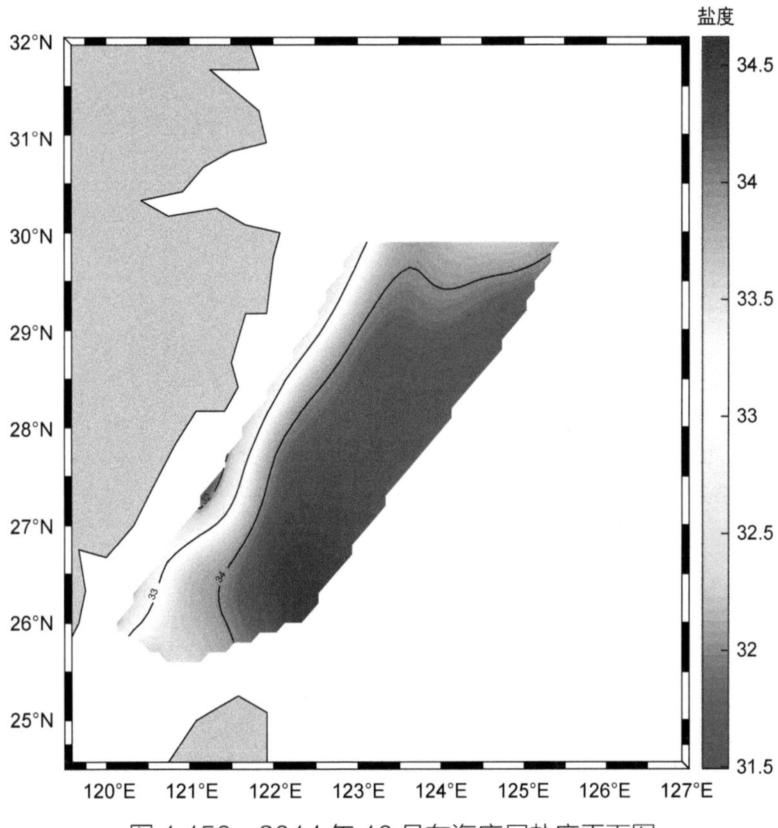

图 1.150 2014 年 10 月东海底层盐度平面图

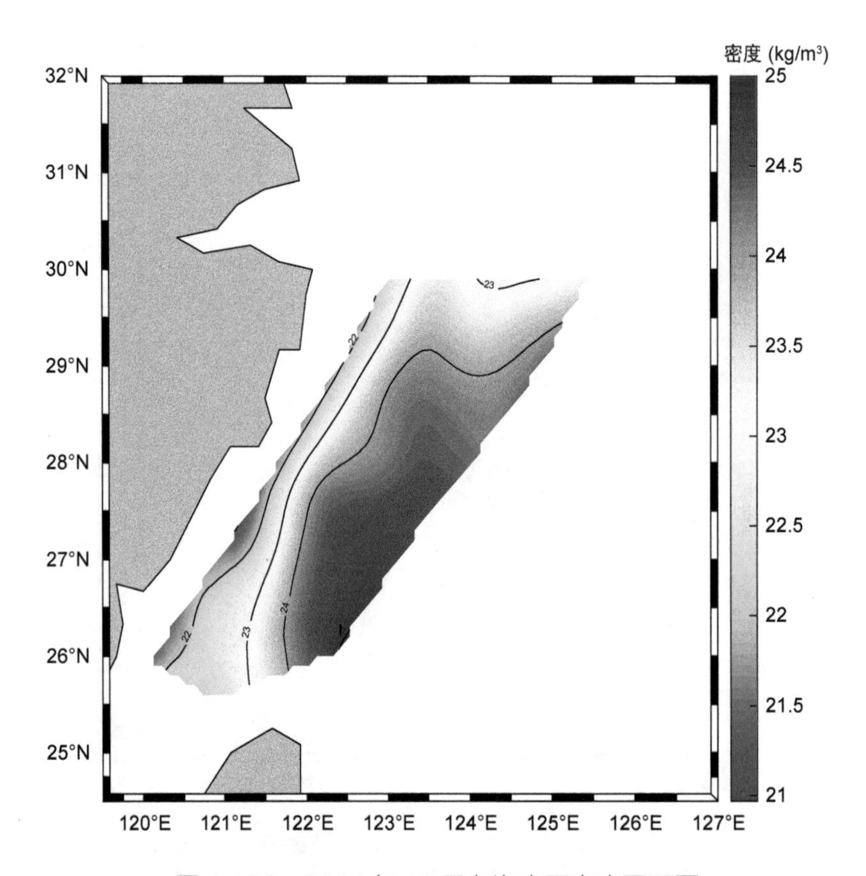

图 1.151　2014 年 10 月东海底层密度平面图

1.5 2015年8月黄海

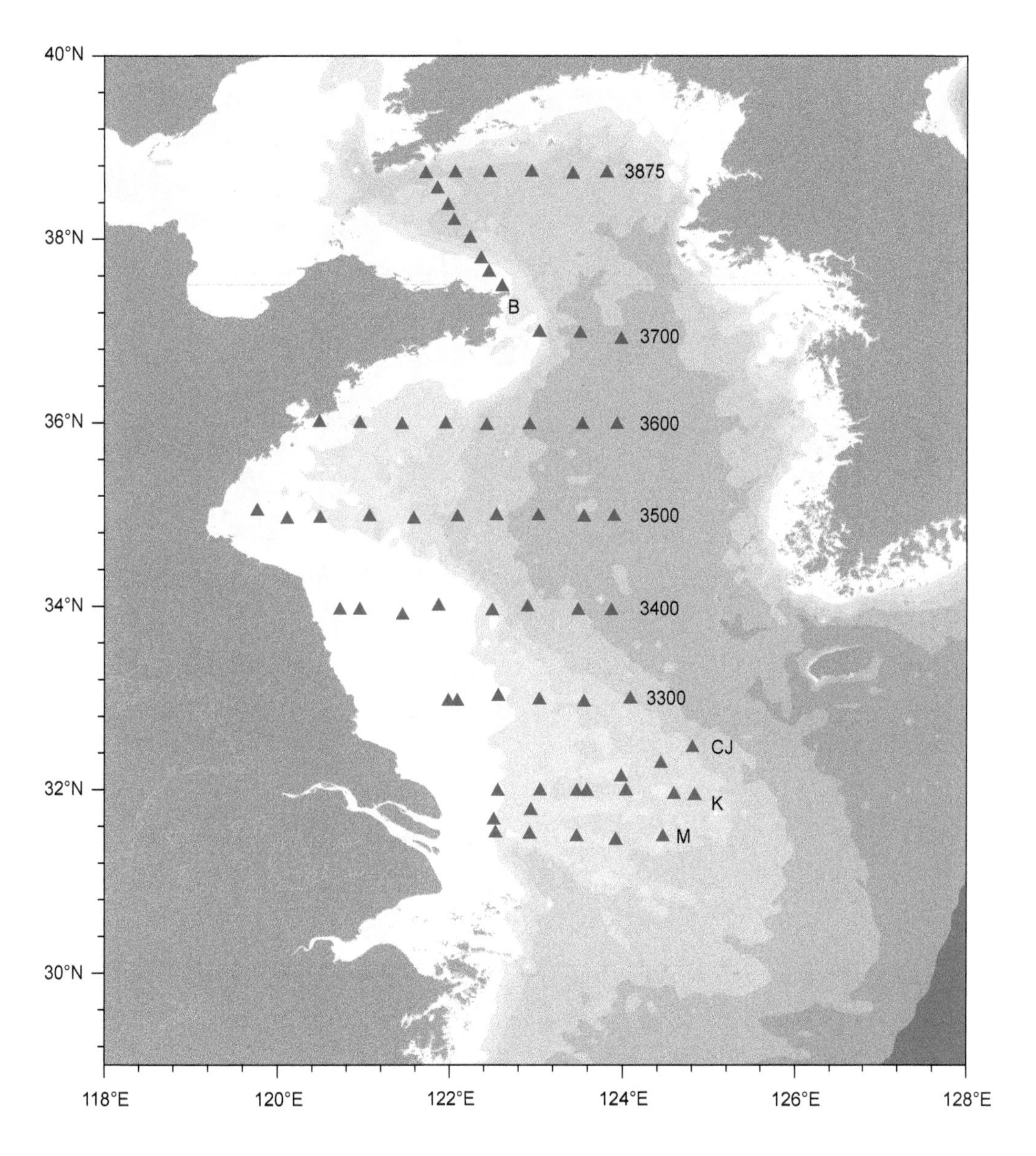

图1.152 2015年8月黄海调查站位图
（2015年8月27日-2015年9月7日）

1.5.1 断面图

(1) 3300 断面

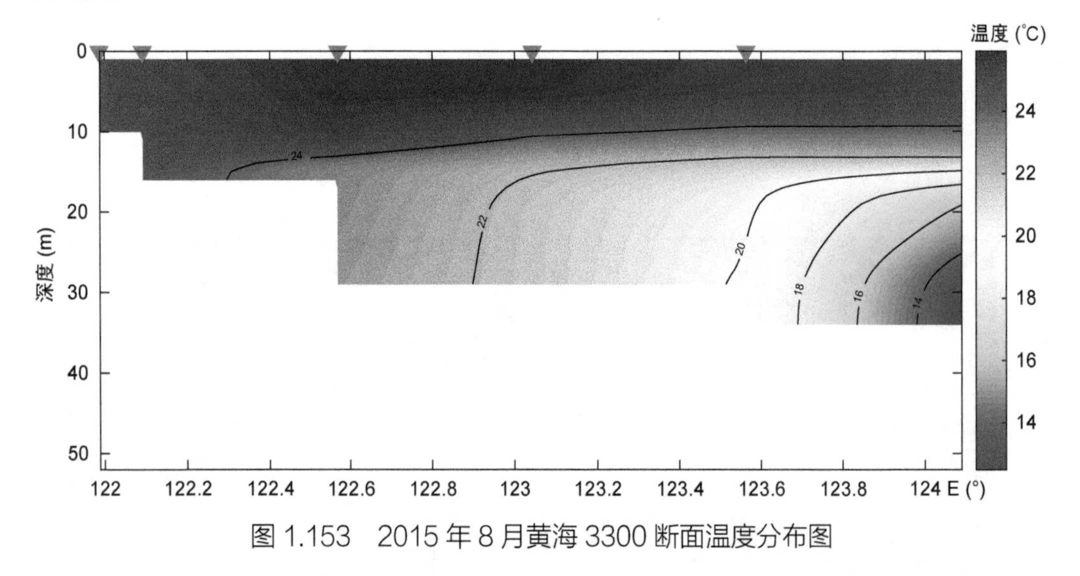

图 1.153　2015 年 8 月黄海 3300 断面温度分布图

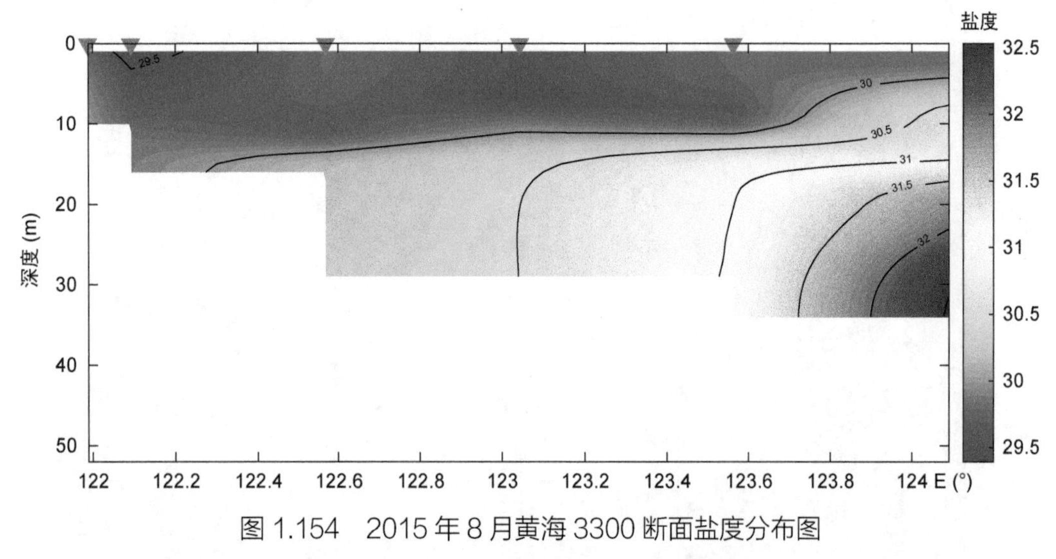

图 1.154　2015 年 8 月黄海 3300 断面盐度分布图

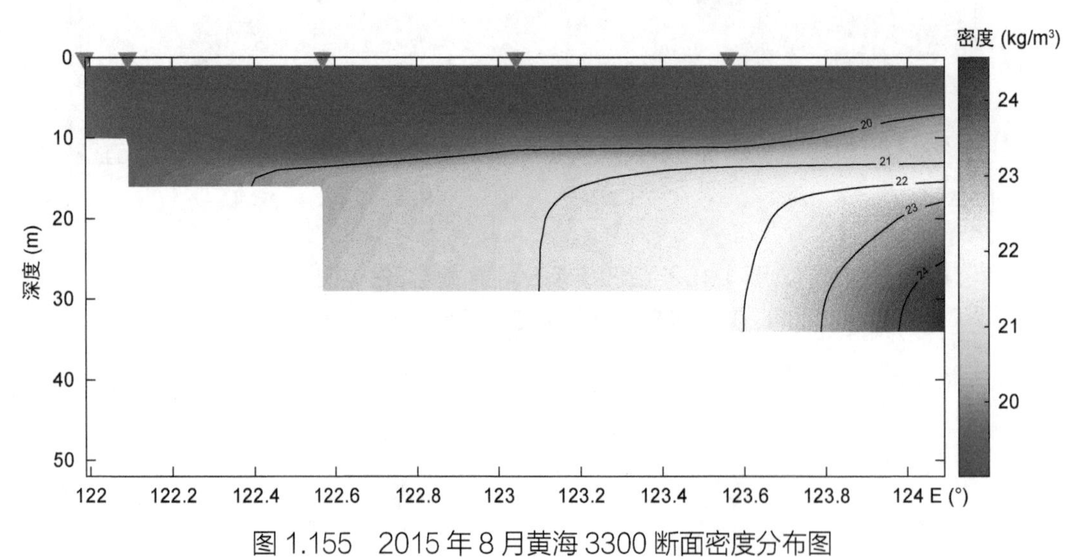

图 1.155　2015 年 8 月黄海 3300 断面密度分布图

(2) 3400 断面

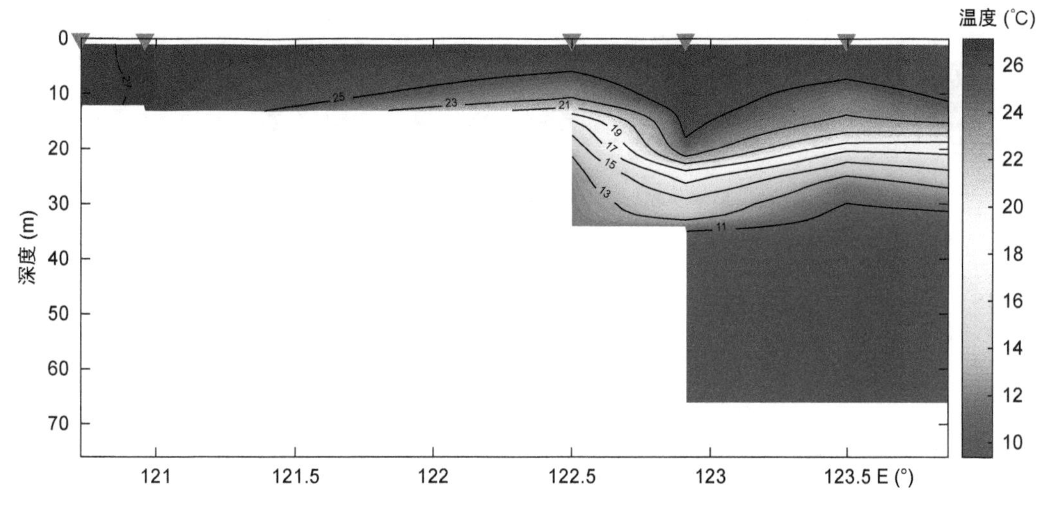

图 1.156 2015 年 8 月黄海 3400 断面温度分布图

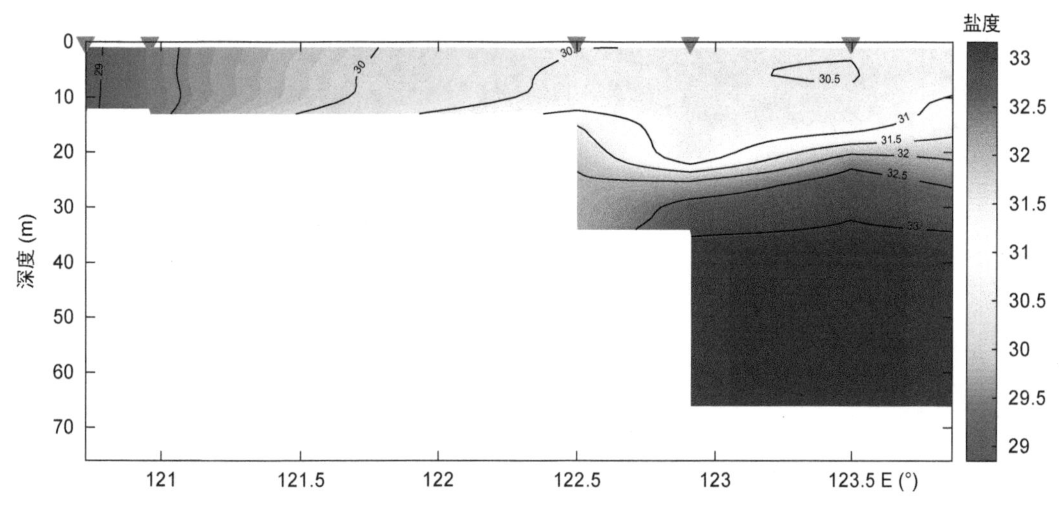

图 1.157 2015 年 8 月黄海 3400 断面盐度分布图

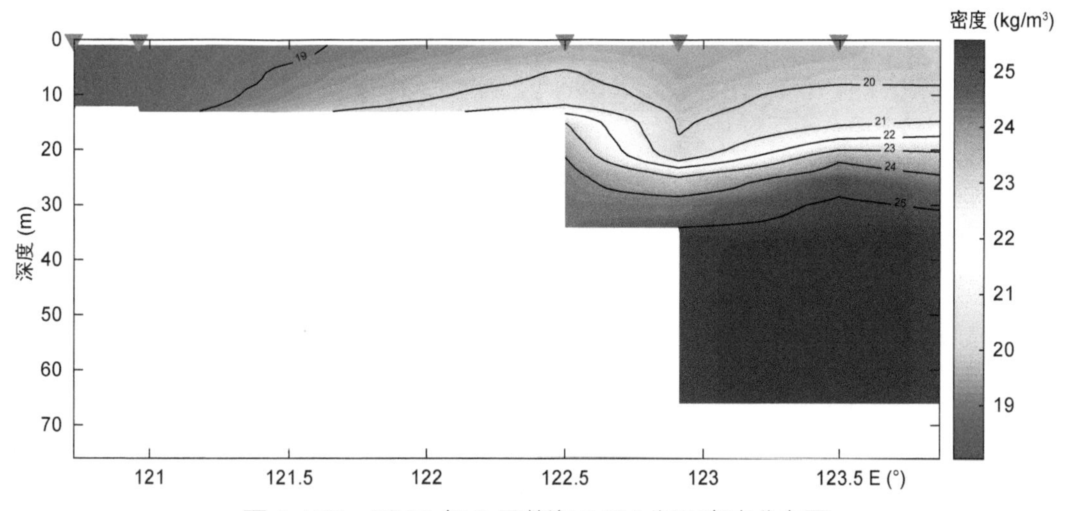

图 1.158 2015 年 8 月黄海 3400 断面密度分布图

(3) 3500 断面

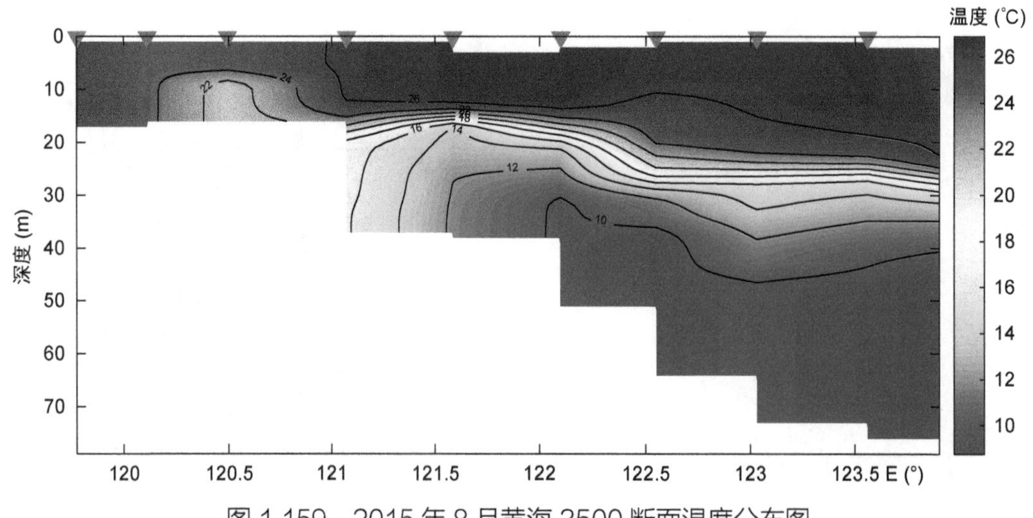

图 1.159 2015 年 8 月黄海 3500 断面温度分布图

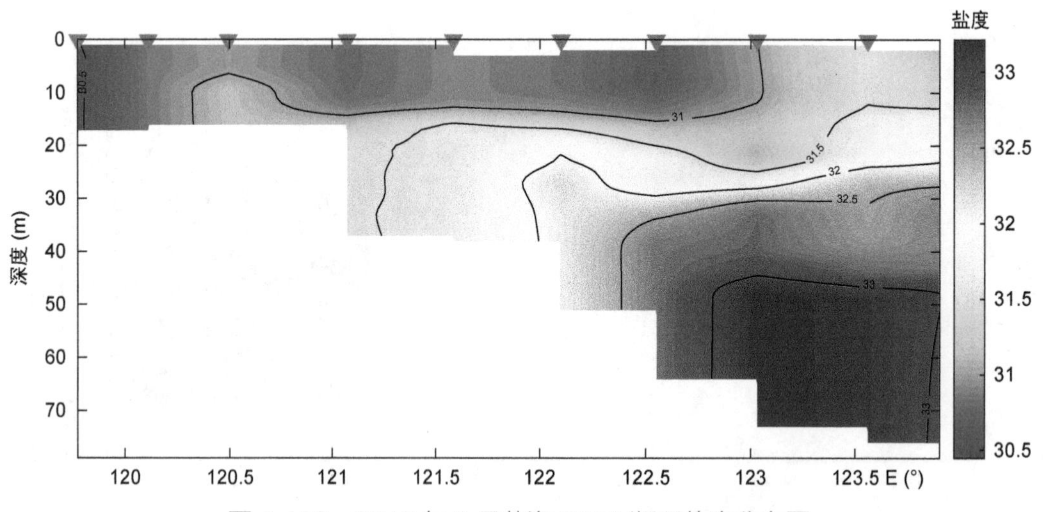

图 1.160 2015 年 8 月黄海 3500 断面盐度分布图

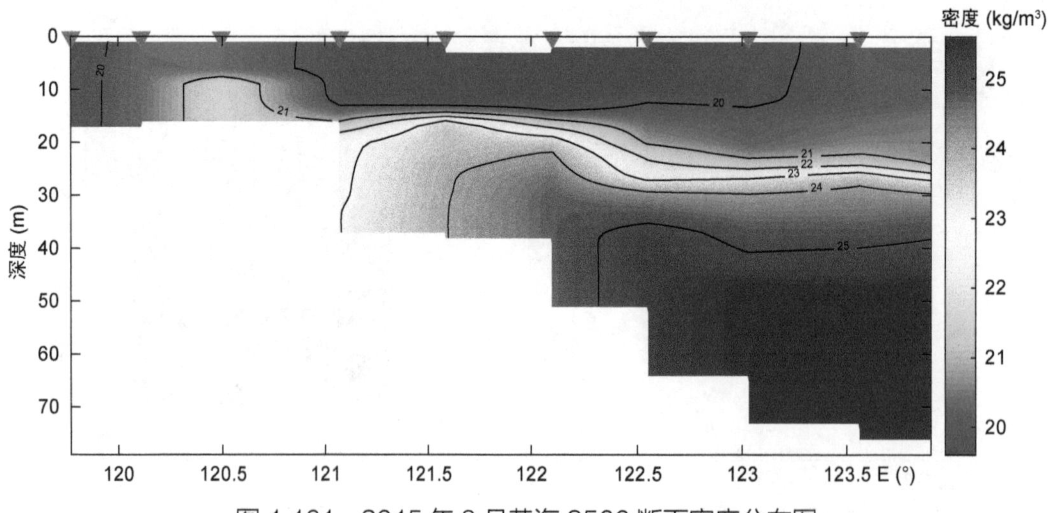

图 1.161 2015 年 8 月黄海 3500 断面密度分布图

(4) 3600断面

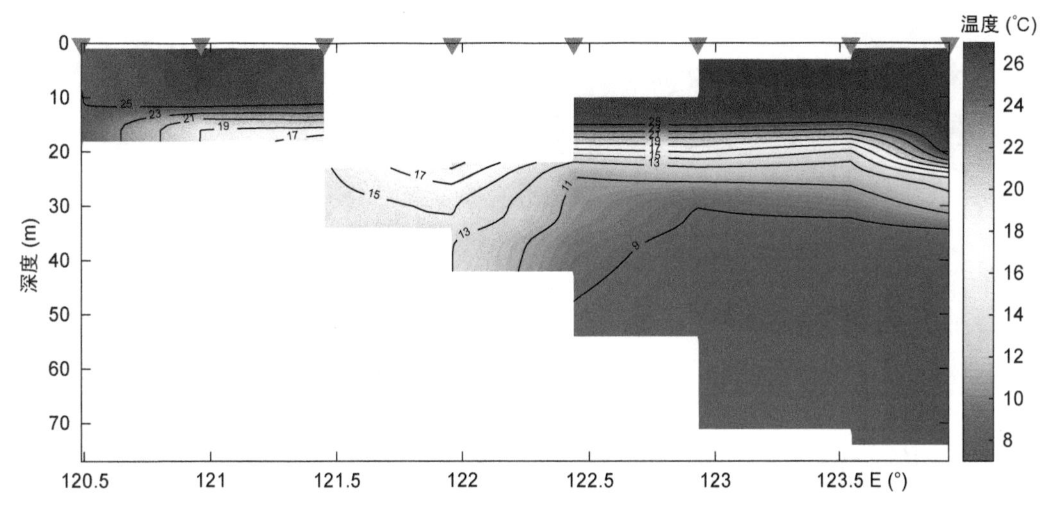

图1.162 2015年8月黄海3600断面温度分布图

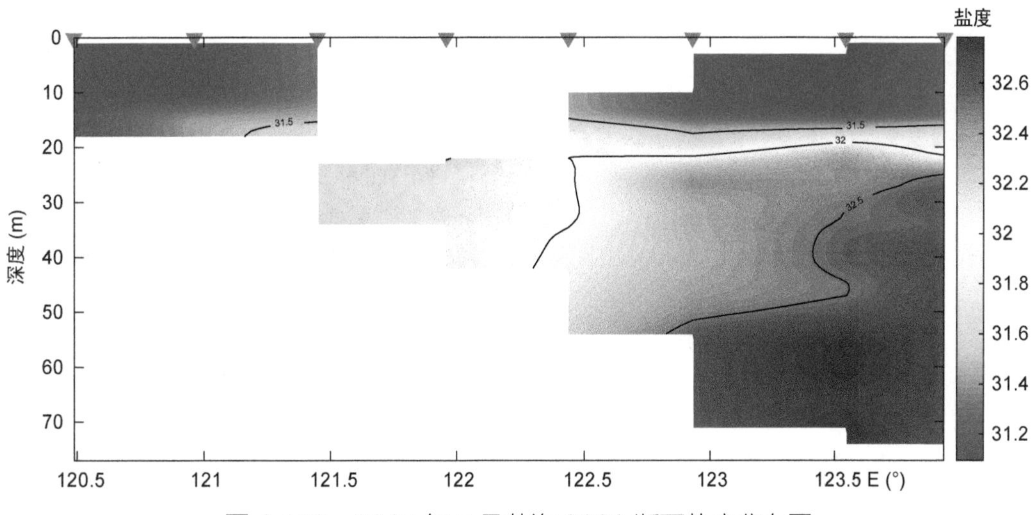

图1.163 2015年8月黄海3600断面盐度分布图

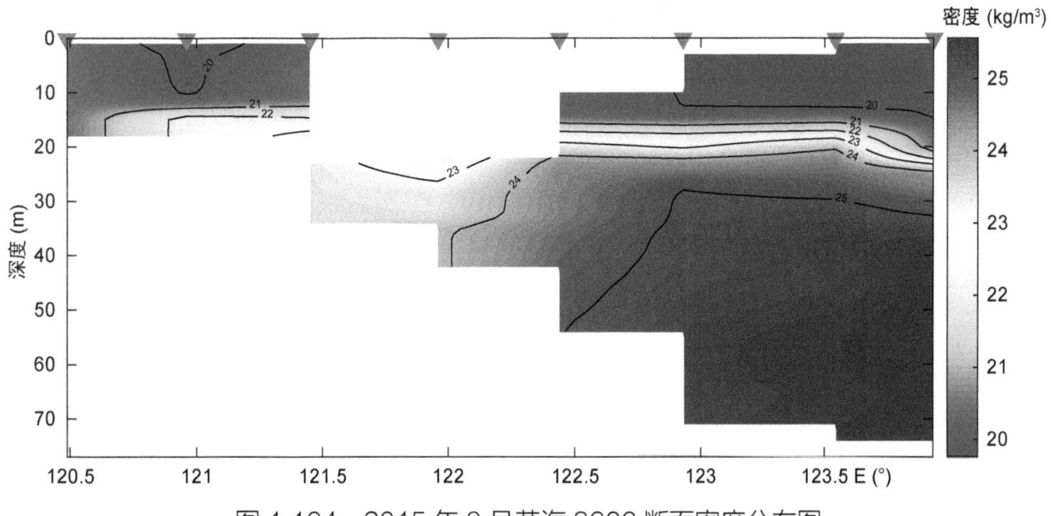

图1.164 2015年8月黄海3600断面密度分布图

(5) 3700 断面

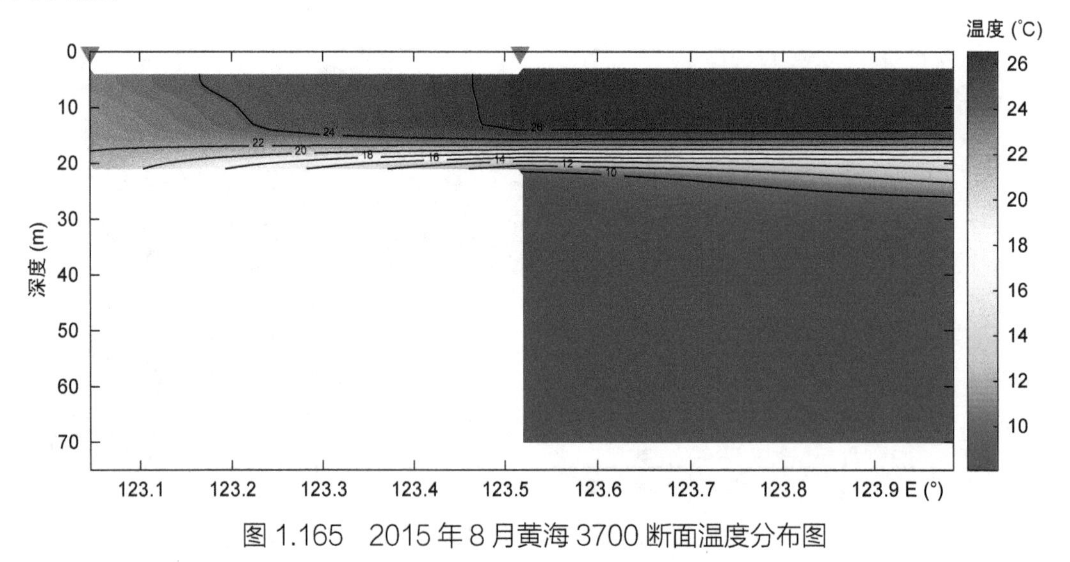

图 1.165　2015 年 8 月黄海 3700 断面温度分布图

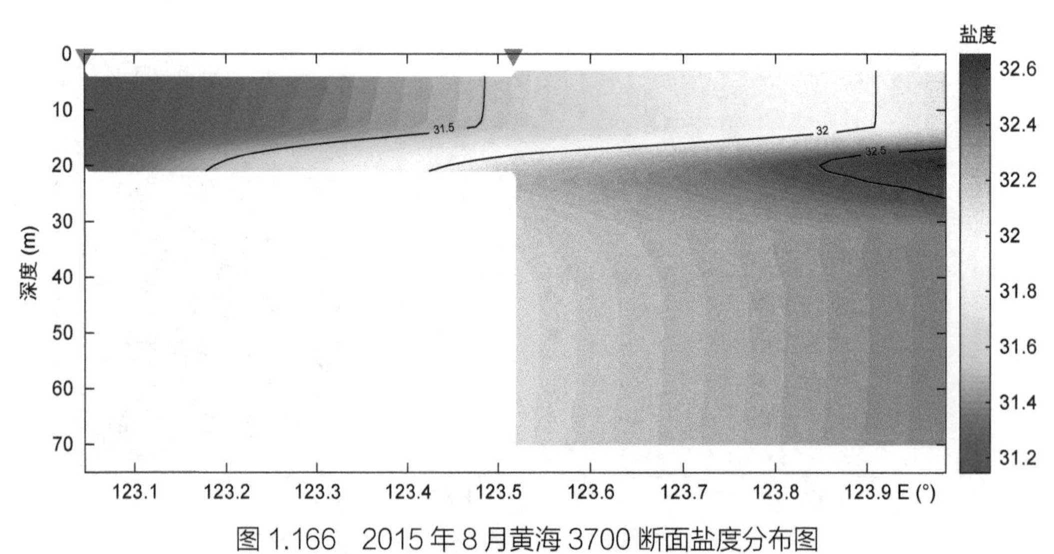

图 1.166　2015 年 8 月黄海 3700 断面盐度分布图

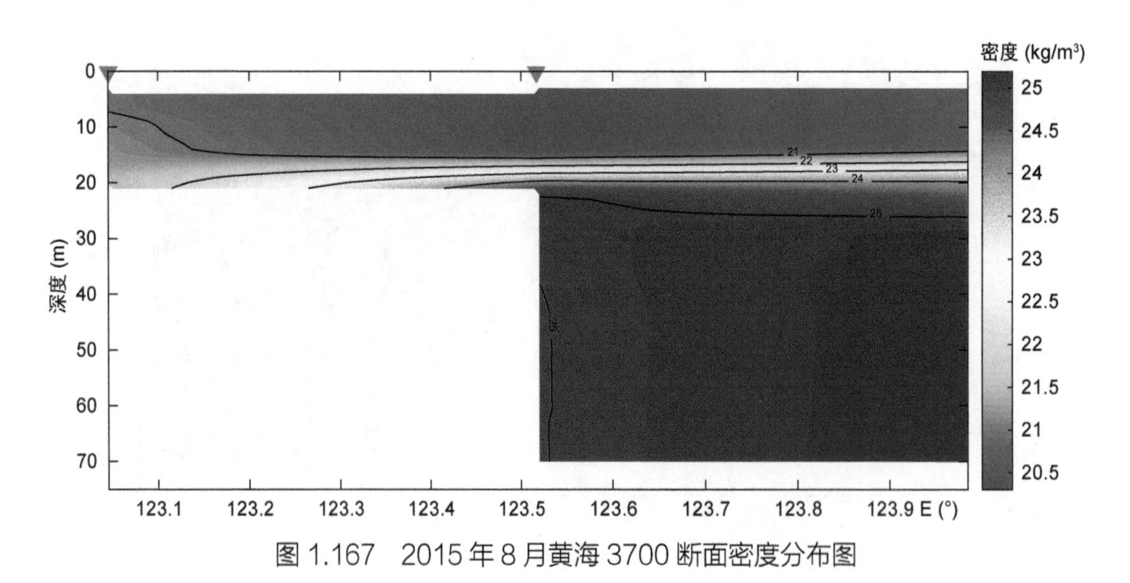

图 1.167　2015 年 8 月黄海 3700 断面密度分布图

(6) 3875 断面

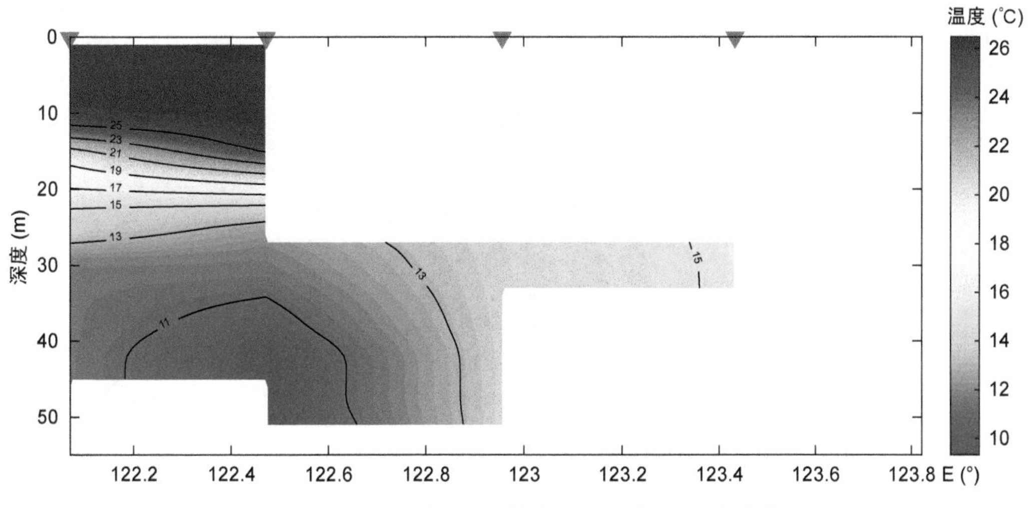

图 1.168 2015 年 8 月黄海 3875 断面温度分布图

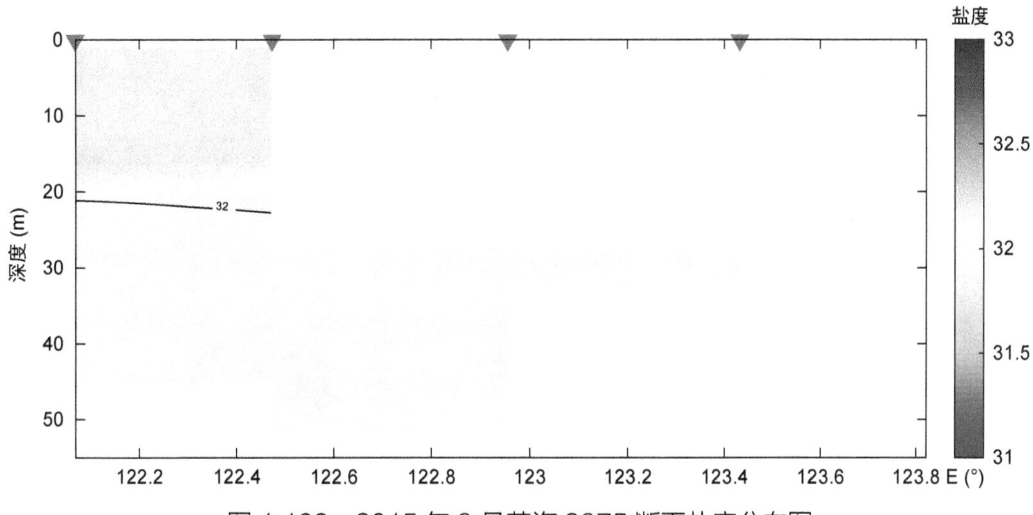

图 1.169 2015 年 8 月黄海 3875 断面盐度分布图

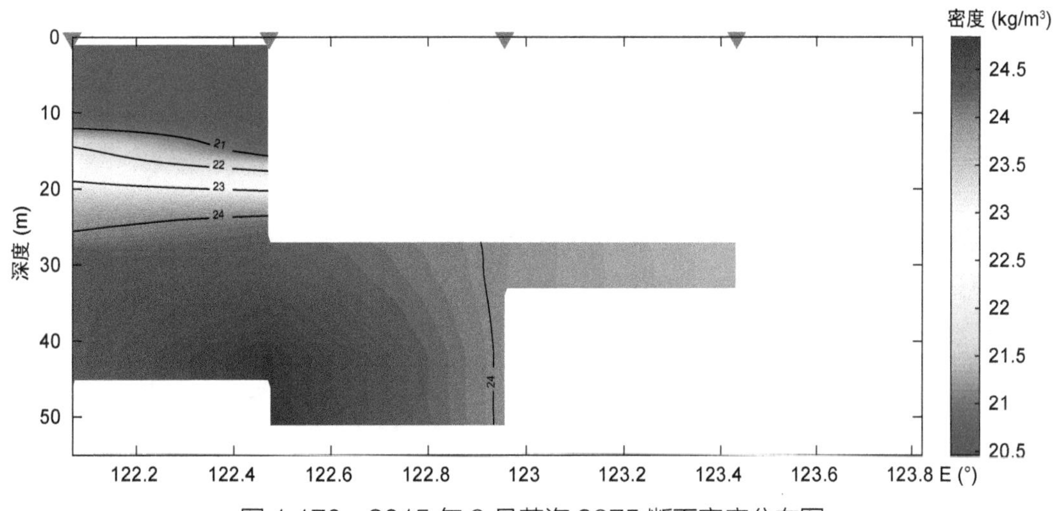

图 1.170 2015 年 8 月黄海 3875 断面密度分布图

(7) B 断面

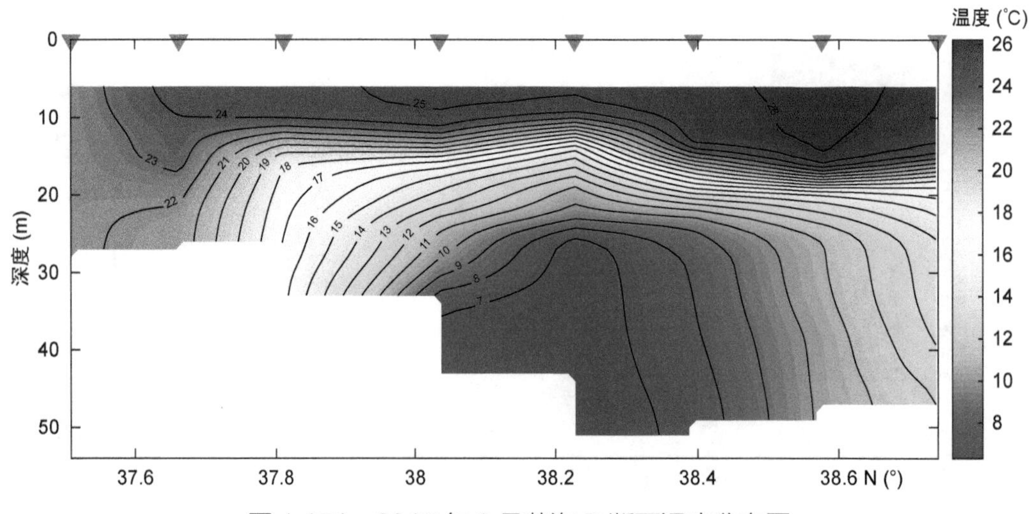

图 1.171　2015 年 8 月黄海 B 断面温度分布图

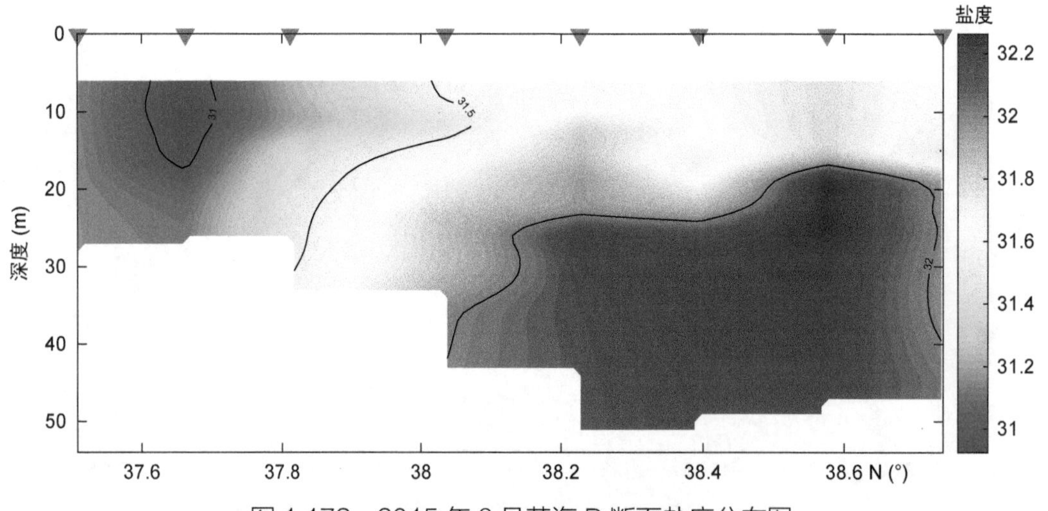

图 1.172　2015 年 8 月黄海 B 断面盐度分布图

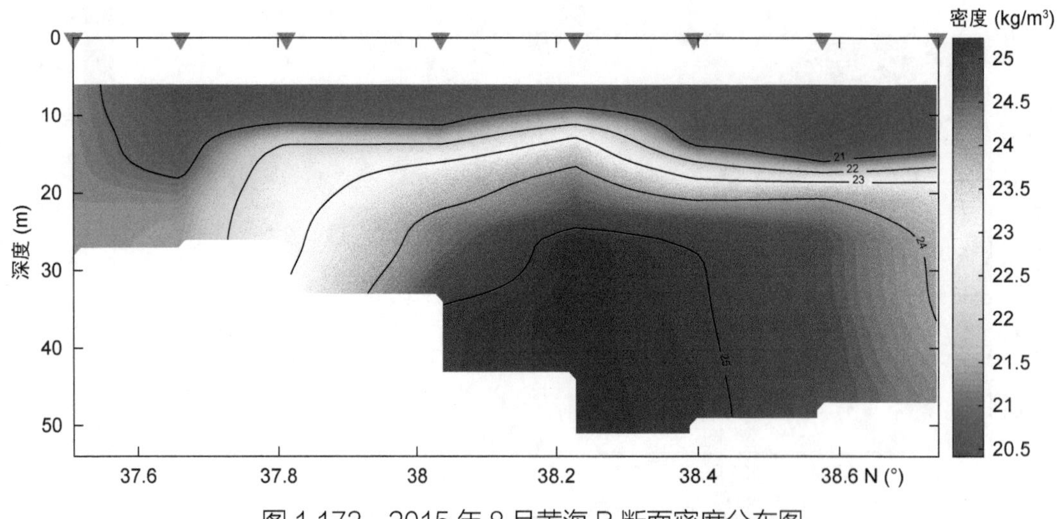

图 1.173　2015 年 8 月黄海 B 断面密度分布图

(8) CJ 断面

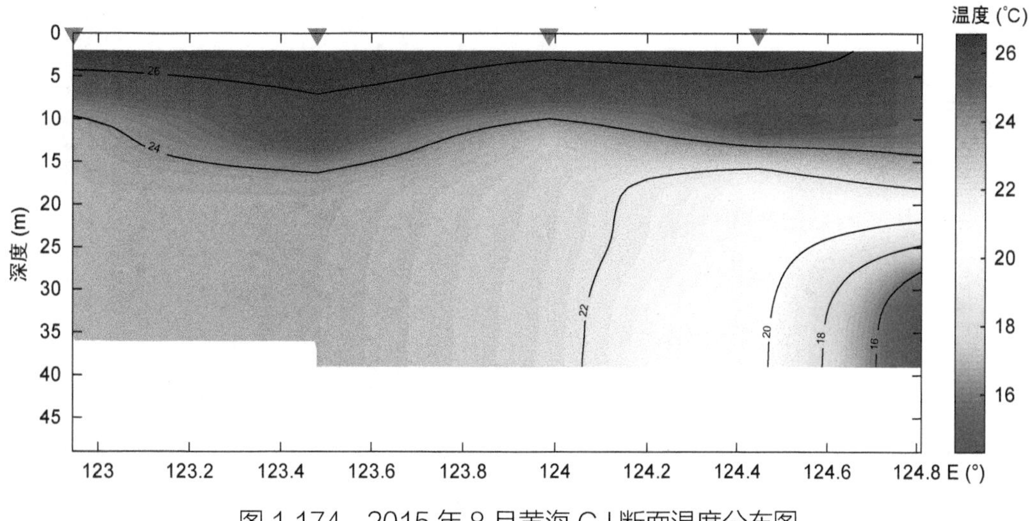

图 1.174　2015 年 8 月黄海 CJ 断面温度分布图

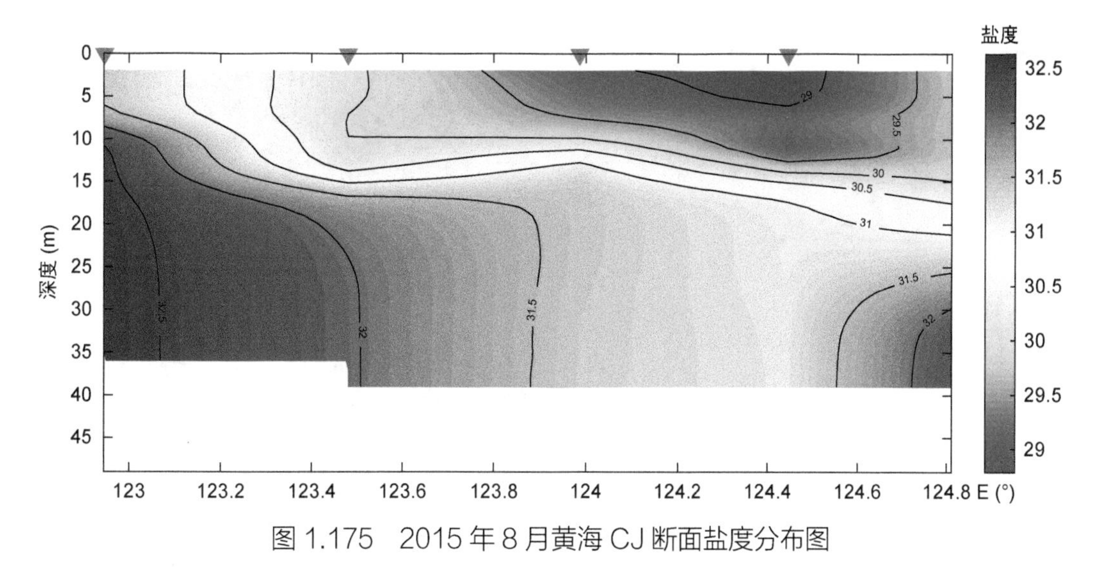

图 1.175　2015 年 8 月黄海 CJ 断面盐度分布图

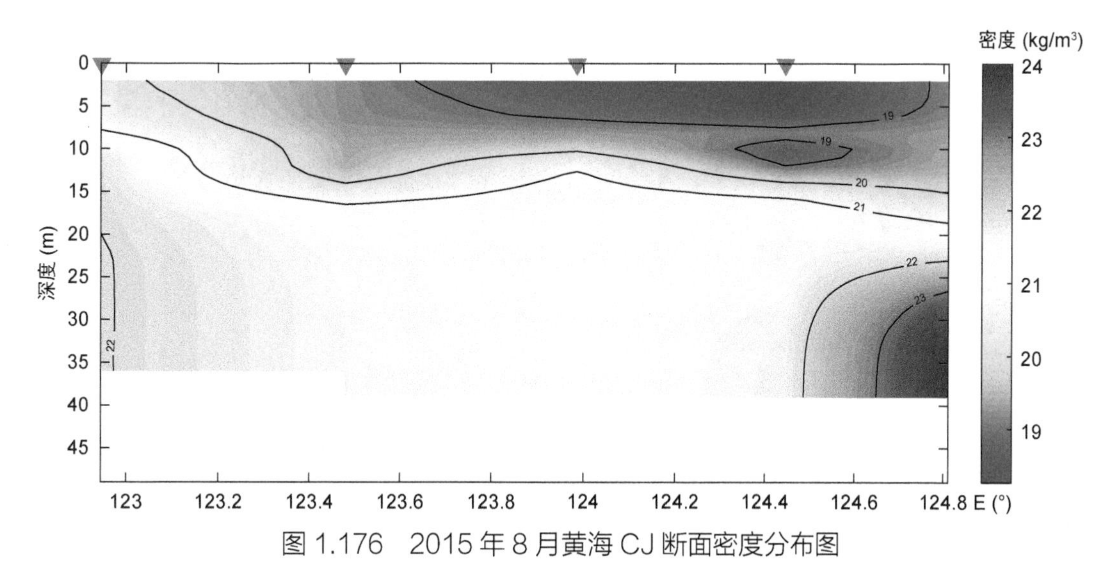

图 1.176　2015 年 8 月黄海 CJ 断面密度分布图

(9) K 断面

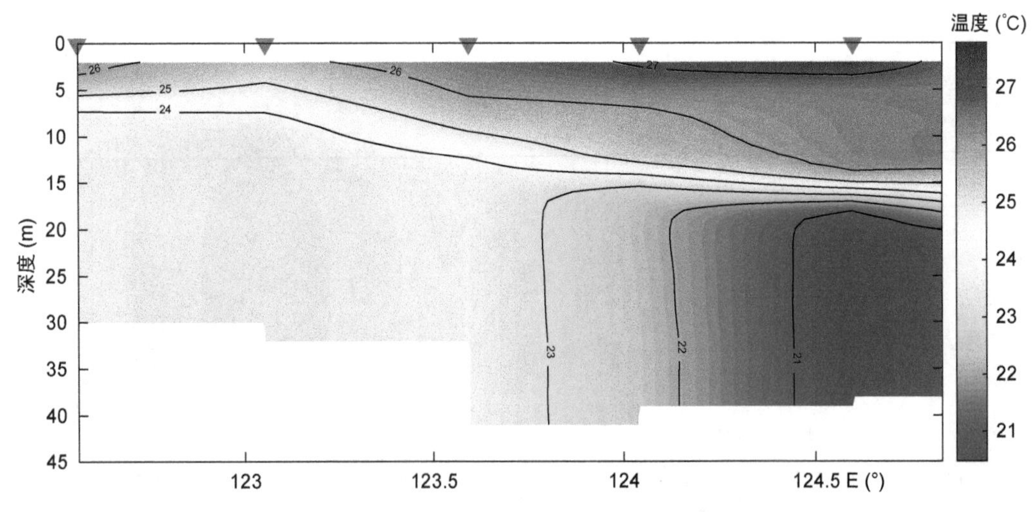

图 1.177　2015 年 8 月黄海 K 断面温度分布图

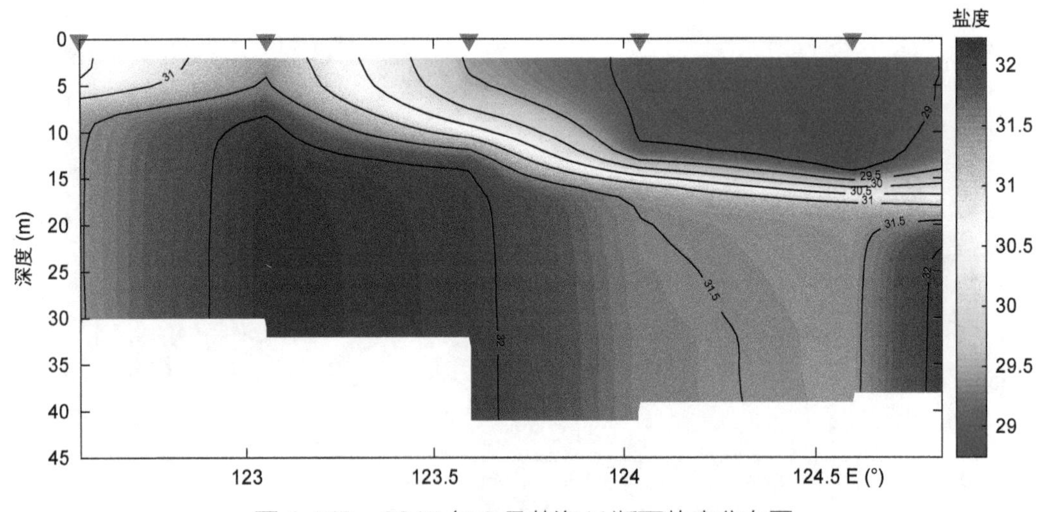

图 1.178　2015 年 8 月黄海 K 断面盐度分布图

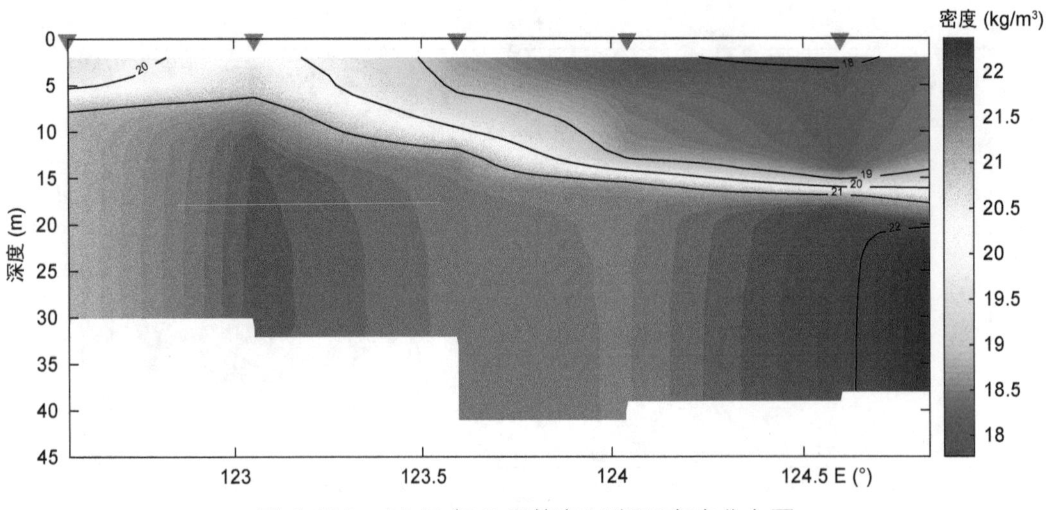

图 1.179　2015 年 8 月黄海 K 断面密度分布图

(10) M 断面

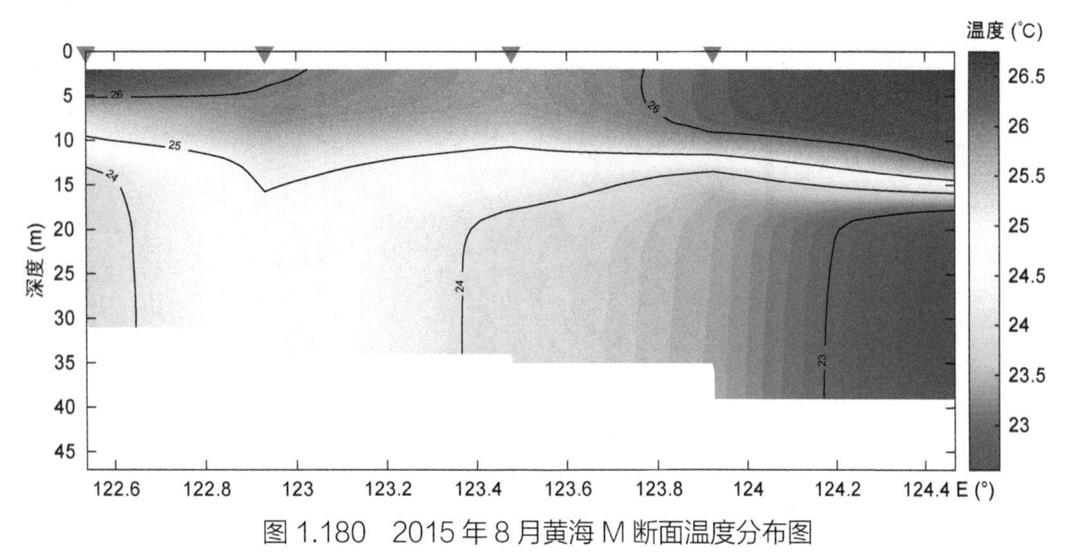

图 1.180　2015 年 8 月黄海 M 断面温度分布图

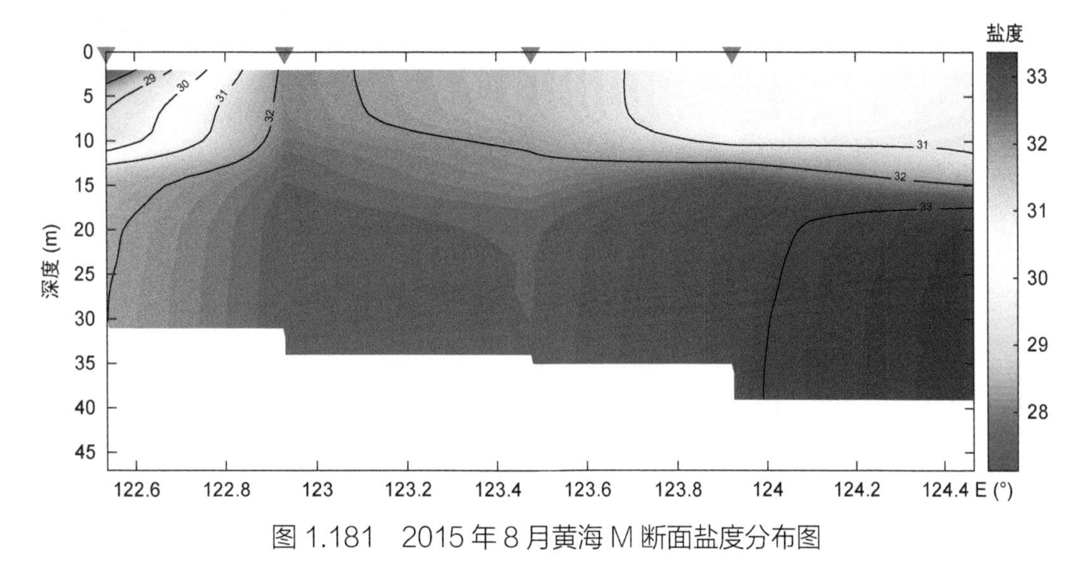

图 1.181　2015 年 8 月黄海 M 断面盐度分布图

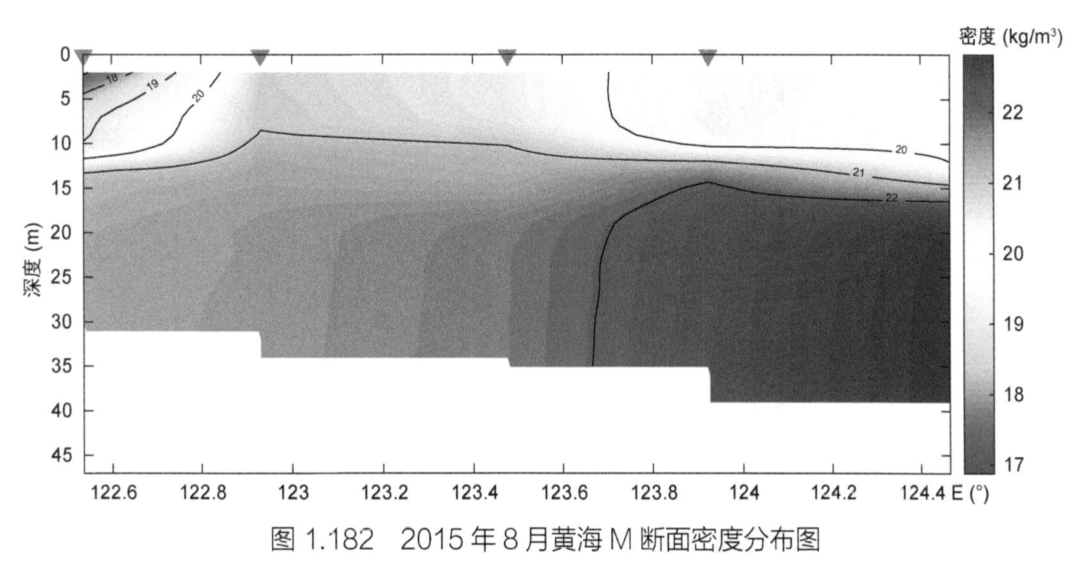

图 1.182　2015 年 8 月黄海 M 断面密度分布图

1.5.2 平面图

(1) 表层

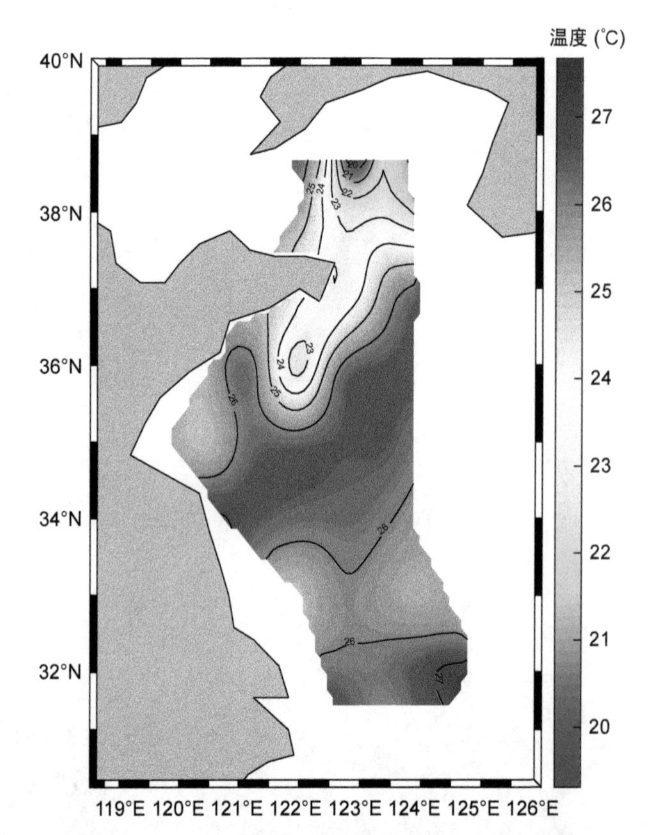

图 1.183 2015 年 8 月黄海表层温度平面图

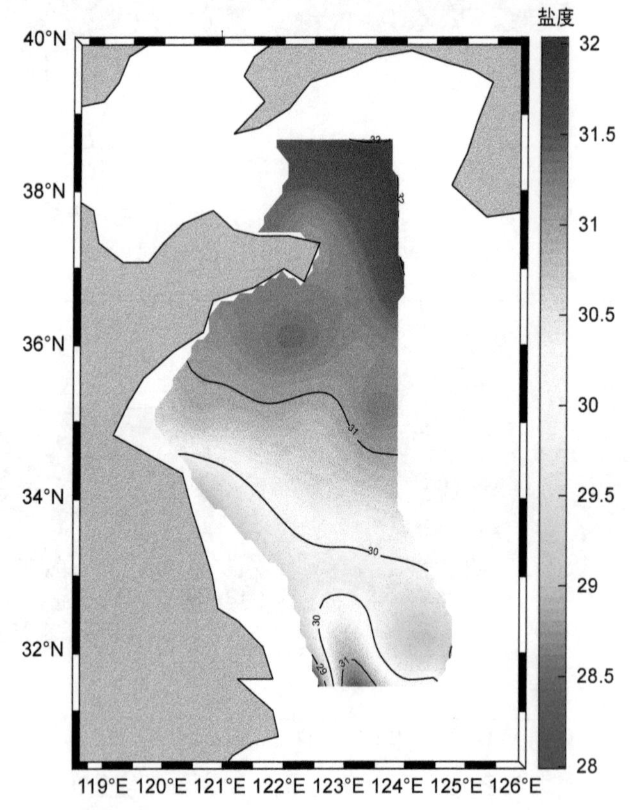

图 1.184 2015 年 8 月黄海表层盐度平面图

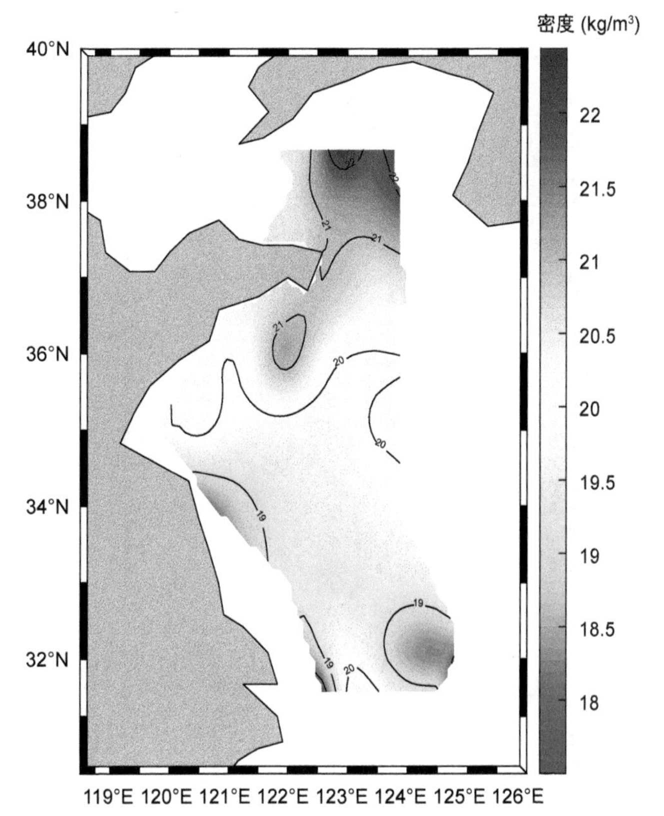

图 1.185 2015 年 8 月黄海表层密度平面图

(2) 20m 层

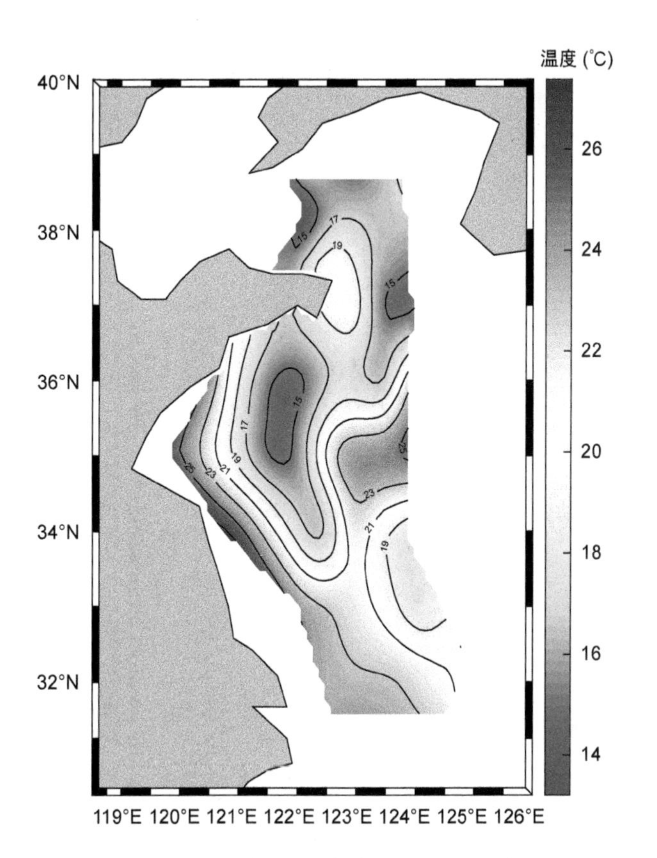

图 1.186 2015 年 8 月黄海 20m 层温度平面图

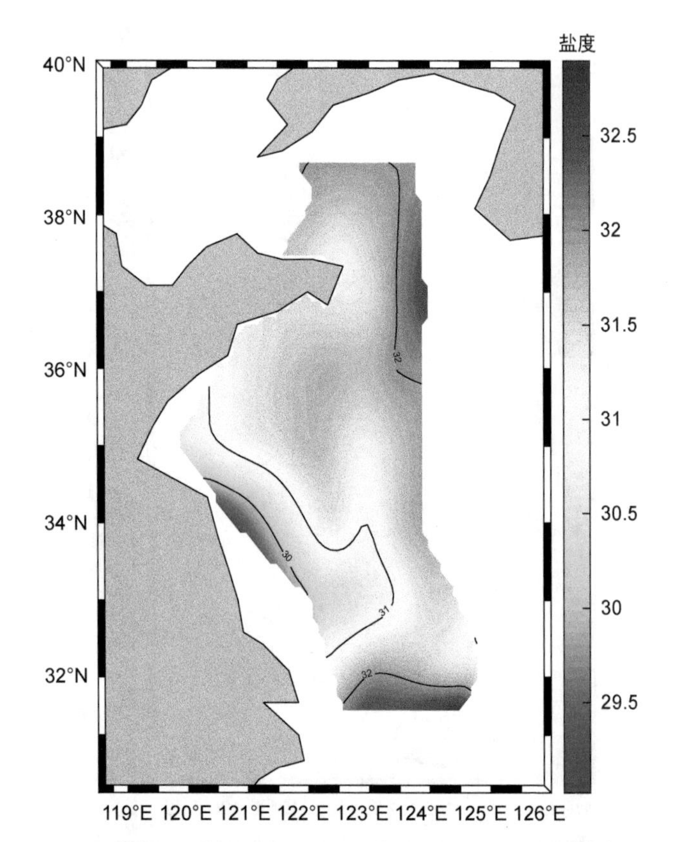

图 1.187 2015 年 8 月黄海 20m 层盐度平面图

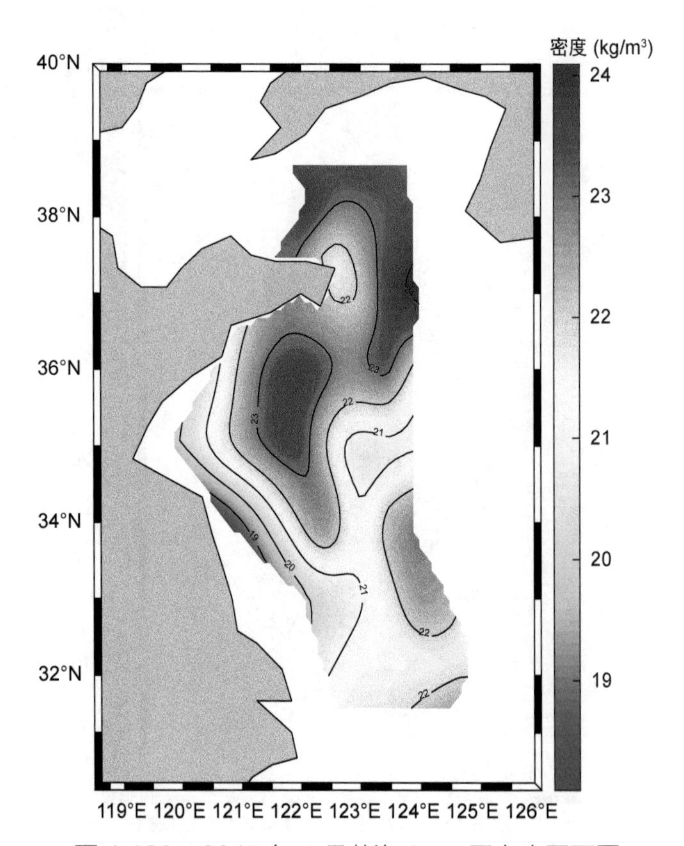

图 1.188 2015 年 8 月黄海 20m 层密度平面图

(3) 底层

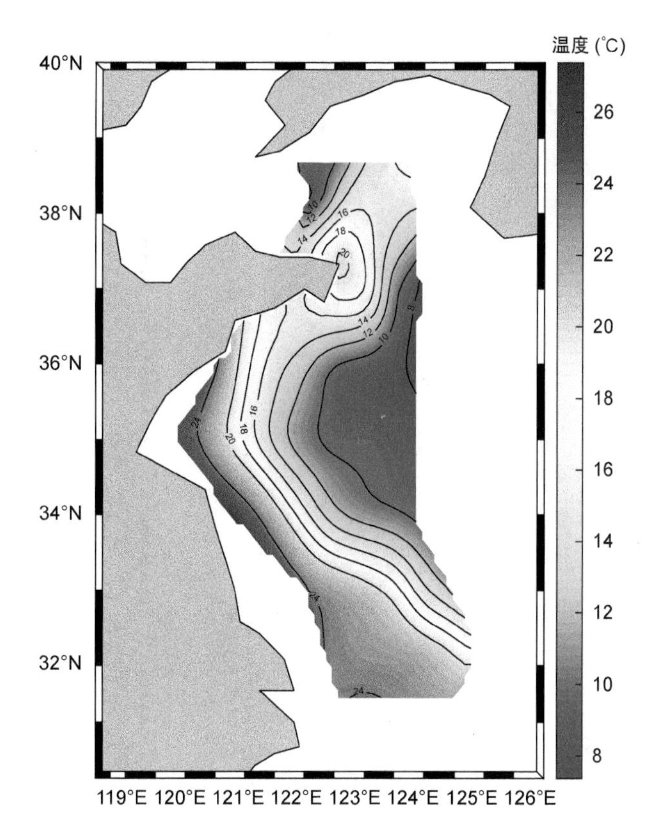

图 1.189 2015 年 8 月黄海底层温度平面图

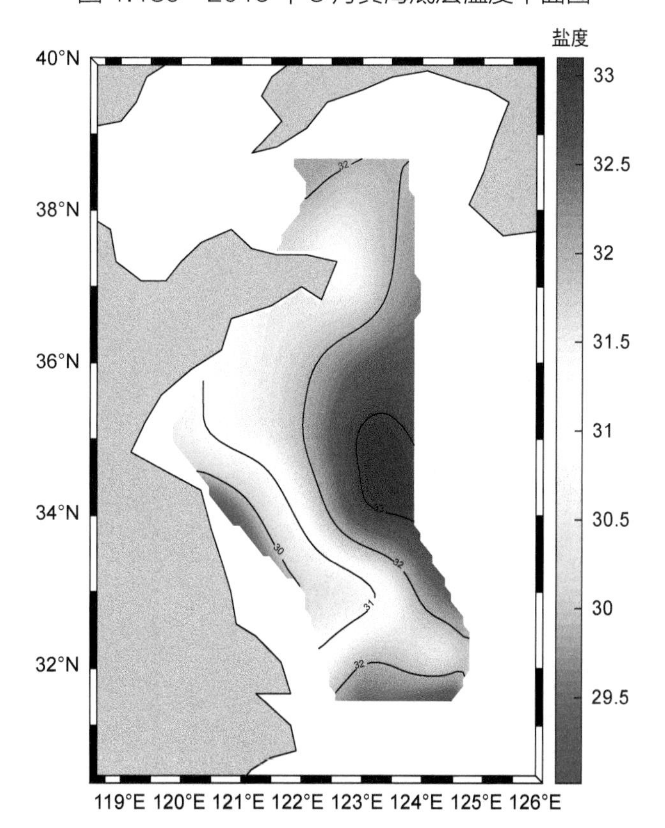

图 1.190 2015 年 8 月黄海底层盐度平面图

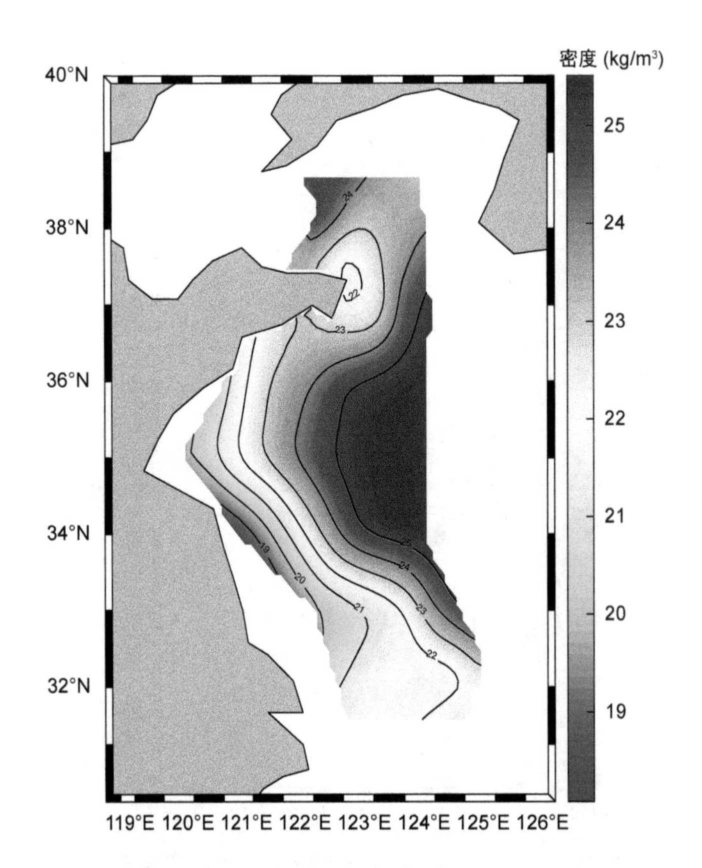

图 1.191　2015 年 8 月黄海底层密度平面图

1.6　2015年8月东海

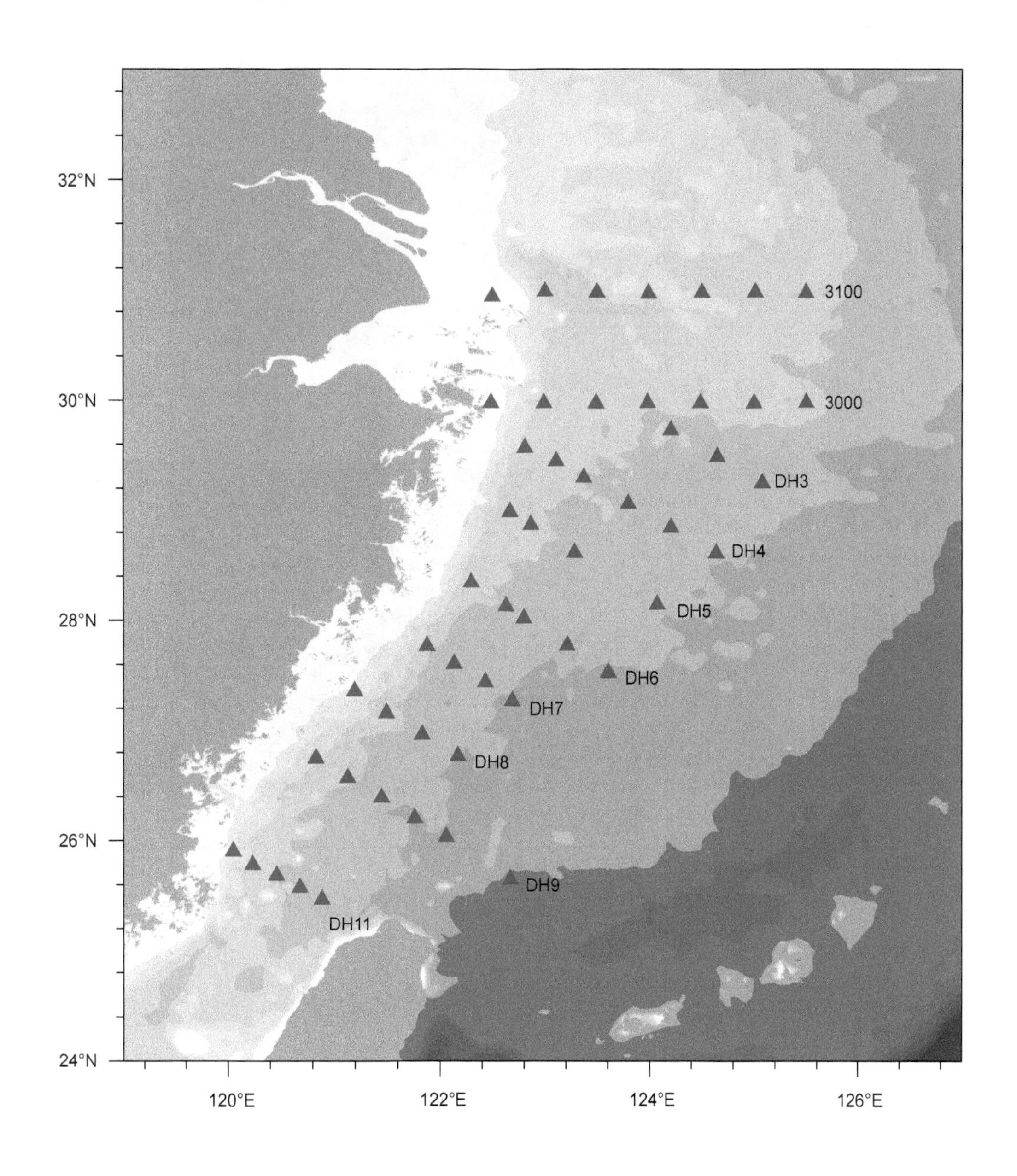

图1.192　2015年8月东海调查站位图
（2015年8月28日-2015年9月14日）

1.6.1 断面图

(1) 3000 断面

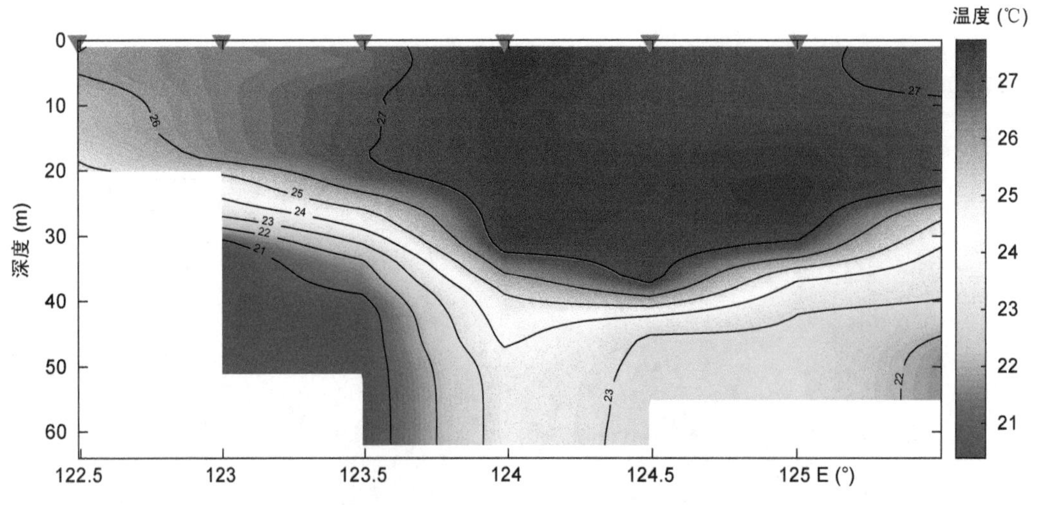

图 1.193　2015 年 8 月东海 3000 断面温度分布图

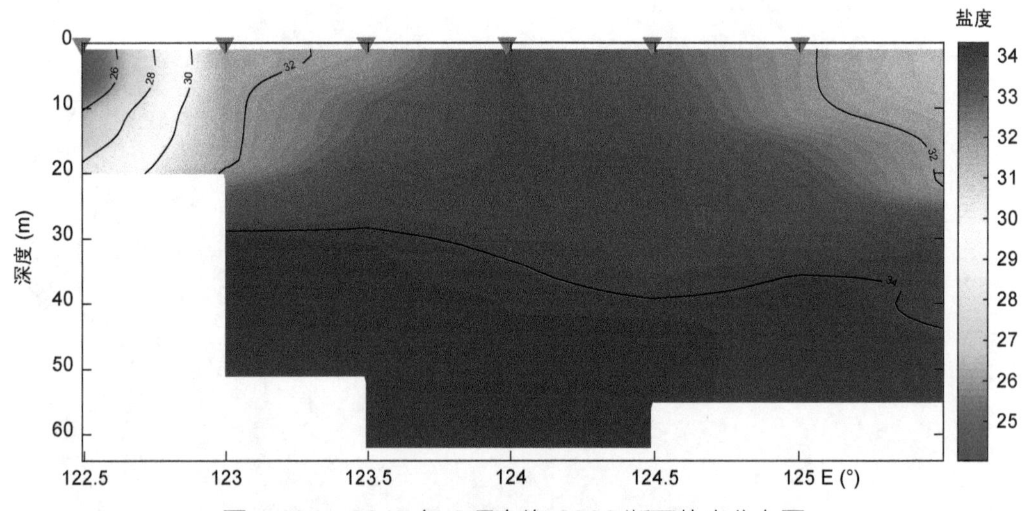

图 1.194　2015 年 8 月东海 3000 断面盐度分布图

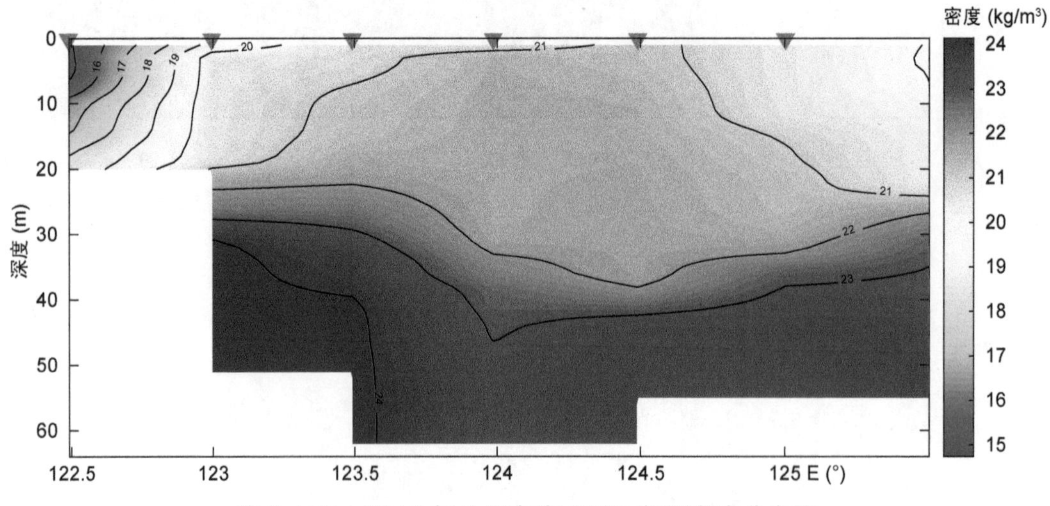

图 1.195　2015 年 8 月东海 3000 断面密度分布图

(2) 3100 断面

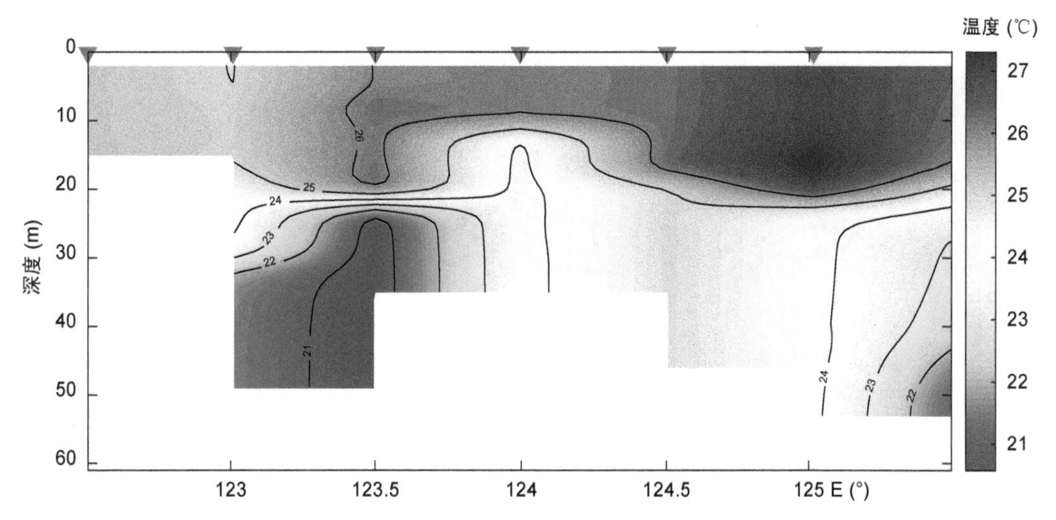

图 1.196　2015 年 8 月东海 3100 断面温度分布图

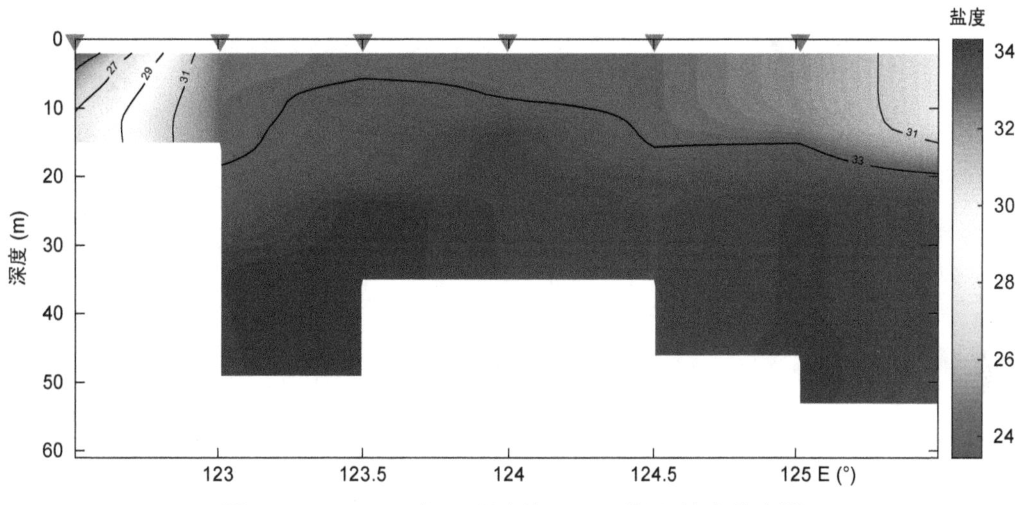

图 1.197　2015 年 8 月东海 3100 断面盐度分布图

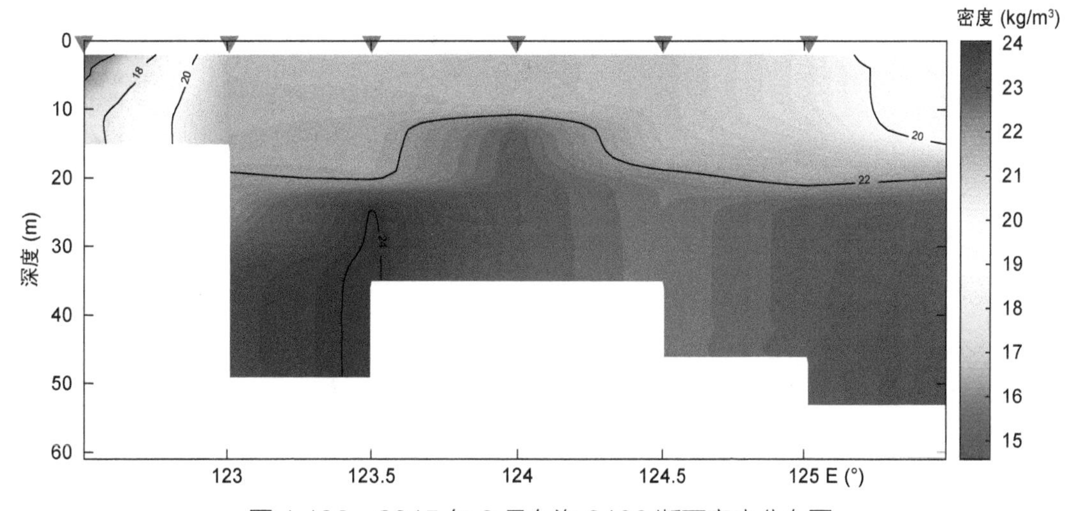

图 1.198　2015 年 8 月东海 3100 断面密度分布图

(3) DH3 断面

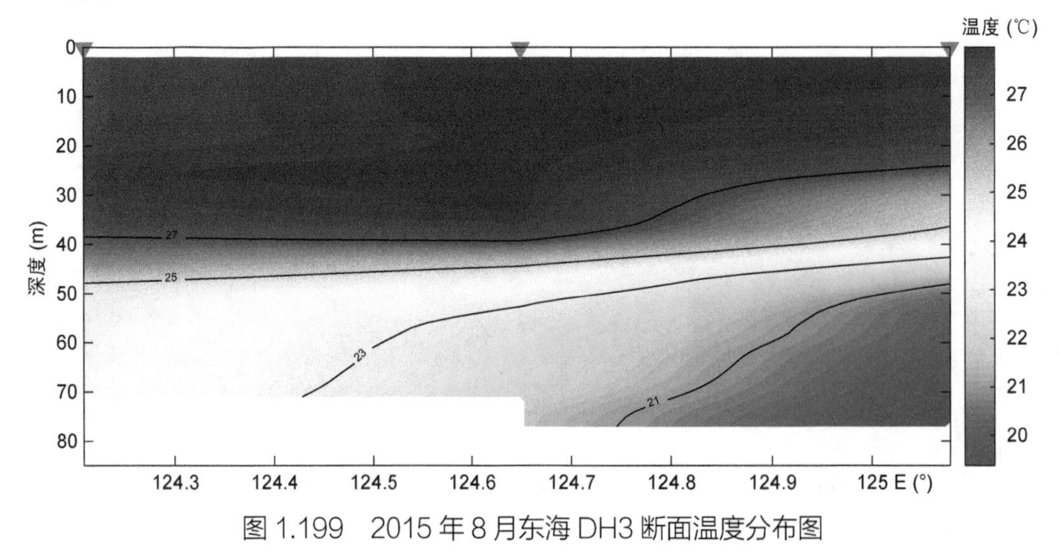

图 1.199　2015 年 8 月东海 DH3 断面温度分布图

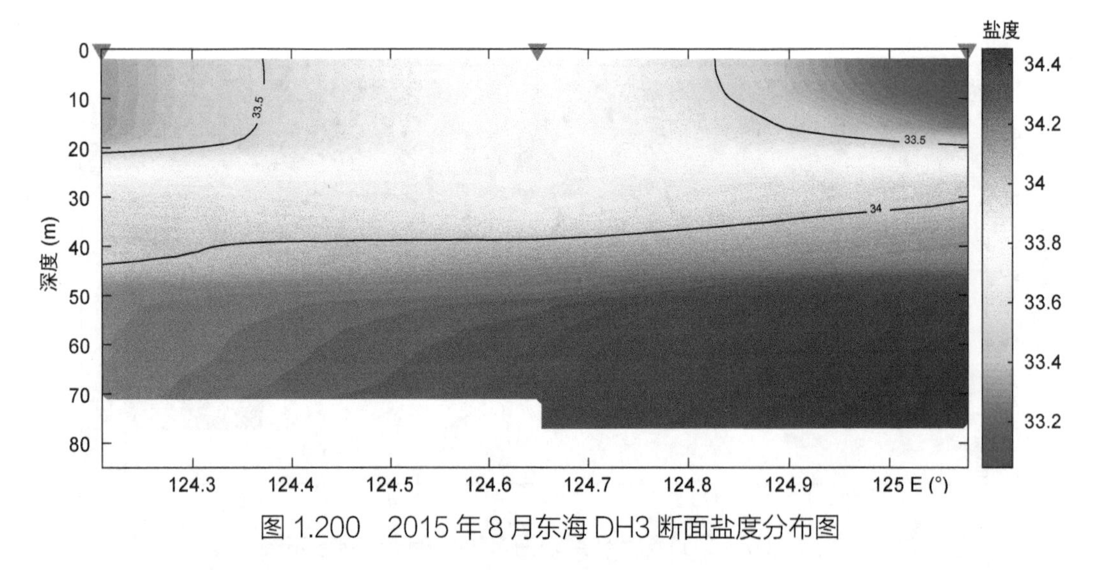

图 1.200　2015 年 8 月东海 DH3 断面盐度分布图

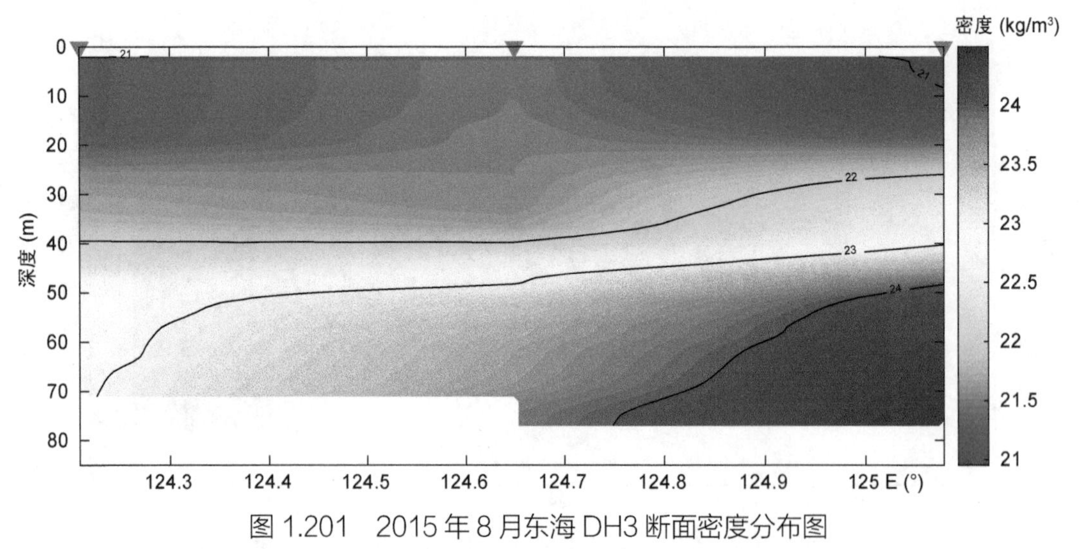

图 1.201　2015 年 8 月东海 DH3 断面密度分布图

(4) DH4 断面

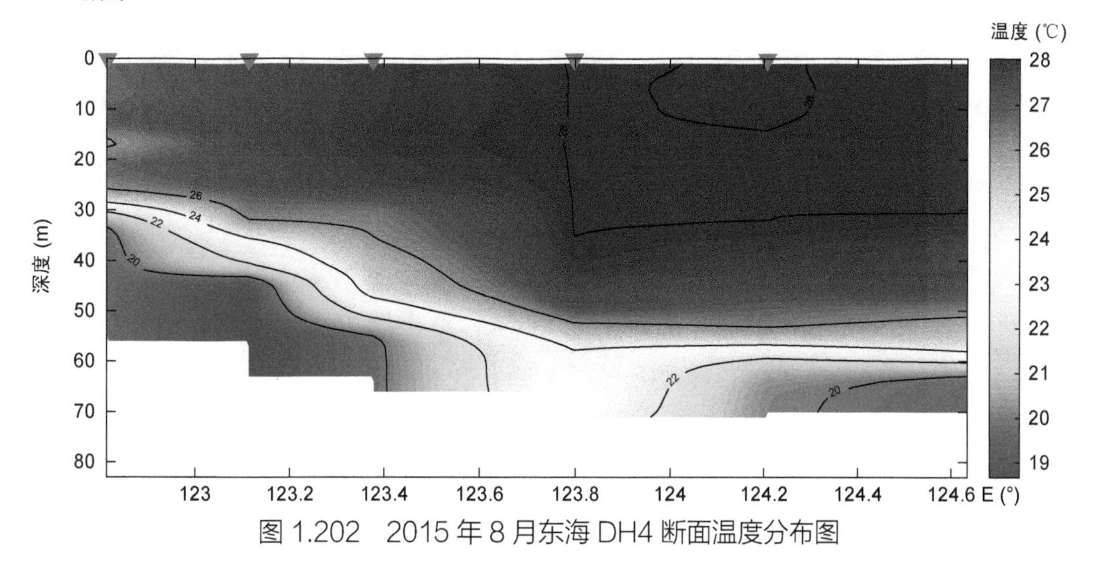

图 1.202　2015 年 8 月东海 DH4 断面温度分布图

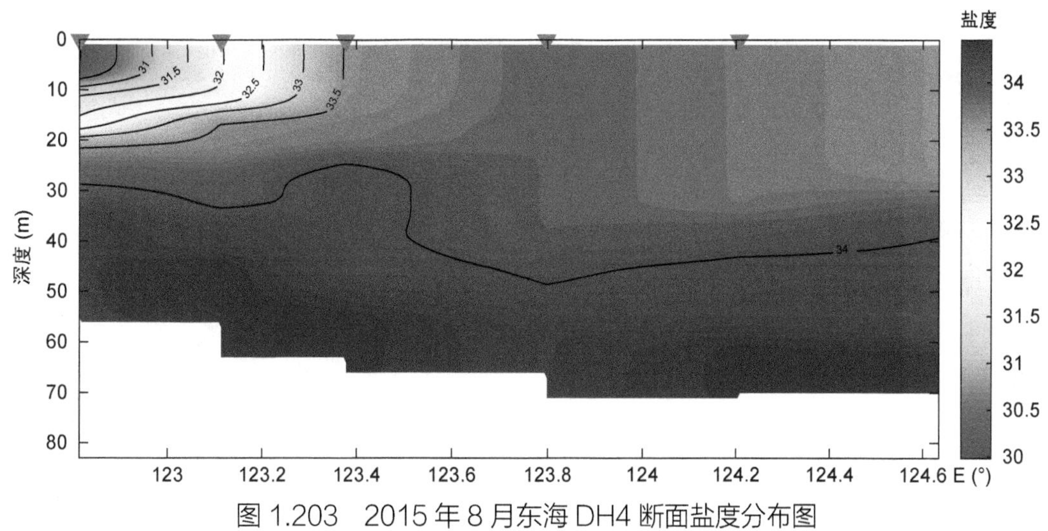

图 1.203　2015 年 8 月东海 DH4 断面盐度分布图

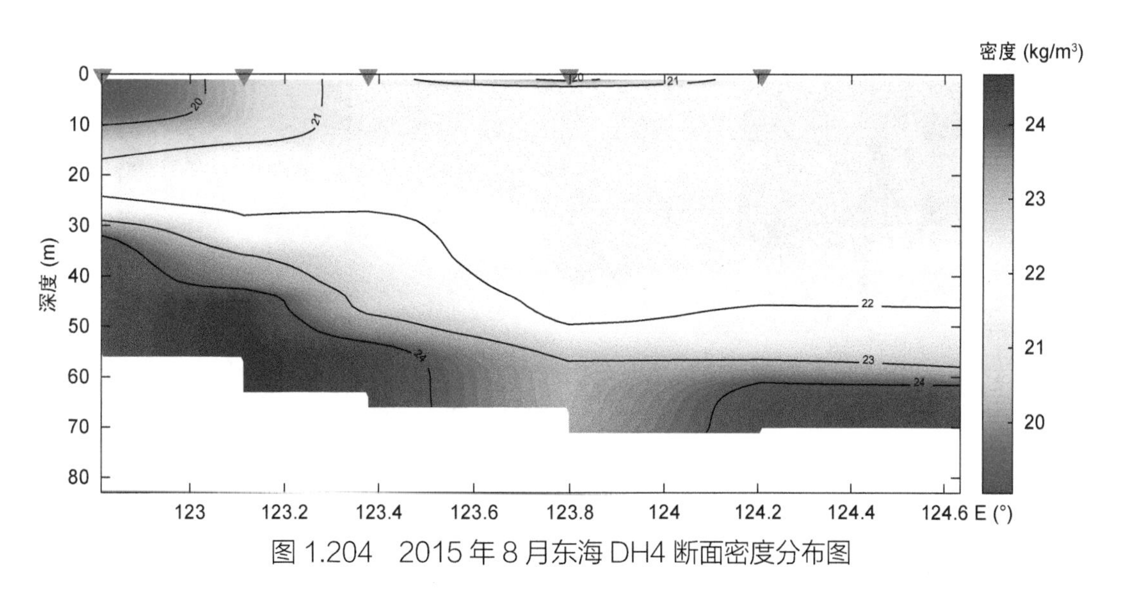

图 1.204　2015 年 8 月东海 DH4 断面密度分布图

(5) DH5 断面

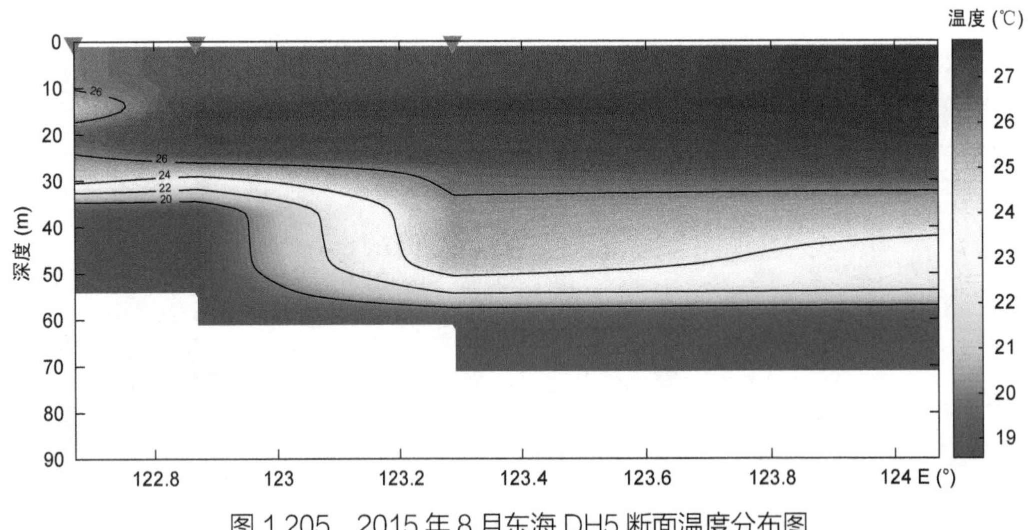

图 1.205　2015 年 8 月东海 DH5 断面温度分布图

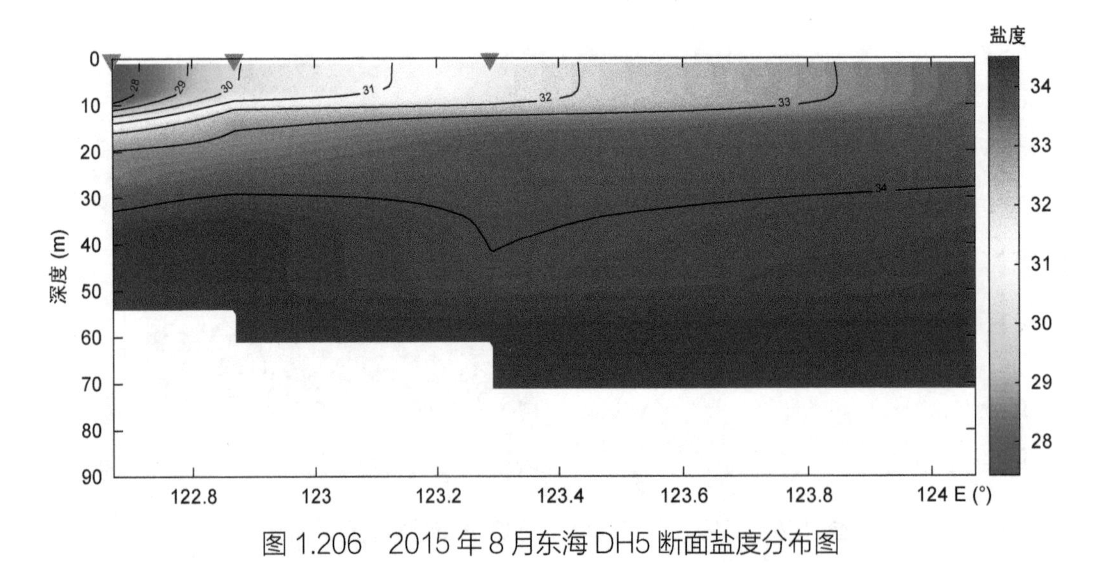

图 1.206　2015 年 8 月东海 DH5 断面盐度分布图

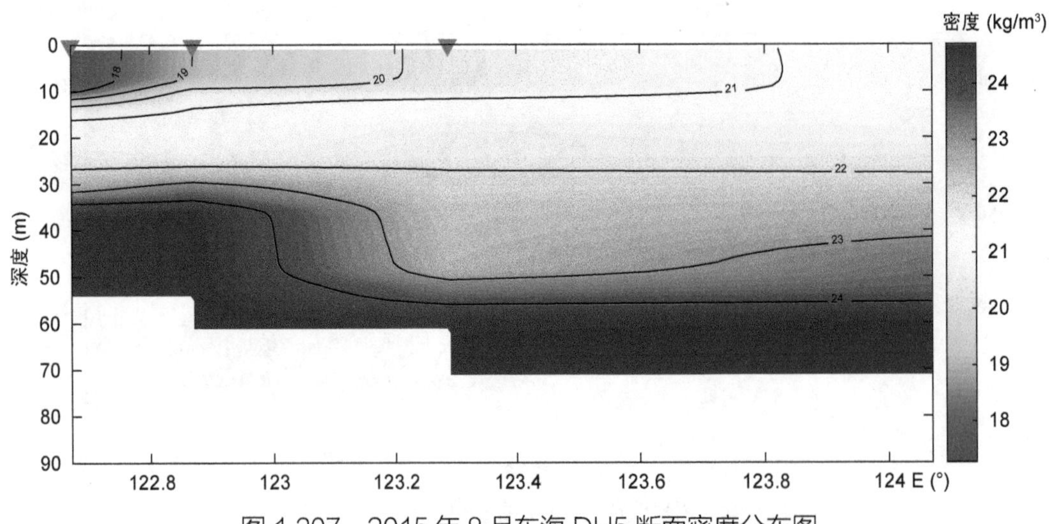

图 1.207　2015 年 8 月东海 DH5 断面密度分布图

(6) DH6 断面

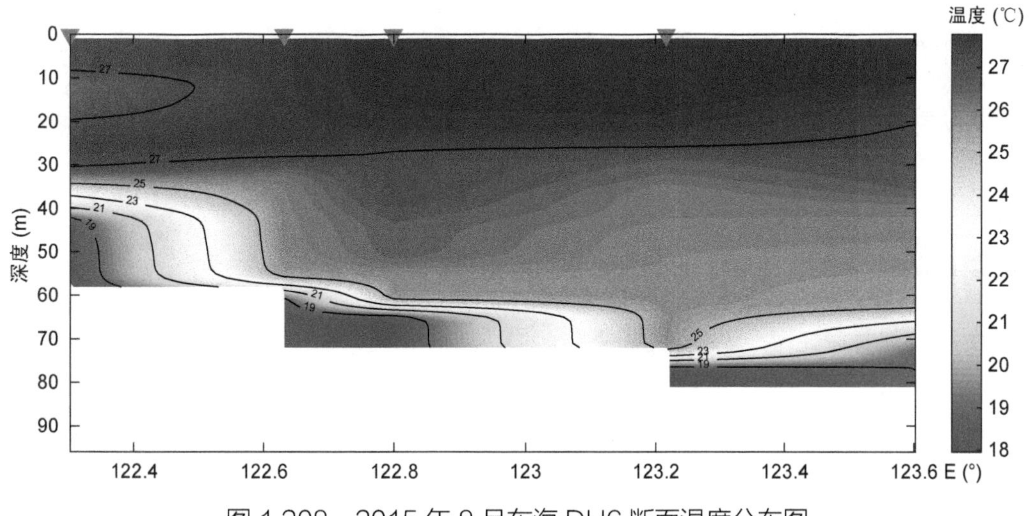

图 1.208 2015 年 8 月东海 DH6 断面温度分布图

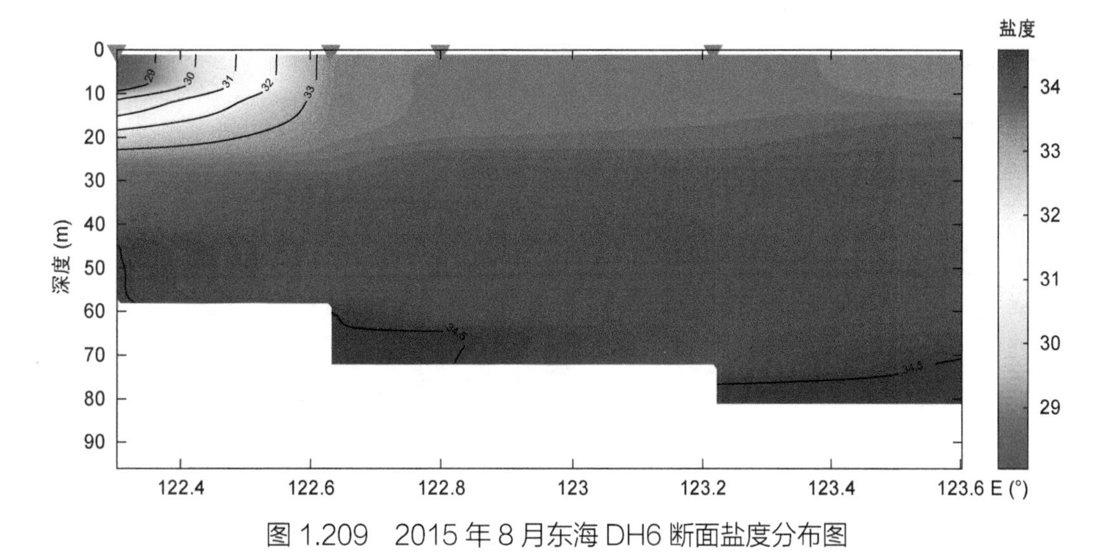

图 1.209 2015 年 8 月东海 DH6 断面盐度分布图

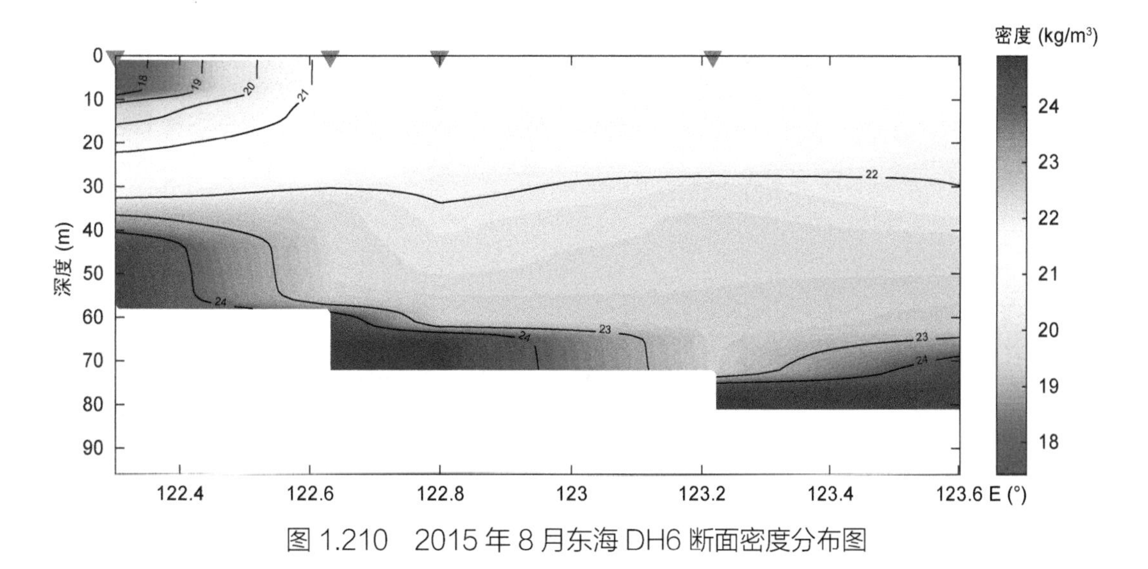

图 1.210 2015 年 8 月东海 DH6 断面密度分布图

(7) DH7 断面

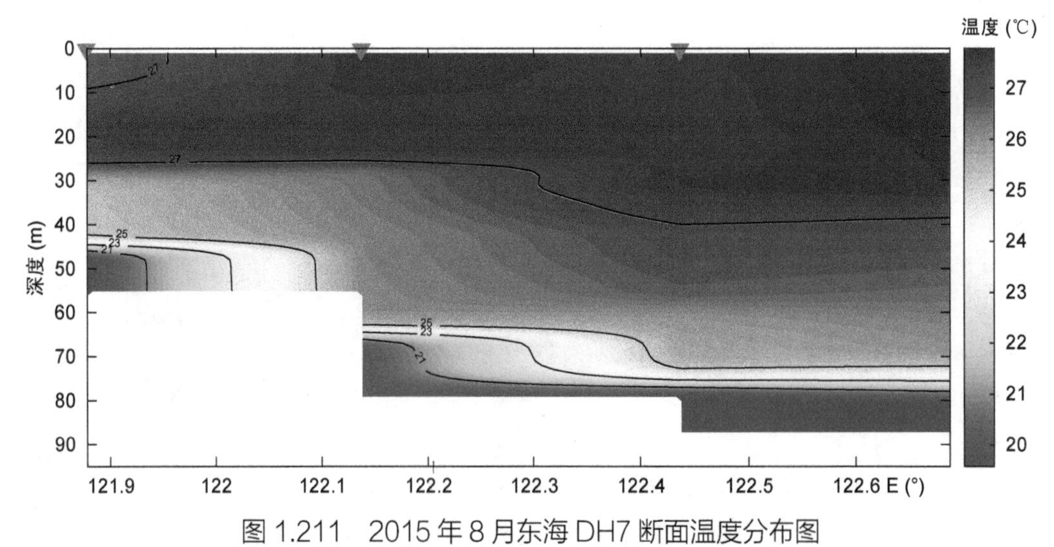

图 1.211　2015 年 8 月东海 DH7 断面温度分布图

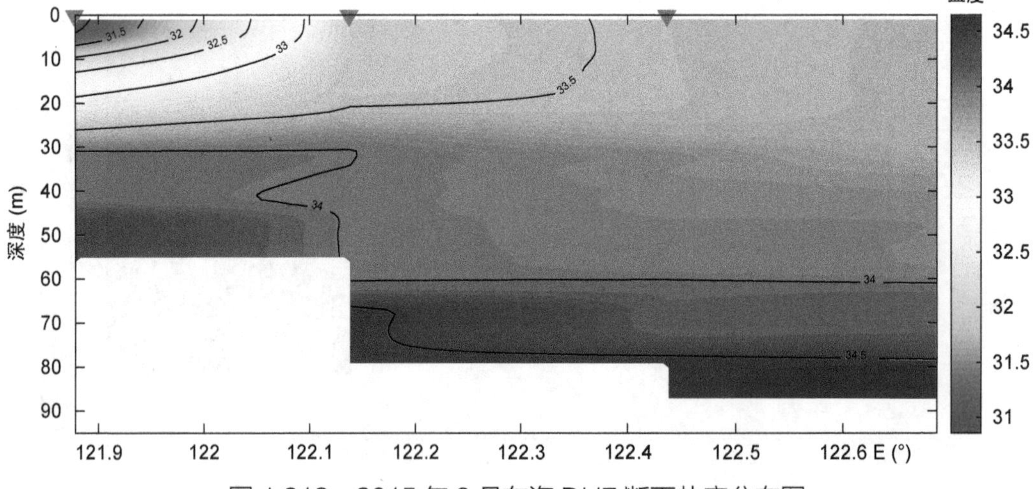

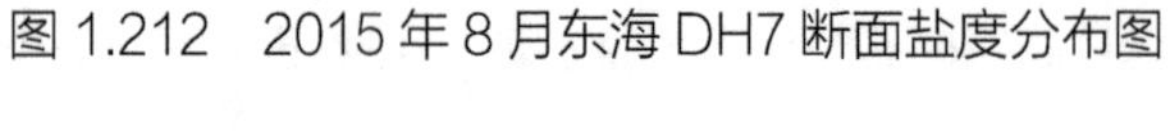
图 1.212　2015 年 8 月东海 DH7 断面盐度分布图

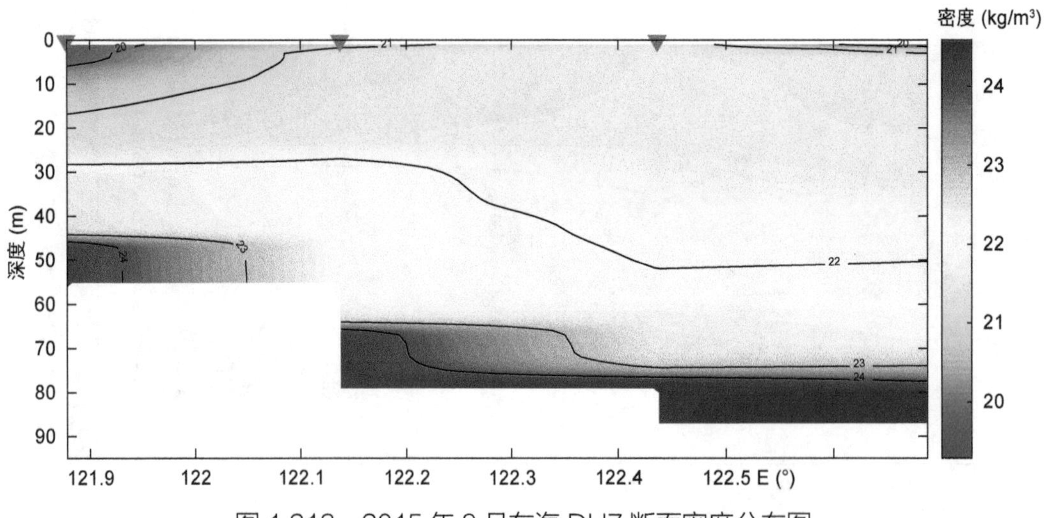

图 1.213　2015 年 8 月东海 DH7 断面密度分布图

(8) DH8 断面

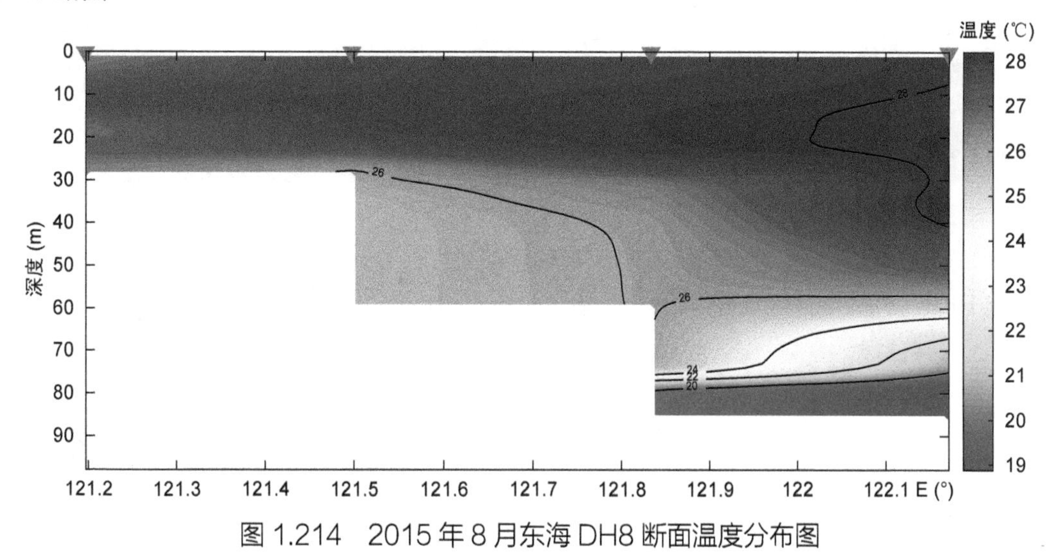

图 1.214 2015 年 8 月东海 DH8 断面温度分布图

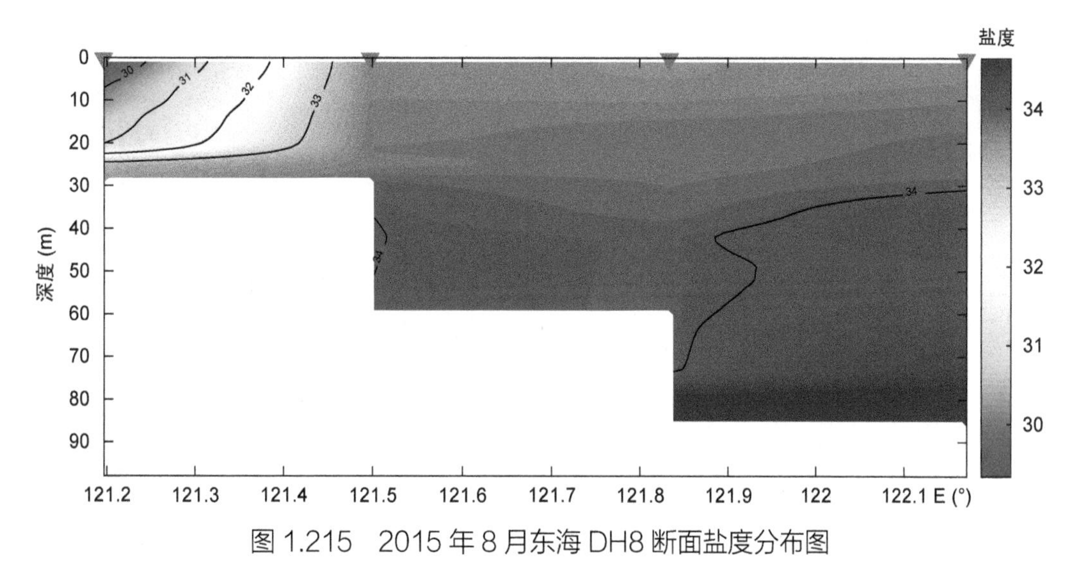

图 1.215 2015 年 8 月东海 DH8 断面盐度分布图

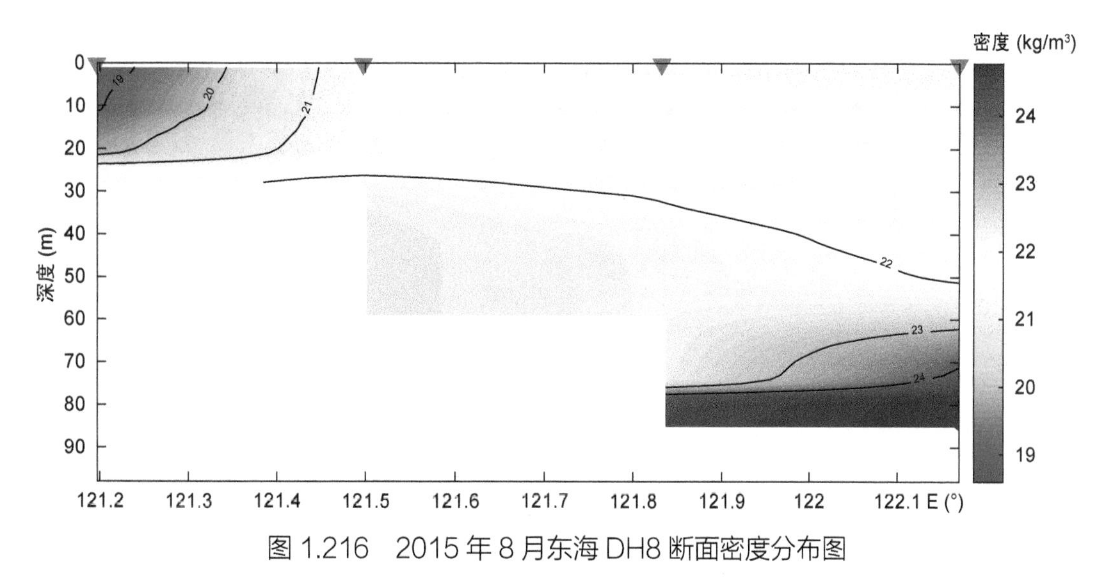

图 1.216 2015 年 8 月东海 DH8 断面密度分布图

(9) DH9 断面

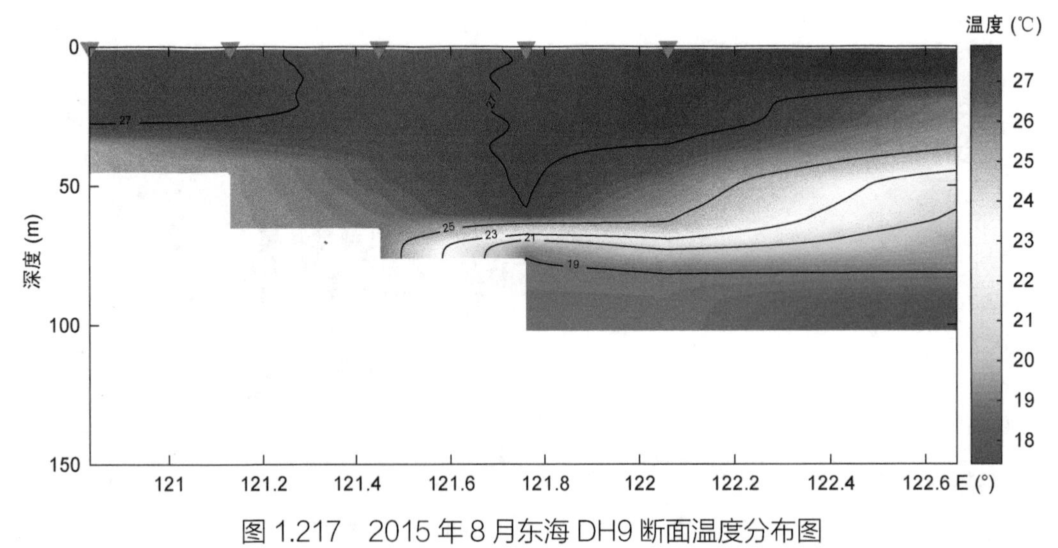

图 1.217　2015 年 8 月东海 DH9 断面温度分布图

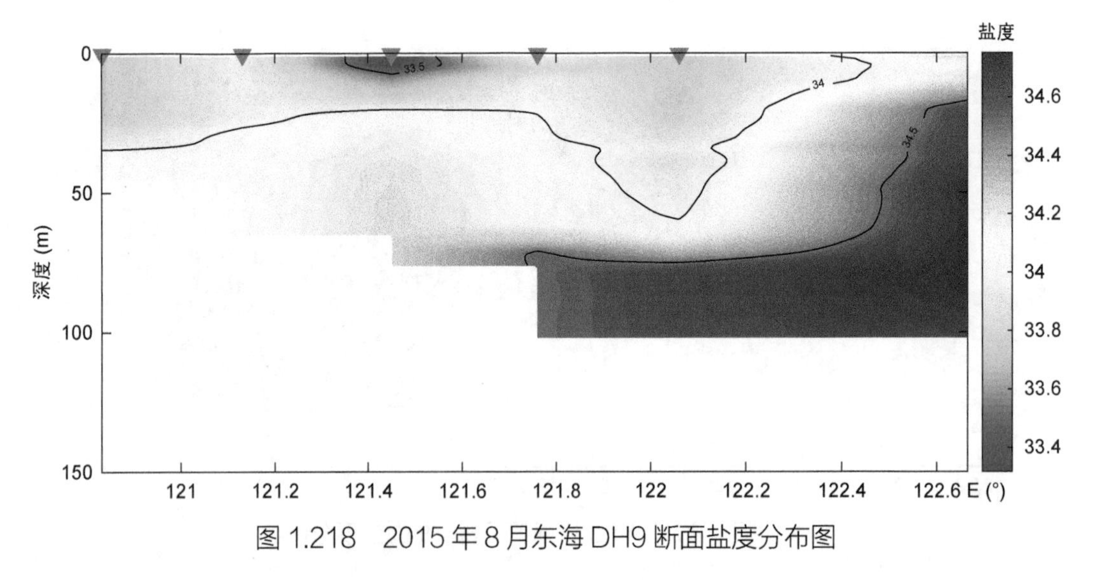

图 1.218　2015 年 8 月东海 DH9 断面盐度分布图

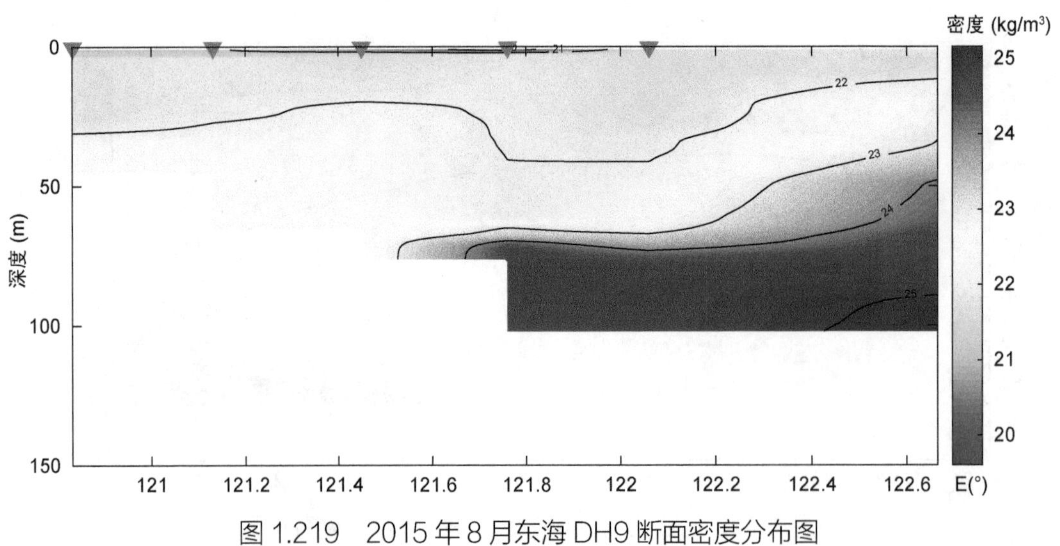

图 1.219　2015 年 8 月东海 DH9 断面密度分布图

(10) DH11 断面

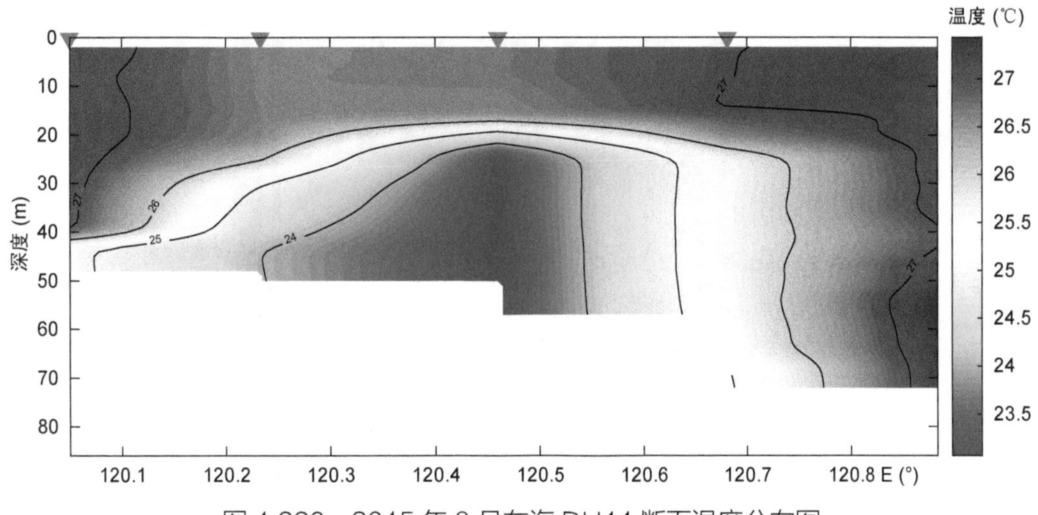

图 1.220　2015 年 8 月东海 DH11 断面温度分布图

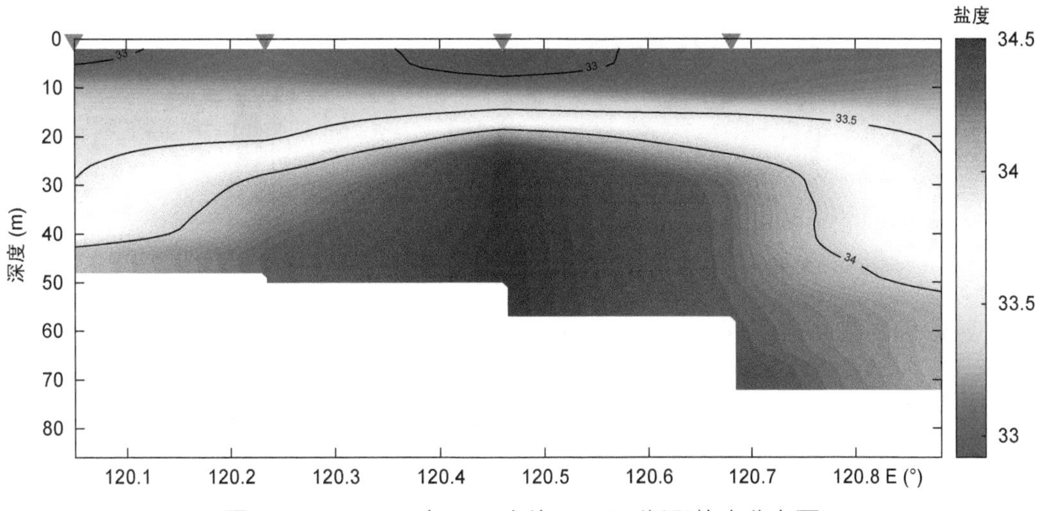

图 1.221　2015 年 8 月东海 DH11 断面盐度分布图

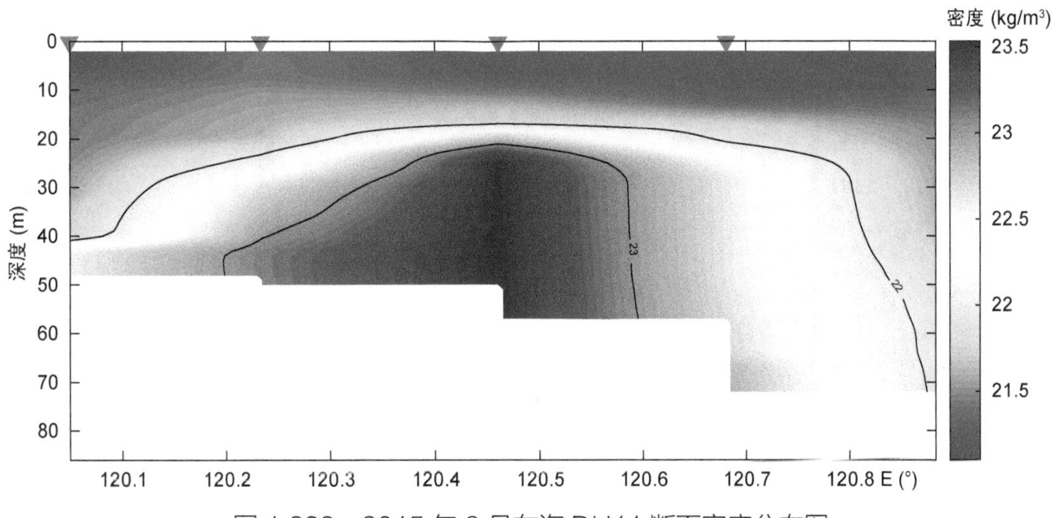

图 1.222　2015 年 8 月东海 DH11 断面密度分布图

1.6.2 平面图

(1) 表层

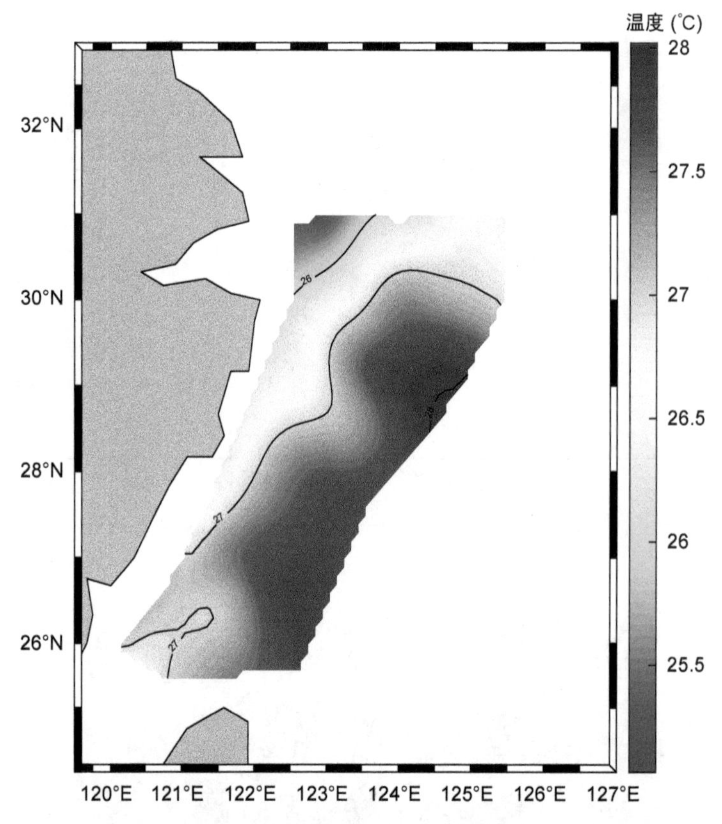

图 1.223 2015 年 8 月东海表层温度平面图

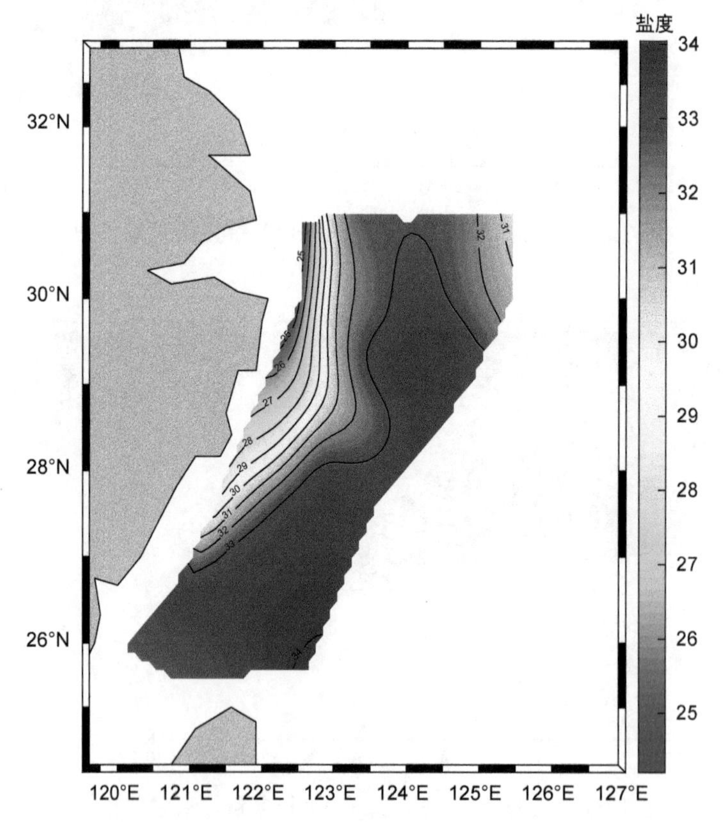

图 1.224 2015 年 8 月东海表层盐度平面图

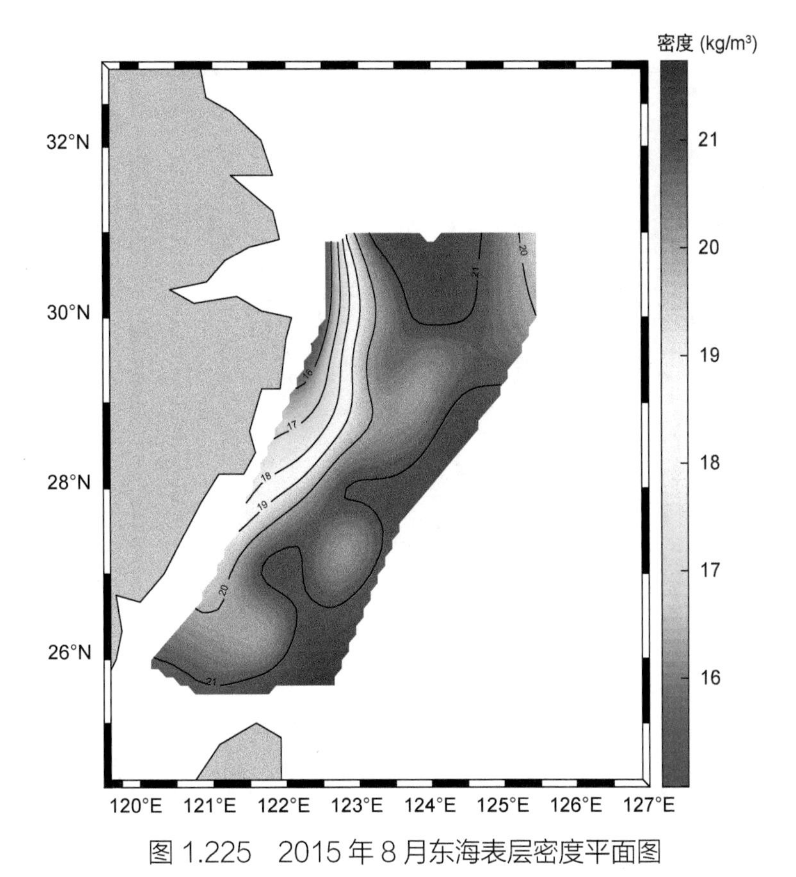

图 1.225 2015 年 8 月东海表层密度平面图

(2) 20m 层

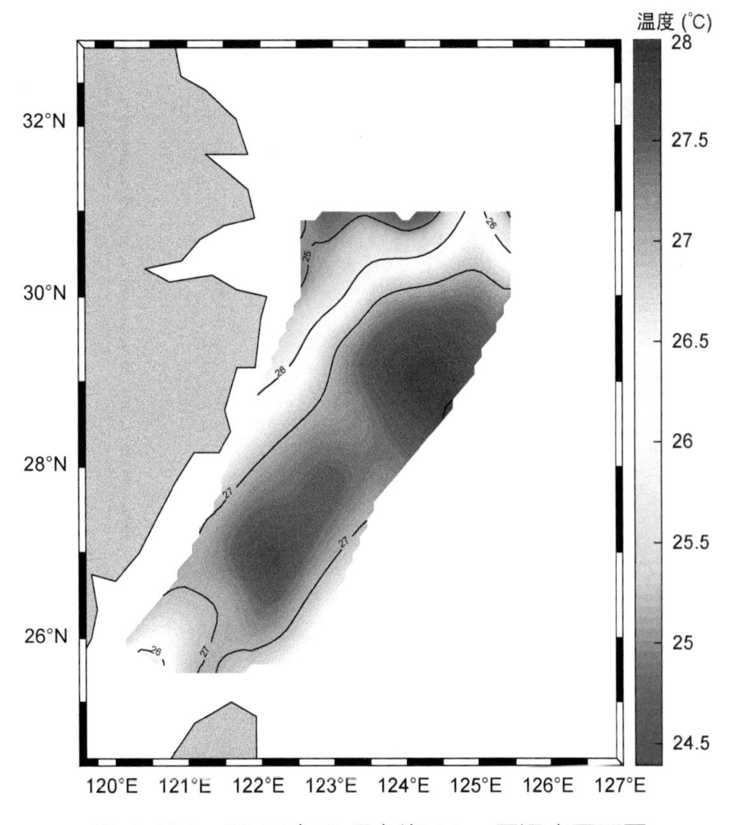

图 1.226 2015 年 8 月东海 20m 层温度平面图

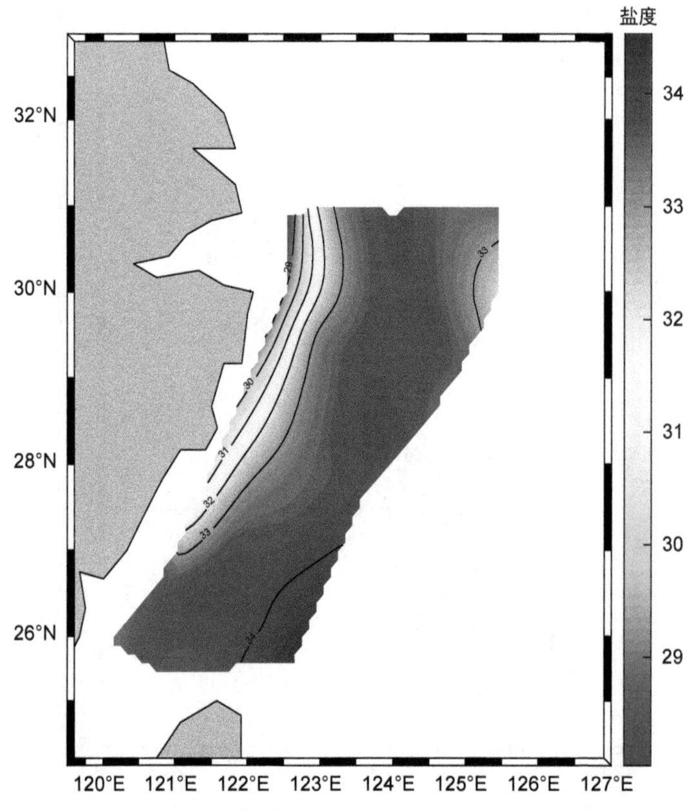

图 1.227　2015 年 8 月东海 20m 层盐度平面图

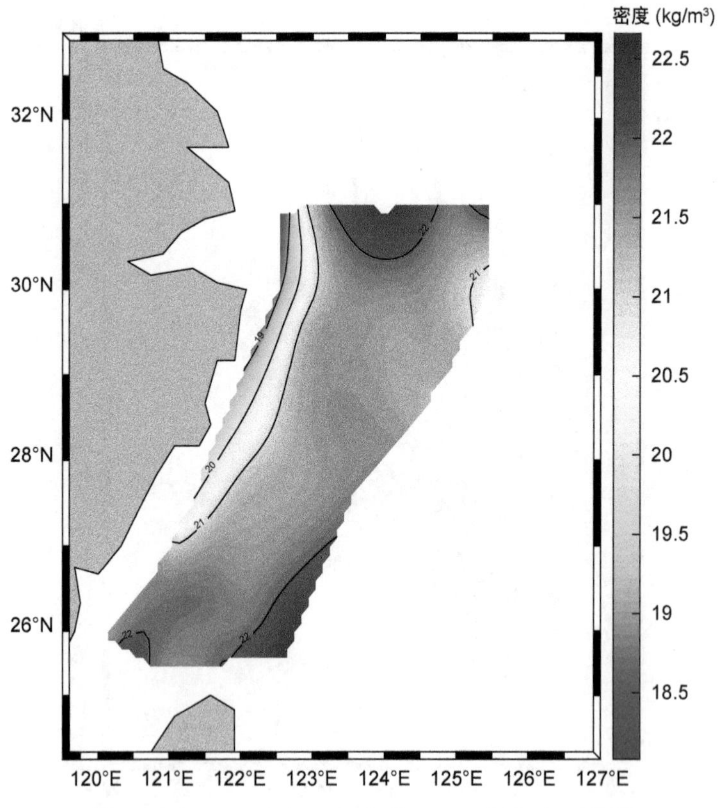

图 1.228　2015 年 8 月东海 20m 层密度平面图

(3) 底层

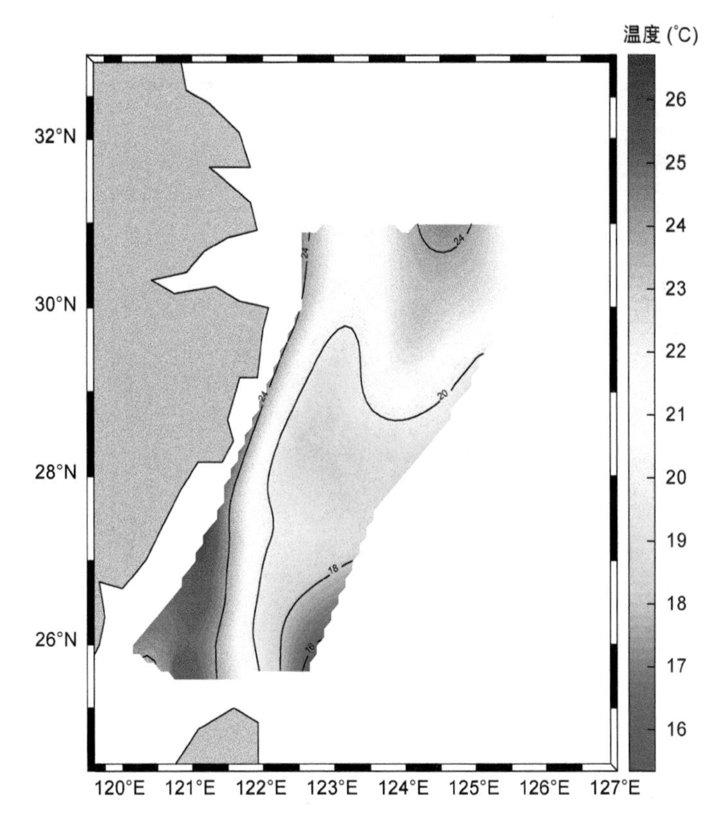

图 1.229 2015 年 8 月东海底层温度平面图

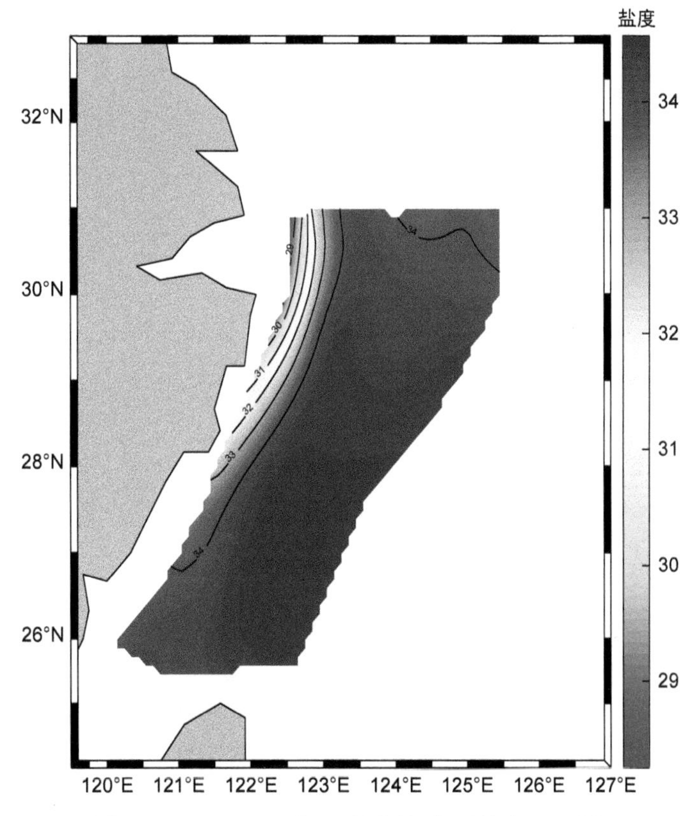

图 1.230 2015 年 8 月东海底层盐度平面图

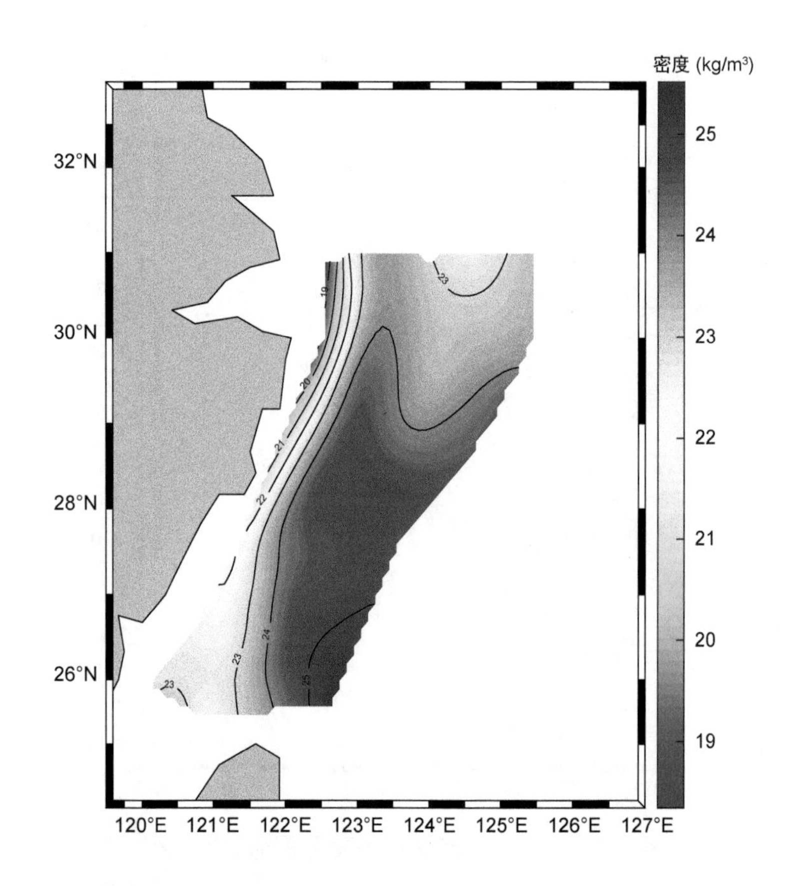

图 1.231　2015 年 8 月东海底层密度平面图

1.7 2015年12月黄海

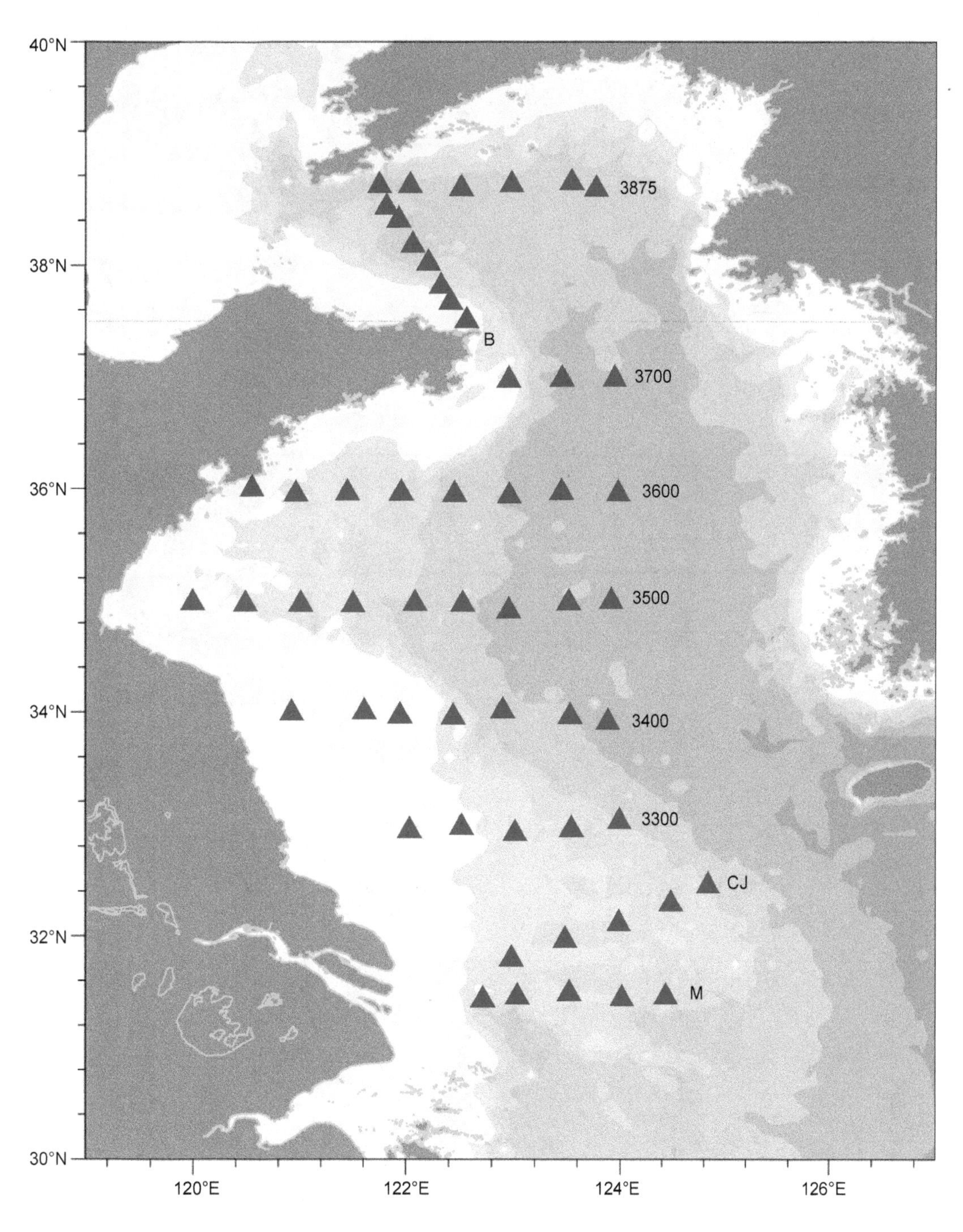

图 1.232 2015年12月黄海调查站位图
（2015年12月10日-2015年12月31日）

1.7.1 断面图

(1) 3300 断面

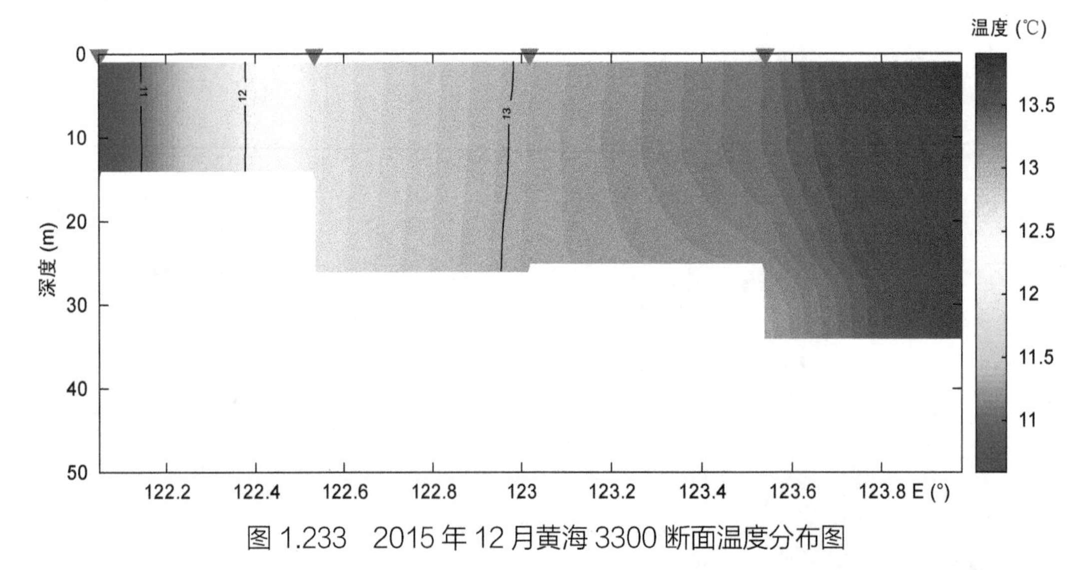

图 1.233 2015 年 12 月黄海 3300 断面温度分布图

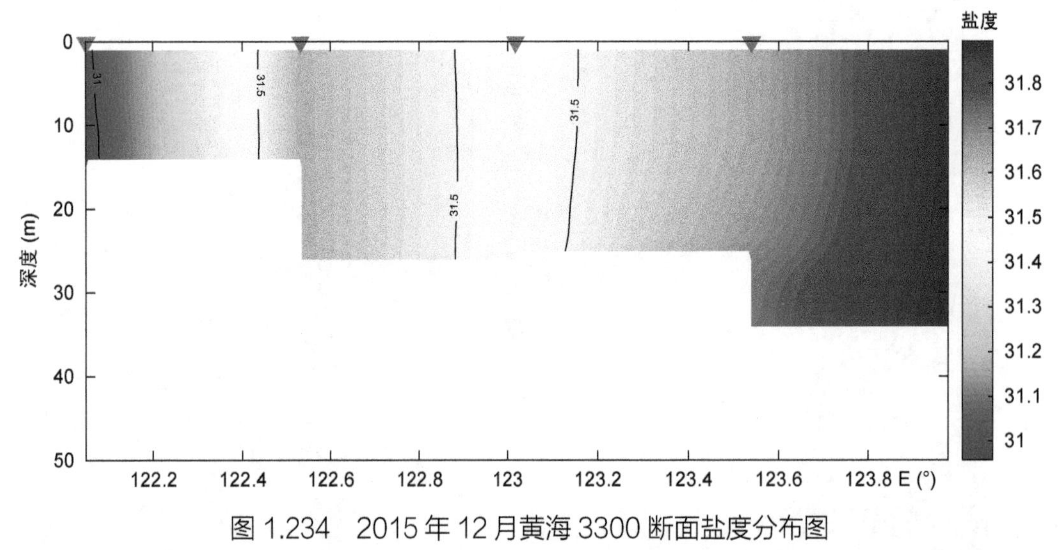

图 1.234 2015 年 12 月黄海 3300 断面盐度分布图

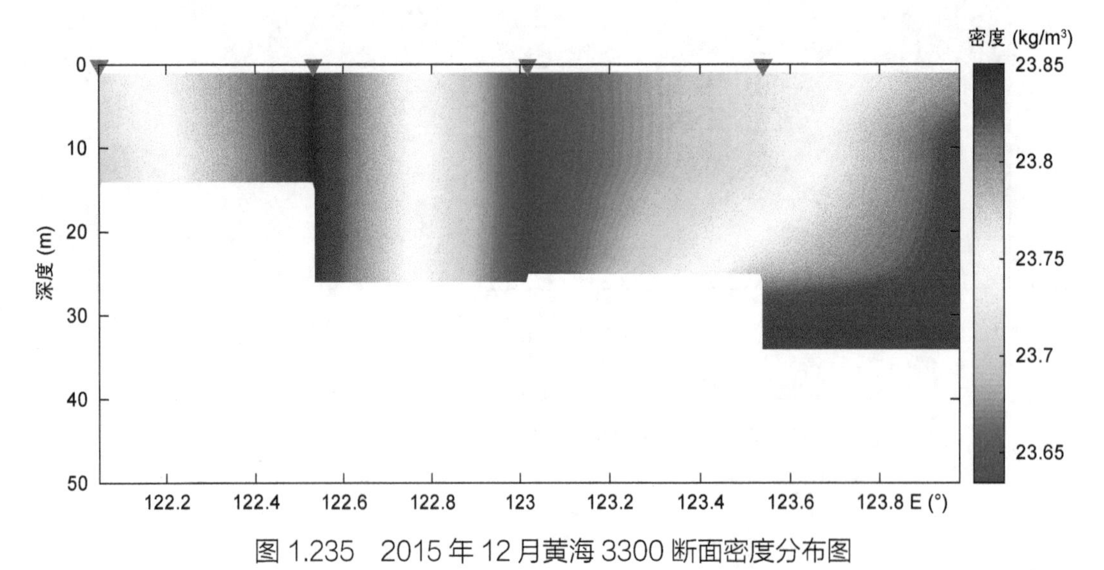

图 1.235 2015 年 12 月黄海 3300 断面密度分布图

(2) 3400 断面

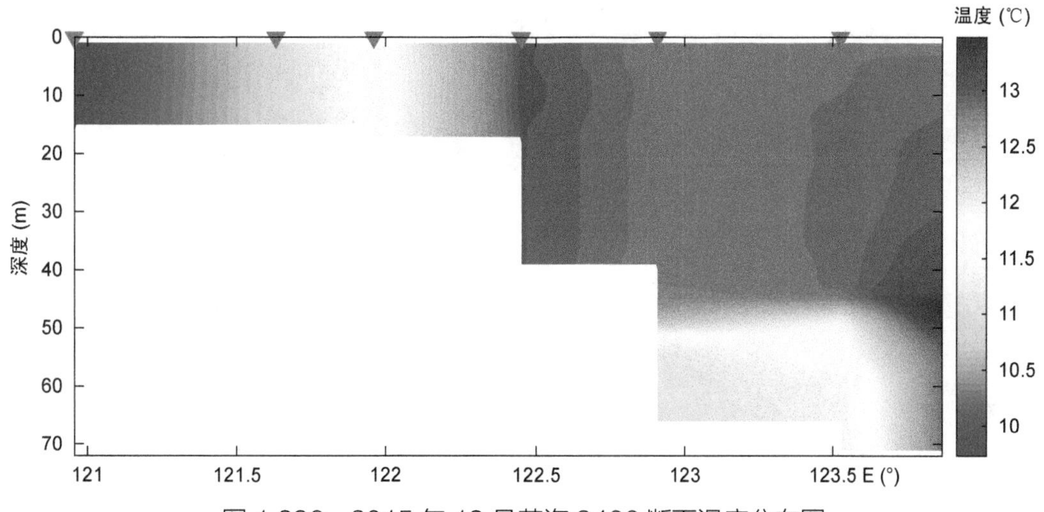

图 1.236　2015 年 12 月黄海 3400 断面温度分布图

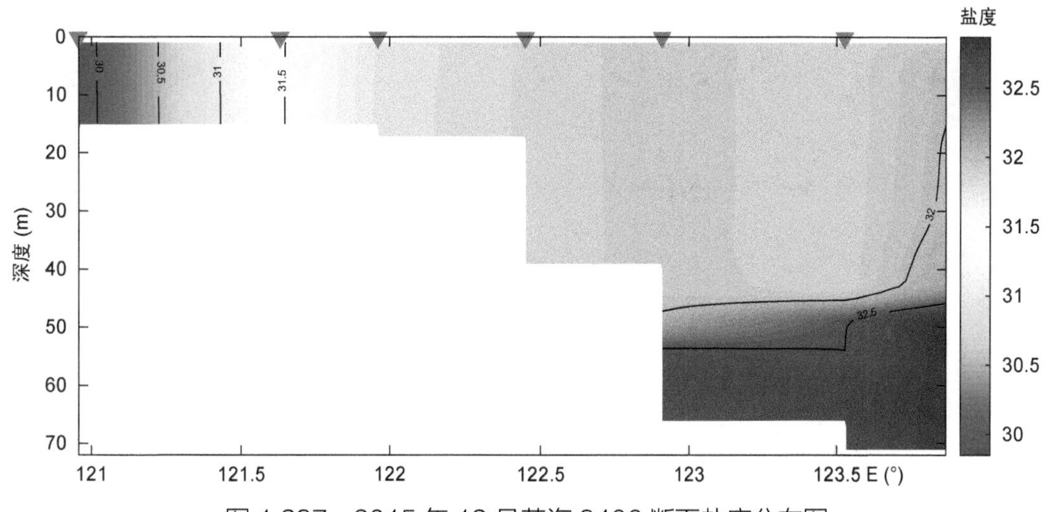

图 1.237　2015 年 12 月黄海 3400 断面盐度分布图

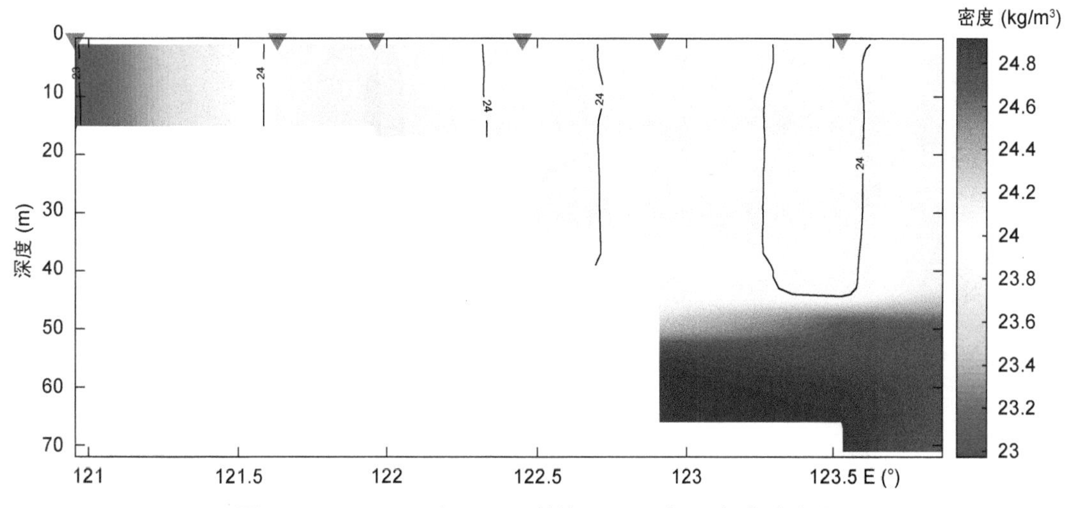

图 1.238　2015 年 12 月黄海 3400 断面密度分布图

(3) 3500 断面

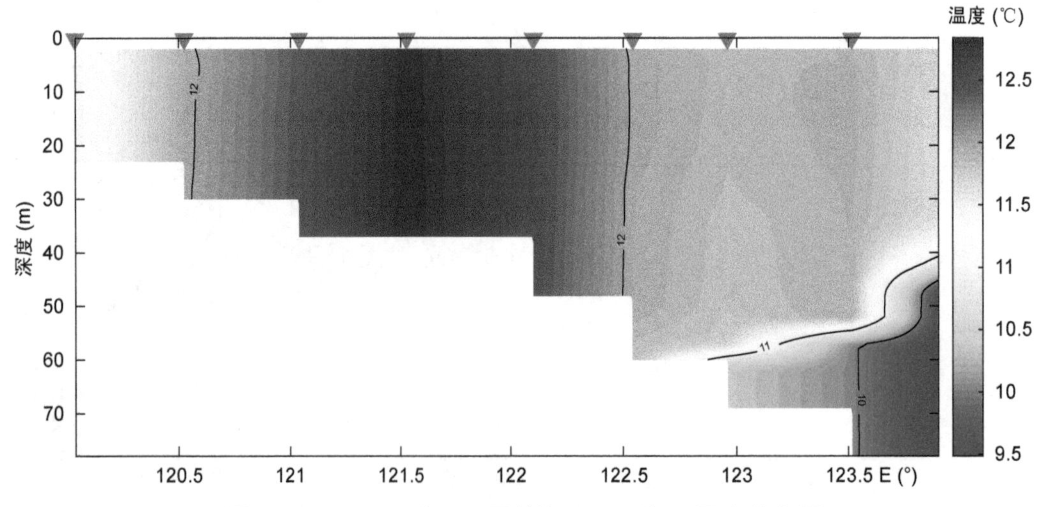

图 1.239　2015 年 12 月黄海 3500 断面温度分布图

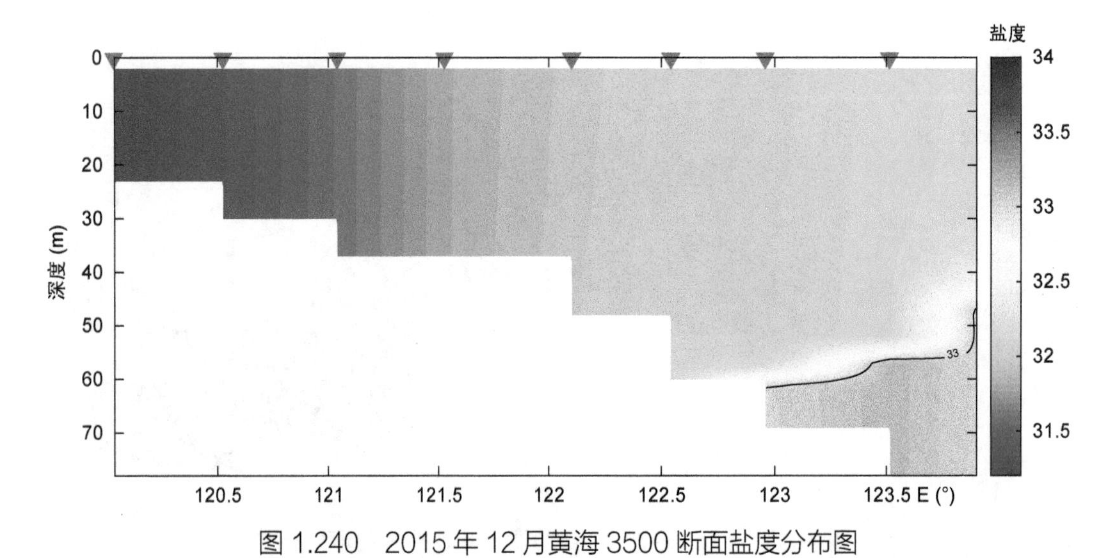

图 1.240　2015 年 12 月黄海 3500 断面盐度分布图

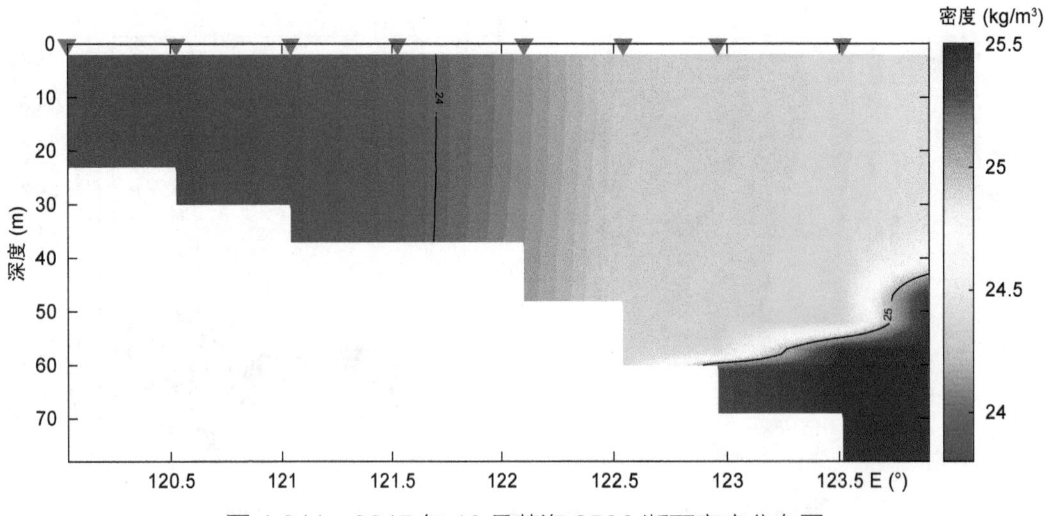

图 1.241　2015 年 12 月黄海 3500 断面密度分布图

(4) 3600 断面

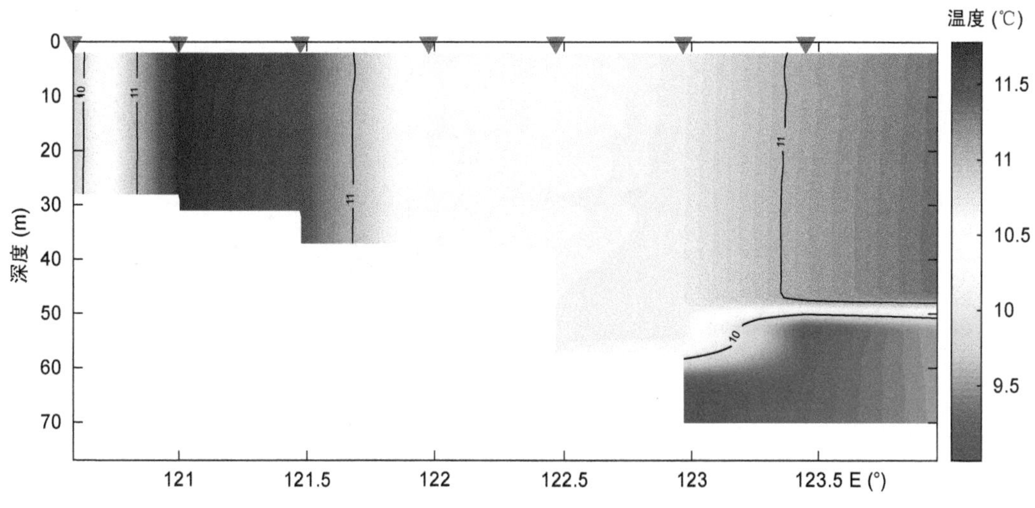

图 1.242 2015 年 12 月黄海 3600 断面温度分布图

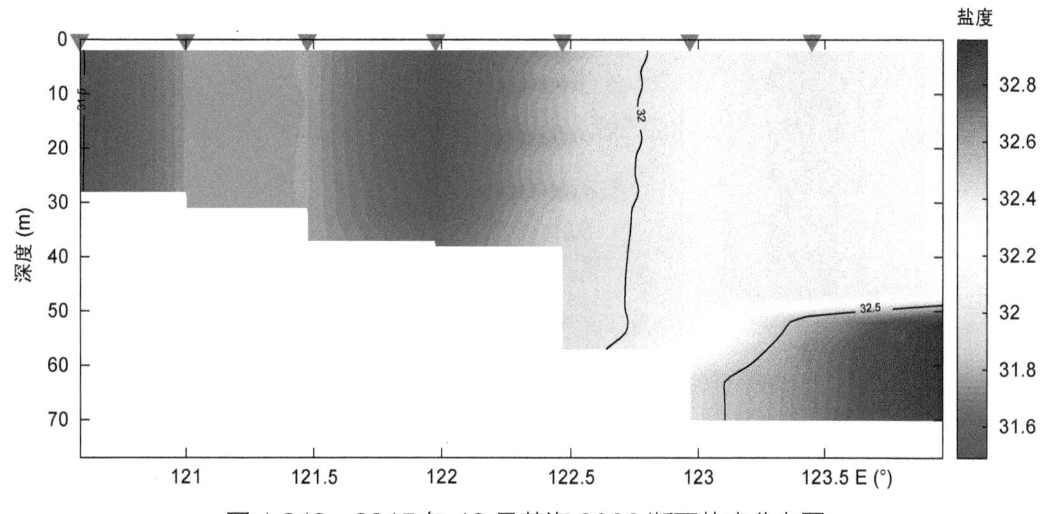

图 1.243 2015 年 12 月黄海 3600 断面盐度分布图

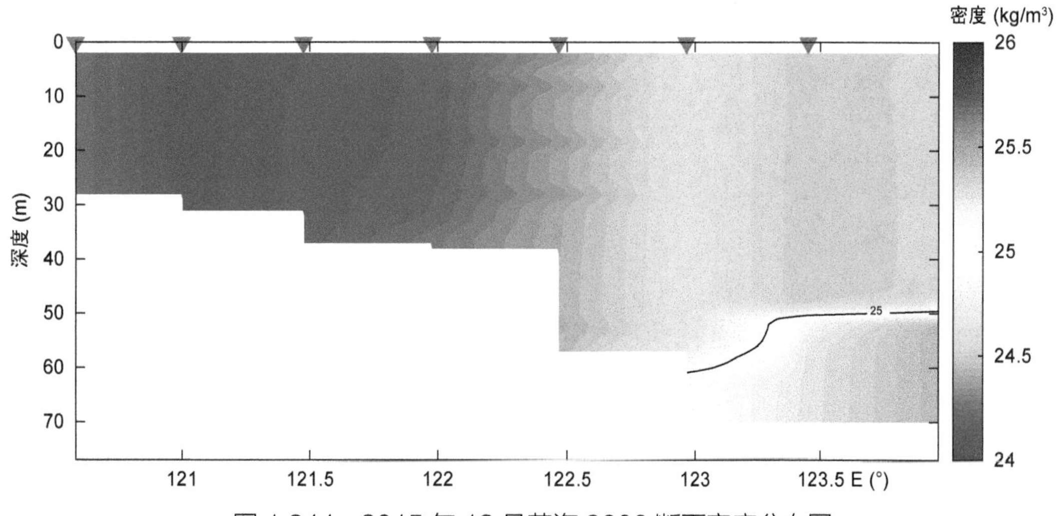

图 1.244 2015 年 12 月黄海 3600 断面密度分布图

(5) 3700 断面

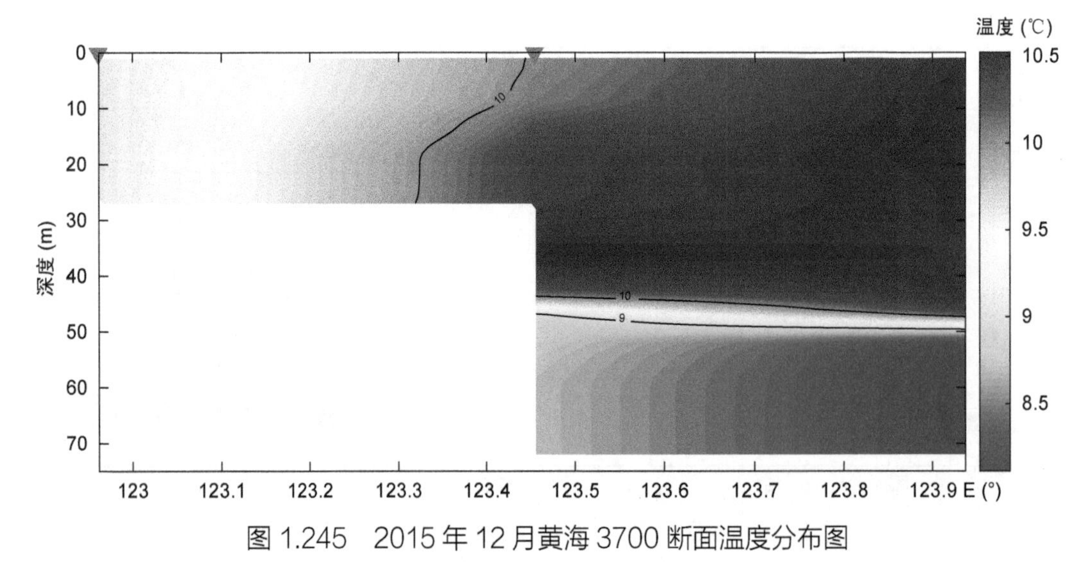

图 1.245　2015 年 12 月黄海 3700 断面温度分布图

图 1.246　2015 年 12 月黄海 3700 断面盐度分布图

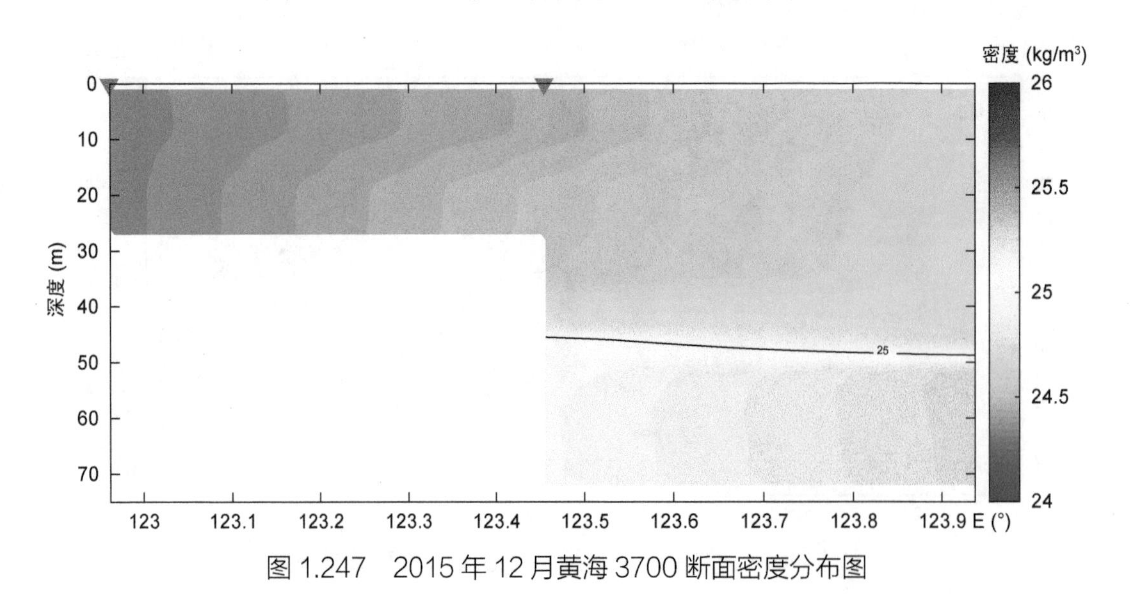

图 1.247　2015 年 12 月黄海 3700 断面密度分布图

(6) 3875 断面

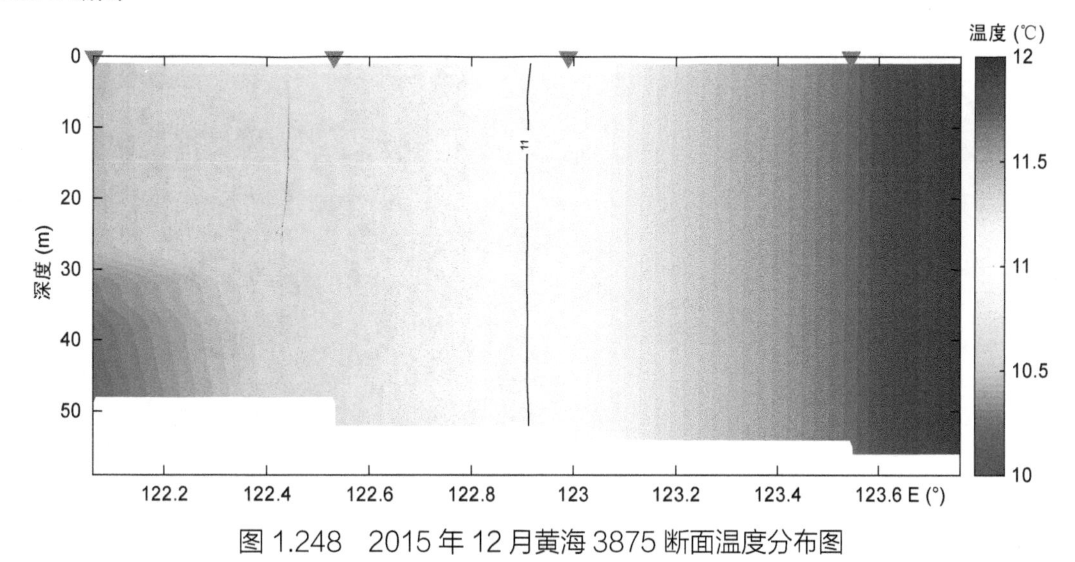

图 1.248　2015 年 12 月黄海 3875 断面温度分布图

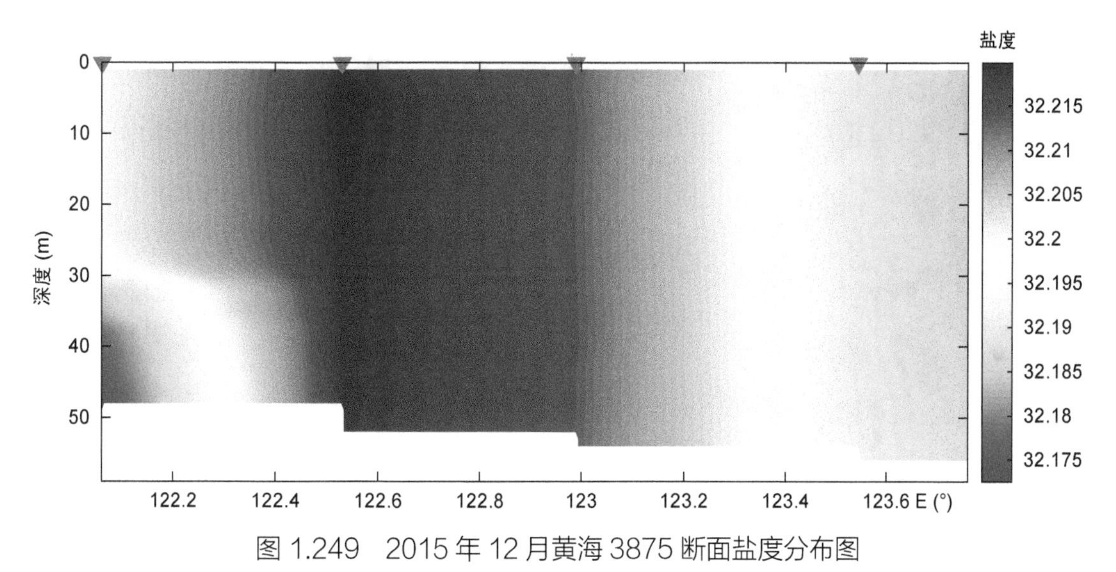

图 1.249　2015 年 12 月黄海 3875 断面盐度分布图

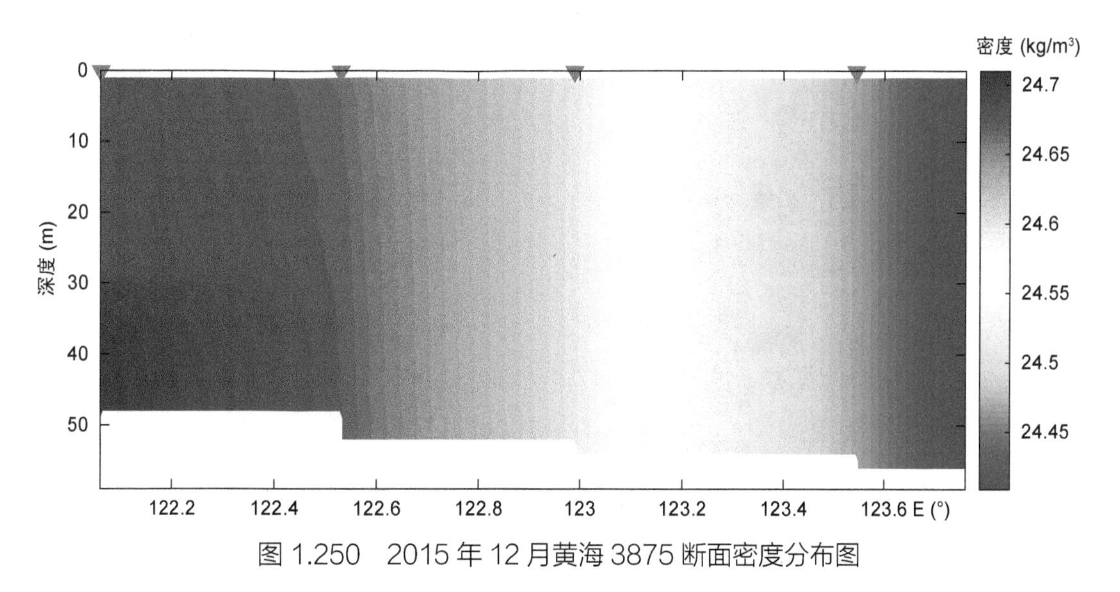

图 1.250　2015 年 12 月黄海 3875 断面密度分布图

(7) B 断面

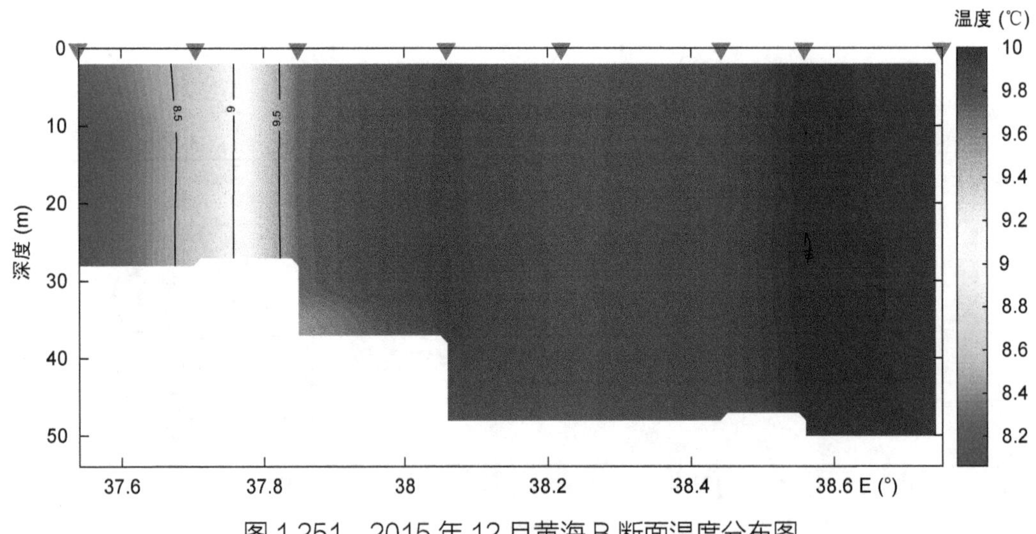

图 1.251　2015 年 12 月黄海 B 断面温度分布图

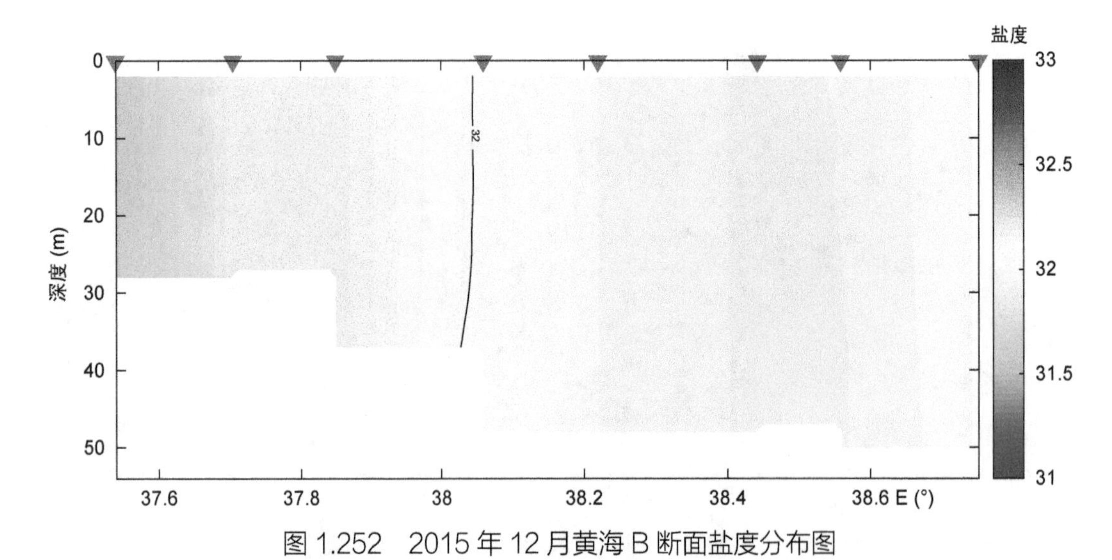

图 1.252　2015 年 12 月黄海 B 断面盐度分布图

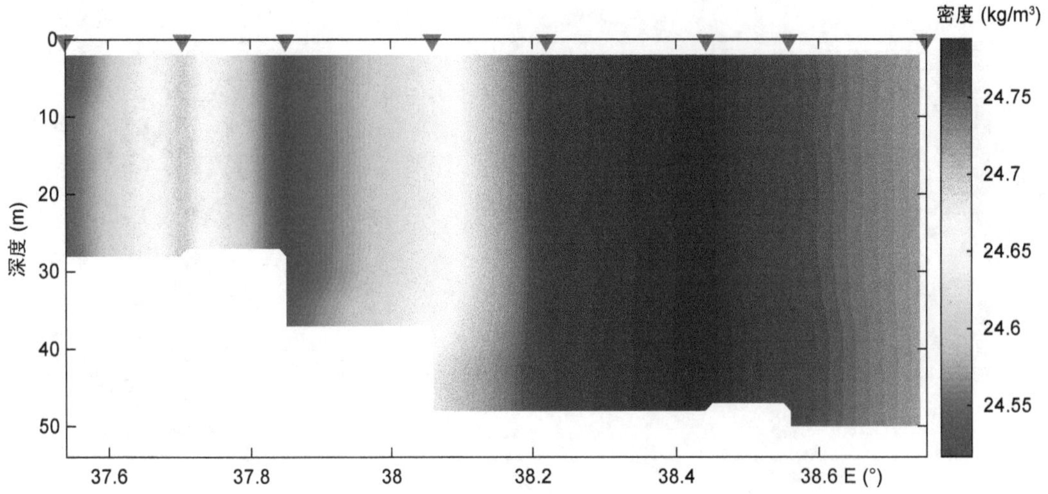

图 1.253　2015 年 12 月黄海 B 断面密度分布图

(8) CJ 断面

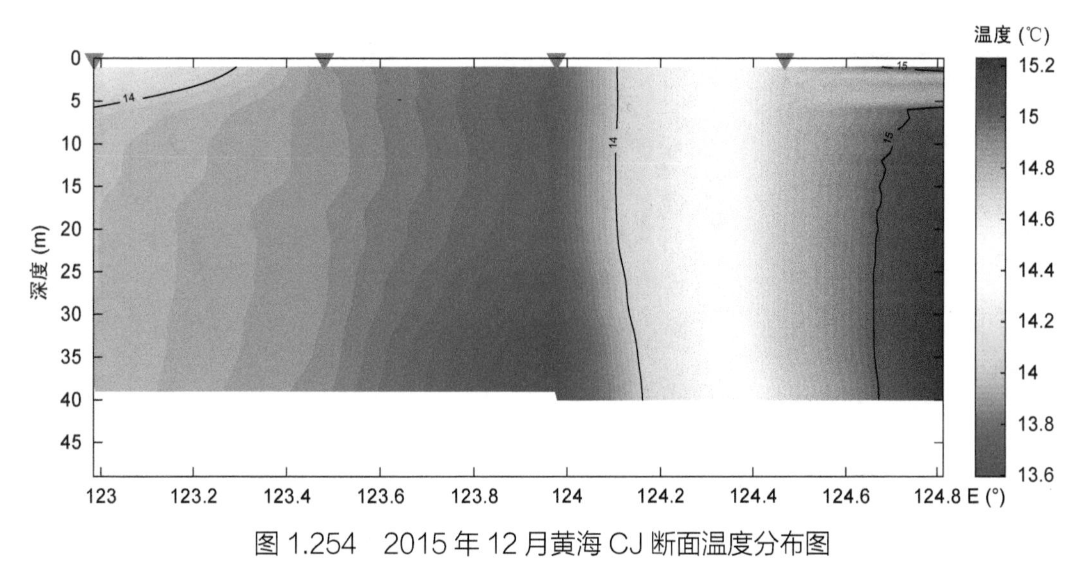

图 1.254　2015 年 12 月黄海 CJ 断面温度分布图

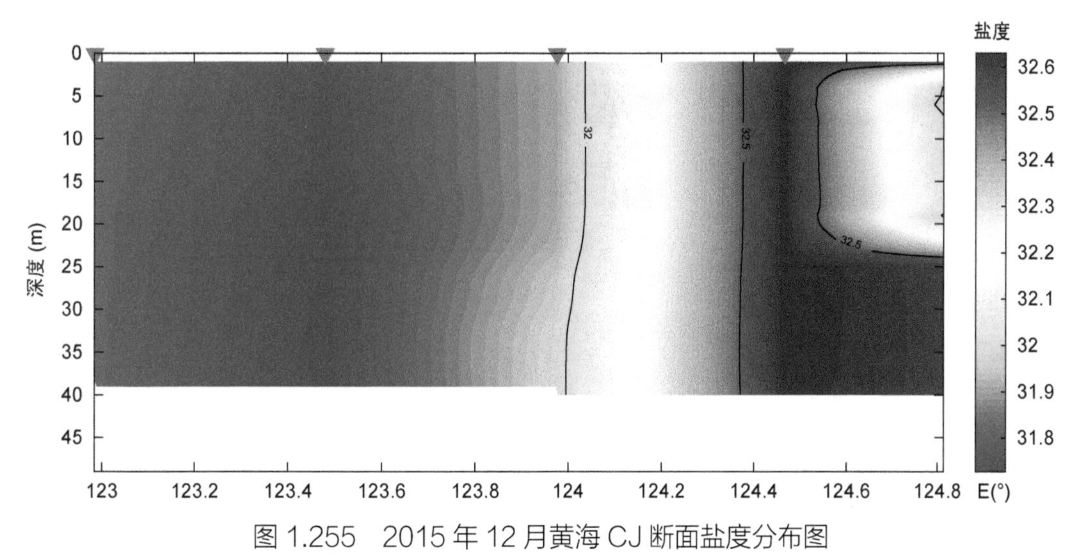

图 1.255　2015 年 12 月黄海 CJ 断面盐度分布图

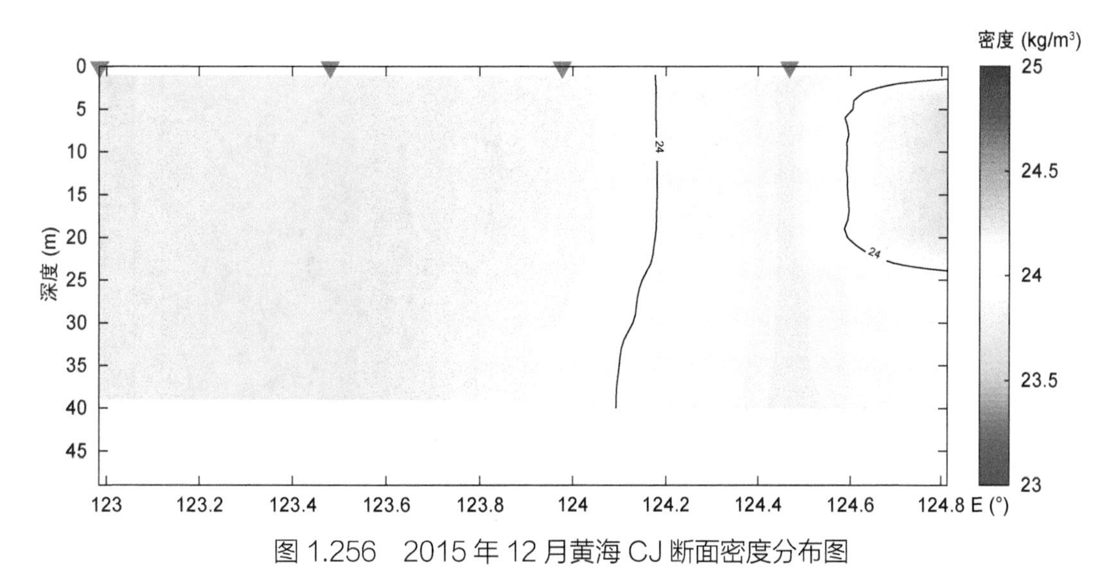

图 1.256　2015 年 12 月黄海 CJ 断面密度分布图

(9) M 断面

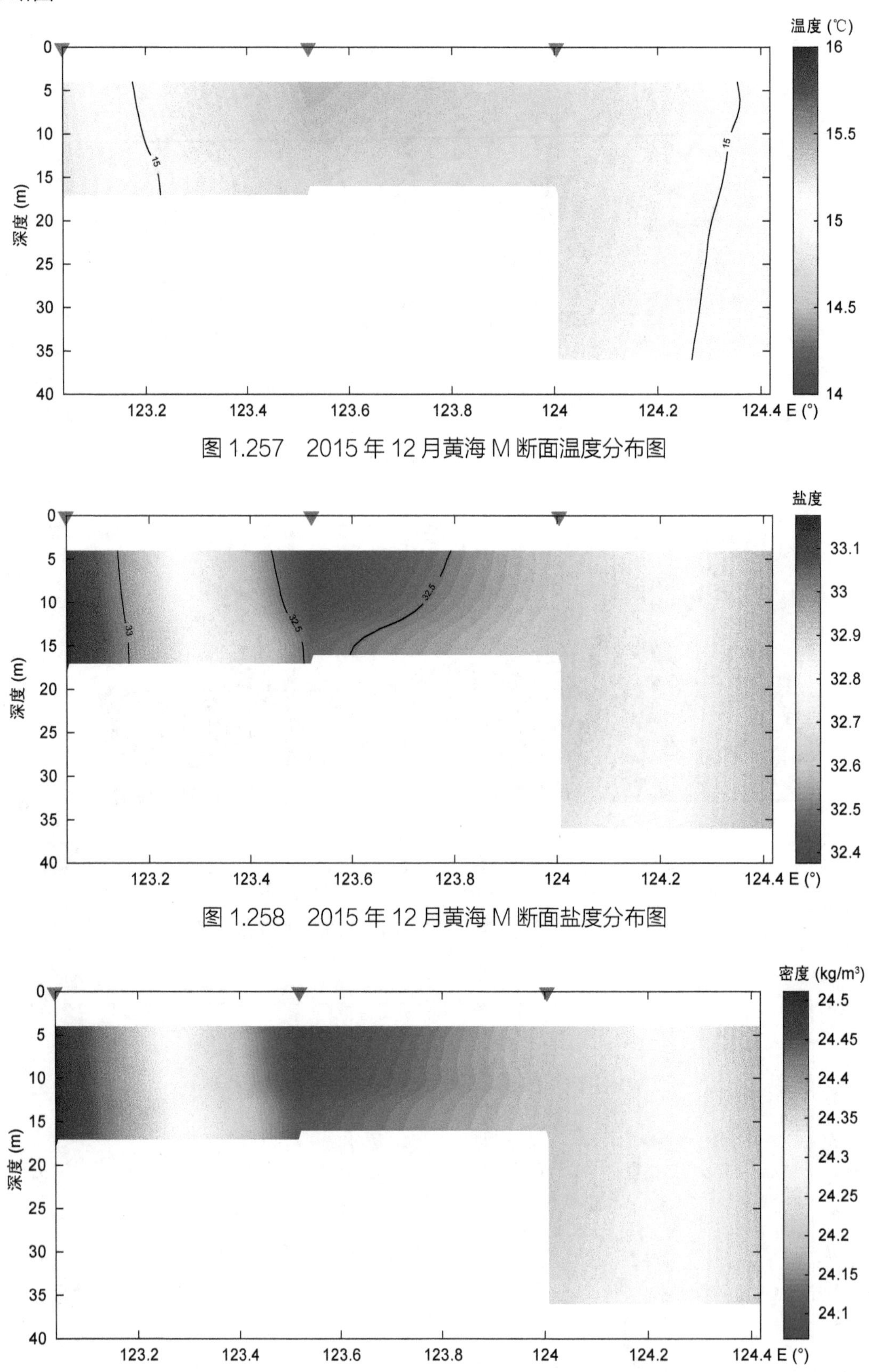

图 1.257　2015 年 12 月黄海 M 断面温度分布图

图 1.258　2015 年 12 月黄海 M 断面盐度分布图

图 1.259　2015 年 12 月黄海 M 断面密度分布图

1.7.2 平面图

(1) 表层

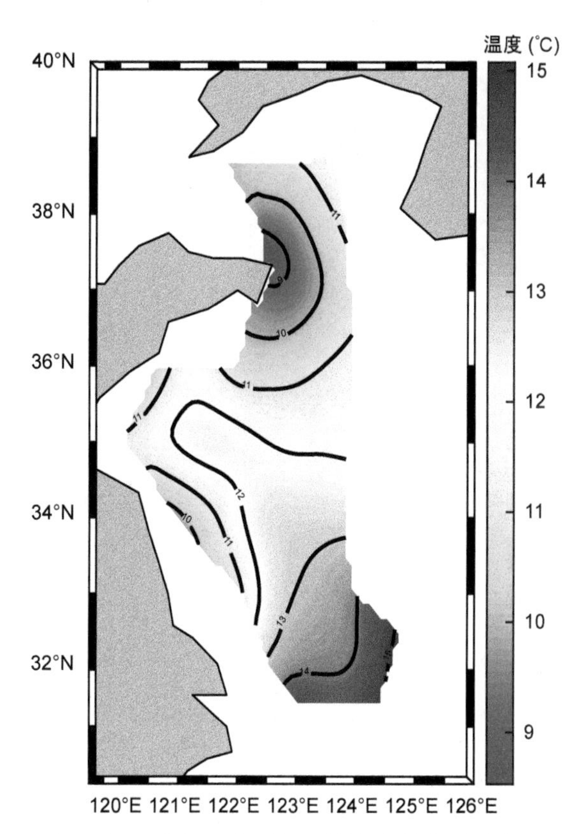

图 1.260 2015 年 12 月黄海表层温度平面图

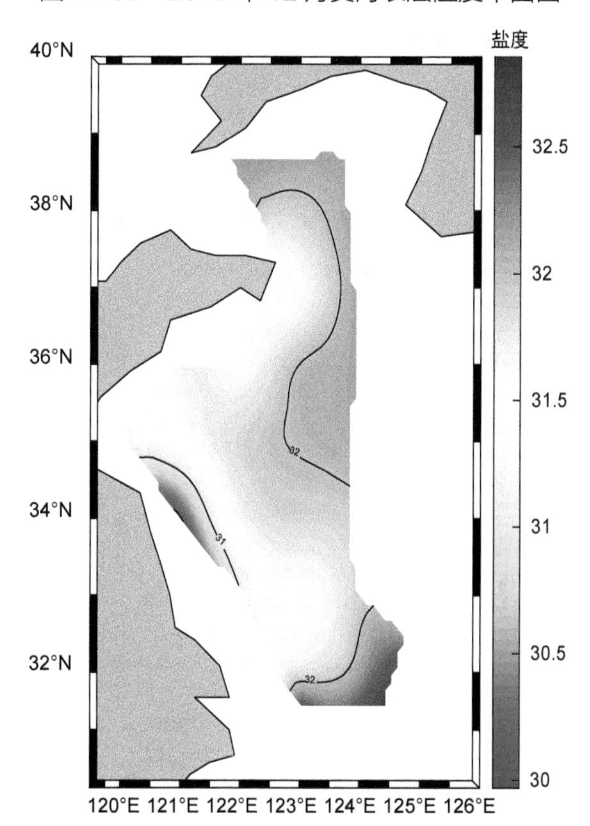

图 1.261 2015 年 12 月黄海表层盐度平面图

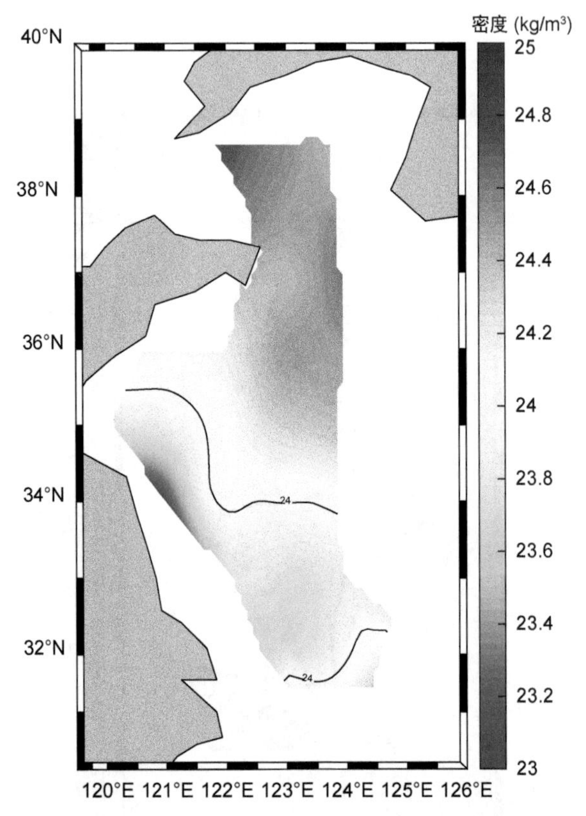

图 1.262　2015 年 12 月黄海表层密度平面图

(2) 20m 层

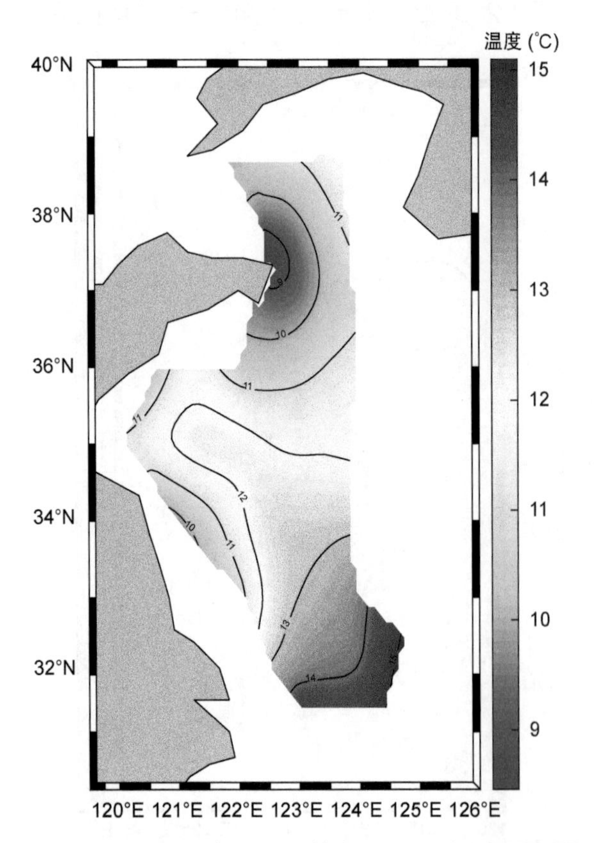

图 1.263　2015 年 12 月黄海 20m 层温度平面图

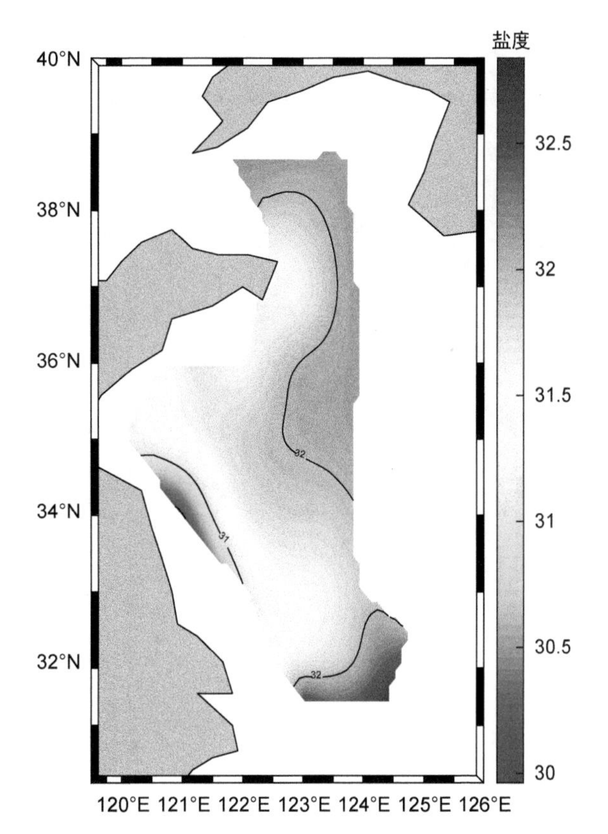

图 1.264 2015 年 12 月黄海 20m 层盐度平面图

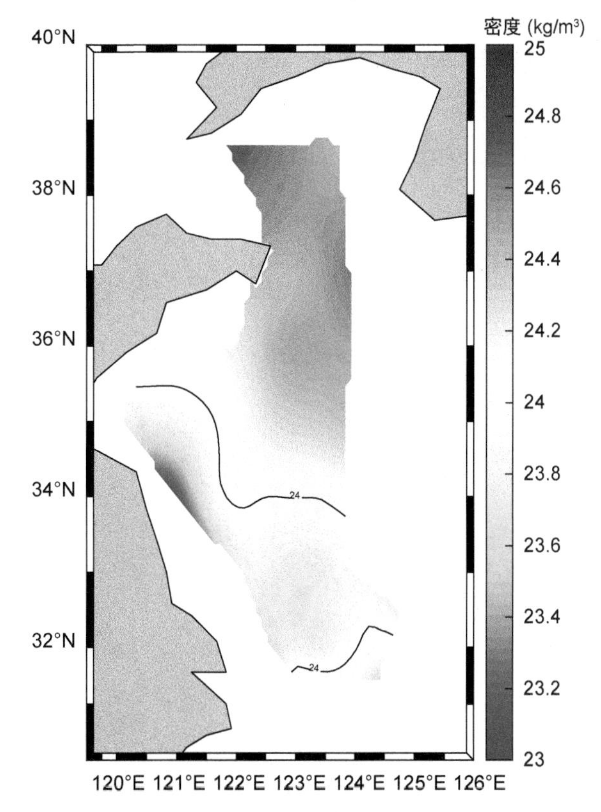

图 1.265 2015 年 12 月黄海 20m 层密度平面图

(3) 底层

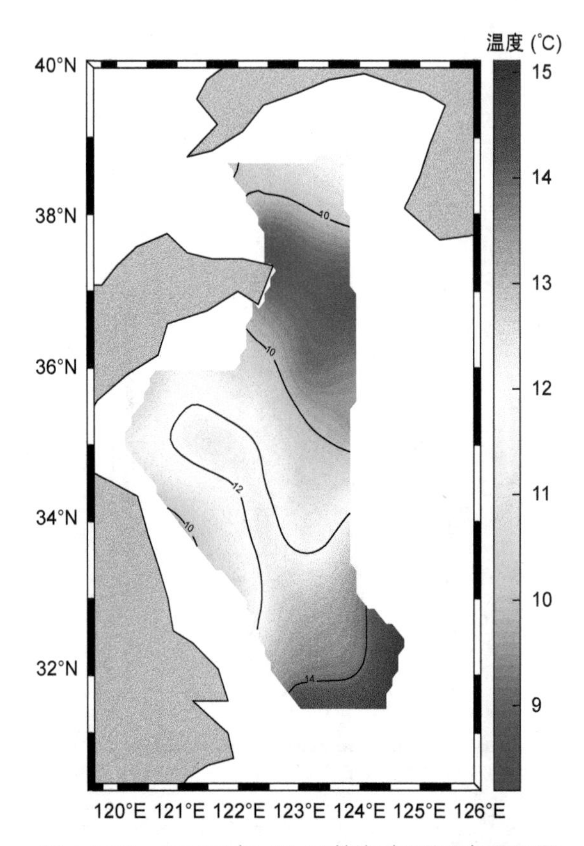

图 1.266　2015 年 12 月黄海底层温度平面图

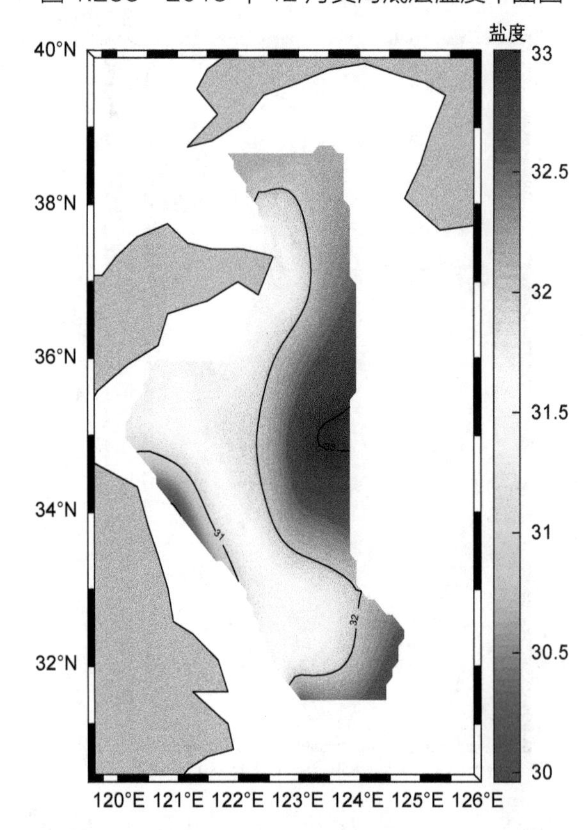

图 1.267　2015 年 12 月黄海底层盐度平面图

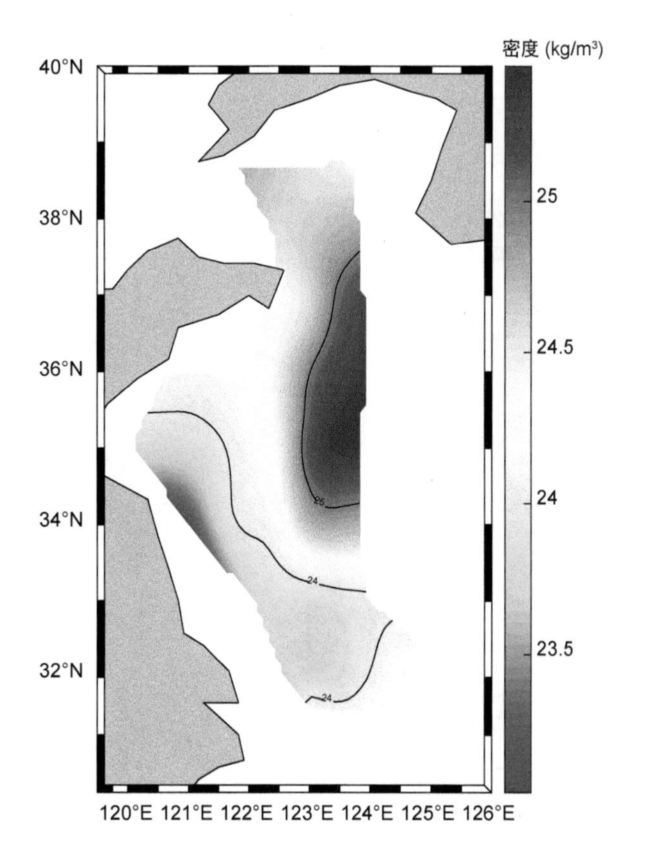

图 1.268　2015 年 12 月黄海底层密度平面图

1.8　2015 年 12 月东海

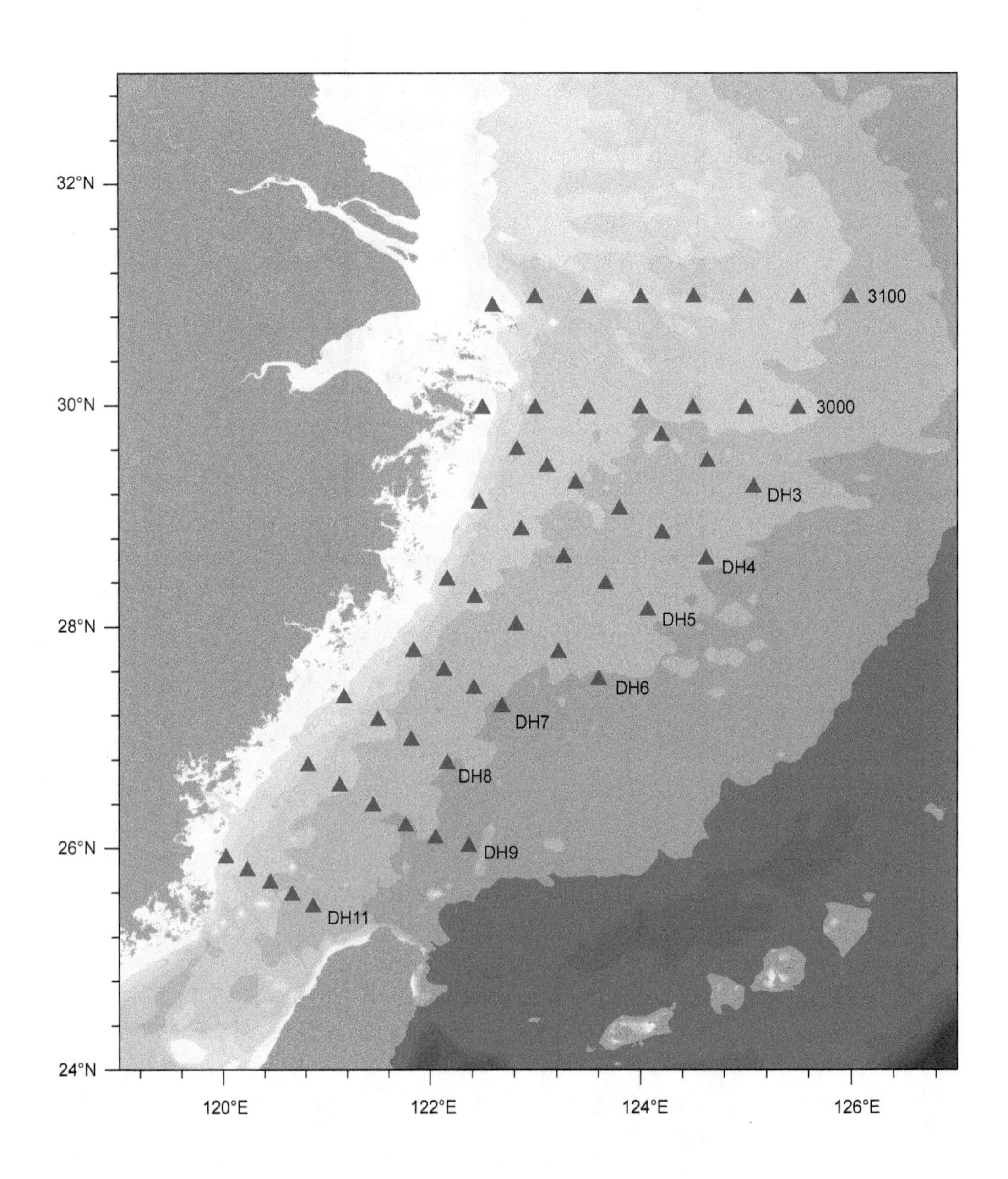

图 1.269　2015 年 12 月东海调查站位图
（2015 年 12 月 20 日 -2016 年 1 月 3 日）

1.8.1 断面图

(1) 3000 断面

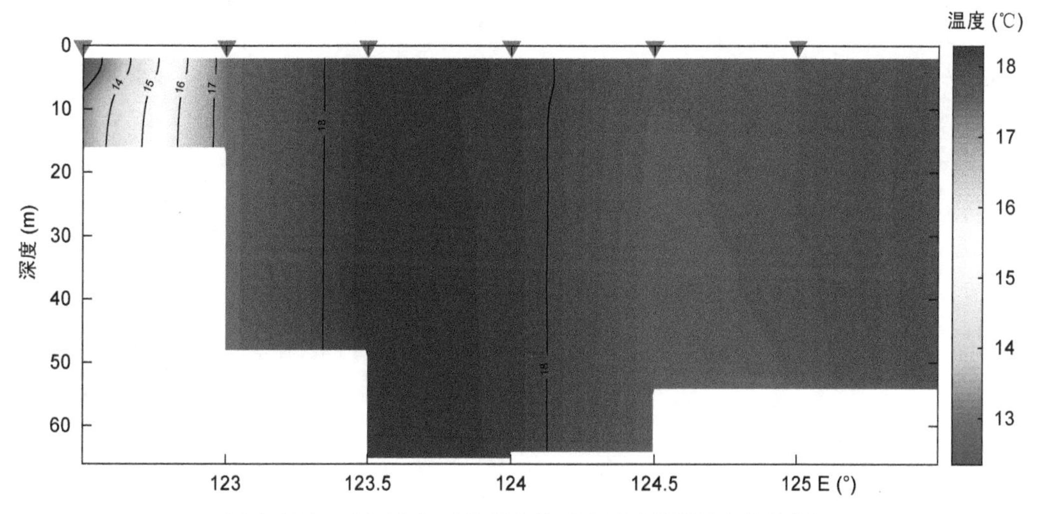

图 1.270 2015 年 12 月东海 3000 断面温度分布图

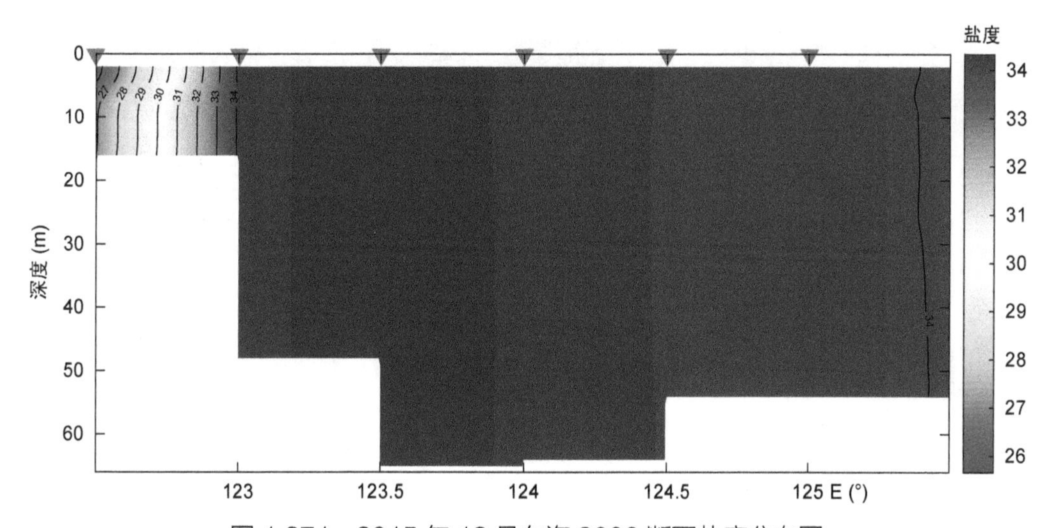

图 1.271 2015 年 12 月东海 3000 断面盐度分布图

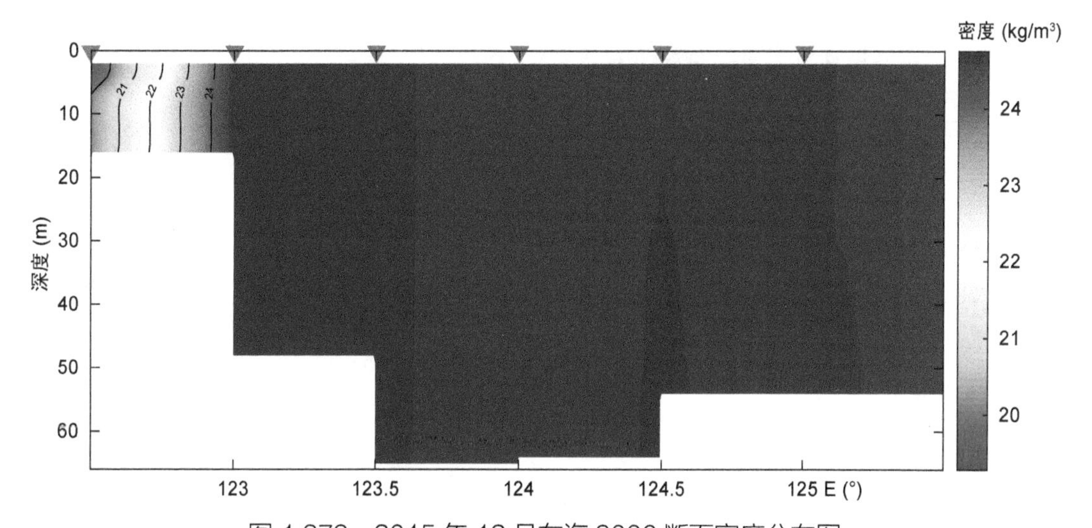

图 1.272 2015 年 12 月东海 3000 断面密度分布图

(2) 3100 断面

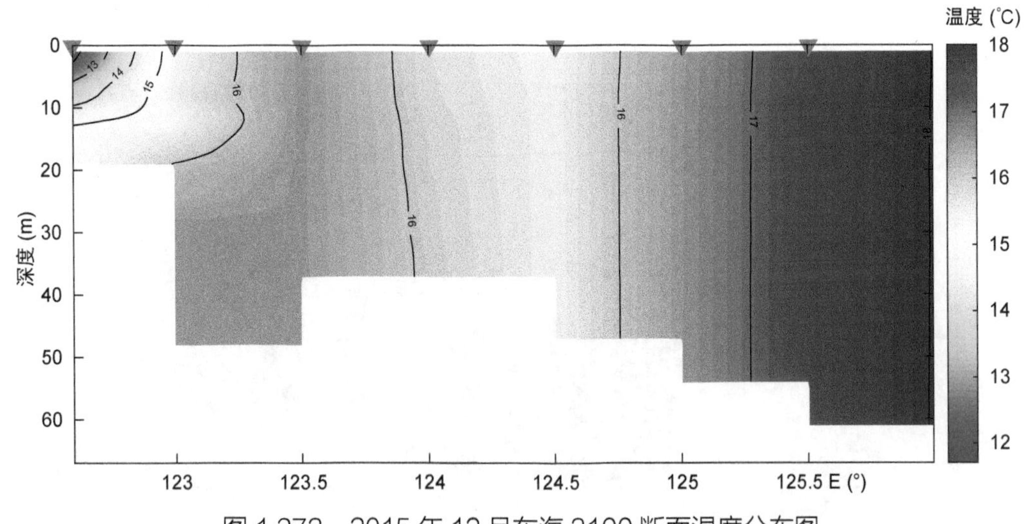

图 1.273　2015 年 12 月东海 3100 断面温度分布图

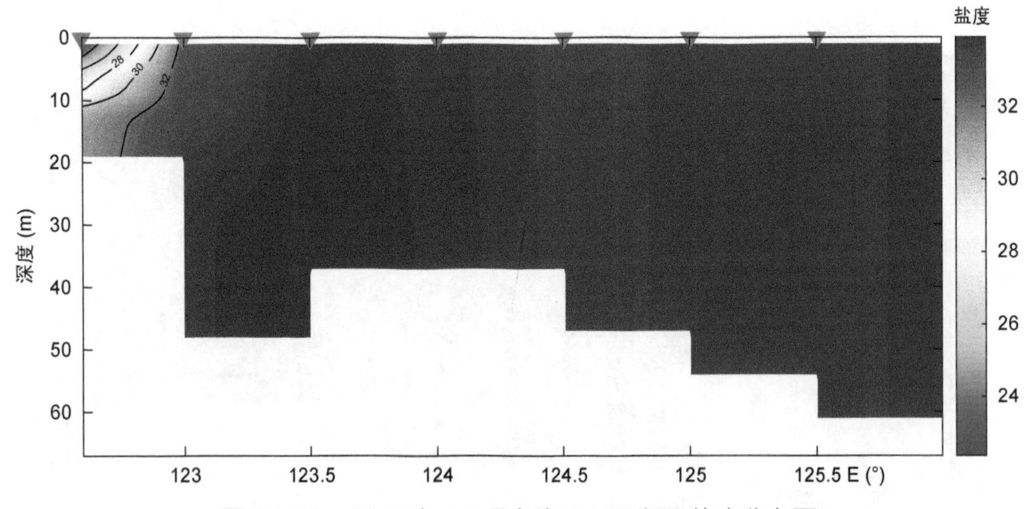

图 1.274　2015 年 12 月东海 3100 断面盐度分布图

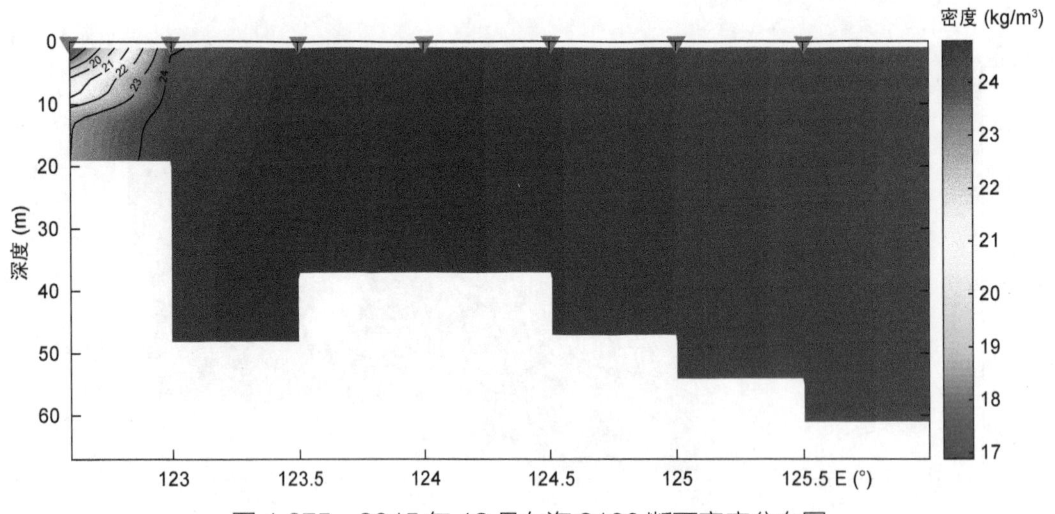

图 1.275　2015 年 12 月东海 3100 断面密度分布图

(3) DH3 断面

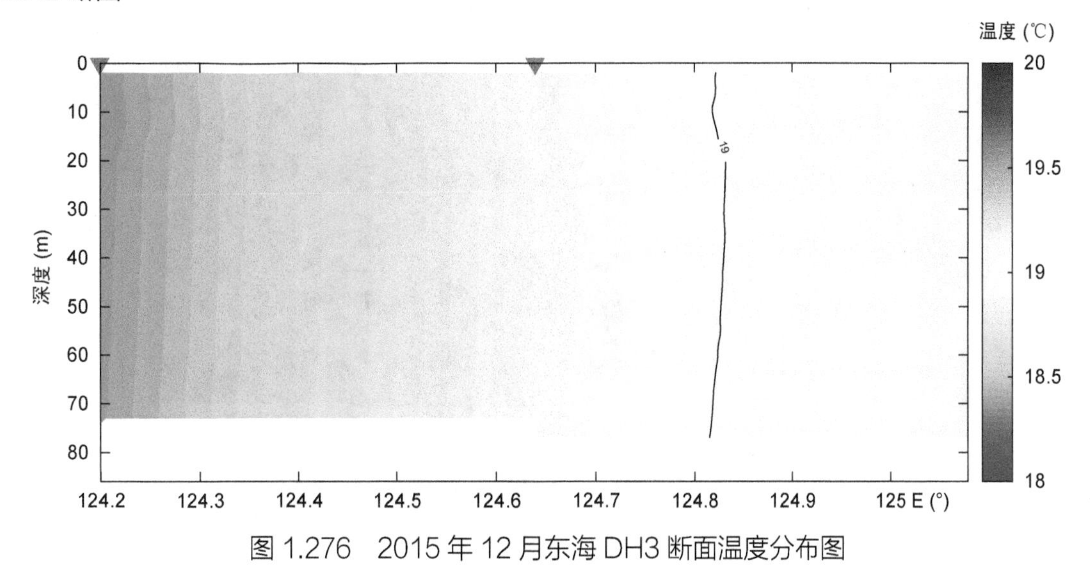

图 1.276　2015 年 12 月东海 DH3 断面温度分布图

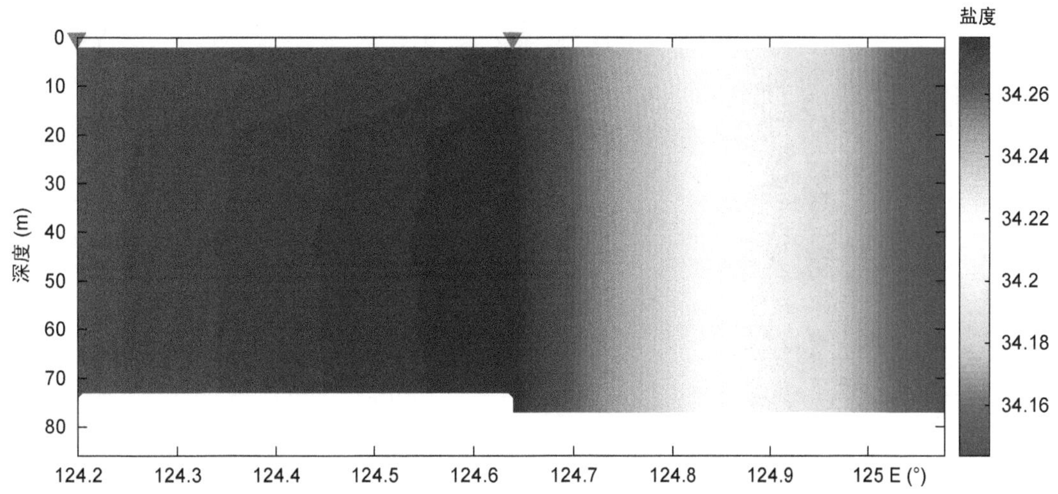

图 1.277　2015 年 12 月东海 DH3 断面盐度分布图

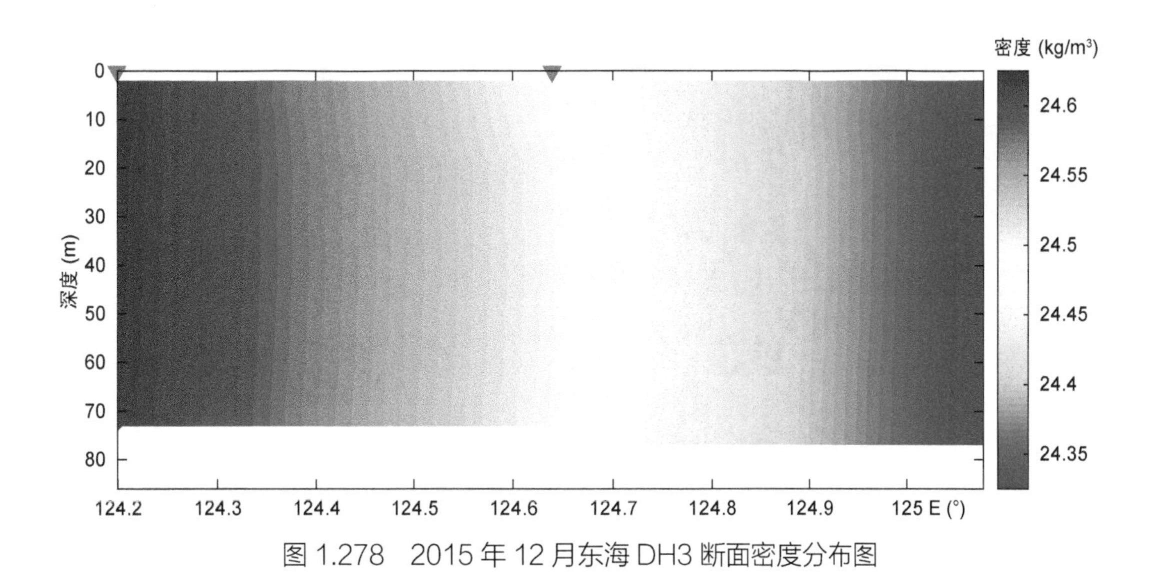

图 1.278　2015 年 12 月东海 DH3 断面密度分布图

(4) DH4 断面

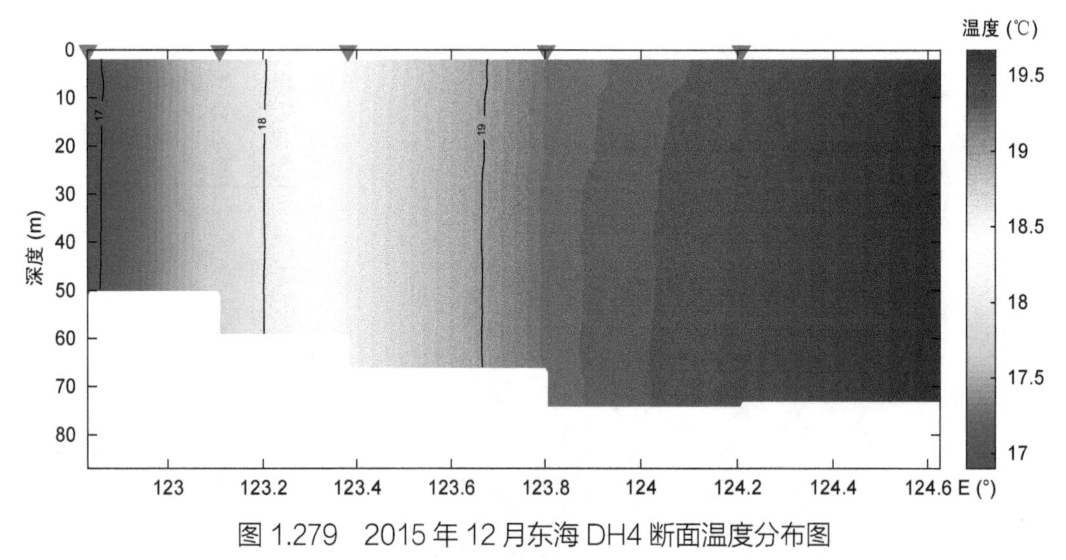

图 1.279　2015 年 12 月东海 DH4 断面温度分布图

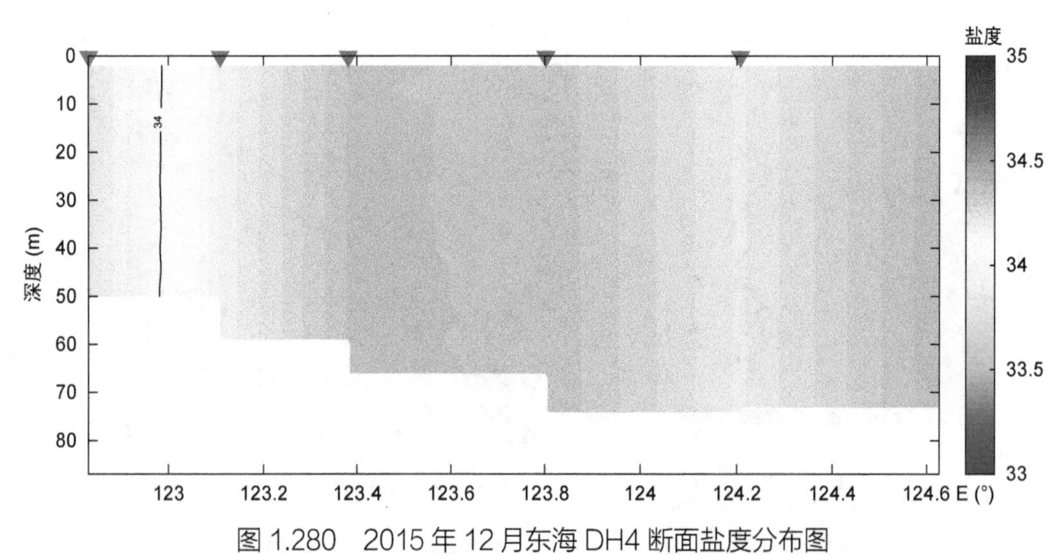

图 1.280　2015 年 12 月东海 DH4 断面盐度分布图

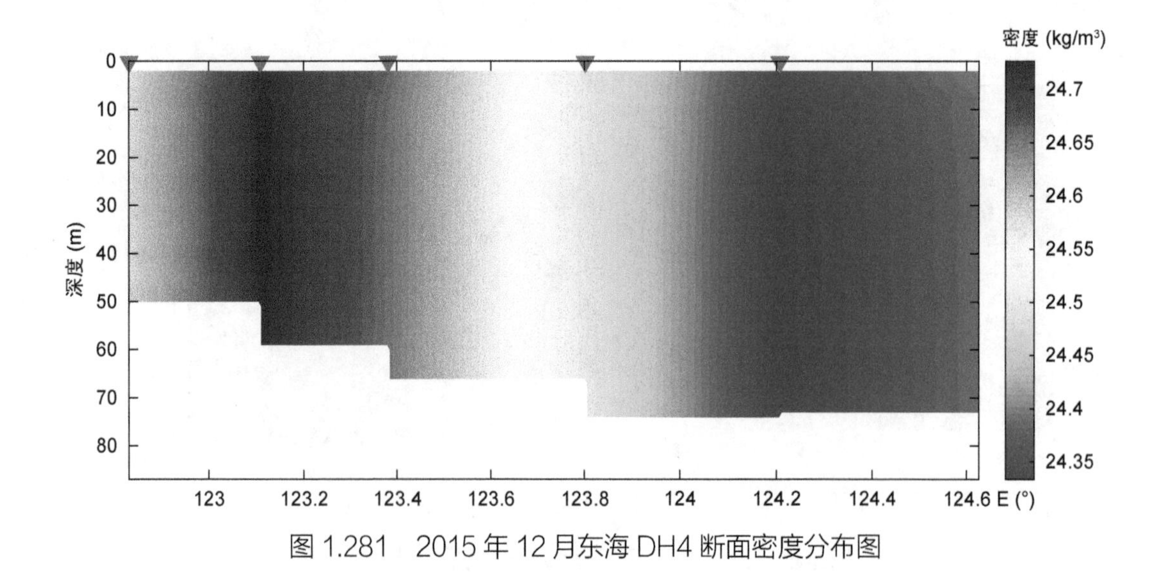

图 1.281　2015 年 12 月东海 DH4 断面密度分布图

(5) DH5 断面

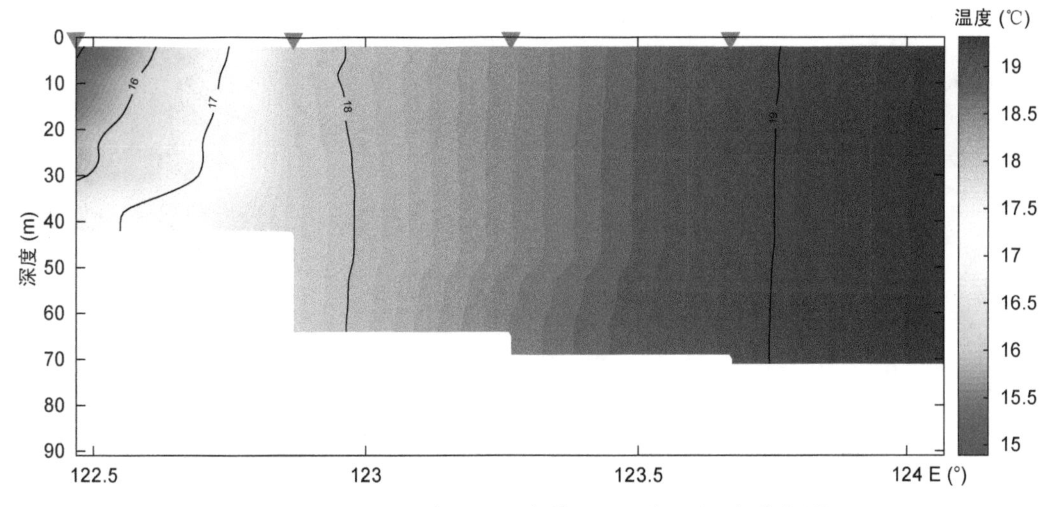

图 1.282 2015 年 12 月东海 DH5 断面温度分布图

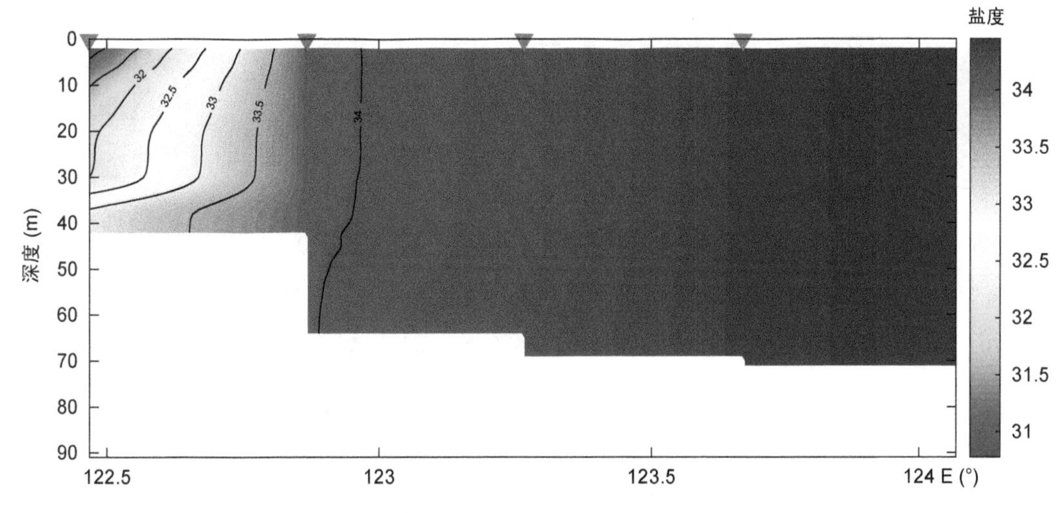

图 1.283 2015 年 12 月东海 DH5 断面盐度分布图

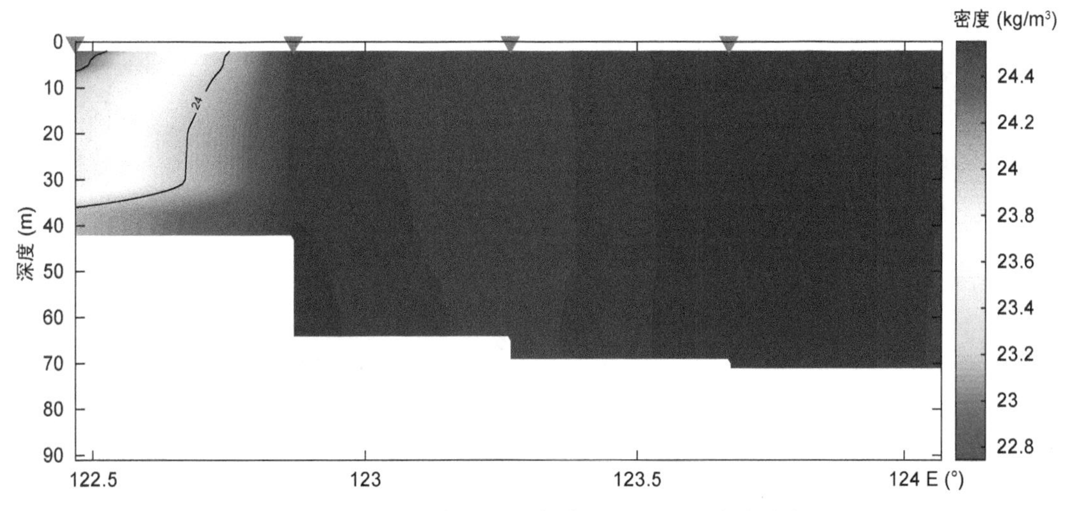

图 1.284 2015 年 12 月东海 DH5 断面密度分布图

(6) DH6 断面

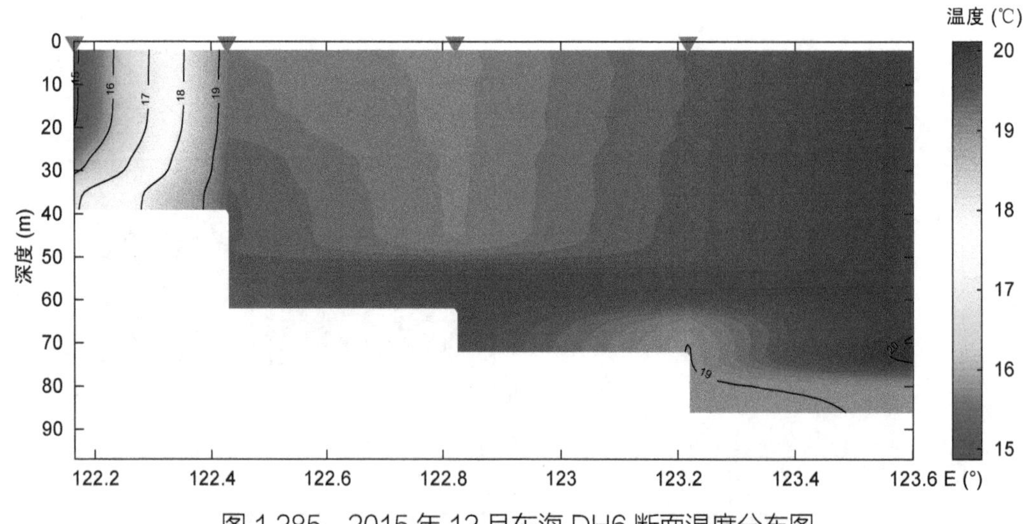

图 1.285　2015 年 12 月东海 DH6 断面温度分布图

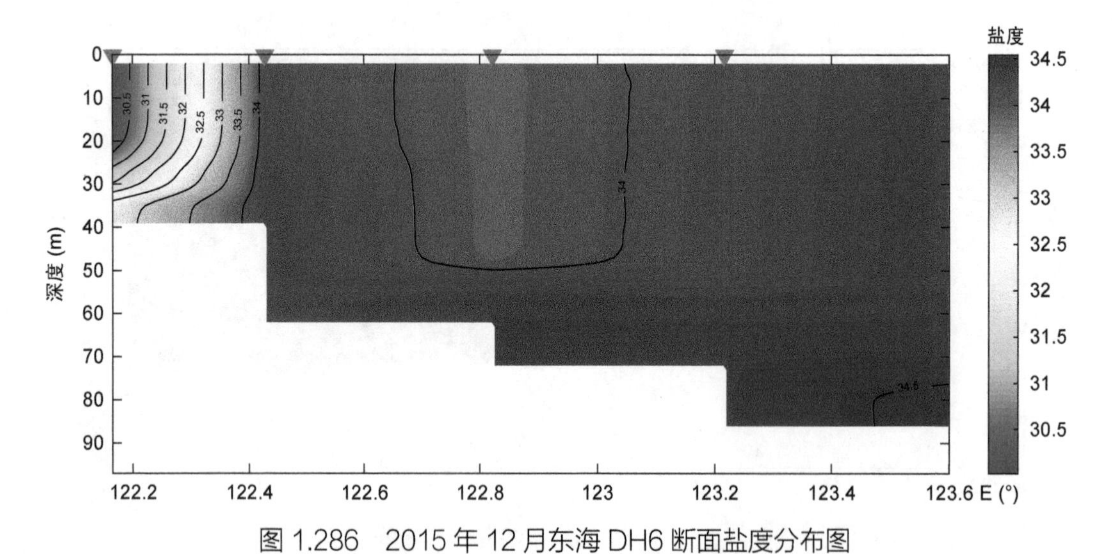

图 1.286　2015 年 12 月东海 DH6 断面盐度分布图

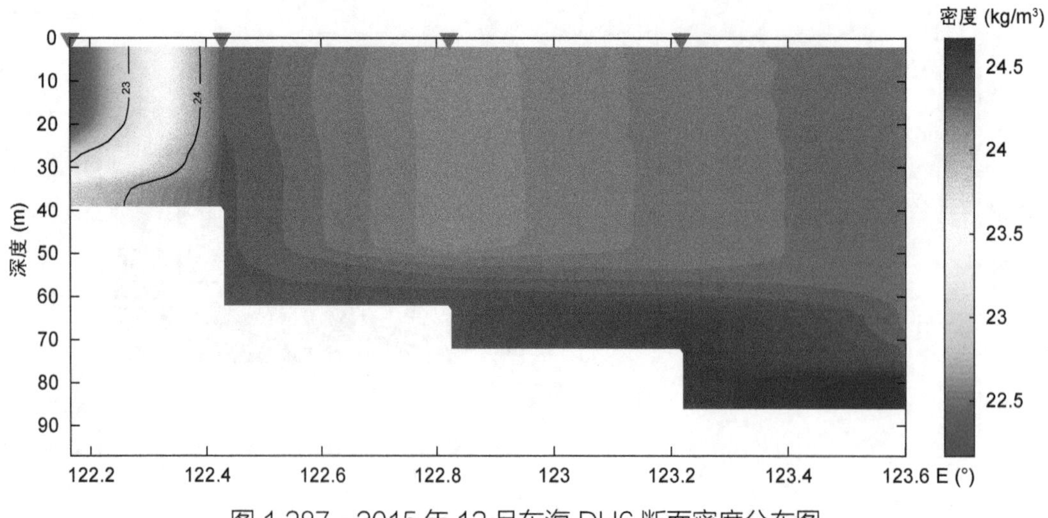

图 1.287　2015 年 12 月东海 DH6 断面密度分布图

(7) DH7 断面

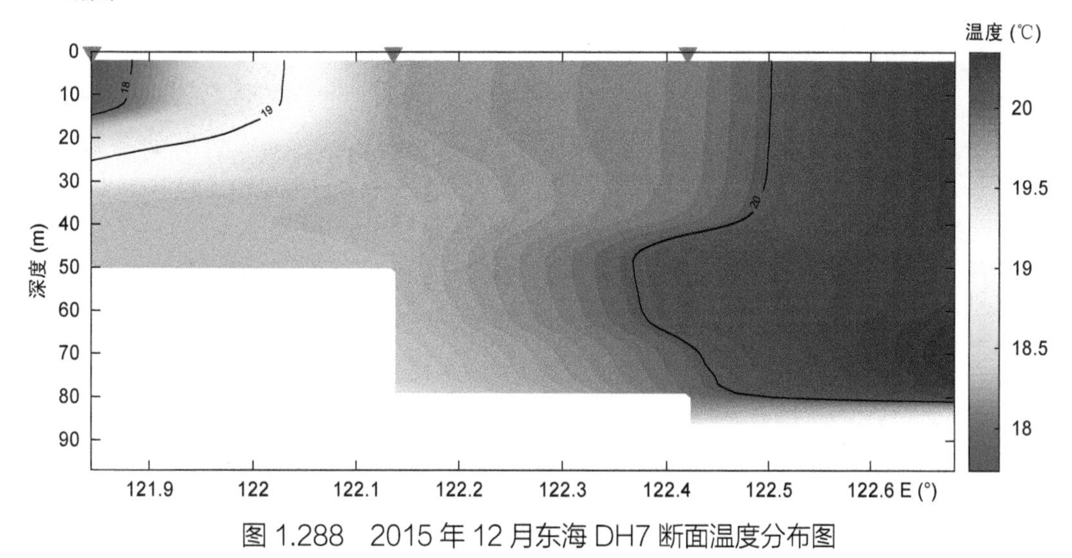

图 1.288 2015 年 12 月东海 DH7 断面温度分布图

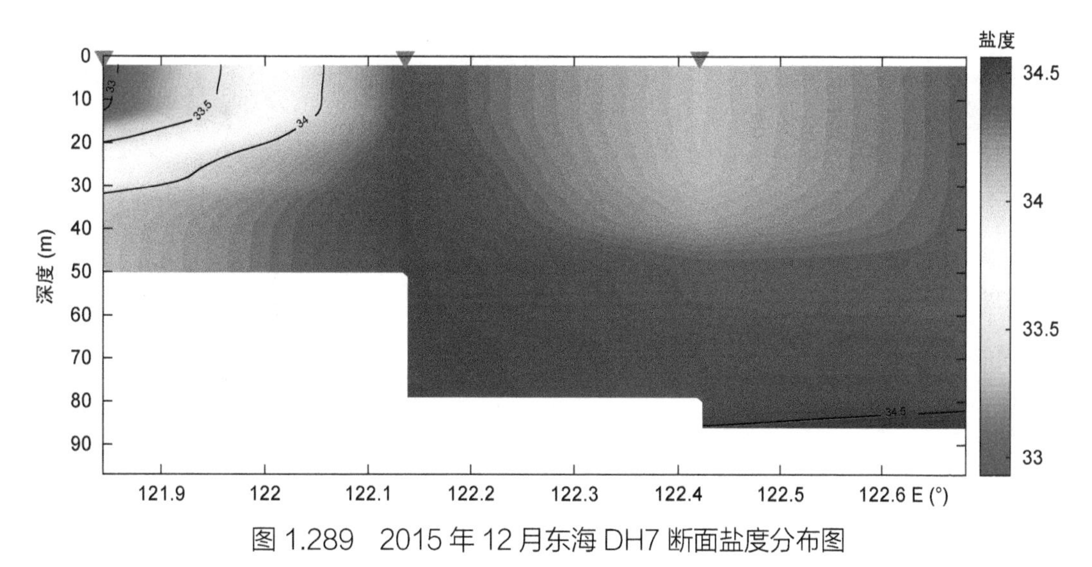

图 1.289 2015 年 12 月东海 DH7 断面盐度分布图

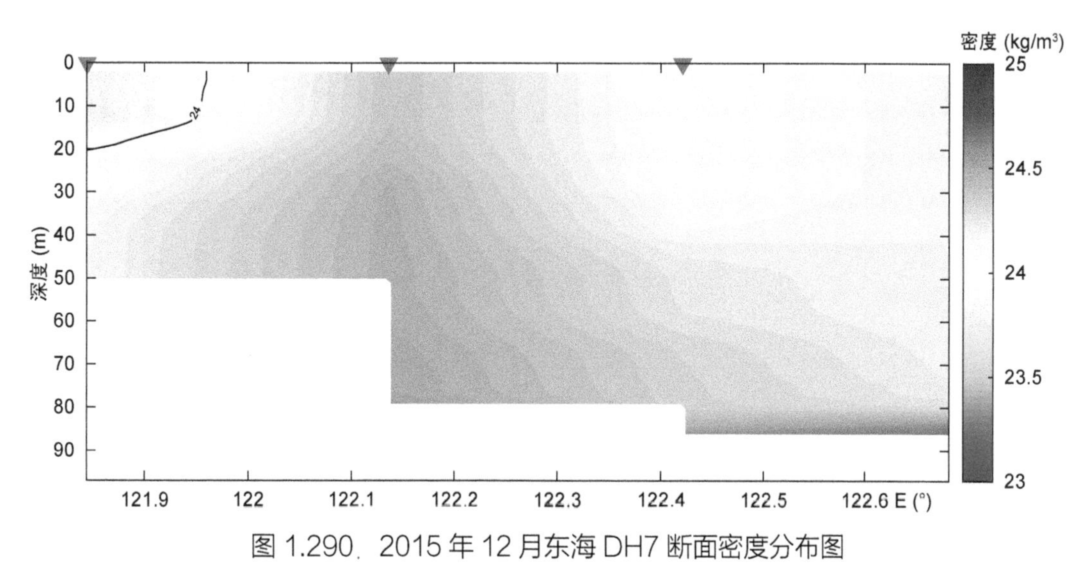

图 1.290 2015 年 12 月东海 DH7 断面密度分布图

(8) DH8 断面

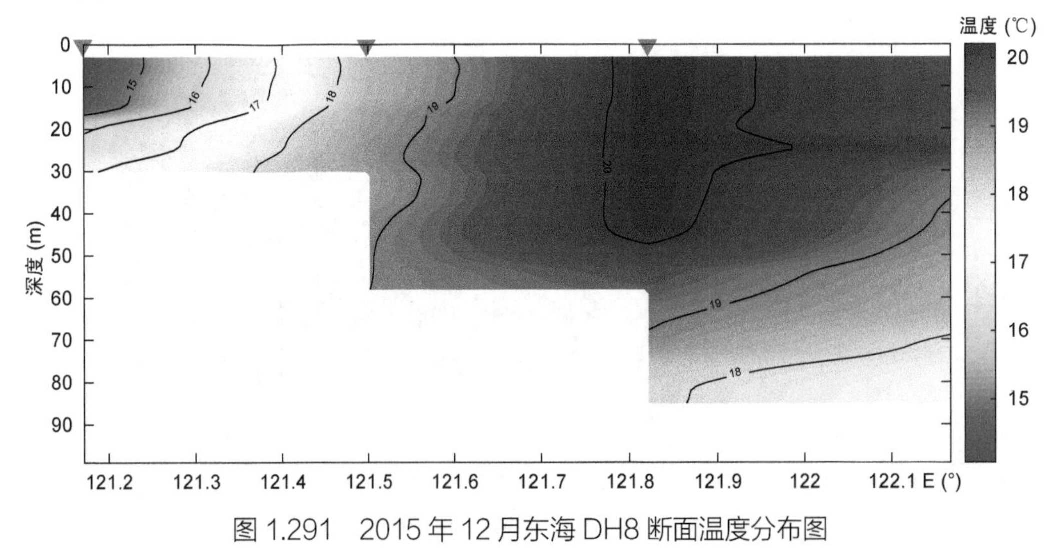

图 1.291　2015 年 12 月东海 DH8 断面温度分布图

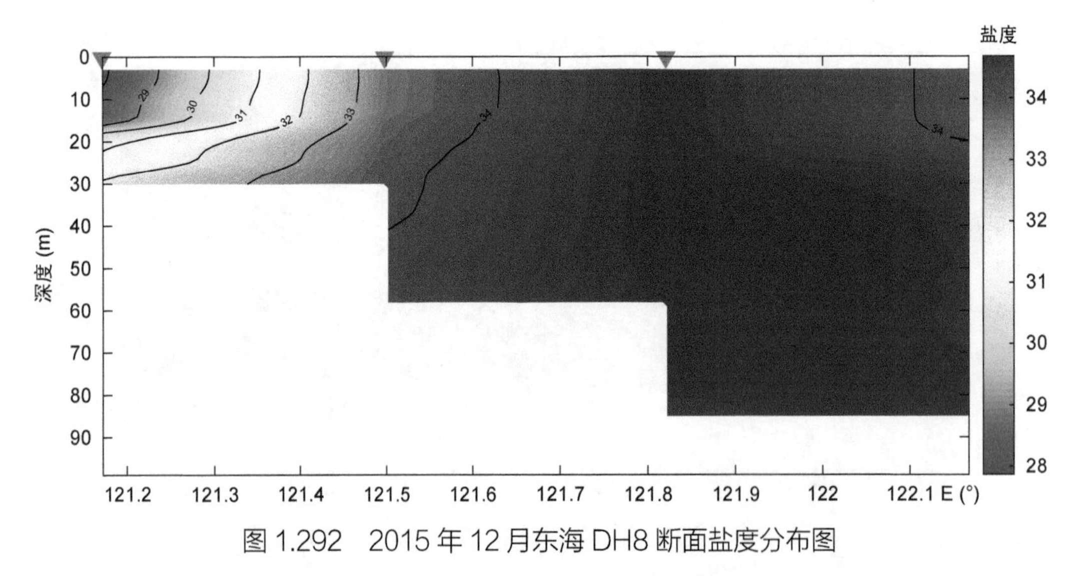

图 1.292　2015 年 12 月东海 DH8 断面盐度分布图

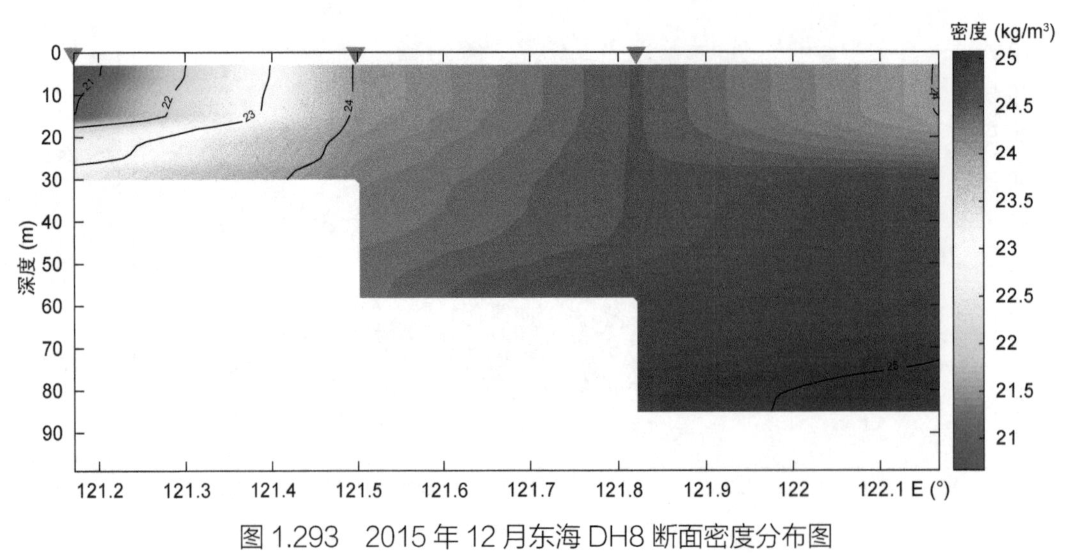

图 1.293　2015 年 12 月东海 DH8 断面密度分布图

(9) DH9 断面

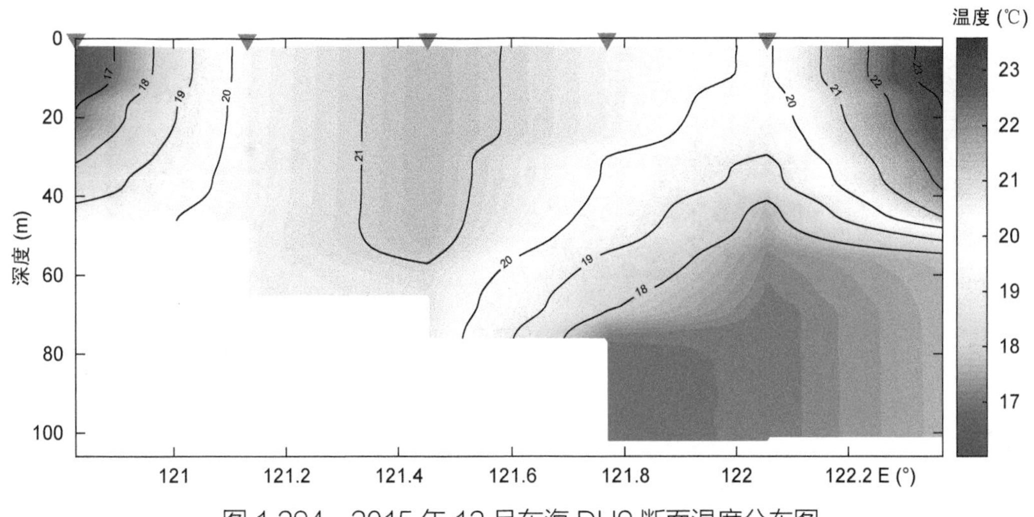

图 1.294　2015 年 12 月东海 DH9 断面温度分布图

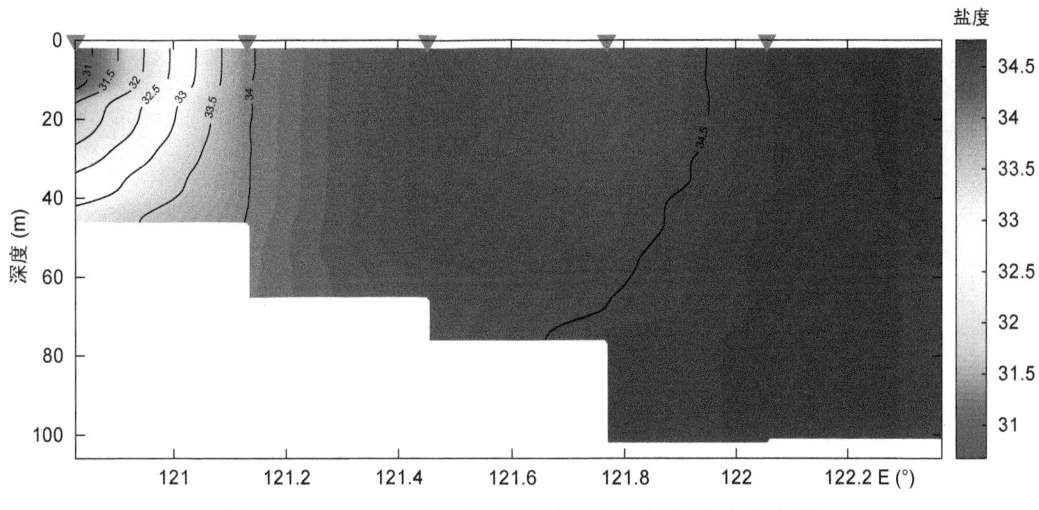

图 1.295　2015 年 12 月东海 DH9 断面盐度分布图

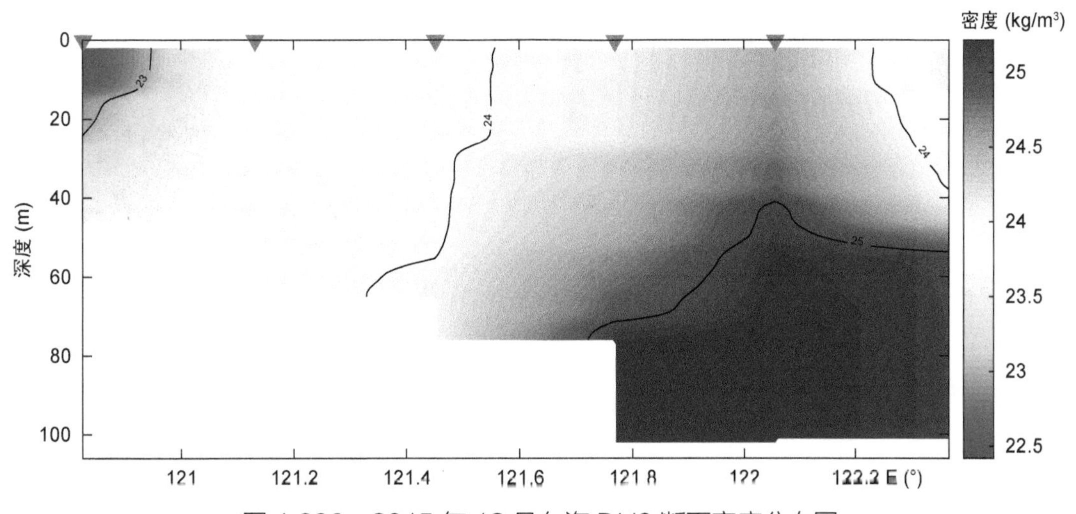

图 1.296　2015 年 12 月东海 DH9 断面密度分布图

(10) DH11 断面

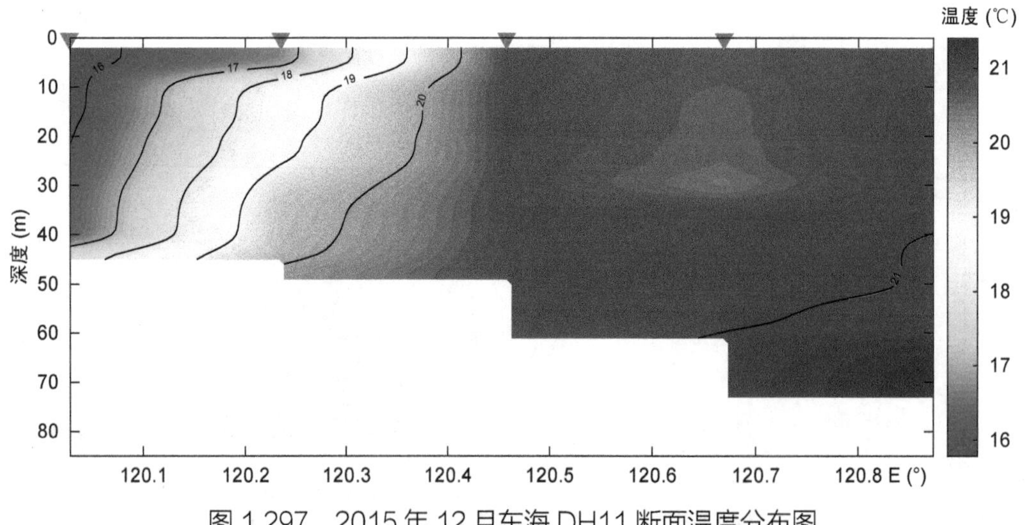

图 1.297　2015 年 12 月东海 DH11 断面温度分布图

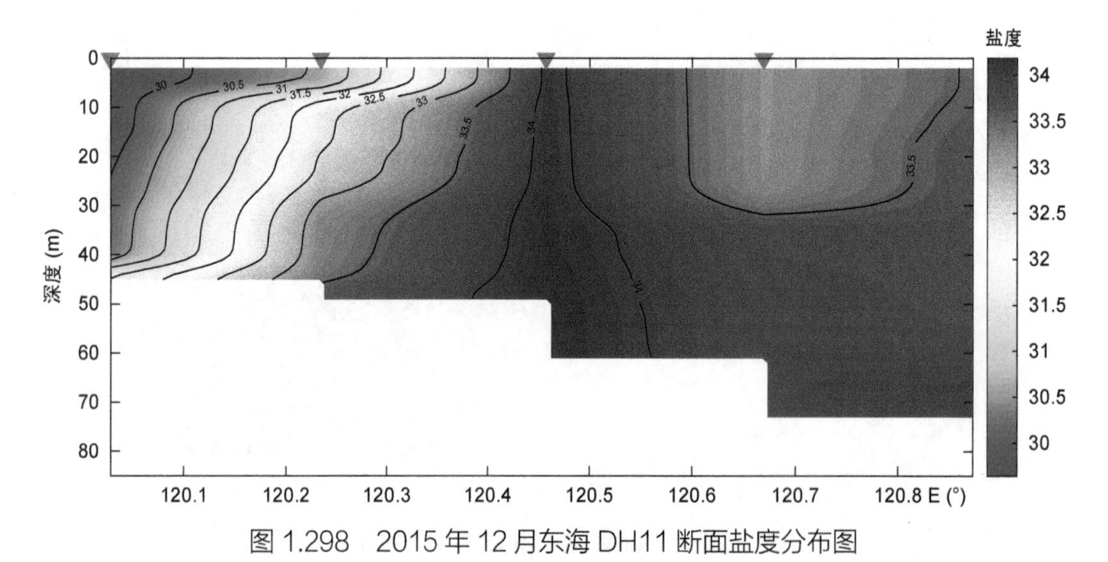

图 1.298　2015 年 12 月东海 DH11 断面盐度分布图

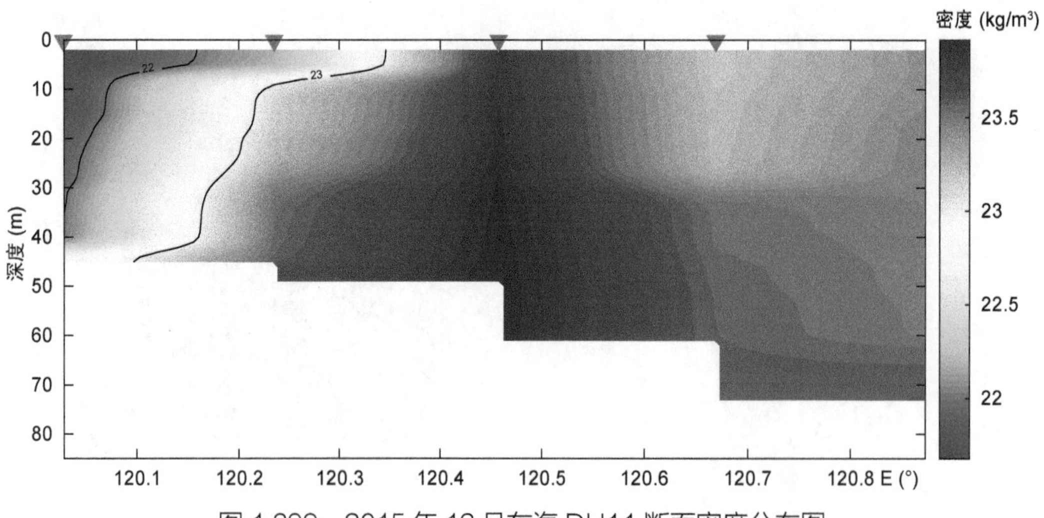

图 1.299　2015 年 12 月东海 DH11 断面密度分布图

1.8.2 平面图

(1) 表层

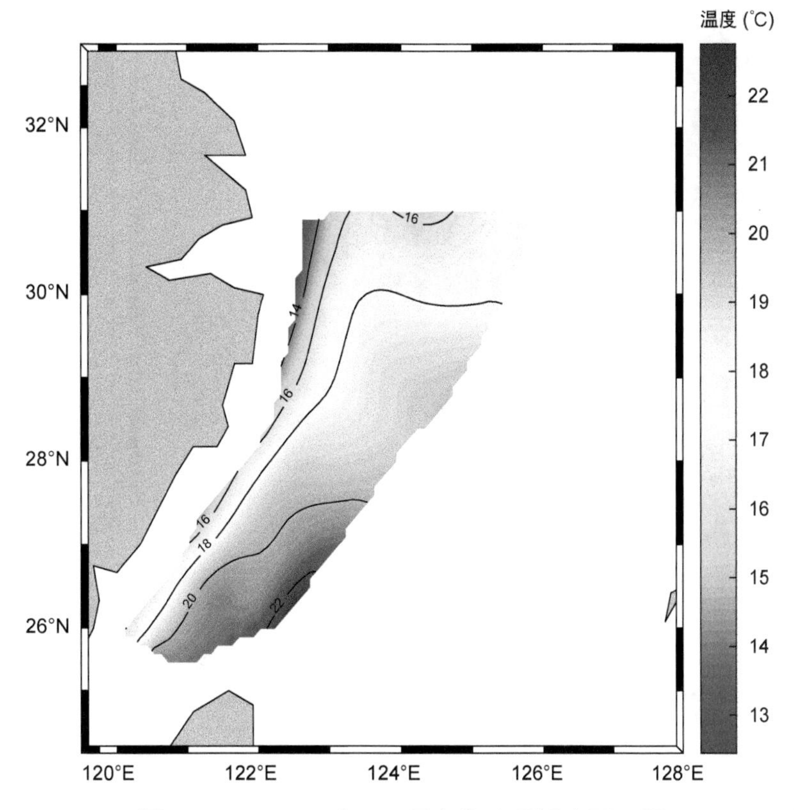

图 1.300 2015 年 12 月东海表层温度平面图

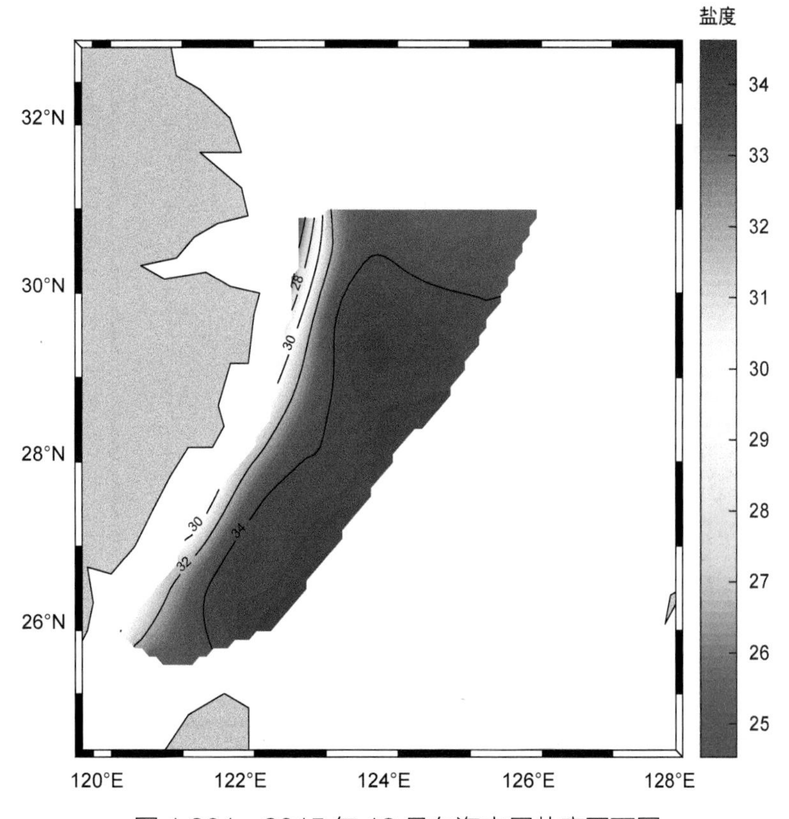

图 1.301 2015 年 12 月东海表层盐度平面图

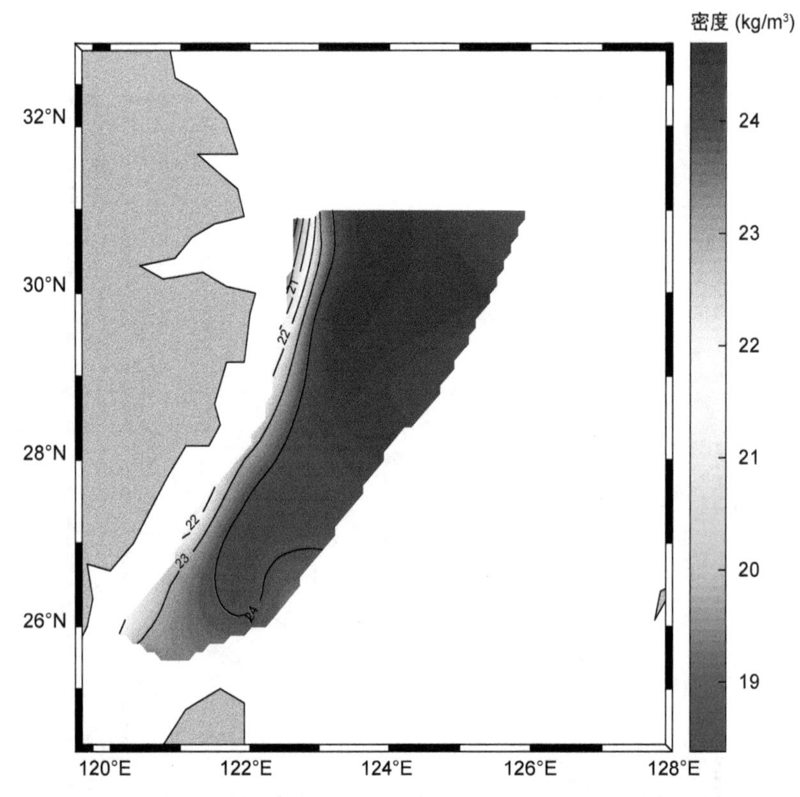

图 1.302　2015 年 12 月东海表层密度平面图

(2) 20m 层

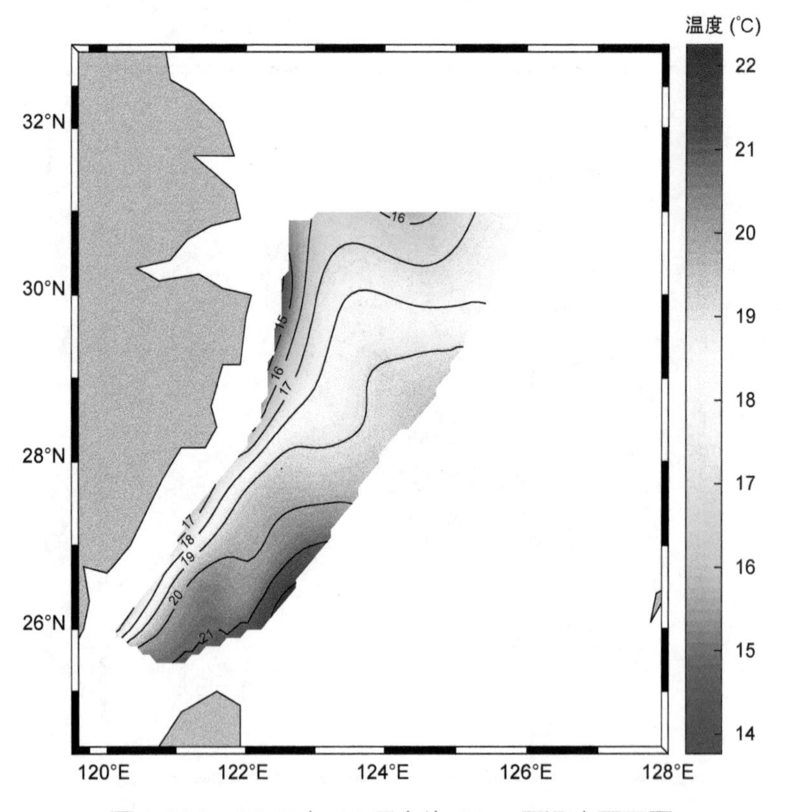

图 1.303　2015 年 12 月东海 20m 层温度平面图

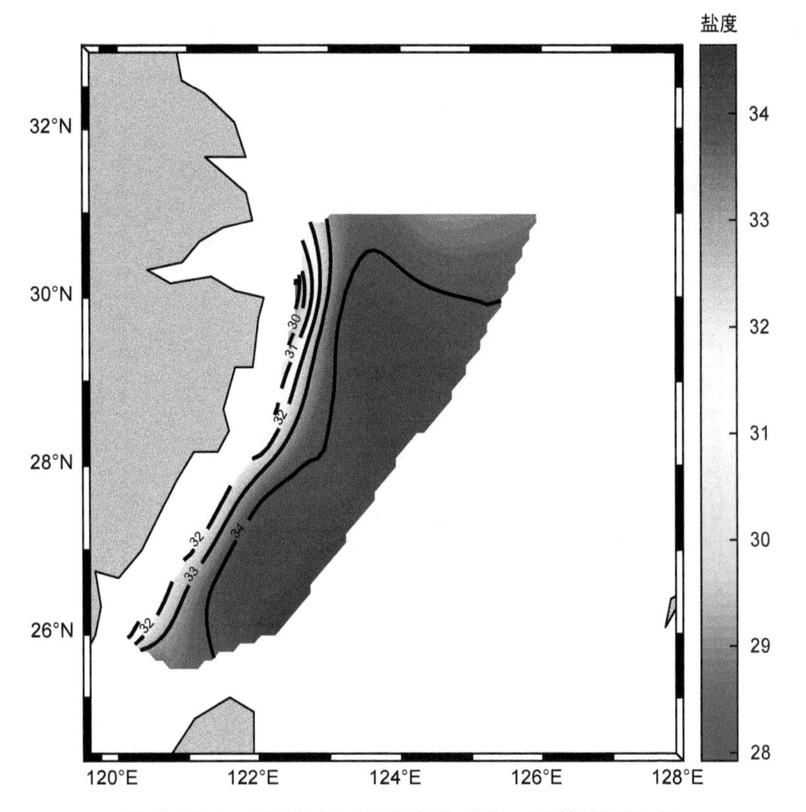

图 1.304 2015 年 12 月东海 20m 层盐度平面图

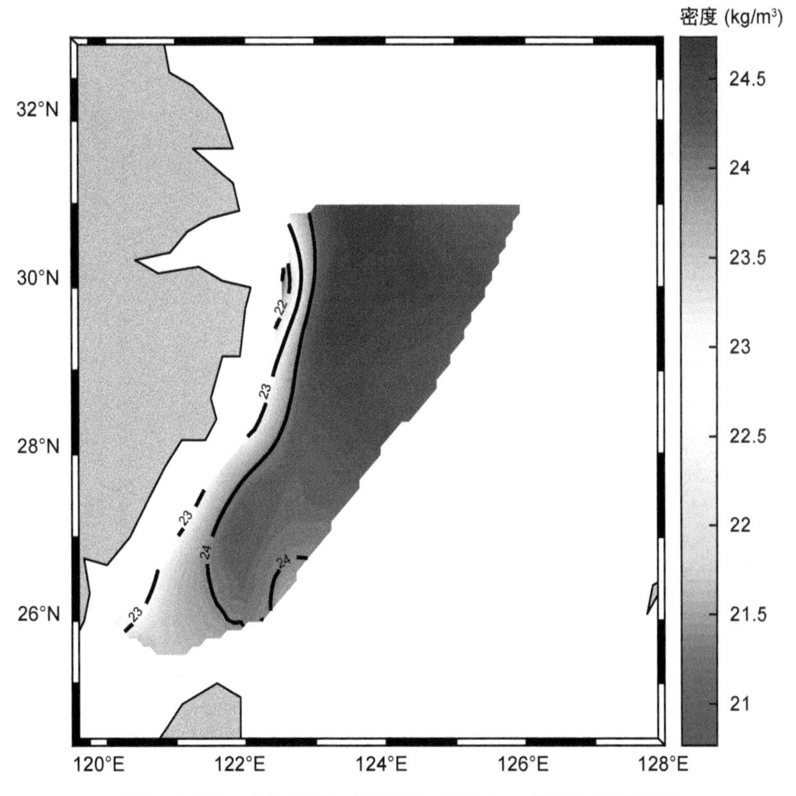

图 1.305 2015 年 12 月东海 20m 层密度平面图

(3) 底层

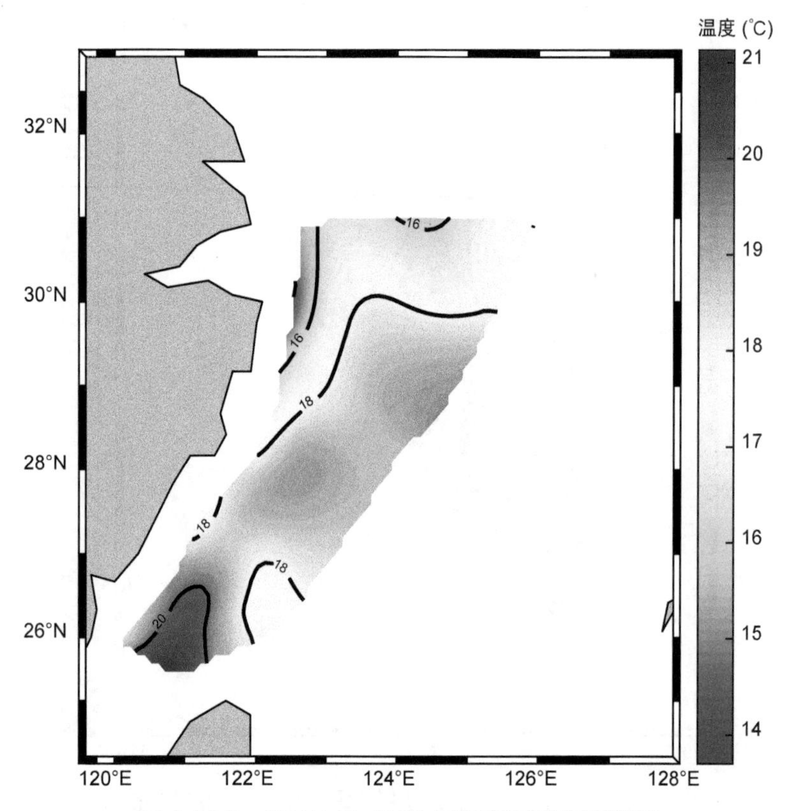

图 1.306　2015 年 12 月东海底层温度平面图

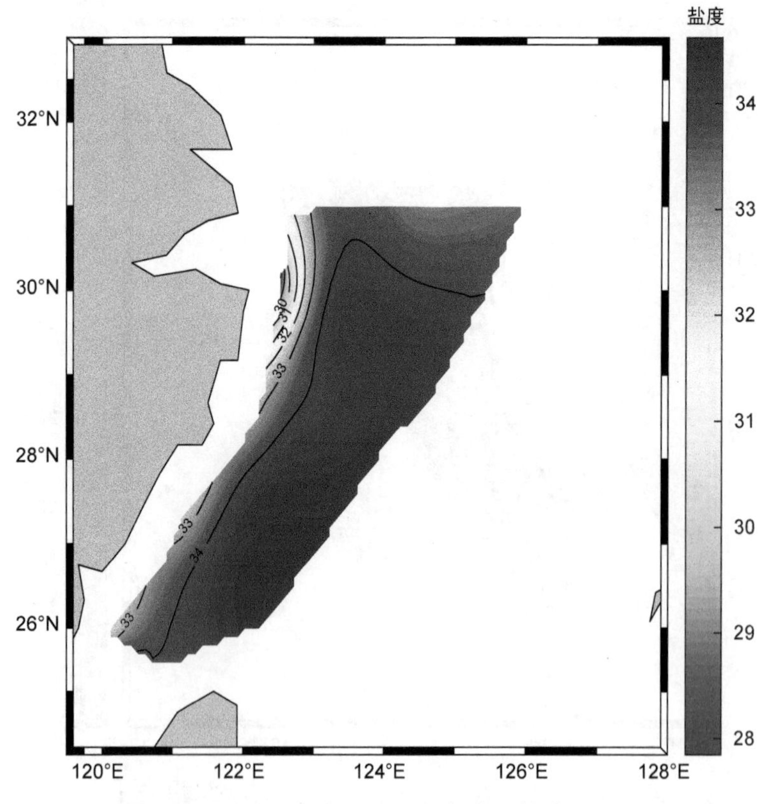

图 1.307　2015 年 12 月东海底层盐度平面图

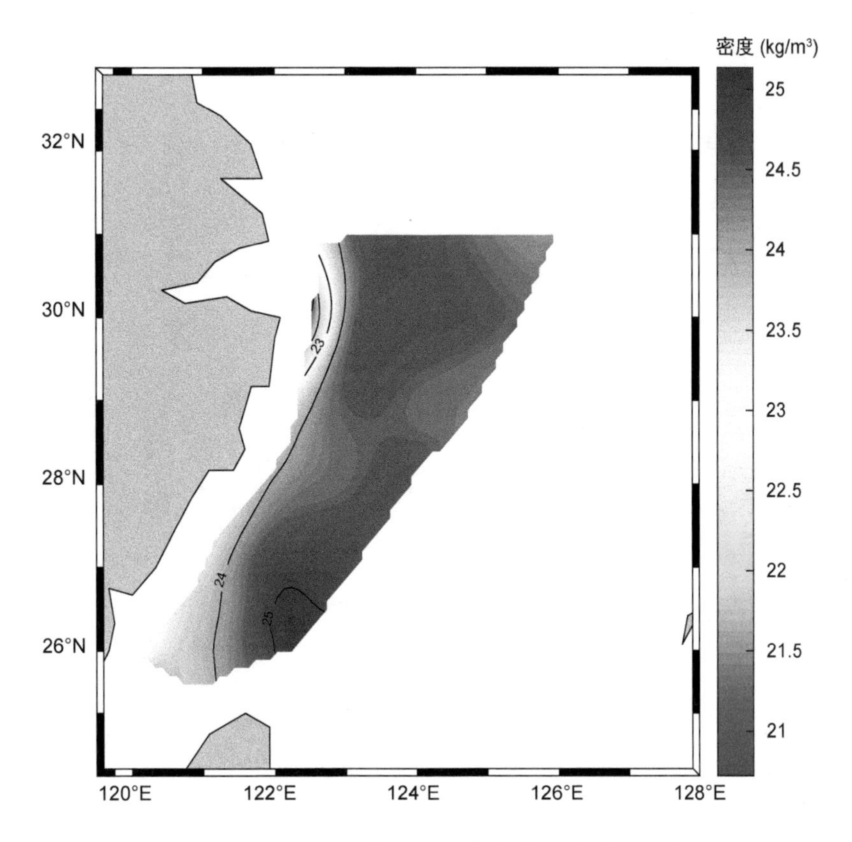

图 1.308　2015 年 12 月东海底层密度平面图

1.9 2016 年 4 月黄海

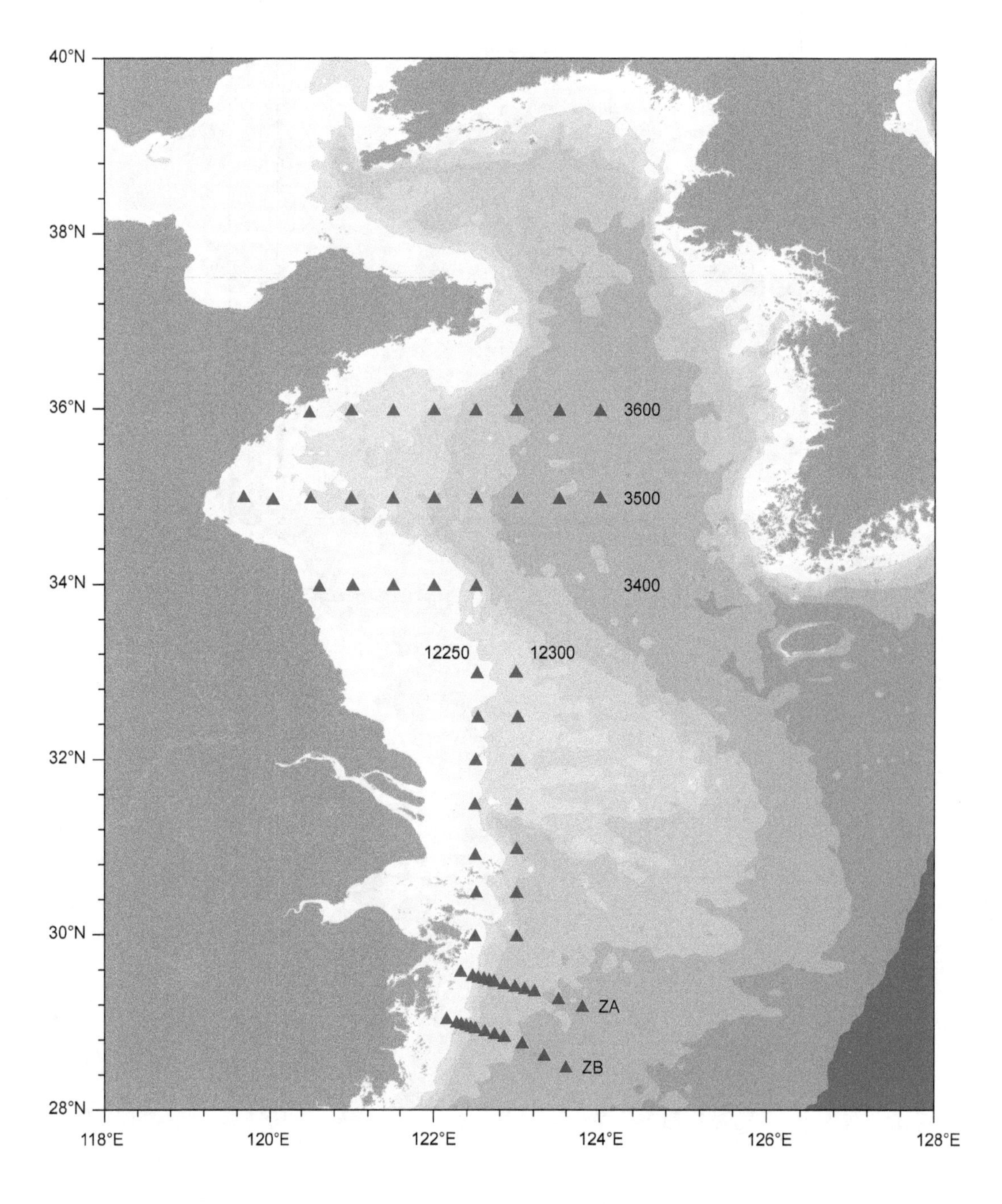

图 1.309 2016 年 4 月黄海调查站位图
（2016 年 4 月 7 日 -2016 年 4 月 18 日）

1.9.1　断面图

(1) 3400 断面

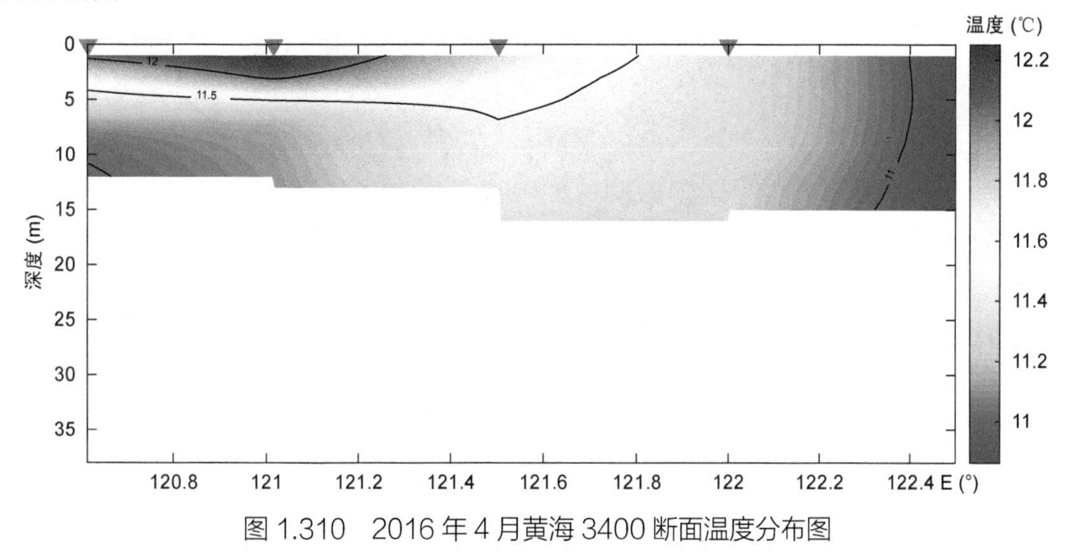

图 1.310　2016 年 4 月黄海 3400 断面温度分布图

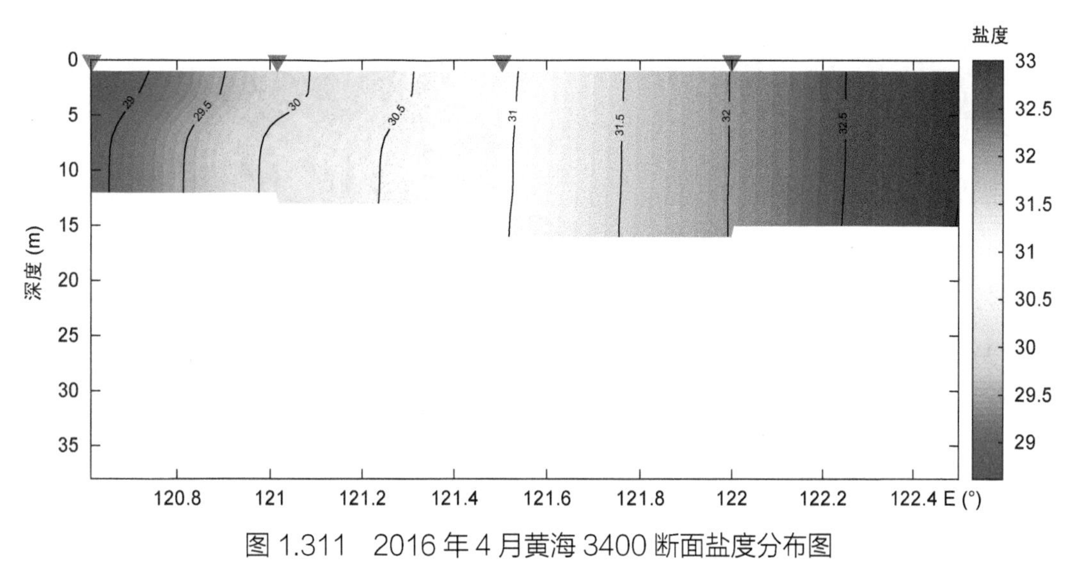

图 1.311　2016 年 4 月黄海 3400 断面盐度分布图

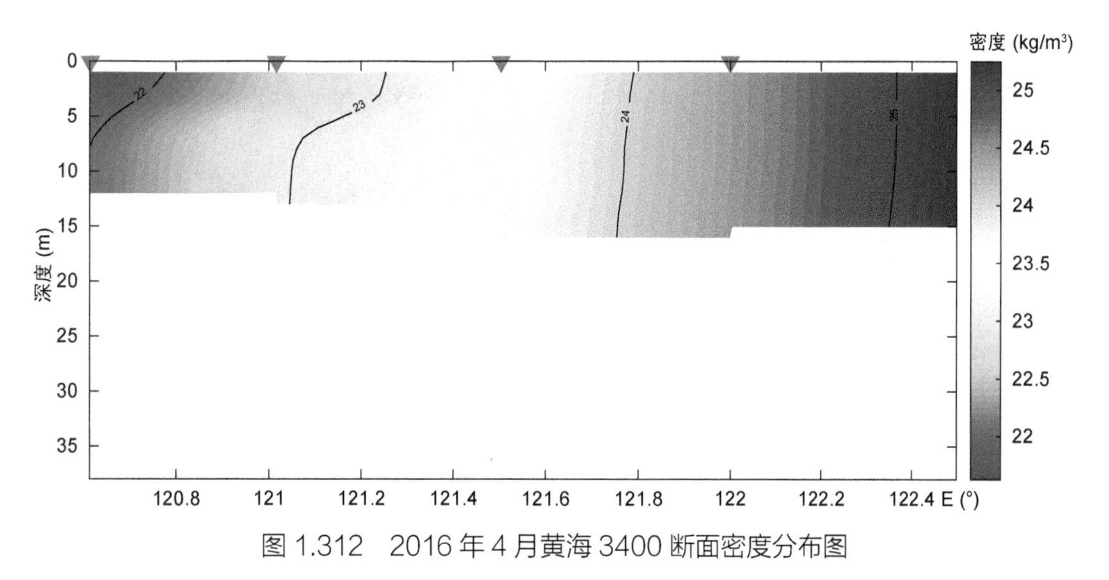

图 1.312　2016 年 4 月黄海 3400 断面密度分布图

(2) 3500 断面

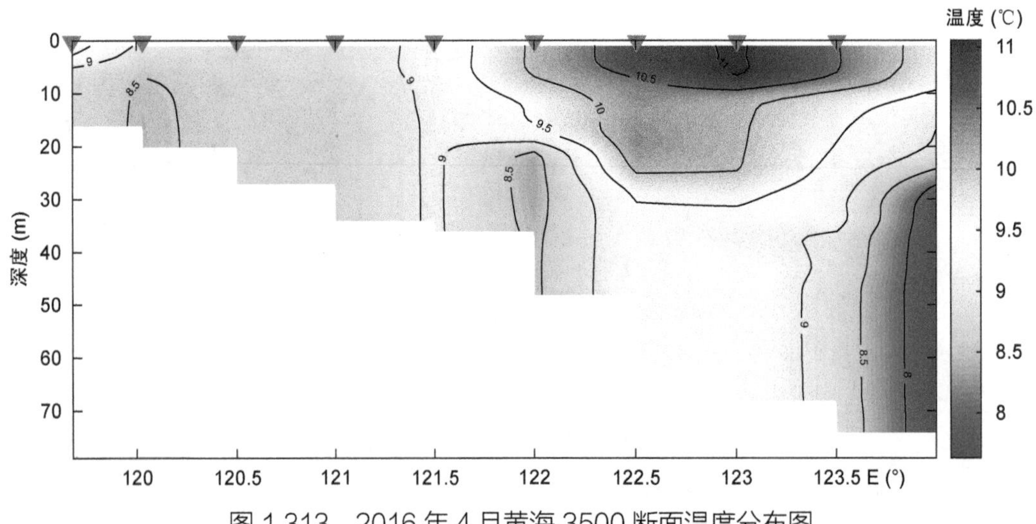

图 1.313　2016 年 4 月黄海 3500 断面温度分布图

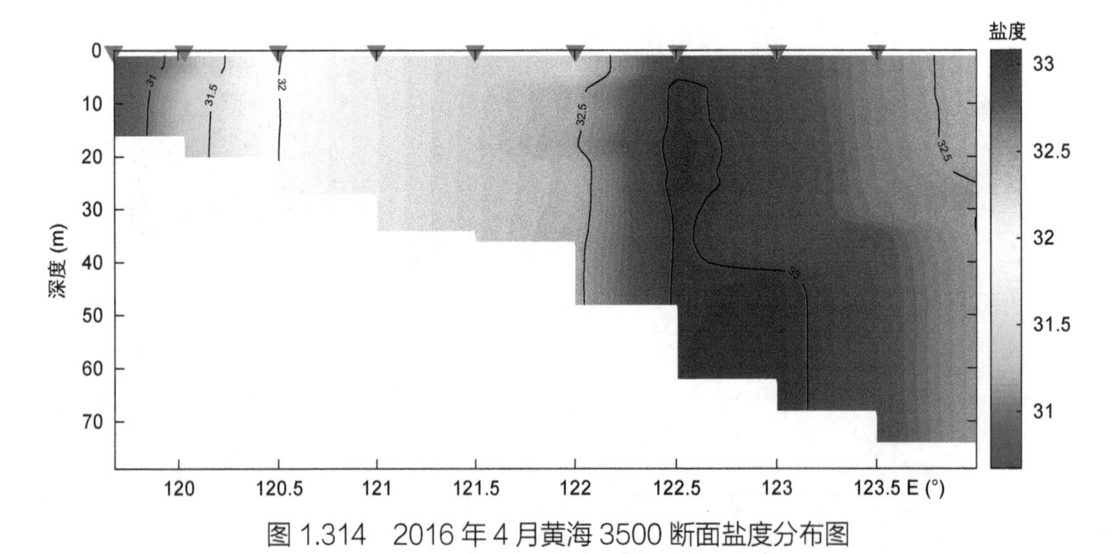

图 1.314　2016 年 4 月黄海 3500 断面盐度分布图

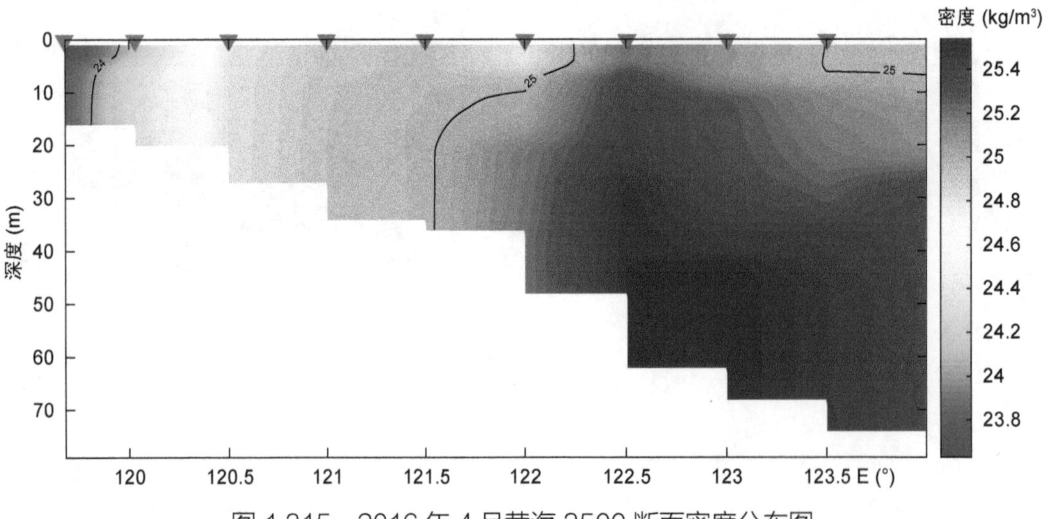

图 1.315　2016 年 4 月黄海 3500 断面密度分布图

(3) 3600 断面

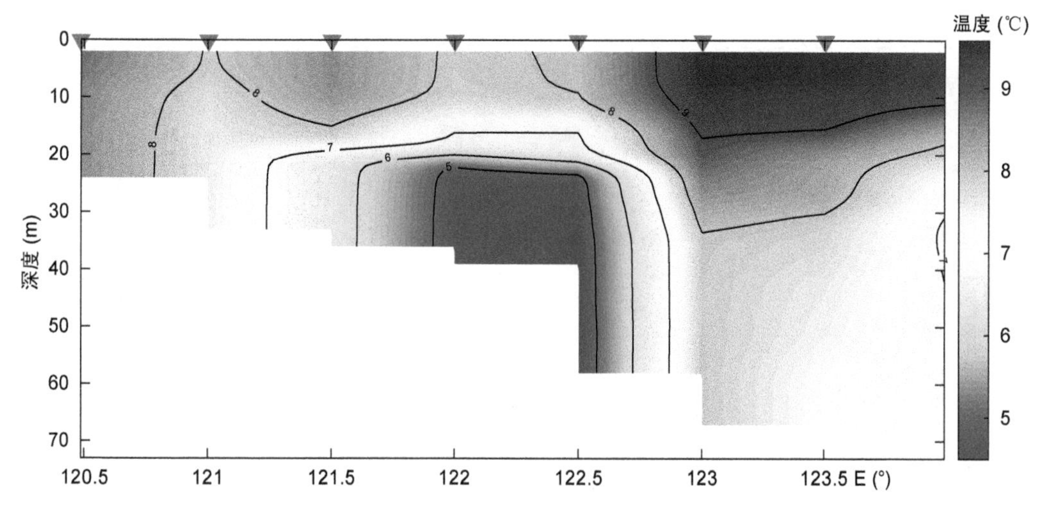

图 1.316　2016 年 4 月黄海 3600 断面温度分布图

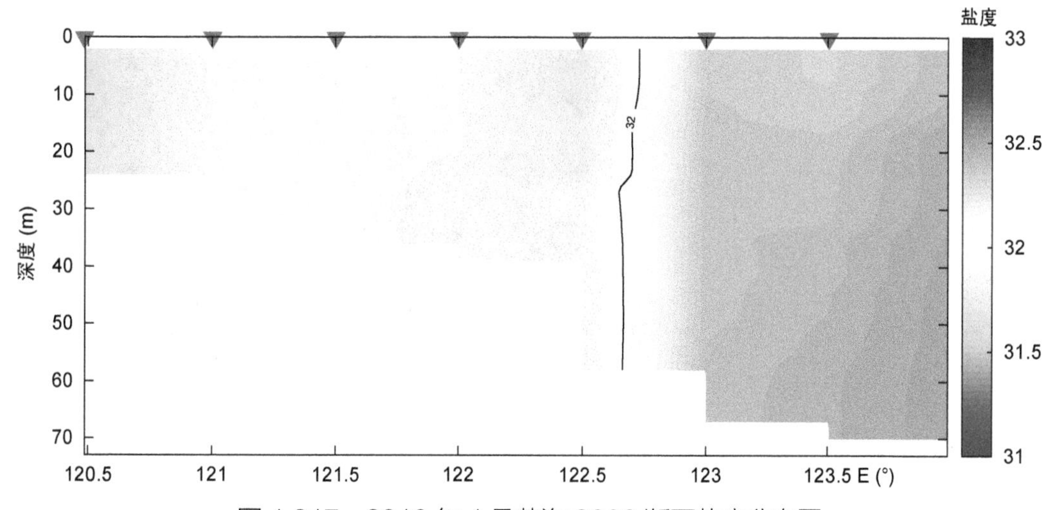

图 1.317　2016 年 4 月黄海 3600 断面盐度分布图

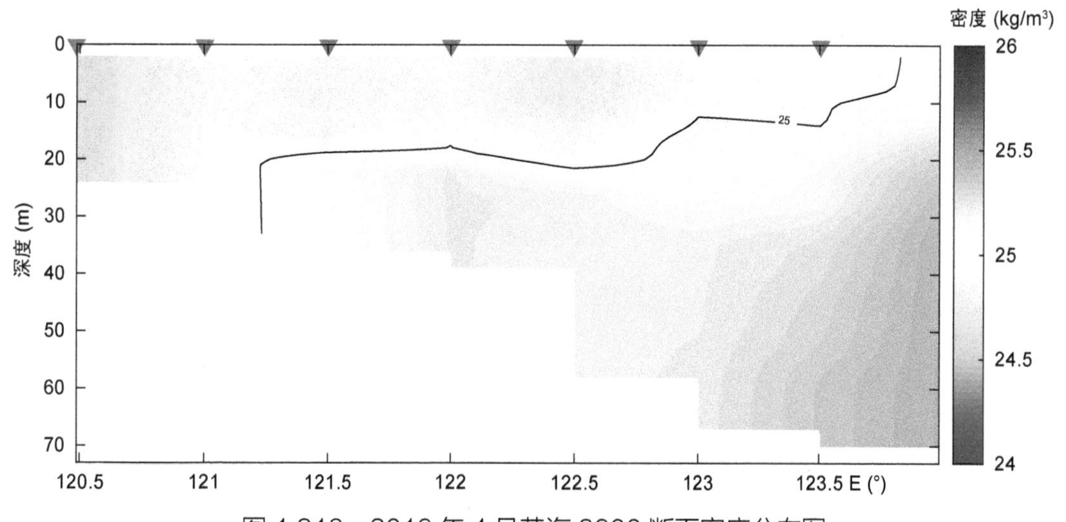

图 1.318　2016 年 4 月黄海 3600 断面密度分布图

(4) 12250 断面

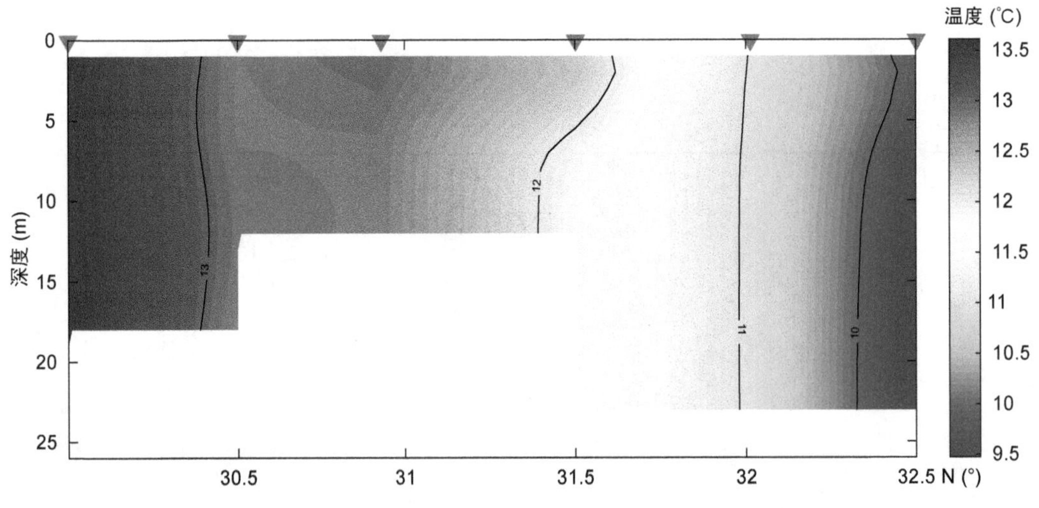

图 1.319　2016 年 4 月黄海 12250 断面温度分布图

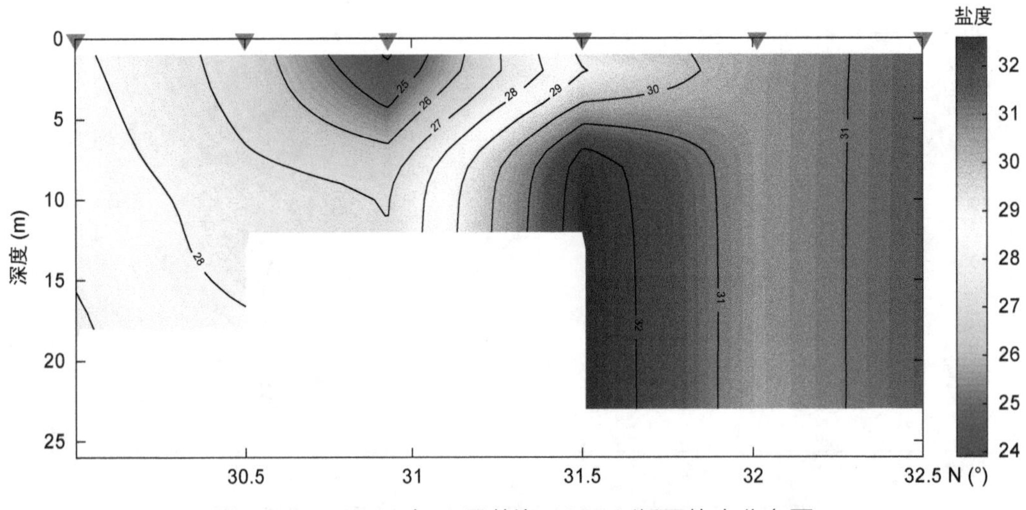

图 1.320　2016 年 4 月黄海 12250 断面盐度分布图

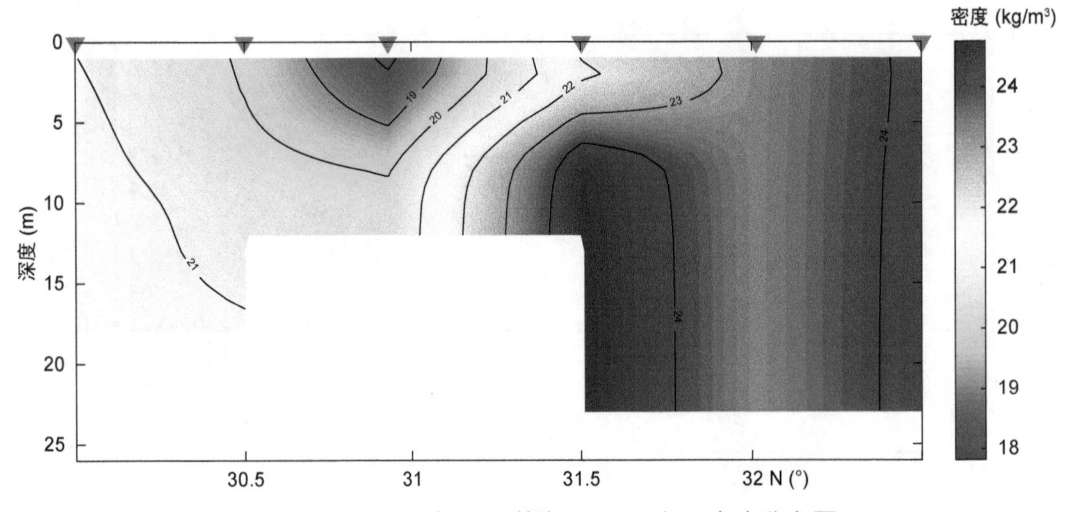

图 1.321　2016 年 4 月黄海 12250 断面密度分布图

(5) 12300 断面

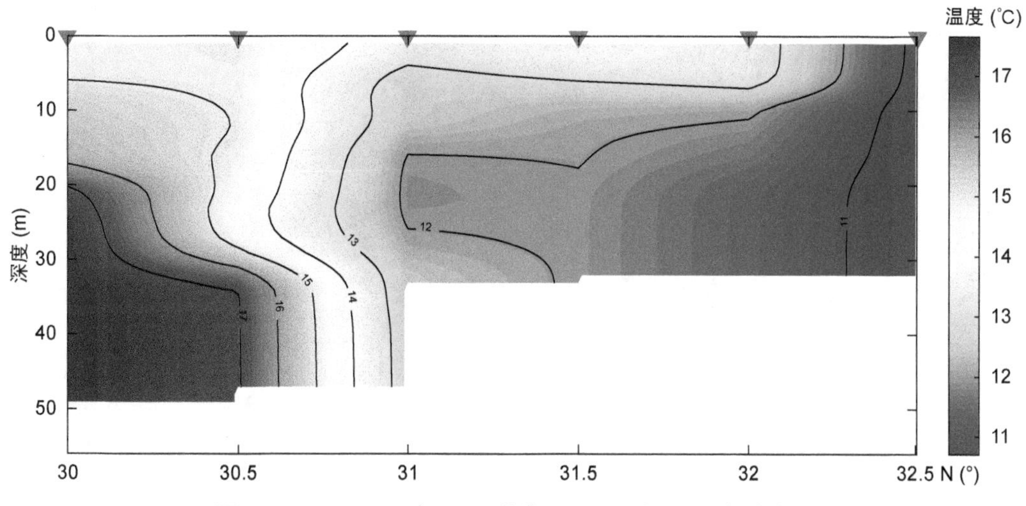

图 1.322　2016 年 4 月黄海 12300 断面温度分布图

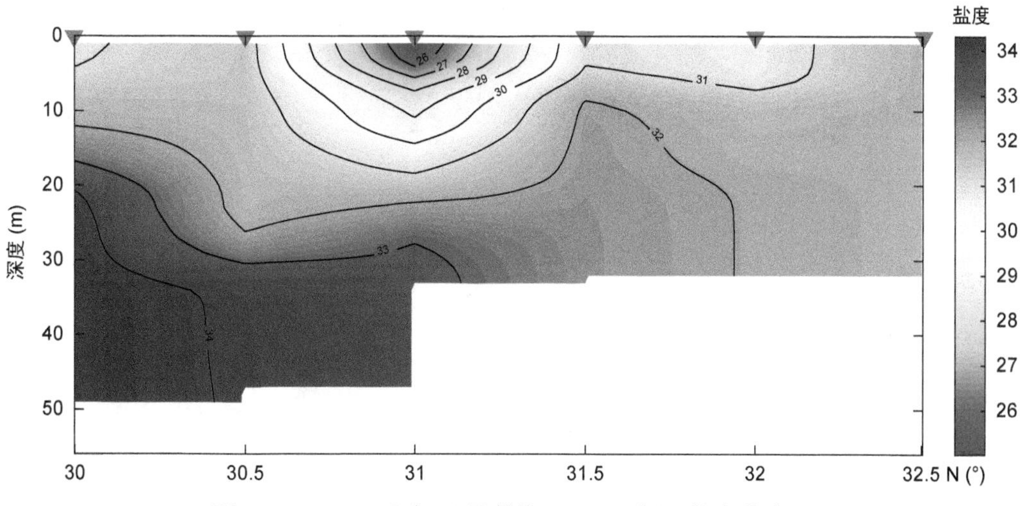

图 1.323　2016 年 4 月黄海 12300 断面盐度分布图

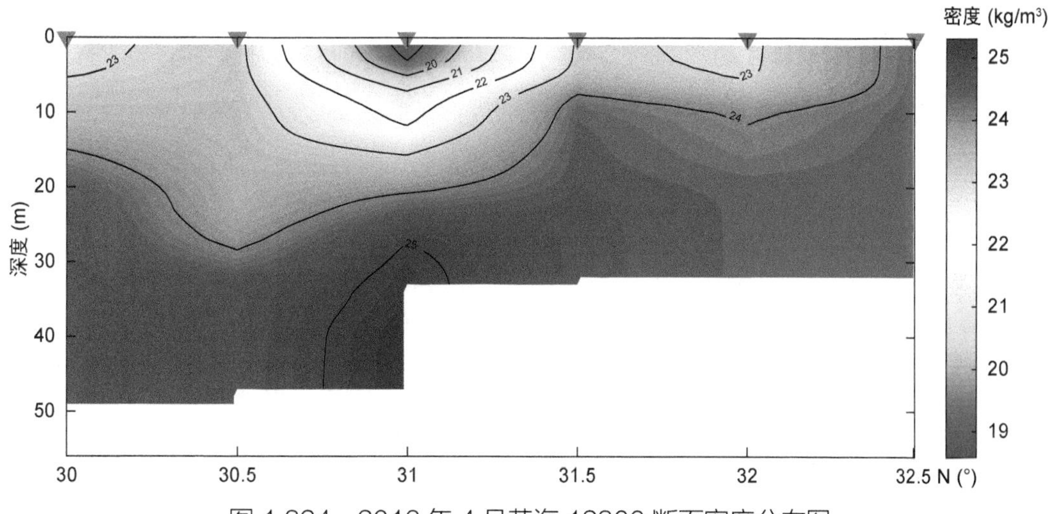

图 1.324　2016 年 4 月黄海 12300 断面密度分布图

(6) ZA 断面

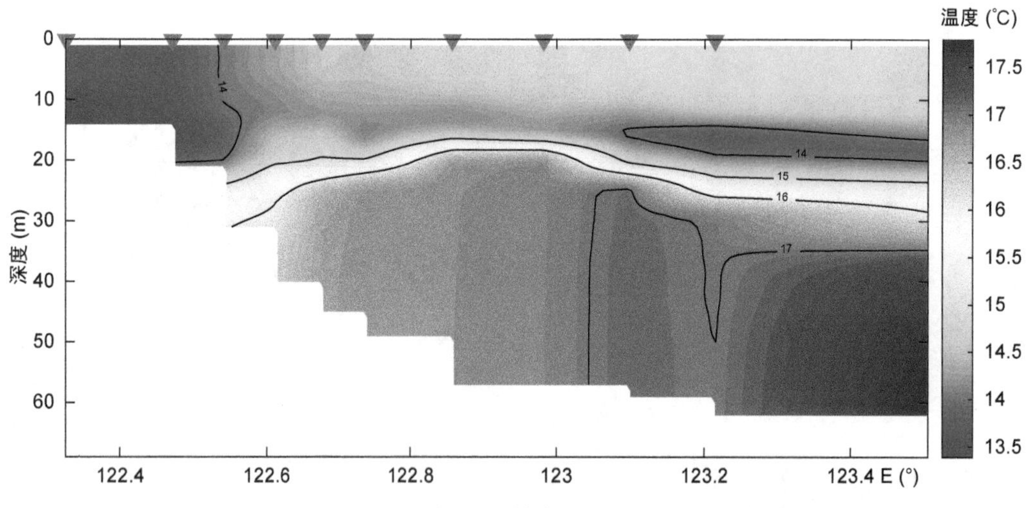

图 1.325　2016 年 4 月黄海 ZA 断面温度分布图

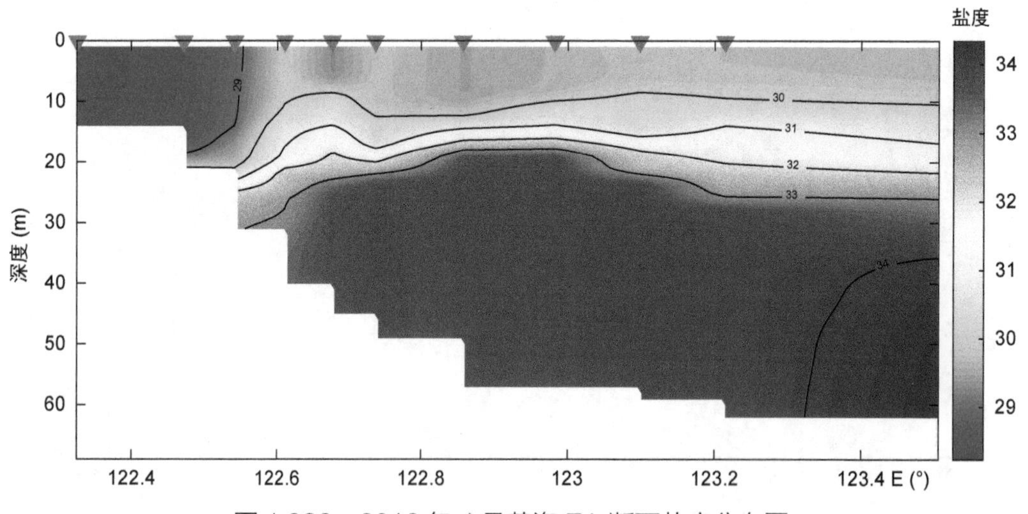

图 1.326　2016 年 4 月黄海 ZA 断面盐度分布图

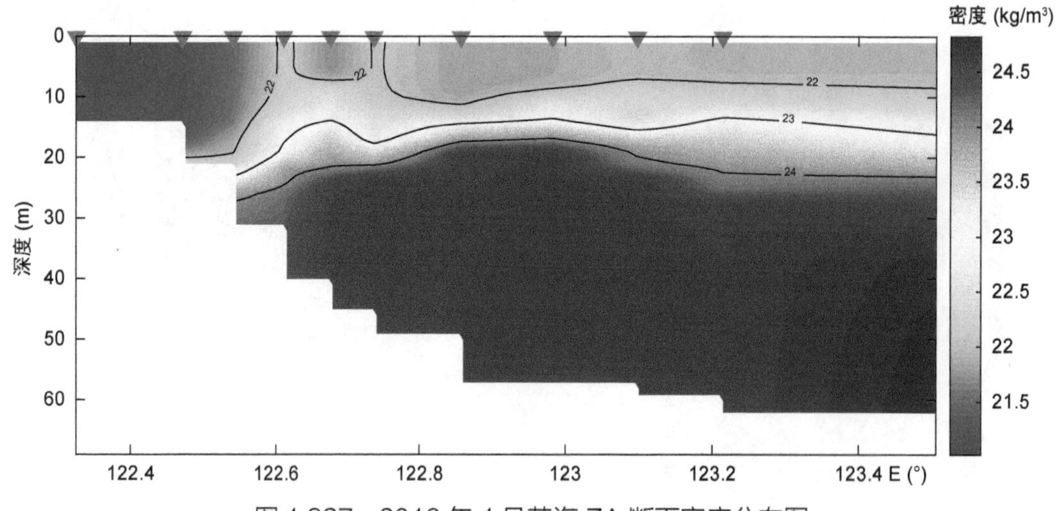

图 1.327　2016 年 4 月黄海 ZA 断面密度分布图

(7) ZB 断面

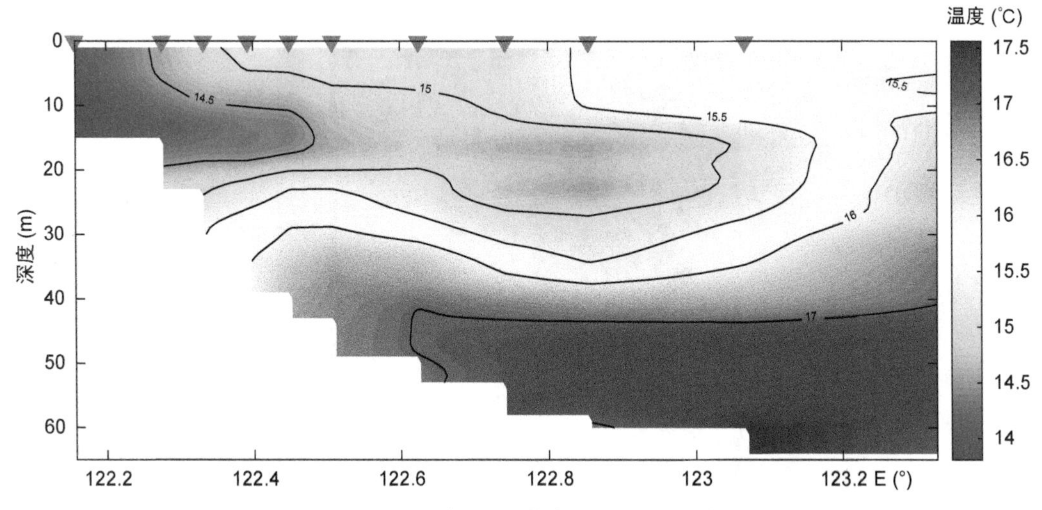

图 1.328　2016 年 4 月黄海 ZB 断面温度分布图

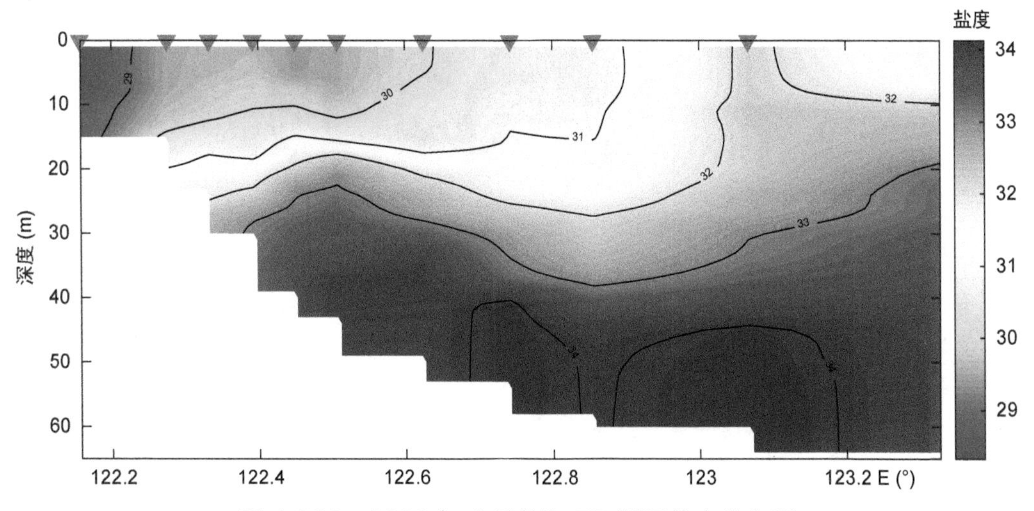

图 1.329　2016 年 4 月黄海 ZB 断面盐度分布图

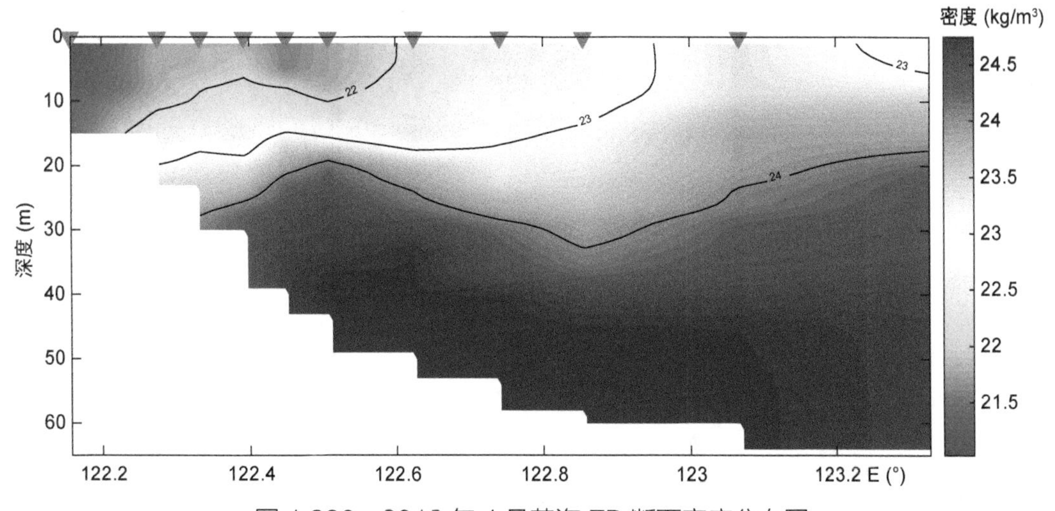

图 1.330　2016 年 4 月黄海 ZB 断面密度分布图

1.9.2 平面图

(1) 表层

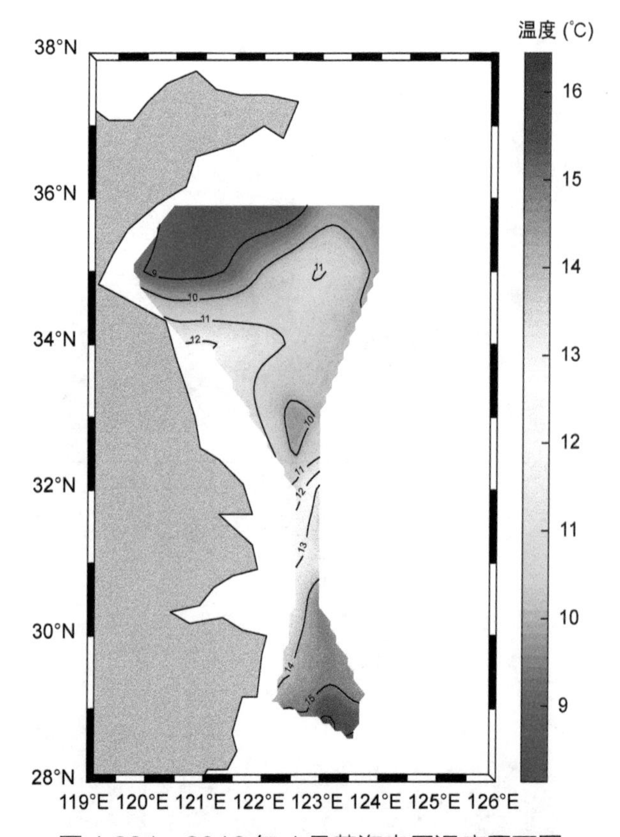

图 1.331　2016 年 4 月黄海表层温度平面图

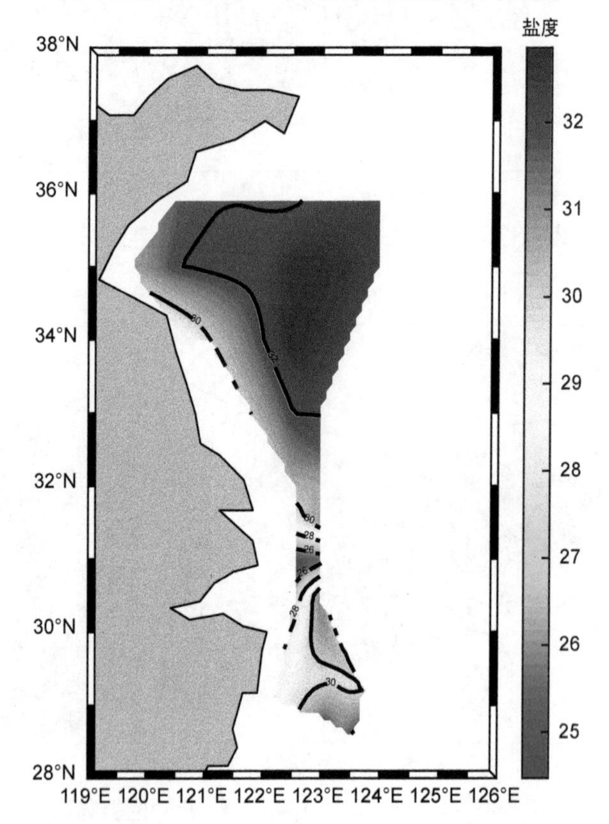

图 1.332　2016 年 4 月黄海表层盐度平面图

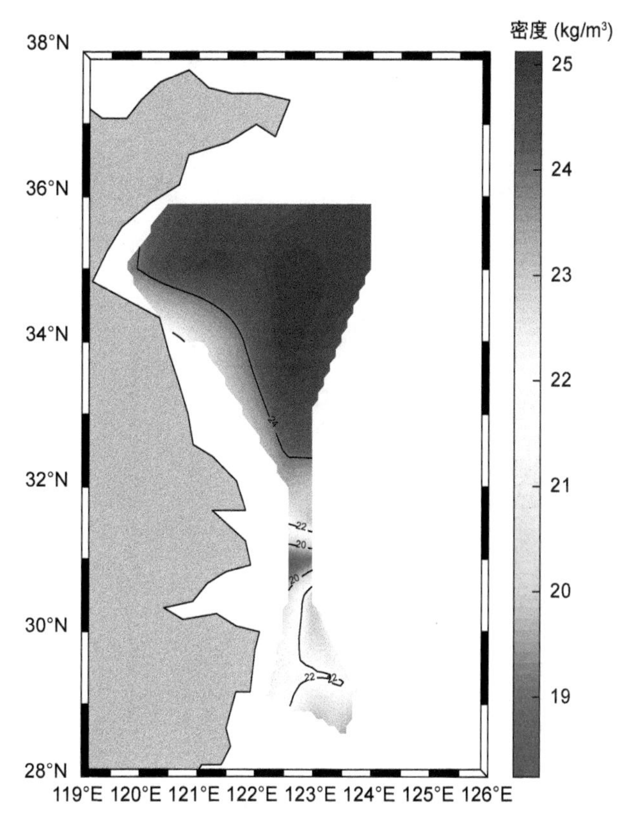

图 1.333 2016 年 4 月黄海表层密度平面图

(2) 20m 层

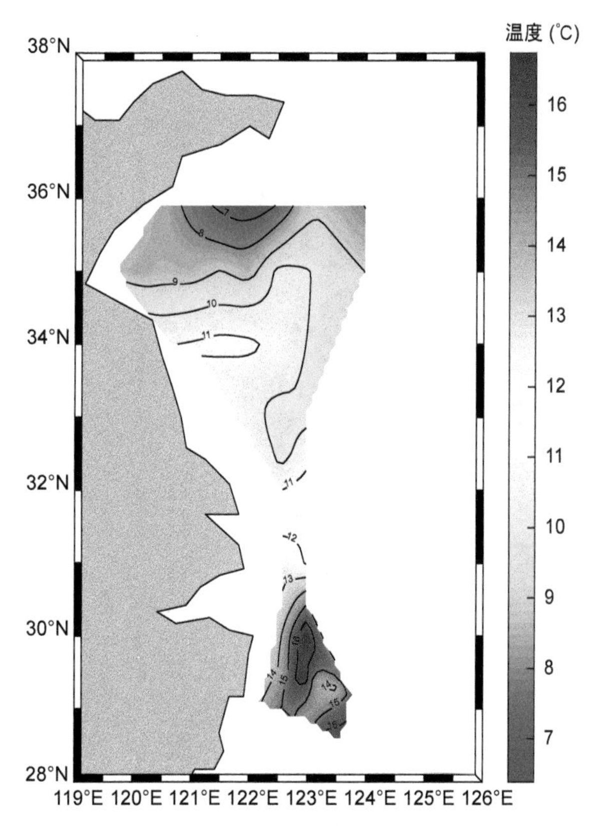

图 1.334 2016 年 4 月黄海 20m 层温度平面图

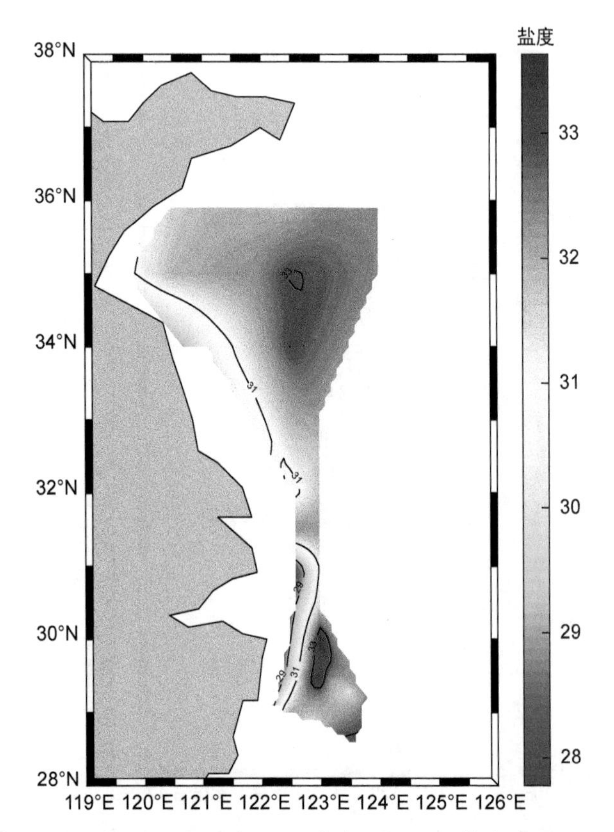

图 1.335　2016 年 4 月黄海 20m 层盐度平面图

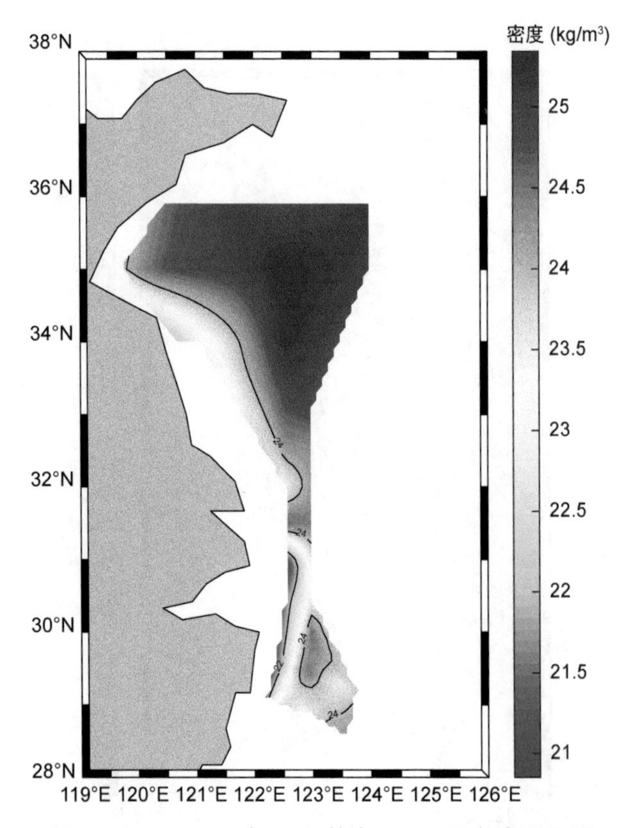

图 1.336　2016 年 4 月黄海 20m 层密度平面图

(3) 底层

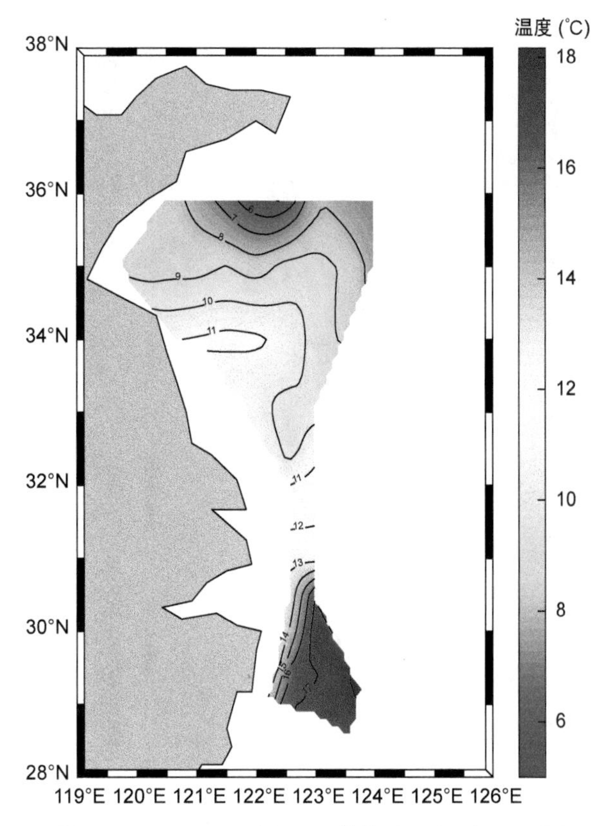

图 1.337　2016 年 4 月黄海底层温度平面图

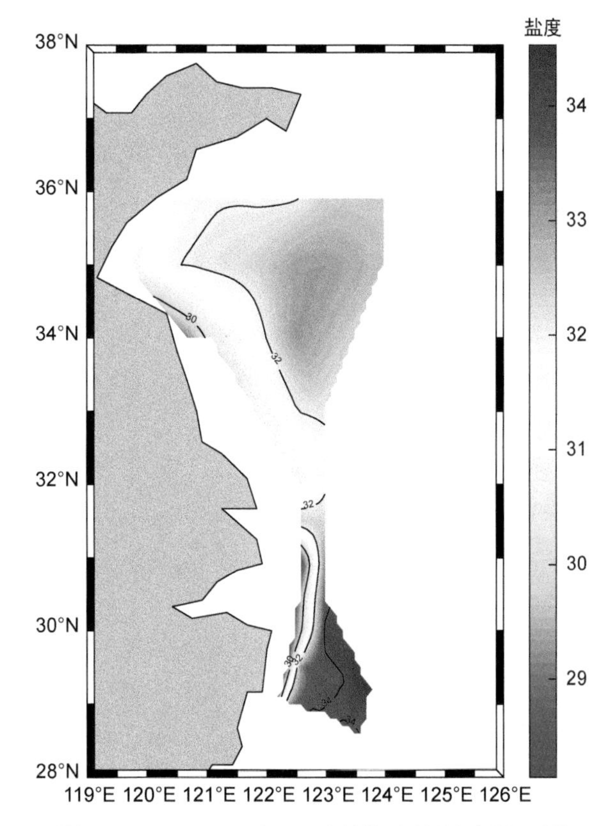

图 1.338　2016 年 4 月黄海底层盐度平面图

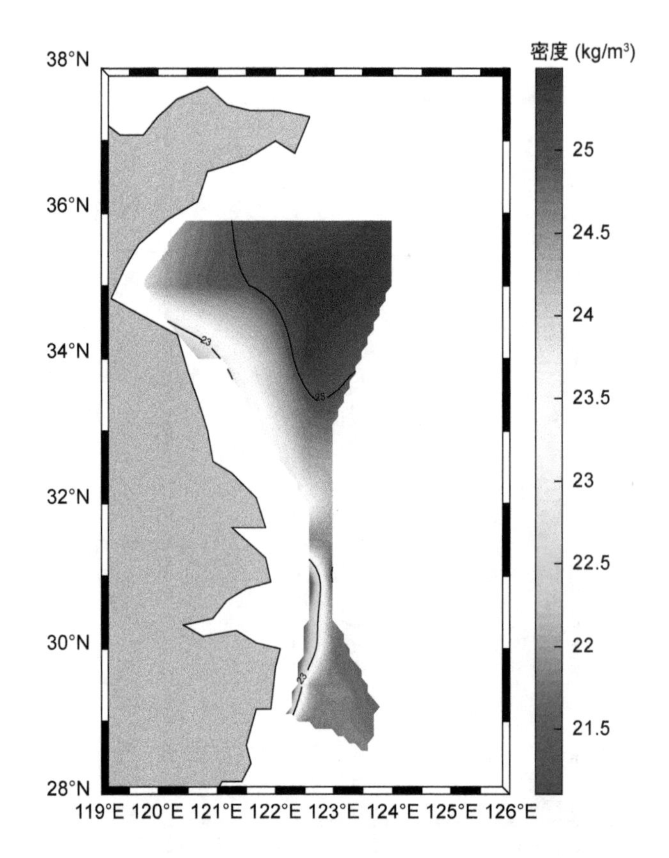

图 1.339　2016 年 4 月黄海底层密度平面图

1.10 2016年5月黄海

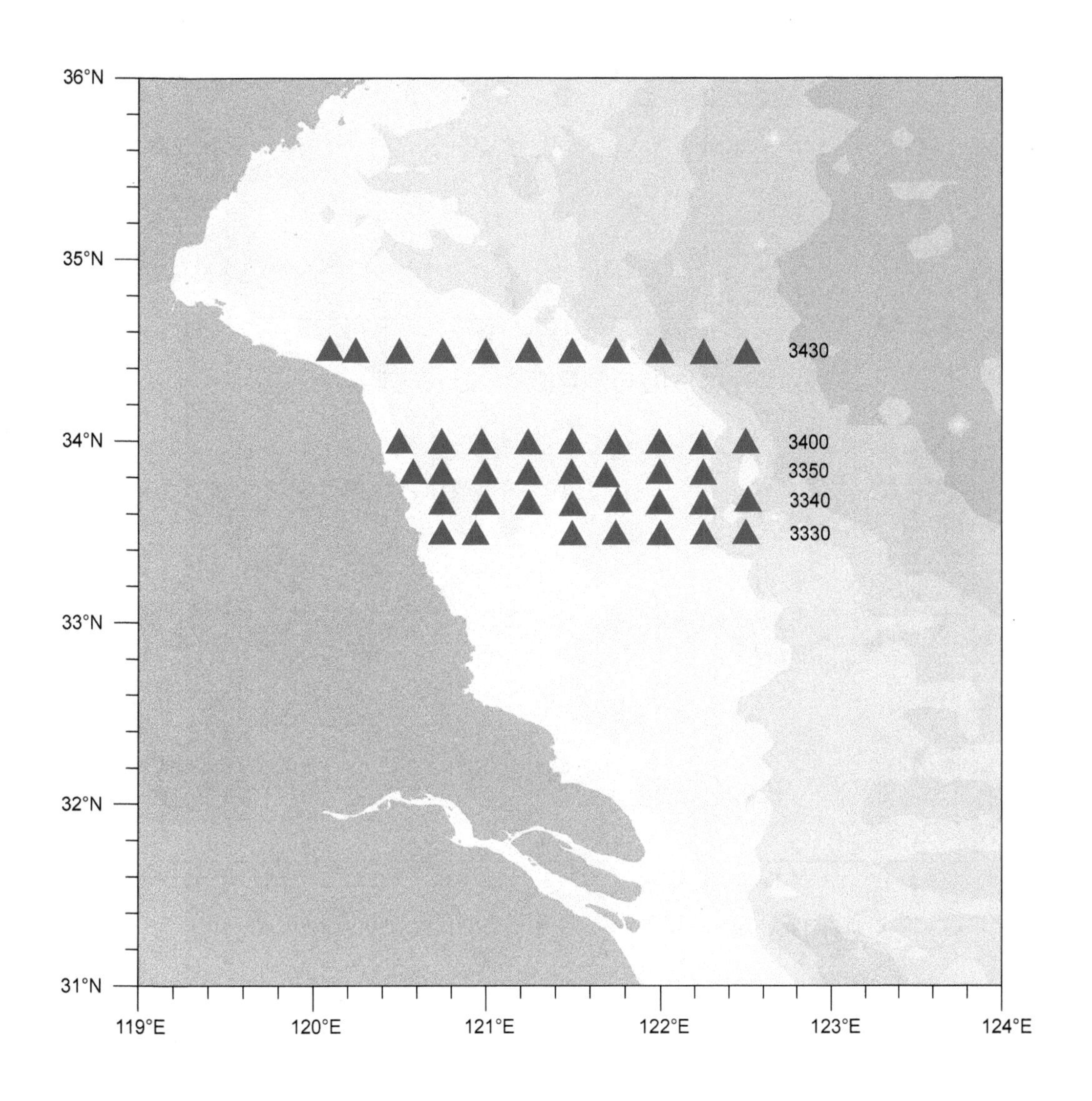

图1.340 2016年5月黄海调查站位图
（2016年5月17日-2016年5月24日）

1.10.1 断面图

(1) 3330 断面

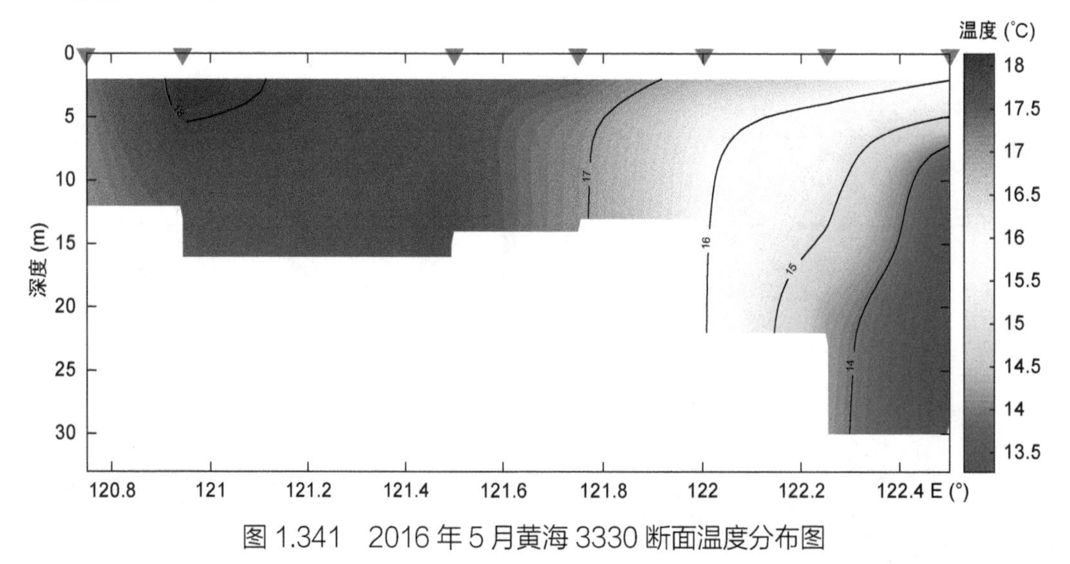

图 1.341 2016 年 5 月黄海 3330 断面温度分布图

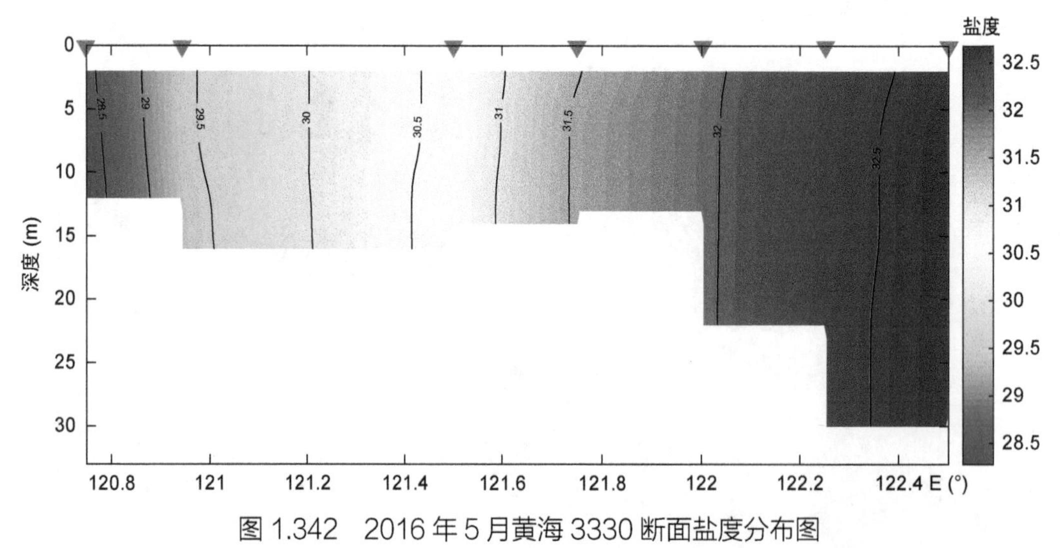

图 1.342 2016 年 5 月黄海 3330 断面盐度分布图

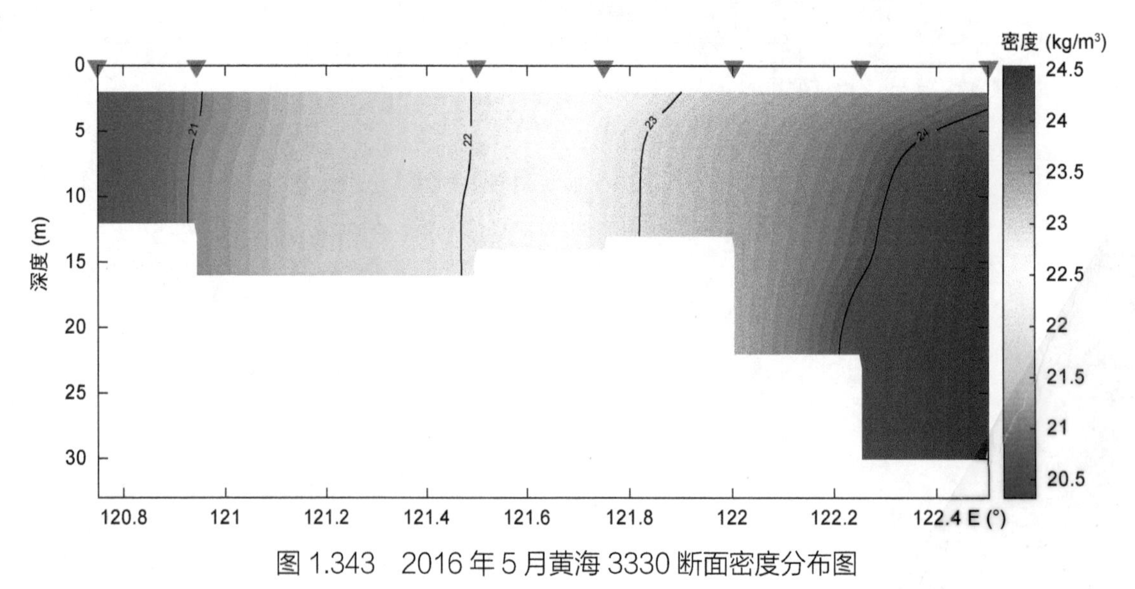

图 1.343 2016 年 5 月黄海 3330 断面密度分布图

(2) 3340 断面

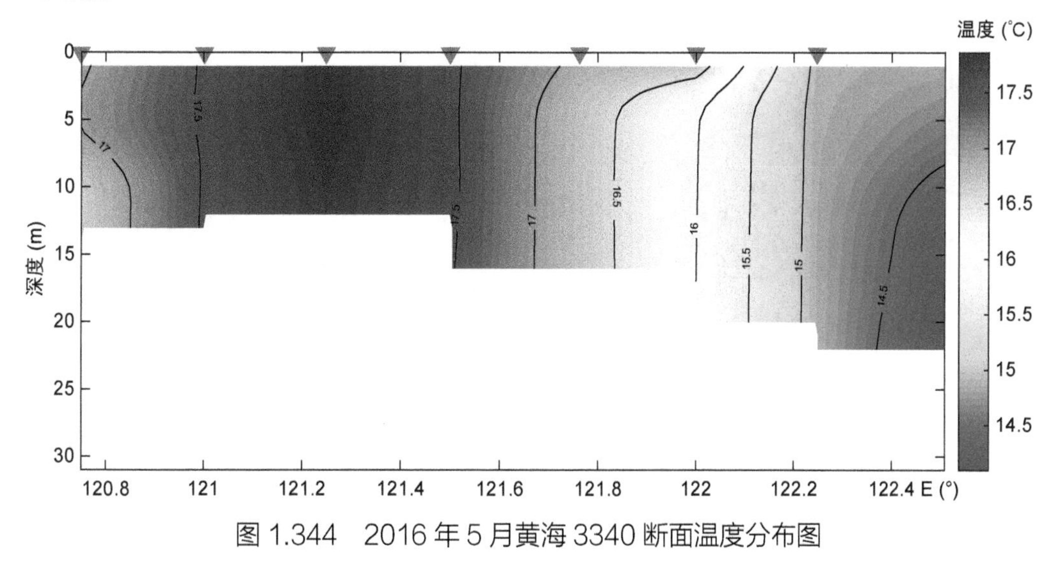

图 1.344　2016 年 5 月黄海 3340 断面温度分布图

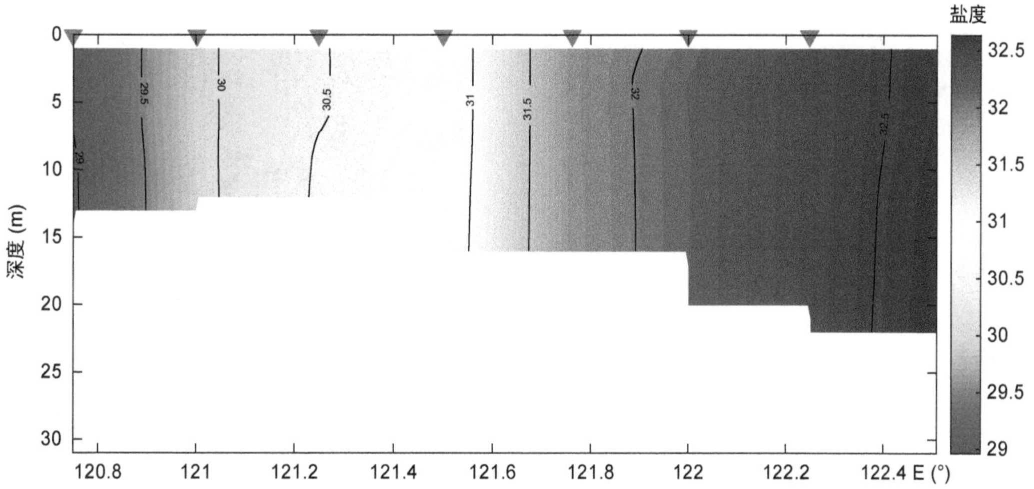

图 1.345　2016 年 5 月黄海 3340 断面盐度分布图

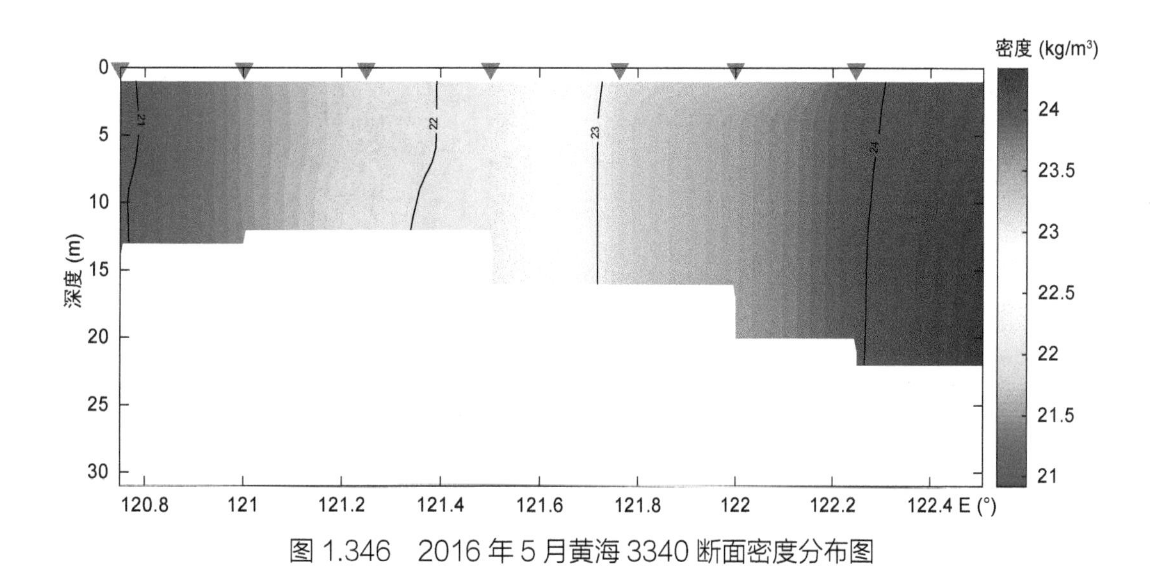

图 1.346　2016 年 5 月黄海 3340 断面密度分布图

(3) 3350 断面

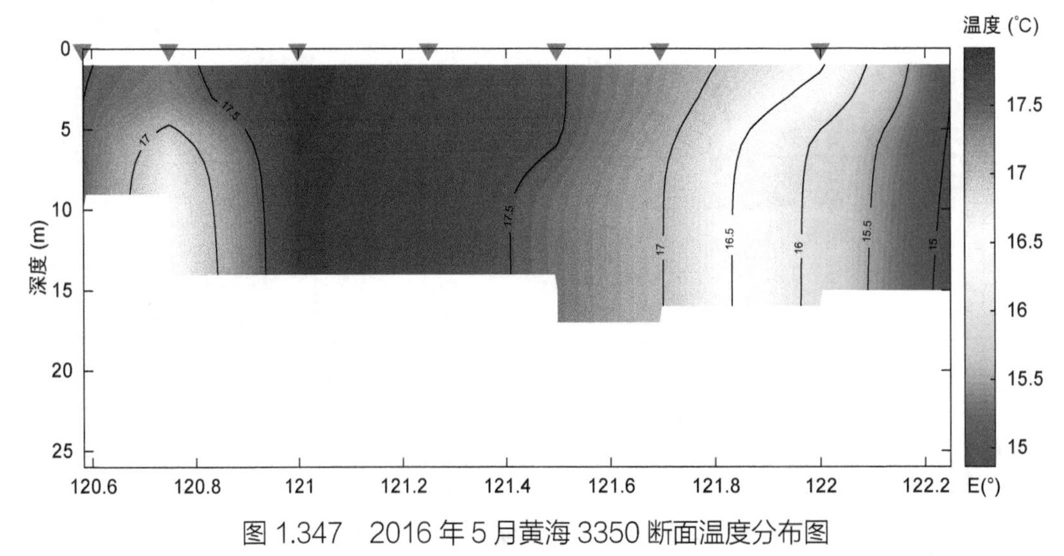

图 1.347　2016 年 5 月黄海 3350 断面温度分布图

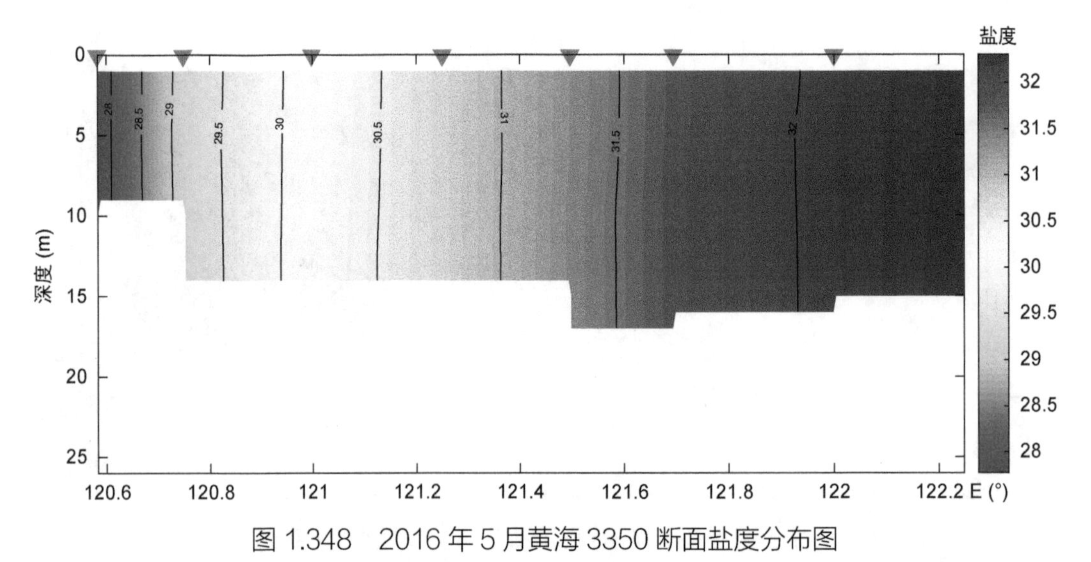

图 1.348　2016 年 5 月黄海 3350 断面盐度分布图

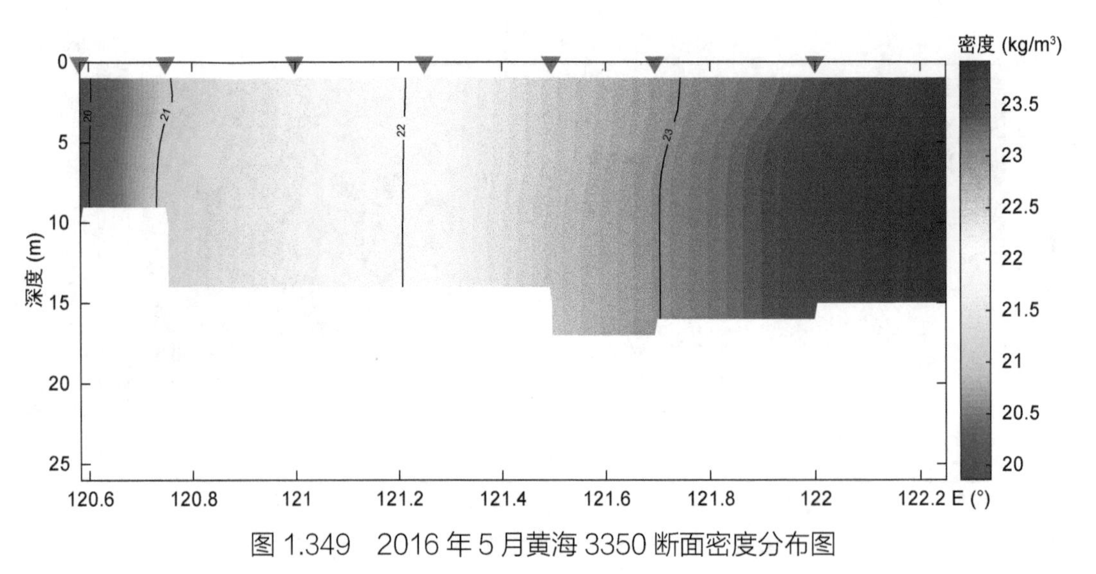

图 1.349　2016 年 5 月黄海 3350 断面密度分布图

(4) 3400 断面

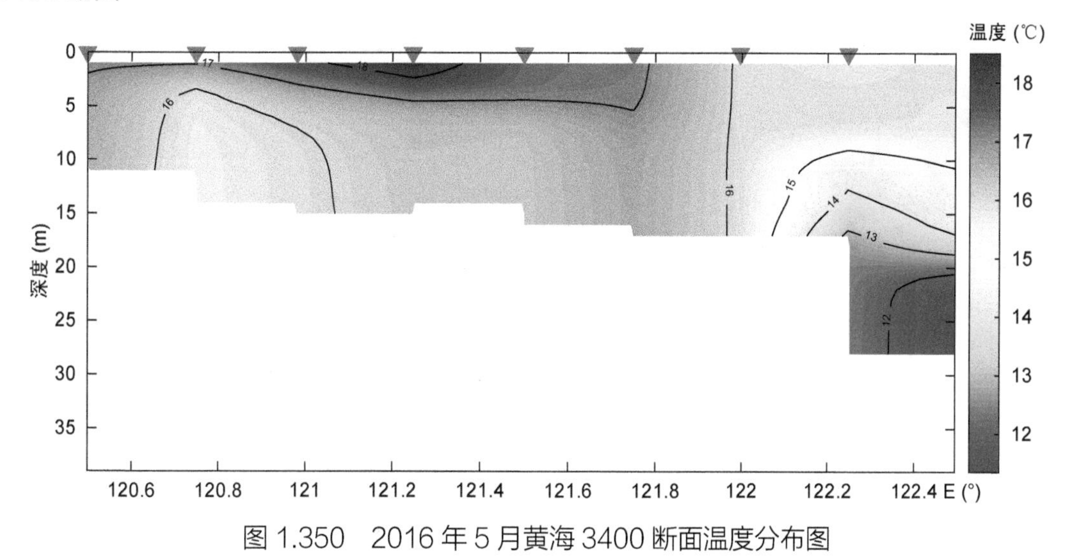

图 1.350　2016 年 5 月黄海 3400 断面温度分布图

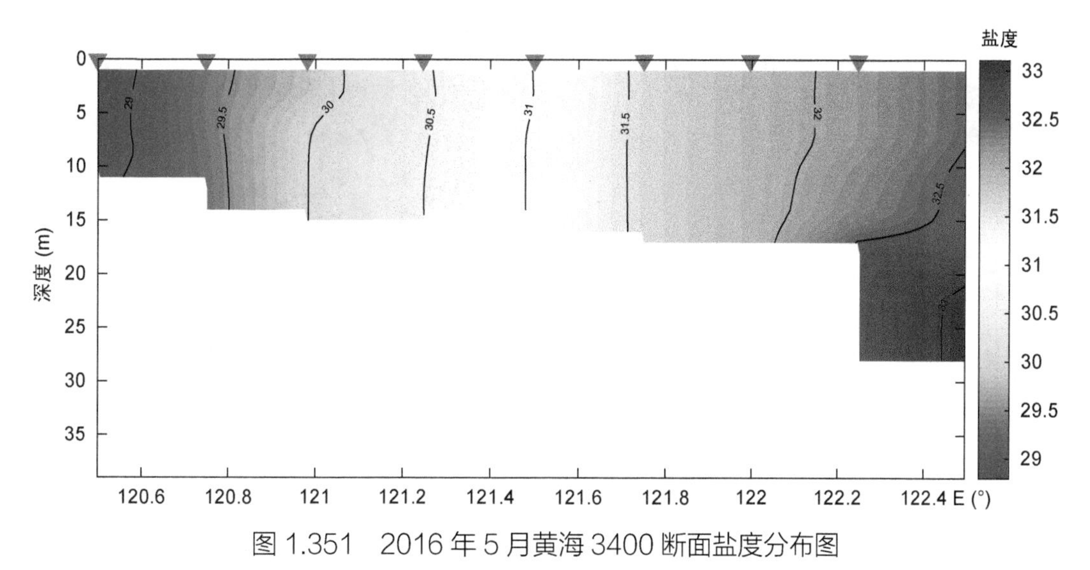

图 1.351　2016 年 5 月黄海 3400 断面盐度分布图

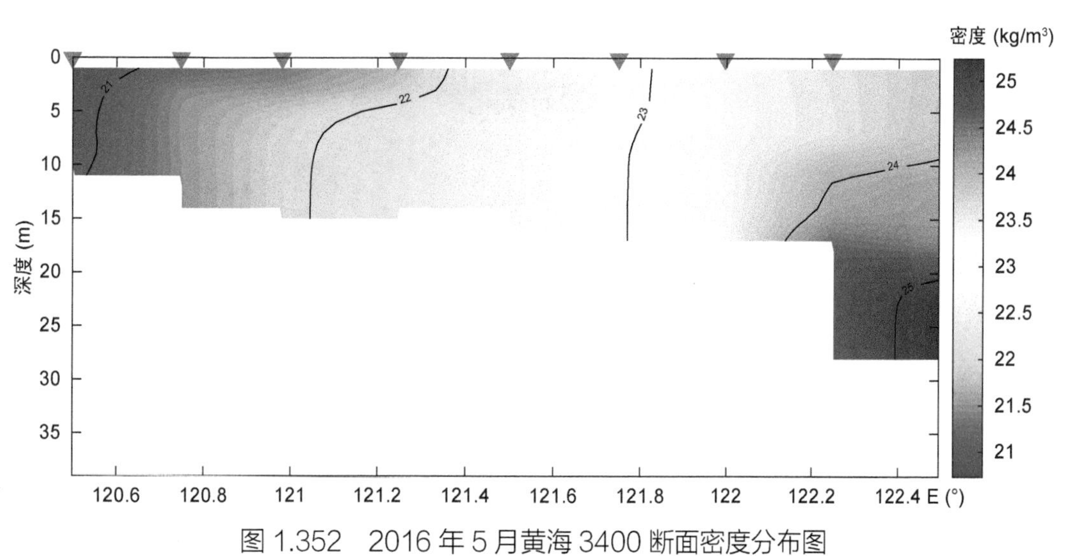

图 1.352　2016 年 5 月黄海 3400 断面密度分布图

(5) 3430 断面

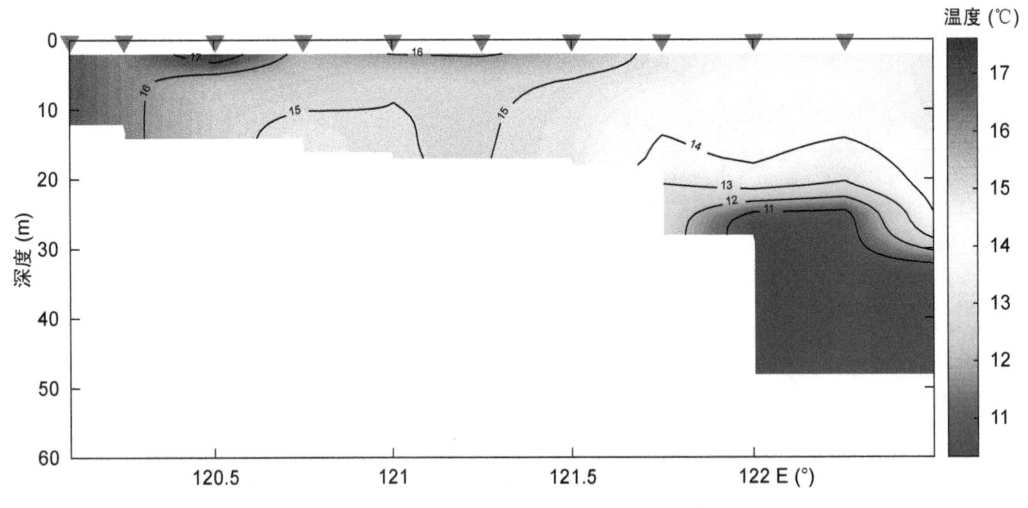

图 1.353　2016 年 5 月黄海 3430 断面温度分布图

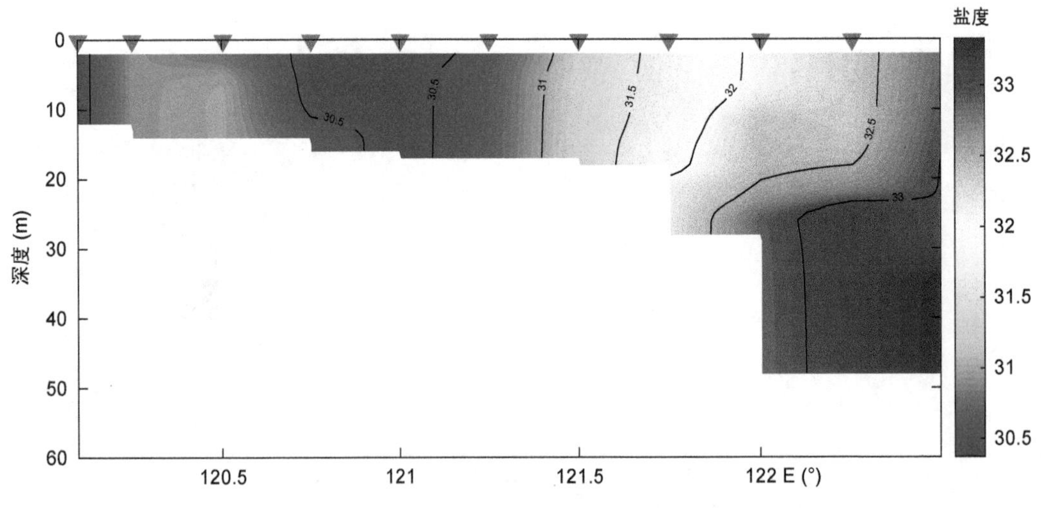

图 1.354　2016 年 5 月黄海 3430 断面盐度分布图

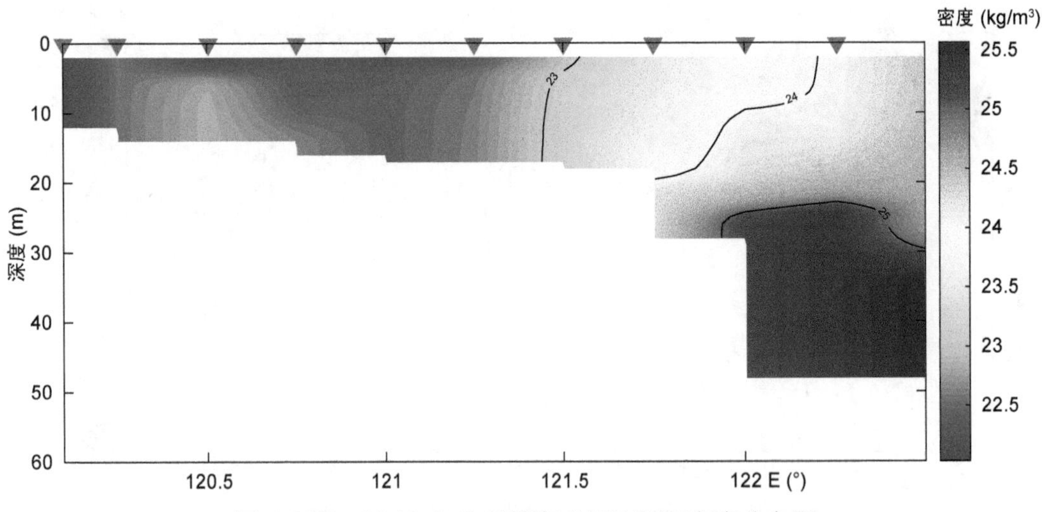

图 1.355　2016 年 5 月黄海 3430 断面密度分布图

1.10.2 平面图

(1) 表层

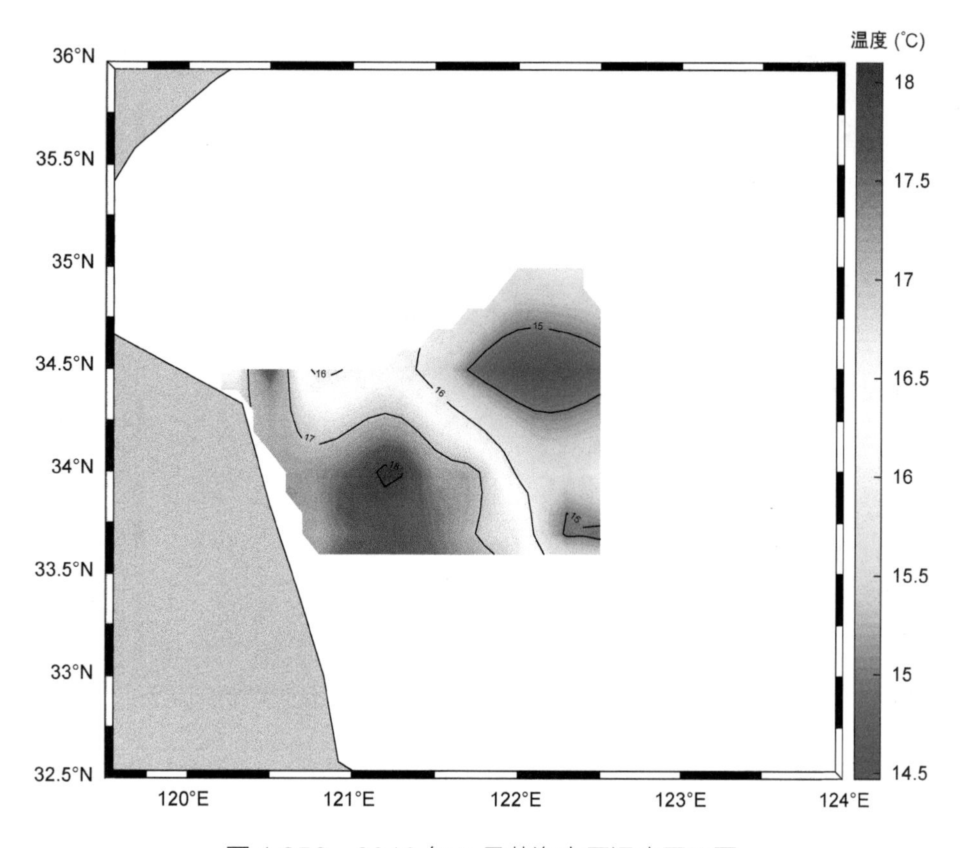

图 1.356 2016 年 5 月黄海表层温度平面图

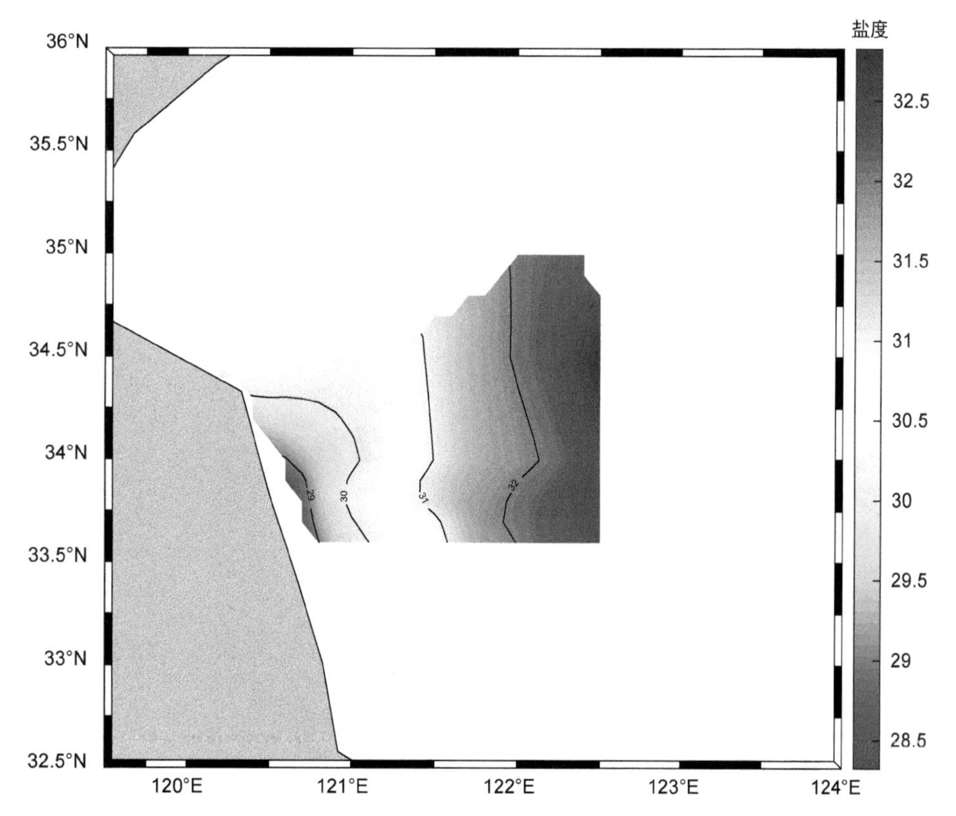

图 1.357 2016 年 5 月黄海表层盐度平面图

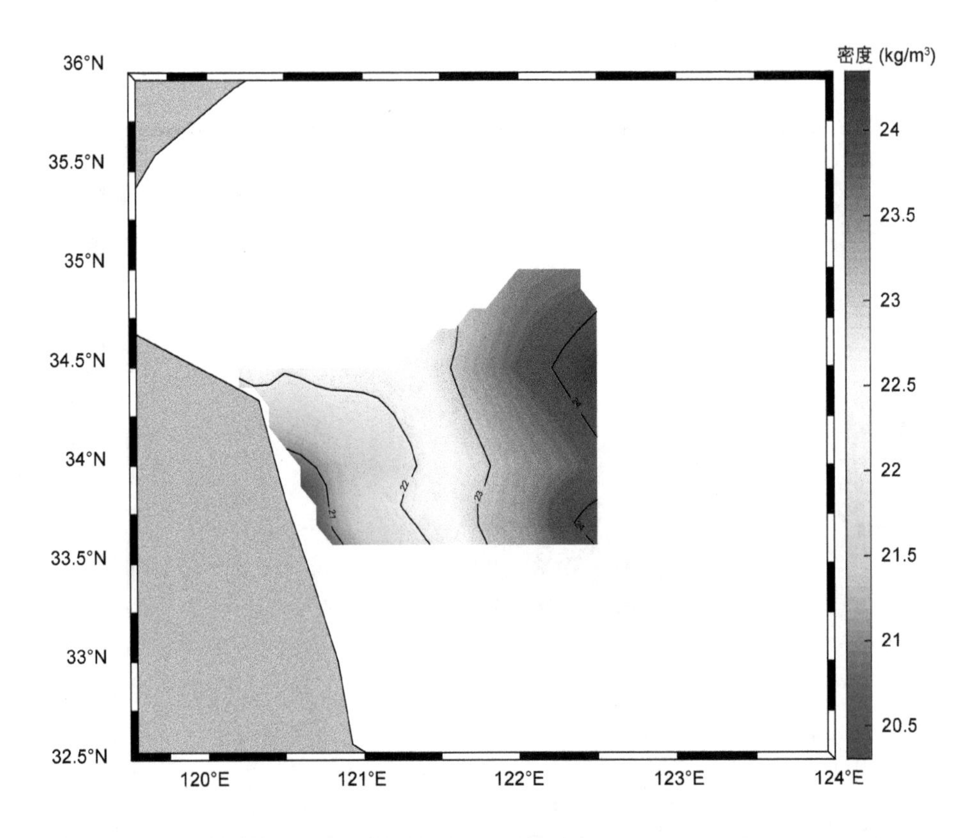

图 1.358　2016 年 5 月黄海表层密度平面图

(2) 20m 层

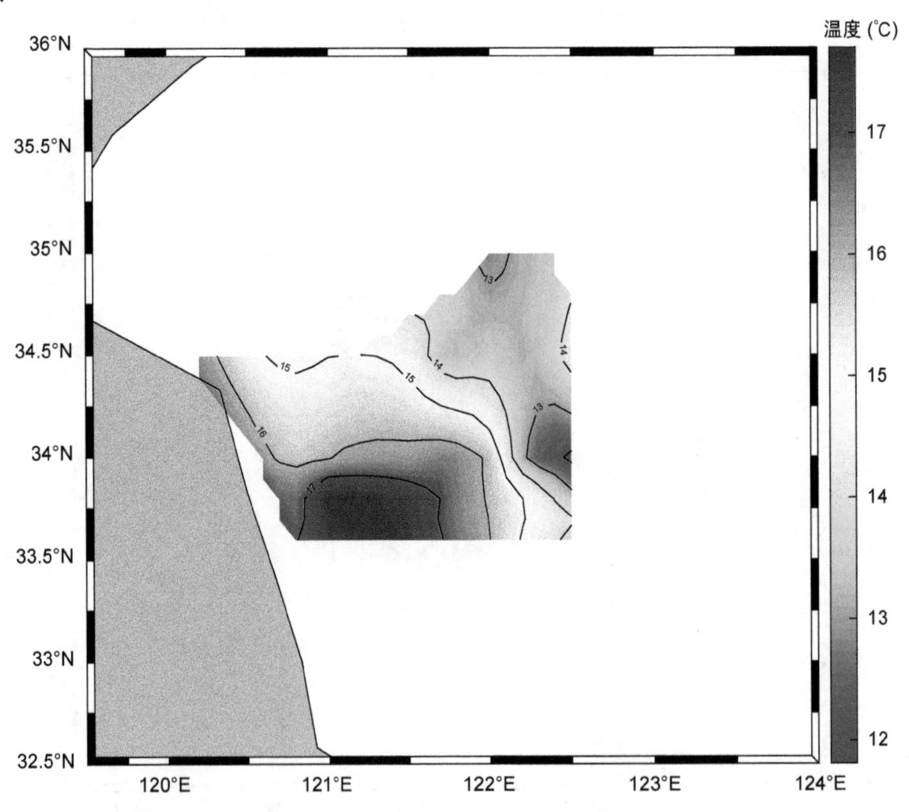

图 1.359　2016 年 5 月黄海 20m 层温度平面图

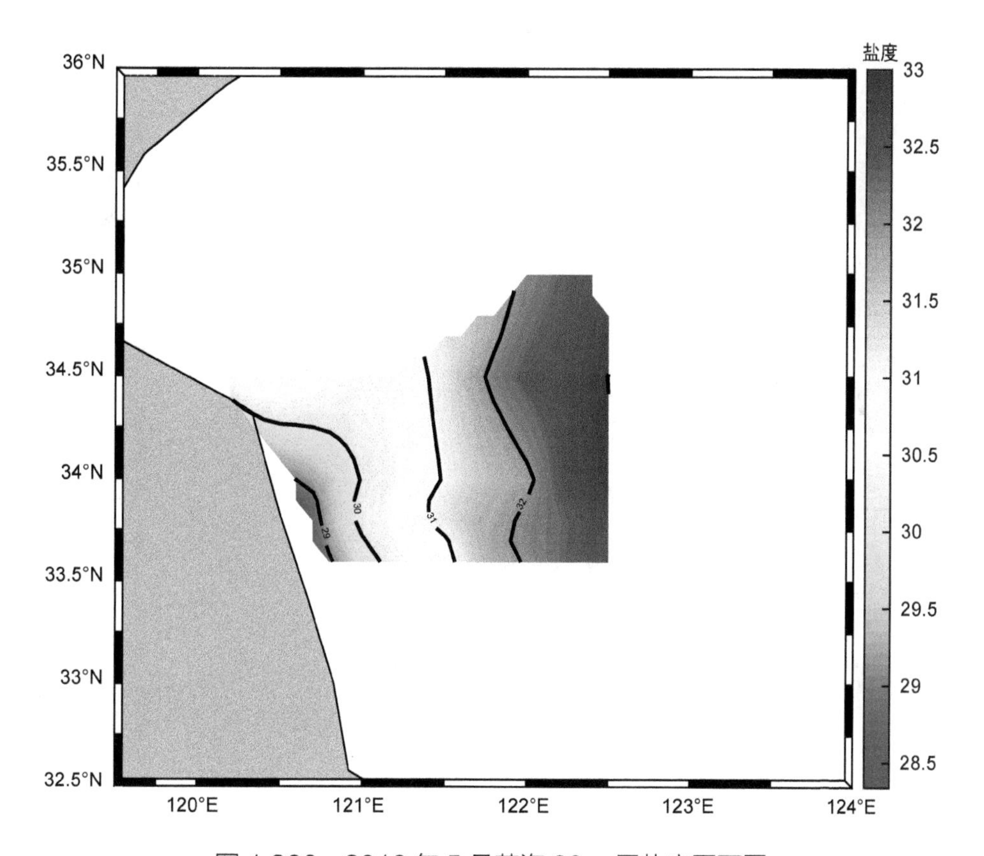

图 1.360 2016 年 5 月黄海 20m 层盐度平面图

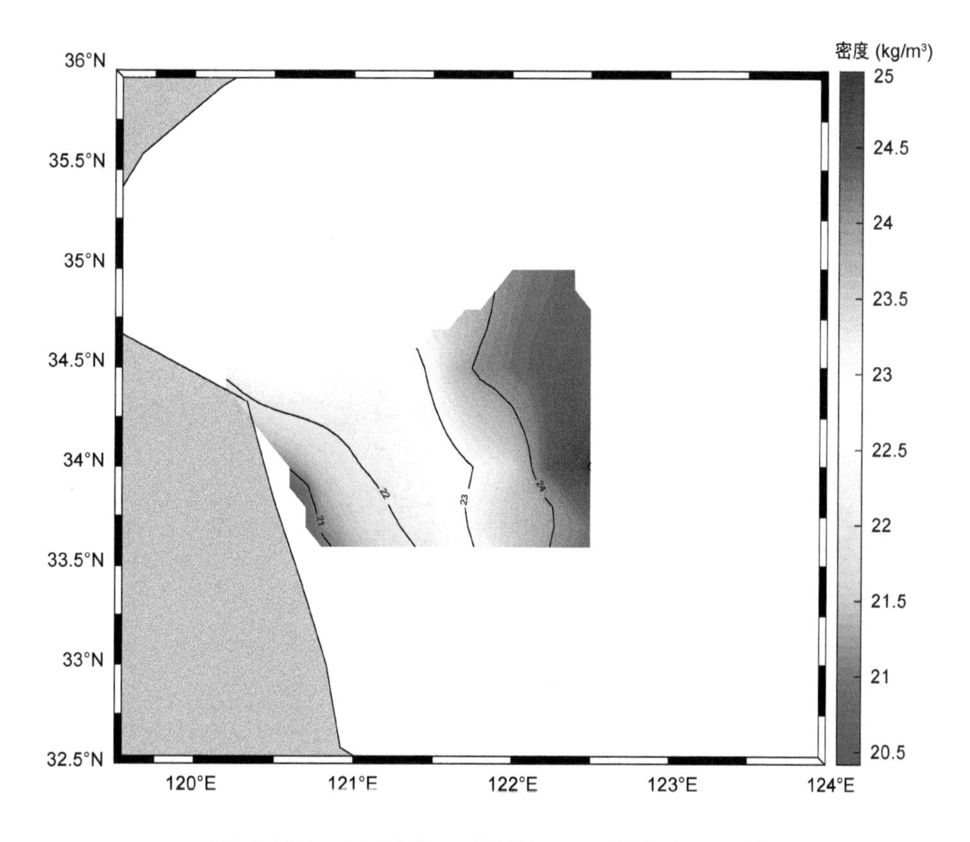

图 1.361 2016 年 5 月黄海 20m 层密度平面图

(3) 底层

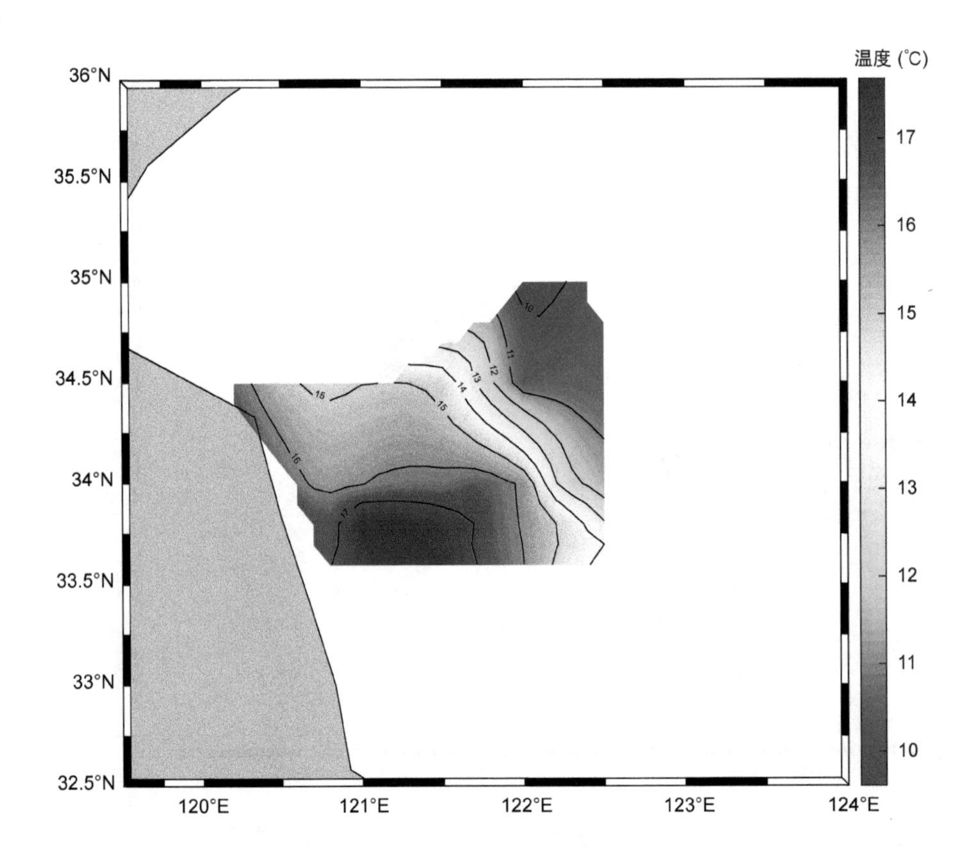

图 1.362　2016 年 5 月黄海底层温度平面图

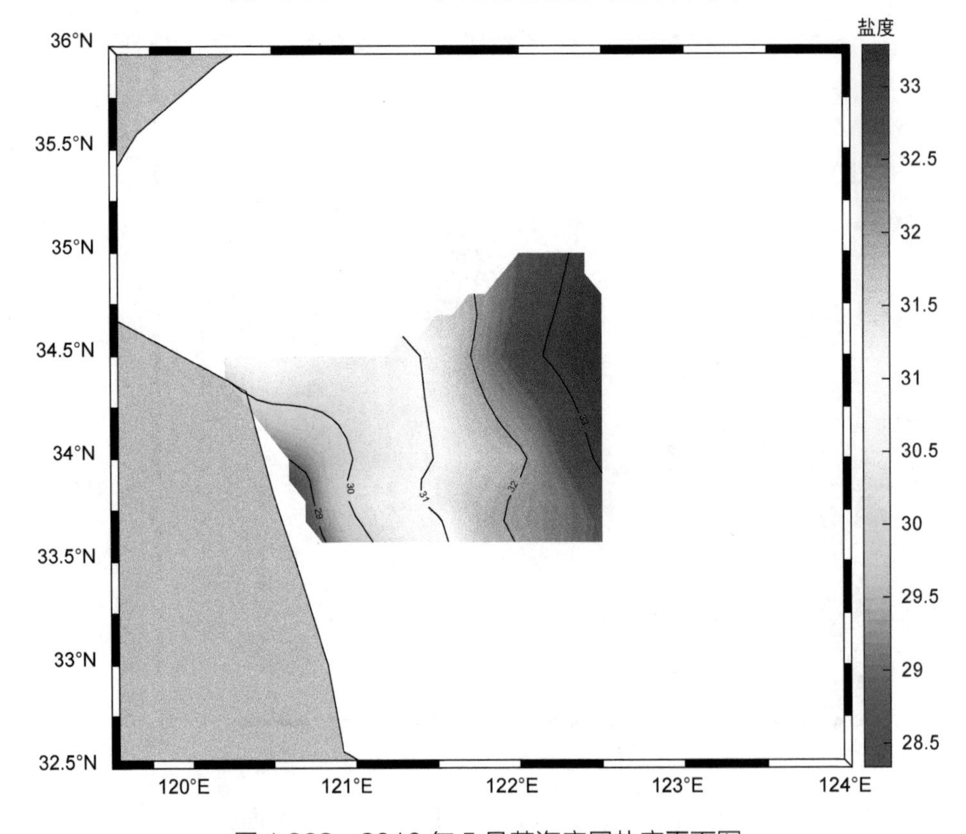

图 1.363　2016 年 5 月黄海底层盐度平面图

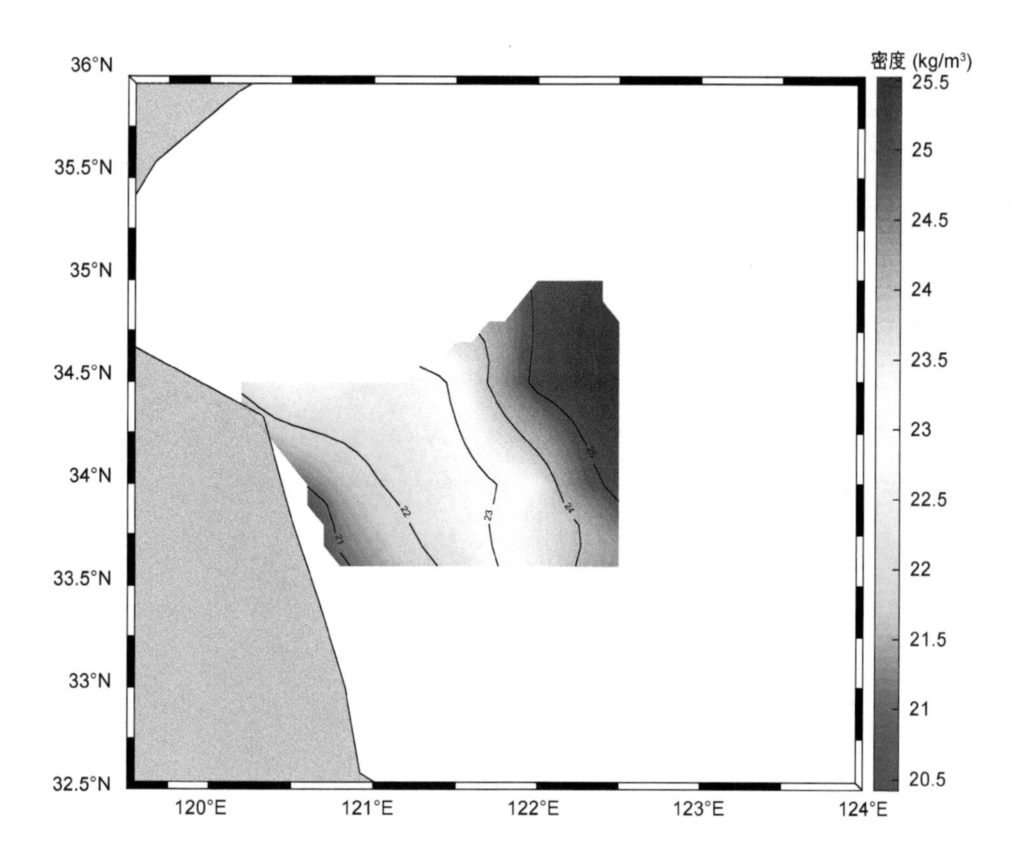

图 1.364 2016 年 5 月黄海底层密度平面图

1.11 2016 年 6 月黄海

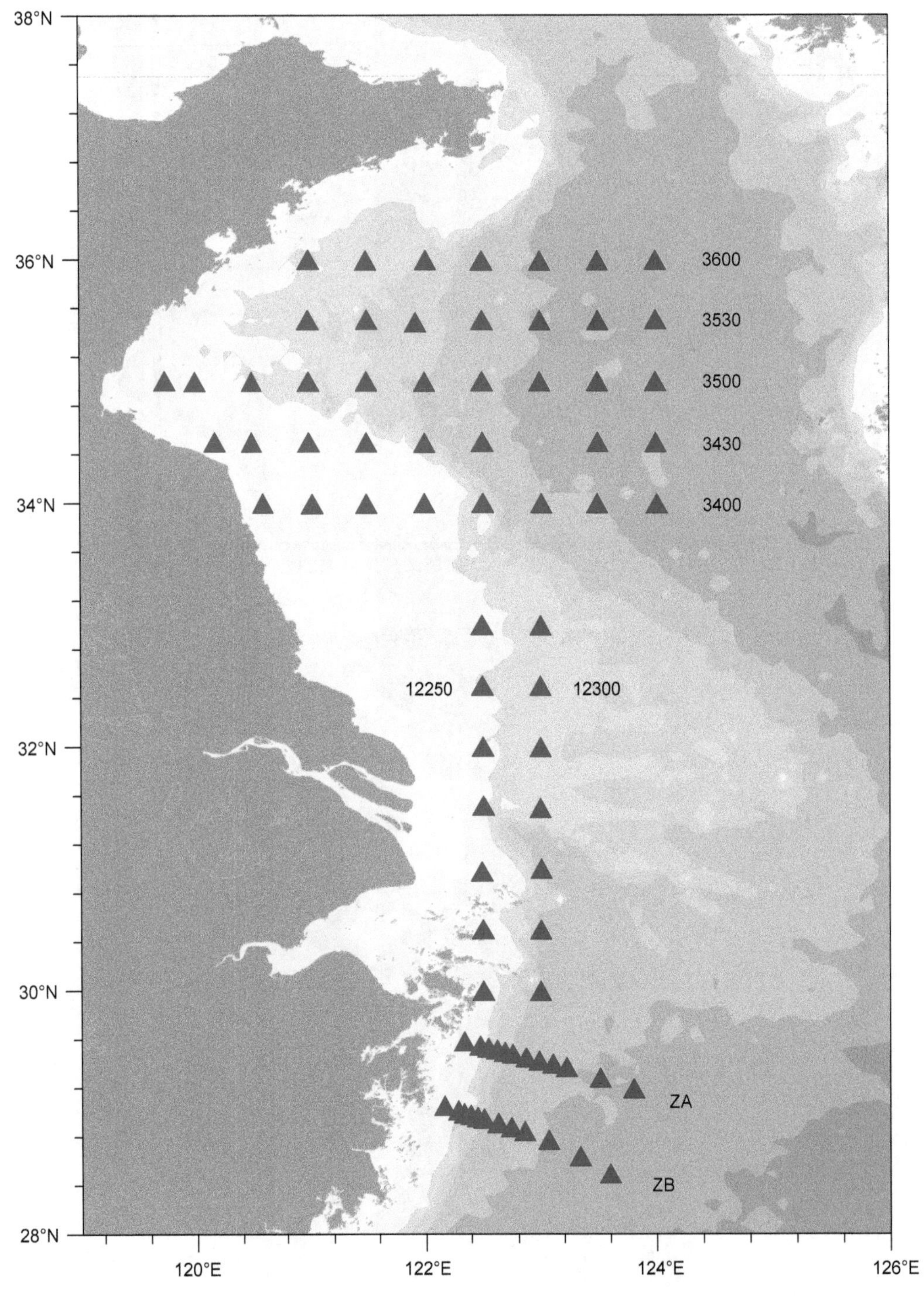

图 1.365 2016 年 6 月黄海调查站位图
（2016 年 6 月 19 日 -2016 年 7 月 6 日）

1.11.1 断面图

(1) 3400 断面

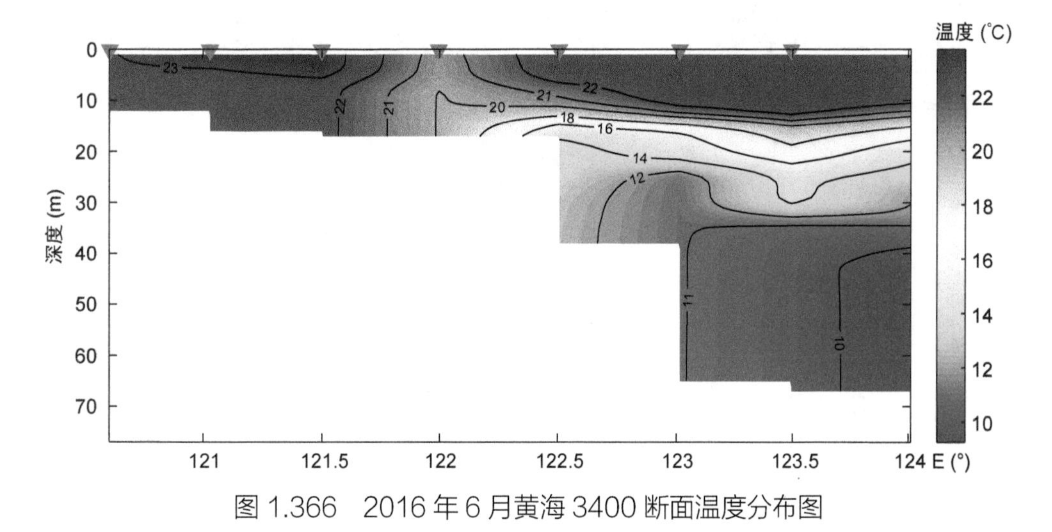

图 1.366 2016 年 6 月黄海 3400 断面温度分布图

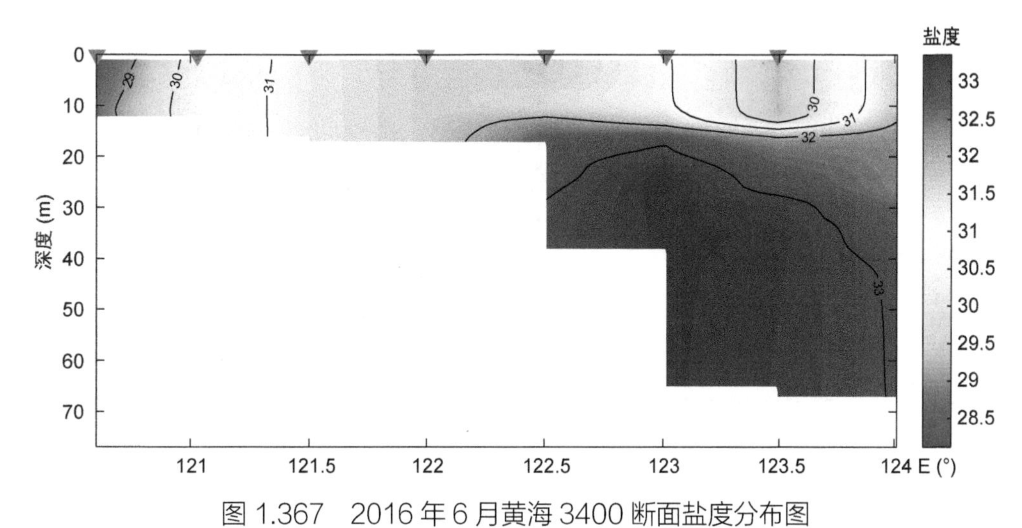

图 1.367 2016 年 6 月黄海 3400 断面盐度分布图

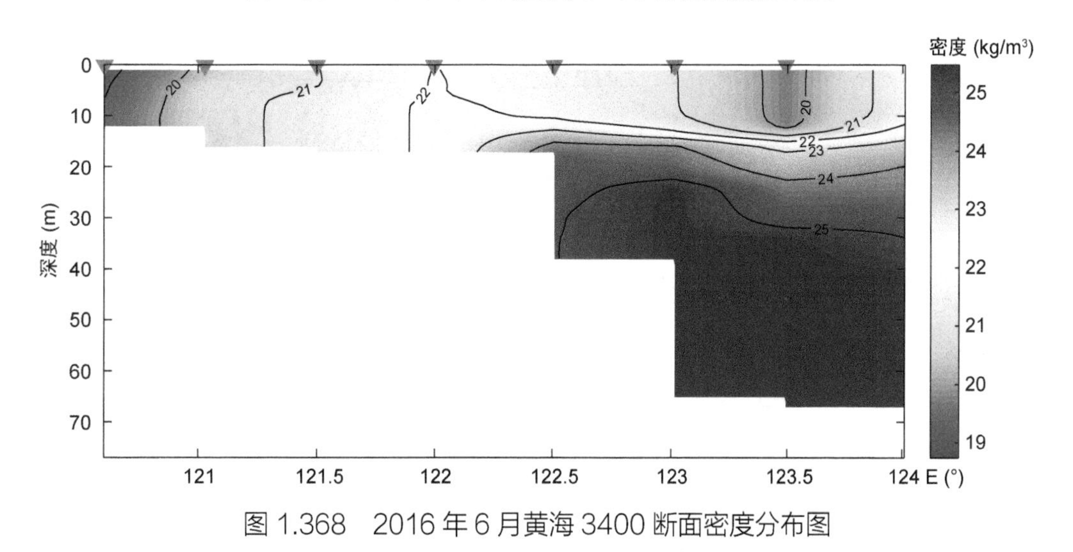

图 1.368 2016 年 6 月黄海 3400 断面密度分布图

(2) 3430 断面

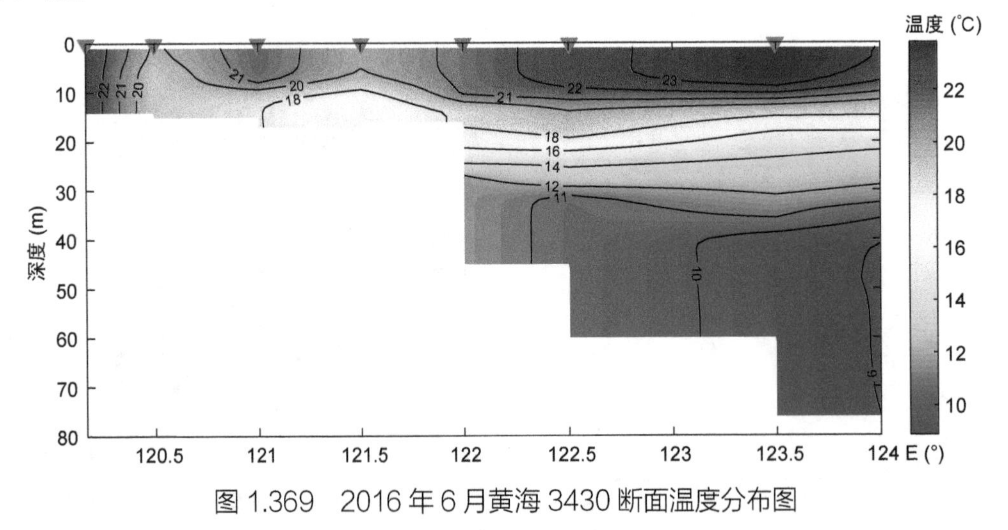

图 1.369 2016 年 6 月黄海 3430 断面温度分布图

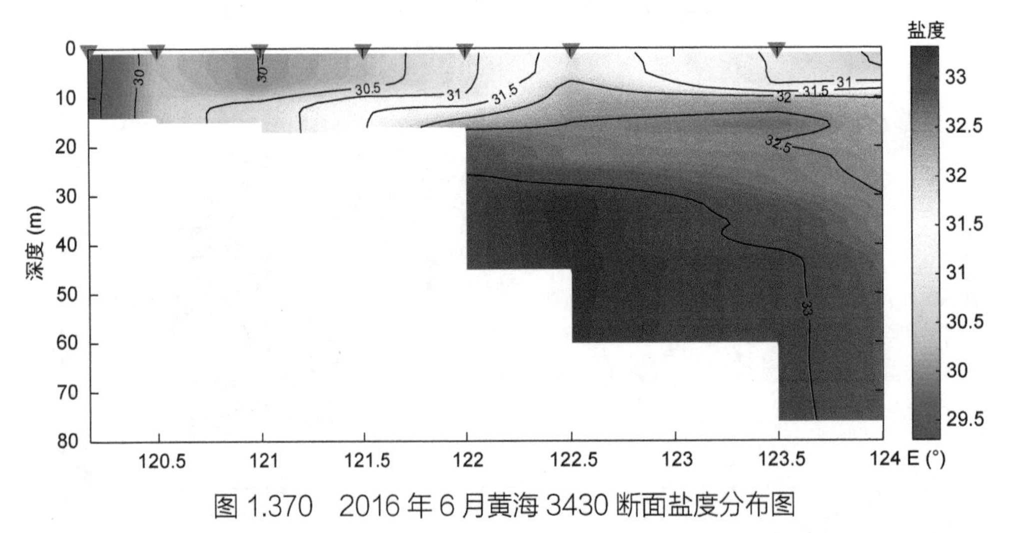

图 1.370 2016 年 6 月黄海 3430 断面盐度分布图

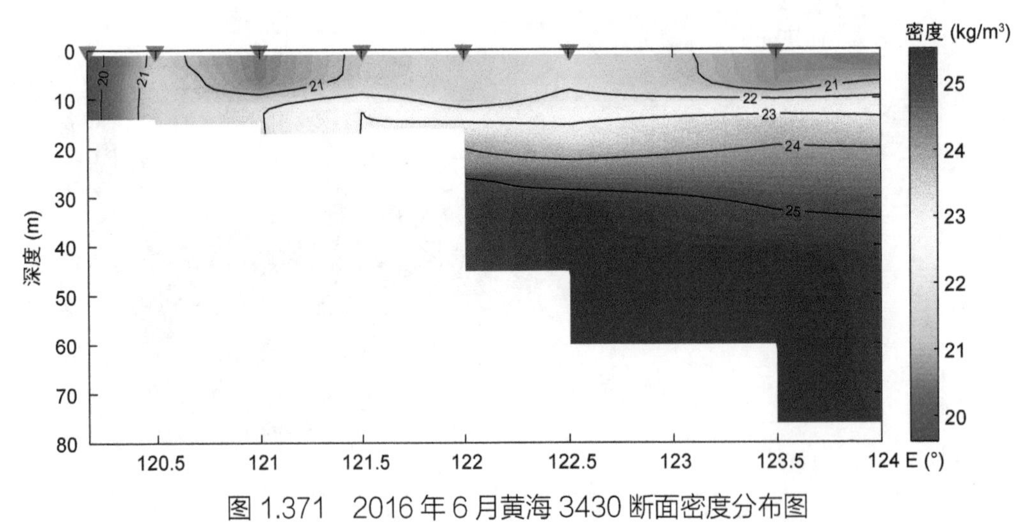

图 1.371 2016 年 6 月黄海 3430 断面密度分布图

(3) 3500 断面

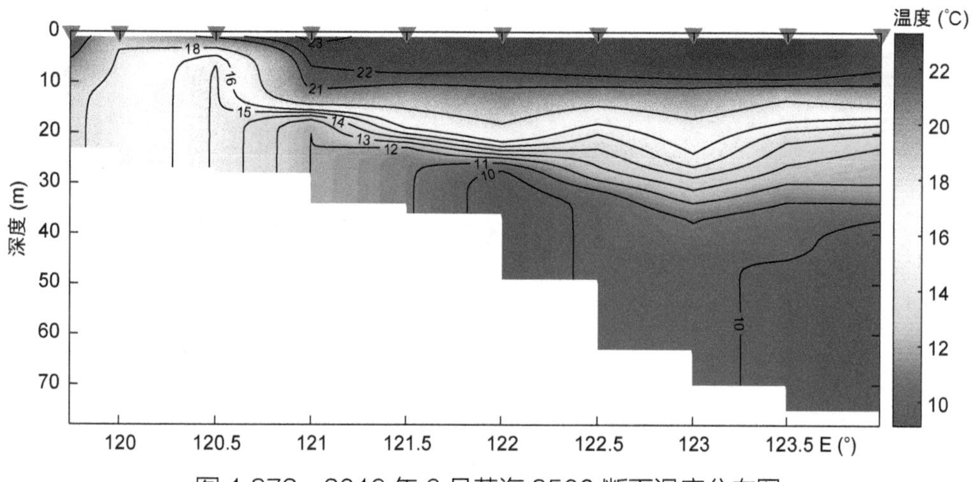

图 1.372 2016 年 6 月黄海 3500 断面温度分布图

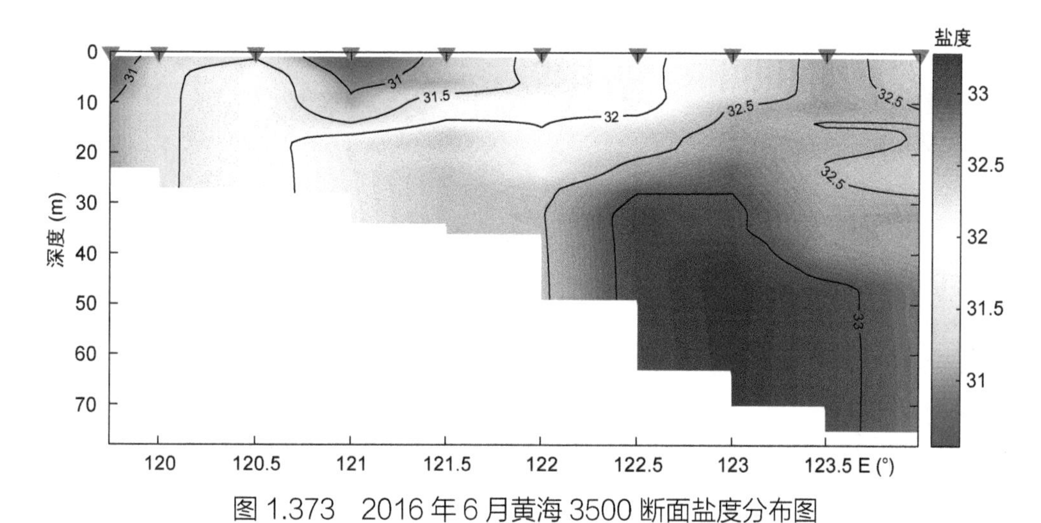

图 1.373 2016 年 6 月黄海 3500 断面盐度分布图

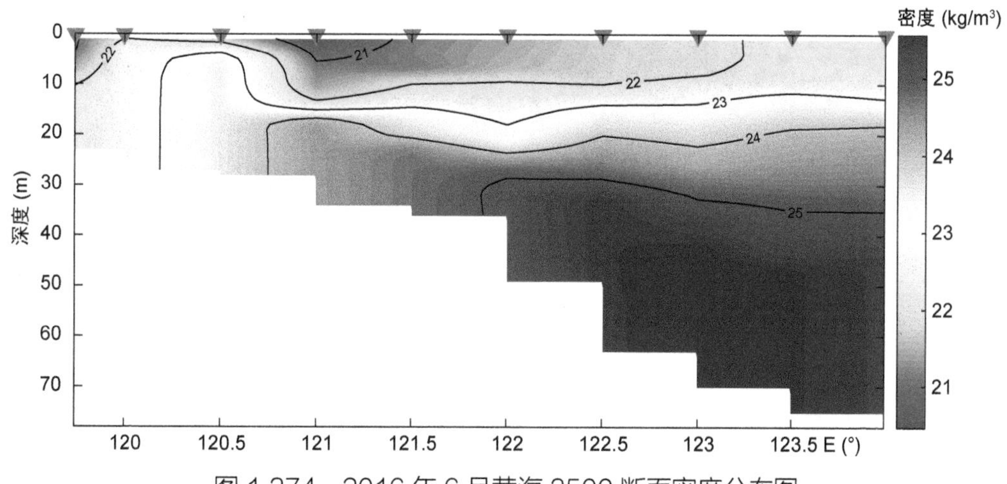

图 1.374 2016 年 6 月黄海 3500 断面密度分布图

(4) 3530 断面

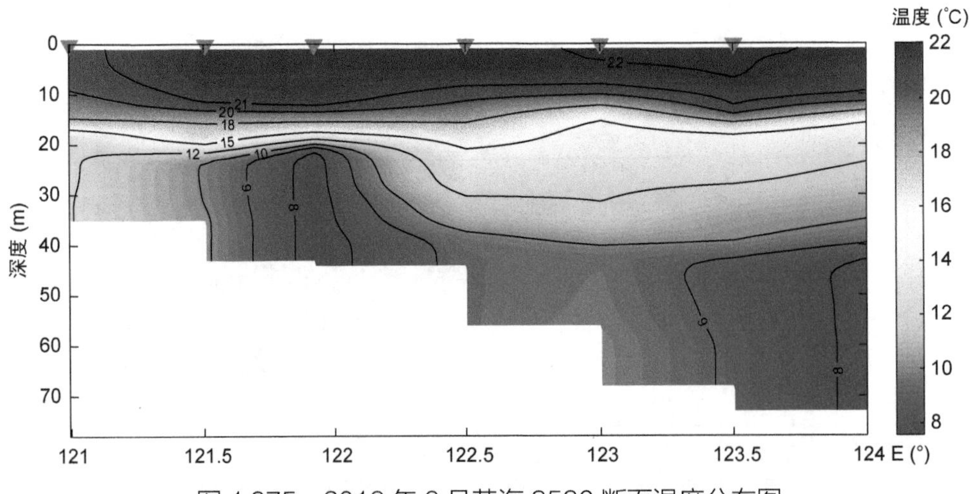

图 1.375 2016 年 6 月黄海 3530 断面温度分布图

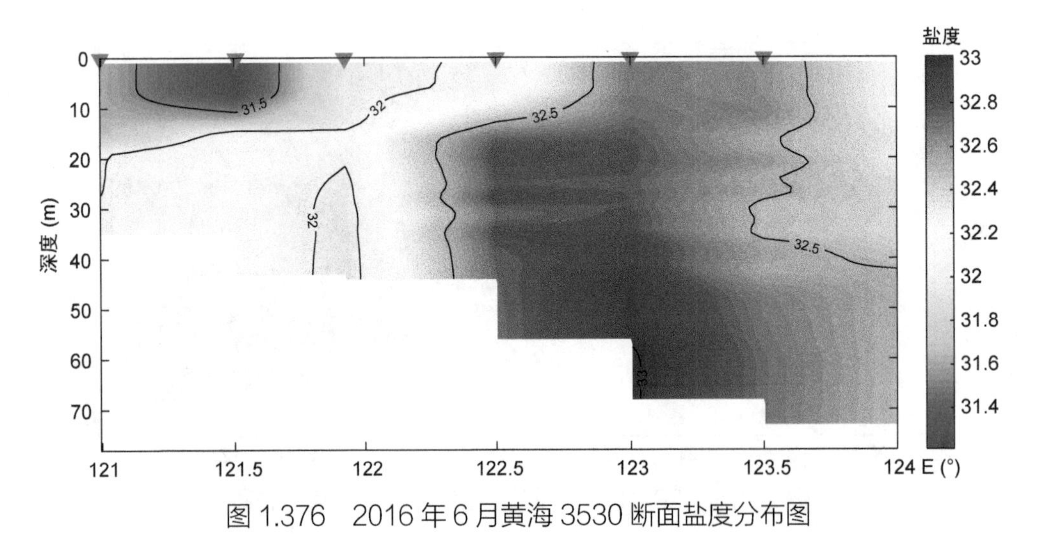

图 1.376 2016 年 6 月黄海 3530 断面盐度分布图

图 1.377 2016 年 6 月黄海 3530 断面密度分布图

(5) 3600 断面

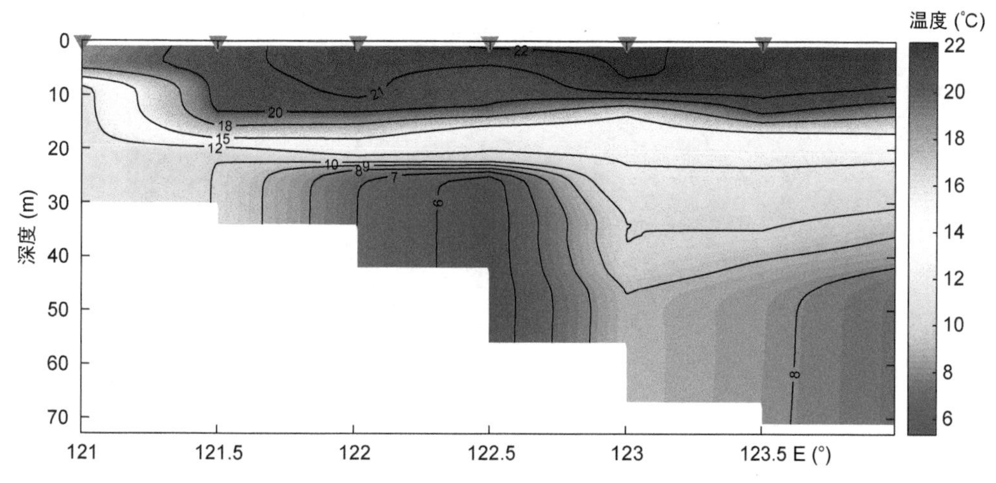

图 1.378　2016 年 6 月黄海 3600 断面温度分布图

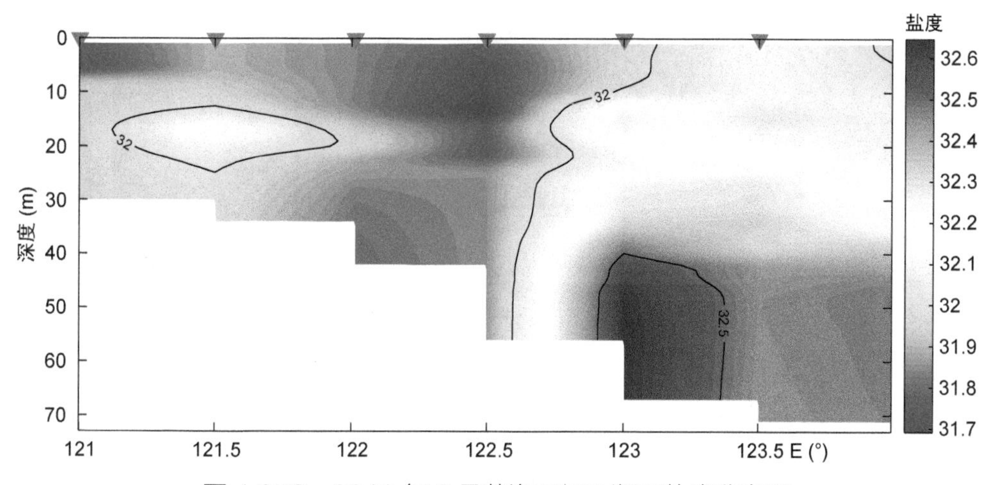

图 1.379　2016 年 6 月黄海 3600 断面盐度分布图

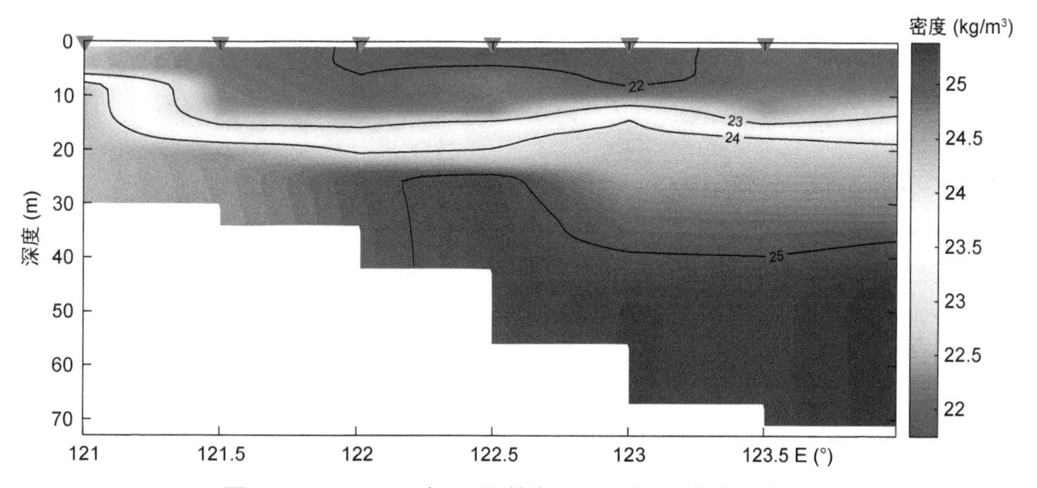

图 1.380　2016 年 6 月黄海 3600 断面密度分布图

(6) 12250 断面

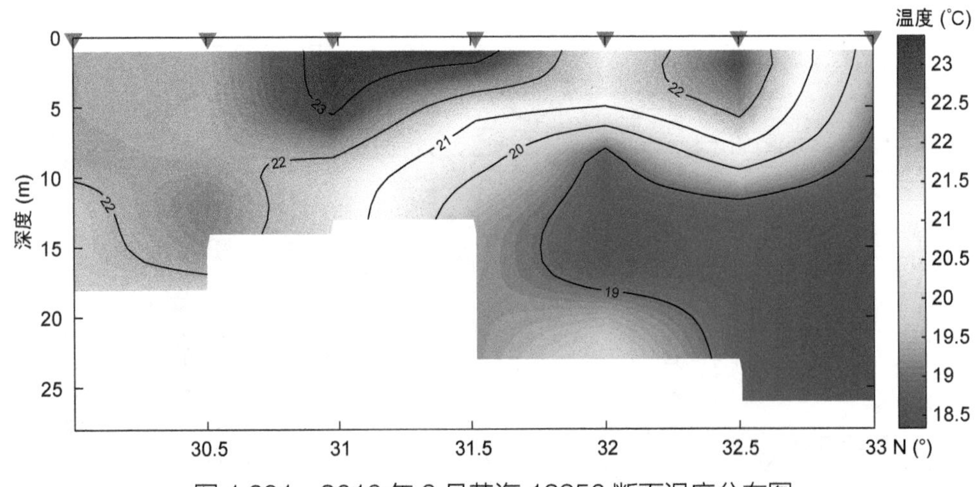

图 1.381　2016 年 6 月黄海 12250 断面温度分布图

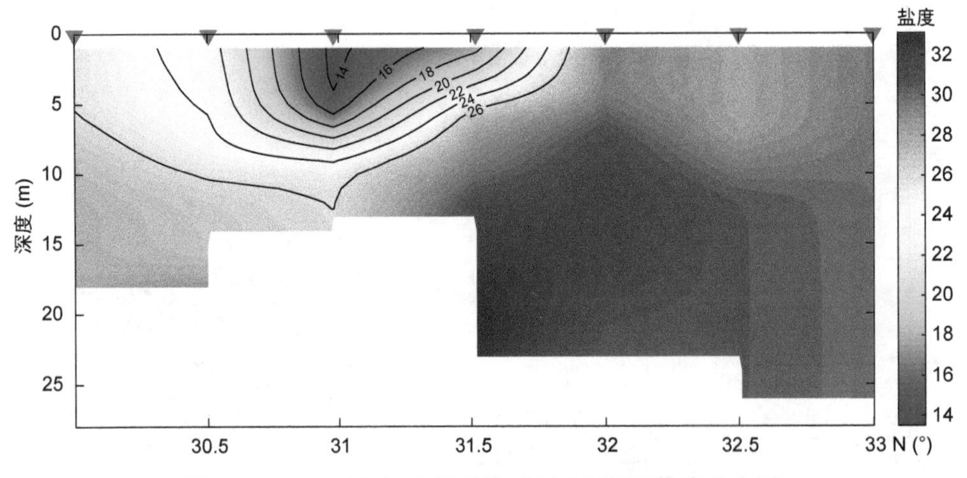

图 1.382　2016 年 6 月黄海 12250 断面盐度分布图

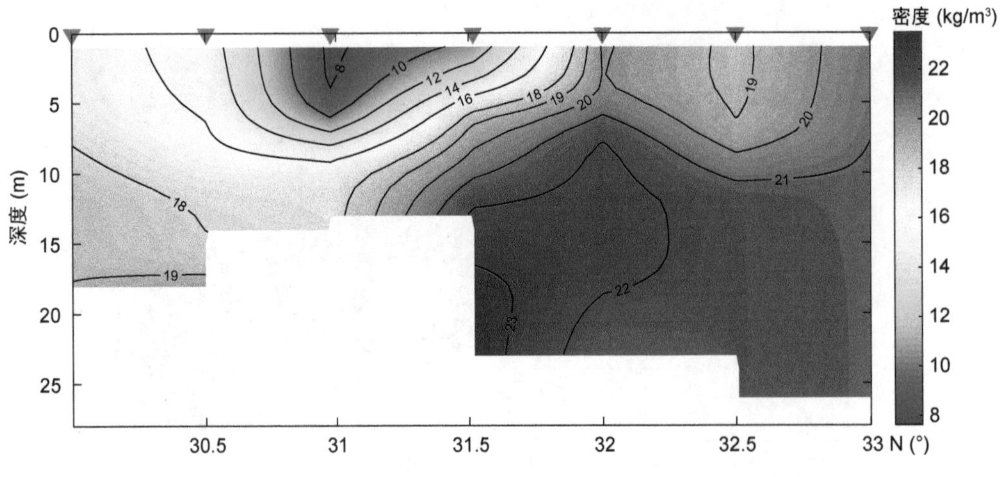

图 1.383　2016 年 6 月黄海 12250 断面密度分布图

(7) 12300 断面

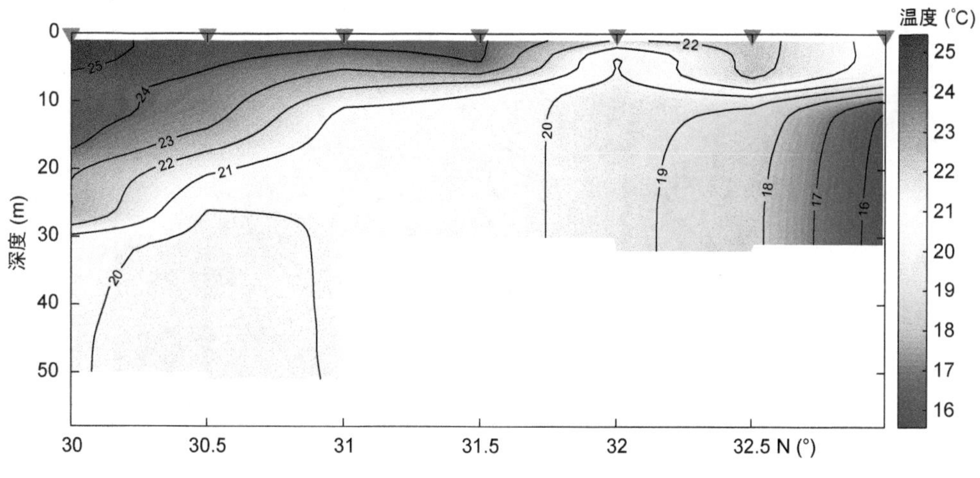

图 1.384　2016 年 6 月黄海 12300 断面温度分布图

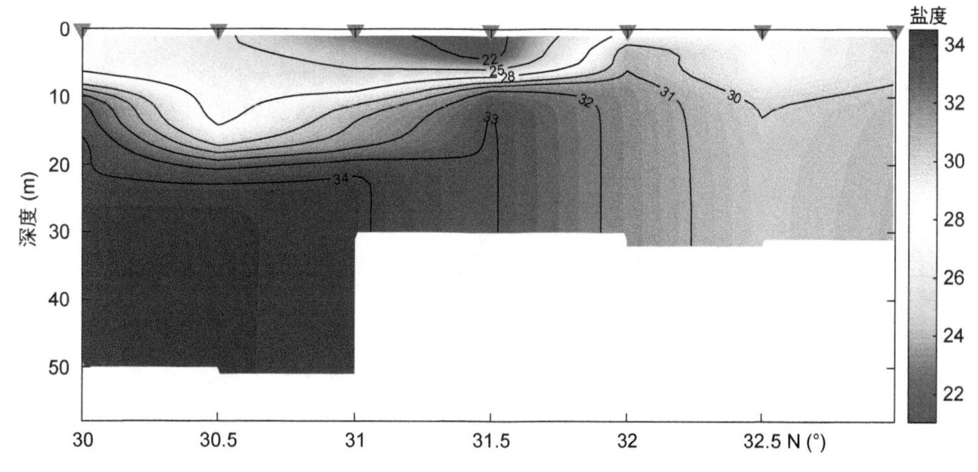

图 1.385　2016 年 6 月黄海 12300 断面盐度分布图

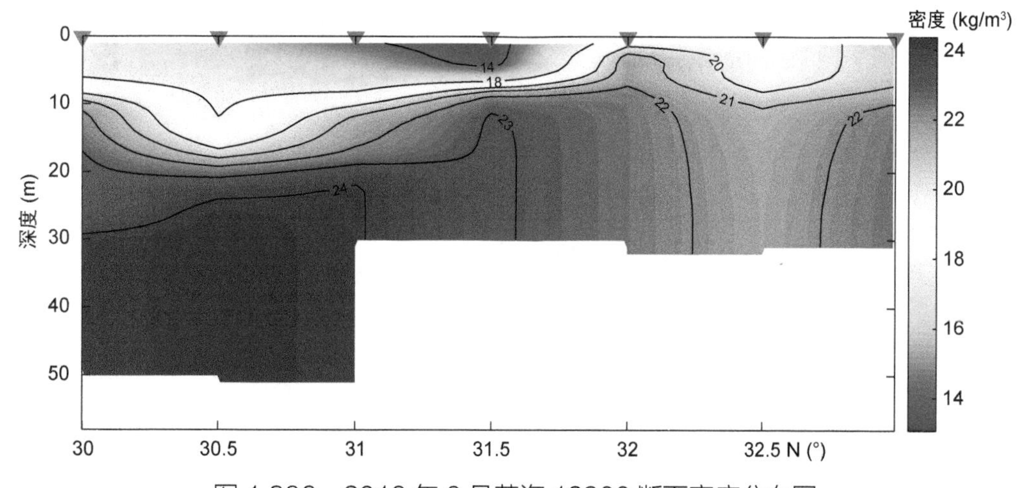

图 1.386　2016 年 6 月黄海 12300 断面密度分布图

(8) ZA 断面

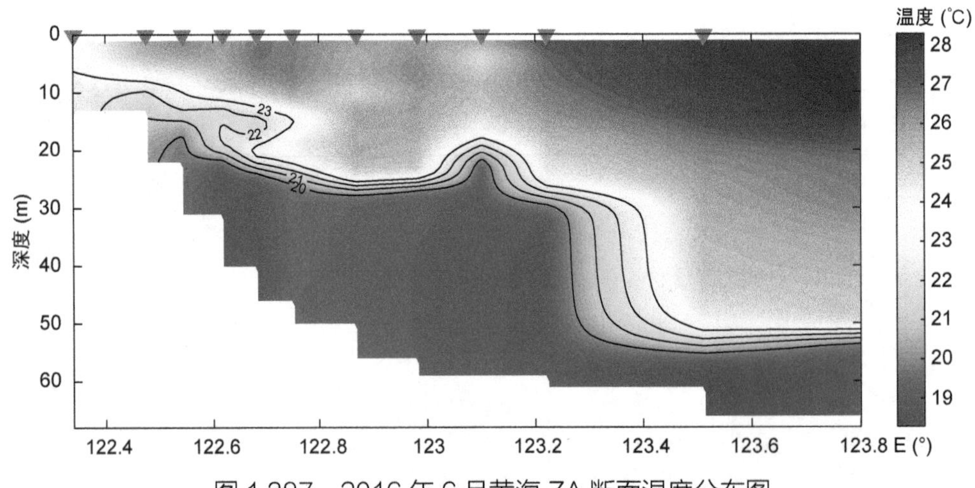

图 1.387　2016 年 6 月黄海 ZA 断面温度分布图

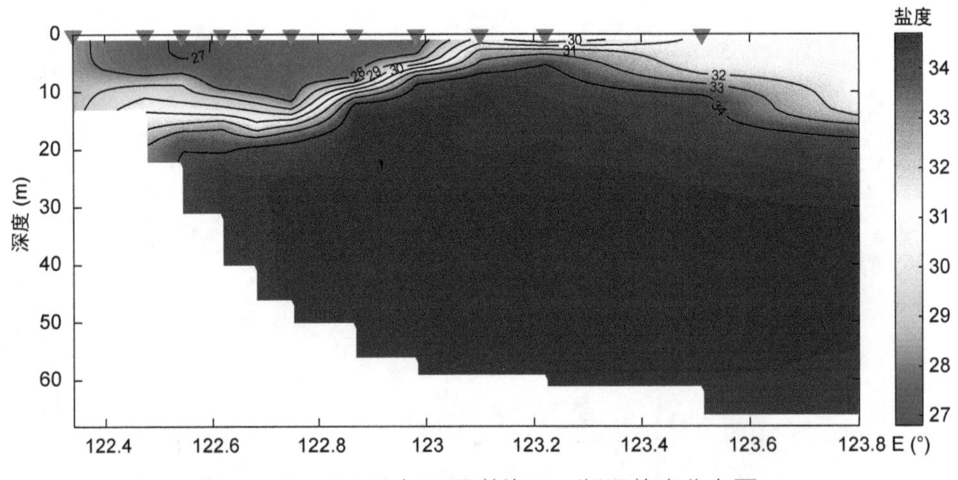

图 1.388　2016 年 6 月黄海 ZA 断面盐度分布图

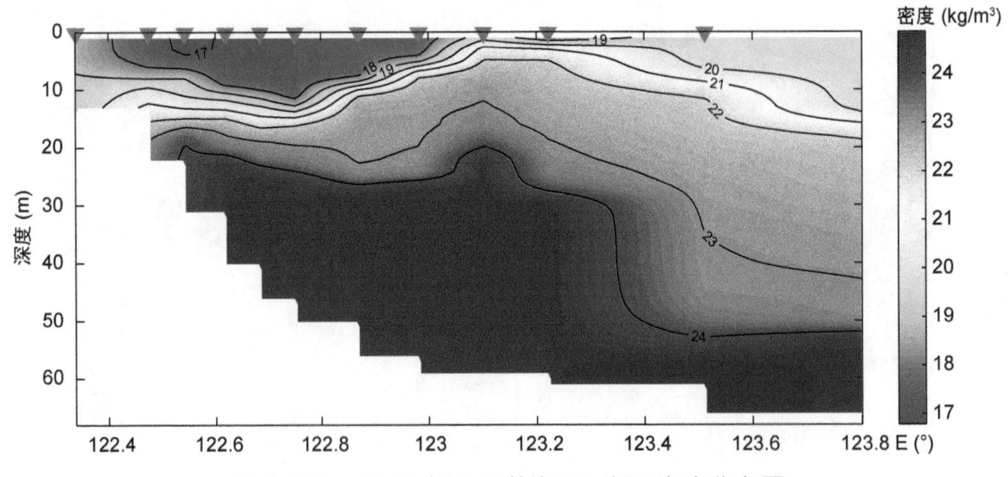

图 1.389　2016 年 6 月黄海 ZA 断面密度分布图

(9) ZB 断面

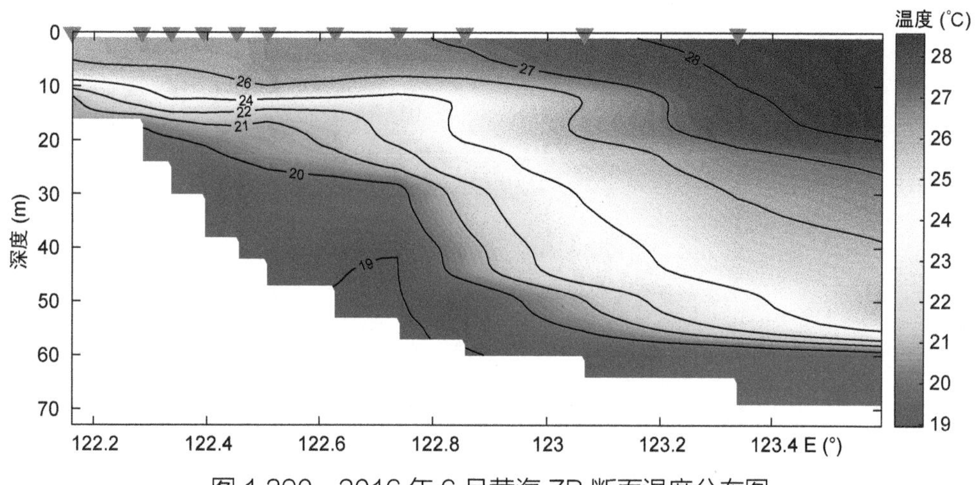

图 1.390 2016 年 6 月黄海 ZB 断面温度分布图

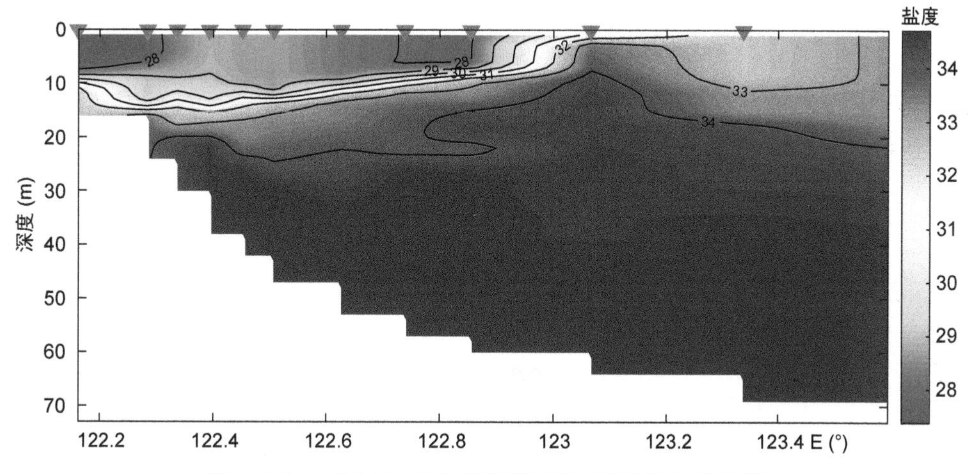

图 1.391 2016 年 6 月黄海 ZB 断面盐度分布图

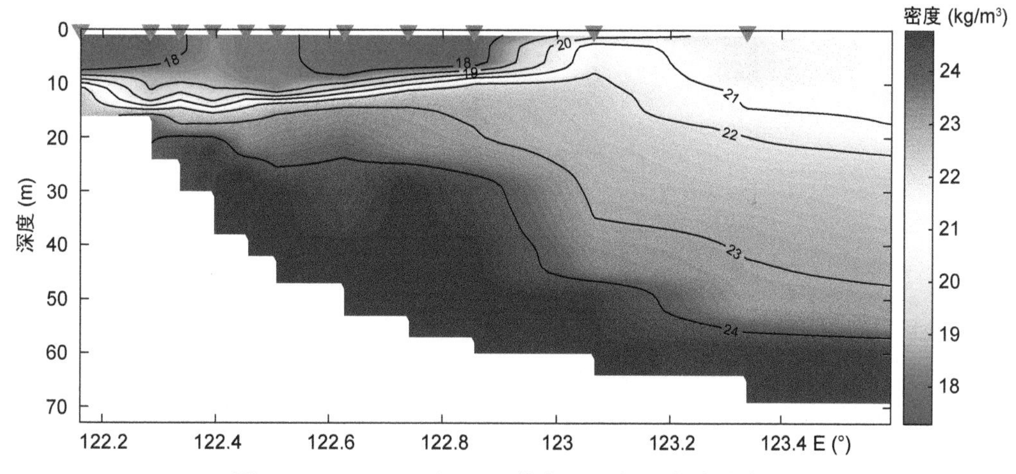

图 1.392 2016 年 6 月黄海 ZB 断面密度分布图

1.11.2 平面图

(1) 表层

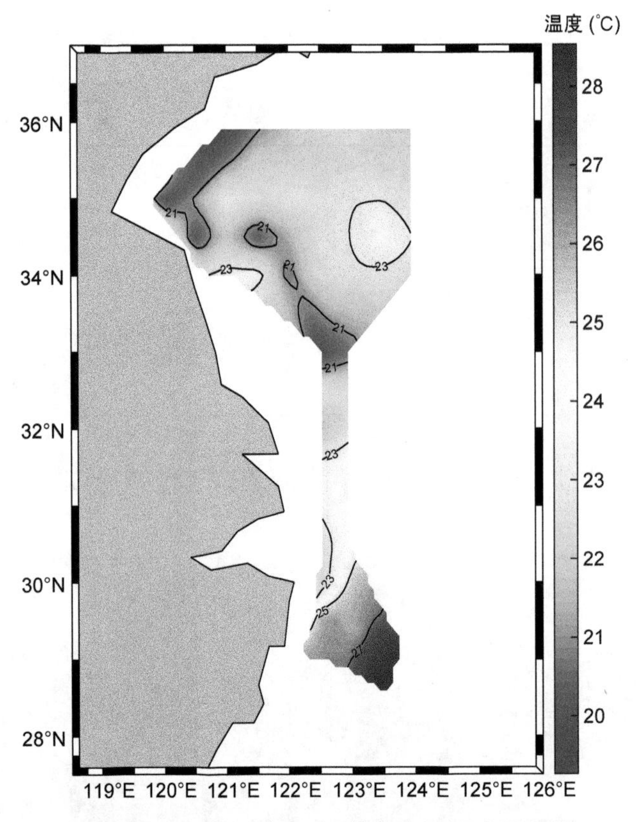

图 1.393　2016 年 6 月黄海表层温度平面图

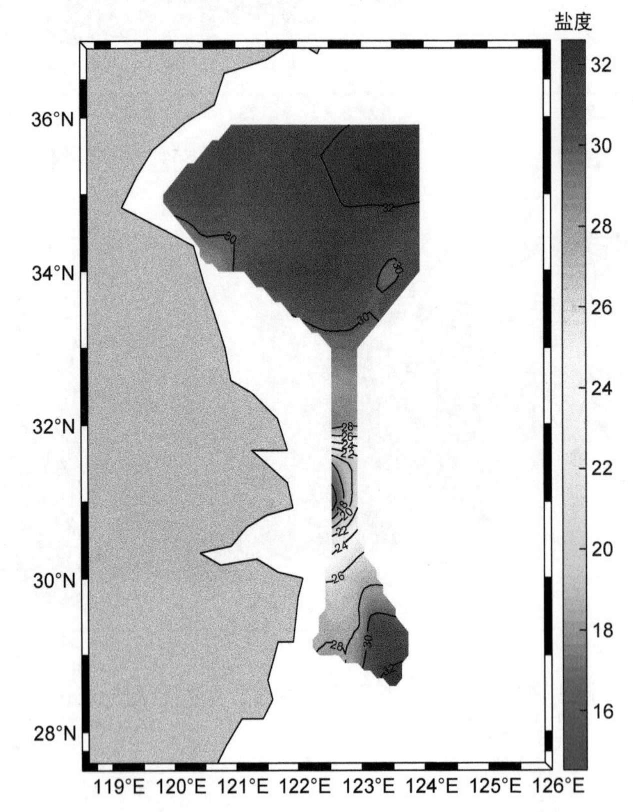

图 1.394　2016 年 6 月黄海表层盐度平面图

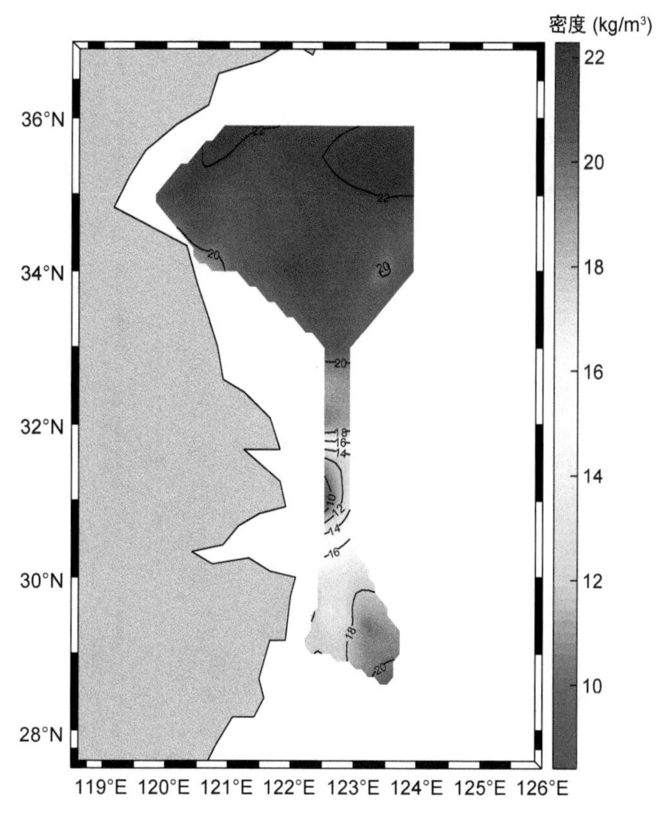

图 1.395 2016 年 6 月黄海表层密度平面图

(2) 20m 层

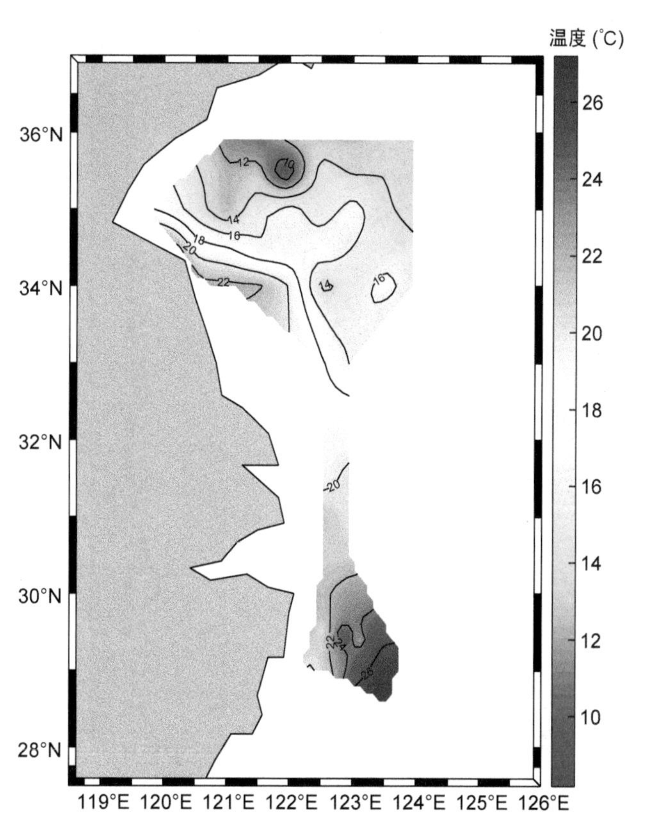

图 1.396 2016 年 6 月黄海 20m 层温度平面图

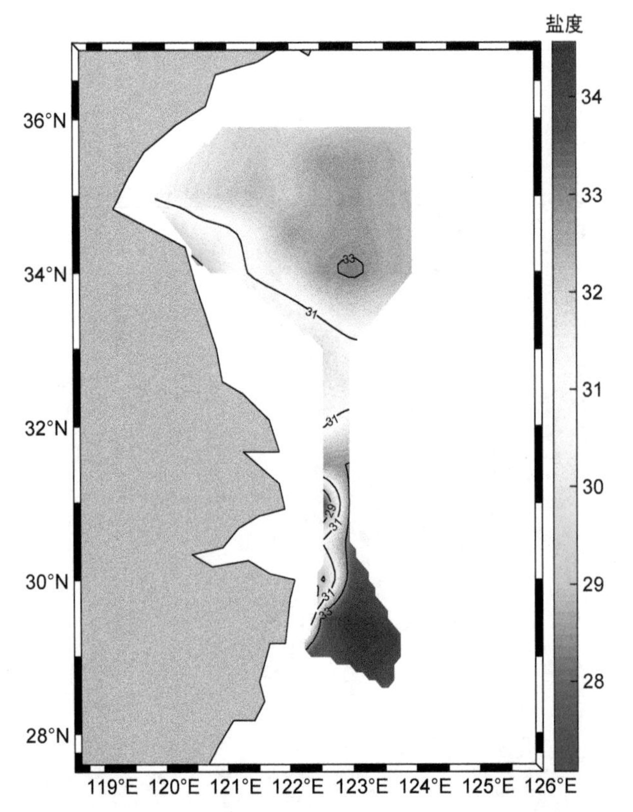

图 1.397　2016 年 6 月黄海 20m 层盐度平面图

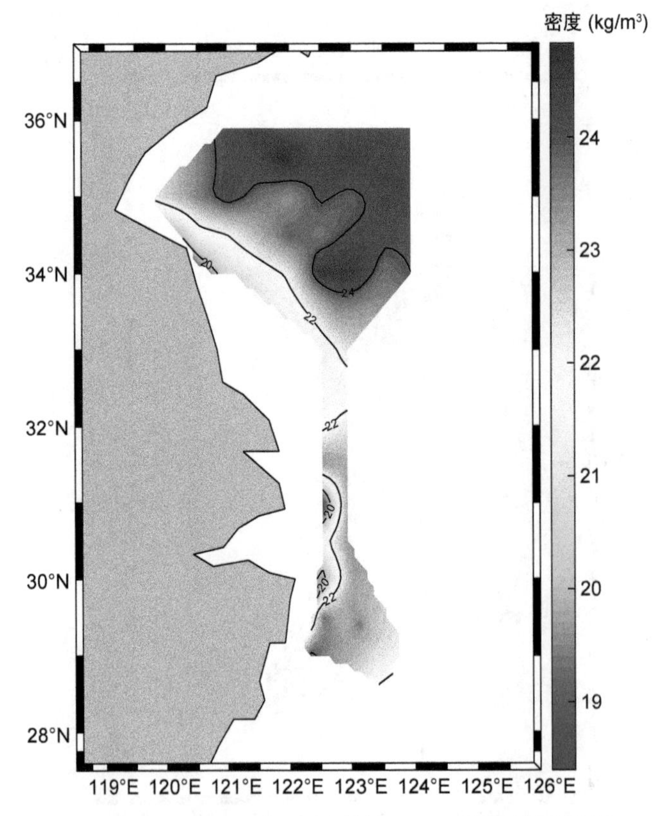

图 1.398　2016 年 6 月黄海 20m 层密度平面图

(3) 底层

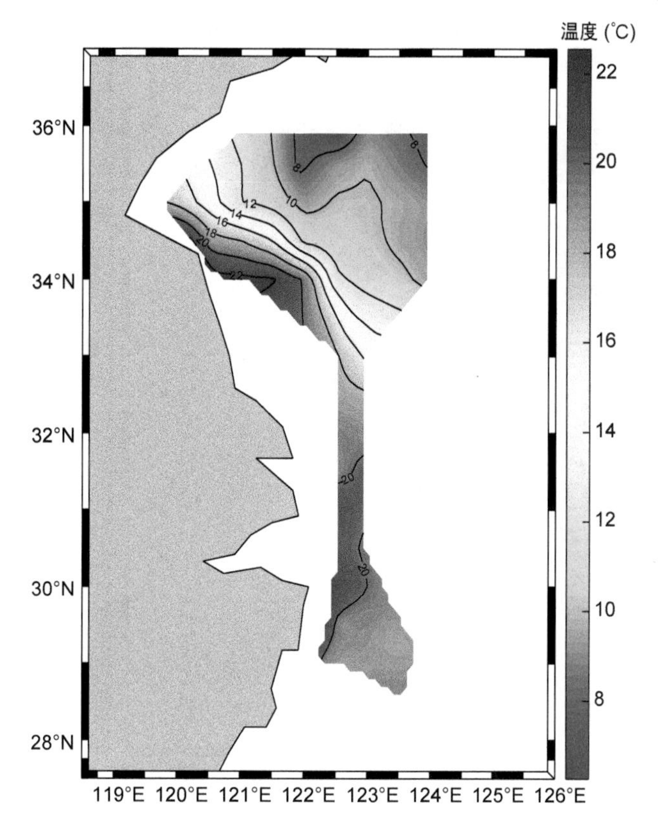

图 1.399　2016 年 6 月黄海底层温度平面图

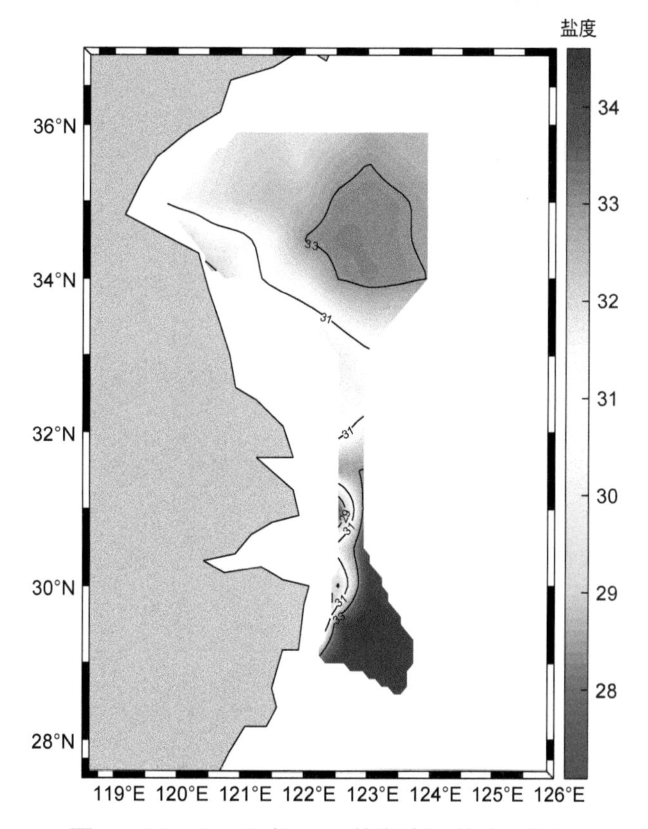

图 1.400　2016 年 6 月黄海底层盐度平面图

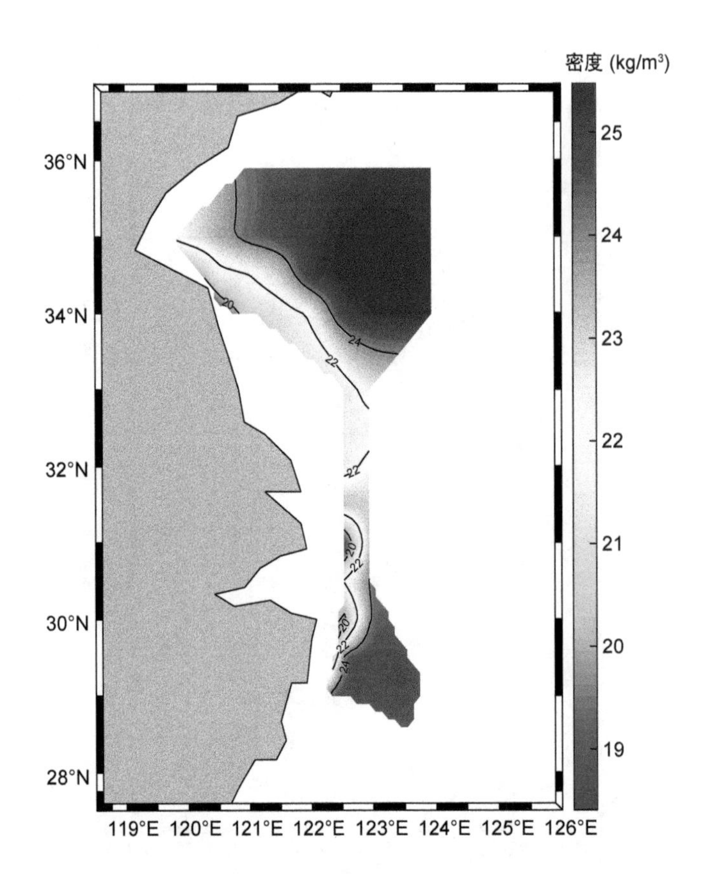

图 1.401　2016 年 6 月黄海底层密度平面图

1.12 2016年8月黄海

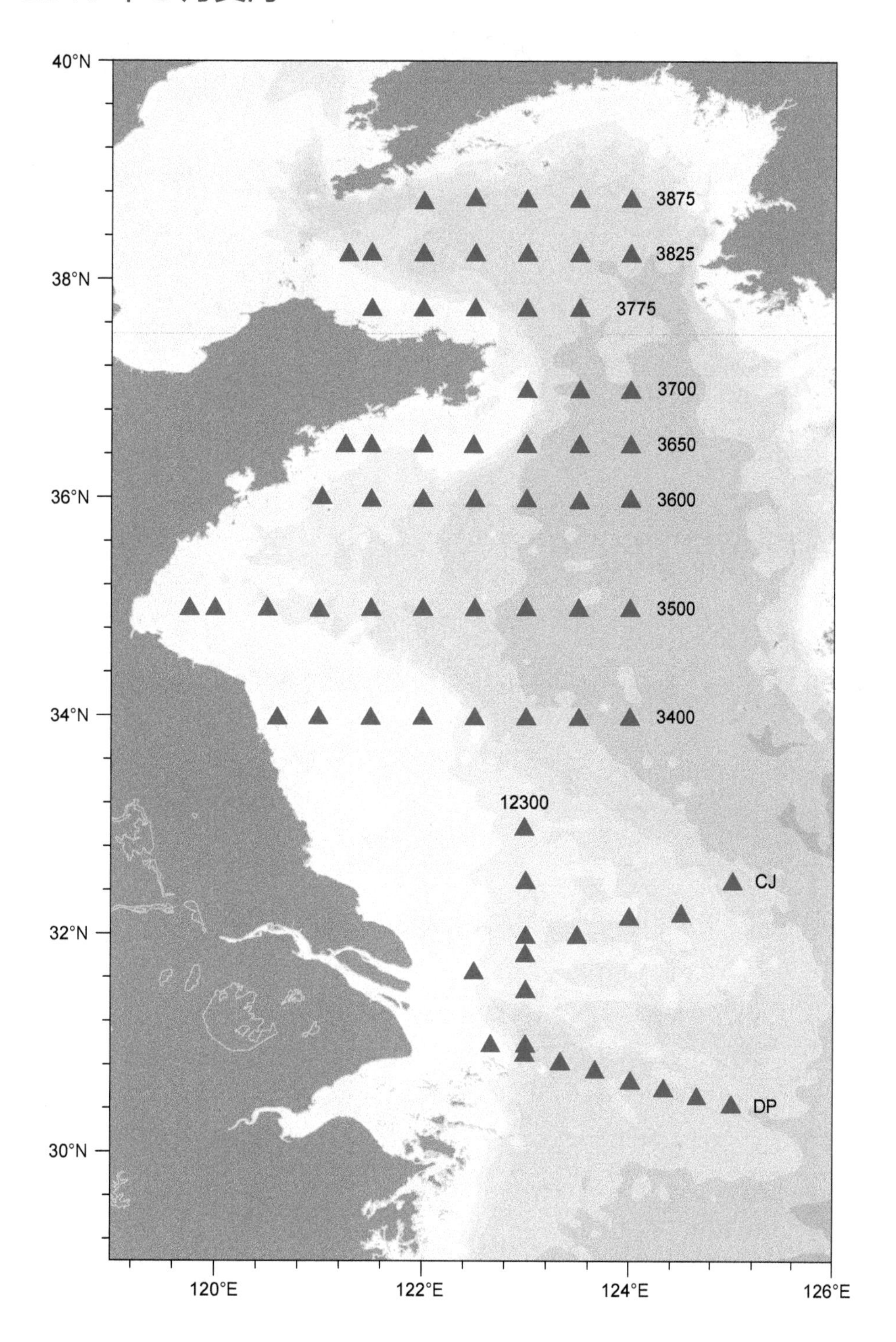

图1.402 2016年8月黄海调查站位图
（2016年8月24日-2016年9月27日）

1.12.1 断面图

(1) 3400 断面

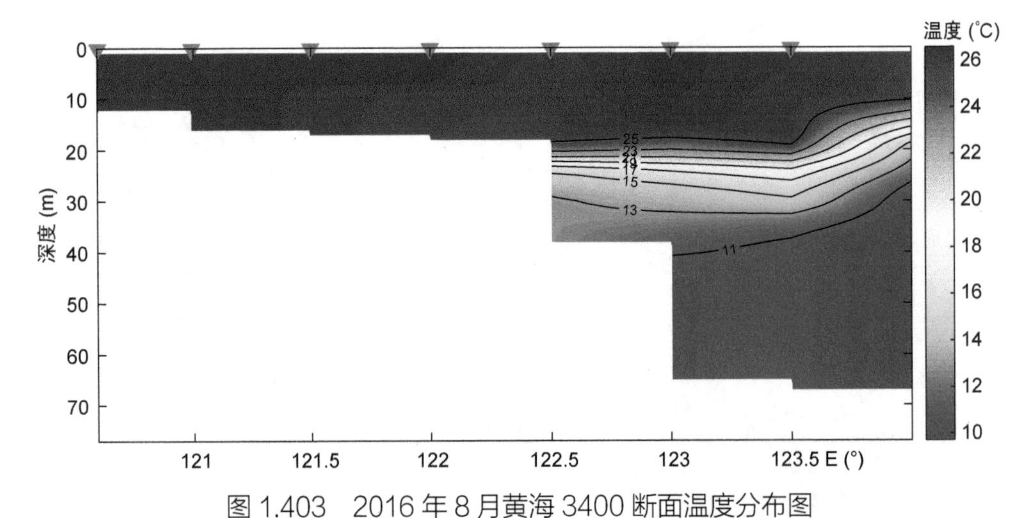

图 1.403　2016 年 8 月黄海 3400 断面温度分布图

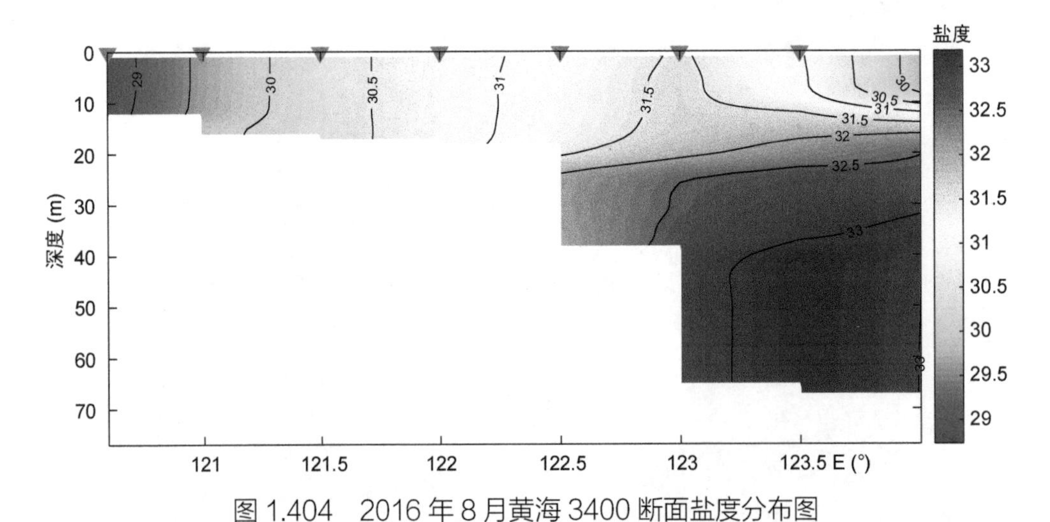

图 1.404　2016 年 8 月黄海 3400 断面盐度分布图

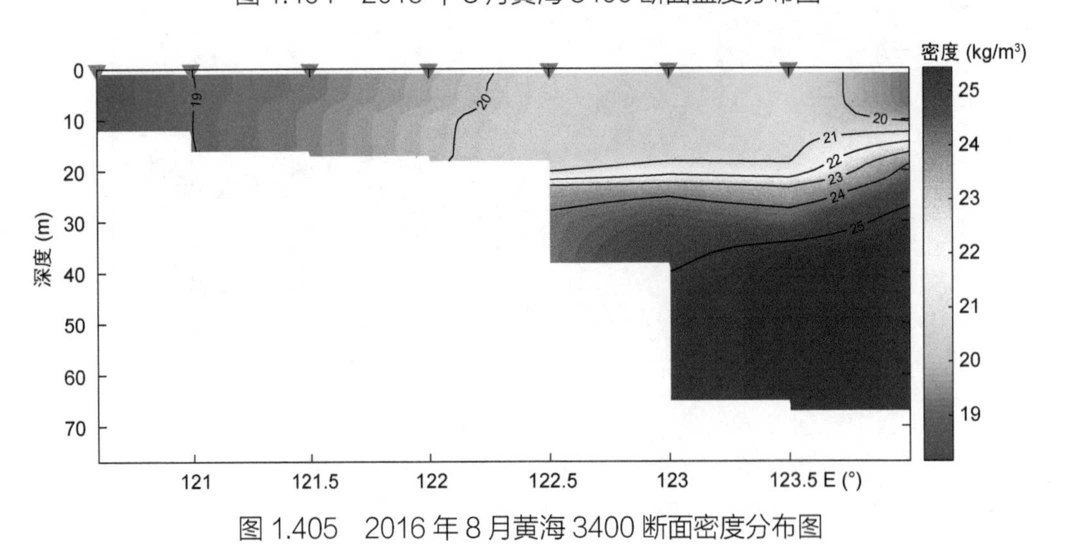

图 1.405　2016 年 8 月黄海 3400 断面密度分布图

(2) 3500断面

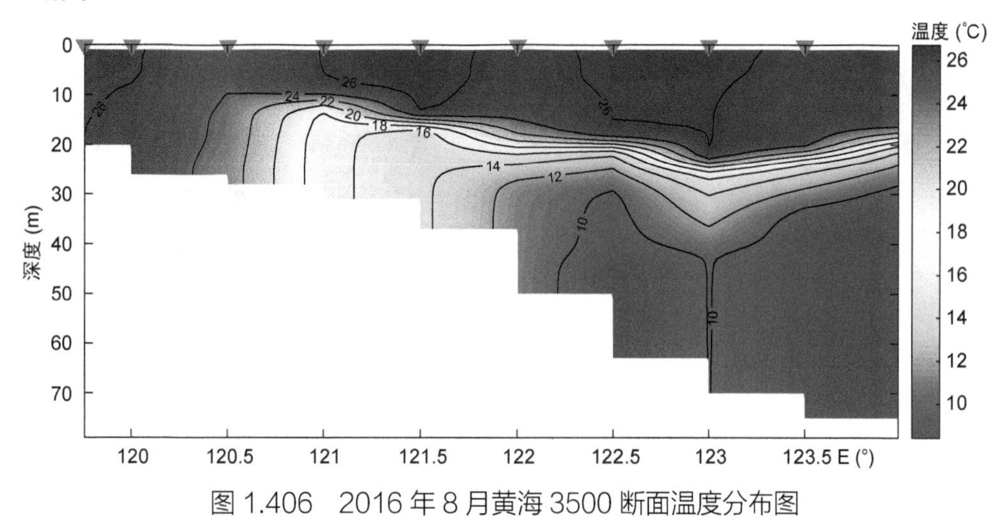

图 1.406　2016年8月黄海3500断面温度分布图

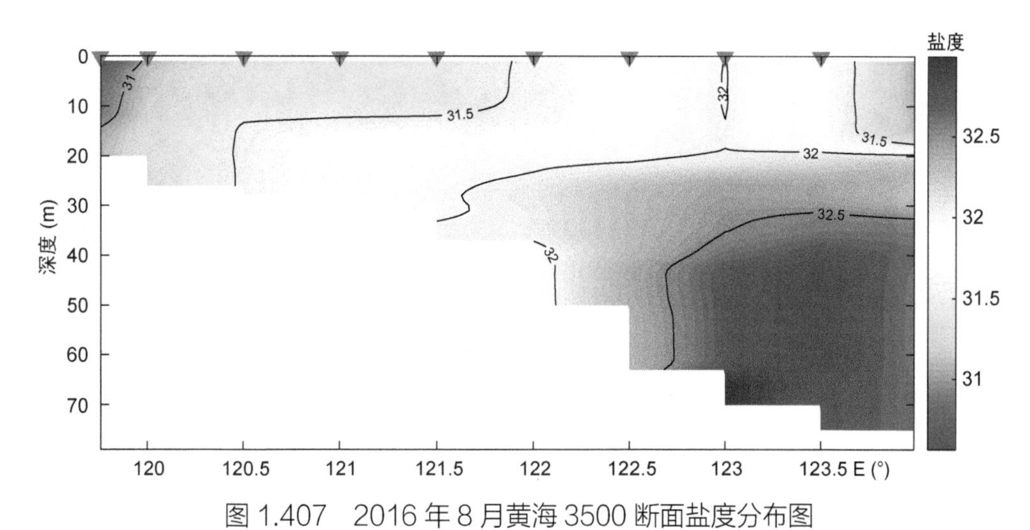

图 1.407　2016年8月黄海3500断面盐度分布图

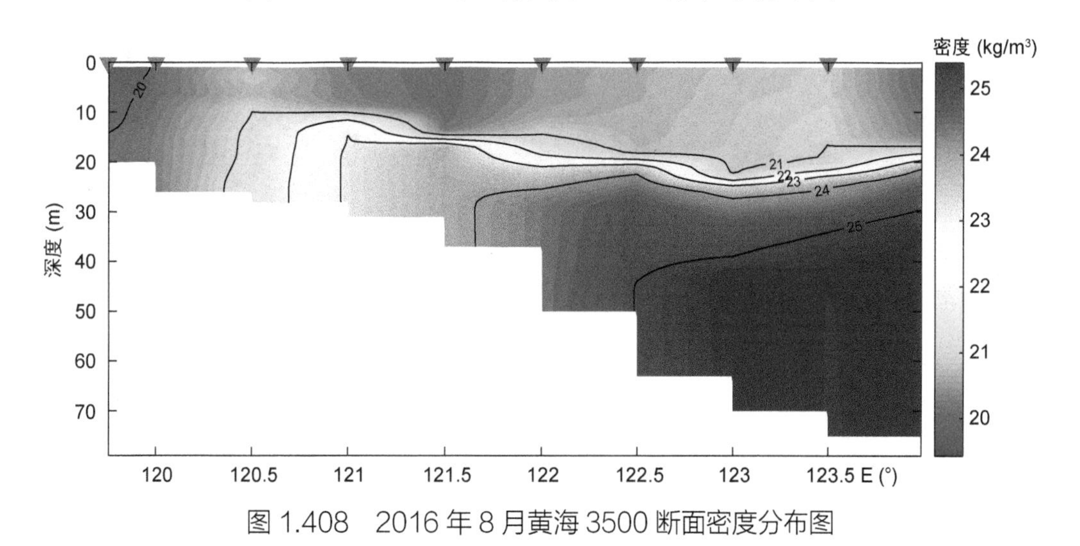

图 1.408　2016年8月黄海3500断面密度分布图

(3) 3600 断面

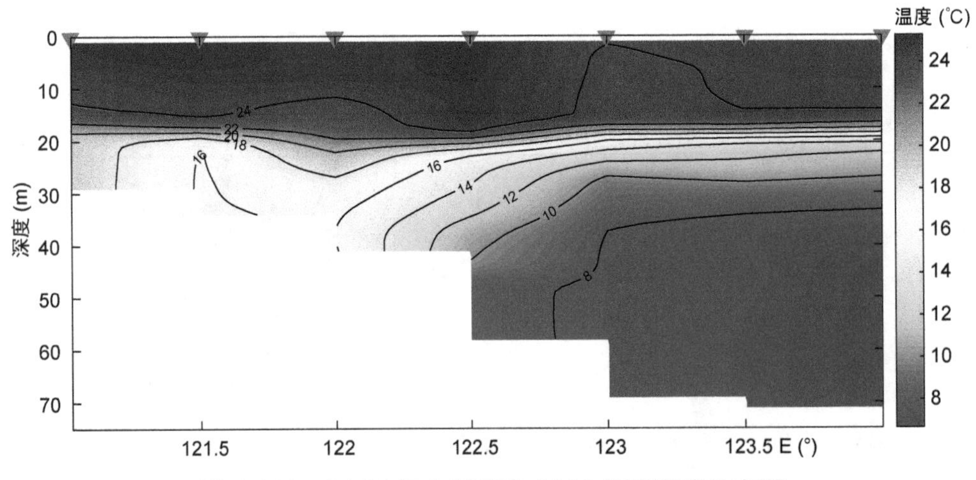

图 1.409　2016 年 8 月黄海 3600 断面温度分布图

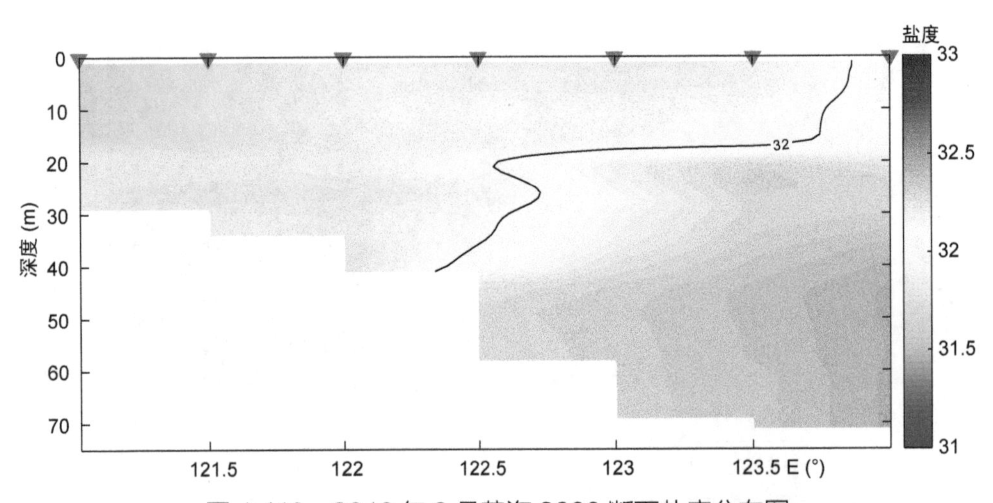

图 1.410　2016 年 8 月黄海 3600 断面盐度分布图

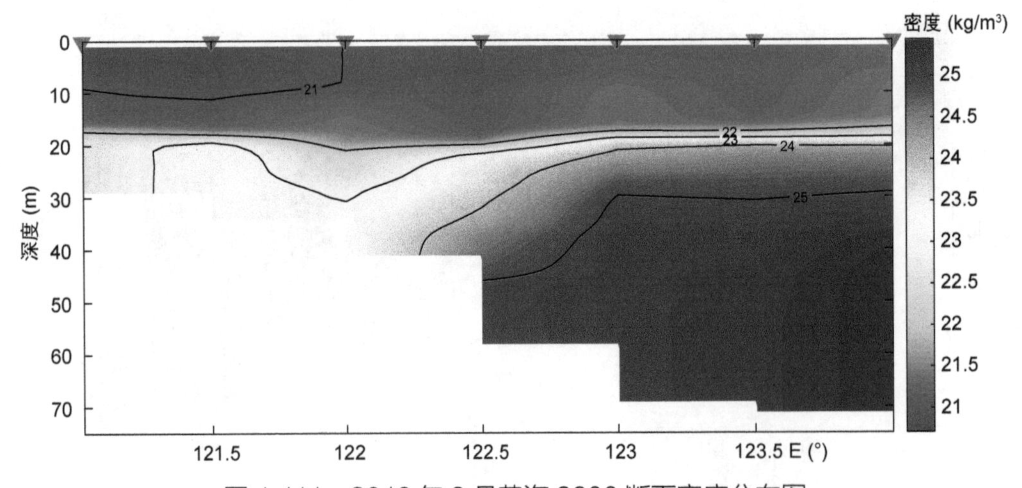

图 1.411　2016 年 8 月黄海 3600 断面密度分布图

(4) 3650 断面

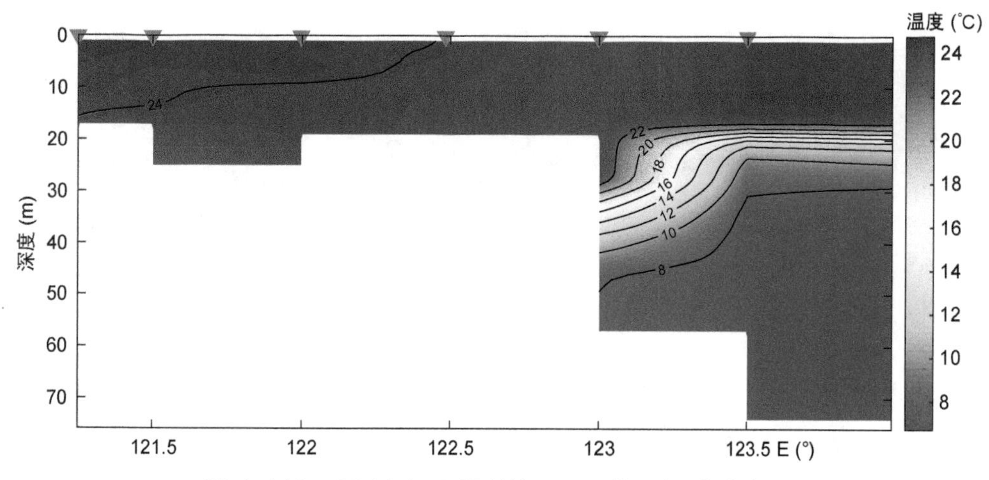

图 1.412　2016 年 8 月黄海 3650 断面温度分布图

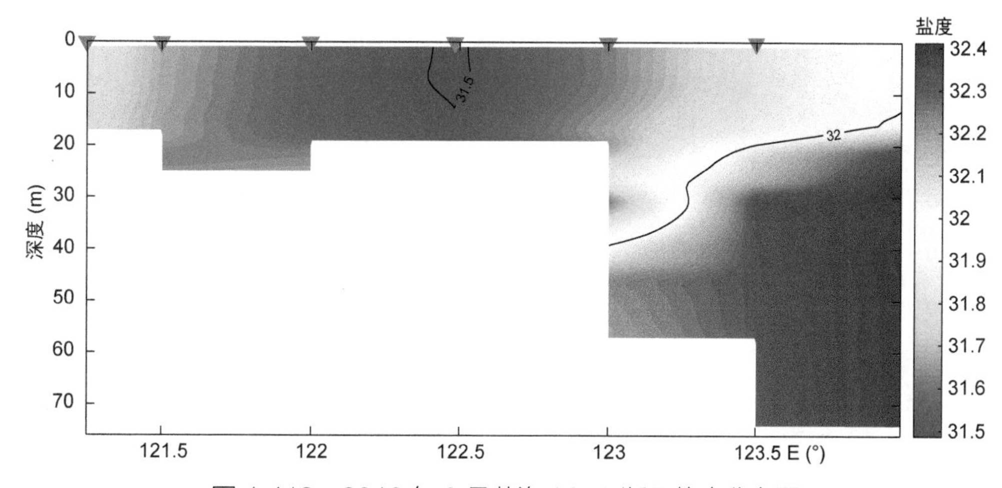

图 1.413　2016 年 8 月黄海 3650 断面盐度分布图

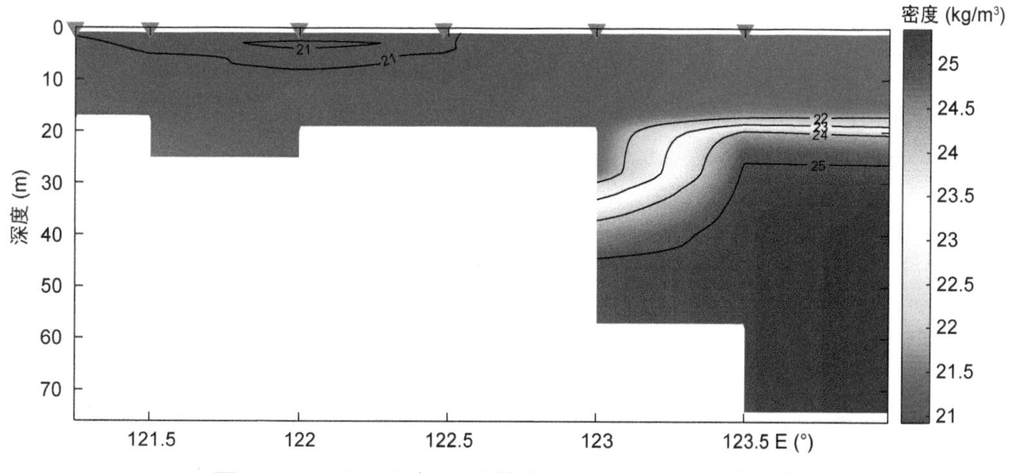

图 1.414　2016 年 8 月黄海 3650 断面密度分布图

(5) 3700 断面

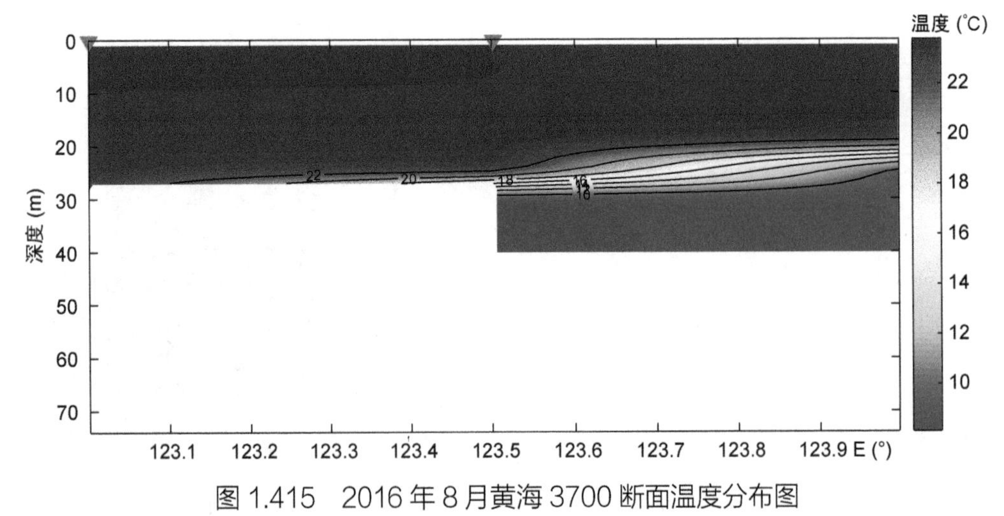

图 1.415　2016 年 8 月黄海 3700 断面温度分布图

图 1.416　2016 年 8 月黄海 3700 断面盐度分布图

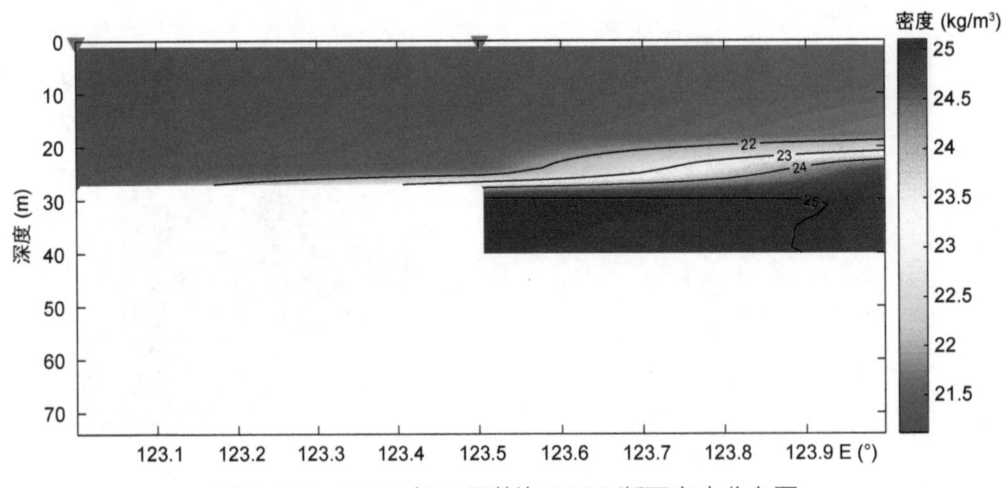

图 1.417　2016 年 8 月黄海 3700 断面密度分布图

(6) 3775 断面

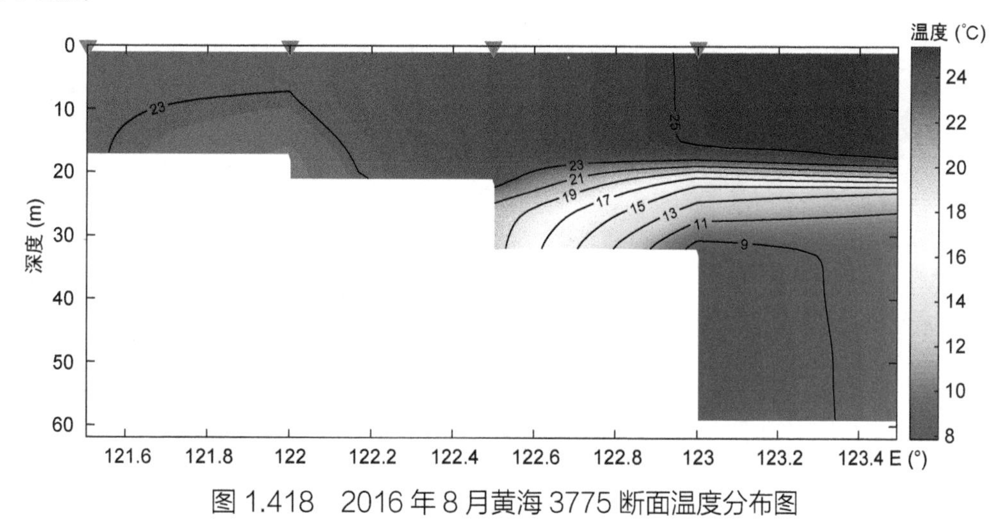

图 1.418 2016 年 8 月黄海 3775 断面温度分布图

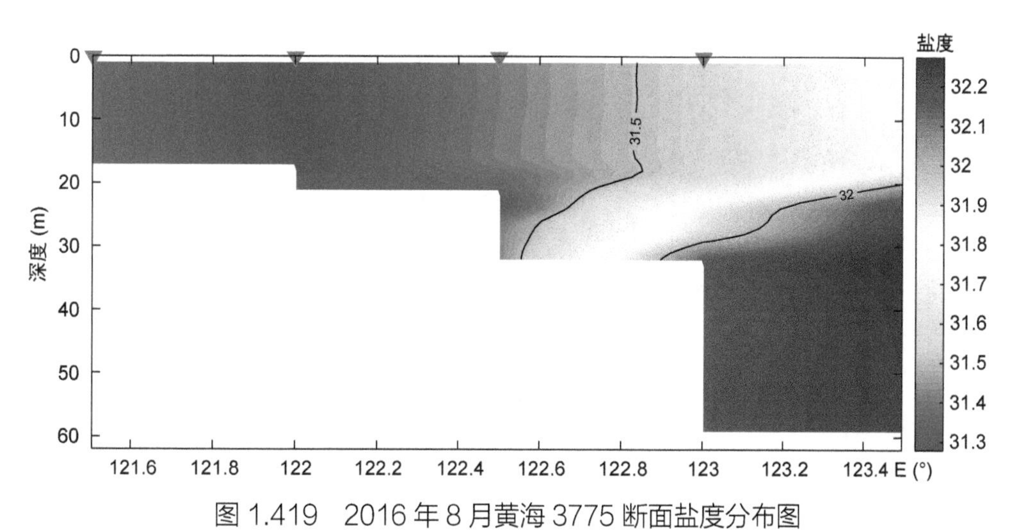

图 1.419 2016 年 8 月黄海 3775 断面盐度分布图

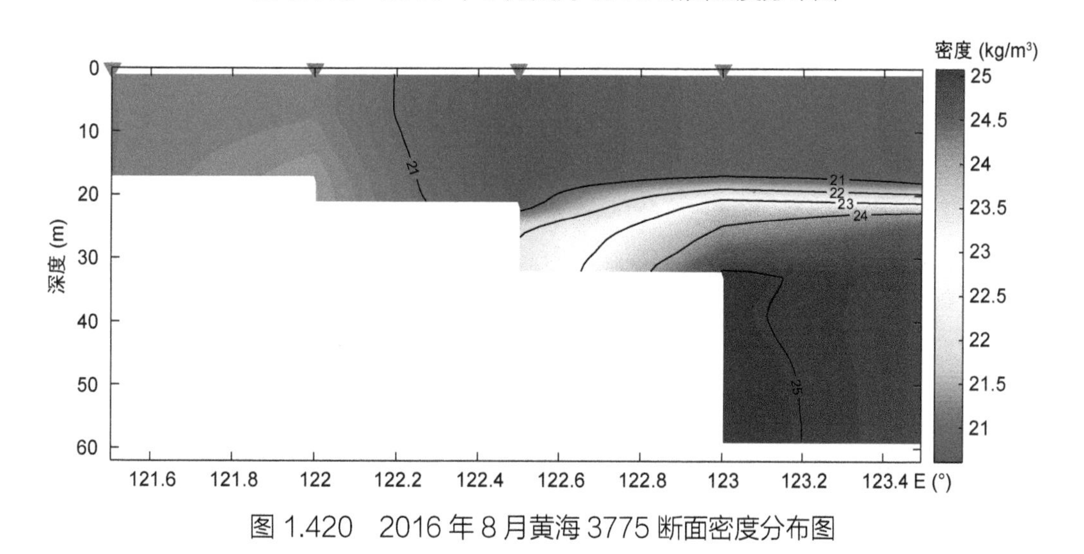

图 1.420 2016 年 8 月黄海 3775 断面密度分布图

(7) 3825 断面

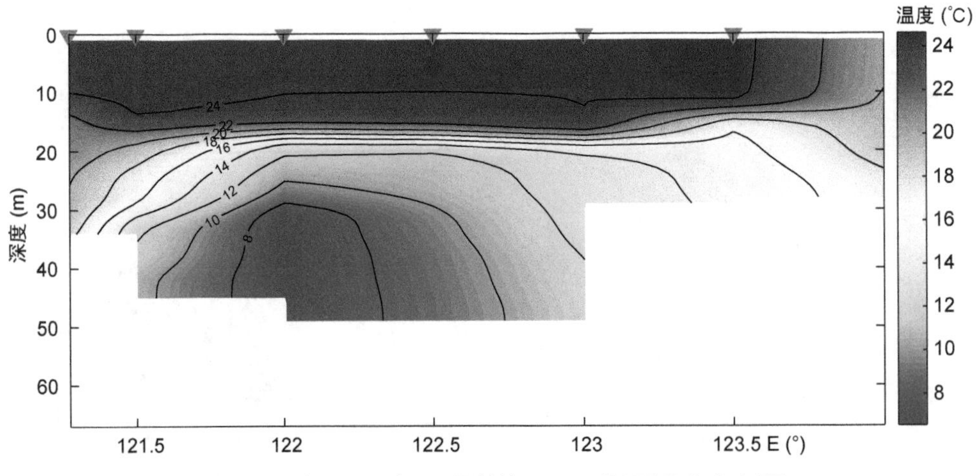

图 1.421　2016 年 8 月黄海 3825 断面温度分布图

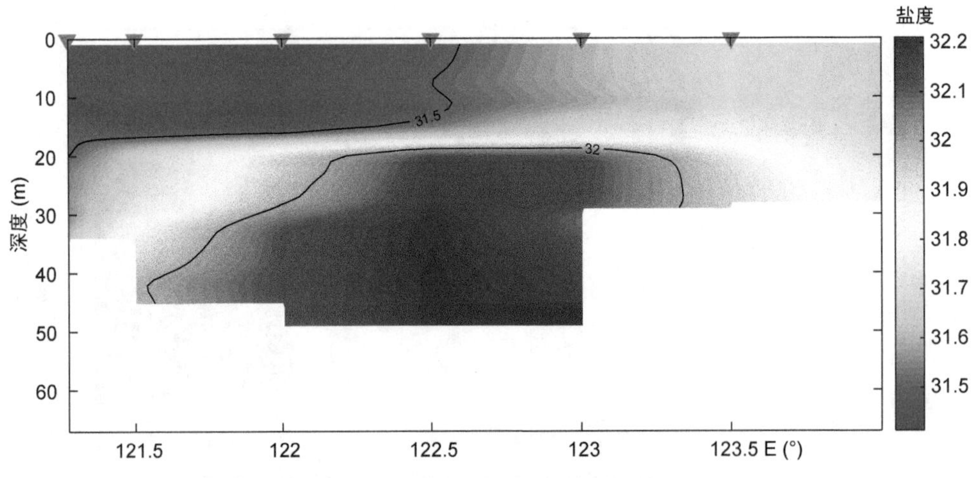

图 1.422　2016 年 8 月黄海 3825 断面盐度分布图

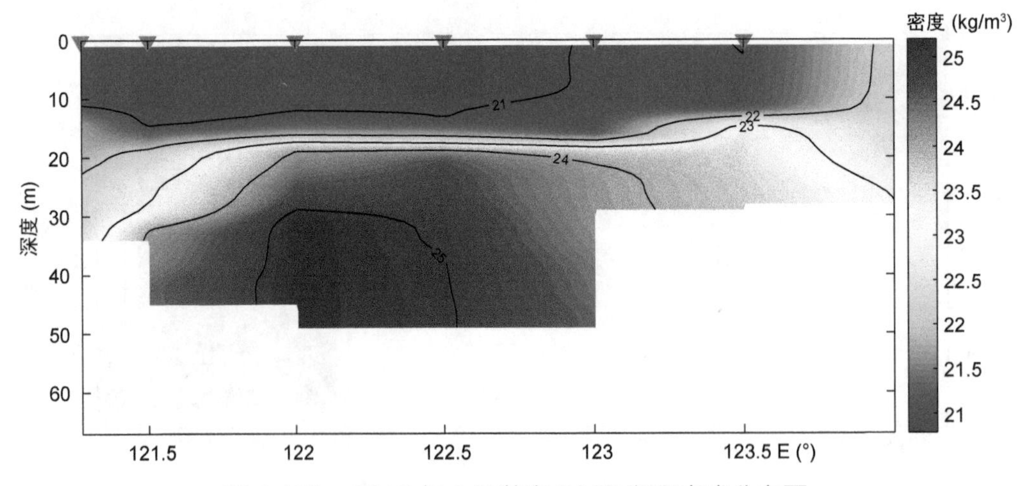

图 1.423　2016 年 8 月黄海 3825 断面密度分布图

(8) 3875 断面

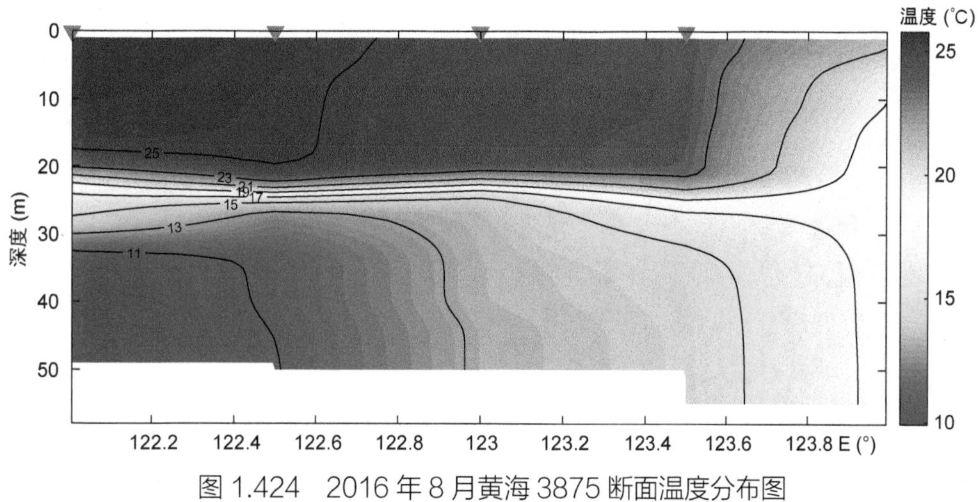

图 1.424　2016 年 8 月黄海 3875 断面温度分布图

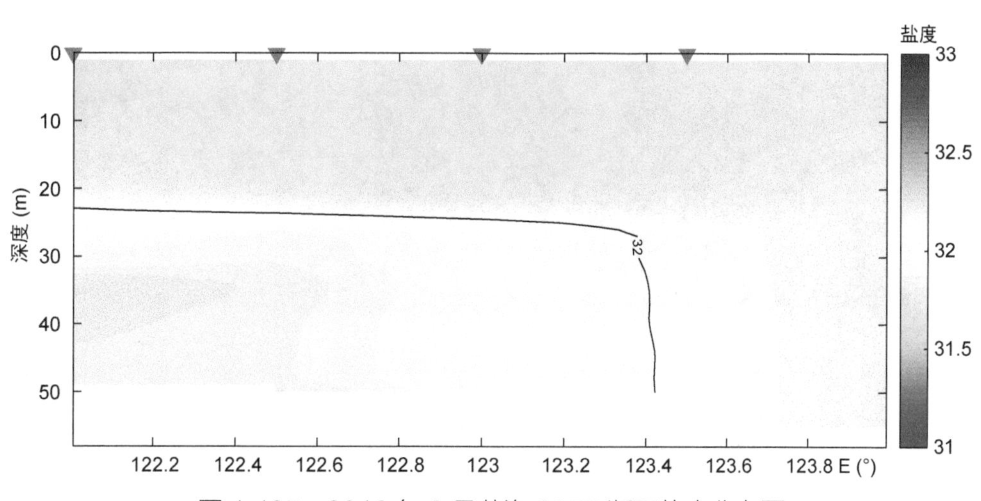

图 1.425　2016 年 8 月黄海 3875 断面盐度分布图

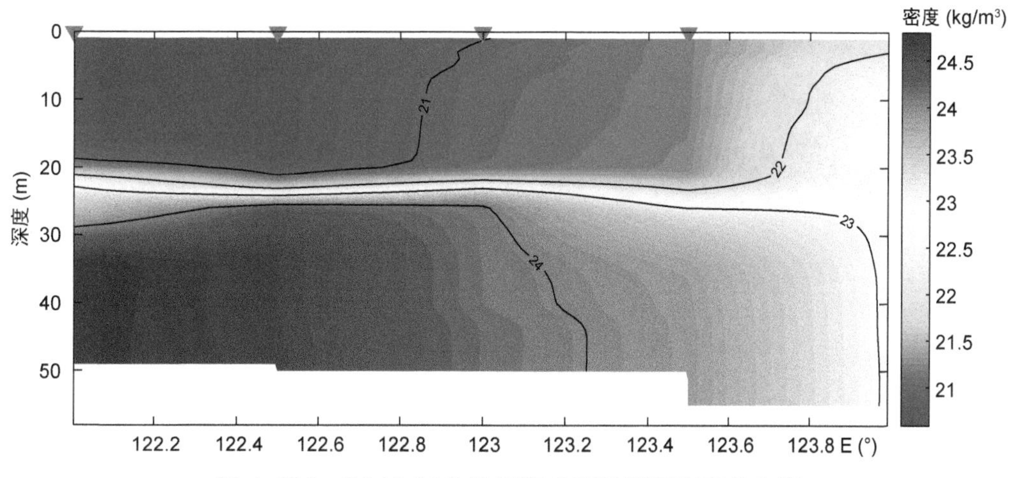

图 1.426　2016 年 8 月黄海 3875 断面密度分布图

(9) 12300 断面

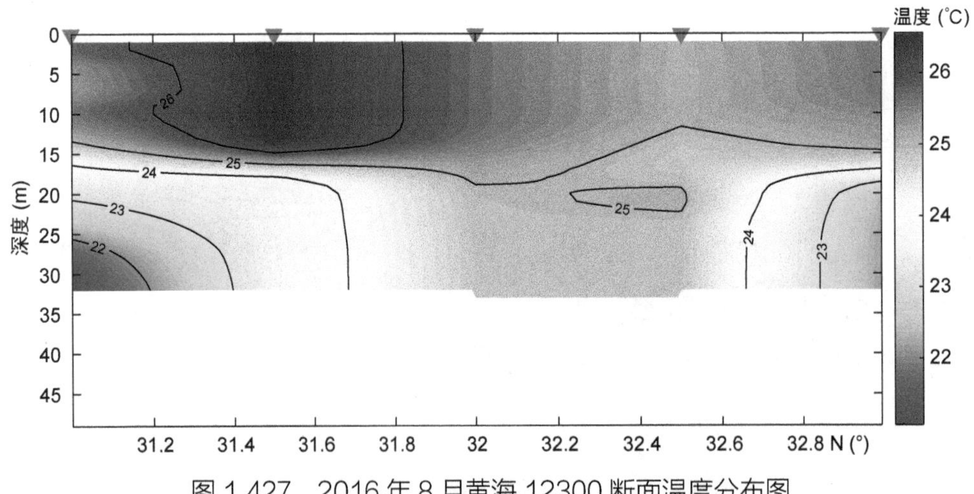

图 1.427　2016 年 8 月黄海 12300 断面温度分布图

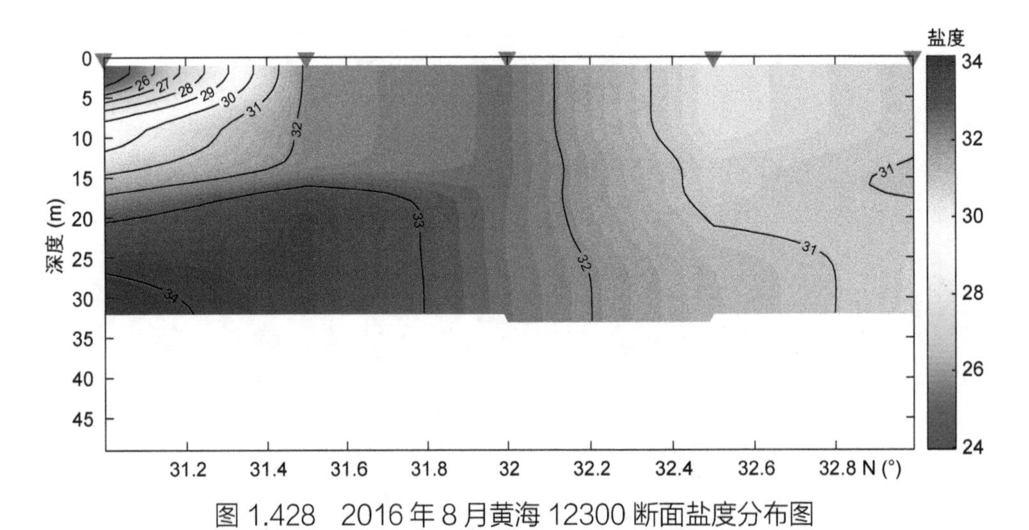

图 1.428　2016 年 8 月黄海 12300 断面盐度分布图

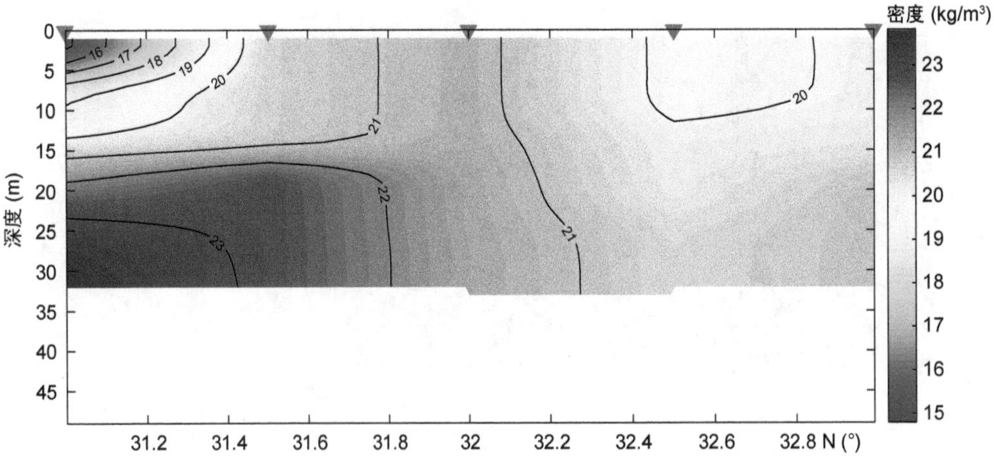

图 1.429　2016 年 8 月黄海 12300 断面密度分布图

(10) CJ 断面

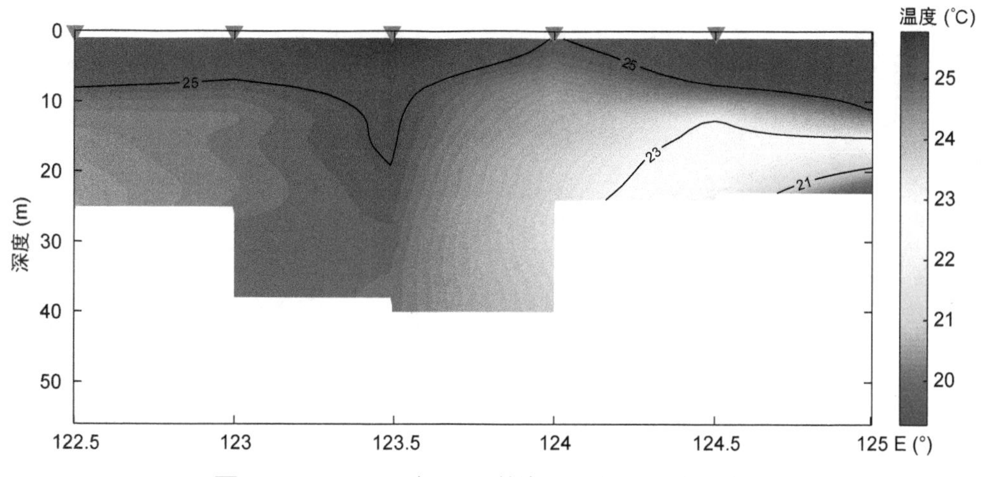

图 1.430　2016 年 8 月黄海 CJ 断面温度分布图

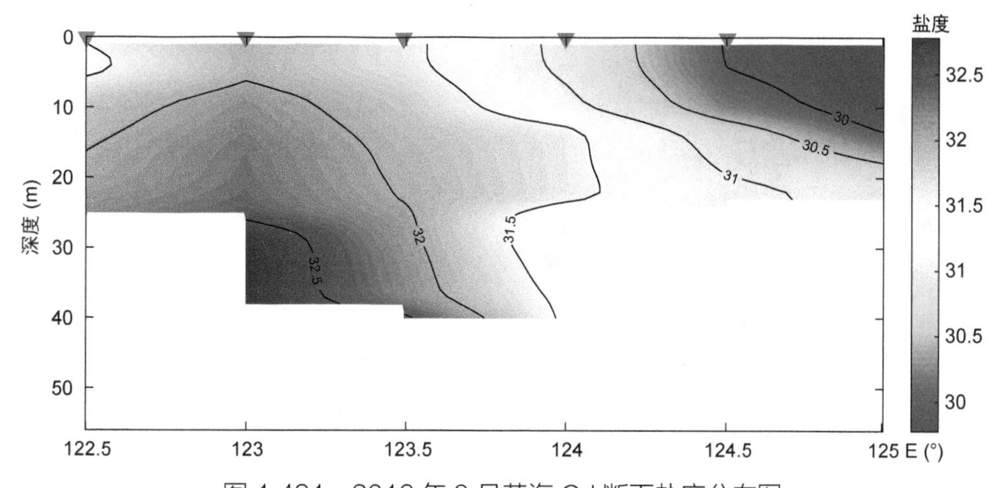

图 1.431　2016 年 8 月黄海 CJ 断面盐度分布图

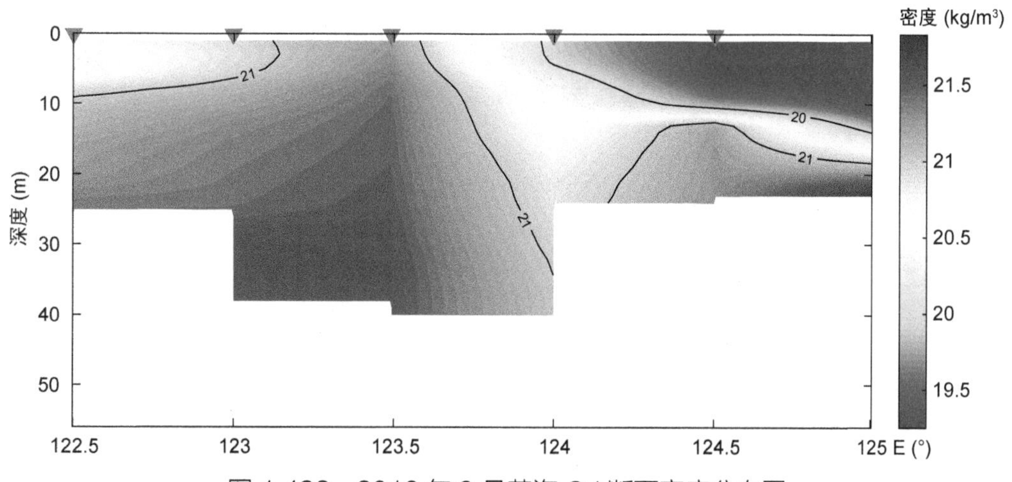

图 1.432　2016 年 8 月黄海 CJ 断面密度分布图

(11) DP 断面

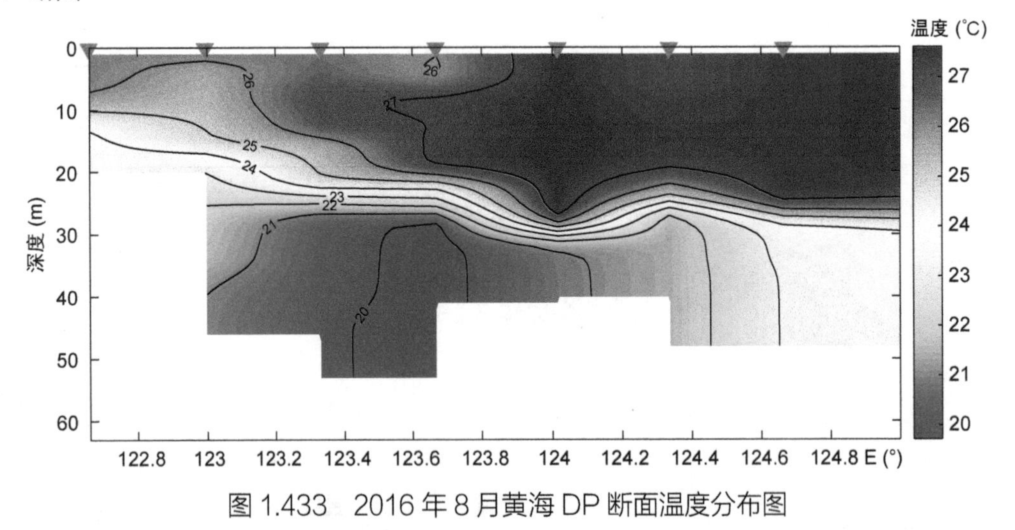

图 1.433 2016 年 8 月黄海 DP 断面温度分布图

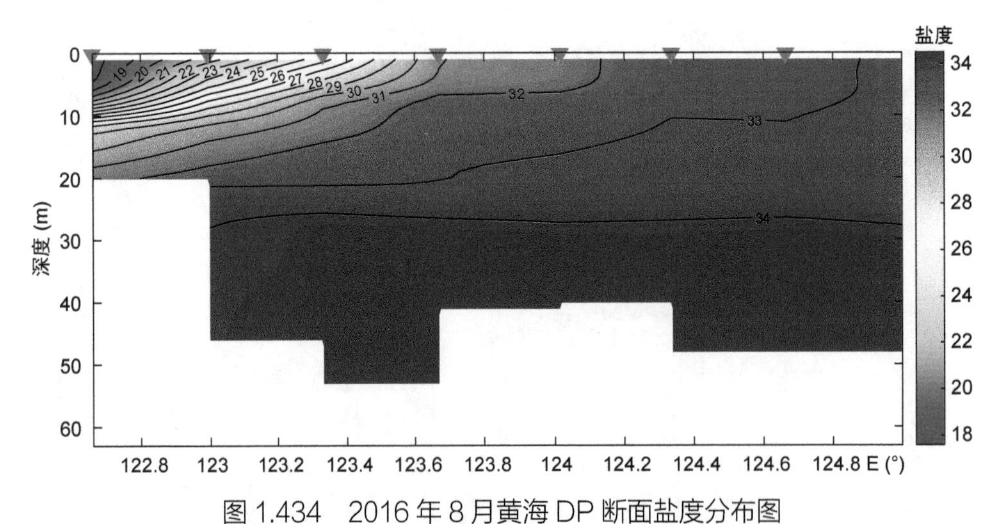

图 1.434 2016 年 8 月黄海 DP 断面盐度分布图

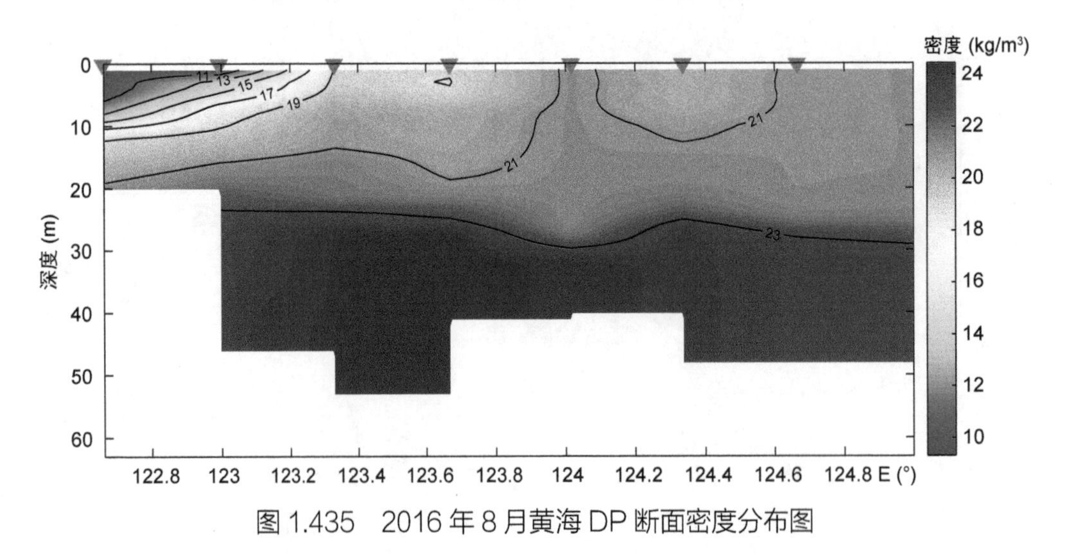

图 1.435 2016 年 8 月黄海 DP 断面密度分布图

1.12.2 平面图

(1) 表层

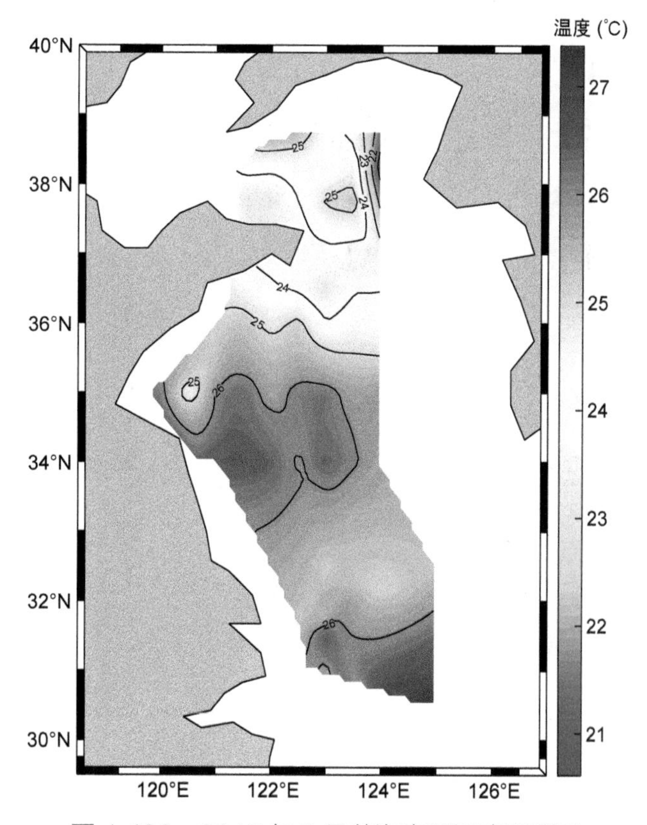

图 1.436 2016 年 8 月黄海表层温度平面图

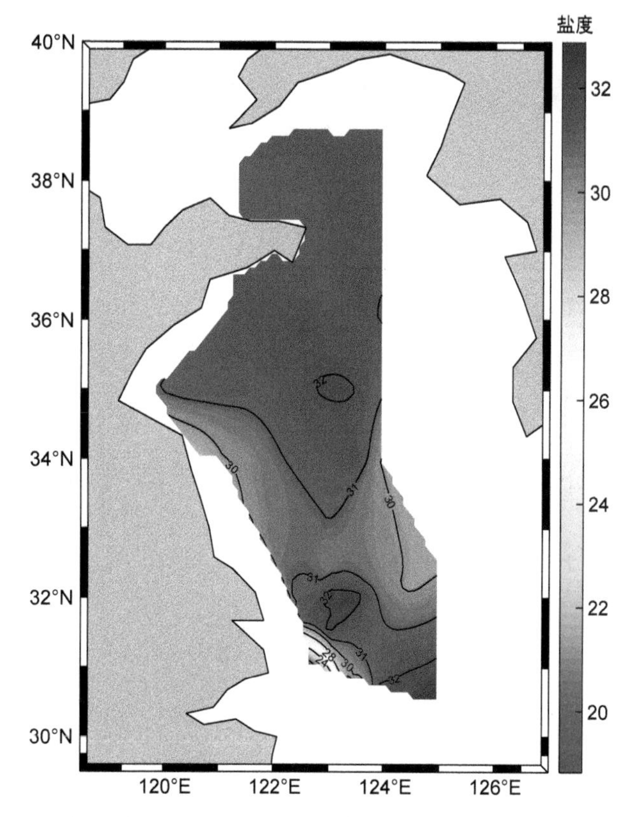

图 1.437 2016 年 8 月黄海表层盐度平面图

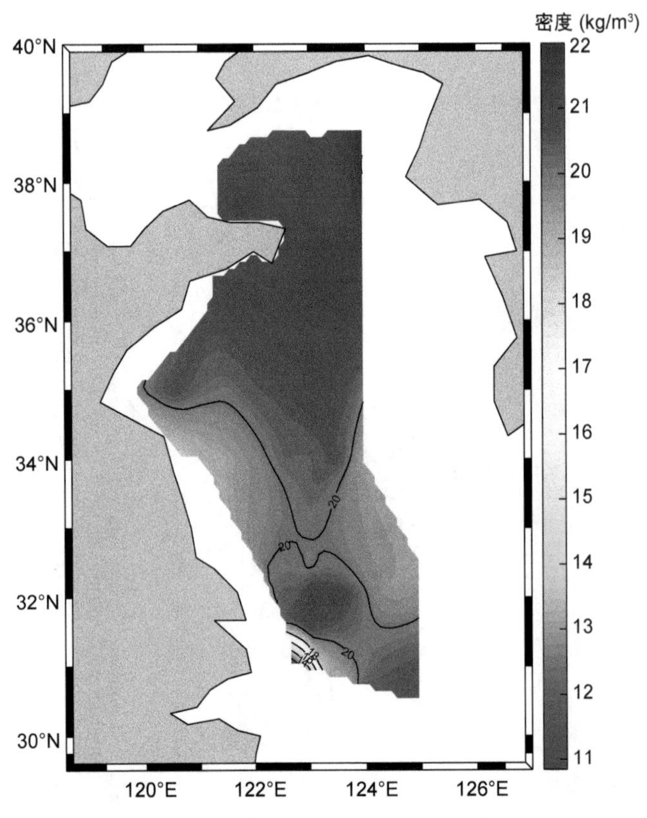

图 1.438　2016 年 8 月黄海表层密度平面图

(2) 20m 层

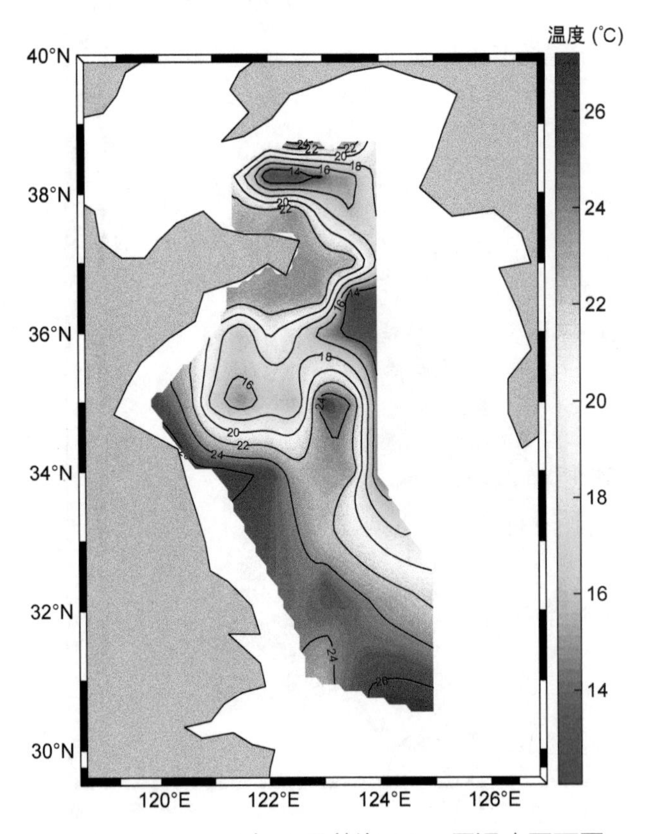

图 1.439　2016 年 8 月黄海 20m 层温度平面图

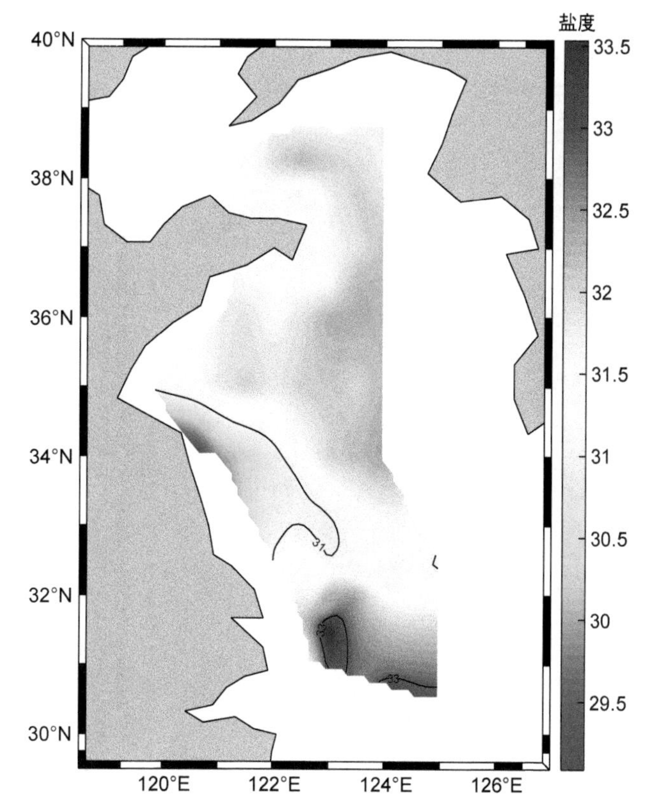

图 1.440 2016 年 8 月黄海 20m 层盐度平面图

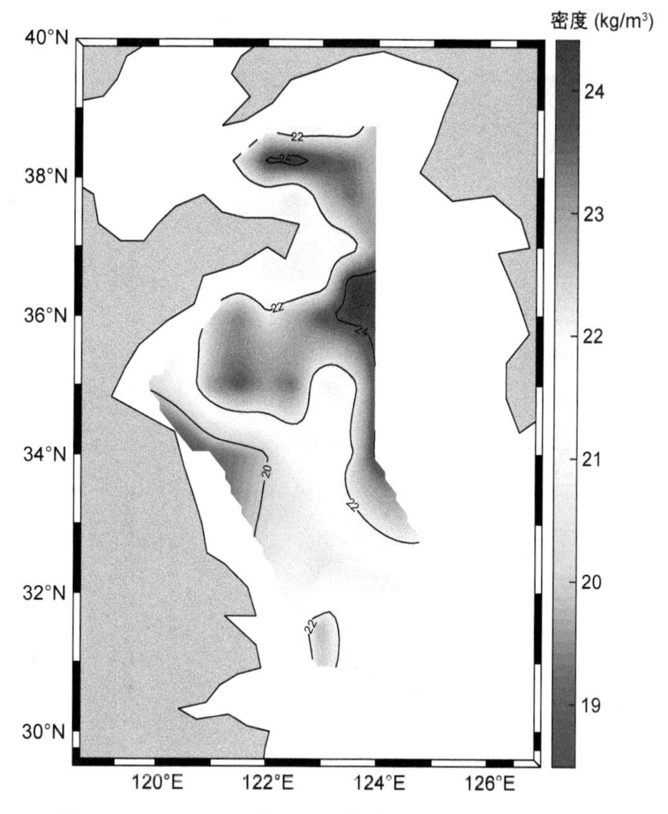

图 1.441 2016 年 8 月黄海 20m 层密度平面图

(3) 底层

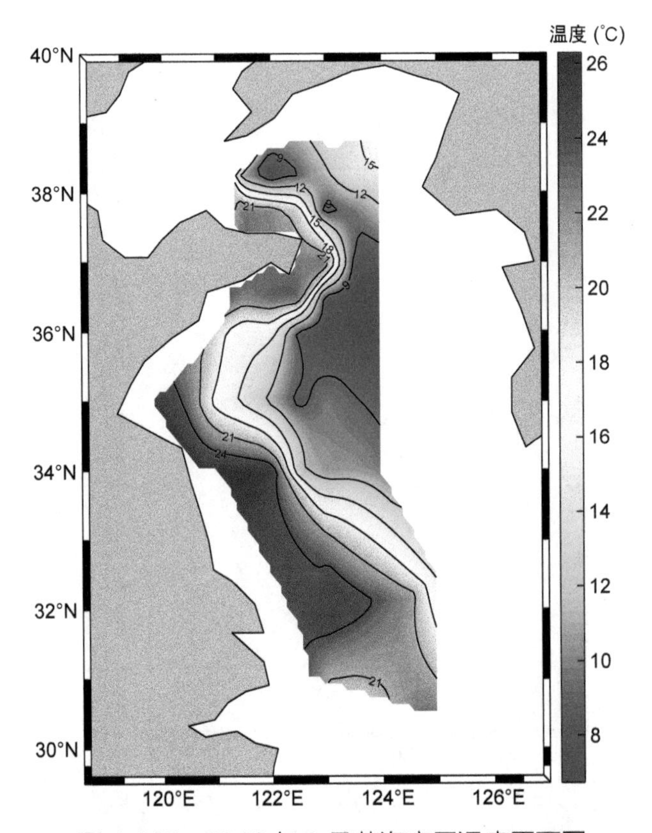

图 1.442　2016 年 8 月黄海底层温度平面图

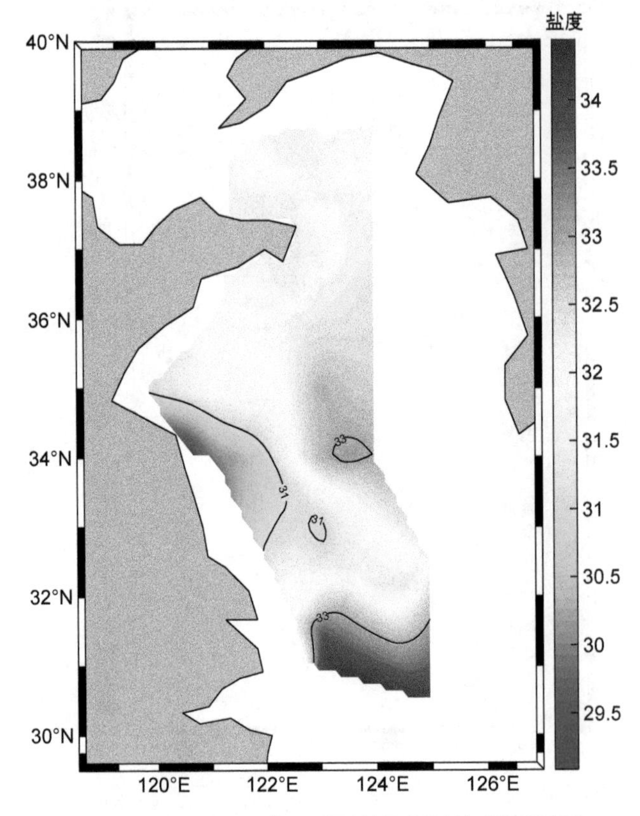

图 1.443　2016 年 8 月黄海底层盐度平面图

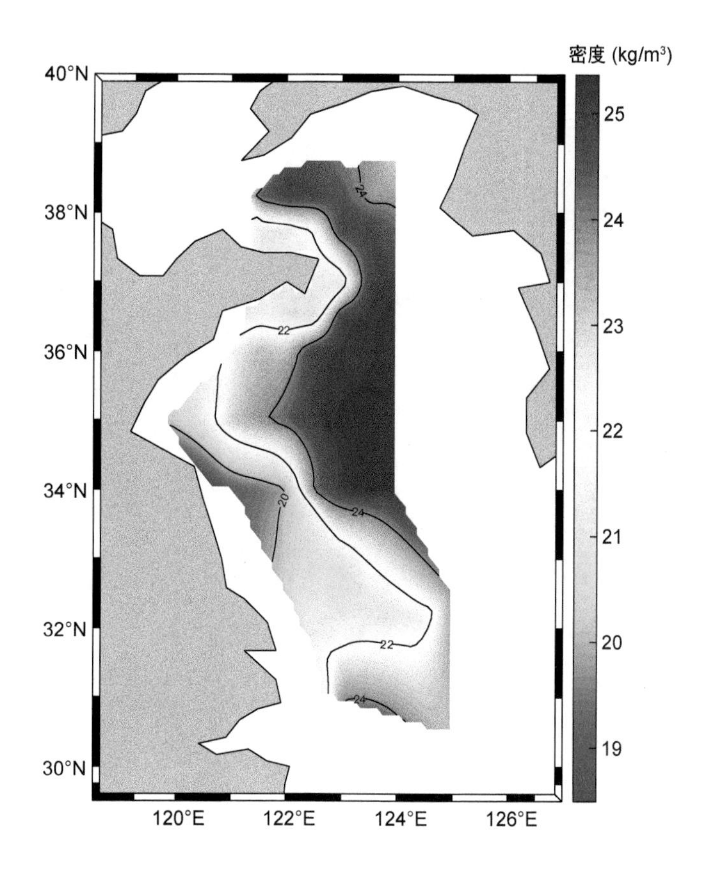

图 1.444 2016 年 8 月黄海底层密度平面图

1.13 2017 年 4 月黄海

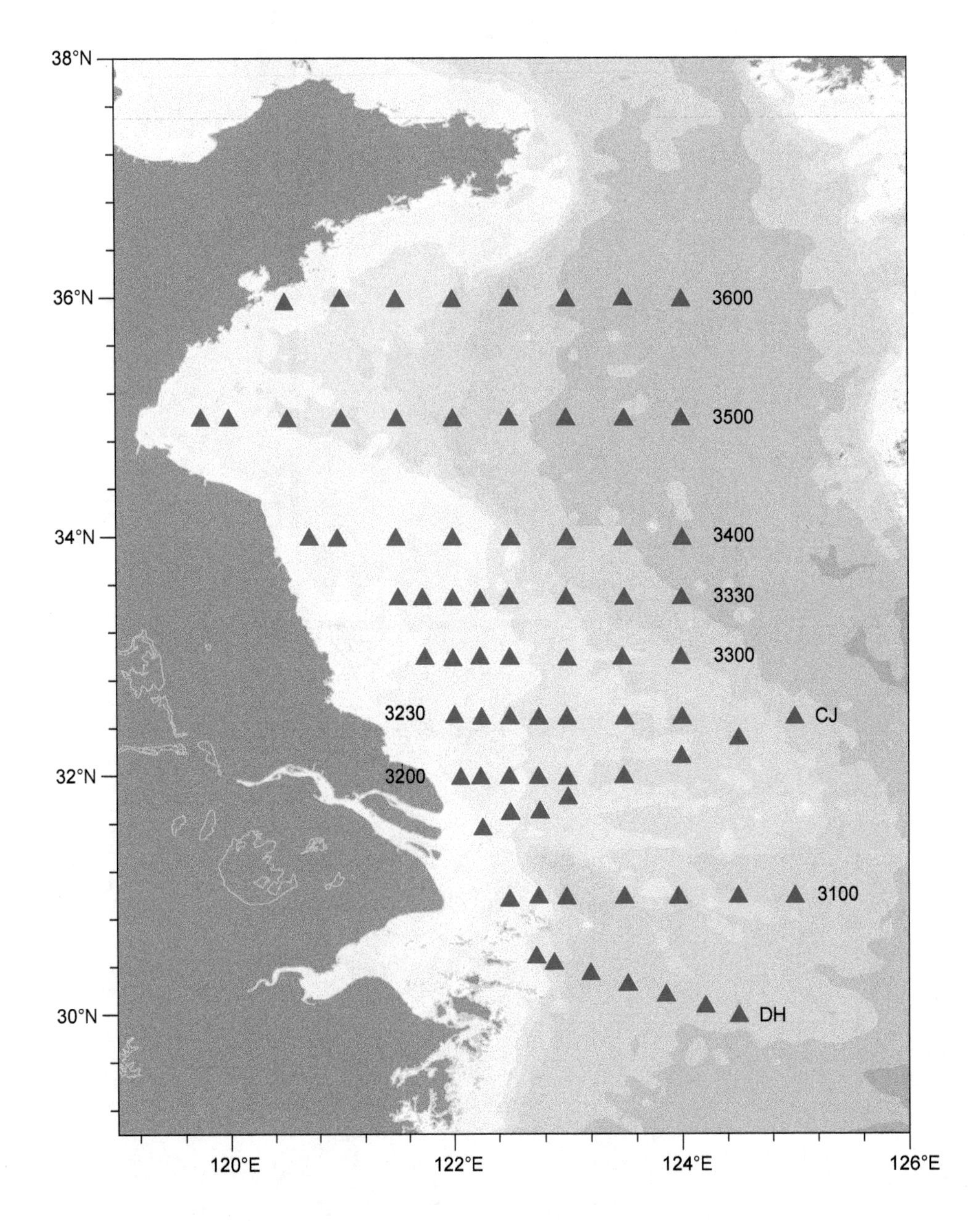

图 1.445 2017 年 4 月黄海调查站位图
（2017 年 4 月 20 日 -2017 年 5 月 2 日）

1.13.1 断面图

(1) 3100 断面

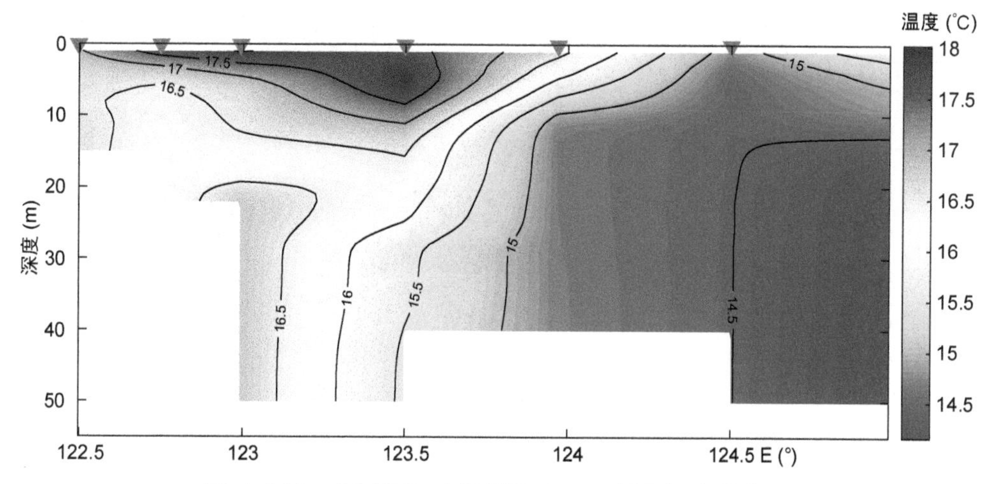

图 1.446 2017 年 4 月黄海 3100 断面温度分布图

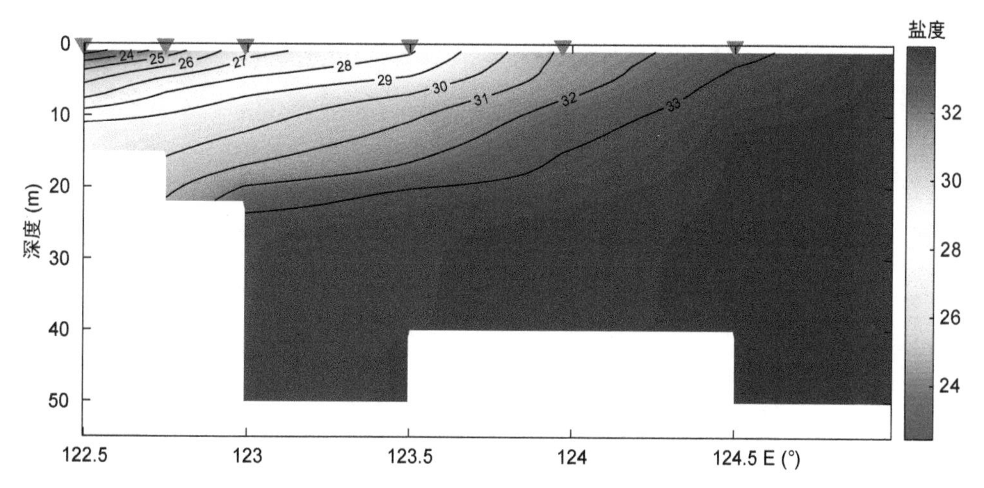

图 1.447 2017 年 4 月黄海 3100 断面盐度分布图

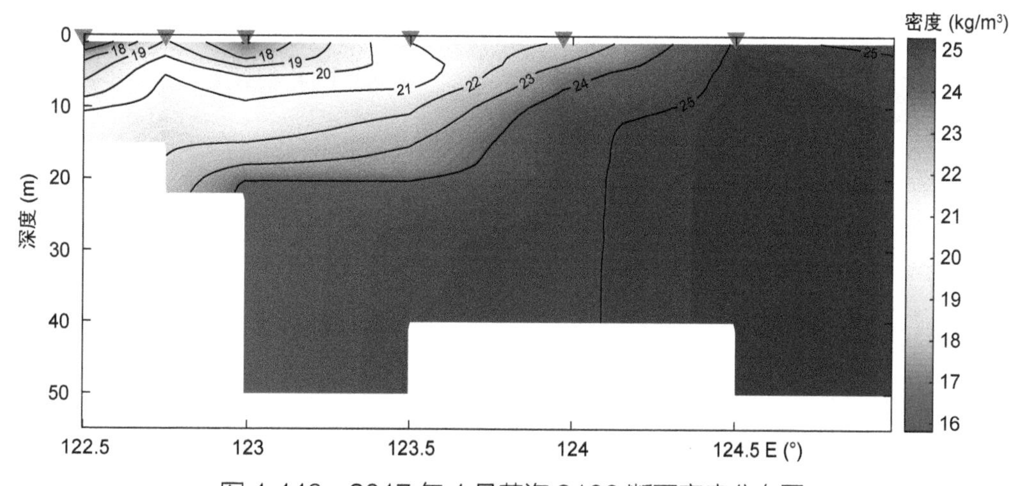

图 1.448 2017 年 4 月黄海 3100 断面密度分布图

(2) 3200 断面

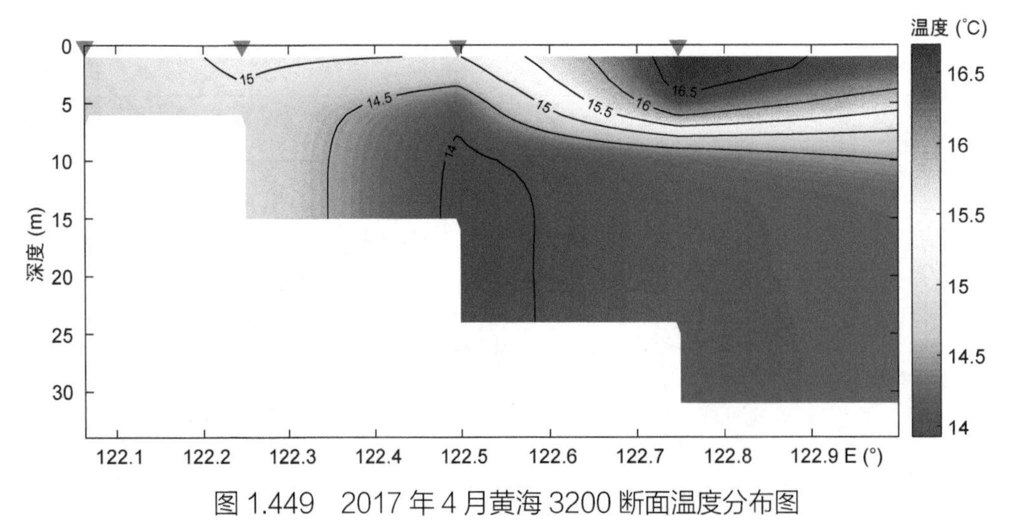

图 1.449　2017 年 4 月黄海 3200 断面温度分布图

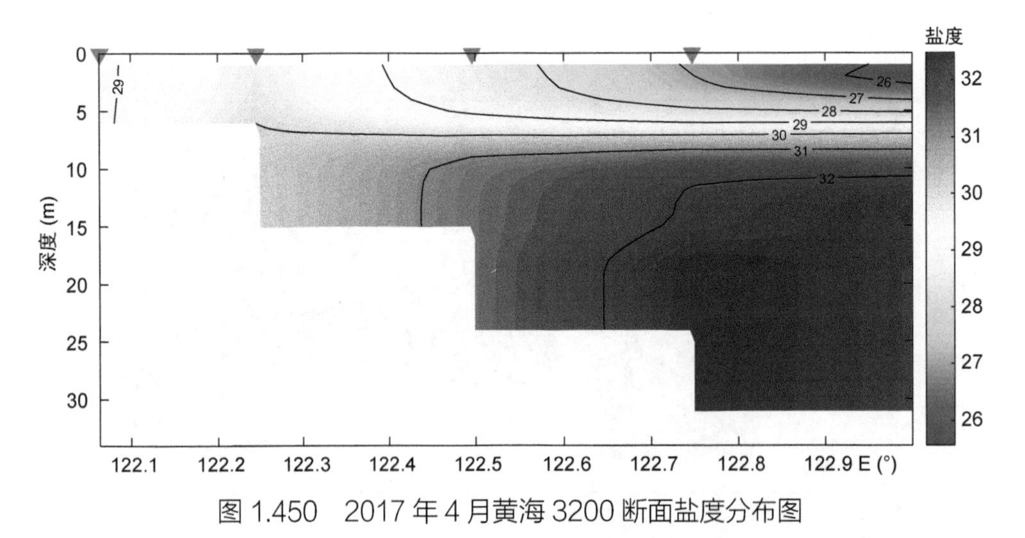

图 1.450　2017 年 4 月黄海 3200 断面盐度分布图

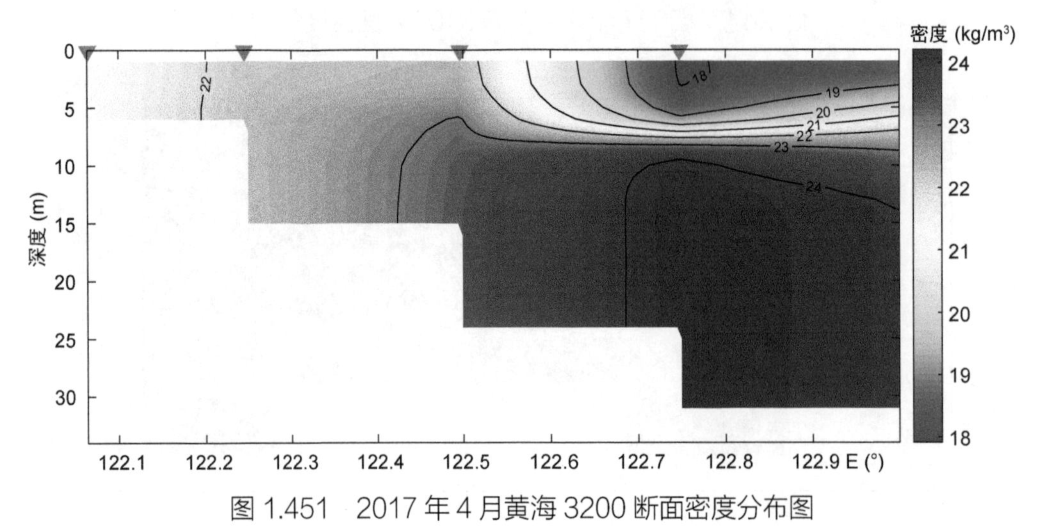

图 1.451　2017 年 4 月黄海 3200 断面密度分布图

(3) 3230 断面

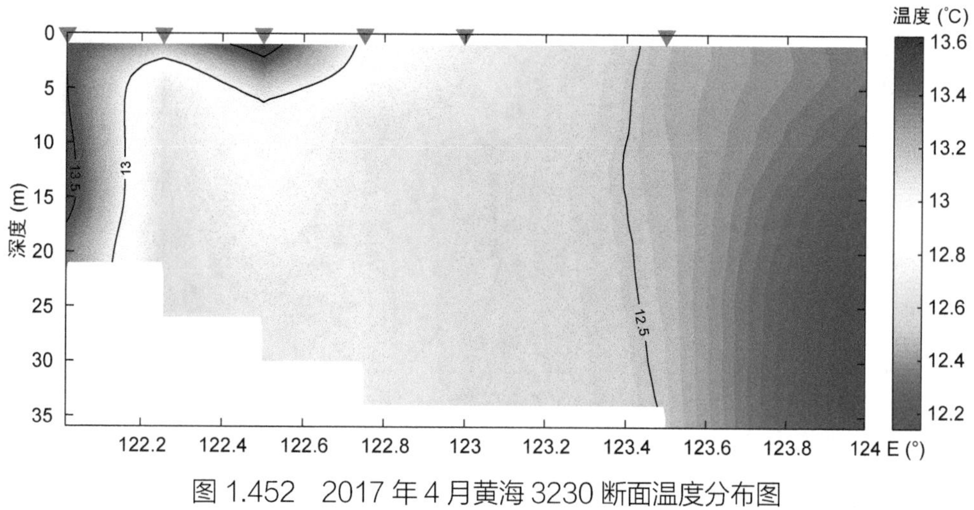

图 1.452　2017 年 4 月黄海 3230 断面温度分布图

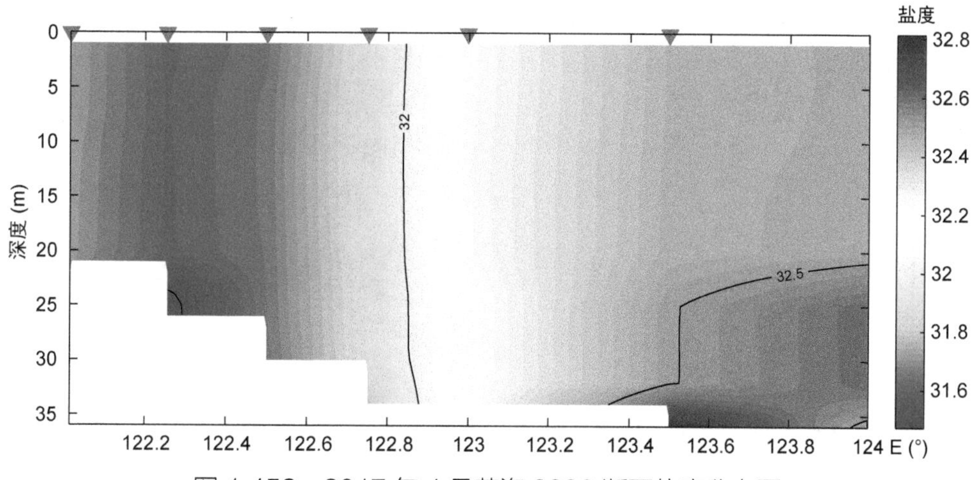

图 1.453　2017 年 4 月黄海 3230 断面盐度分布图

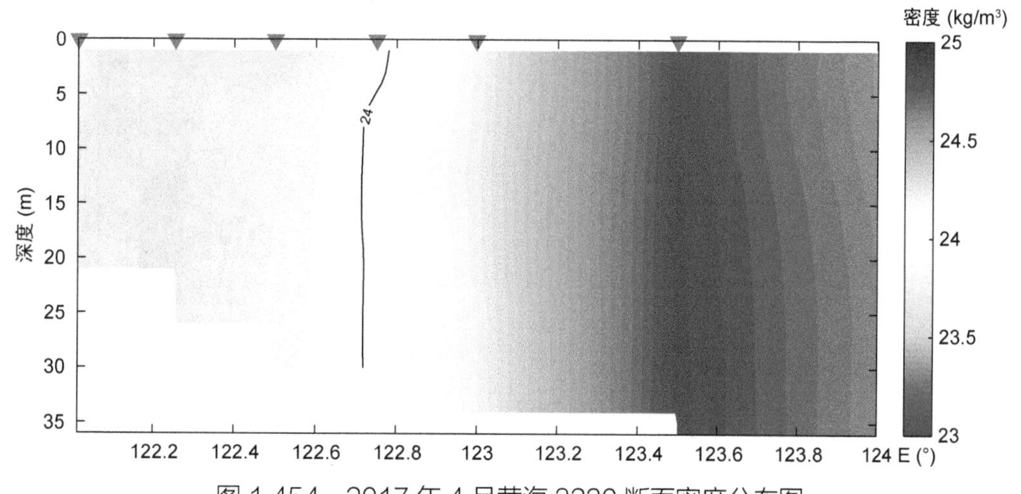

图 1.454　2017 年 4 月黄海 3230 断面密度分布图

(4) 3300 断面

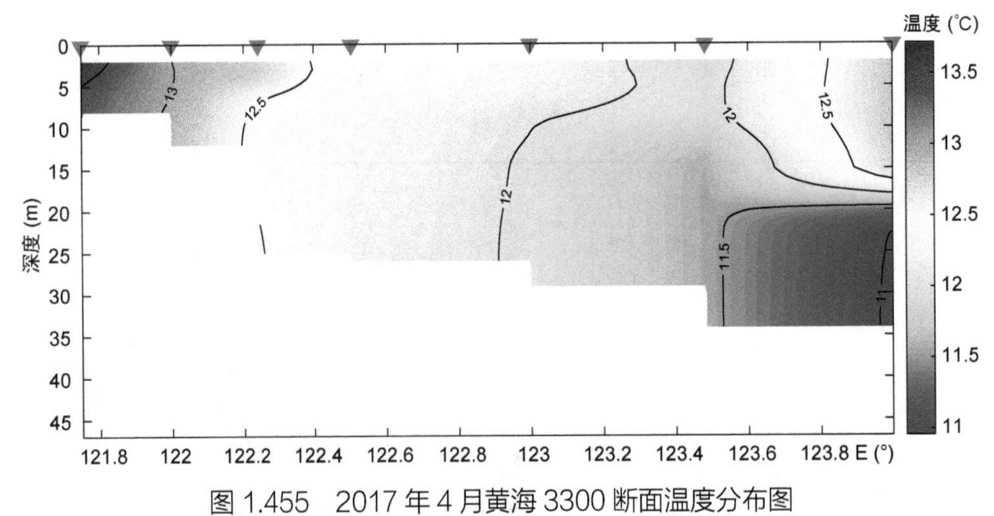

图 1.455 2017 年 4 月黄海 3300 断面温度分布图

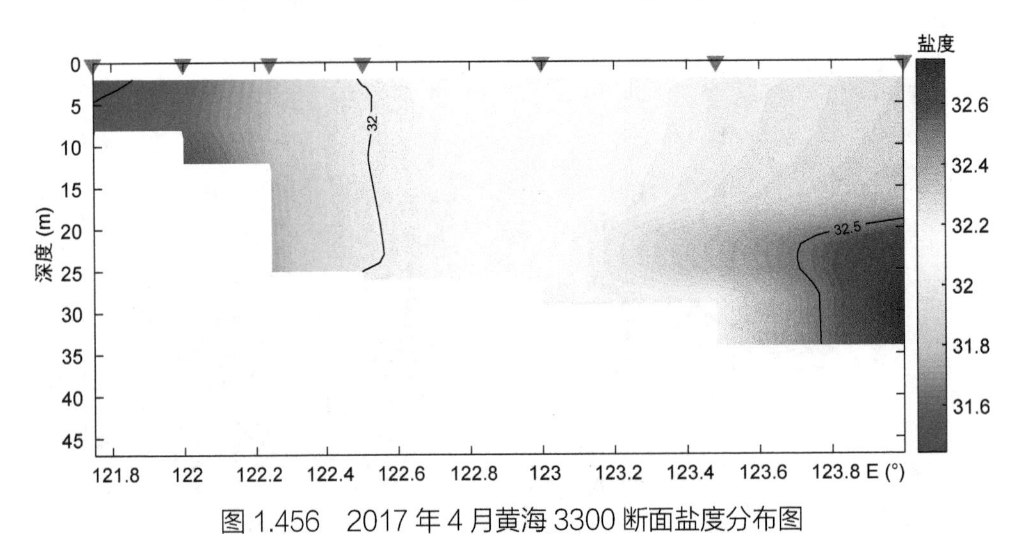

图 1.456 2017 年 4 月黄海 3300 断面盐度分布图

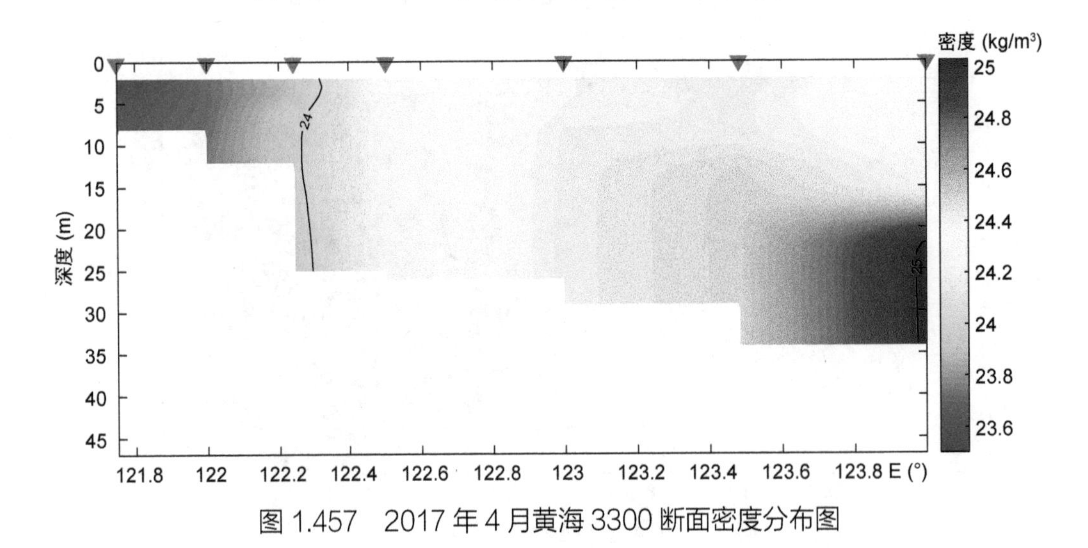

图 1.457 2017 年 4 月黄海 3300 断面密度分布图

(5) 3330 断面

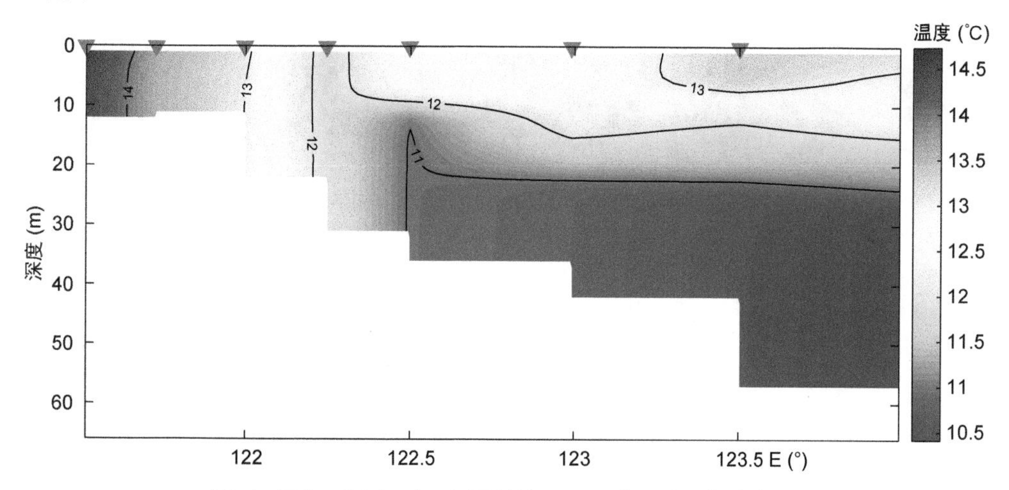

图 1.458 2017 年 4 月黄海 3330 断面温度分布图

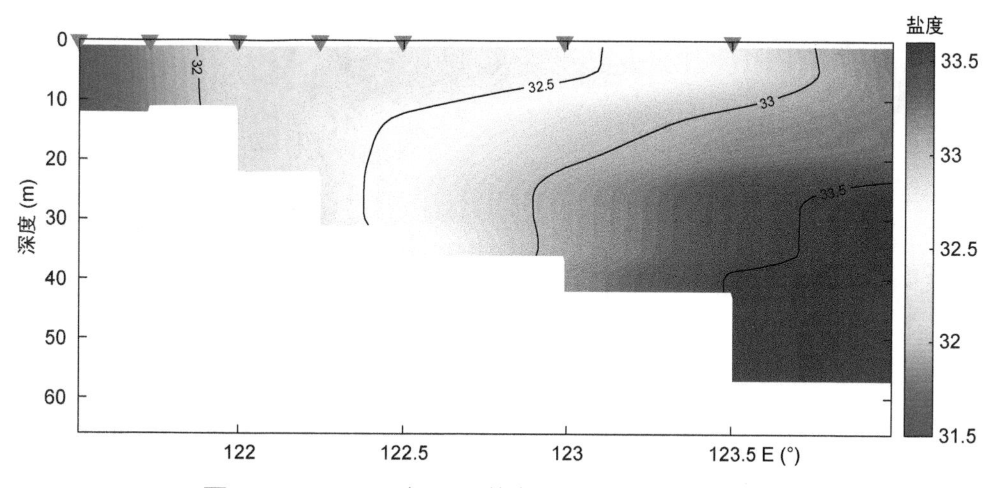

图 1.459 2017 年 4 月黄海 3330 断面盐度分布图

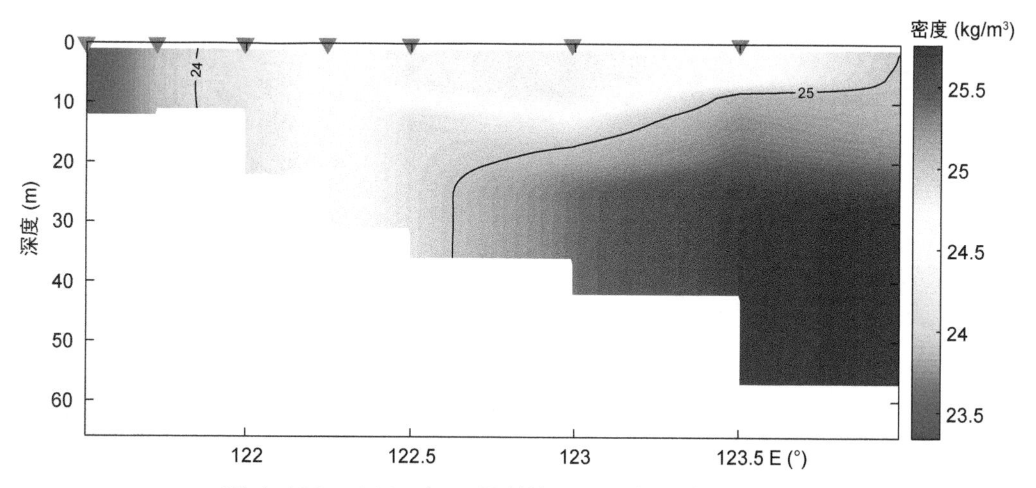

图 1.460 2017 年 4 月黄海 3330 断面密度分布图

(6) 3400 断面

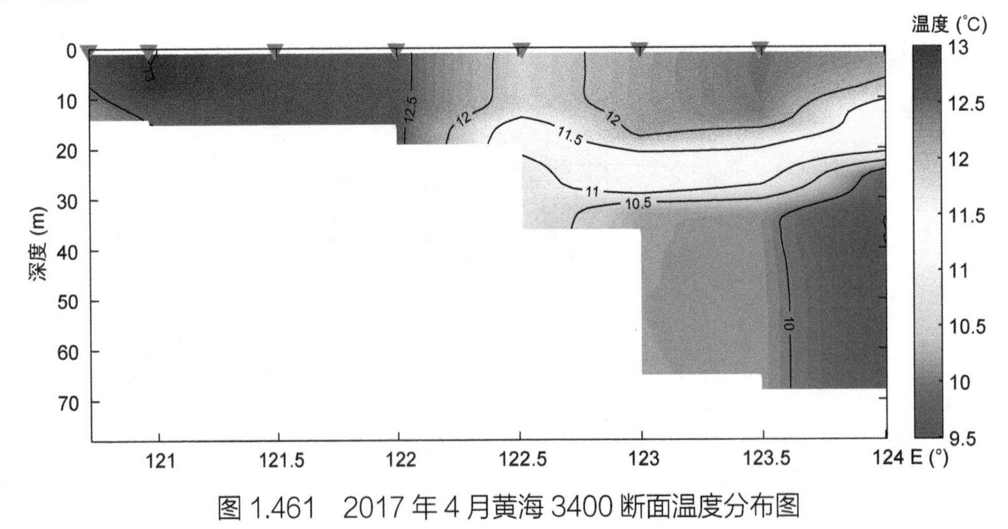

图 1.461　2017 年 4 月黄海 3400 断面温度分布图

图 1.462　2017 年 4 月黄海 3400 断面盐度分布图

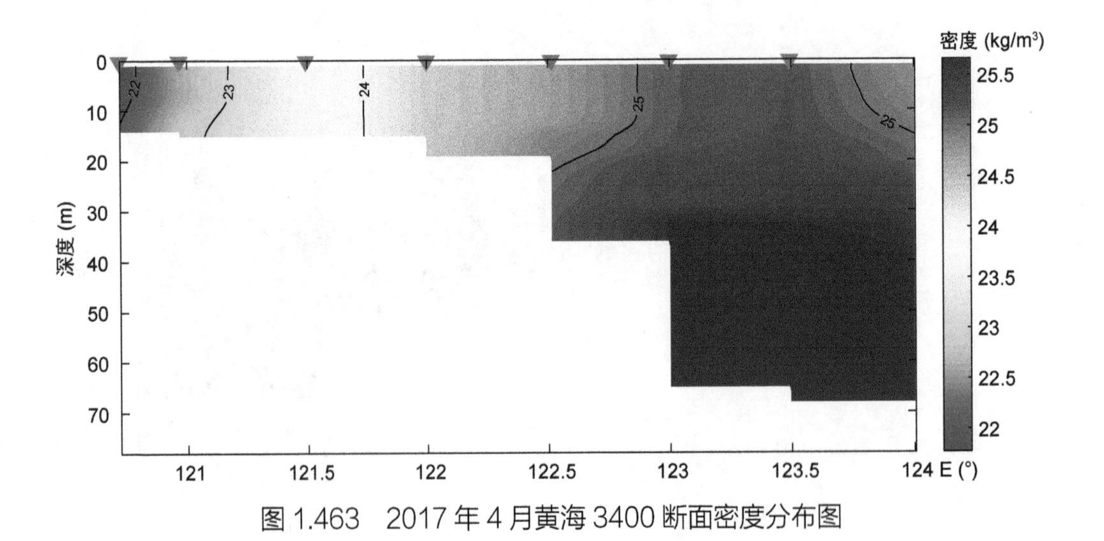

图 1.463　2017 年 4 月黄海 3400 断面密度分布图

(7) 3500 断面

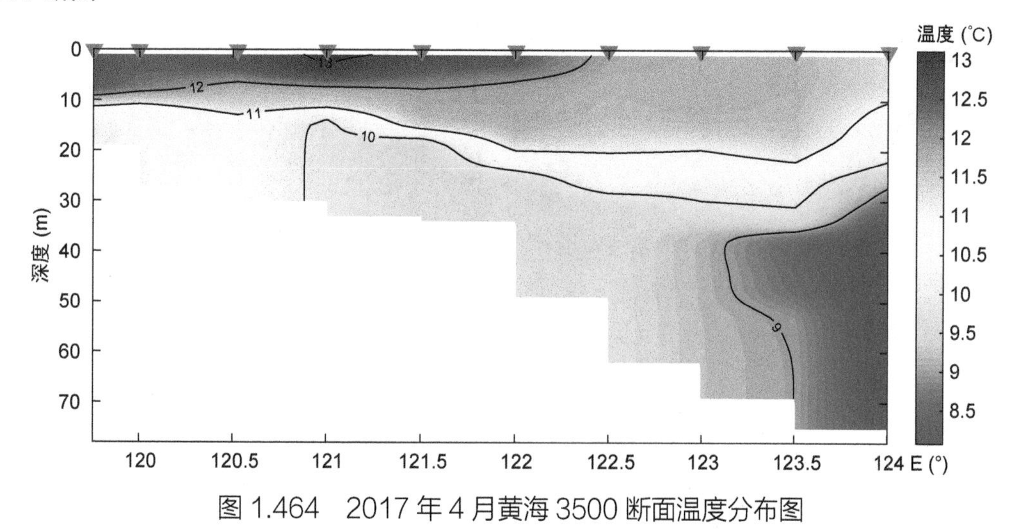

图 1.464 2017 年 4 月黄海 3500 断面温度分布图

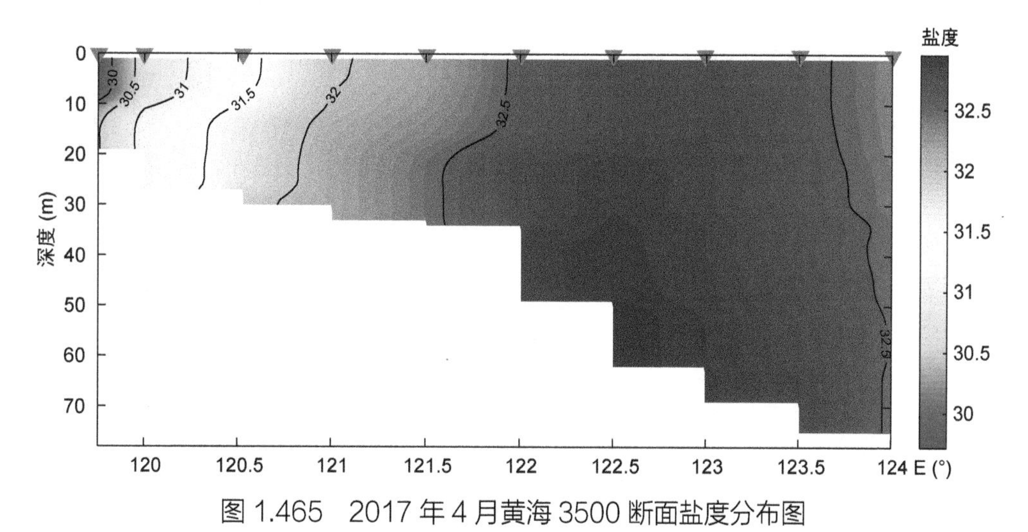

图 1.465 2017 年 4 月黄海 3500 断面盐度分布图

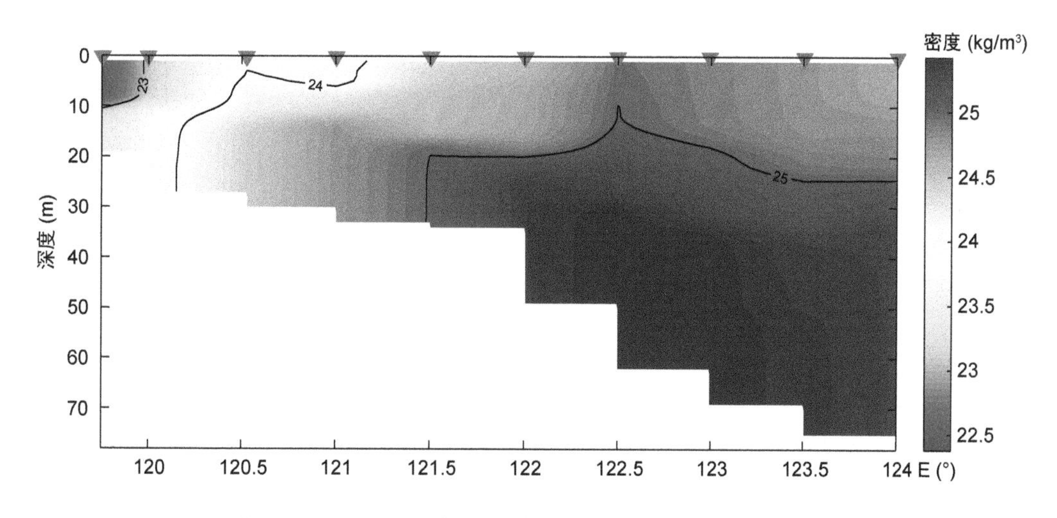

图 1.466 2017 年 4 月黄海 3500 断面密度分布图

(8) 3600 断面

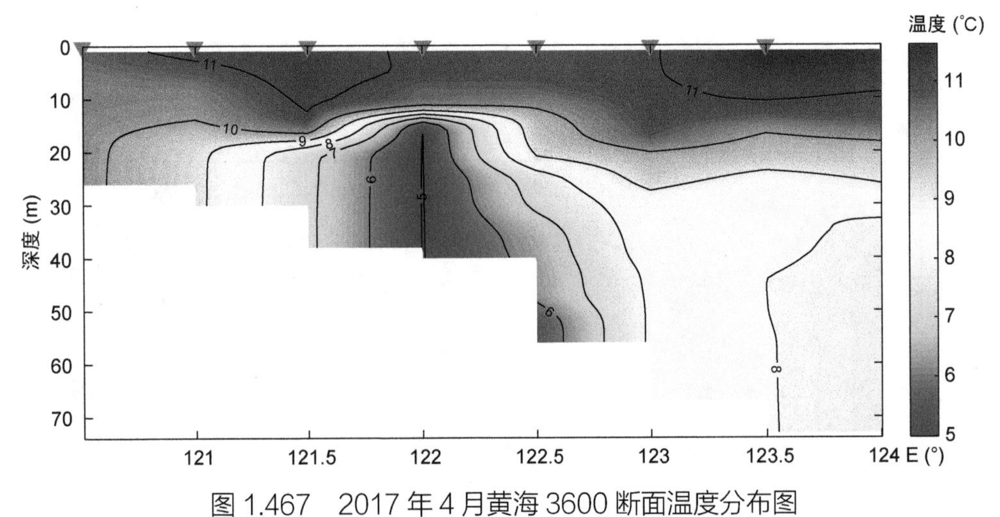

图 1.467　2017 年 4 月黄海 3600 断面温度分布图

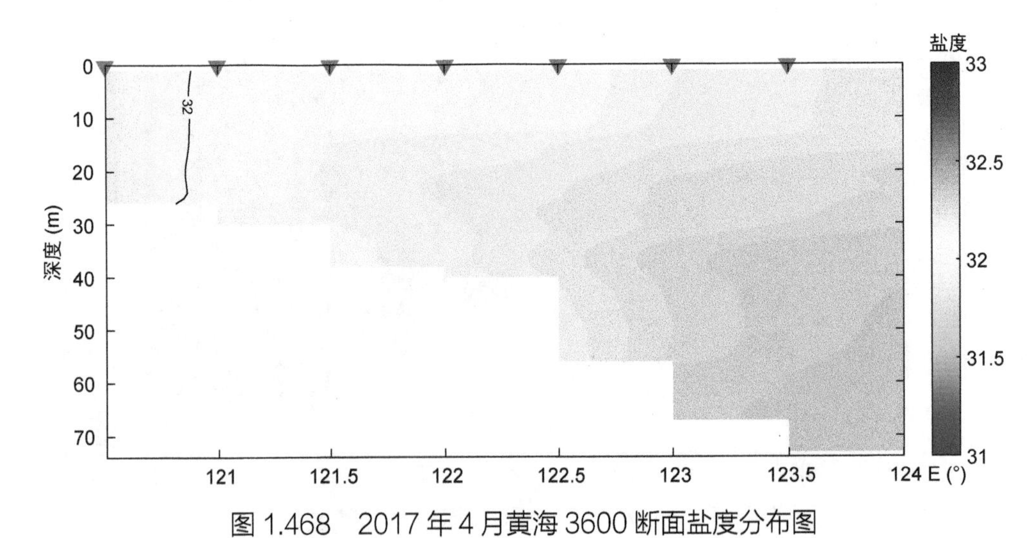

图 1.468　2017 年 4 月黄海 3600 断面盐度分布图

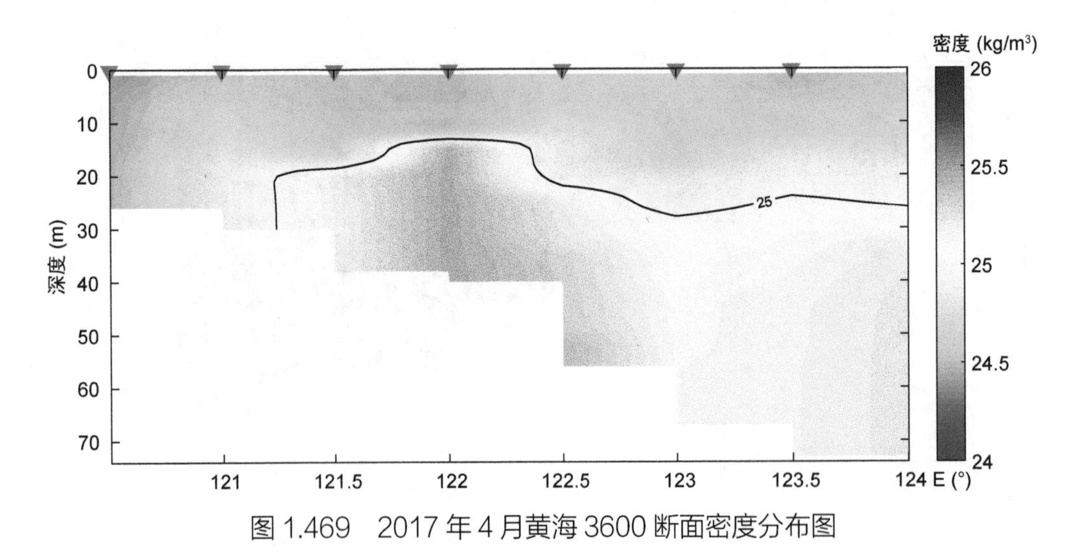

图 1.469　2017 年 4 月黄海 3600 断面密度分布图

(9) CJ 断面

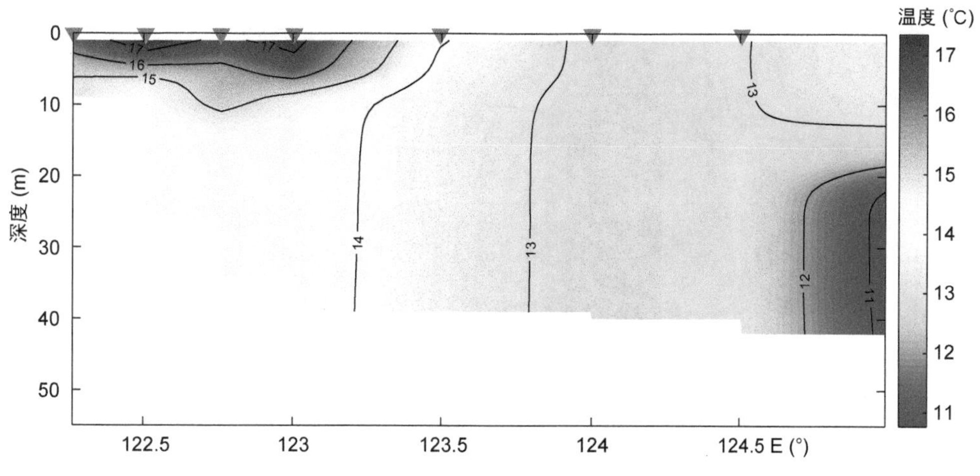

图 1.470　2017 年 4 月黄海 CJ 断面温度分布图

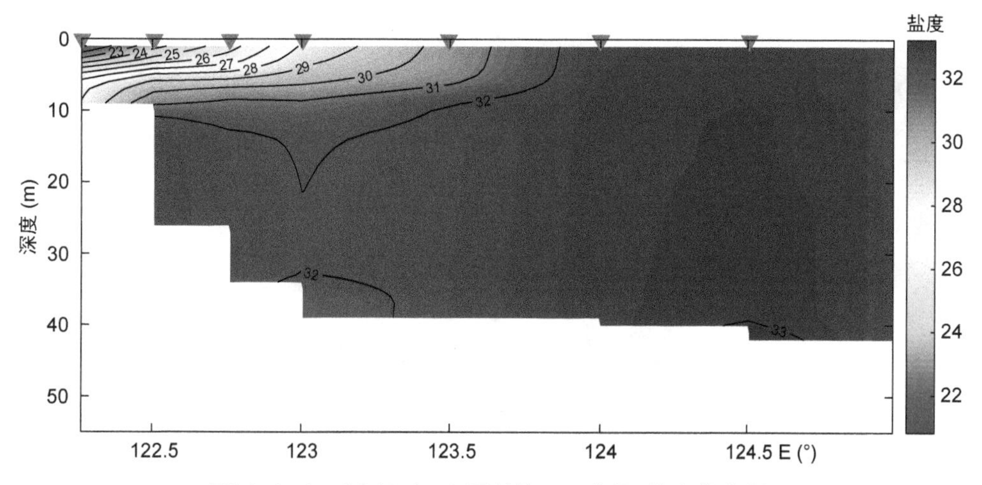

图 1.471　2017 年 4 月黄海 CJ 断面盐度分布图

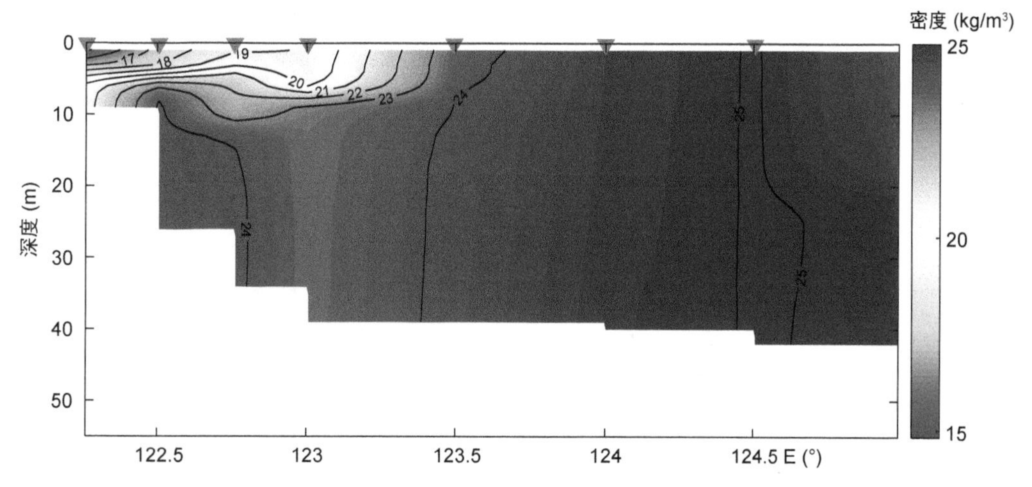

图 1.472　2017 年 4 月黄海 CJ 断面密度分布图

(10) DH 断面

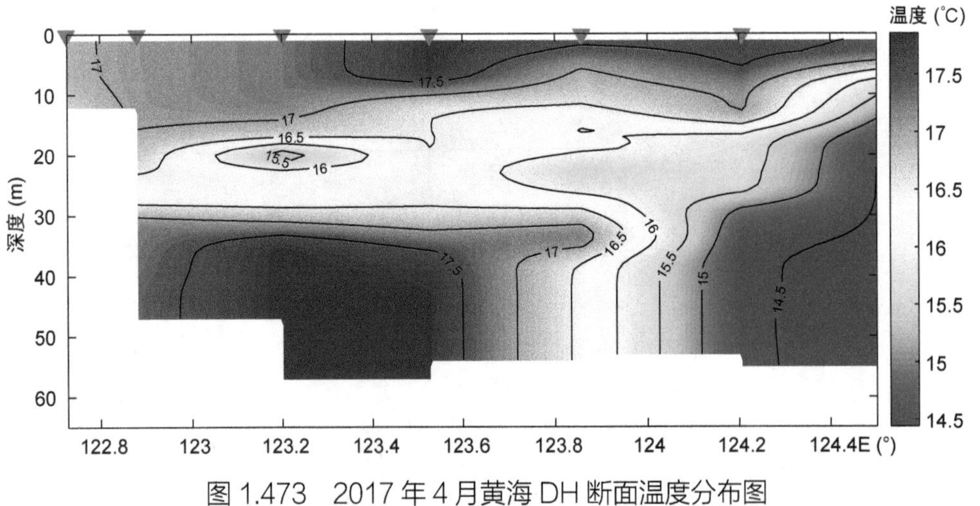

图 1.473　2017 年 4 月黄海 DH 断面温度分布图

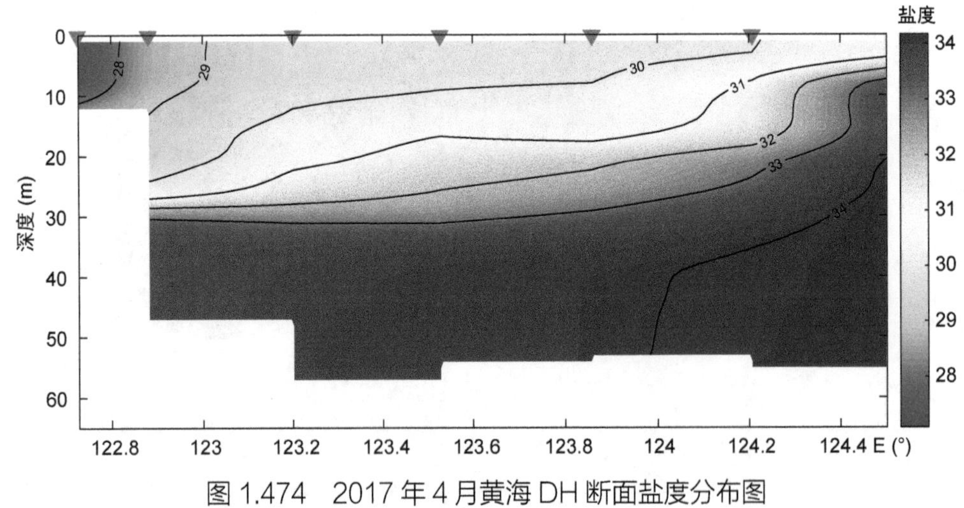

图 1.474　2017 年 4 月黄海 DH 断面盐度分布图

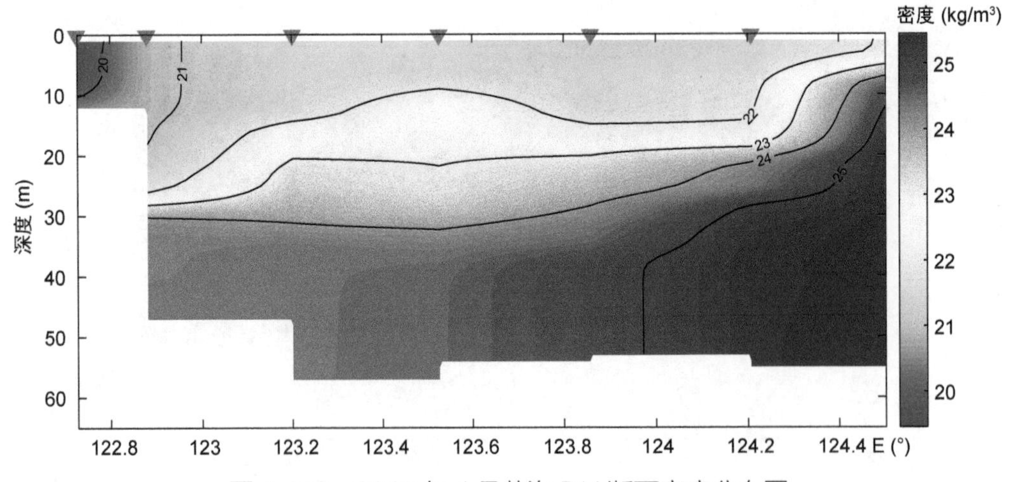

图 1.475　2017 年 4 月黄海 DH 断面密度分布图

1.13.2 平面图

(1) 表层

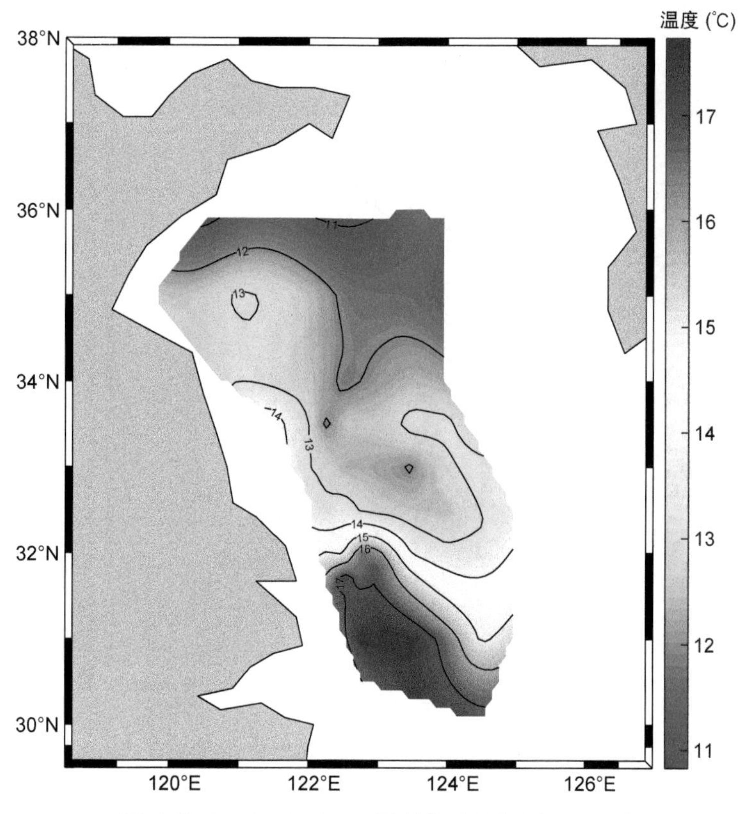

图 1.476 2017 年 4 月黄海表层温度平面图

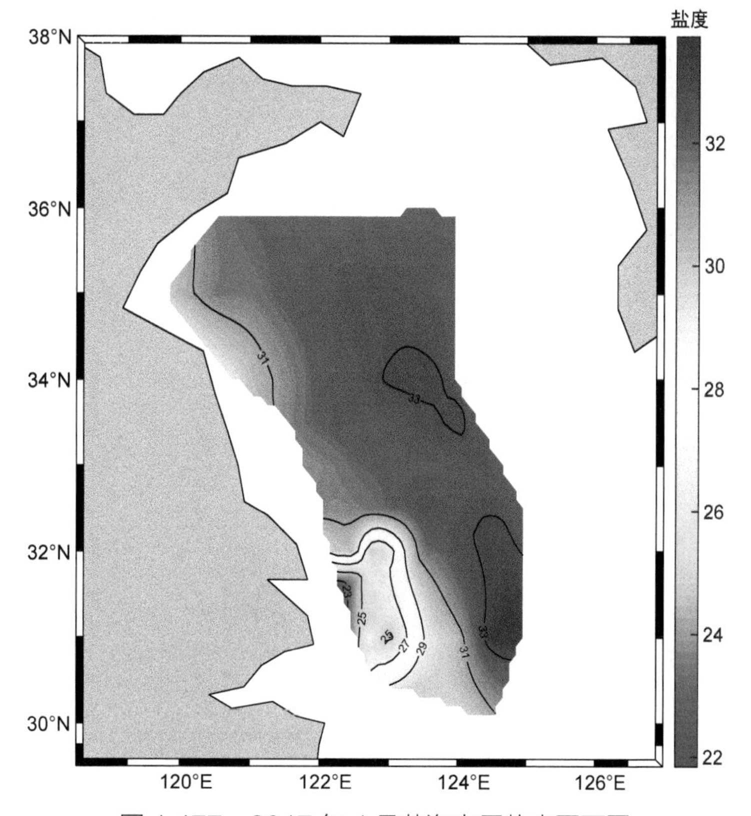

图 1.477 2017 年 4 月黄海表层盐度平面图

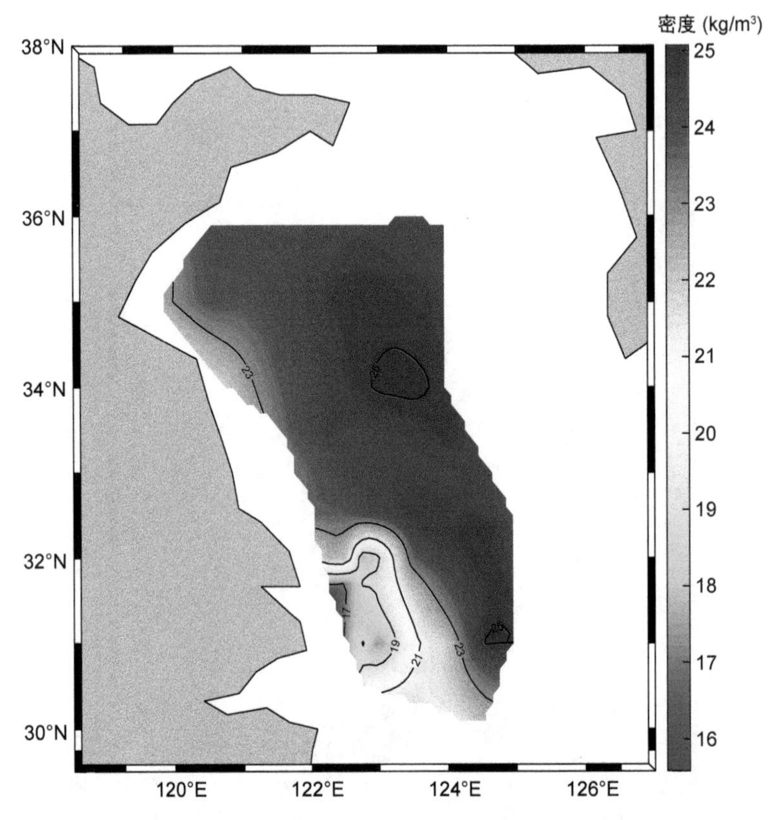

图 1.478　2017 年 4 月黄海表层密度平面图

(2) 20m 层

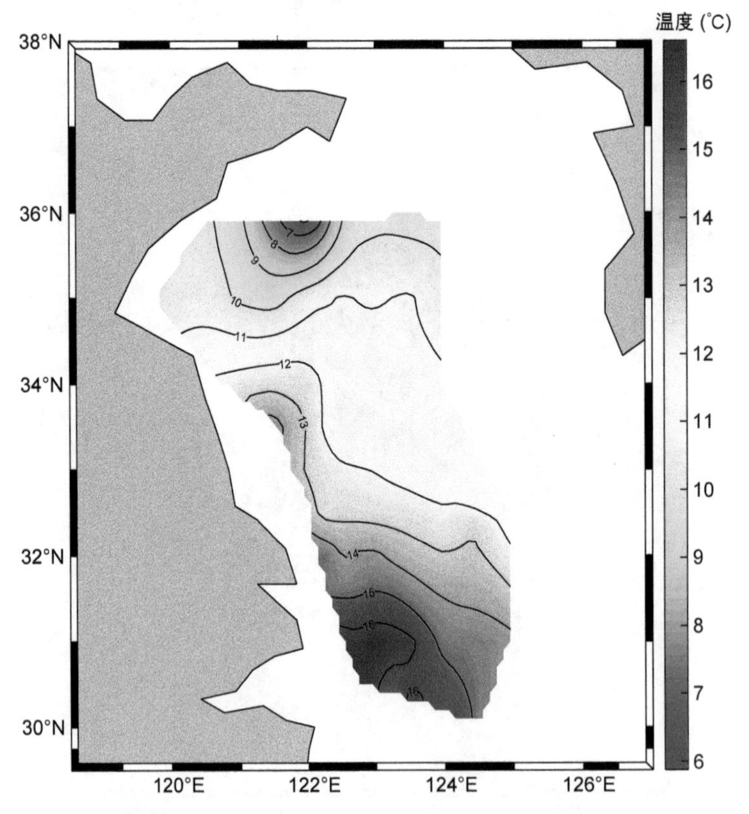

图 1.479　2017 年 4 月黄海 20m 层温度平面图

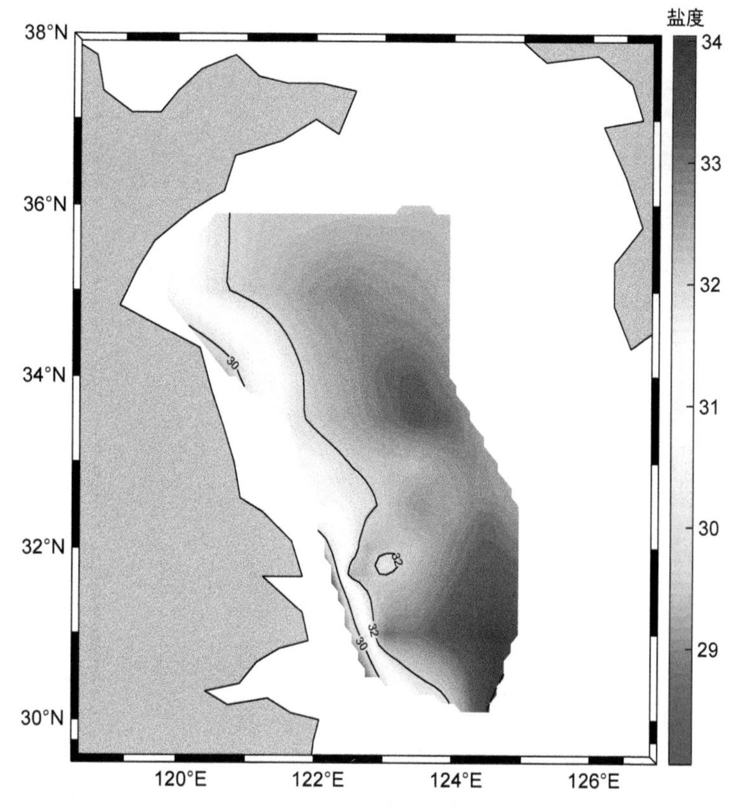

图 1.480 2017 年 4 月黄海 20m 层盐度平面图

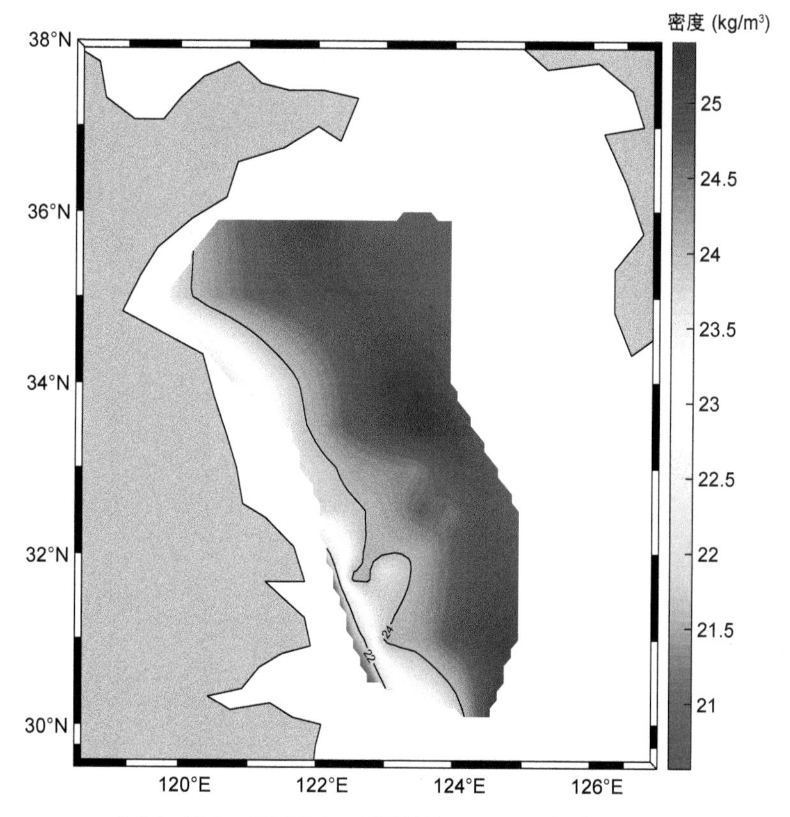

图 1.481 2017 年 4 月黄海 20m 层密度平面图

(3) 底层

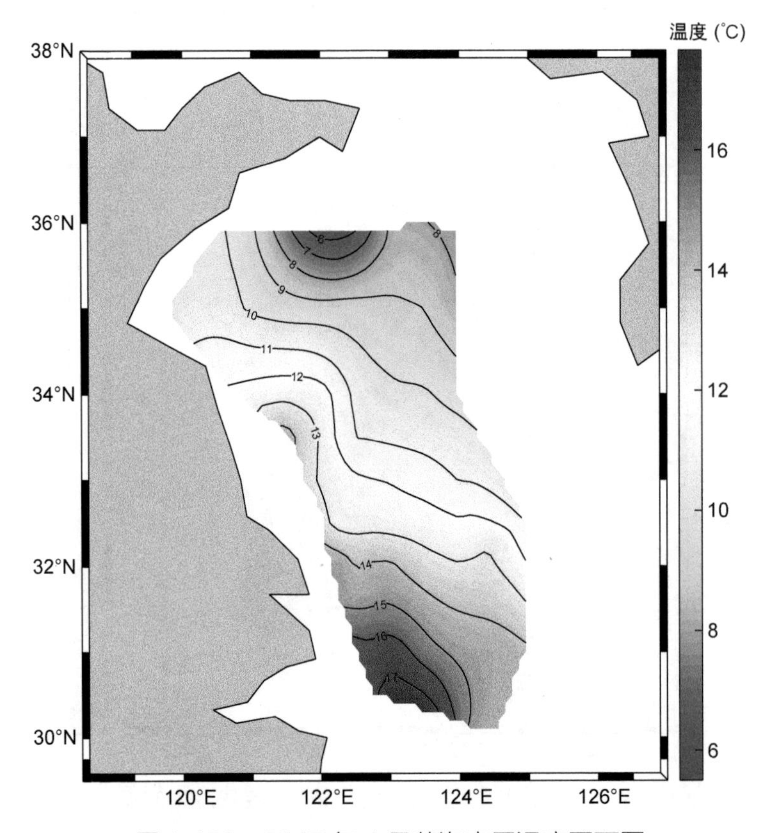

图 1.482　2017 年 4 月黄海底层温度平面图

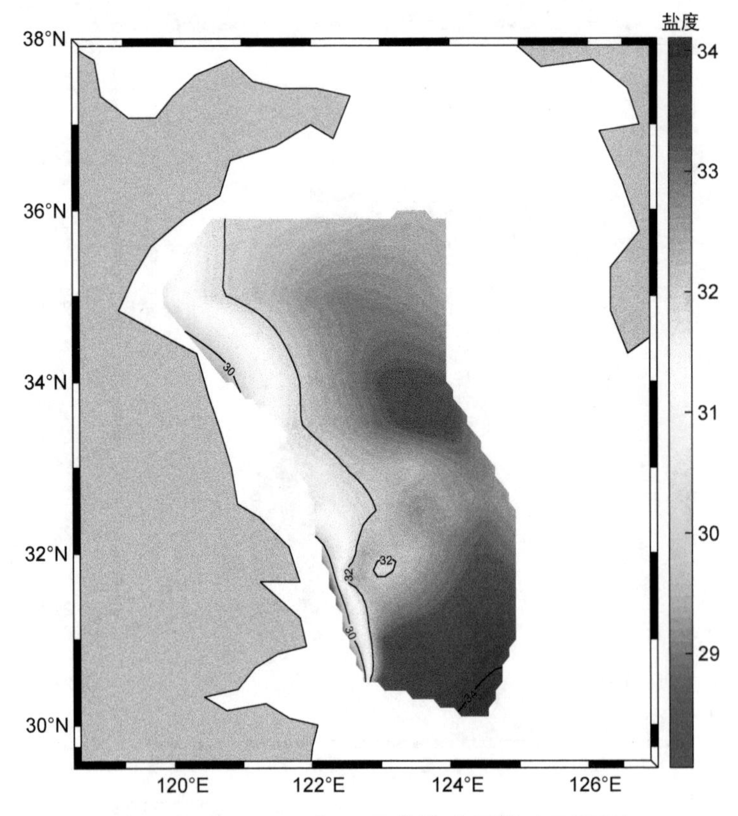

图 1.483　2017 年 4 月黄海底层盐度平面图

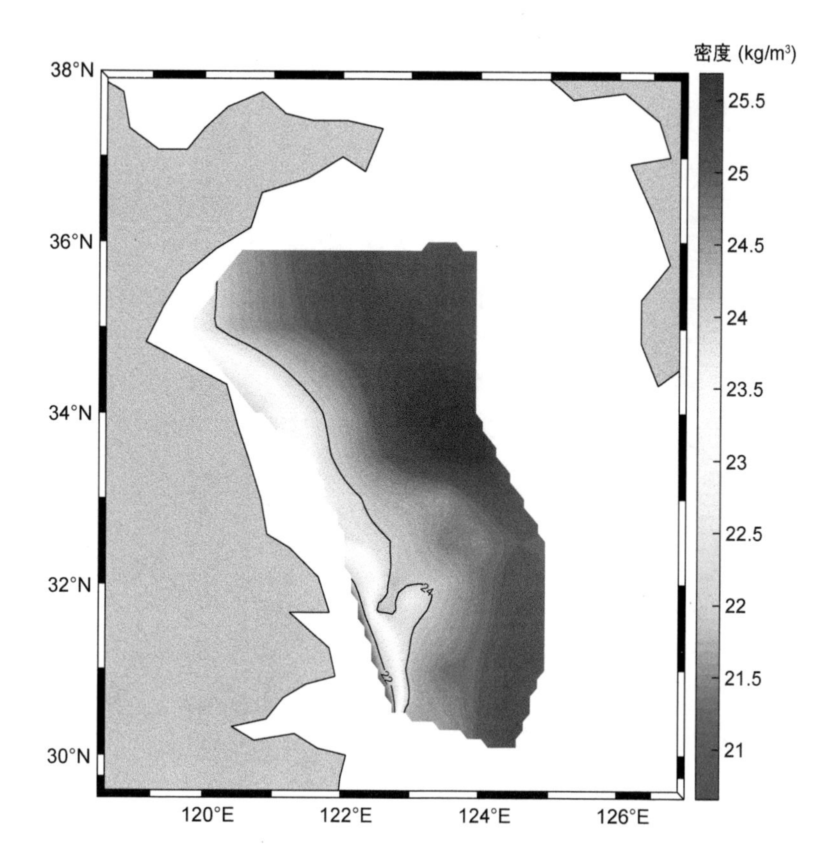

图 1.484 2017 年 4 月黄海底层密度平面图

1.14 2017年5月黄东海

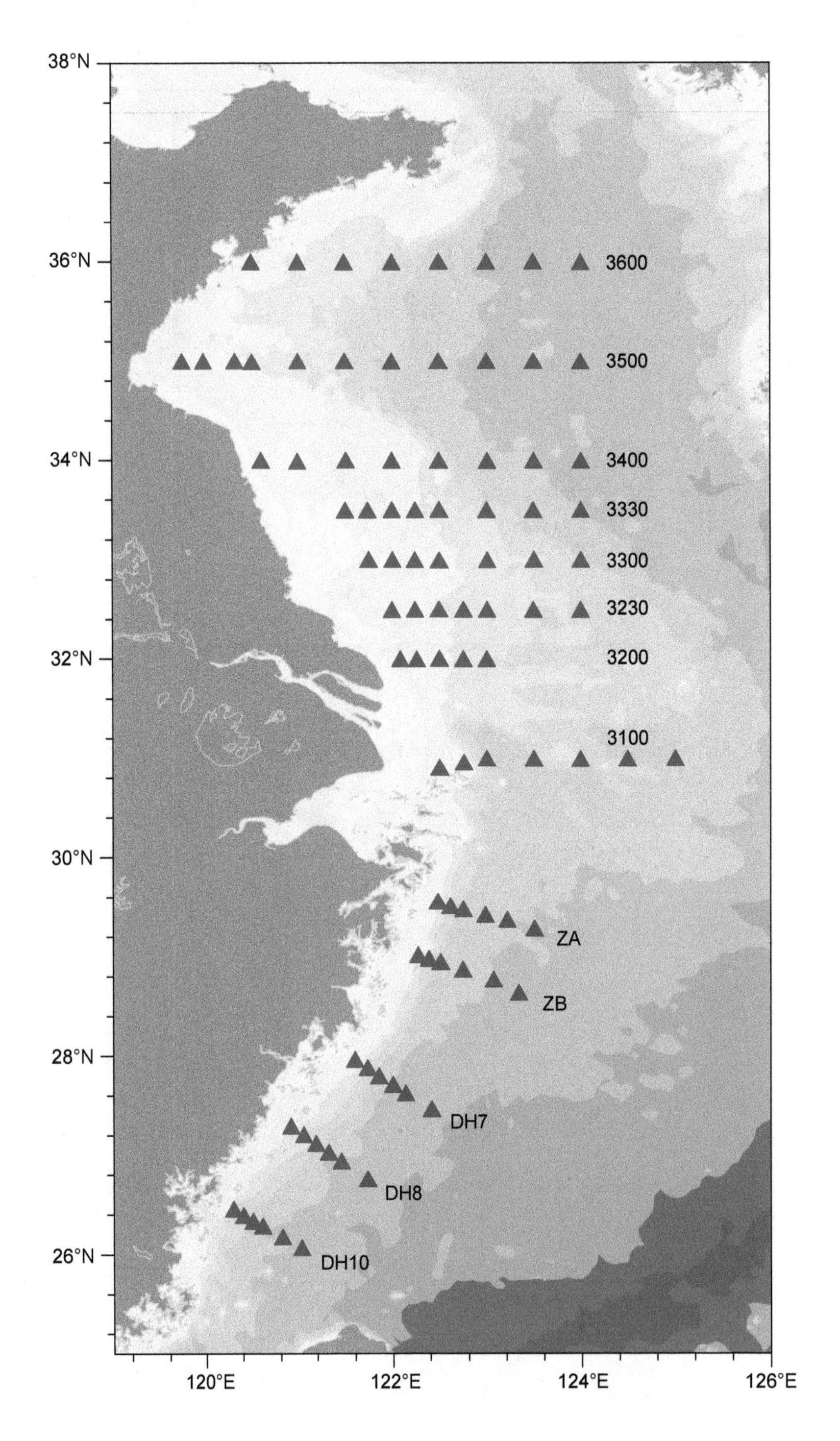

图1.485 2017年5月黄东海调查站位图
(2017年5月6日-2017年5月23日)

1.14.1　断面图

(1) 3100 断面

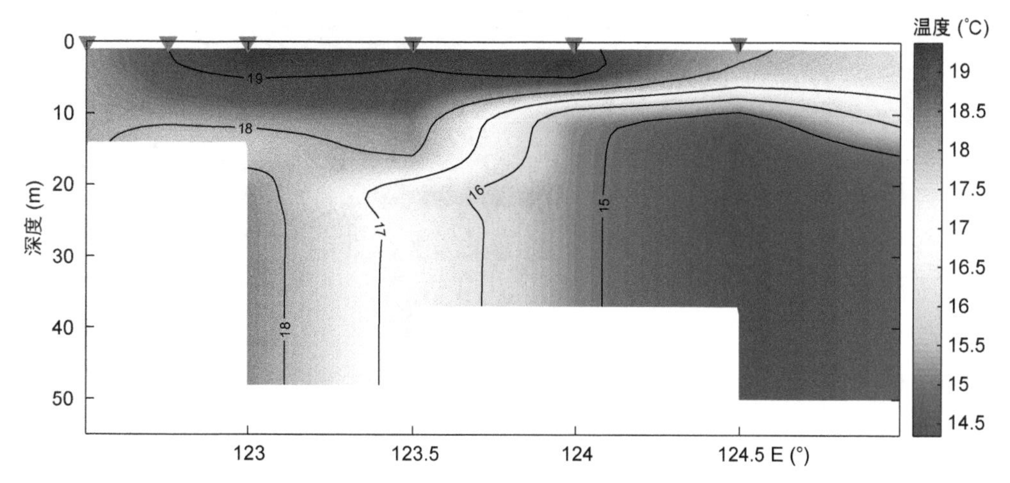

图 1.486　2017 年 5 月黄东海 3100 断面温度分布图

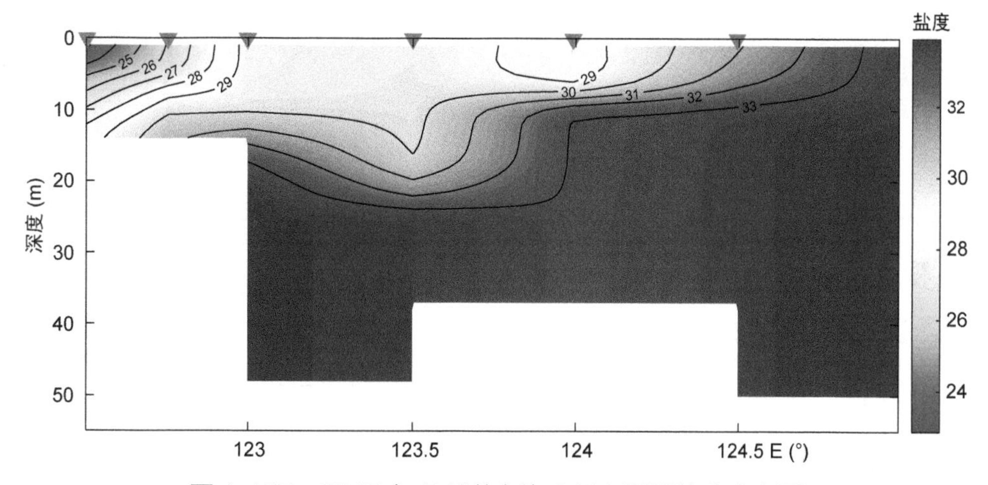

图 1.487　2017 年 5 月黄东海 3100 断面盐度分布图

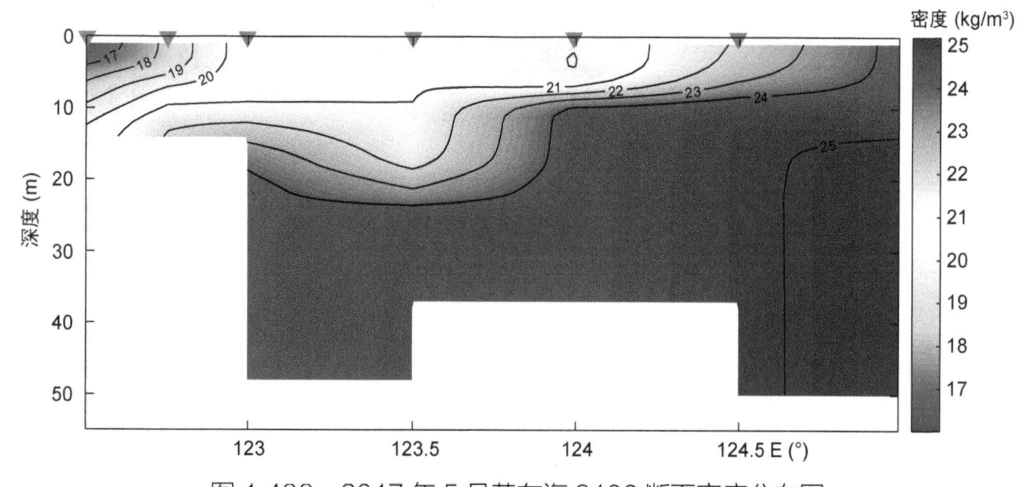

图 1.488　2017 年 5 月黄东海 3100 断面密度分布图

(2) 3200 断面

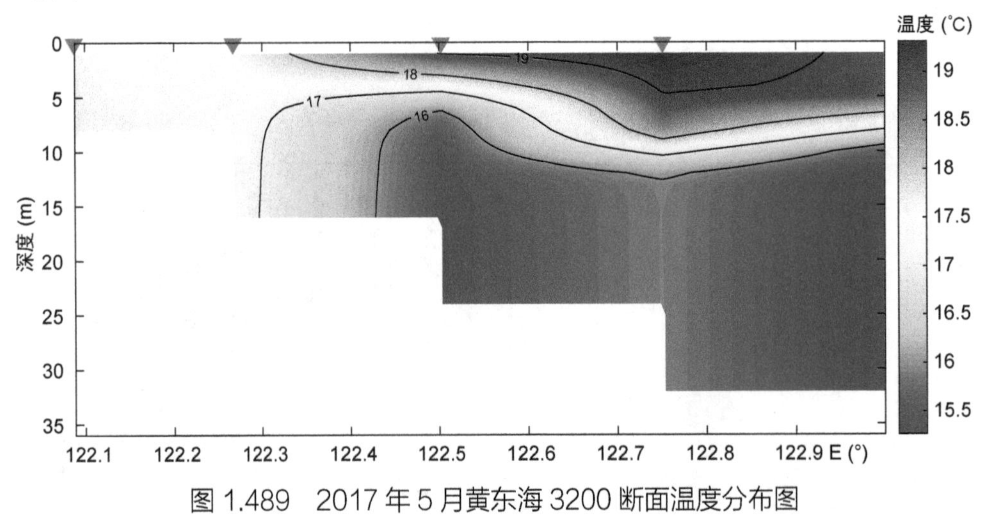

图 1.489　2017 年 5 月黄东海 3200 断面温度分布图

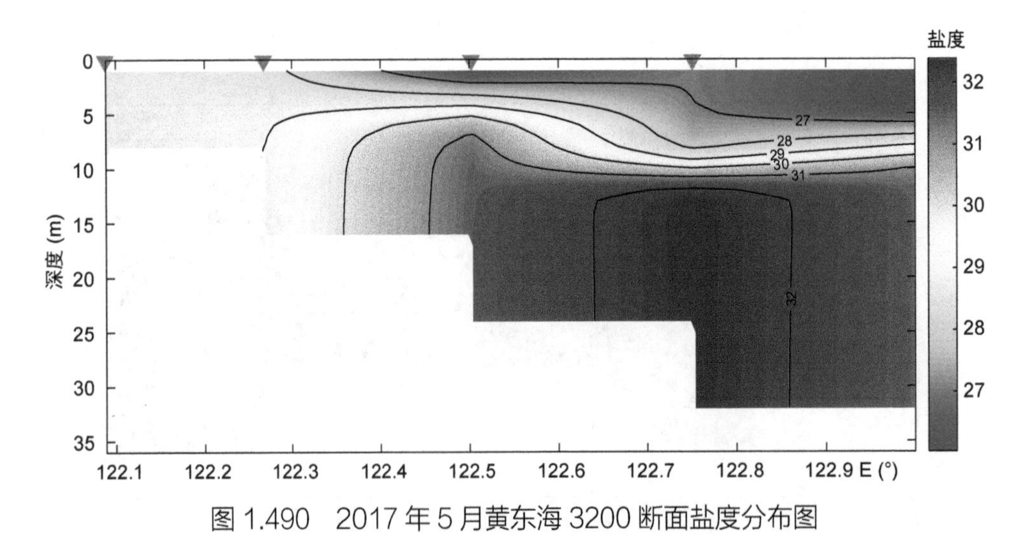

图 1.490　2017 年 5 月黄东海 3200 断面盐度分布图

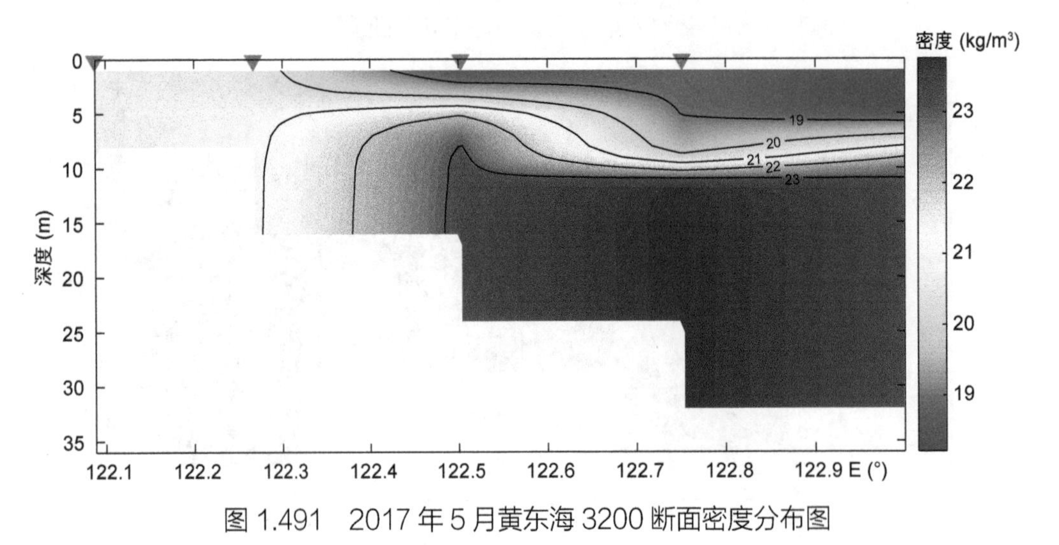

图 1.491　2017 年 5 月黄东海 3200 断面密度分布图

(3) 3230 断面

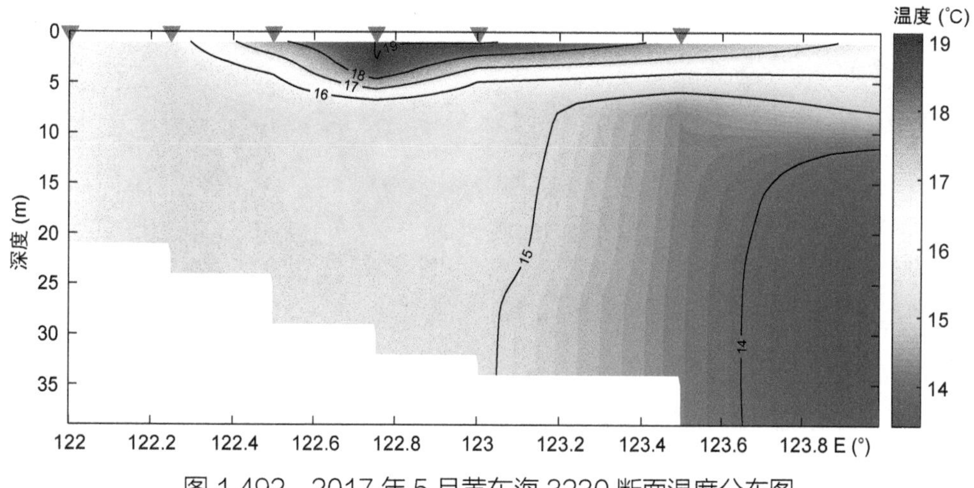

图 1.492 2017 年 5 月黄东海 3230 断面温度分布图

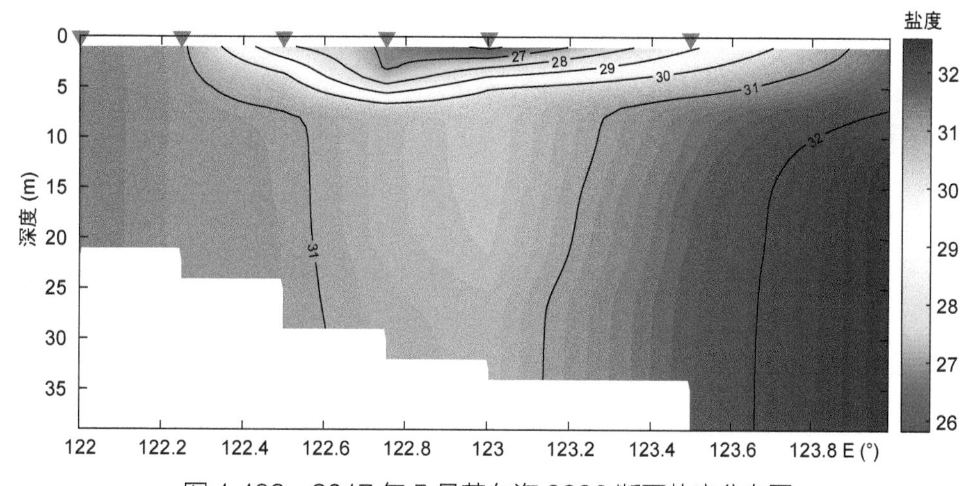

图 1.493 2017 年 5 月黄东海 3230 断面盐度分布图

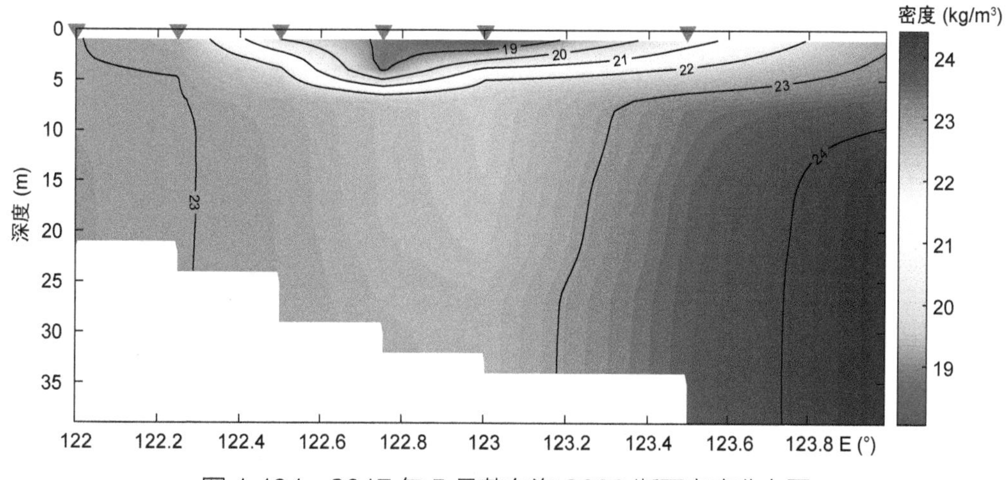

图 1.494 2017 年 5 月黄东海 3230 断面密度分布图

(4) 3300 断面

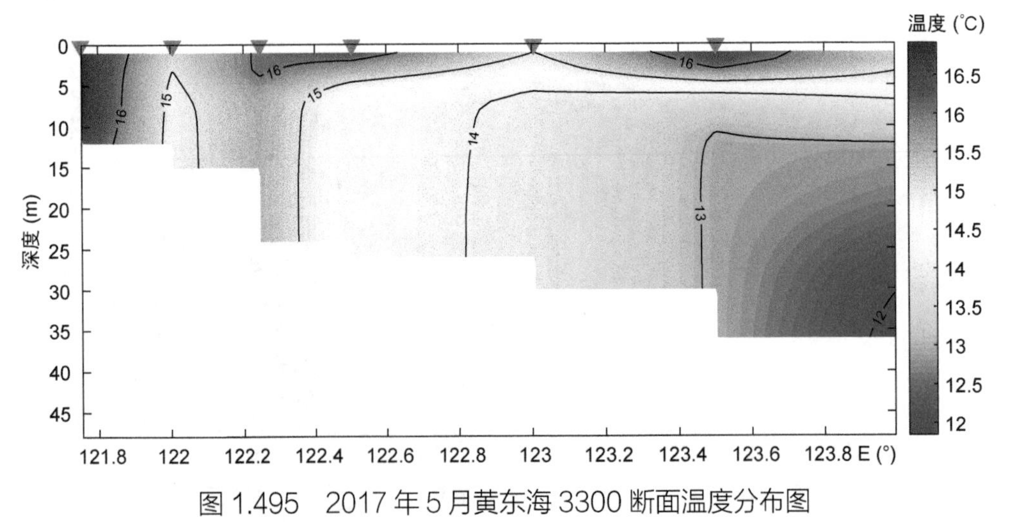

图 1.495　2017 年 5 月黄东海 3300 断面温度分布图

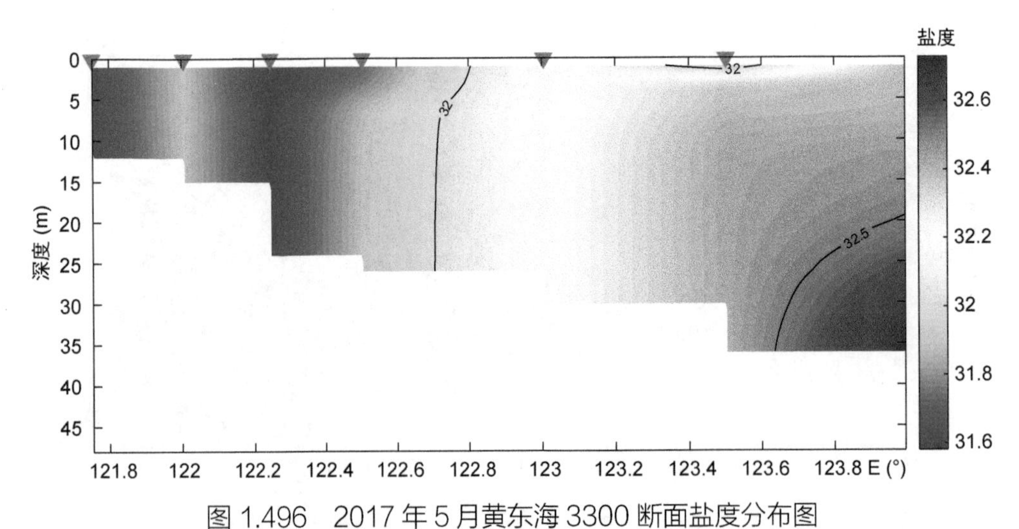

图 1.496　2017 年 5 月黄东海 3300 断面盐度分布图

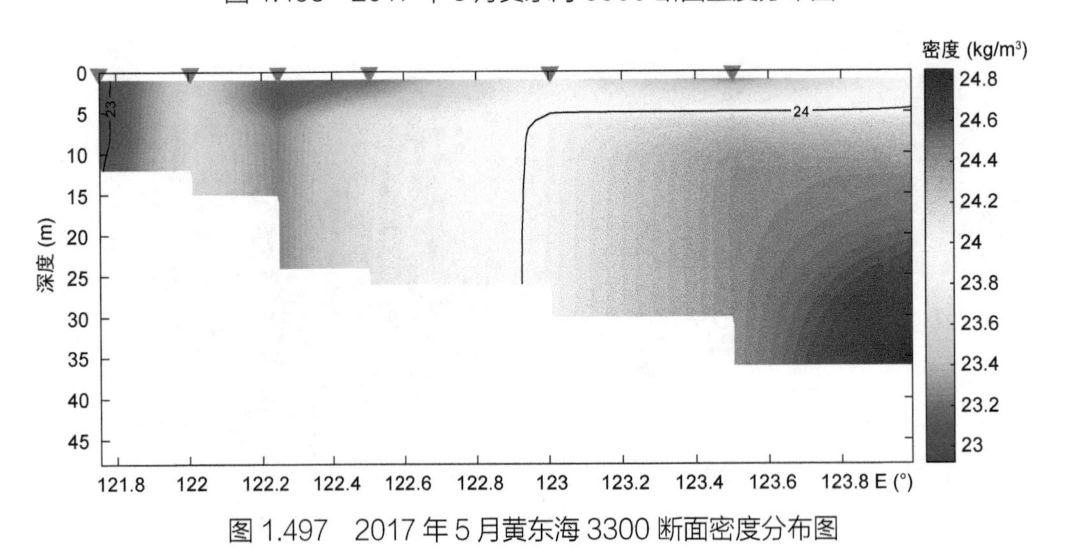

图 1.497　2017 年 5 月黄东海 3300 断面密度分布图

(5) 3330 断面

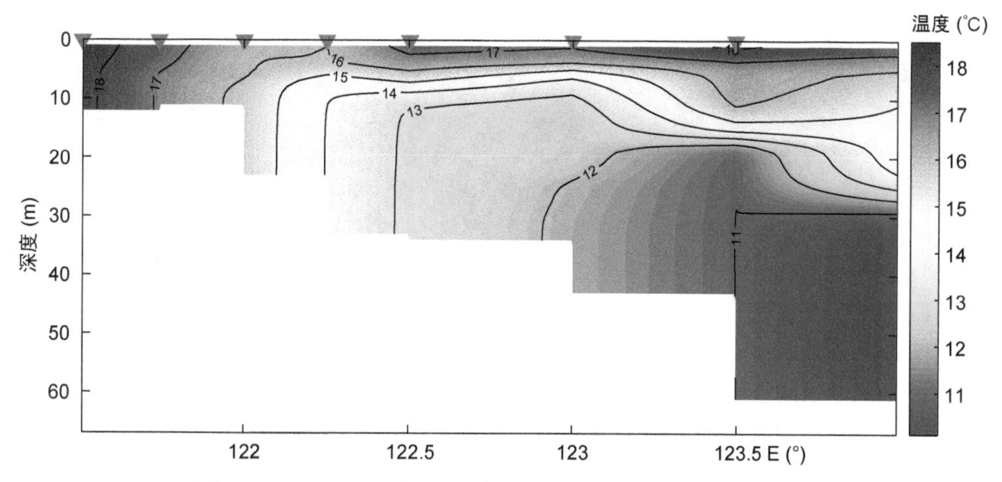

图 1.498　2017 年 5 月黄东海 3330 断面温度分布图

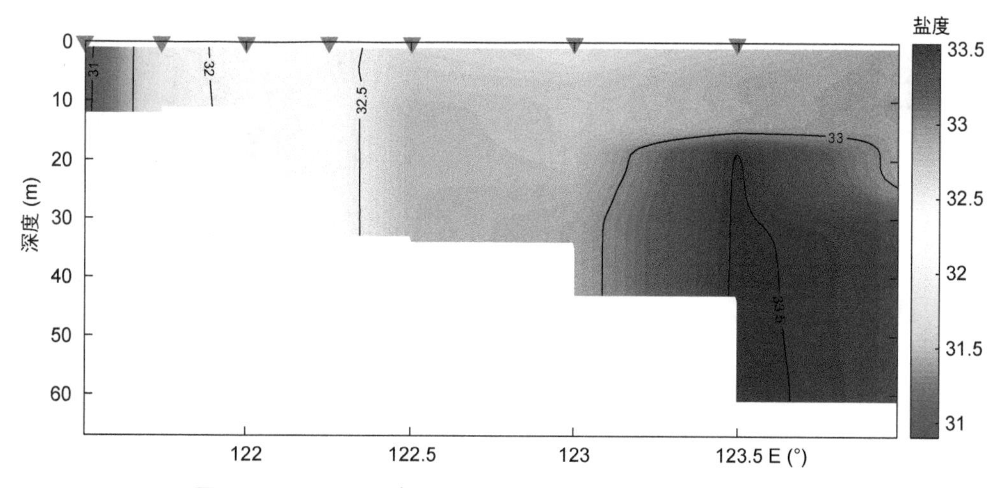

图 1.499　2017 年 5 月黄东海 3330 断面盐度分布图

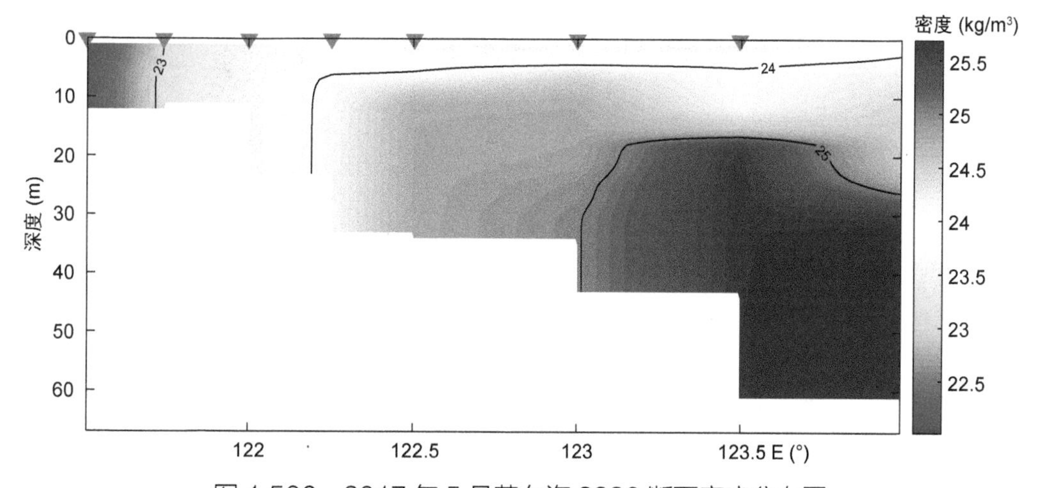

图 1.500　2017 年 5 月黄东海 3330 断面密度分布图

(6) 3400 断面

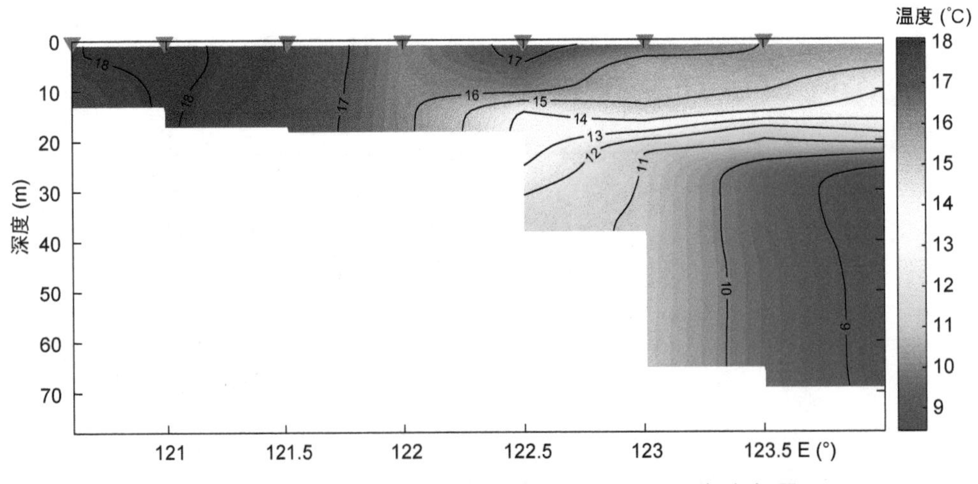

图 1.501　2017 年 5 月黄东海 3400 断面温度分布图

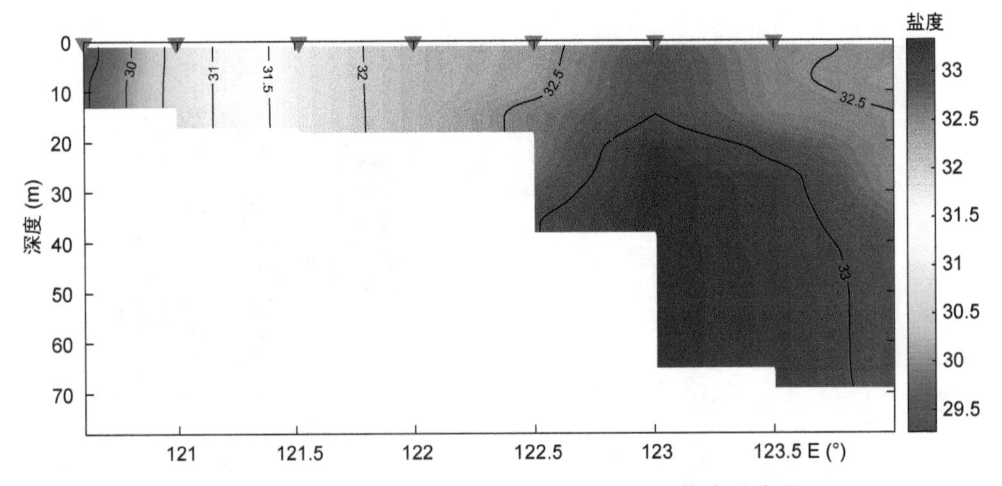

图 1.502　2017 年 5 月黄东海 3400 断面盐度分布图

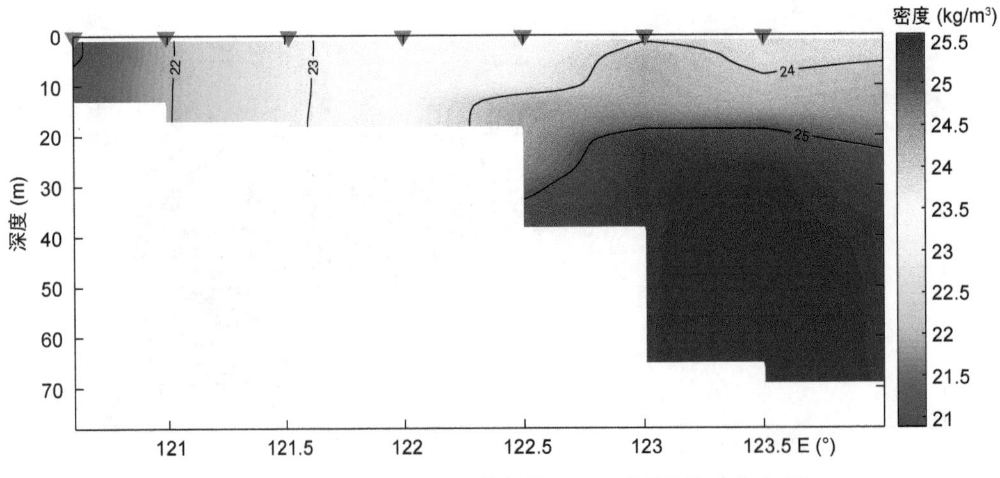

图 1.503　2017 年 5 月黄东海 3400 断面密度分布图

(7) 3500 断面

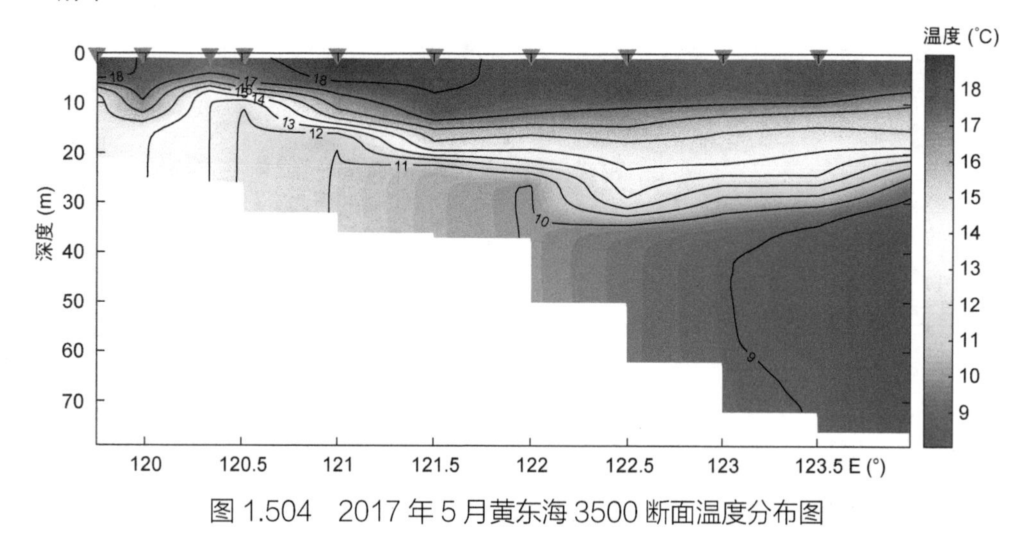

图 1.504 2017 年 5 月黄东海 3500 断面温度分布图

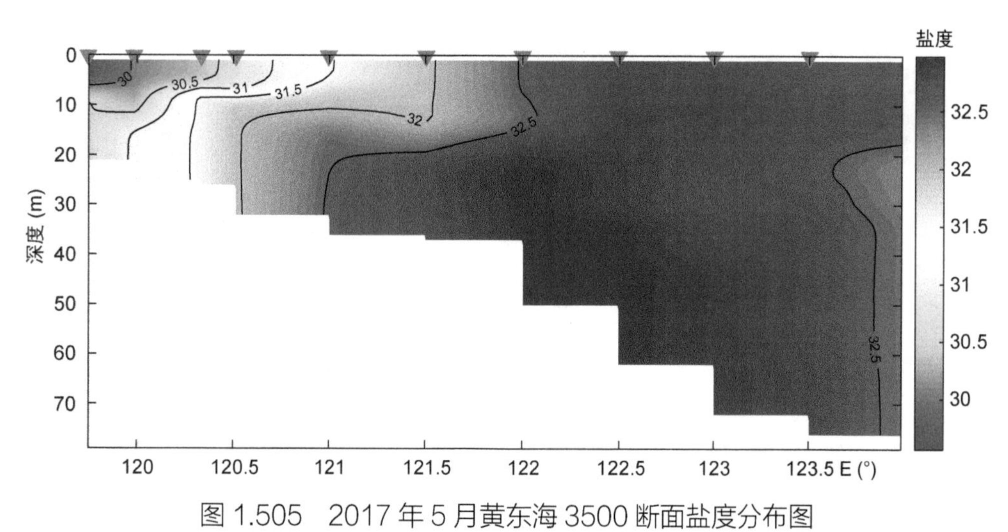

图 1.505 2017 年 5 月黄东海 3500 断面盐度分布图

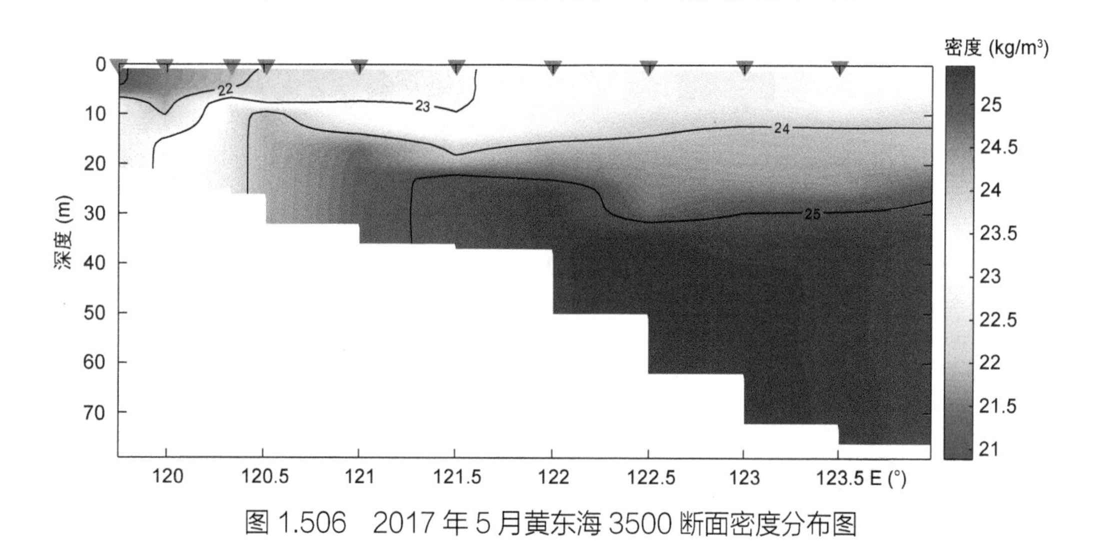

图 1.506 2017 年 5 月黄东海 3500 断面密度分布图

(8) 3600 断面

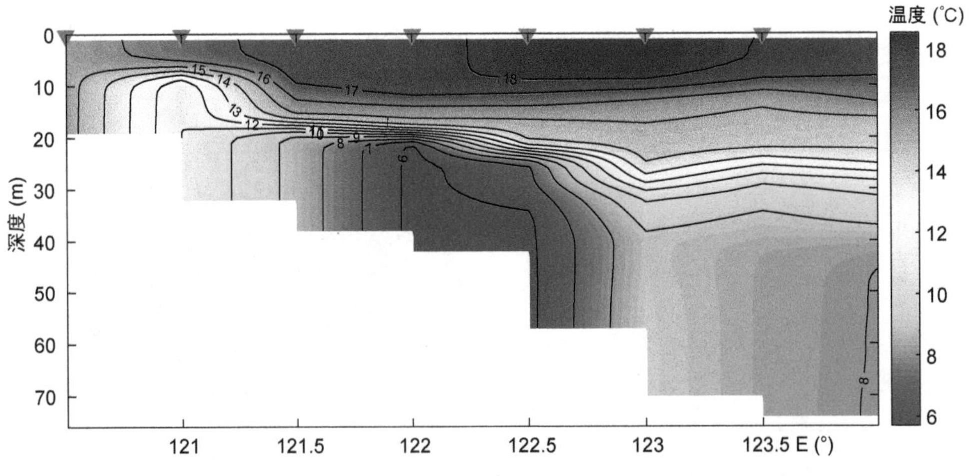

图 1.507　2017 年 5 月黄东海 3600 断面温度分布图

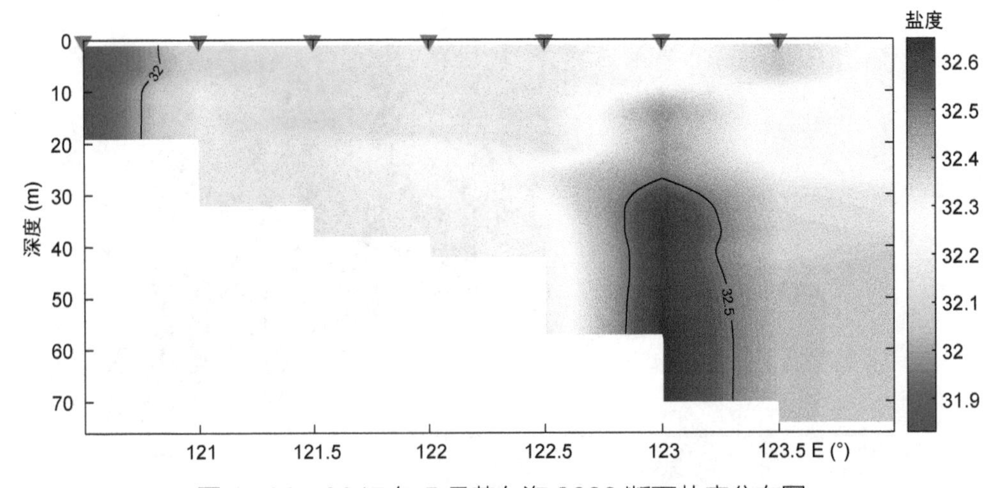

图 1.508　2017 年 5 月黄东海 3600 断面盐度分布图

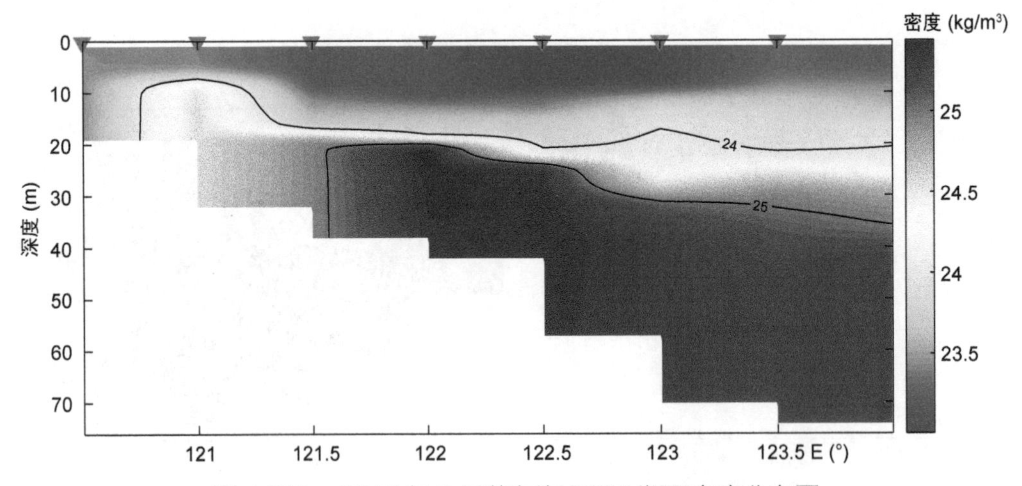

图 1.509　2017 年 5 月黄东海 3600 断面密度分布图

(9) DH7 断面

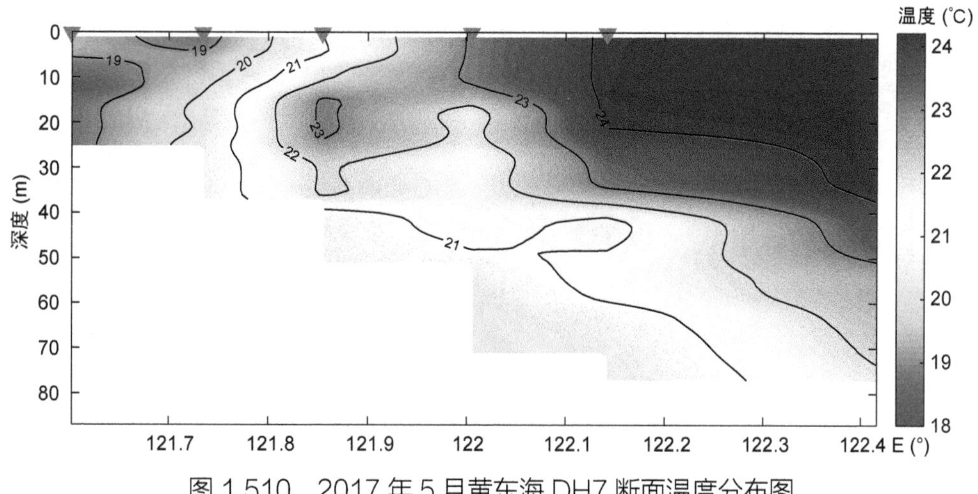

图 1.510　2017 年 5 月黄东海 DH7 断面温度分布图

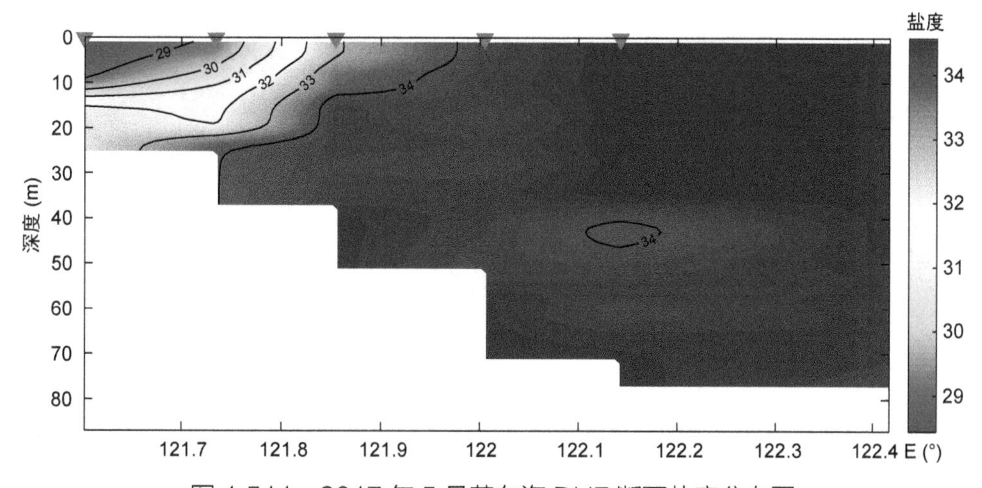

图 1.511　2017 年 5 月黄东海 DH7 断面盐度分布图

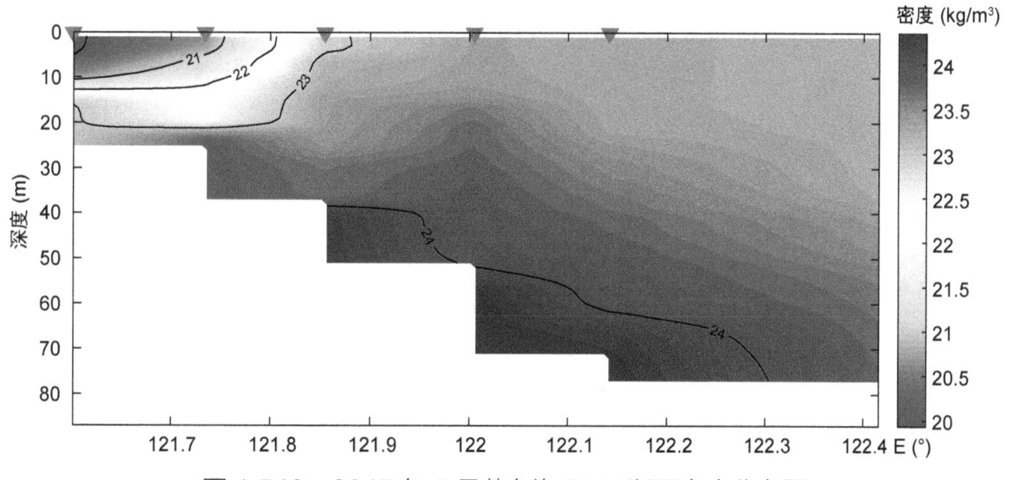

图 1.512　2017 年 5 月黄东海 DH7 断面密度分布图

(10) DH8 断面

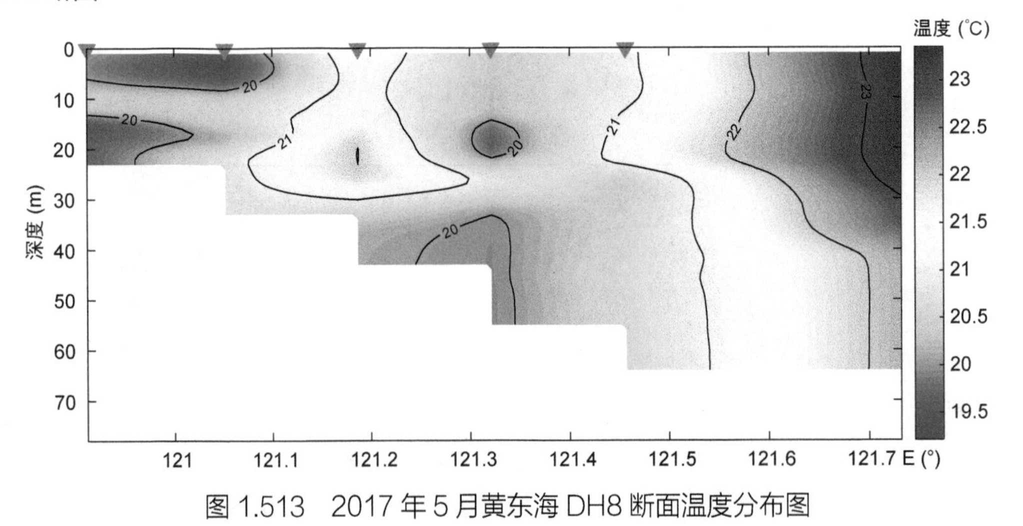

图 1.513 2017 年 5 月黄东海 DH8 断面温度分布图

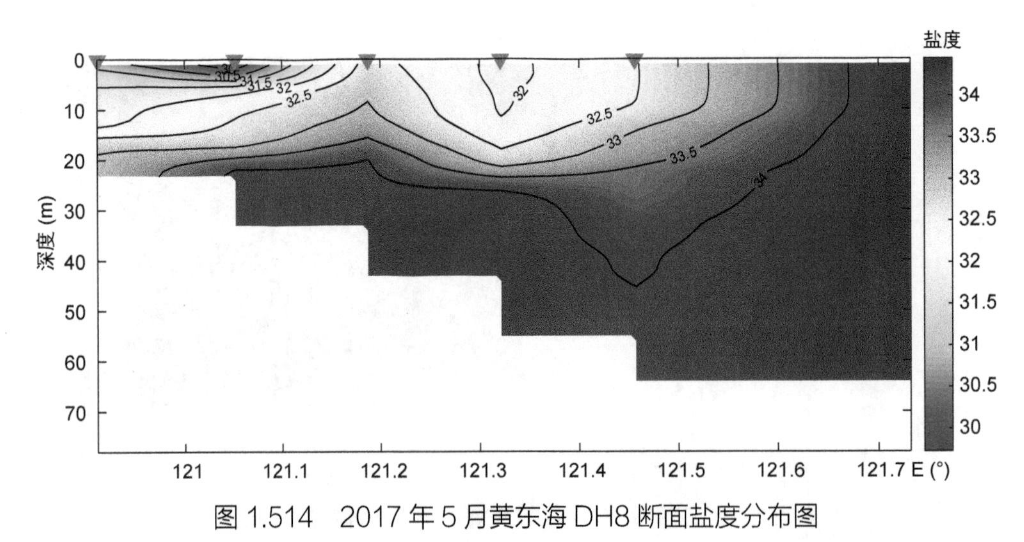

图 1.514 2017 年 5 月黄东海 DH8 断面盐度分布图

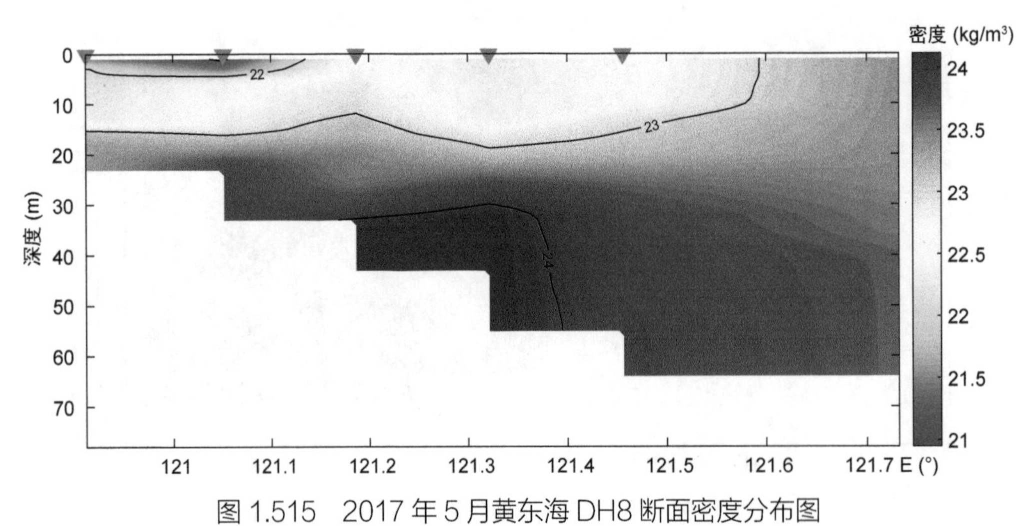

图 1.515 2017 年 5 月黄东海 DH8 断面密度分布图

(11) DH10 断面

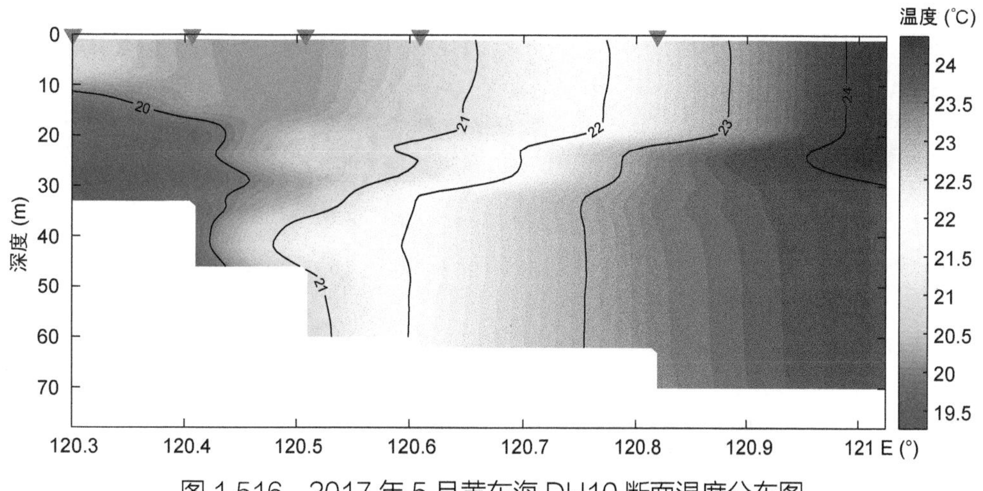

图 1.516 2017 年 5 月黄东海 DH10 断面温度分布图

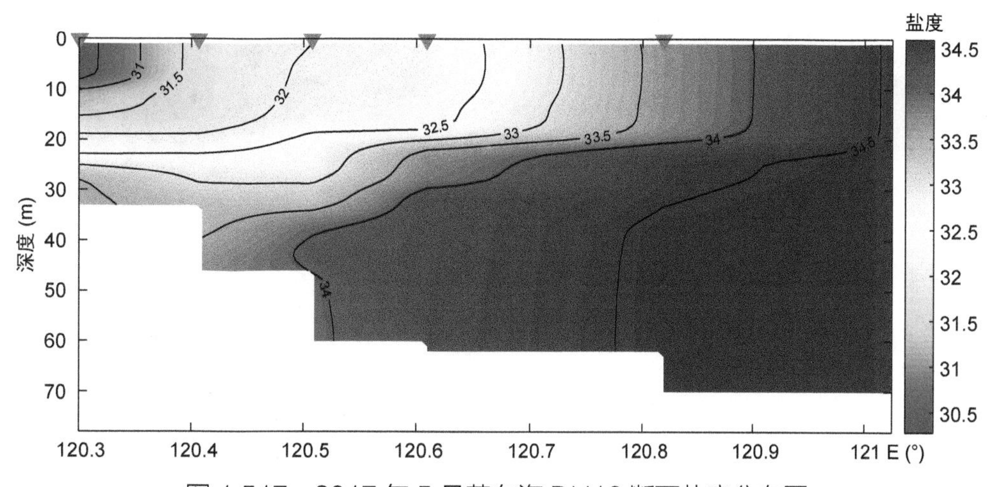

图 1.517 2017 年 5 月黄东海 DH10 断面盐度分布图

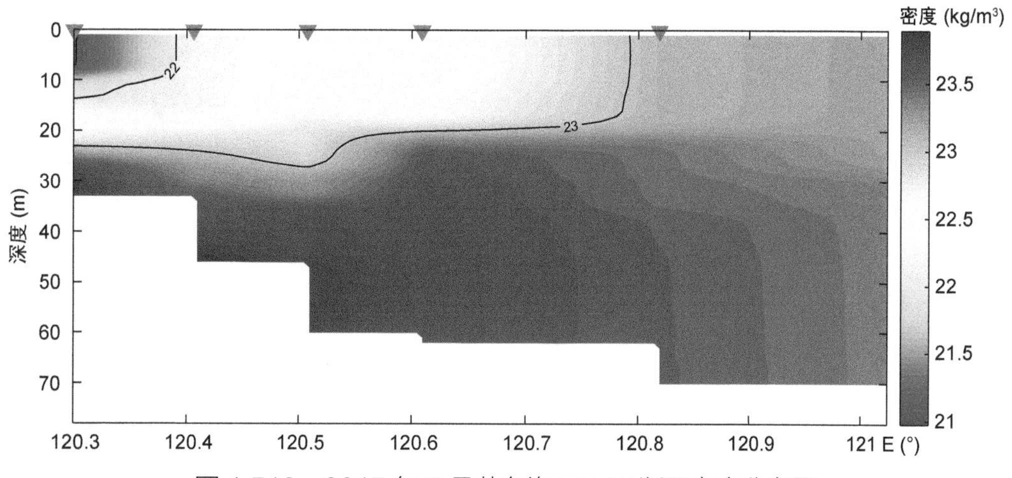

图 1.518 2017 年 5 月黄东海 DH10 断面密度分布图

(12) ZA 断面

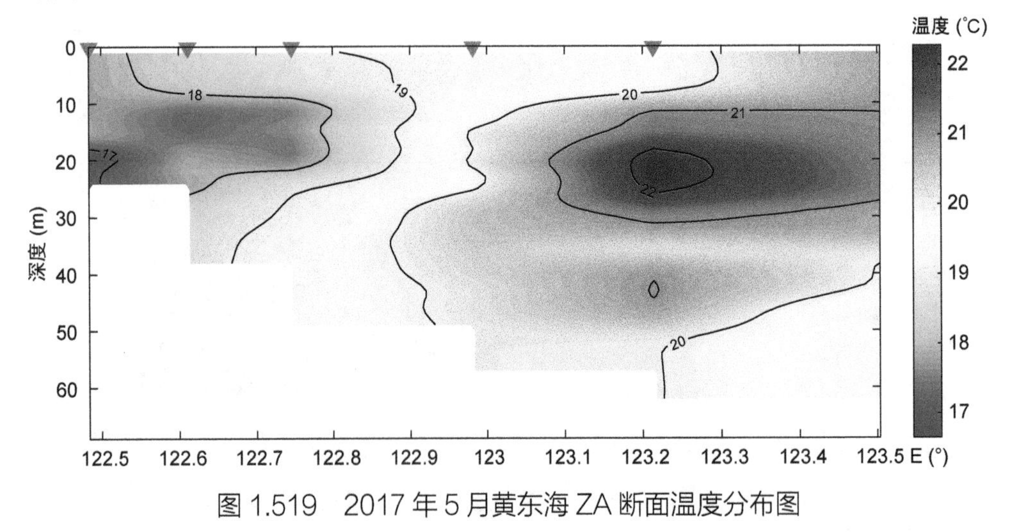

图 1.519 2017 年 5 月黄东海 ZA 断面温度分布图

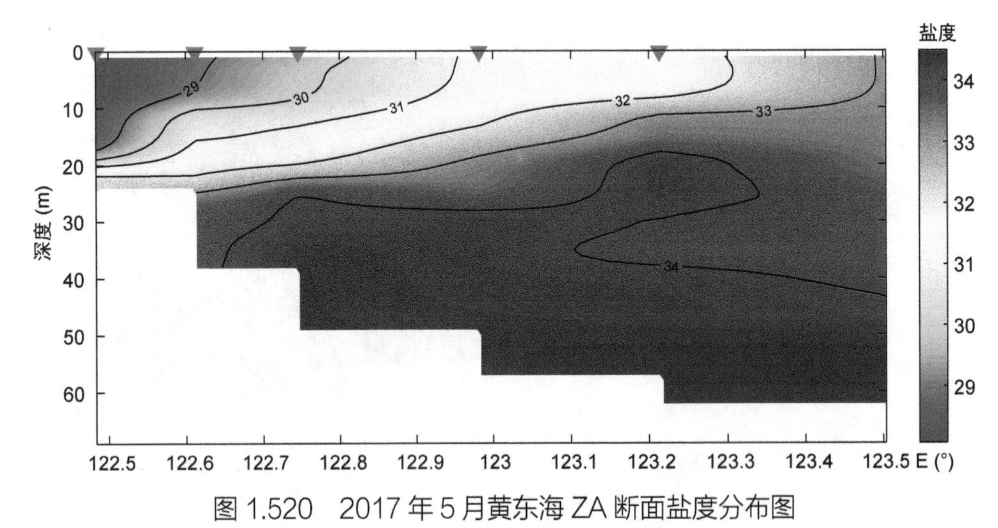

图 1.520 2017 年 5 月黄东海 ZA 断面盐度分布图

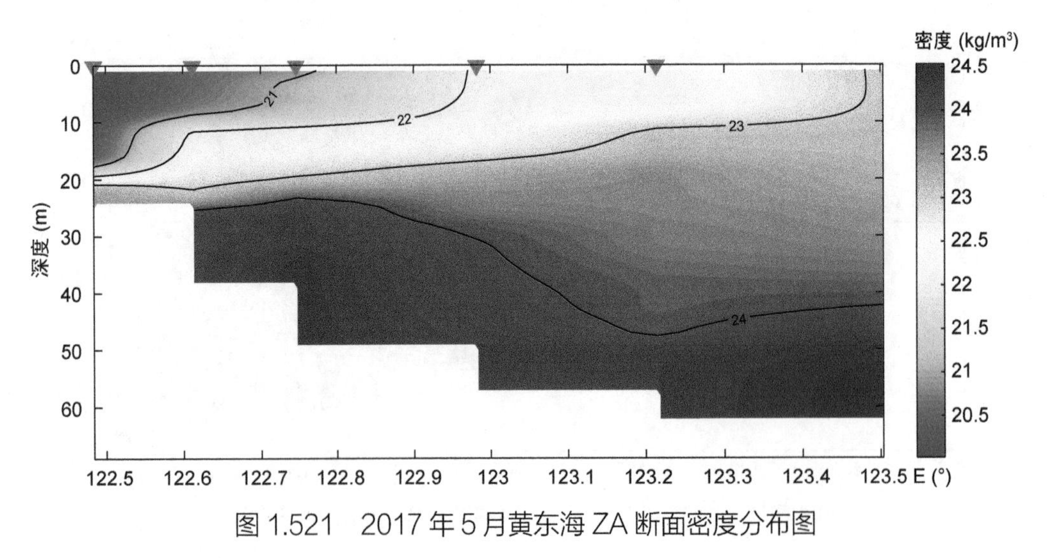

图 1.521 2017 年 5 月黄东海 ZA 断面密度分布图

(13) ZB 断面

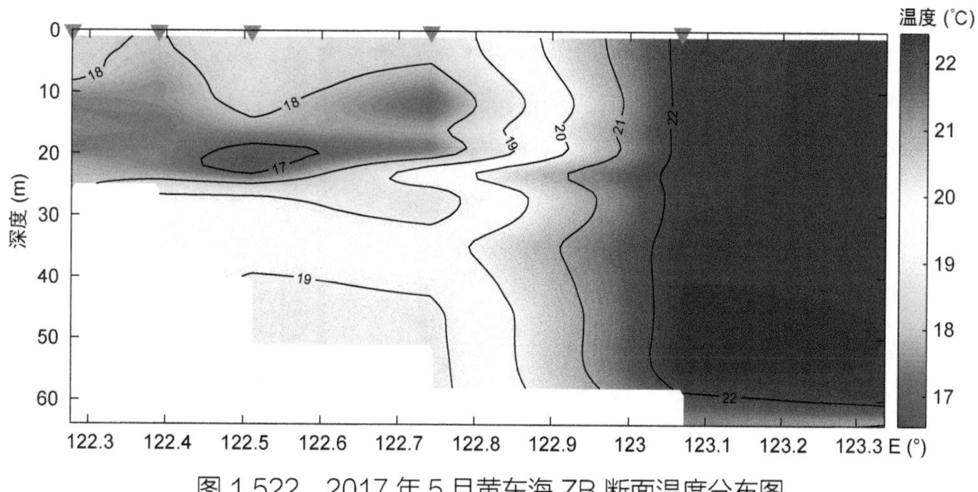

图 1.522 2017 年 5 月黄东海 ZB 断面温度分布图

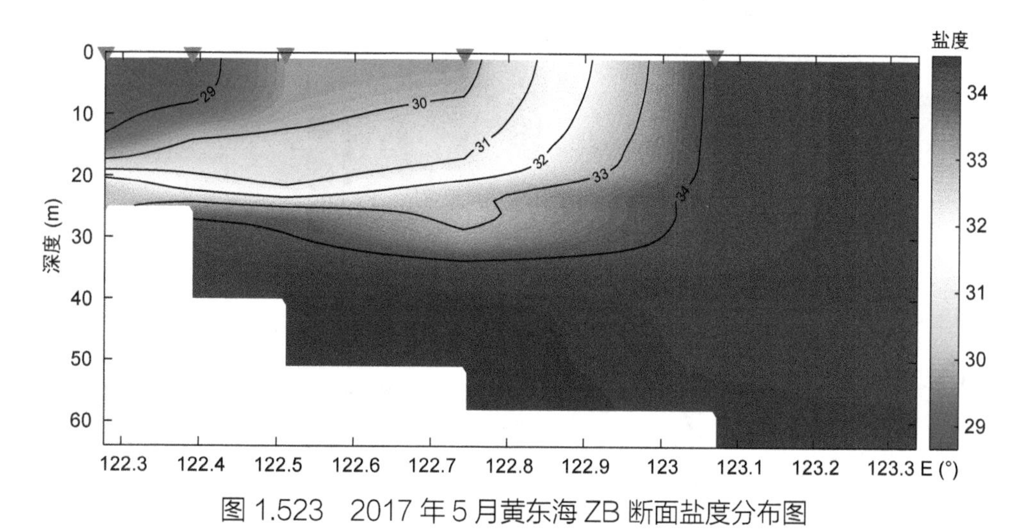

图 1.523 2017 年 5 月黄东海 ZB 断面盐度分布图

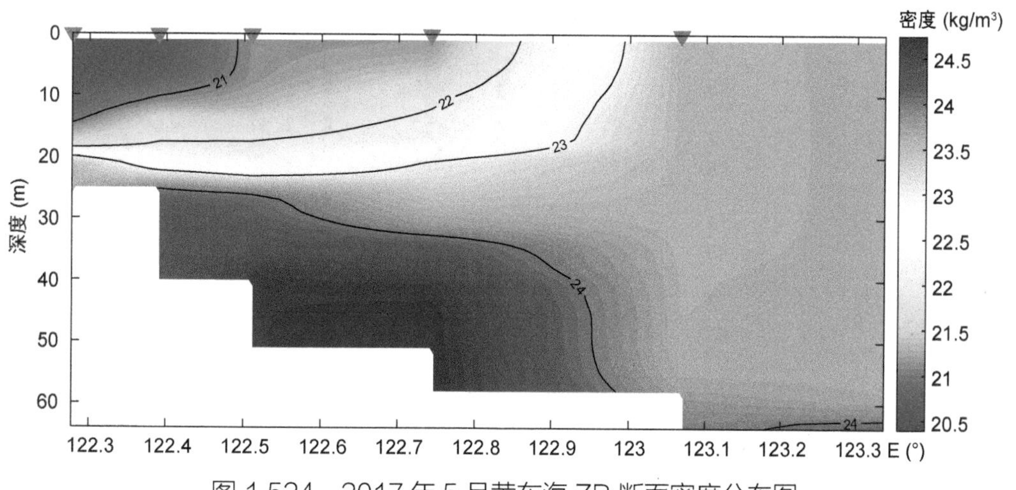

图 1.524 2017 年 5 月黄东海 ZB 断面密度分布图

1.14.2 平面图

(1) 表层

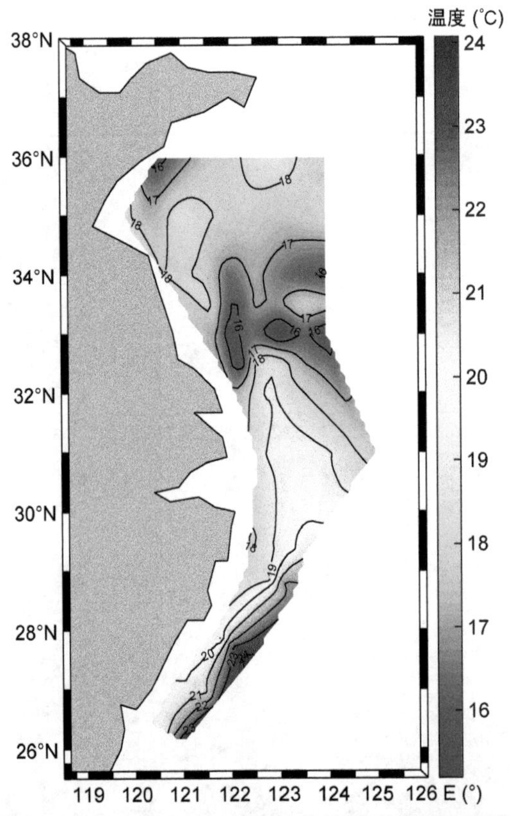

图 1.525 2017 年 5 月黄东海表层温度平面图

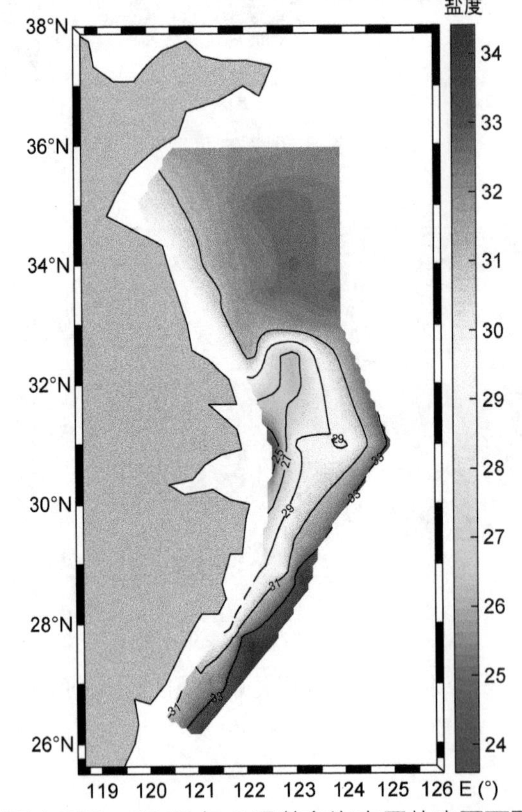

图 1.526 2017 年 5 月黄东海表层盐度平面图

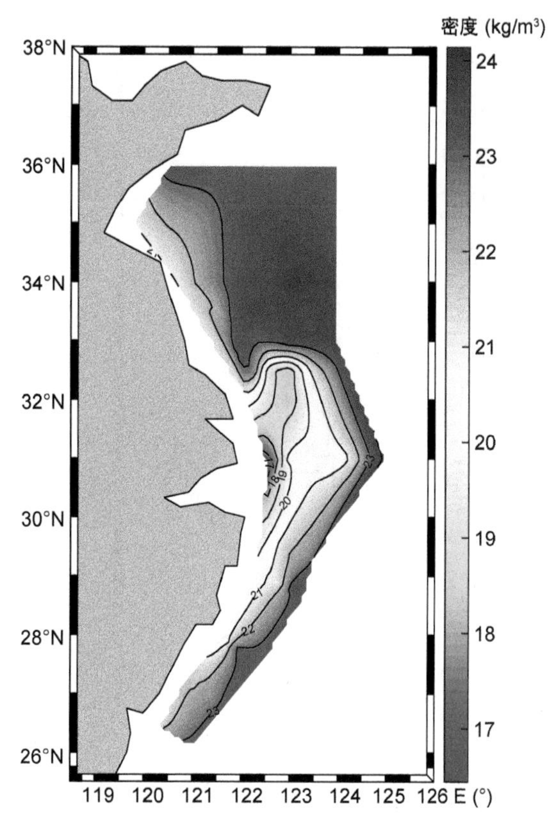

图 1.527　2017 年 5 月黄东海表层密度平面图

(2) 20m 层

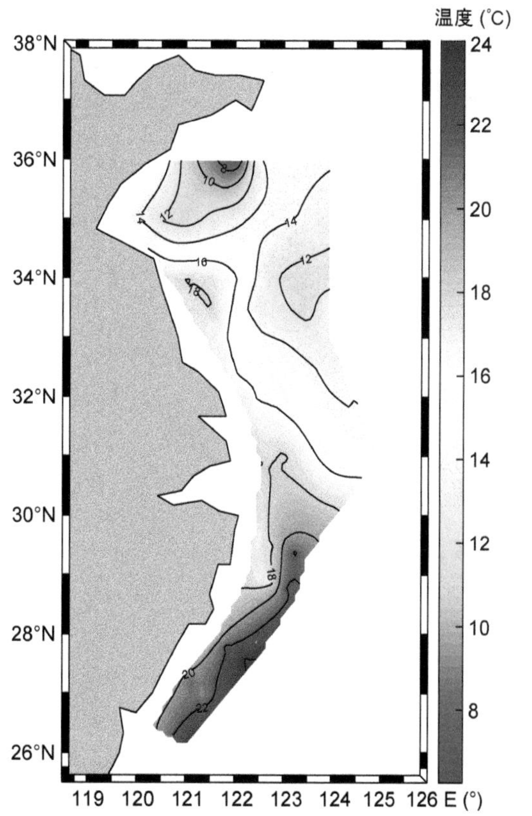

图 1.528　2017 年 5 月黄东海 20m 层温度平面图

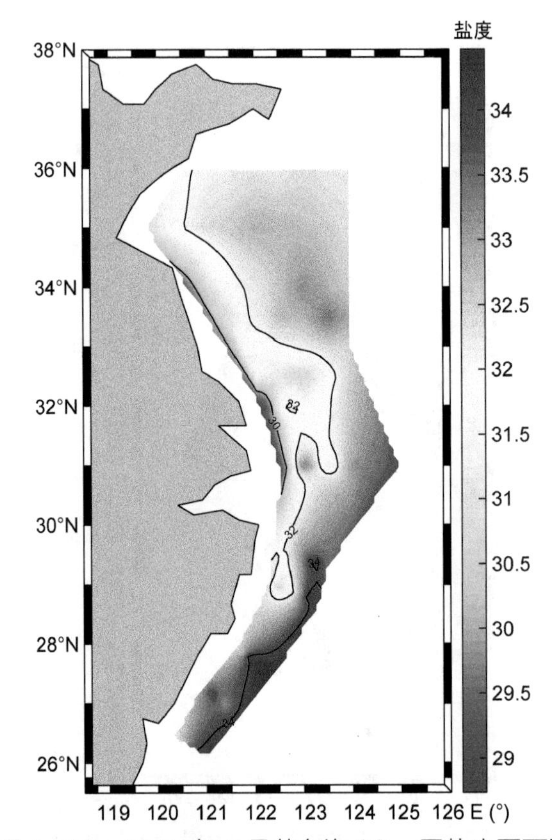

图 1.529　2017 年 5 月黄东海 20m 层盐度平面图

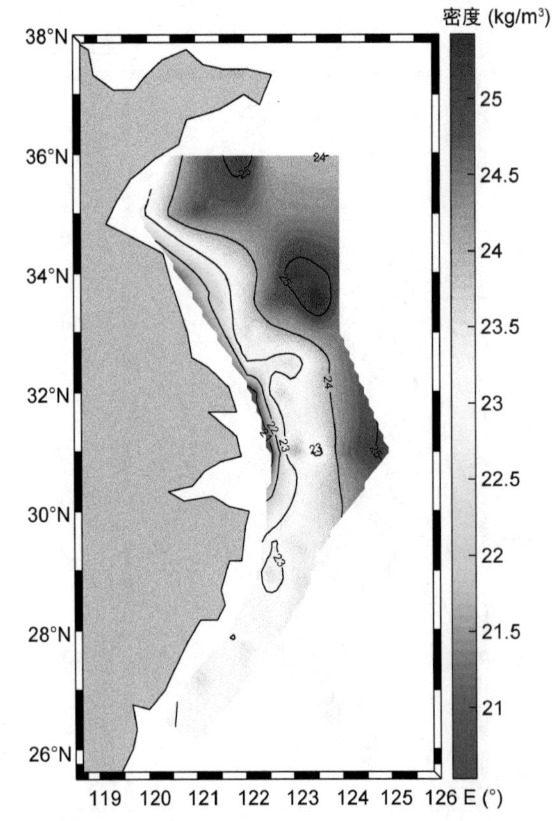

图 1.530　2017 年 5 月黄东海 20m 层密度平面图

(3) 底层

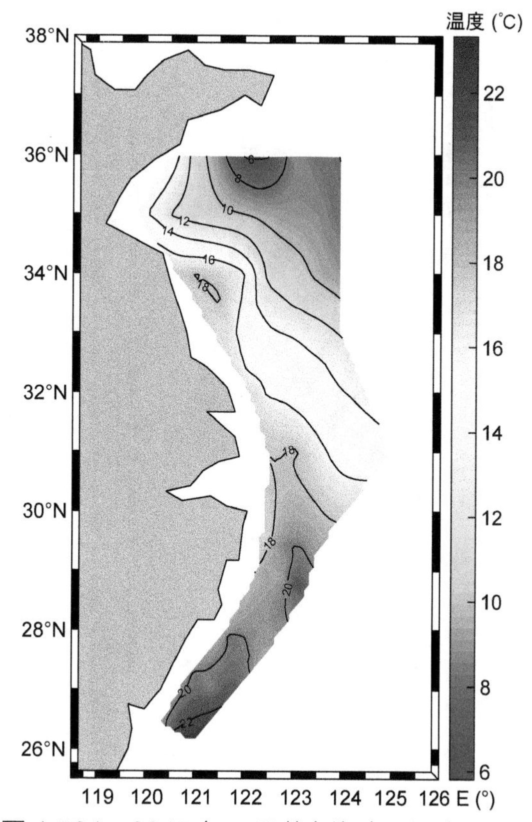

图 1.531 2017 年 5 月黄东海底层温度平面图

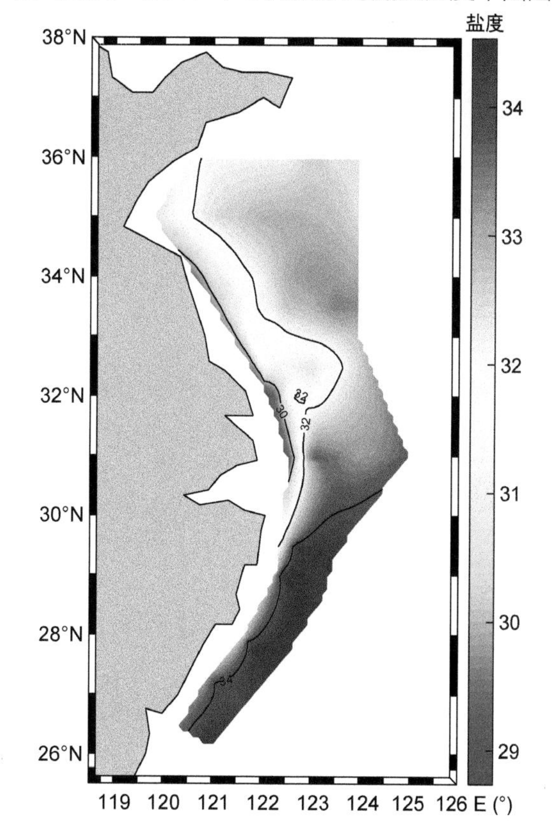

图 1.532 2017 年 5 月黄东海底层盐度平面图

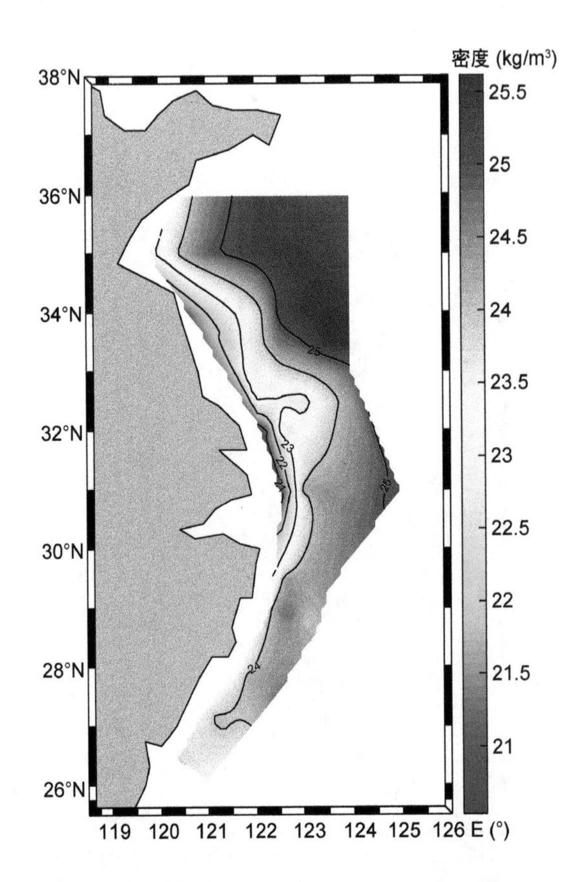

图 1.533　2017 年 5 月黄东海底层密度平面图

1.15 2017年6月黄海

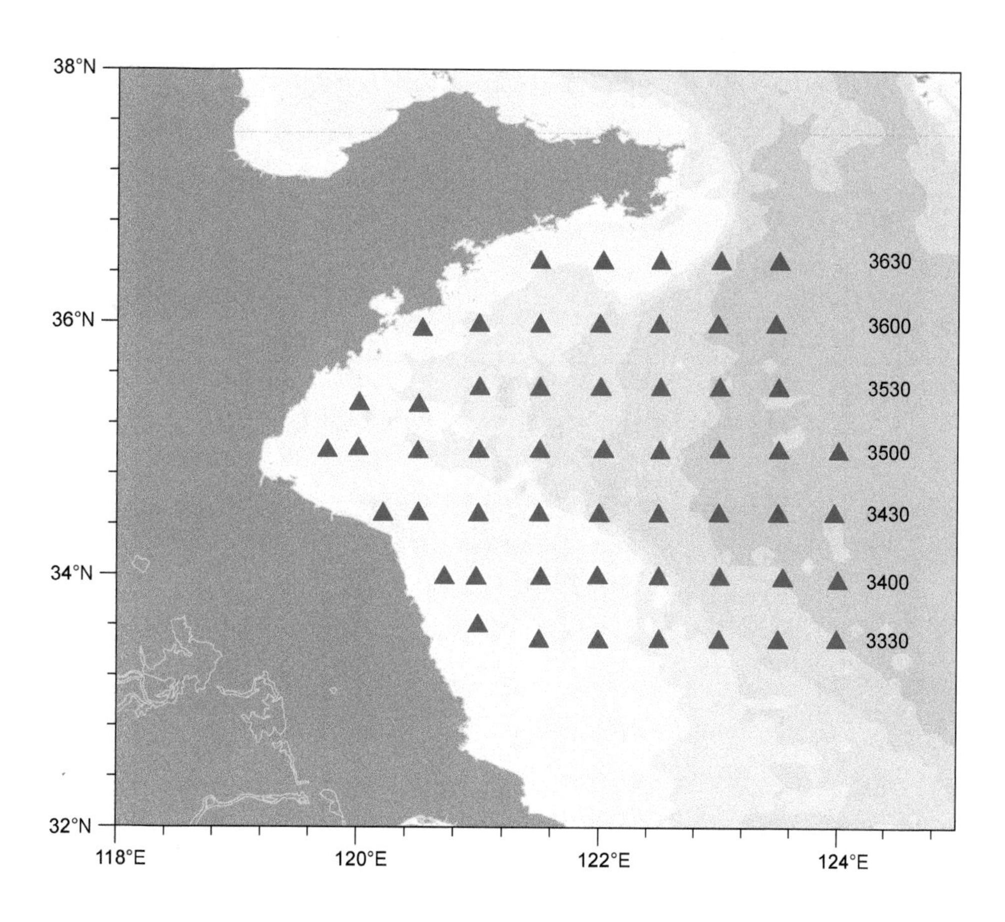

图1.534 2017年6月黄海调查站位图
（2017年6月9日-2017年6月19日）

1.15.1 断面图

(1) 3330 断面

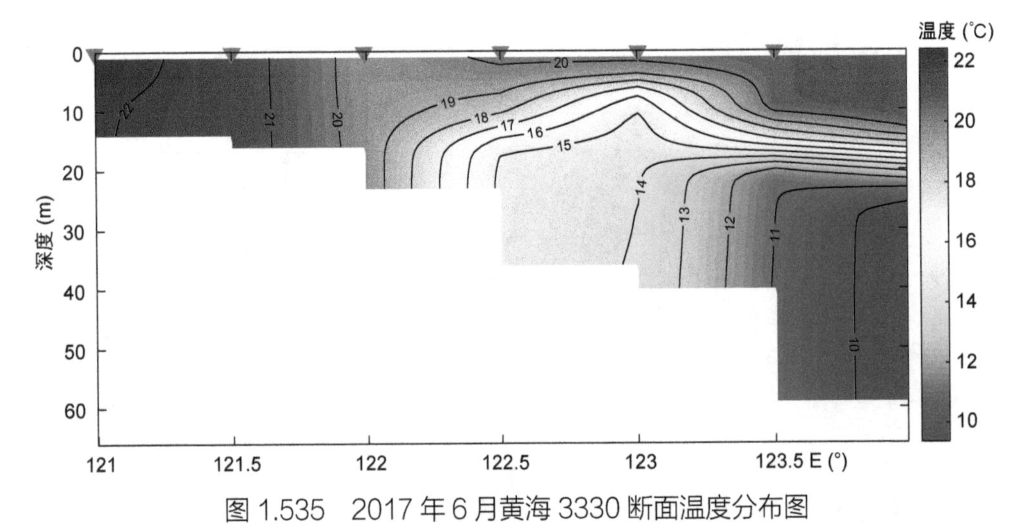

图 1.535 2017 年 6 月黄海 3330 断面温度分布图

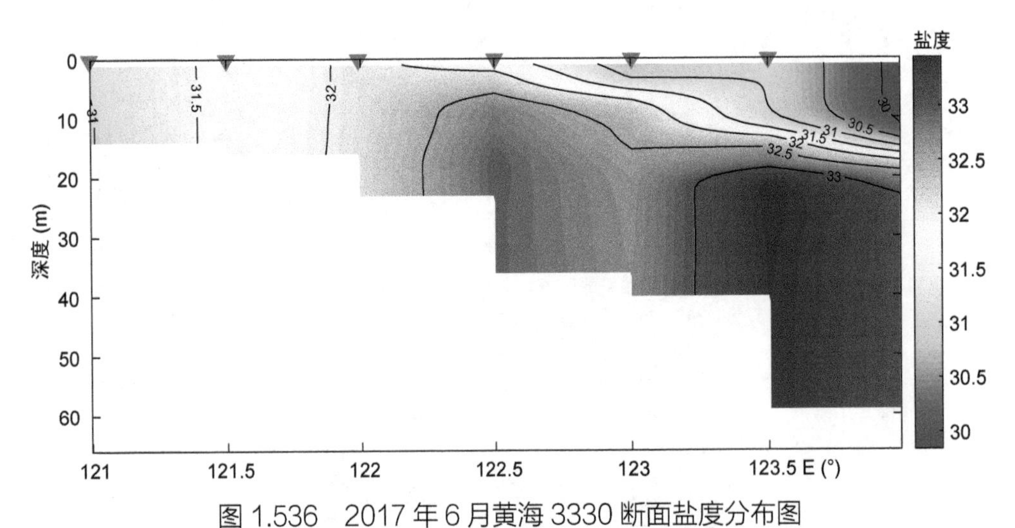

图 1.536 2017 年 6 月黄海 3330 断面盐度分布图

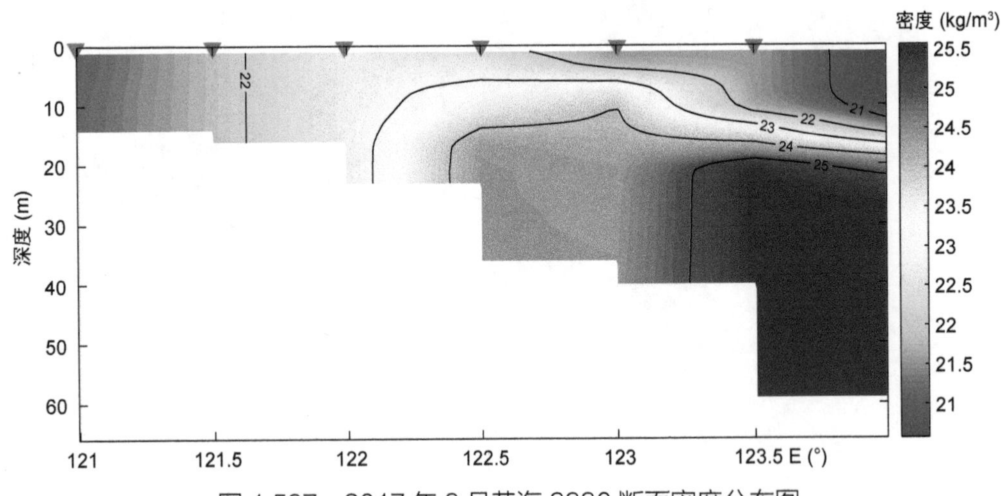

图 1.537 2017 年 6 月黄海 3330 断面密度分布图

(2) 3400 断面

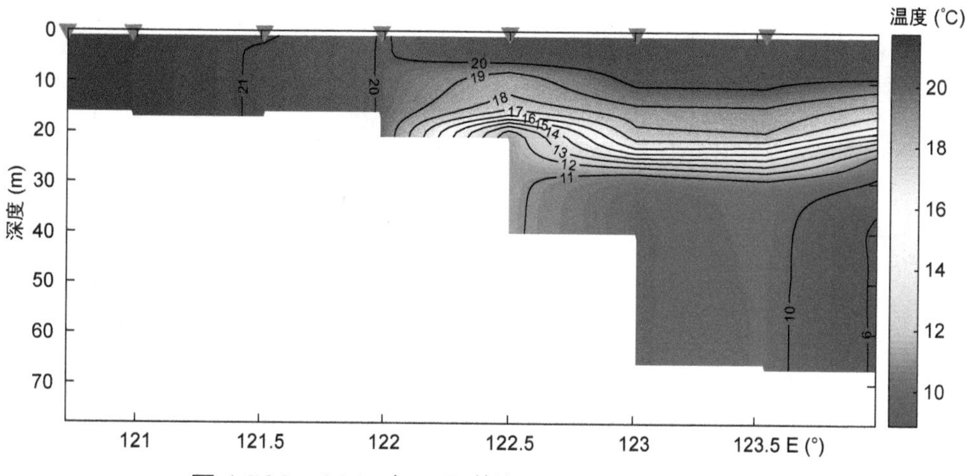

图 1.538　2017 年 6 月黄海 3400 断面温度分布图

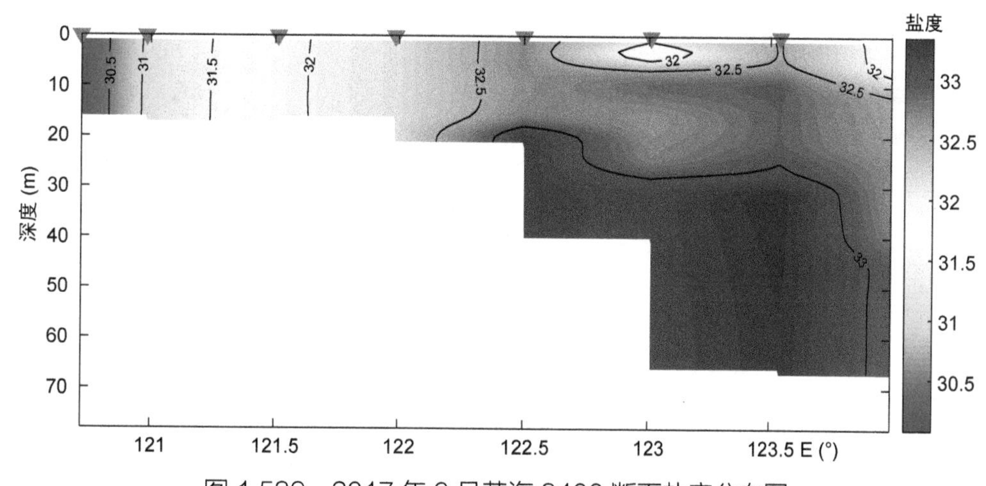

图 1.539　2017 年 6 月黄海 3400 断面盐度分布图

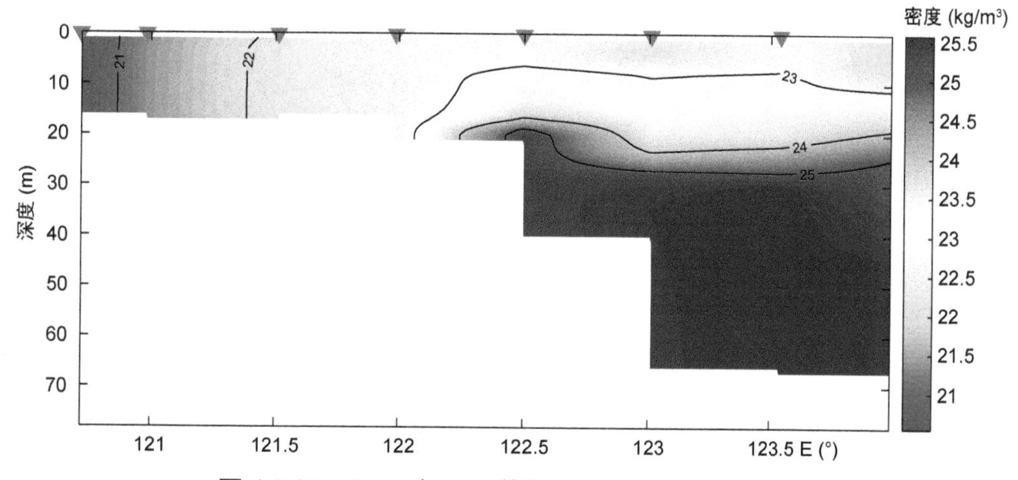

图 1.540　2017 年 6 月黄海 3400 断面密度分布图

(3) 3430 断面

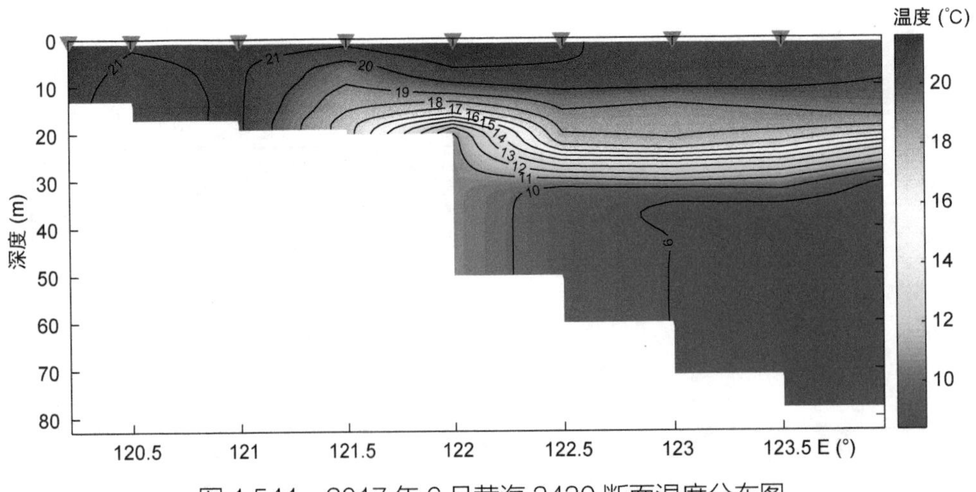

图 1.541　2017 年 6 月黄海 3430 断面温度分布图

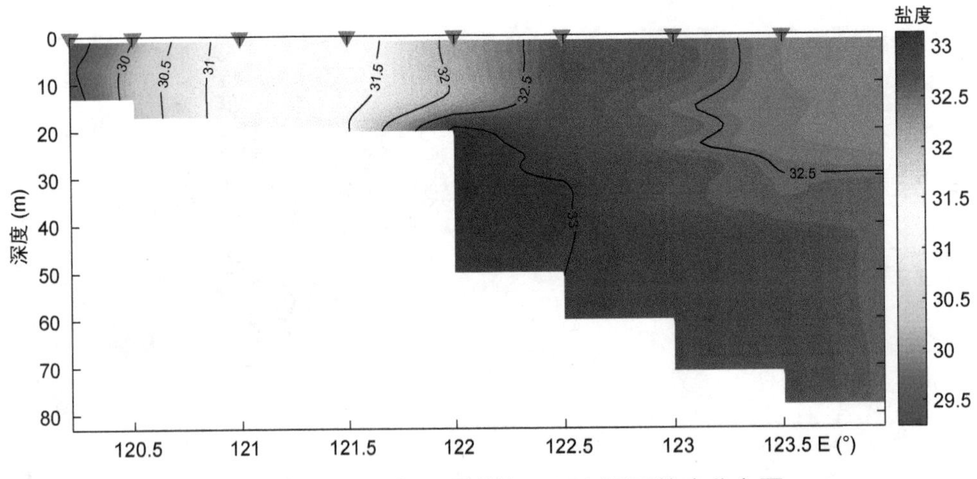

图 1.542　2017 年 6 月黄海 3430 断面盐度分布图

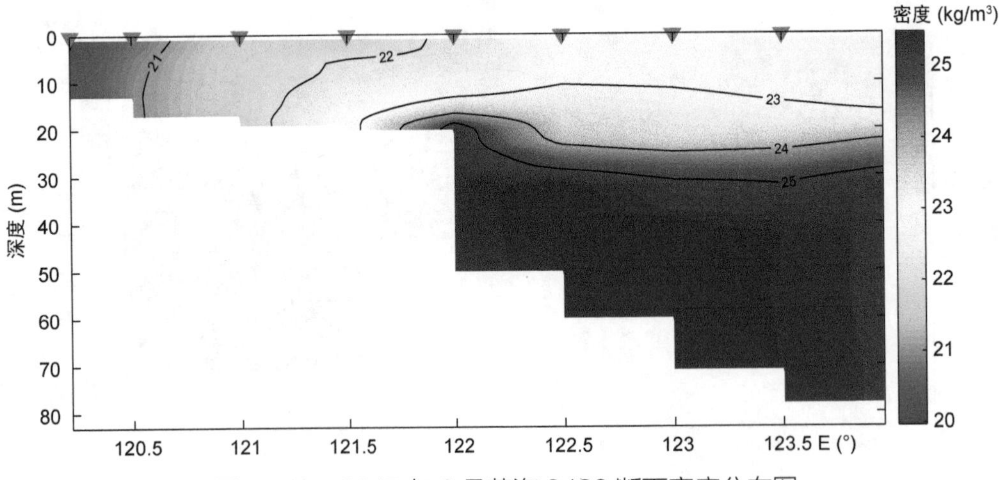

图 1.543　2017 年 6 月黄海 3430 断面密度分布图

(4) 3500 断面

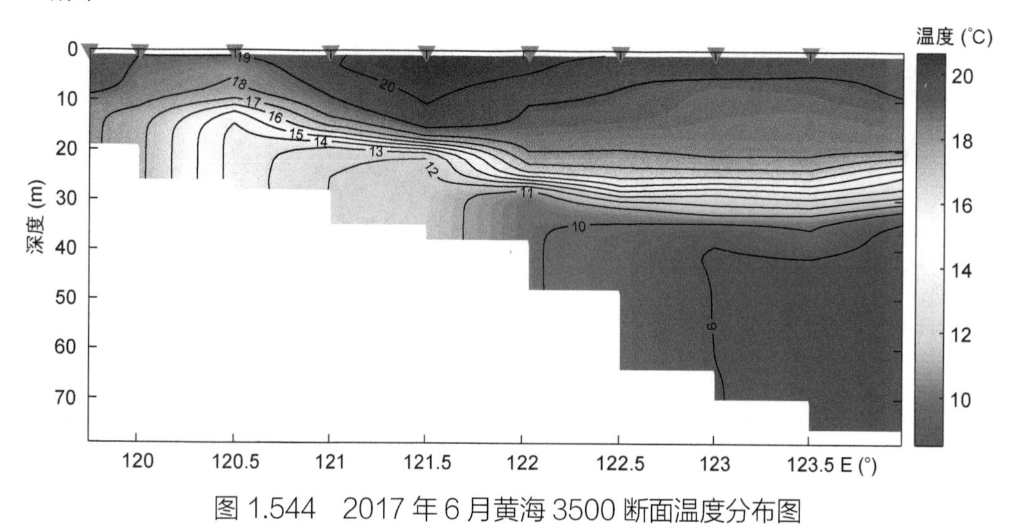

图 1.544　2017 年 6 月黄海 3500 断面温度分布图

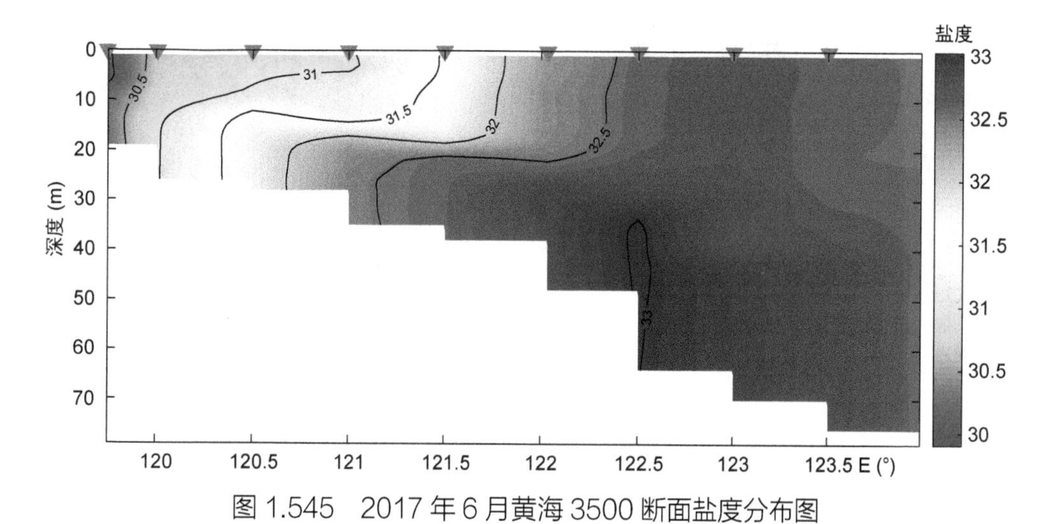

图 1.545　2017 年 6 月黄海 3500 断面盐度分布图

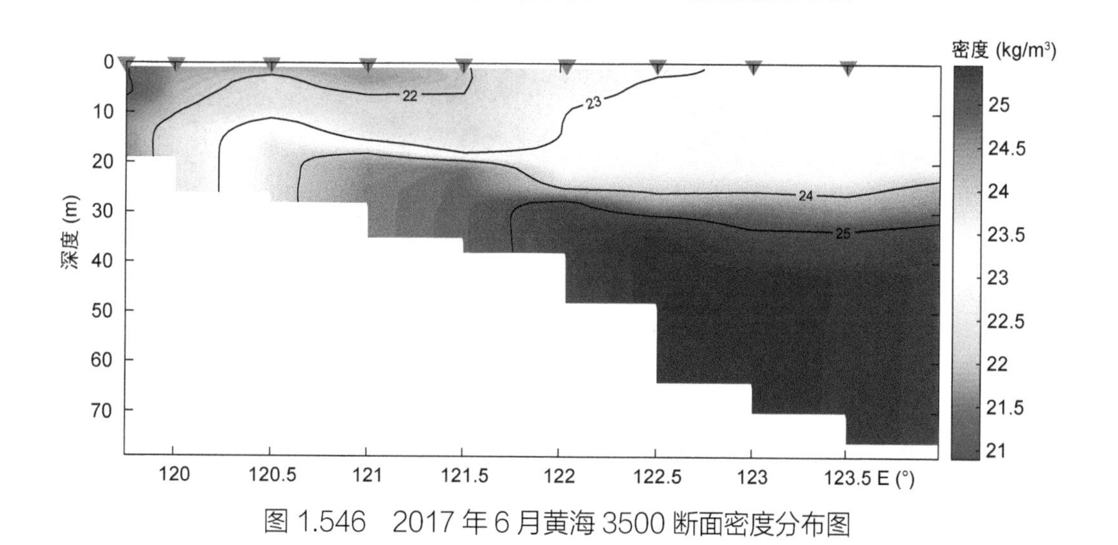

图 1.546　2017 年 6 月黄海 3500 断面密度分布图

(5) 3530 断面

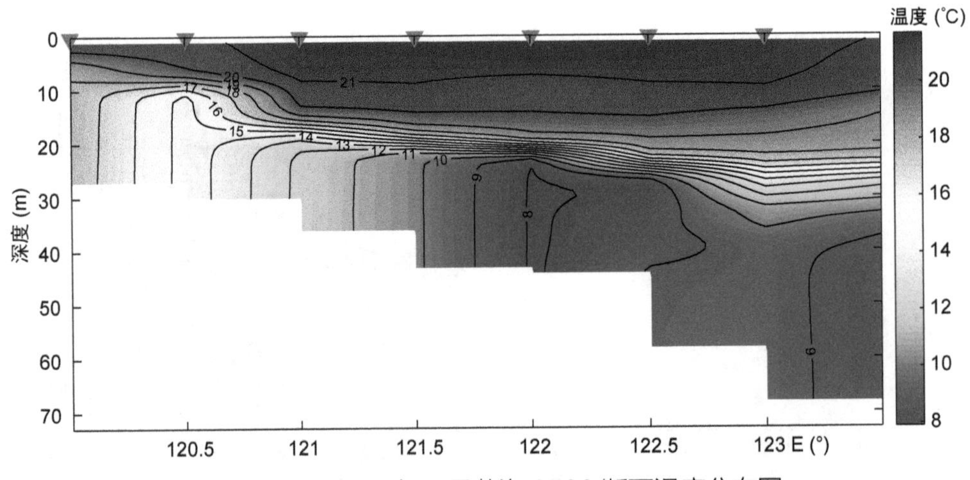

图 1.547　2017 年 6 月黄海 3530 断面温度分布图

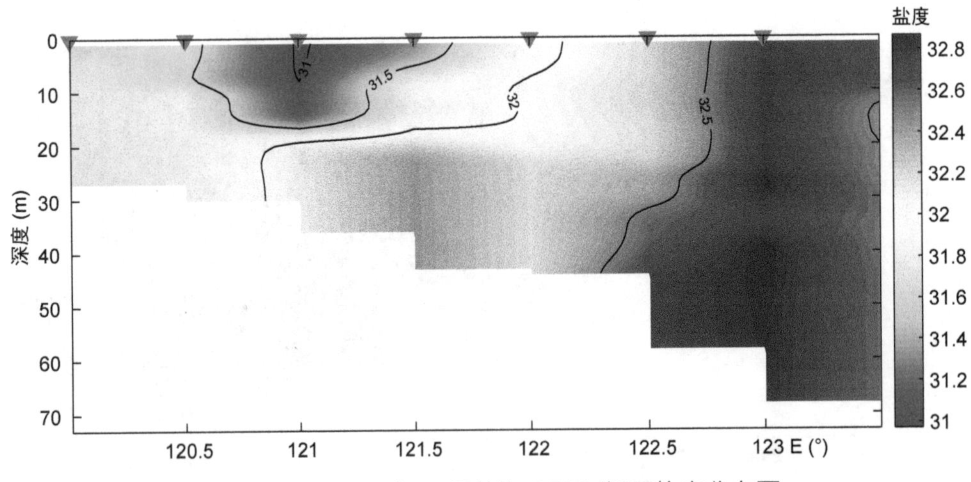

图 1.548　2017 年 6 月黄海 3530 断面盐度分布图

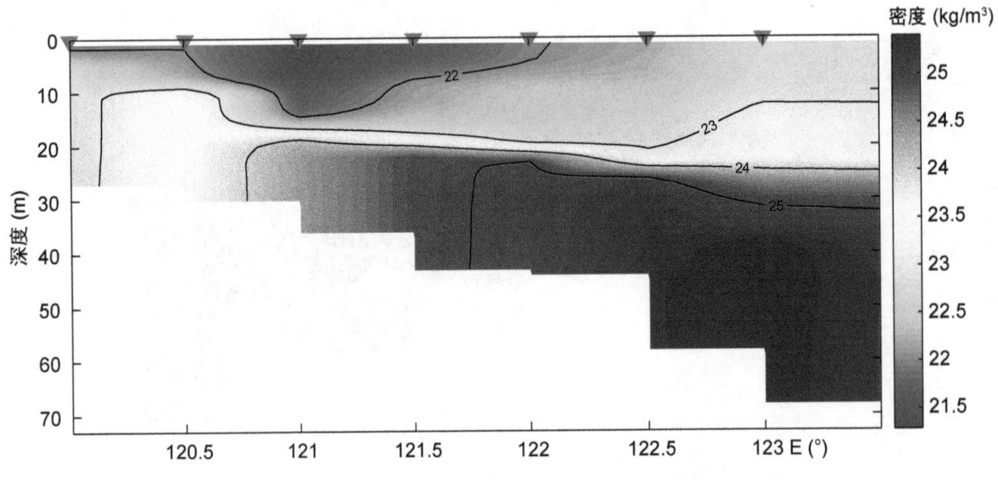

图 1.549　2017 年 6 月黄海 3530 断面密度分布图

(6) 3600 断面

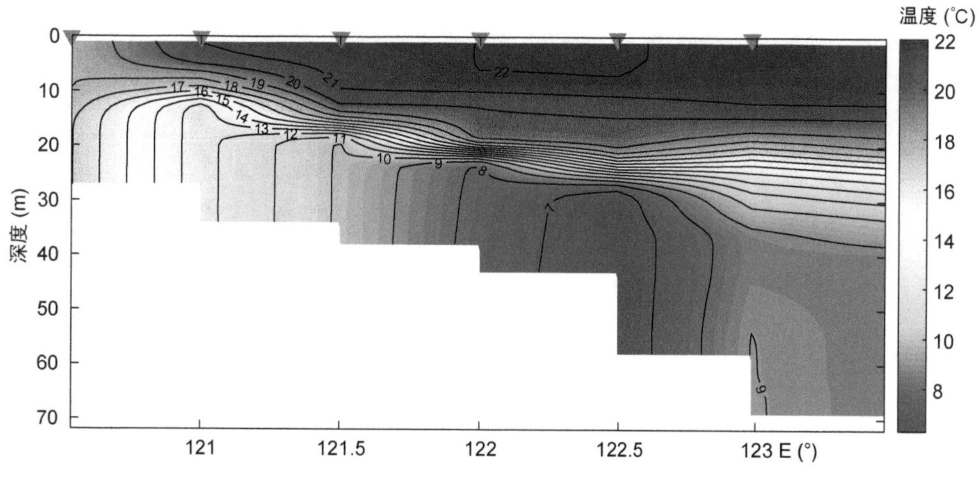

图 1.550 2017 年 6 月黄海 3600 断面温度分布图

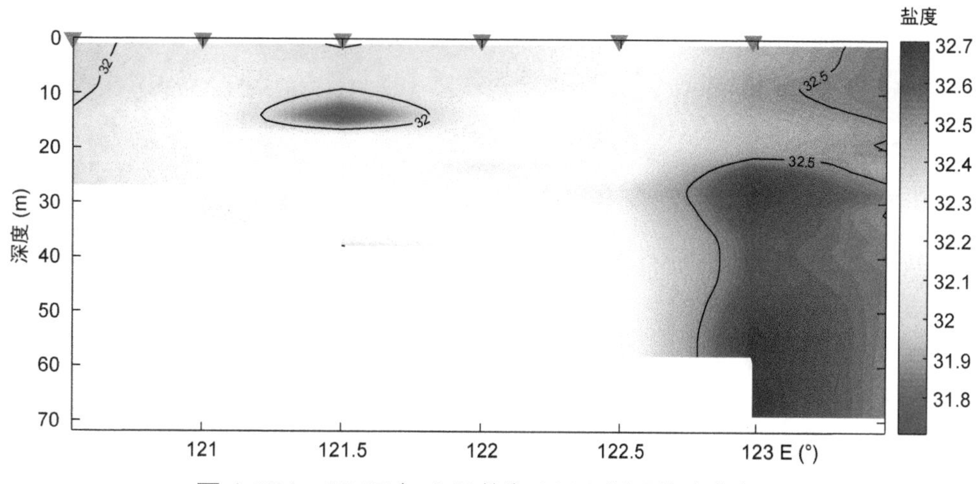

图 1.551 2017 年 6 月黄海 3600 断面盐度分布图

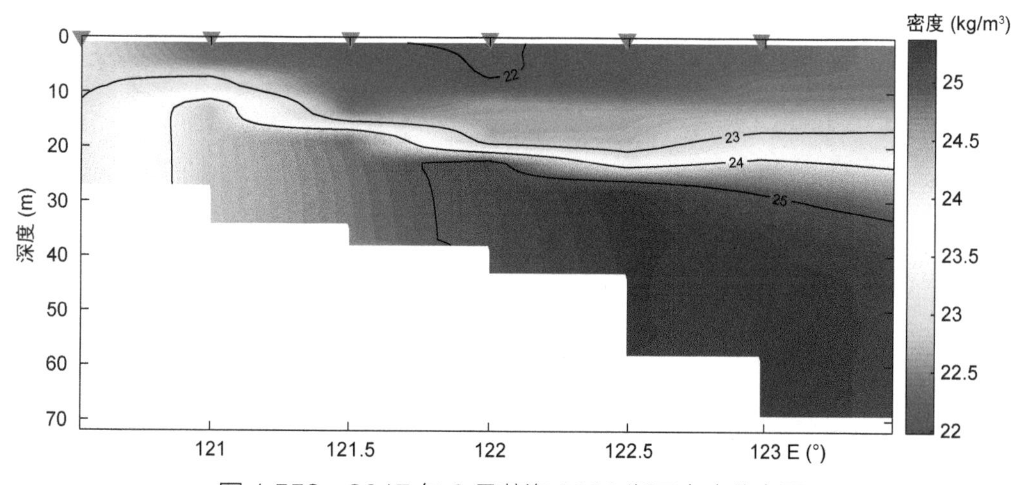

图 1.552 2017 年 6 月黄海 3600 断面密度分布图

(7) 3630 断面

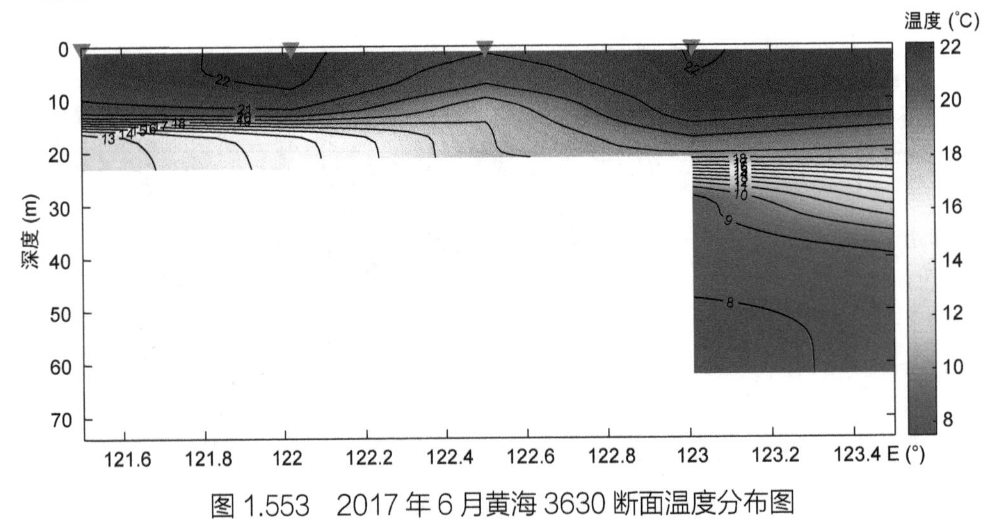

图 1.553 2017 年 6 月黄海 3630 断面温度分布图

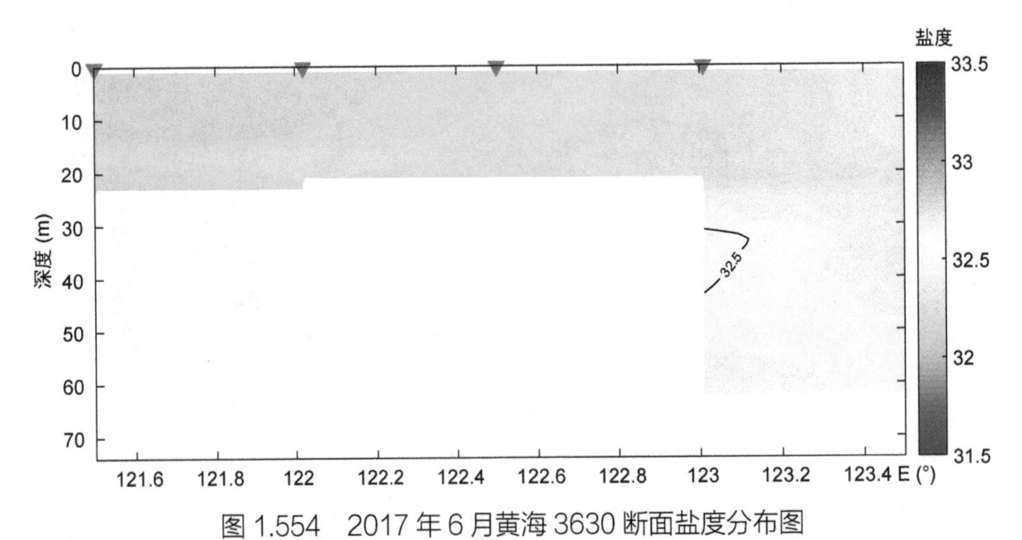

图 1.554 2017 年 6 月黄海 3630 断面盐度分布图

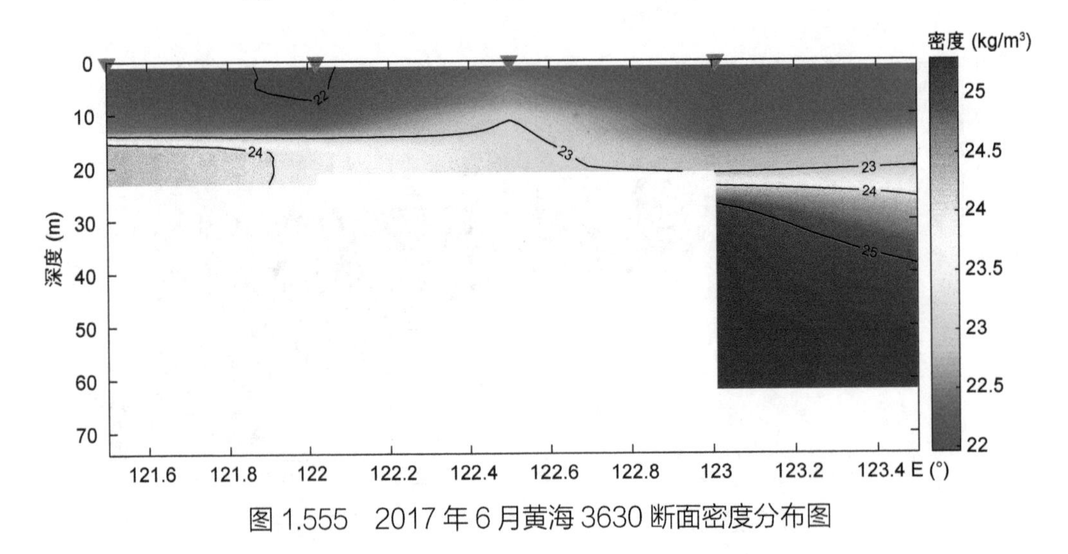

图 1.555 2017 年 6 月黄海 3630 断面密度分布图

1.15.2 平面图

(1) 表层

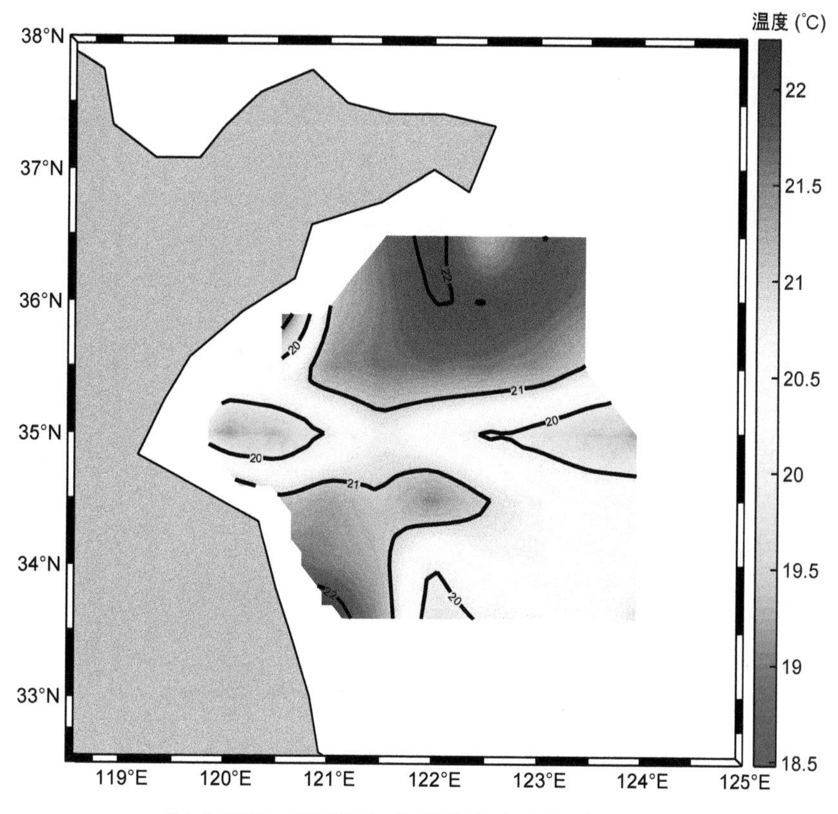

图 1.556 2017 年 6 月黄海表层温度平面图

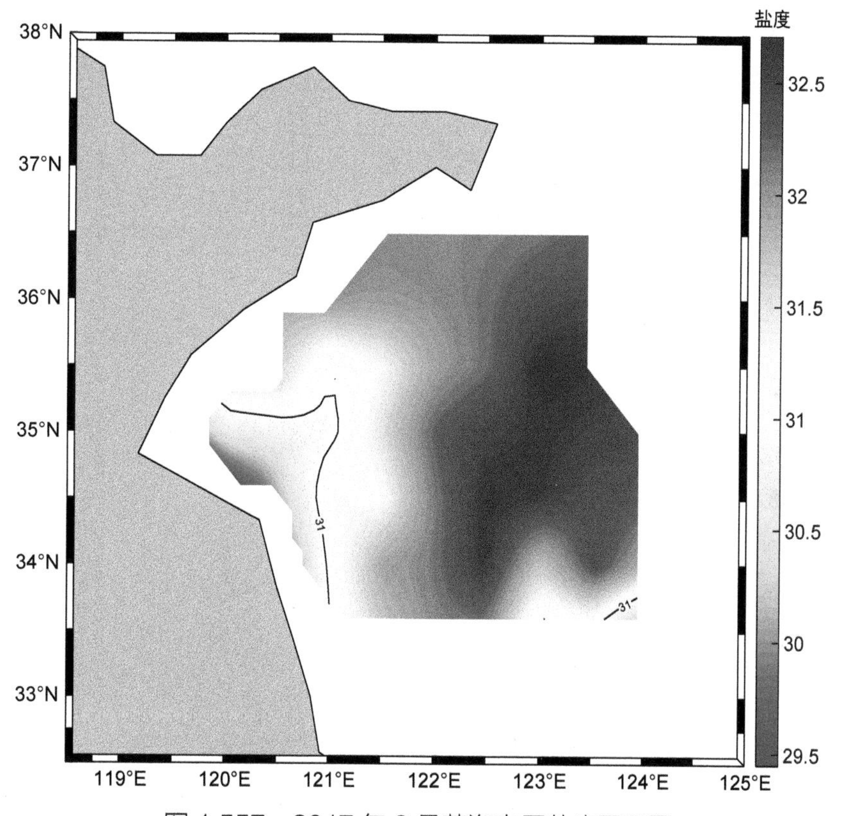

图 1.557 2017 年 6 月黄海表层盐度平面图

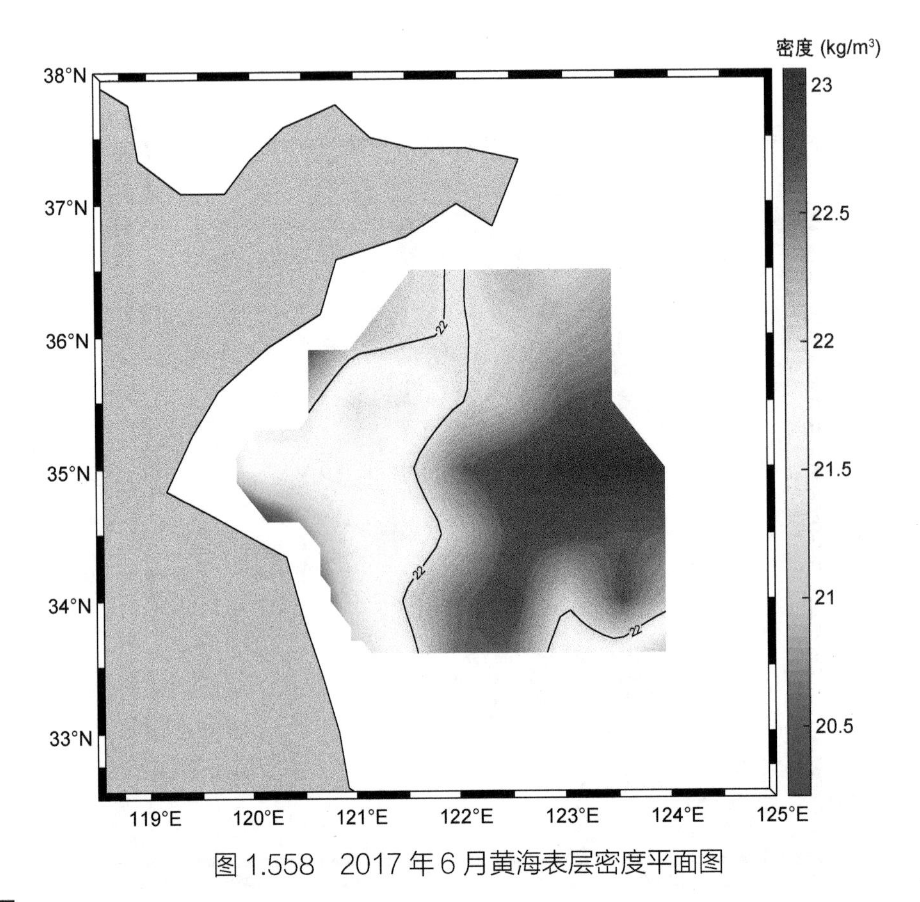

图 1.558　2017 年 6 月黄海表层密度平面图

(2) 20m 层

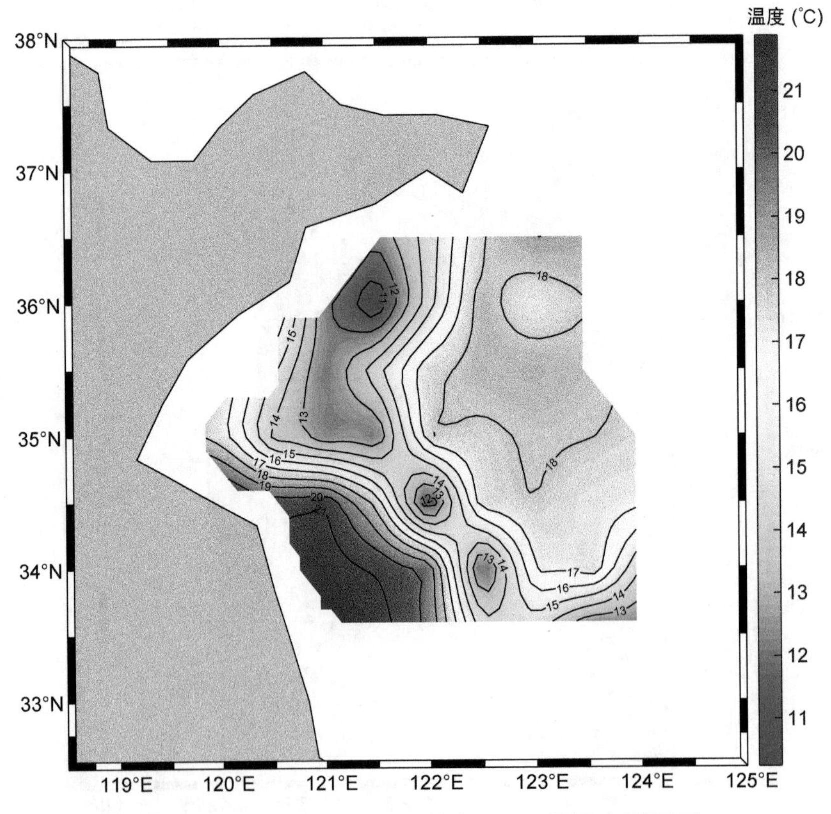

图 1.559　2017 年 6 月黄海 20m 层温度平面图

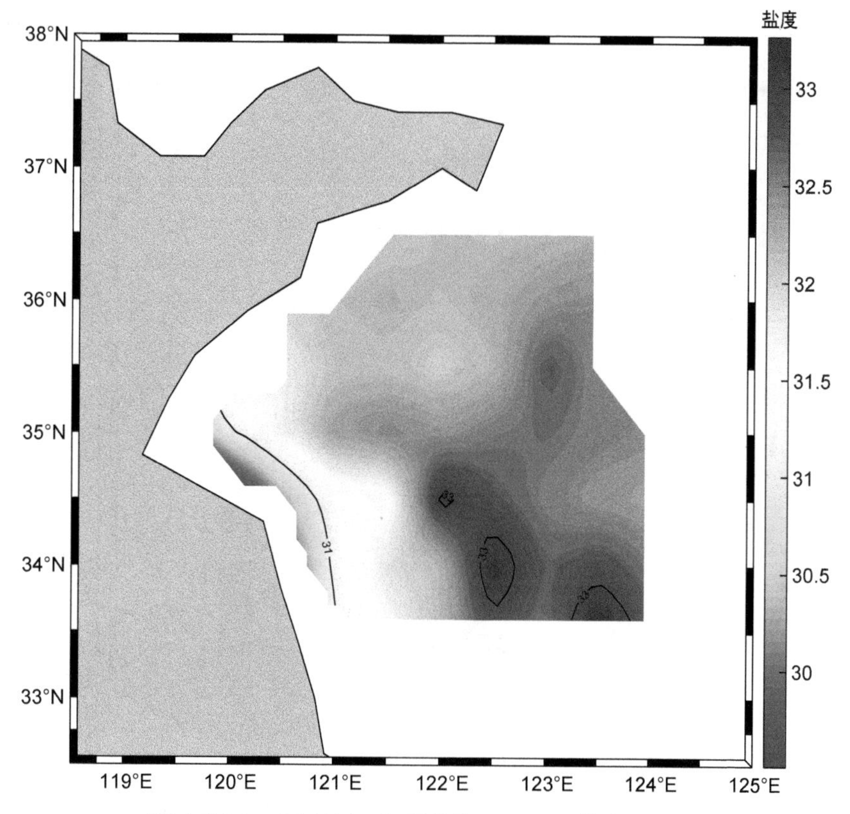

图 1.560　2017 年 6 月黄海 20m 层盐度平面图

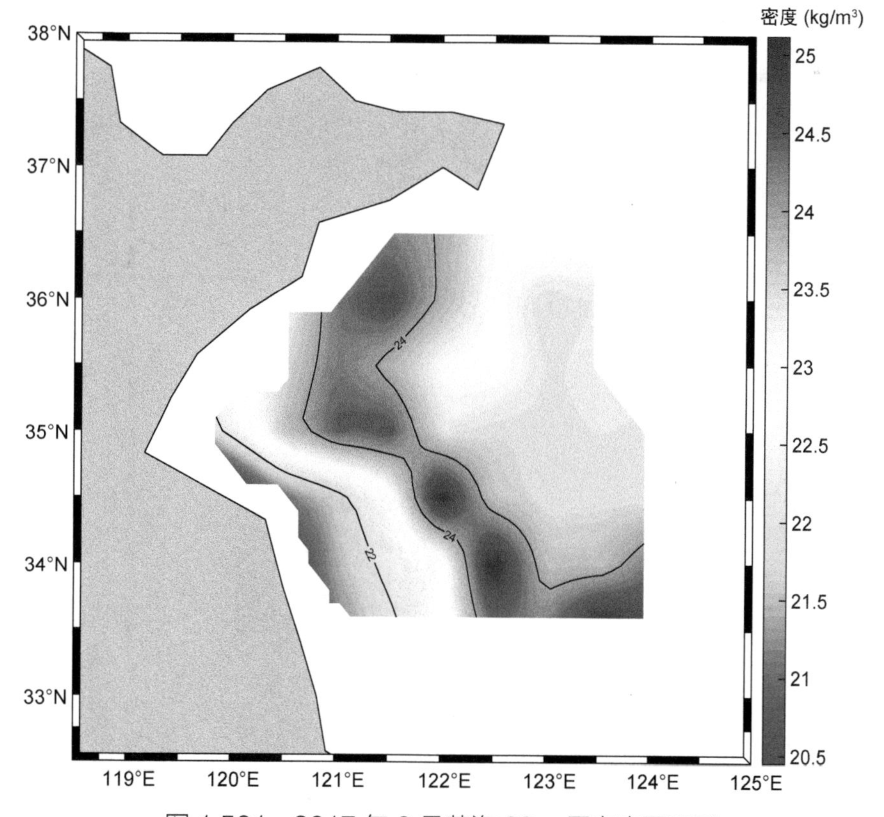

图 1.561　2017 年 6 月黄海 20m 层密度平面图

(3) 底层

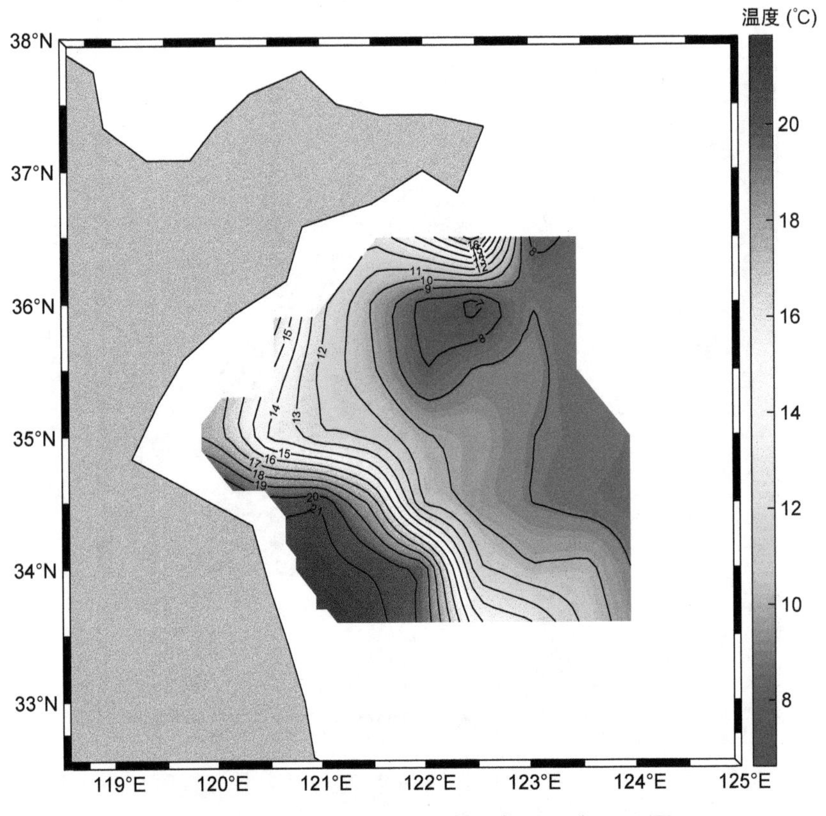

图 1.562　2017 年 6 月黄海底层温度平面图

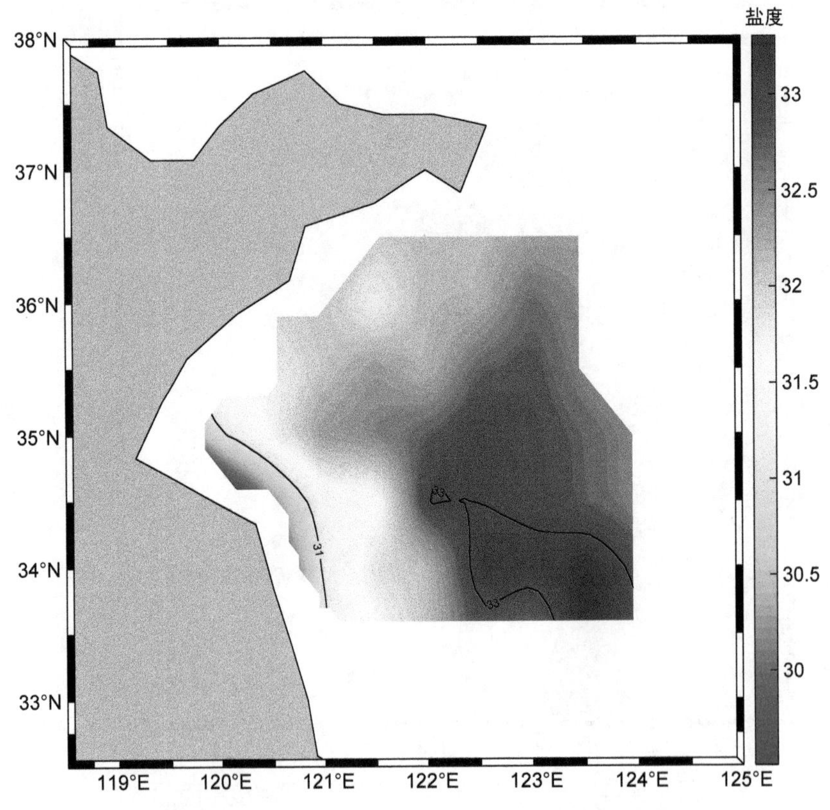

图 1.563　2017 年 6 月黄海底层盐度平面图

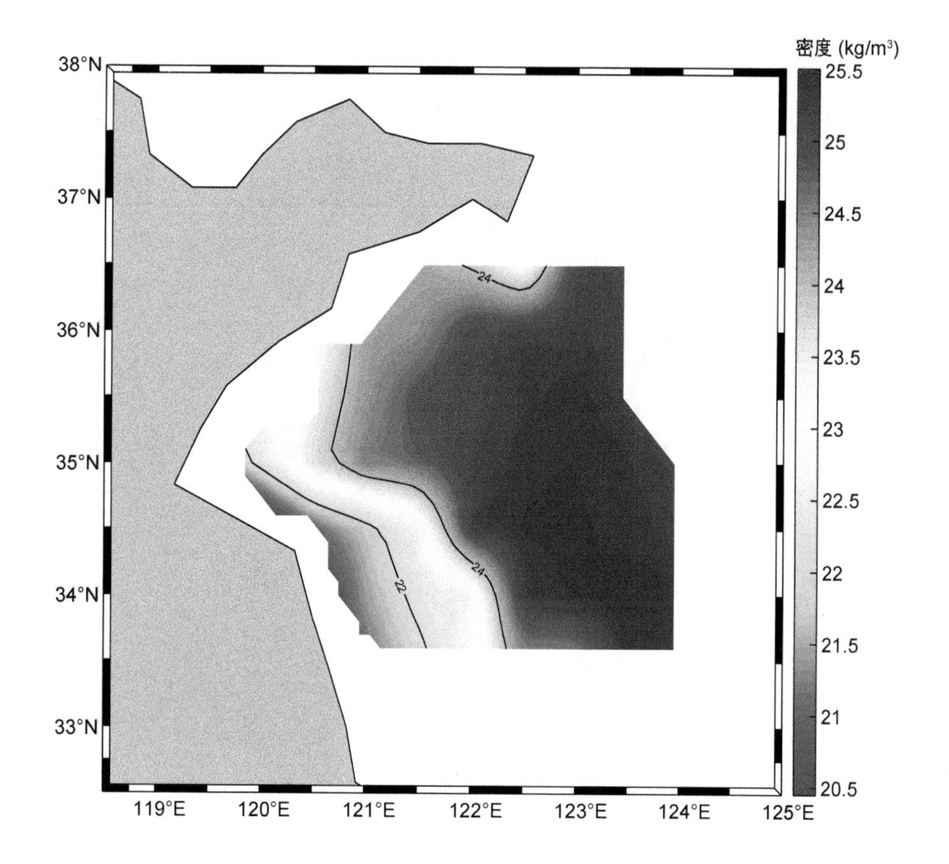

图 1.564 2017 年 6 月黄海底层密度平面图

1.16　2017 年 7 月东海

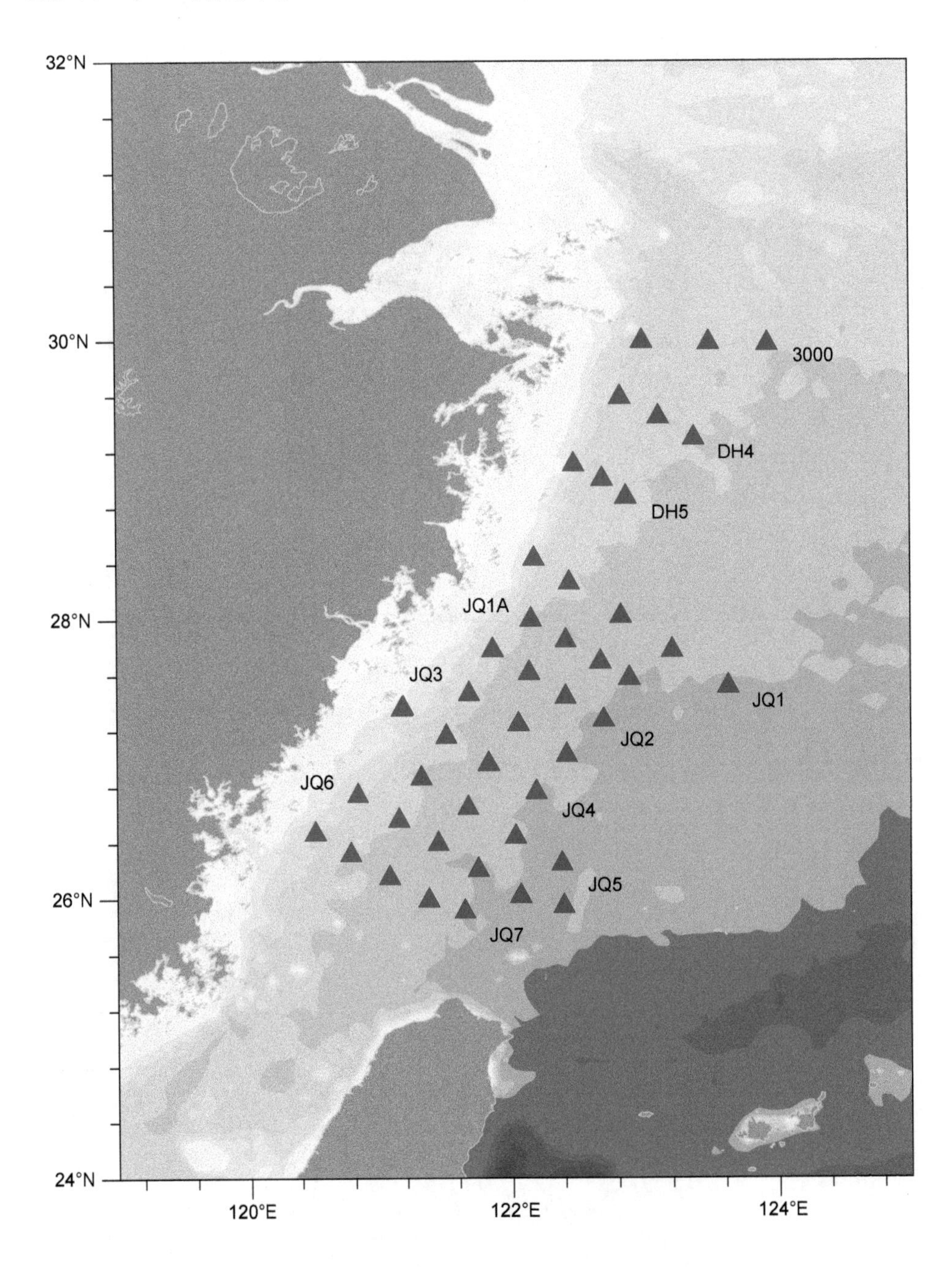

图 1.565　2017 年 7 月东海调查站位图
（2017 年 7 月 14 日 -2017 年 7 月 25 日）

1.16.1　断面图

(1) 3000 断面

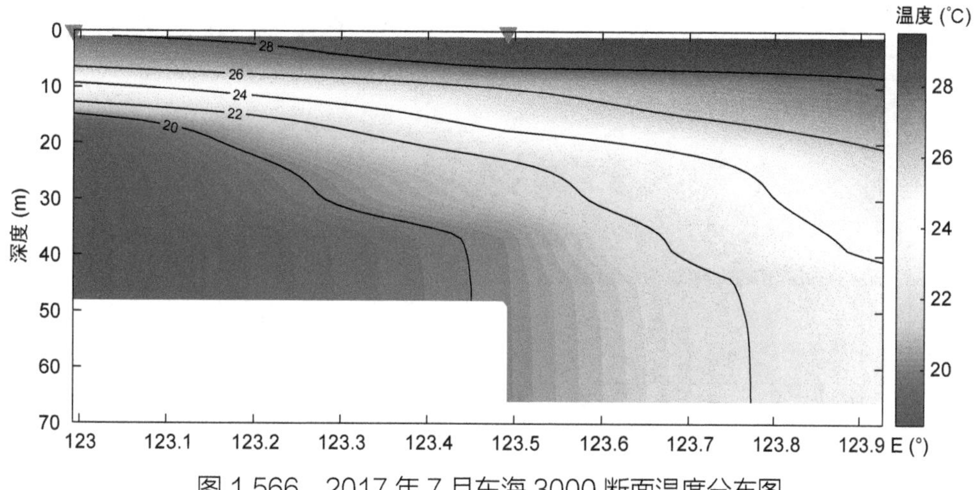

图 1.566　2017 年 7 月东海 3000 断面温度分布图

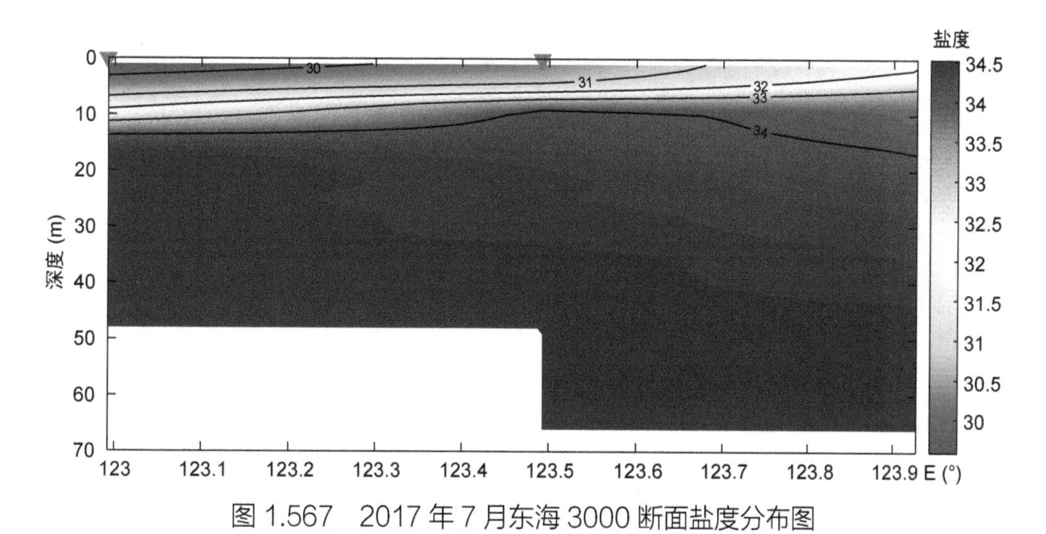

图 1.567　2017 年 7 月东海 3000 断面盐度分布图

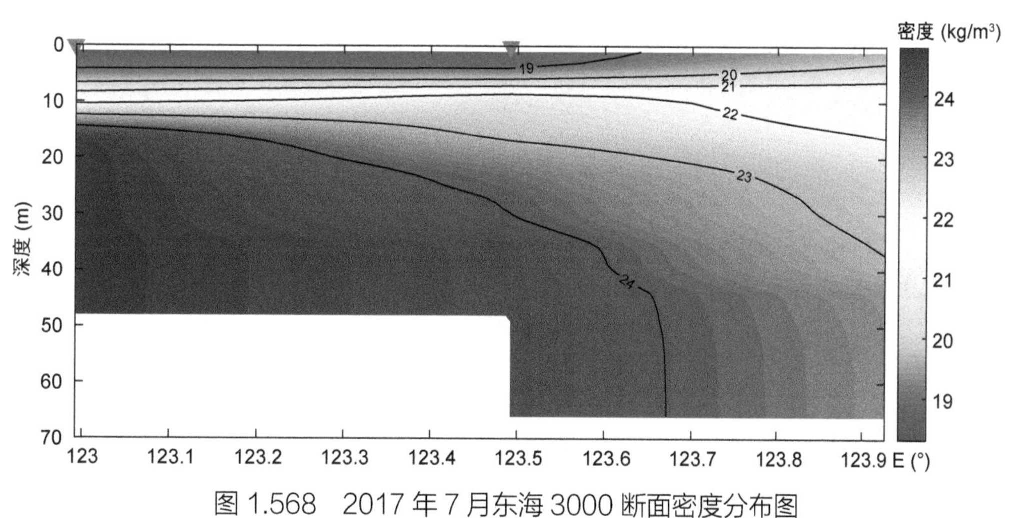

图 1.568　2017 年 7 月东海 3000 断面密度分布图

(2) DH4 断面

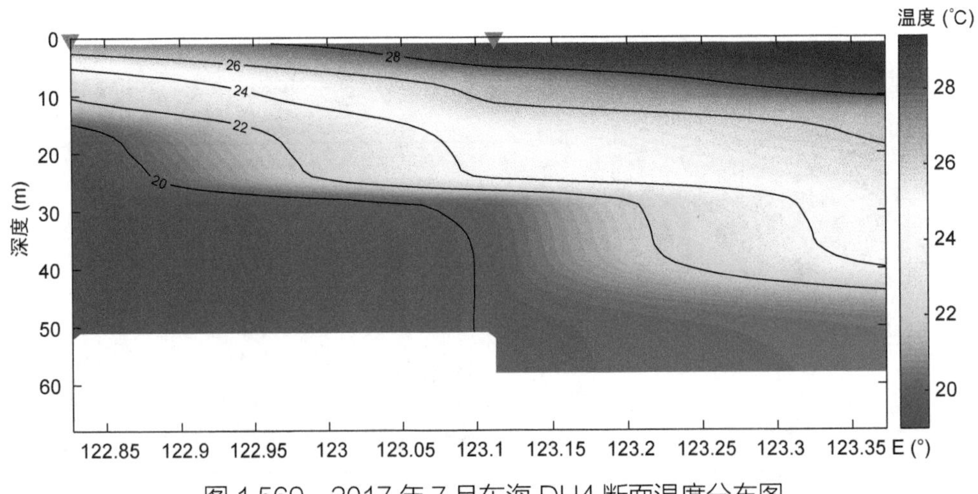

图 1.569　2017 年 7 月东海 DH4 断面温度分布图

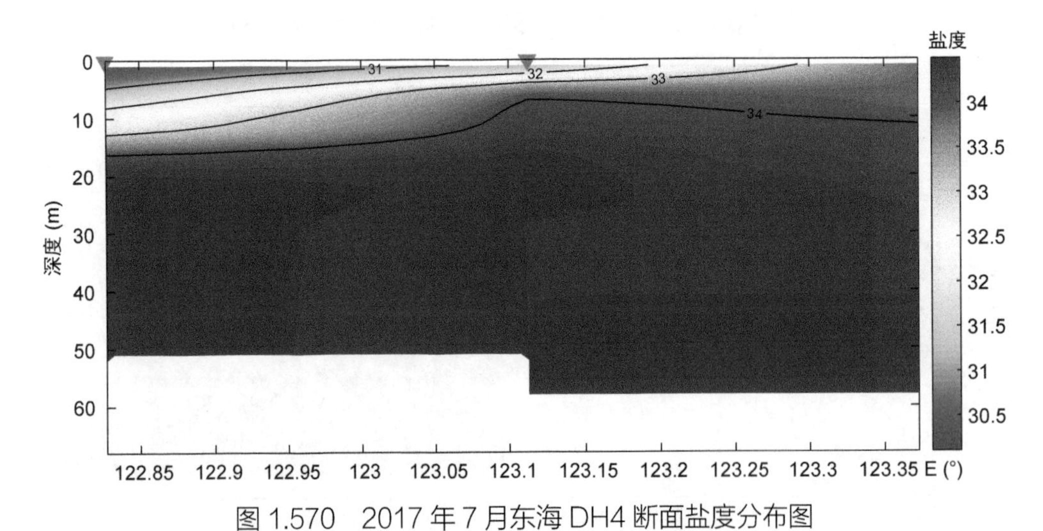

图 1.570　2017 年 7 月东海 DH4 断面盐度分布图

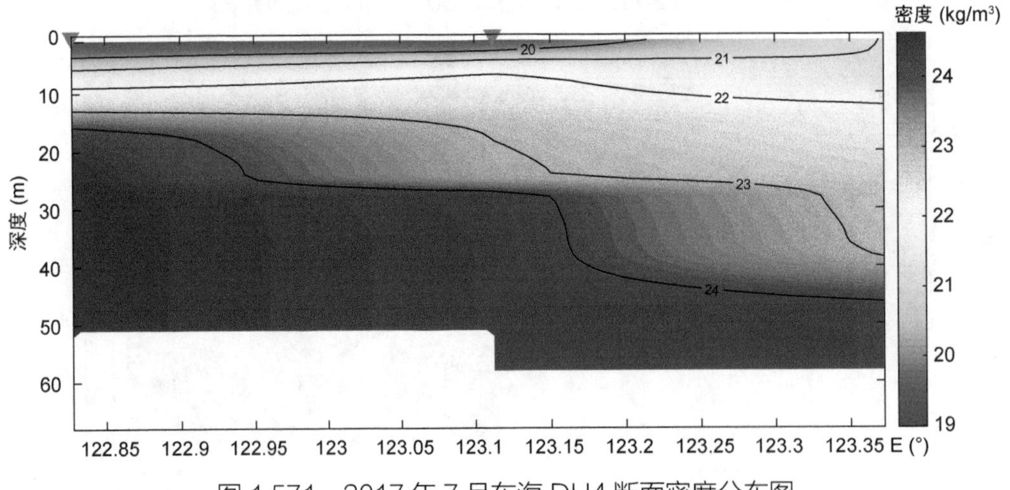

图 1.571　2017 年 7 月东海 DH4 断面密度分布图

(3) DH5 断面

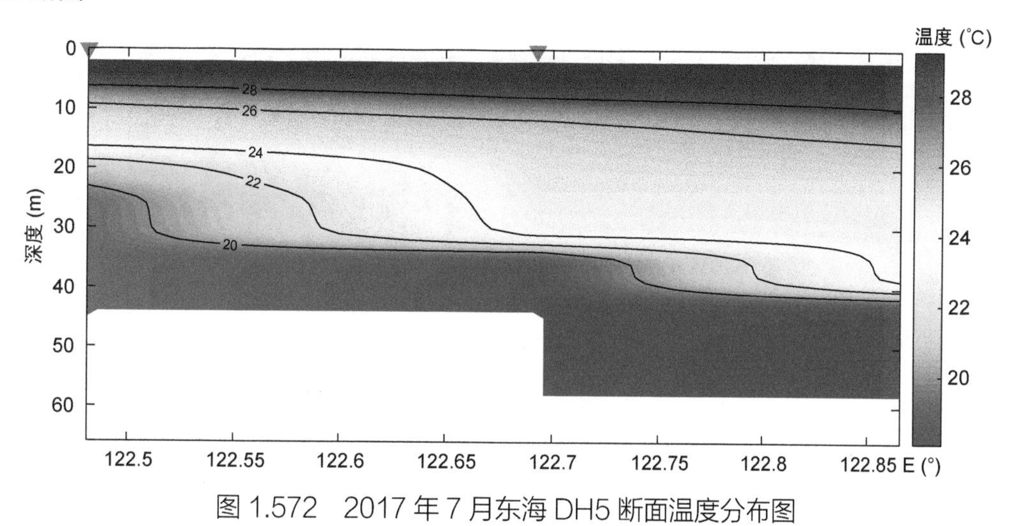

图 1.572 2017 年 7 月东海 DH5 断面温度分布图

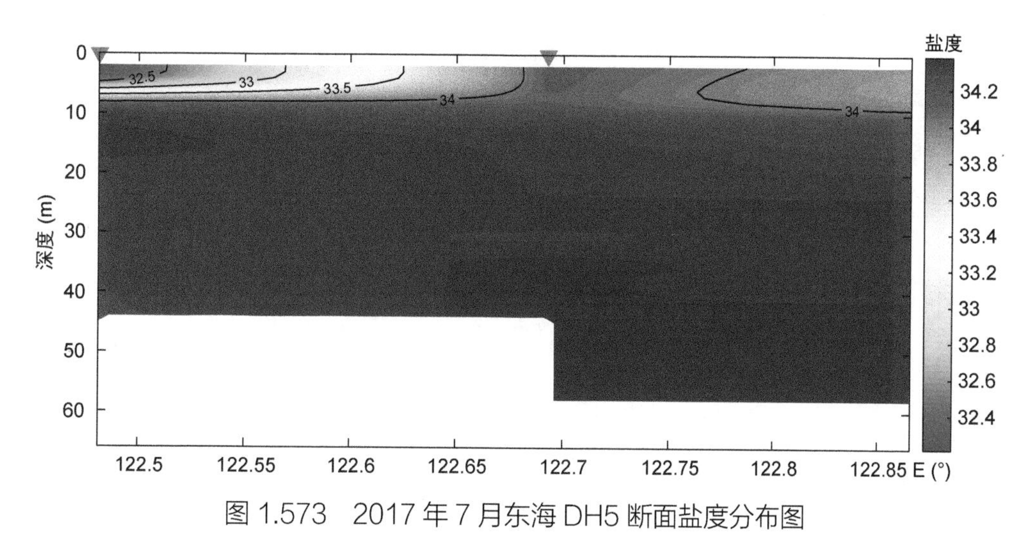

图 1.573 2017 年 7 月东海 DH5 断面盐度分布图

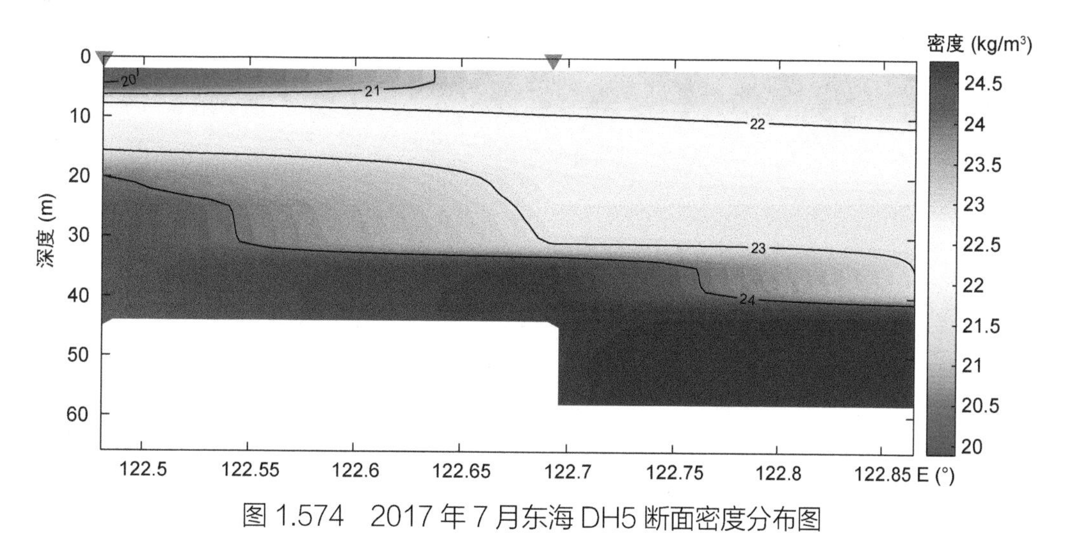

图 1.574 2017 年 7 月东海 DH5 断面密度分布图

(4) JQ1 断面

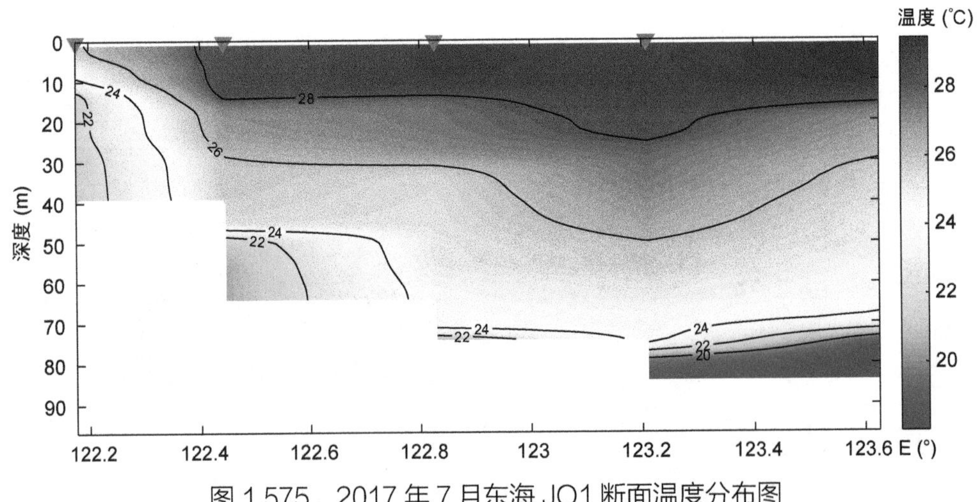

图 1.575　2017 年 7 月东海 JQ1 断面温度分布图

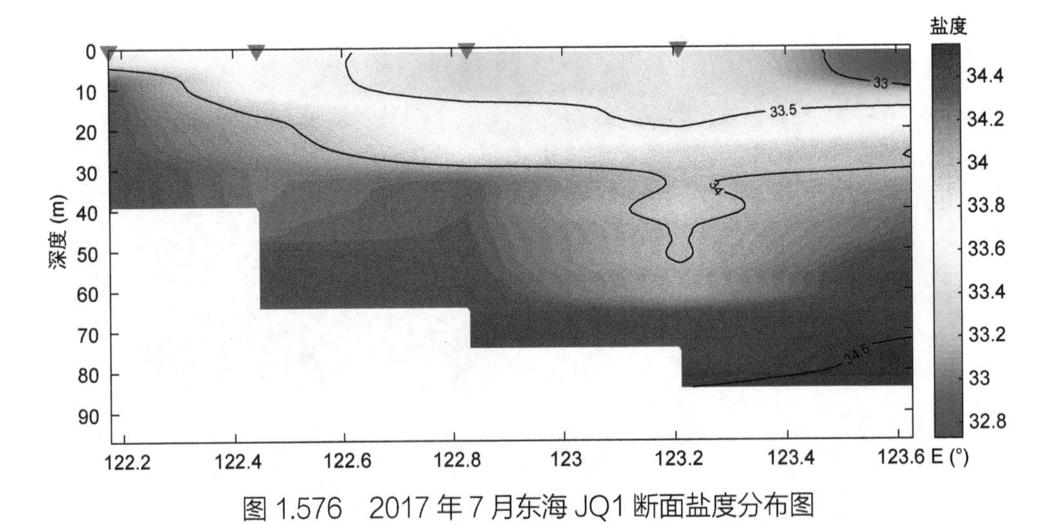

图 1.576　2017 年 7 月东海 JQ1 断面盐度分布图

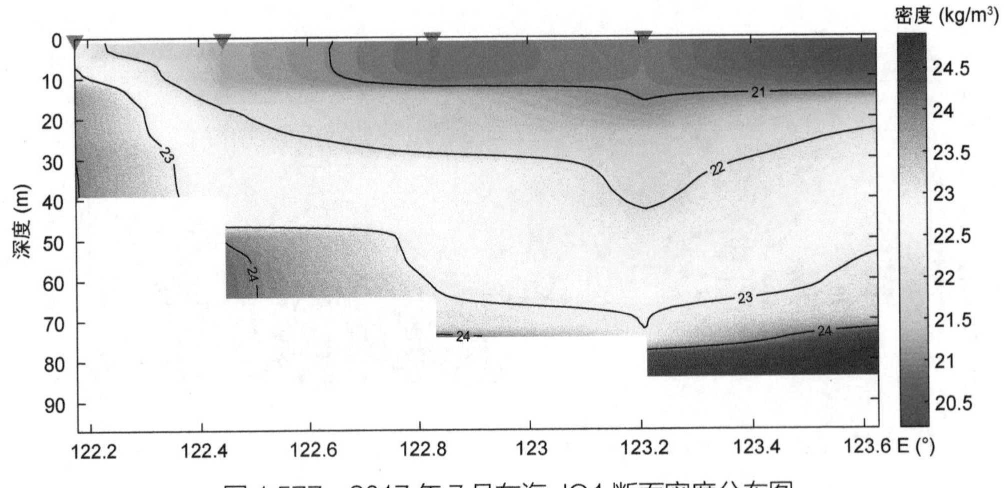

图 1.577　2017 年 7 月东海 JQ1 断面密度分布图

(5) JQ1A 断面

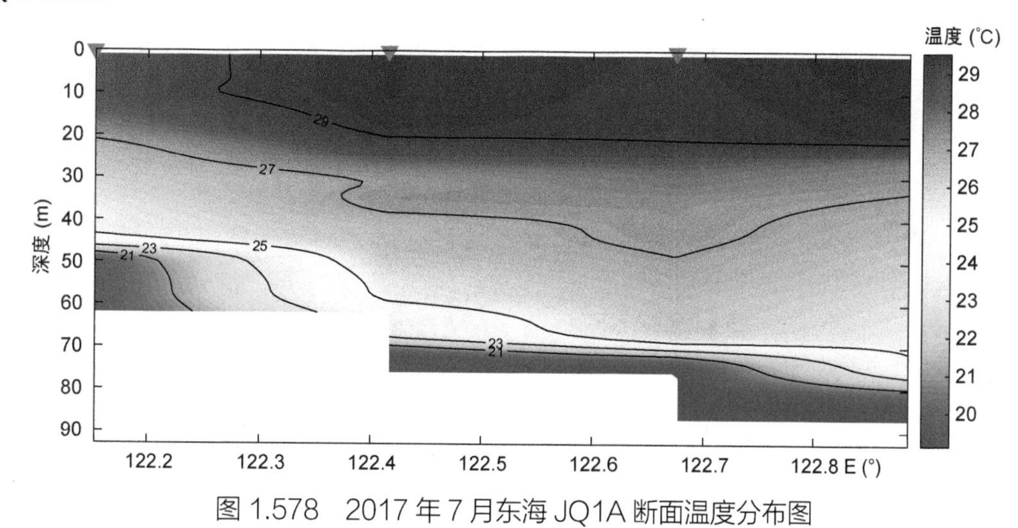

图 1.578　2017 年 7 月东海 JQ1A 断面温度分布图

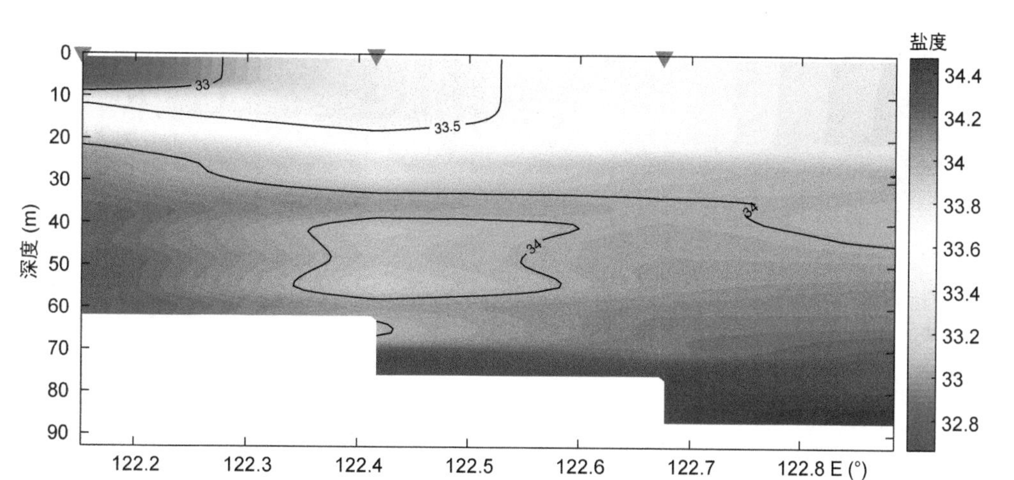

图 1.579　2017 年 7 月东海 JQ1A 断面盐度分布图

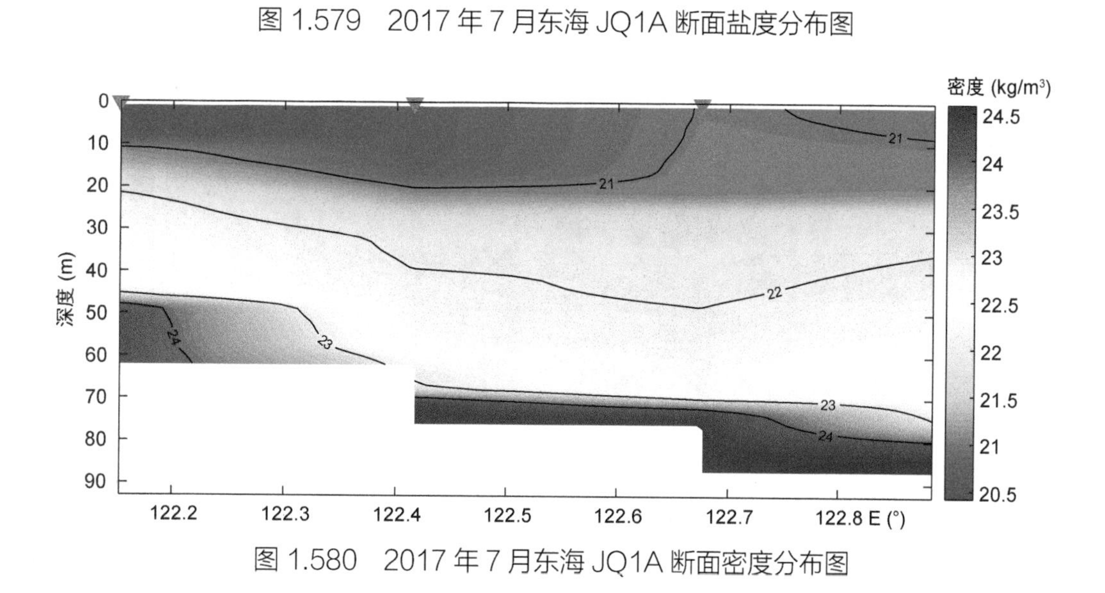

图 1.580　2017 年 7 月东海 JQ1A 断面密度分布图

(6) JQ2 断面

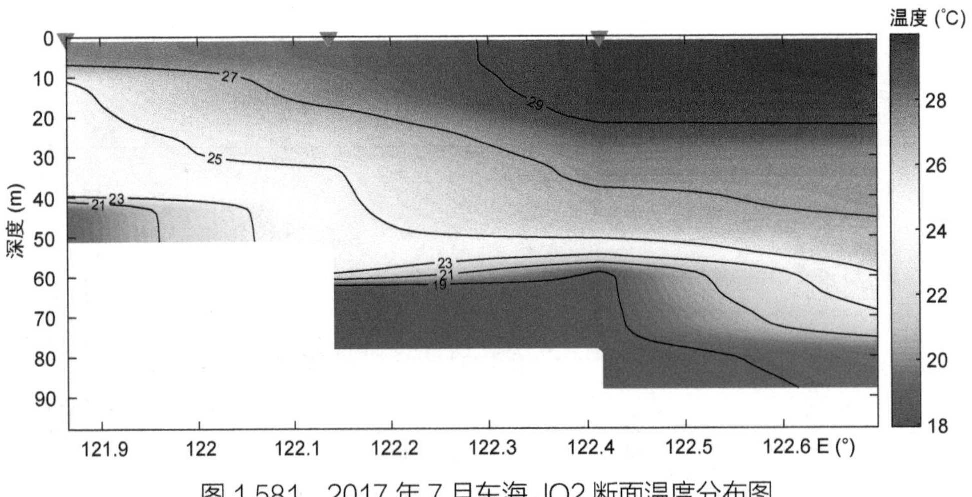

图 1.581　2017 年 7 月东海 JQ2 断面温度分布图

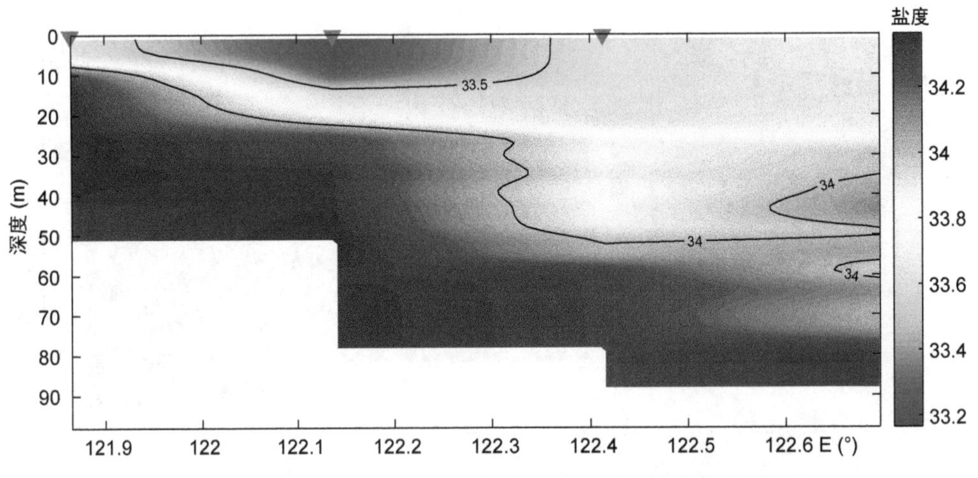

图 1.582　2017 年 7 月东海 JQ2 断面盐度分布图

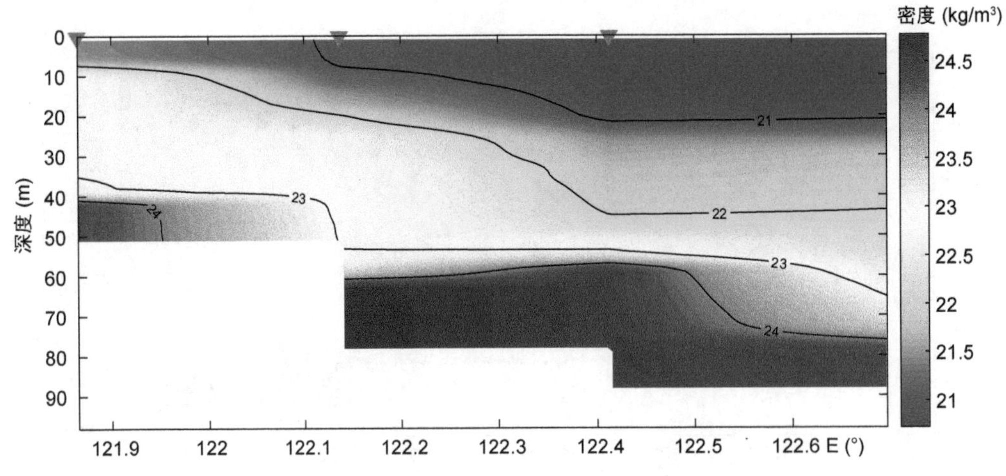

图 1.583　2017 年 7 月东海 JQ2 断面密度分布图

(7) JQ3 断面

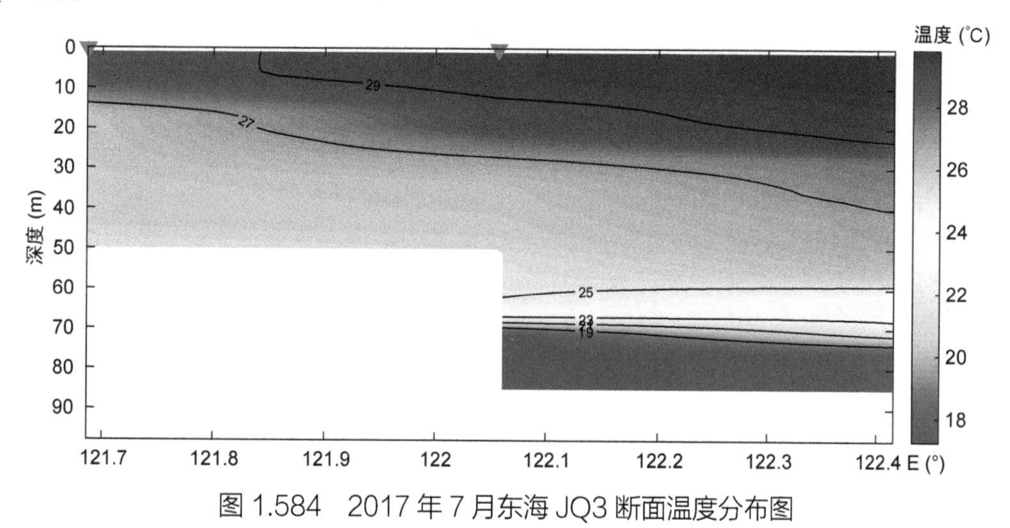

图 1.584 2017 年 7 月东海 JQ3 断面温度分布图

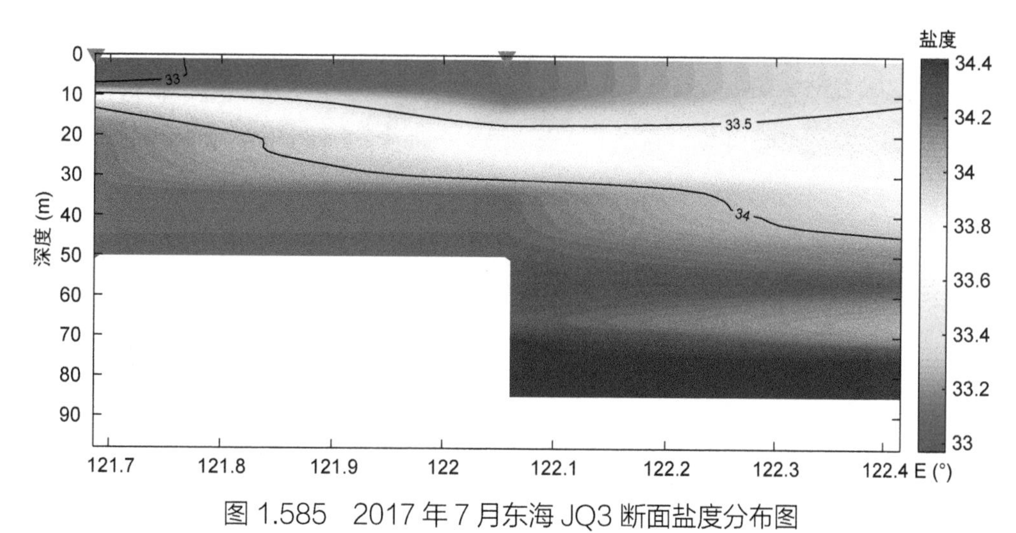

图 1.585 2017 年 7 月东海 JQ3 断面盐度分布图

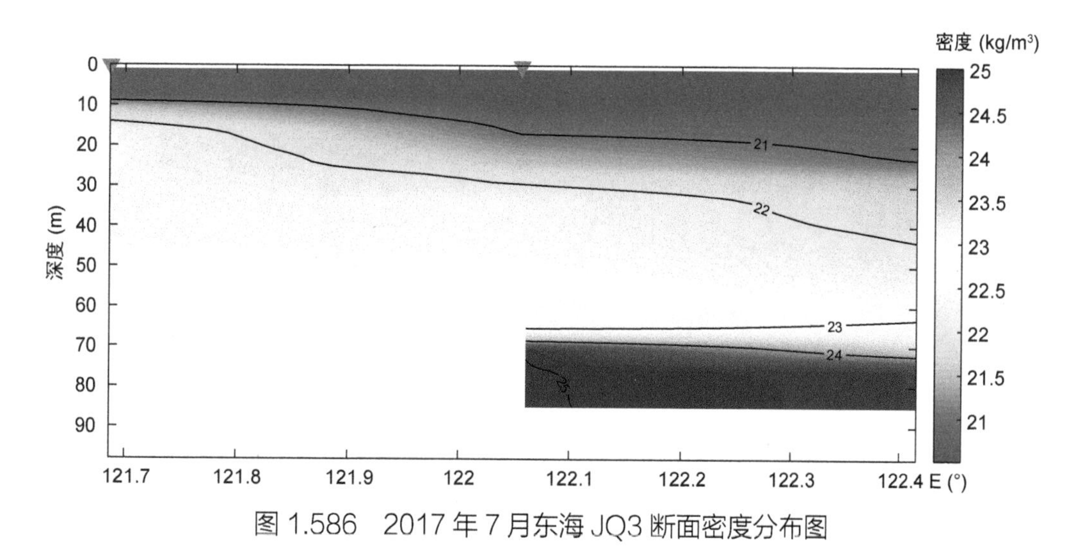

图 1.586 2017 年 7 月东海 JQ3 断面密度分布图

(8) JQ4 断面

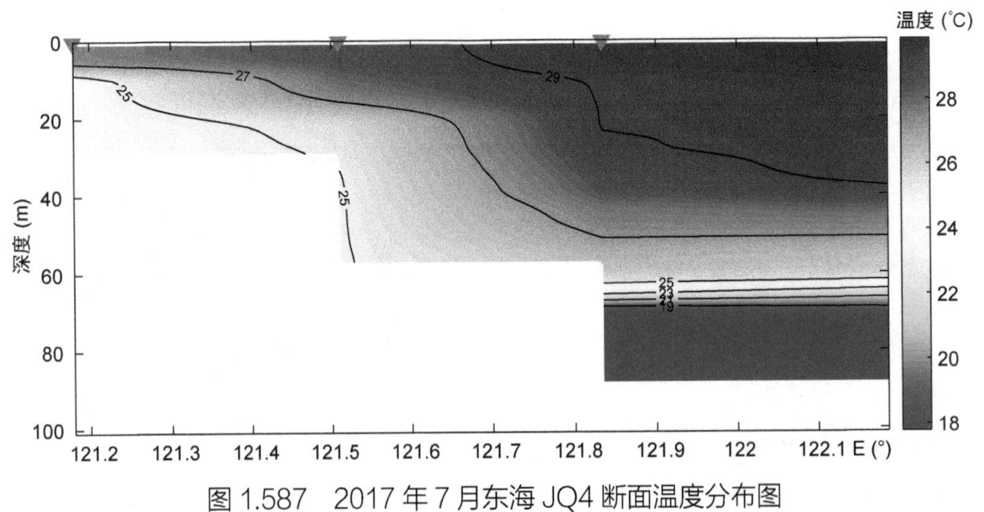

图 1.587　2017 年 7 月东海 JQ4 断面温度分布图

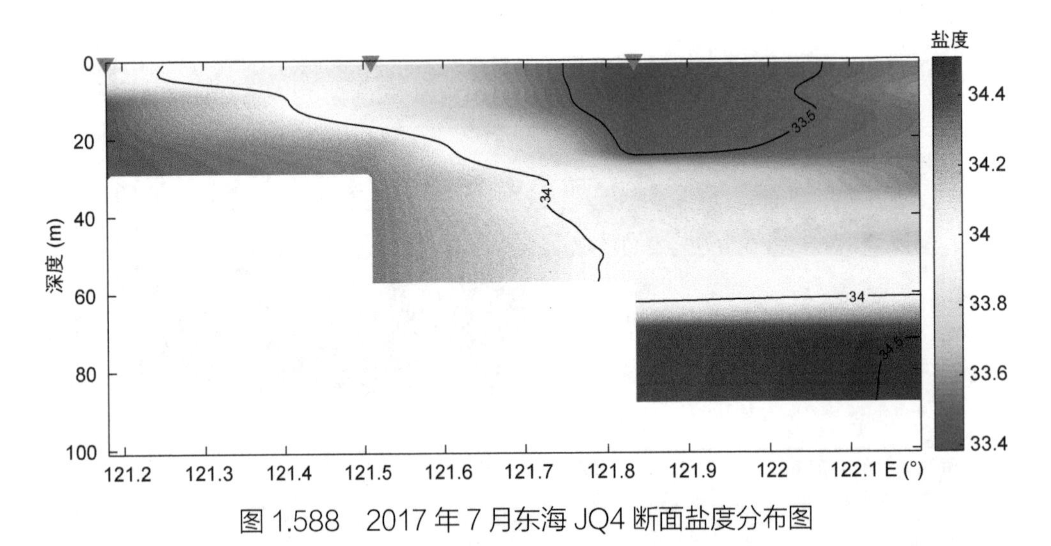

图 1.588　2017 年 7 月东海 JQ4 断面盐度分布图

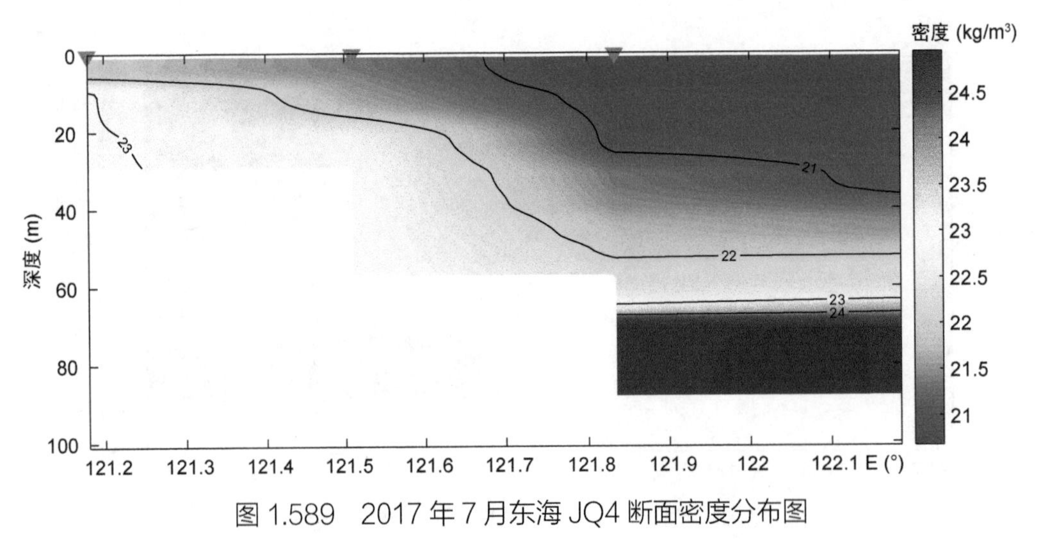

图 1.589　2017 年 7 月东海 JQ4 断面密度分布图

(9) JQ5 断面

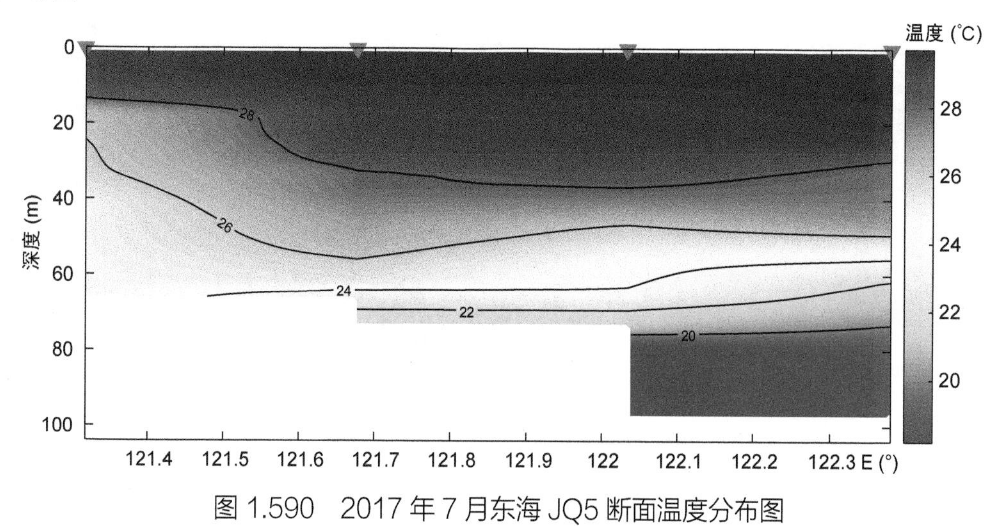

图 1.590　2017 年 7 月东海 JQ5 断面温度分布图

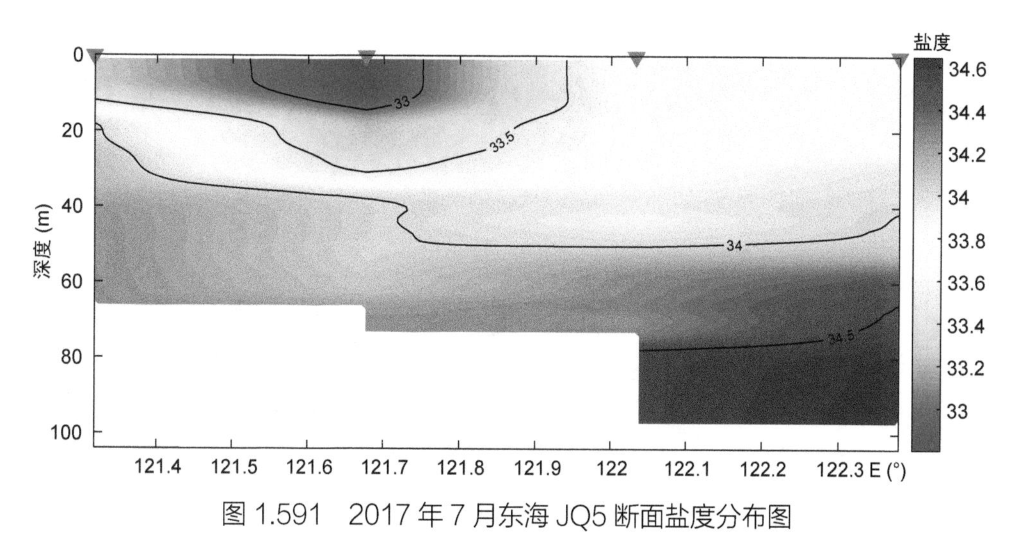

图 1.591　2017 年 7 月东海 JQ5 断面盐度分布图

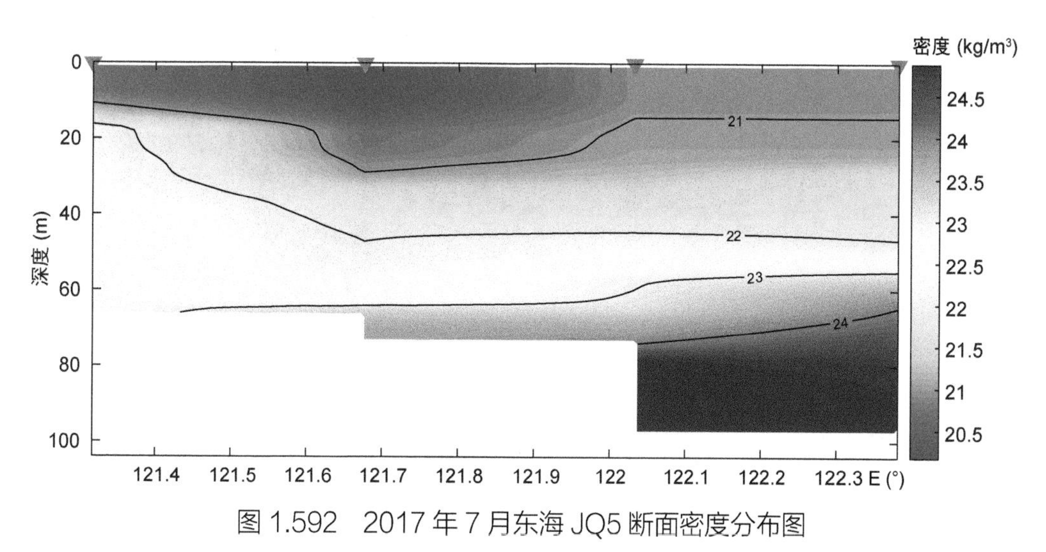

图 1.592　2017 年 7 月东海 JQ5 断面密度分布图

(10) JQ6 断面

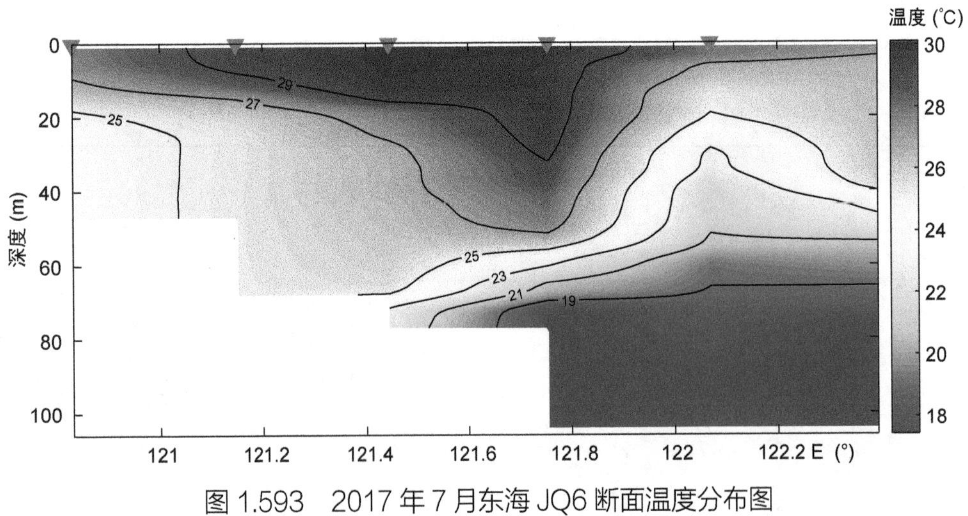

图 1.593　2017 年 7 月东海 JQ6 断面温度分布图

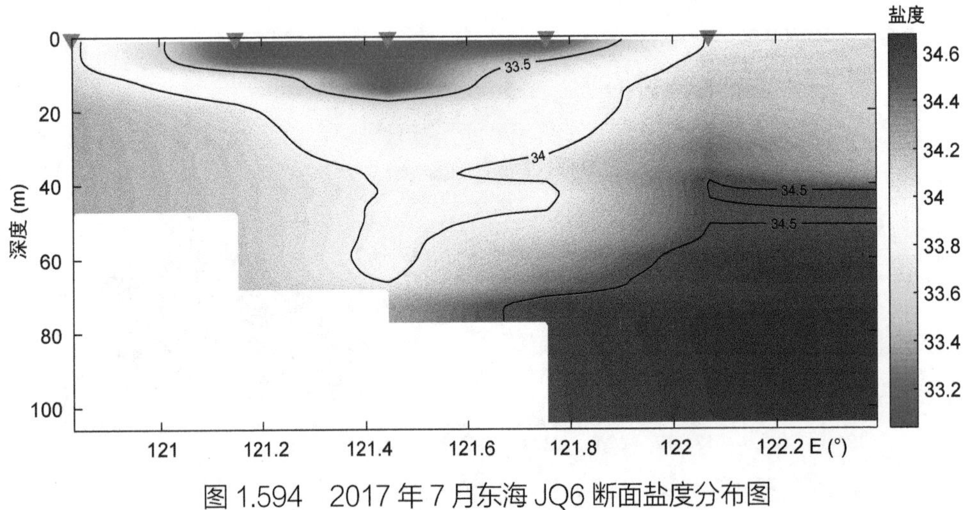

图 1.594　2017 年 7 月东海 JQ6 断面盐度分布图

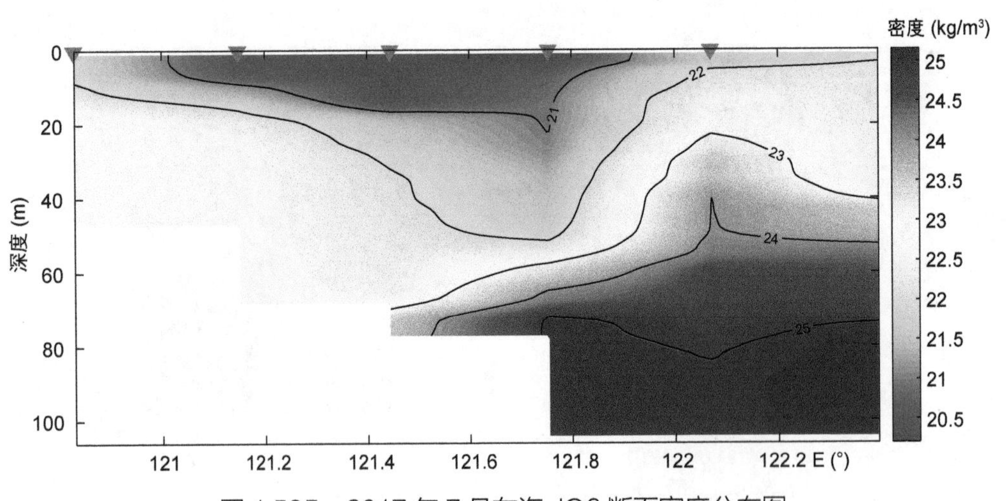

图 1.595　2017 年 7 月东海 JQ6 断面密度分布图

(11) JQ7 断面

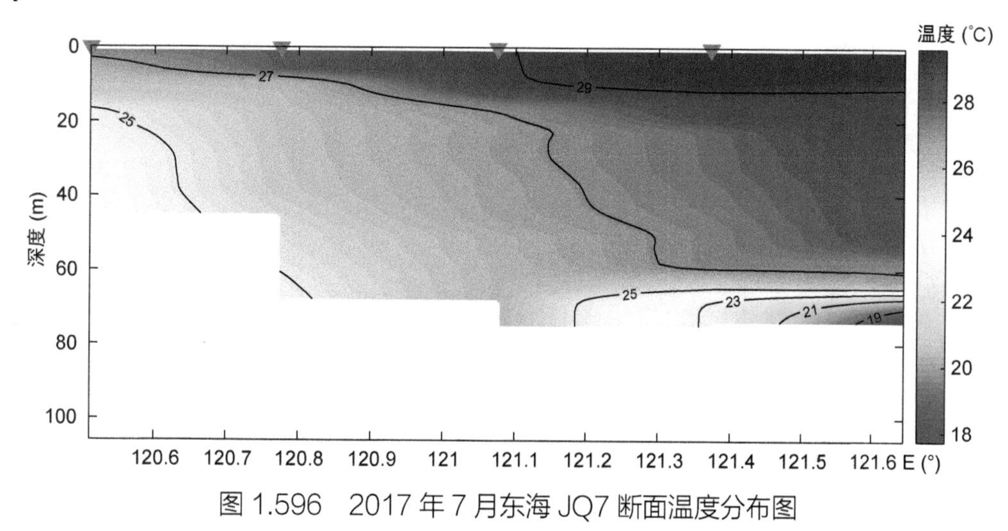

图 1.596 2017 年 7 月东海 JQ7 断面温度分布图

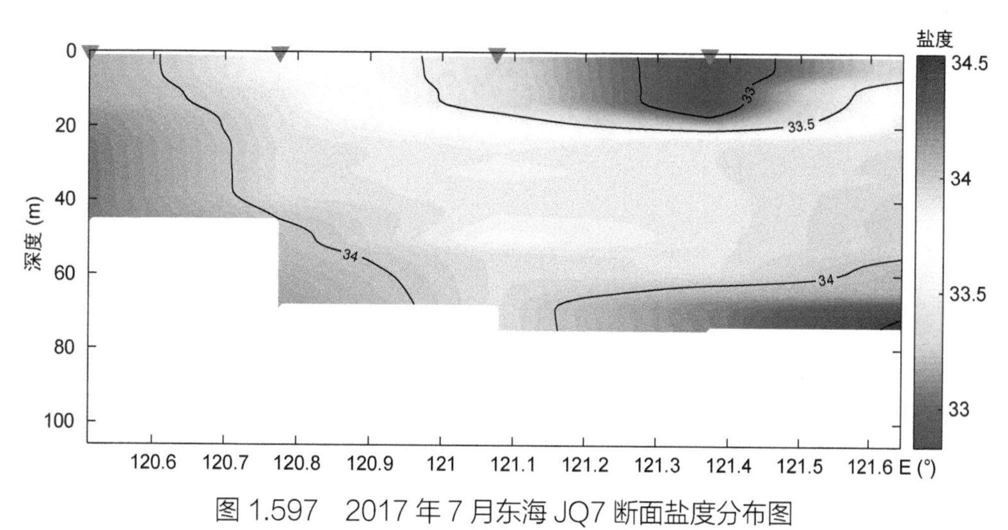

图 1.597 2017 年 7 月东海 JQ7 断面盐度分布图

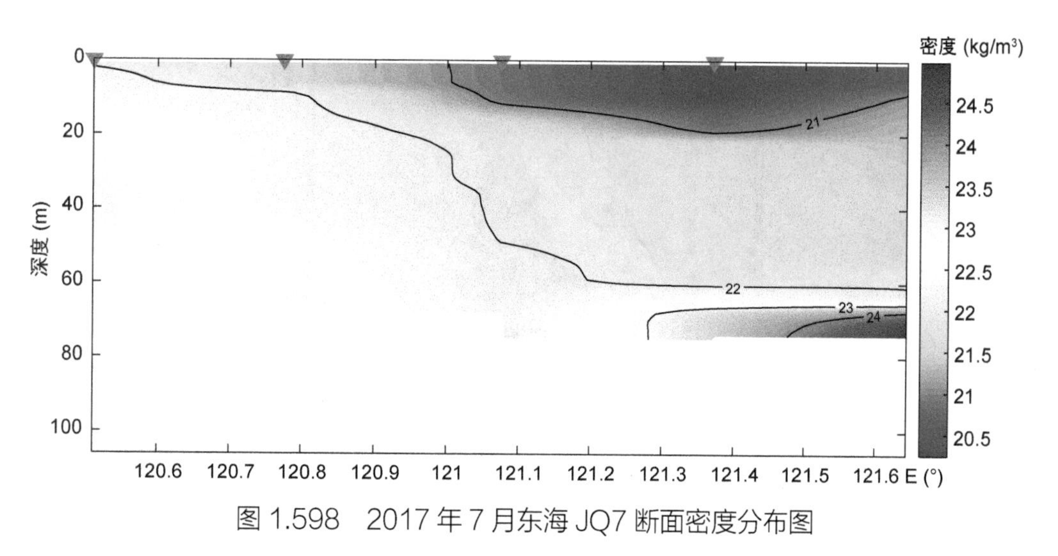

图 1.598 2017 年 7 月东海 JQ7 断面密度分布图

1.16.2 平面图

(1) 表层

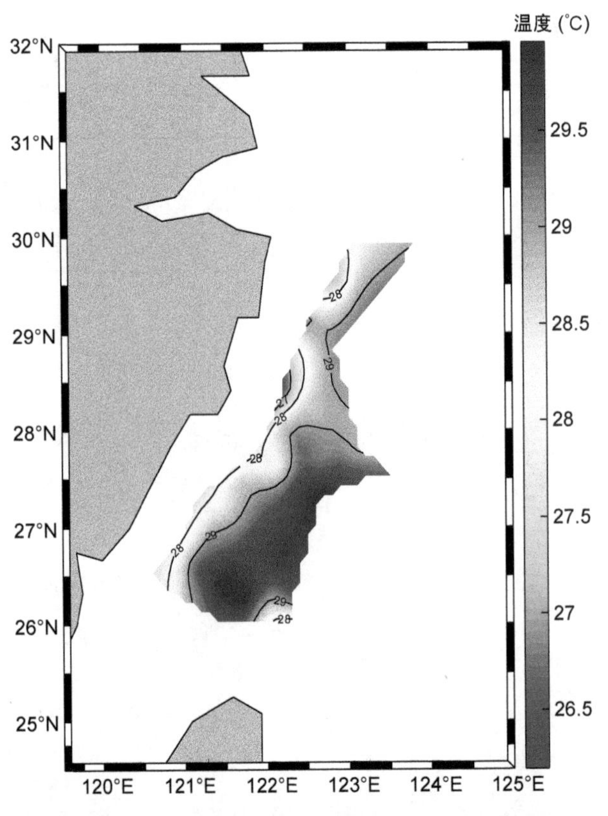

图 1.599 2017 年 7 月东海表层温度平面图

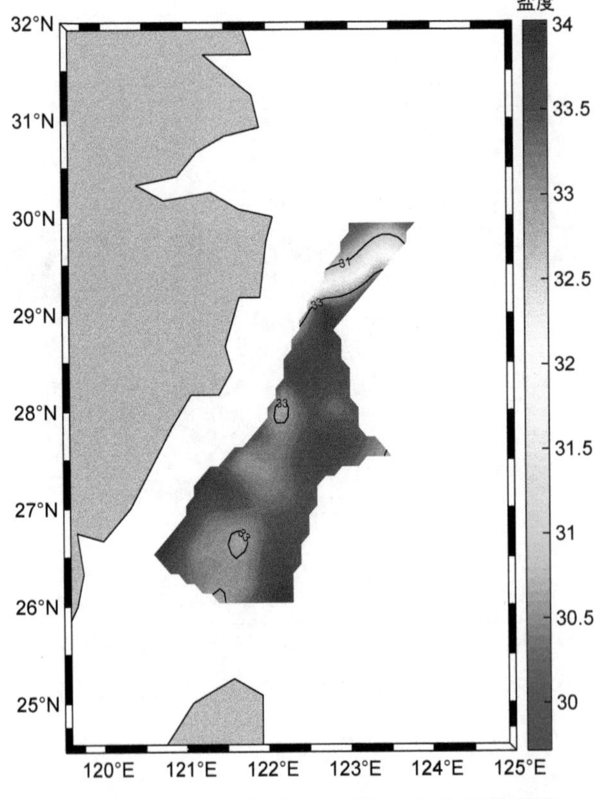

图 1.600 2017 年 7 月东海表层盐度平面图

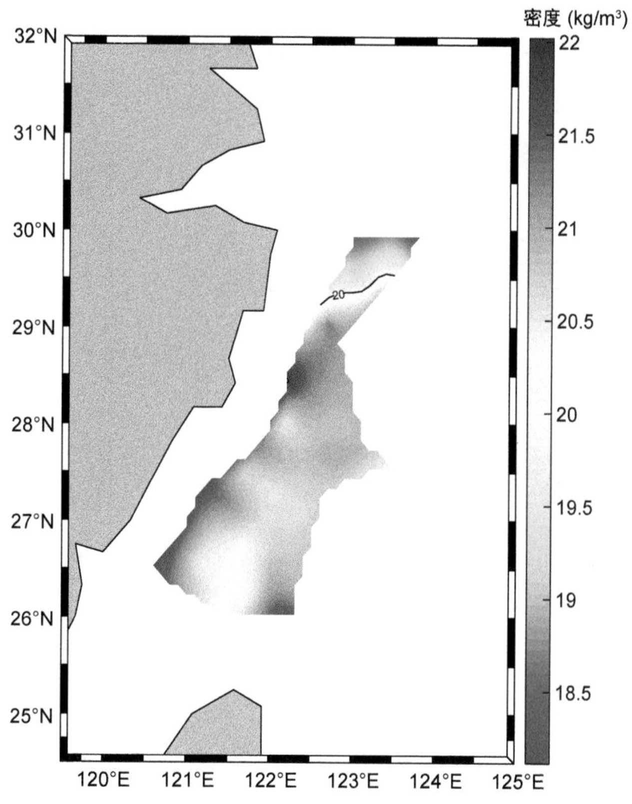

图 1.601 2017 年 7 月东海表层密度平面图

(2) 20m 层

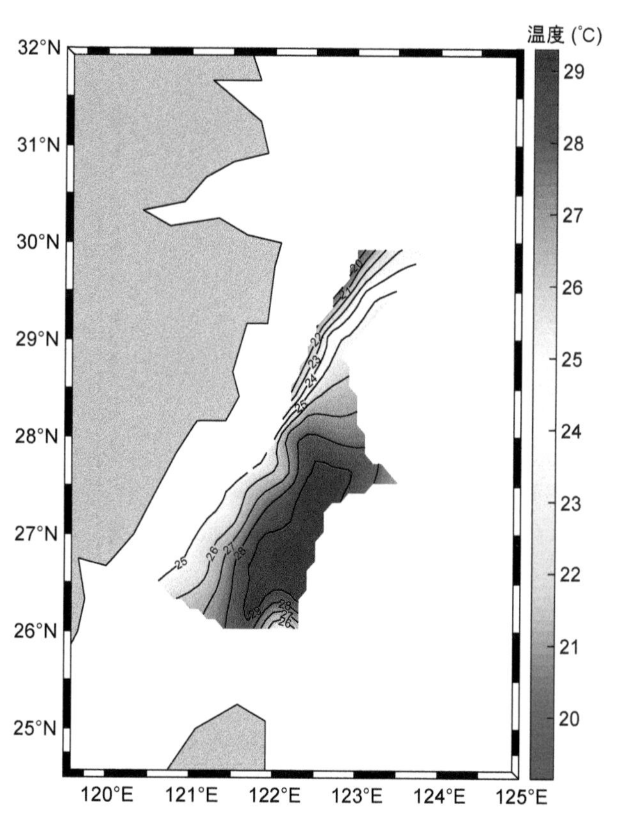

图 1.602 2017 年 7 月东海 20m 层温度平面图

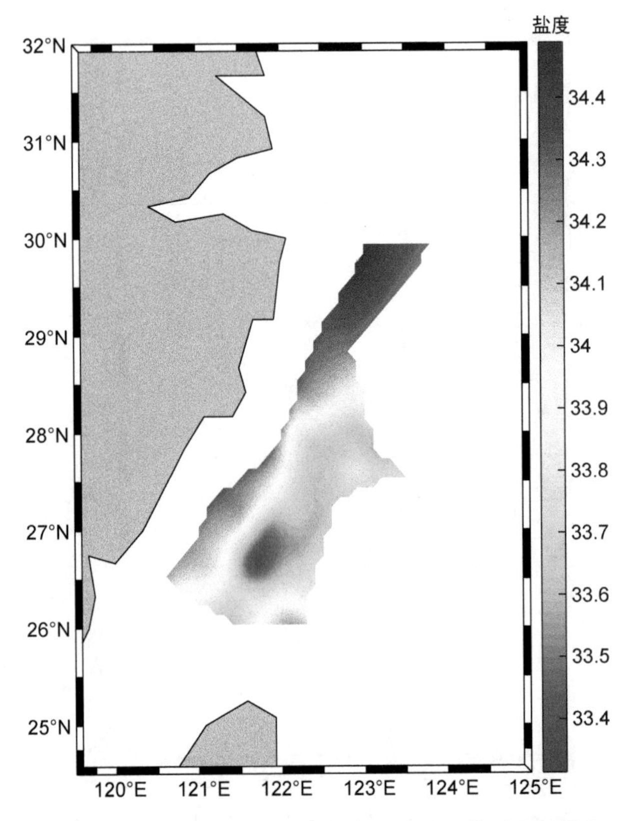

图 1.603　2017 年 7 月东海 20m 层盐度平面图

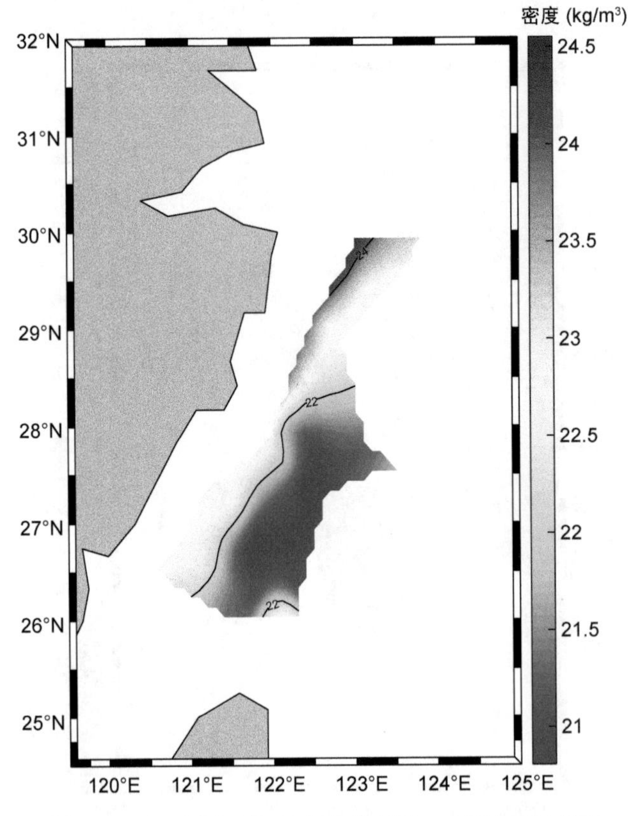

图 1.604　2017 年 7 月东海 20m 层密度平面图

(3) 底层

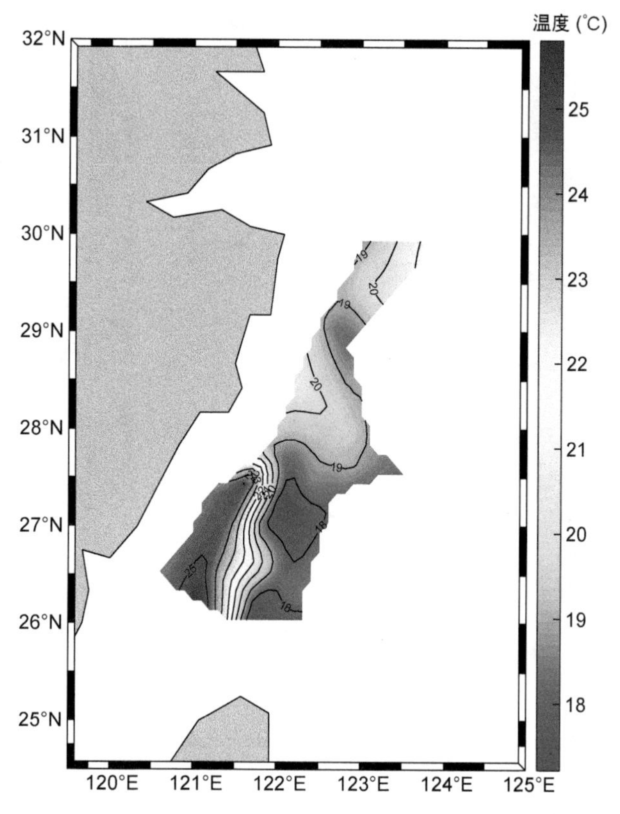

图 1.605 2017 年 7 月东海底层温度平面图

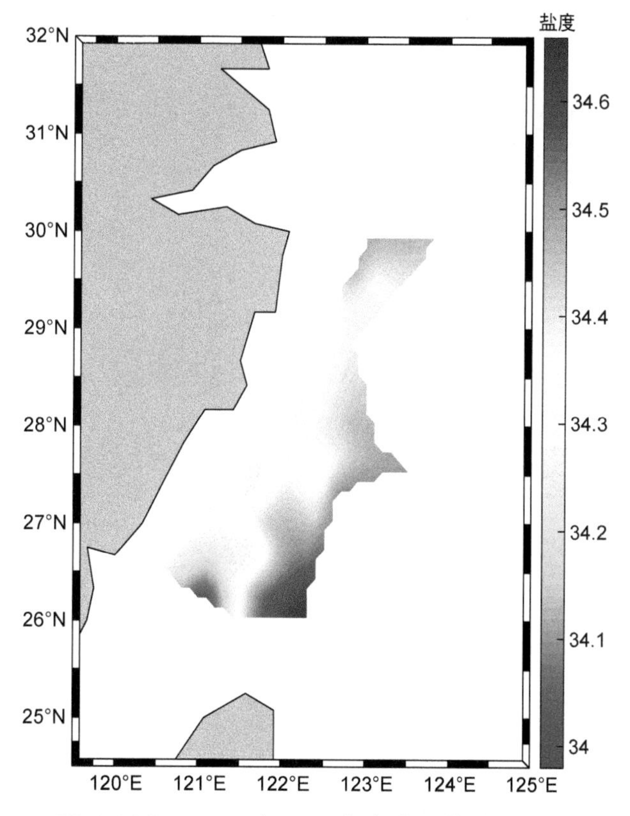

图 1.606 2017 年 7 月东海底层盐度平面图

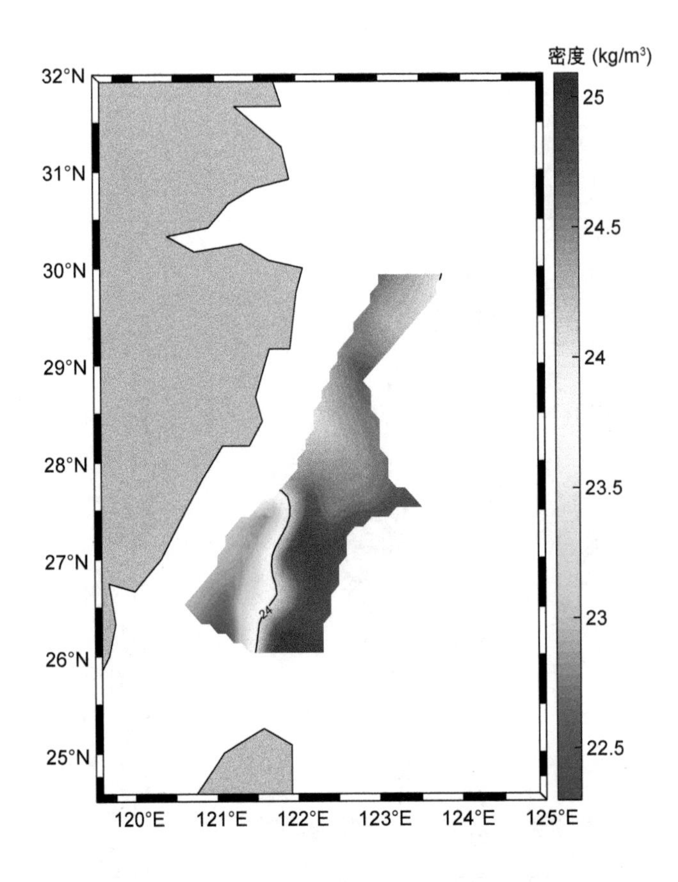

图 1.607　2017 年 7 月东海底层密度平面图

1.17 2017 年 8 月黄东海

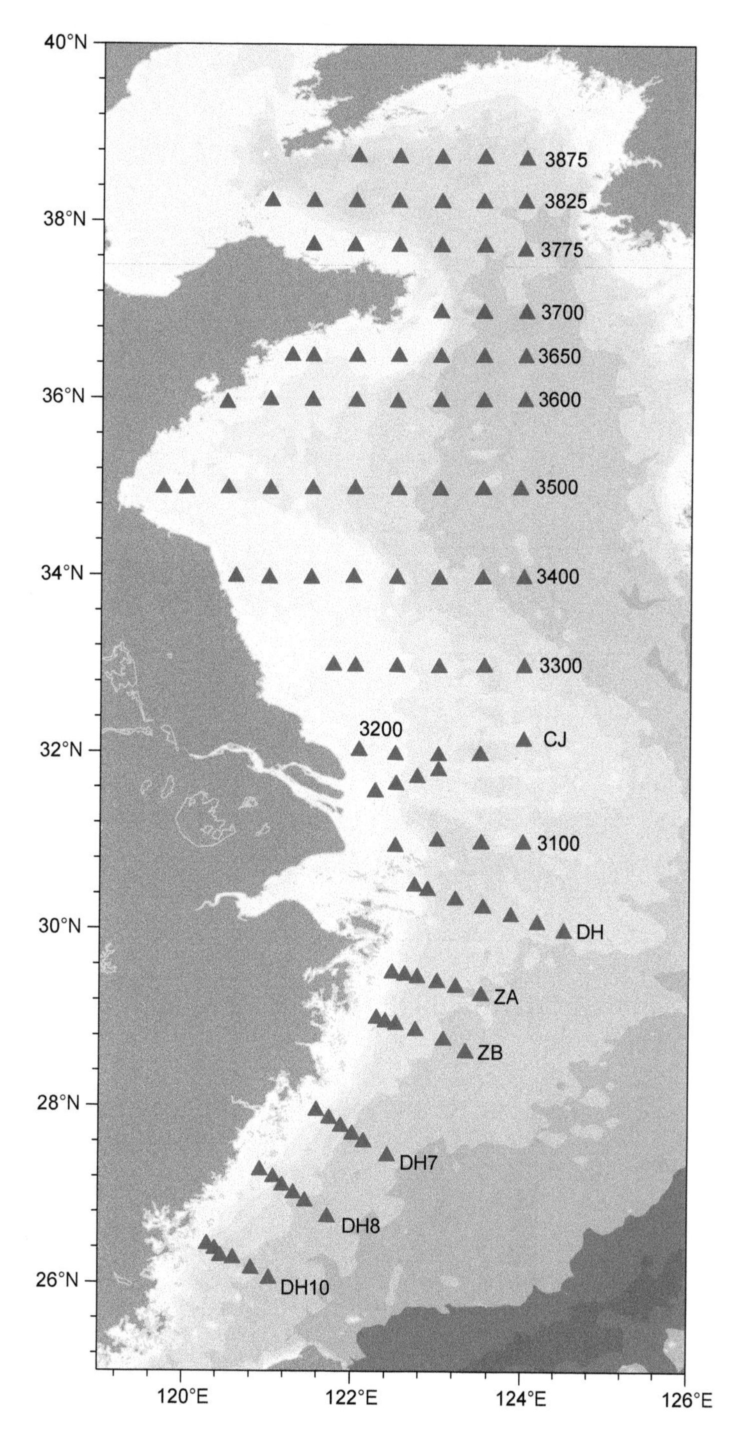

图 1.608 2017 年 8 月黄东海调查站位图
（2017 年 8 月 24 日 -2017 年 9 月 27 日）

1.17.1 断面图

(1) 3100 断面

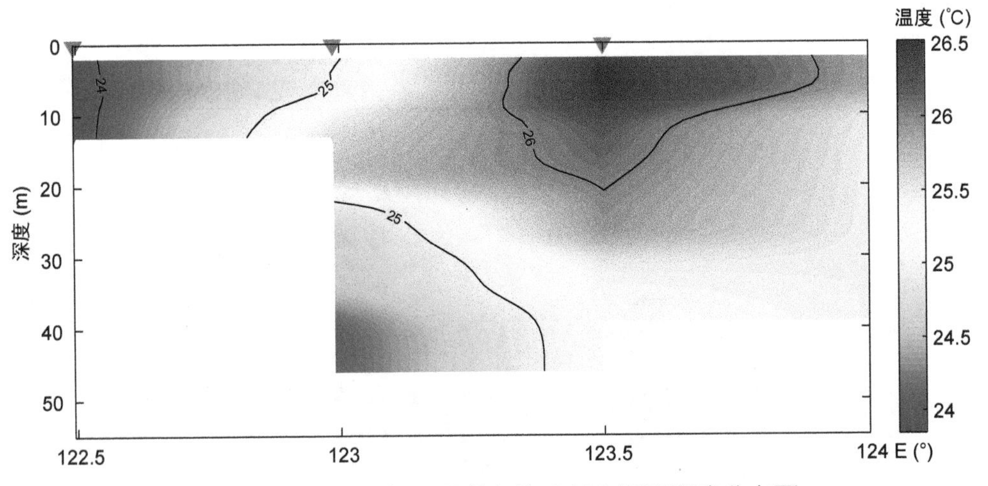

图 1.609　2017 年 8 月黄东海 3100 断面温度分布图

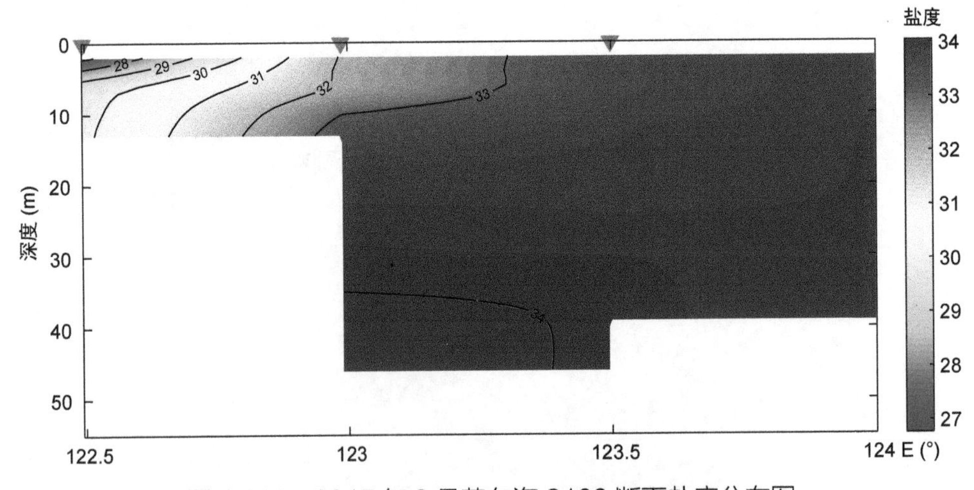

图 1.610　2017 年 8 月黄东海 3100 断面盐度分布图

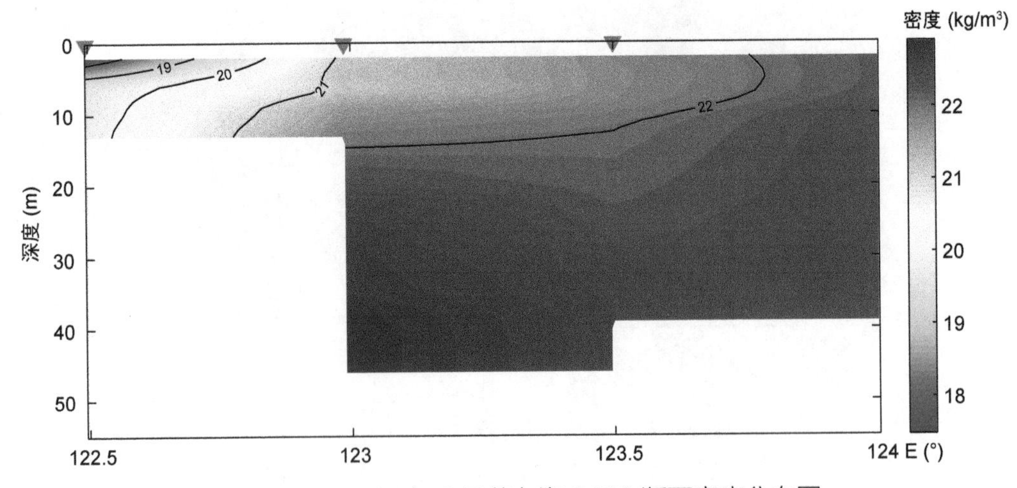

图 1.611　2017 年 8 月黄东海 3100 断面密度分布图

(2) 3200断面

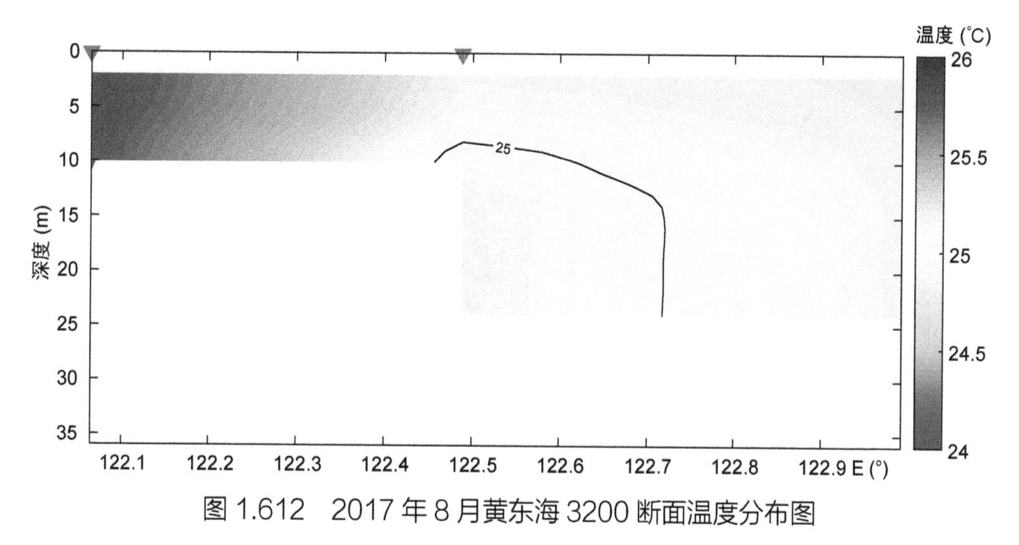

图 1.612　2017 年 8 月黄东海 3200 断面温度分布图

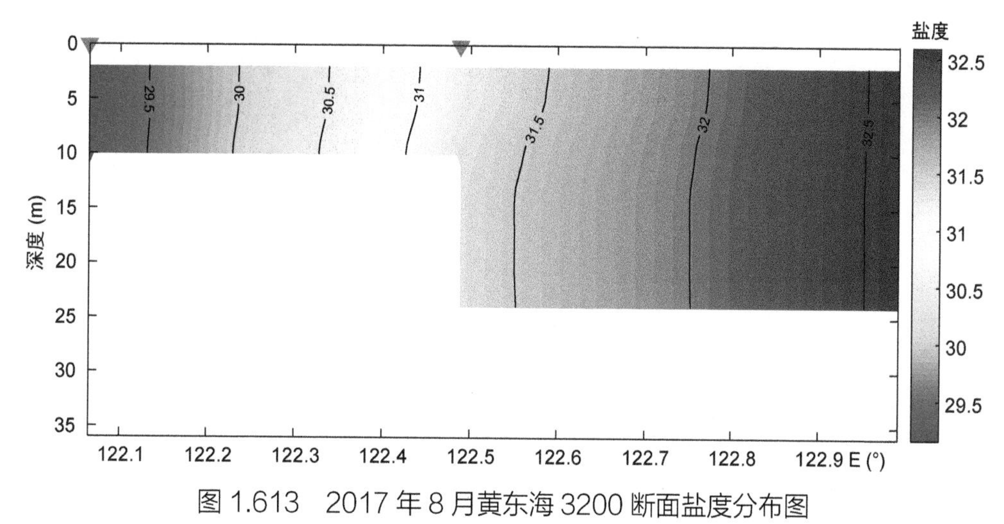

图 1.613　2017 年 8 月黄东海 3200 断面盐度分布图

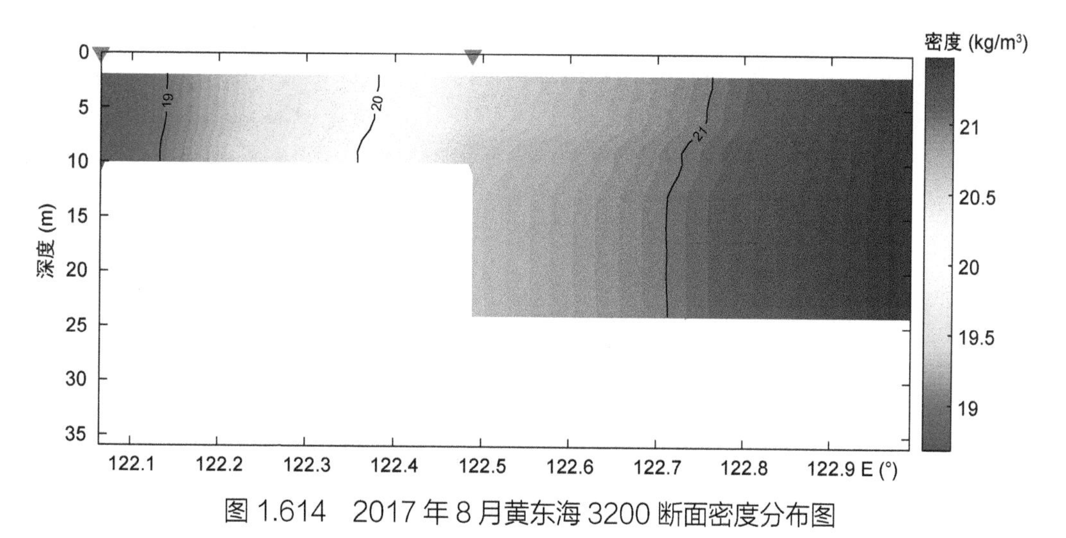

图 1.614　2017 年 8 月黄东海 3200 断面密度分布图

(3) 3300 断面

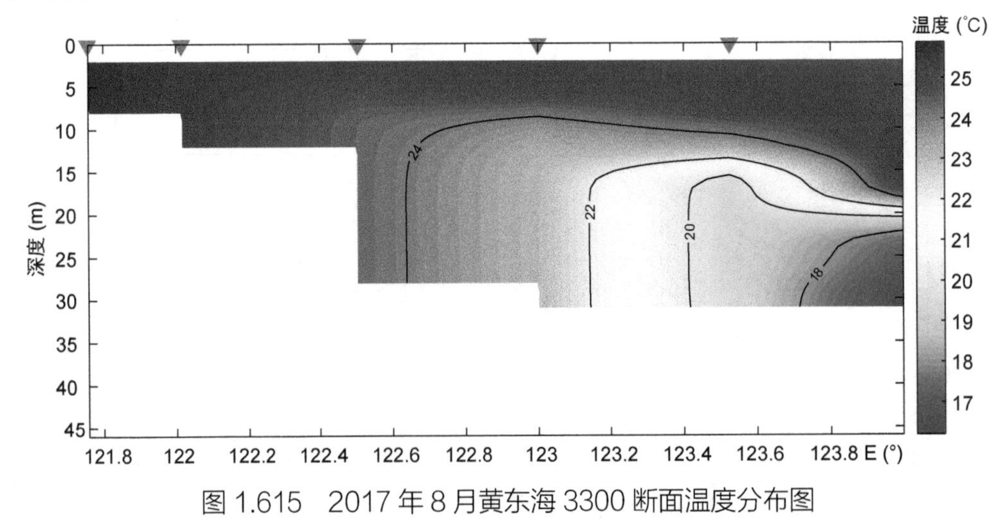

图 1.615　2017 年 8 月黄东海 3300 断面温度分布图

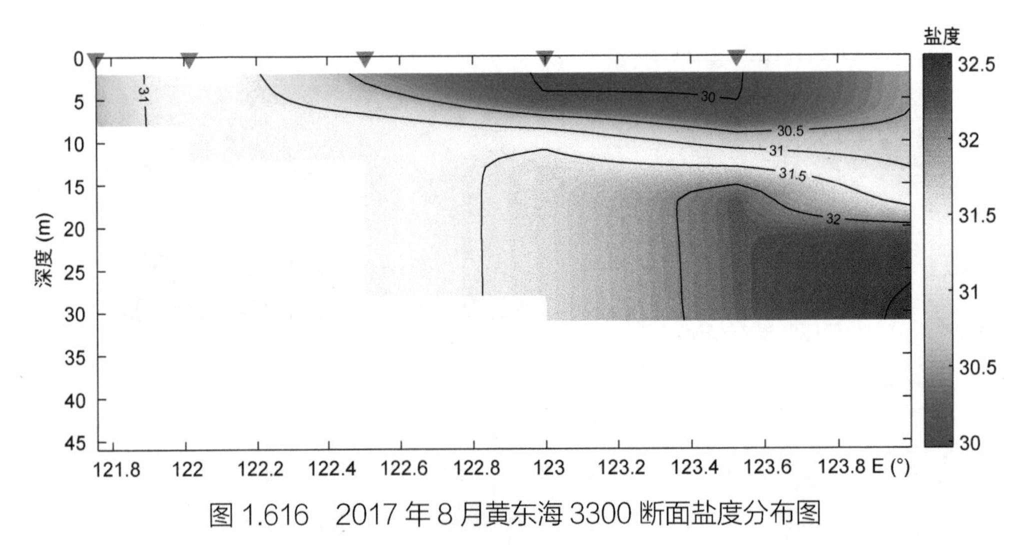

图 1.616　2017 年 8 月黄东海 3300 断面盐度分布图

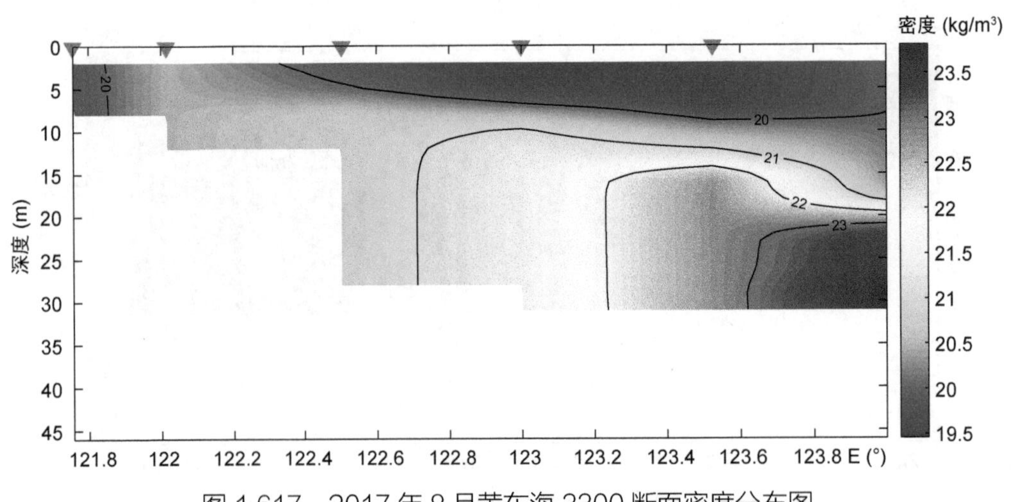

图 1.617　2017 年 8 月黄东海 3300 断面密度分布图

(4) 3400 断面

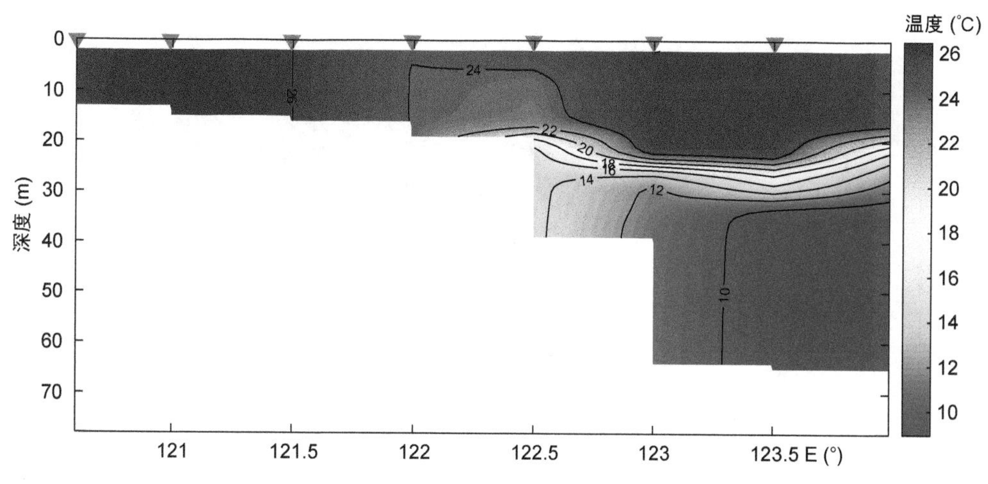

图 1.618　2017 年 8 月黄东海 3400 断面温度分布图

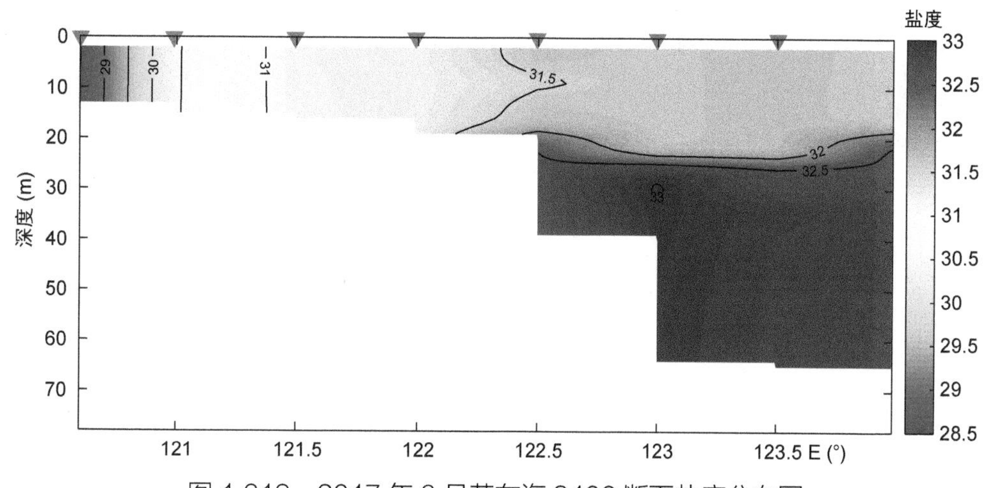

图 1.619　2017 年 8 月黄东海 3400 断面盐度分布图

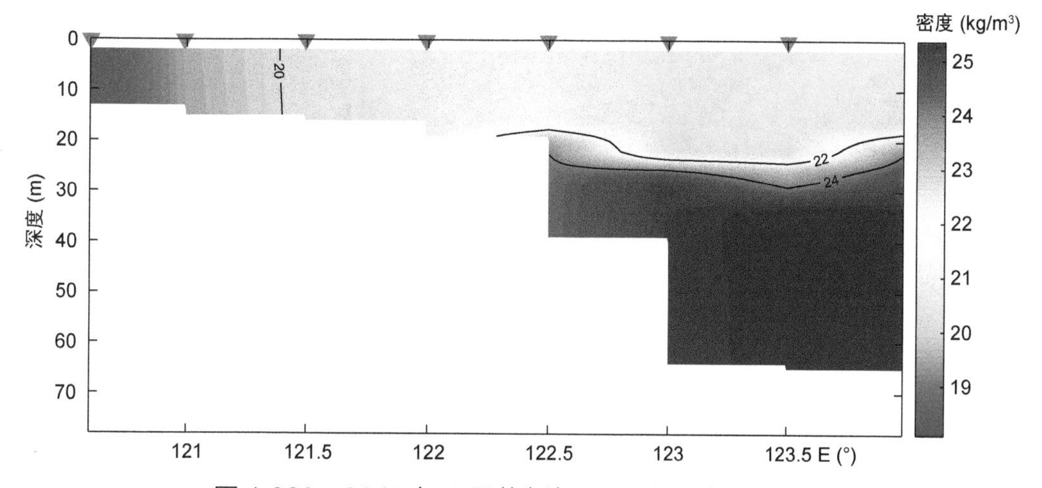

图 1.620　2017 年 8 月黄东海 3400 断面密度分布图

(5) 3500 断面

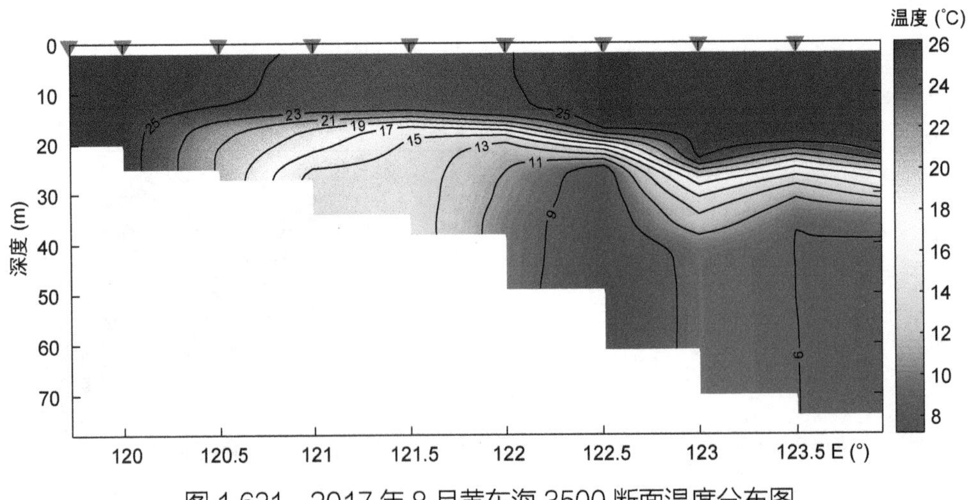

图 1.621　2017 年 8 月黄东海 3500 断面温度分布图

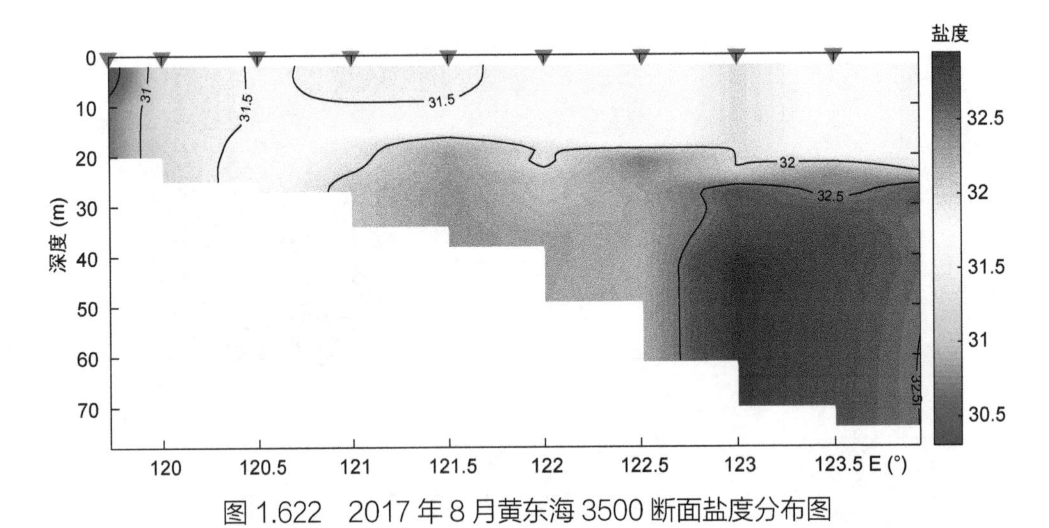

图 1.622　2017 年 8 月黄东海 3500 断面盐度分布图

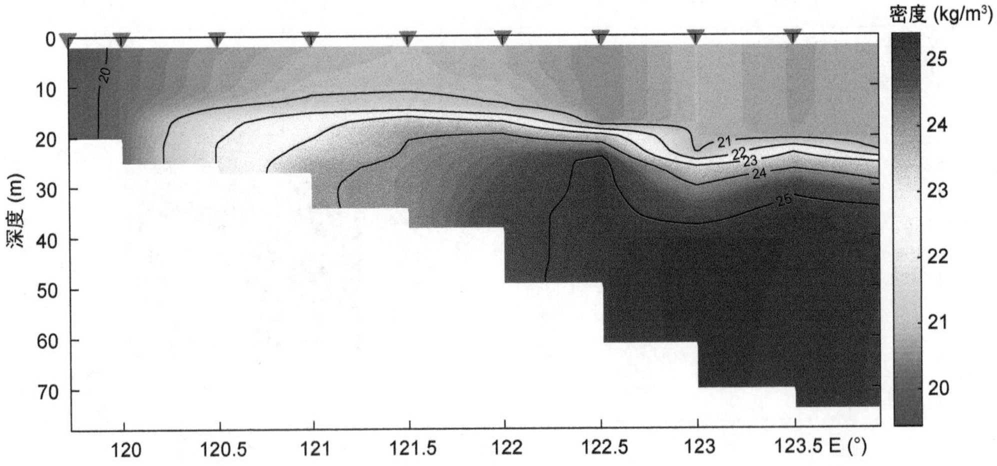

图 1.623　2017 年 8 月黄东海 3500 断面密度分布图

(6) 3600 断面

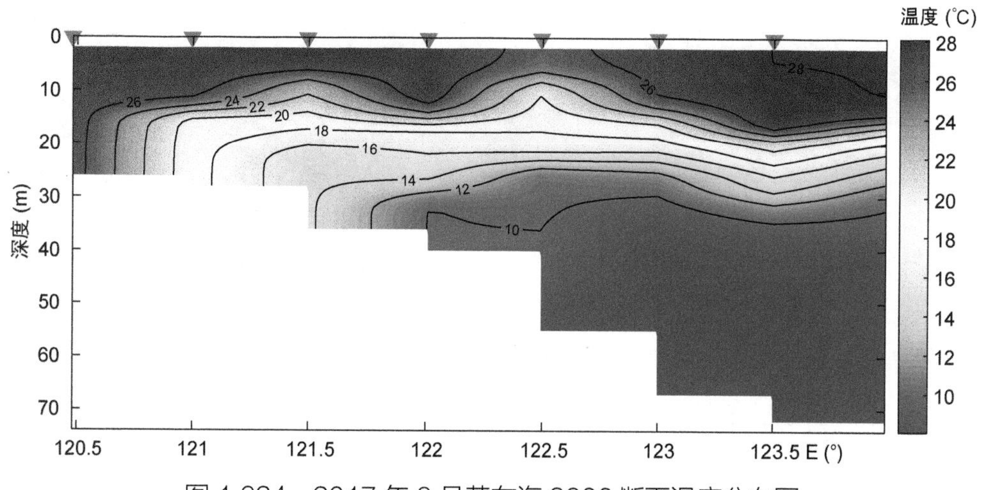

图 1.624　2017 年 8 月黄东海 3600 断面温度分布图

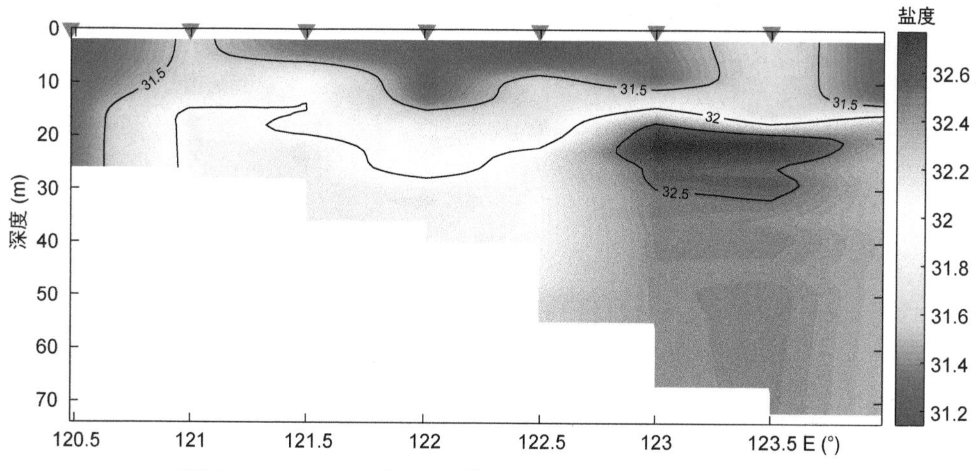

图 1.625　2017 年 8 月黄东海 3600 断面盐度分布图

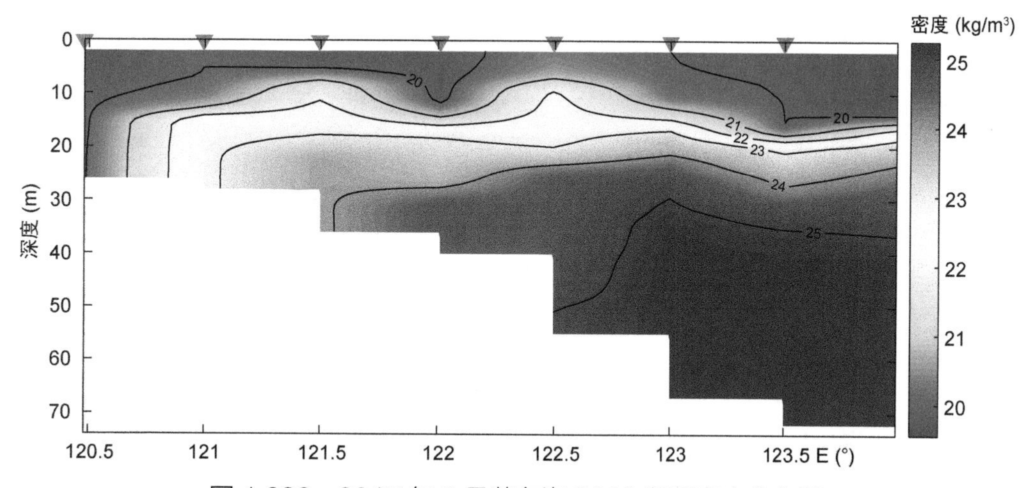

图 1.626　2017 年 8 月黄东海 3600 断面密度分布图

(7) 3650 断面

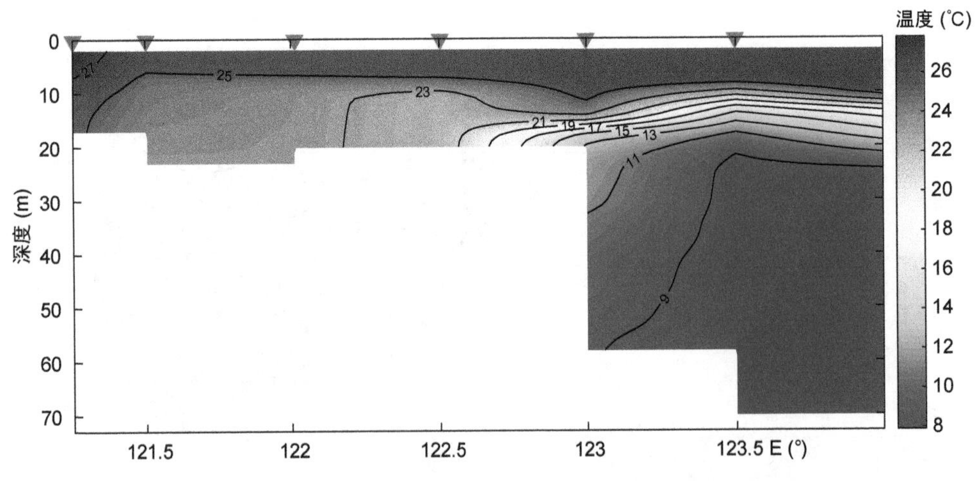

图 1.627　2017 年 8 月黄东海 3650 断面温度分布图

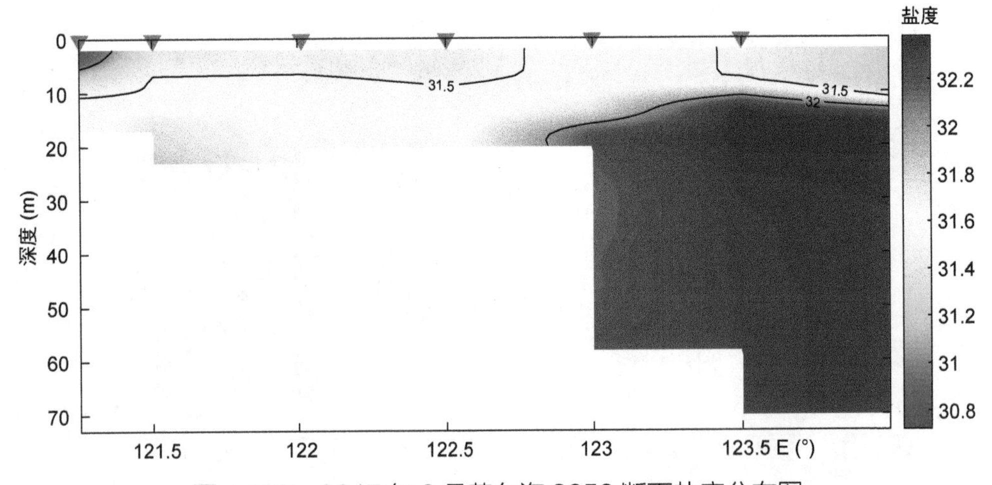

图 1.628　2017 年 8 月黄东海 3650 断面盐度分布图

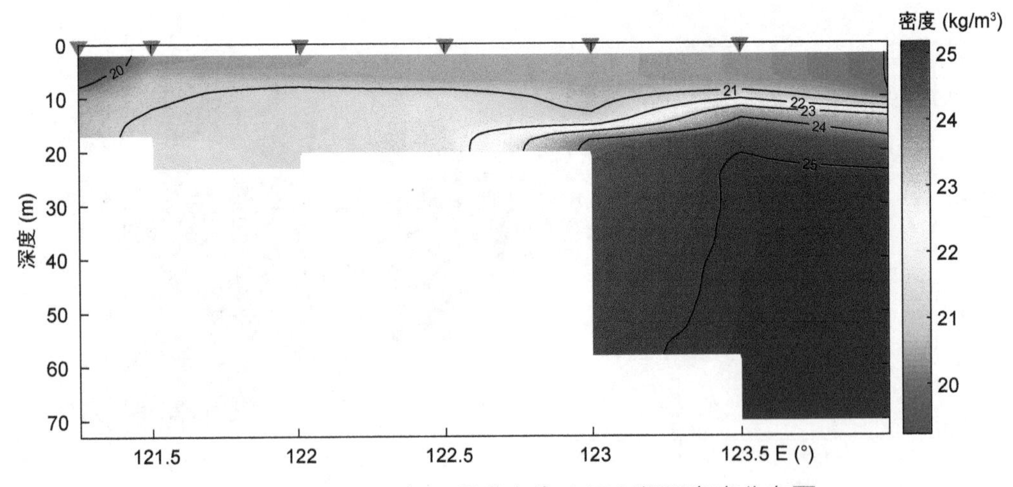

图 1.629　2017 年 8 月黄东海 3650 断面密度分布图

(8) 3700 断面

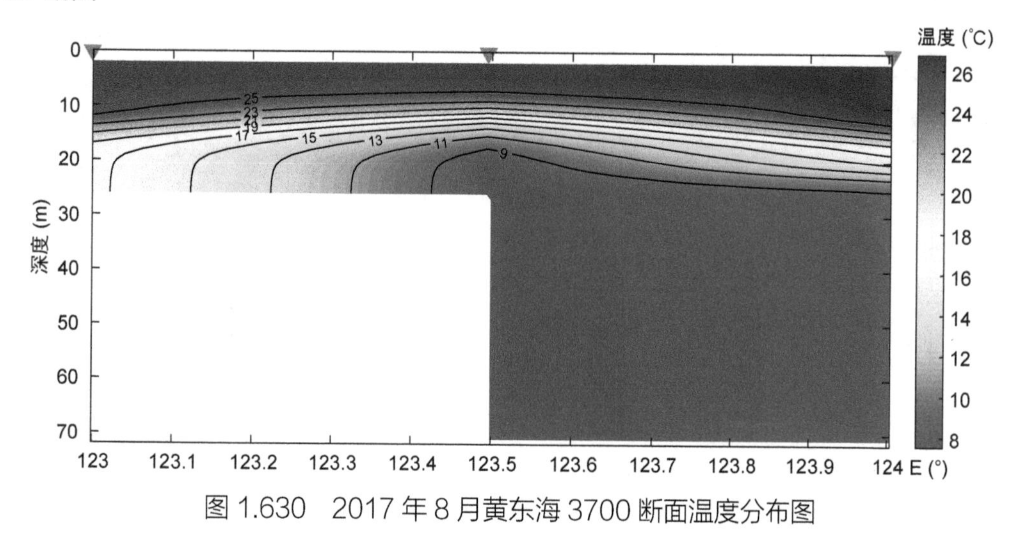

图 1.630 2017 年 8 月黄东海 3700 断面温度分布图

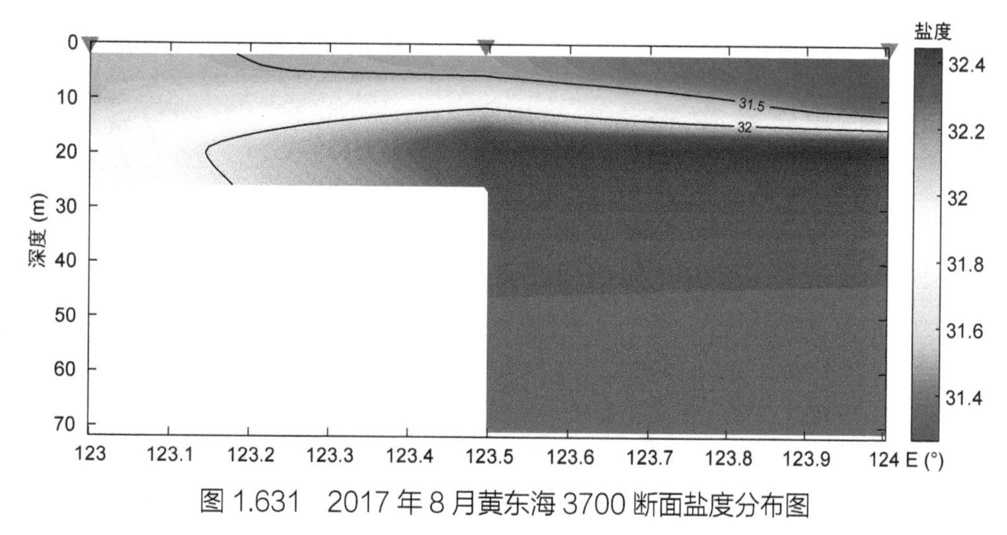

图 1.631 2017 年 8 月黄东海 3700 断面盐度分布图

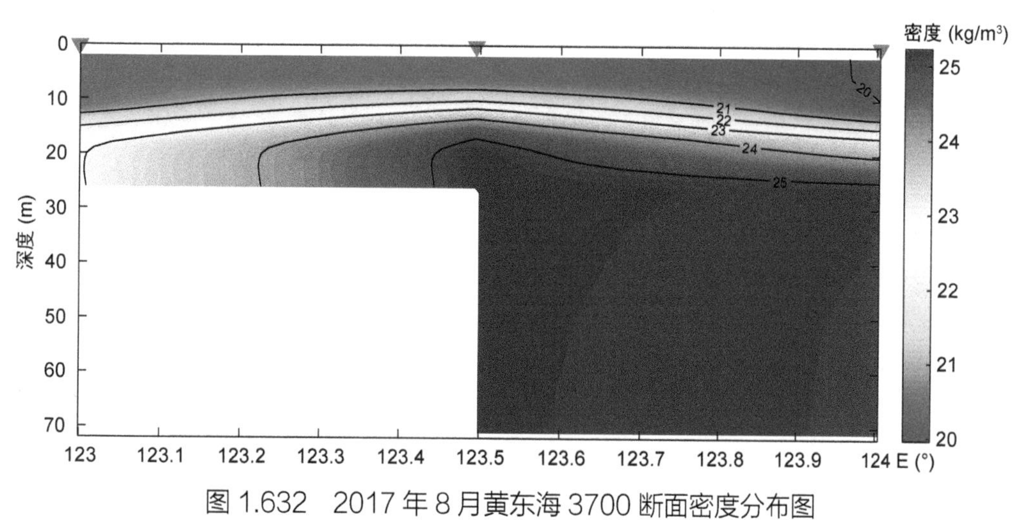

图 1.632 2017 年 8 月黄东海 3700 断面密度分布图

(9) 3775 断面

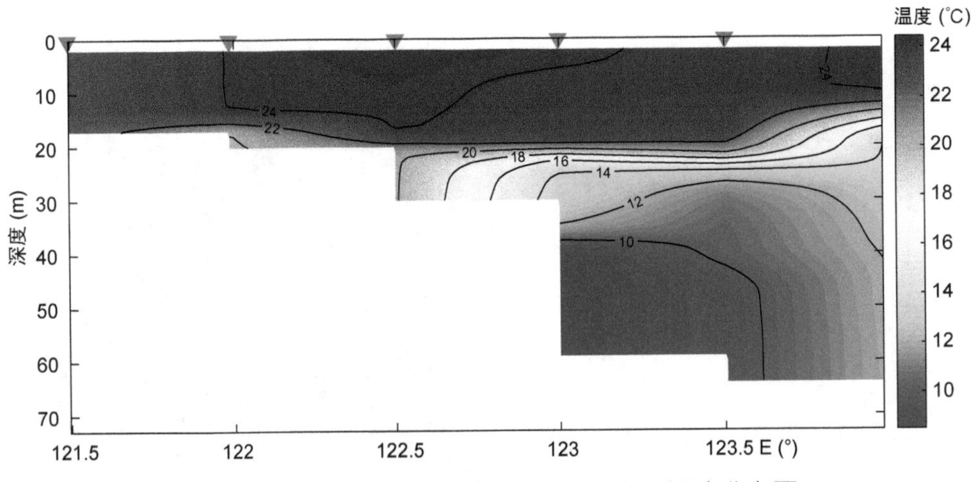

图 1.633　2017 年 8 月黄东海 3775 断面温度分布图

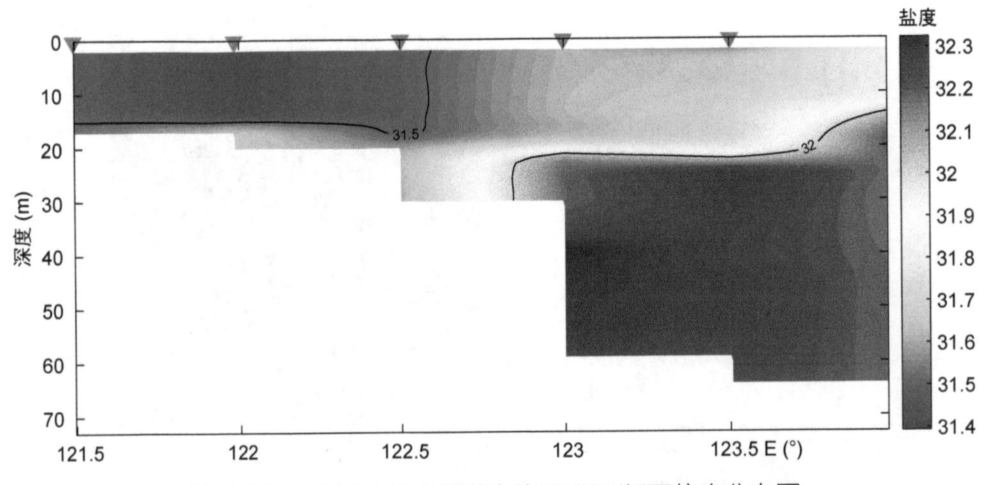

图 1.634　2017 年 8 月黄东海 3775 断面盐度分布图

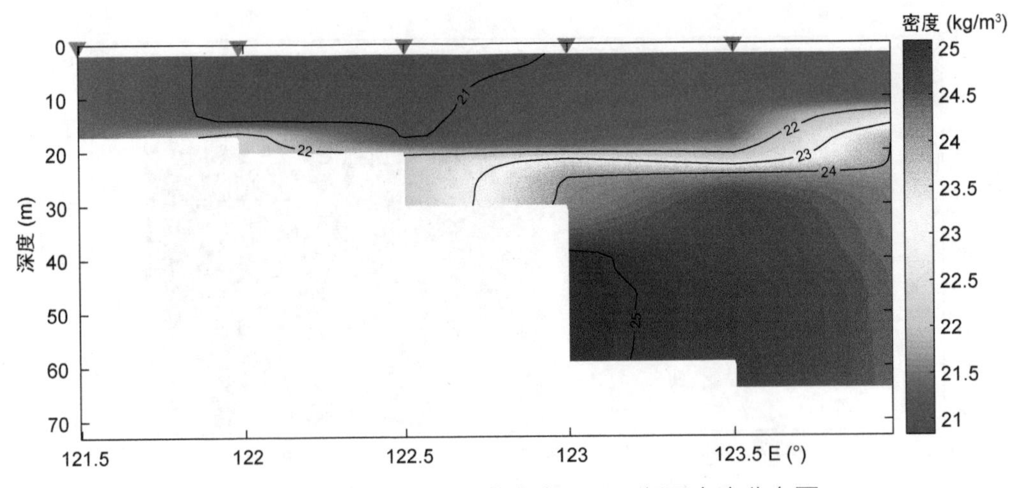

图 1.635　2017 年 8 月黄东海 3775 断面密度分布图

(10) 3825 断面

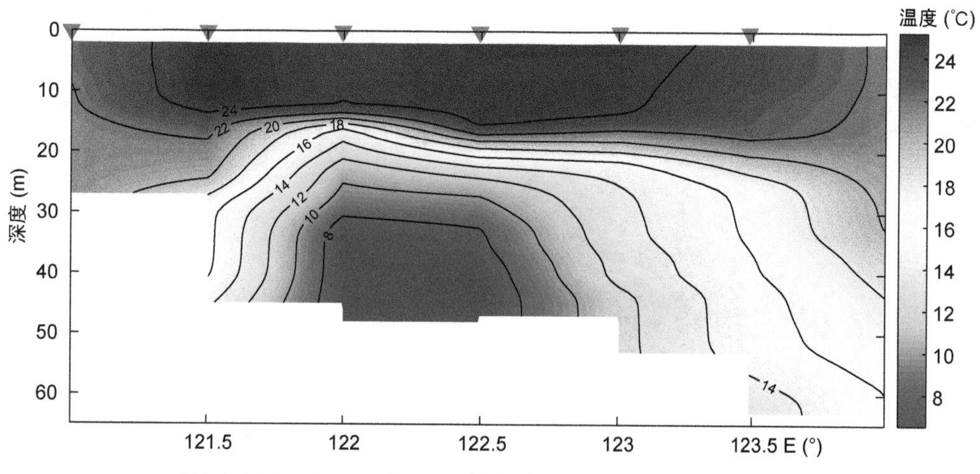

图 1.636 2017 年 8 月黄东海 3825 断面温度分布图

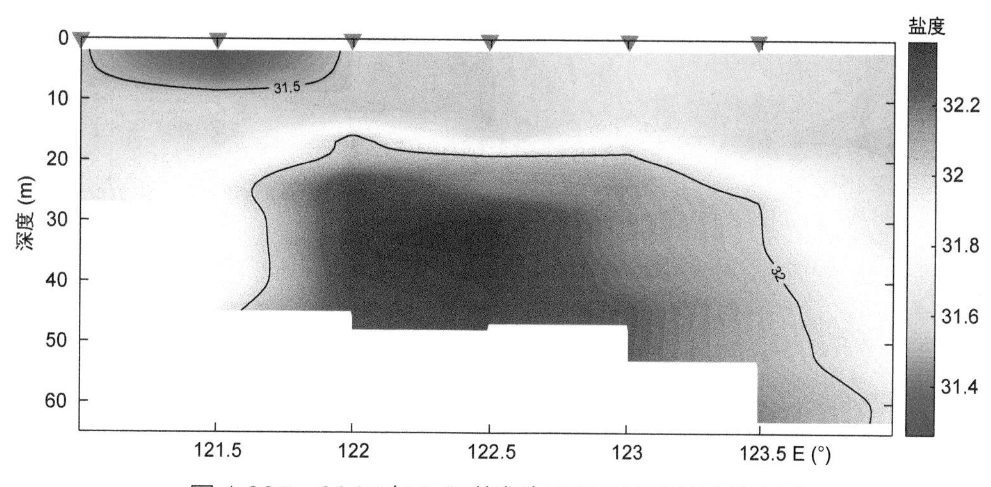

图 1.637 2017 年 8 月黄东海 3825 断面盐度分布图

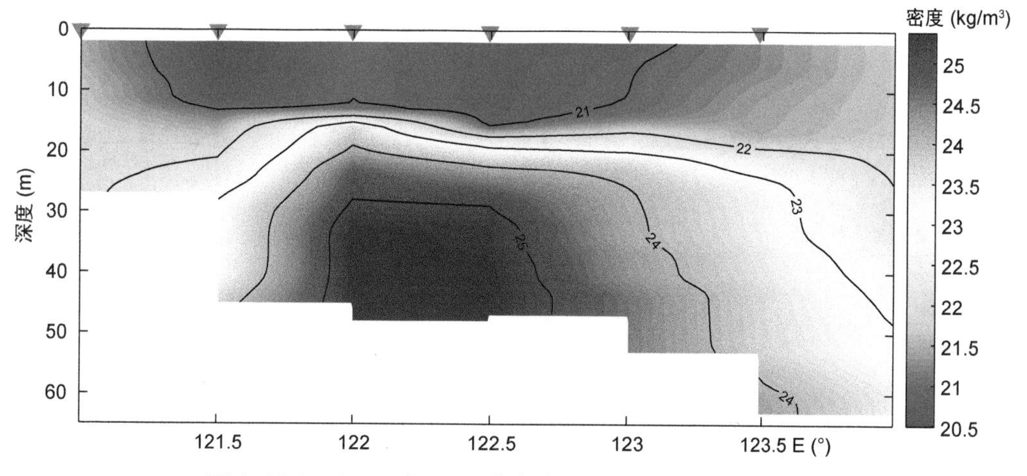

图 1.638 2017 年 8 月黄东海 3825 断面密度分布图

(11) 3875 断面

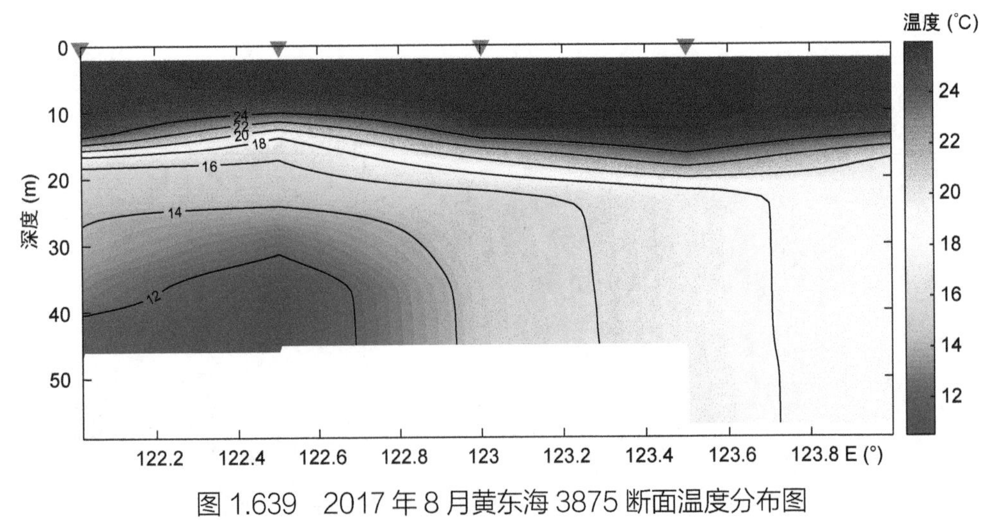

图 1.639　2017 年 8 月黄东海 3875 断面温度分布图

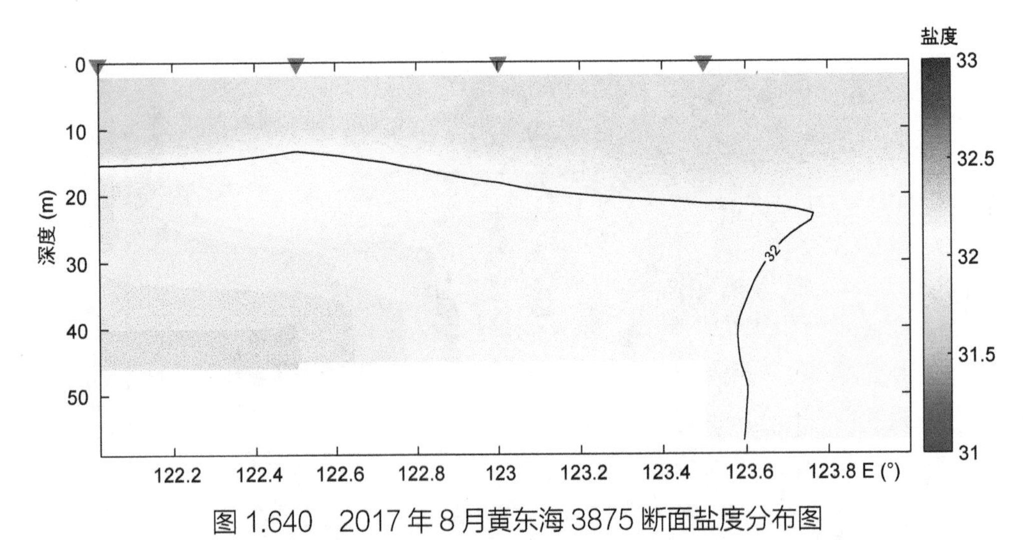

图 1.640　2017 年 8 月黄东海 3875 断面盐度分布图

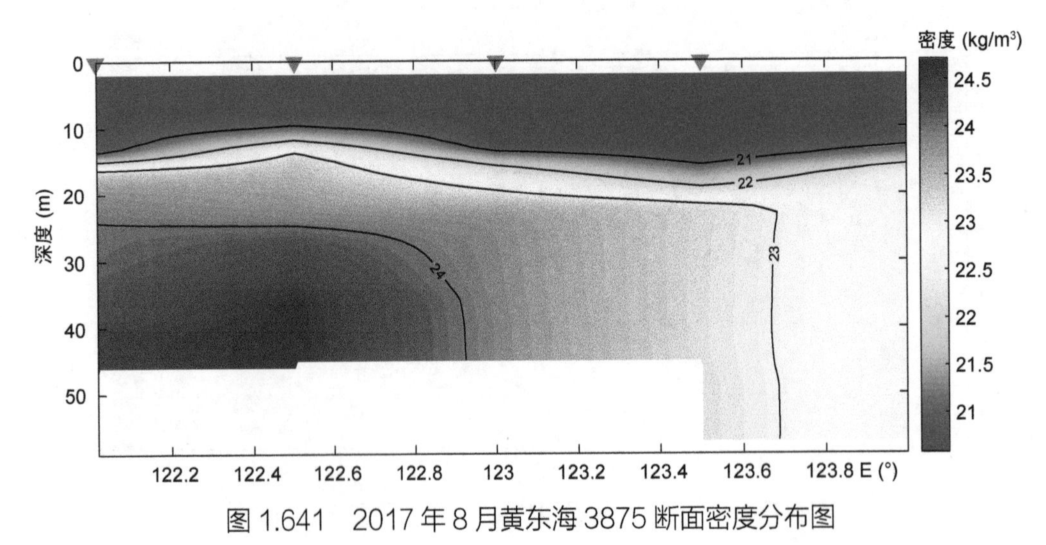

图 1.641　2017 年 8 月黄东海 3875 断面密度分布图

(12) CJ 断面

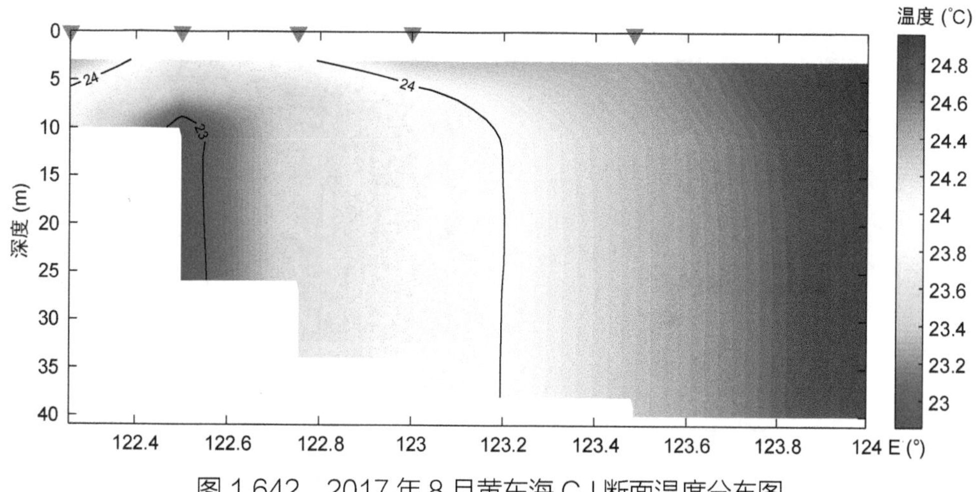

图 1.642 2017 年 8 月黄东海 CJ 断面温度分布图

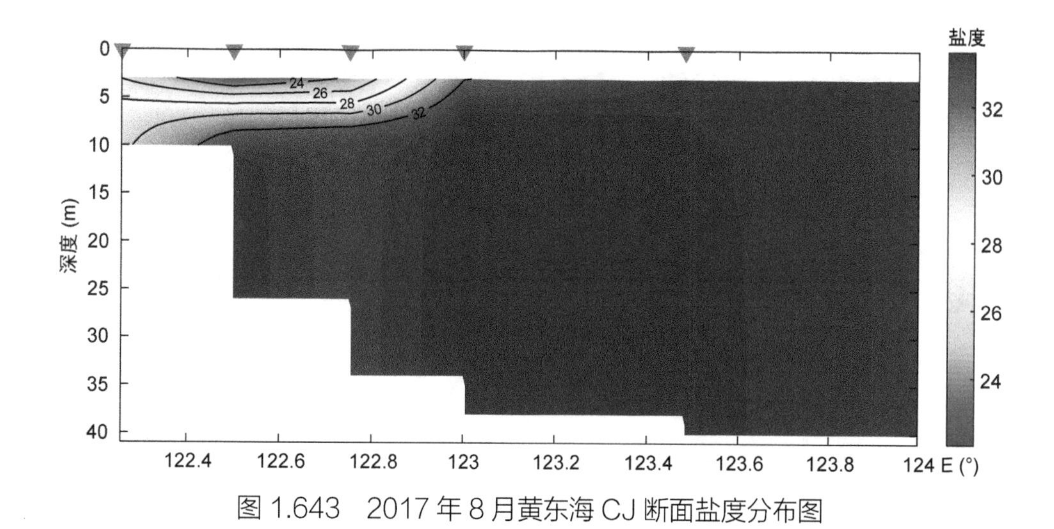

图 1.643 2017 年 8 月黄东海 CJ 断面盐度分布图

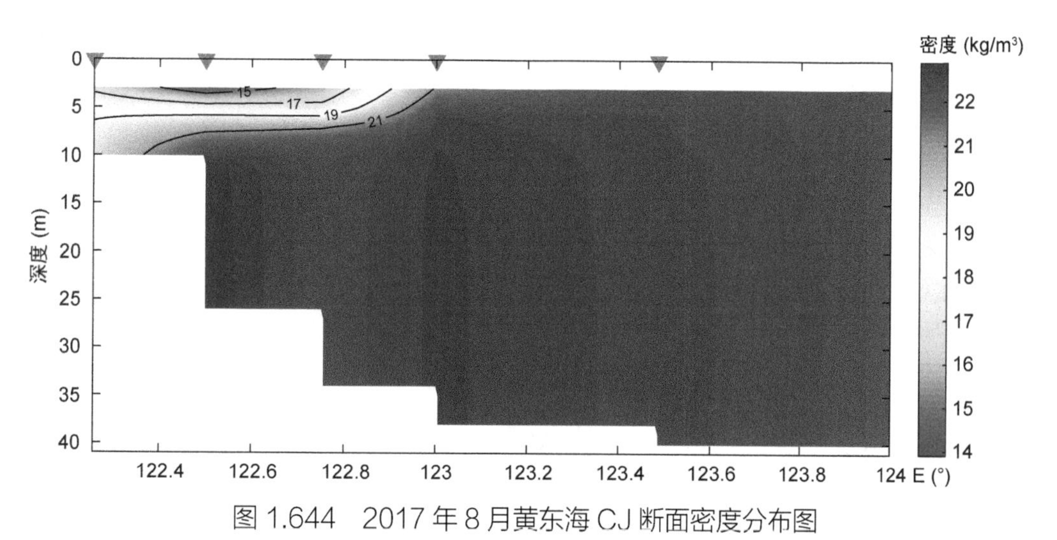

图 1.644 2017 年 8 月黄东海 CJ 断面密度分布图

(13) DH 断面

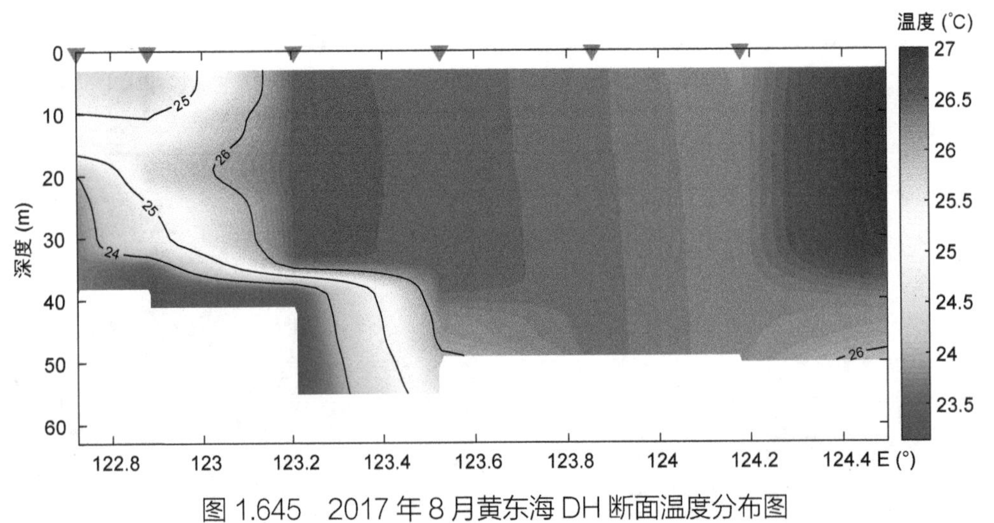

图 1.645　2017 年 8 月黄东海 DH 断面温度分布图

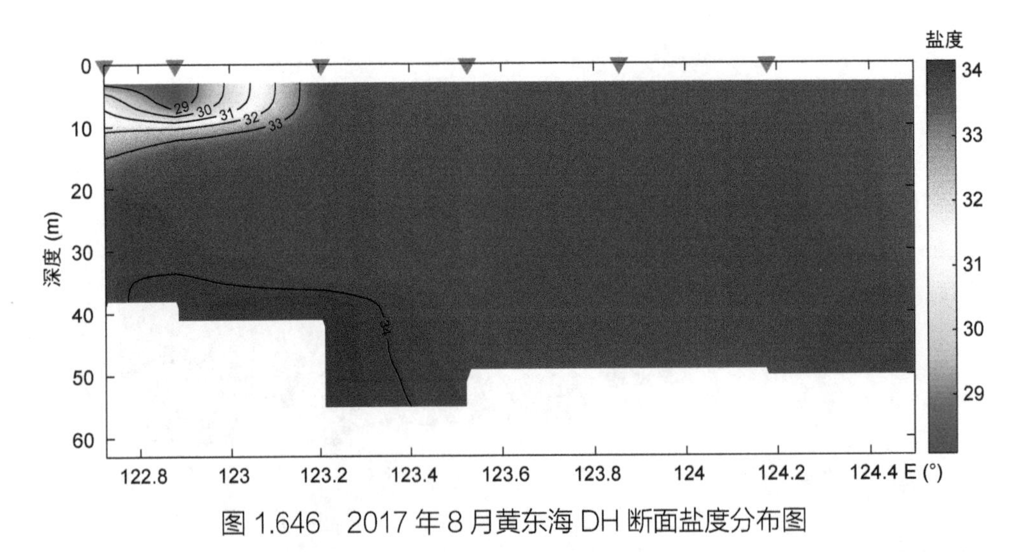

图 1.646　2017 年 8 月黄东海 DH 断面盐度分布图

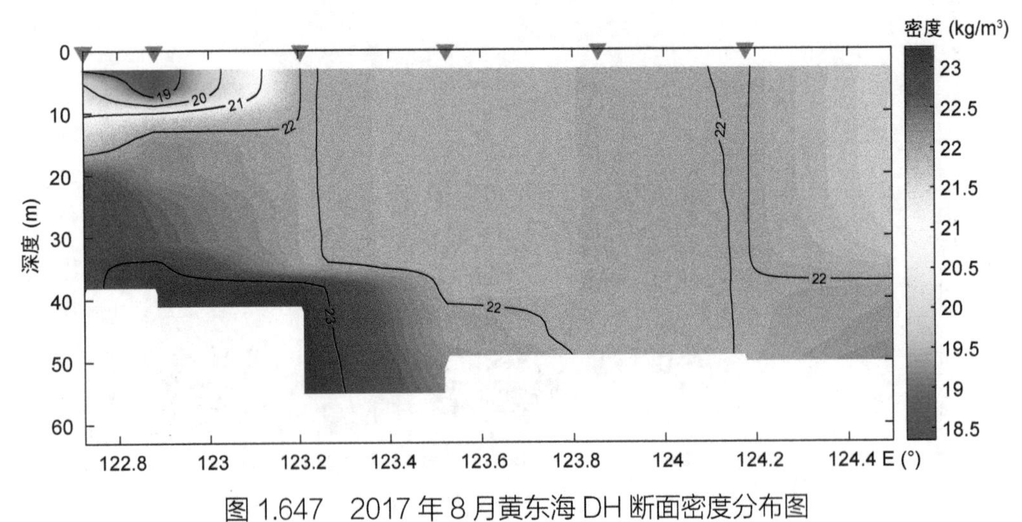

图 1.647　2017 年 8 月黄东海 DH 断面密度分布图

(14) DH7 断面

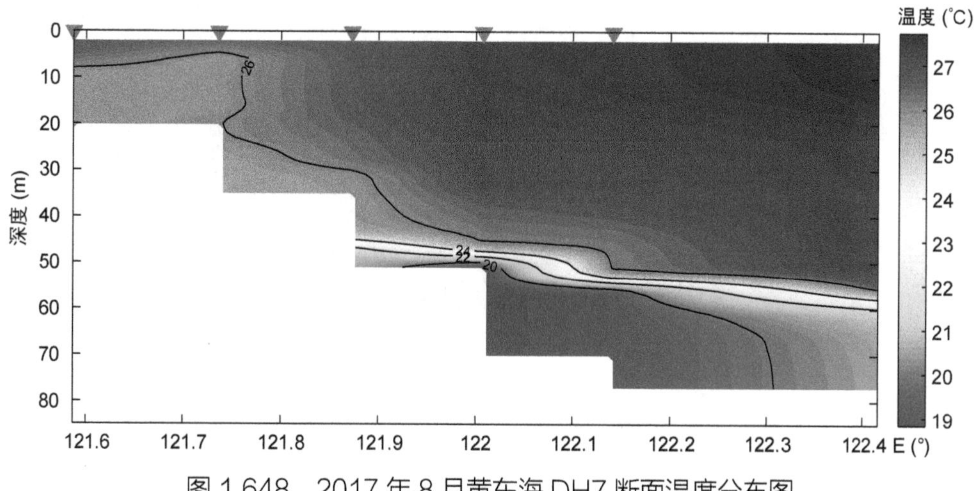

图 1.648　2017 年 8 月黄东海 DH7 断面温度分布图

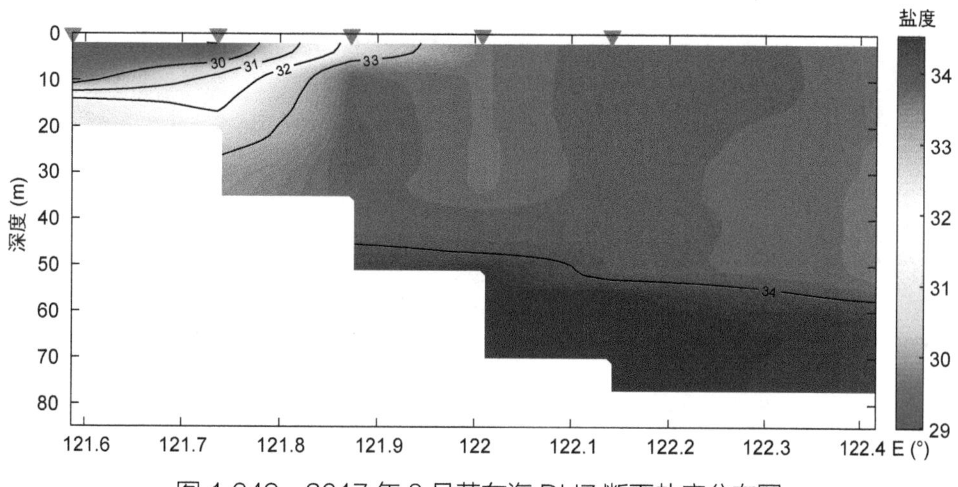

图 1.649　2017 年 8 月黄东海 DH7 断面盐度分布图

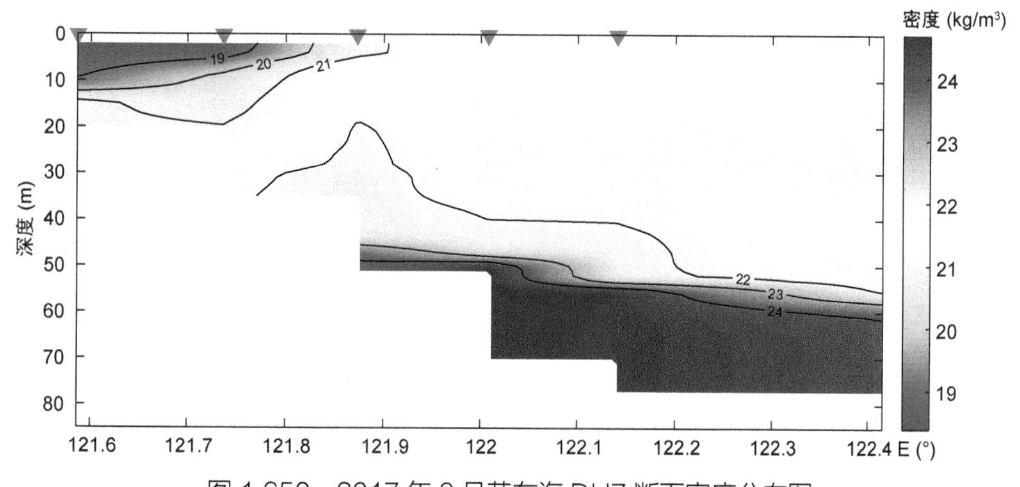

图 1.650　2017 年 8 月黄东海 DH7 断面密度分布图

(15) DH8 断面

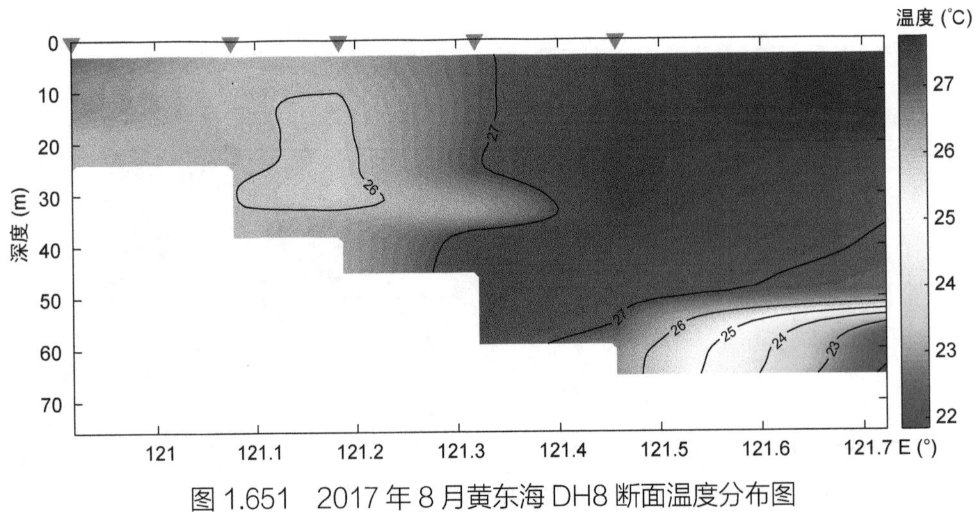

图 1.651　2017 年 8 月黄东海 DH8 断面温度分布图

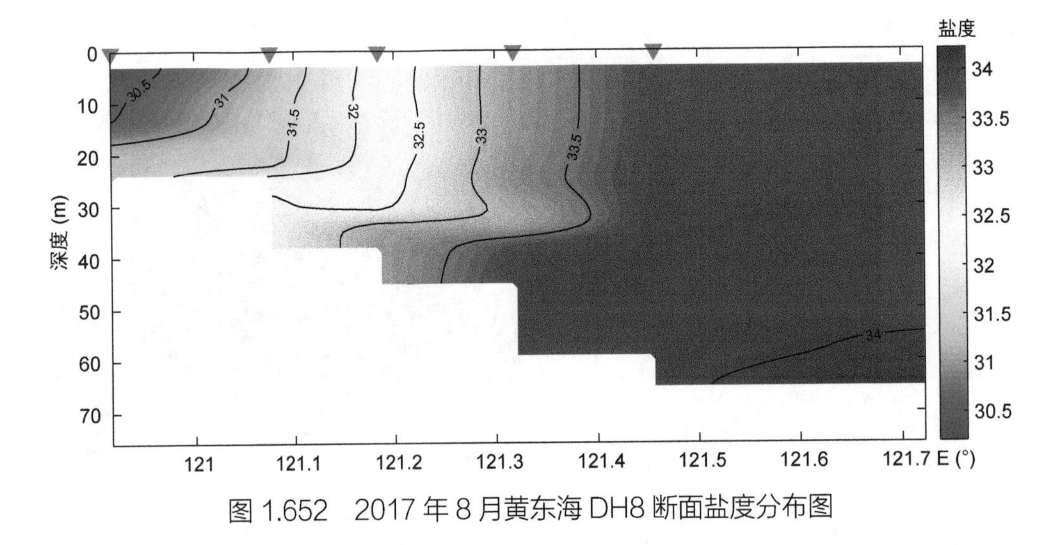

图 1.652　2017 年 8 月黄东海 DH8 断面盐度分布图

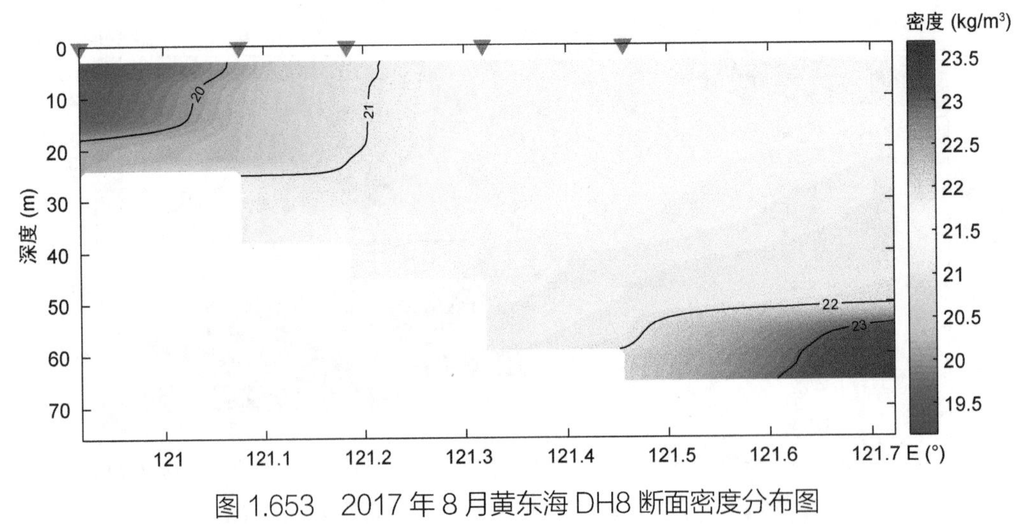

图 1.653　2017 年 8 月黄东海 DH8 断面密度分布图

(16) DH10 断面

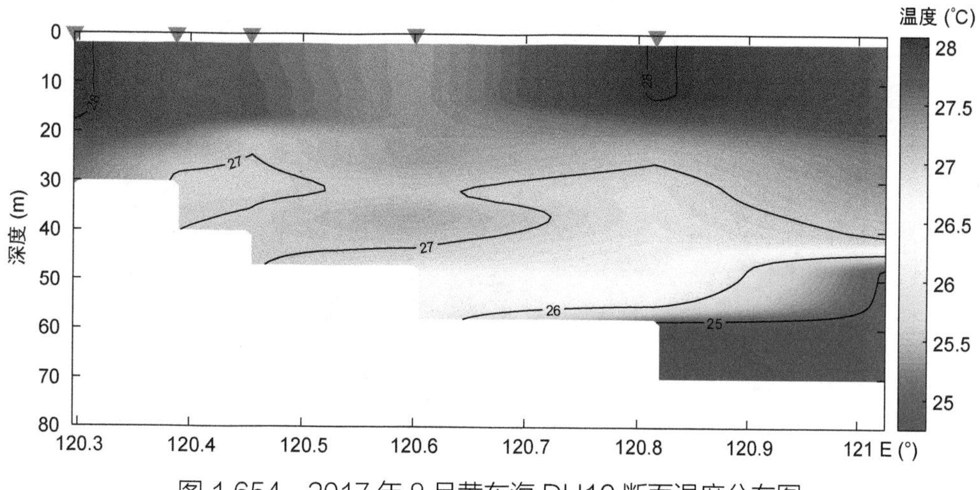

图 1.654　2017 年 8 月黄东海 DH10 断面温度分布图

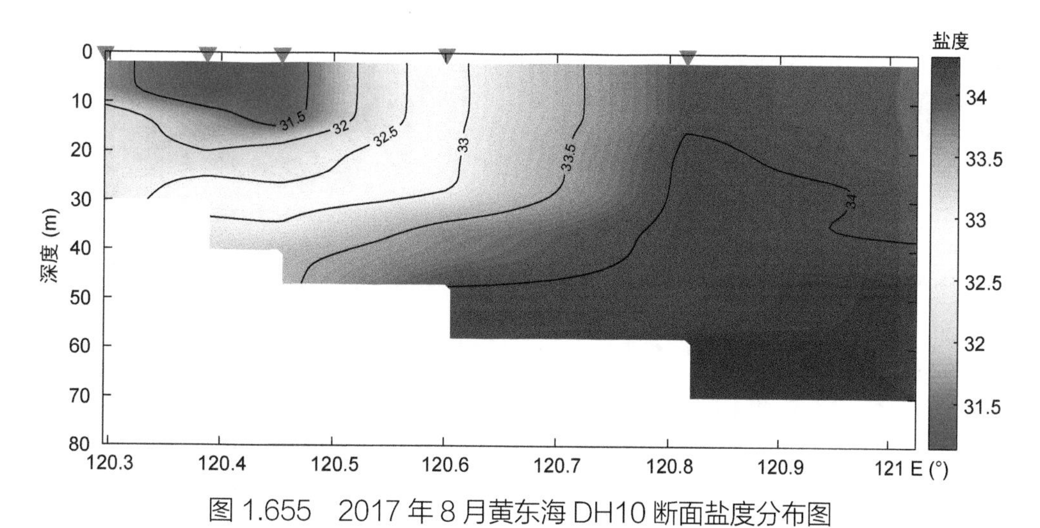

图 1.655　2017 年 8 月黄东海 DH10 断面盐度分布图

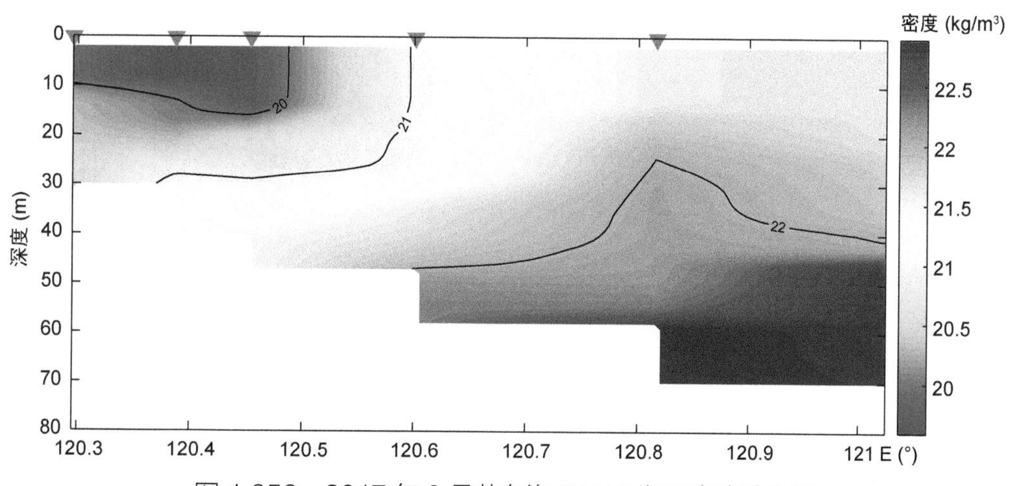

图 1.656　2017 年 8 月黄东海 DH10 断面密度分布图

(17) ZA 断面

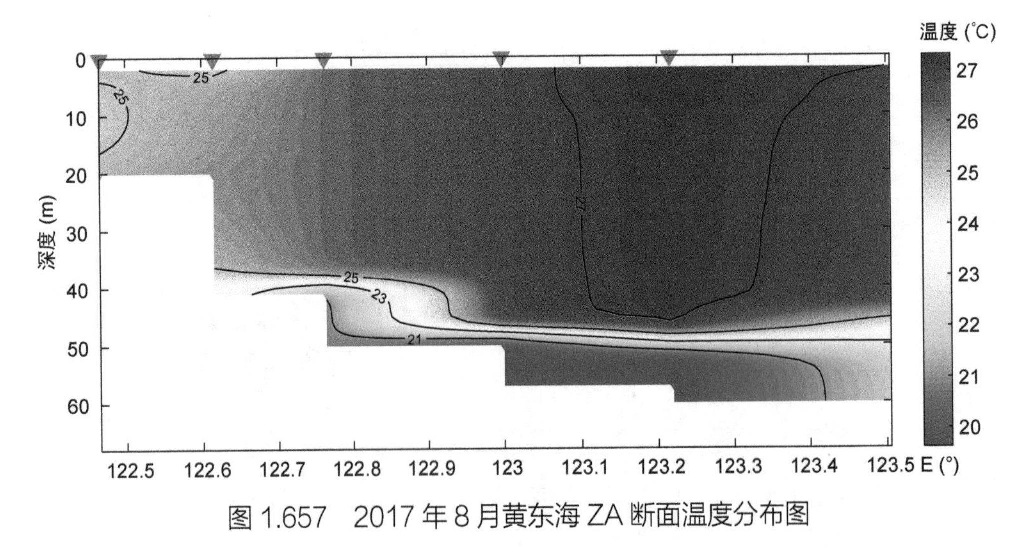

图 1.657　2017 年 8 月黄东海 ZA 断面温度分布图

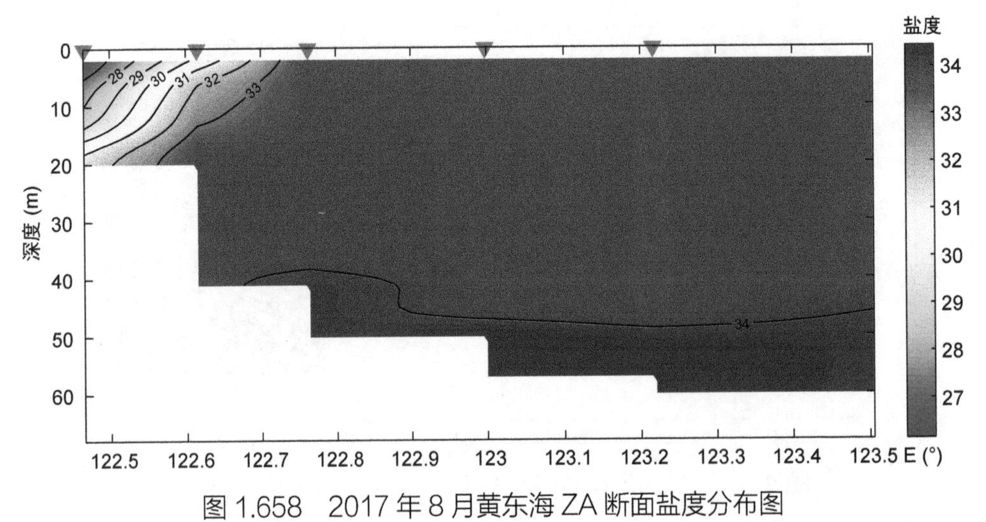

图 1.658　2017 年 8 月黄东海 ZA 断面盐度分布图

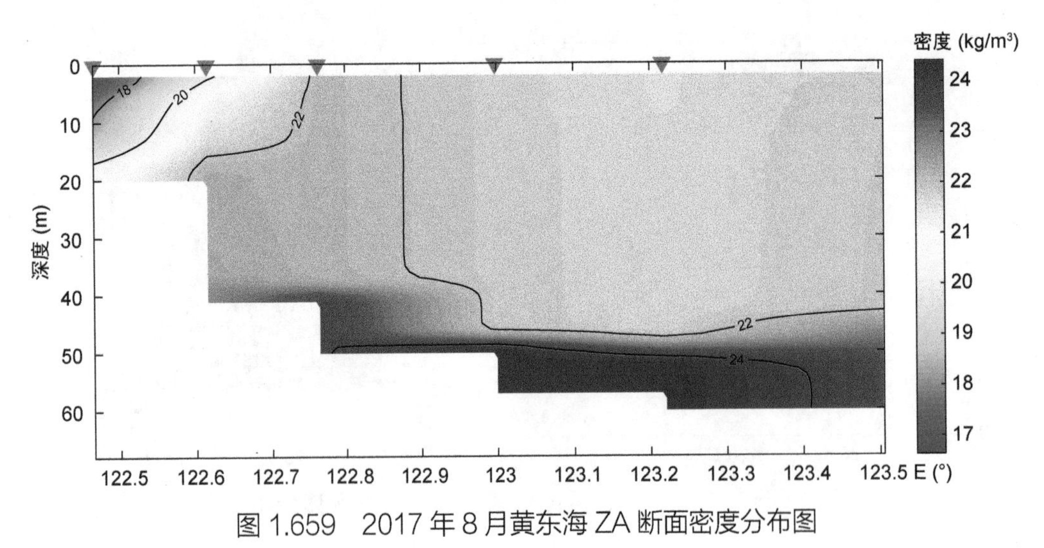

图 1.659　2017 年 8 月黄东海 ZA 断面密度分布图

(18) ZB 断面

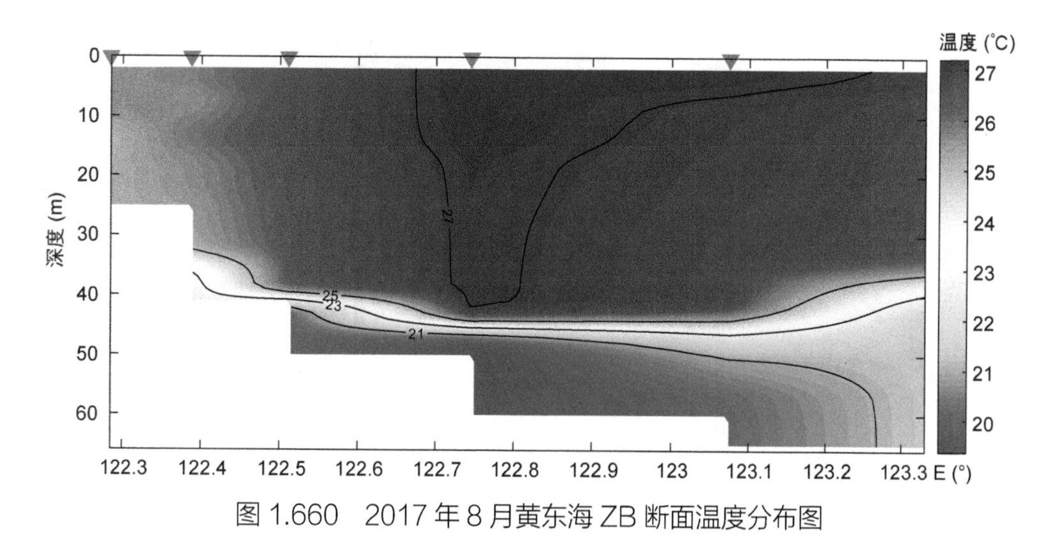

图 1.660 2017 年 8 月黄东海 ZB 断面温度分布图

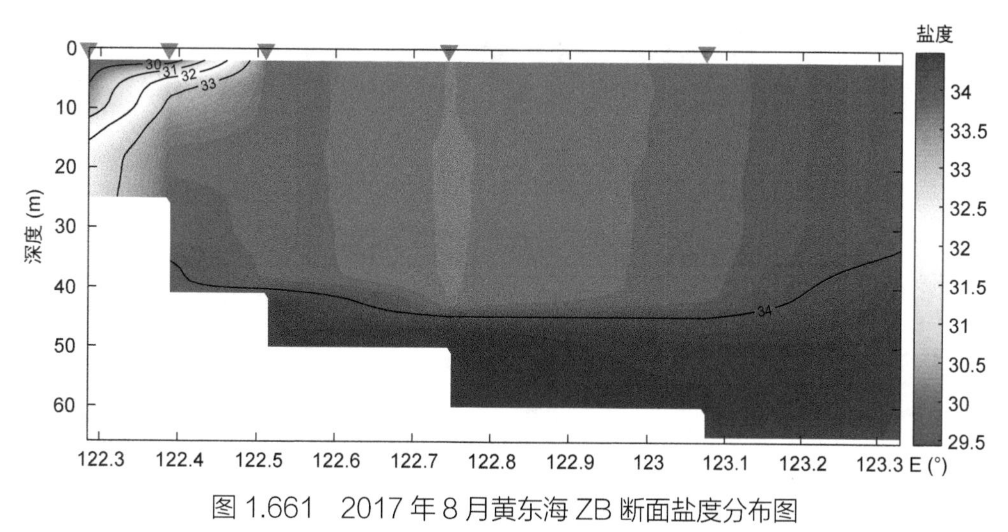

图 1.661 2017 年 8 月黄东海 ZB 断面盐度分布图

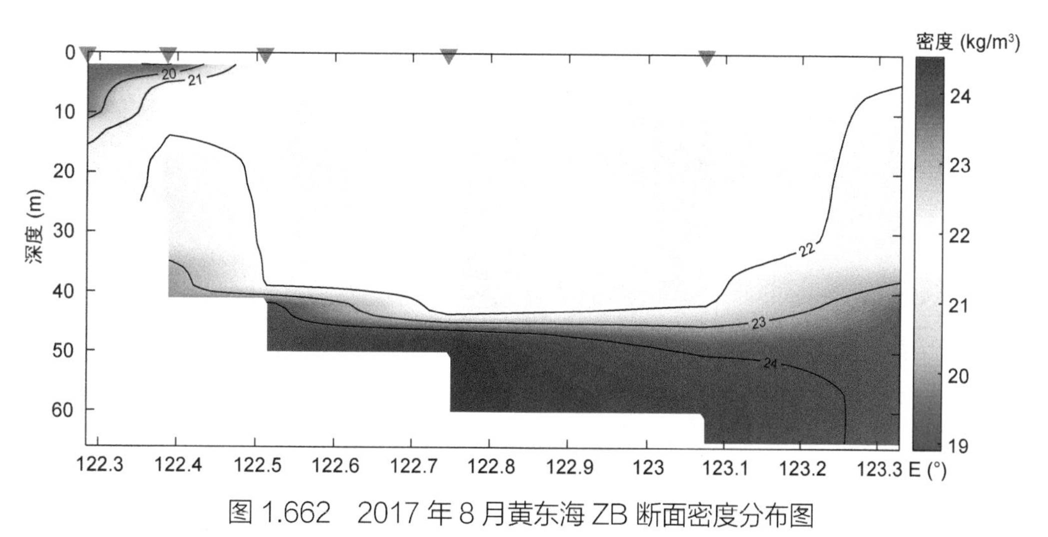

图 1.662 2017 年 8 月黄东海 ZB 断面密度分布图

1.17.2 平面图

(1) 表层

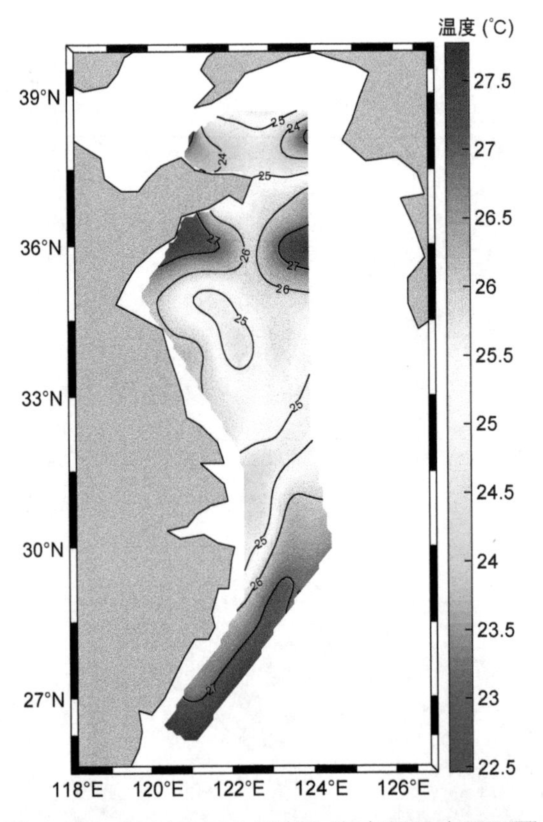

图 1.663 2017 年 8 月黄东海表层温度平面图

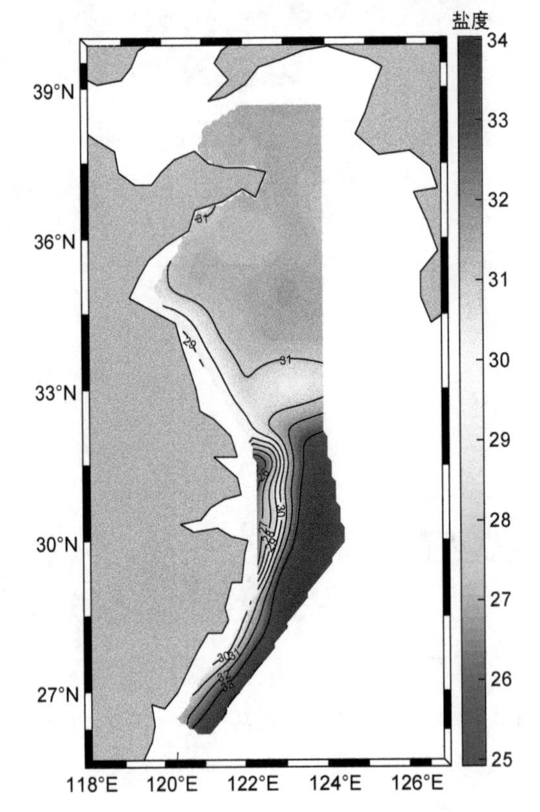

图 1.664 2017 年 8 月黄东海表层盐度平面图

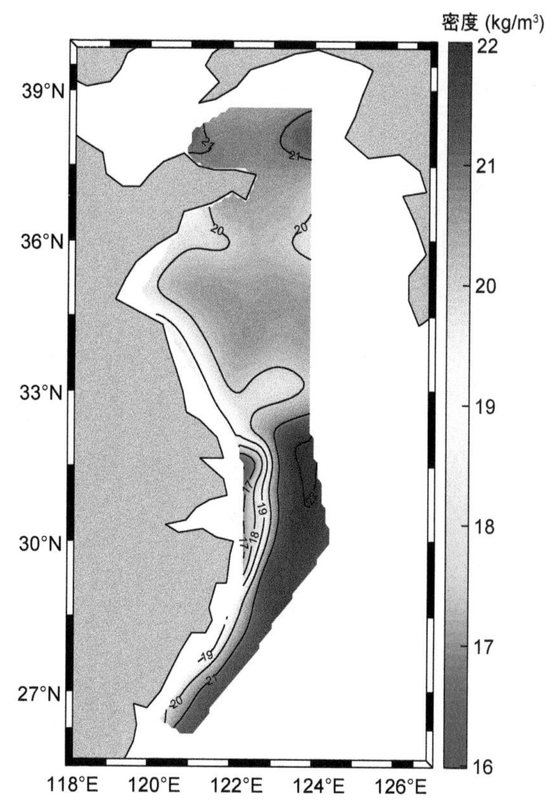

图 1.665 2017 年 8 月黄东海表层密度平面图

(2) 20m 层

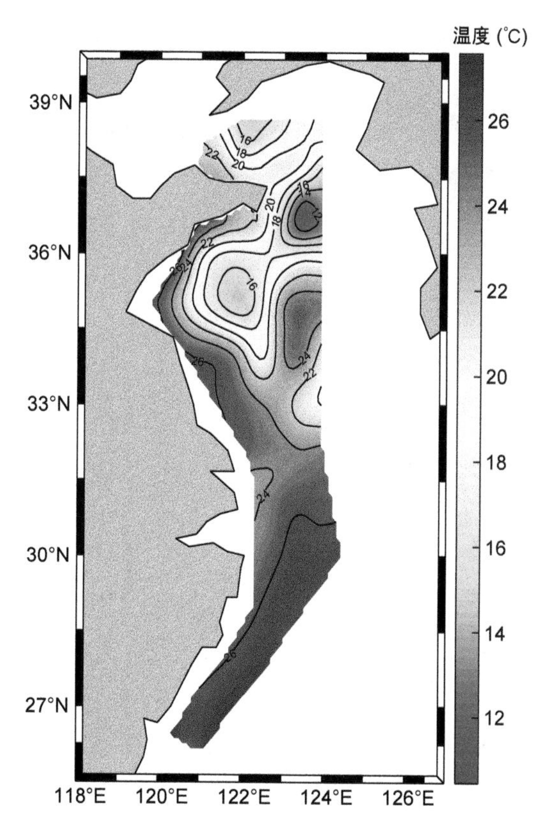

图 1.666 2017 年 8 月黄东海 20m 层温度平面图

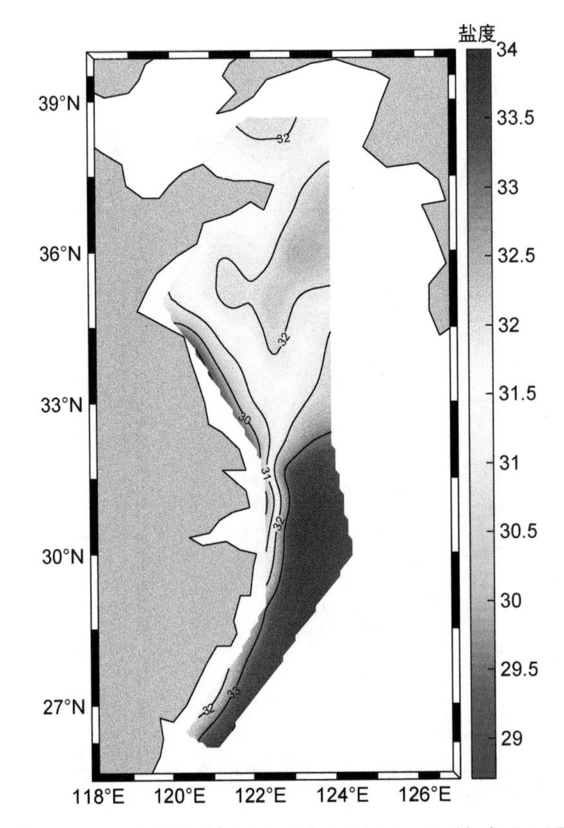

图 1.667　2017 年 8 月黄东海 20m 层盐度平面图

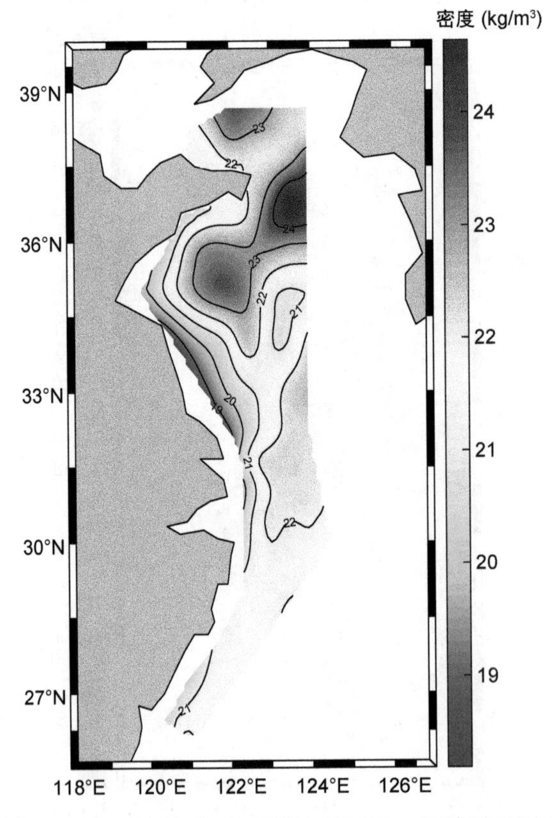

图 1.668　2017 年 8 月黄东海 20m 层密度平面图

(3) 底层

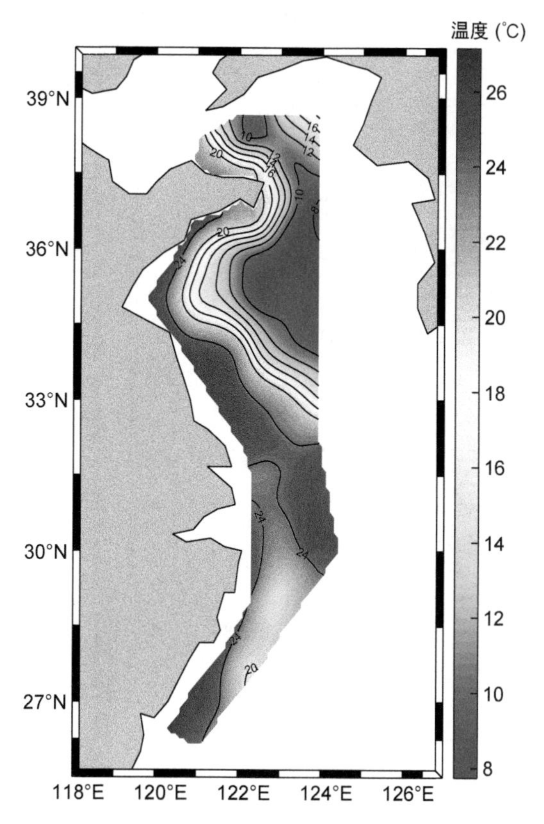

图 1.669　2017 年 8 月黄东海底层温度平面图

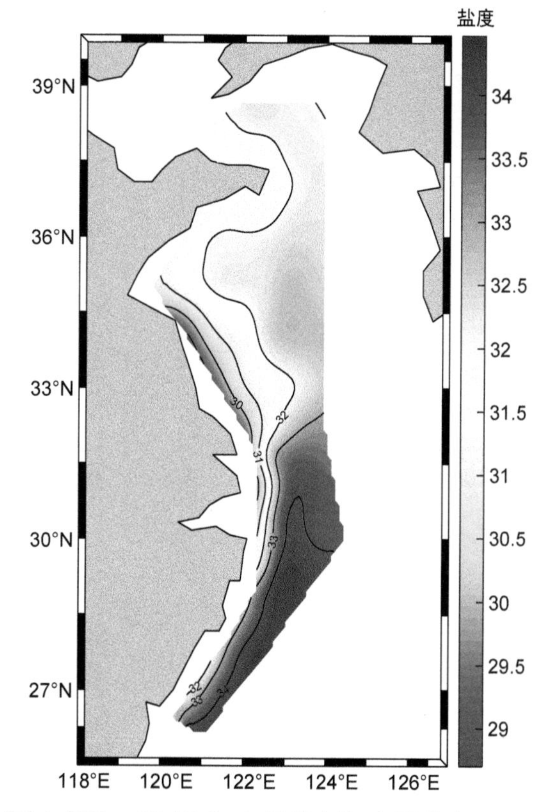

图 1.670　2017 年 8 月黄东海底层盐度平面图

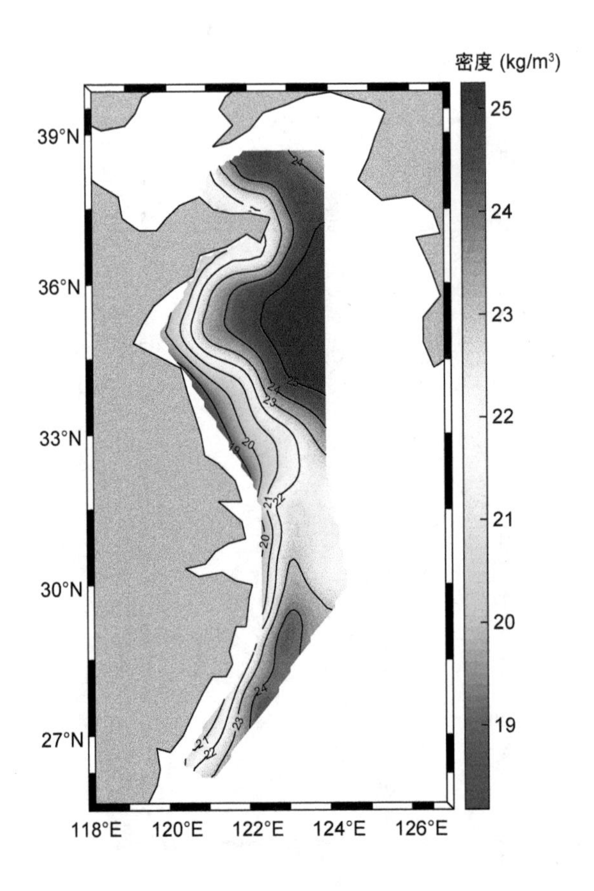

图 1.671　2017 年 8 月黄东海底层密度平面图

第二部分

化学调查

2.1 2014 年 5 月黄东海

2.1.1 断面图

(1) 溶解氧 (DO)

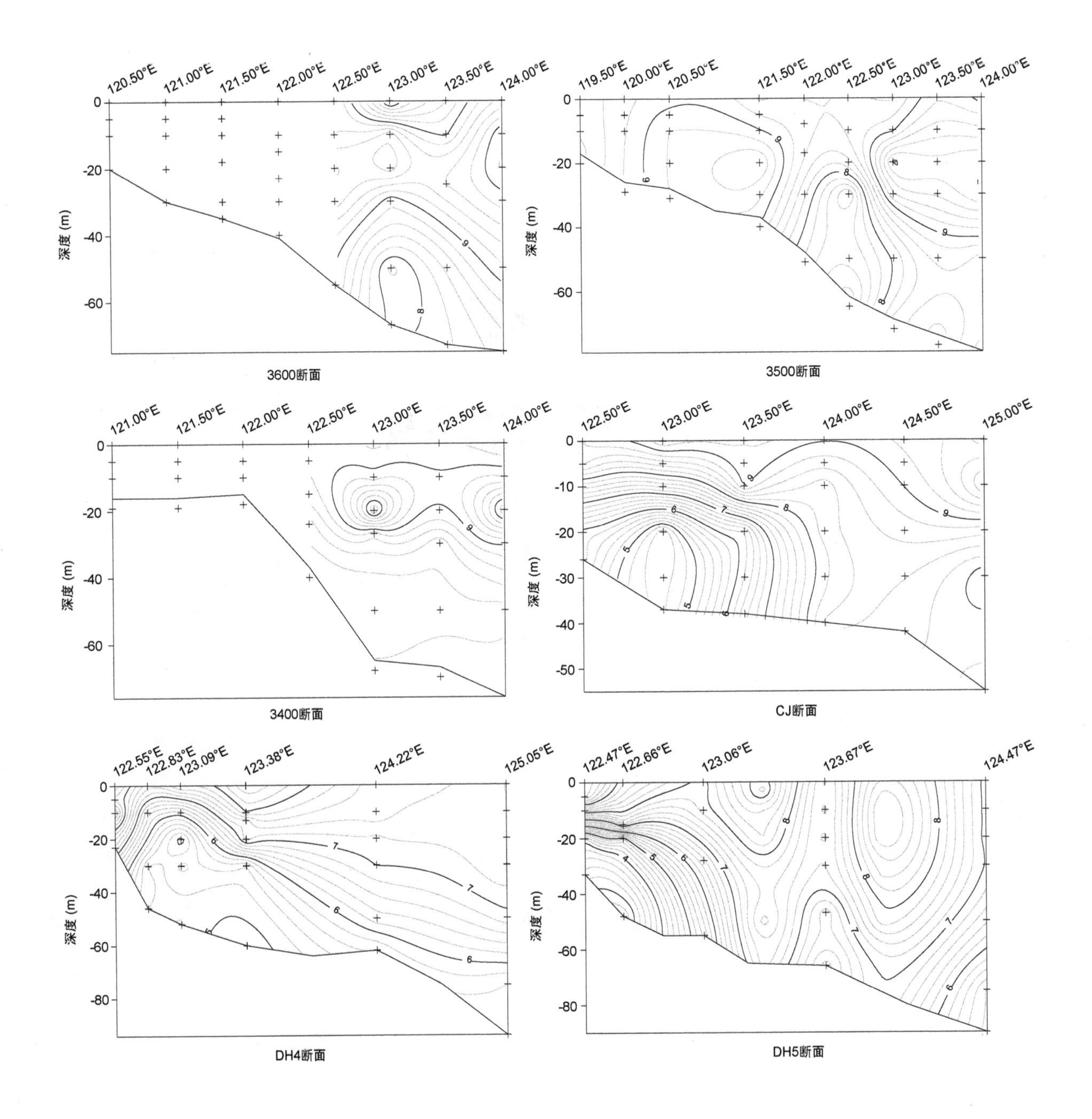

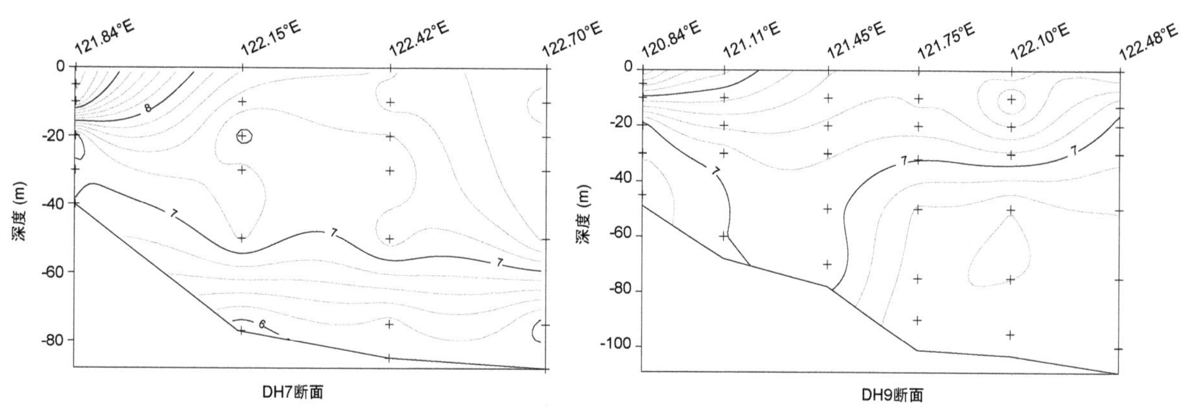

图 2.1 2014 年 5 月各断面溶解氧 (DO) 浓度 (mg/L)

图中“+”表示调查站位，后同

(2) 硝酸盐 + 亚硝酸盐 ($NO_3^-+NO_2^-$)

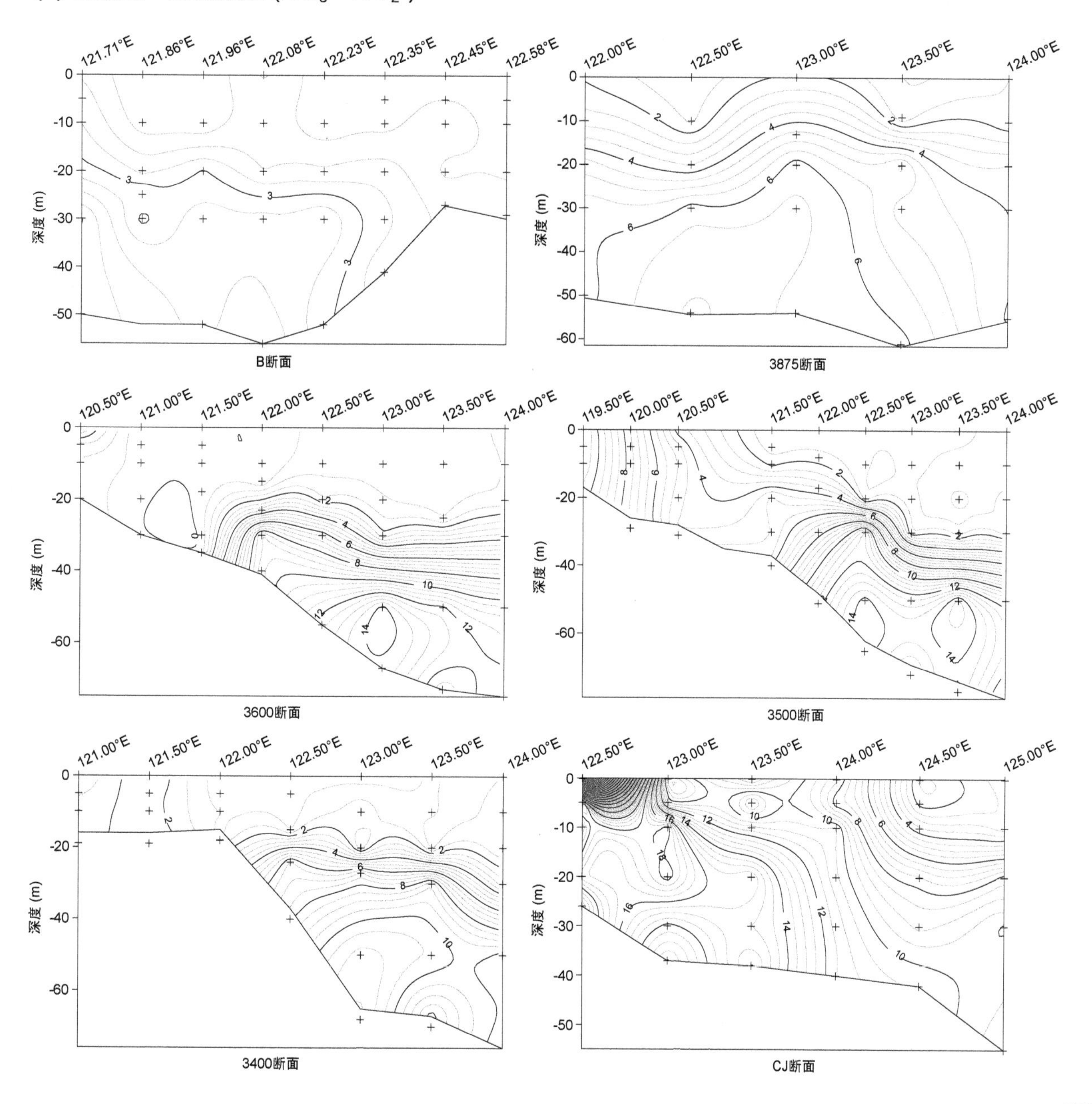

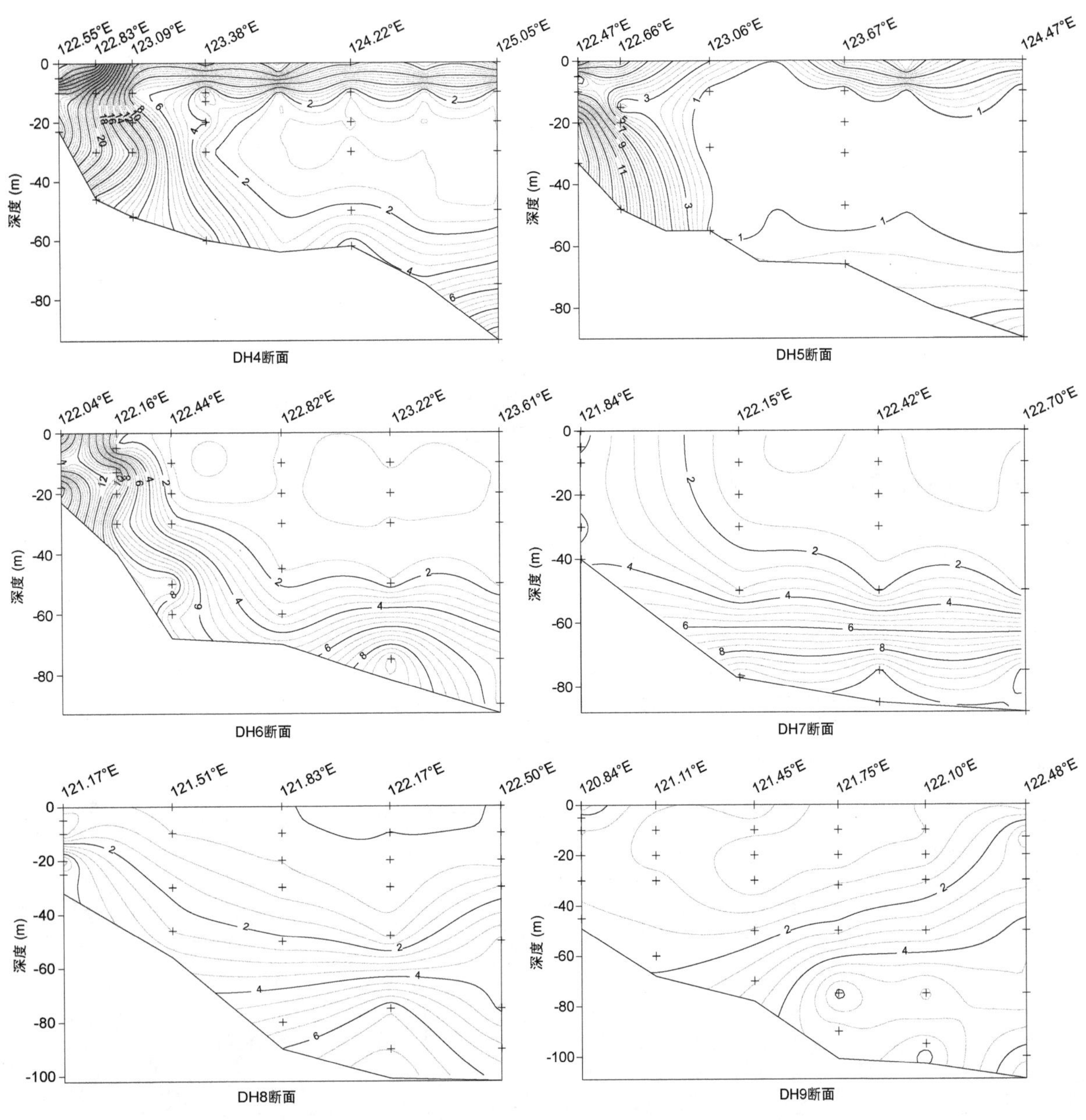

图 2.2　2014 年 5 月各断面硝酸盐 + 亚硝酸盐 ($NO_3^-+NO_2^-$) 浓度 (μmol/L)

(3) 磷酸盐 (PO_4^{3-})

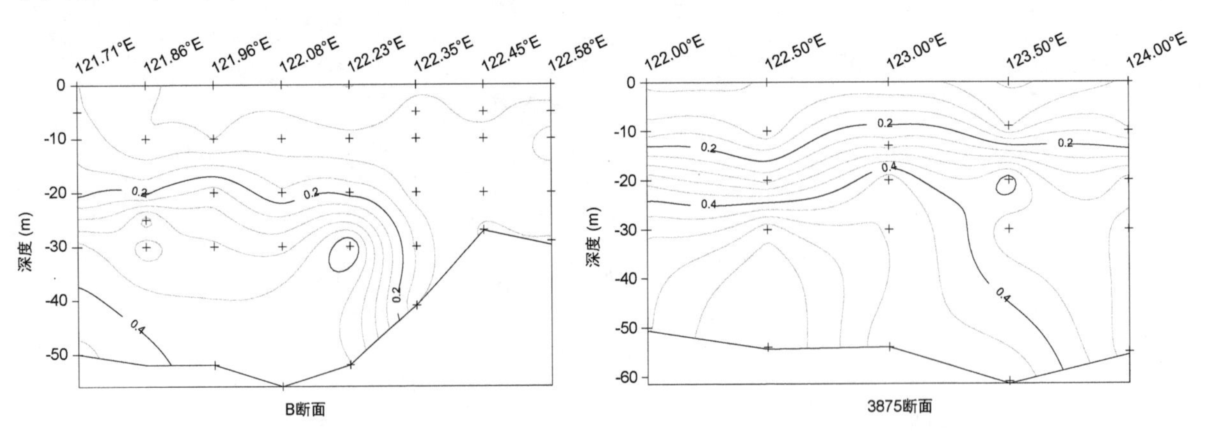

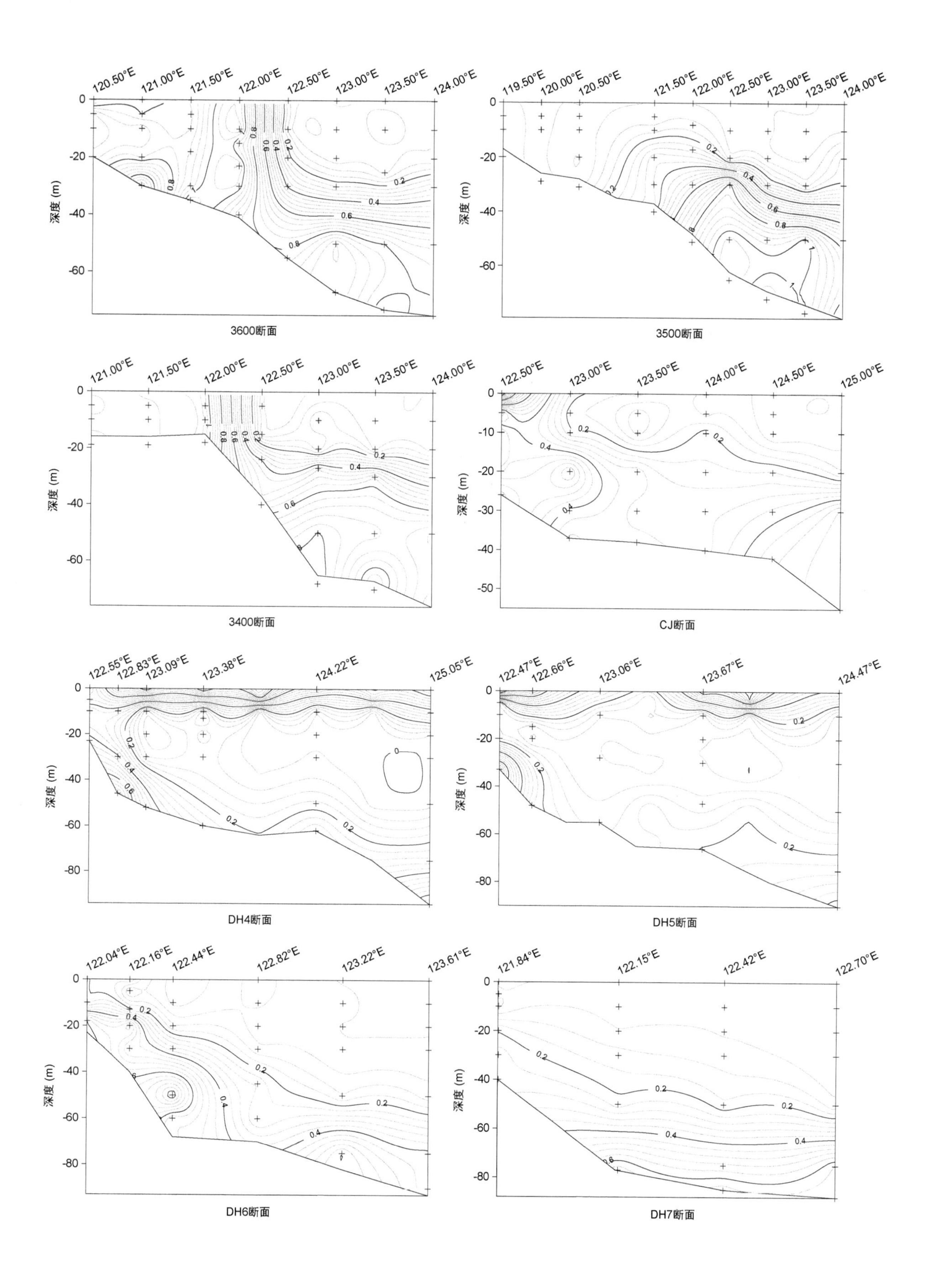

3600断面
3500断面
3400断面
CJ断面
DH4断面
DH5断面
DH6断面
DH7断面
深度 (m)

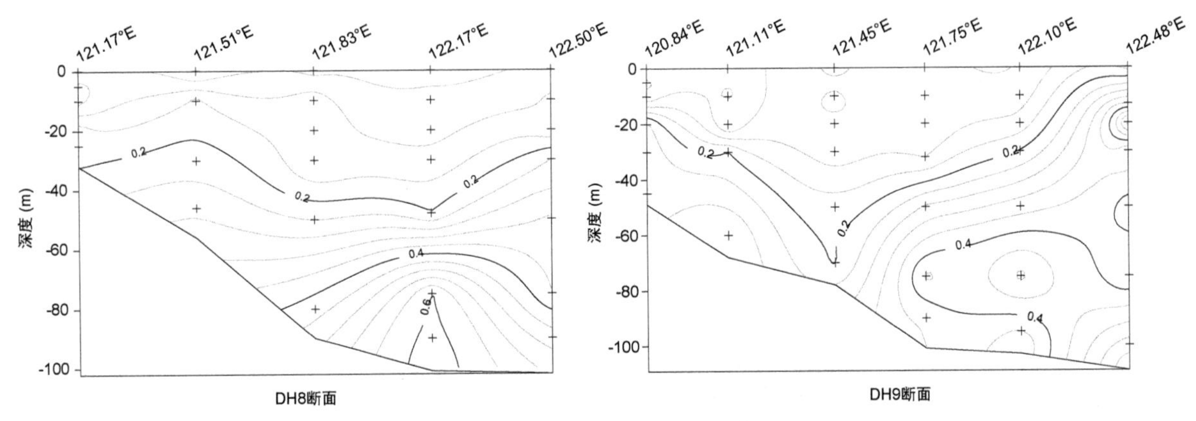

图 2.3 2014 年 5 月各断面磷酸盐 (PO_4^{3-}) 浓度 (μmol/L)

(4) 硅酸盐 (SiO_3^{2-})

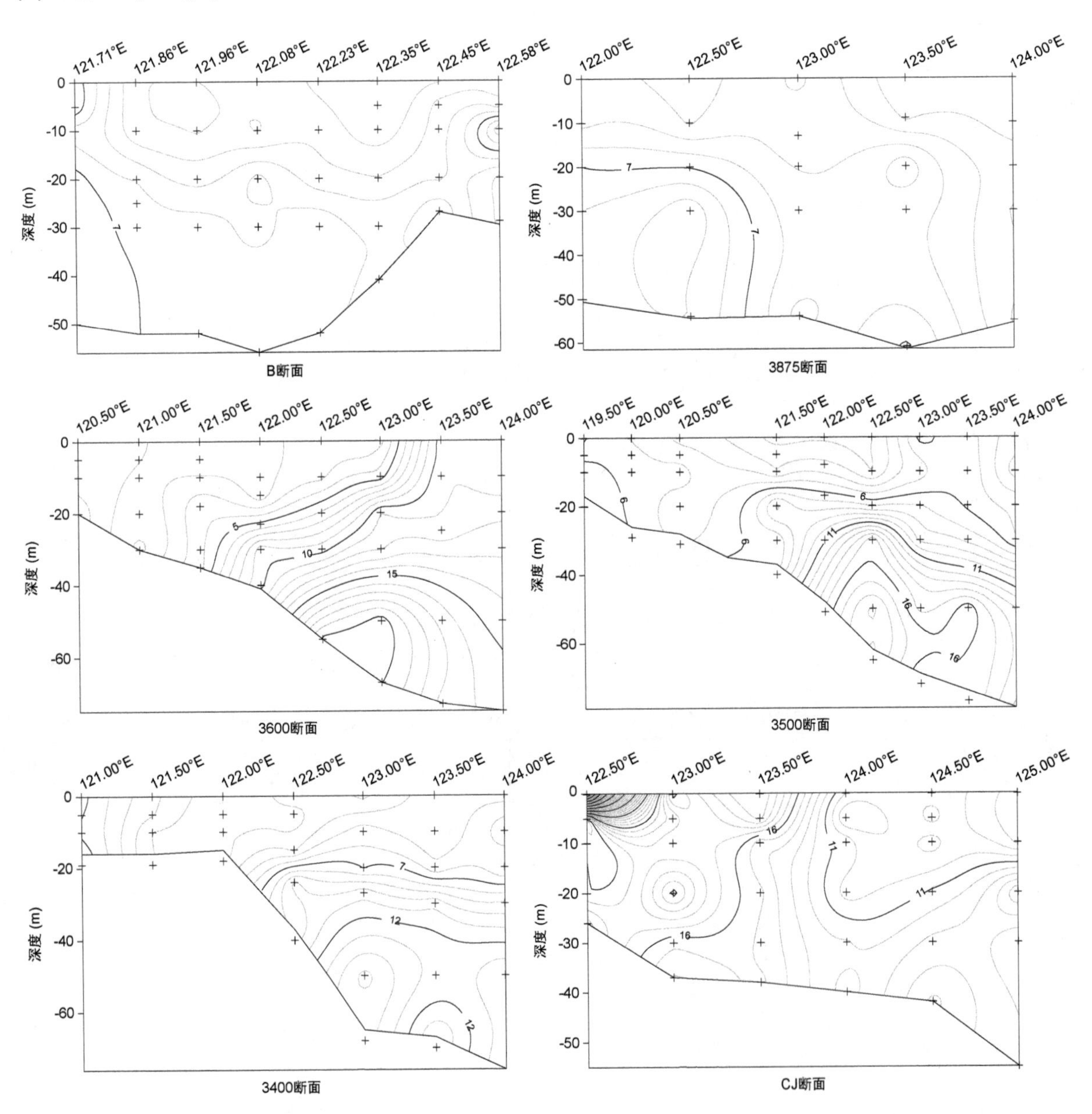

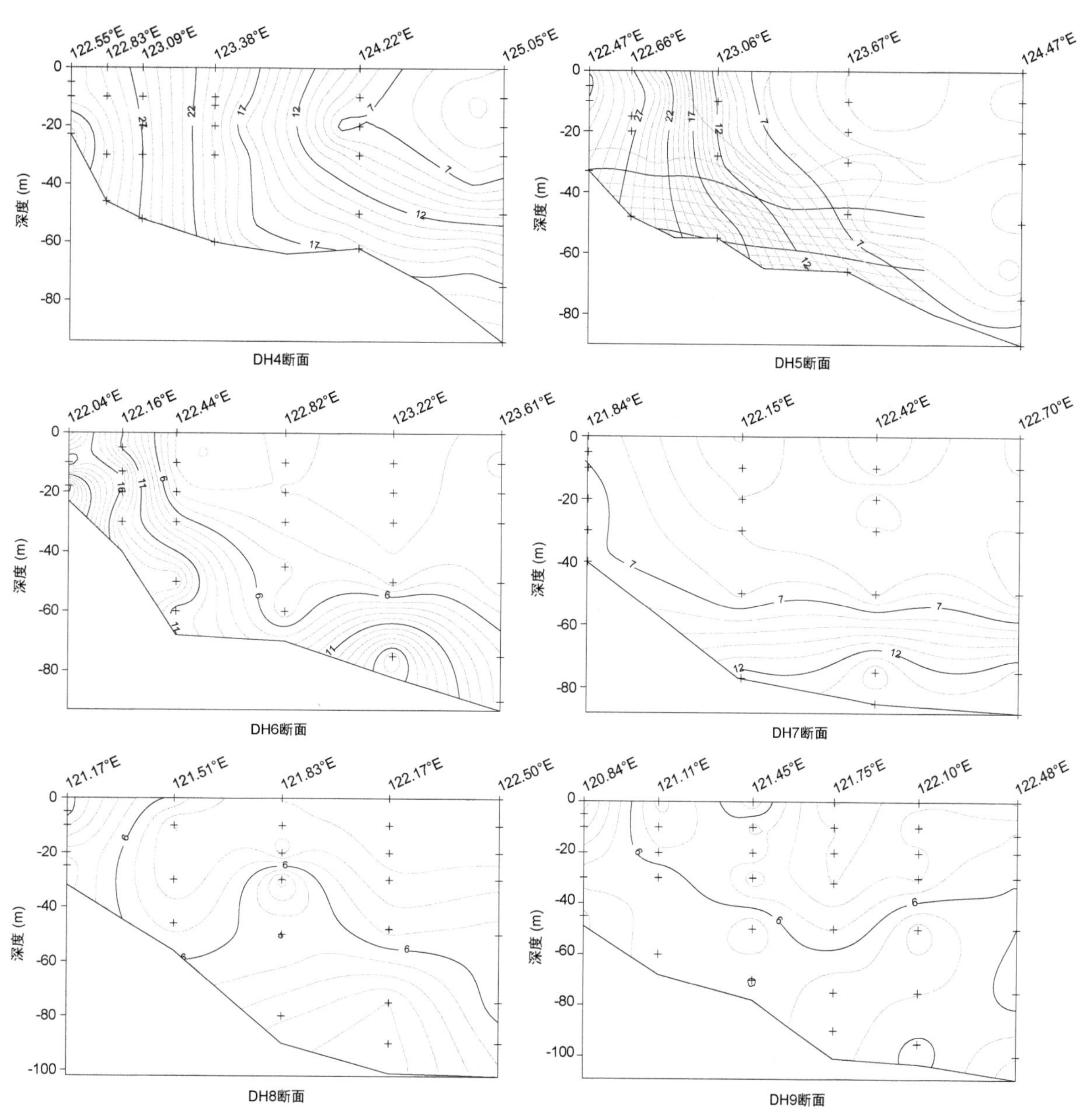

图 2.4　2014 年 5 月各断面硅酸盐 (SiO_3^{2-}) 浓度 (μmol/L)

2.1.2 平面图

(1) 溶解氧 (DO)

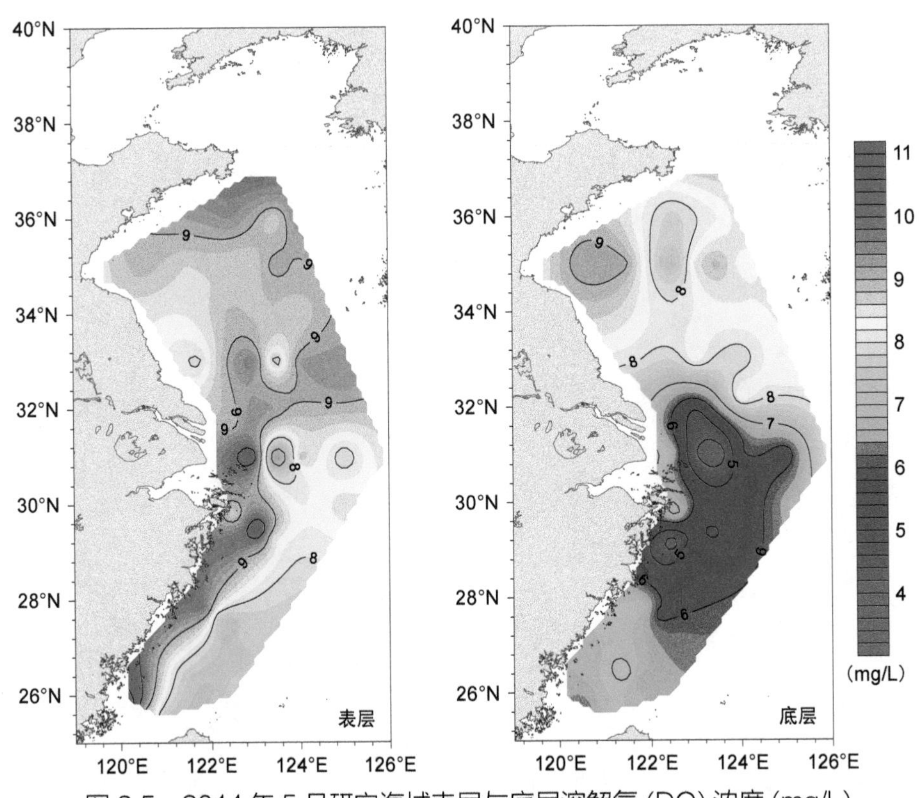

图 2.5　2014 年 5 月研究海域表层与底层溶解氧 (DO) 浓度 (mg/L)

(2) 硝酸盐 + 亚硝酸盐 (NO_3^-+NO_2^-)

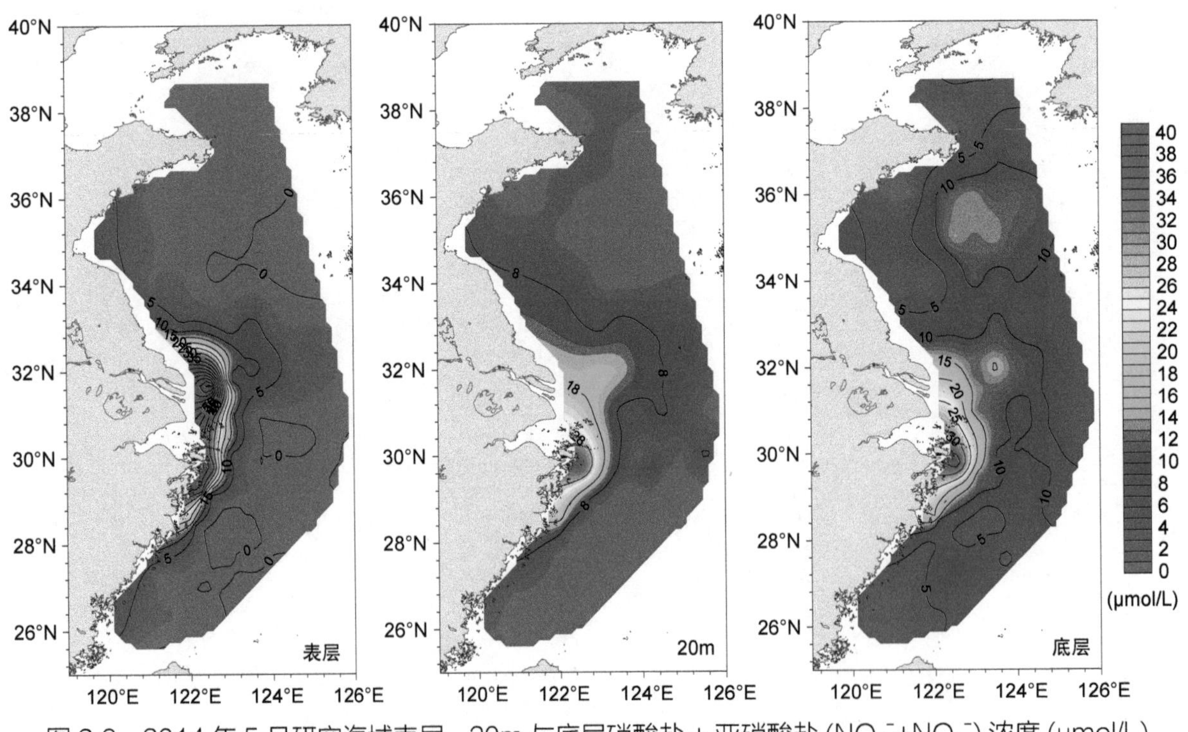

图 2.6　2014 年 5 月研究海域表层、20m 与底层硝酸盐 + 亚硝酸盐 (NO_3^-+NO_2^-) 浓度 (μmol/L)

(3) 磷酸盐 (PO_4^{3-})

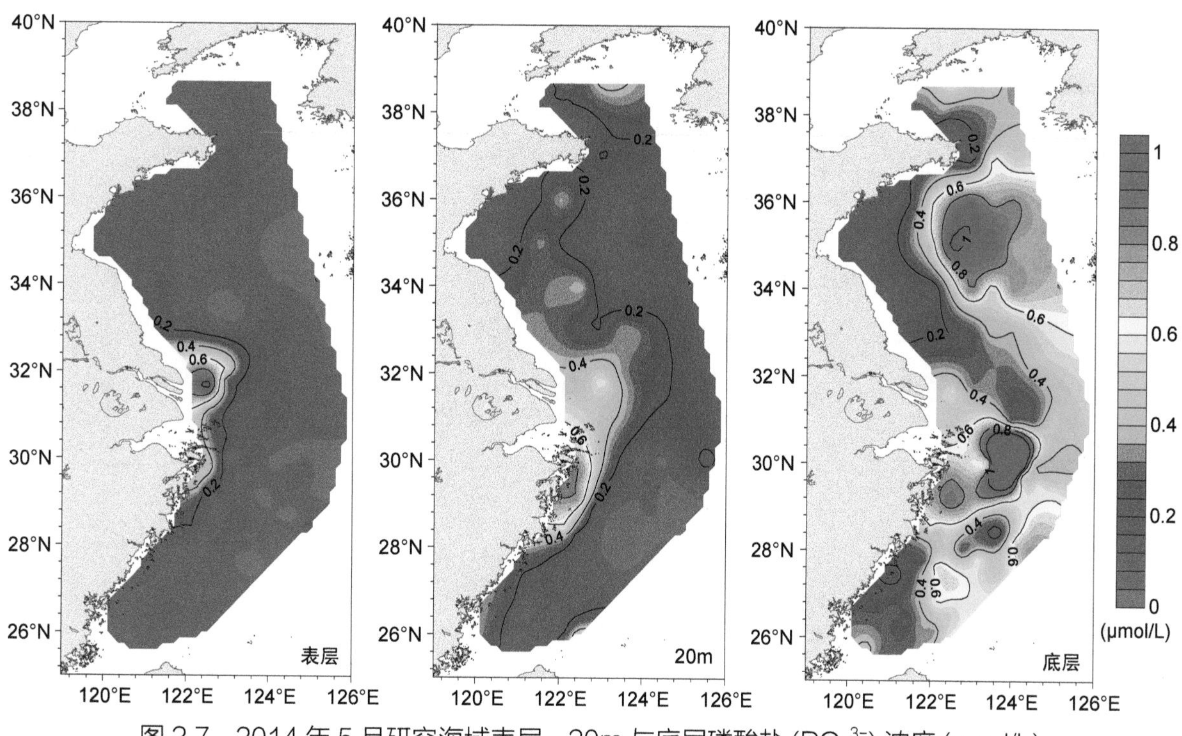

图 2.7 2014 年 5 月研究海域表层、20m 与底层磷酸盐 (PO_4^{3-}) 浓度 (μmol/L)

(4) 硅酸盐 (SiO_3^{2-})

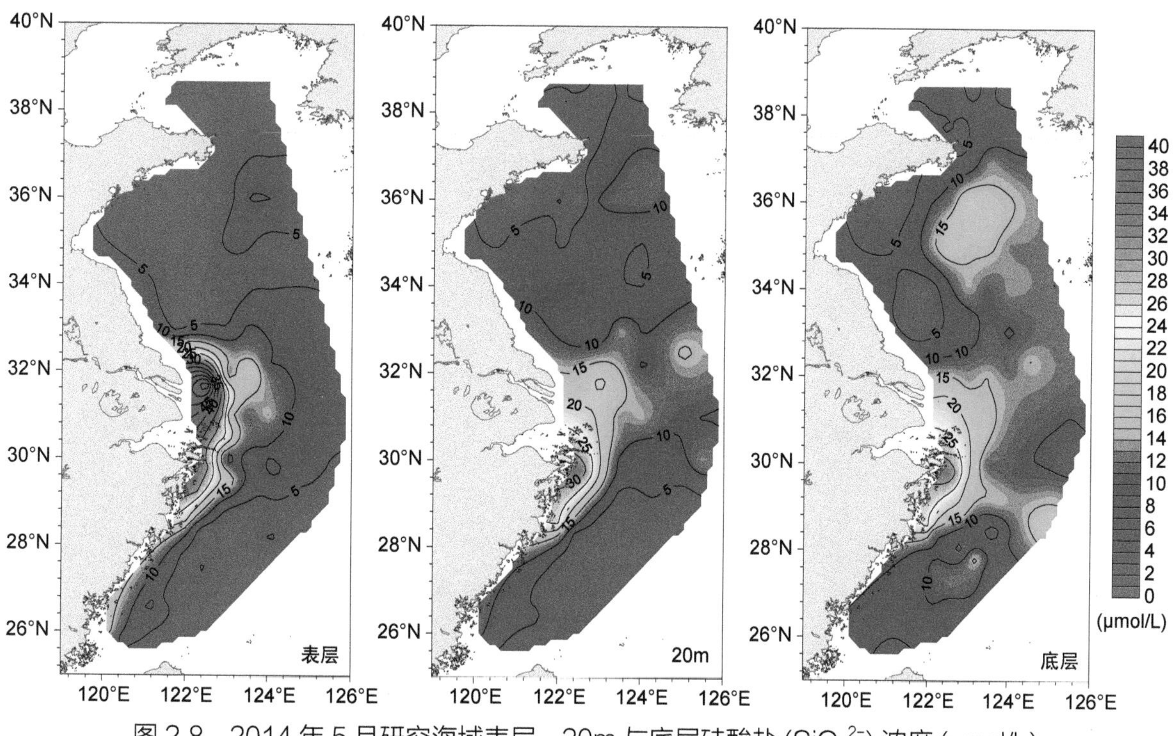

图 2.8 2014 年 5 月研究海域表层、20m 与底层硅酸盐 (SiO_3^{2-}) 浓度 (μmol/L)

2.2 2014年10月黄东海

2.2.1 断面图

(1) 溶解氧(DO)

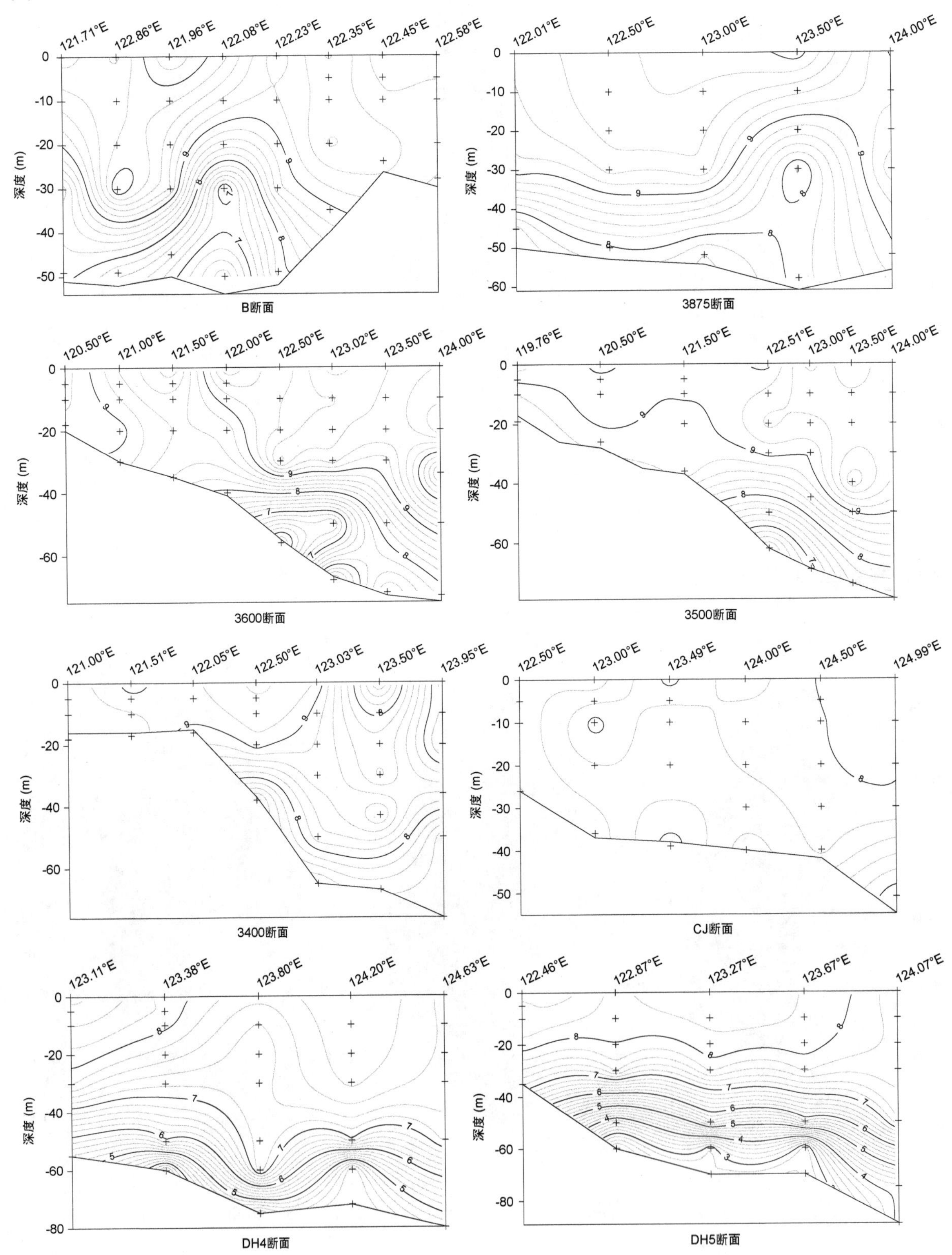

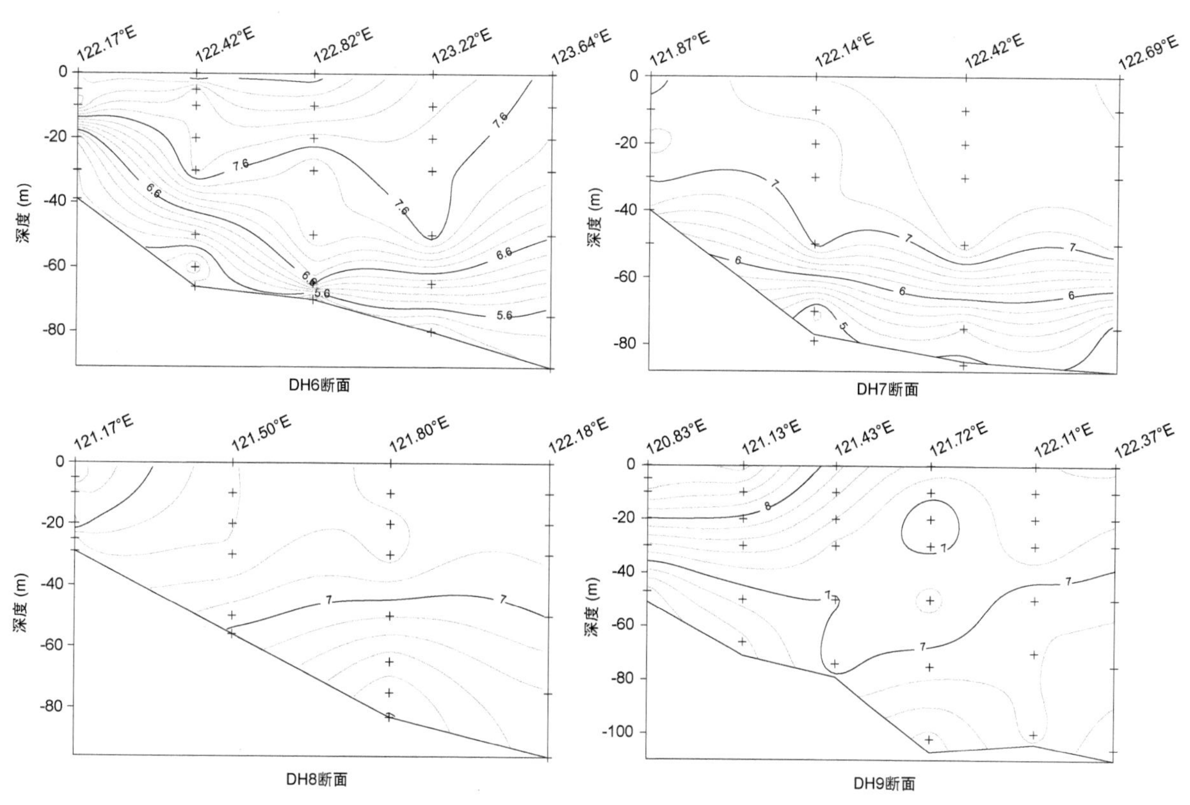

图 2.9　2014 年 10 月各断面溶解氧 (DO) 浓度 (mg/L)

(2) 硝酸盐 + 亚硝酸盐 (NO_3^-+NO_2^-)

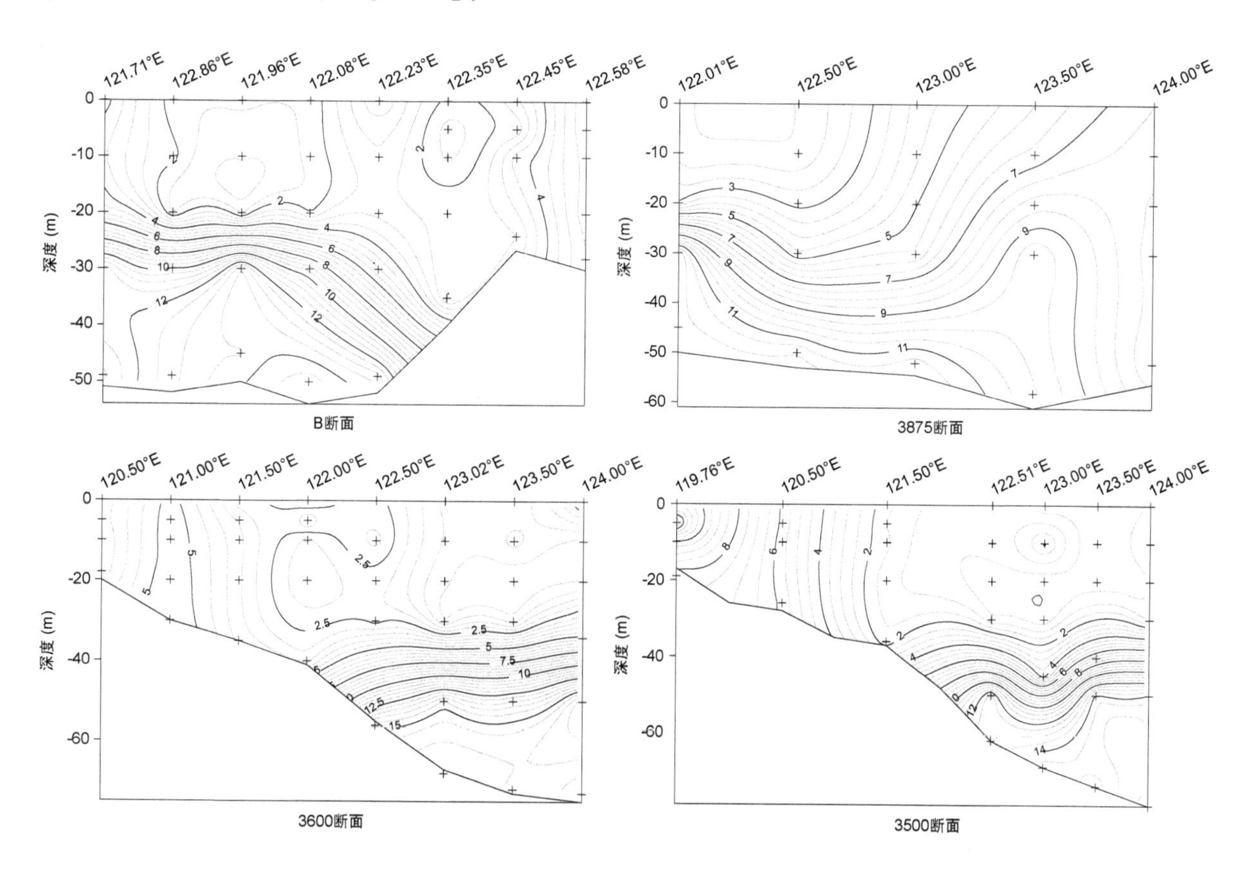

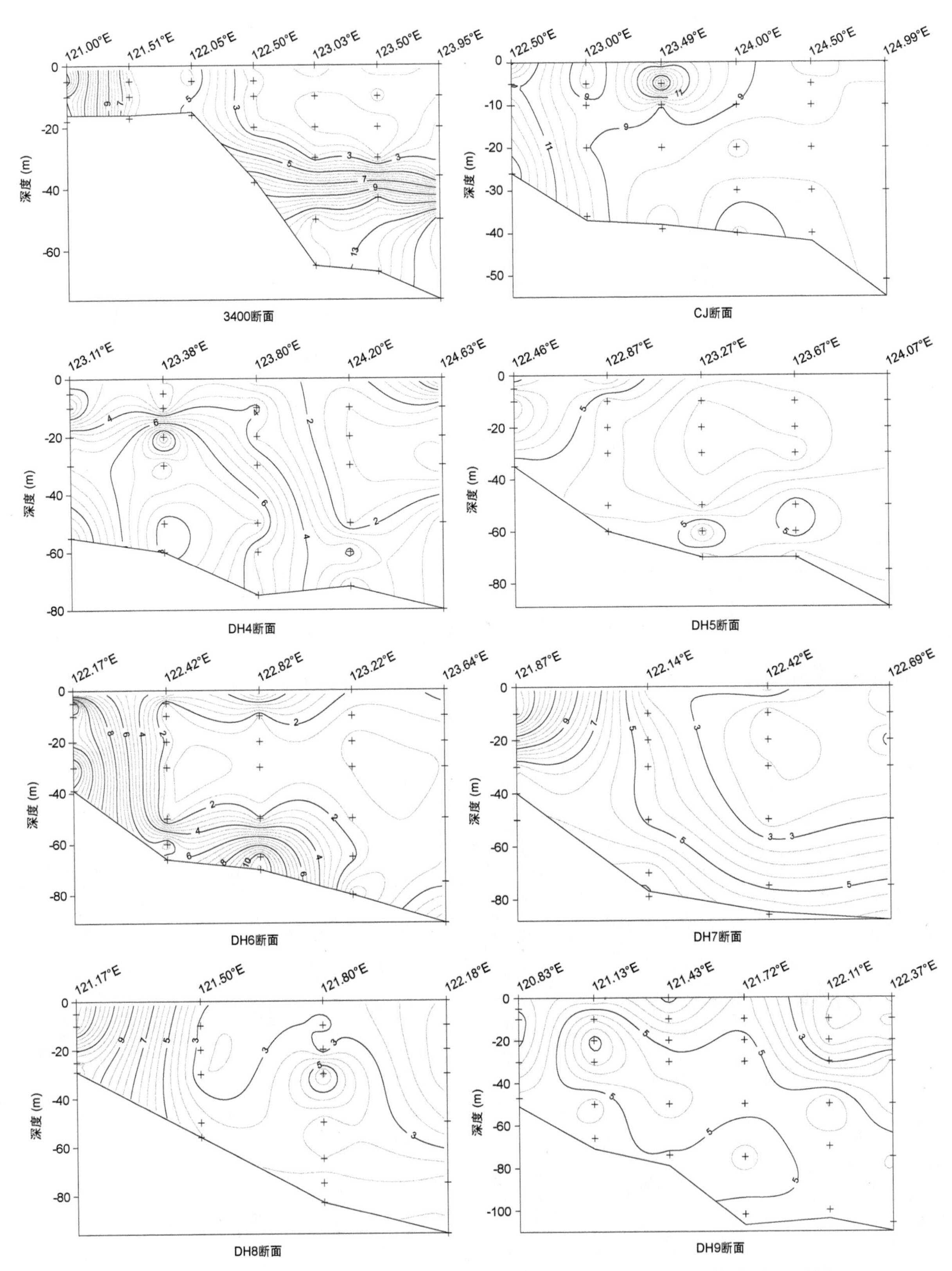

图 2.10 2014 年 10 月各断面硝酸盐 + 亚硝酸盐 ($NO_3^-+NO_2^-$) 浓度 (μmol/L)

(3) 磷酸盐 (PO_4^{3-})

B断面
3875断面
3600断面
3500 断面
3400断面
CJ断面
DH4断面
DH5断面
深度 (m)

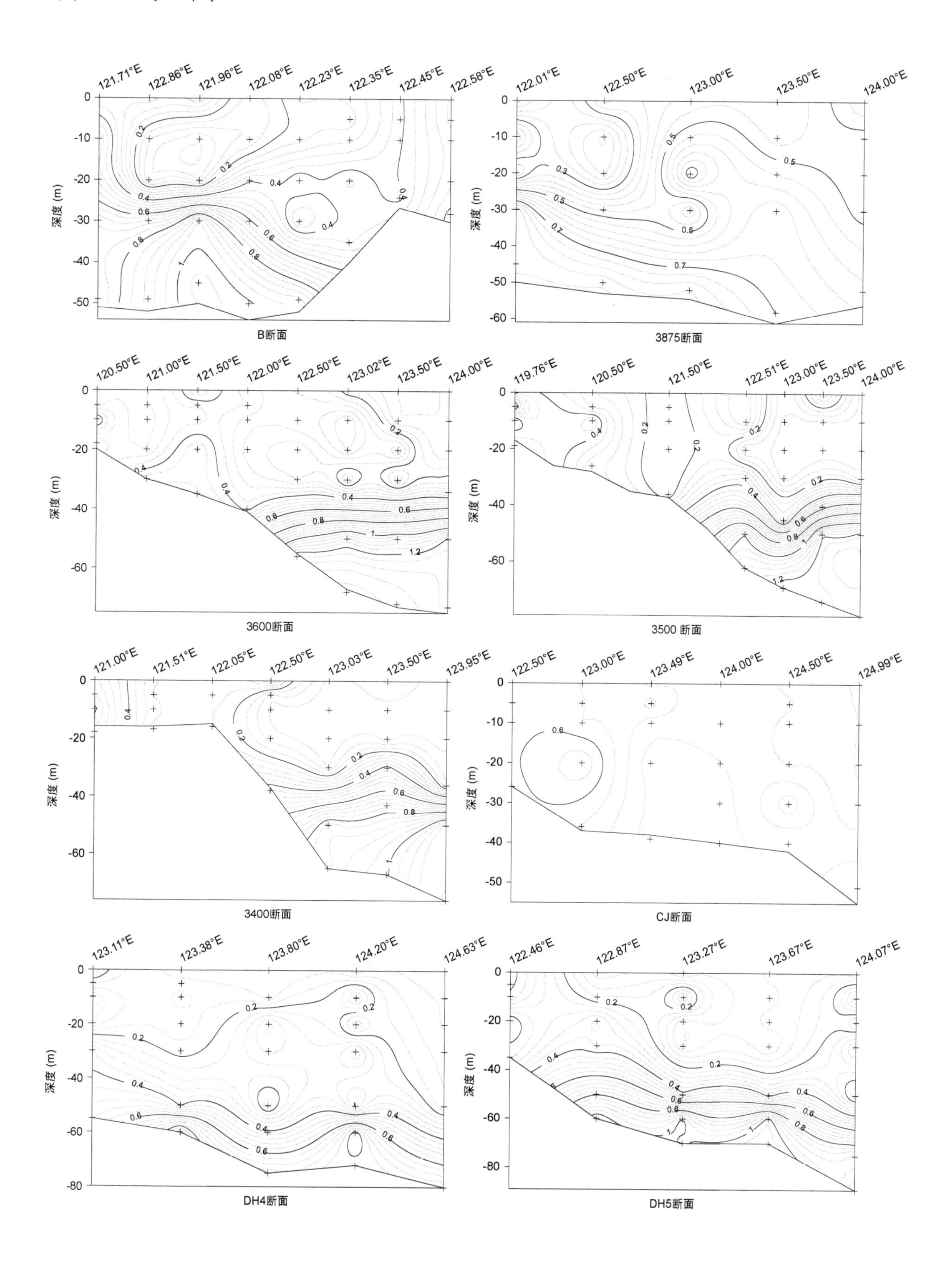

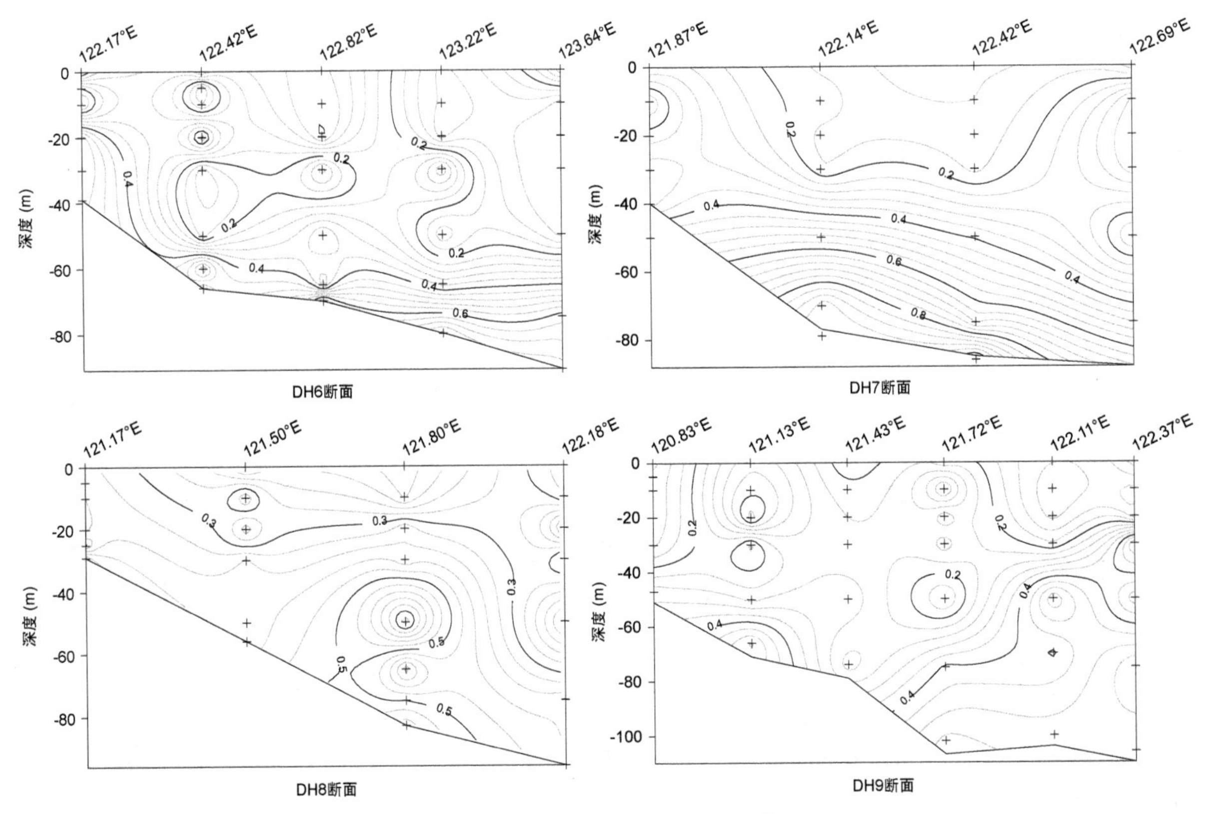

图 2.11　2014 年 10 月各断面磷酸盐 (PO_4^{3-}) 浓度 (μmol/L)

(4) 硅酸盐 (SiO_3^{2-})

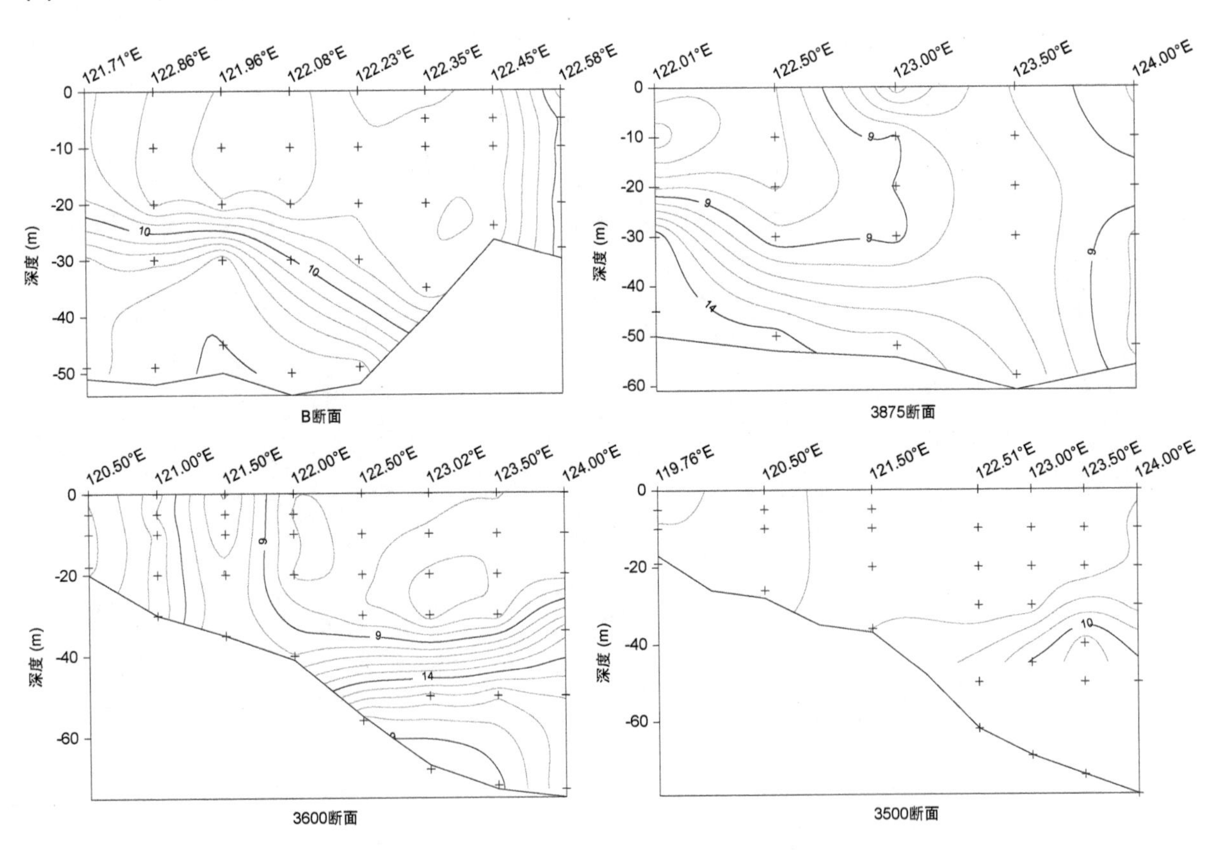

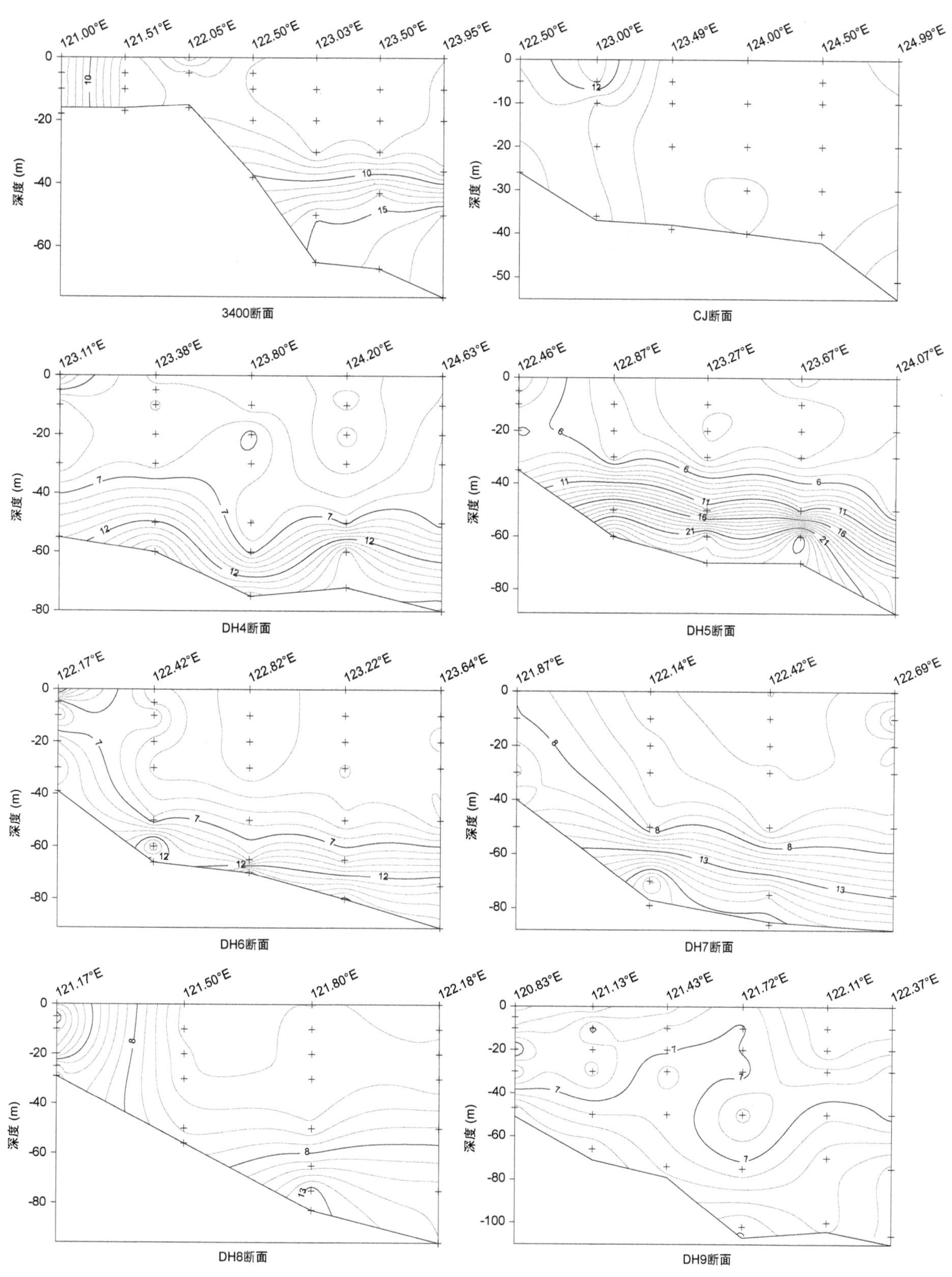

图 2.12 2014 年 10 月各断面硅酸盐 (SiO_3^{2-}) 浓度 (μmol/L)

2.2.2 平面图

(1) 溶解氧 (DO)

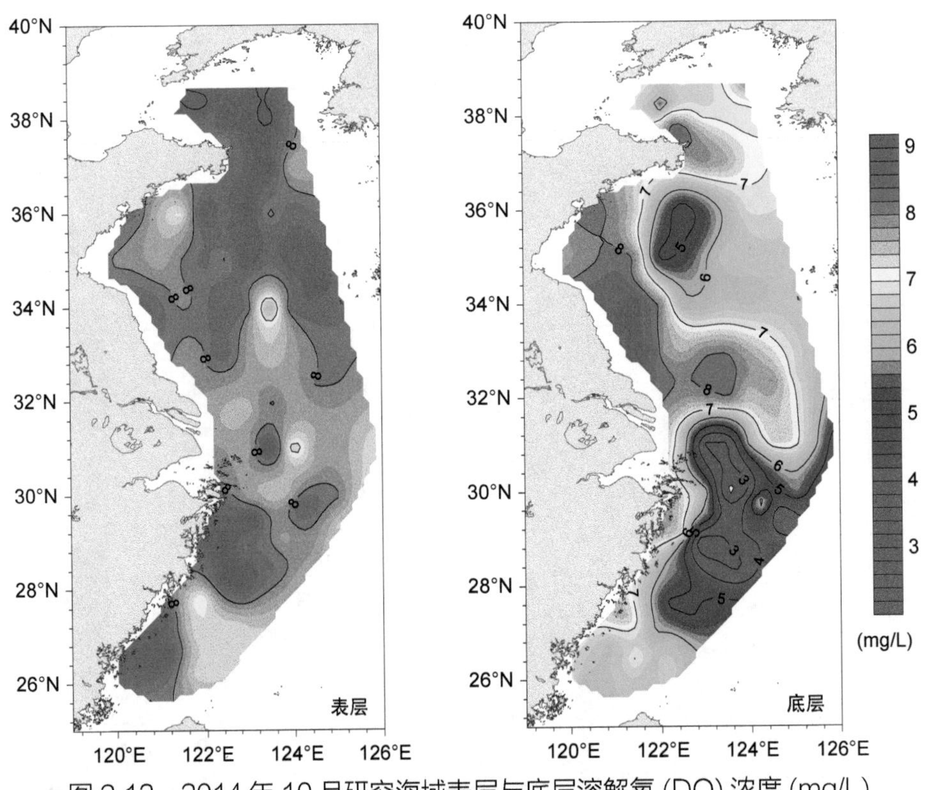

图 2.13　2014 年 10 月研究海域表层与底层溶解氧 (DO) 浓度 (mg/L)

(2) 硝酸盐 + 亚硝酸盐 (NO_3^-+NO_2^-)

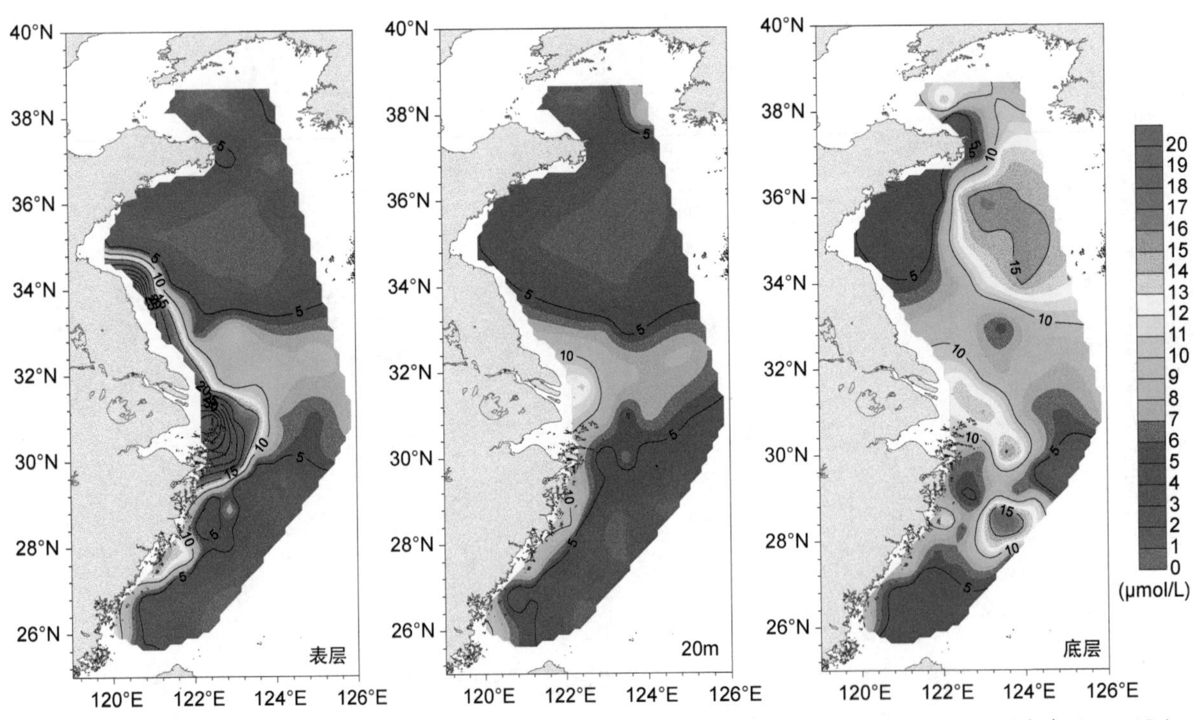

图 2.14　2014 年 10 月研究海域表层、20m 与底层硝酸盐 + 亚硝酸盐 (NO_3^-+NO_2^-) 浓度 (μmol/L)

(3) 磷酸盐 (PO_4^{3-})

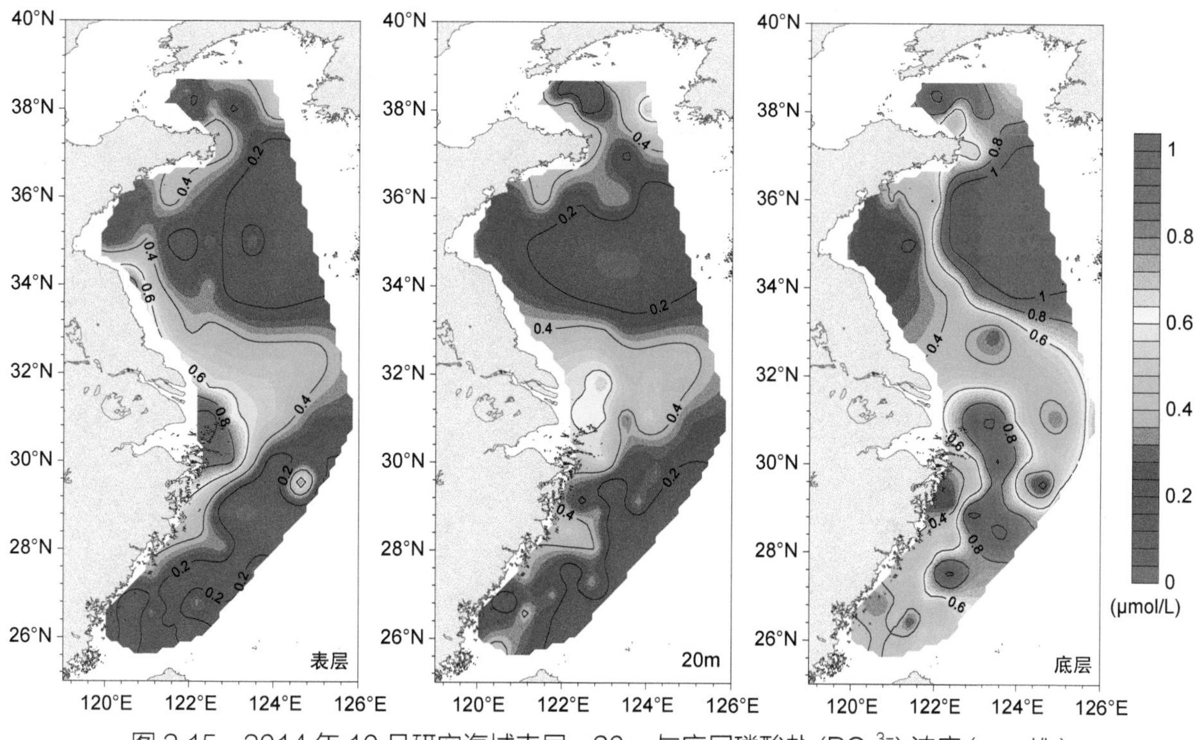

图 2.15　2014 年 10 月研究海域表层、20m 与底层磷酸盐 (PO_4^{3-}) 浓度 (μmol/L)

(4) 硅酸盐 (SiO_3^{2-})

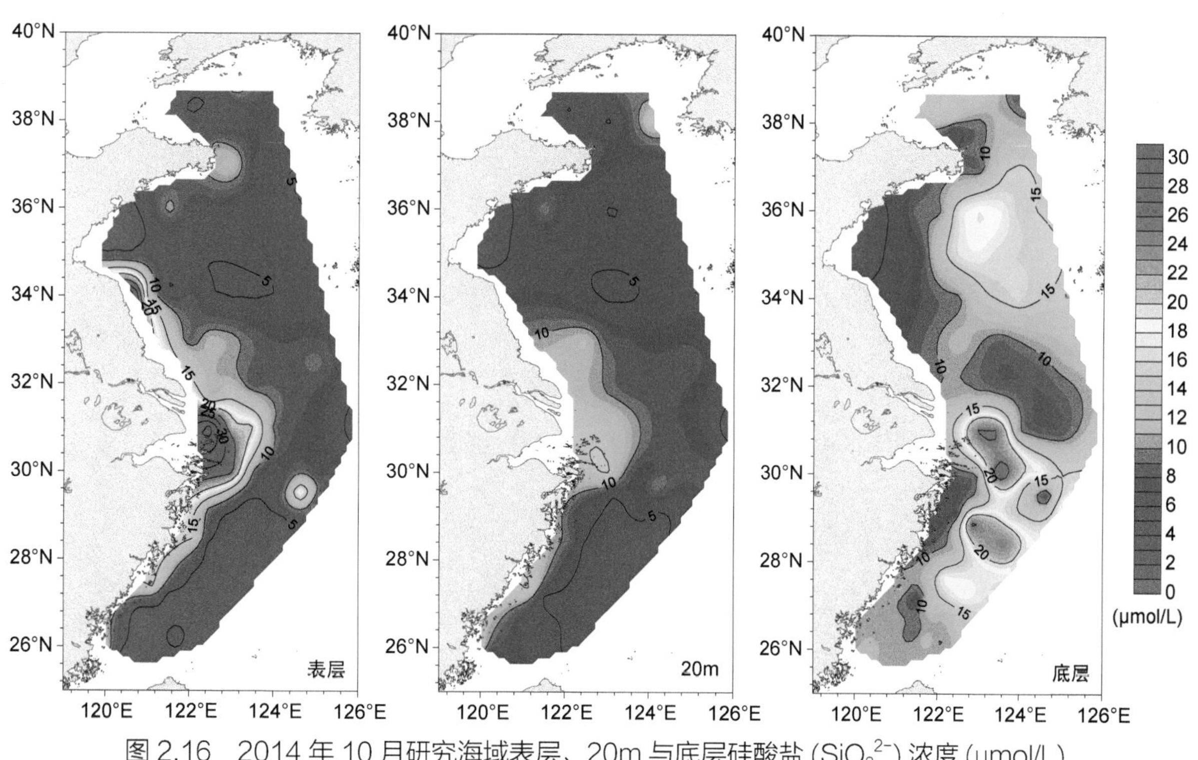

图 2.16　2014 年 10 月研究海域表层、20m 与底层硅酸盐 (SiO_3^{2-}) 浓度 (μmol/L)

2.3 2015 年 8 月黄东海

2.3.1 断面图

(1) 溶解氧 (DO)

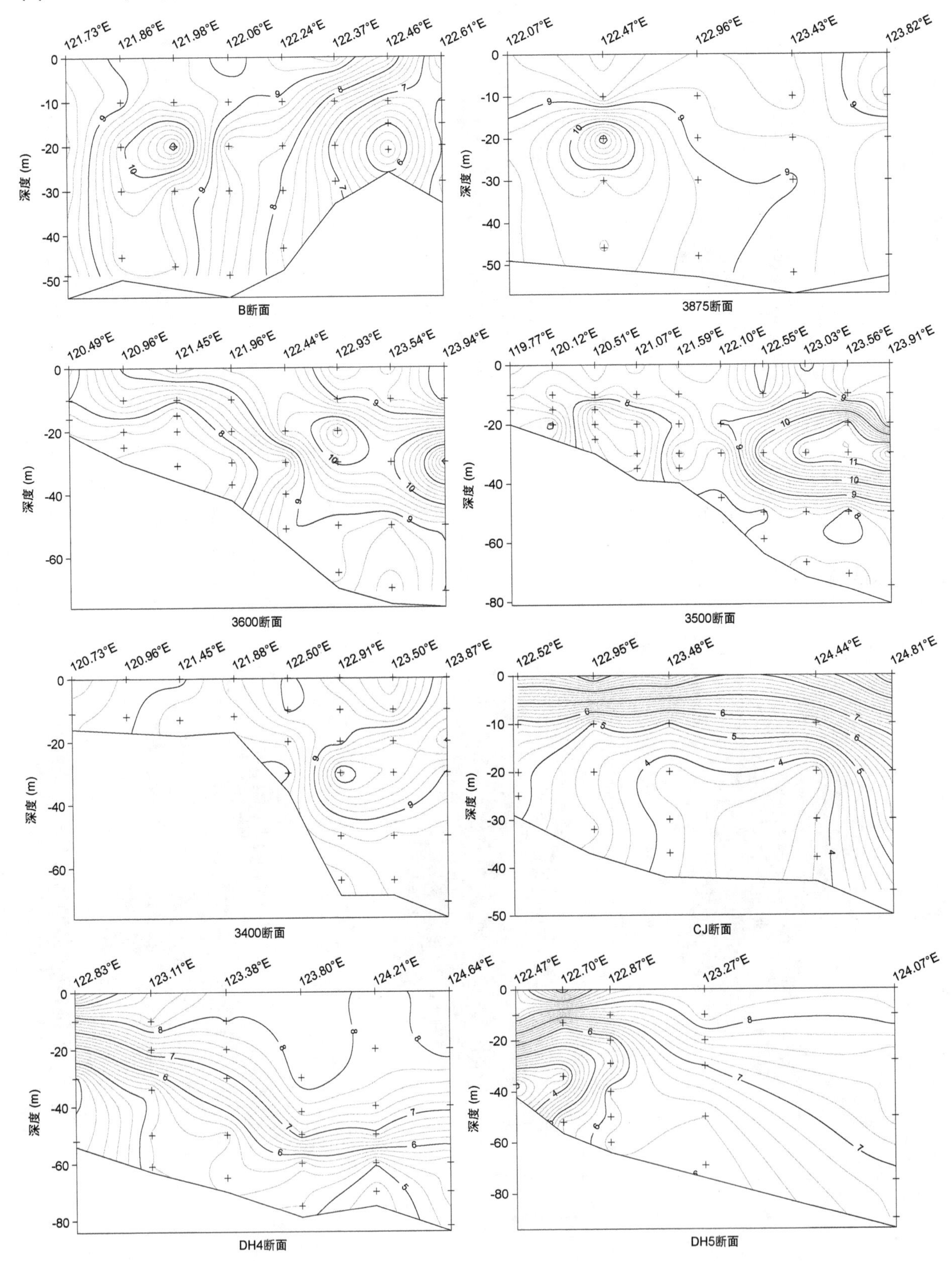

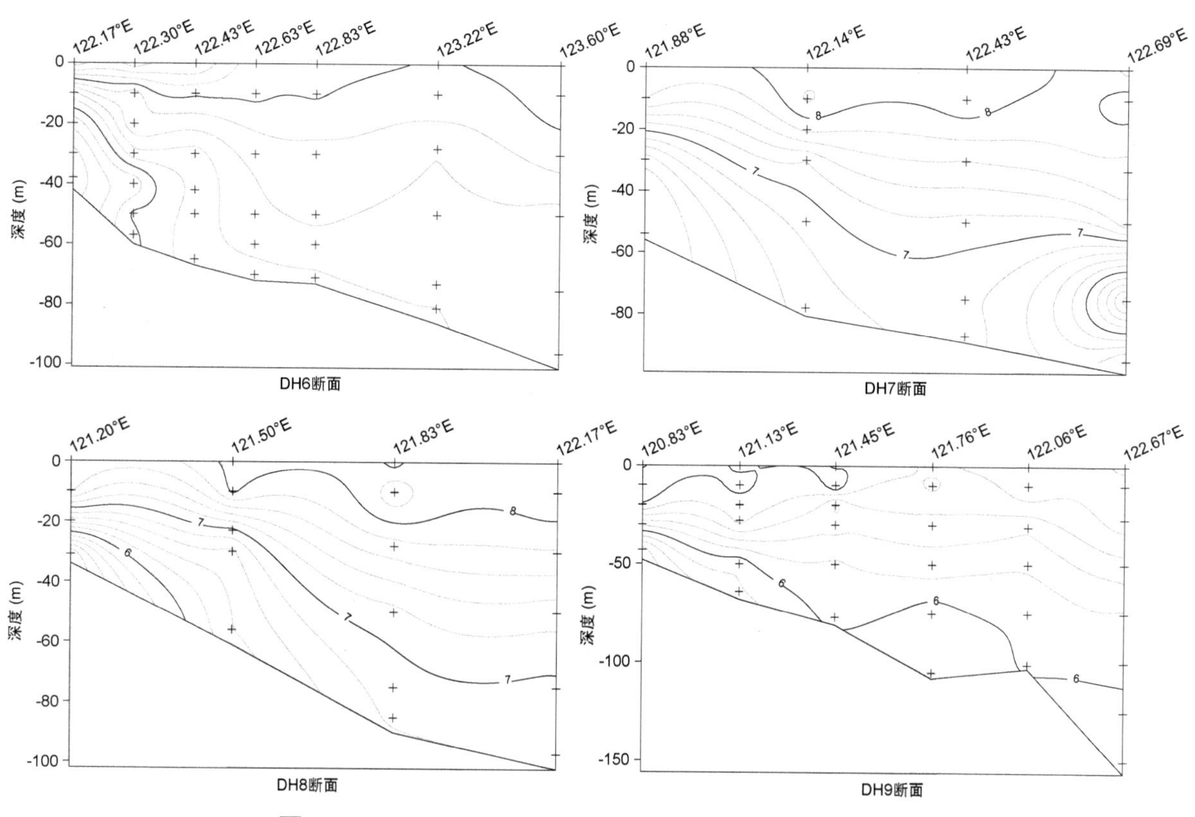

图 2.17 2015 年 8 月各断面溶解氧 (DO) 浓度 (mg/L)

(2) 硝酸盐 + 亚硝酸盐 ($NO_3^-+NO_2^-$)

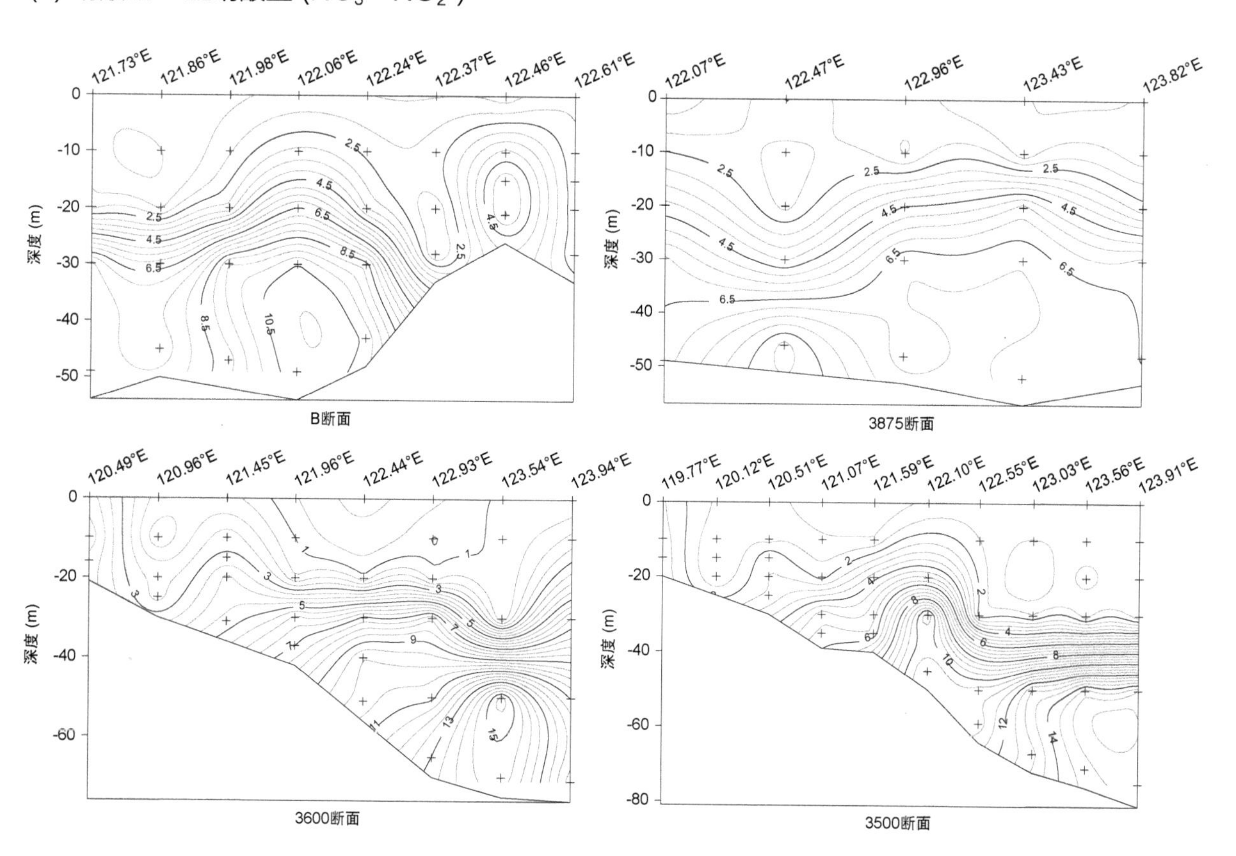

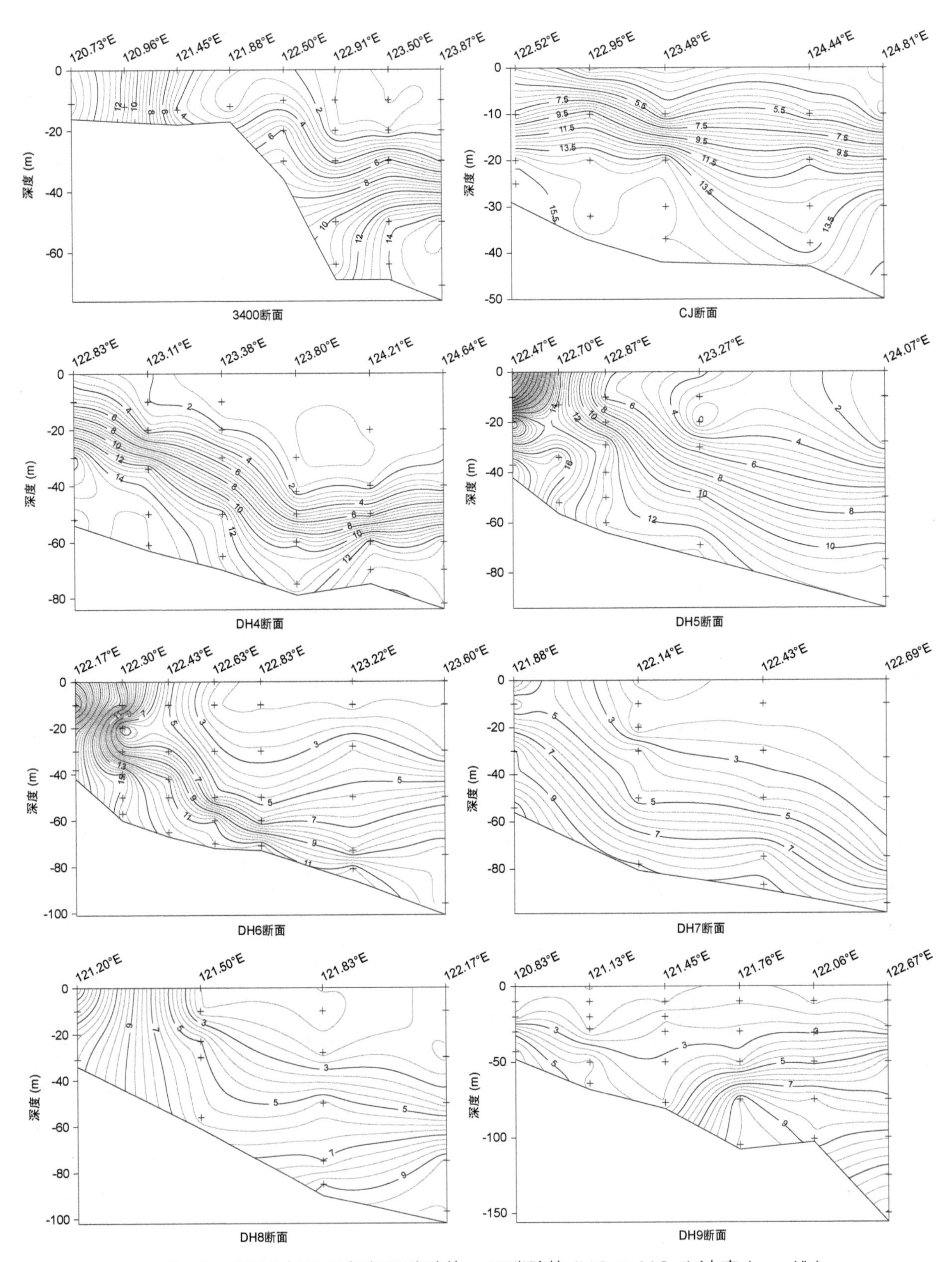

图 2.18　2015 年 8 月各断面硝酸盐 + 亚硝酸盐 ($NO_3^-+NO_2^-$) 浓度 (μmol/L)

(3) 铵盐 (NH_4^+)

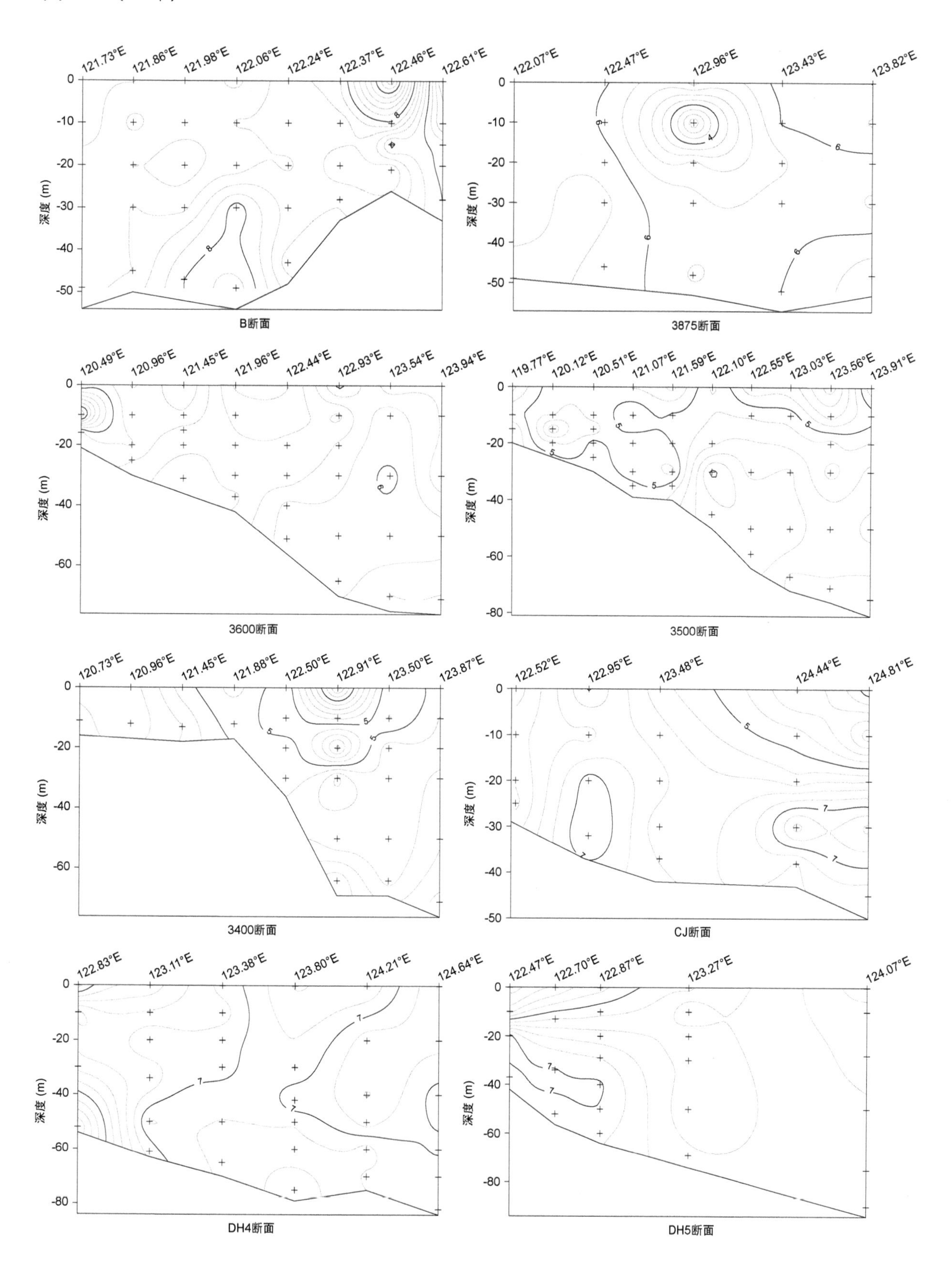
121.73°E
121.86°E
121.98°E
122.06°E
122.24°E
122.37°E
122.46°E
122.61°E
深度 (m)
B断面
122.07°E
122.47°E
122.96°E
123.43°E
123.82°E
3875断面
120.49°E
120.96°E
121.45°E
121.96°E
122.44°E
122.93°E
123.54°E
123.94°E
3600断面
119.77°E
120.12°E
120.51°E
121.07°E
121.59°E
122.10°E
122.55°E
123.03°E
123.56°E
123.91°E
3500断面
120.73°E
120.96°E
121.45°E
121.88°E
122.50°E
122.91°E
123.50°E
123.87°E
3400断面
122.52°E
122.95°E
123.48°E
124.44°E
124.81°E
CJ断面
122.83°E
123.11°E
123.38°E
123.80°E
124.21°E
124.64°E
DH4断面
122.47°E
122.70°E
122.87°E
123.27°E
124.07°E
DH5断面

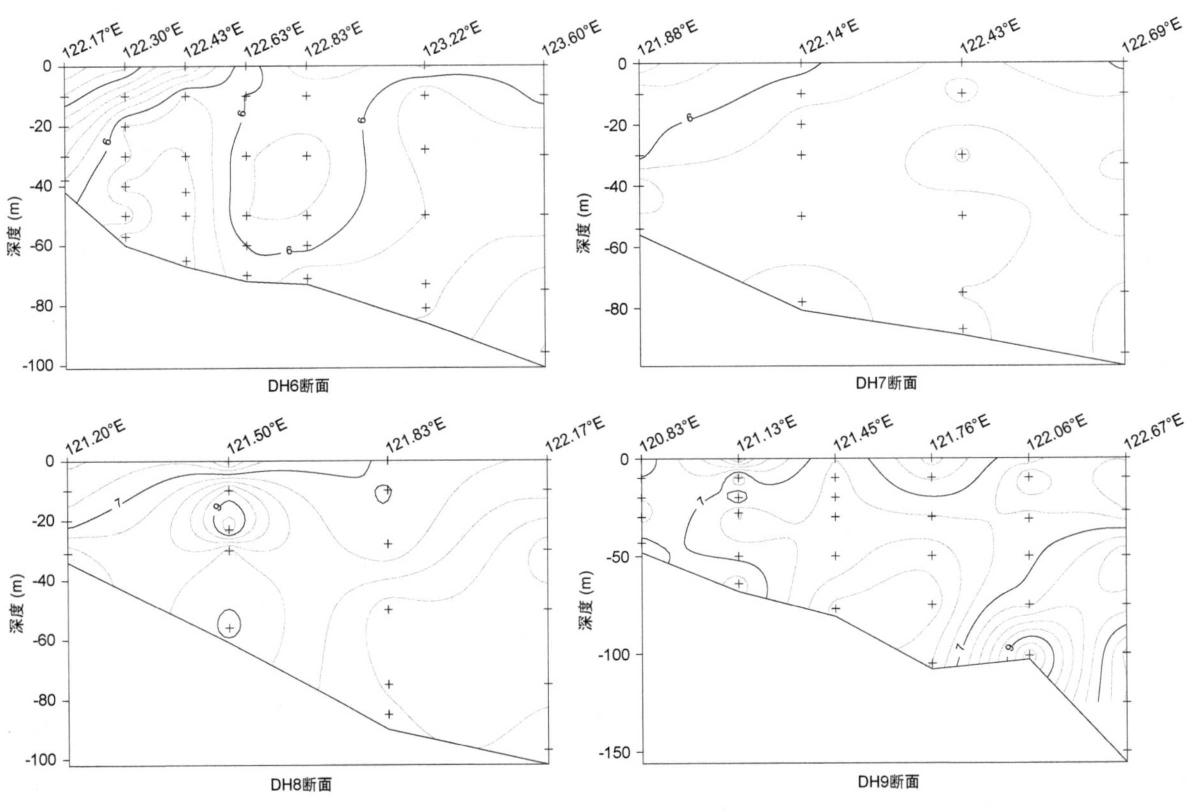

图 2.19　2015 年 8 月各断面铵盐 (NH_4^+) 浓度 (μmol/L)

(4) 磷酸盐 (PO_4^{3-})

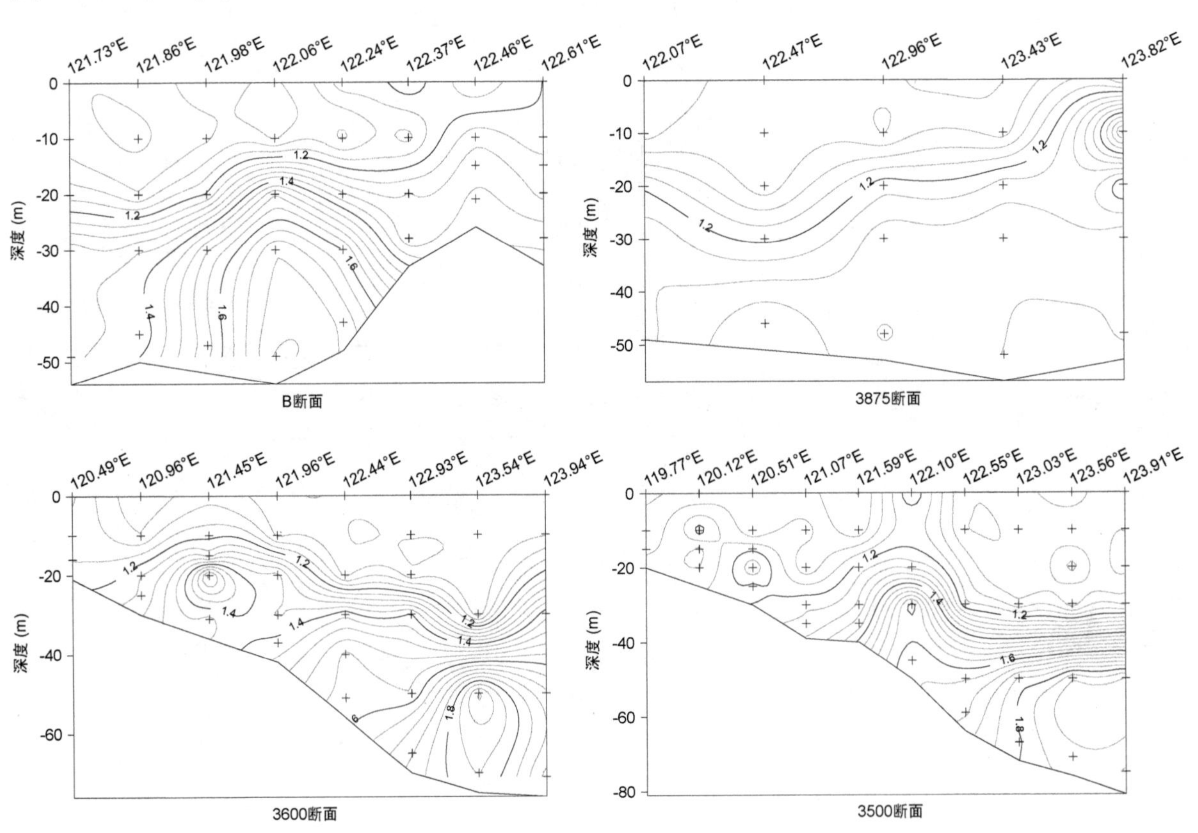

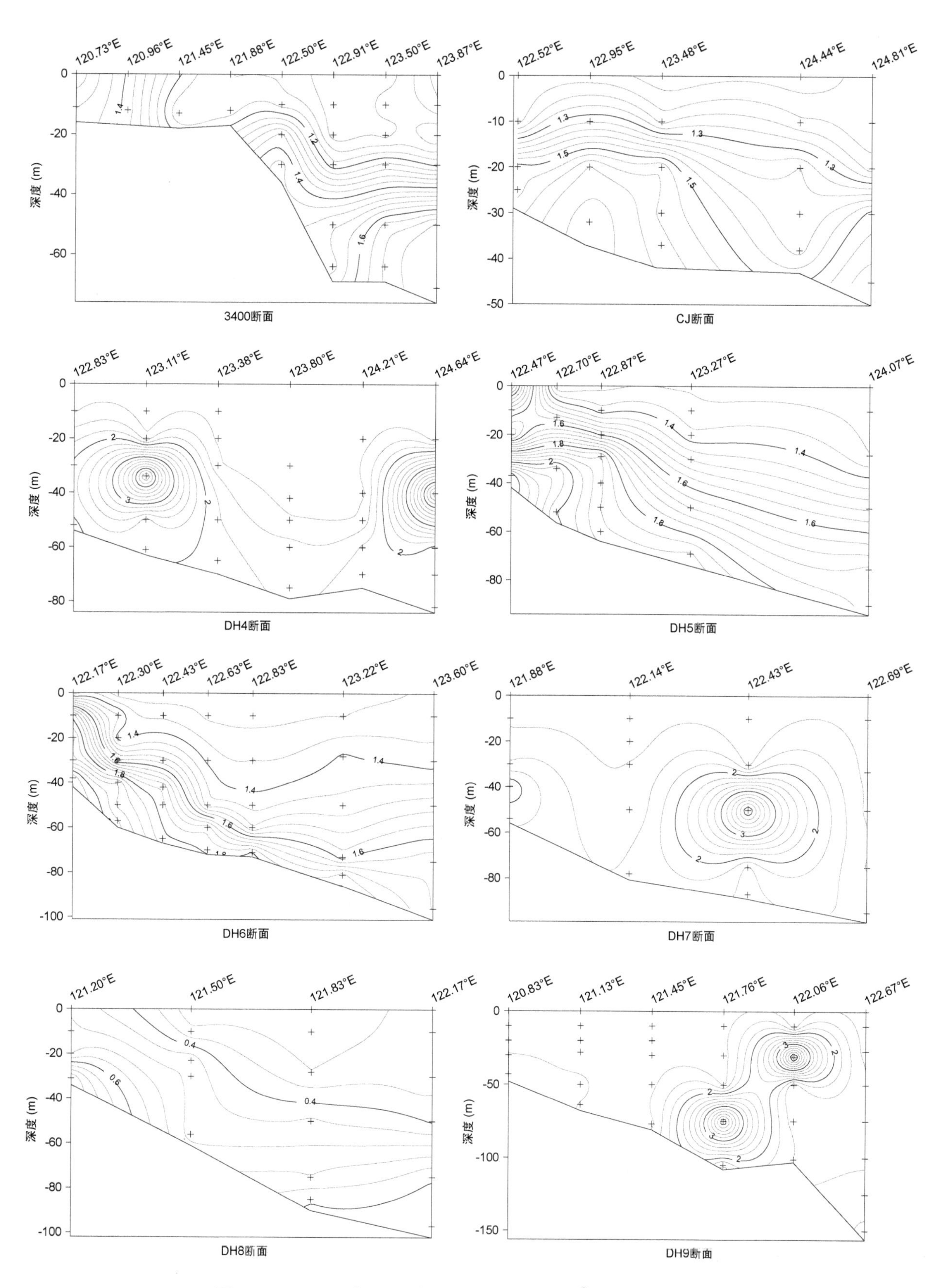

图 2.20　2015 年 8 月各断面磷酸盐 (PO_4^{3-}) 浓度 (μmol/L)

(5) 硅酸盐 (SiO_3^{2-})

B断面
3875断面
3600断面
3500断面
3400断面
CJ断面
DH4断面
DH5断面
深度 (m)

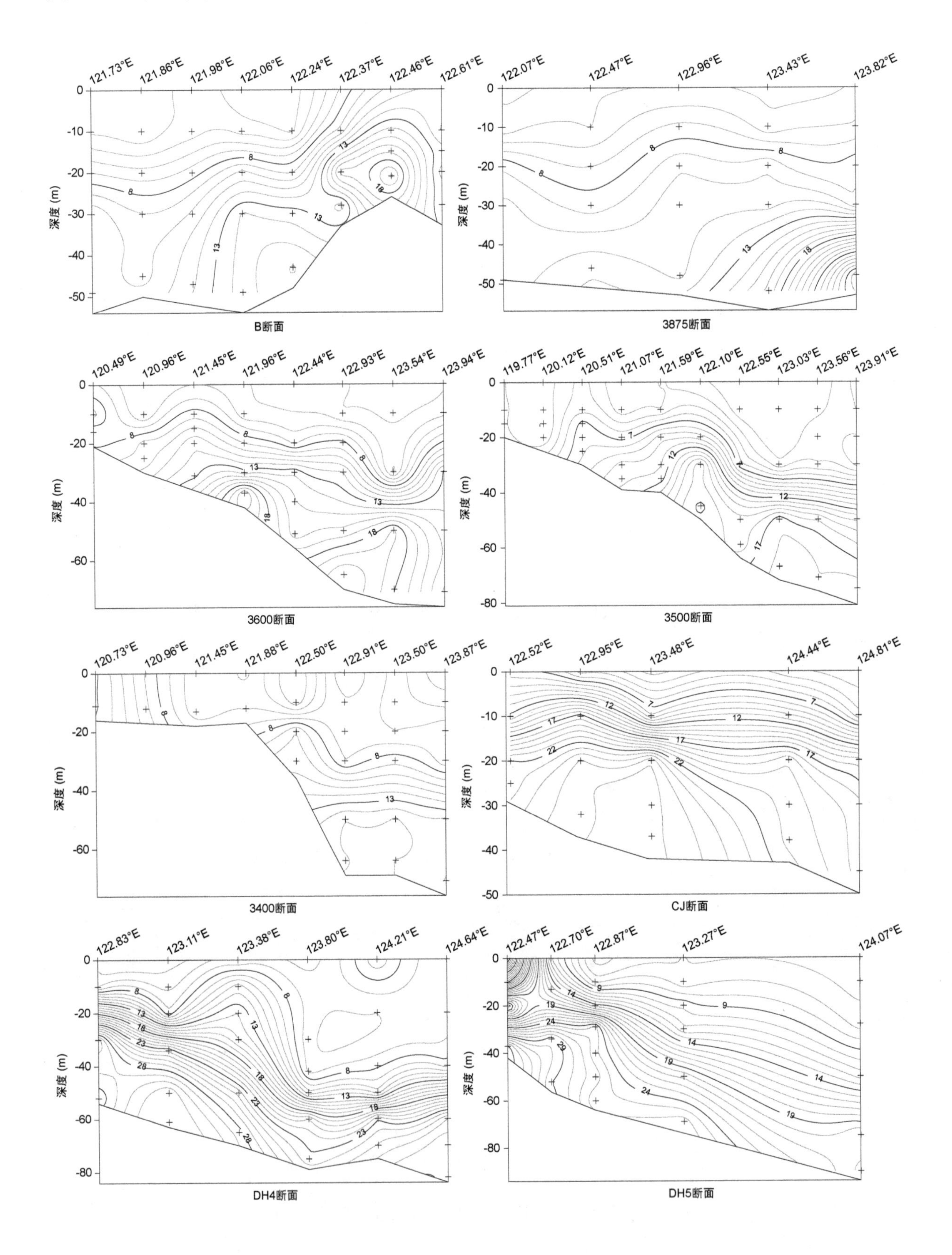

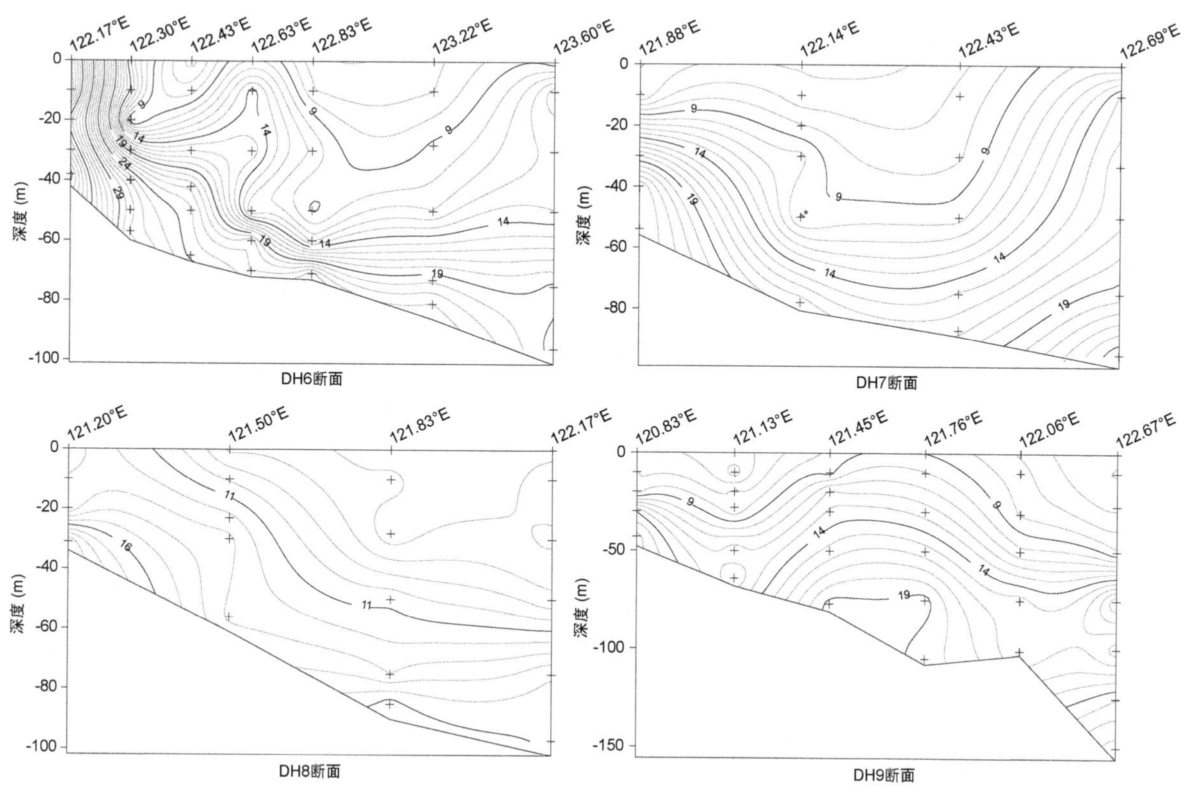

图 2.21　2015 年 8 月各断面硅酸盐 (SiO_3^{2-}) 浓度 (μmol/L)

2.3.2　平面图

(1) 溶解氧 (DO)

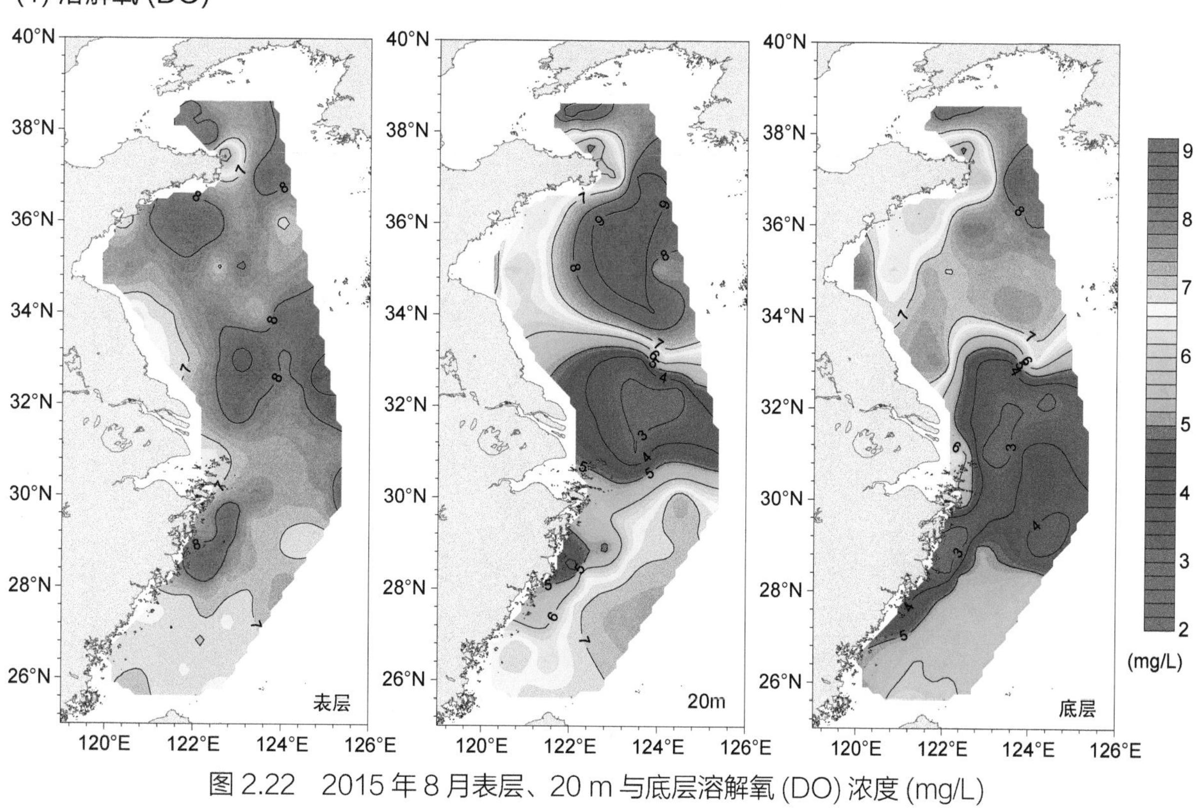

图 2.22　2015 年 8 月表层、20 m 与底层溶解氧 (DO) 浓度 (mg/L)

(2) 硝酸盐 + 亚硝酸盐 ($NO_3^-+NO_2^-$)

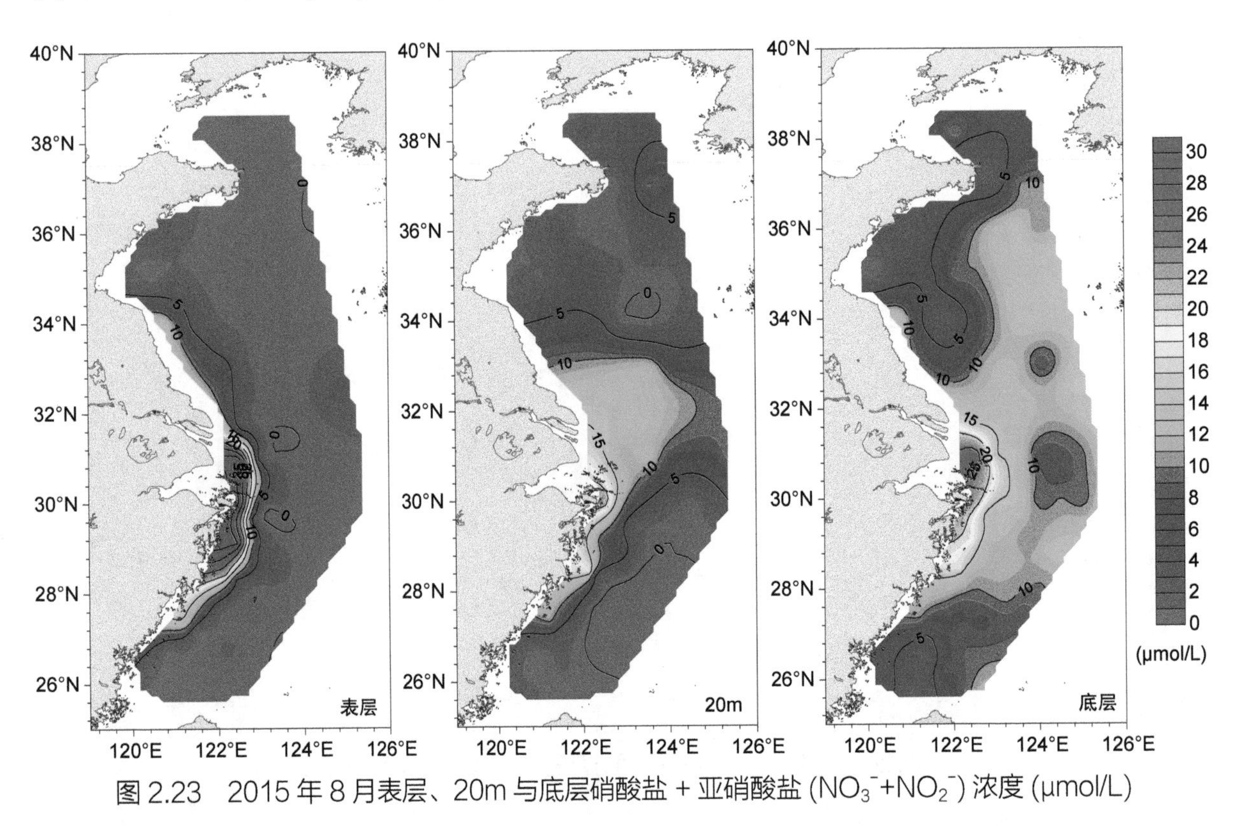

图 2.23 2015 年 8 月表层、20m 与底层硝酸盐 + 亚硝酸盐 ($NO_3^-+NO_2^-$) 浓度 (μmol/L)

(3) 铵盐 (NH_4^+)

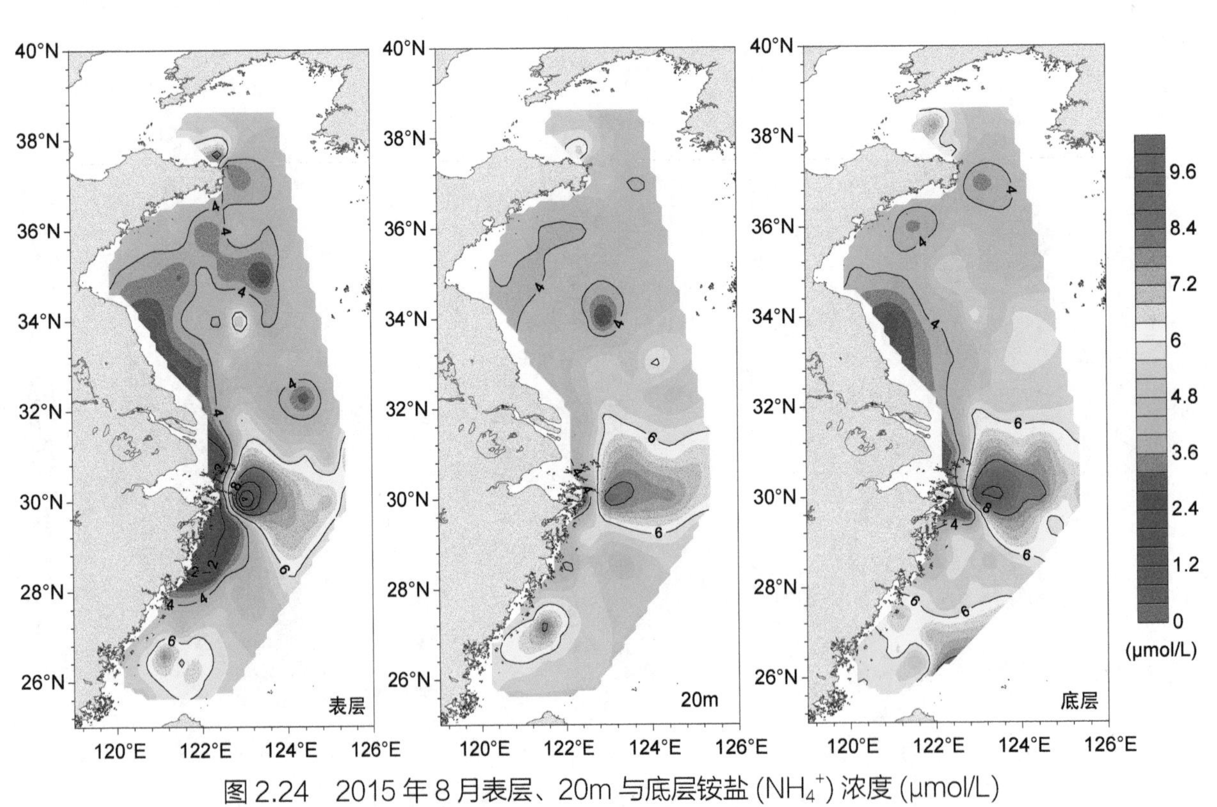

图 2.24 2015 年 8 月表层、20m 与底层铵盐 (NH_4^+) 浓度 (μmol/L)

(4) 磷酸盐 (PO_4^{3-})

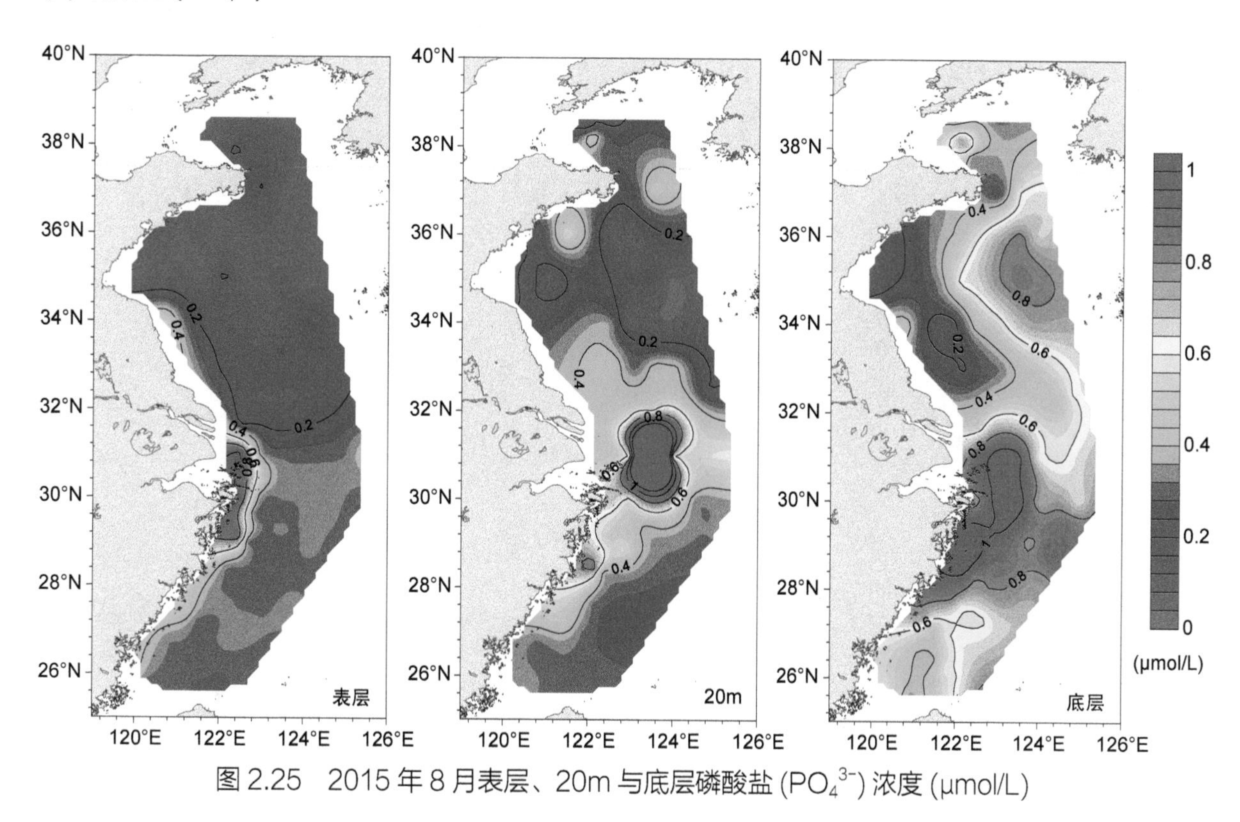

图 2.25 2015 年 8 月表层、20m 与底层磷酸盐 (PO_4^{3-}) 浓度 (μmol/L)

(5) 硅酸盐 (SiO_3^{2-})

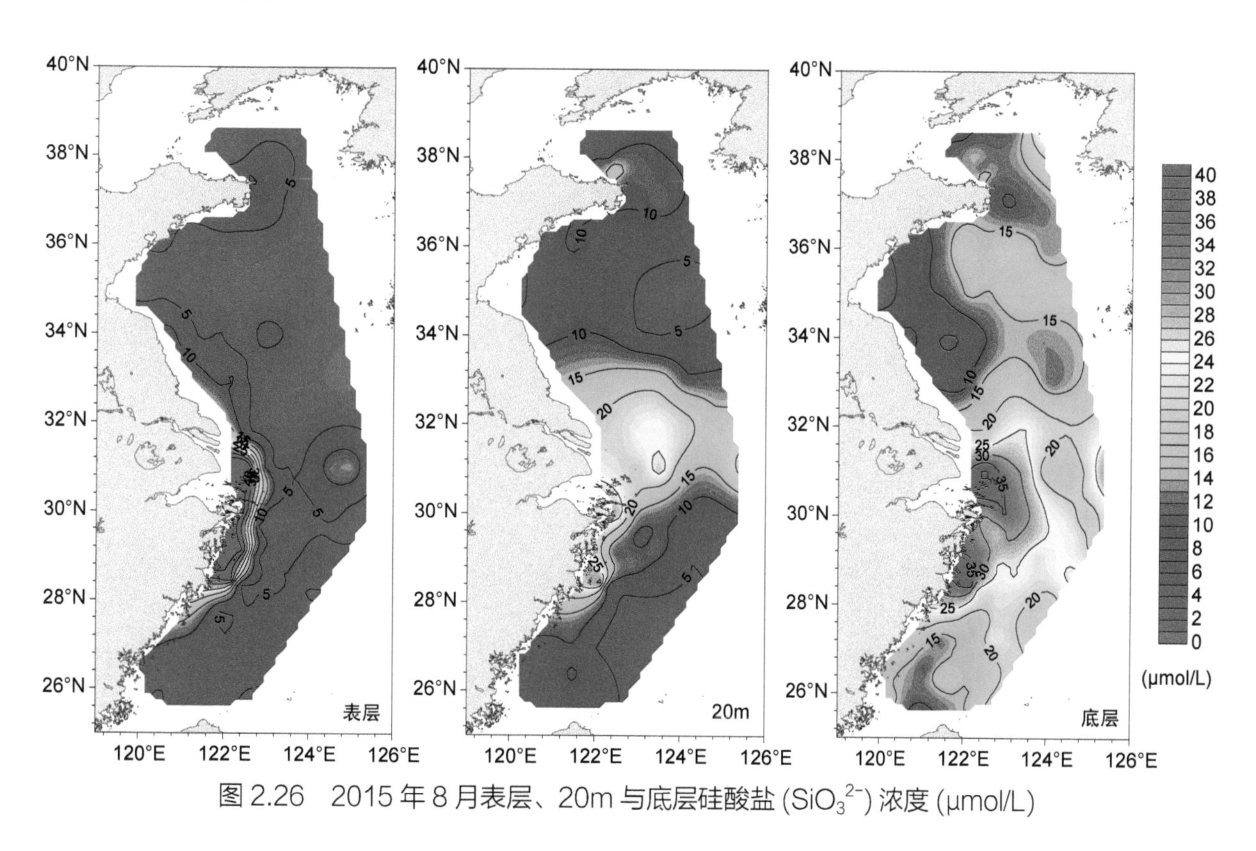

图 2.26 2015 年 8 月表层、20m 与底层硅酸盐 (SiO_3^{2-}) 浓度 (μmol/L)

2.4 2015年12月黄东海

2.4.1 断面图

(1) 溶解氧 (DO)

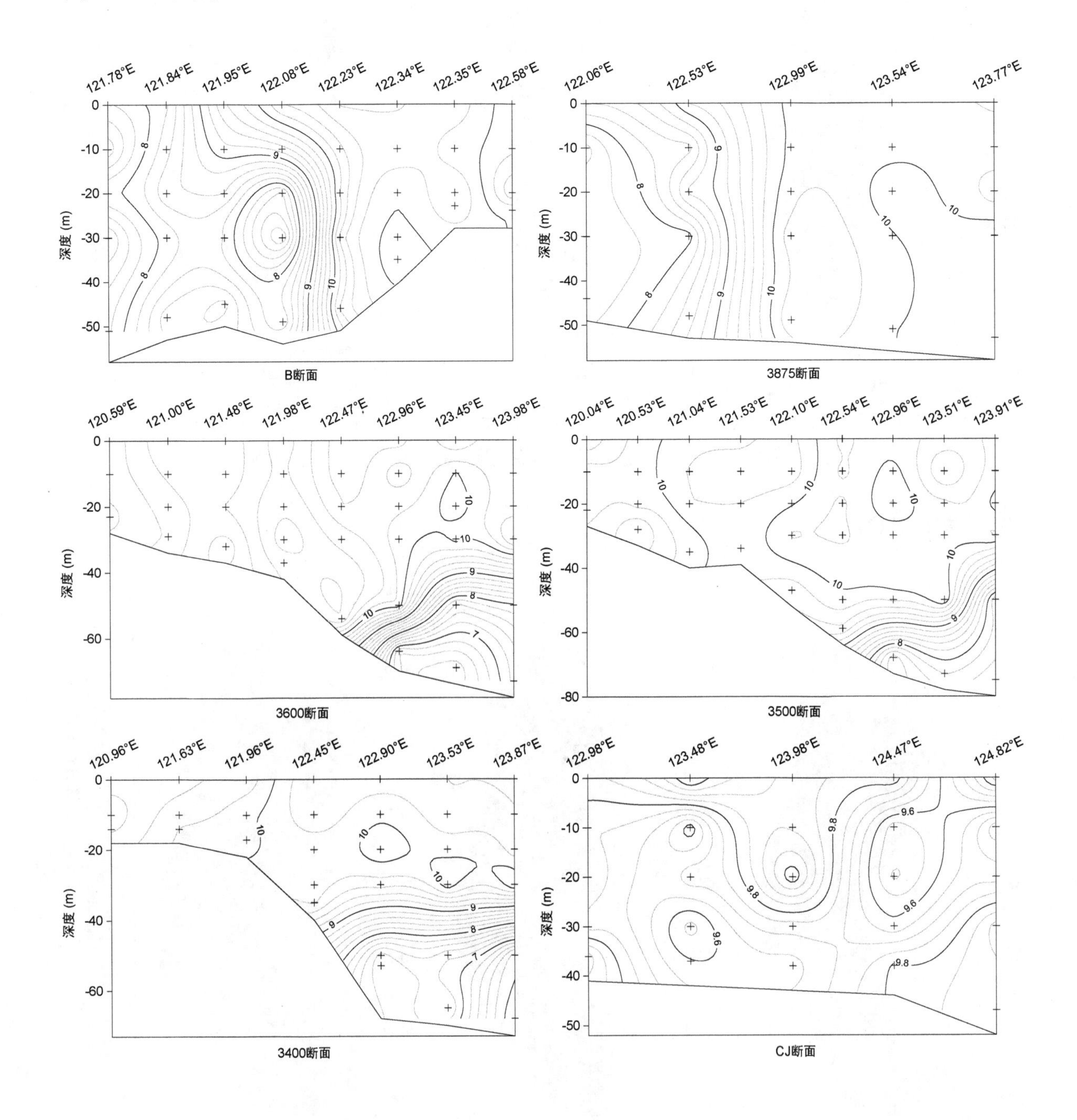

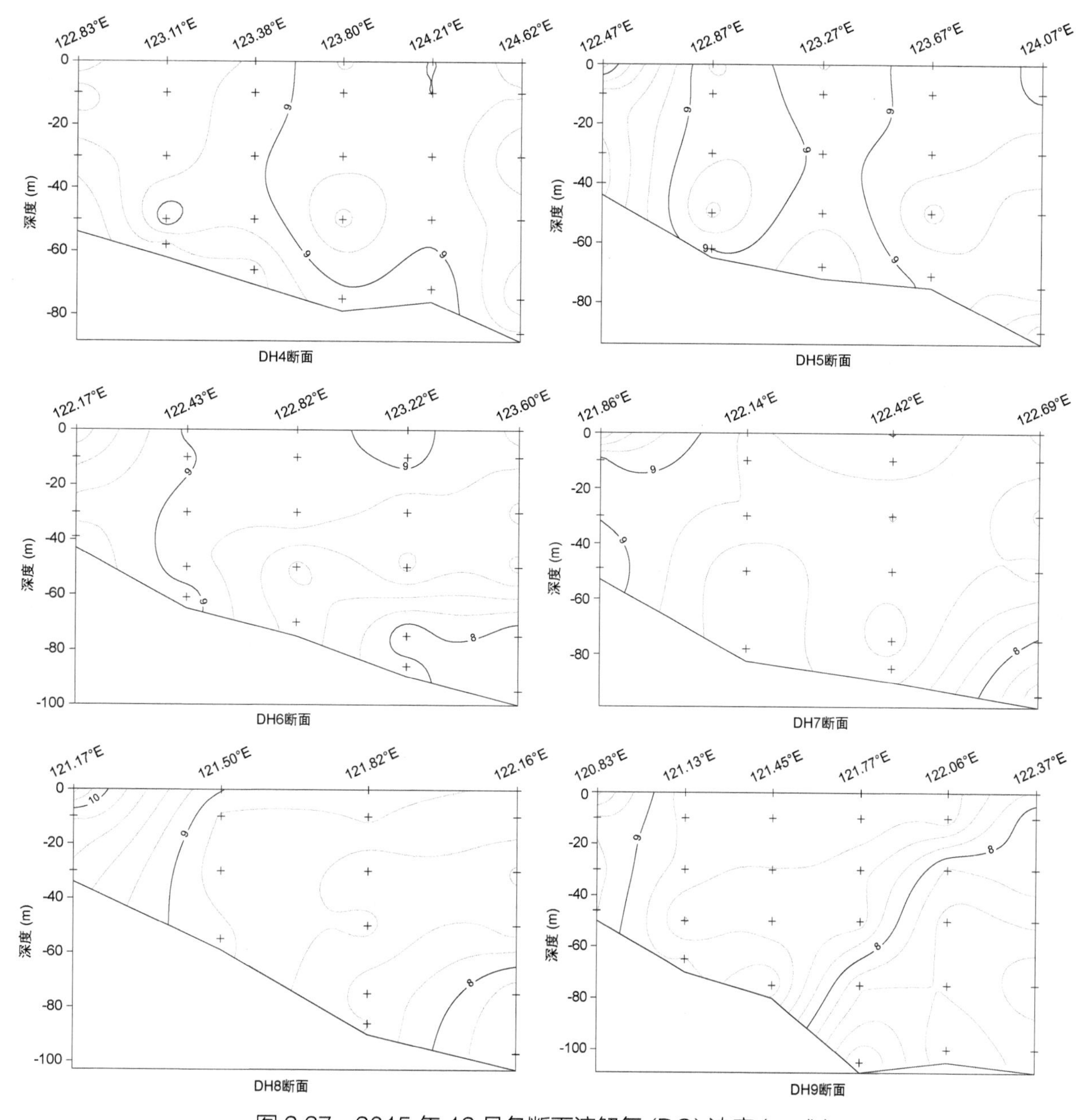

图 2.27 2015 年 12 月各断面溶解氧 (DO) 浓度 (mg/L)

(2) 硝酸盐 + 亚硝酸盐 (NO_3^-+NO_2^-)

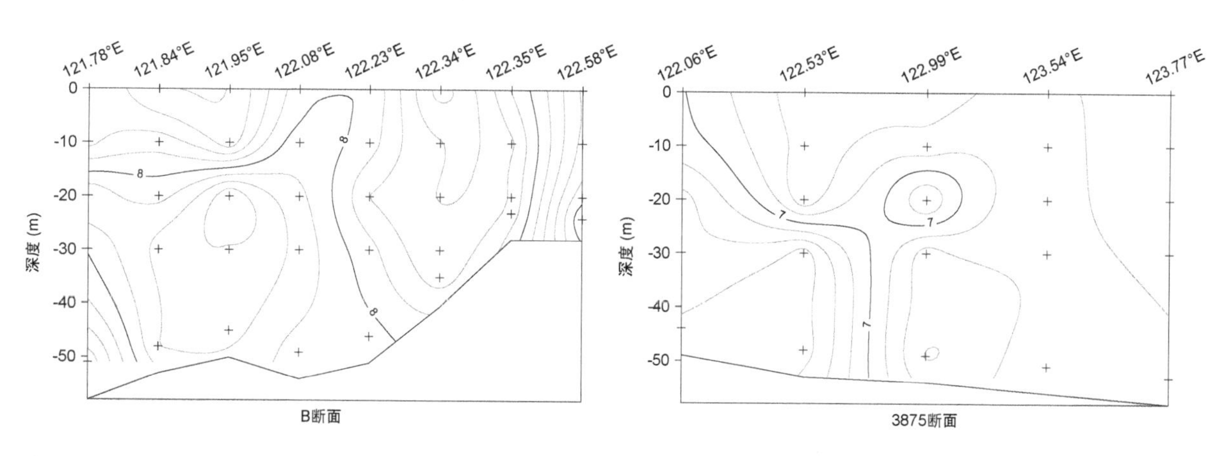

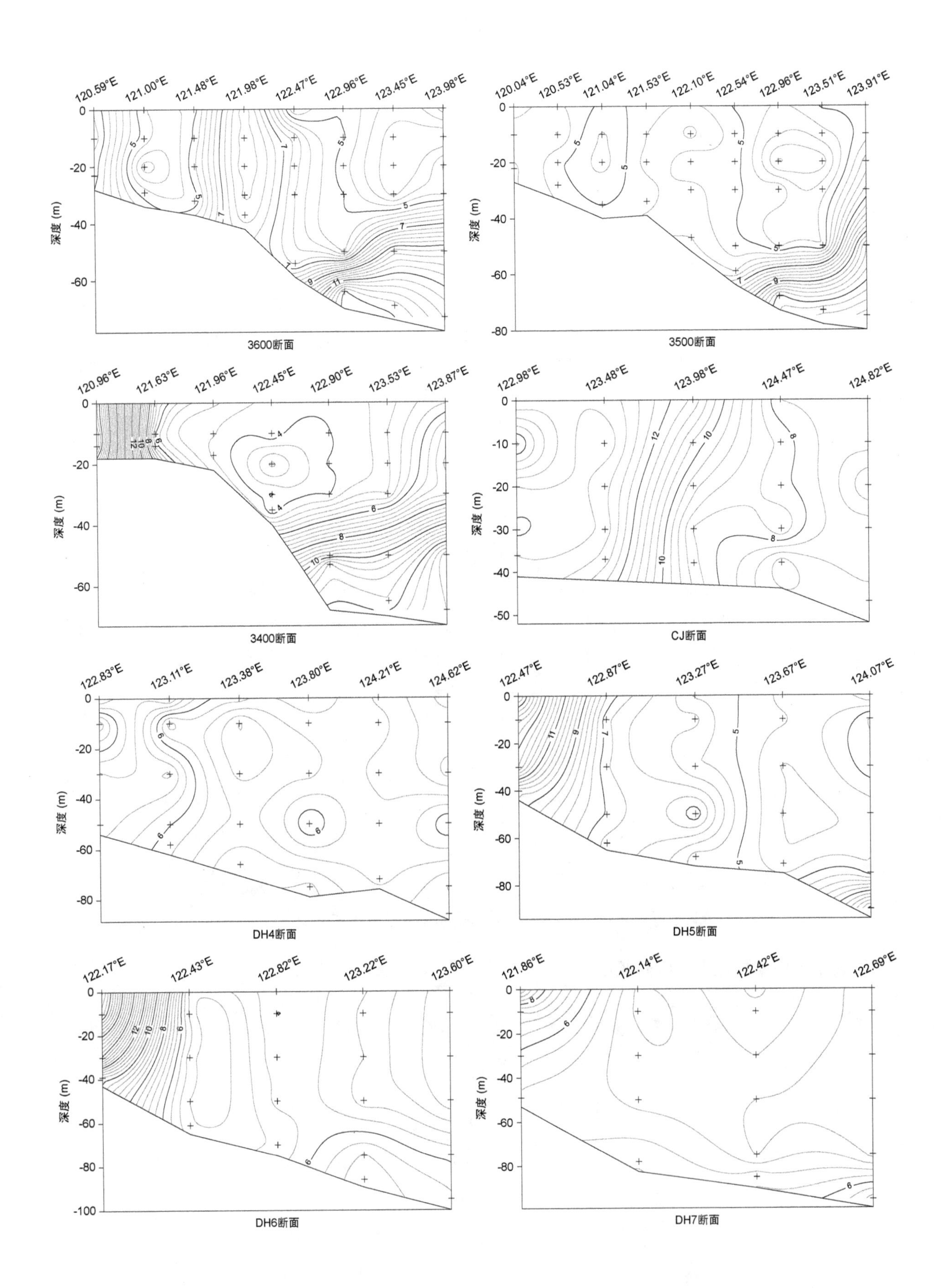
120.59°E
121.00°E
121.48°E
121.98°E
122.47°E
122.96°E
123.45°E
123.98°E
深度 (m)
3600断面
120.04°E
120.53°E
121.04°E
121.53°E
122.10°E
122.54°E
122.96°E
123.51°E
123.91°E
3500断面
120.96°E
121.63°E
121.96°E
122.45°E
122.90°E
123.53°E
123.87°E
3400断面
122.98°E
123.48°E
123.98°E
124.47°E
124.82°E
CJ断面
122.83°E
123.11°E
123.38°E
123.80°E
124.21°E
124.62°E
DH4断面
122.47°E
122.87°E
123.27°E
123.67°E
124.07°E
DH5断面
122.17°E
122.43°E
122.82°E
123.22°E
123.60°E
DH6断面
121.86°E
122.14°E
122.42°E
122.69°E
DH7断面

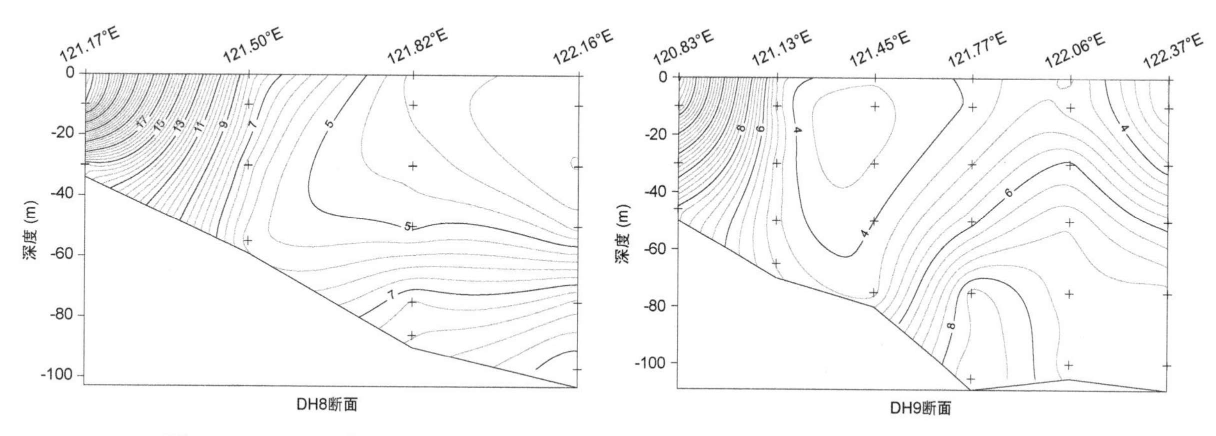

图 2.28　2015 年 12 月各断面硝酸盐 + 亚硝酸盐 ($NO_3^-+NO_2^-$) 浓度 (μmol/L)

(3) 铵盐 (NH_4^+)

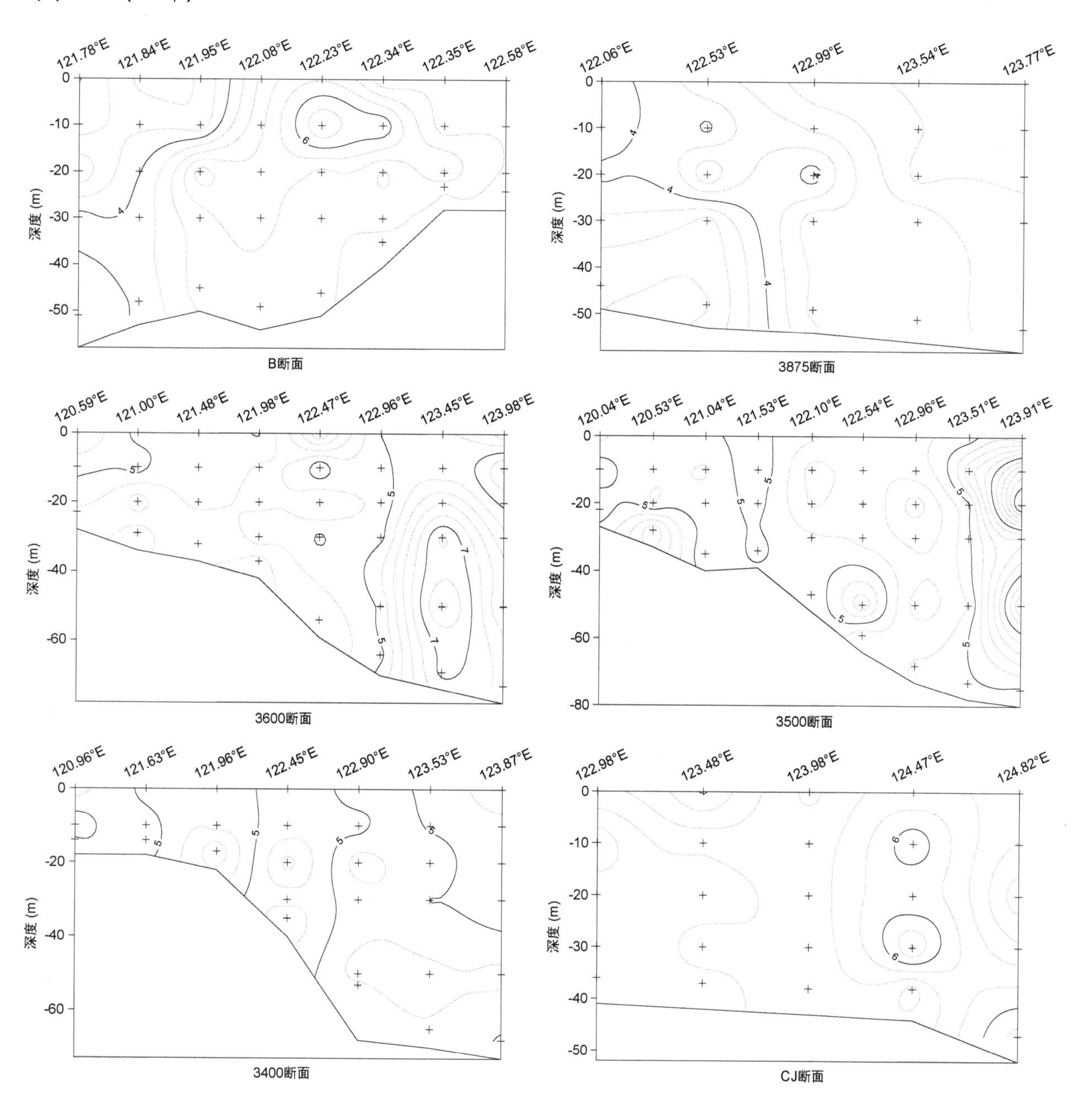

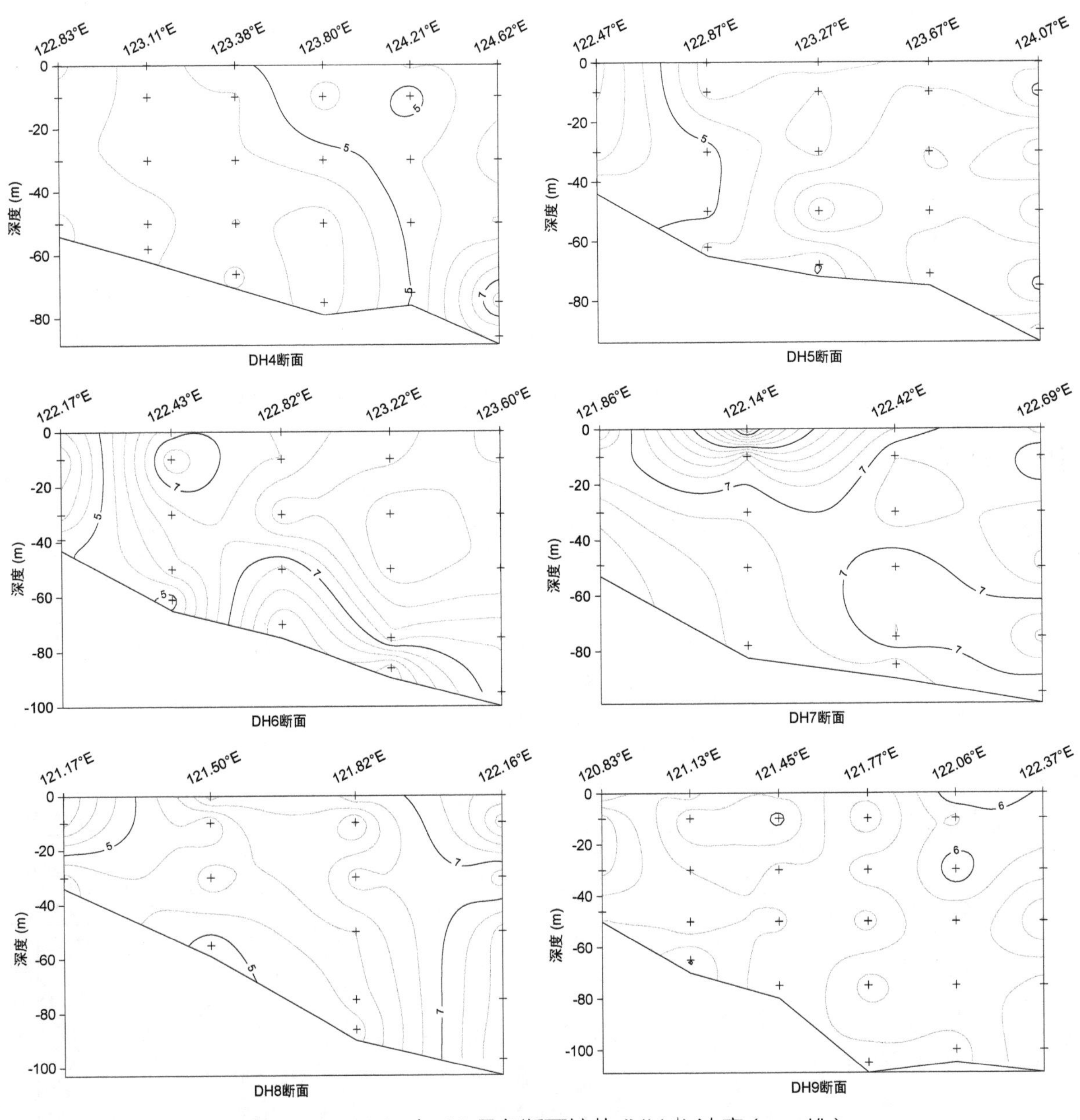

图 2.29　2015 年 12 月各断面铵盐 (NH_4^+) 浓度 (μmol/L)

(4) 磷酸盐 (PO_4^{3-})

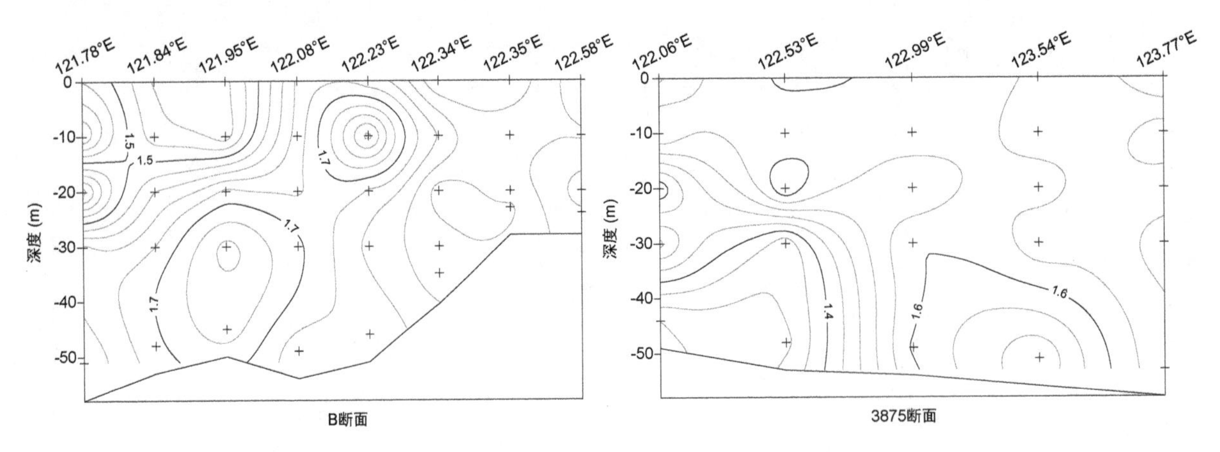

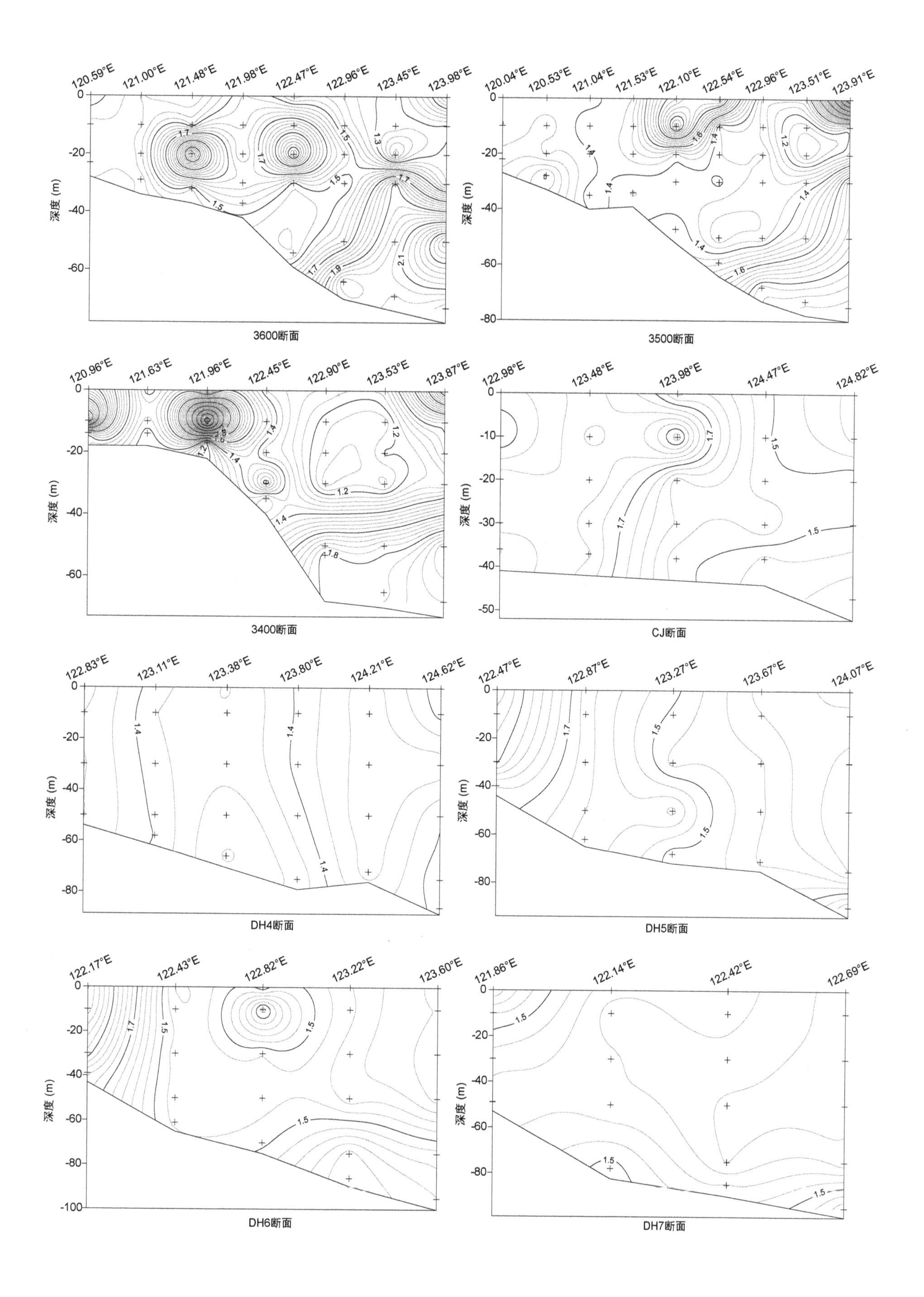
3600断面
3500断面
3400断面
CJ断面
DH4断面
DH5断面
DH6断面
DH7断面
深度 (m)

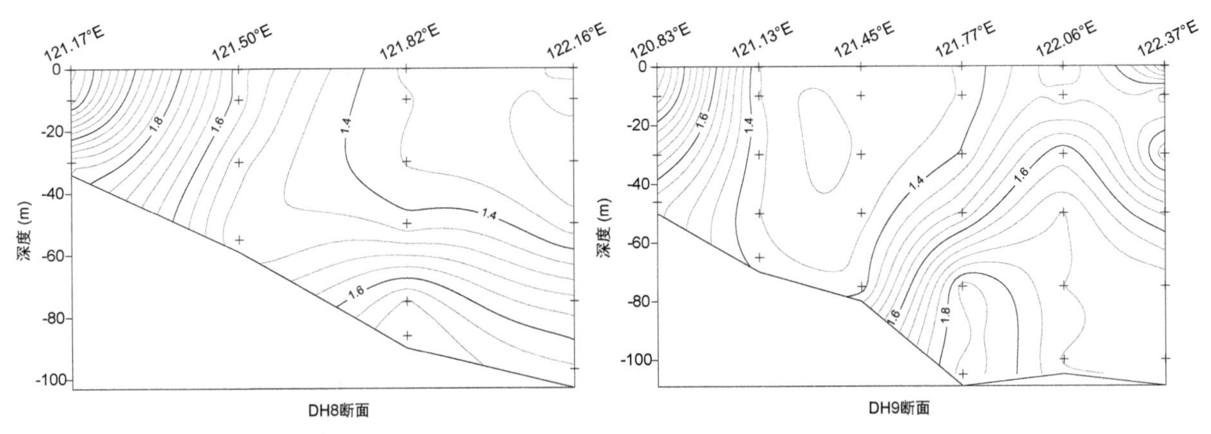

图 2.30　2015 年 12 月各断面磷酸盐 (PO_4^{3-}) 浓度 (μmol/L)

(5) 硅酸盐 (SiO_3^{2-})

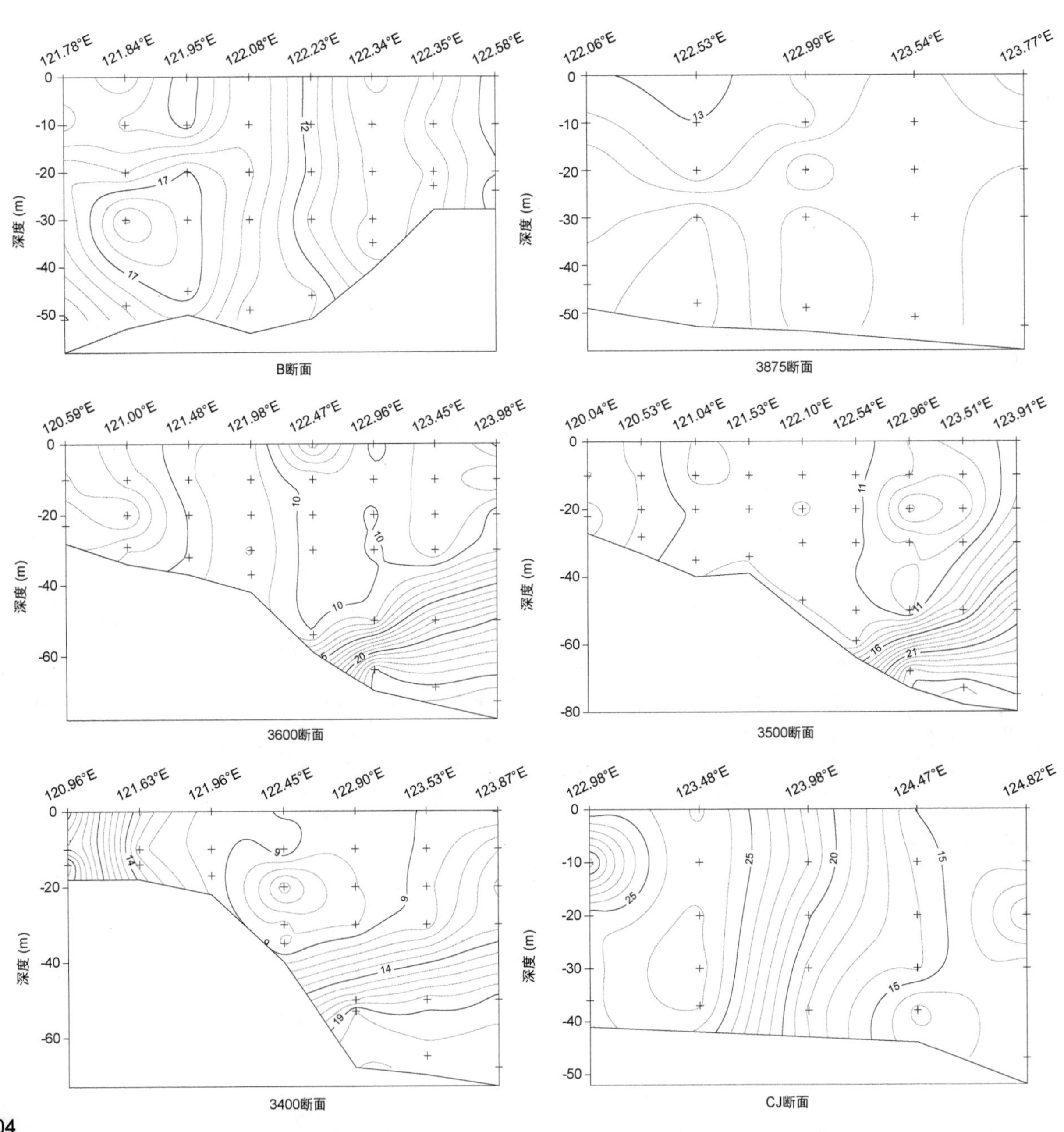

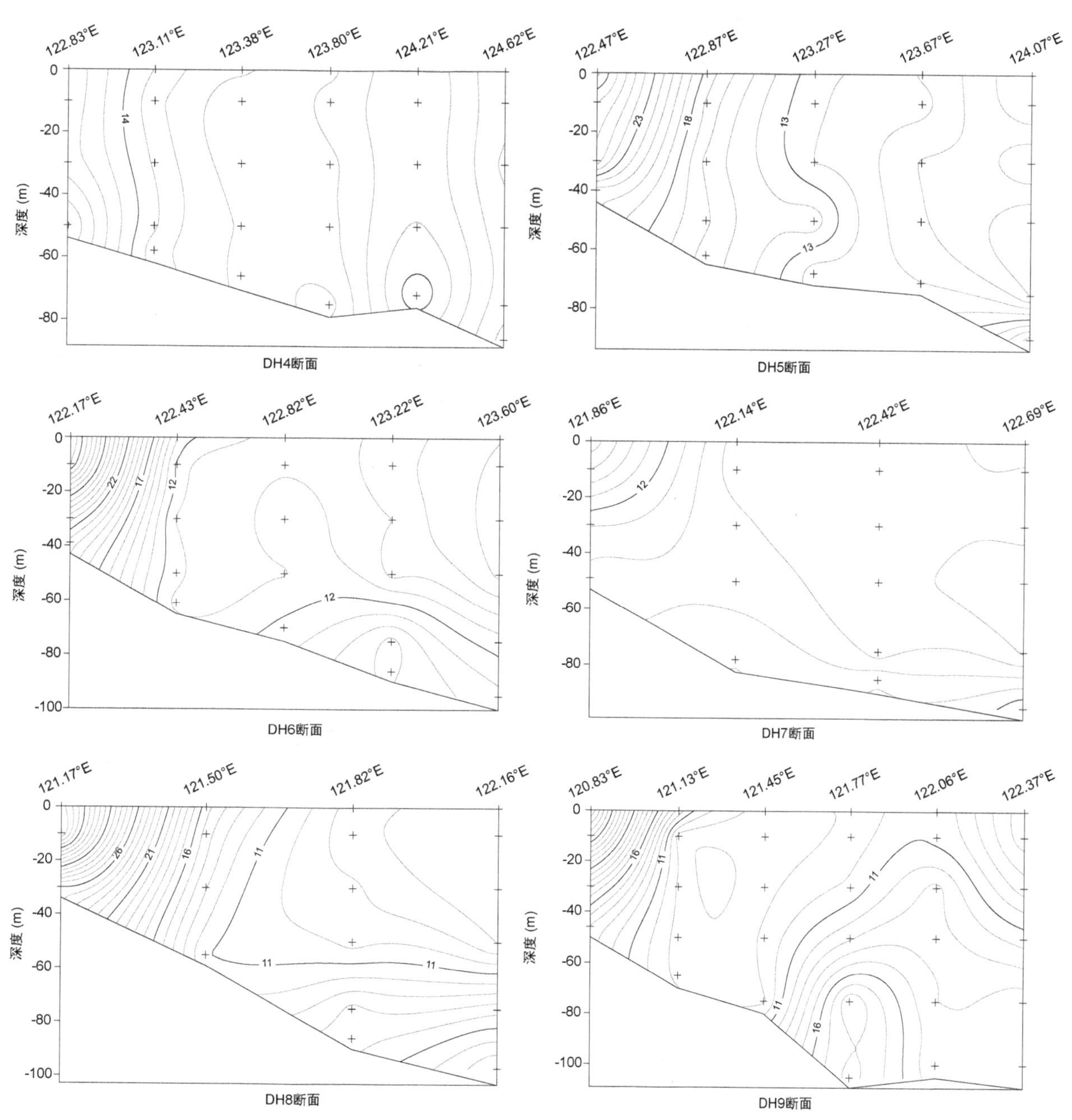

图 2.31　2015 年 12 月各断面硅酸盐 (SiO_3^{2-}) 浓度 (μmol/L)

2.4.2 平面图

(1) 溶解氧 (DO)

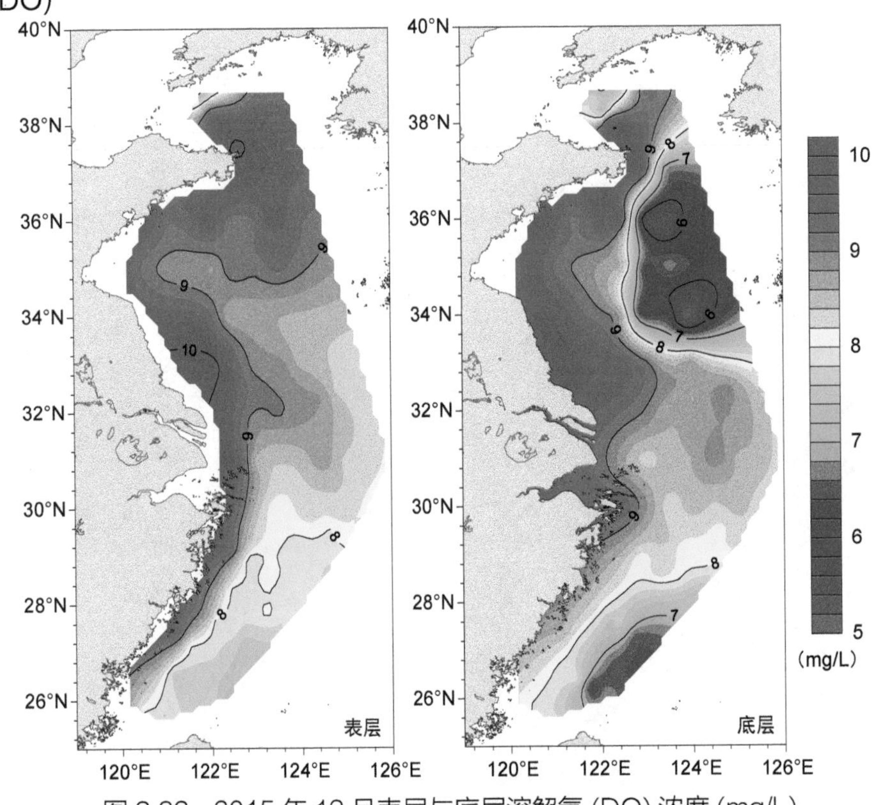

图 2.32 2015 年 12 月表层与底层溶解氧 (DO) 浓度 (mg/L)

(2) 硝酸盐 + 亚硝酸盐 ($NO_3^-+NO_2^-$)

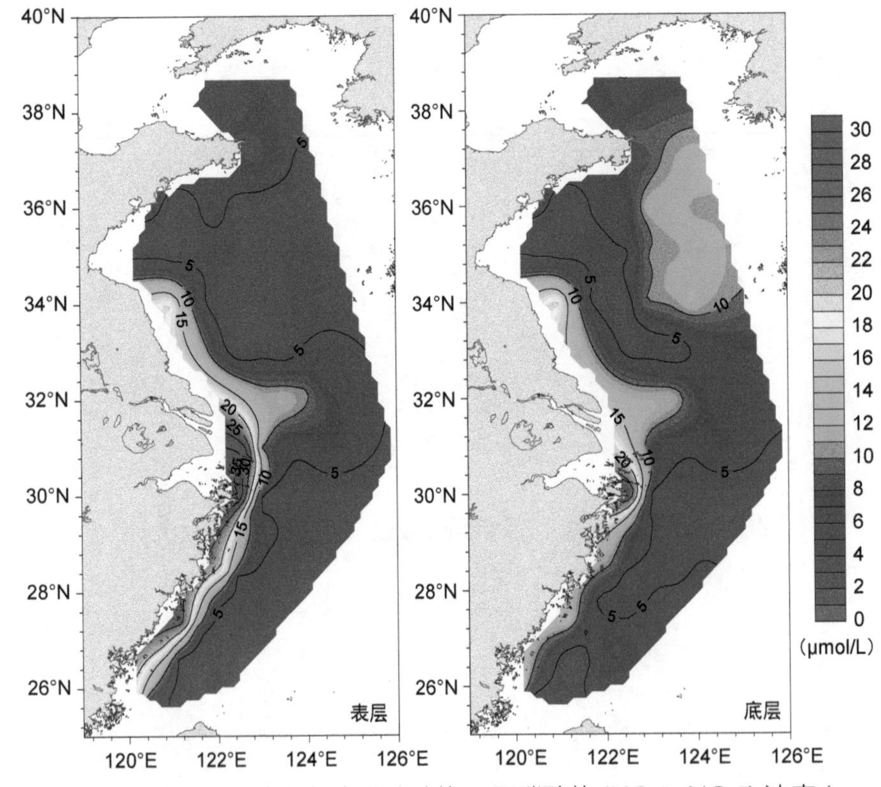

图 2.33 2015 年 12 月表层与底层硝酸盐 + 亚硝酸盐 ($NO_3^-+NO_2^-$) 浓度 (μmol/L)

(3) 铵盐 (NH_4^+)

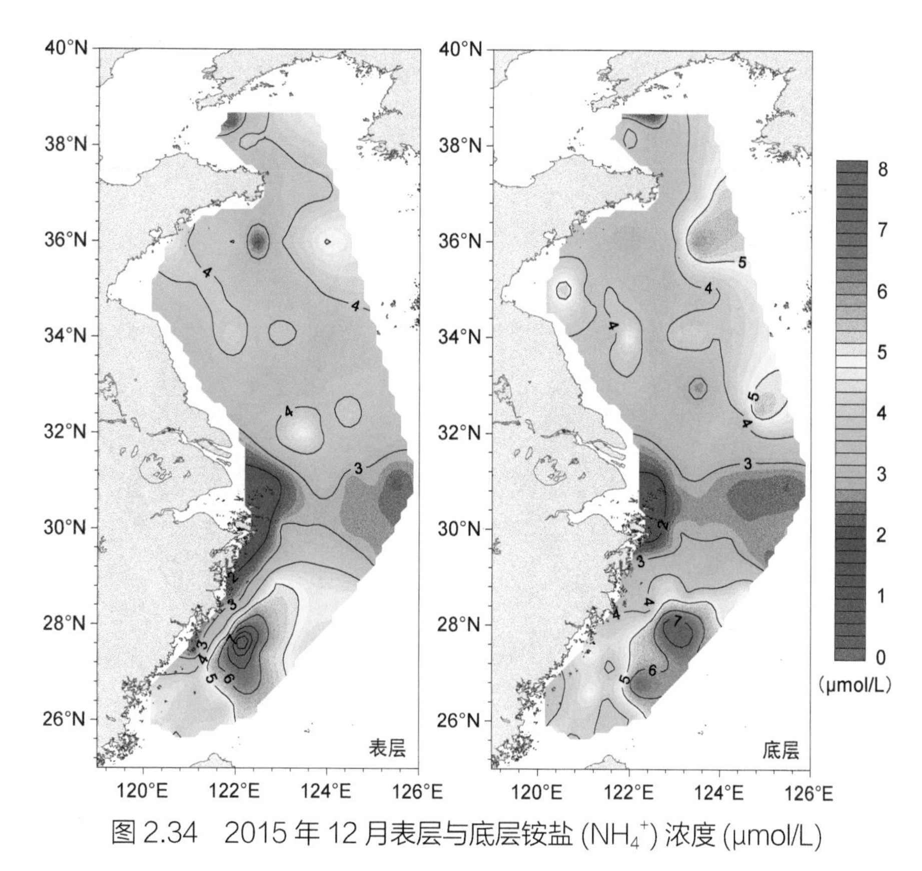

图 2.34 2015 年 12 月表层与底层铵盐 (NH_4^+) 浓度 (μmol/L)

(4) 磷酸盐 (PO_4^{3-})

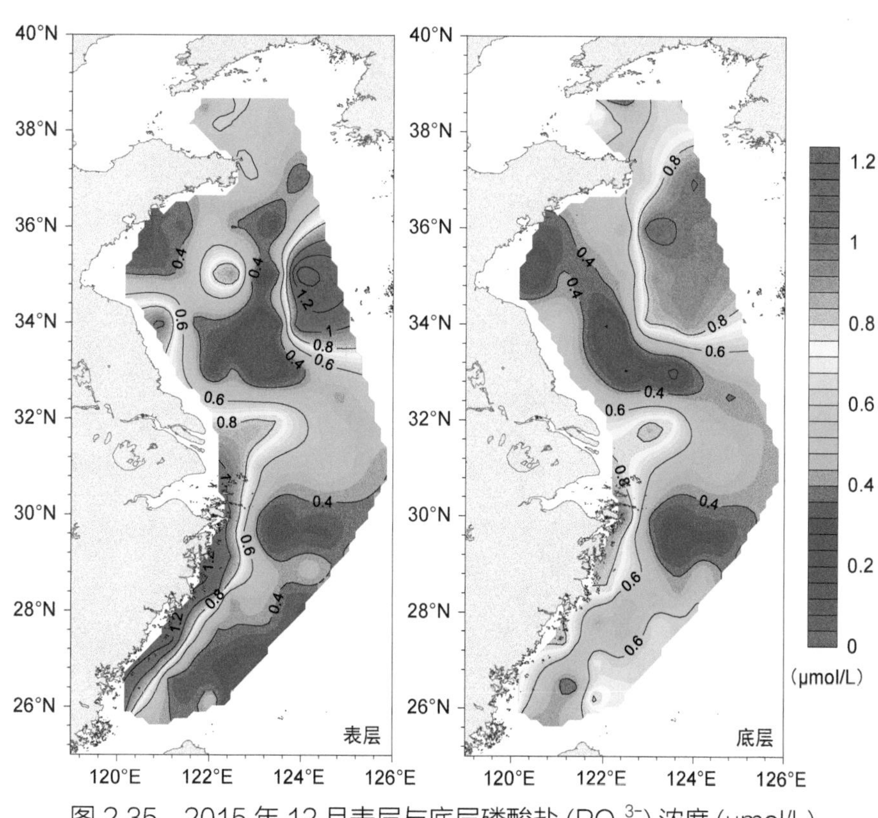

图 2.35 2015 年 12 月表层与底层磷酸盐 (PO_4^{3-}) 浓度 (μmol/L)

(5) 硅酸盐 (SiO_3^{2-})

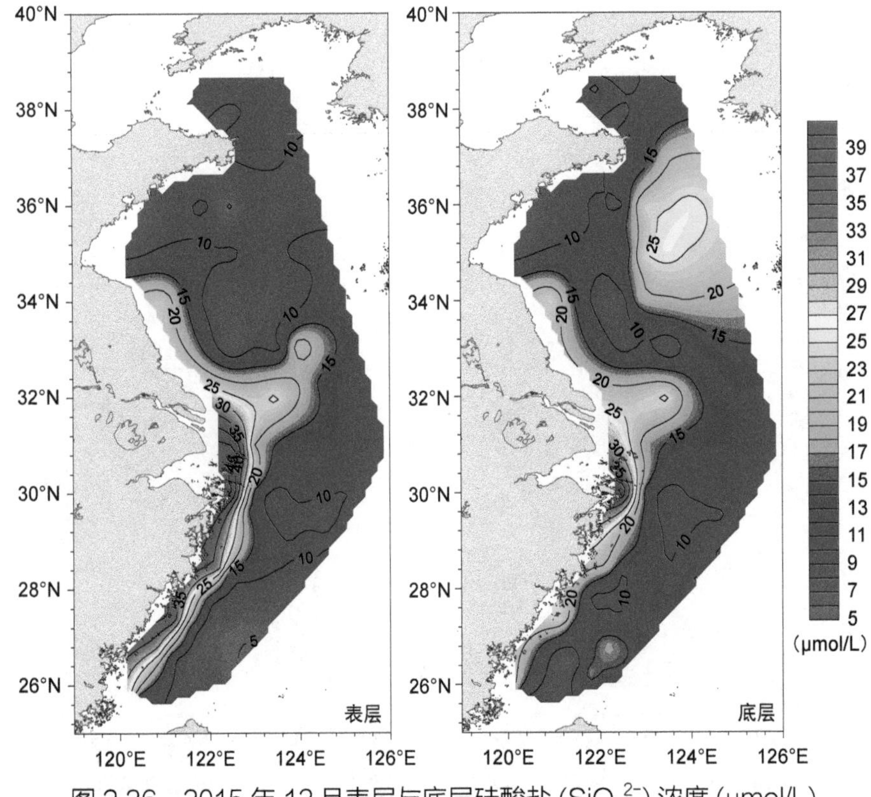

图 2.36 2015 年 12 月表层与底层硅酸盐 (SiO_3^{2-}) 浓度 (μmol/L)

2.5 2016年5月黄海

2.5.1 断面图

(1) 溶解氧(DO)

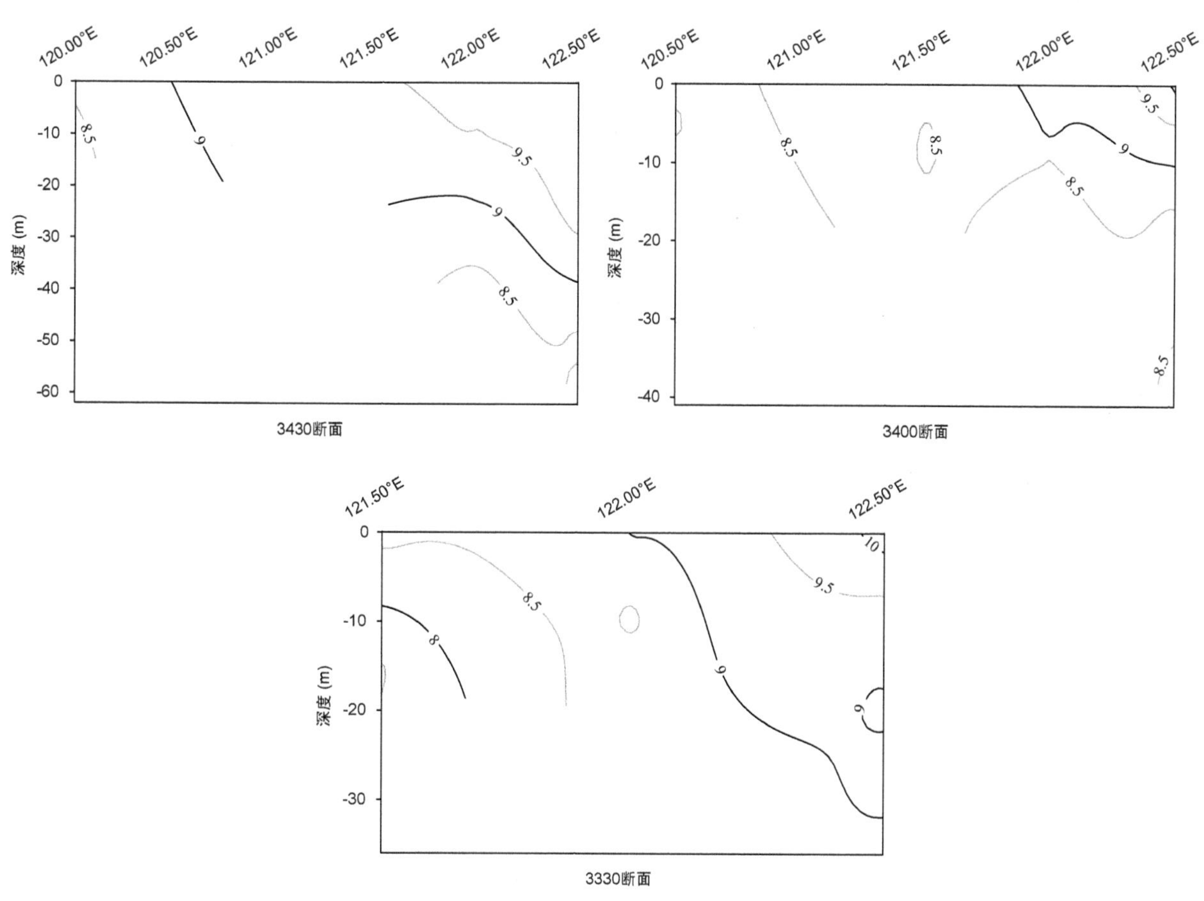

图2.37 2016年5月各断面溶解氧(DO)浓度(mg/L)

(2) 硝酸盐+亚硝酸盐(NO_3^-+NO_2^-)

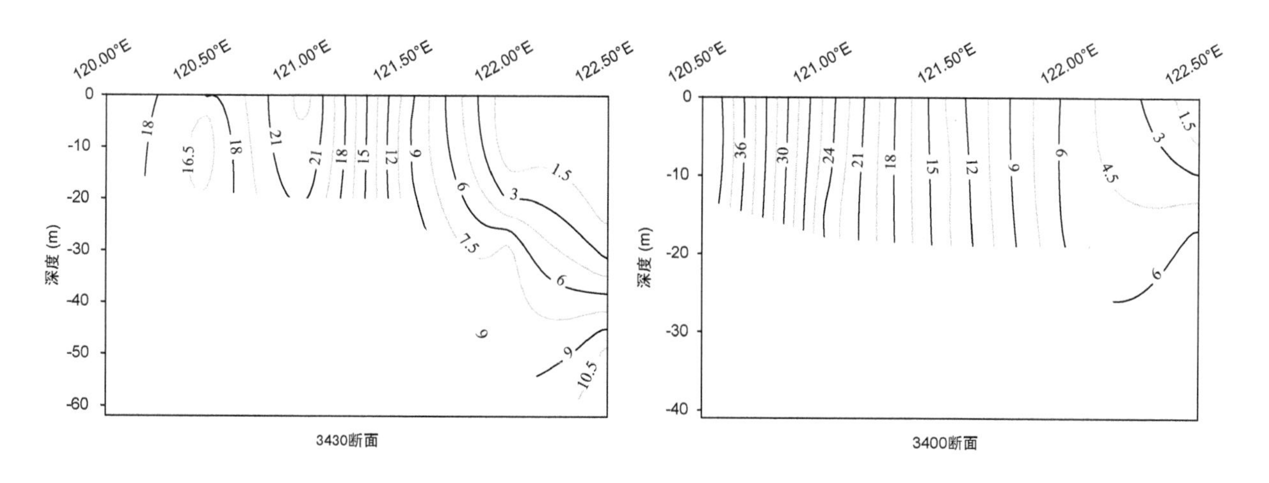

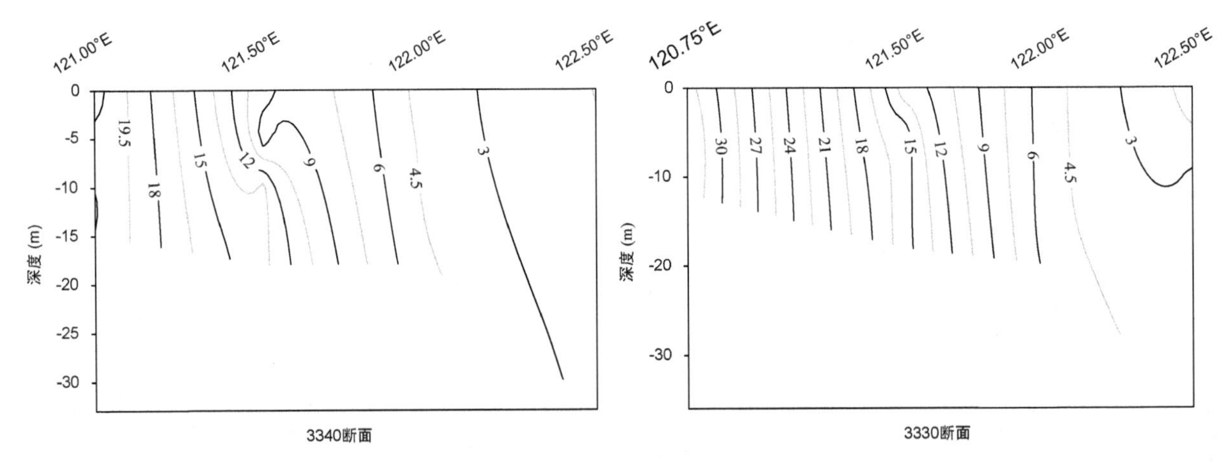

图 2.38　2016 年 5 月各断面硝酸盐 + 亚硝酸盐 ($NO_3^-+NO_2^-$) 浓度 (μmol/L)

(3) 铵盐 (NH_4^+)

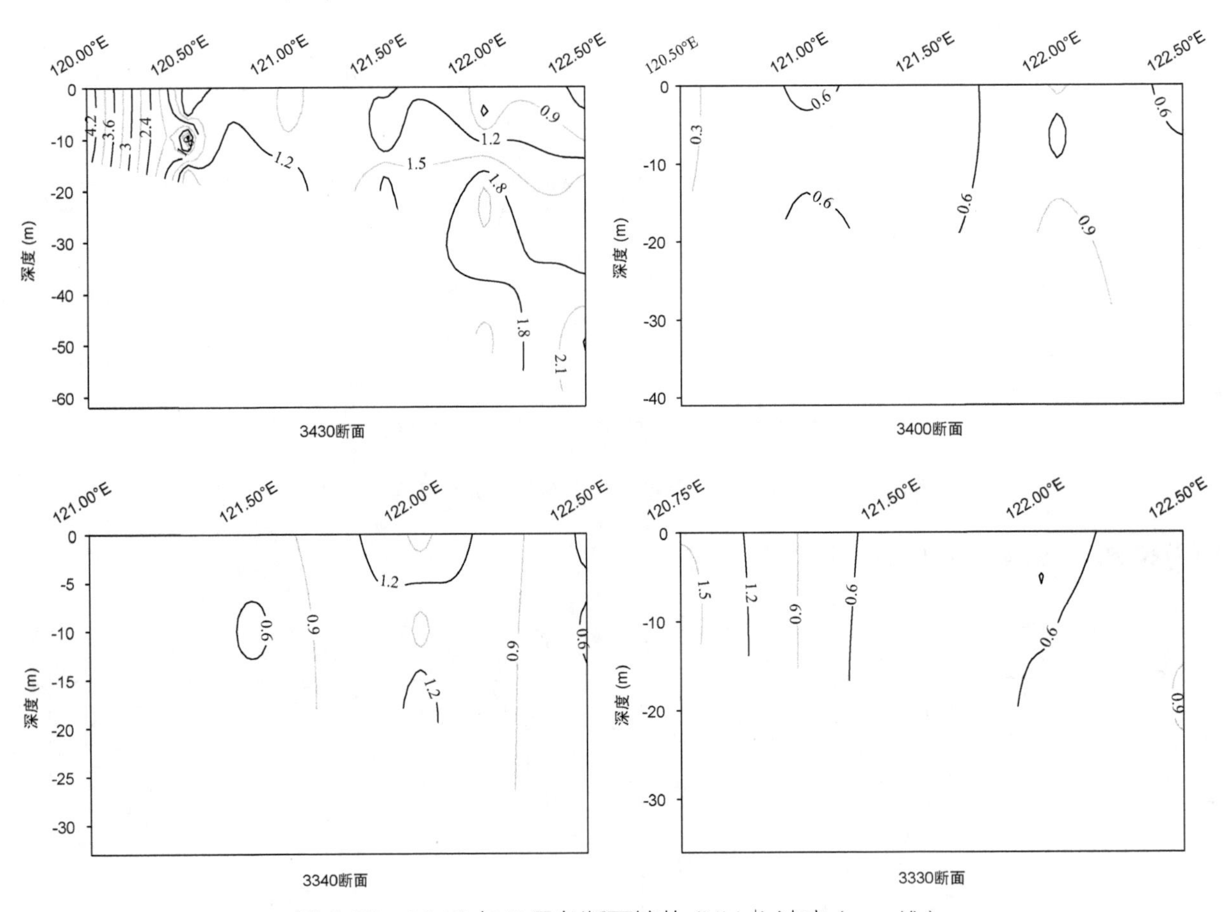

图 2.39　2016 年 5 月各断面铵盐 (NH_4^+) 浓度 (μmol/L)

(4) 磷酸盐 (PO_4^{3-})

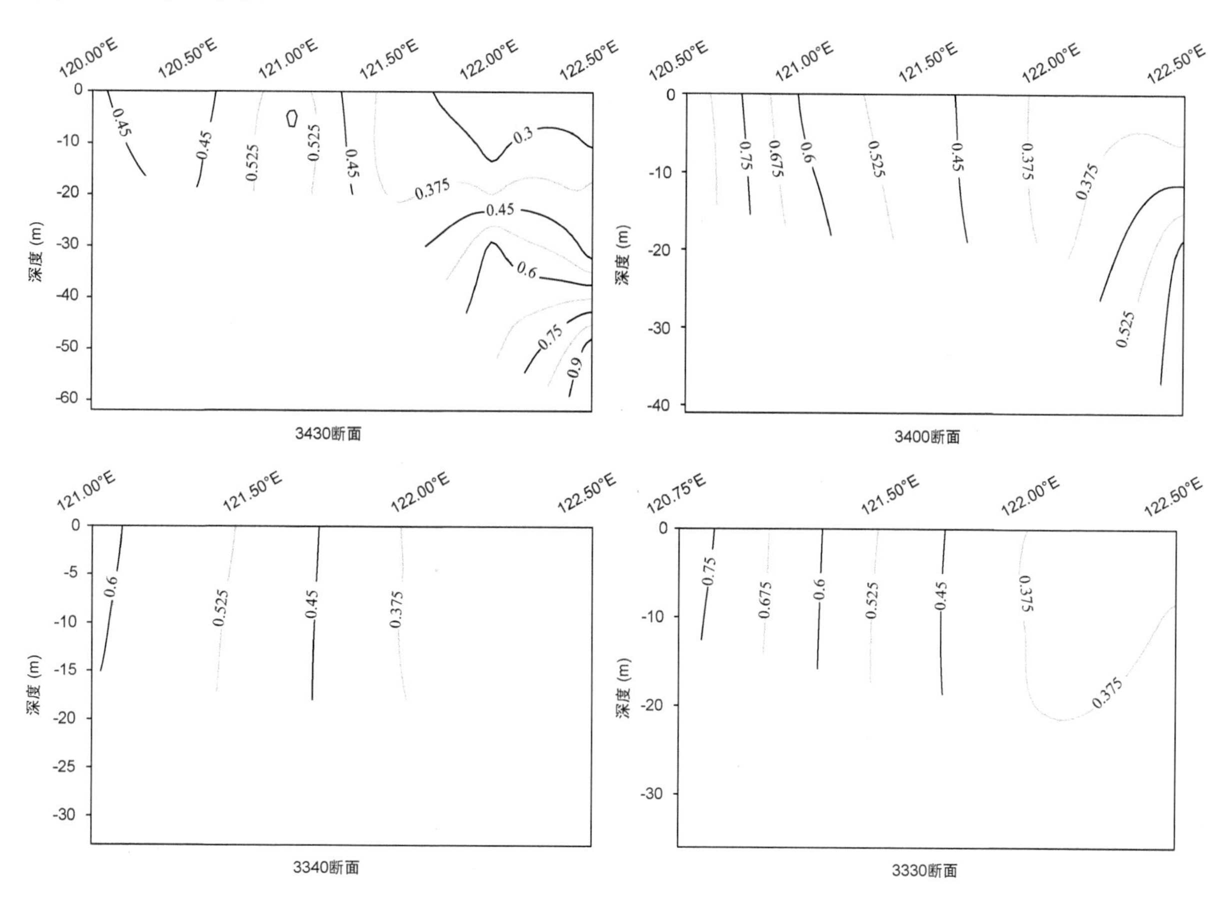

图 2.40 2016 年 5 月各断面磷酸盐 (PO_4^{3-}) 浓度 (μmol/L)

(5) 硅酸盐 (SiO_3^{2-})

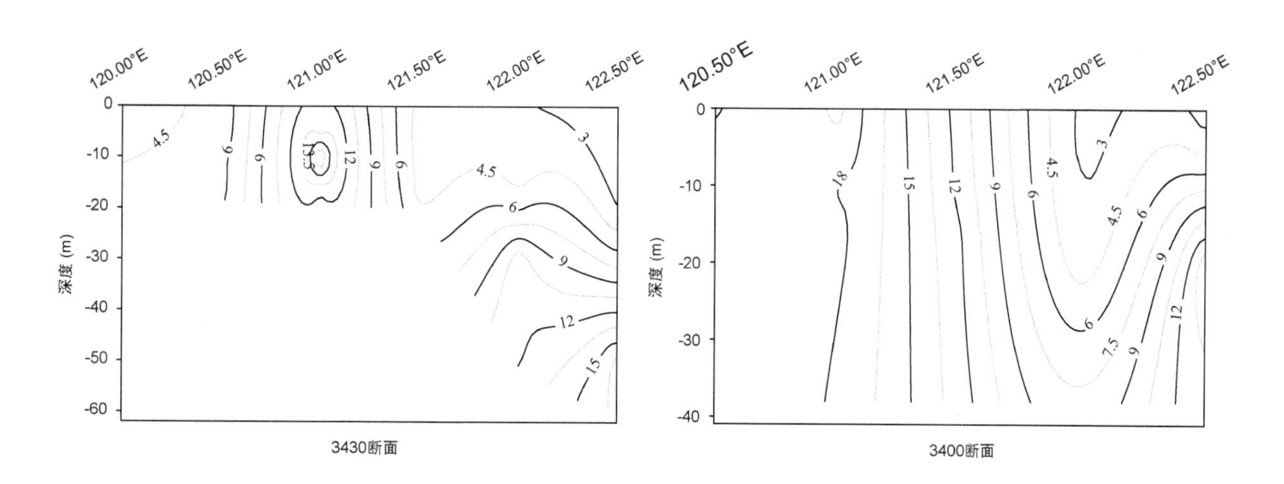

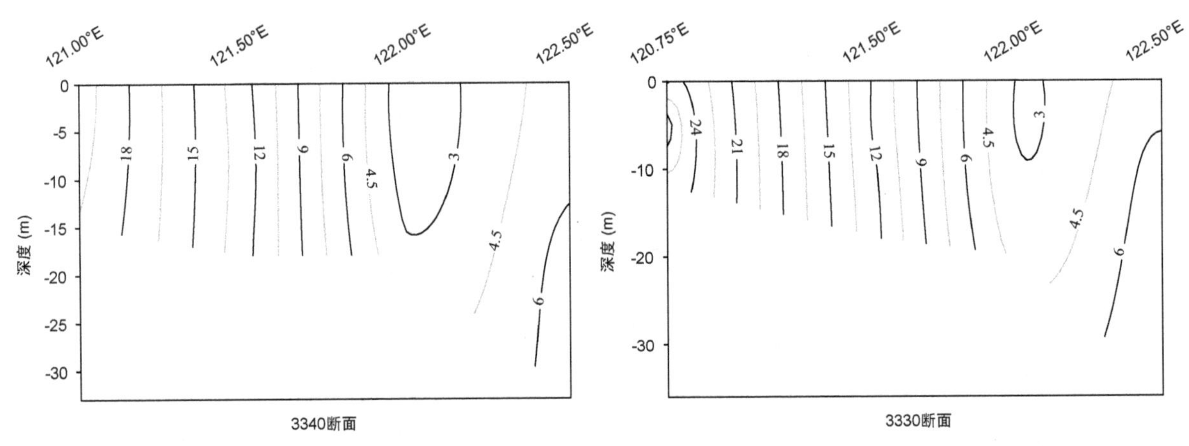

图 2.41　2016 年 5 月各断面硅酸盐 (SiO_3^{2-}) 浓度 (μmol/L)

2.5.2　平面图

(1) 溶解氧 (DO)

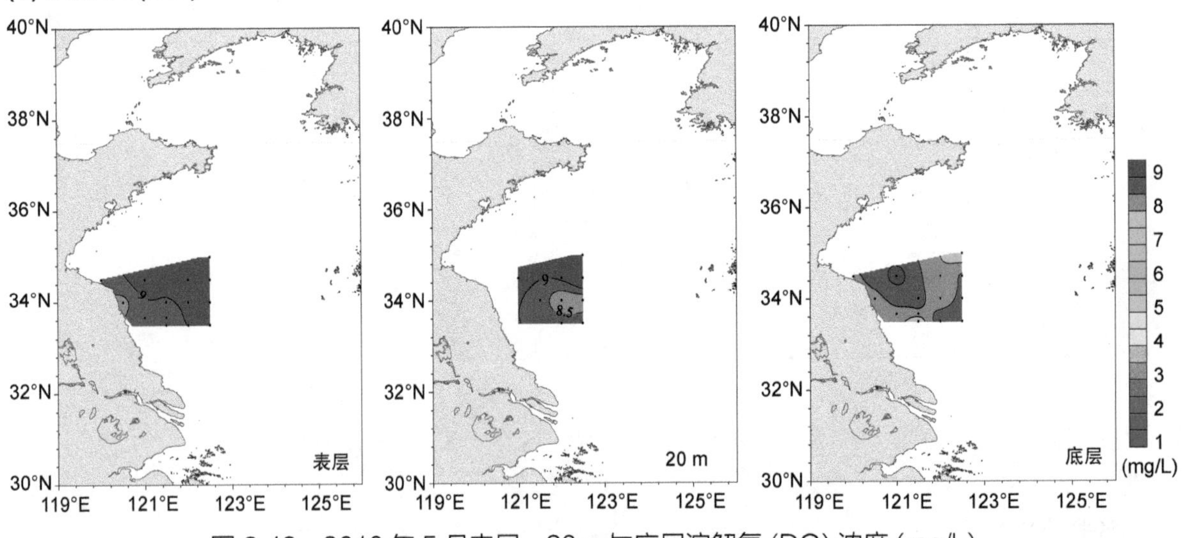

图 2.42　2016 年 5 月表层、20m 与底层溶解氧 (DO) 浓度 (mg/L)

(2) 硝酸盐 + 亚硝酸盐 (NO_3^-+NO_2^-)

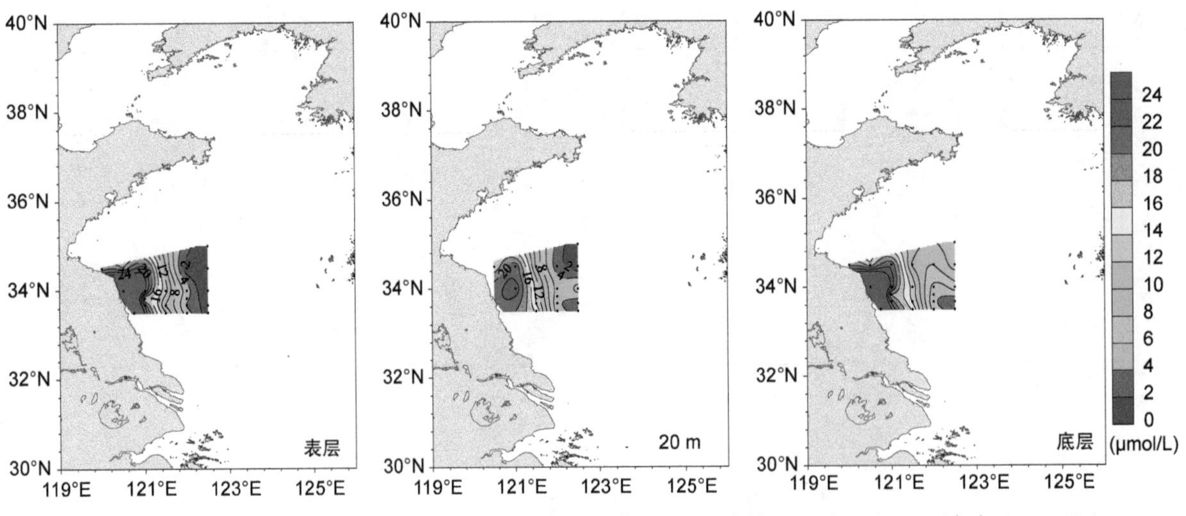

图 2.43　2016 年 5 月表层、20m 与底层硝酸盐 + 亚硝酸盐 (NO_3^-+NO_2^-) 浓度 (μmol/L)

(3) 铵盐 (NH_4^+)

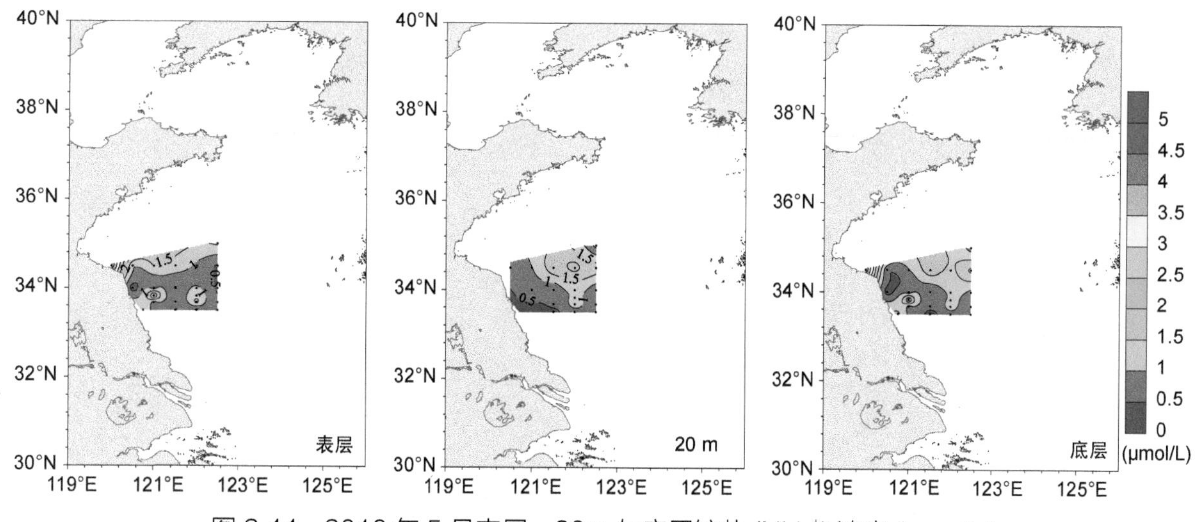

图 2.44 2016 年 5 月表层、20m 与底层铵盐 (NH_4^+) 浓度 (μmol/L)

(4) 磷酸盐 (PO_4^{3-})

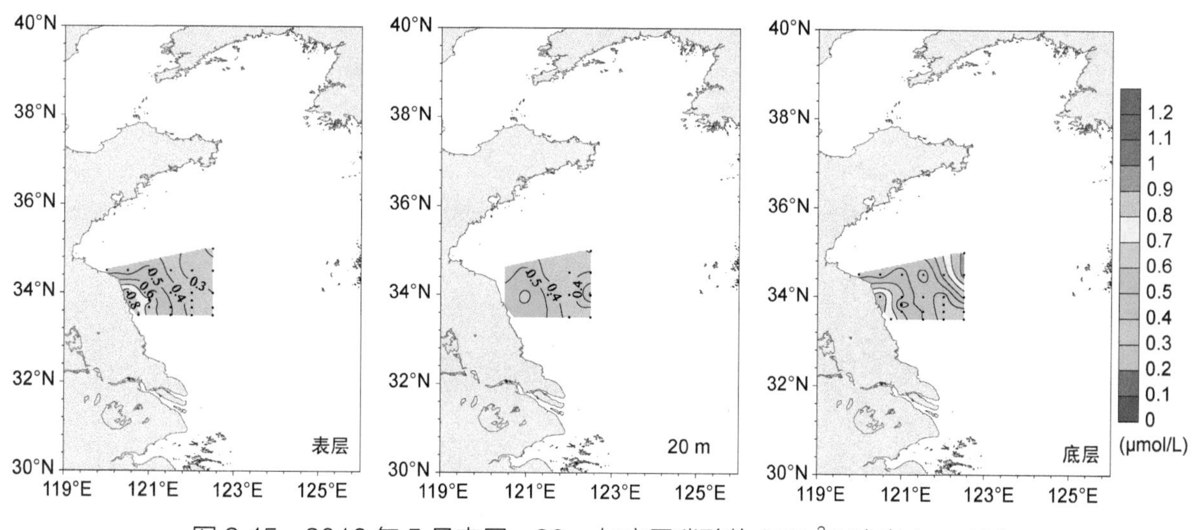

图 2.45 2016 年 5 月表层、20m 与底层磷酸盐 (PO_4^{3-}) 浓度 (μmol/L)

(5) 硅酸盐 (SiO_3^{2-})

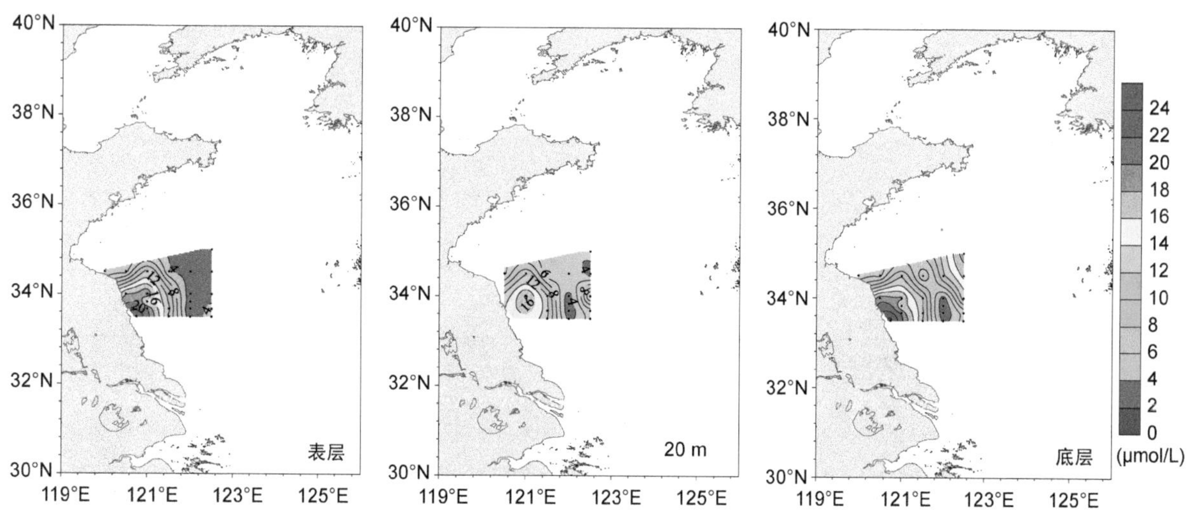

图 2.46 2016 年 5 月表层、20m 与底层硅酸盐 (SiO_3^{2-}) 浓度 (μmol/L)

2.6 2016 年 6 月黄海

2.6.1 断面图

(1) 溶解氧 (DO)

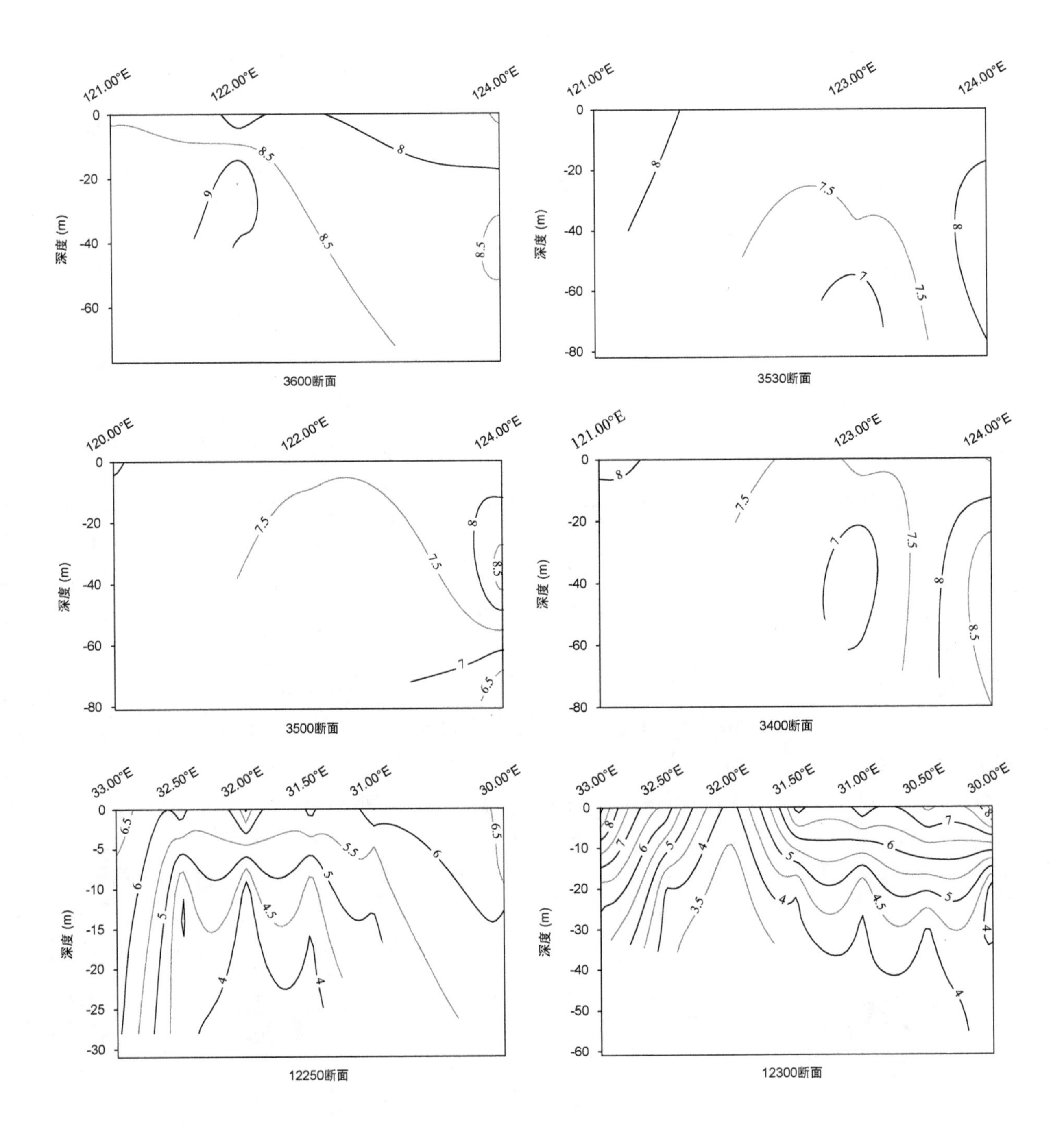

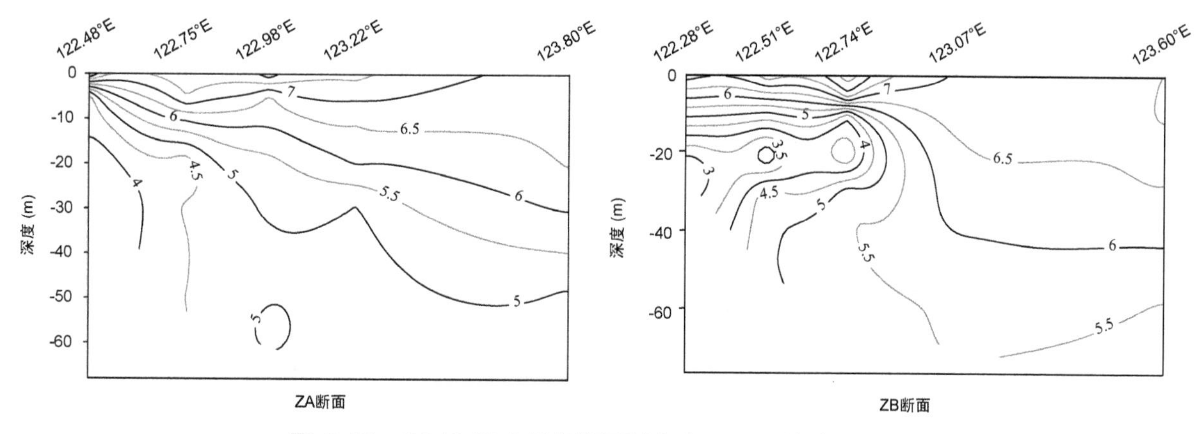

图 2.47 2016 年 6 月各断面溶解氧 (DO) 浓度 (mg/L)

(2) 硝酸盐 + 亚硝酸盐 ($NO_3^-+NO_2^-$)

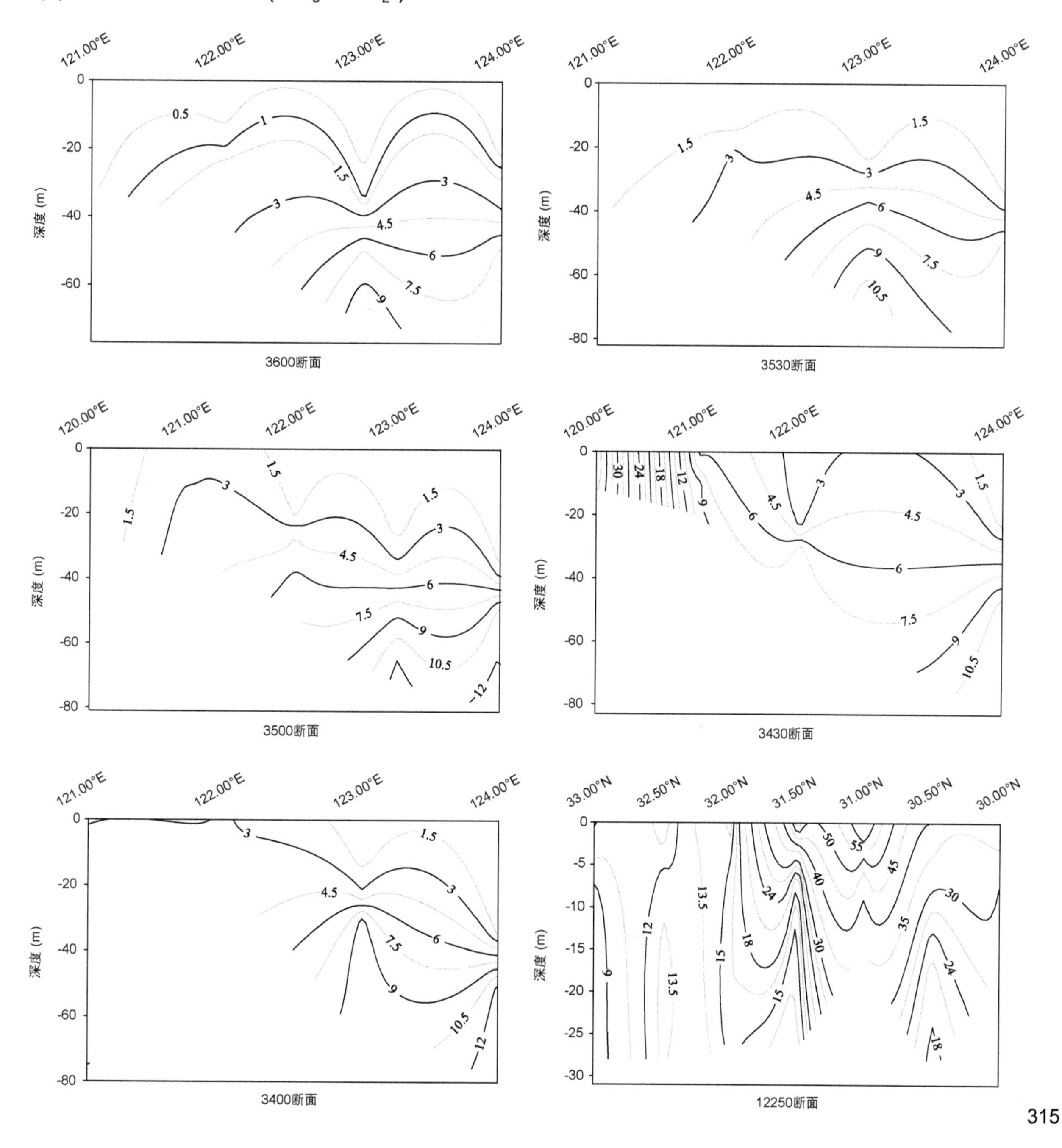

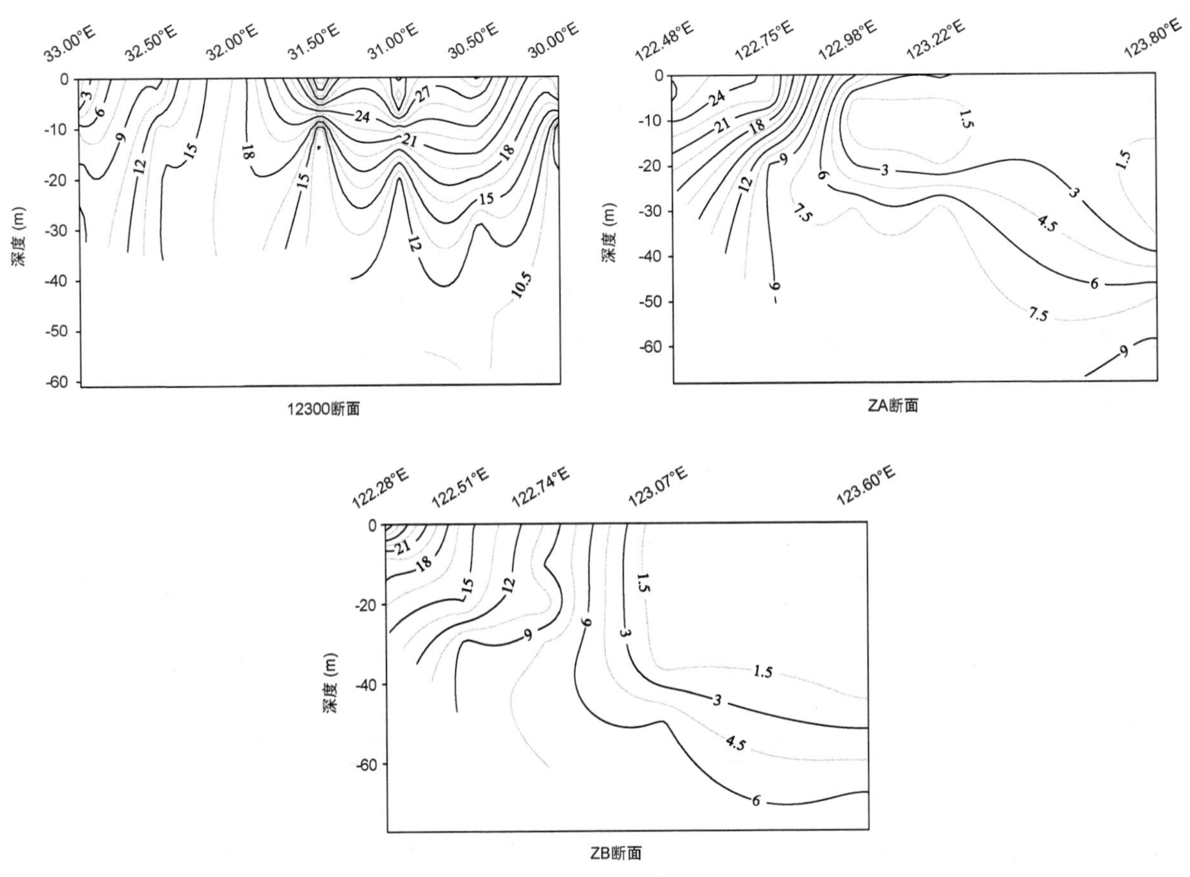

图 2.48　2016 年 6 月各断面硝酸盐 + 亚硝酸盐 (NO_3^-+NO_2^-) 浓度 (μmol/L)

(3) 铵盐 (NH_4^+)

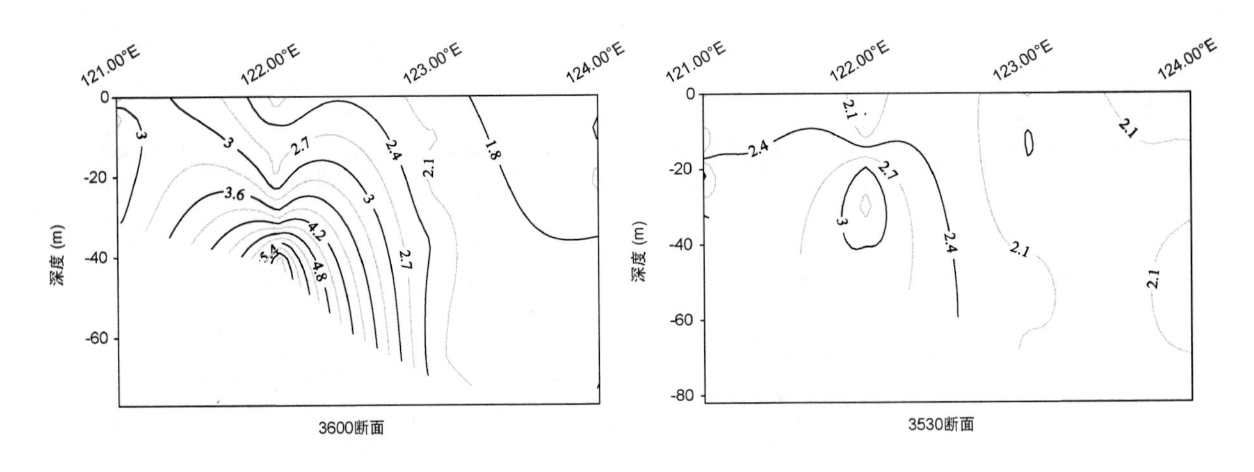

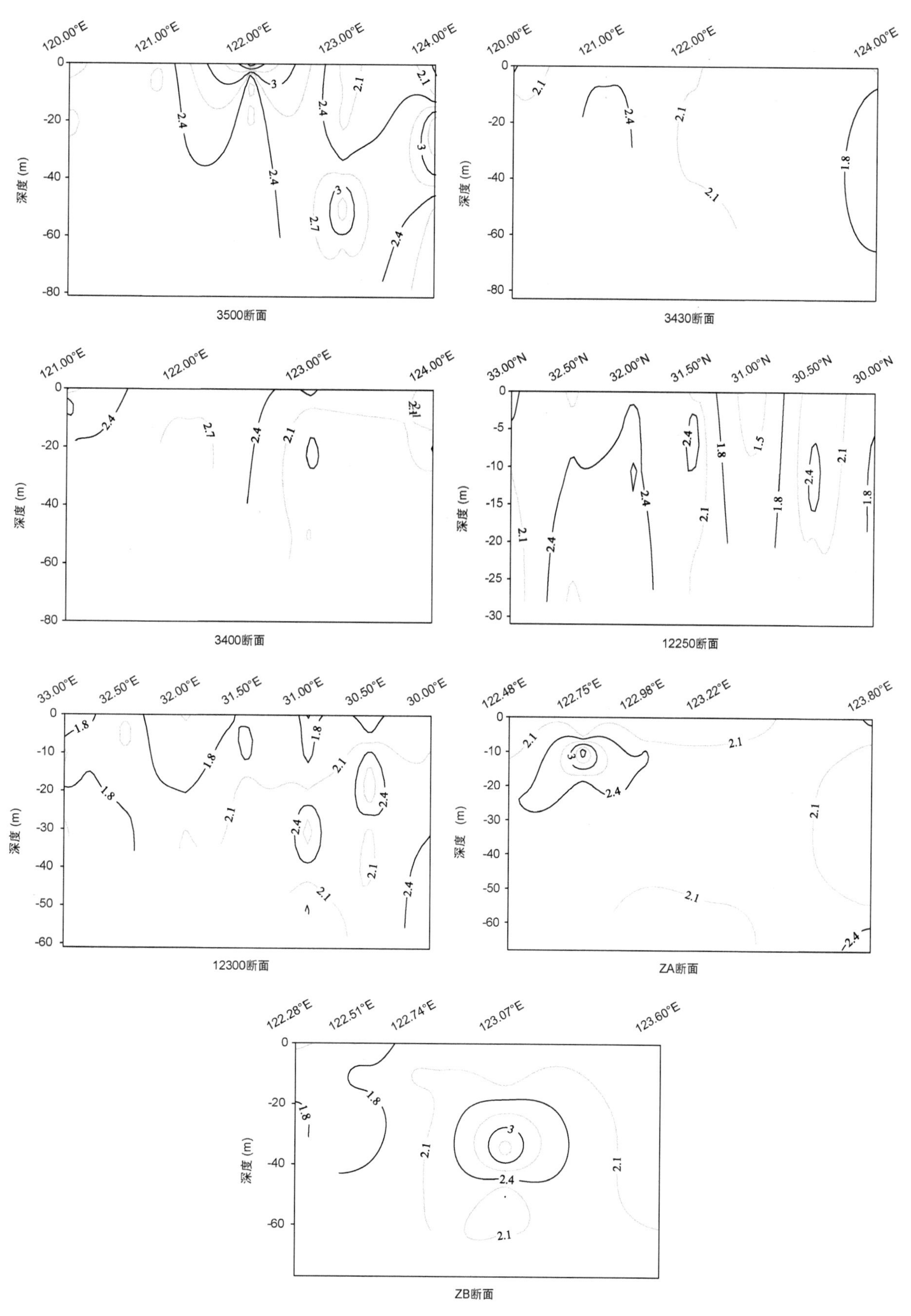

图 2.49 2016 年 6 月各断面铵盐 (NH_4^+) 浓度 (μmol/L)

(4) 磷酸盐 (PO_4^{3-})

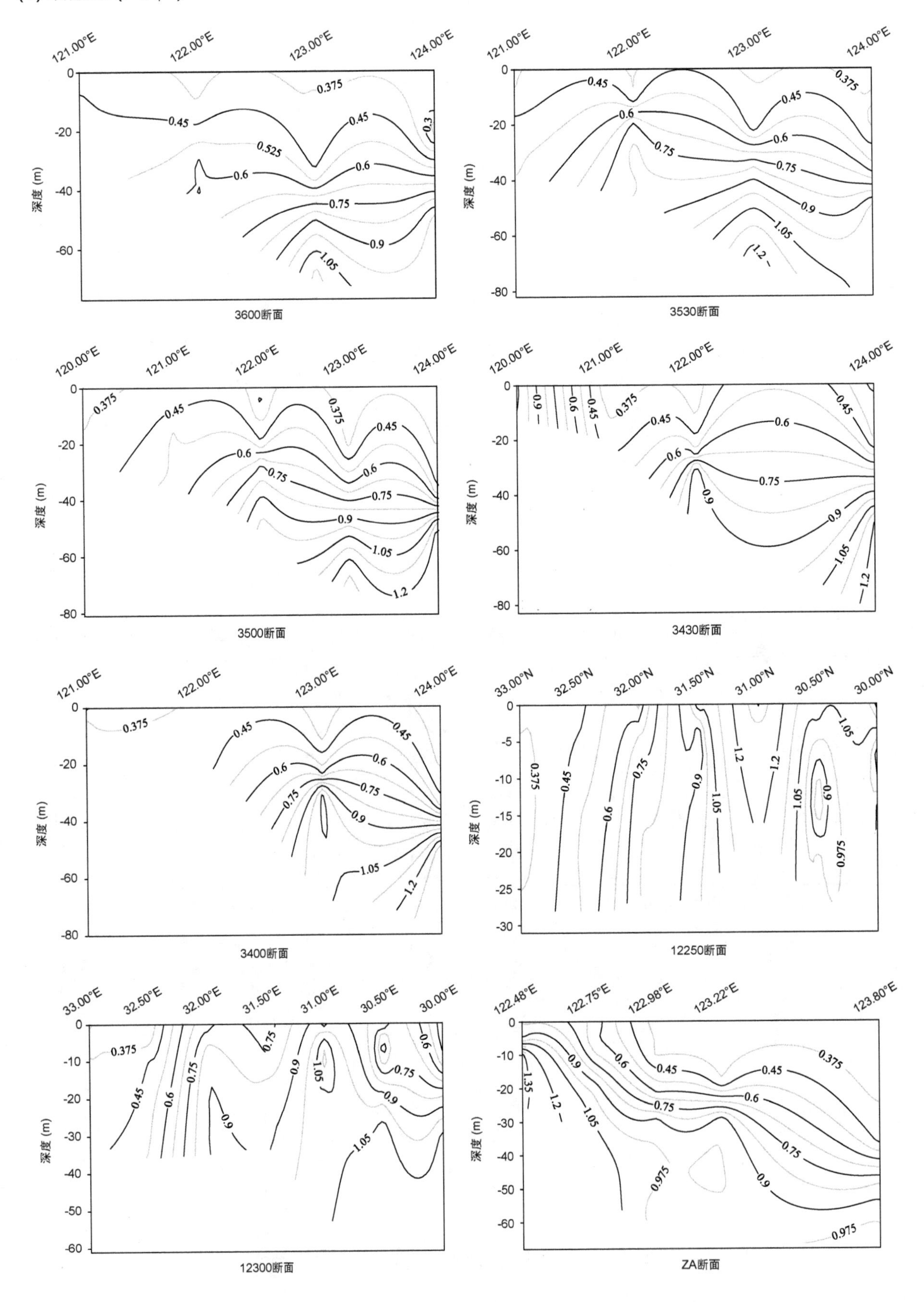
3600断面
3530断面
3500断面
3430断面
3400断面
12250断面
12300断面
ZA断面
深度 (m)

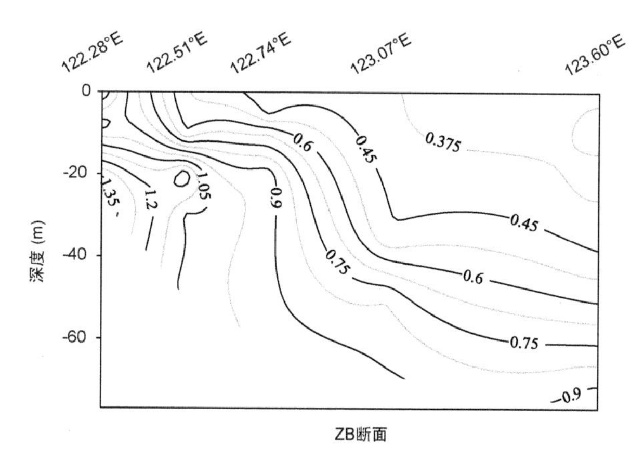

图 2.50 2016 年 6 月各断面磷酸盐 (PO_4^{3-}) 浓度 (μmol/L)

(5) 硅酸盐 (SiO_3^{2-})

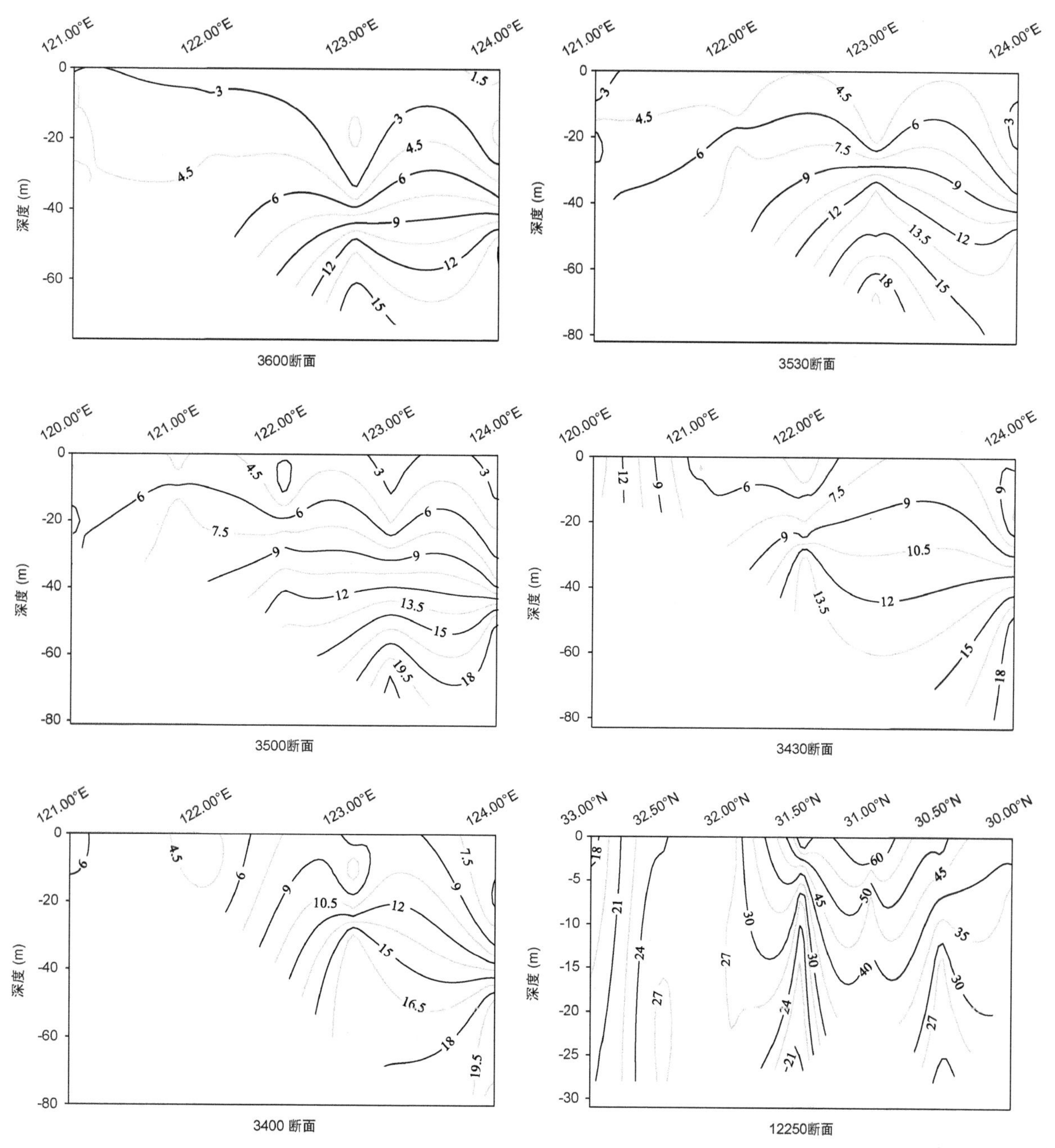

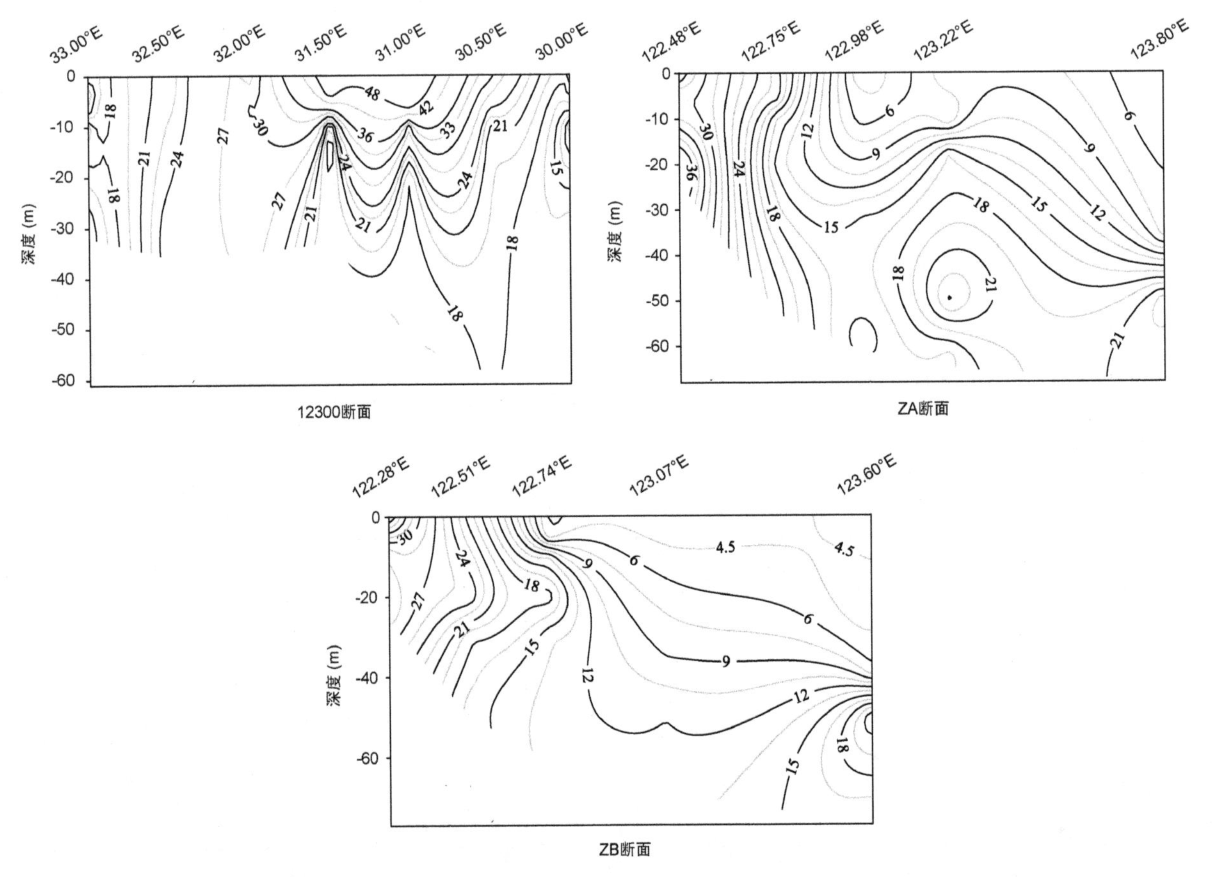

图 2.51 2016 年 6 月各断面硅酸盐 (SiO_3^{2-}) 浓度 (μmol/L)

2.6.2 平面图

(1) 溶解氧 (DO)

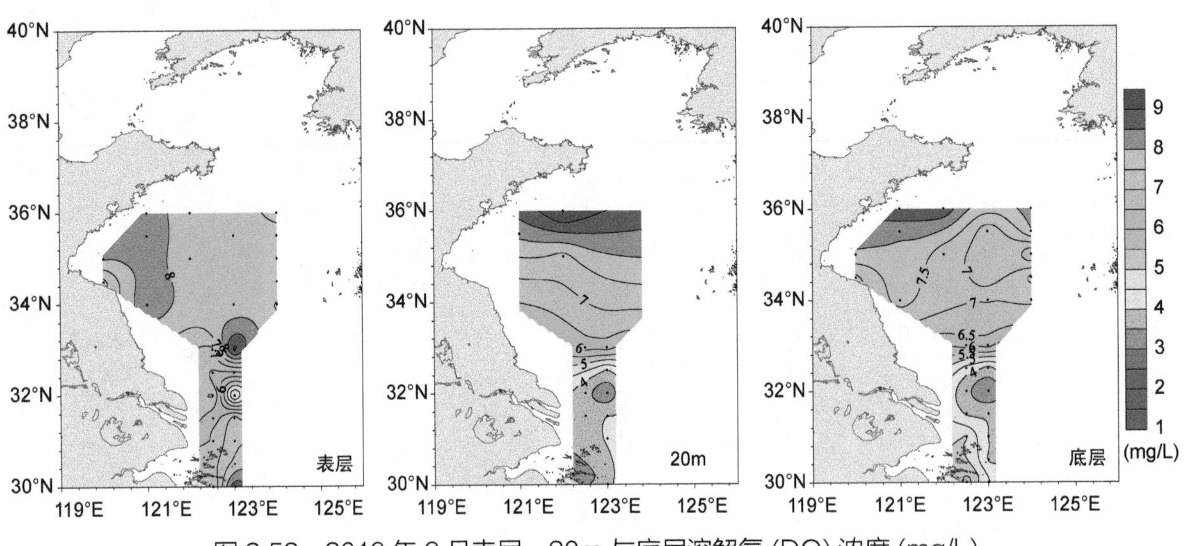

图 2.52 2016 年 6 月表层、20m 与底层溶解氧 (DO) 浓度 (mg/L)

(2) 硝酸盐 + 亚硝酸盐 (NO_3^-+NO_2^-)

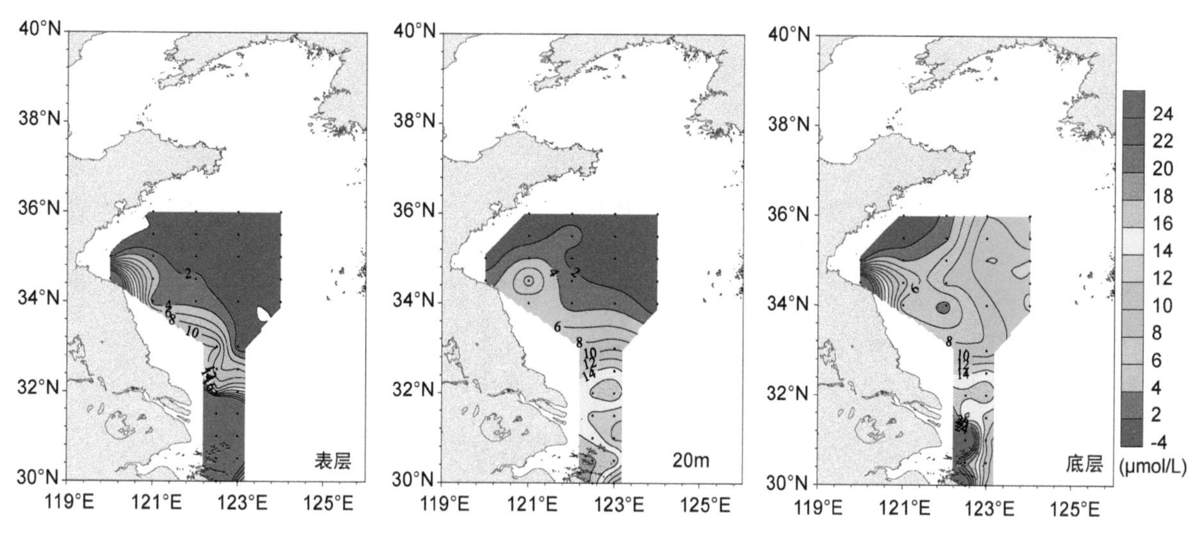

图 2.53 2016 年 6 月表层、20m 与底层硝酸盐 + 亚硝酸盐 (NO_3^-+NO_2^-) 浓度 (μmol/L)

(3) 铵盐 (NH_4^+)

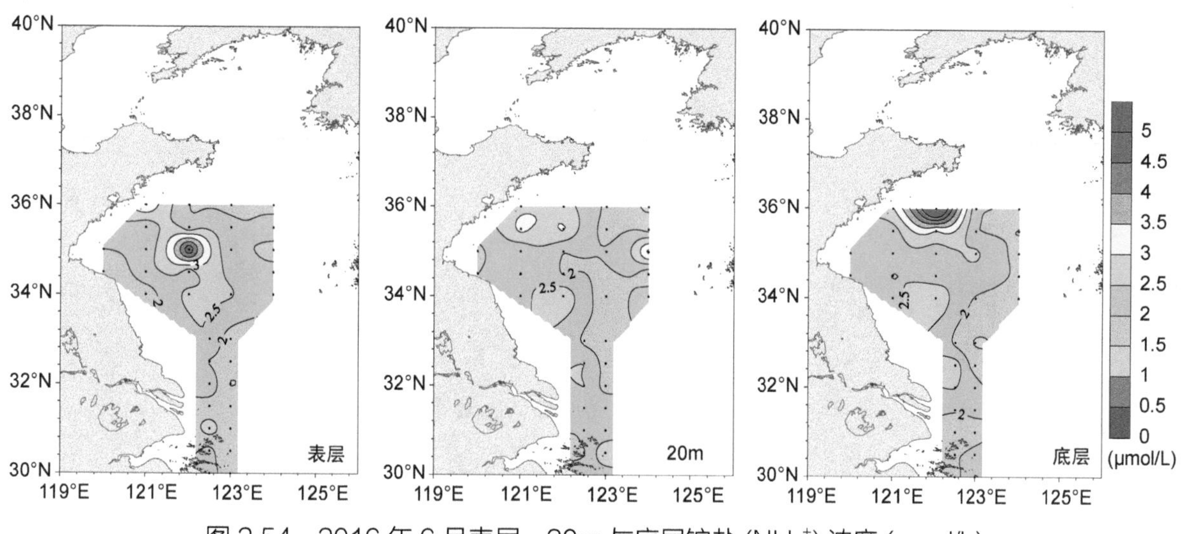

图 2.54 2016 年 6 月表层、20m 与底层铵盐 (NH_4^+) 浓度 (μmol/L)

(4) 磷酸盐 (PO_4^{3-})

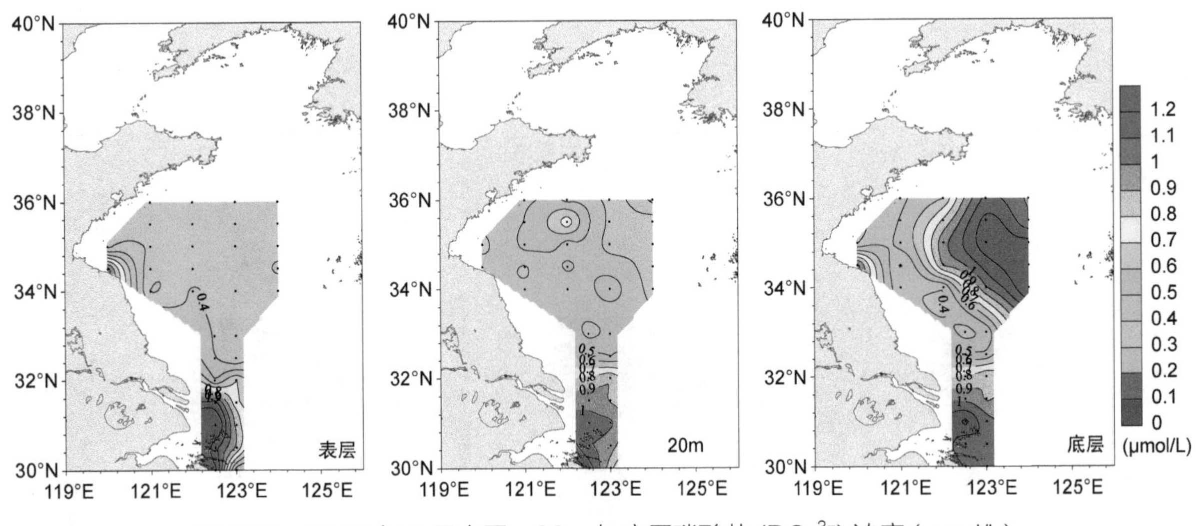

图 2.55　2016 年 6 月表层、20m 与底层磷酸盐 (PO_4^{3-}) 浓度 (μmol/L)

(5) 硅酸盐 (SiO_3^{2-})

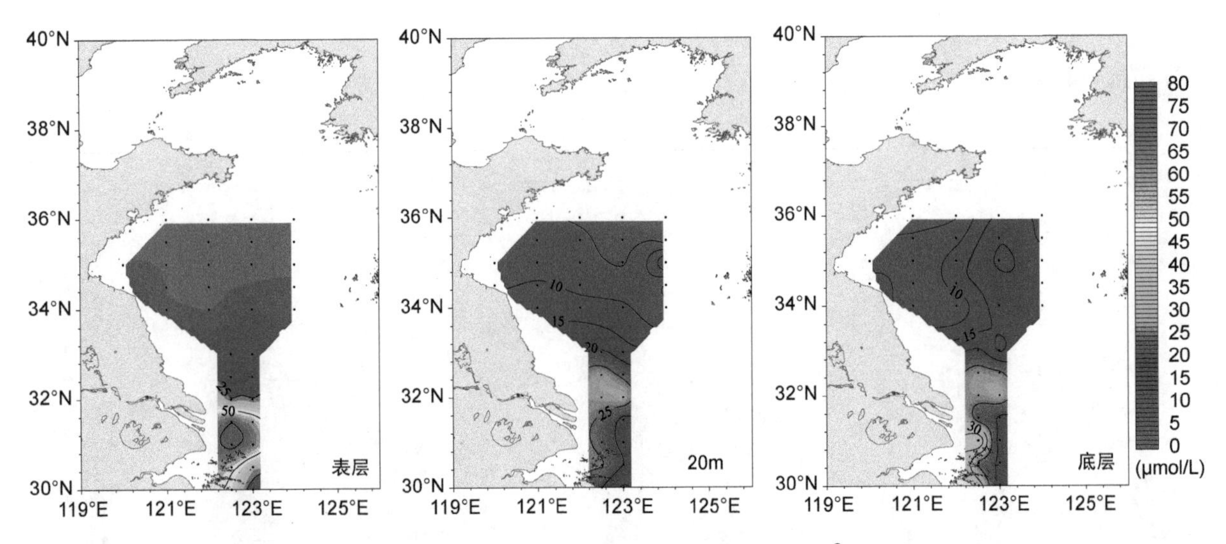

图 2.56　2016 年 6 月表层、20m 与底层硅酸盐 (SiO_3^{2-}) 浓度 (μmol/L)

2.7 2016年8月黄海

2.7.1 断面图

(1) 溶解氧 (DO)

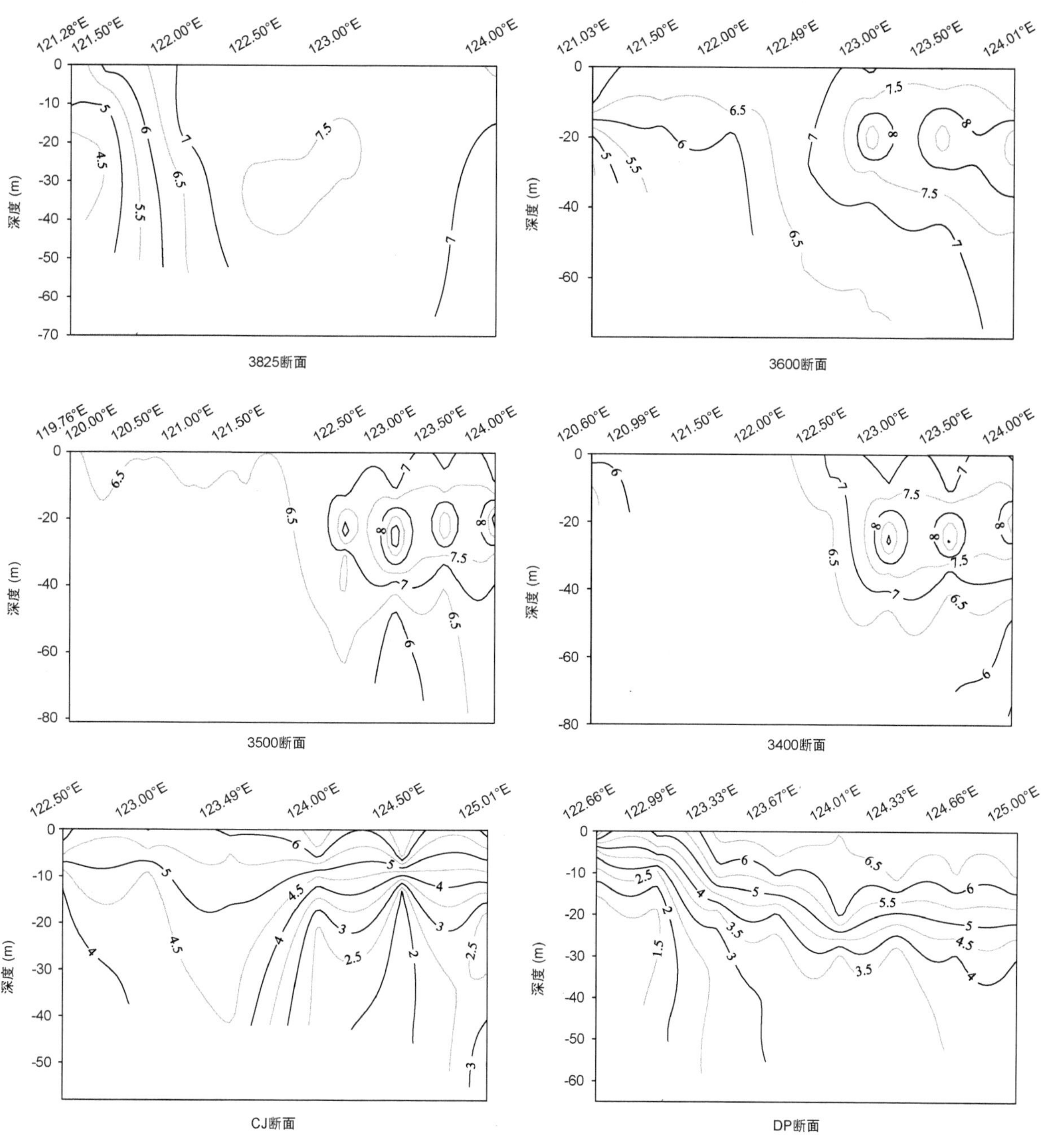

图2.57 2016年8月各断面溶解氧(DO)浓度(mg/L)

(2) 硝酸盐 + 亚硝酸盐 (NO_3^-+NO_2^-)

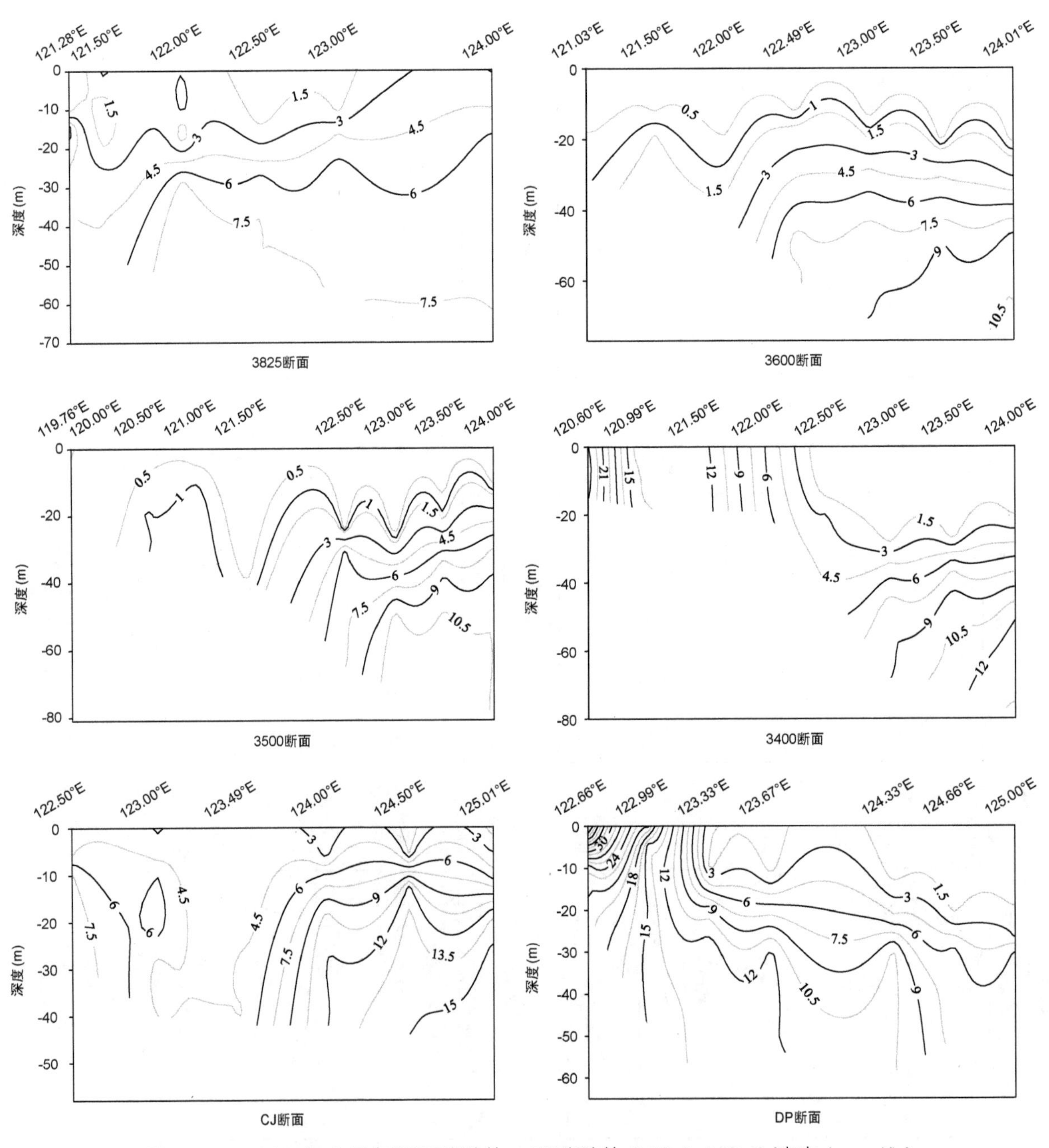

图 2.58　2016 年 8 月各断面硝酸盐 + 亚硝酸盐 (NO_3^-+NO_2^-) 浓度 (μmol/L)

(3) 铵盐 (NH_4^+)

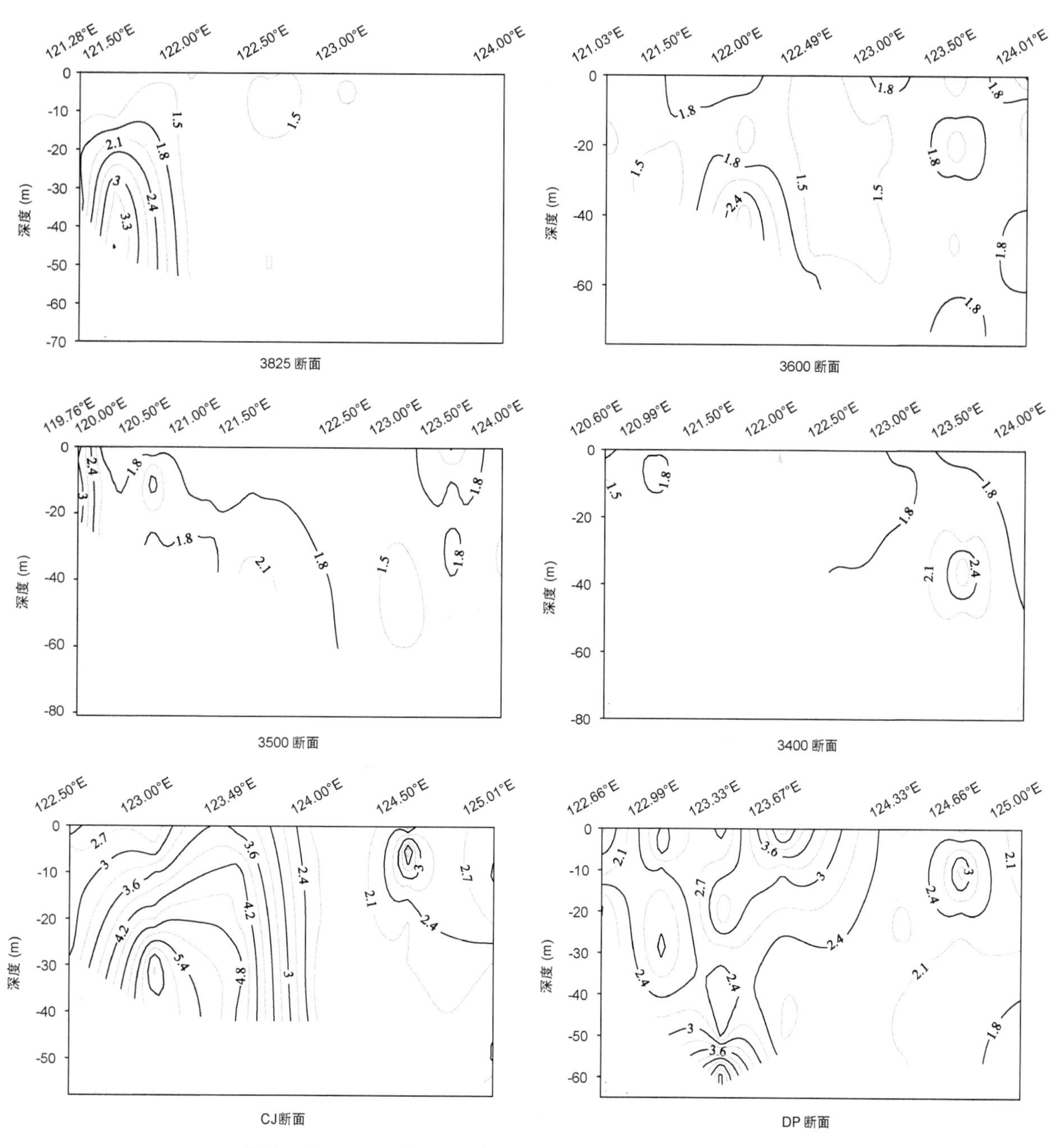

图 2.59 2016 年 8 月各断面铵盐 (NH_4^+) 浓度 (μmol/L)

(4) 磷酸盐 (PO_4^{3-})

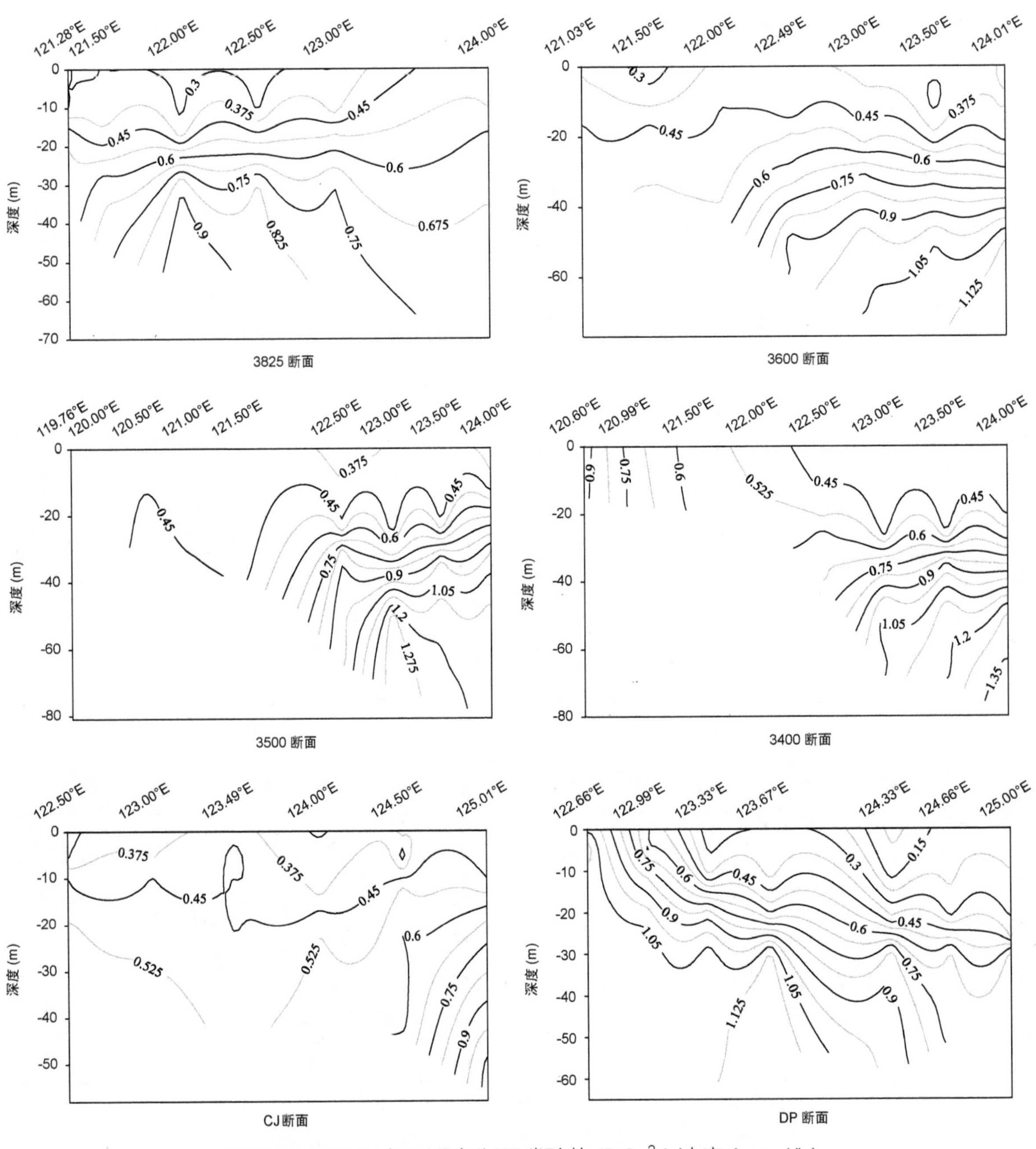

图 2.60 2016 年 8 月各断面磷酸盐 (PO_4^{3-}) 浓度 (μmol/L)

(5) 硅酸盐 (SiO_3^{2-})

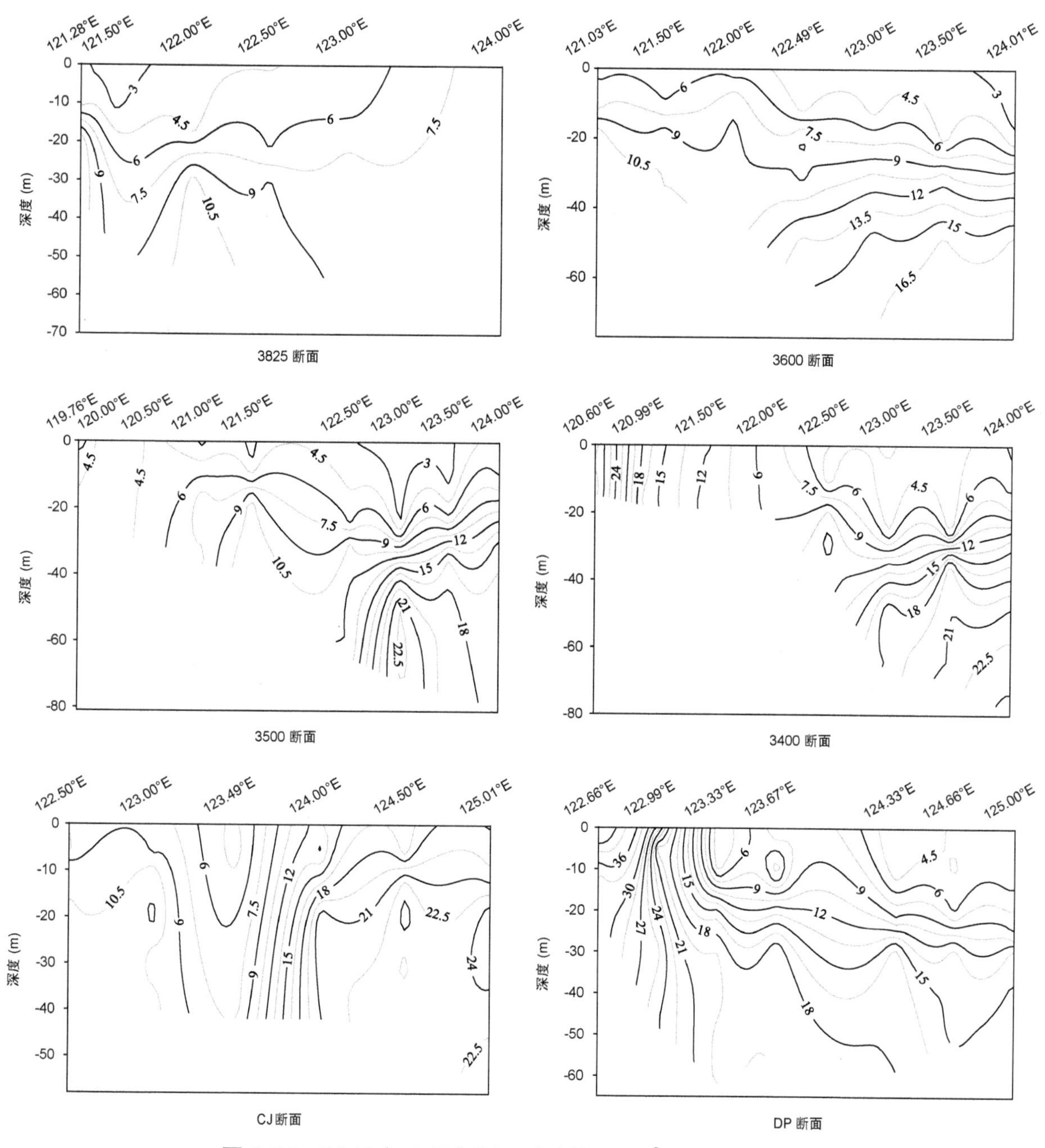

图 2.61 2016 年 8 月各断面硅酸盐 (SiO_3^{2-}) 浓度 (μmol/L)

2.7.2 平面图

(1) 溶解氧 (DO)

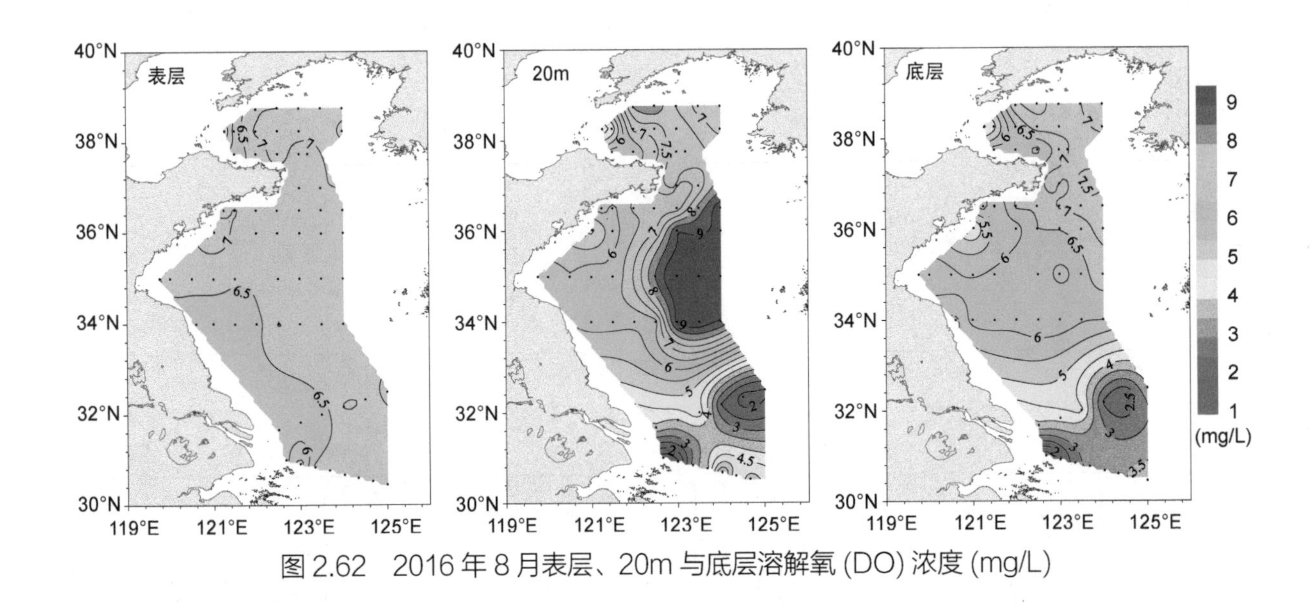

图 2.62　2016 年 8 月表层、20m 与底层溶解氧 (DO) 浓度 (mg/L)

(2) 硝酸盐 + 亚硝酸盐 ($NO_3^-+NO_2^-$)

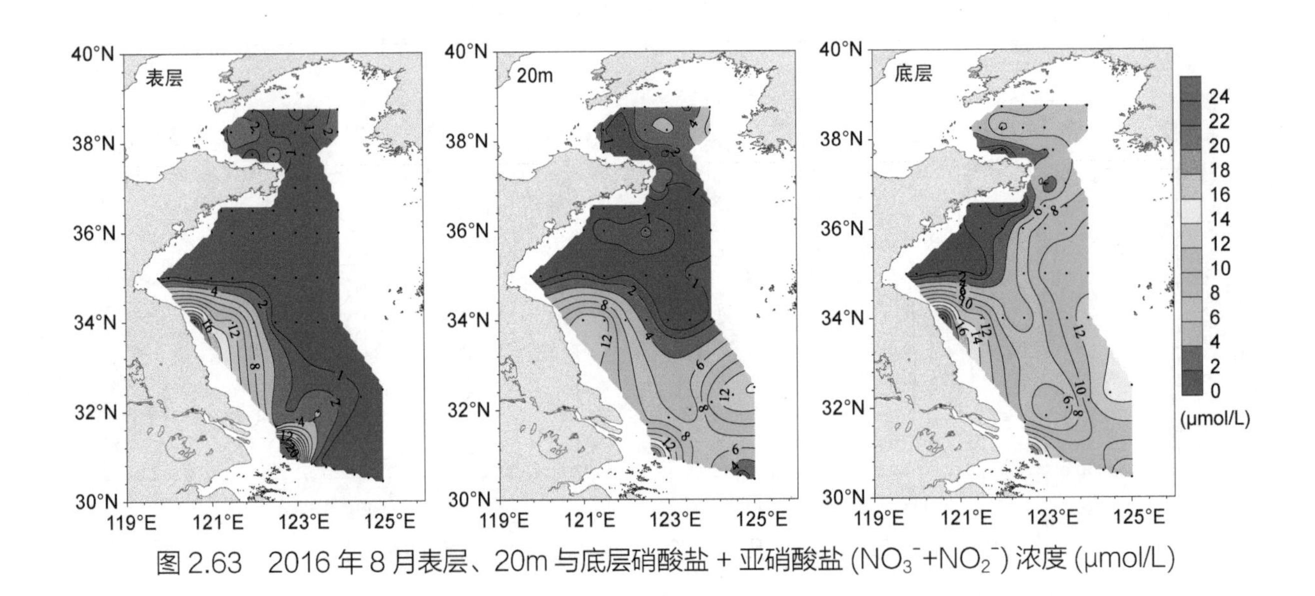

图 2.63　2016 年 8 月表层、20m 与底层硝酸盐 + 亚硝酸盐 ($NO_3^-+NO_2^-$) 浓度 (μmol/L)

(3) 铵盐 (NH_4^+)

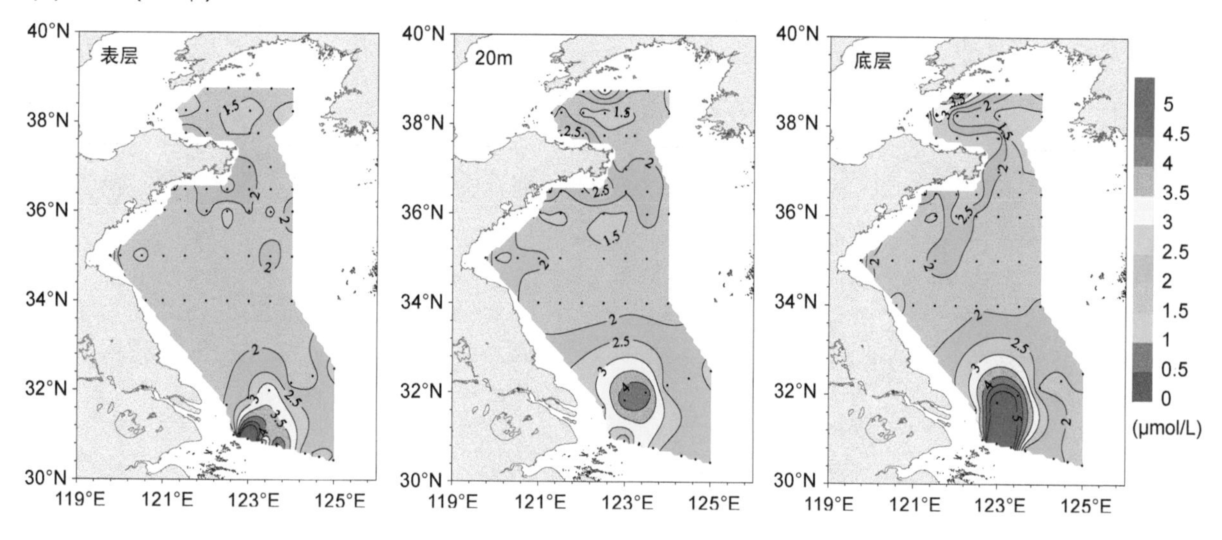

图 2.64 2016 年 8 月表层、20m 与底层铵盐 (NH_4^+) 浓度 (μmol/L)

(4) 磷酸盐 (PO_4^{3-})

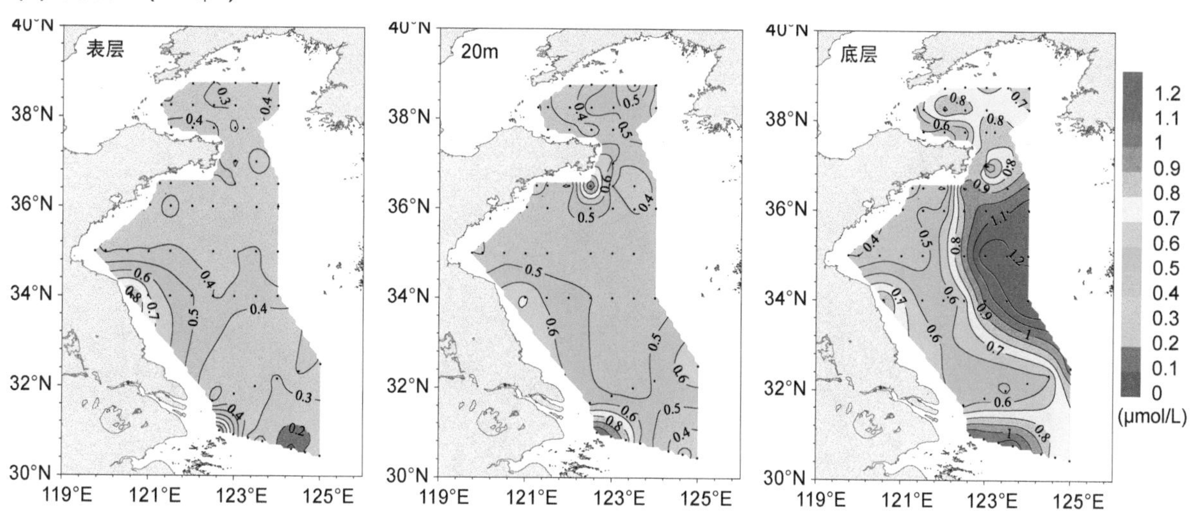

图 2.65 2016 年 8 月表层、20m 与底层磷酸盐 (PO_4^{3-}) 浓度 (μmol/L)

(5) 硅酸盐 (SiO_3^{2-})

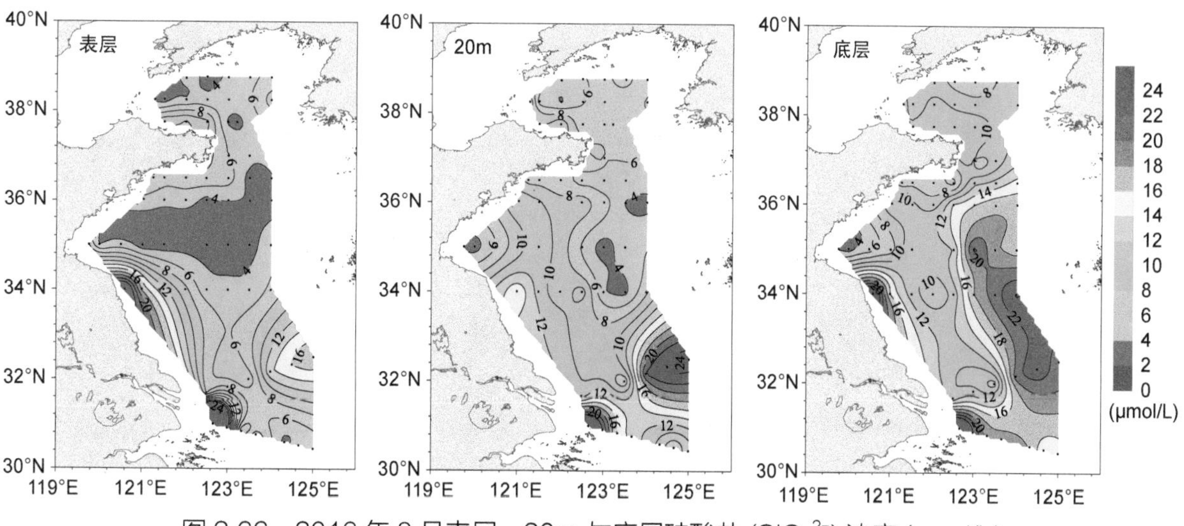

图 2.66 2016 年 8 月表层、20m 与底层硅酸盐 (SiO_3^{2-}) 浓度 (μmol/L)

第三部分

生态调查——叶绿素 a

3.1 2014 年 5 月黄海

3.1.1 断面图

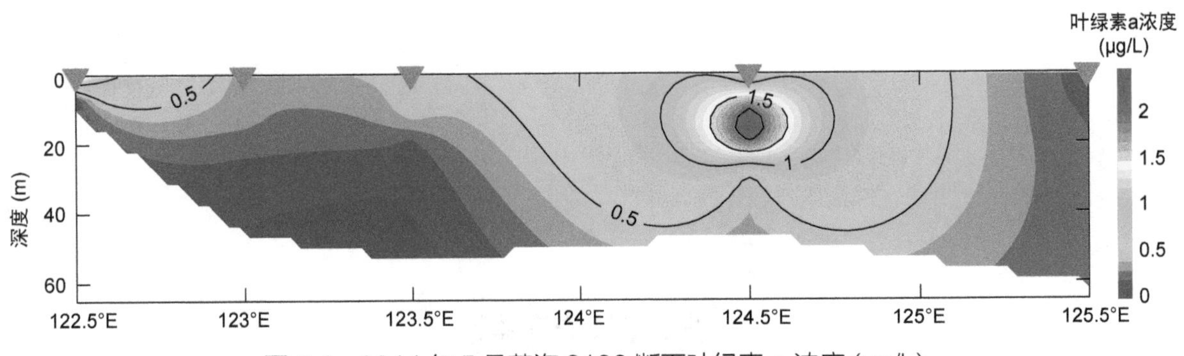

图 3.1 2014 年 5 月黄海 3100 断面叶绿素 a 浓度 (μg/L)

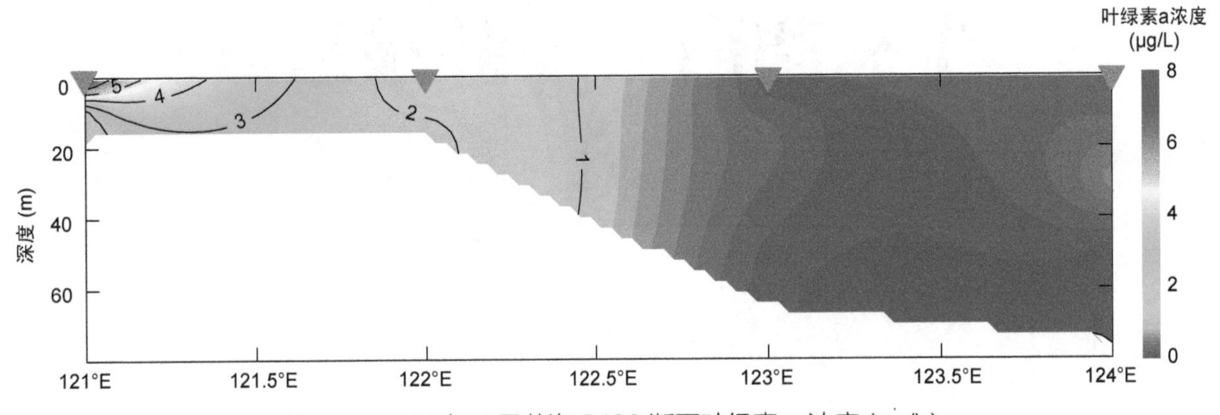

图 3.2 2014 年 5 月黄海 3400 断面叶绿素 a 浓度 (μg/L)

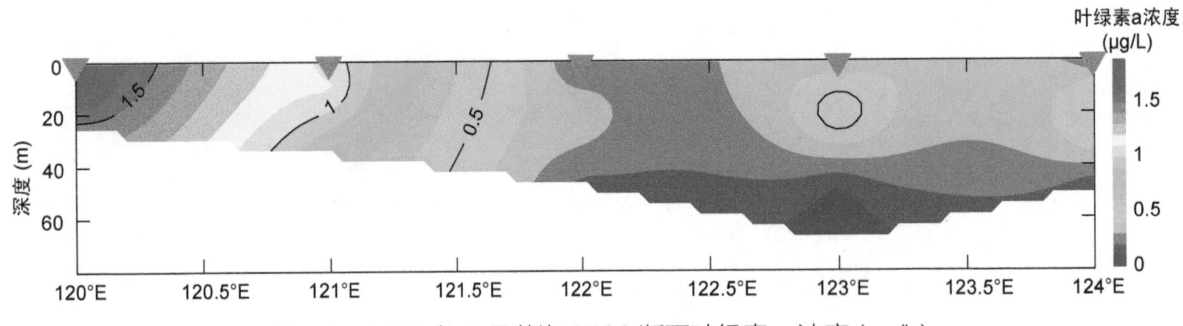

图 3.3 2014 年 5 月黄海 3500 断面叶绿素 a 浓度 (μg/L)

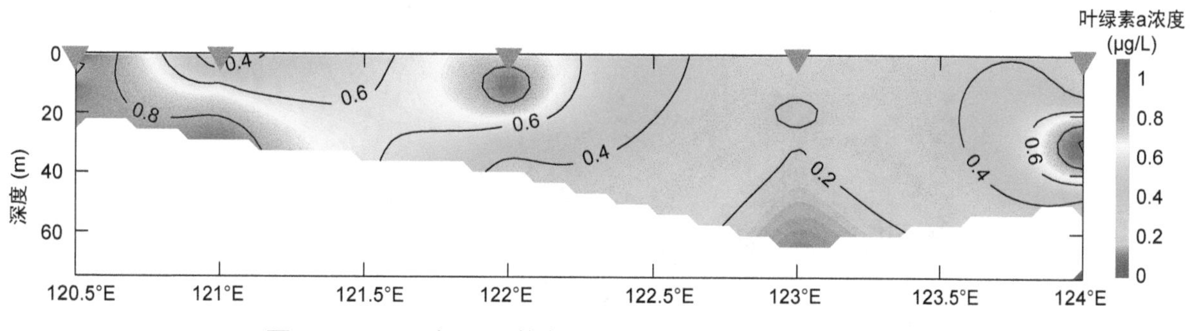

图 3.4　2014 年 5 月黄海 3600 断面叶绿素 a 浓度 (μg/L)

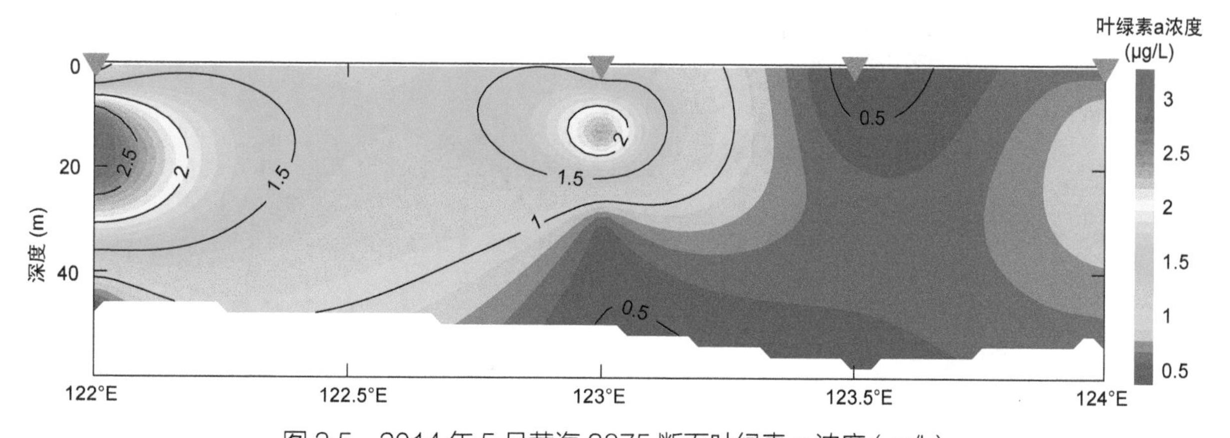

图 3.5　2014 年 5 月黄海 3875 断面叶绿素 a 浓度 (μg/L)

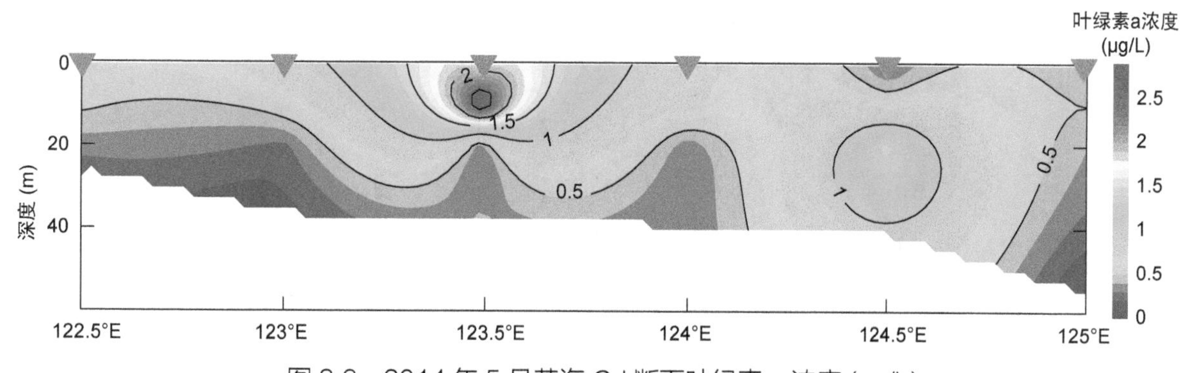

图 3.6　2014 年 5 月黄海 CJ 断面叶绿素 a 浓度 (μg/L)

3.1.2 平面图

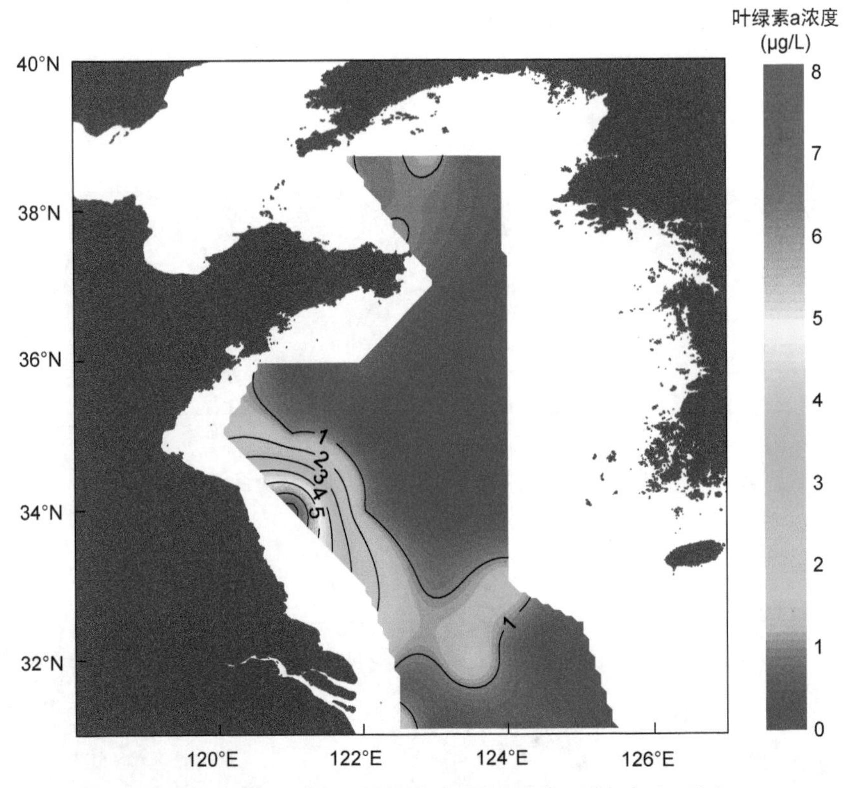

图 3.7 2014 年 5 月黄海表层叶绿素 a 浓度 (μg/L)

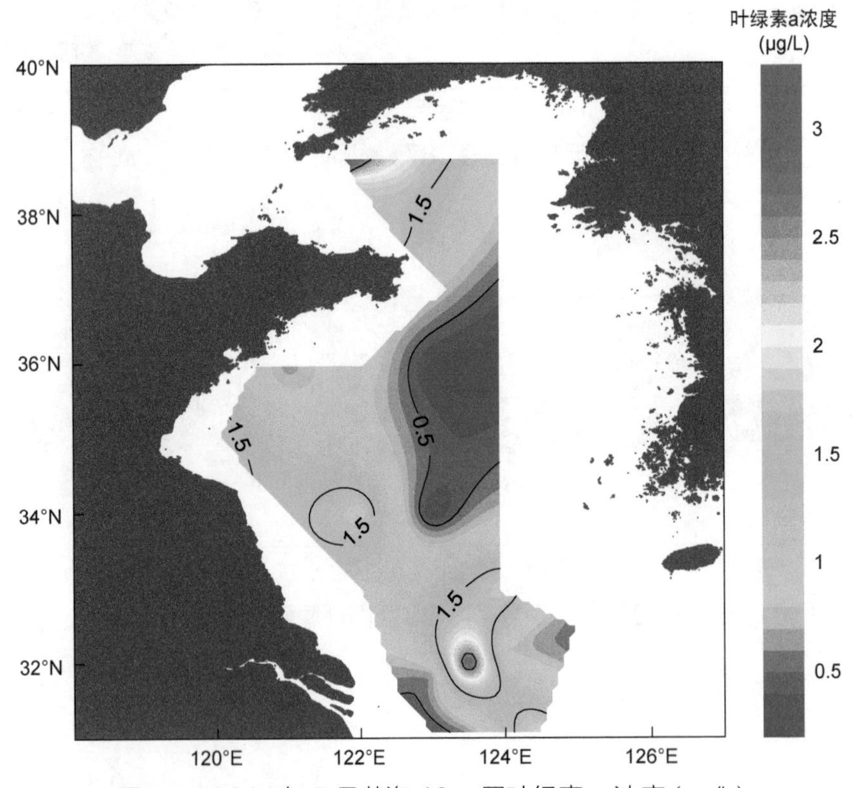

图 3.8 2014 年 5 月黄海 10m 层叶绿素 a 浓度 (μg/L)

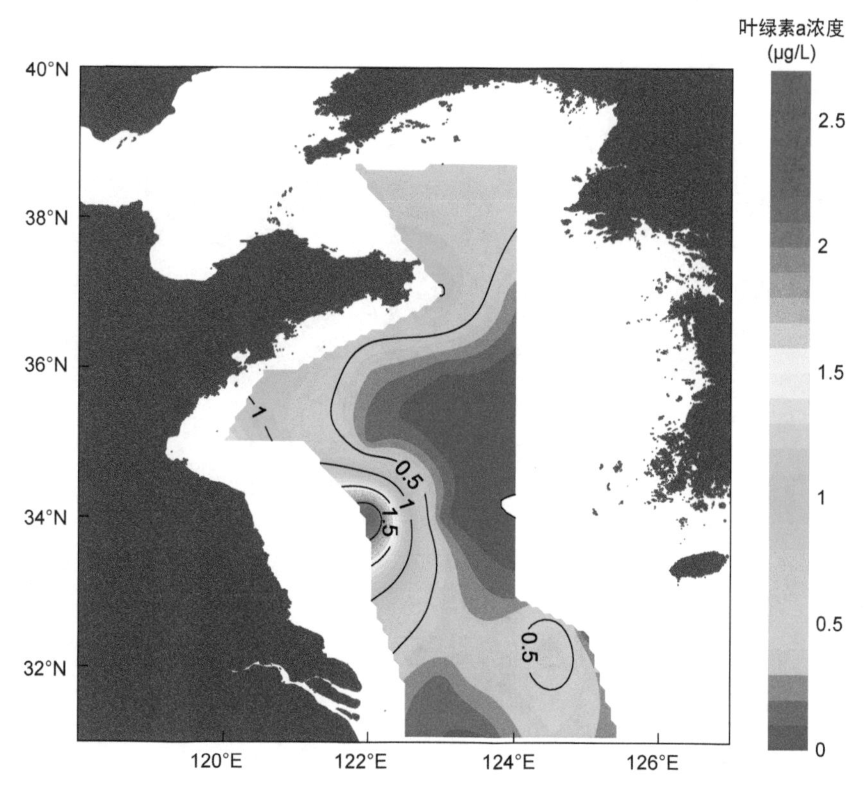

图 3.9 2014 年 5 月黄海底层叶绿素 a 浓度 (μg/L)

3.2 2014 年 5 月东海

3.2.1 断面图

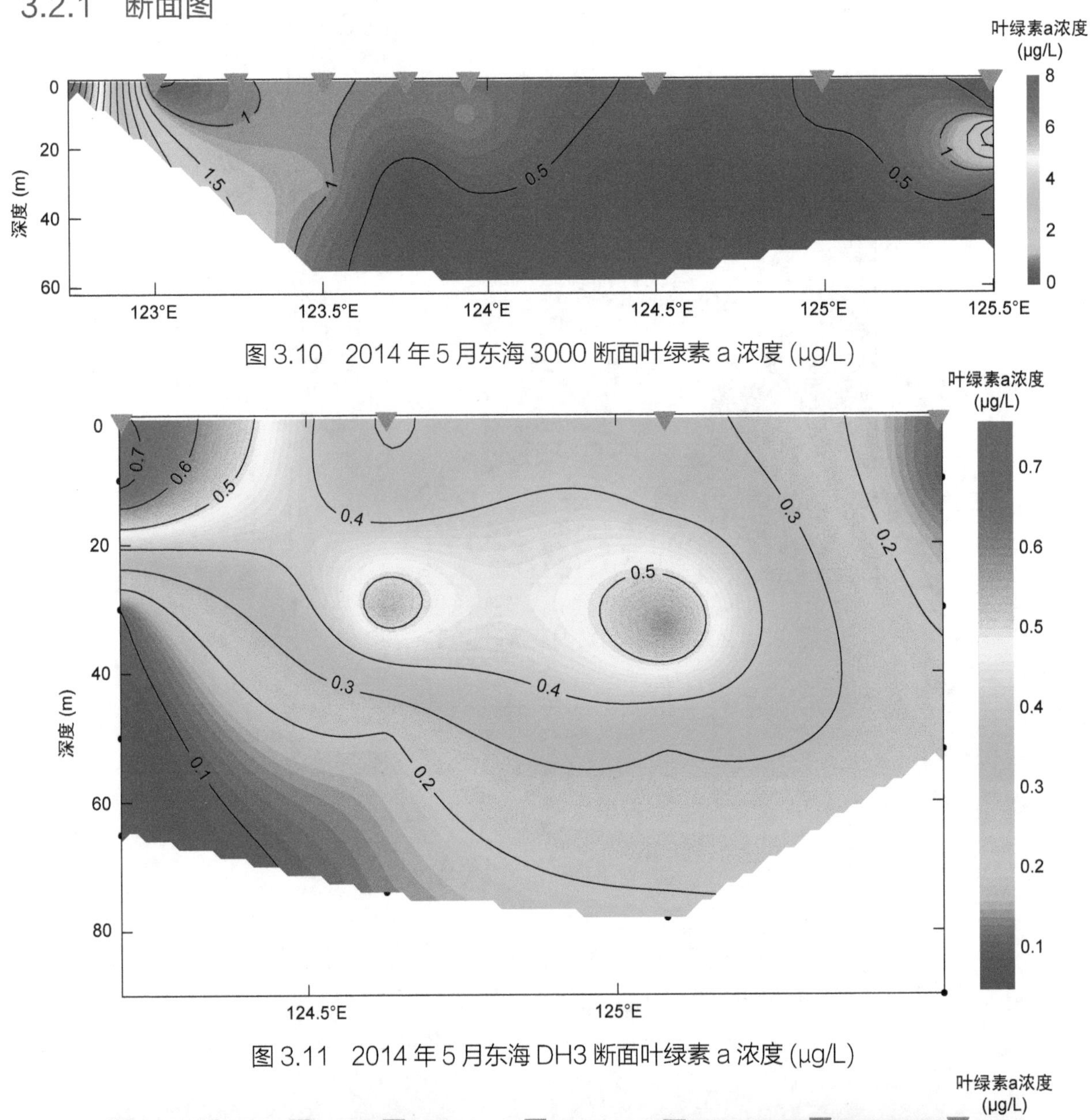

图 3.10 2014 年 5 月东海 3000 断面叶绿素 a 浓度 (μg/L)

图 3.11 2014 年 5 月东海 DH3 断面叶绿素 a 浓度 (μg/L)

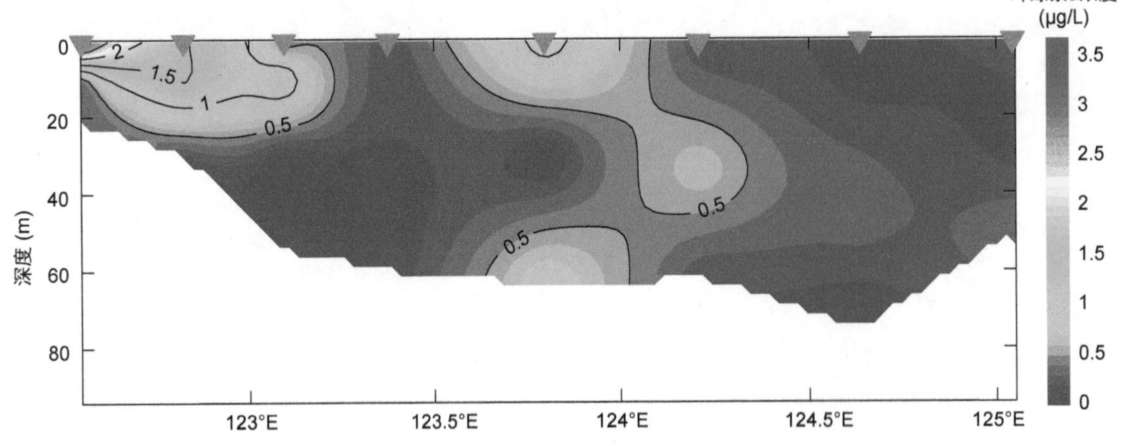

图 3.12 2014 年 5 月东海 DH4 断面叶绿素 a 浓度 (μg/L)

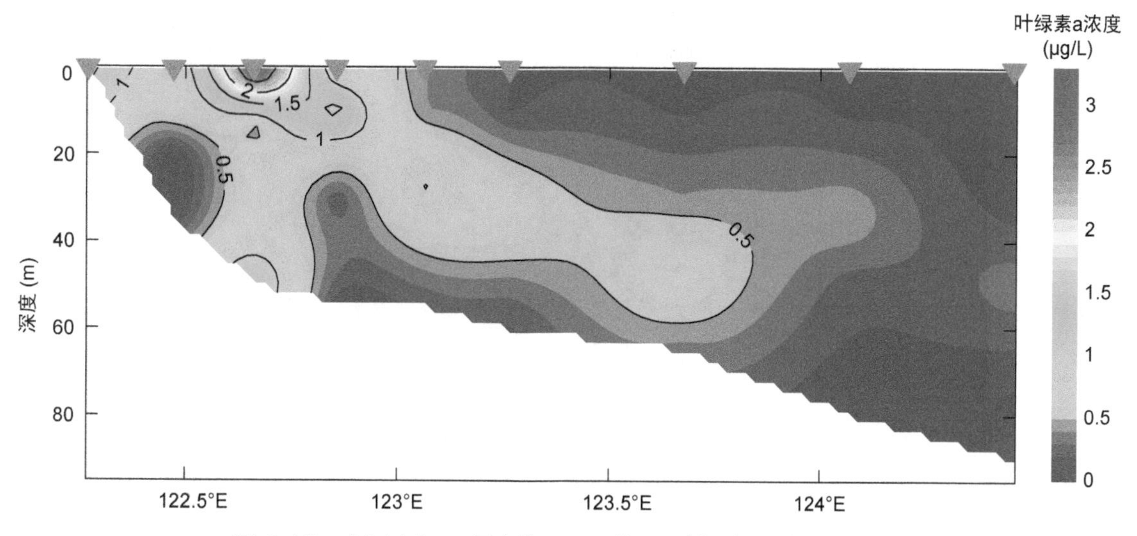

图 3.13　2014 年 5 月东海 DH5 断面叶绿素 a 浓度 (μg/L)

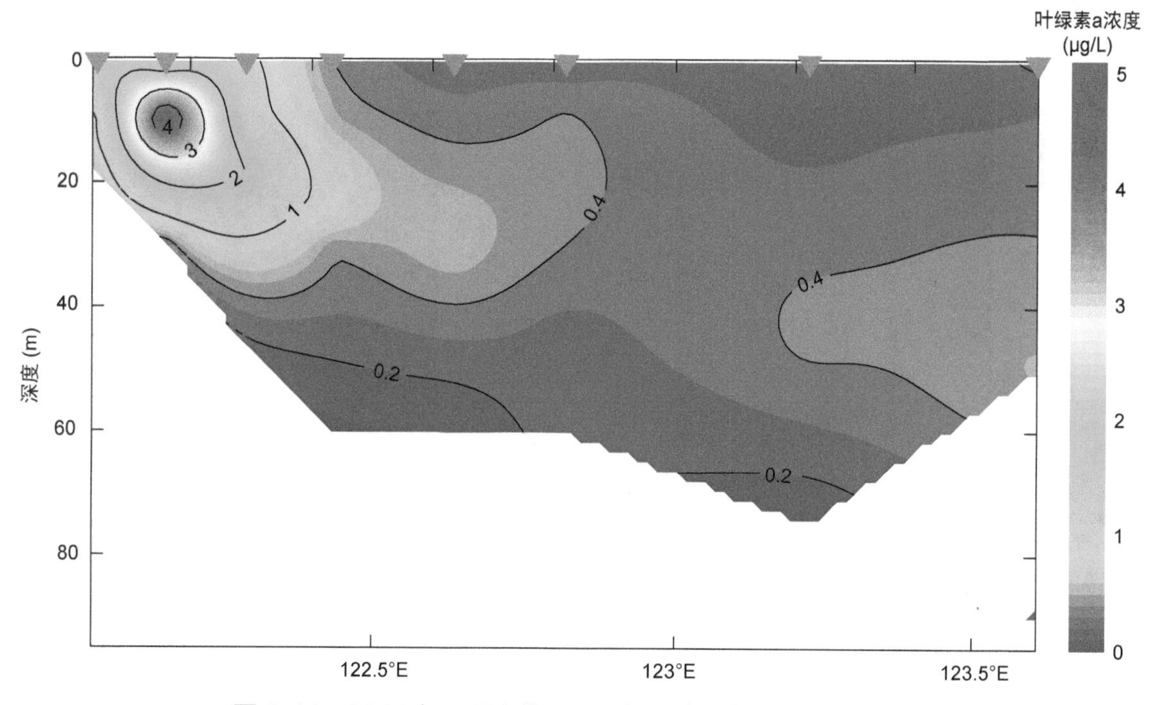

图 3.14　2014 年 5 月东海 DH6 断面叶绿素 a 浓度 (μg/L)

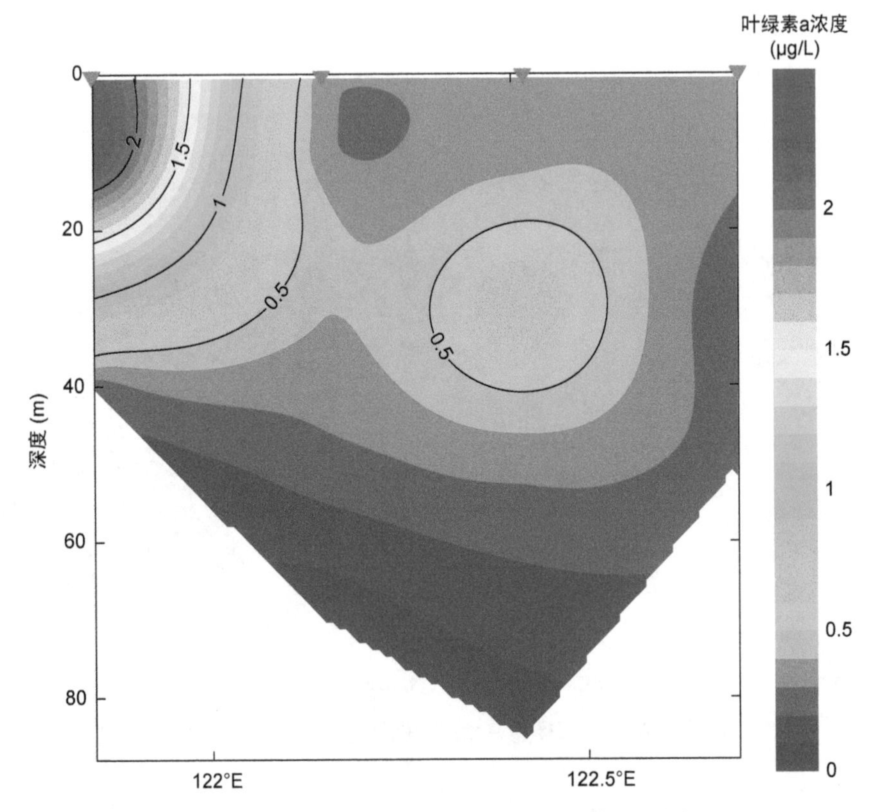

图 3.15　2014 年 5 月东海 DH7 断面叶绿素 a 浓度 (μg/L)

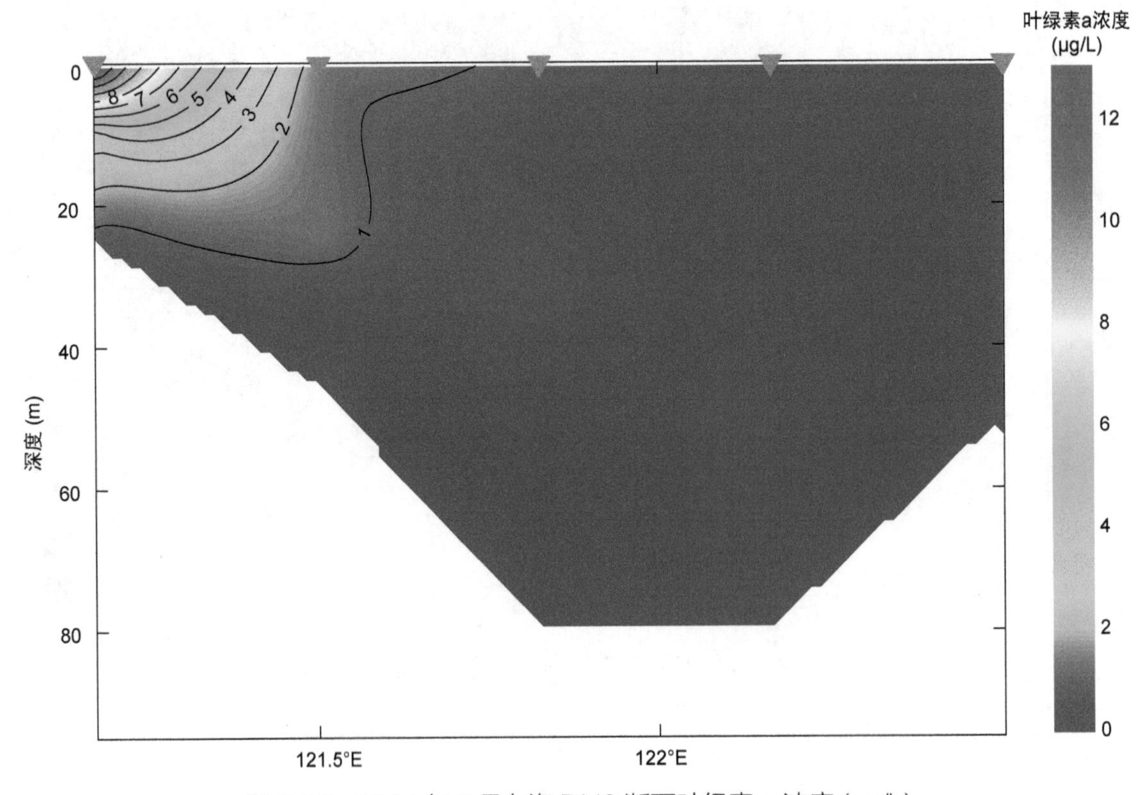

图 3.16　2014 年 5 月东海 DH8 断面叶绿素 a 浓度 (μg/L)

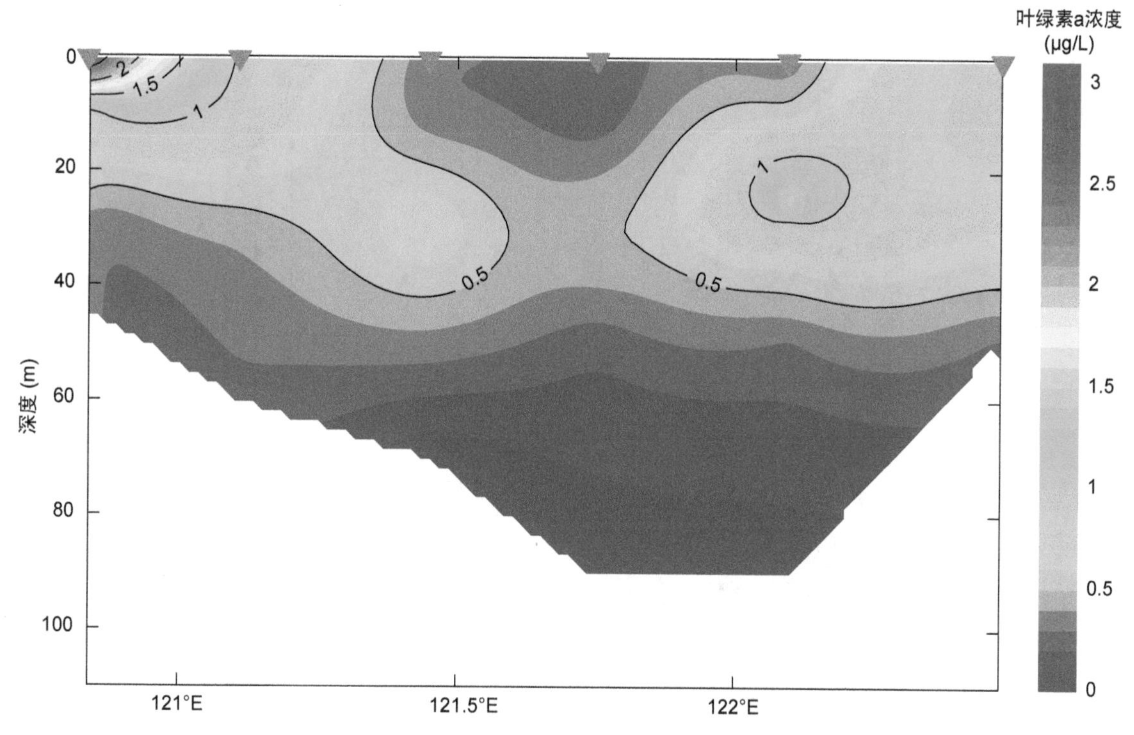

图 3.17　2014 年 5 月东海 DH9 断面叶绿素 a 浓度 (μg/L)

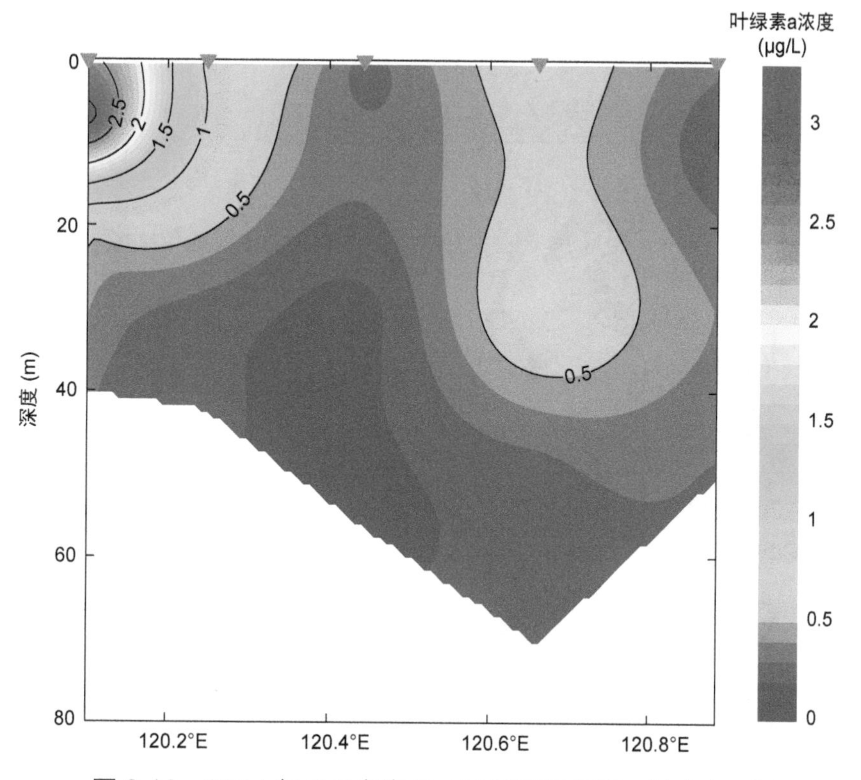

图 3.18　2014 年 5 月东海 DH11 断面叶绿素 a 浓度 (μg/L)

3.2.2 平面图

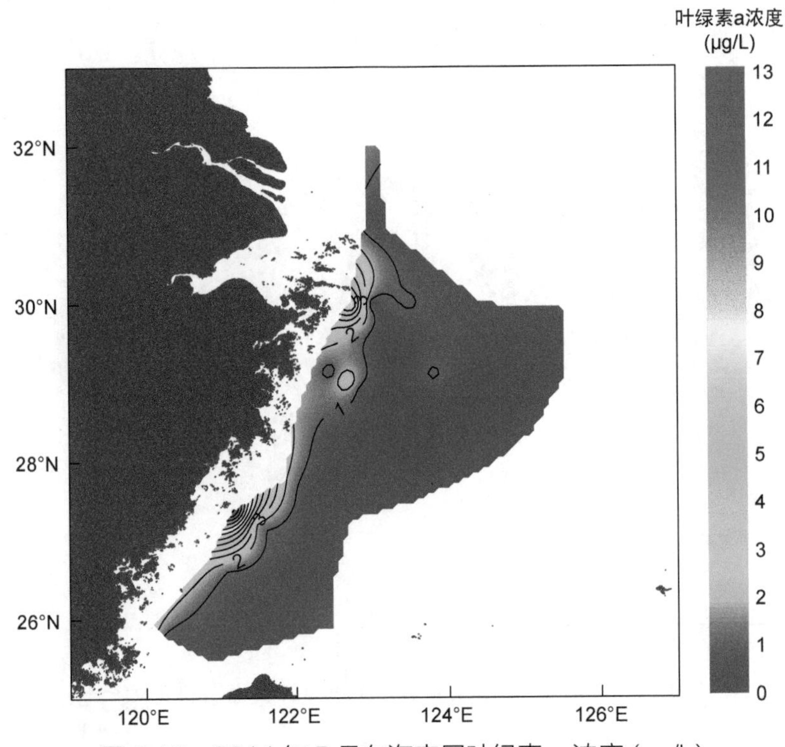

图 3.19 2014 年 5 月东海表层叶绿素 a 浓度 (μg/L)

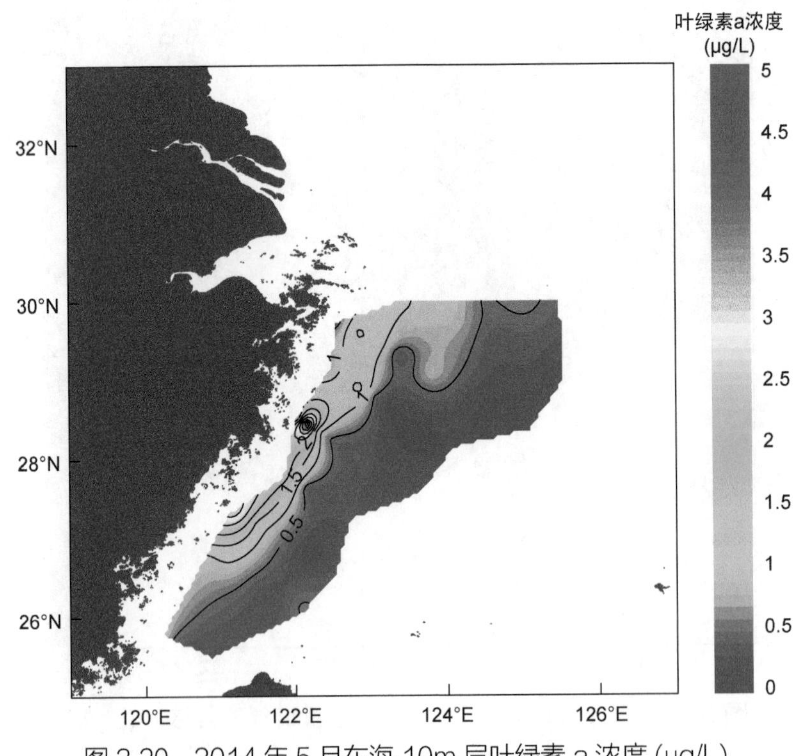

图 3.20 2014 年 5 月东海 10m 层叶绿素 a 浓度 (μg/L)

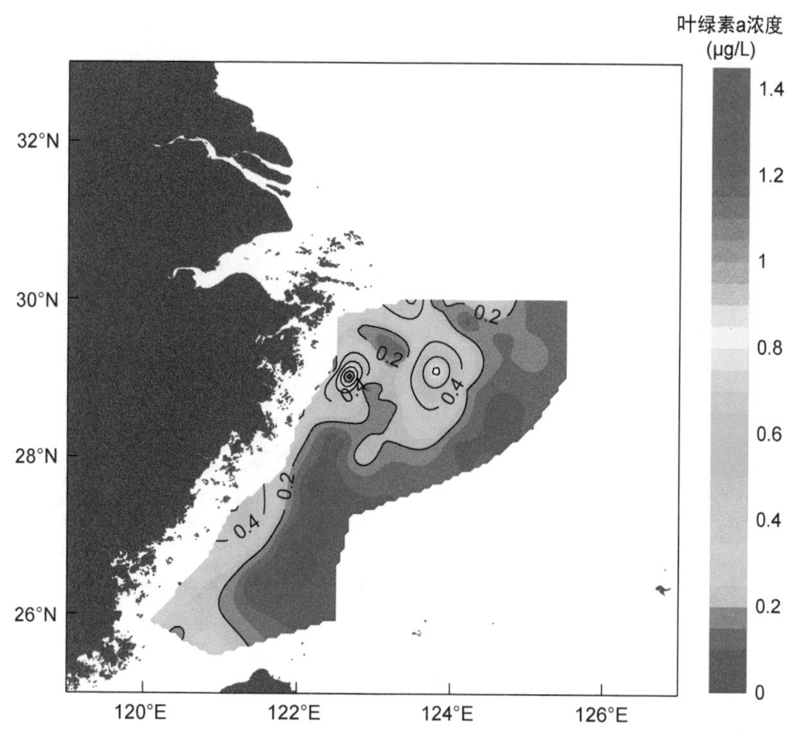

图 3.21　2014 年 5 月东海底层叶绿素 a 浓度 (μg/L)

3.3 2014 年 10 月黄海

3.3.1 断面图

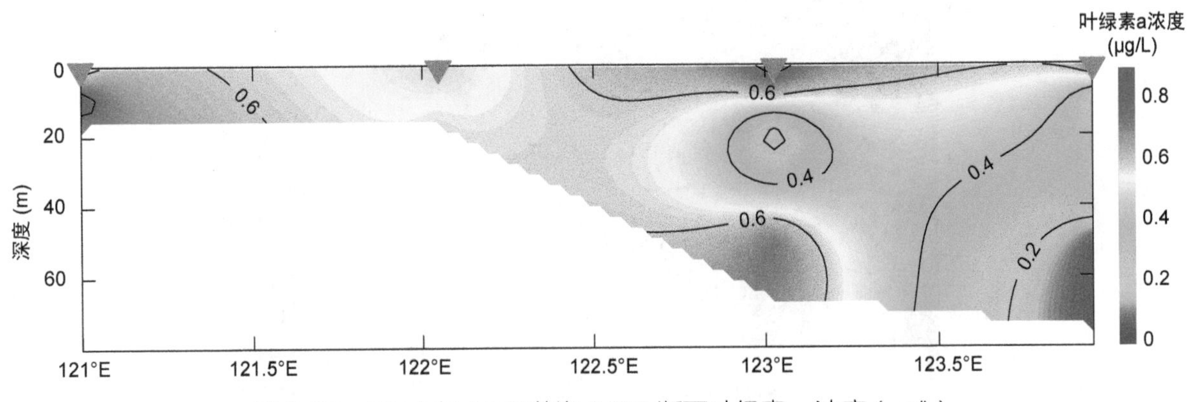

图 3.22 2014 年 10 月黄海 3400 断面叶绿素 a 浓度 (μg/L)

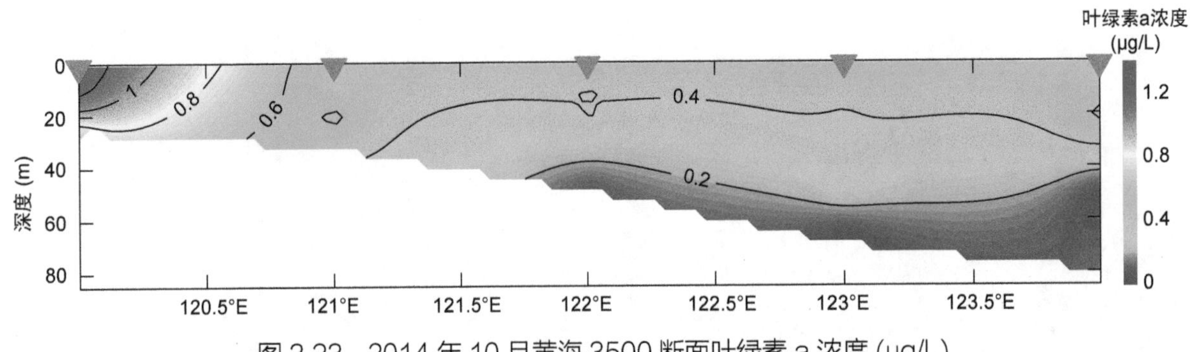

图 3.23 2014 年 10 月黄海 3500 断面叶绿素 a 浓度 (μg/L)

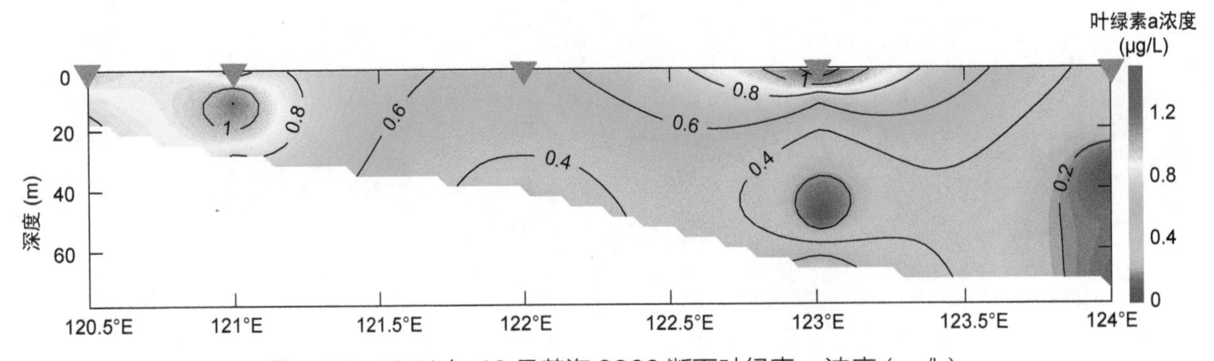

图 3.24 2014 年 10 月黄海 3600 断面叶绿素 a 浓度 (μg/L)

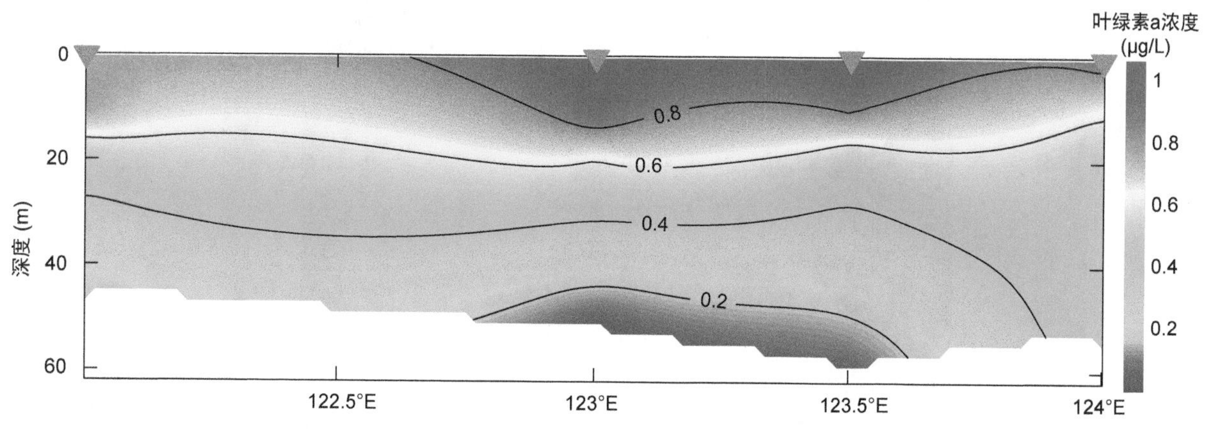

图 3.25　2014 年 10 月黄海 3875 断面叶绿素 a 浓度 (μg/L)

3.3.2　平面图

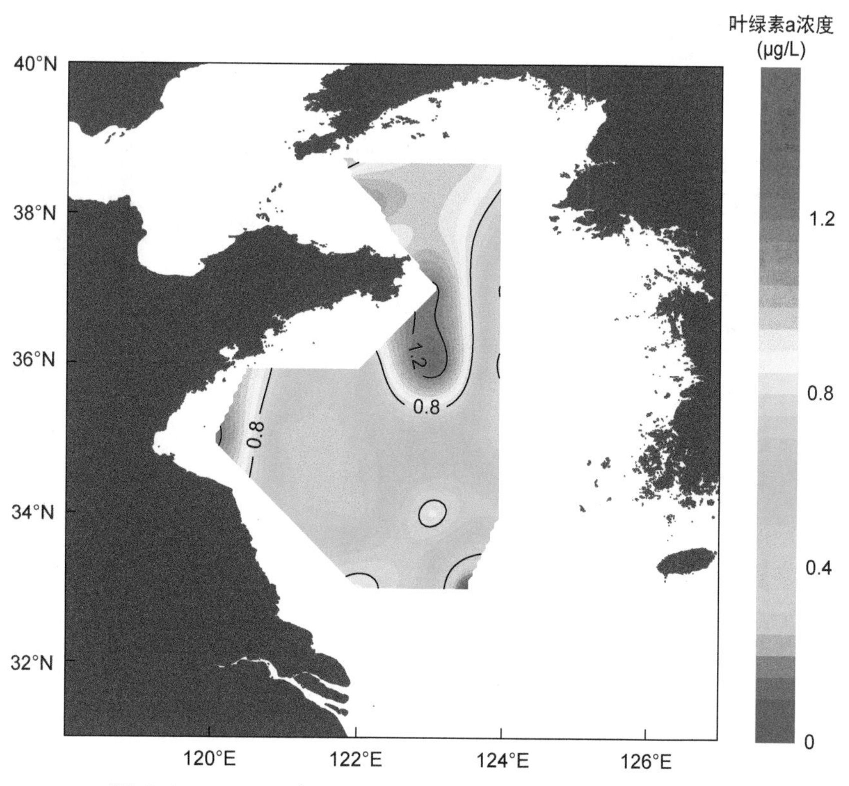

图 3.26　2014 年 10 月黄海表层叶绿素 a 浓度 (μg/L)

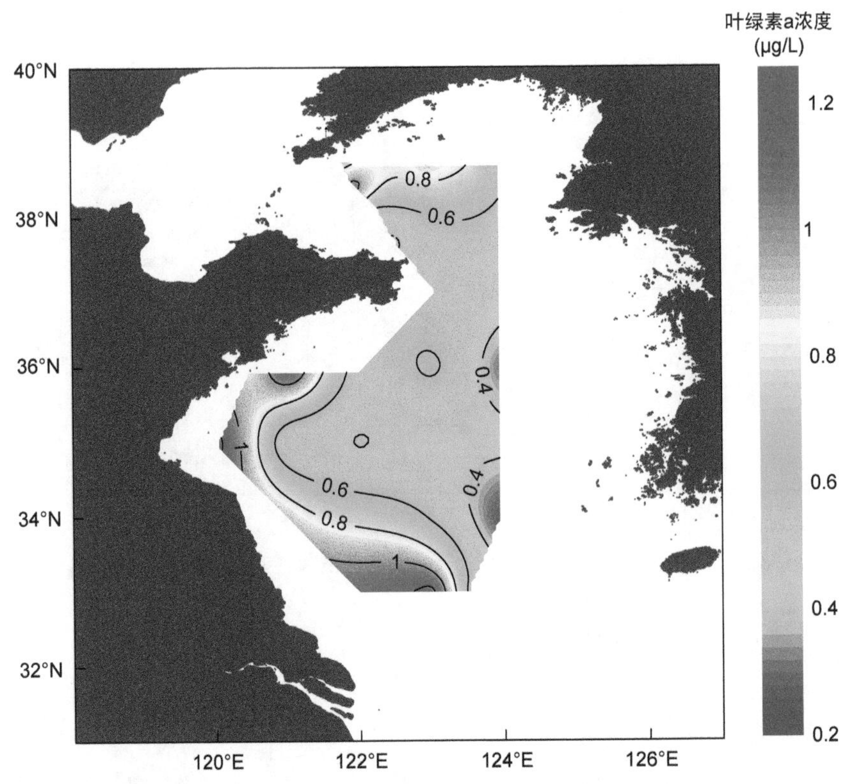

图 3.27　2014 年 10 月黄海 10m 层叶绿素 a 浓度 (μg/L)

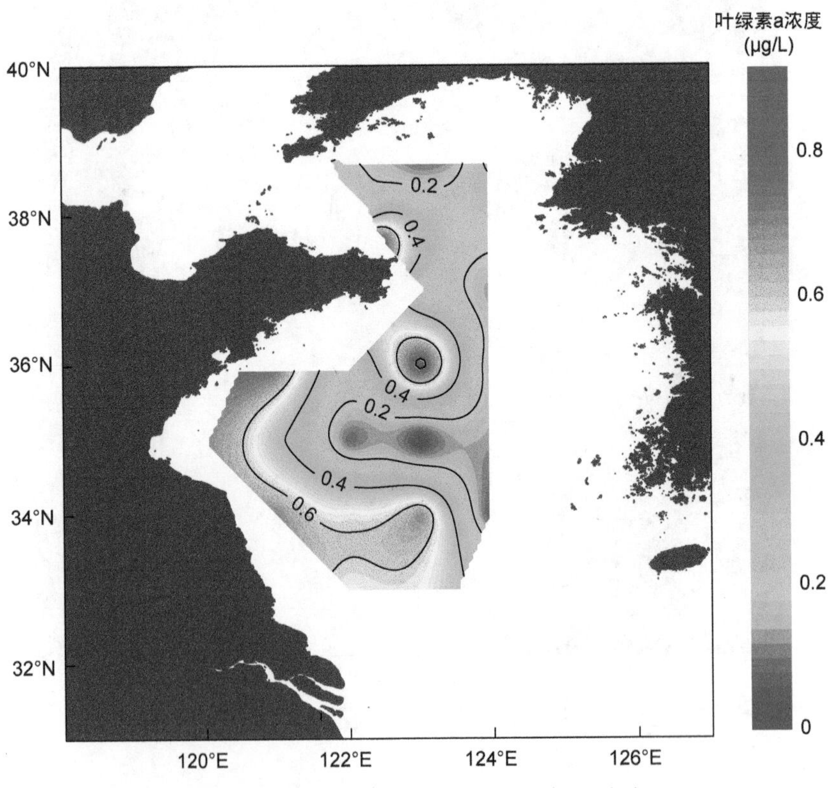

图 3.28　2014 年 10 月黄海底层叶绿素 a 浓度 (μg/L)

3.4 2014 年 10 月东海

3.4.1 断面图

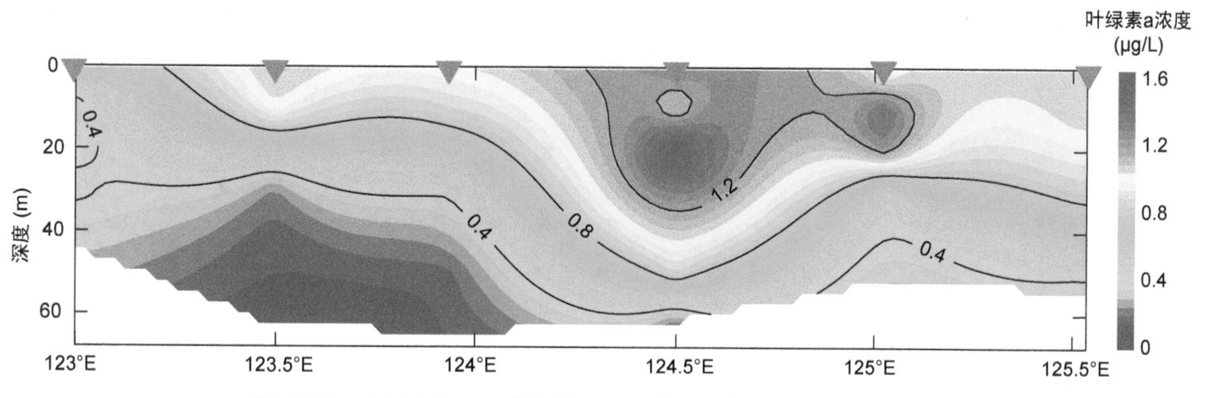

图 3.29 2014 年 10 月东海 3000 断面叶绿素 a 浓度 (μg/L)

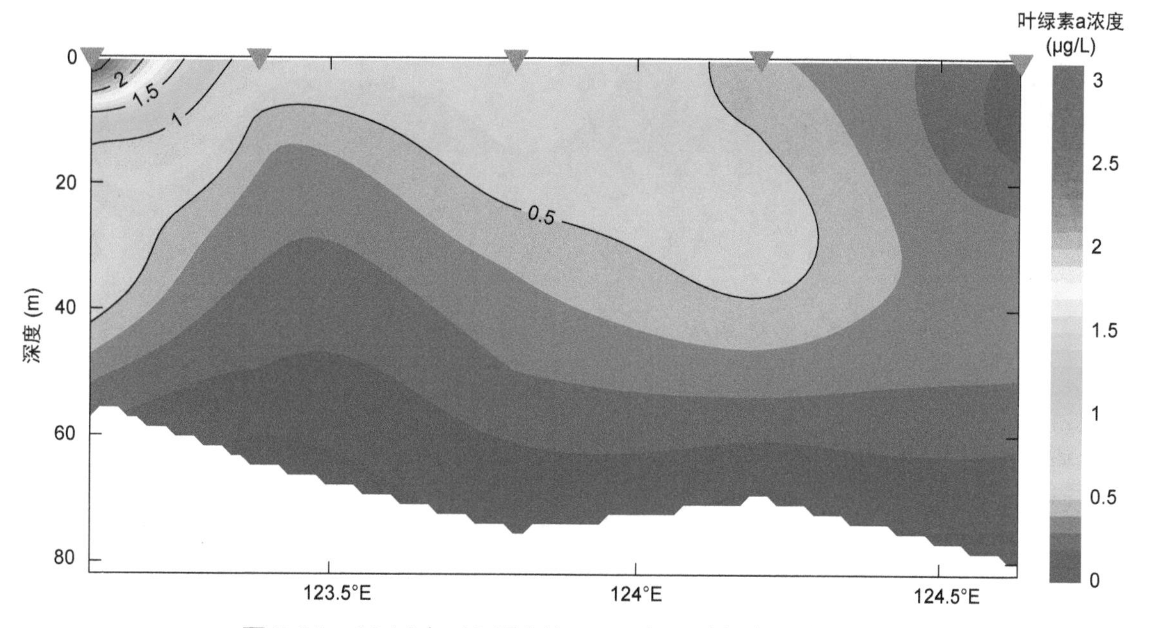

图 3.30 2014 年 10 月东海 DH4 断面叶绿素 a 浓度 (μg/L)

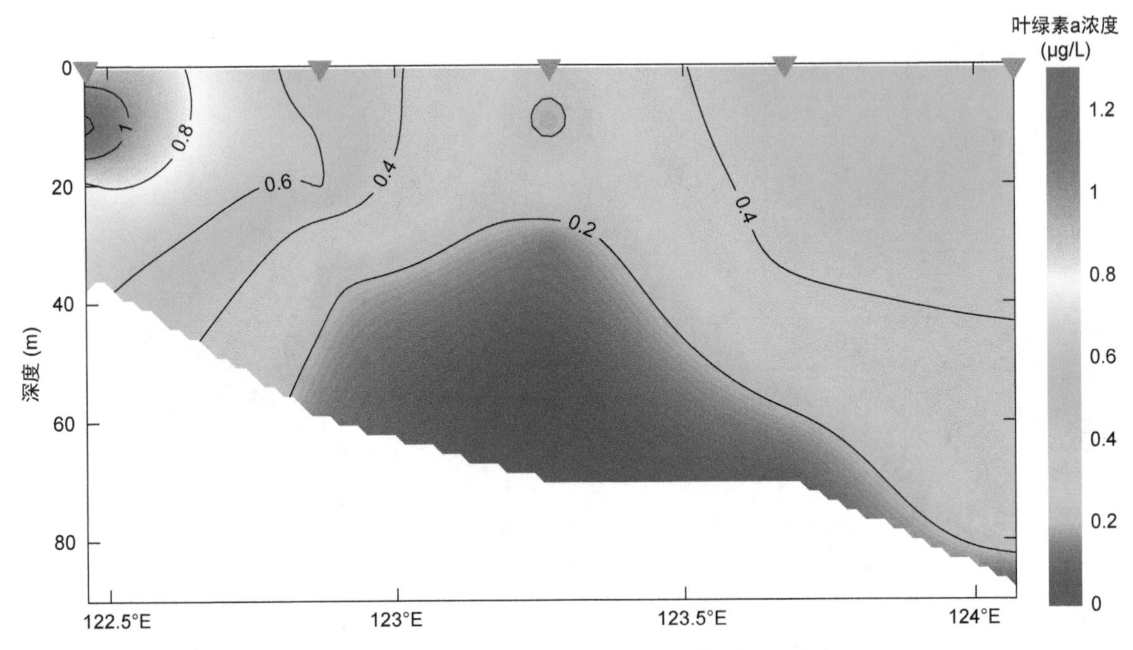

图 3.31　2014 年 10 月东海 DH5 断面叶绿素 a 浓度 (μg/L)

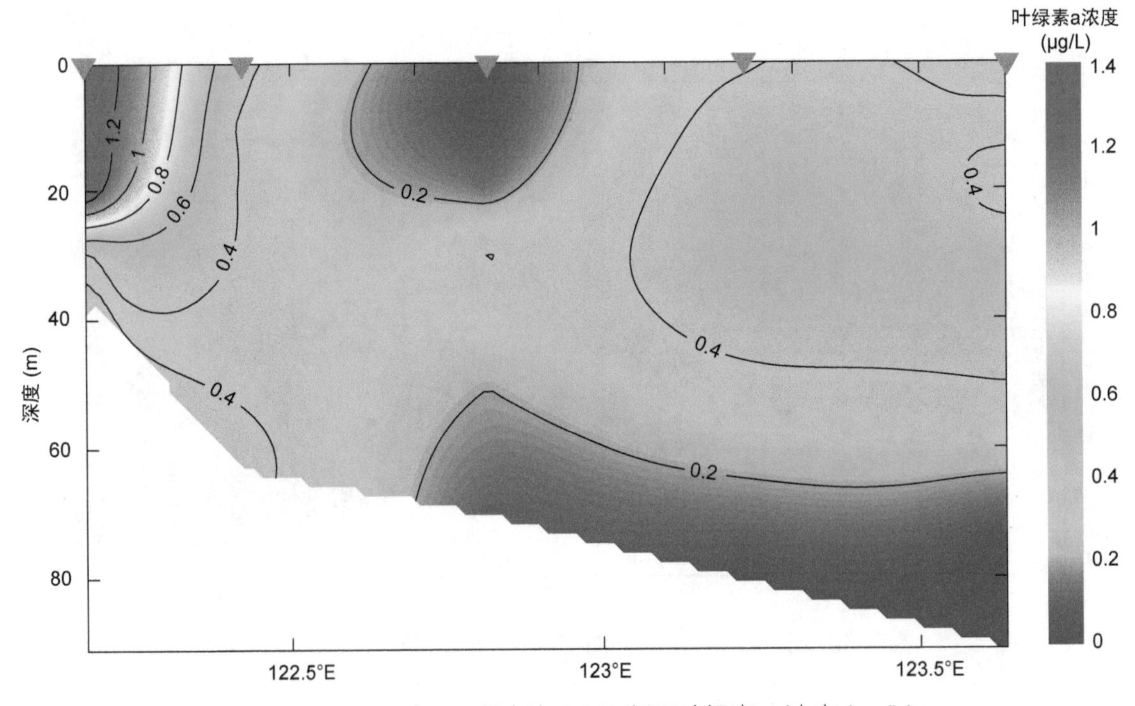

图 3.32　2014 年 10 月东海 DH6 断面叶绿素 a 浓度 (μg/L)

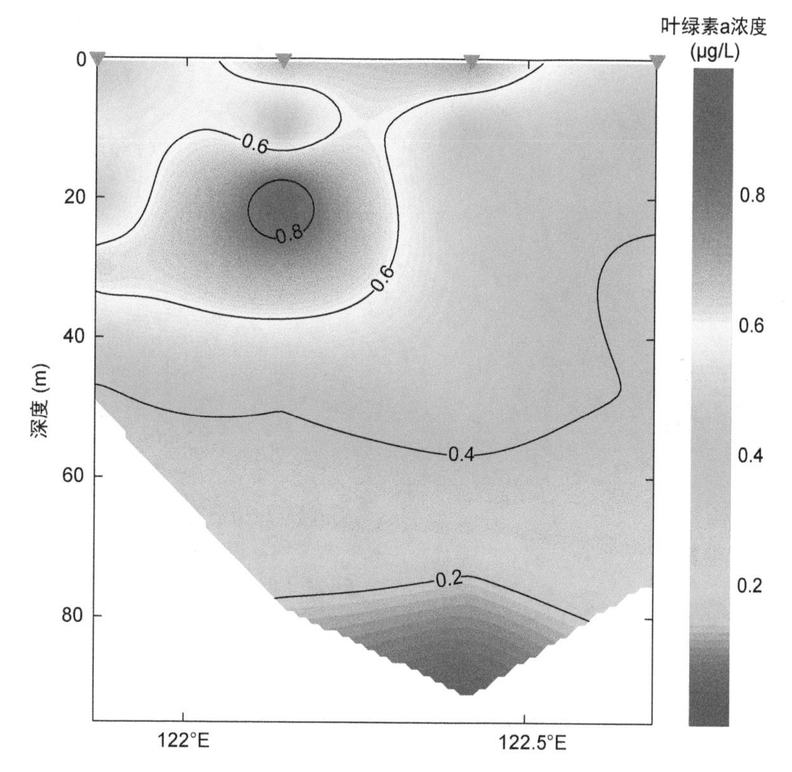

图 3.33　2014 年 10 月东海 DH7 断面叶绿素 a 浓度 (μg/L)

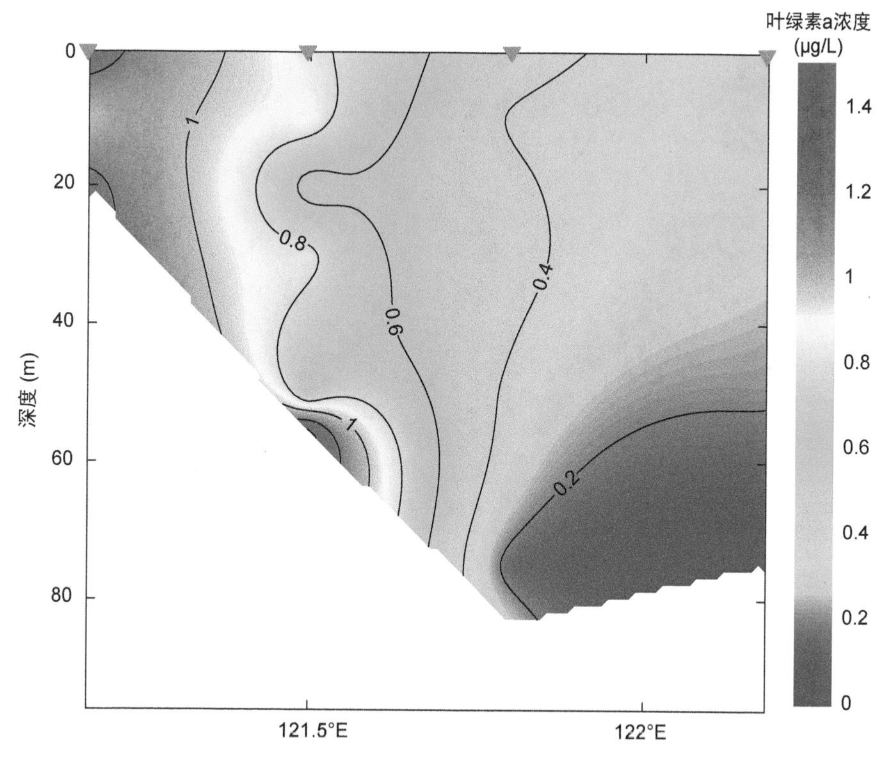

图 3.34　2014 年 10 月东海 DH8 断面叶绿素 a 浓度 (μg/L)

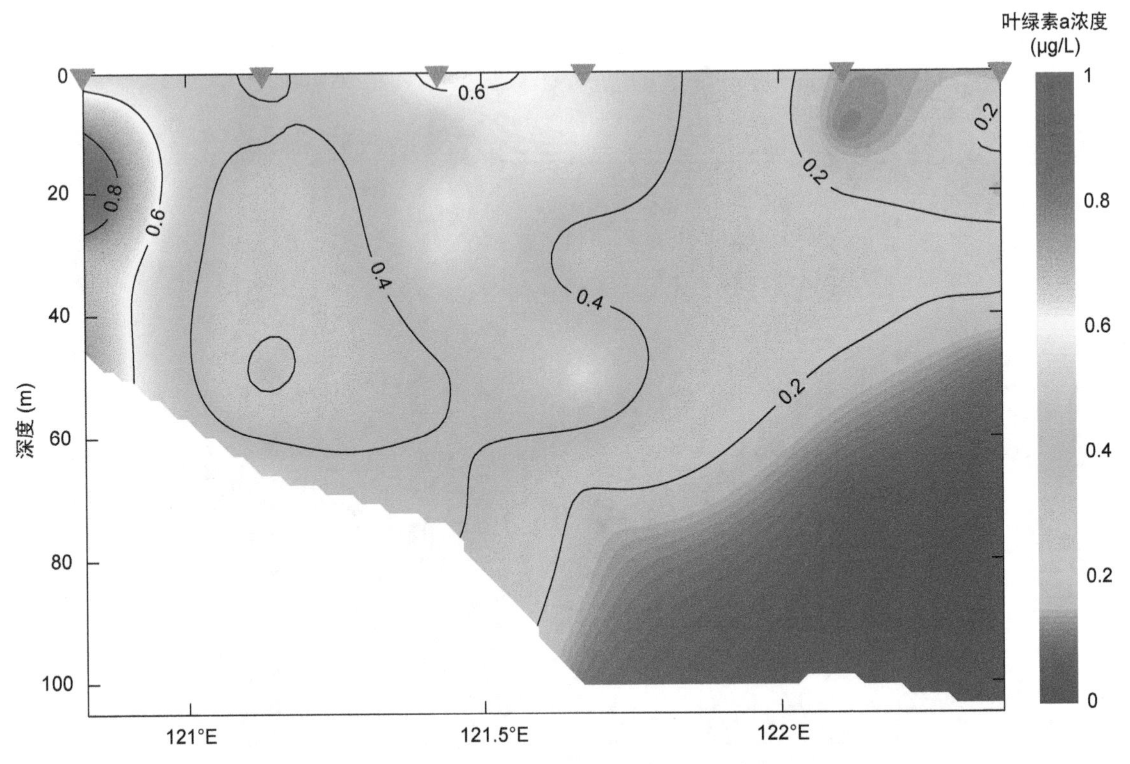

图 3.35　2014 年 10 月东海 DH9 断面叶绿素 a 浓度 (μg/L)

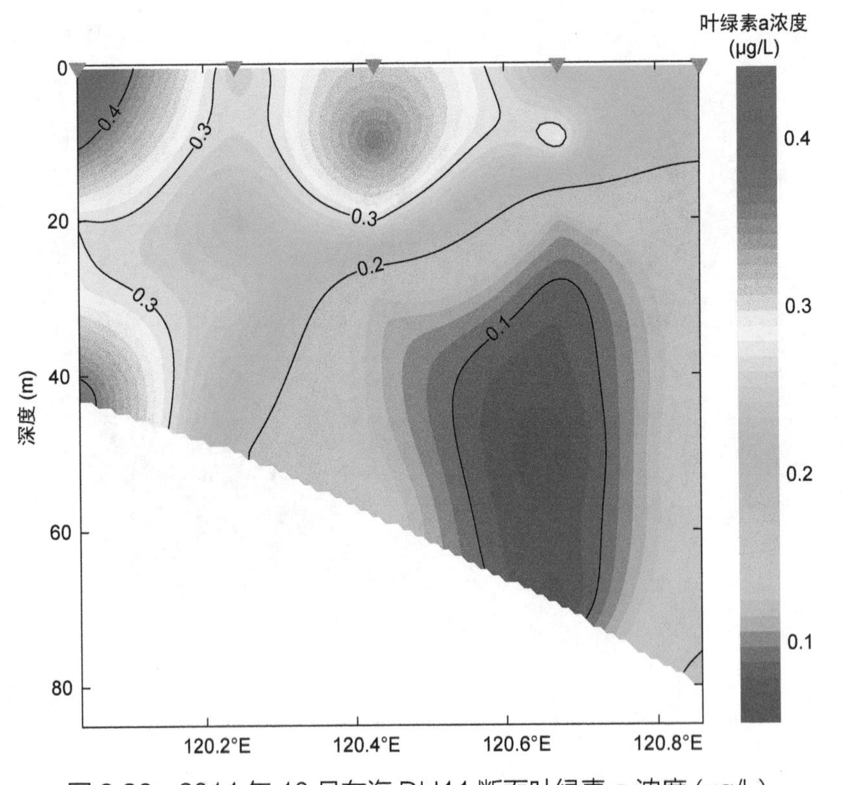

图 3.36　2014 年 10 月东海 DH11 断面叶绿素 a 浓度 (μg/L)

3.4.2　平面图

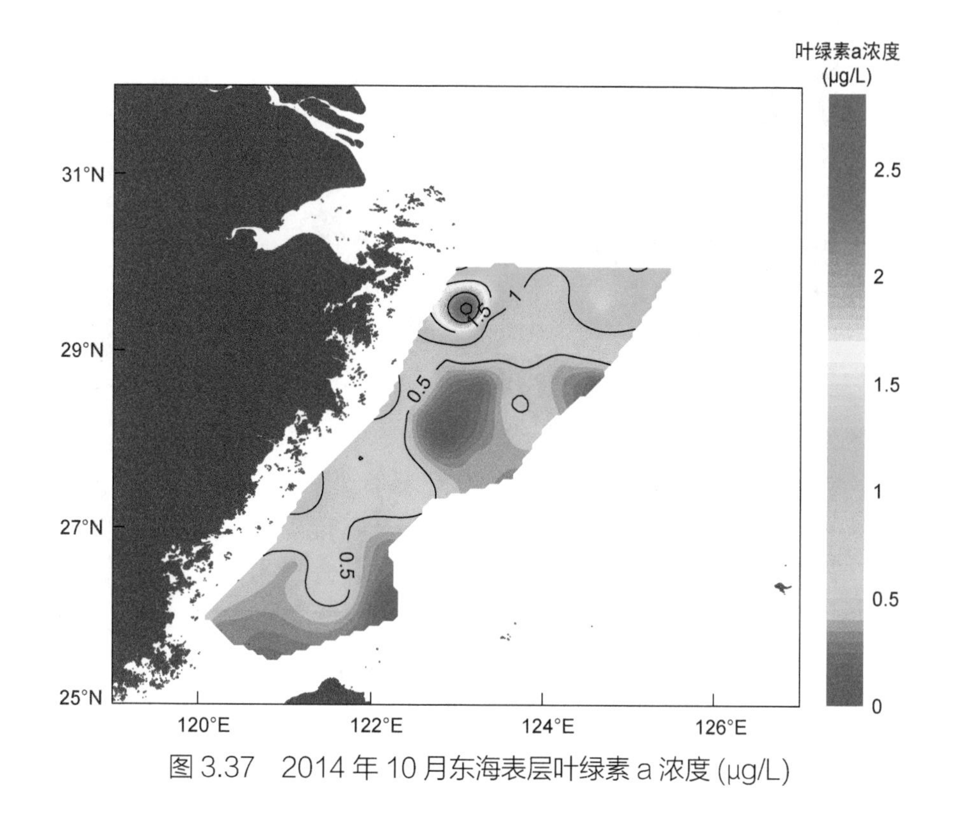

图 3.37　2014 年 10 月东海表层叶绿素 a 浓度 (μg/L)

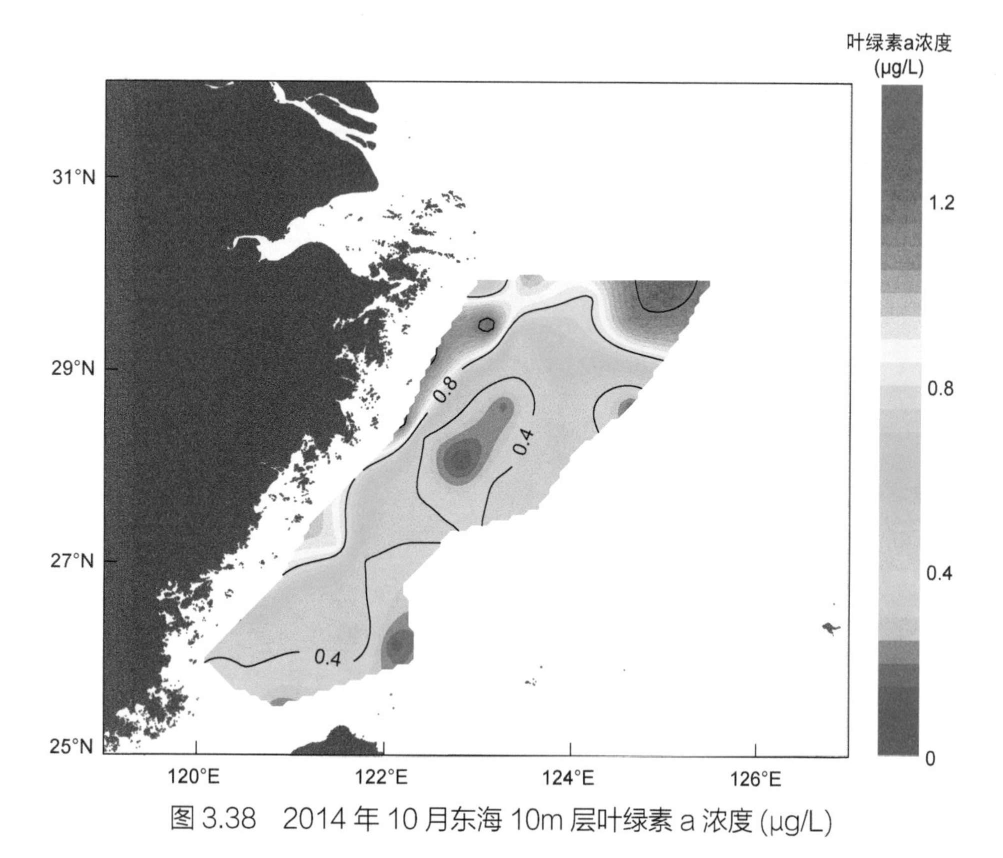

图 3.38　2014 年 10 月东海 10m 层叶绿素 a 浓度 (μg/L)

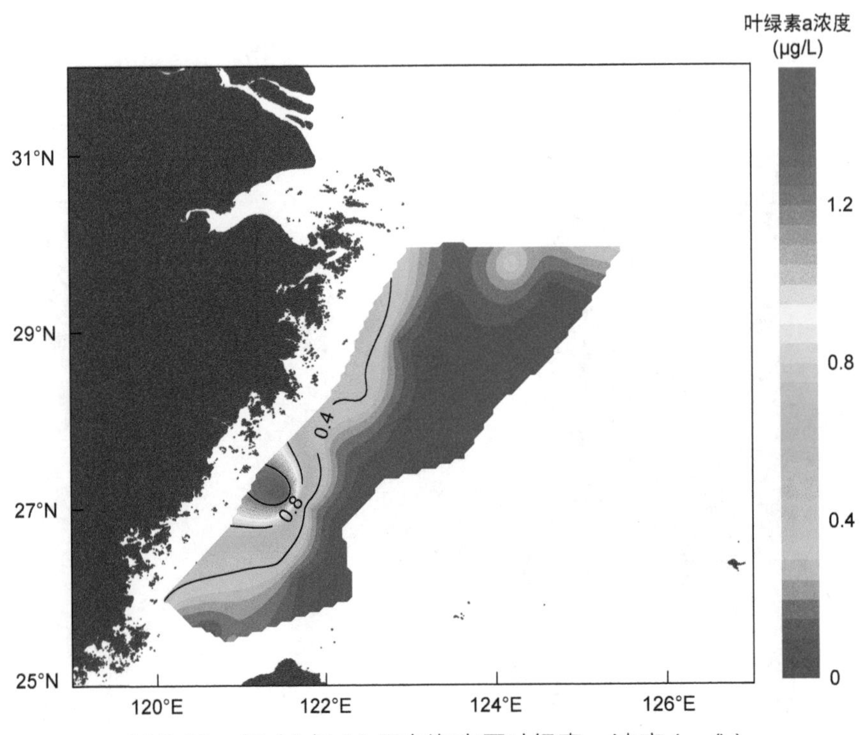

图 3.39　2014 年 10 月东海底层叶绿素 a 浓度 (μg/L)

3.5　2015 年 8 月黄海

3.5.1　断面图

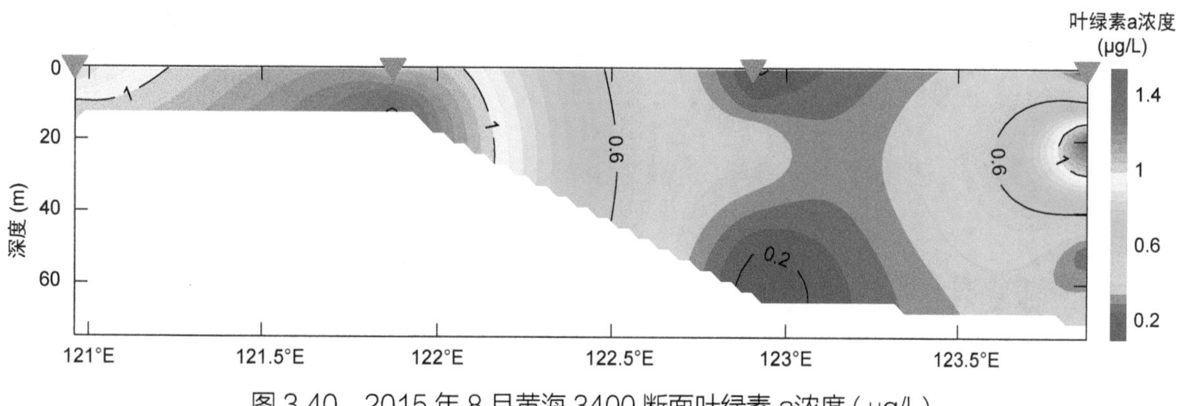

图 3.40　2015 年 8 月黄海 3400 断面叶绿素 a浓度 (μg/L)

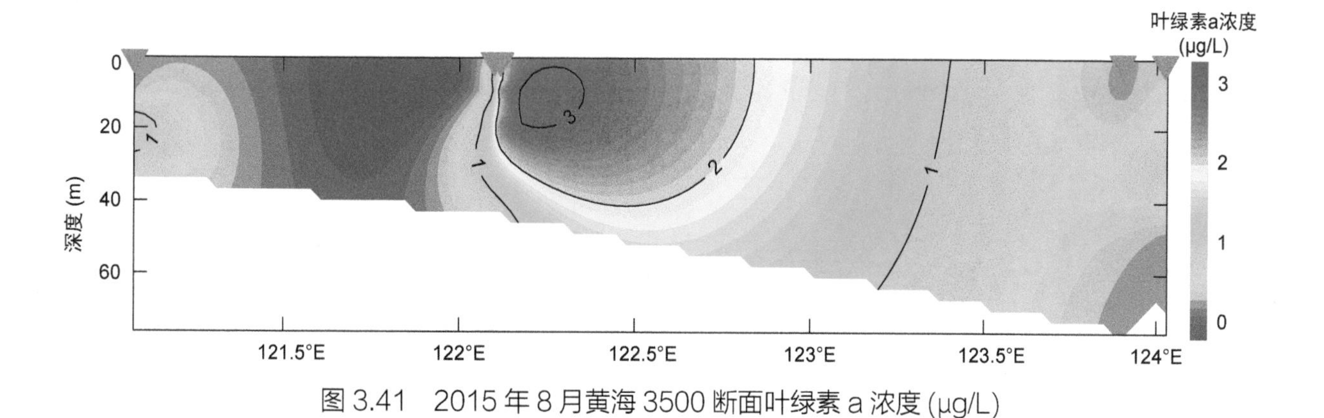

图 3.41　2015 年 8 月黄海 3500 断面叶绿素 a 浓度 (μg/L)

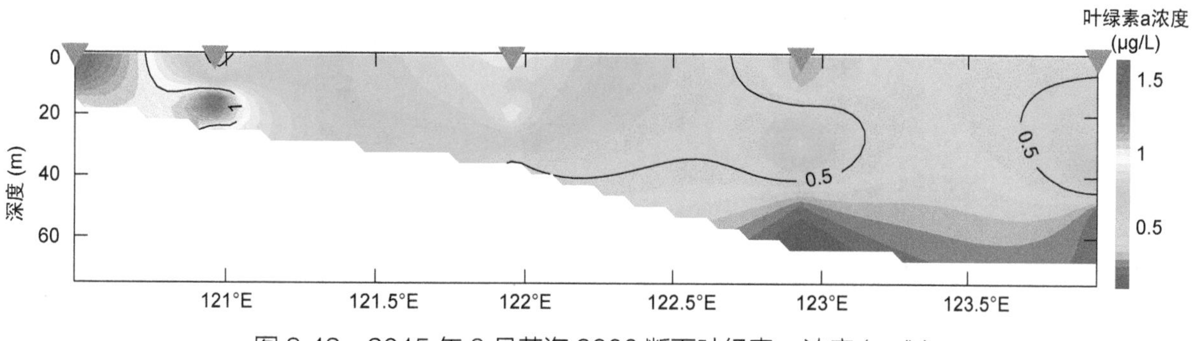

图 3.42　2015 年 8 月黄海 3600 断面叶绿素 a 浓度 (μg/L)

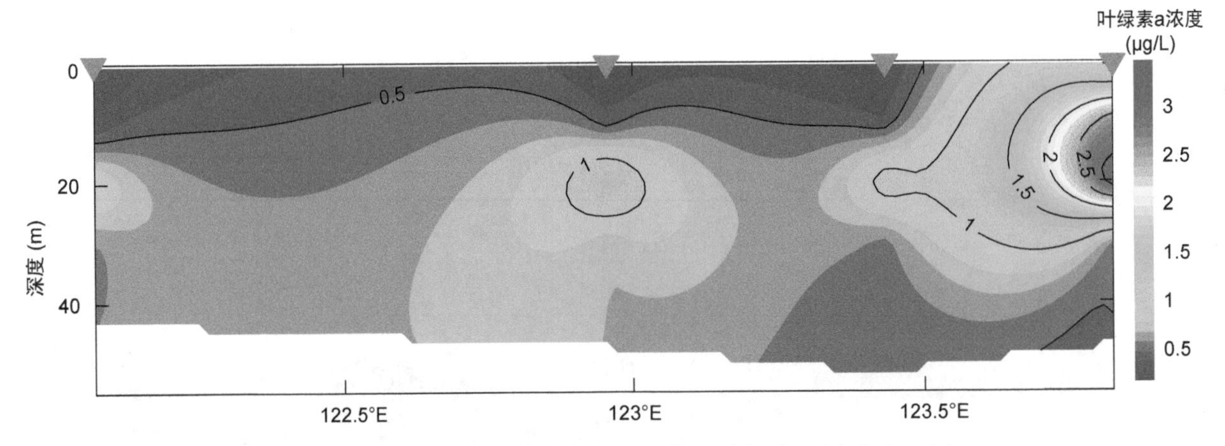

图 3.43　2015 年 8 月黄海 3875 断面叶绿素 a 浓度 (μg/L)

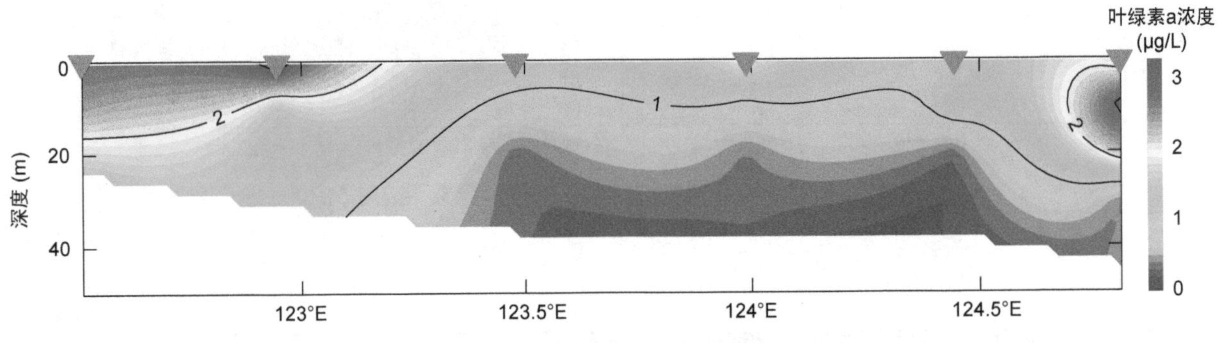

图 3.44　2015 年 8 月黄海 CJ 断面叶绿素 a 浓度 (μg/L)

3.5.2　平面图

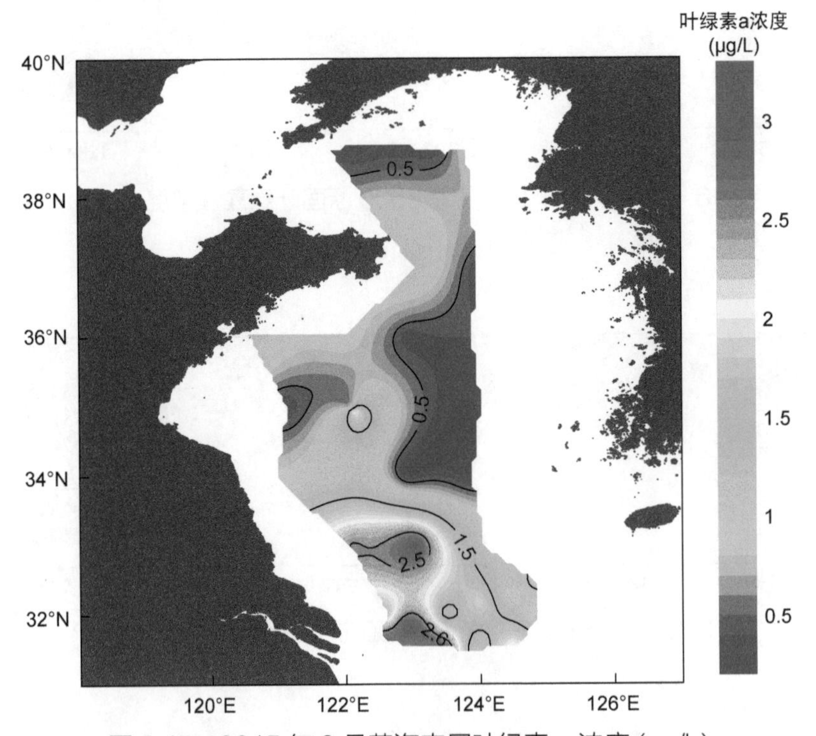

图 3.45　2015 年 8 月黄海表层叶绿素 a 浓度 (μg/L)

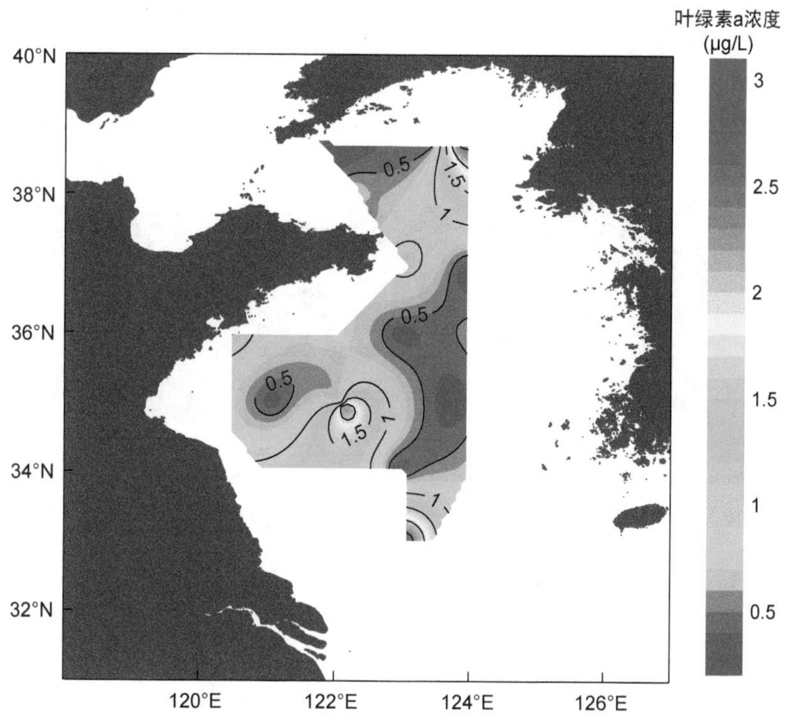

图 3.46 2015 年 8 月黄海 10m 层叶绿素 a 浓度 (μg/L)

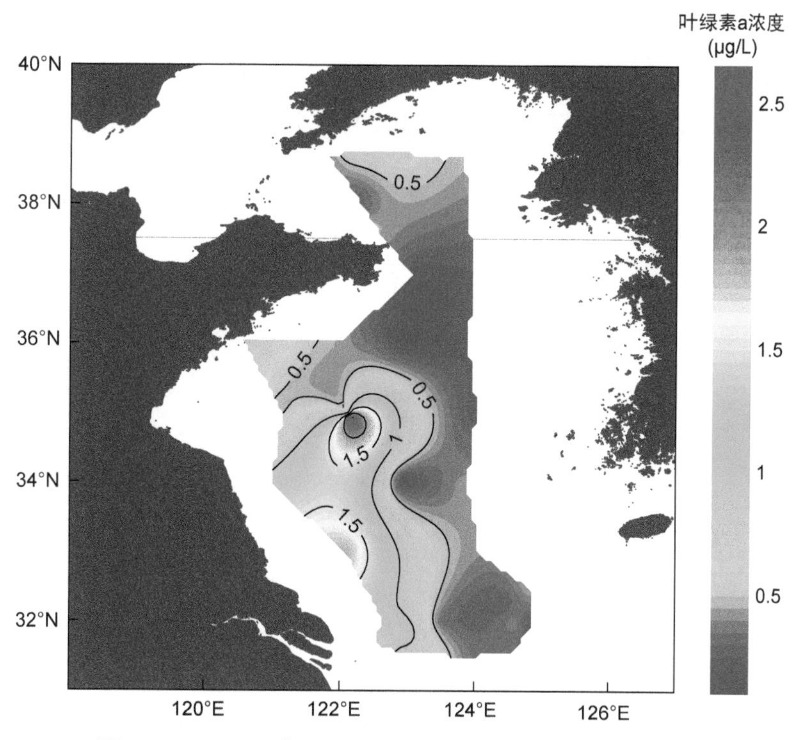

图 3.47 2015 年 8 月黄海底层叶绿素 a 浓度 (μg/L)

3.6 2015 年 8 月东海

3.6.1 断面图

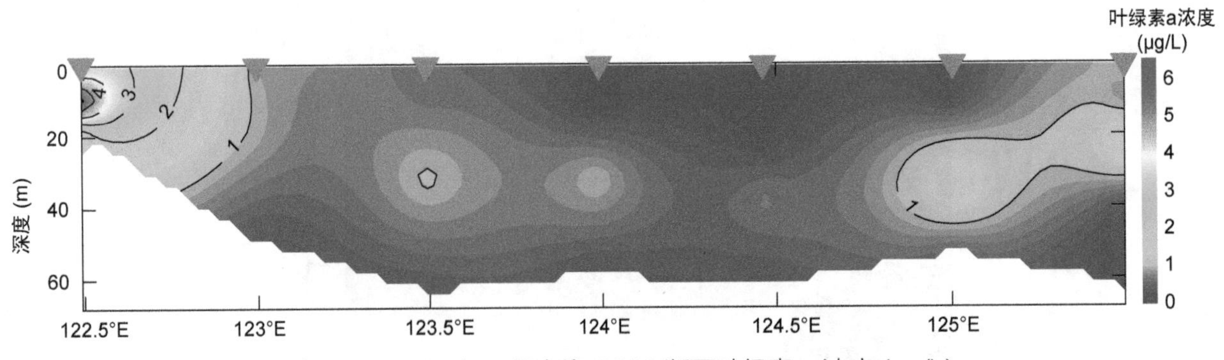

图 3.48 2015 年 8 月东海 3000 断面叶绿素 a 浓度 (μg/L)

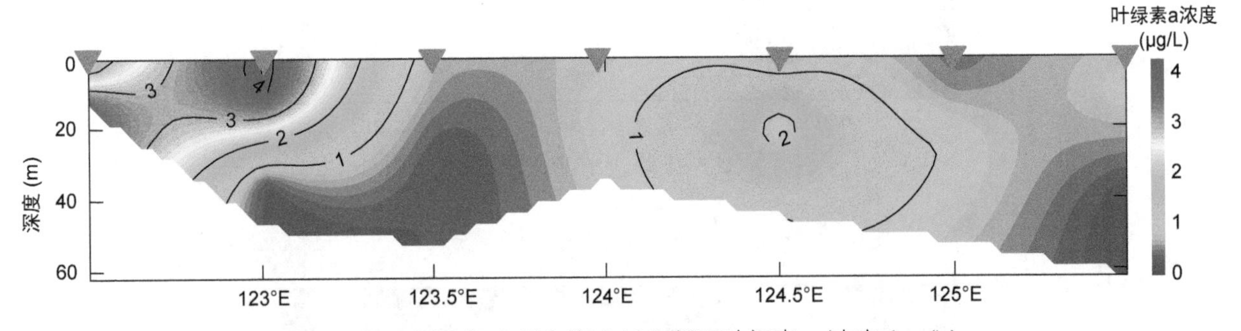

图 3.49 2015 年 8 月东海 3100 断面叶绿素 a 浓度 (μg/L)

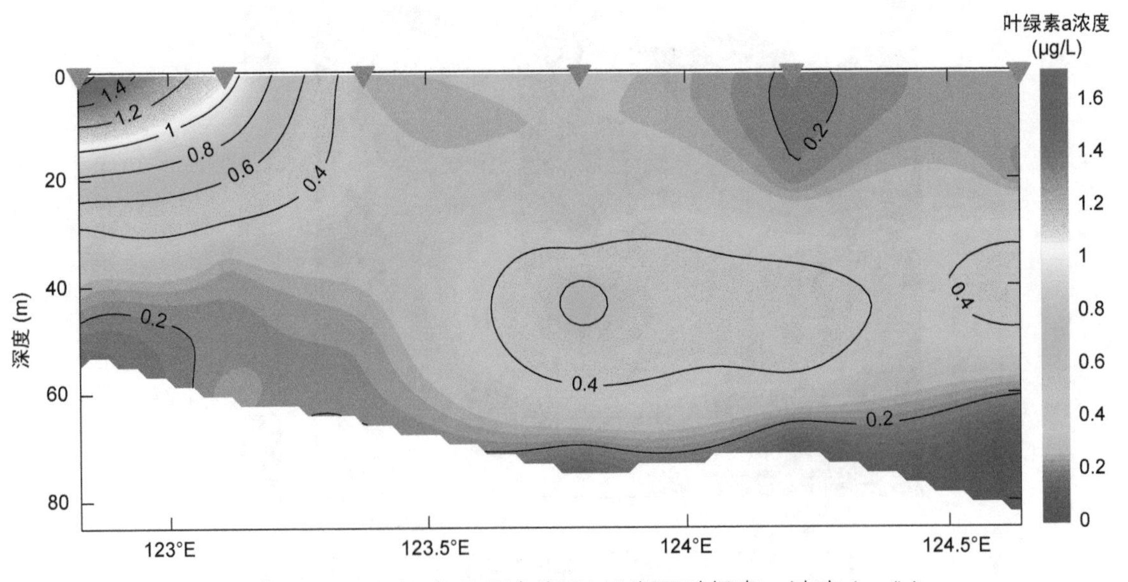

图 3.50 2015 年 8 月东海 DH4 断面叶绿素 a 浓度 (μg/L)

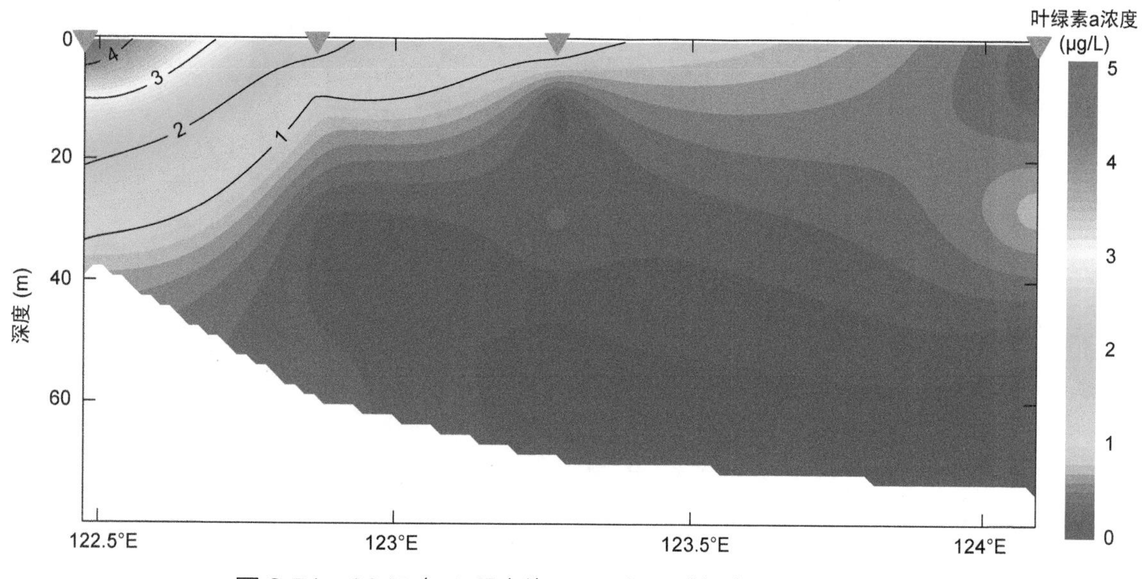

图 3.51　2015 年 8 月东海 DH5 断面叶绿素 a 浓度 (μg/L)

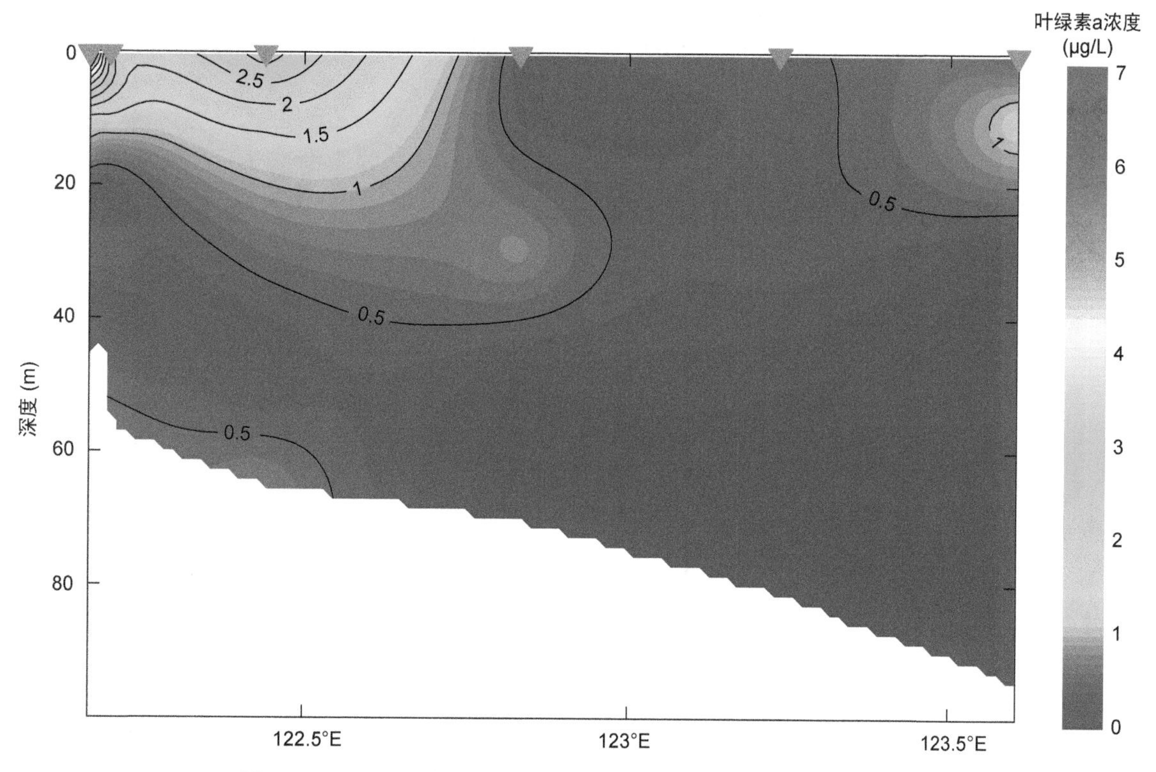

图 3.52　2015 年 8 月东海 DH6 断面叶绿素 a 浓度 (μg/L)

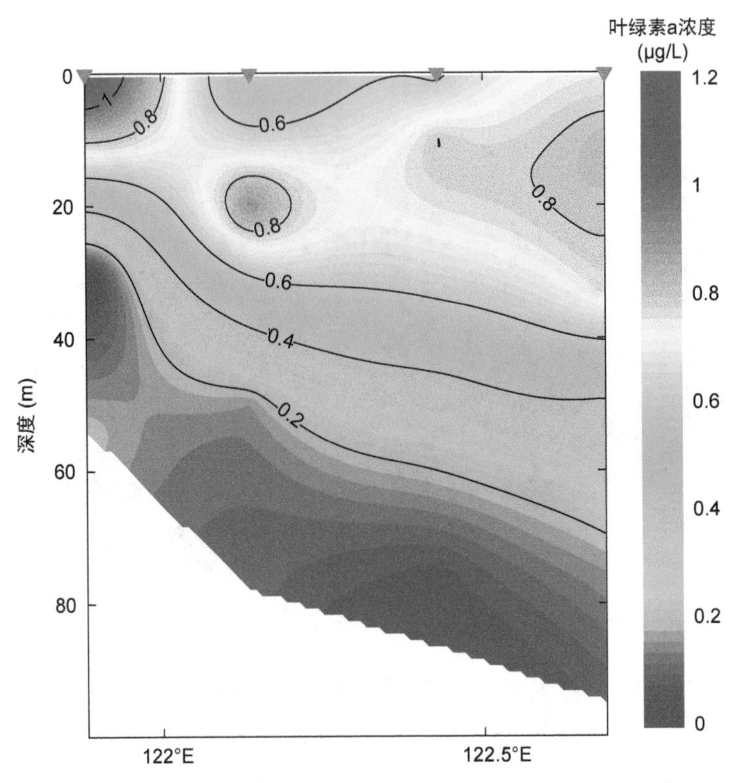

图 3.53　2015 年 8 月东海 DH7 断面叶绿素 a 浓度 (μg/L)

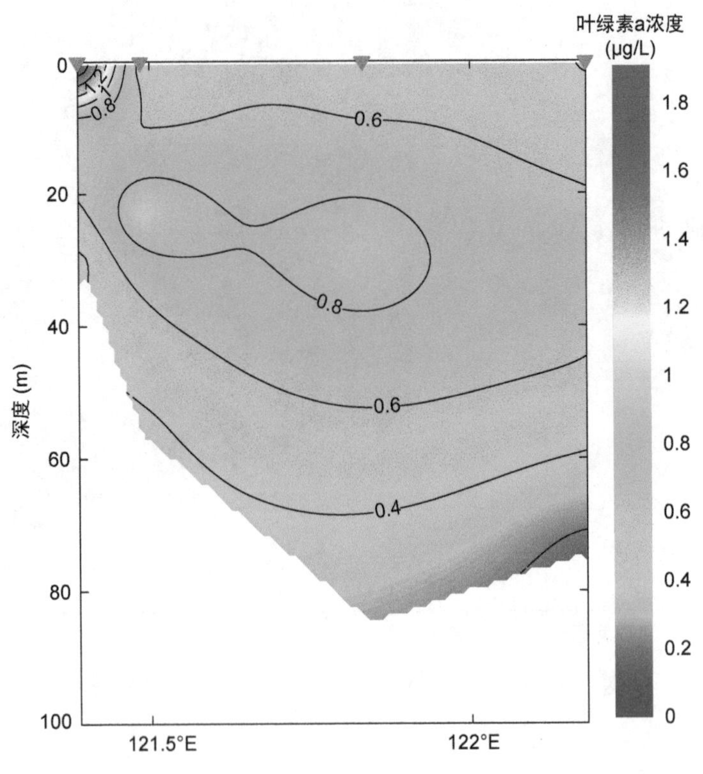

图 3.54　2015 年 8 月东海 DH8 断面叶绿素 a 浓度 (μg/L)

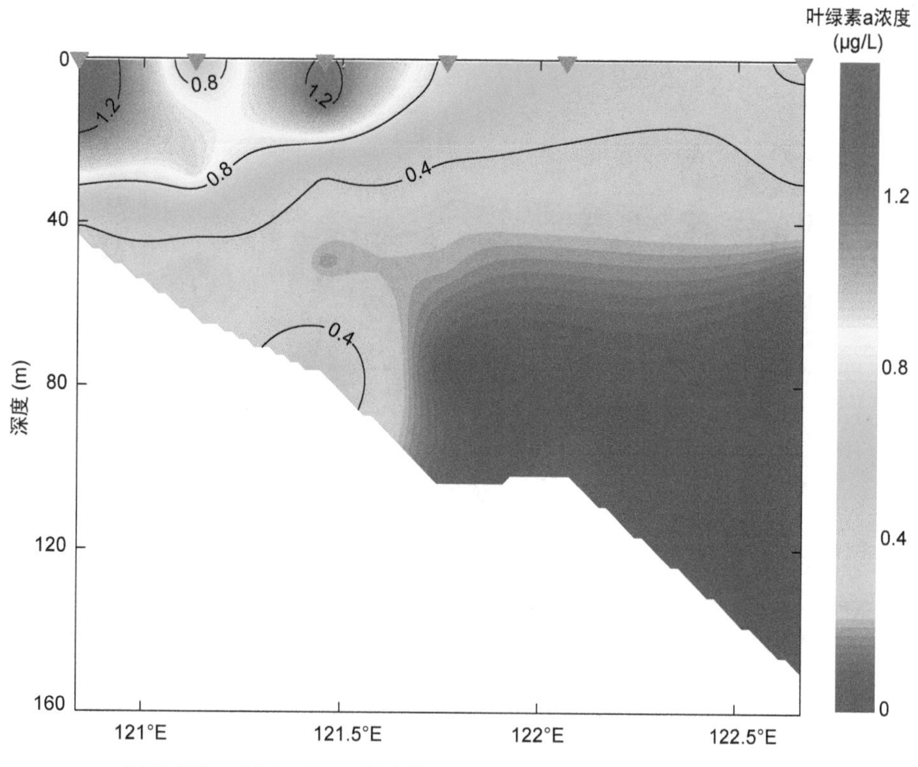

图 3.55　2015 年 8 月东海 DH9 断面叶绿素 a 浓度 (μg/L)

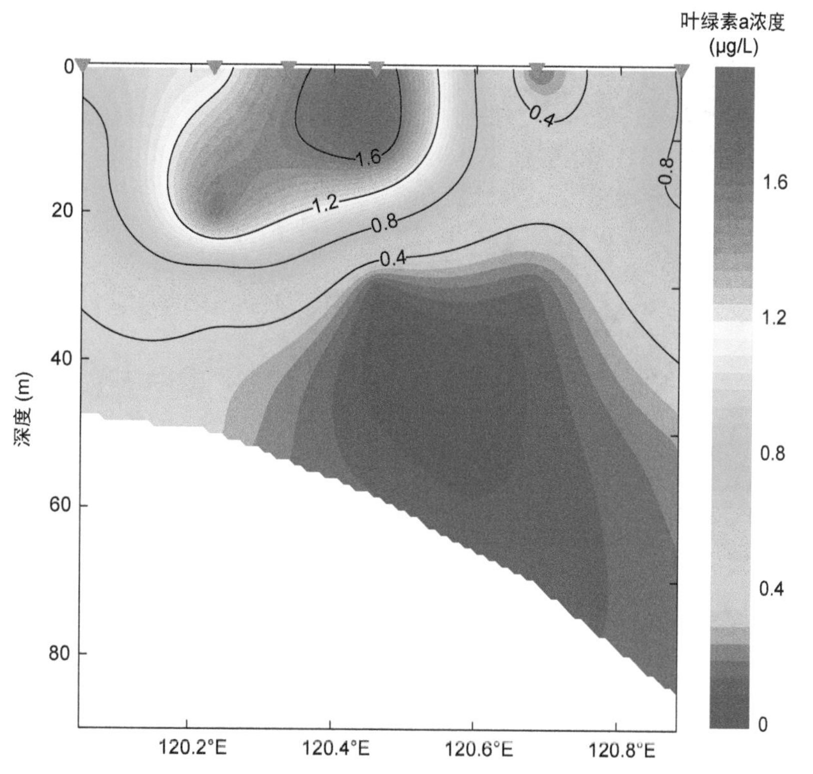

图 3.56　2015 年 8 月东海 DH11 断面叶绿素 a 浓度 (μg/L)

3.6.2 平面图

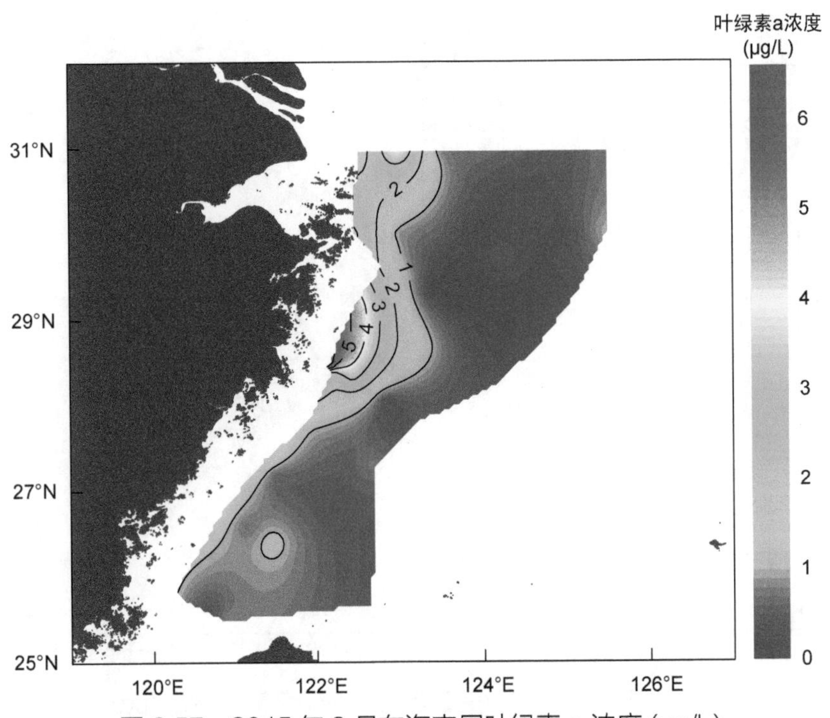

图 3.57 2015 年 8 月东海表层叶绿素 a 浓度 (μg/L)

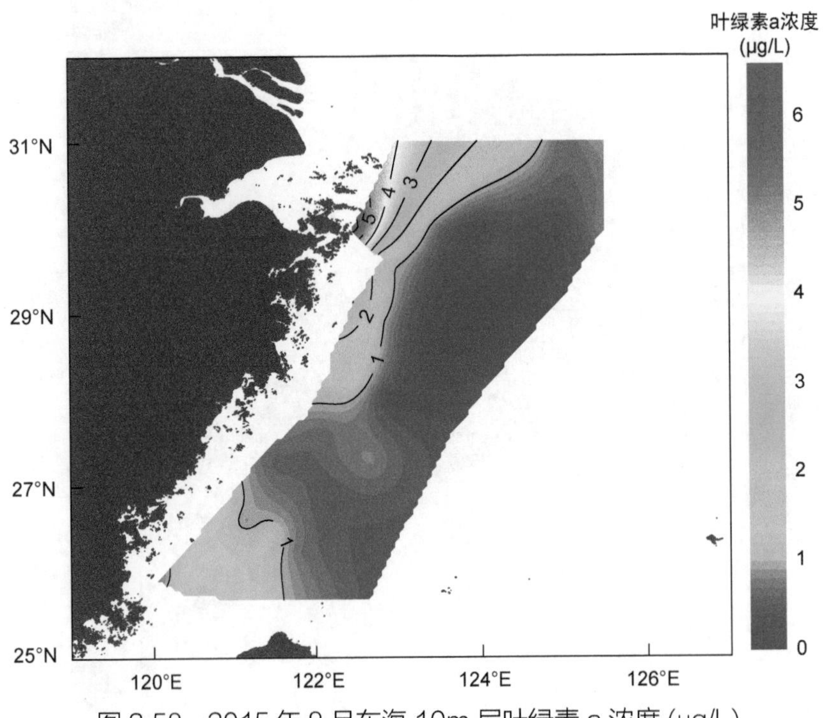

图 3.58 2015 年 8 月东海 10m 层叶绿素 a 浓度 (μg/L)

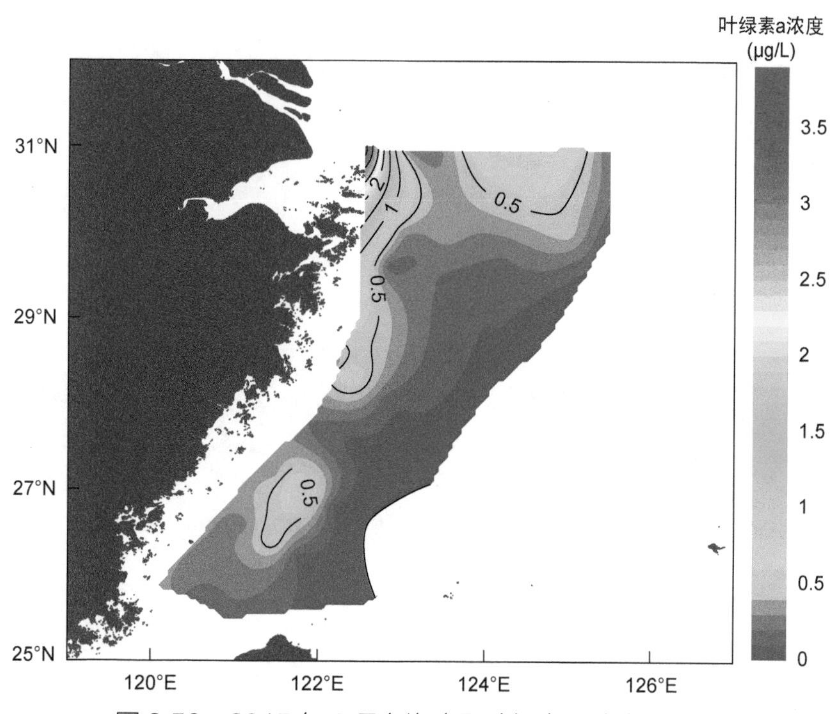

图 3.59 2015 年 8 月东海底层叶绿素 a 浓度 (μg/L)

3.7 2015年12月黄海

3.7.1 断面图

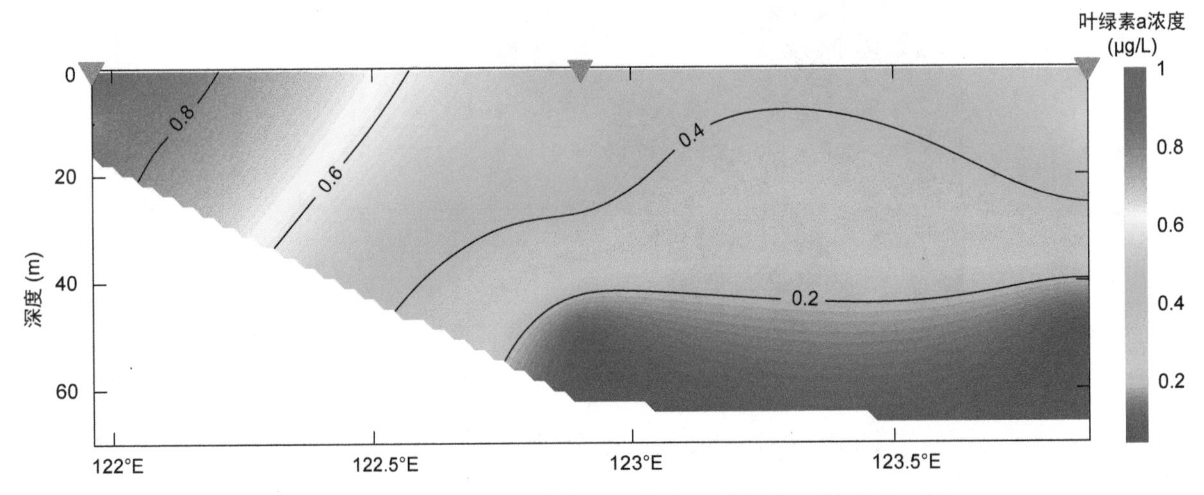

图3.60 2015年12月黄海3400断面叶绿素a浓度(μg/L)

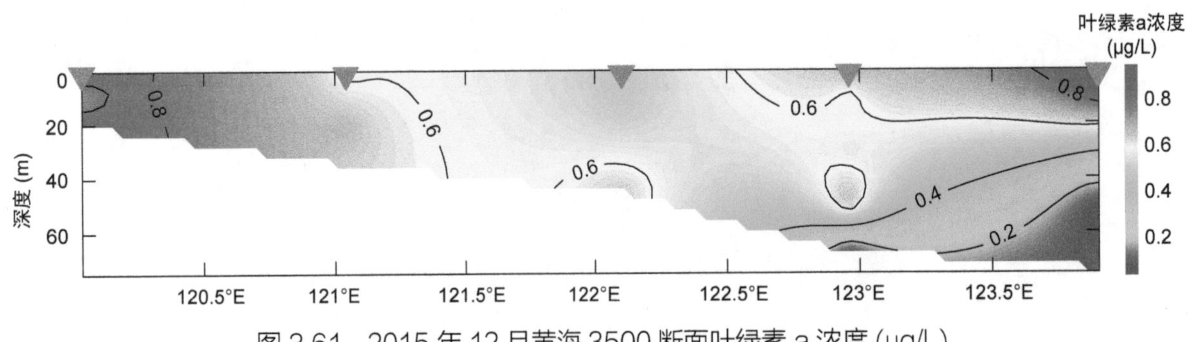

图3.61 2015年12月黄海3500断面叶绿素a浓度(μg/L)

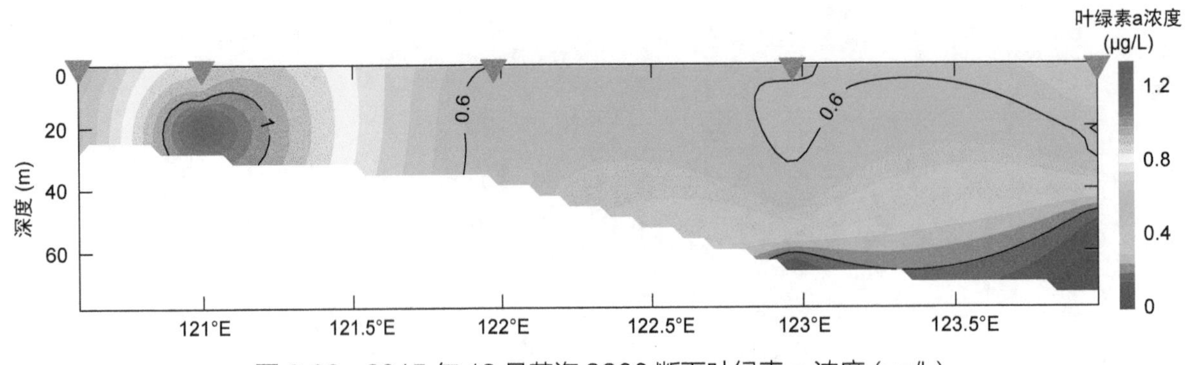

图3.62 2015年12月黄海3600断面叶绿素a浓度(μg/L)

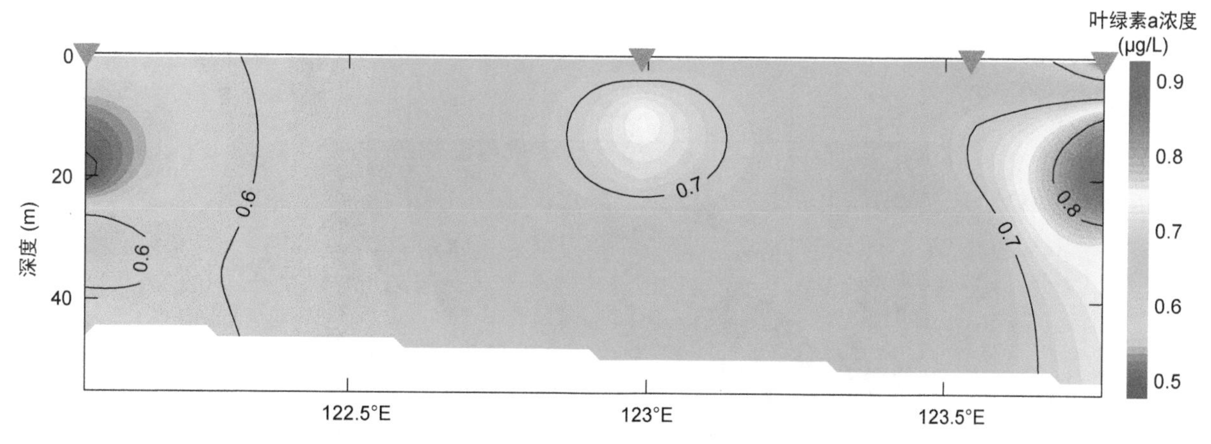

图 3.63　2015 年 12 月黄海 3875 断面叶绿素 a 浓度 (μg/L)

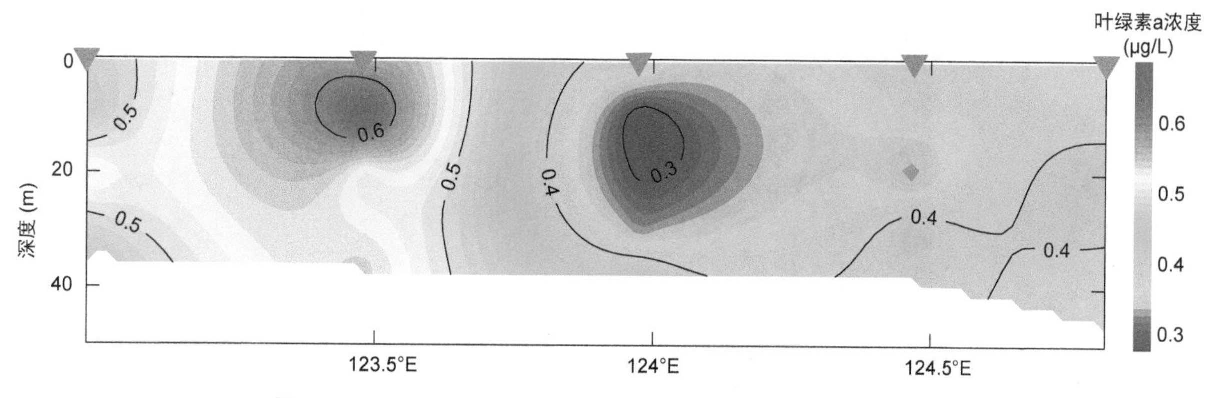

图 3.64　2015 年 12 月黄海 CJ 断面叶绿素 a 浓度 (μg/L)

3.7.2　平面图

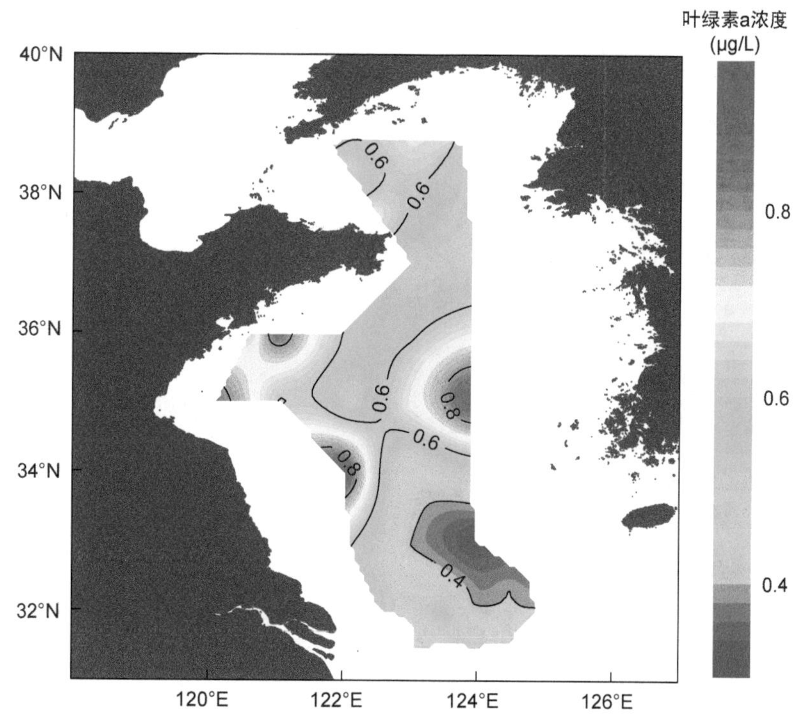

图 3.65　2015 年 12 月黄海表层叶绿素 a 浓度 (μg/L)

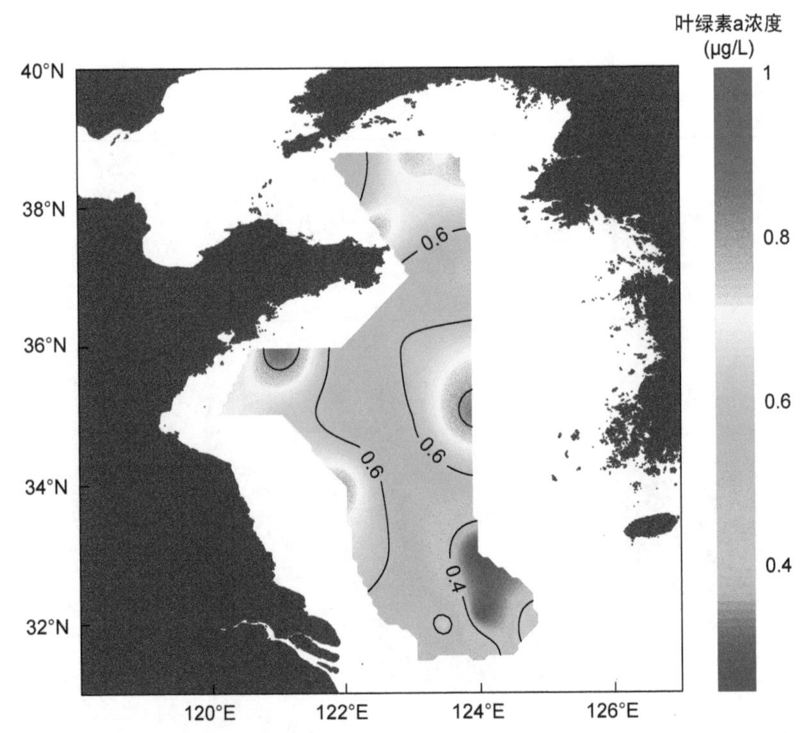

图 3.66　2015 年 12 月黄海 10m 层叶绿素 a 浓度 (μg/L)

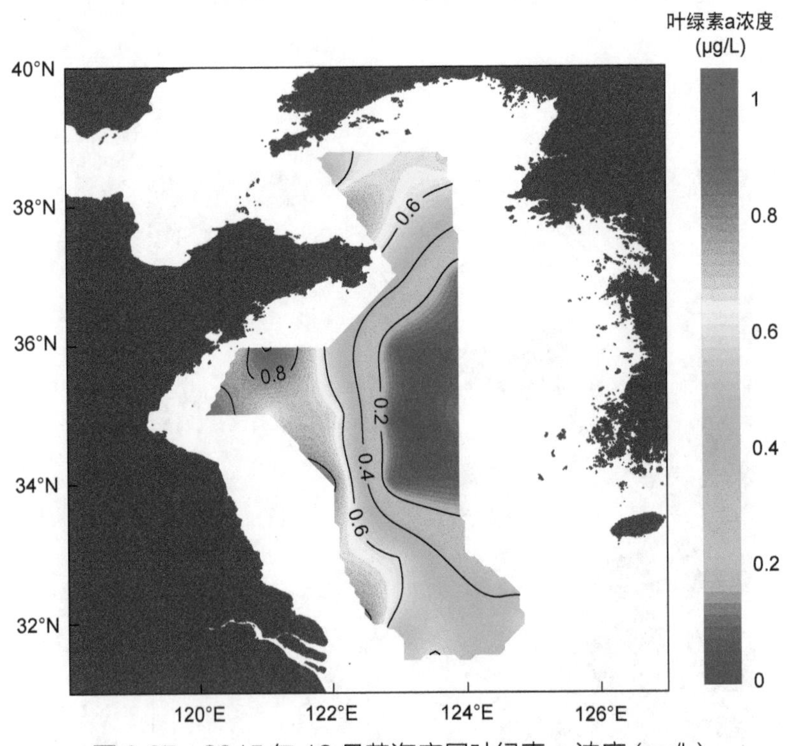

图 3.67　2015 年 12 月黄海底层叶绿素 a 浓度 (μg/L)

3.8　2015 年 12 月东海

3.8.1　断面图

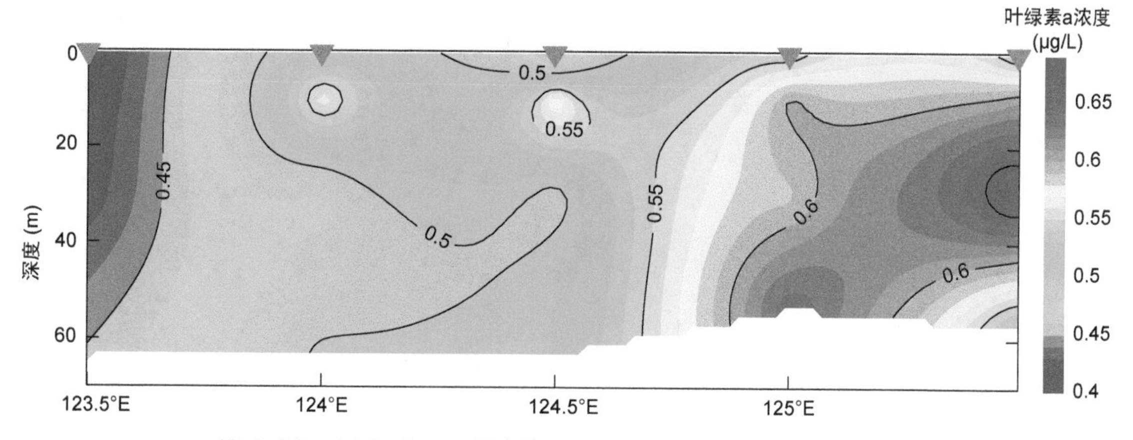

图 3.68　2015 年 12 月东海 3000 断面叶绿素 a 浓度 (μg/L)

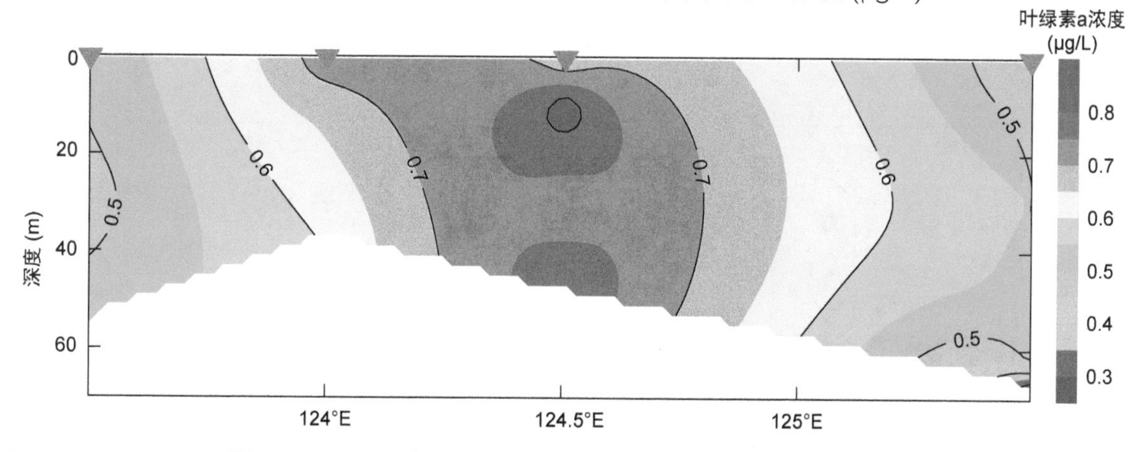

图 3.69　2015 年 12 月东海 3100 断面叶绿素 a 浓度 (μg/L)

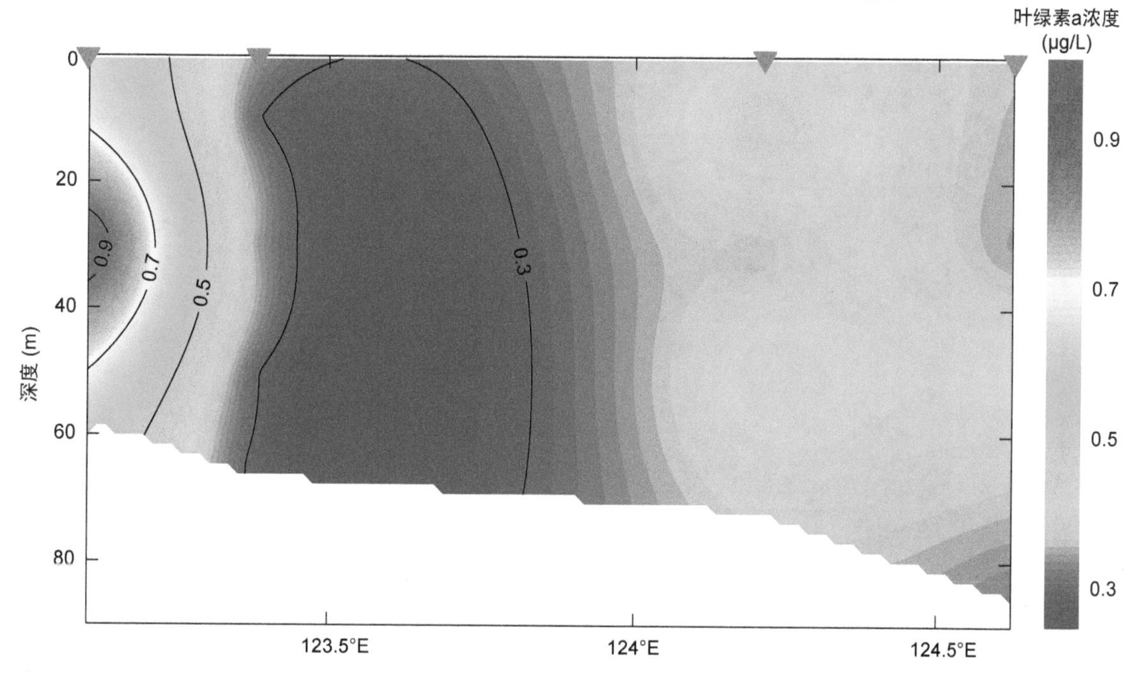

图 3.70　2015 年 12 月东海 DH4 断面叶绿素 a 浓度 (μg/L)

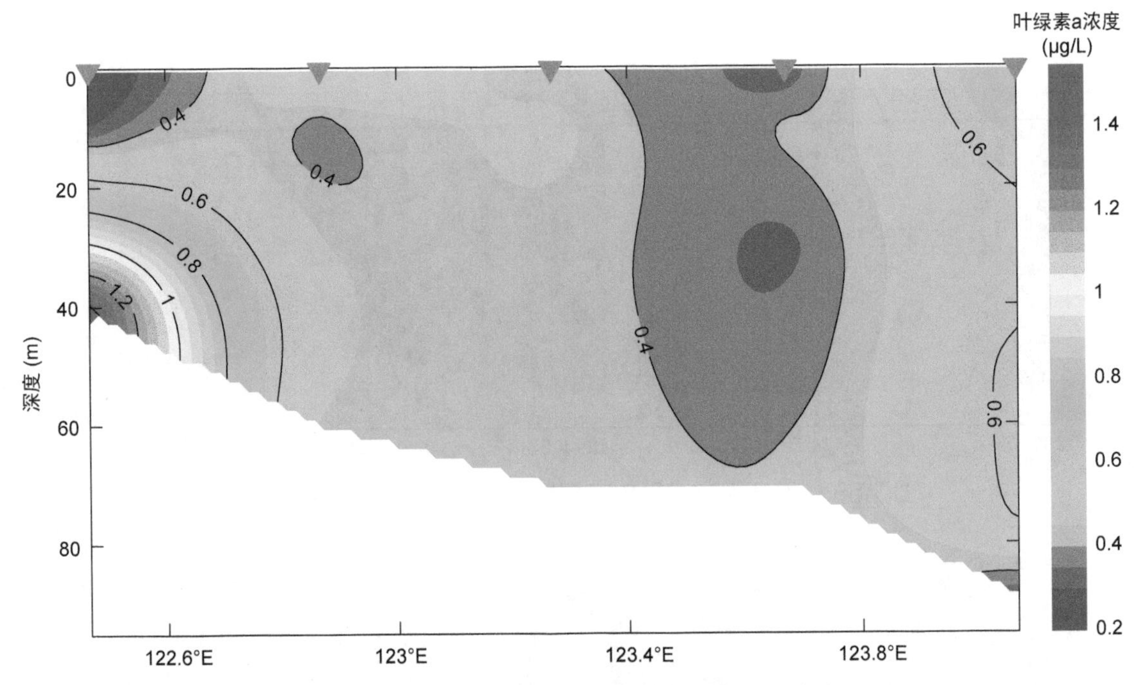

图 3.71　2015 年 12 月东海 DH5 断面叶绿素 a 浓度 (μg/L)

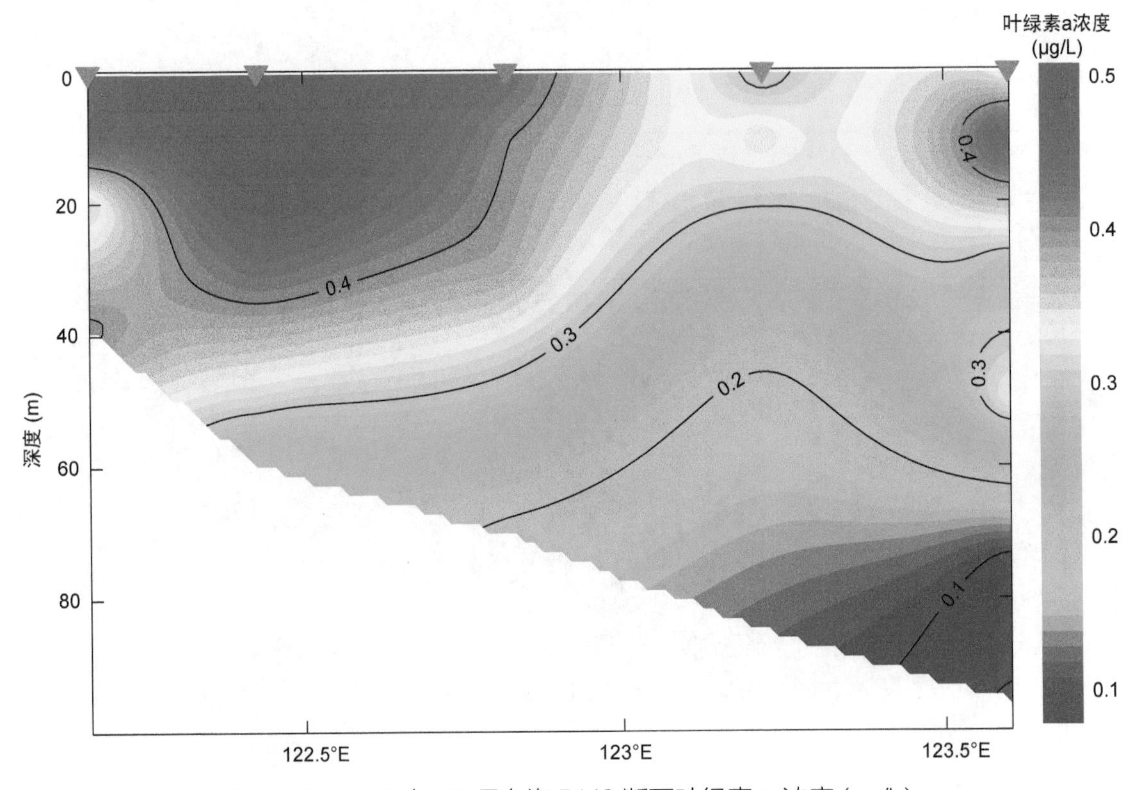

图 3.72　2015 年 12 月东海 DH6 断面叶绿素 a 浓度 (μg/L)

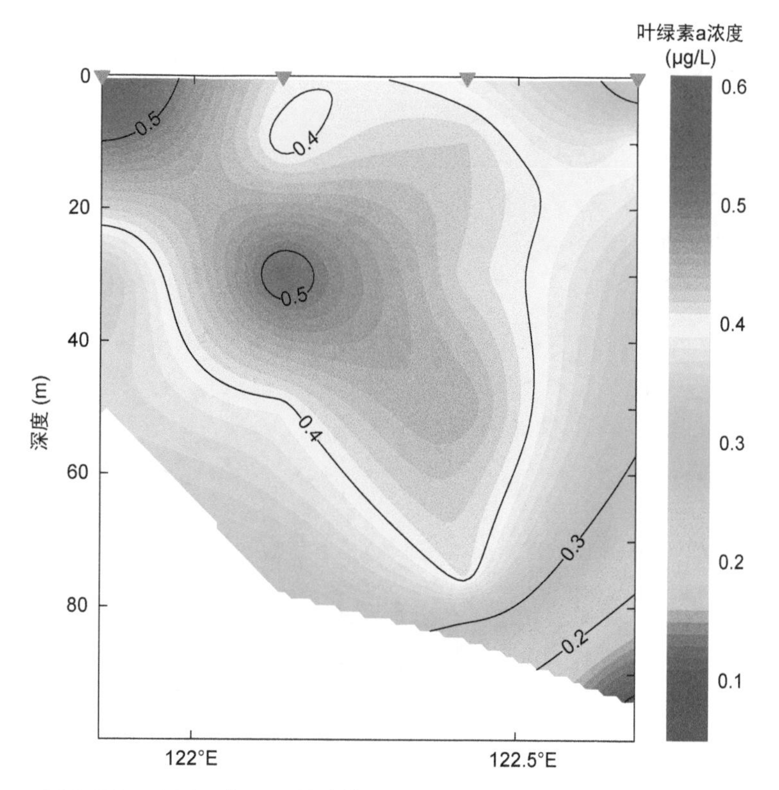

图 3.73　2015 年 12 月东海 DH7 断面叶绿素 a 浓度 (μg/L)

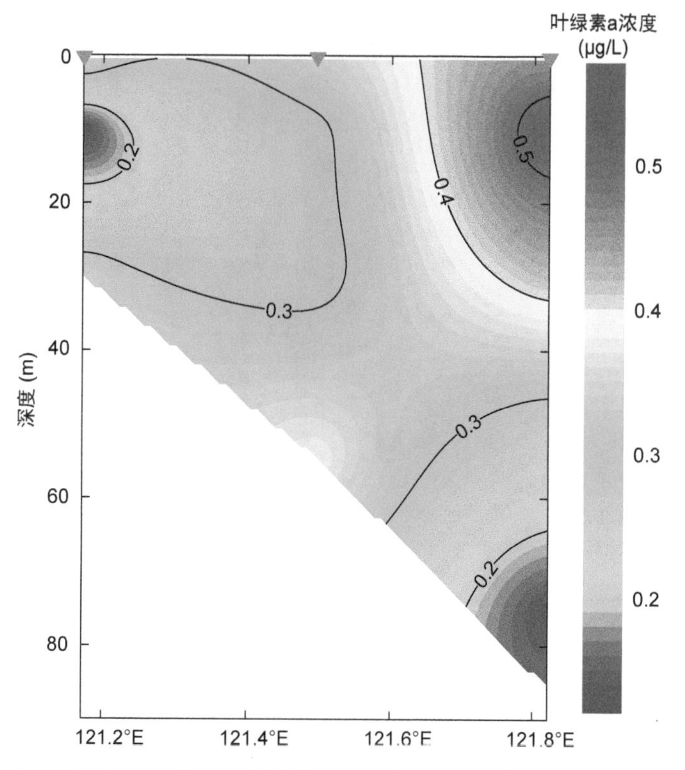

图 3.74　2015 年 12 月东海 DH8 断面叶绿素 a 浓度 (μg/L)

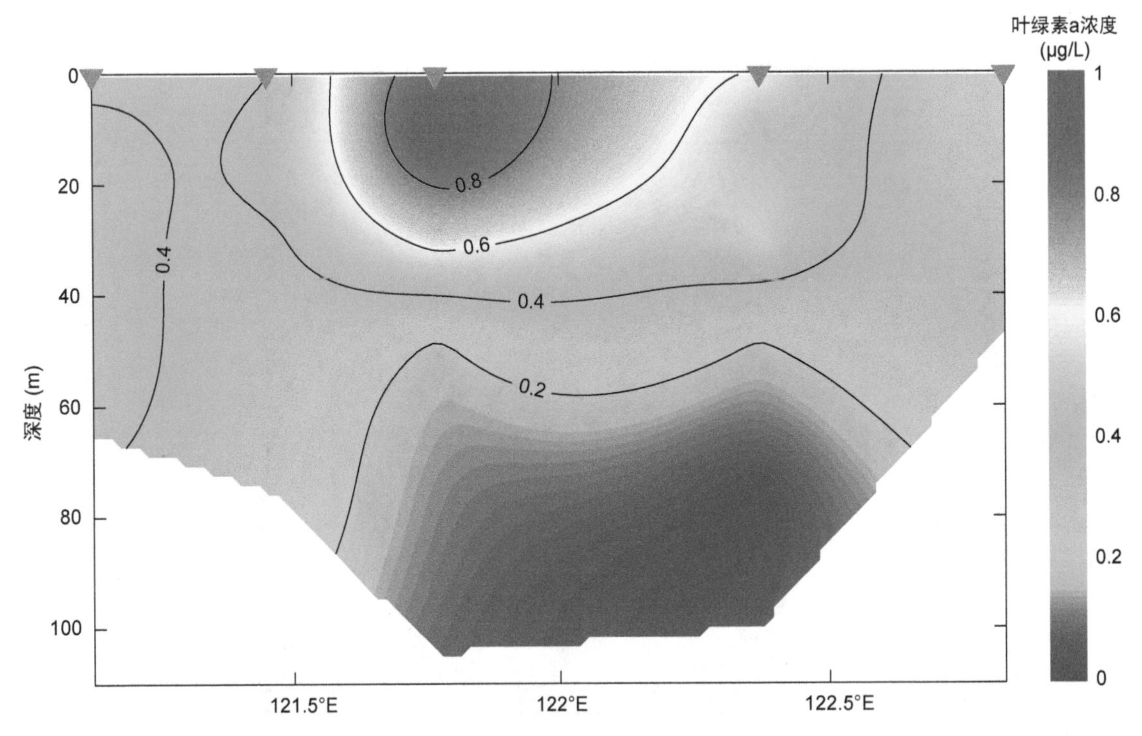

图 3.75　2015 年 12 月东海 DH9 断面叶绿素 a 浓度 (μg/L)

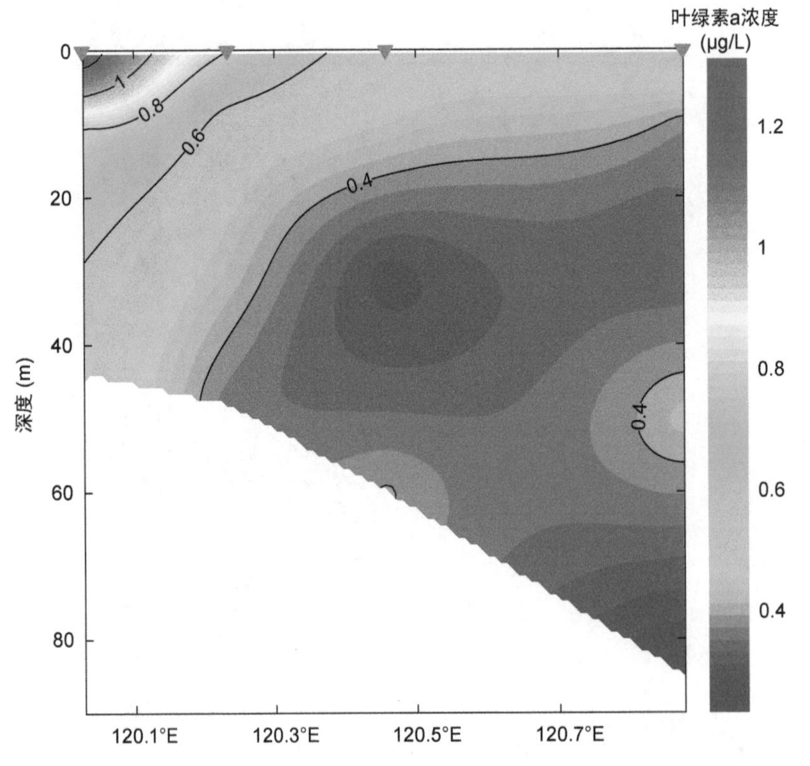

图 3.76　2015 年 12 月东海 DH11 断面叶绿素 a 浓度 (μg/L)

3.8.2 平面图

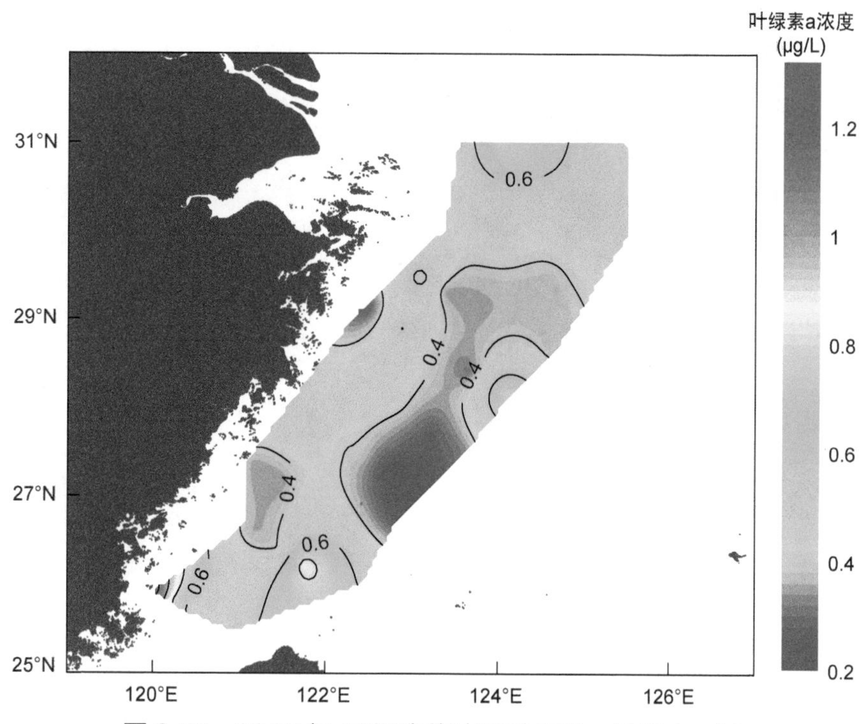

图 3.77 2015 年 12 月东海表层叶绿素 a 浓度 (μg/L)

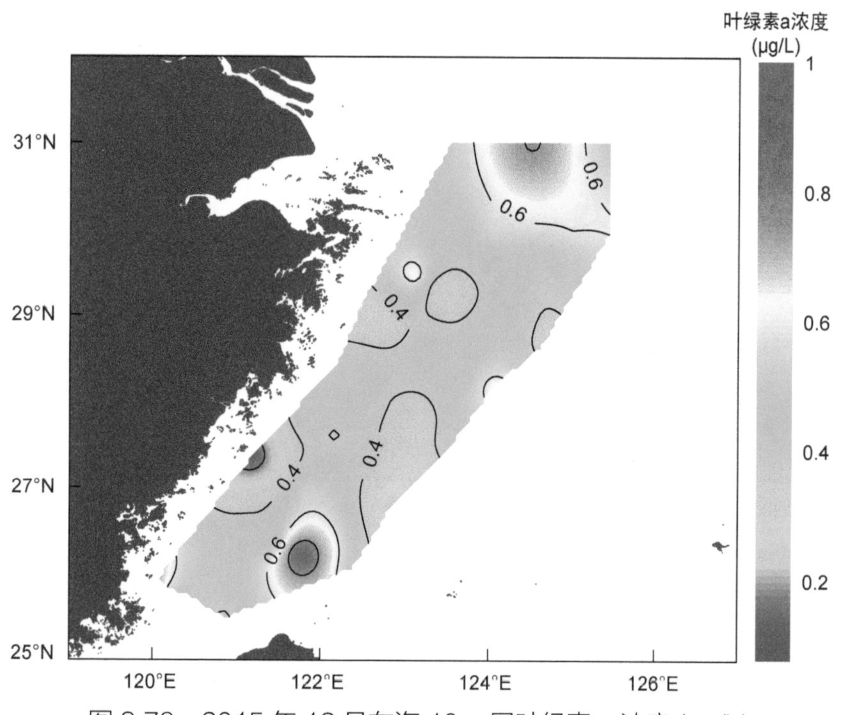

图 3.78 2015 年 12 月东海 10m 层叶绿素 a 浓度 (μg/L)

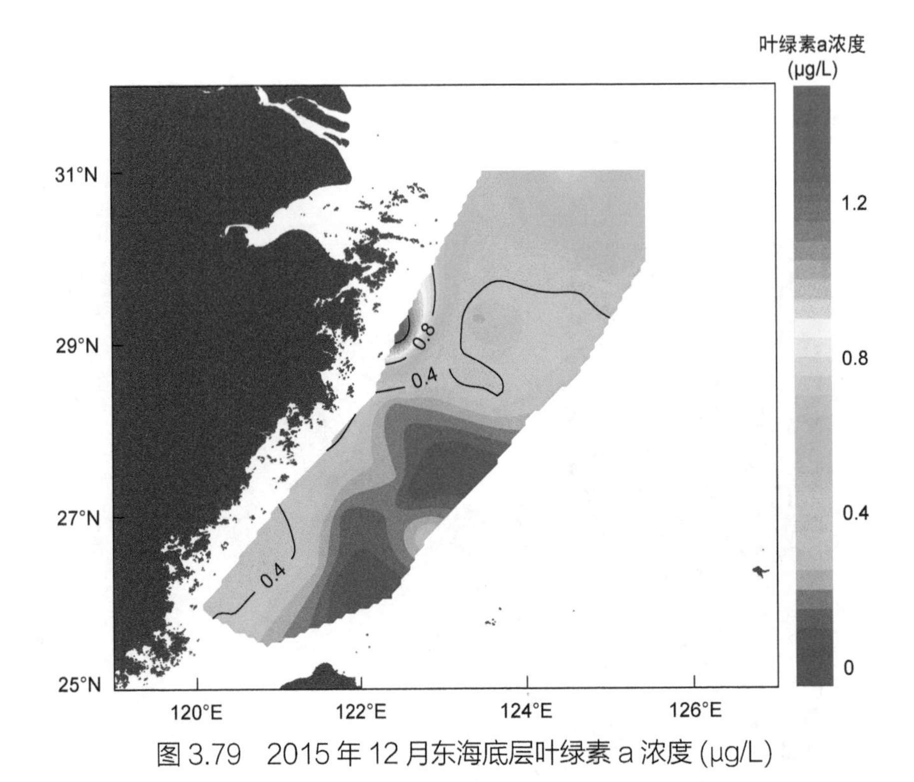

图 3.79　2015 年 12 月东海底层叶绿素 a 浓度 (μg/L)

第四部分

生态调查——有害藻华

4.1 2014 年 5 月黄东海

4.1.1 东海原甲藻

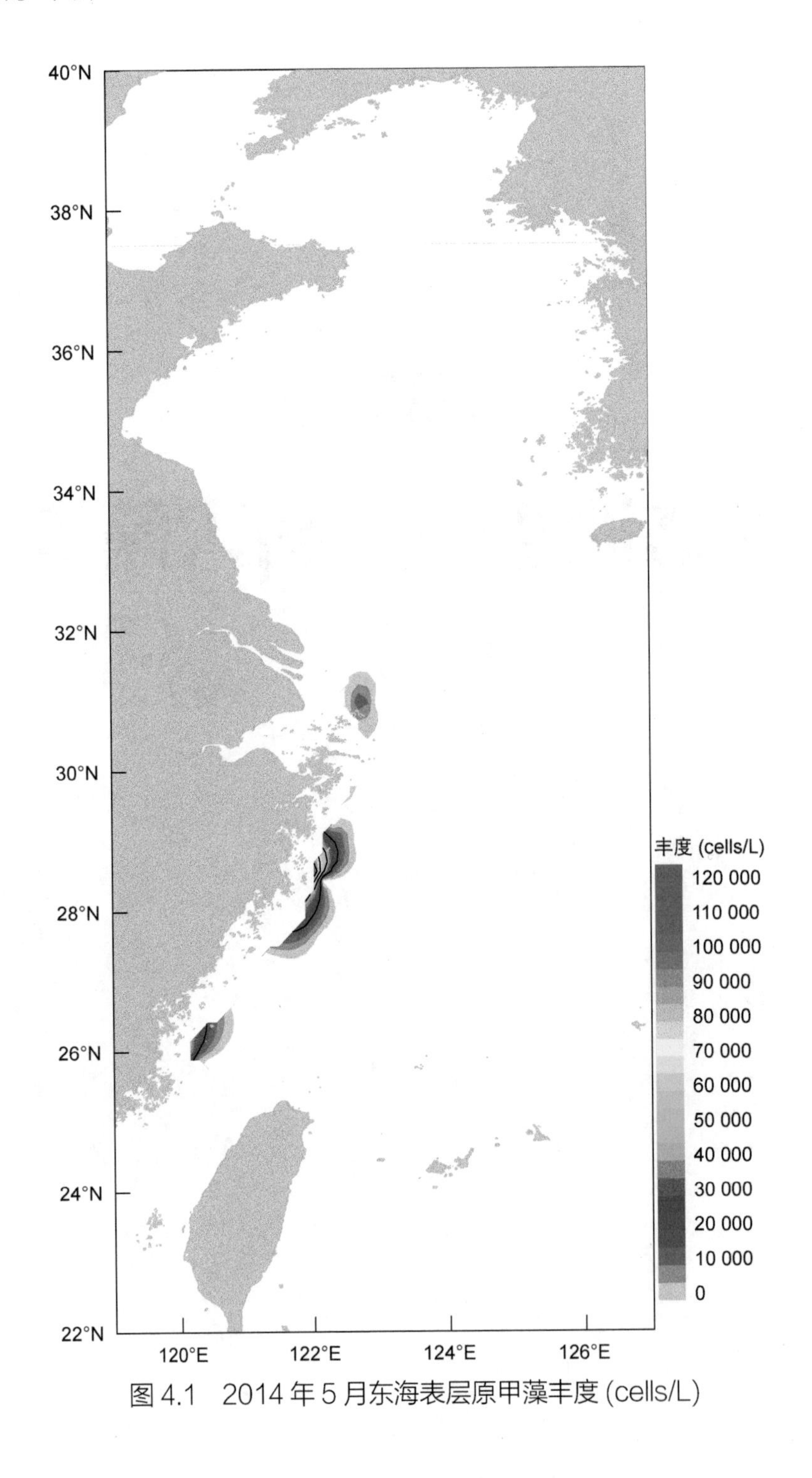

图 4.1 2014 年 5 月东海表层原甲藻丰度 (cells/L)

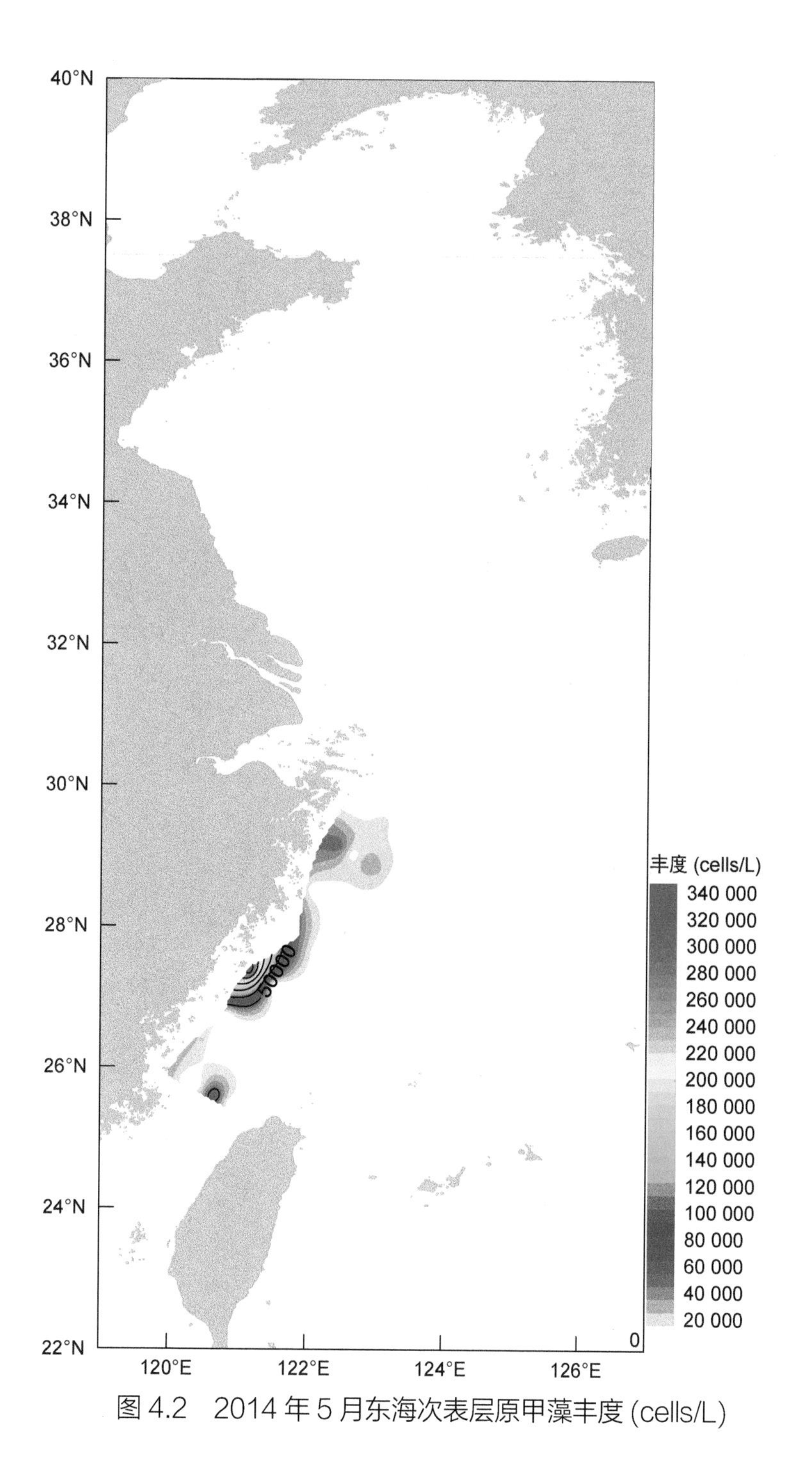

图 4.2　2014 年 5 月东海次表层原甲藻丰度 (cells/L)

4.1.2 黄东海亚历山大藻

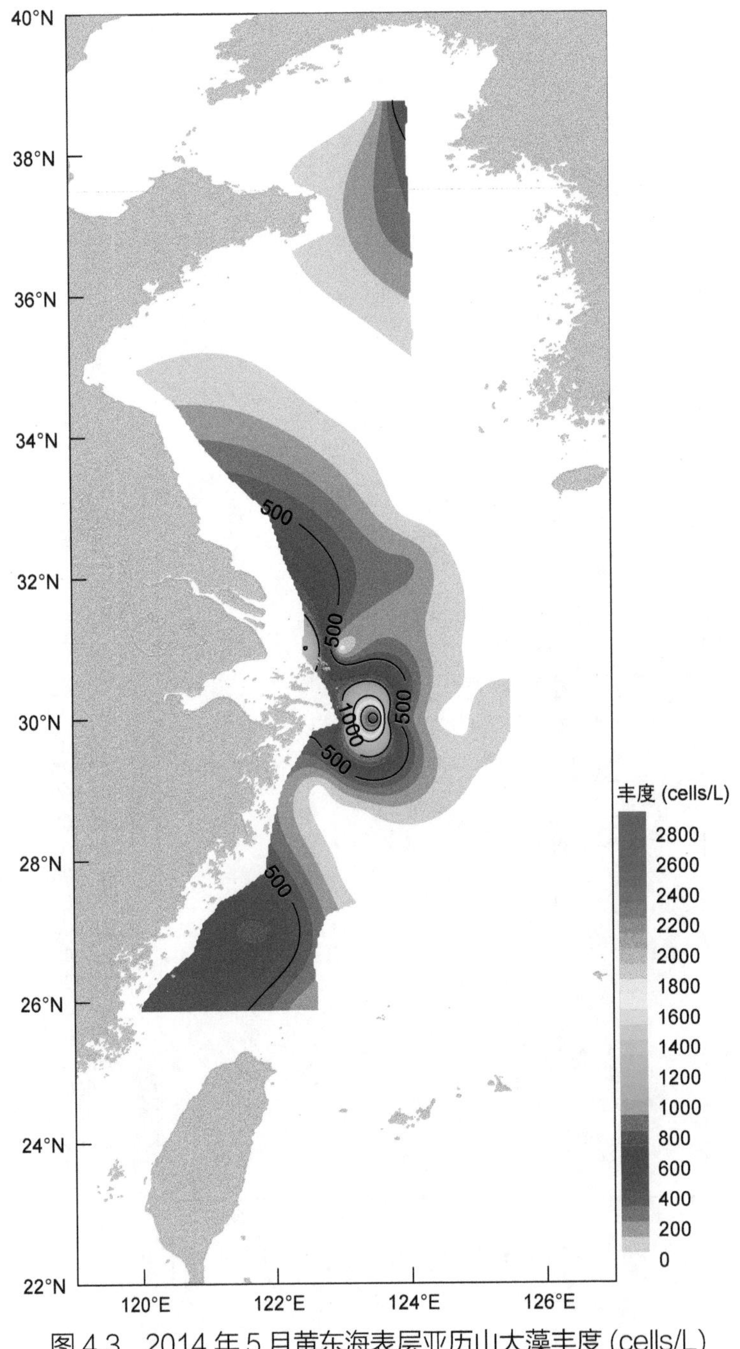

图 4.3 2014 年 5 月黄东海表层亚历山大藻丰度 (cells/L)

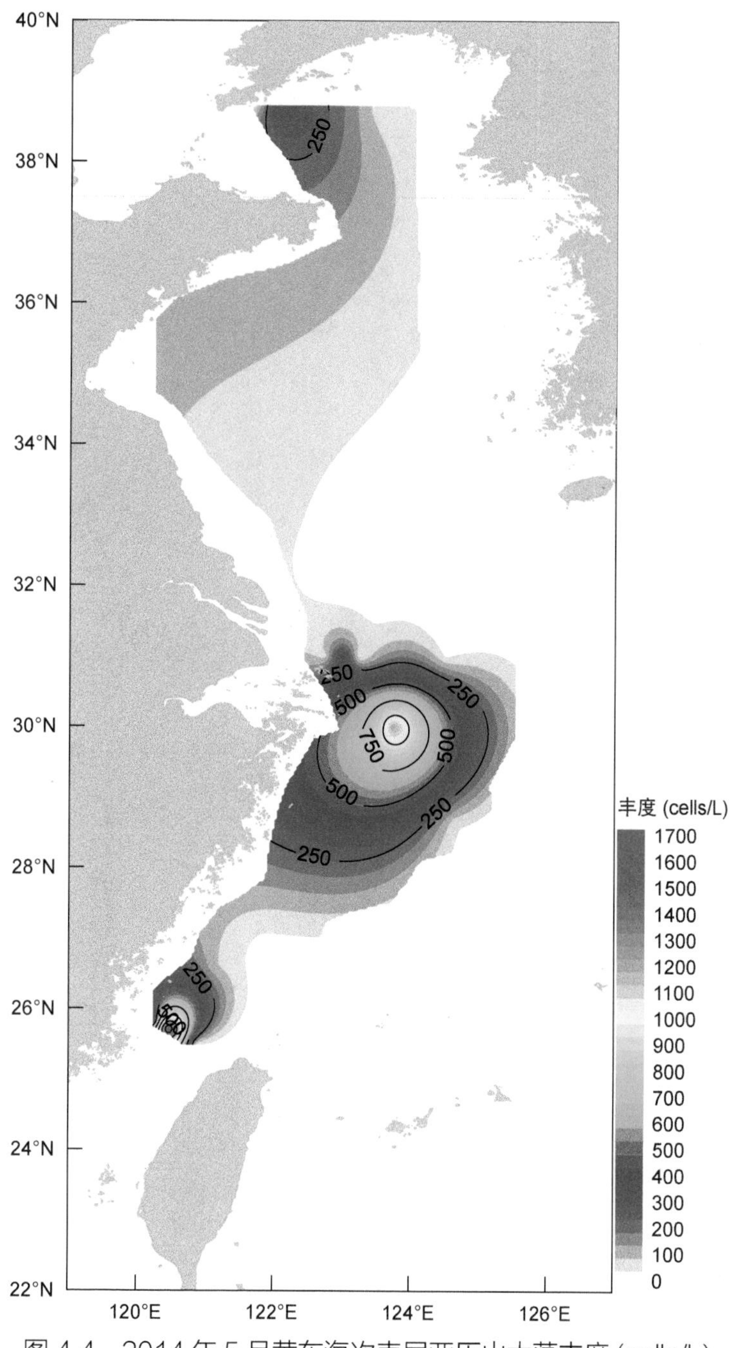

图 4.4 2014 年 5 月黄东海次表层亚历山大藻丰度 (cells/L)

4.1.3 黄东海米氏凯伦藻

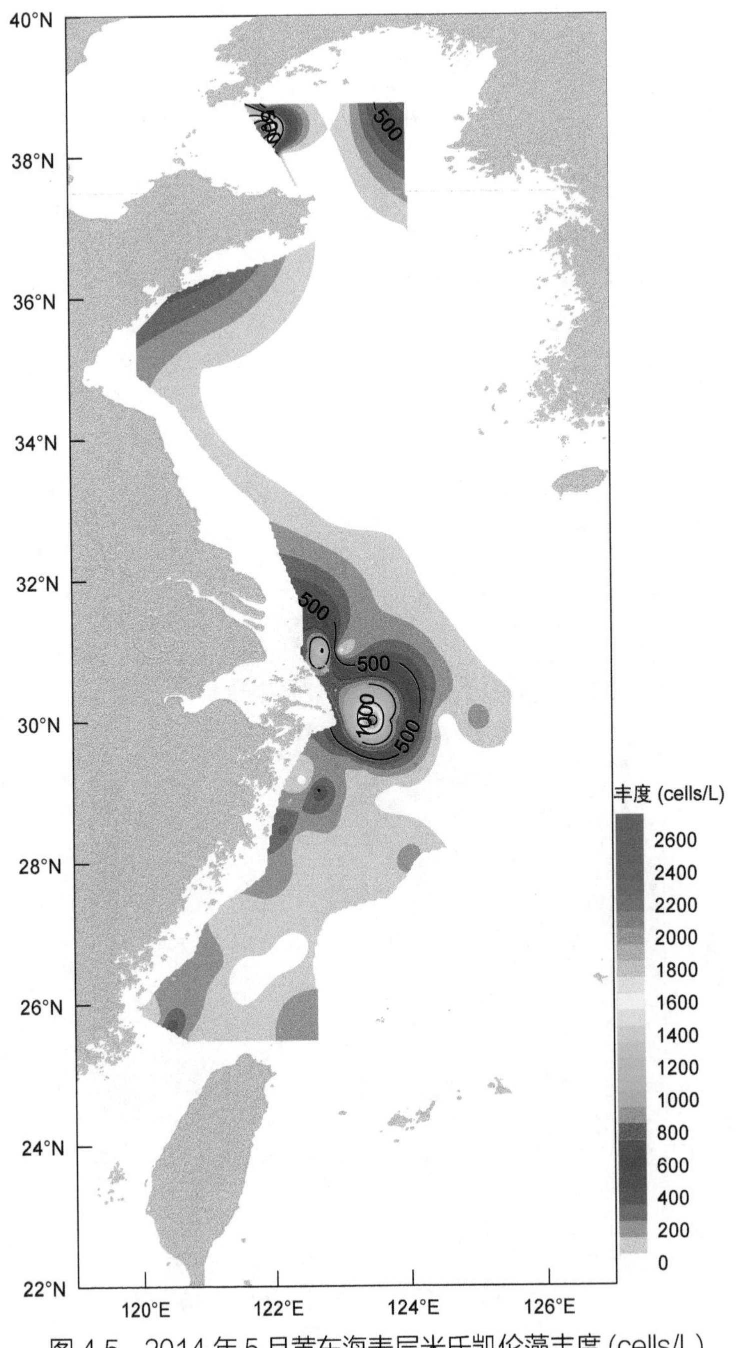

图 4.5 2014 年 5 月黄东海表层米氏凯伦藻丰度 (cells/L)

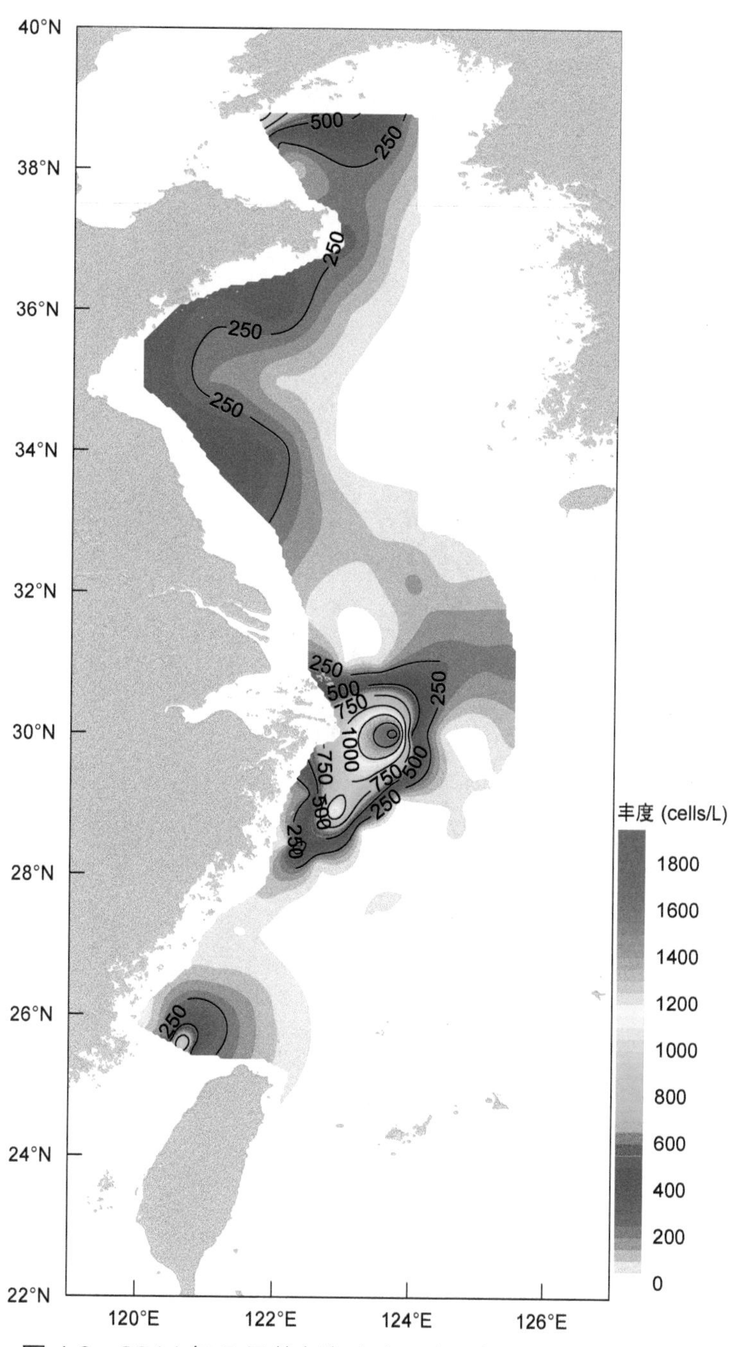

图 4.6　2014 年 5 月黄东海次表层米氏凯伦藻丰度 (cells/L)

4.1.4 黄东海鳍藻

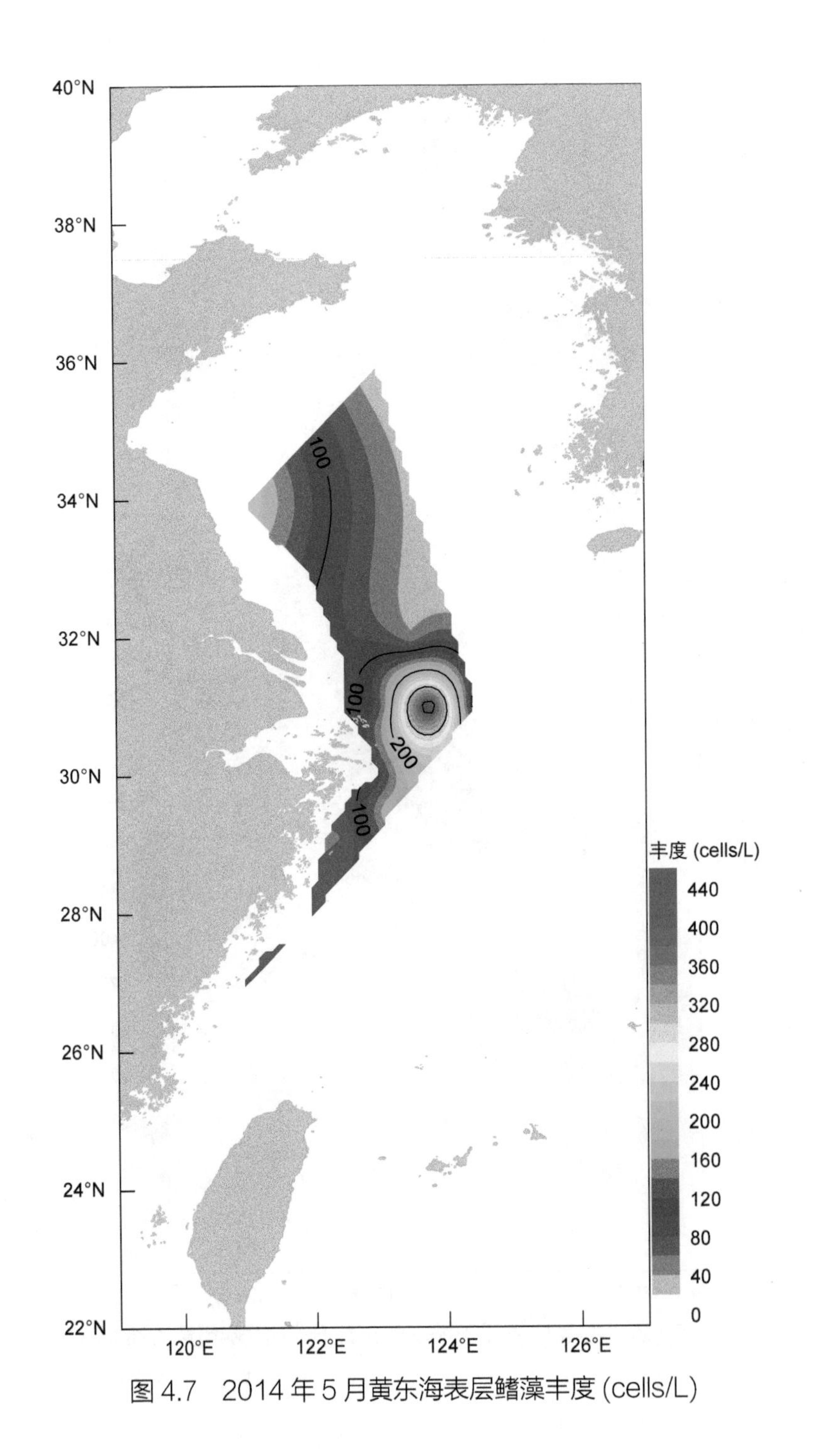

图 4.7　2014 年 5 月黄东海表层鳍藻丰度 (cells/L)

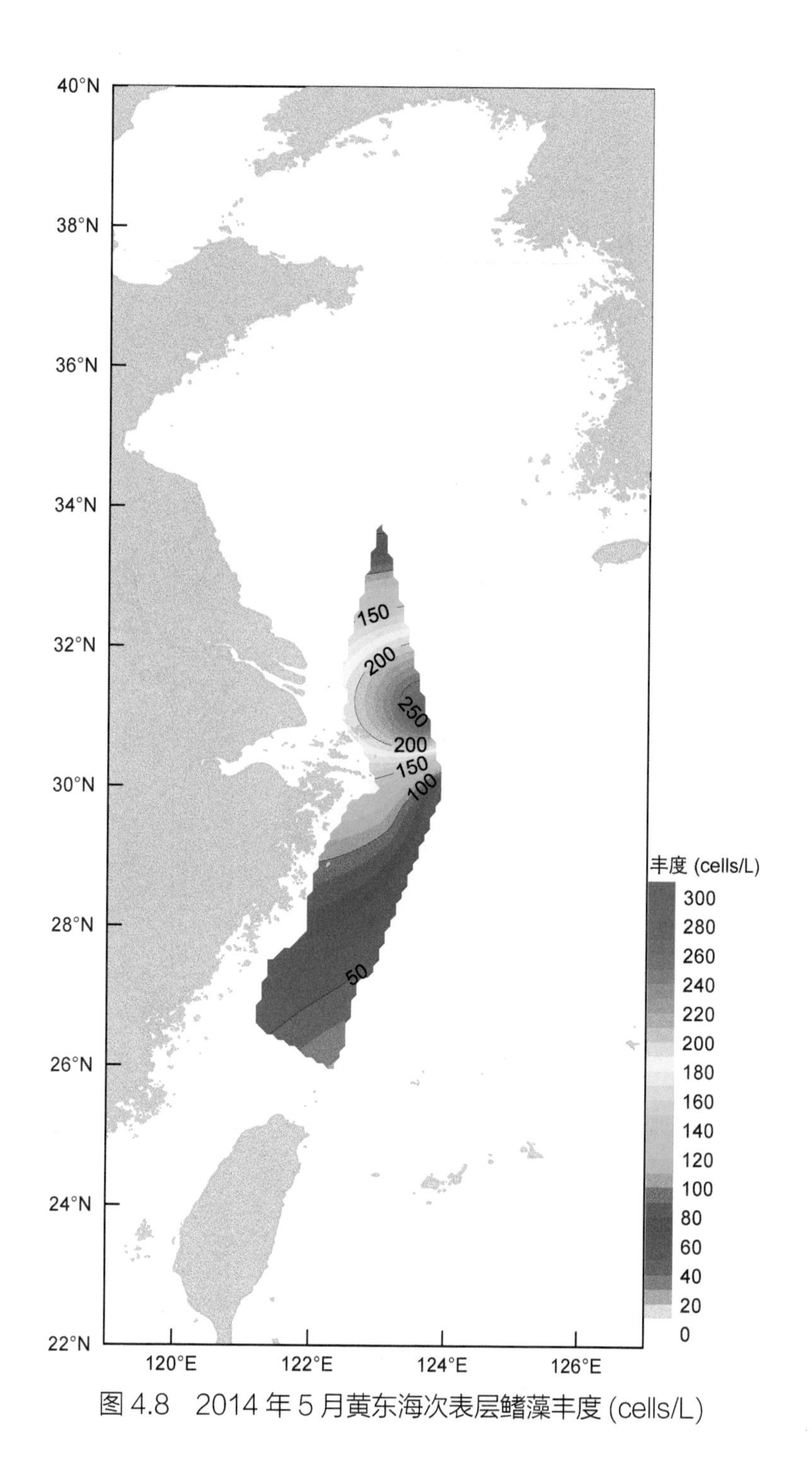

图 4.8 2014 年 5 月黄东海次表层鳍藻丰度 (cells/L)

4.2 2014 年 10 月黄东海

4.2.1 黄东海原甲藻

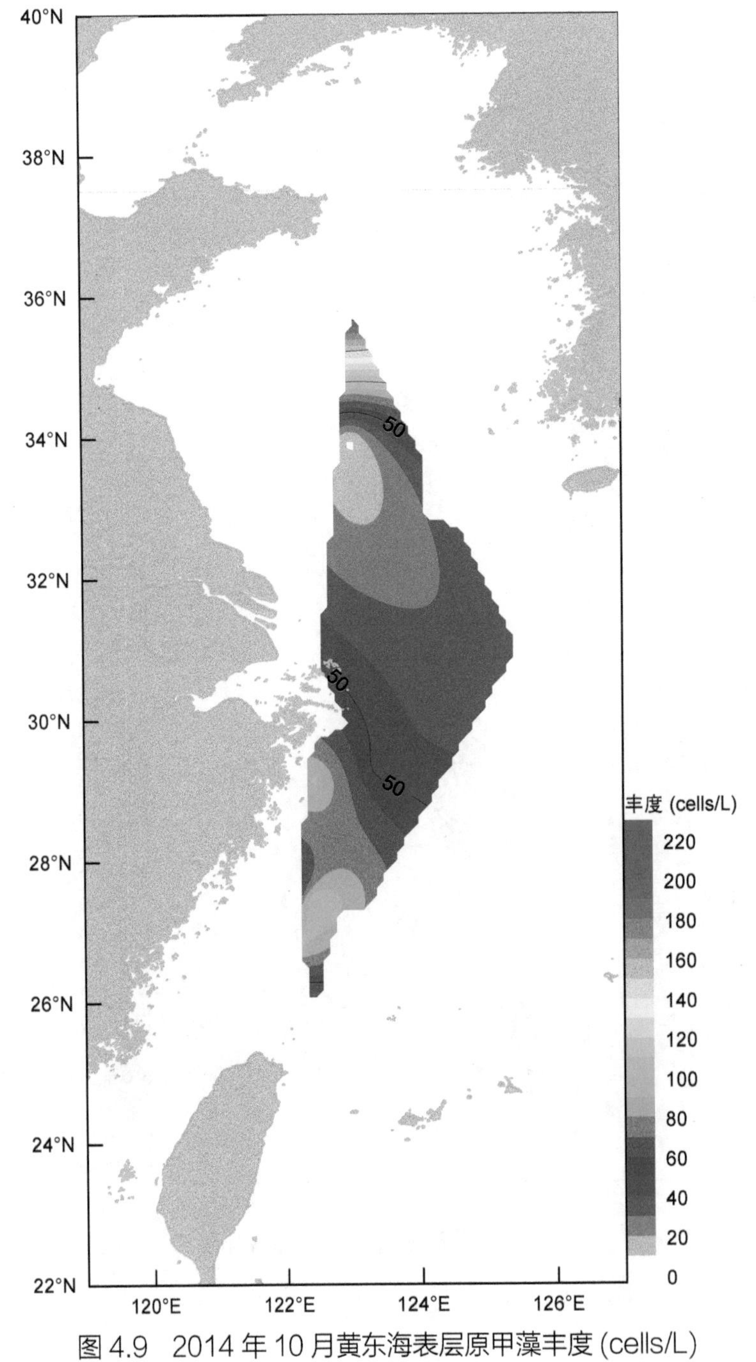

图 4.9 2014 年 10 月黄东海表层原甲藻丰度 (cells/L)

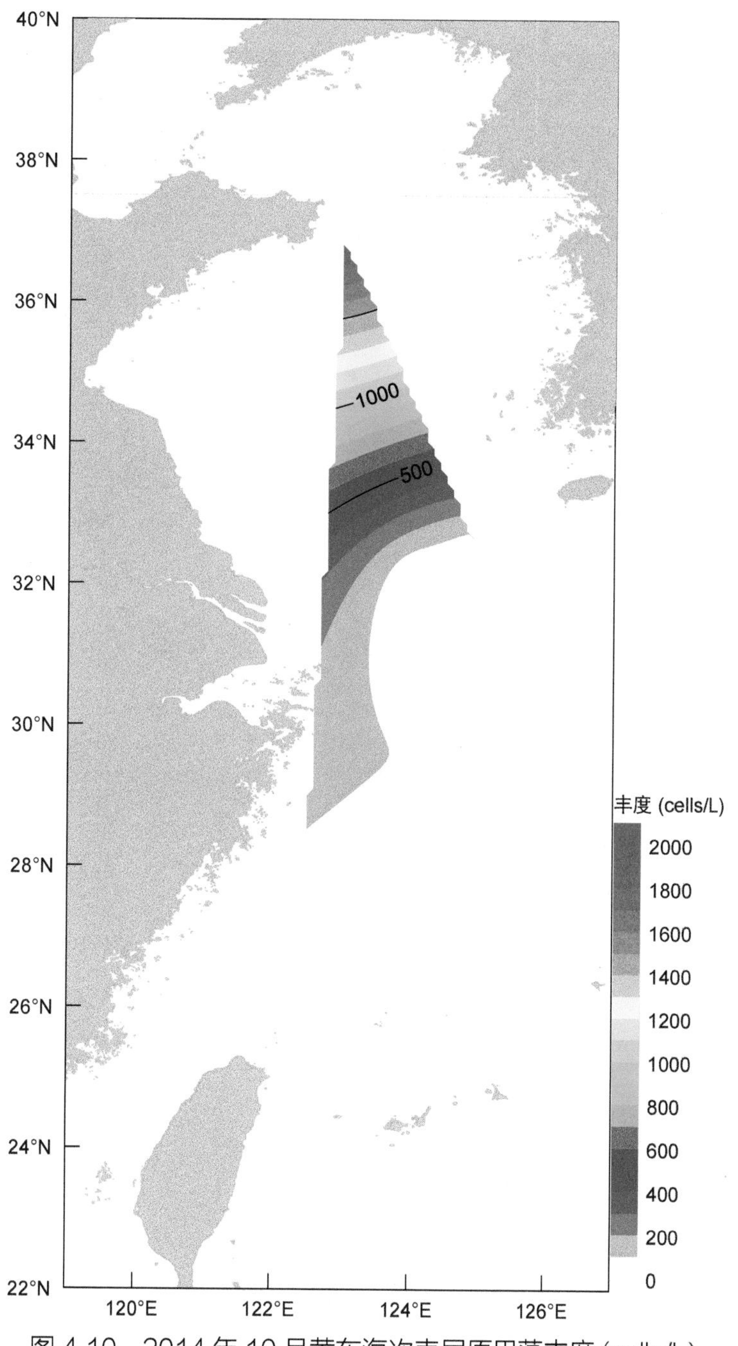

图 4.10 2014 年 10 月黄东海次表层原甲藻丰度 (cells/L)

4.2.2 黄东海亚历山大藻

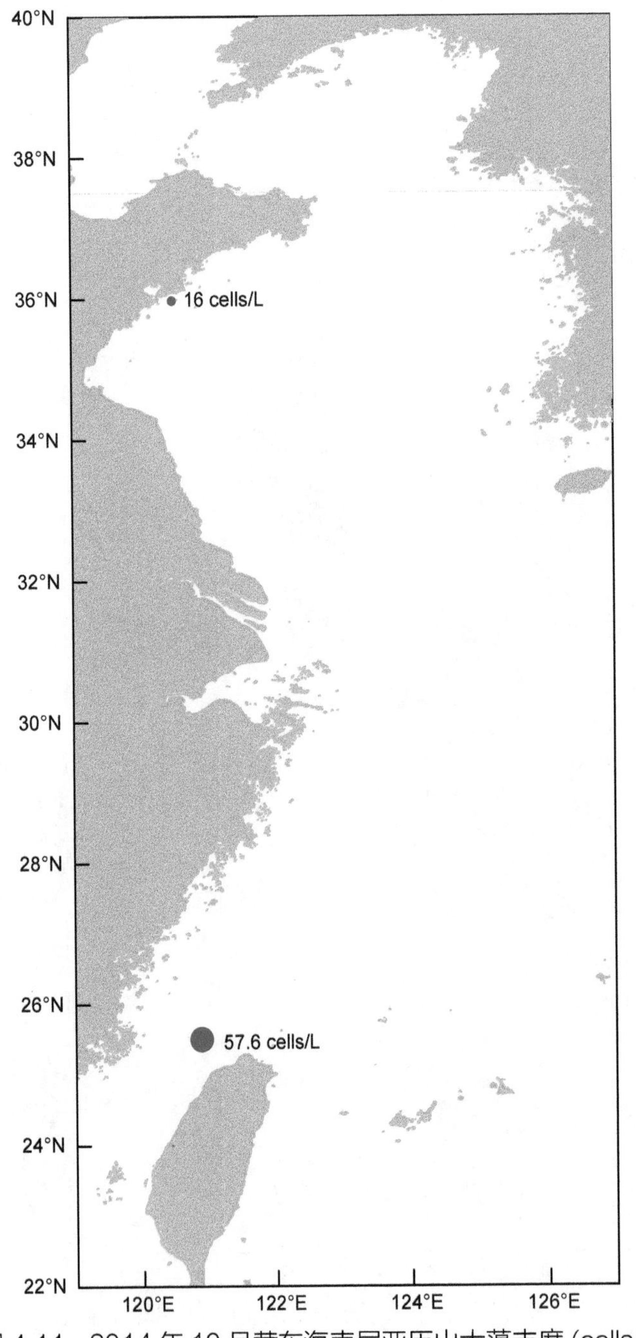

图 4.11　2014 年 10 月黄东海表层亚历山大藻丰度 (cells/L)

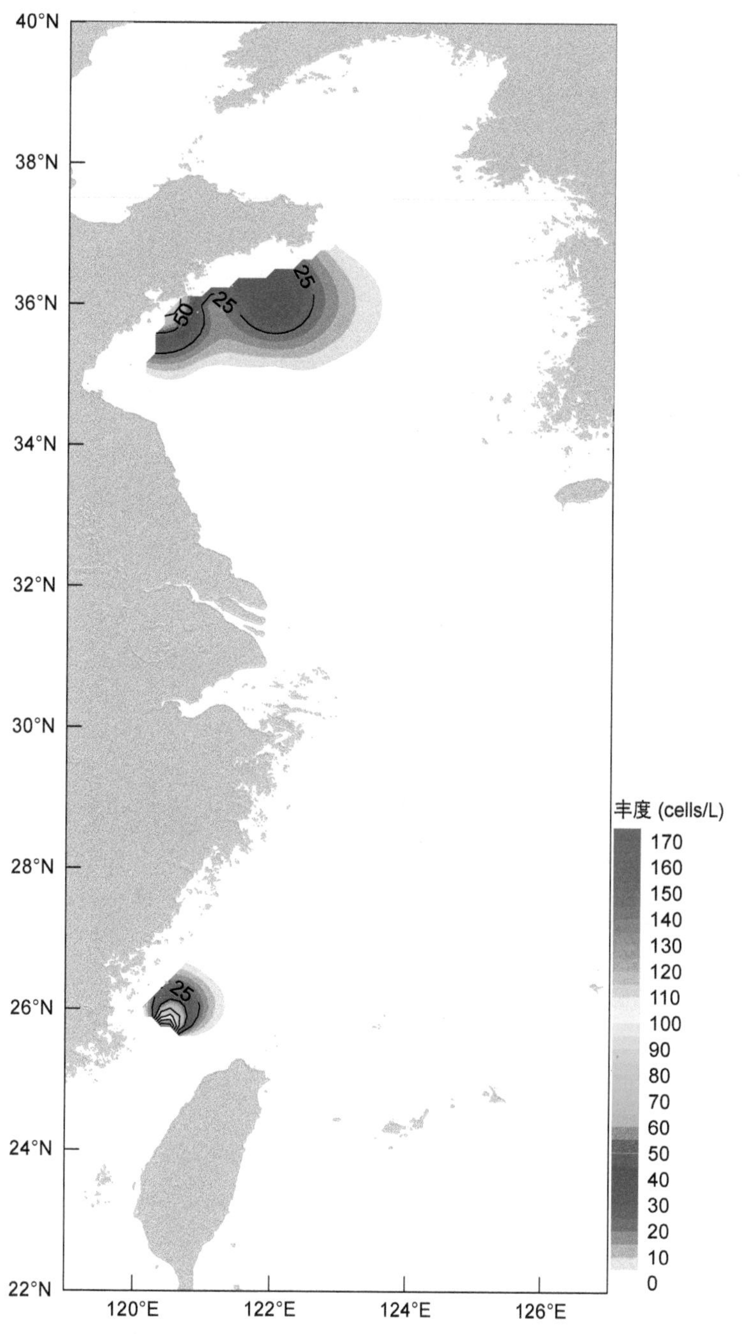

图 4.12 2014 年 10 月黄东海次表层亚历山大藻丰度 (cells/L)

4.2.3 黄东海米氏凯伦藻

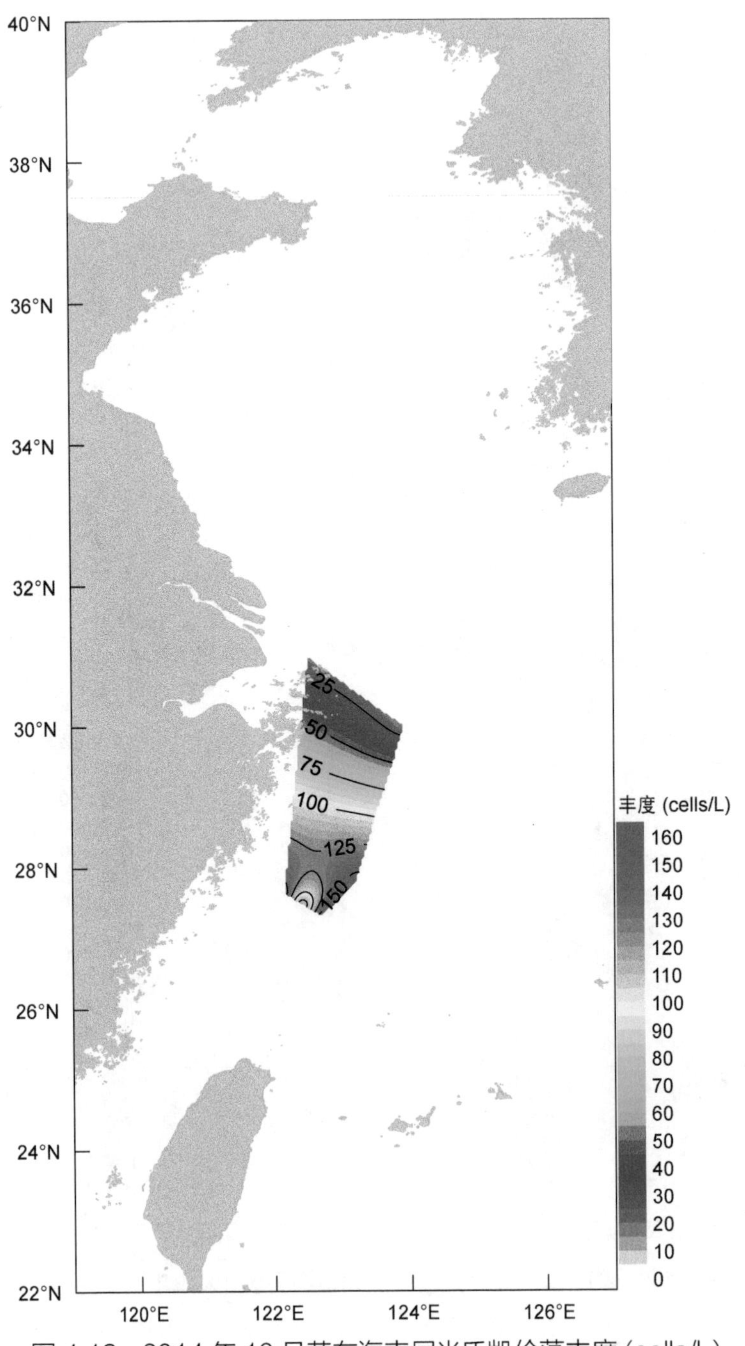

图 4.13　2014 年 10 月黄东海表层米氏凯伦藻丰度 (cells/L)

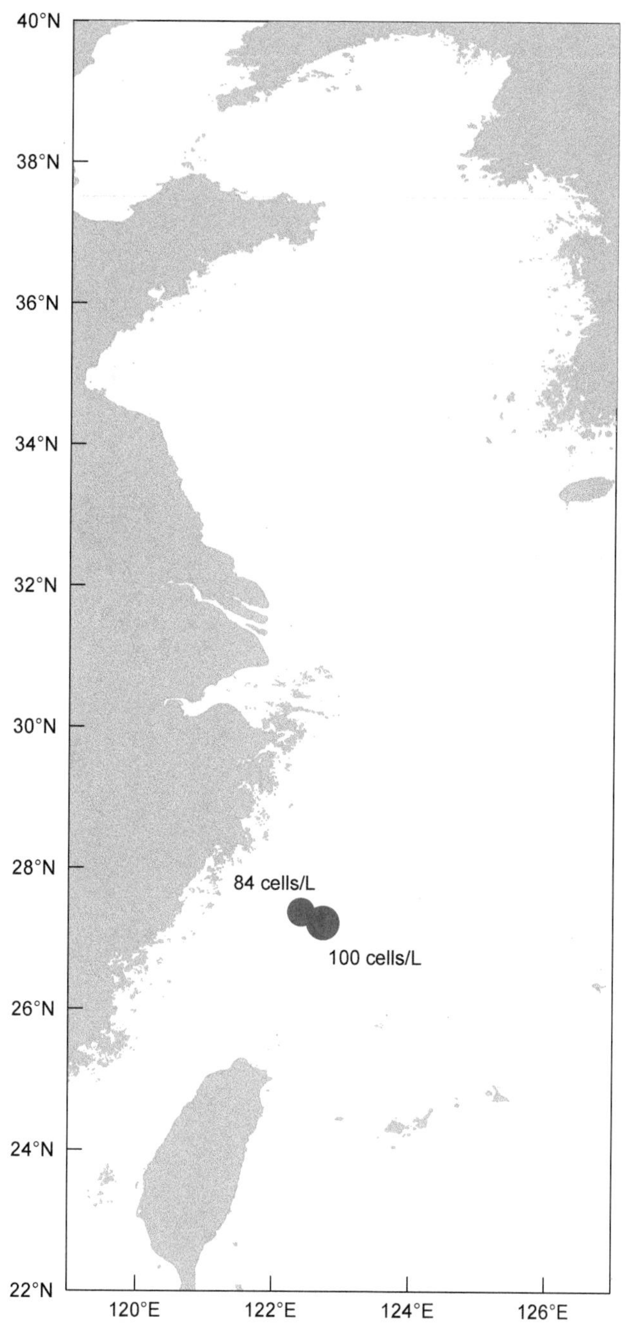

图 4.14　2014 年 10 月东海次表层米氏凯伦藻丰度 (cells/L)

4.2.4 黄东海鳍藻

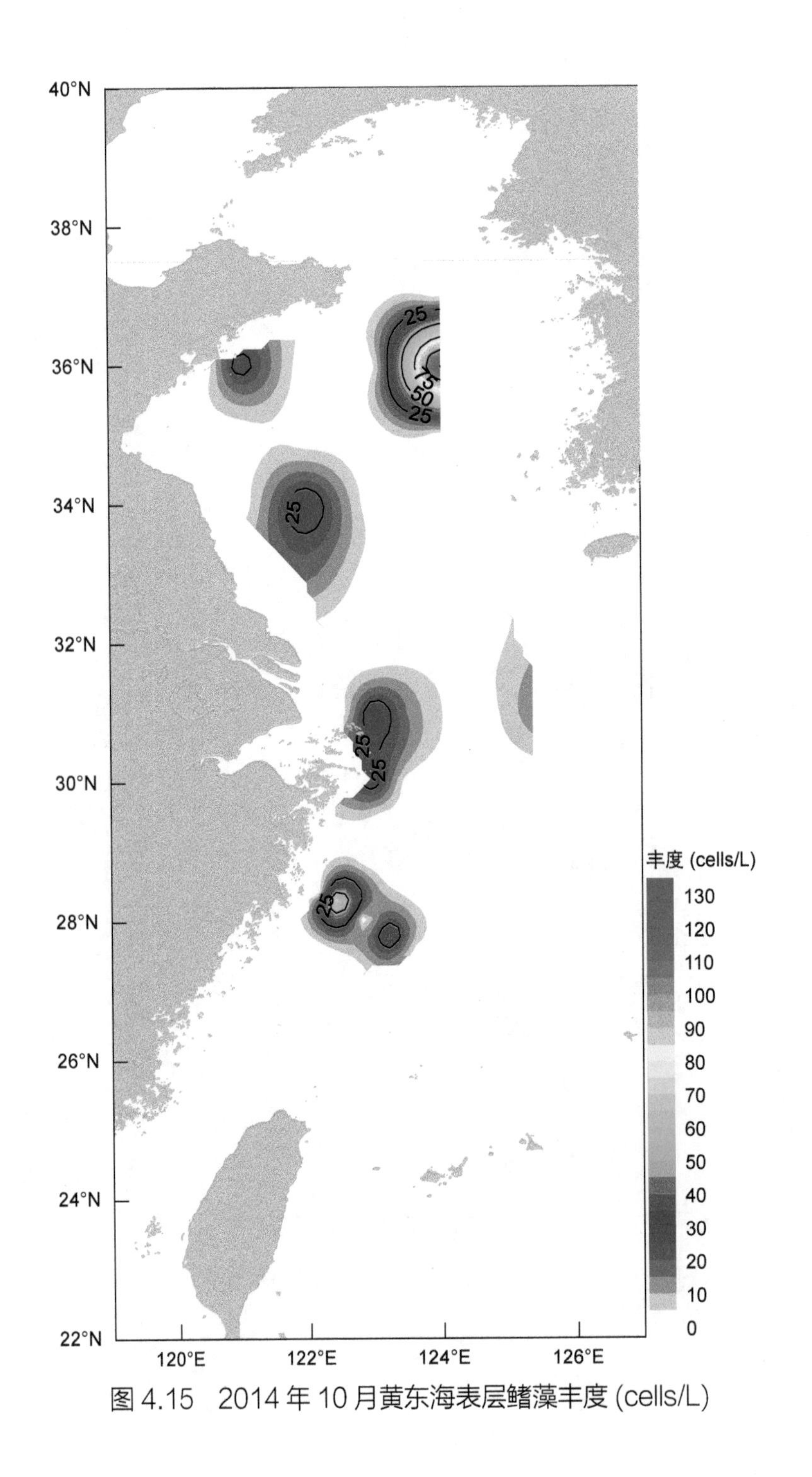

图 4.15 2014 年 10 月黄东海表层鳍藻丰度 (cells/L)

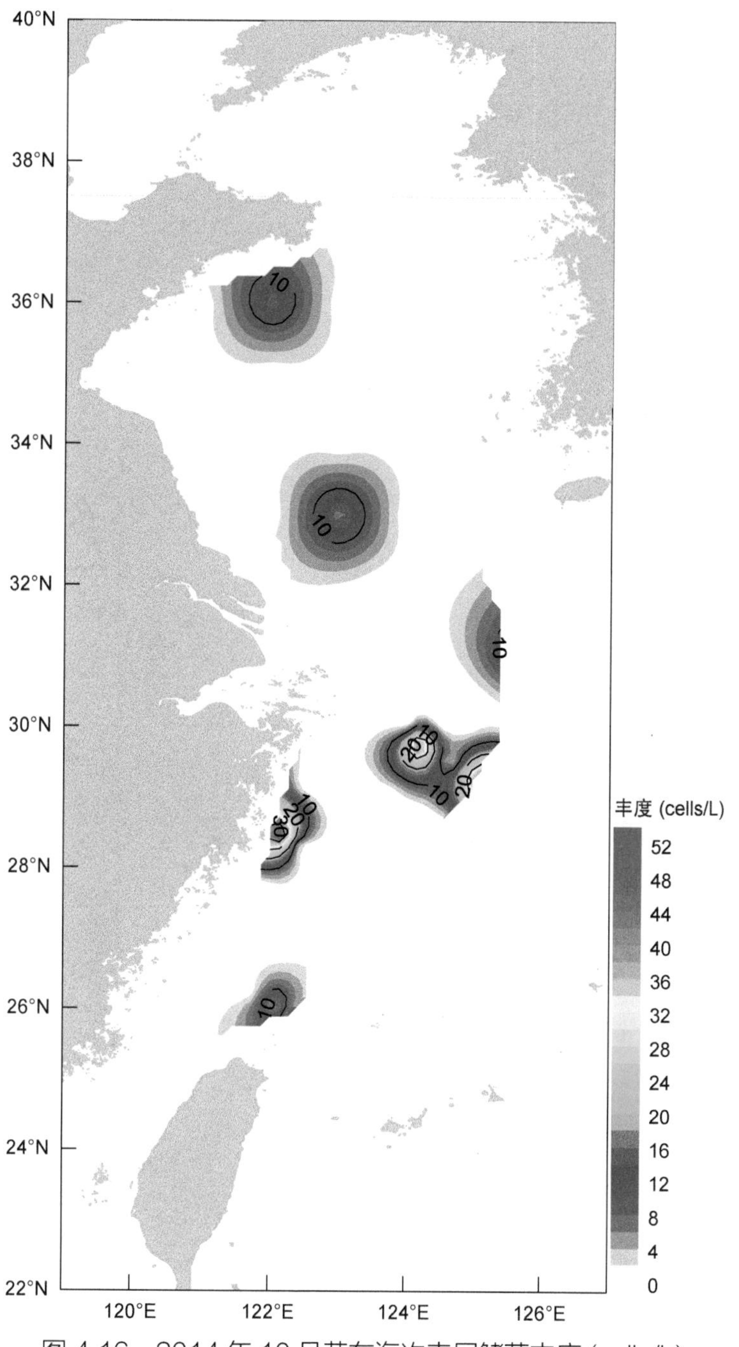

图 4.16　2014 年 10 月黄东海次表层鳍藻丰度 (cells/L)

4.3 2015 年 8 月黄东海

4.3.1 东海原甲藻

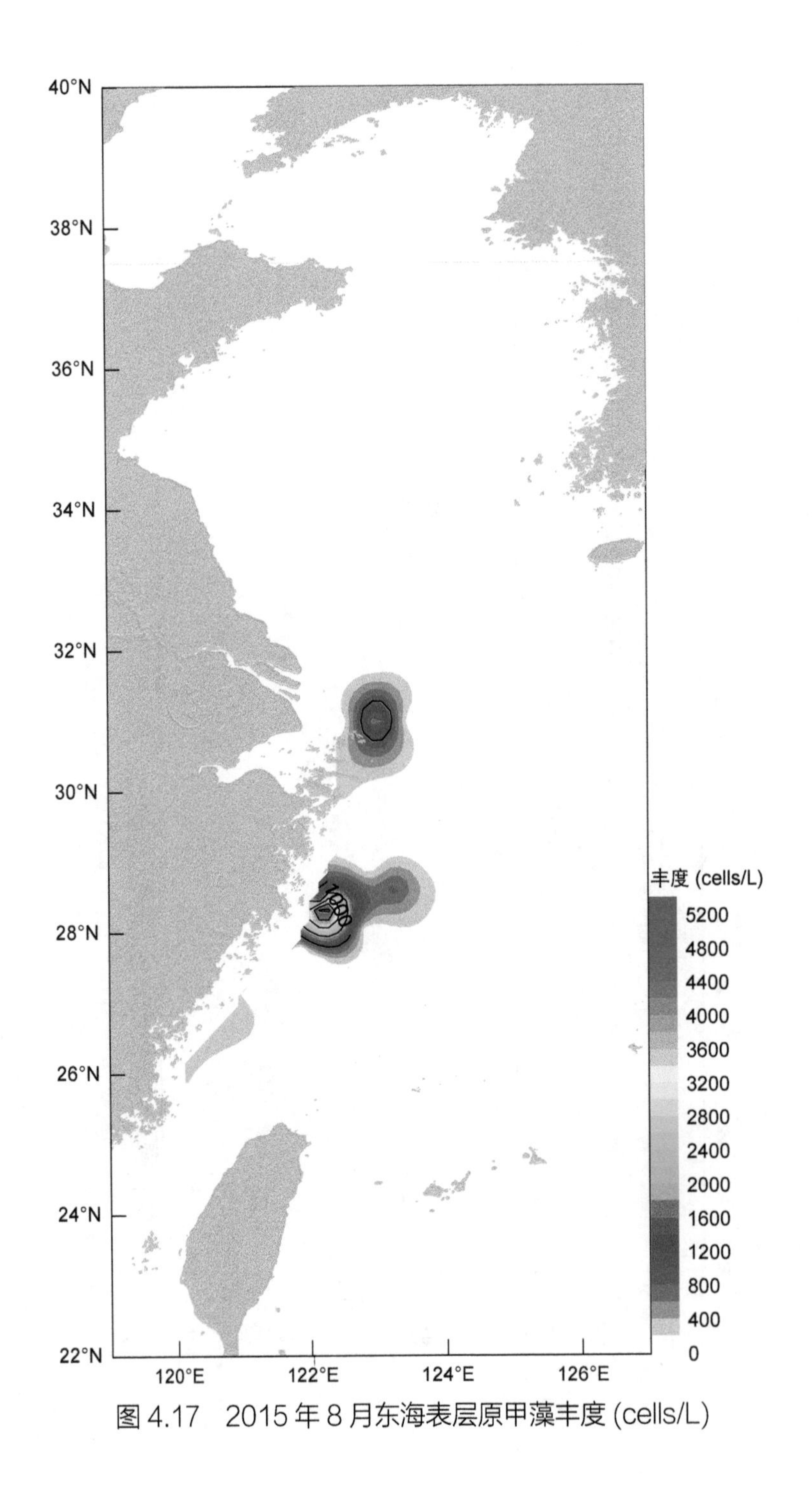

图 4.17 2015 年 8 月东海表层原甲藻丰度 (cells/L)

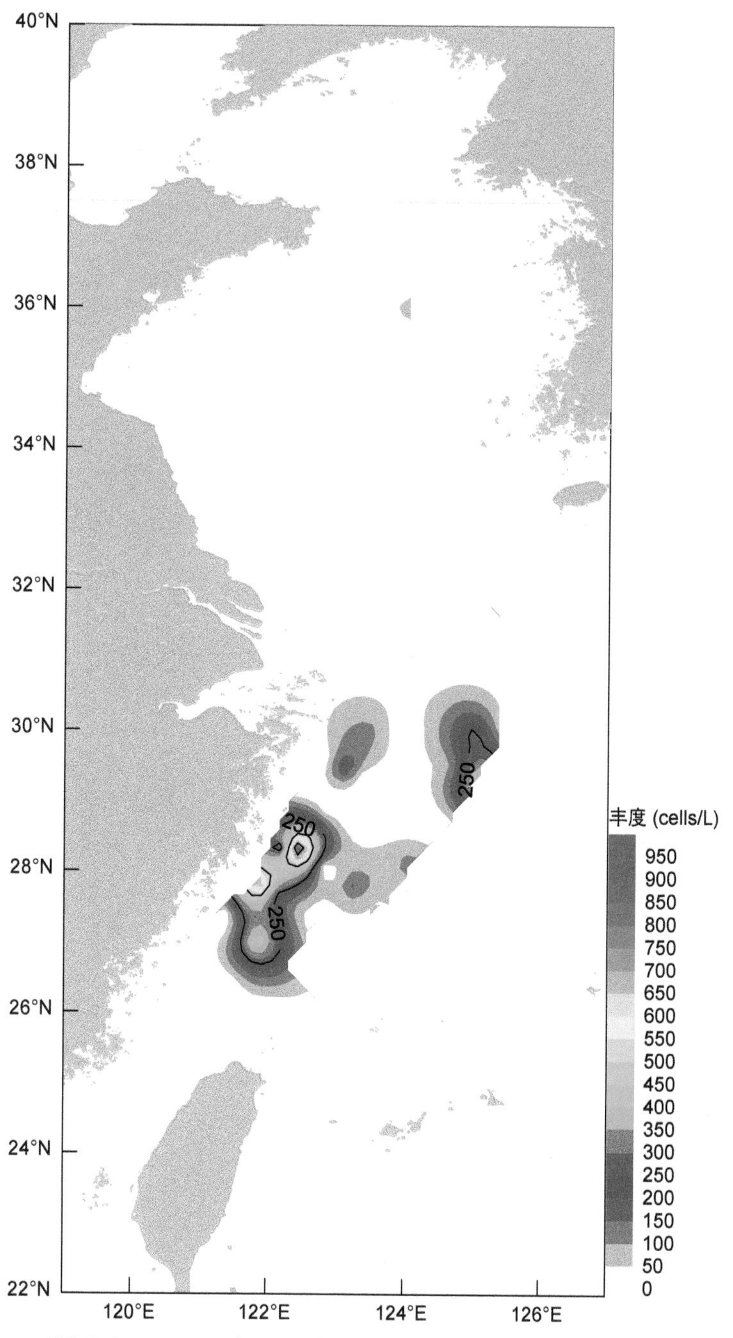

图 4.18 2015 年 8 月东海次表层原甲藻丰度 (cells/L)

4.3.2 黄东海亚历山大藻

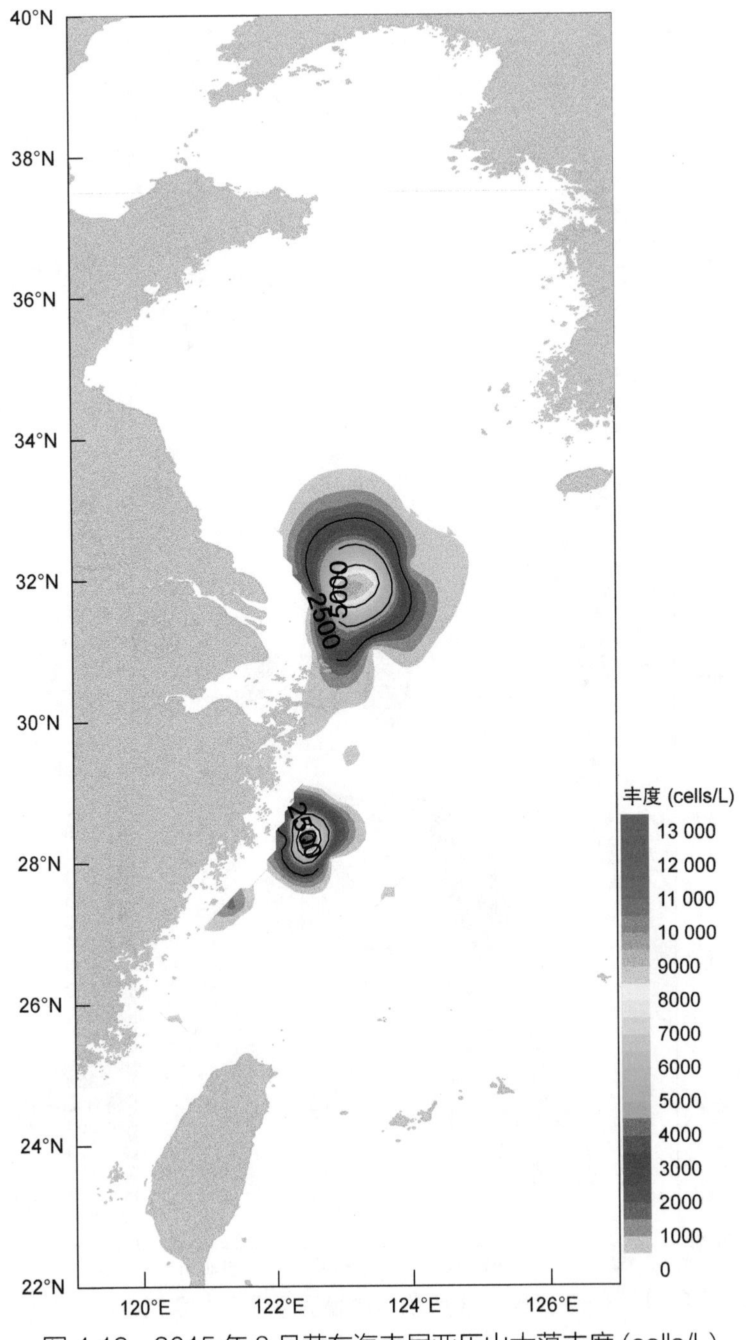

图 4.19　2015 年 8 月黄东海表层亚历山大藻丰度 (cells/L)

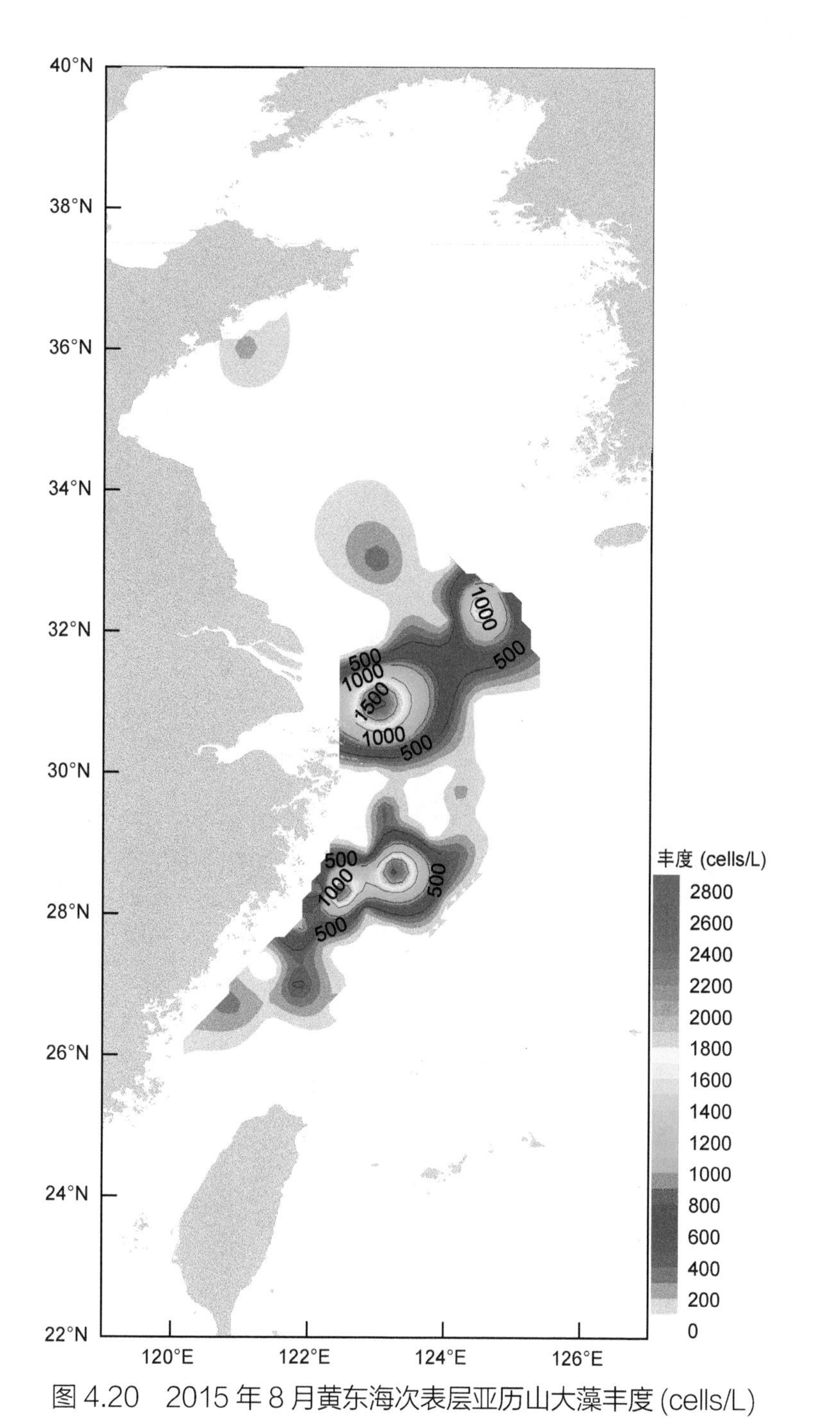

图 4.20 2015 年 8 月黄东海次表层亚历山大藻丰度 (cells/L)

4.3.3 黄东海米氏凯伦藻

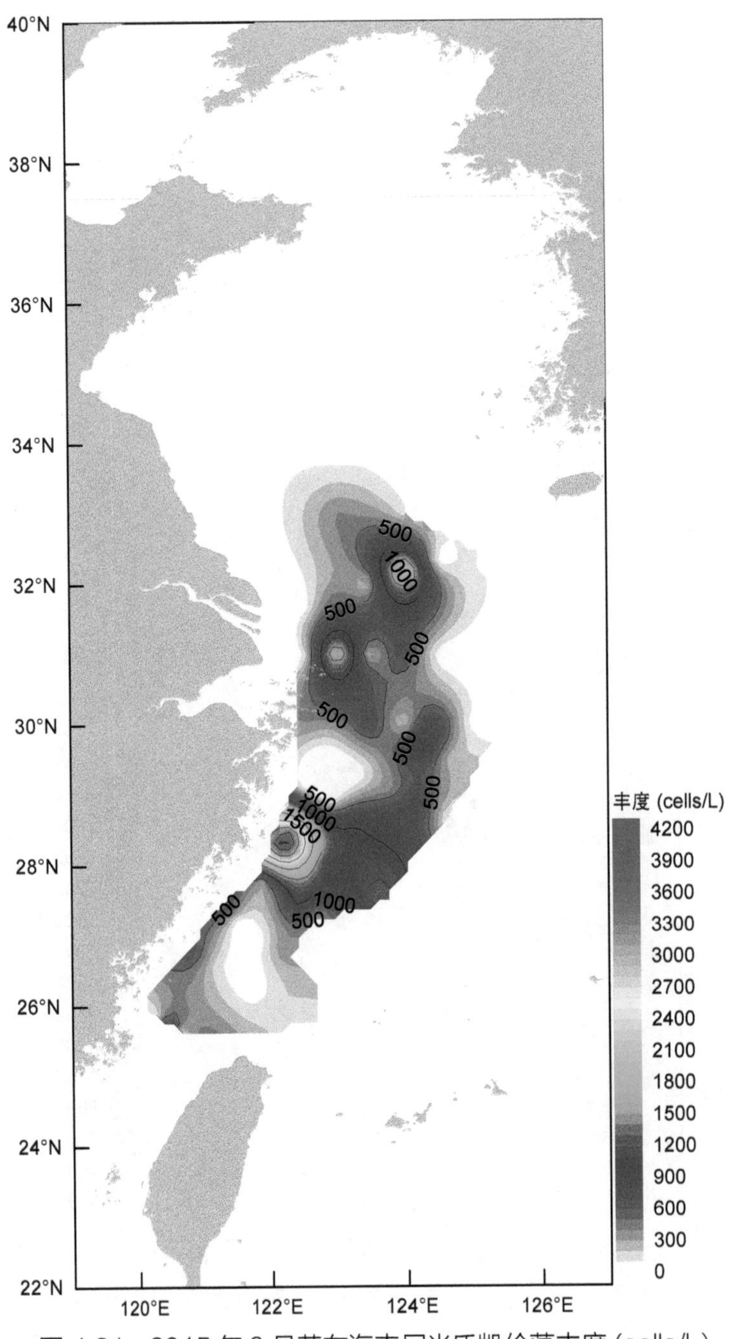

图 4.21 2015 年 8 月黄东海表层米氏凯伦藻丰度 (cells/L)

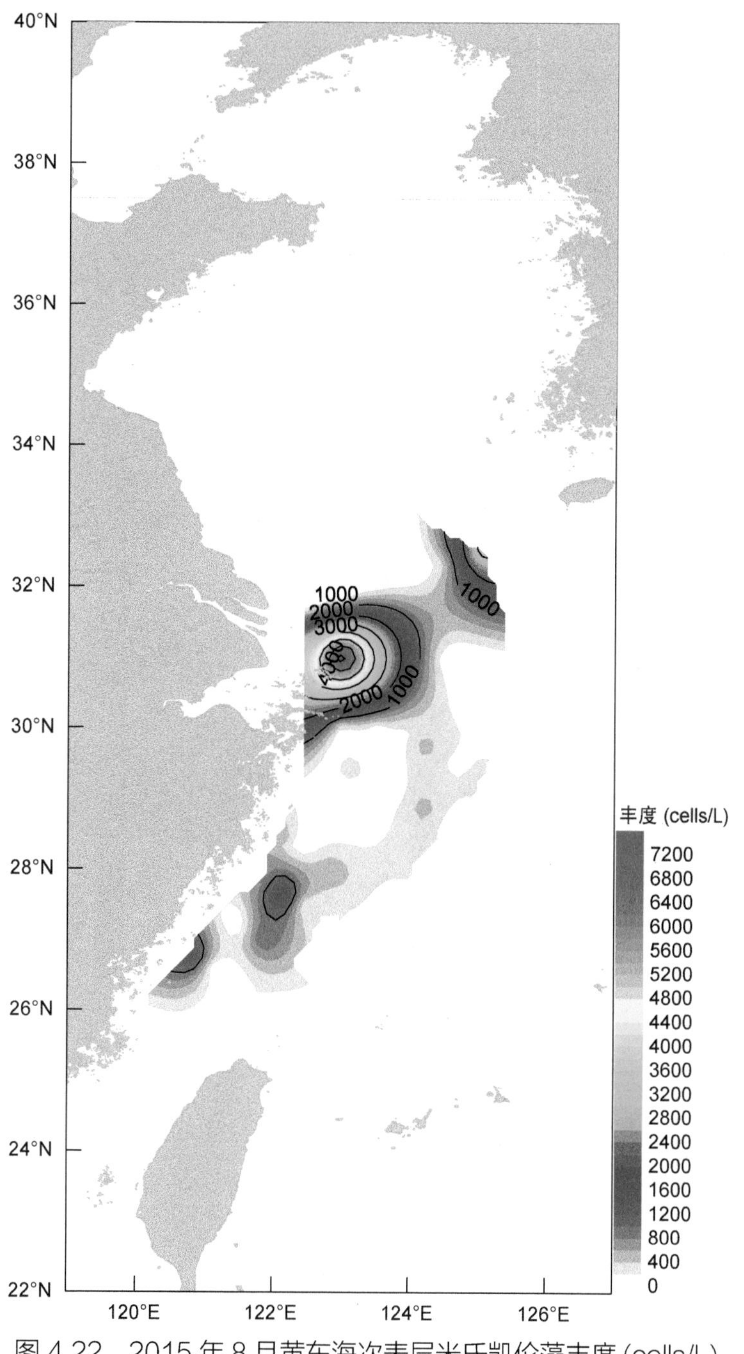

图 4.22　2015 年 8 月黄东海次表层米氏凯伦藻丰度 (cells/L)

4.3.4 黄东海鳍藻

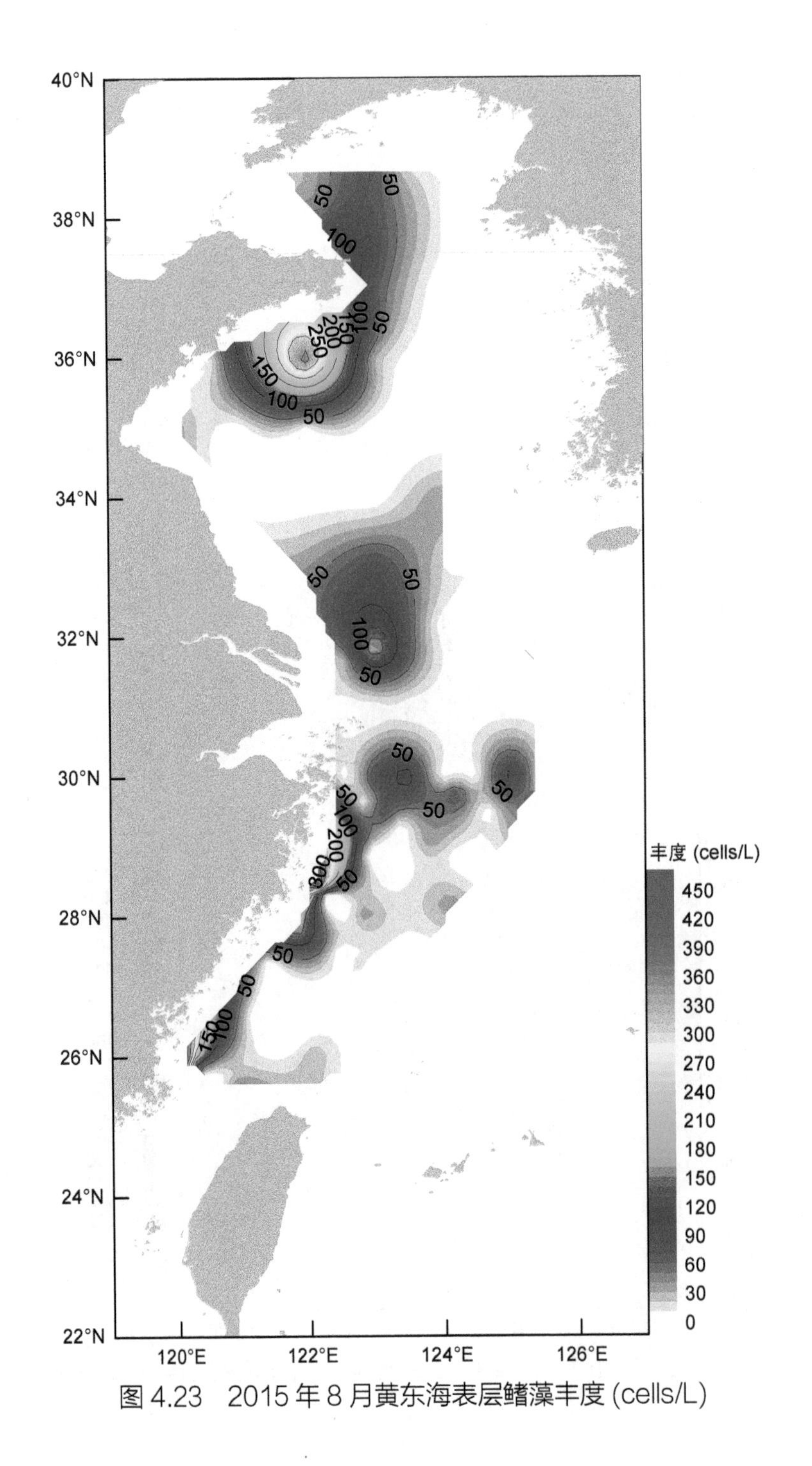

图 4.23　2015 年 8 月黄东海表层鳍藻丰度 (cells/L)

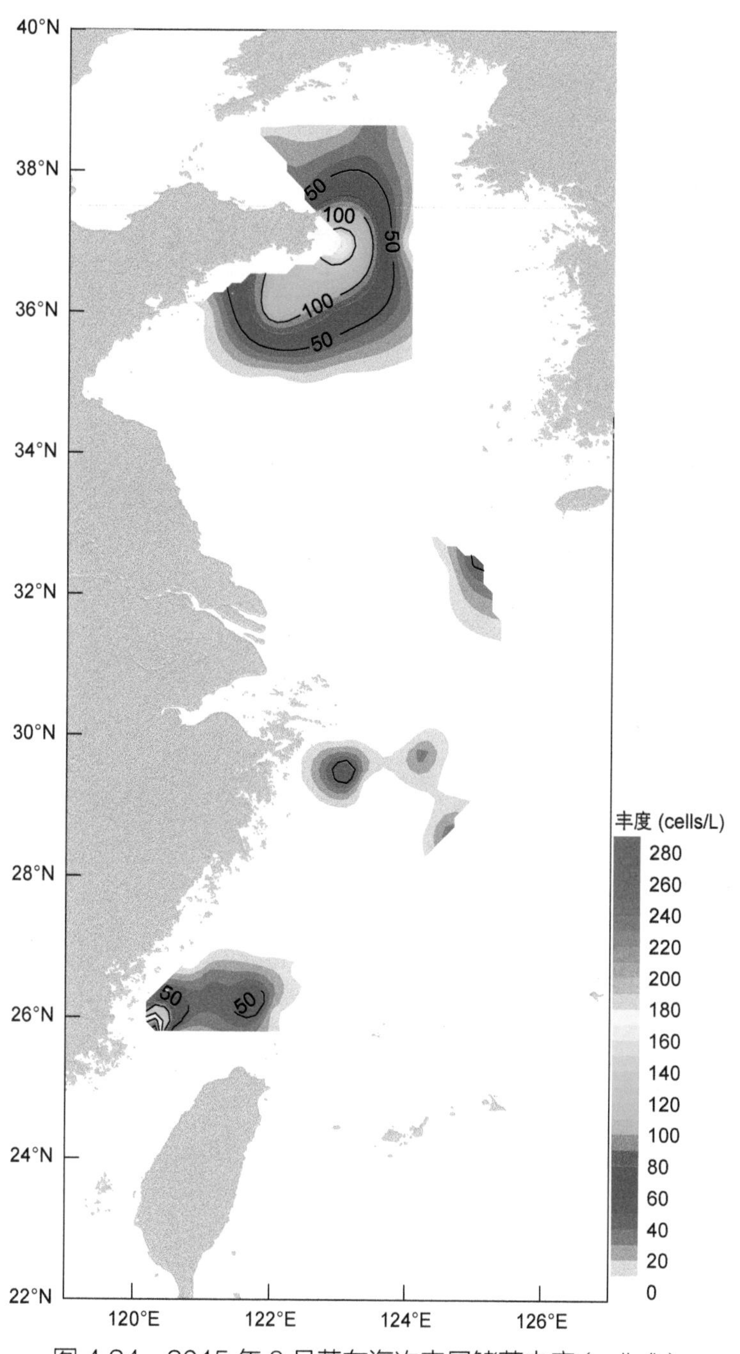

图 4.24 2015 年 8 月黄东海次表层鳍藻丰度 (cells/L)

4.4 2015 年 12 月黄东海

4.4.1 黄东海原甲藻

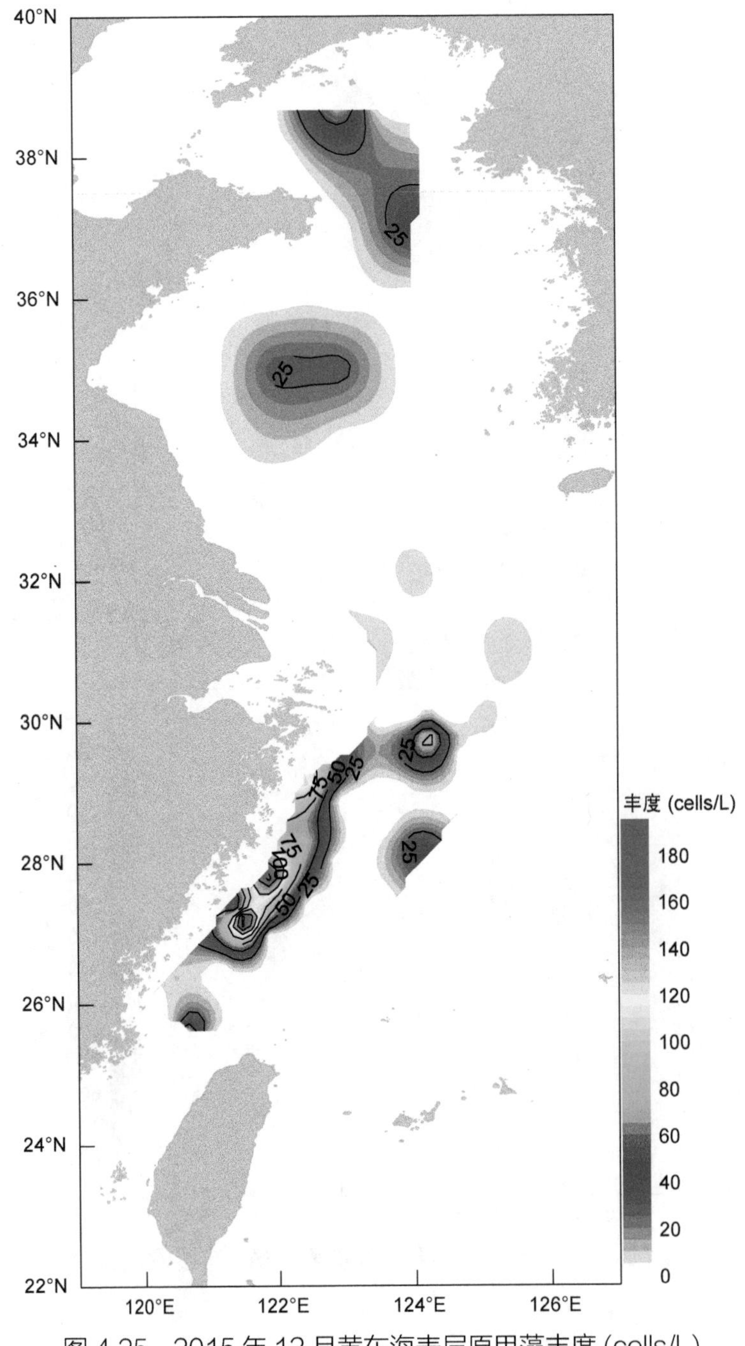

图 4.25 2015 年 12 月黄东海表层原甲藻丰度 (cells/L)

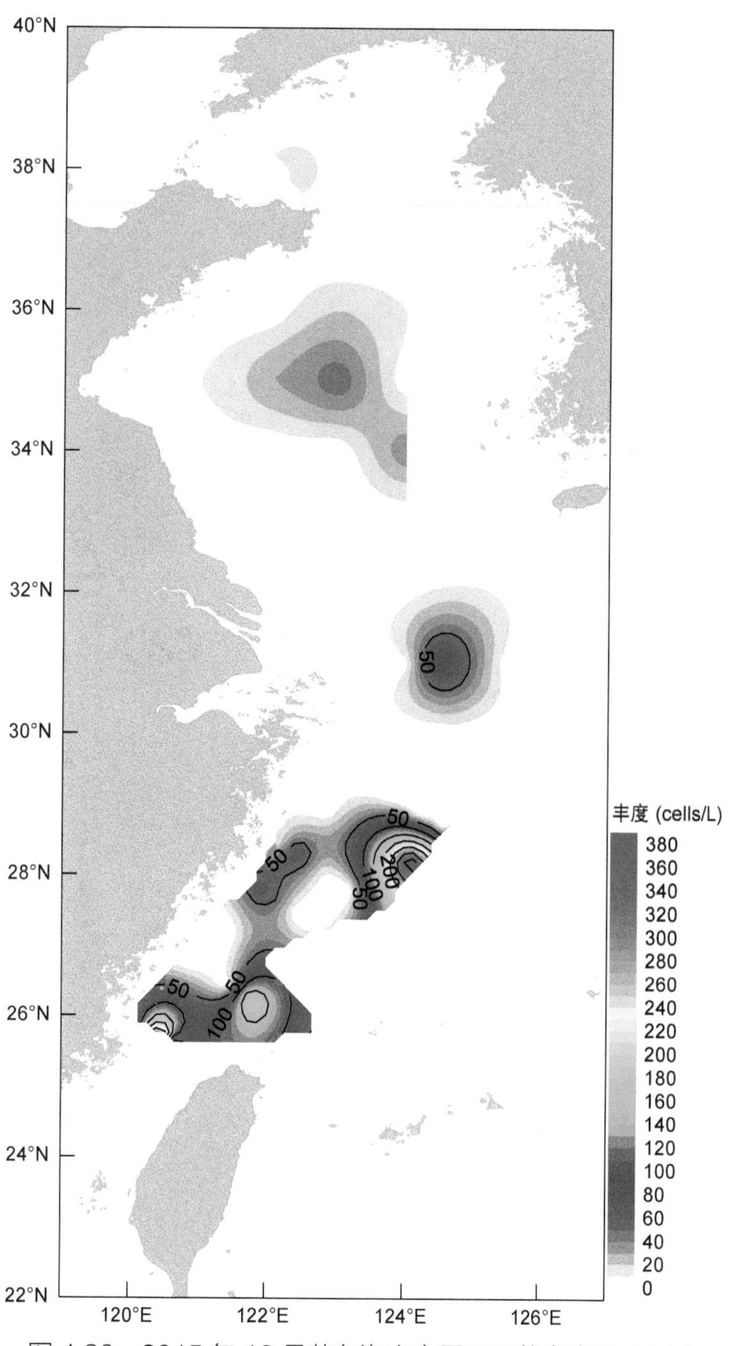

图 4.26　2015 年 12 月黄东海次表层原甲藻丰度 (cells/L)

4.4.2 黄东海亚历山大藻

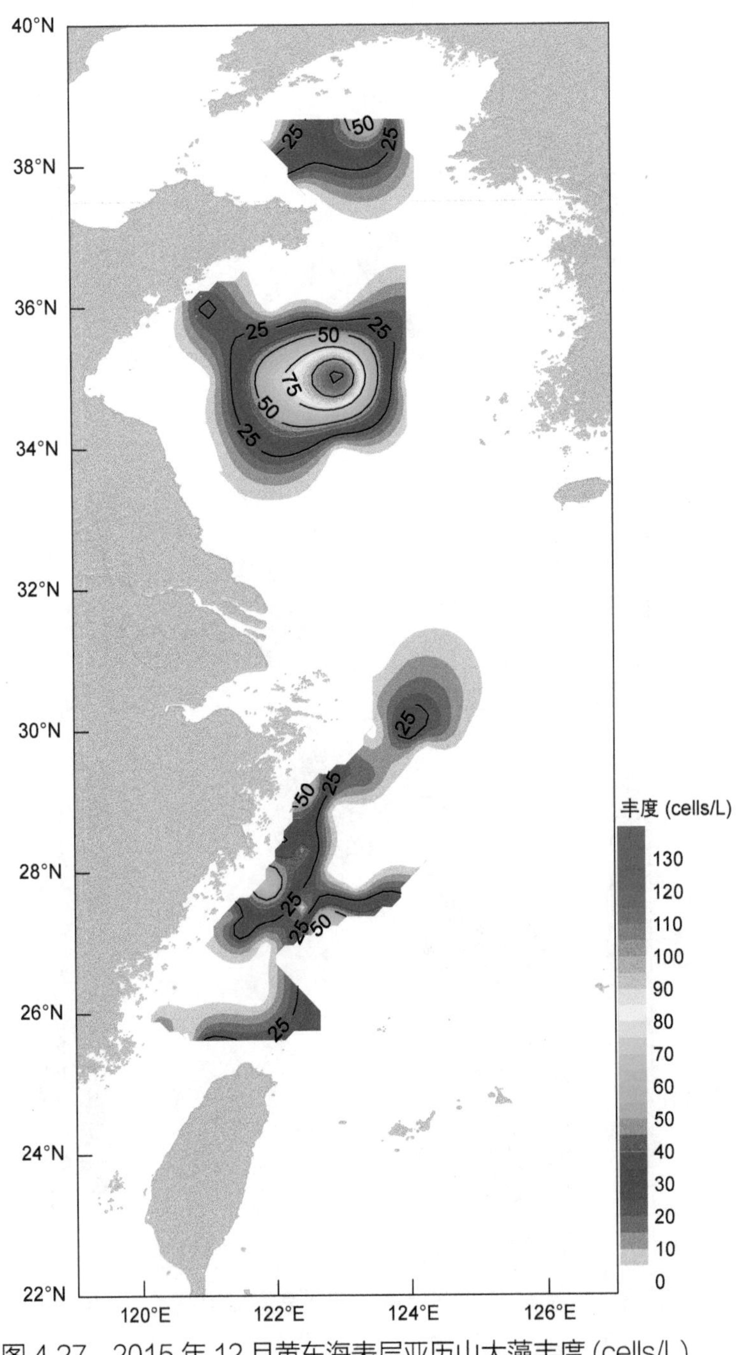

图 4.27 2015 年 12 月黄东海表层亚历山大藻丰度 (cells/L)

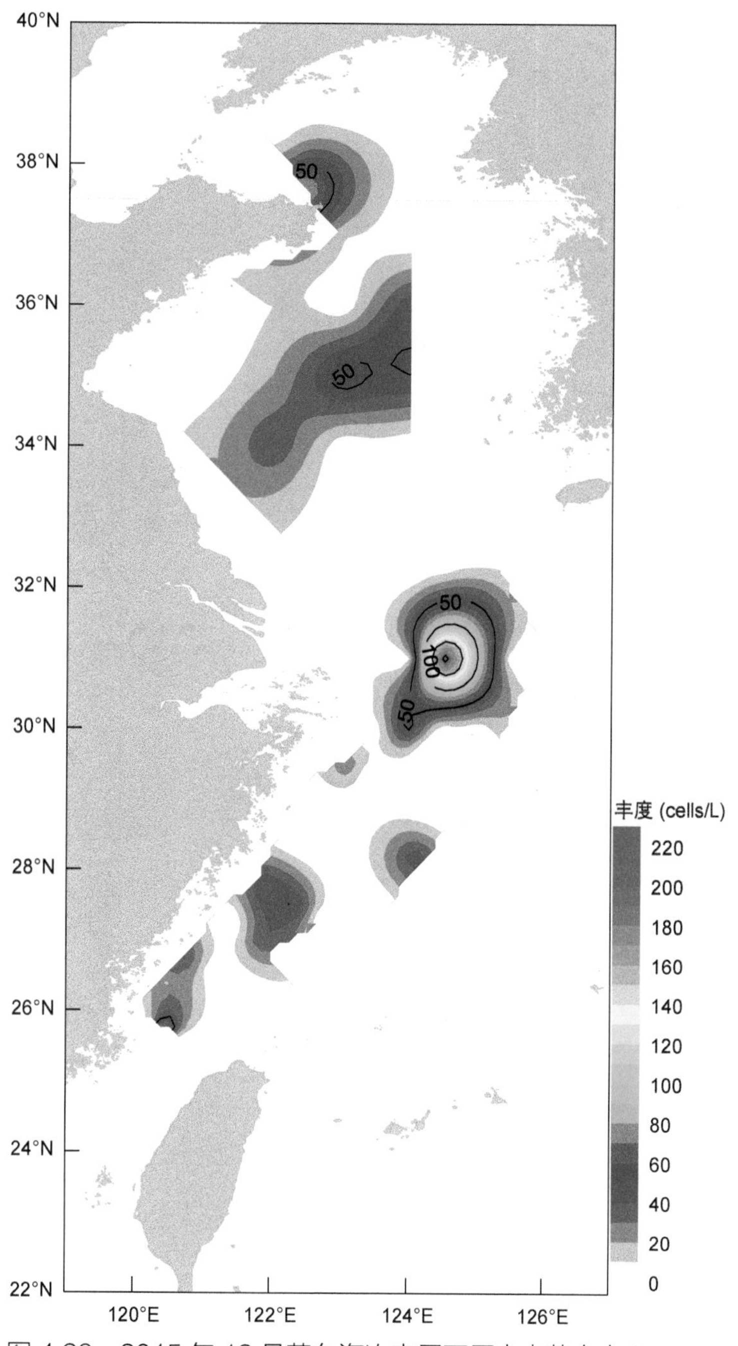

图 4.28　2015 年 12 月黄东海次表层亚历山大藻丰度 (cells/L)

4.4.3 黄东海米氏凯伦藻

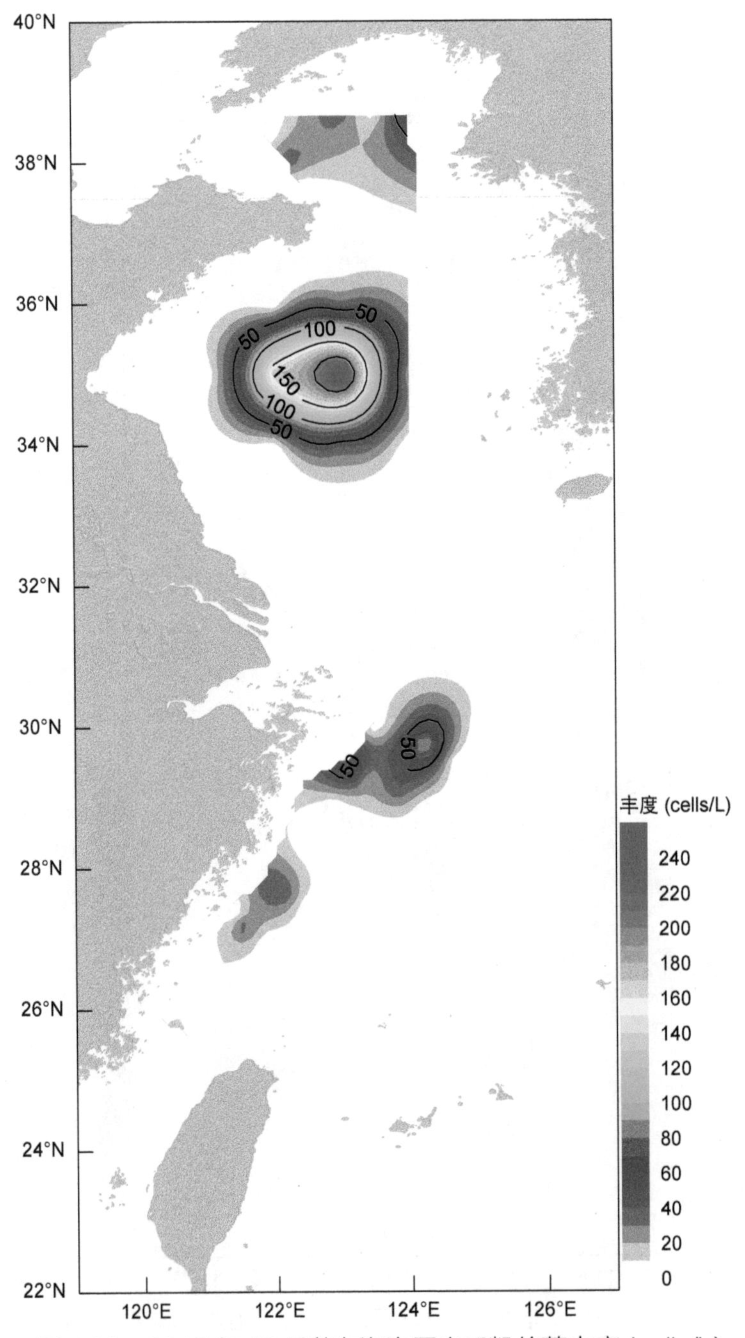

图 4.29 2015 年 12 月黄东海表层米氏凯伦藻丰度 (cells/L)

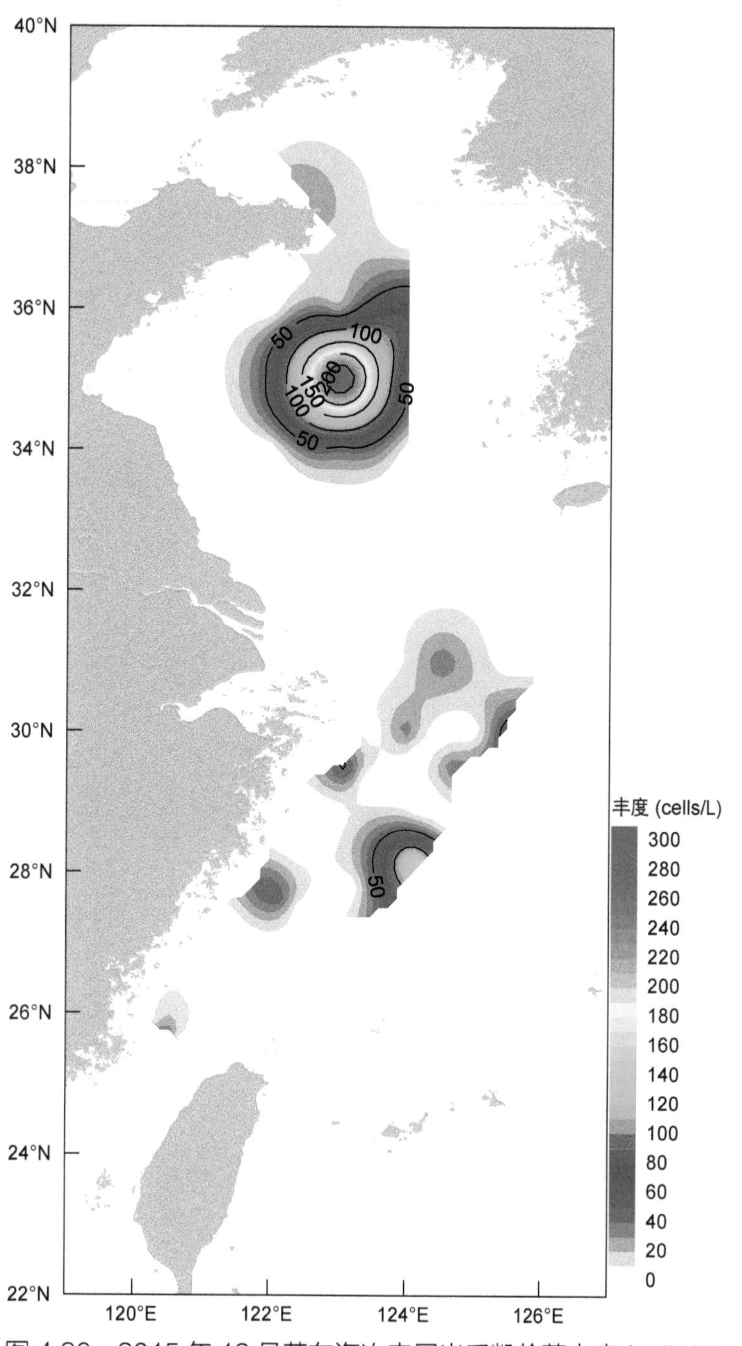

图 4.30　2015 年 12 月黄东海次表层米氏凯伦藻丰度 (cells/L)

4.4.4 黄东海鳍藻

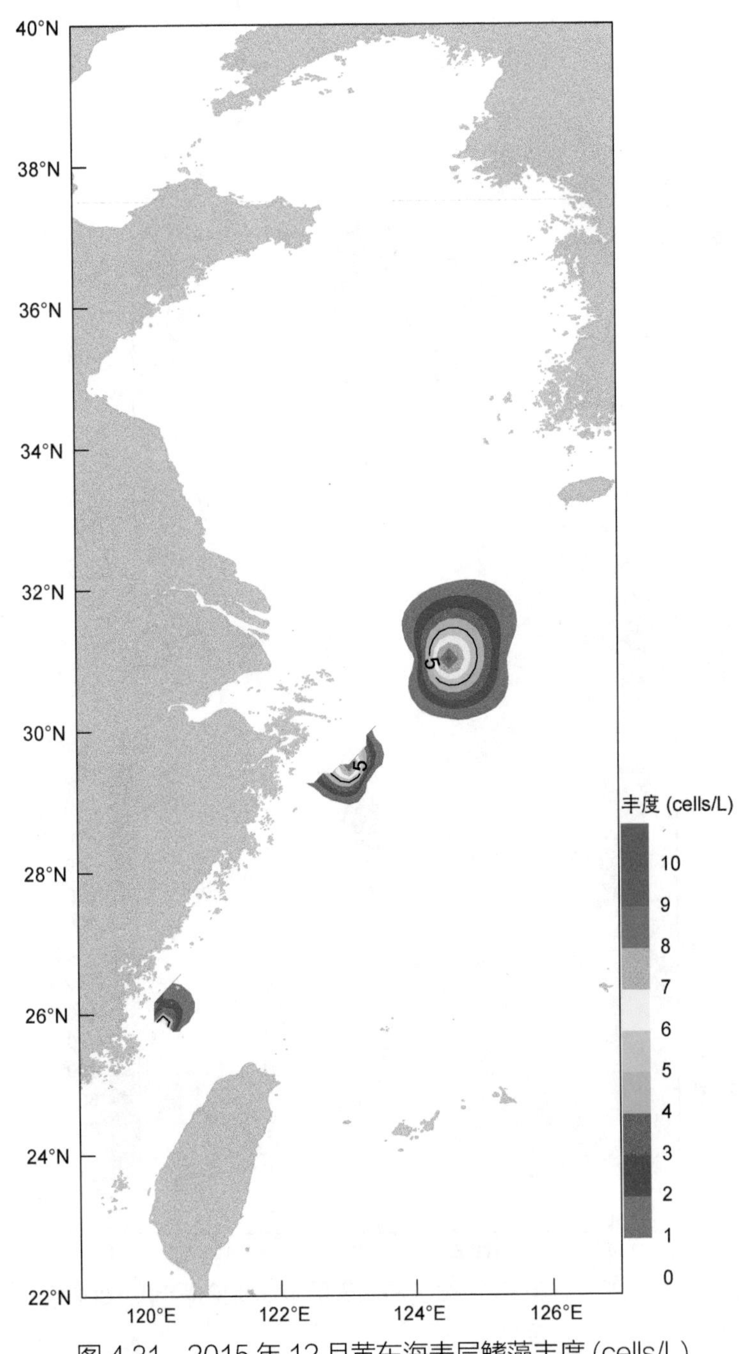

图 4.31　2015 年 12 月黄东海表层鳍藻丰度 (cells/L)

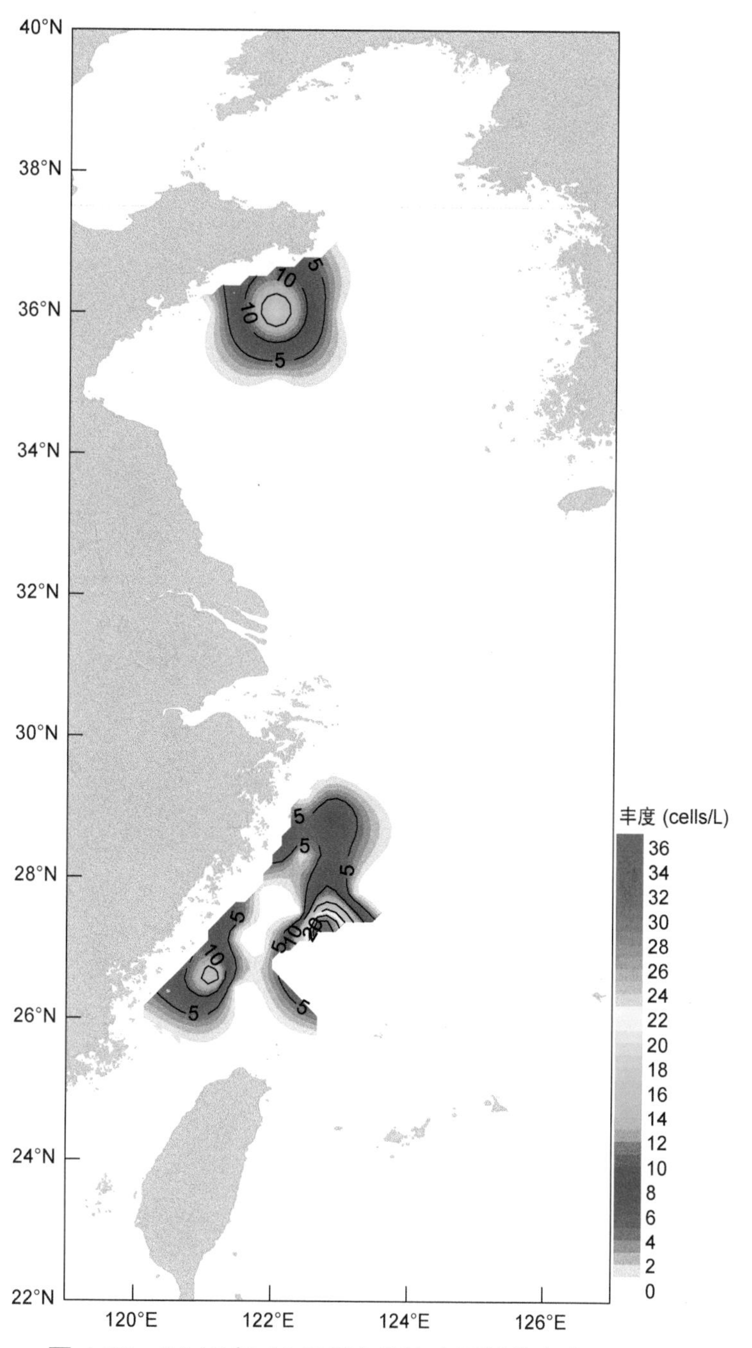

图 4.32　2015 年 12 月黄东海次表层鳍藻丰度 (cells/L)

第五部分

生态调查——浮游动物

5.1 2014年5月黄东海

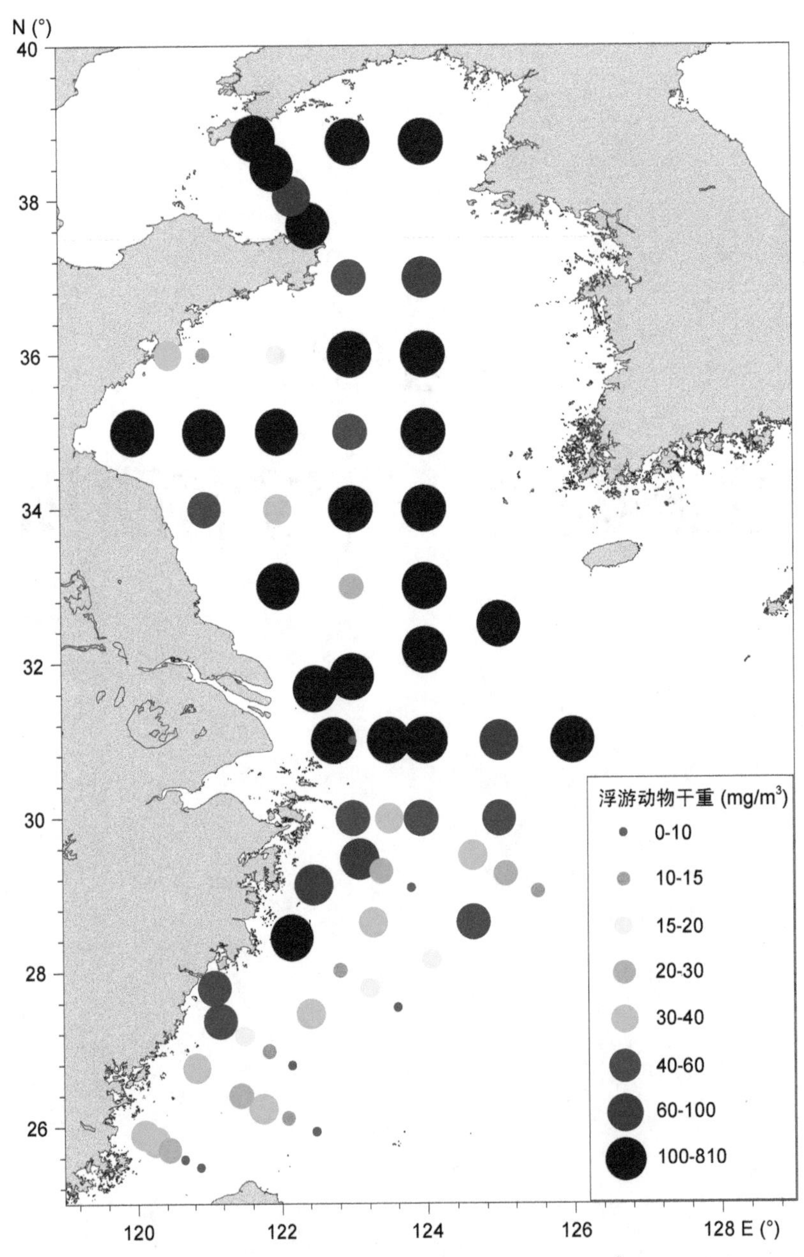

图5.1 2014年5月黄东海浮游动物干重 (mg/m^3) 平面分布图

5.2　2014 年 10 月黄东海

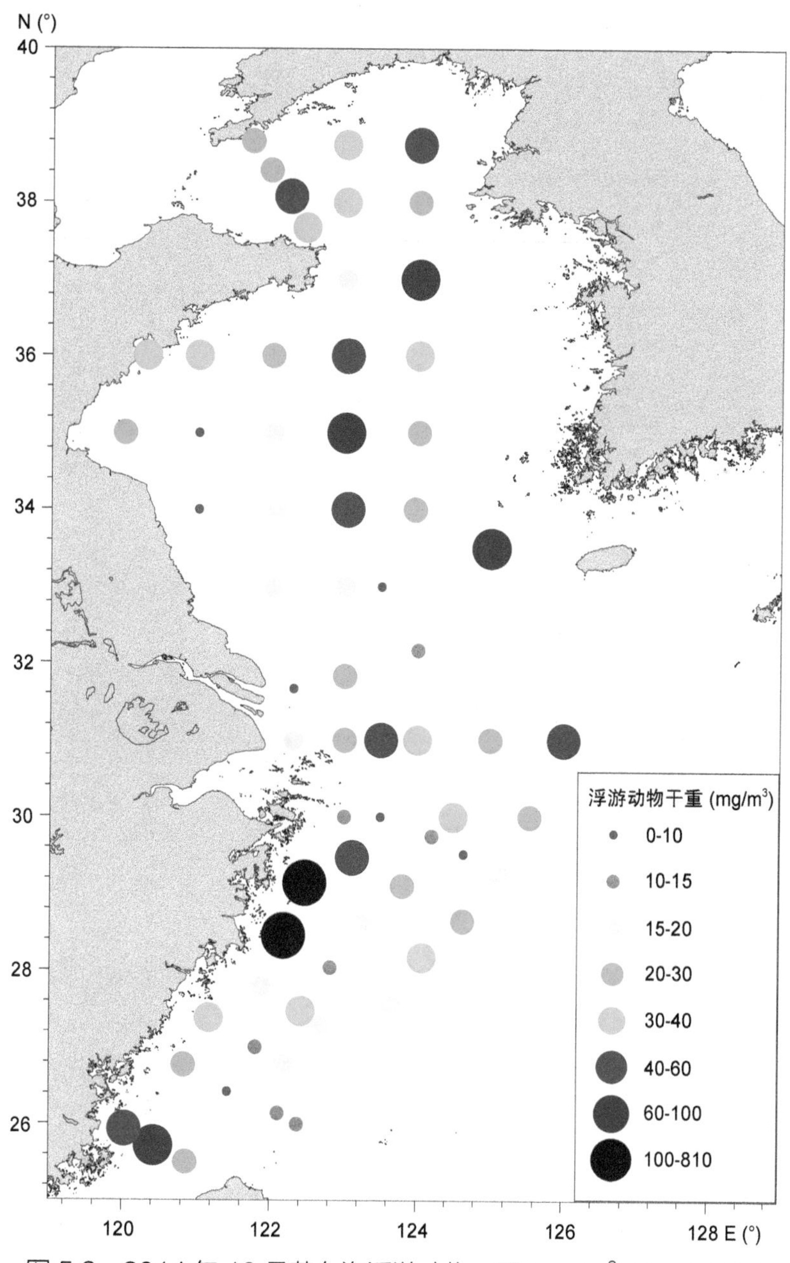

图 5.2　2014 年 10 月黄东海浮游动物干重 (mg/m^3) 平面分布图

5.3 2015 年 8 月黄东海

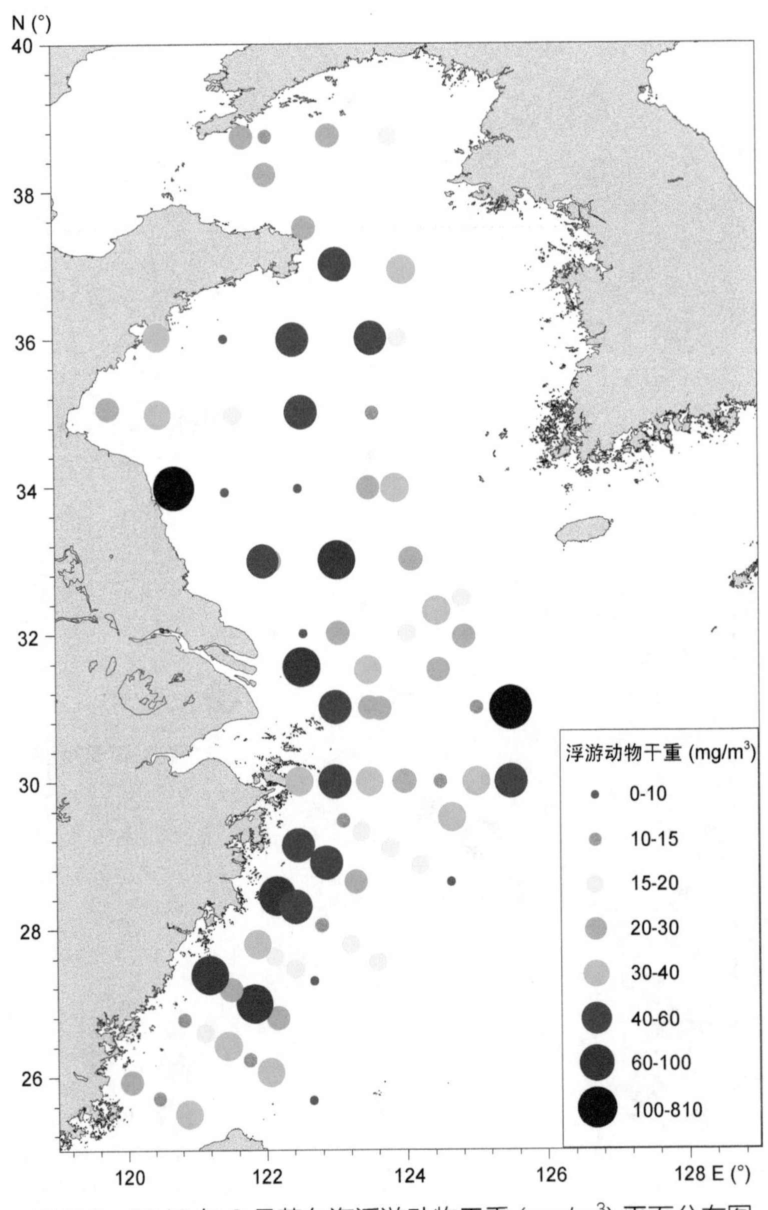

图 5.3 2015 年 8 月黄东海浮游动物干重 (mg/m^3) 平面分布图

5.4　2015 年 12 月黄东海

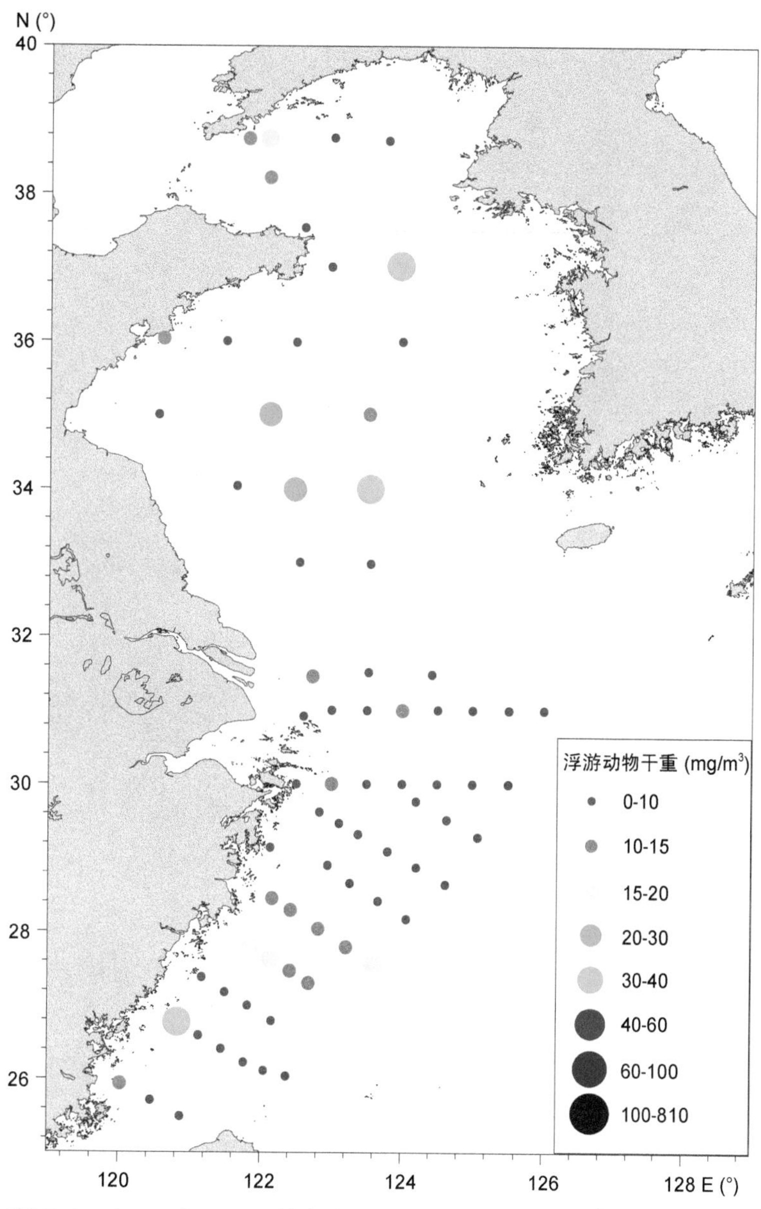

图 5.4　2015 年 12 月黄东海浮游动物干重 (mg/m^3) 平面分布图

第六部分

生态调查——底栖动物

6.1 2014年5月黄东海

6.1.1 底栖动物总丰度和总生物量

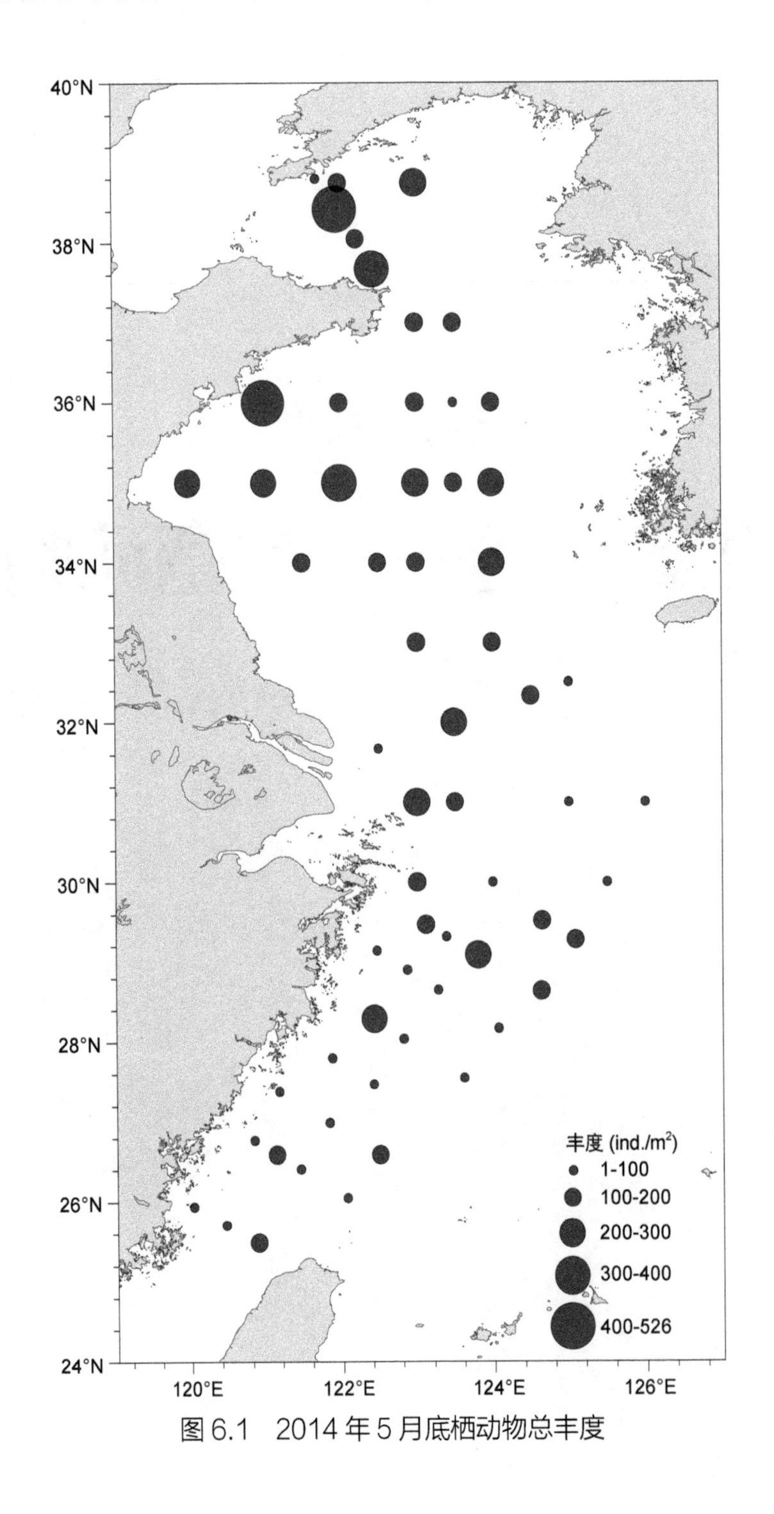

图6.1 2014年5月底栖动物总丰度

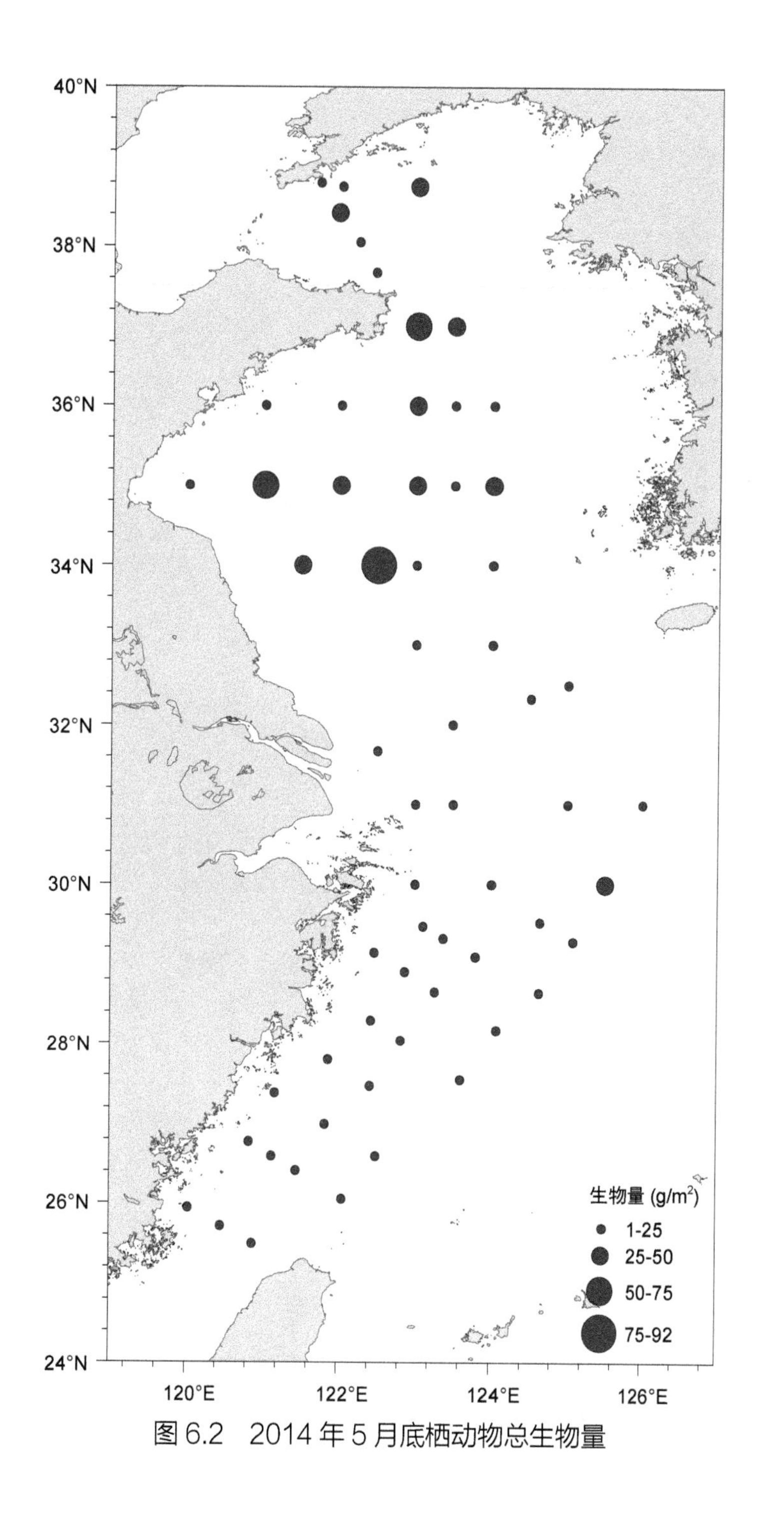

图 6.2 2014 年 5 月底栖动物总生物量

6.1.2 底栖动物各类群丰度

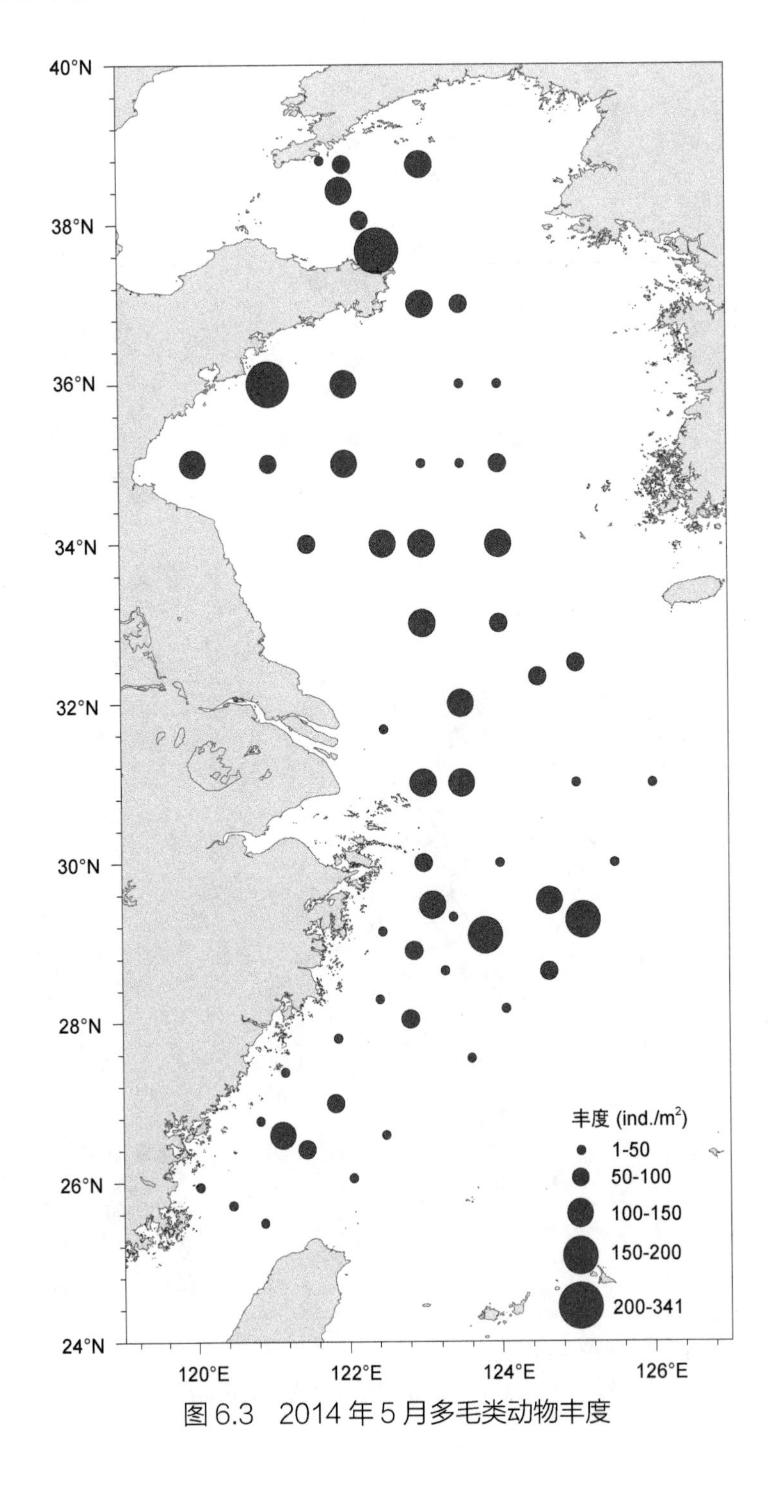

图6.3 2014年5月多毛类动物丰度

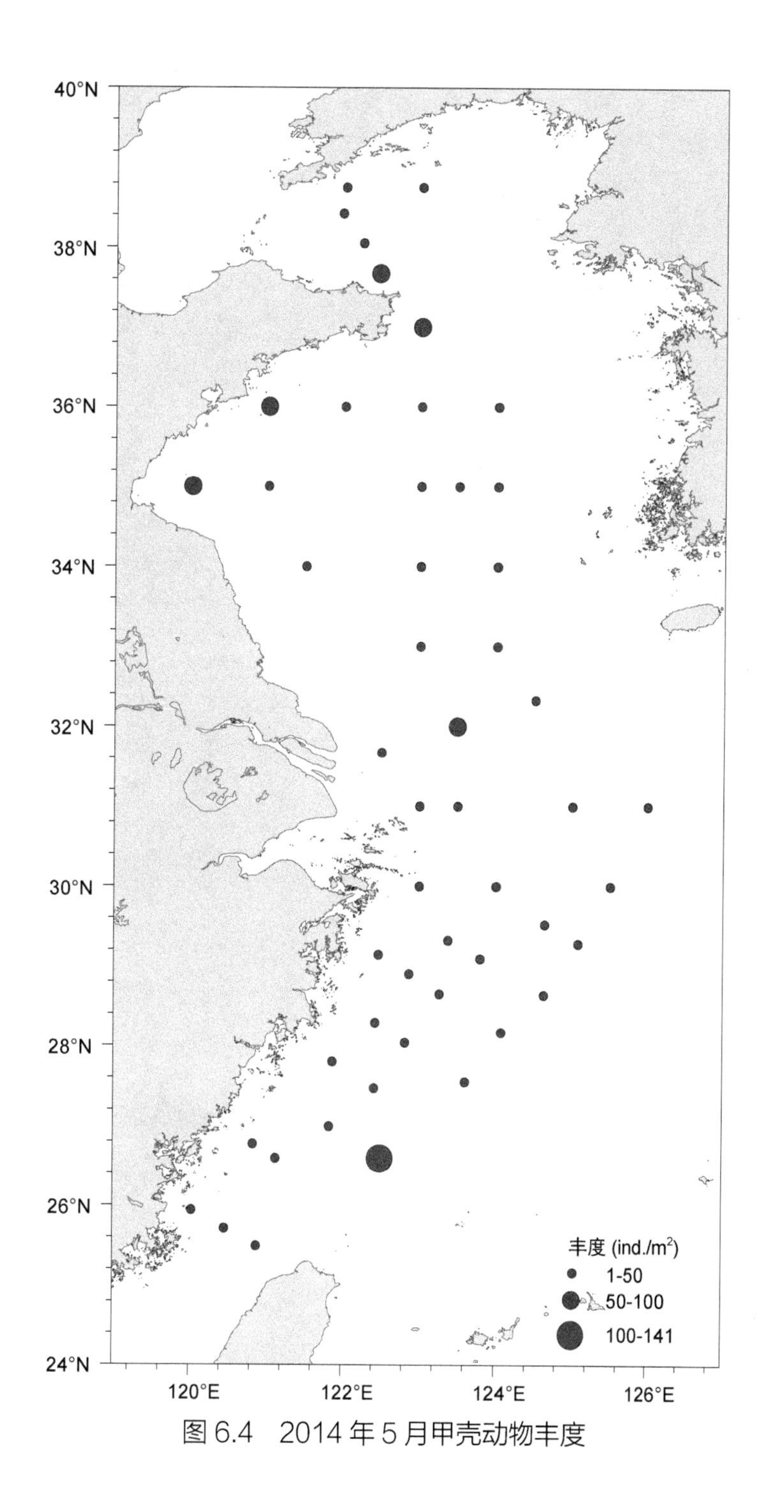

图 6.4　2014 年 5 月甲壳动物丰度

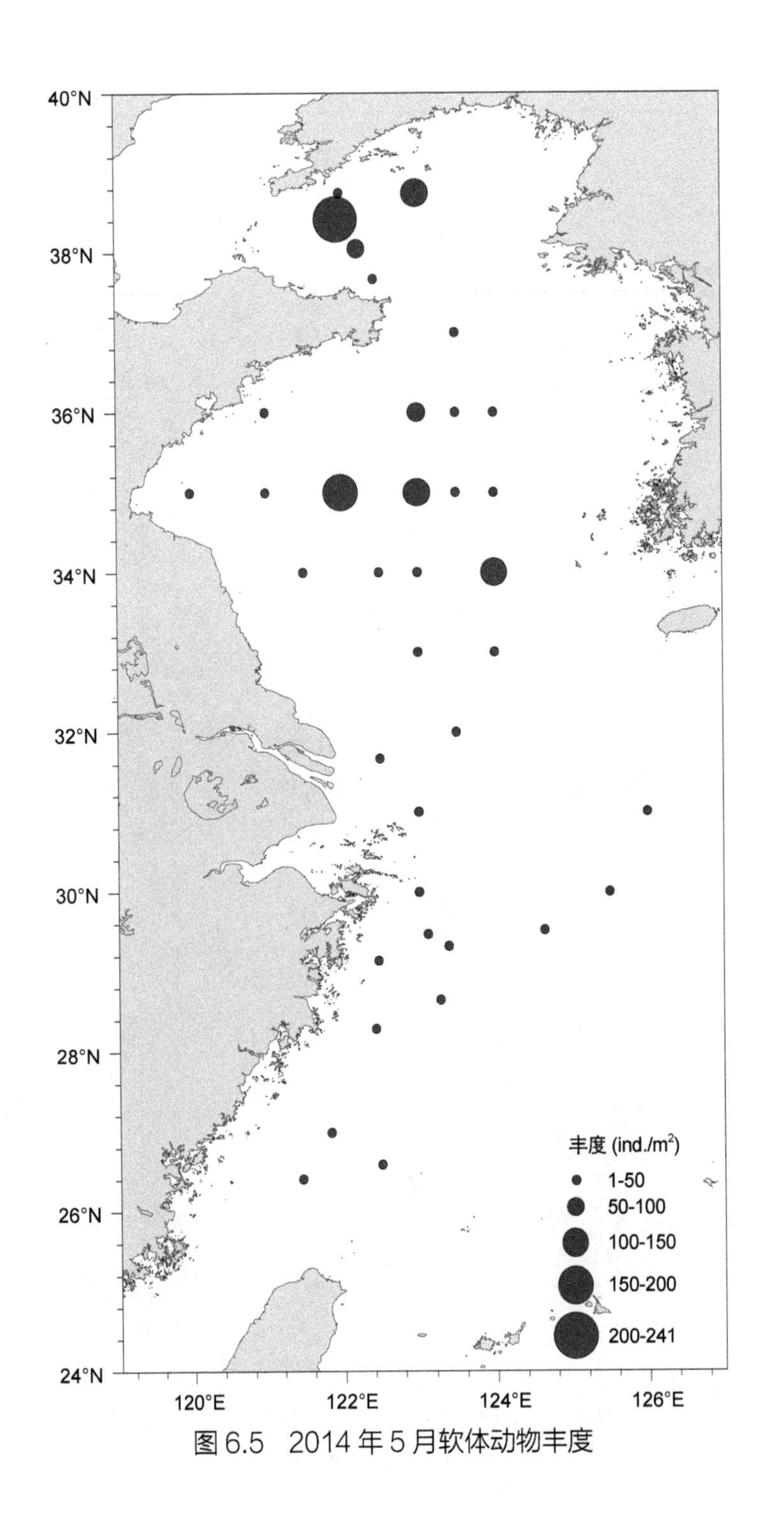

图6.5 2014年5月软体动物丰度

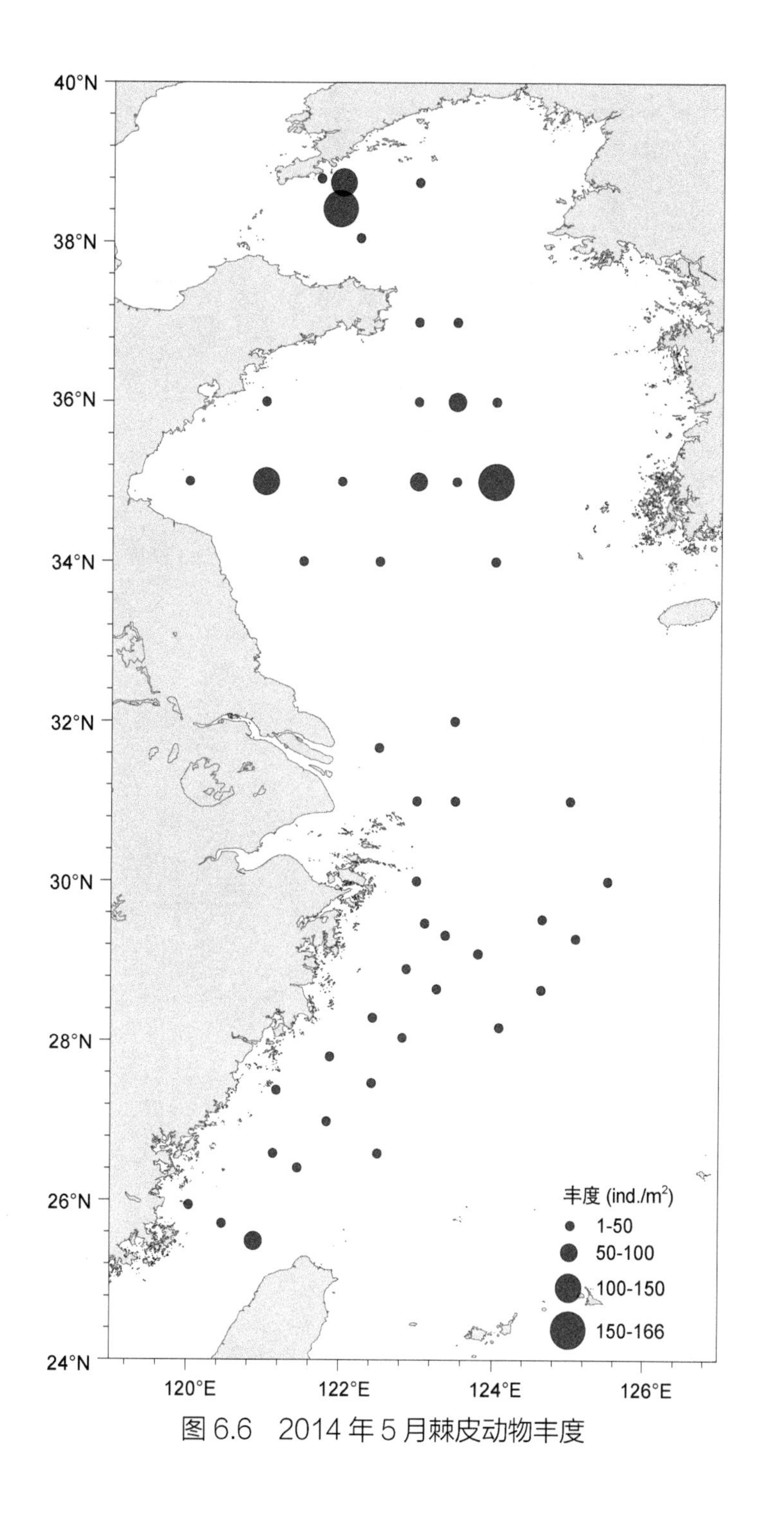

图 6.6　2014 年 5 月棘皮动物丰度

6.1.3 优势度大于 0.005 的物种丰度

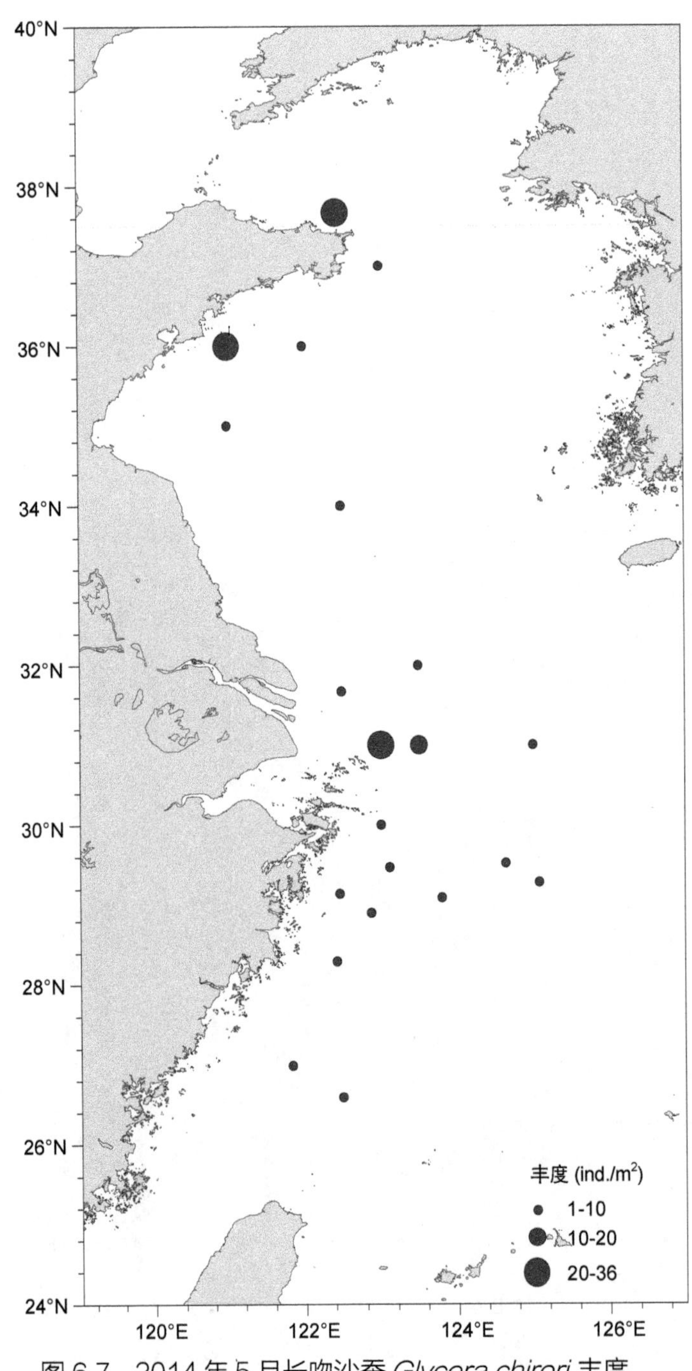

图 6.7 2014 年 5 月长吻沙蚕 *Glycera chirori* 丰度

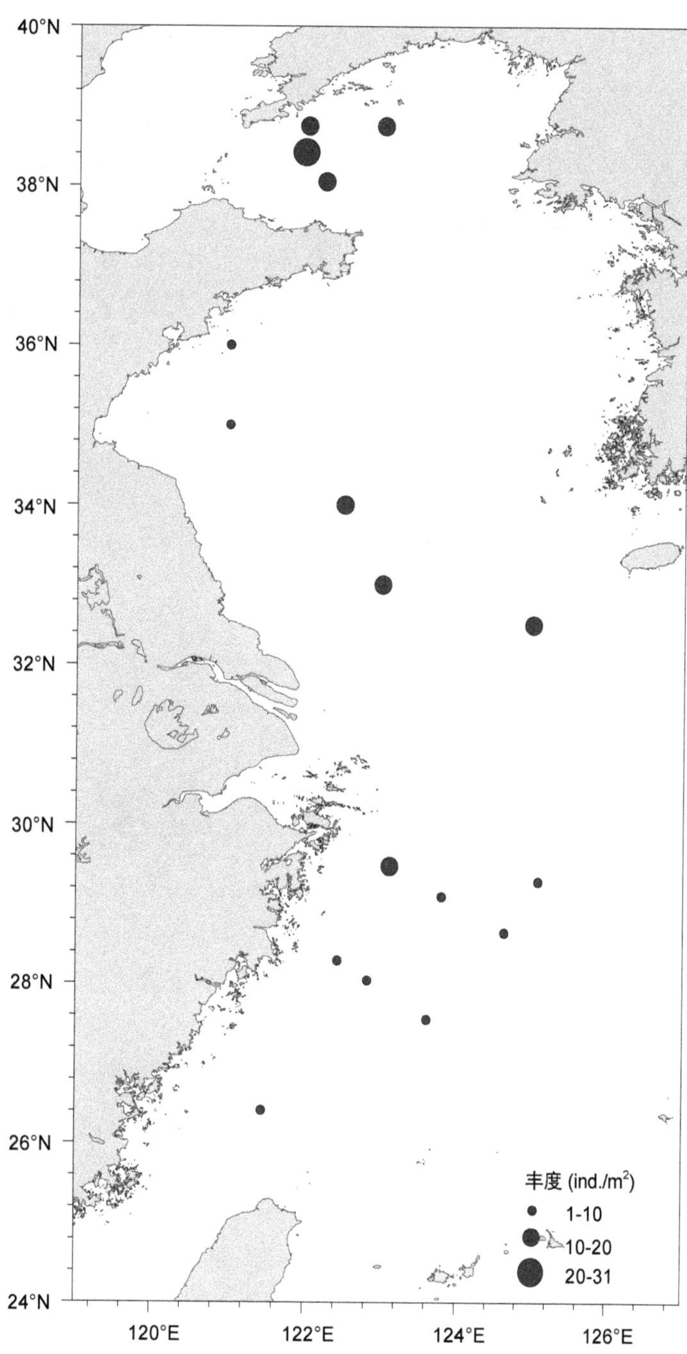

图6.8　2014年5月日本角吻沙蚕 *Goniada japonica* 丰度

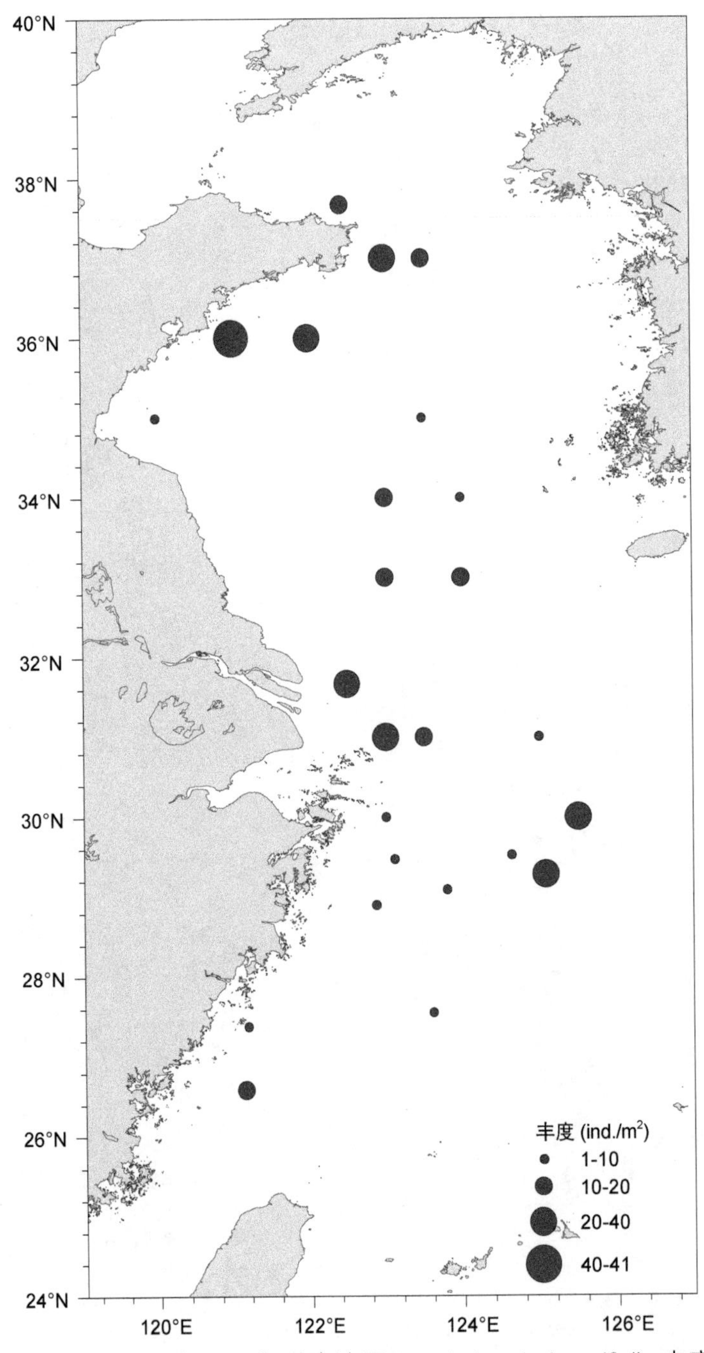

图6.9 2014年5月长叶索沙蚕 *Lumbrineris longifolia* 丰度

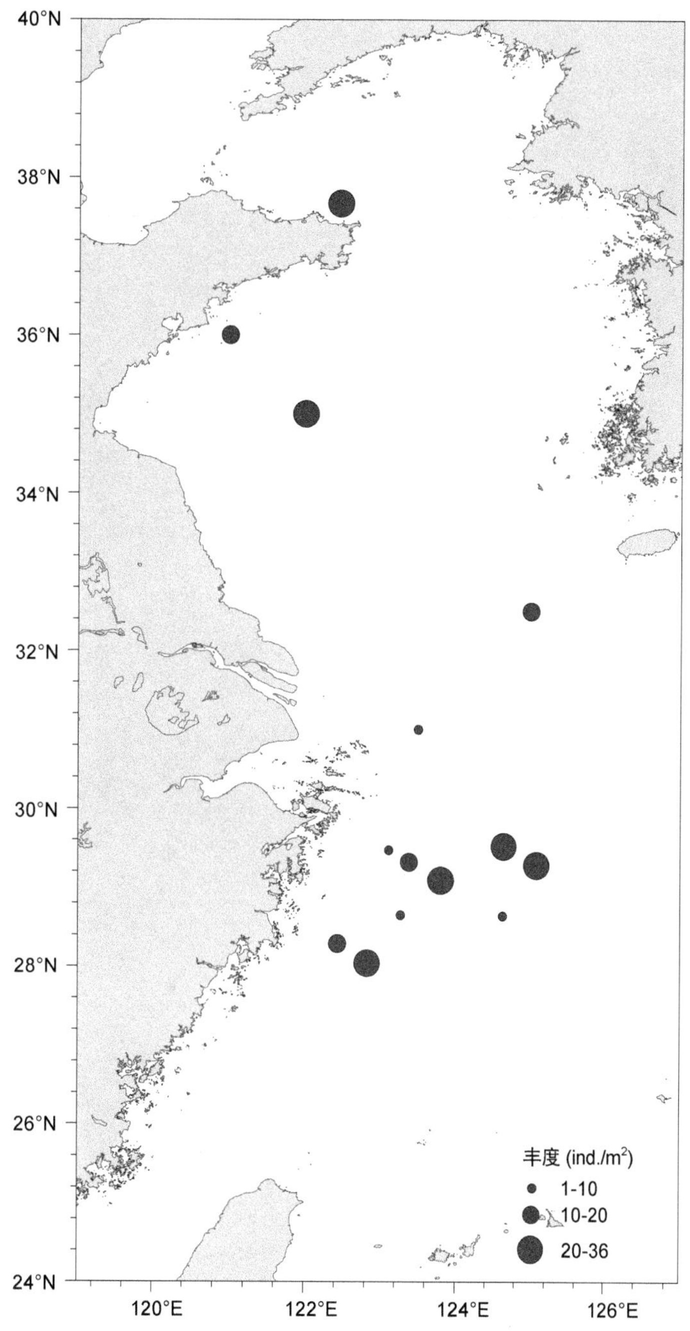

图 6.10　2014 年 5 月尖叶长手沙蚕 *Magelona cincta* 丰度

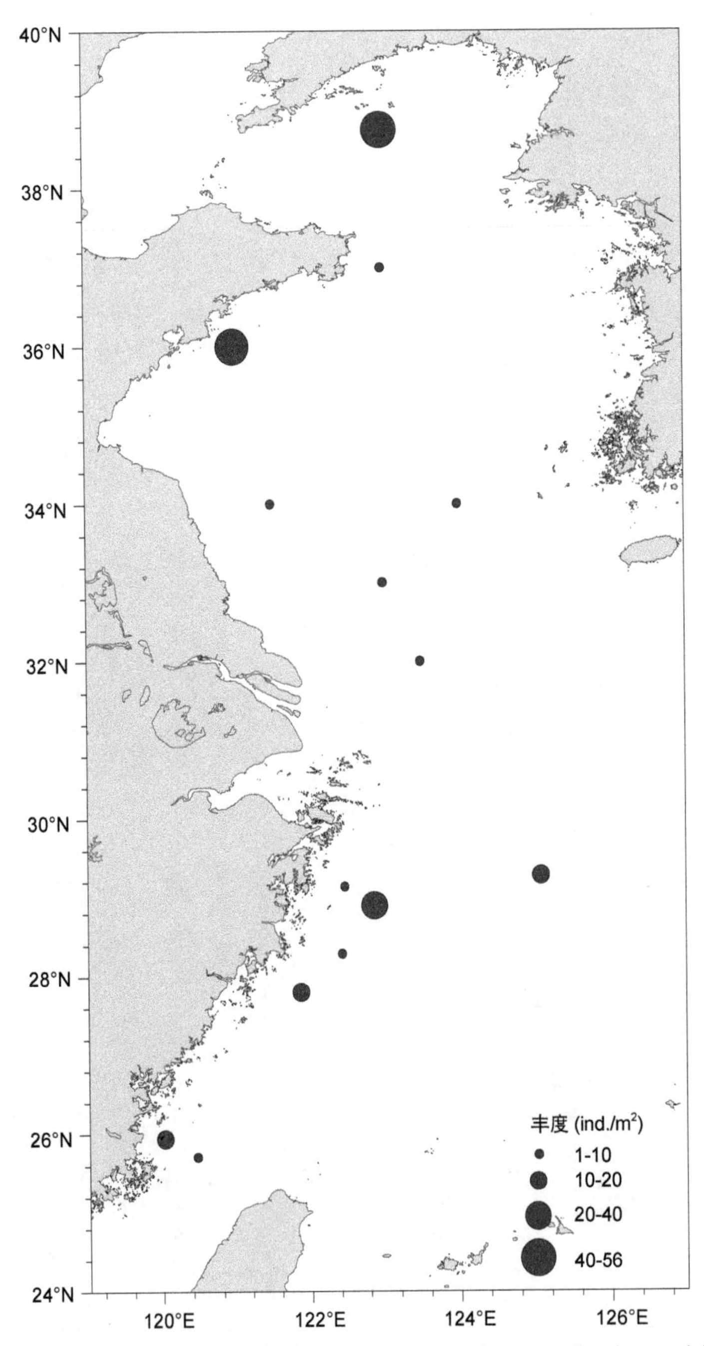

图 6.11 2014 年 5 月寡鳃齿吻沙蚕 *Micronephthys oligobranchia* 丰度

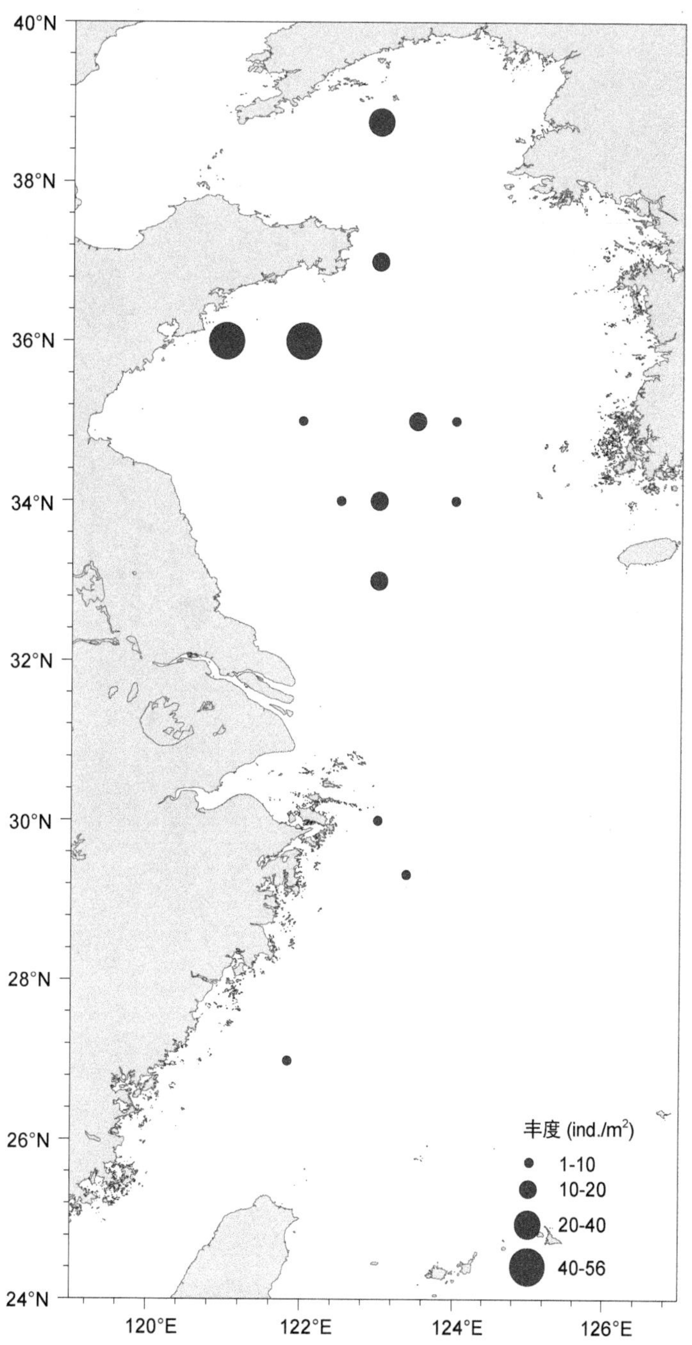

图 6.12 2014 年 5 月掌鳃索沙蚕 *Ninoë palmata* 丰度

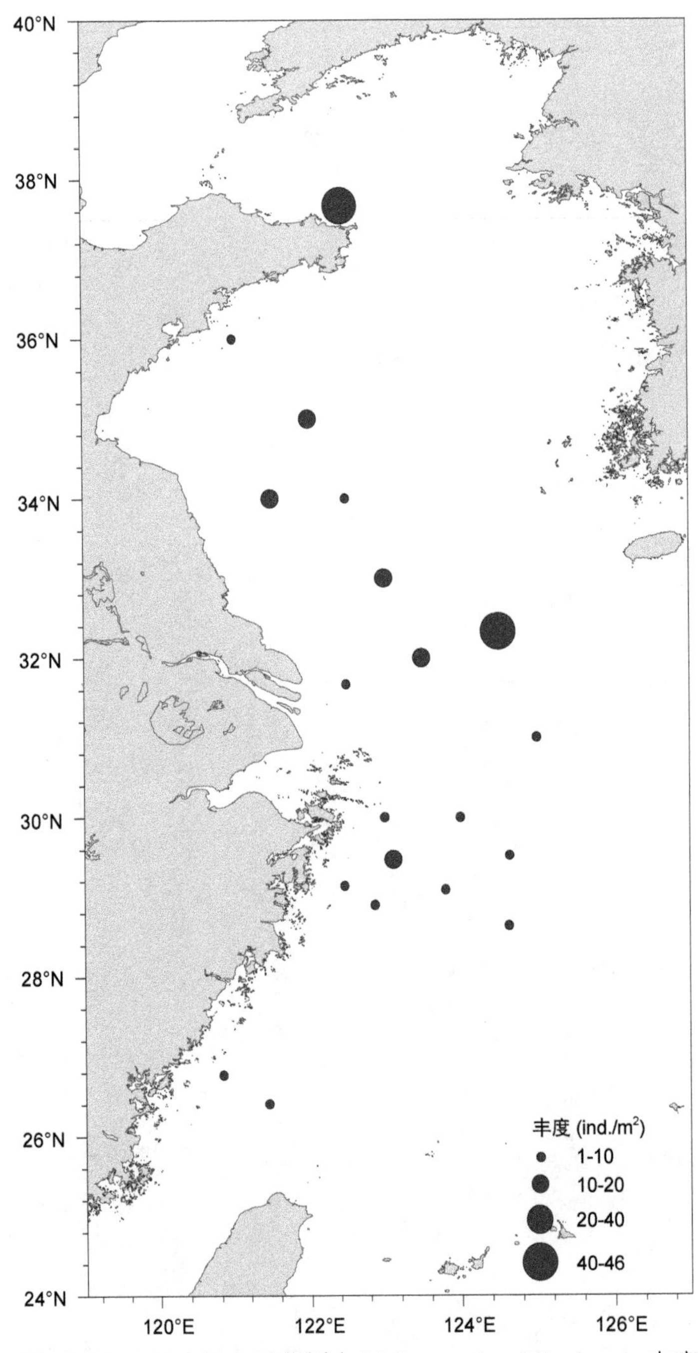

图 6.13　2014 年 5 月背蚓虫 *Notomastus latericeus* 丰度

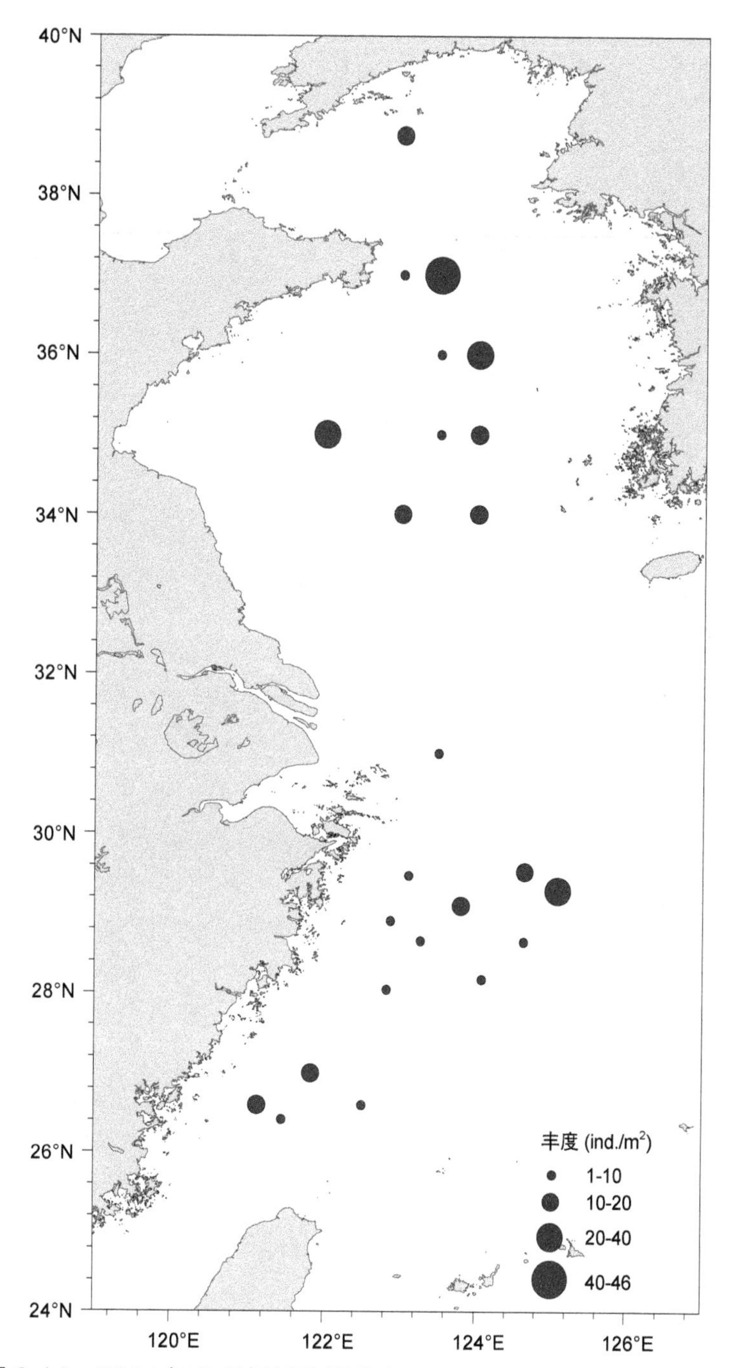

图 6.14　2014 年 5 月蜈蚣欧努菲虫 *Onuphis geophiliformis* 丰度

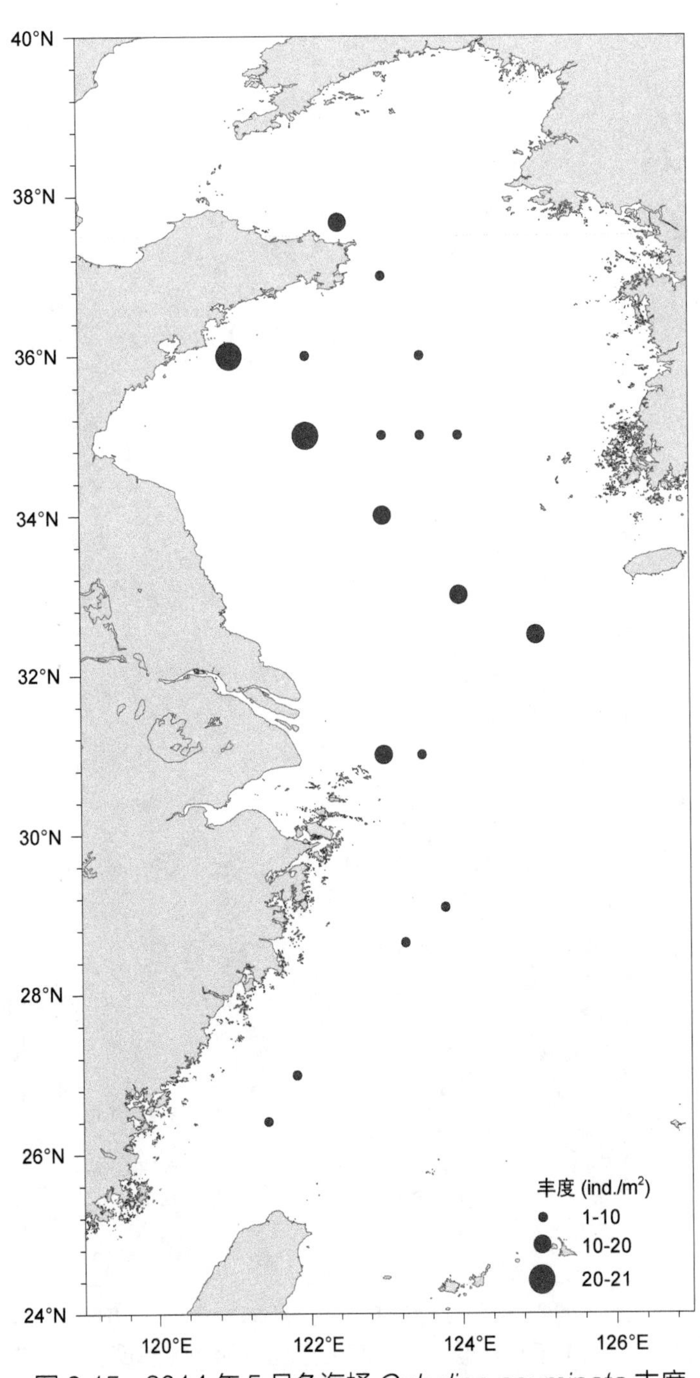

图 6.15 2014 年 5 月角海蛹 *Ophelina acuminata* 丰度

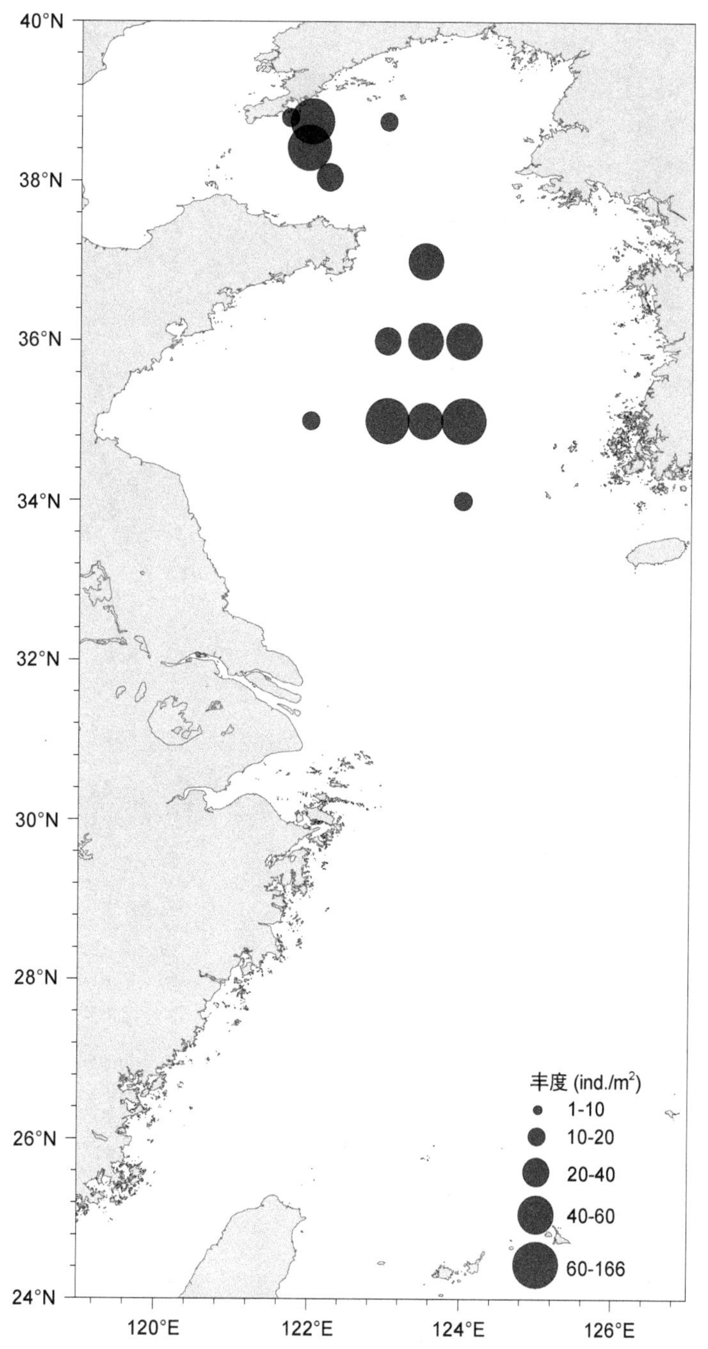

图 6.16 2014 年 5 月浅水萨氏真蛇尾 *Ophiura sarsii vadicola* 丰度

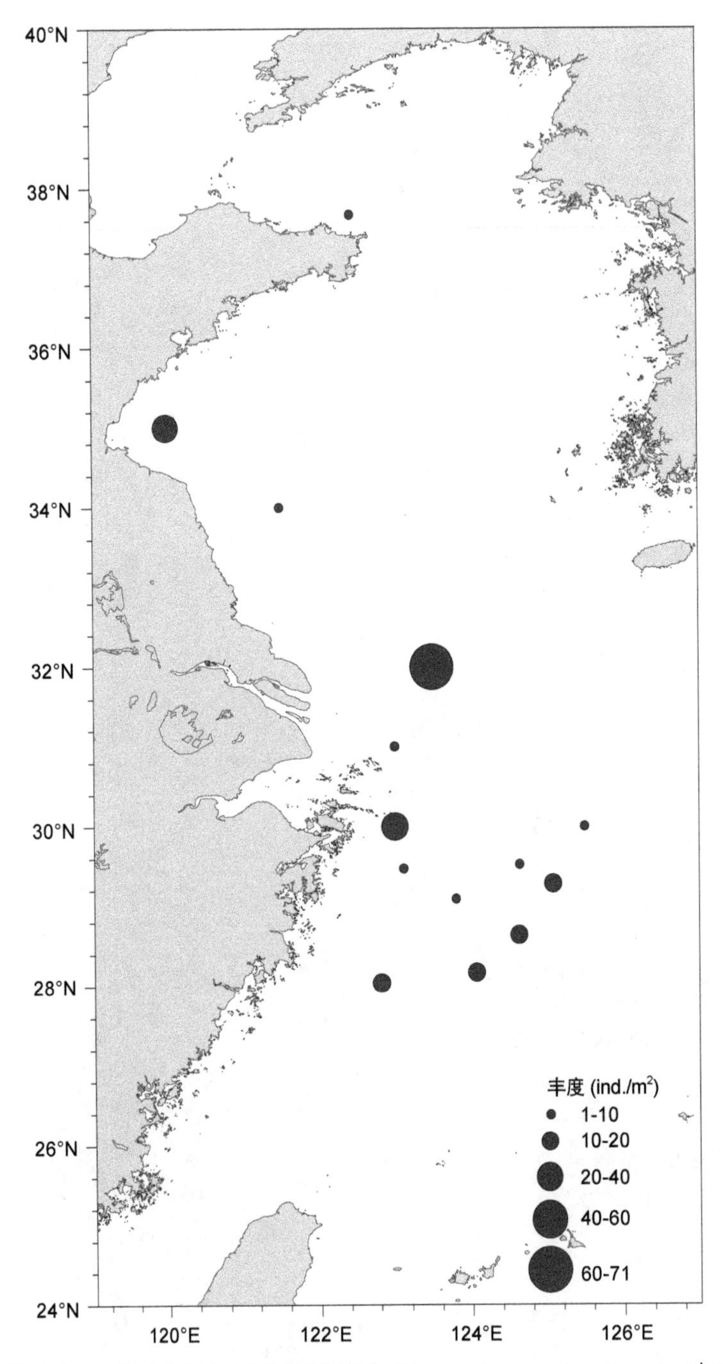

图 6.17 2014 年 5 月奇异稚齿虫 *Paraprionospio pinnata* 丰度

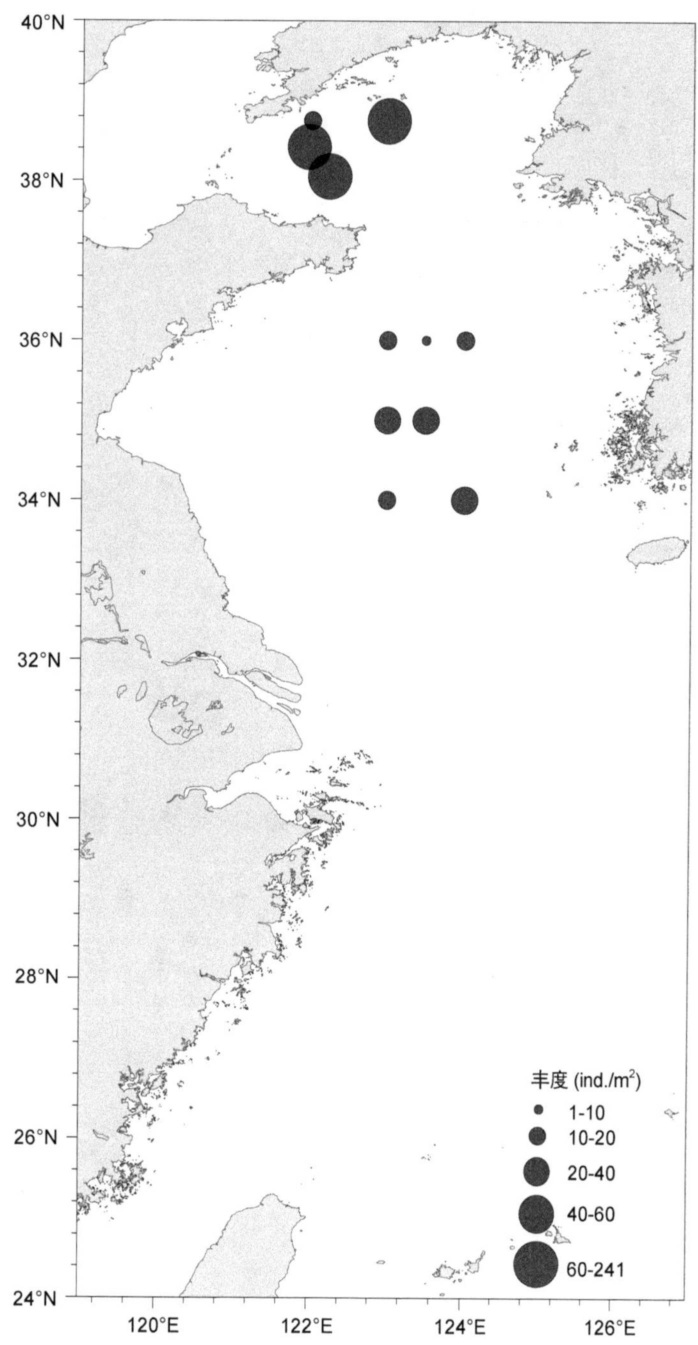

图 6.18　2014 年 5 月薄壳索足蛤 *Thyasira tokunagai* 丰度

6.2 2014 年 10 月黄东海

6.2.1 底栖动物总丰度和总生物量

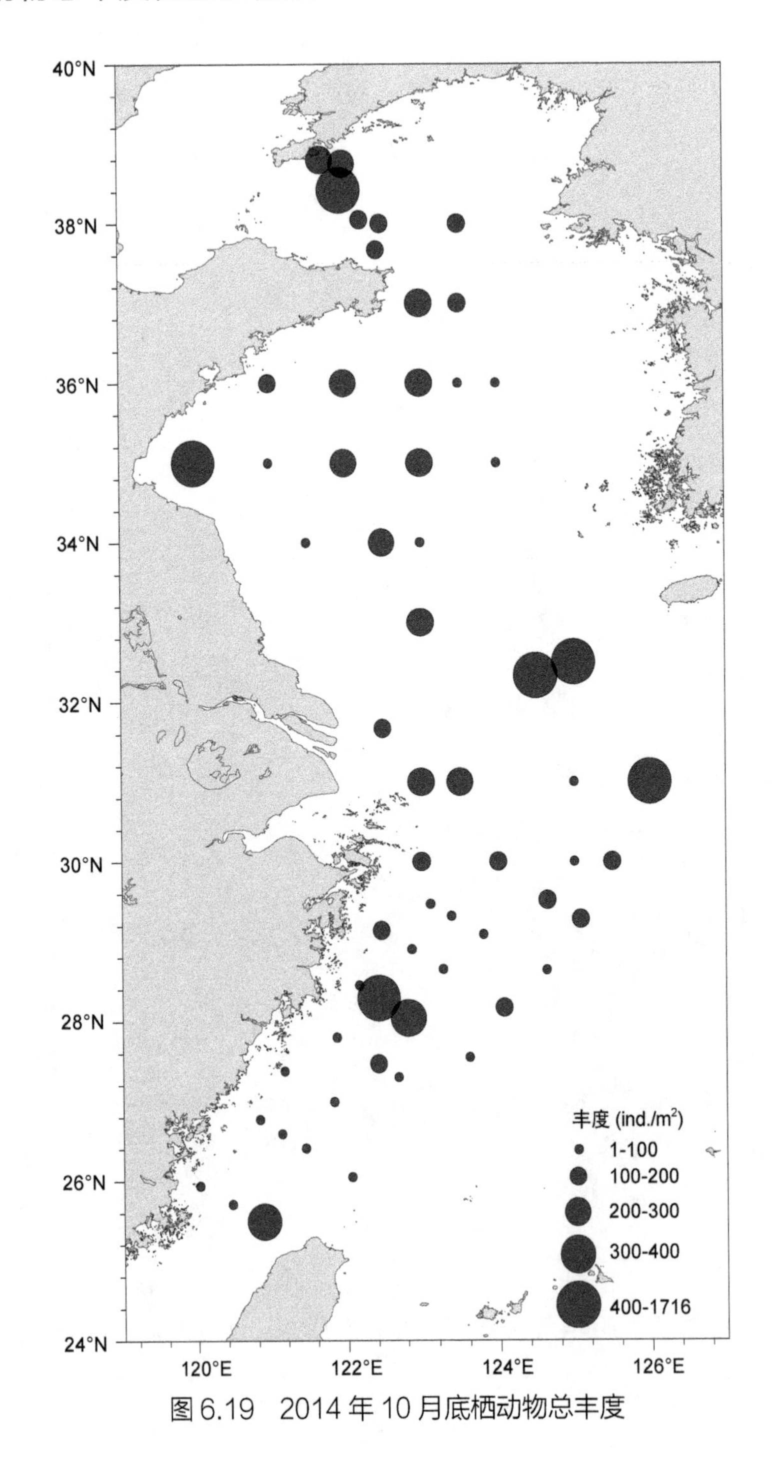

图 6.19 2014 年 10 月底栖动物总丰度

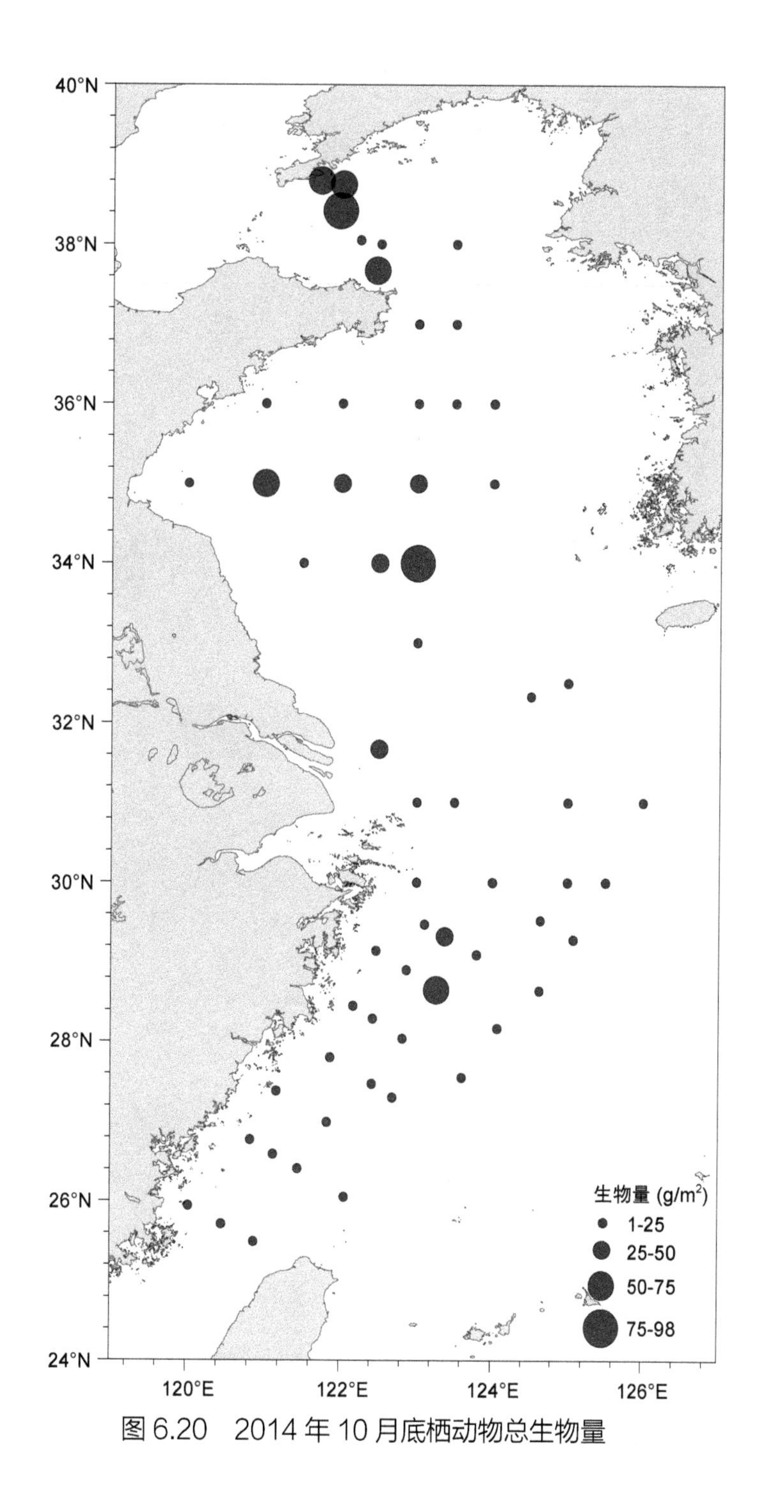

图 6.20　2014 年 10 月底栖动物总生物量

6.2.2 底栖动物各类群丰度

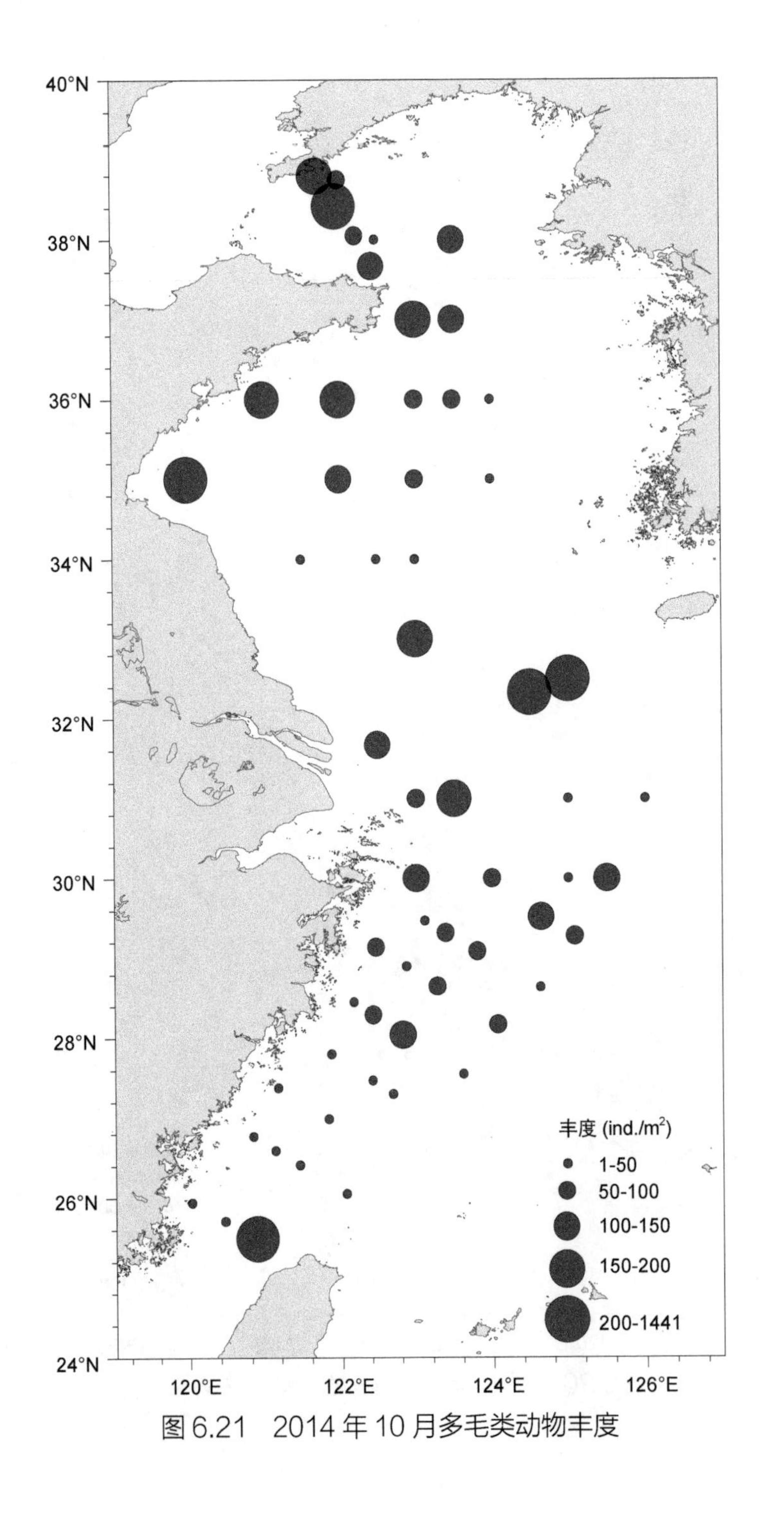

图6.21 2014年10月多毛类动物丰度

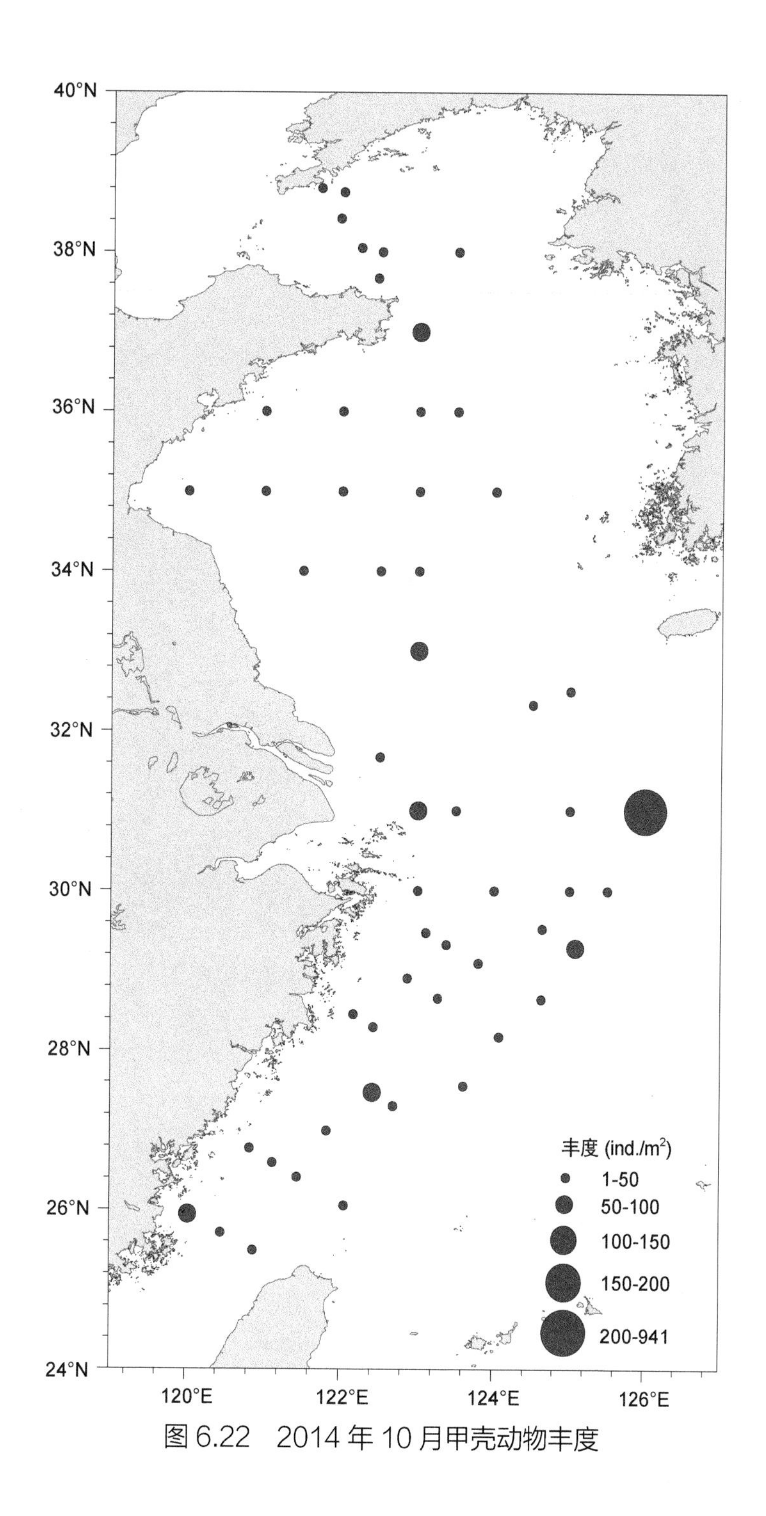

图 6.22　2014 年 10 月甲壳动物丰度

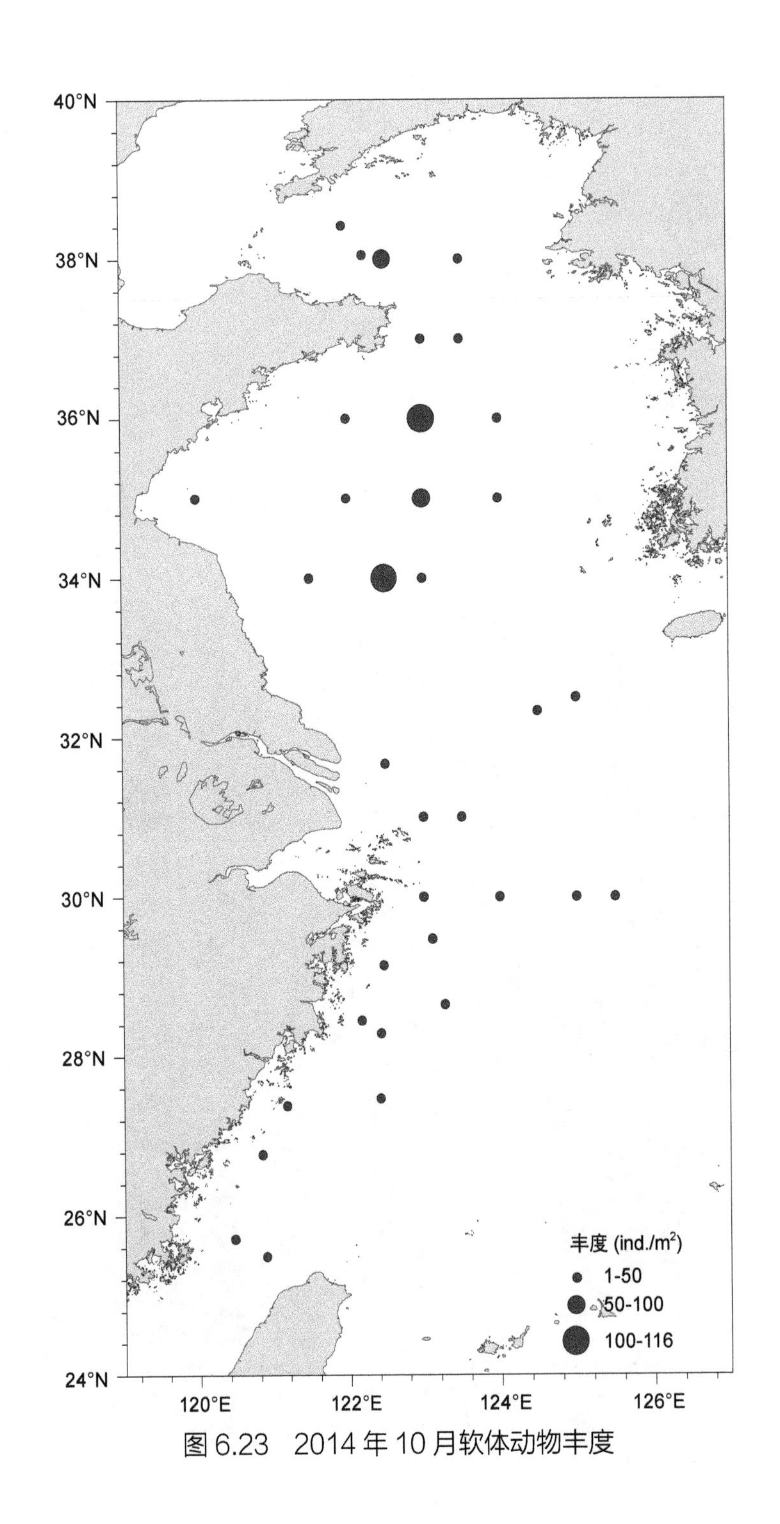

图 6.23 2014 年 10 月软体动物丰度

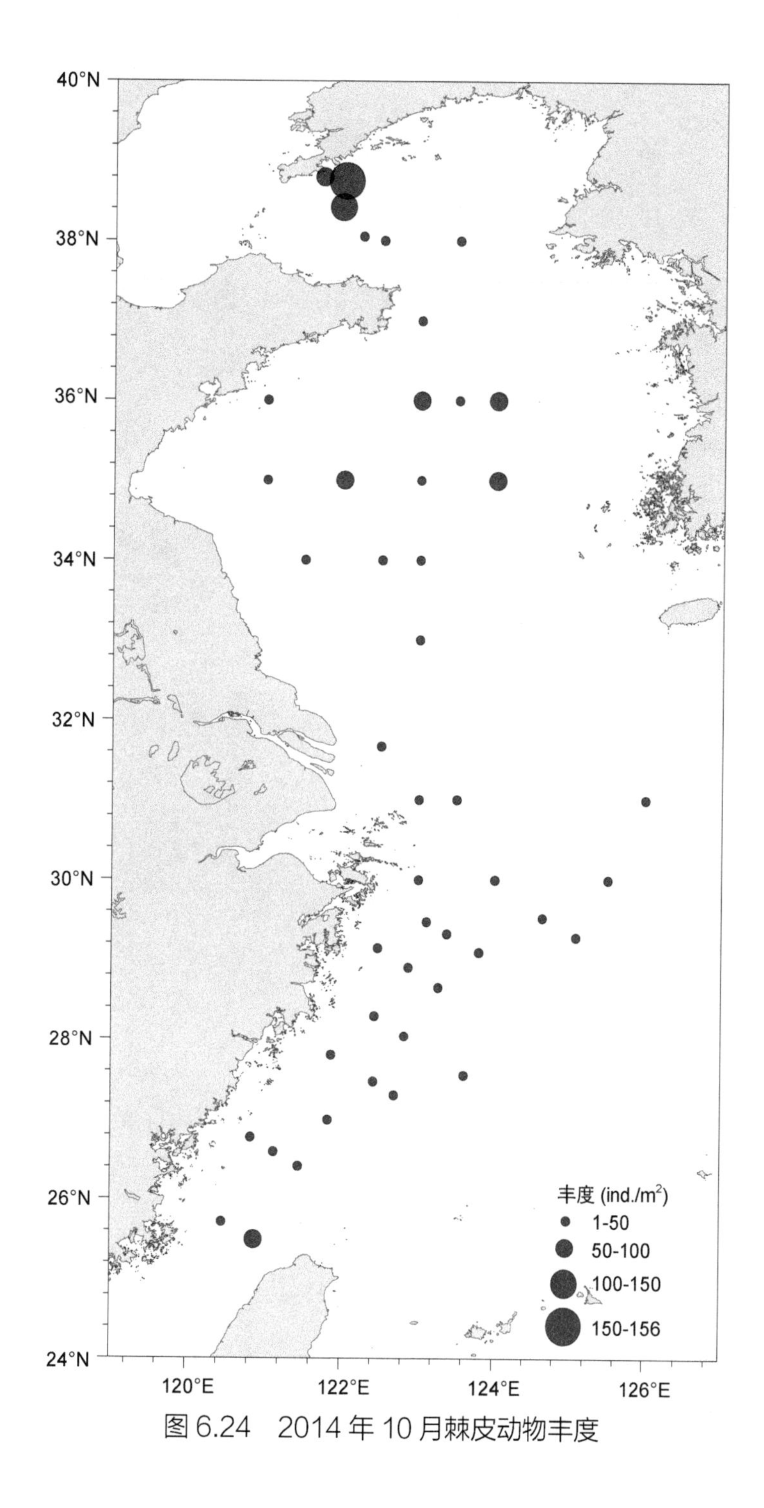

图 6.24 2014 年 10 月棘皮动物丰度

6.2.3 优势度大于 0.005 的物种丰度

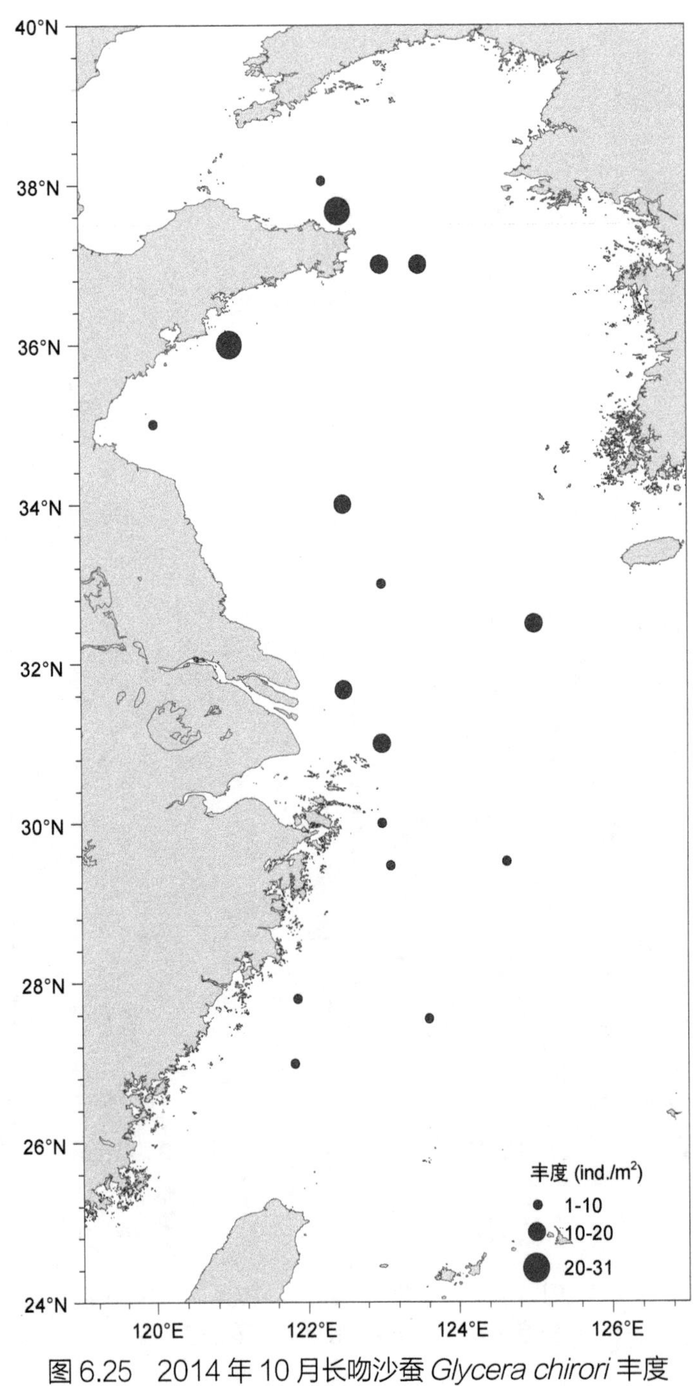

图 6.25 2014 年 10 月长吻沙蚕 *Glycera chirori* 丰度

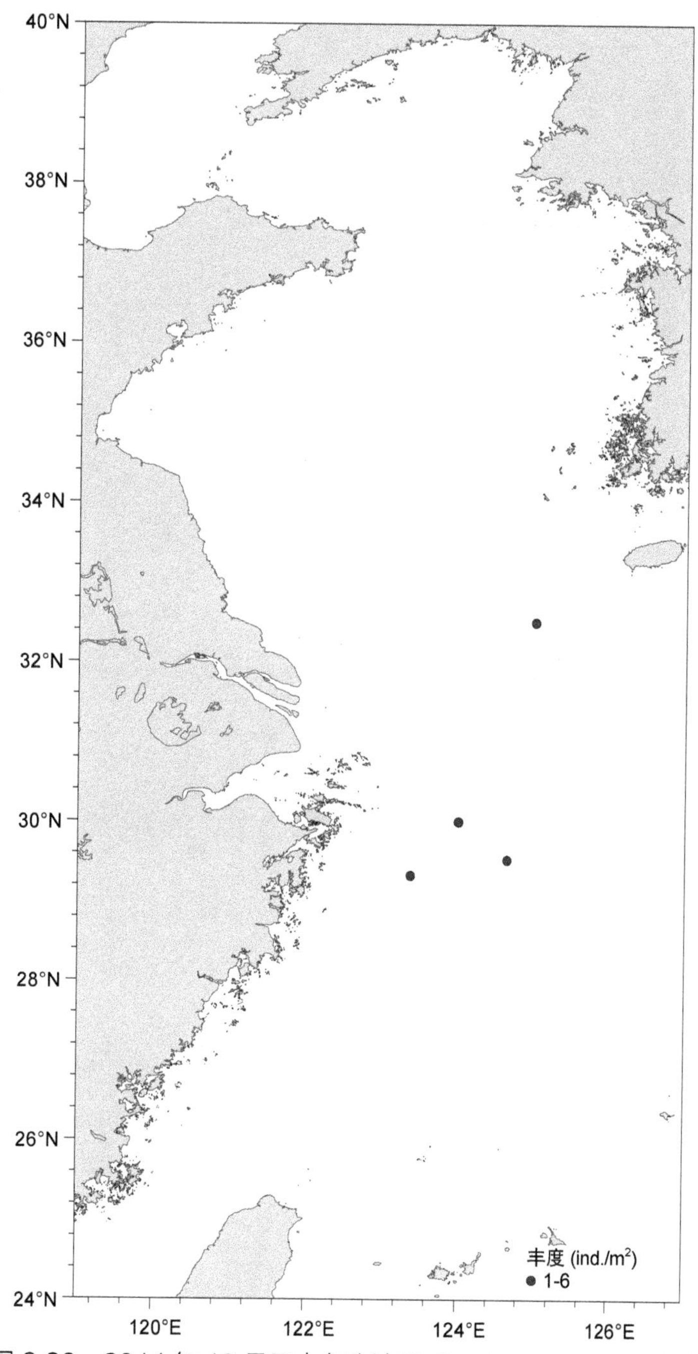

图 6.26　2014 年 10 月日本角吻沙蚕 *Goniada japonica* 丰度

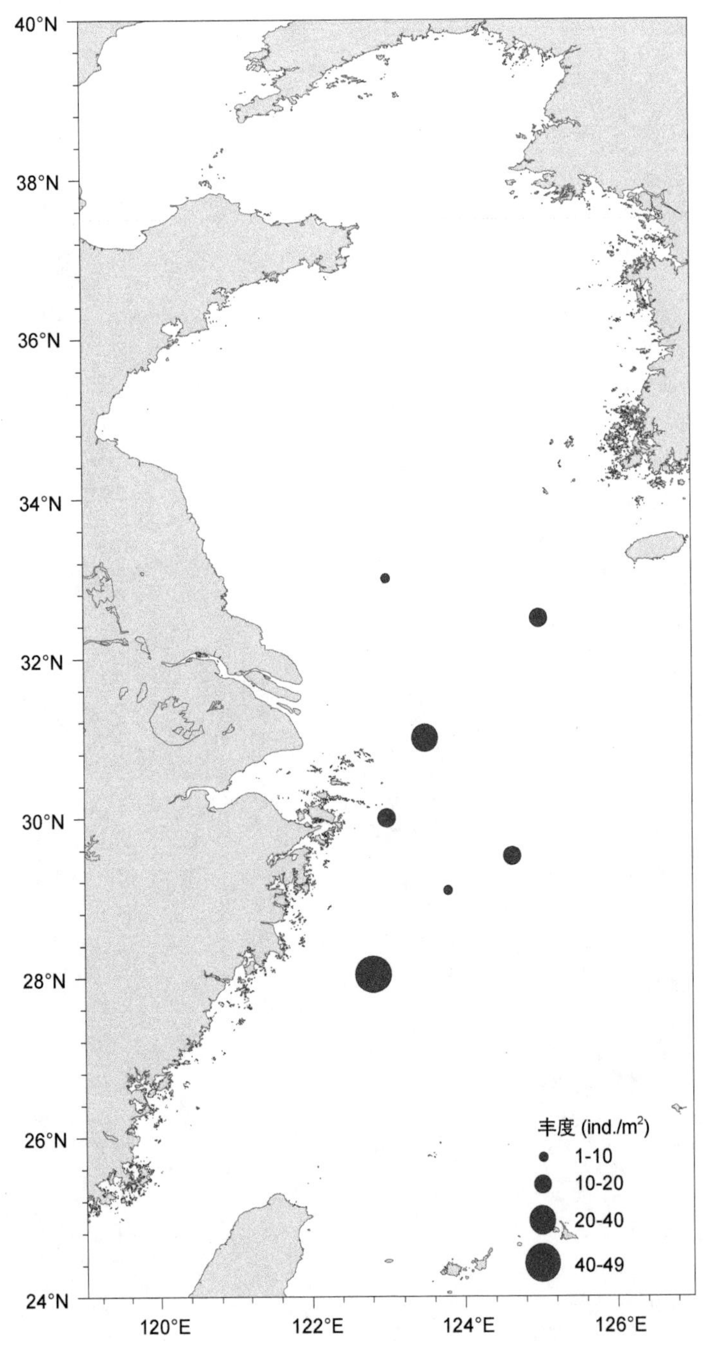

图 6.27　2014 年 10 月长叶索沙蚕 *Lumbrineris longifolia* 丰度

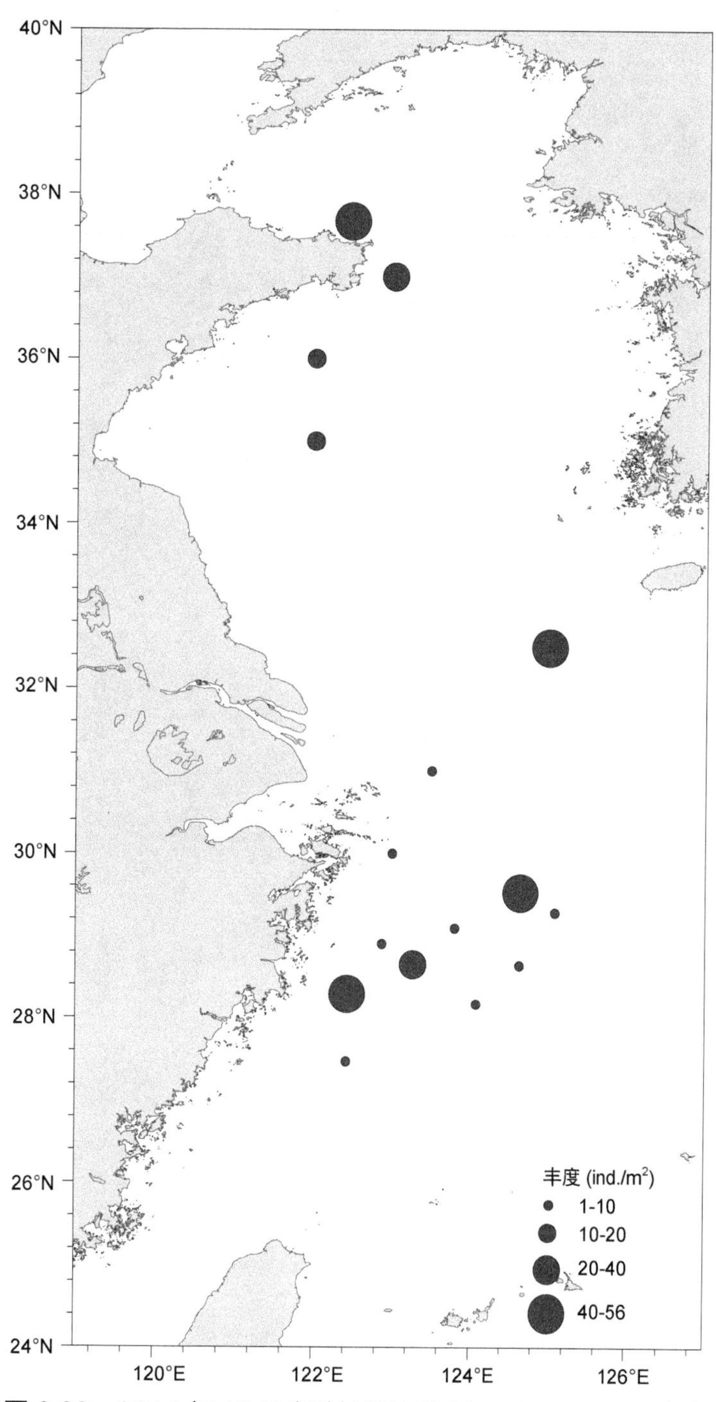

图 6.28　2014 年 10 月尖叶长手沙蚕 *Magelona cincta* 丰度

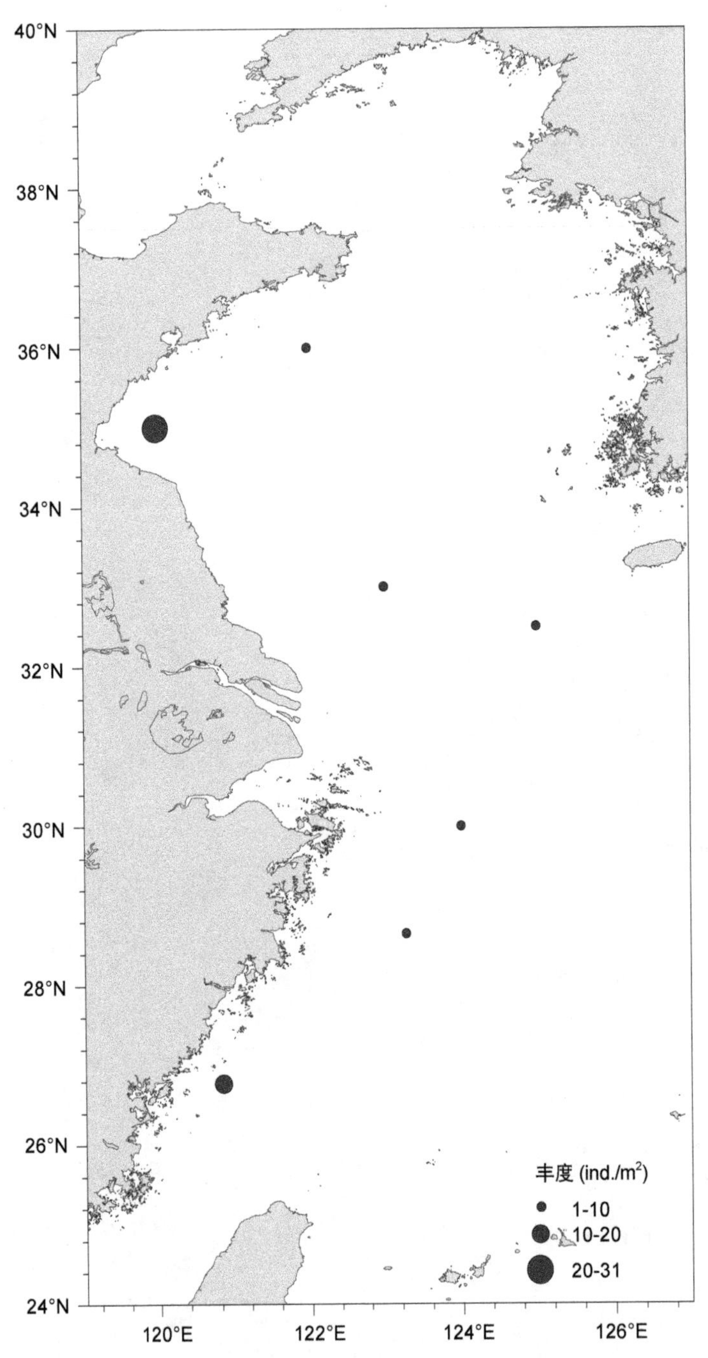

图 6.29　2014 年 10 月寡鳃齿吻沙蚕 *Micronephthys oligobranchia* 丰度

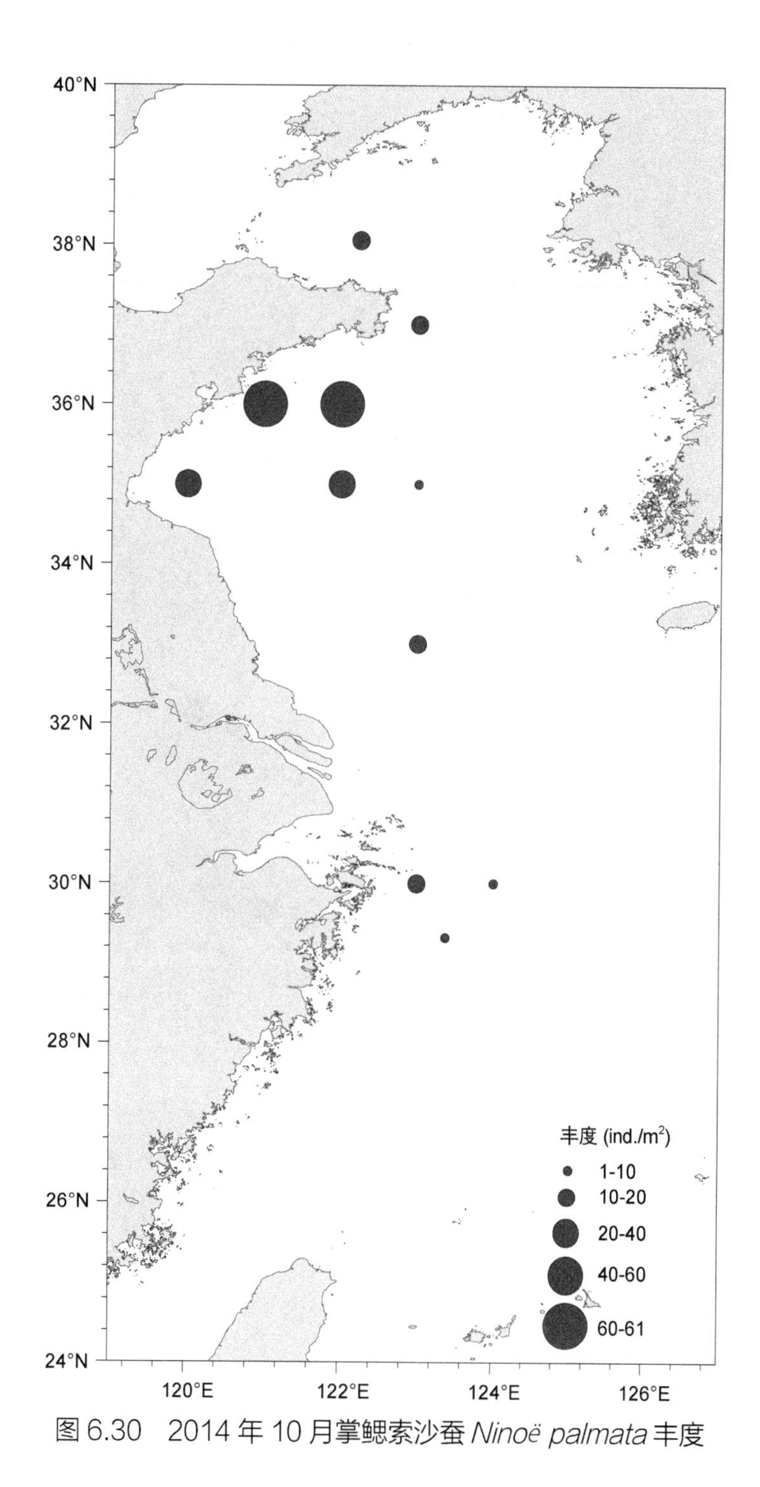

图 6.30　2014 年 10 月掌鳃索沙蚕 *Ninoë palmata* 丰度

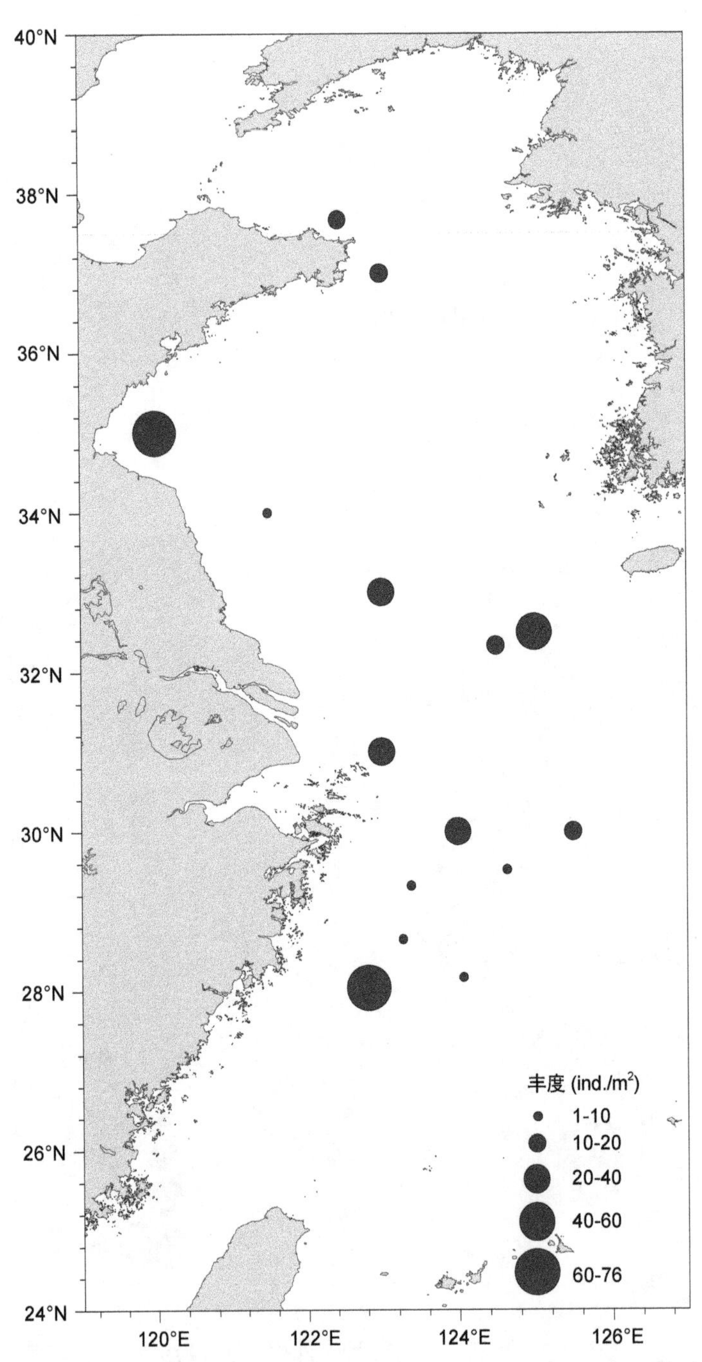

图 6.31 2014 年 10 月背蚓虫 *Notomastus latericeus* 丰度

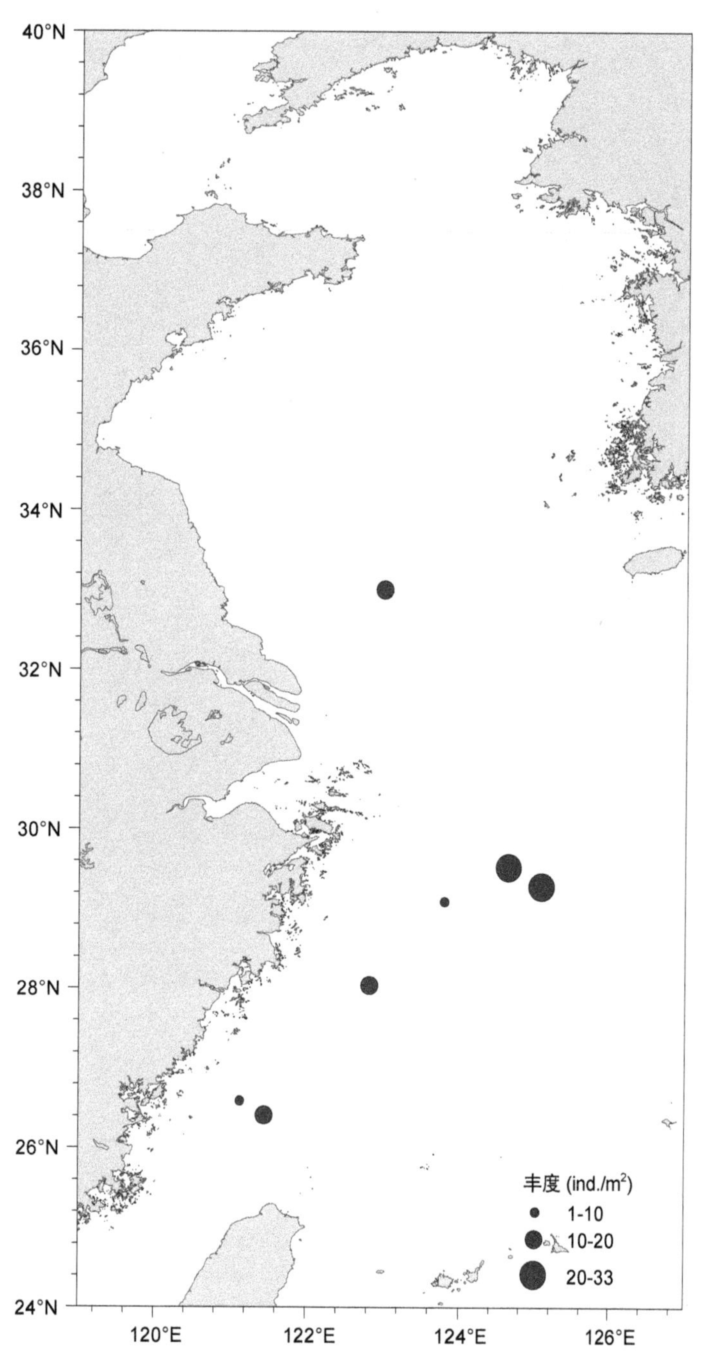

图 6.32　2014 年 10 月蜈蚣欧努菲虫 *Onuphis geophiliformis* 丰度

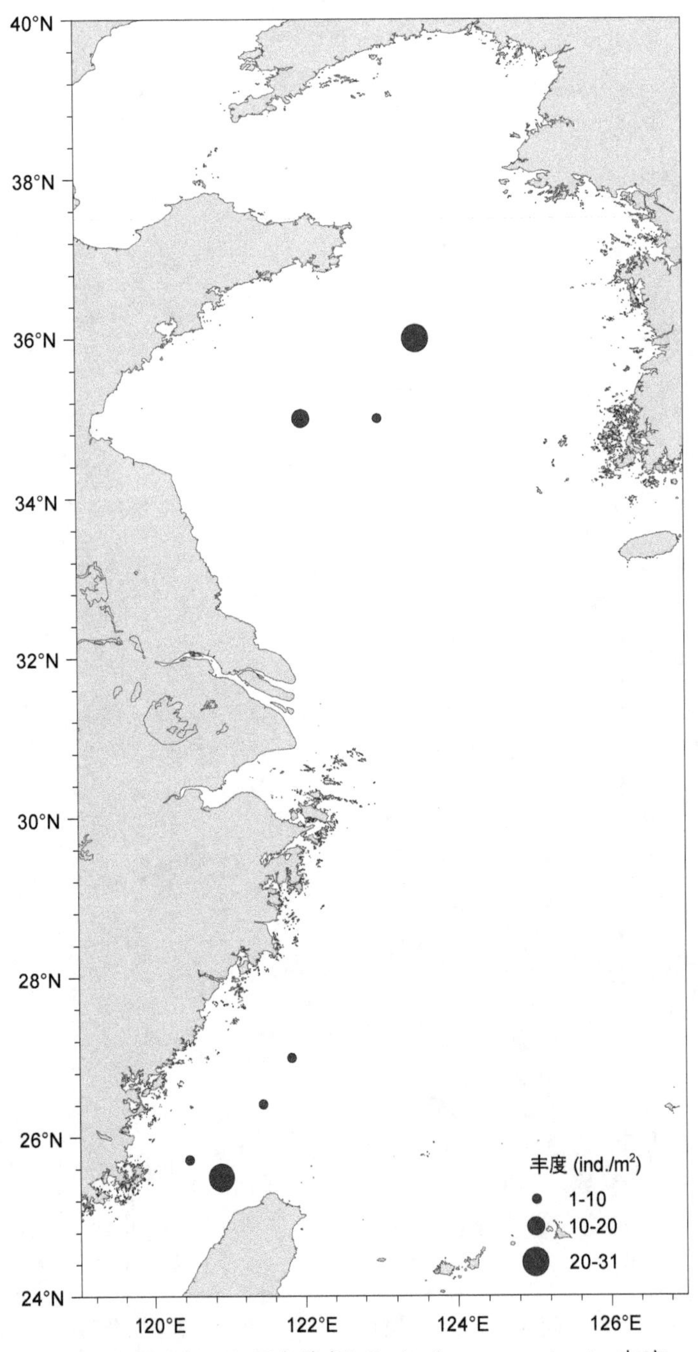

图 6.33　2014 年 10 月角海蛹 *Ophelina acuminata* 丰度

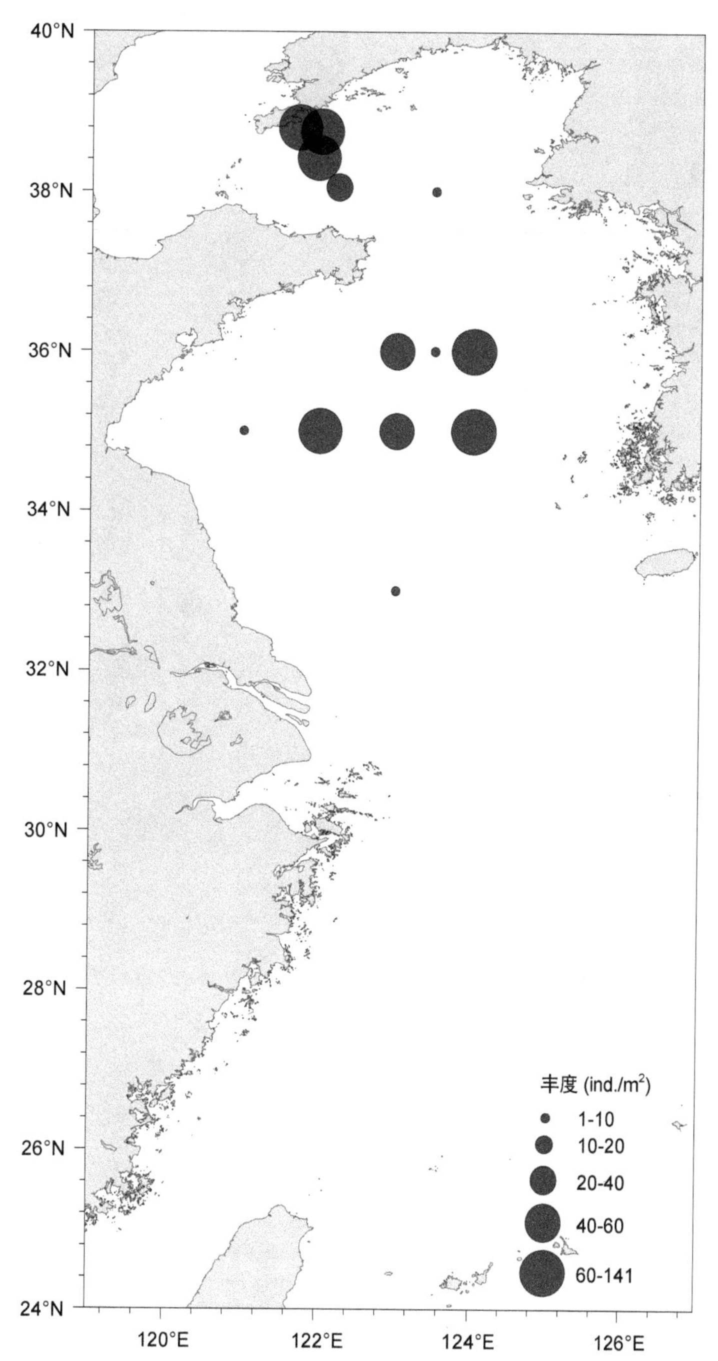

图 6.34 2014 年 10 月浅水萨氏真蛇尾 *Ophiura sarsii vadicola* 丰度

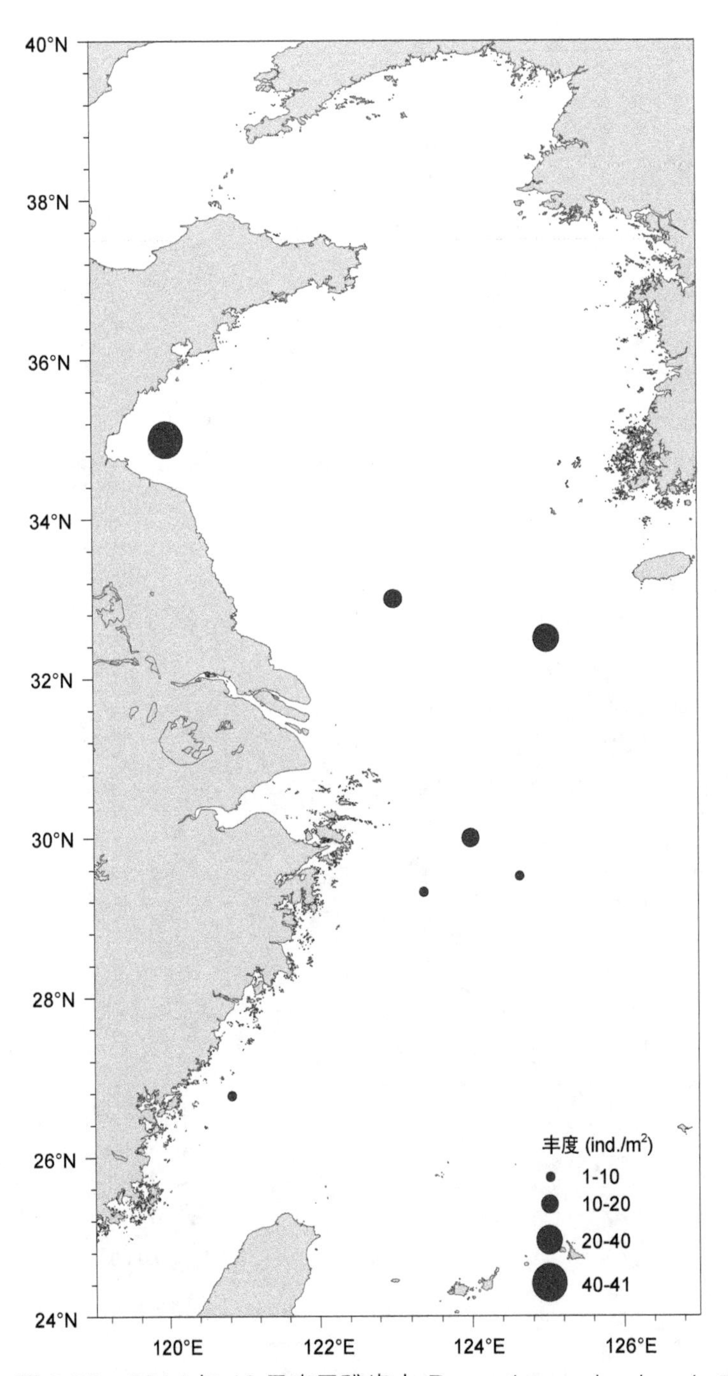

图 6.35　2014 年 10 月奇异稚齿虫 *Paraprionospio pinnata* 丰度

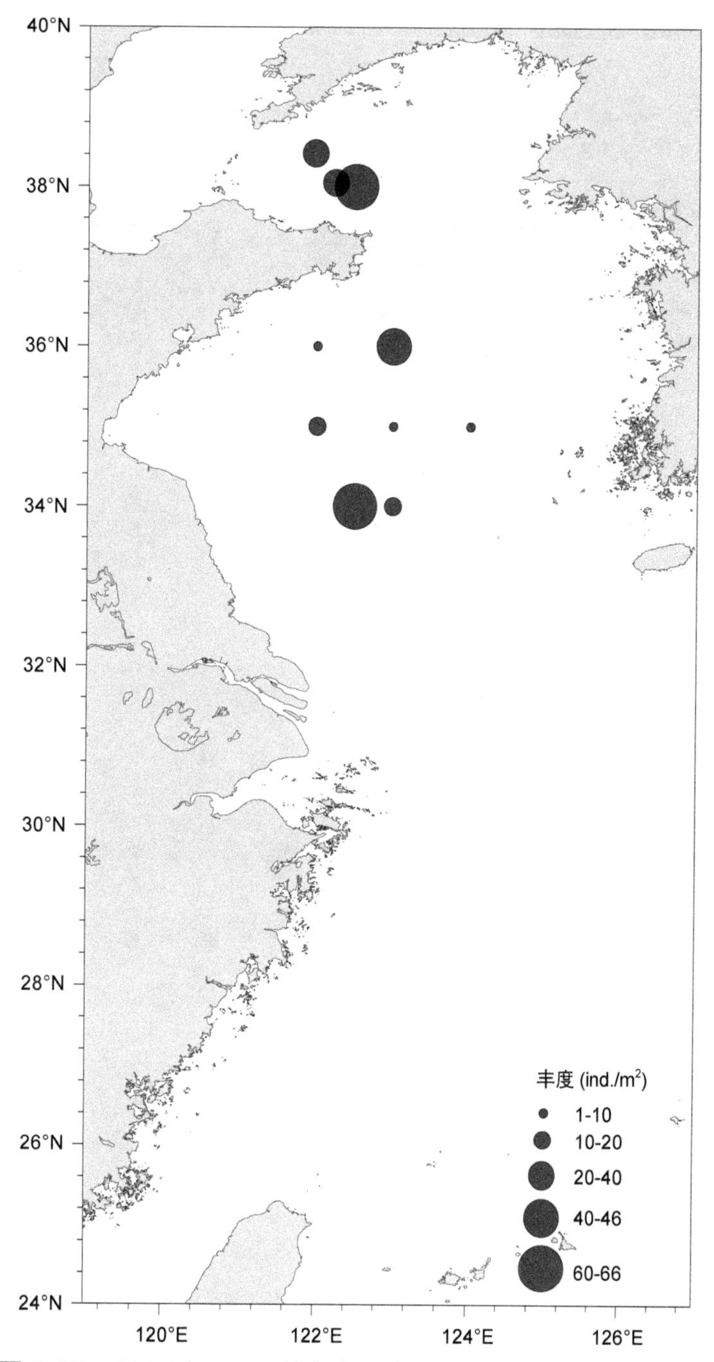

图 6.36　2014 年 10 月薄壳索足蛤 *Thyasira tokunagai* 丰度

6.3 2015 年 8 月黄东海

6.3.1 底栖动物总丰度和总生物量

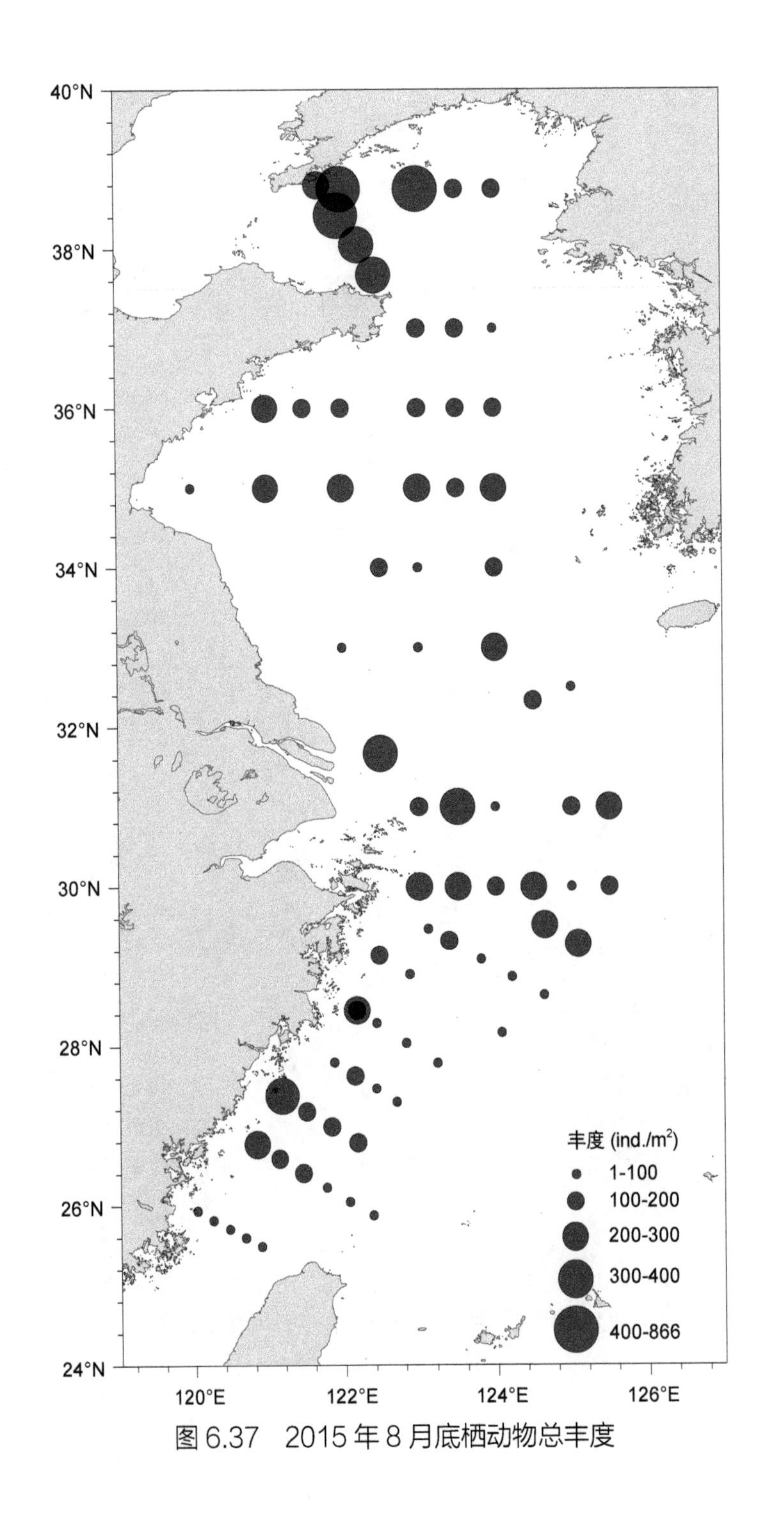

图 6.37 2015 年 8 月底栖动物总丰度

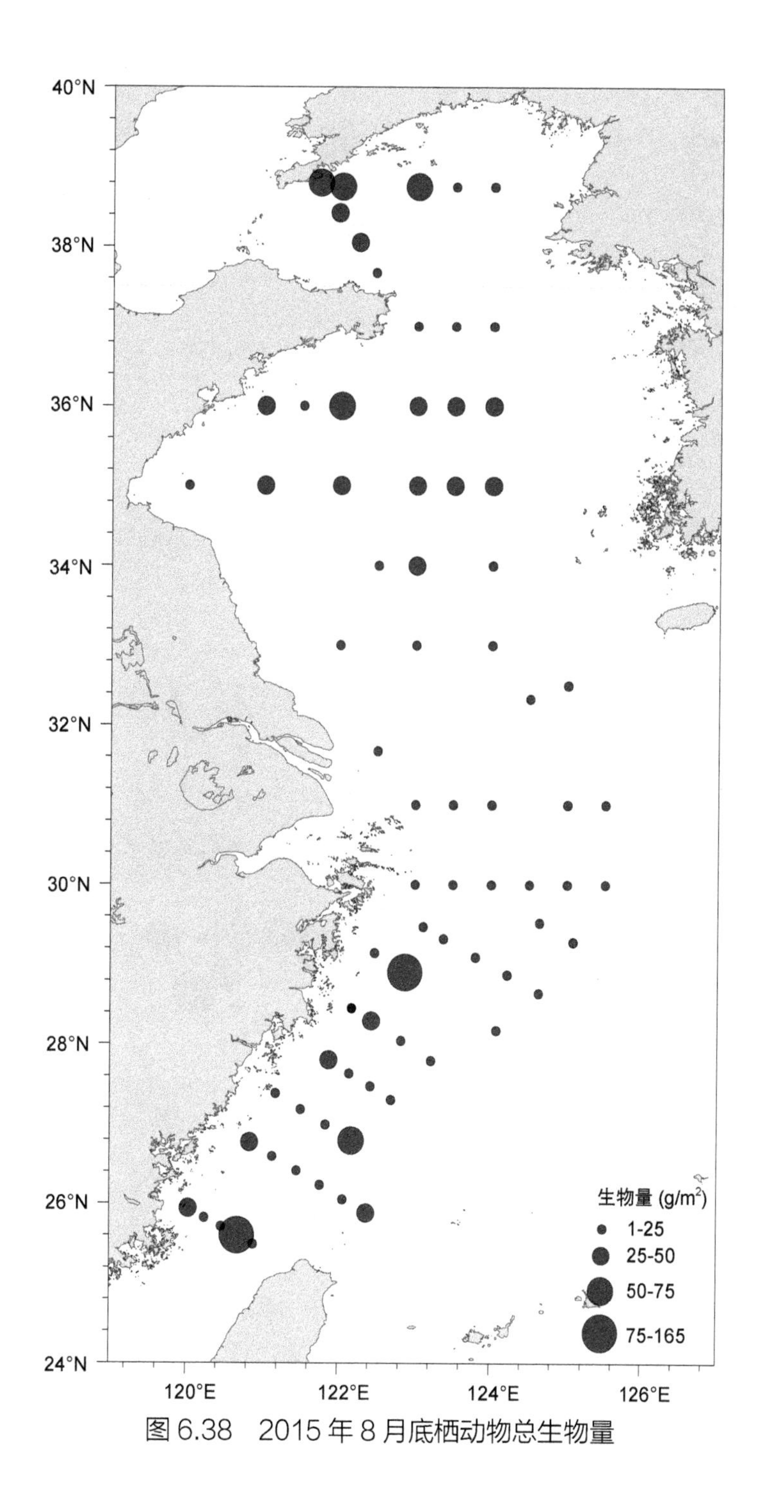

图 6.38　2015 年 8 月底栖动物总生物量

6.3.2 底栖动物各类群丰度

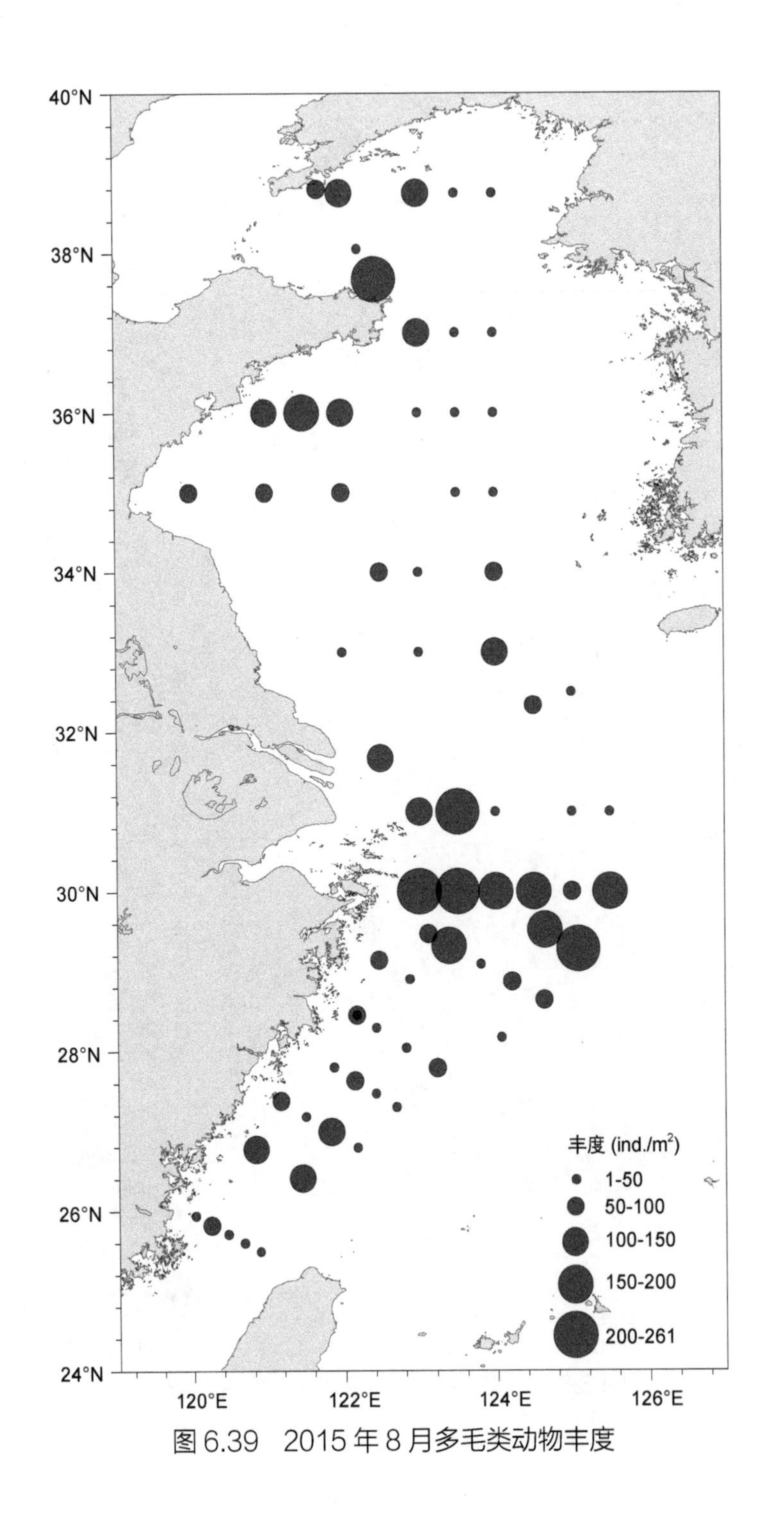

图 6.39 2015 年 8 月多毛类动物丰度

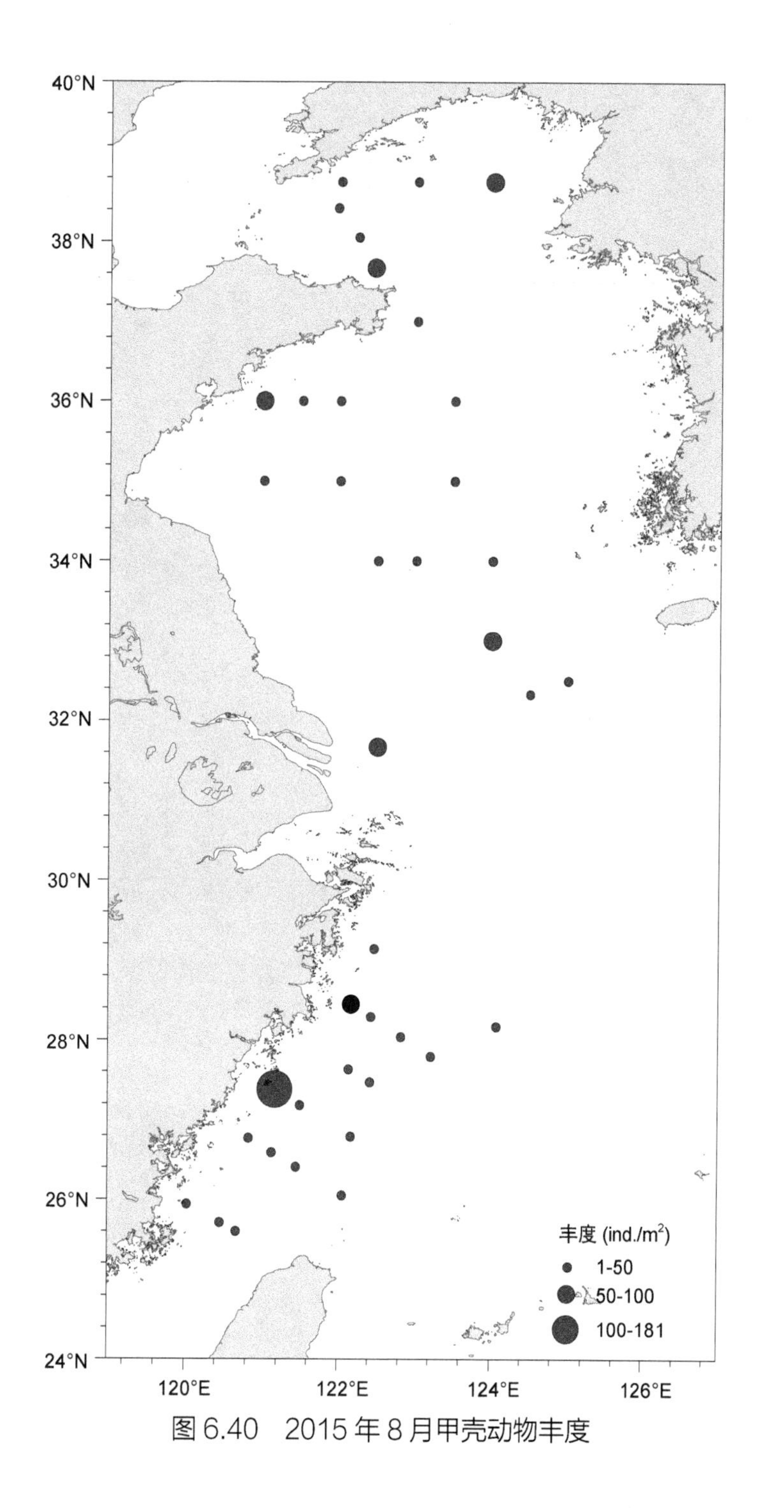

图6.40　2015年8月甲壳动物丰度

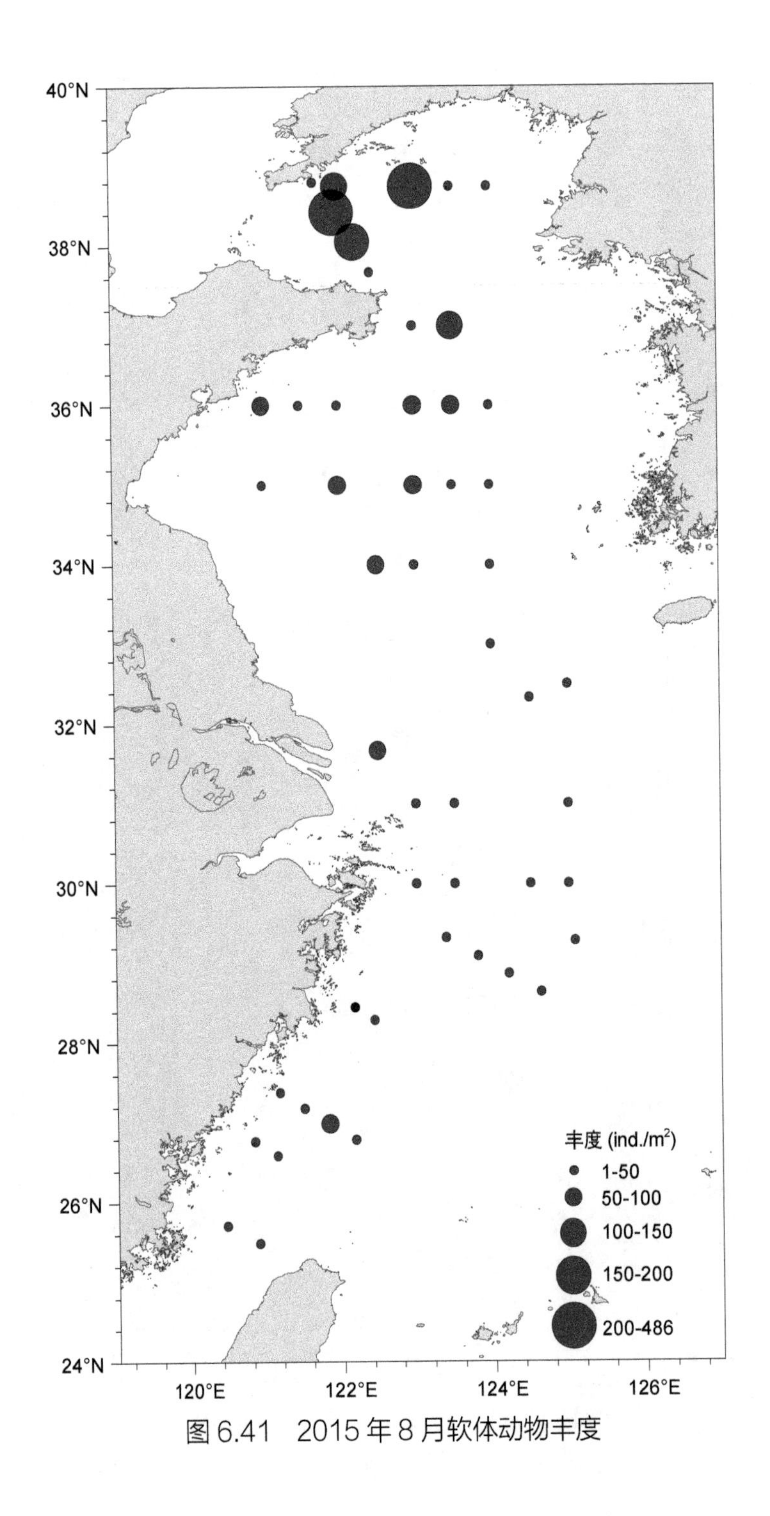

图 6.41 2015 年 8 月软体动物丰度

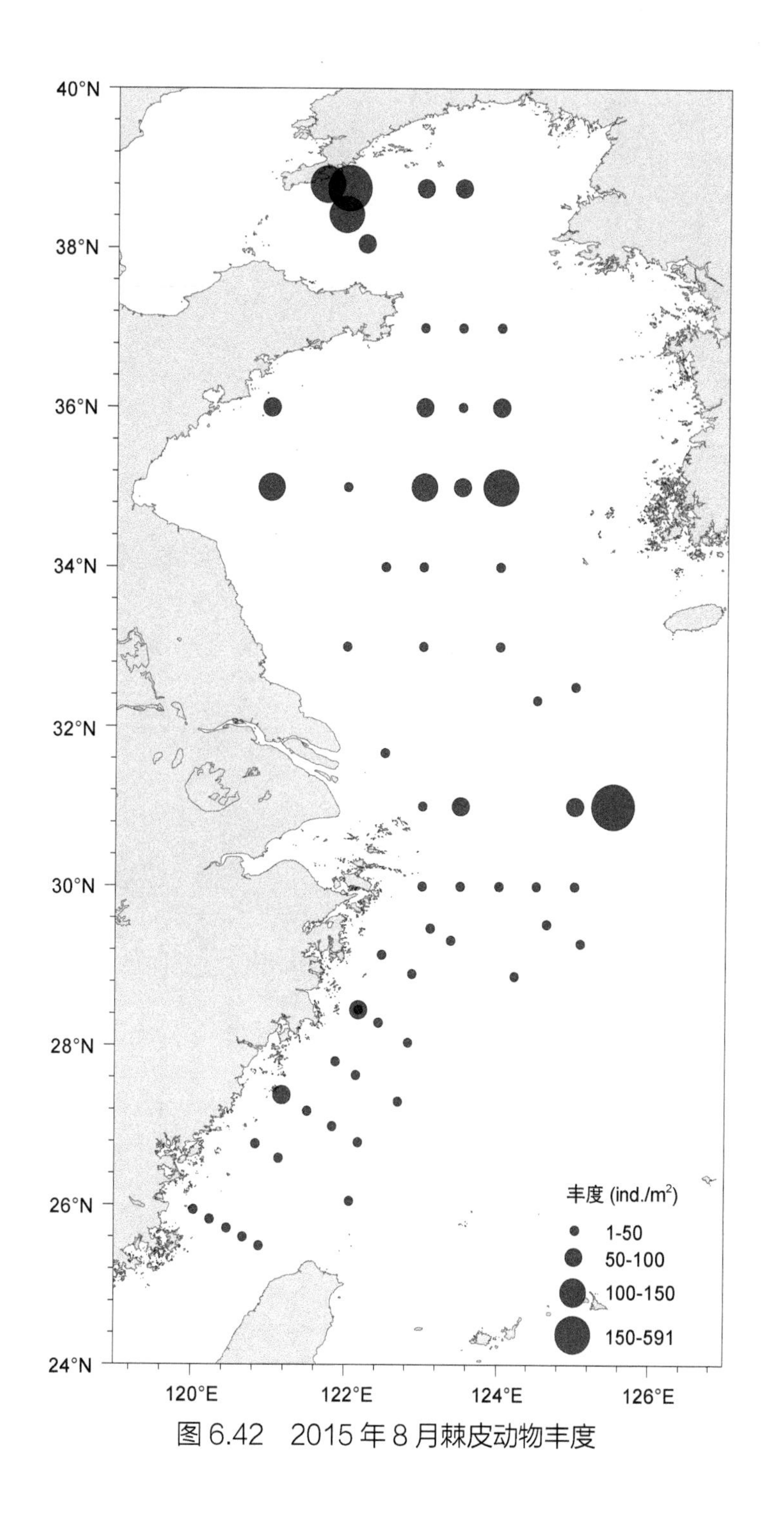

图 6.42 2015 年 8 月棘皮动物丰度

6.3.3 优势度大于 0.005 的物种丰度

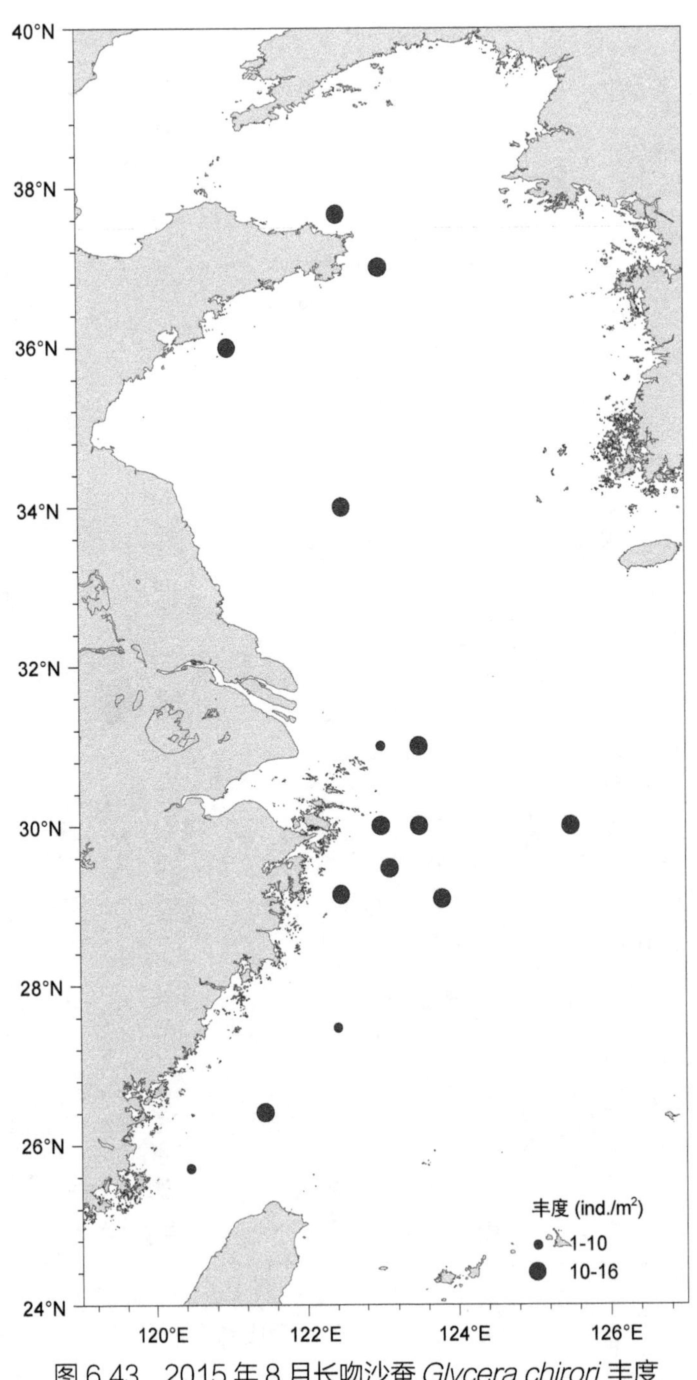

图 6.43　2015 年 8 月长吻沙蚕 *Glycera chirori* 丰度

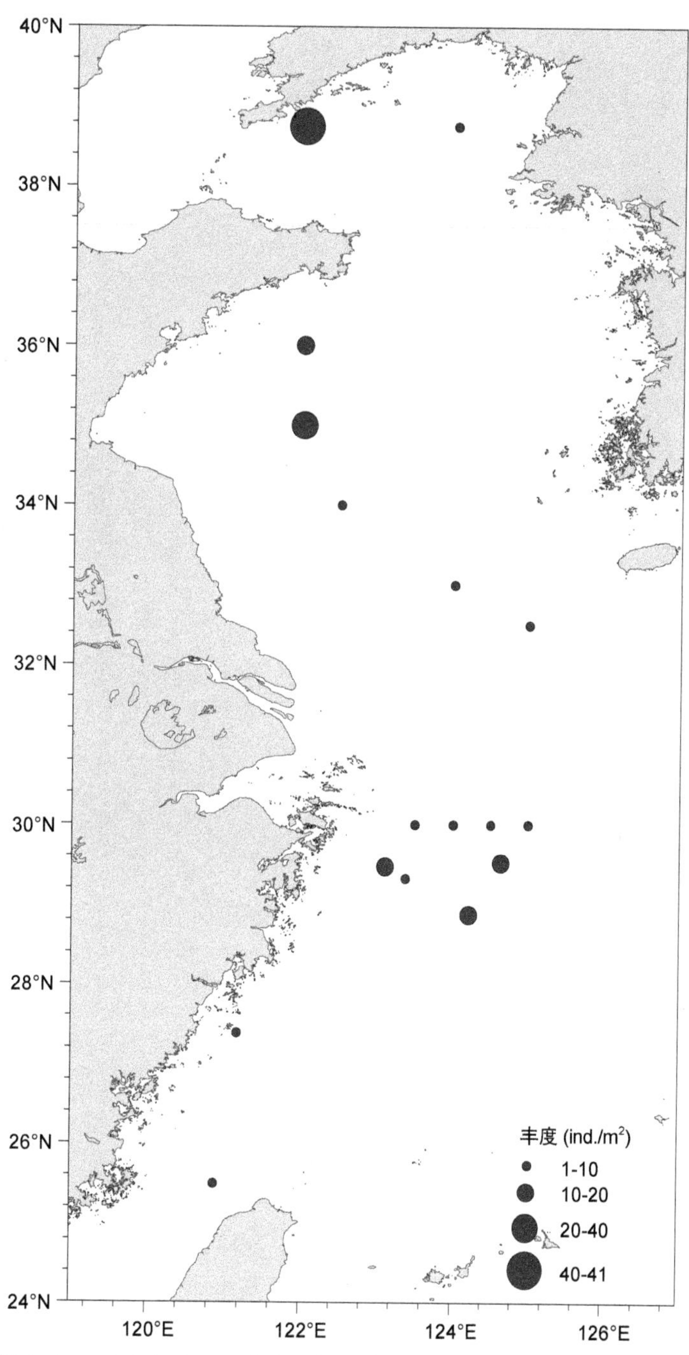

图 6.44　2015 年 8 月日本角吻沙蚕 *Goniada japonica* 丰度

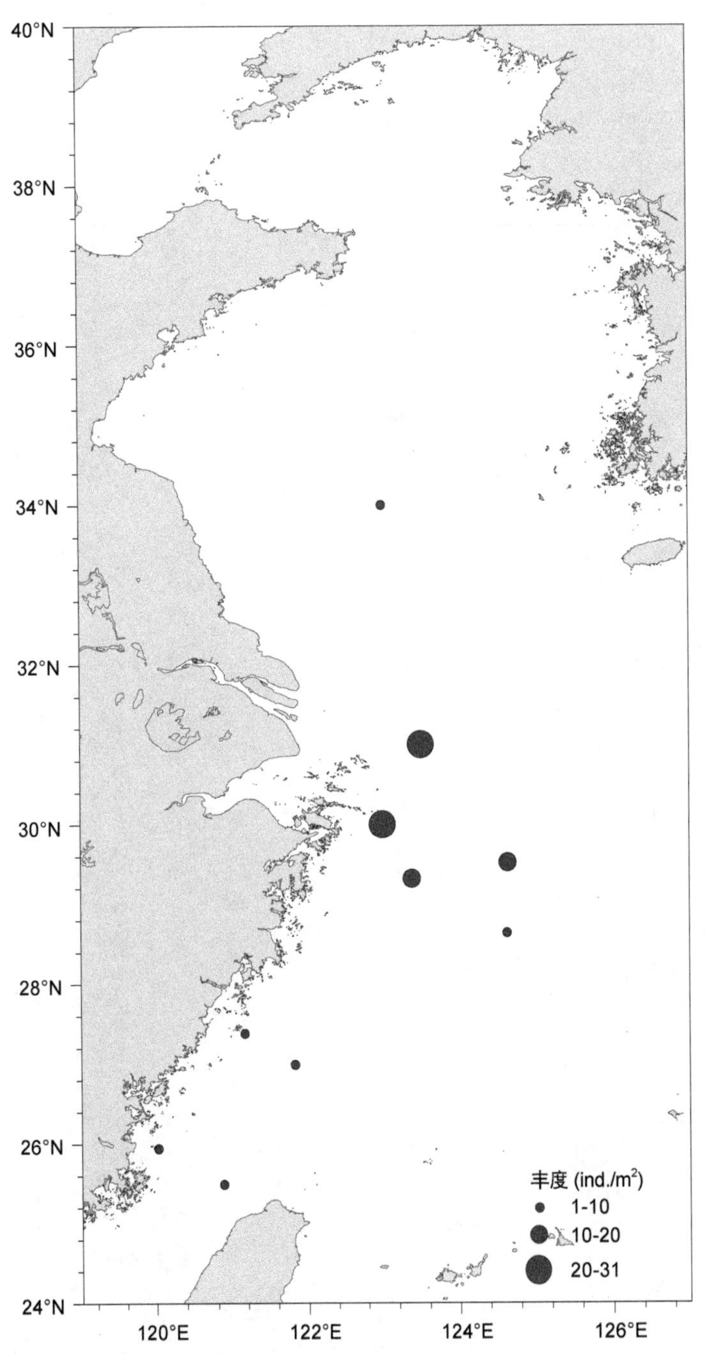

图 6.45　2015 年 8 月长叶索沙蚕 *Lumbrineris longifolia* 丰度

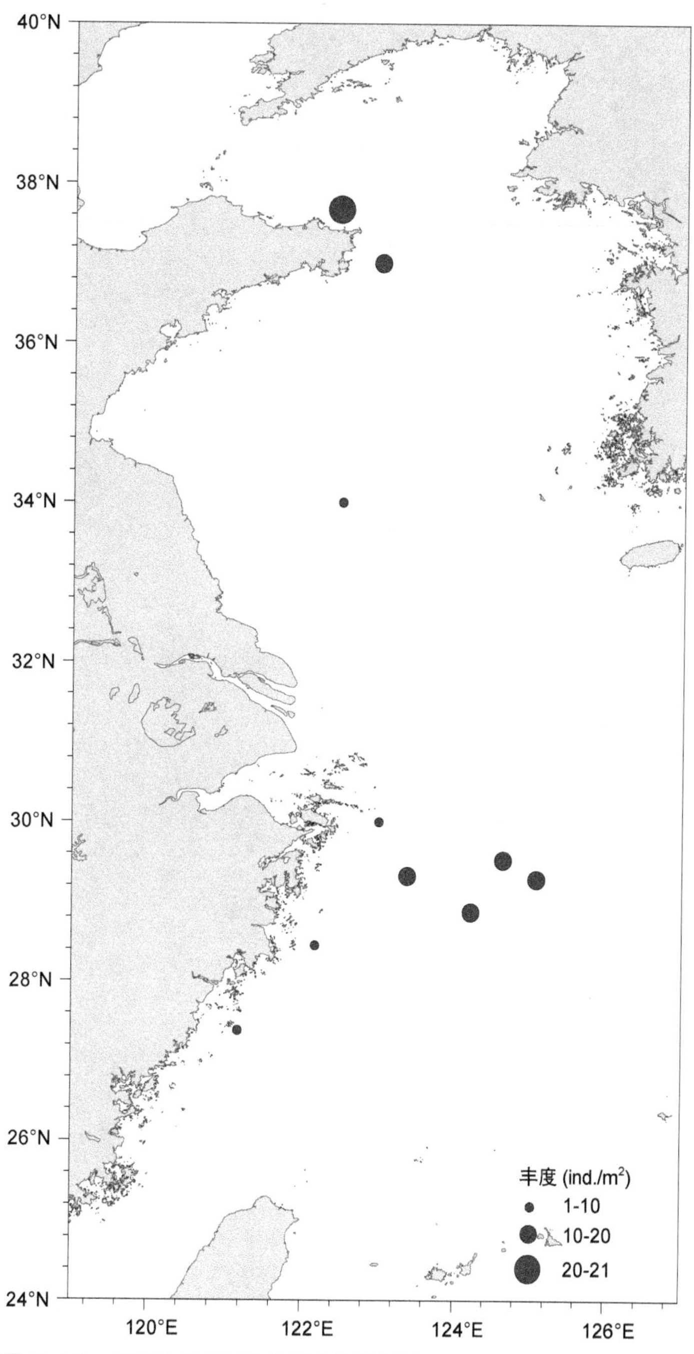

图 6.46　2015 年 8 月尖叶长手沙蚕 *Magelona cincta* 丰度

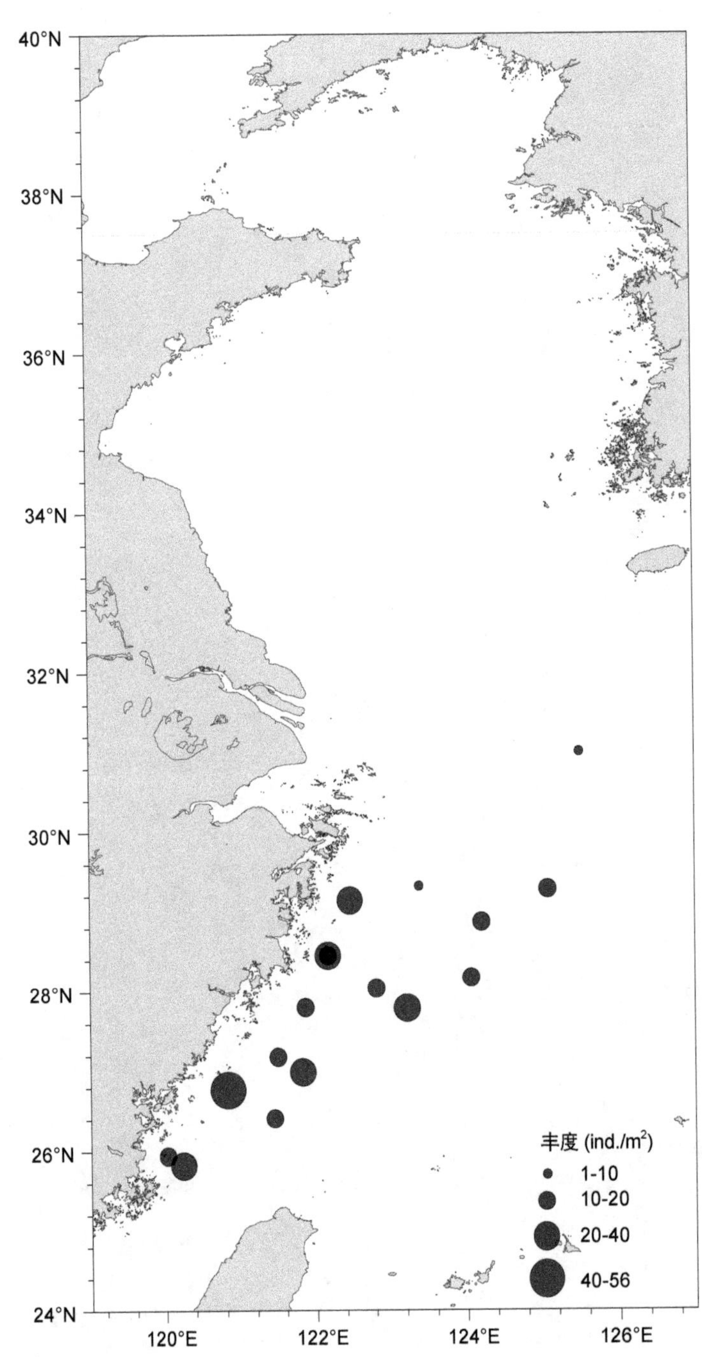

图 6.47 2015 年 8 月寡鳃齿吻沙蚕 *Micronephthys oligobranchia* 丰度

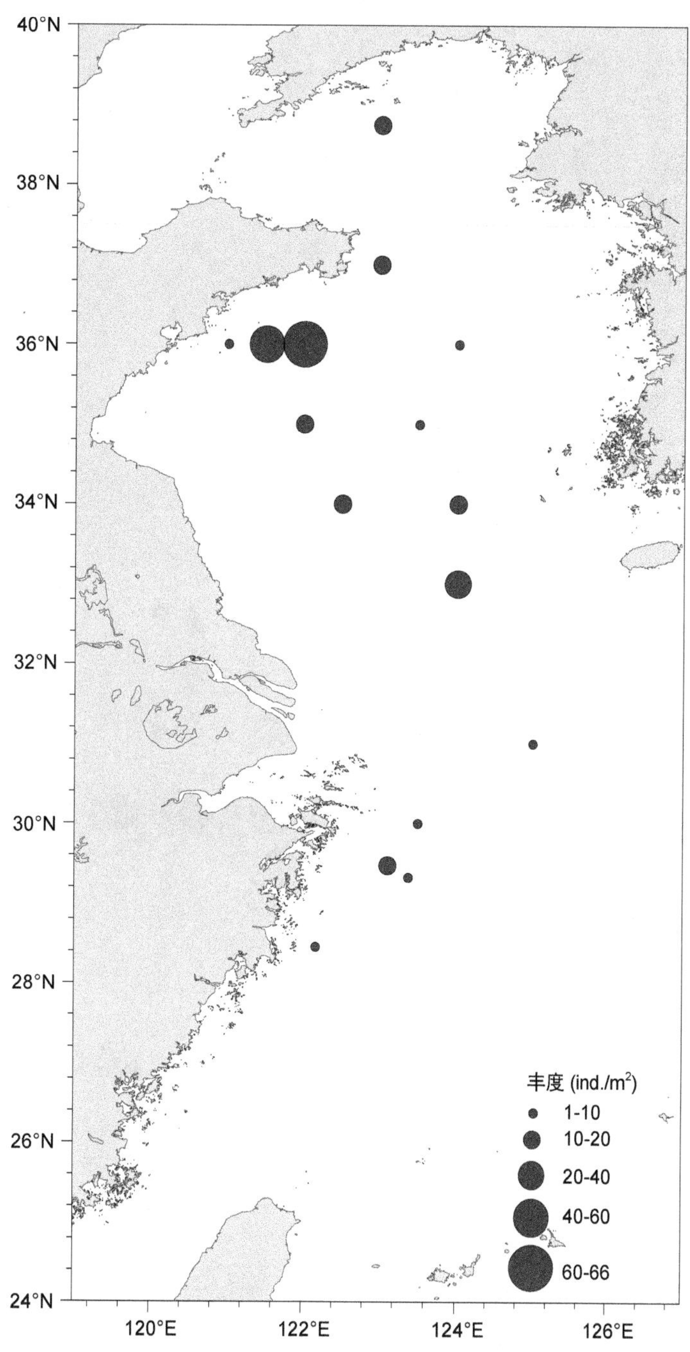

图 6.48　2015 年 8 月掌鳃索沙蚕 *Ninoë palmata* 丰度

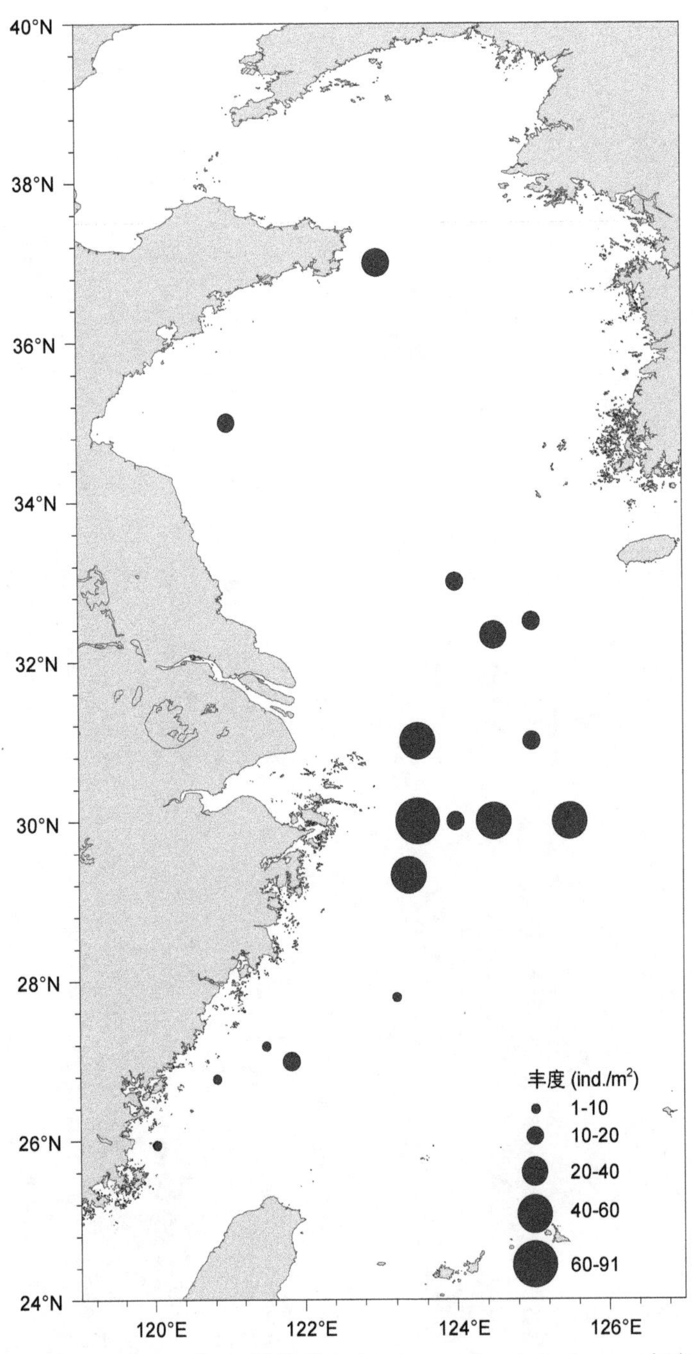

图6.49　2015年8月背蛔虫 *Notomastus latericeus* 丰度

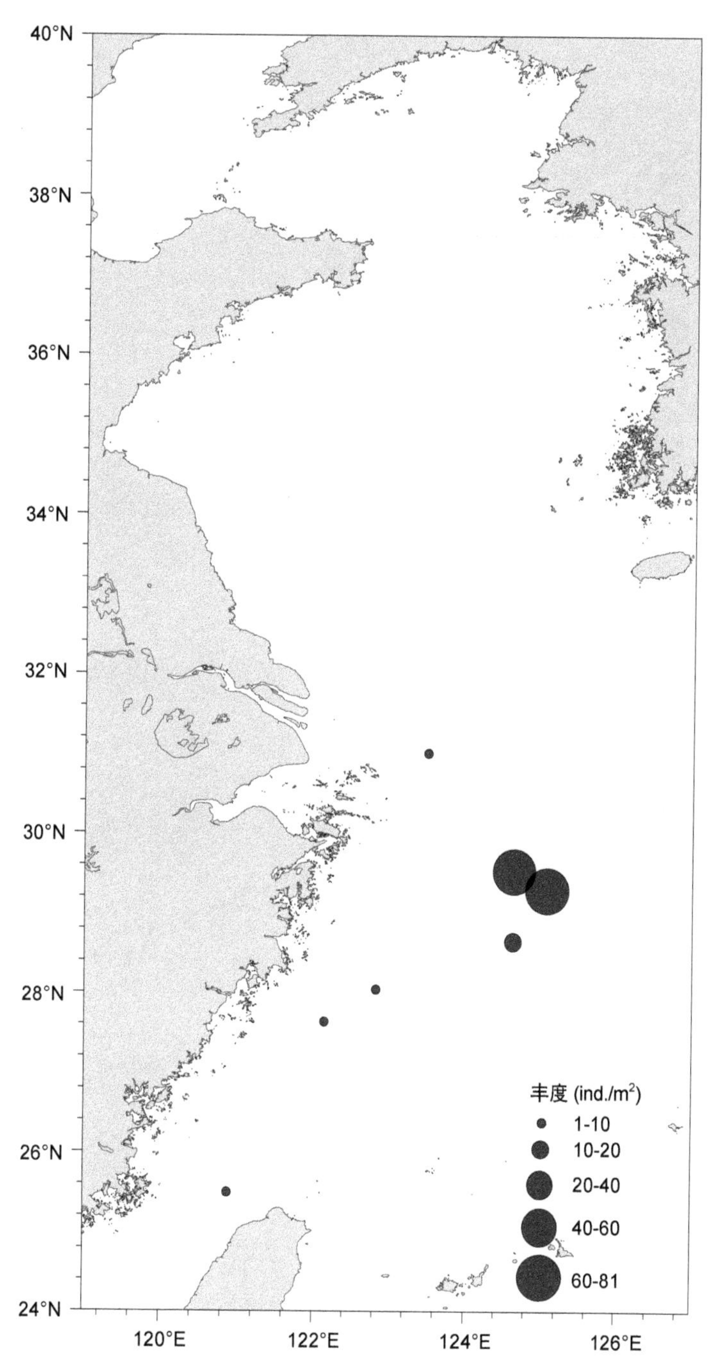

图 6.50　2015 年 8 月蜈蚣欧努菲虫 *Onuphis geophiliformis* 丰度

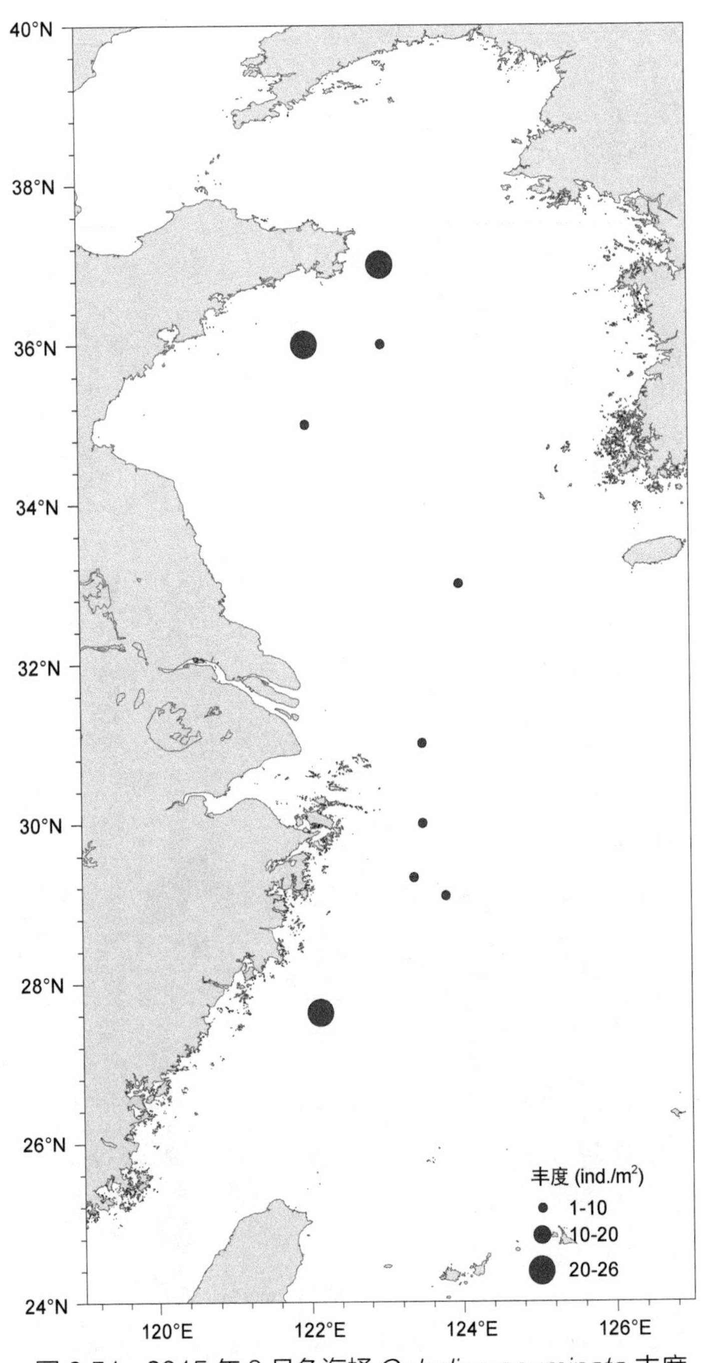

图 6.51　2015 年 8 月角海蛹 *Ophelina acuminata* 丰度

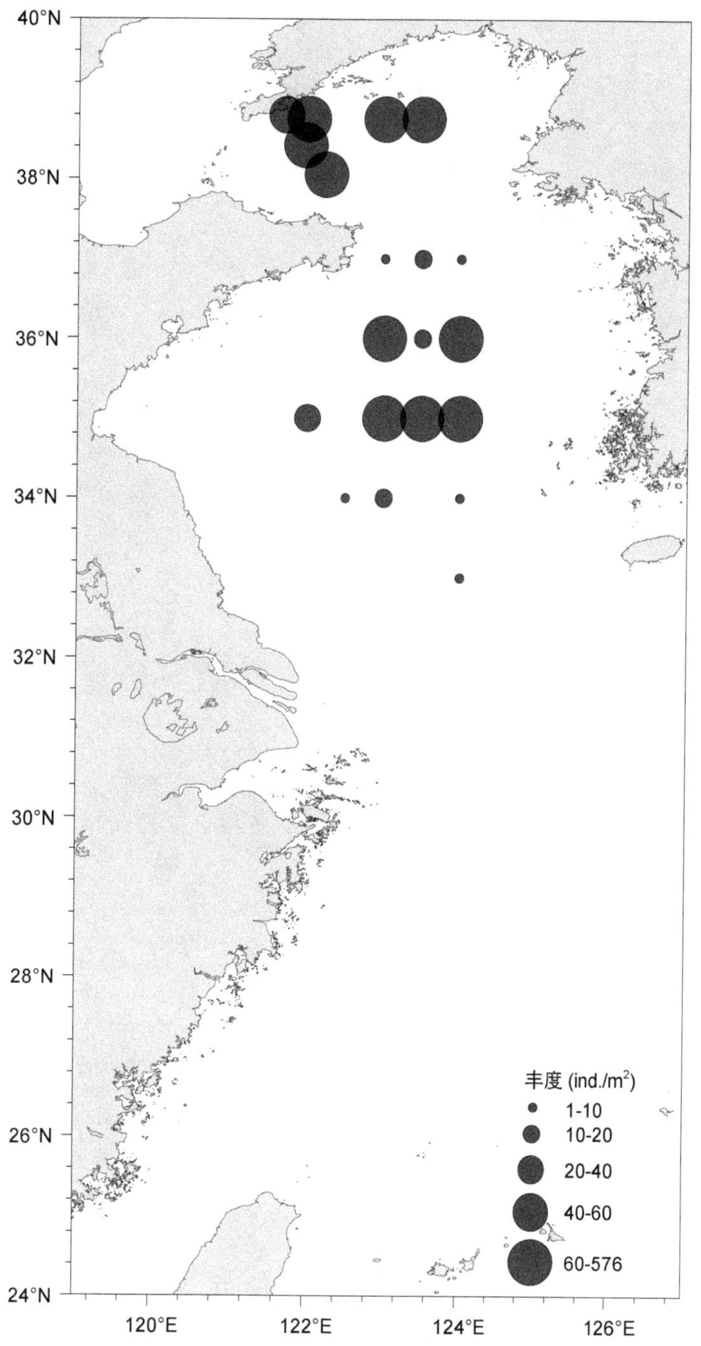

图 6.52　2015 年 8 月浅水萨氏真蛇尾 *Ophiura sarsii vadicola* 丰度

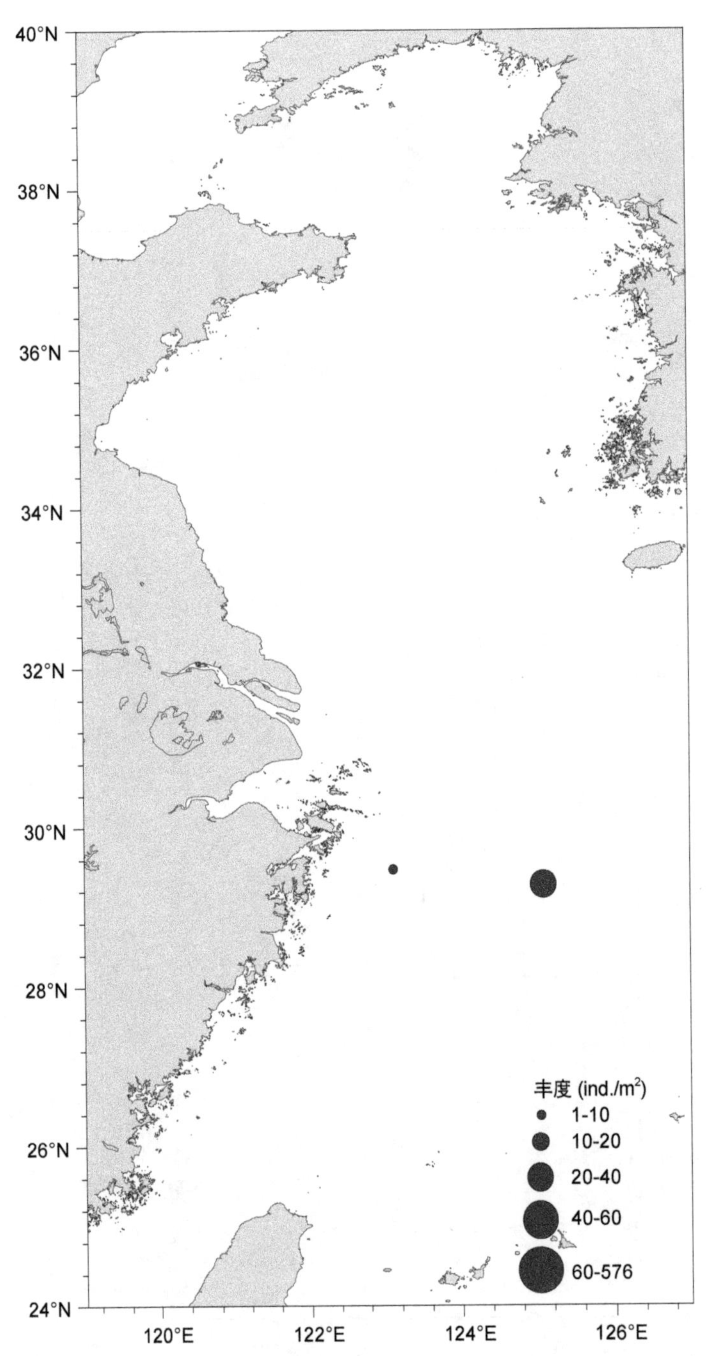

图 6.53　2015 年 8 月奇异稚齿虫 *Paraprionospio pinnata* 丰度

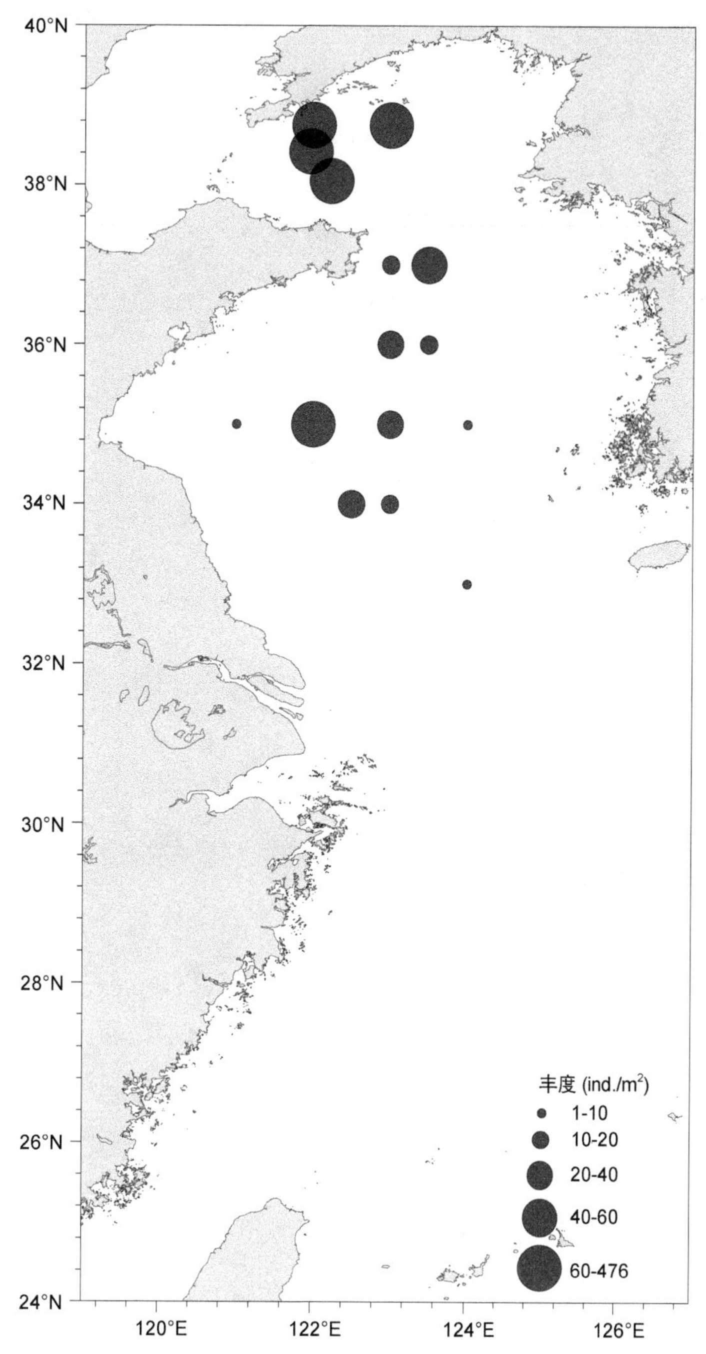

图 6.54　2015 年 8 月薄壳索足蛤 *Thyasira tokunagai* 丰度

6.4　2015 年 12 月黄东海

6.4.1　底栖动物总丰度和总生物量

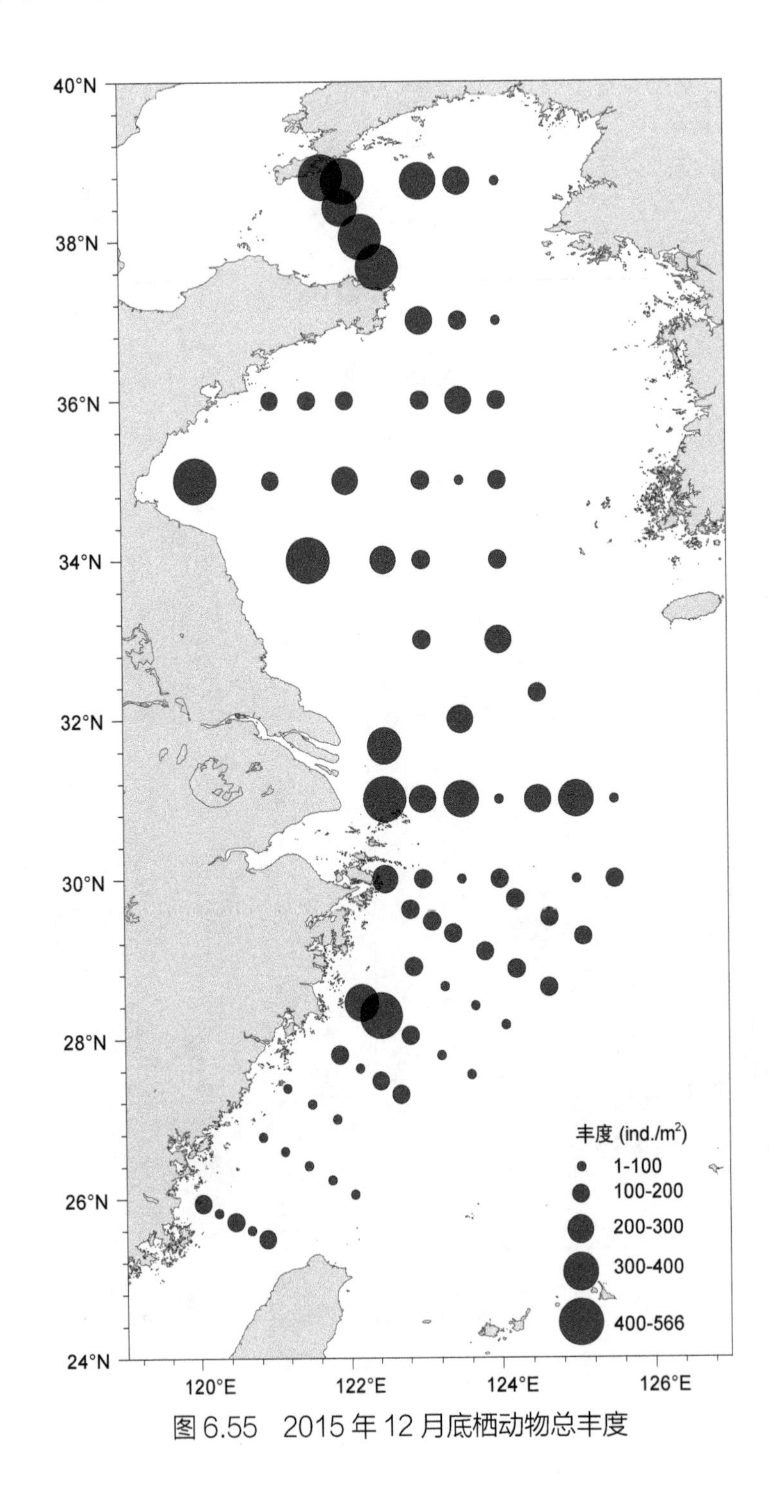

图 6.55　2015 年 12 月底栖动物总丰度

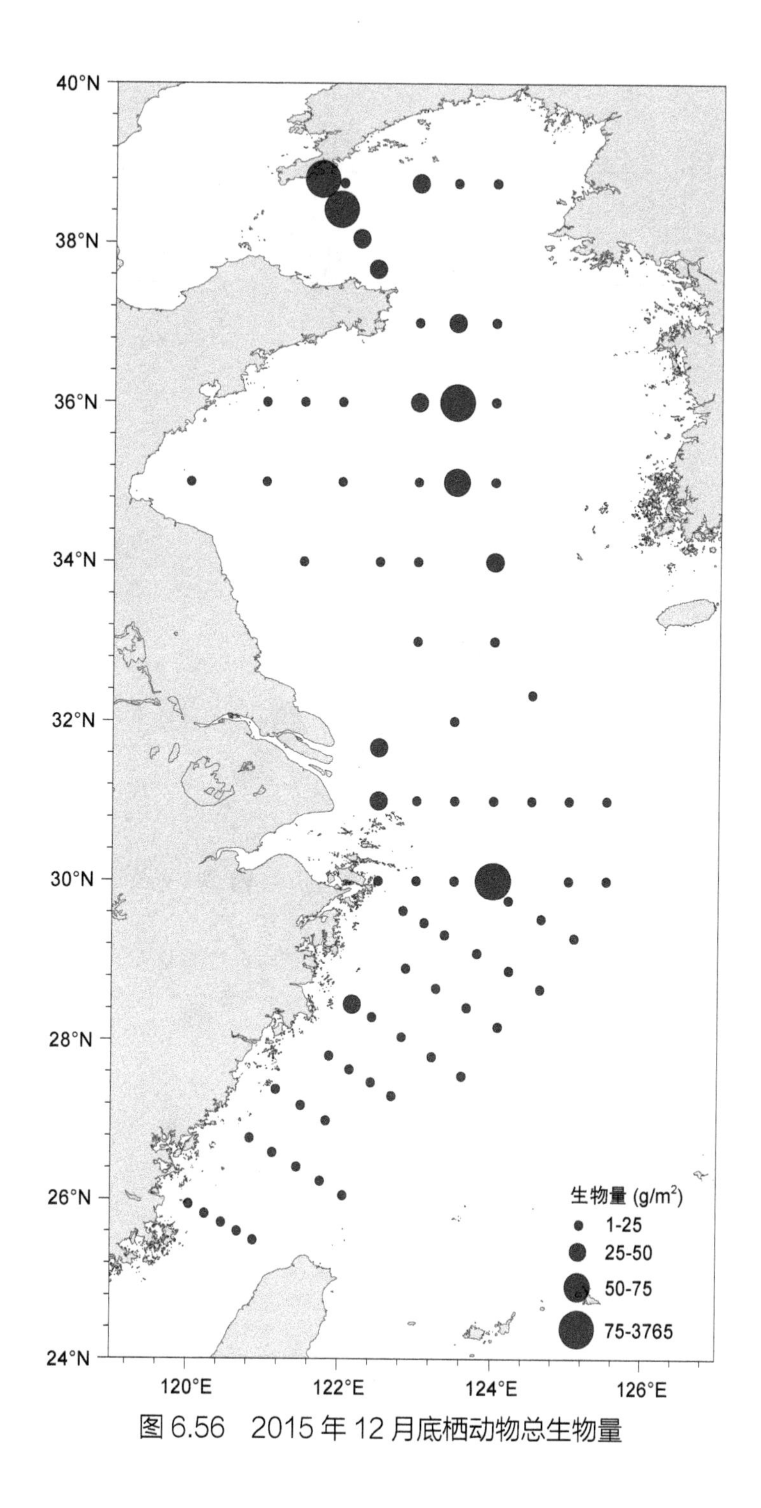

图 6.56　2015 年 12 月底栖动物总生物量

6.4.2 底栖动物各类群丰度

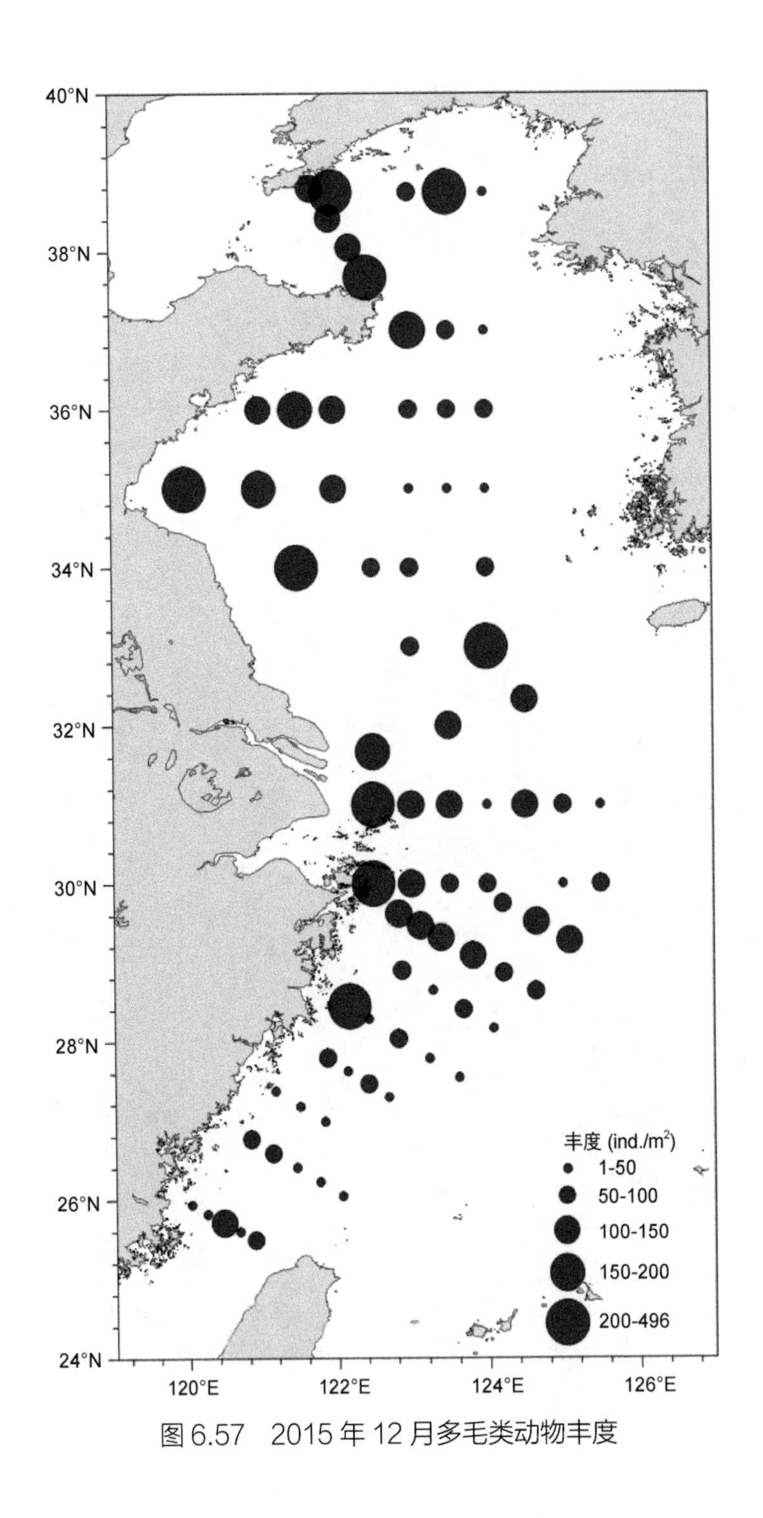

图 6.57 2015 年 12 月多毛类动物丰度

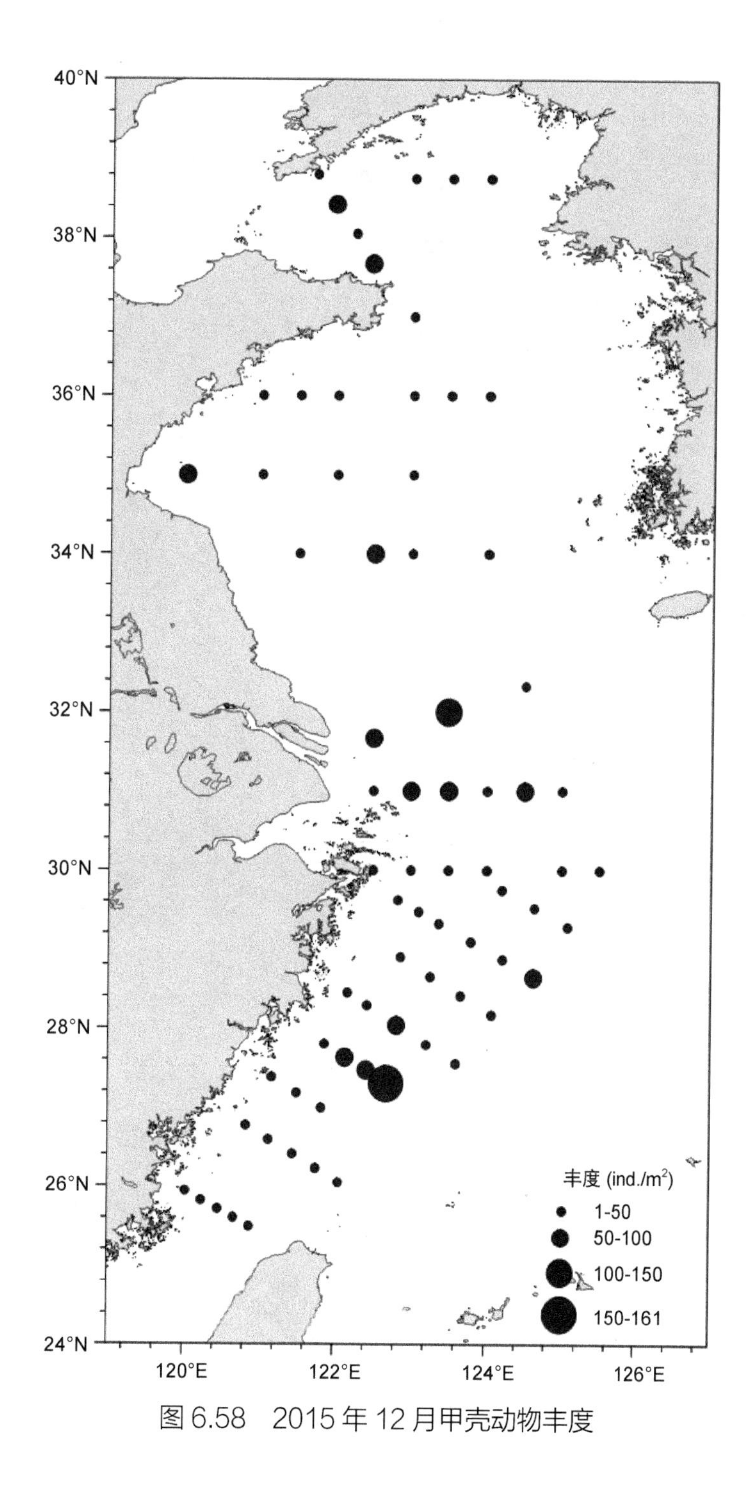

图 6.58　2015 年 12 月甲壳动物丰度

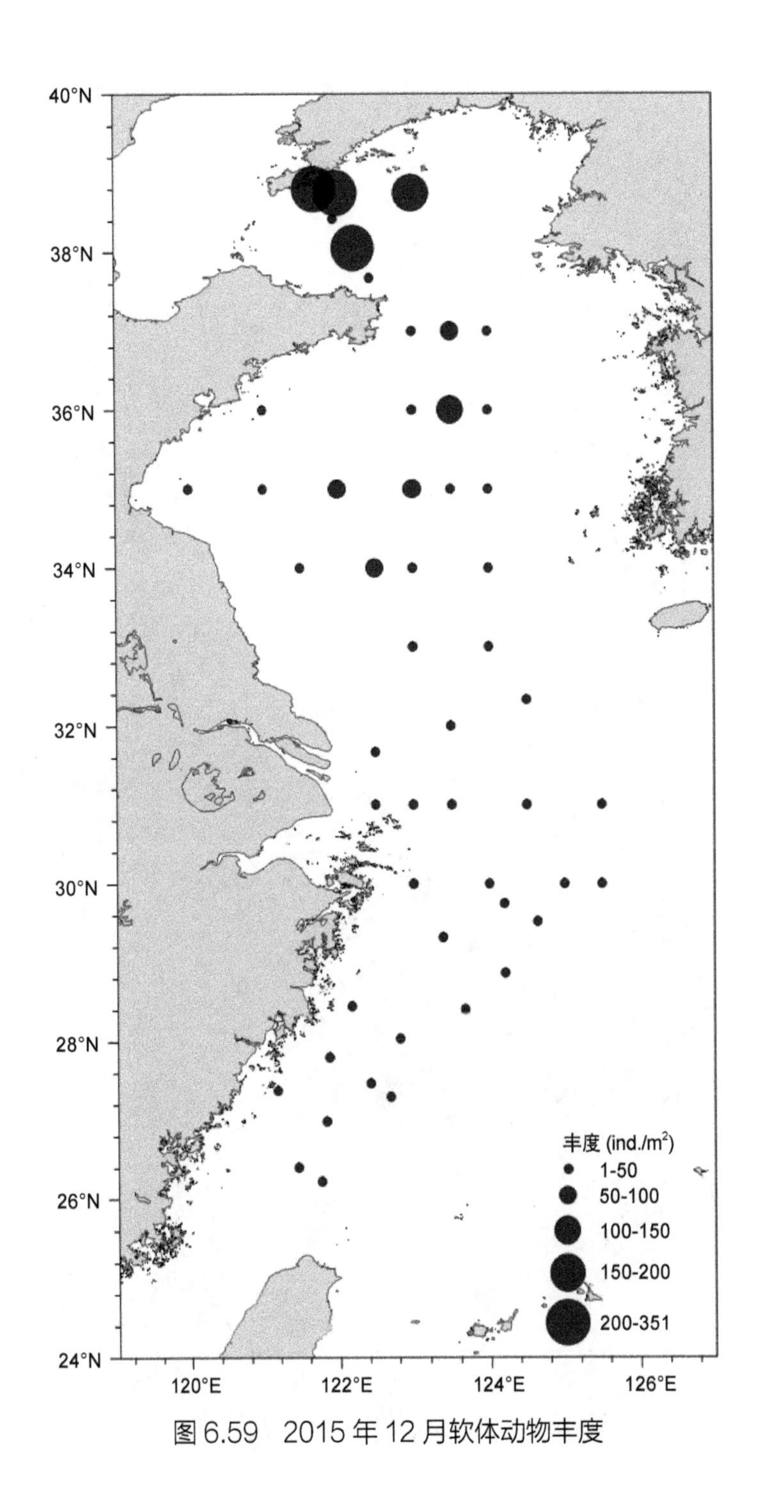

图 6.59 2015 年 12 月软体动物丰度

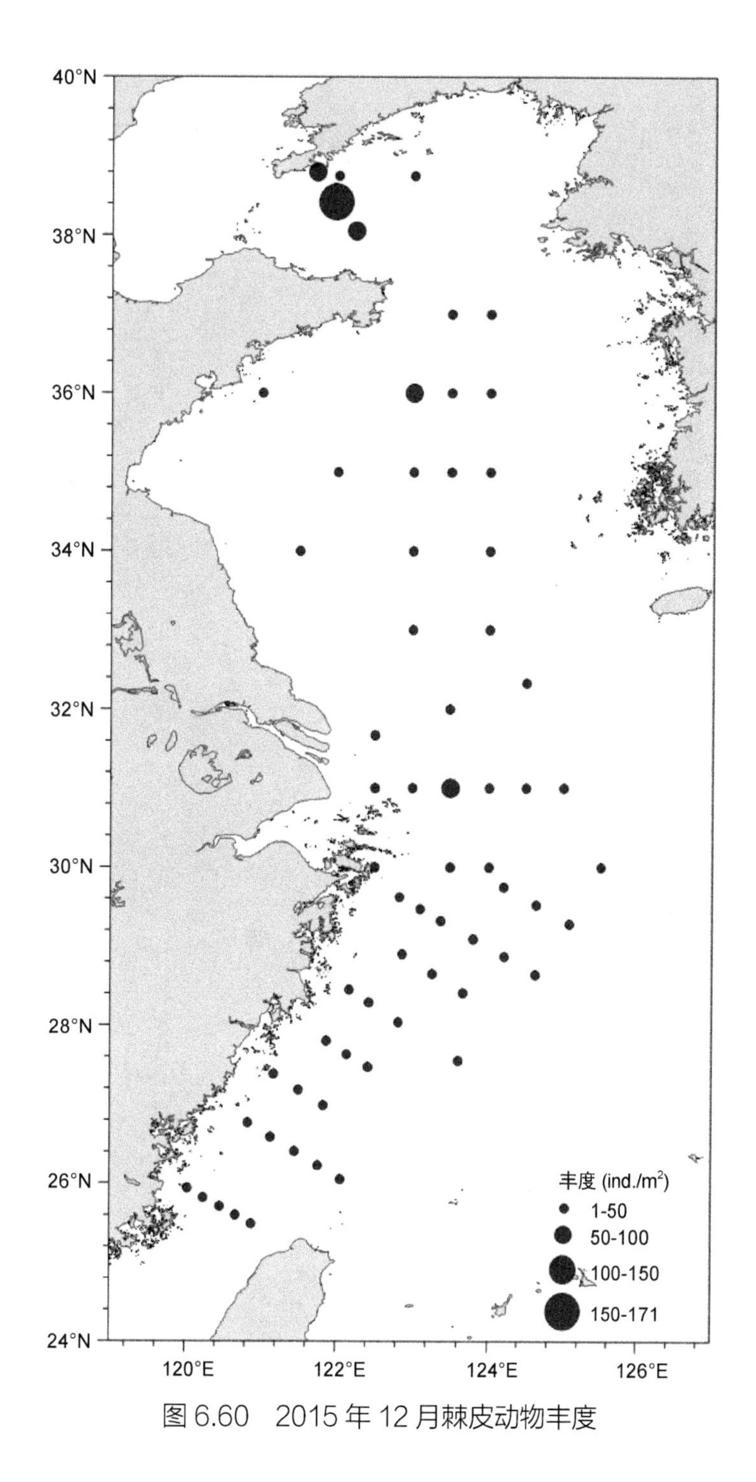

图 6.60 2015 年 12 月棘皮动物丰度

6.4.3 优势度大于 0.005 的物种丰度

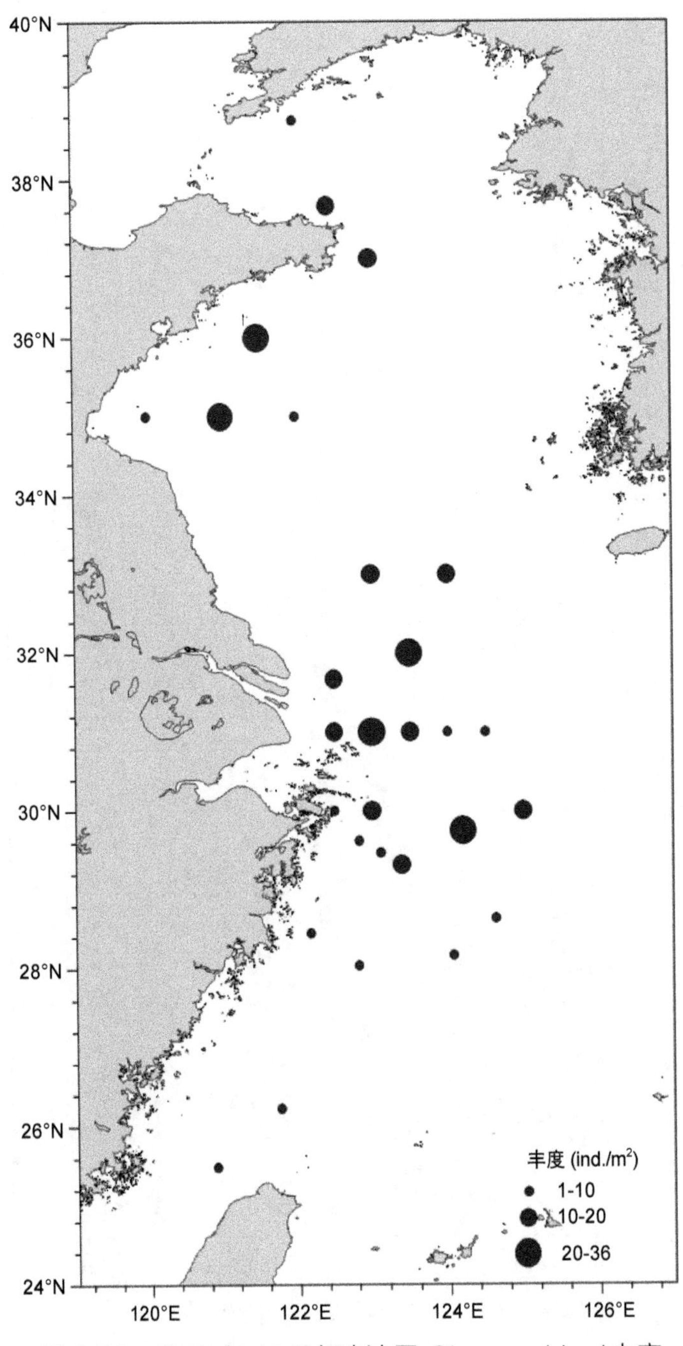

图 6.61　2015 年 12 月长吻沙蚕 *Glycera chirori* 丰度

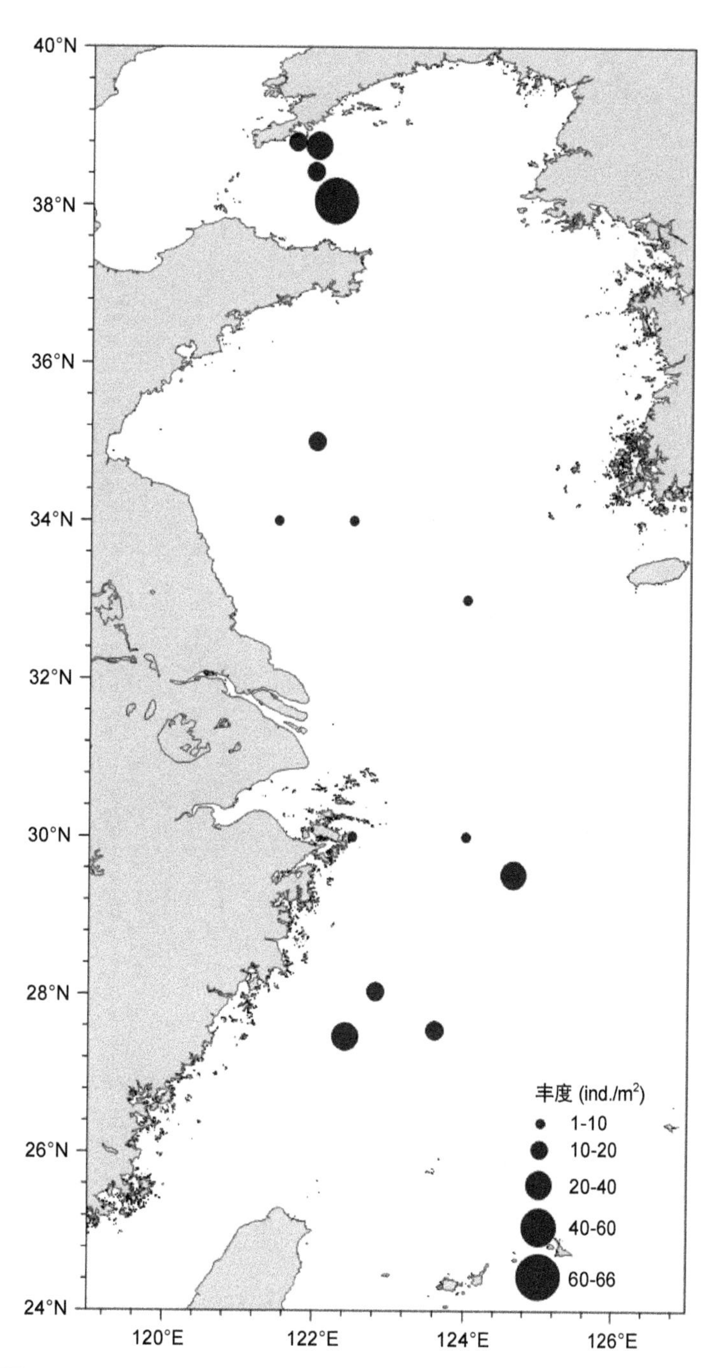

图 6.62 2015 年 12 月日本角吻沙蚕 *Goniada japonica* 丰度

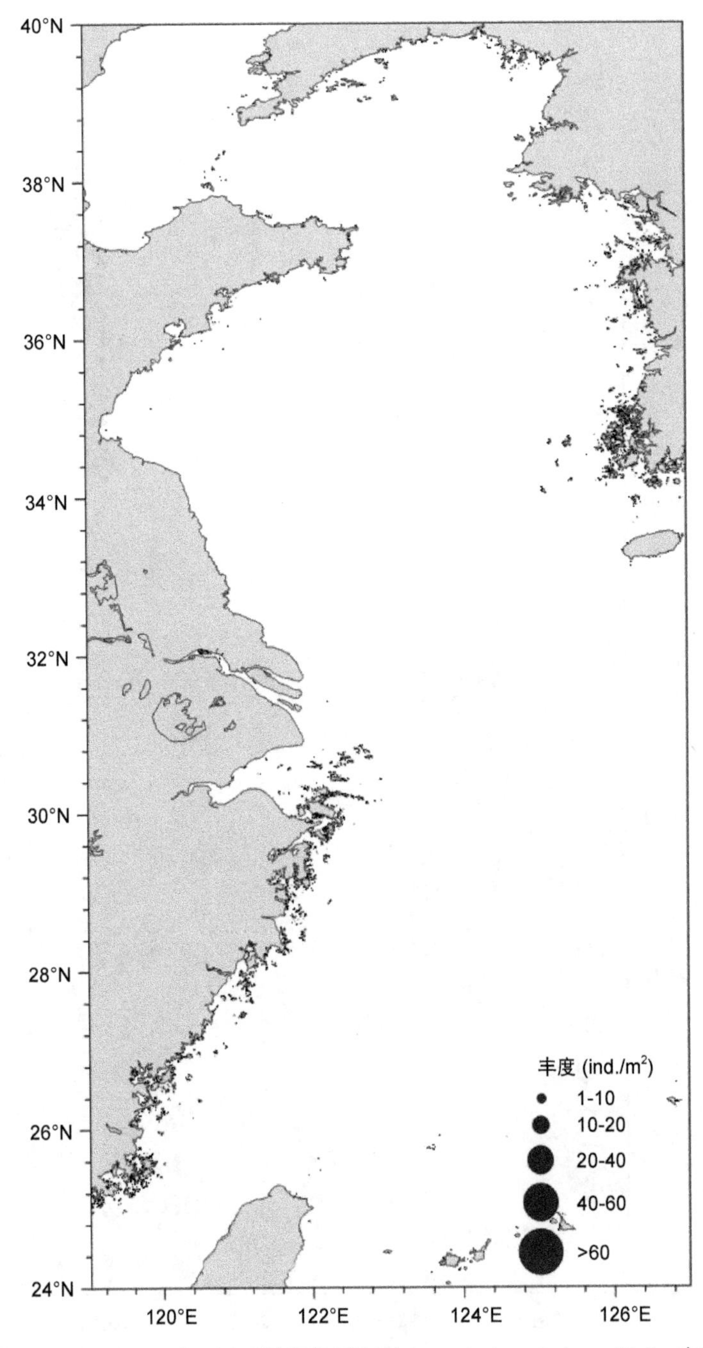

图 6.63　2015 年 12 月长叶索沙蚕 *Lumbrineris longifolia* 丰度

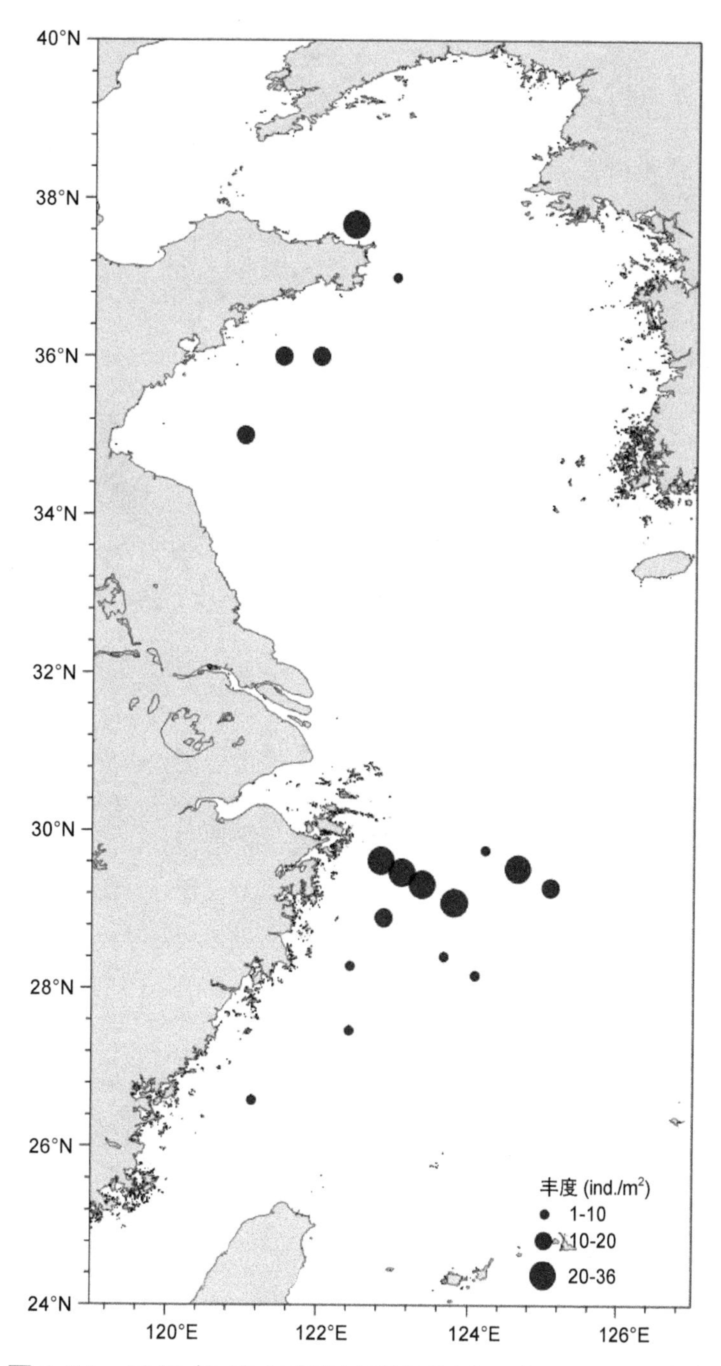

图 6.64　2015 年 12 月尖叶长手沙蚕 *Magelona cincta* 丰度

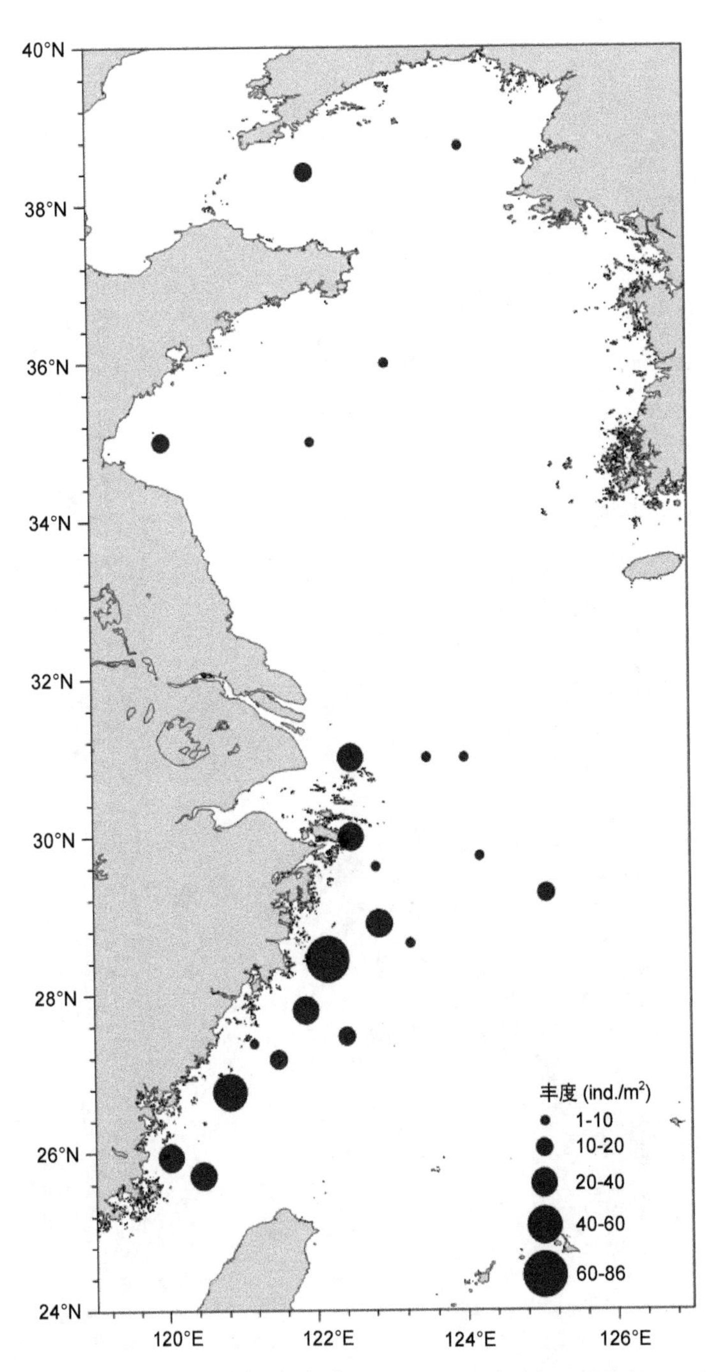

图 6.65 2015 年 12 月寡鳃齿吻沙蚕 *Micronephthys oligobranchia* 丰度

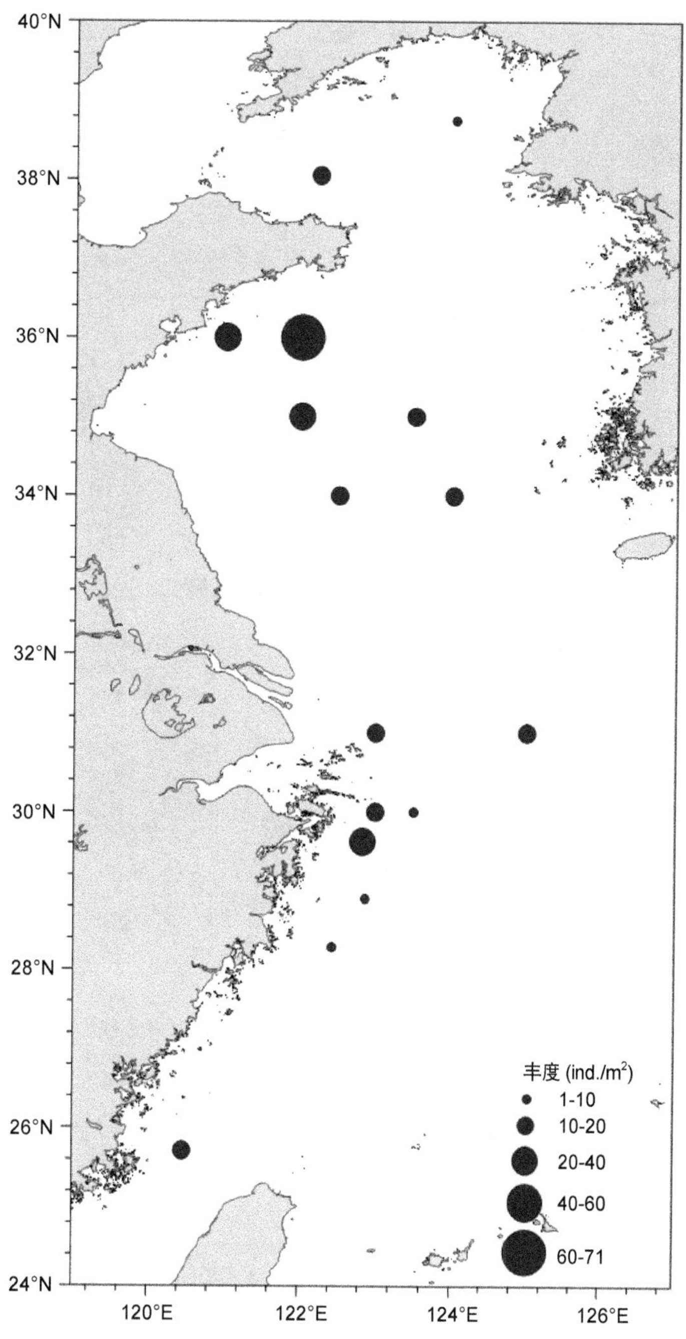

图 6.66　2015 年 12 月掌鳃索沙蚕 *Ninoë palmata* 丰度

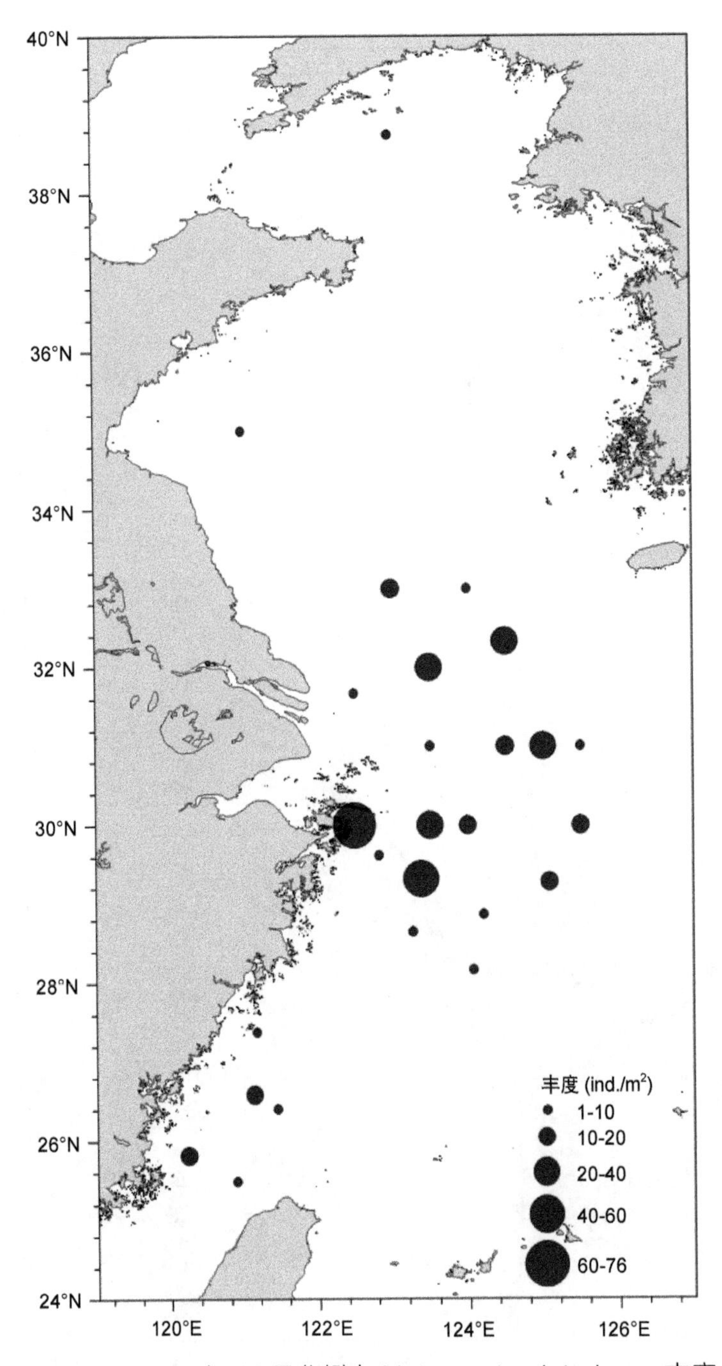

图 6.67 2015 年 12 月背蚓虫 *Notomastus latericeus* 丰度

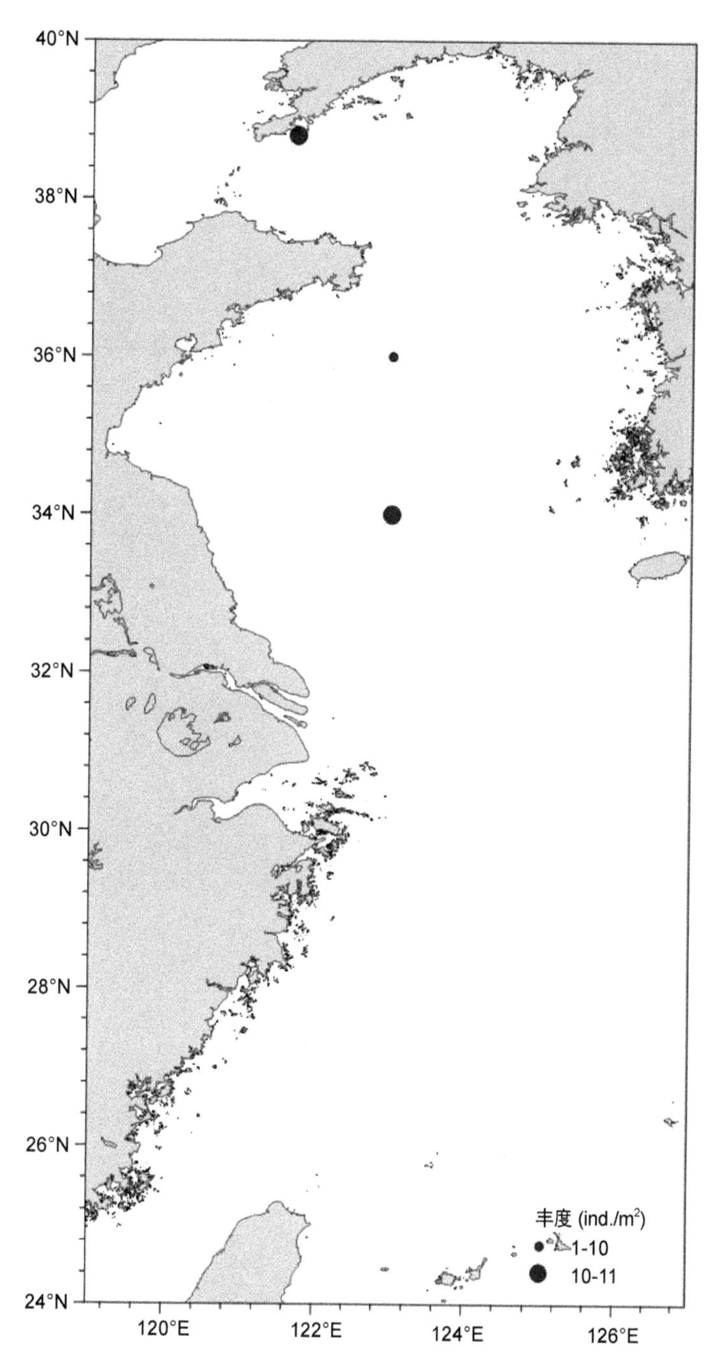

图 6.68　2015 年 12 月蜈蚣欧努菲虫 *Onuphis geophiliformis* 丰度

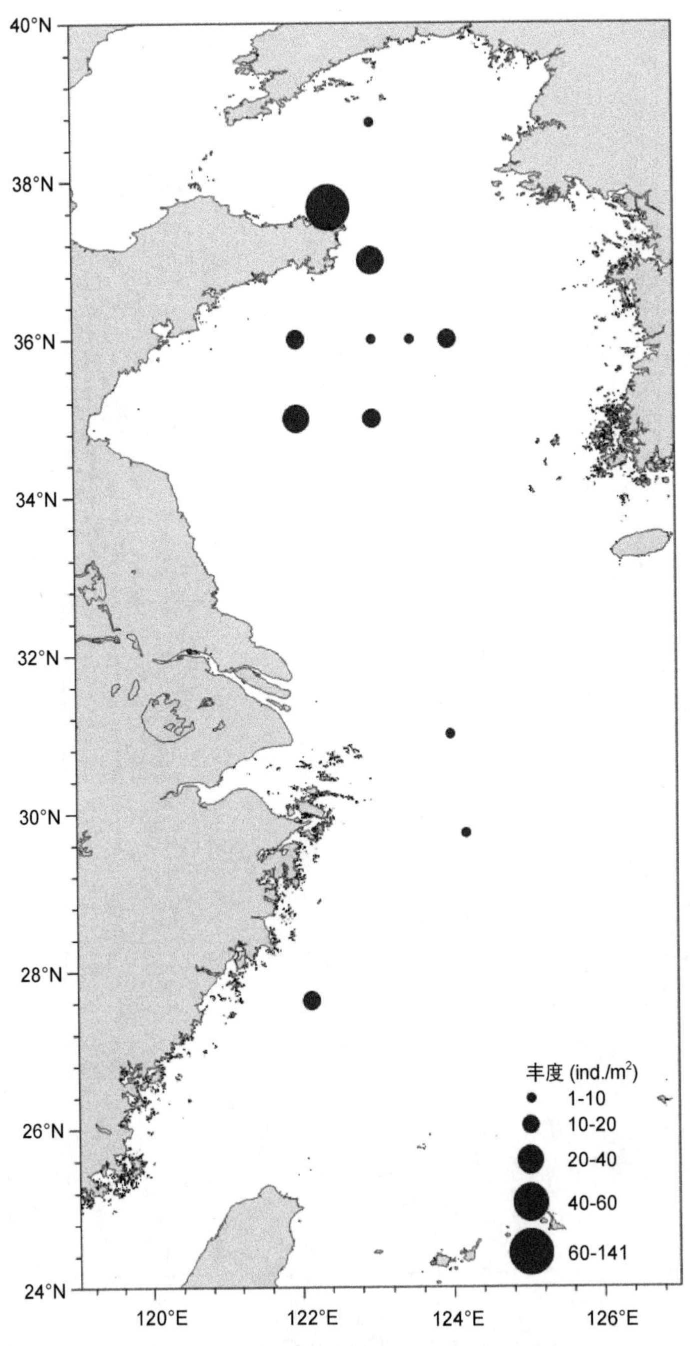

图 6.69　2015 年 12 月角海蛹 *Ophelina acuminata* 丰度

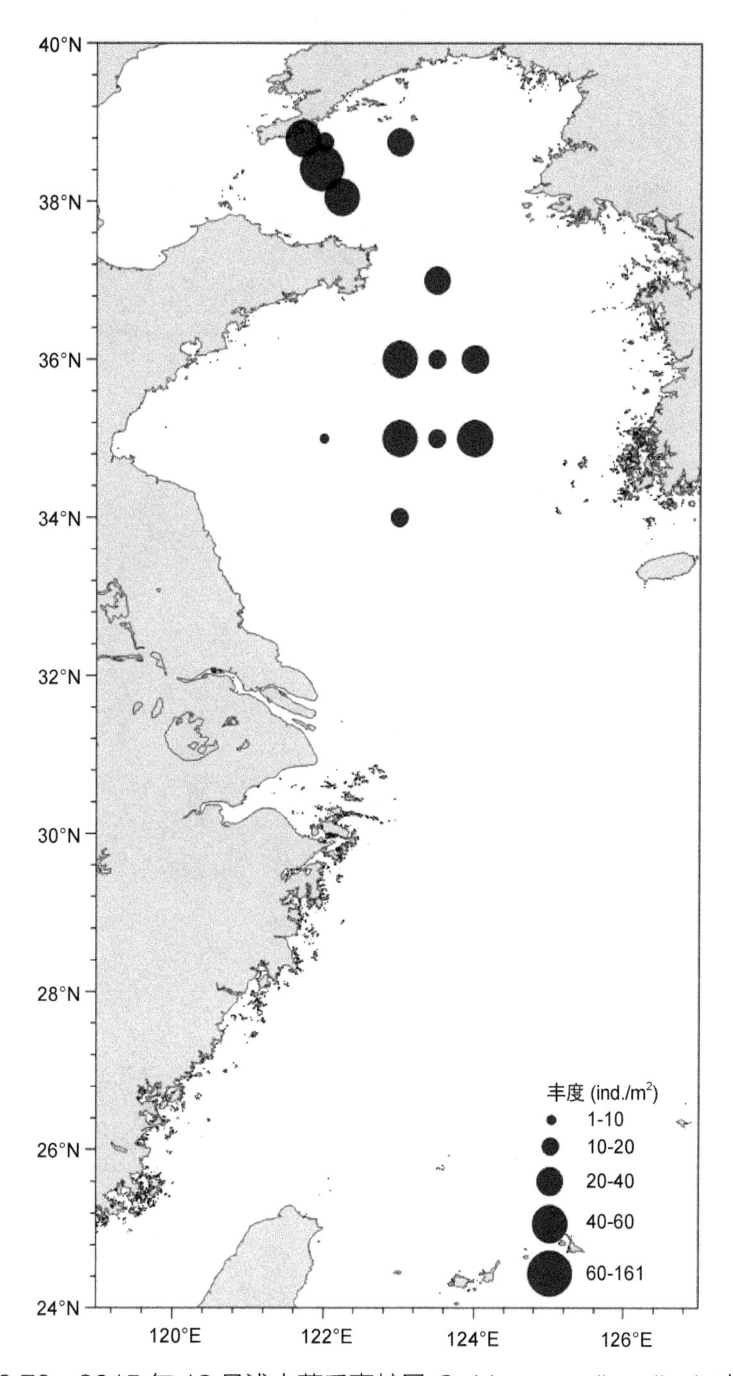

图 6.70　2015 年 12 月浅水萨氏真蛇尾 *Ophiura sarsii vadicola* 丰度

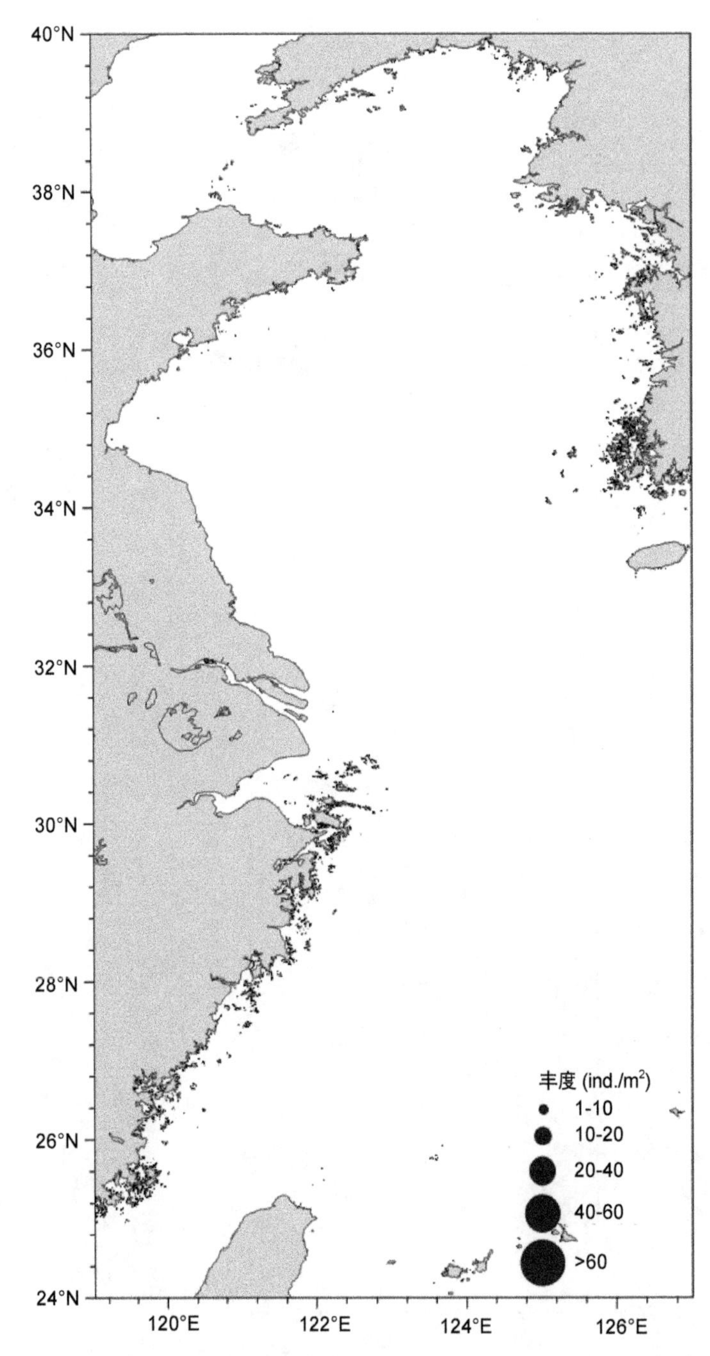

图 6.71　2015 年 12 月奇异稚齿虫 *Paraprionospio pinnata* 丰度

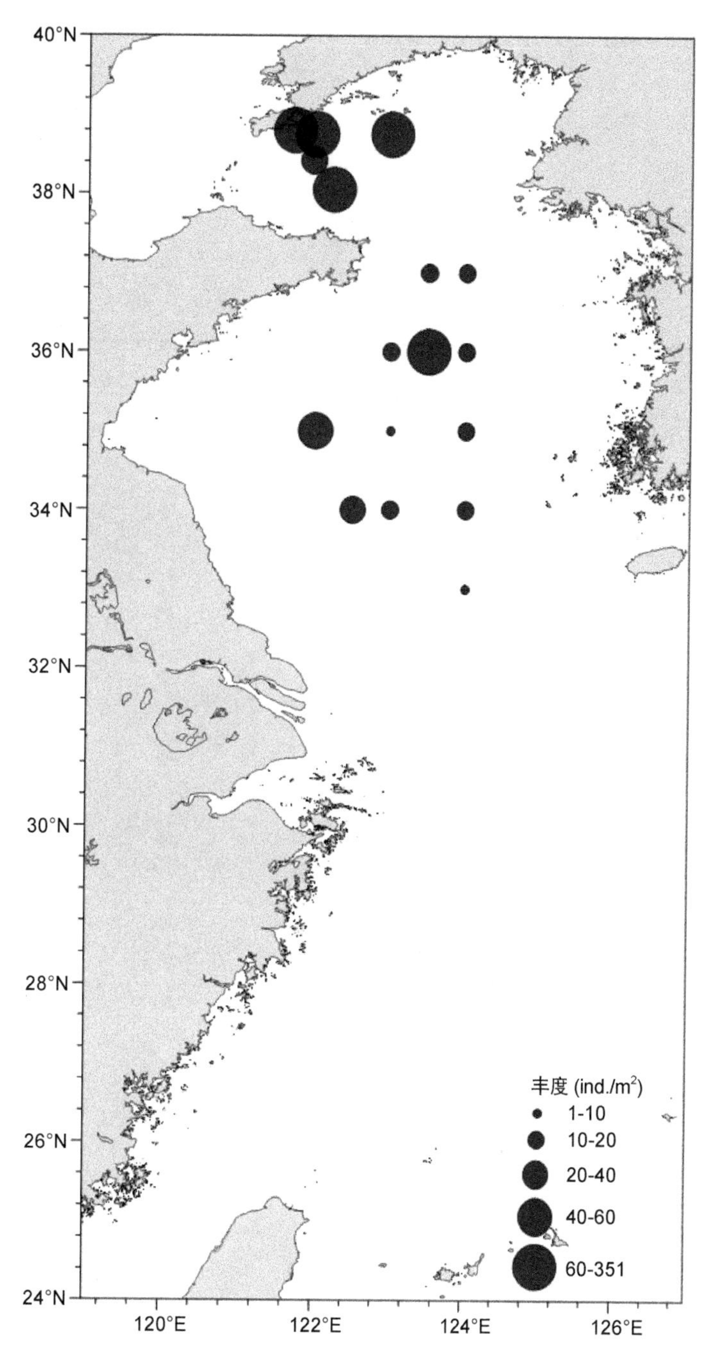

图 6.72　2015 年 12 月薄壳索足蛤 *Thyasira tokunagai* 丰度